中文版 AutoCAD 2013
建筑制图实例教程

王旭生　赵怡　章昊◎编著

人民邮电出版社
北京

图书在版编目（CIP）数据

中文版AutoCAD 2013建筑制图实例教程 / 王旭生，赵怡，章昊编著. -- 北京 : 人民邮电出版社，2014.2
ISBN 978-7-115-32256-2

Ⅰ. ①中… Ⅱ. ①王… ②赵… ③章… Ⅲ. ①建筑制图－计算机辅助设计－AutoCAD软件－教材 Ⅳ. ①TU204

中国版本图书馆CIP数据核字(2013)第199342号

内容提要

本书以 AutoCAD 2013 为基础，针对建筑设计领域常用的建筑平面图和三维图例进行了绘制和讲解。

全书由 300 个例子组成，分为 11 章内容。第 1 章从实战 1 到实战 51，主要绘制了简单二维基本图形；第 2 章从实战 52 到实战 118，主要绘制了二维家居；第 3 章从实战 119 到实战 138，主要绘制了门；第 4 章从实战 139 到实战 150，主要绘制了窗；第 5 章从实战 151 到实战 167，主要绘制了建筑平面图；第 6 章从实战 168 到实战 177，主要绘制了建筑立、剖面图；第 7 章从实战 178 到实战 187，主要绘制了二维综合建筑制图；第 8 章从实战 188 到实战 244，主要绘制了室内三维实体；第 9 章从实战 245 到实战 291，主要绘制了室外三维实体；第 10 章从实战 292 到实战 295，主要绘制了单体建筑；第 11 章从实战 296 到实战 300，主要绘制了三维亭子。

本书详细的实例讲解使读者能够熟练掌握 AutoCAD 2013 的使用方法。本书主要面向建筑设计人员中的初、中级用户，可作为建筑院校相关课程的教材和教学参考书，也适合广大工程技术人员学习和参考。

◆ 编　　著　王旭生 赵　怡 章　昊
责任编辑　孟飞飞
责任印制　方　航

◆ 人民邮电出版社出版发行　北京市丰台区成寿寺路 11 号
邮编　100164　电子邮件　315@ptpress.com.cn
网址　http://www.ptpress.com.cn
北京艺辉印刷有限公司印刷

◆ 开本：787×1092　1/16
印张：35.25
字数：1 239 千字　2014 年 2 月第 1 版
印数：1－3 500 册　2014 年 2 月北京第 1 次印刷

定价：69.00 元（附光盘）

读者服务热线：(010)81055410　印装质量热线：(010)81055316
反盗版热线：(010)81055315
广告经营许可证：京崇工商广字第 0021 号

前言

随着计算机技术的飞速发展，AutoCAD已经广泛应用于机械、电子、化工、建筑等行业，以友好的用户界面、丰富的命令和强大的功能，赢得了各行业的青睐，成为国内外最受欢迎的计算机辅助设计软件之一。

美国Autodesk公司自1982年推出AutoCAD软件以来，先后经历了十多次的版本升级，AutoCAD 2013是AutoCAD最快捷、最便捷的新版本，它提供的新增功能和增强功能能够帮助用户更快地创建设计数据、方便地共享设计数据、更有效地管理软件。AutoCAD 2013的新功能主要体现在：（1）管理工作空间，新的工作空间提供了用户使用得最多的二维草图和注解工具直达访问方式；（2）使用面板，在AutoCAD 2012中引入的面板在本版本中有新的增强；（3）自定义用户界面，新版本对自定义用户界面（CUI）对话框做了更新，使其变得更强、更容易使用，另外，用户可复制、粘贴或复制CUI中的命令、菜单、工具栏等元素。

全书由300个例子组成，分为11章内容，涵盖建筑设计中的简单二维基本图形、二维家居、门、窗、建筑平面图、建筑立剖面图、二维综合建筑制图、室内三维实体、室外三维实体、单体建筑及三维亭子。

本书内容具有以下特点。

（1）初、中级教程。本书内容涵盖AutoCAD软件在建筑设计中的全部基础操作，是介绍软件运用在建筑工程实战中的初、中级教程。

（2）胜任专业工作。本书由国内从事AutoCAD建筑设计一线资深工程师精心编著，融汇多年实战经验和设计技巧，书中300个实例均来自工程现场。学完本书即可独立进行建筑图形绘制。

（3）高效建筑设计。针对建筑设计工作，本书以“绘制二维基本图形—绘制常用门窗平面和立面图—绘制建筑综合图形—绘制建筑室内三维实体—绘制建筑室外三维实体”这一全面高效的学习流程为主线。

（4）案例视频直播。附赠光盘中收录专家建筑设计视频教学，一步步随专家进行工程实操，深入体会操作细节，以更直观的方式提高学习效率，手把手教会读者。

本书由王旭生、赵怡、章昊编写，其中王旭生编写第1章、第3章、第8章、第9章，章昊编写第2章、第4章、第5章，赵怡编写第6章、第7章、第10章、第11章，并由赵怡负责整体统稿。由于编者水平有限，本书难免有不足之处，恳请广大读者批评指正！

编 者

2013年9月

目录

第2章 绘制二维家具 94

第3章 门 202

第10章 绘制单体建筑..........452

第11章 绘制三维亭子..........550

第1章 简单二维基本图形

本章学习要点：

- 圆和圆弧命令的使用
- 直线命令的使用
- 多段线命令的使用
- 复制命令的使用
- 阵列命令的使用
- 修剪命令的使用
- 图案填充命令的使用
- 多行文字命令的使用
- 各种图案的绘制

实战001 百合花

实战位置	DVD>实战文件>第1章>实战001
视频位置	DVD>多媒体教学>第1章>实战001
难易指数	★★☆☆☆
技术掌握	掌握“圆”、“面域”、“交集”、“直线”、“修剪”和“阵列”等命令。

实战介绍

运用“圆”、“面域”、“交集”、“直线”与“修剪”命令来绘制花瓣；利用“阵列”命令，得到整体图形。案例效果如图1-1所示。

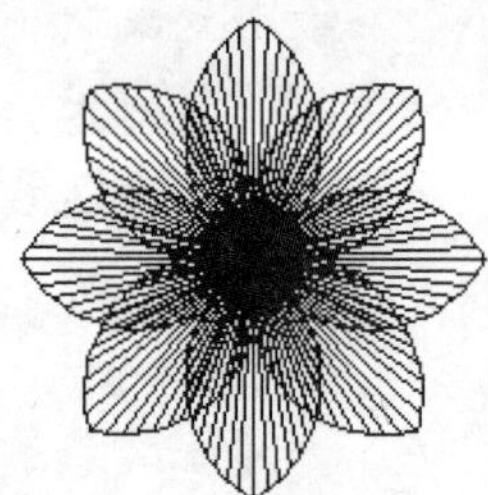

图1-1

制作思路

- 绘制一个花瓣的轮廓。
- 绘制轮廓内的直线，得到一个完整的花瓣。
- 阵列花瓣，完成百合花的绘制并将其保存。

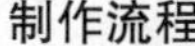

制作流程

百合花的制作流程如图1-2所示。

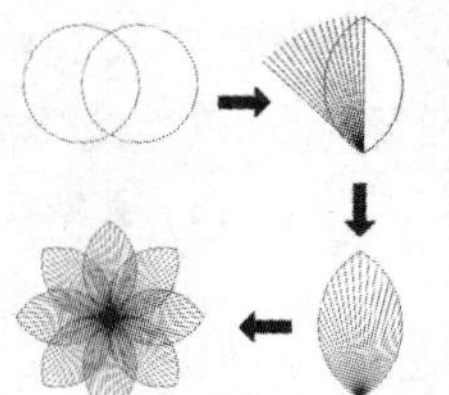

图1-2

1. 绘制花瓣

01 打开AutoCAD 2013中文版软件，执行“绘图>圆”命令，绘制一个半径为700的圆。

02 执行“修改>复制”命令，配合“对象捕捉”功能，以第一个圆的圆心为基点复制出另外一个与其相距离为700的圆，如图1-3所示。

命令行提示如下：

```
命令：_copy
选择对象：找到1个
选择对象：
当前设置：复制模式 = 多个
指定基点或[位移(D)/模式(O)] <位移>:
指定第二个点或[阵列(A)] <使用第一个点作为位移>: 700
指定第二个点或[阵列(A)/退出(E)/放弃(U)] <退出>:
```

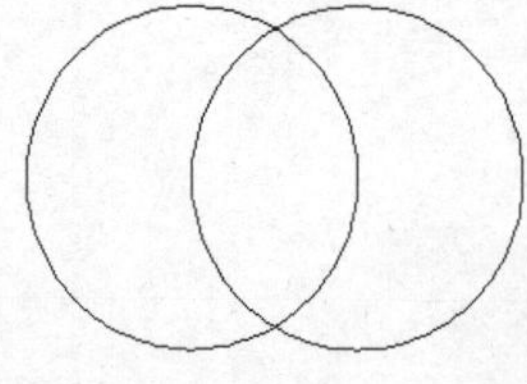

图1-3

03 执行“绘图>面域”命令，将两圆创建为面域。

命令行提示如下：

```
命令：_region
选择对象：找到 1 个
选择对象：找到 1 个，总计 2 个
选择对象：
已提取 2 个环
已创建 2 个面域
```

04 执行“修改>实体编辑>交集”命令，得到两圆的交集，从而得到如图1-4所示的图形。

05 执行“绘图>直线”命令，绘制如图1-5所示的线段。

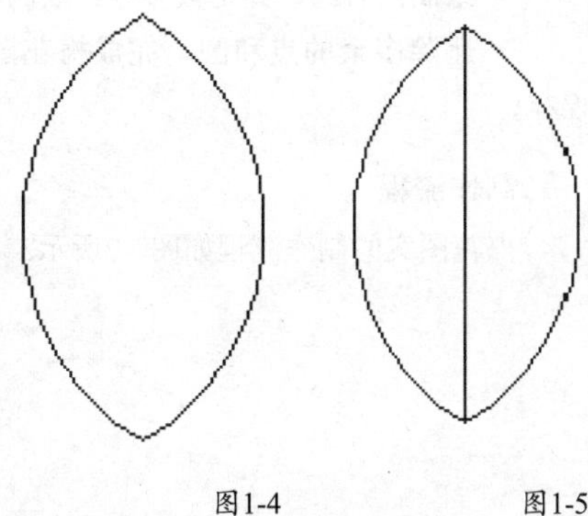

图1-4　　图1-5

技巧与提示

在运用“交集”之前，必须先将要进行交集的图形生成面域。

06 在命令行中输入“ARRAYCLASSIC”，弹出“阵列”对话框，设置参数，如图1-6所示。

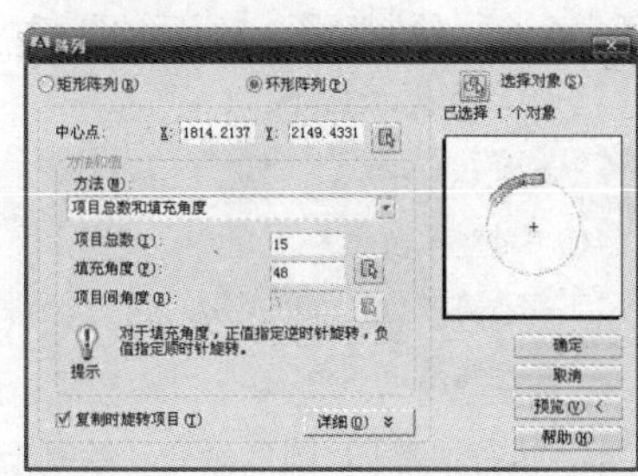

图1-6

技巧与提示

由于AutoCAD 2013的功能的升级，执行“修改>阵列”命令时并不出现我们常见的“阵列”对话框，这也是新版本与其他版本的不同，所以在命令行中输入“ARRAYCLASSIC”，即可弹出“阵列”对话框，这也符合一般的作图习惯。

07 单击“确定”按钮，得到如图1-7所示的阵列效果。

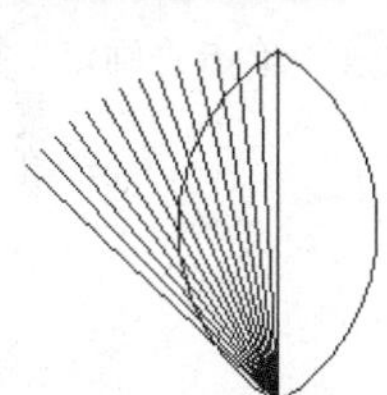

图1-7

08 执行“修改>修剪”命令，修剪掉多余的线段，如图1-8所示。

```
命令：_trim
当前设置:投影=UCS，边=无
选择剪切边...
选择对象或 <全部选择>： 指定对角点：找到 16 个
选择对象:找到1个(1个重复)，总计16个
选择对象：
选择要修剪的对象，或按住 Shift 键选择要延伸的对象，或[栏选(F)/窗交(C)/投影(P)/边(E)/删除(R)/放弃(U)]：
```

09 再次执行“修改>阵列”和“修改>修剪”命令，绘制出另外一边的直线后进行同样的修剪，如图1-9所示。

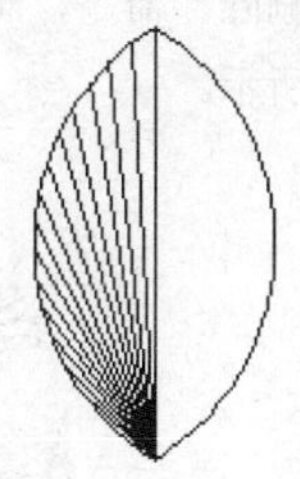

图1-8

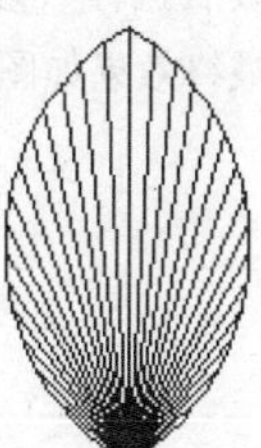

图1-9

技巧与提示

在对另一侧进行阵列时，阵列参数的设置与图1-6中设置相同，只是将角度改为-48即可。

2. 阵列花瓣

01 再次在命令行中输入“ARRAYCLASSIC”，弹出“阵列”对话框，设置参数，将花瓣进行环形阵列操作，如图1-10所示。

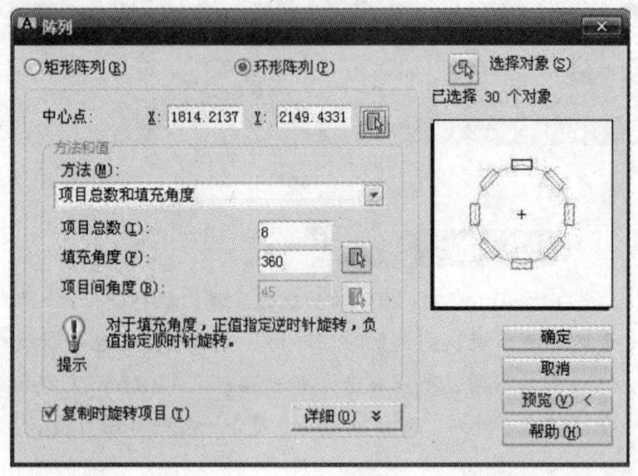

图1-10

02 单击“确定”按钮，即可得到如图1-11所示图案。

图1-11

练习001

练习位置	DVD>练习文件>第1章>练习001
难易指数	★★★☆☆
技术掌握	巩固“圆”、“直线”和“修剪”等命令的使用方法。

操作指南

参照“实战001 百合花”案例进行制作。

首先执行“绘图>圆”命令，绘制外轮廓；接着执行“绘图>圆弧”与“绘图>直线”命令，绘制枝干和枝叶；最后执行“修改>删除”命令，将外轮廓圆删掉。练习的最终效果如图1-12所示。

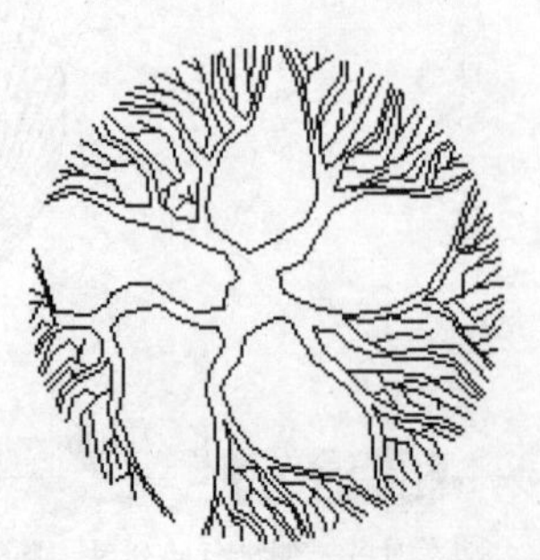

图1-12

实战002 梅花图案

实战位置	DVD>实战文件>第1>实战002
视频位置	DVD>多媒体教学>第1章>实战002
难易指数	★★☆☆☆
技术掌握	掌握“正多边形”、“圆”、“修剪”和“图案填充”等命令。

实战介绍

运用“圆弧”、“圆”与“图案填充”命令绘制花蕊；利用“圆”、“定数等分”和“圆弧”命令绘制花瓣。本例最终效果如图2-1所示。

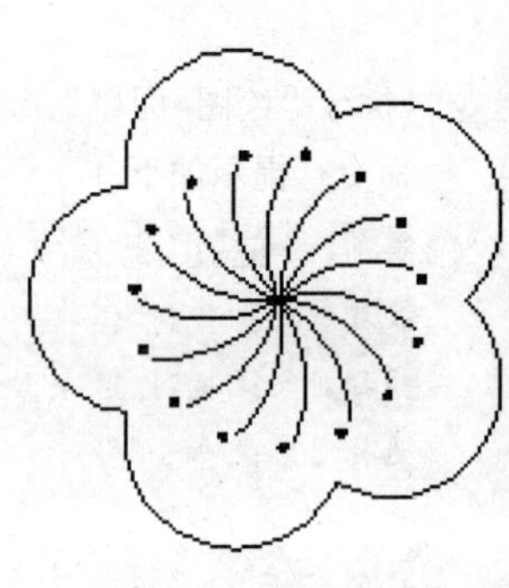

图2-1

制作思路

• 绘制梅花花蕊。

• 绘制同心圆，并定数等分，绘制花瓣。

• 删除多余的点和圆，完成梅花图案的绘制并将其保存。

制作流程

梅花图案的制作流程如图2-2所示。

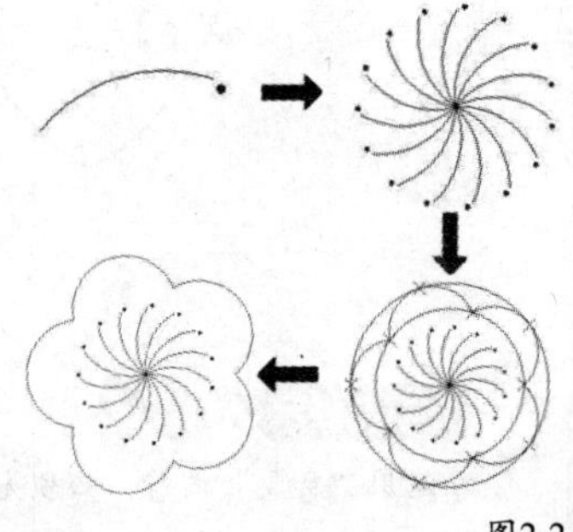

图2-2

1. 绘制花蕊

01 打开AutoCAD 2013中文版软件，执行“绘图>圆弧”命令，绘制如图2-3所示的圆弧。

命令行提示如下：

```
命令：_arc
指定圆弧的起点或 [圆心(C)]：
指定圆弧的第二个点或 [圆心(C)/端点(E)]：
指定圆弧的端点：
```

02 执行“绘图>圆”命令，绘制一个半径为4的圆。

命令行提示如下：

```
命令：_circle
指定圆的圆心或 [三点(3P)/两点(2P)/相切、相切、半径(T)]:
指定圆的半径或 [直径(D)] <6.0000>: 4
```

03 执行“绘图>图案填充”命令，选择图案“SOLID”对圆进行填充，如图2-4所示。

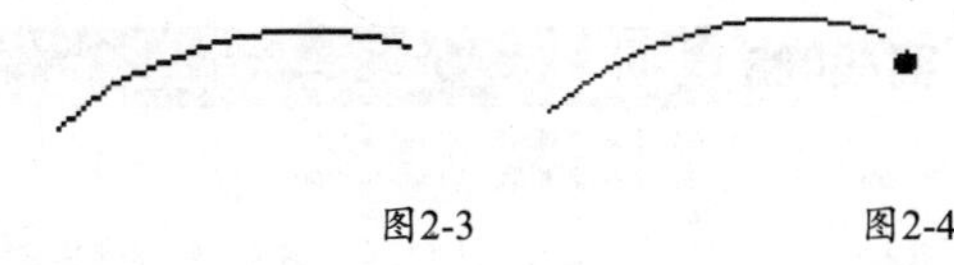

图2-3　　图2-4

技巧与提示

在对圆进行图案填充时，由于圆的半径比较小，因此拾取内部点时，可先通过“标准”工具栏中的“实时缩放”按钮将其放大，以便内部点的拾取。

04 在命令行中输入“ARRAYCLASSIC”，弹出“阵列”对话框，单击“中心点”按钮，配合“对象捕捉”功能，在屏幕上拾取圆弧起始点为中心点，其他阵列参数设置如图2-5所示。

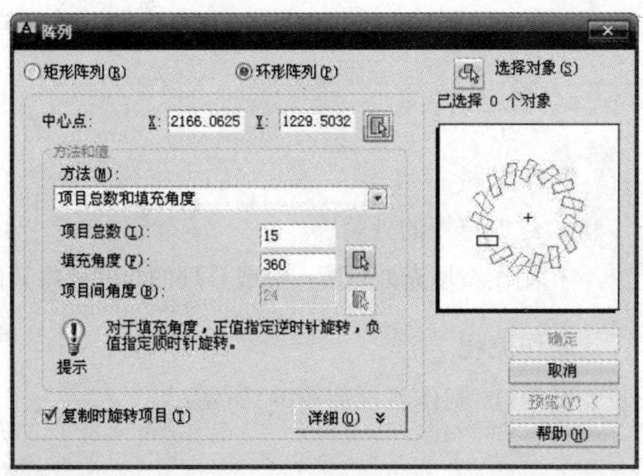

图2-5

05 单击“选择对象”按钮，选择图2-4中的图形作为阵列对象，单击“确定”按钮，完成花蕊的绘制，如图2-6所示。

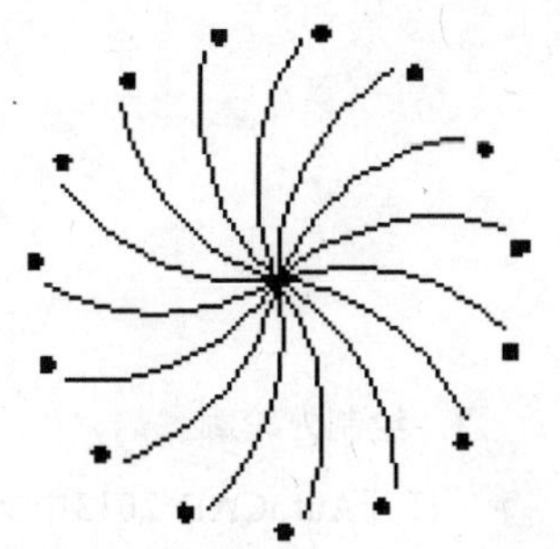

图2-6

2. 绘制花瓣

01 执行“绘图>圆”命令，绘制两个半径分别为240、320的同心圆，如图2-7所示。

```
命令：_circle 指定圆的圆心或 [三点(3P)/两点(2P)/相切、相切、半径(T)]:
指定圆的半径或 [直径(D)] <262.2595>: 240
命令：_circle 指定圆的圆心或 [三点(3P)/两点(2P)/相切、相切、半径(T)]:
指定圆的半径或 [直径(D)] <240.0000>: 320
```

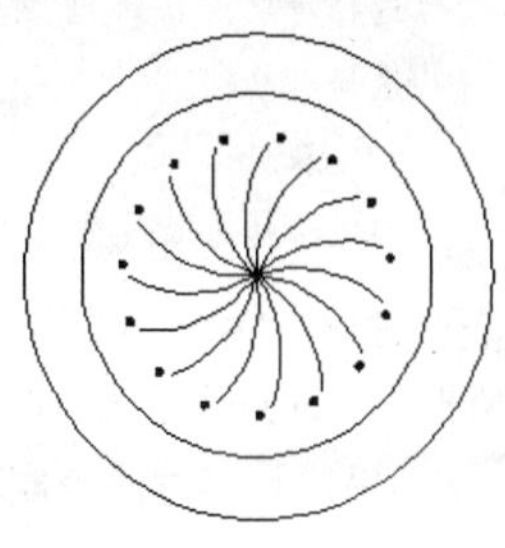

图2-7

02 执行“绘图>点>定数等分”命令，将两个圆分别平分为5份，如图2-8所示。

命令行提示如下：

```
命令：_divide
选择要定数等分的对象：
输入线段数目或 [块(B)]: 5
```

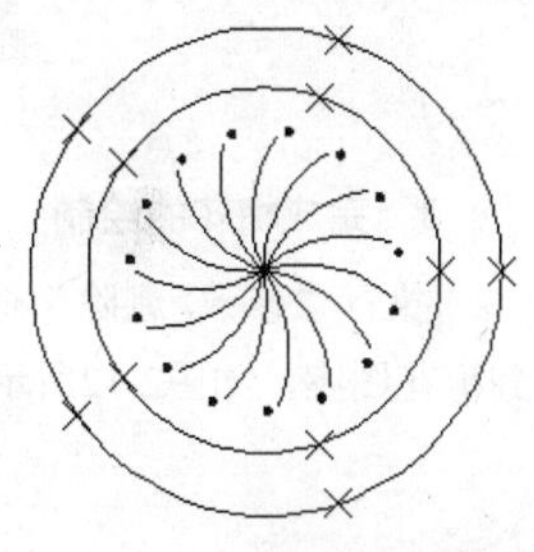

图2-8

技巧与提示

一般在定数等分前要首先设置点的样式。执行“格式>点样式”命令，可打开如图2-9所示的“点样式”对话框，默认的点样式为单点样式，可选择其他点的样式使其显示。

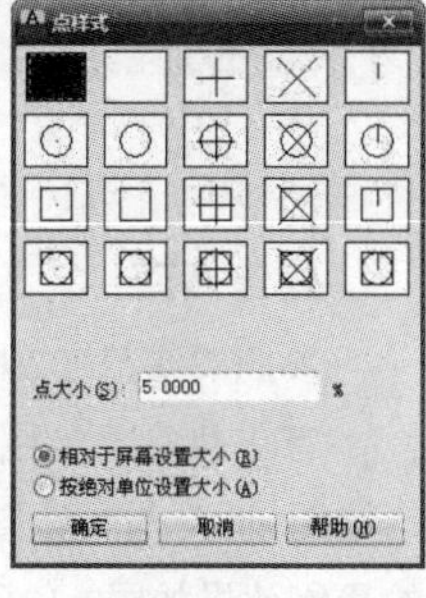

图2-9

03 执行“修改>旋转”命令，以圆心为基点，将外侧大圆上等分的点旋转36°。

命令行提示如下：

```
命令: _rotate
UCS 当前的正角方向:  ANGDIR=逆时针   ANGBASE=0
选择对象: 找到 1 个
选择对象: 找到 1 个, 总计 2 个
选择对象: 找到 1 个, 总计 3 个
选择对象: 找到 1 个, 总计 4 个
选择对象: 找到 1 个, 总计 5 个
选择对象:
指定基点:
指定旋转角度, 或 [复制(C)/参照(R)] <0>:  36
```

04 执行“绘图>圆弧”命令，配合“对象捕捉”功能，捕捉等分的点作为圆弧所经过的3个点，如图2-10所示。

05 采用相同方法绘制并连接其他等分点来绘制圆弧，从而完成花瓣的绘制，如图2-11所示。

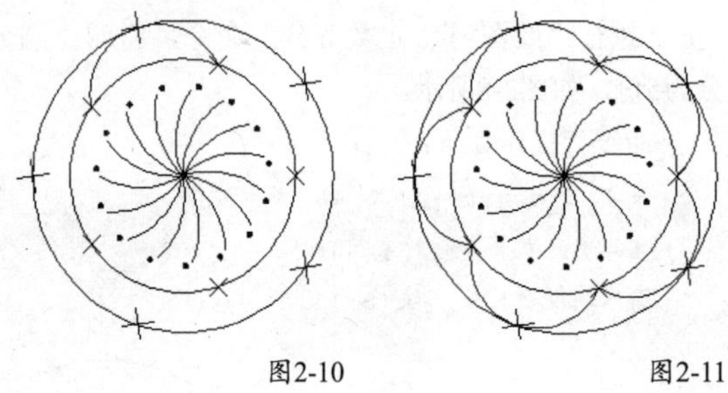

图2-10　　图2-11

3. 完成梅花的绘制

执行“修改>删除”命令，删除多余的圆与点即可得到梅花图案，如图2-12所示。

图2-12

练习002

练习位置	DVD>练习文件>第1章>练习002
难易指数	★★☆☆☆
技术掌握	巩固“圆”、“圆弧”和“图案填充”等命令的使用方法。

操作指南

参照“实战002 梅花图案”案例进行制作。

首先执行“绘图>圆弧”命令，绘制蕊丝；然后执行“绘图>圆”与“绘图>图案填充”命令，绘制蕊头。练习的最终效果如图2-13所示。

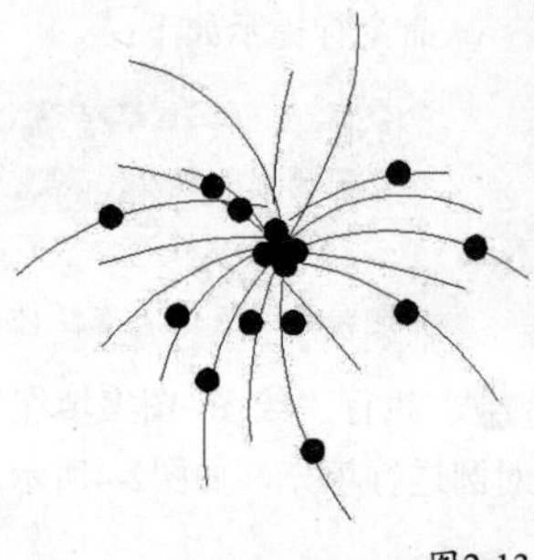

图2-13

实战003 草坪1

实战位置	DVD>实战文件>第1章>实战003
视频位置	DVD>多媒体教学>第1章>实战003
难易指数	★★☆☆☆
技术掌握	掌握“正多边形”、“圆”、“修剪”和“图案填充”等命令。

实战介绍

运用“正多边形”、“圆”、“修剪”与“图案填充”命令，绘制草坪平面图。本例最终效果如图3-1所示。

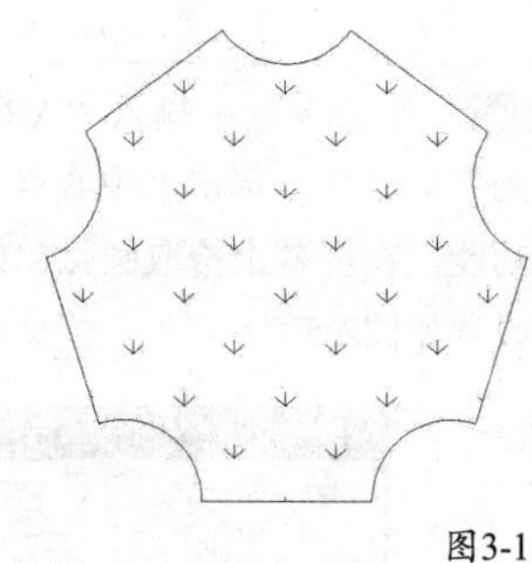

图3-1

制作思路

- 绘制草坪的外轮廓。
- 用图案填充外轮廓，完成草坪的绘制并将其保存。

制作流程

草坪1的制作流程如图3-2所示。

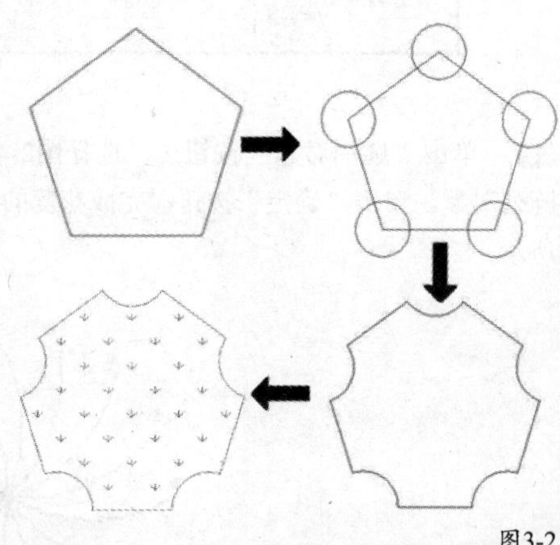

图3-2

1. 绘制外轮廓

01 打开AutoCAD 2013中文版软件，执行“绘图>正多边形”命令，绘制如图3-3所示的正五边形。

命令行提示如下：

```
命令：_polygon 输入边的数目 <4>：5
指定正多边形的中心点或 [边(E)]：
输入选项 [内接于圆(I)/外切于圆(C)] <I>：c
指定圆的半径：400
```

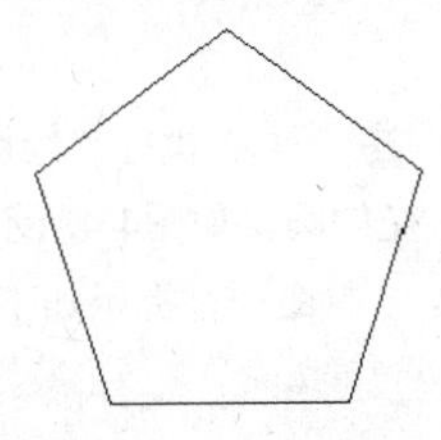

图3-3

02 执行“绘图>圆”命令，以正五边形的顶点为圆心，绘制如图3-4所示的圆。

命令行提示如下：

```
命令：_circle
指定圆的圆心或 [三点(3P)/两点(2P)/切点、切点、半径(T)]：
指定圆的半径或 [直径(D)] <700.000>：140
```

03 采用相同方法绘制出其他4个顶点上的圆，如图3-5所示。

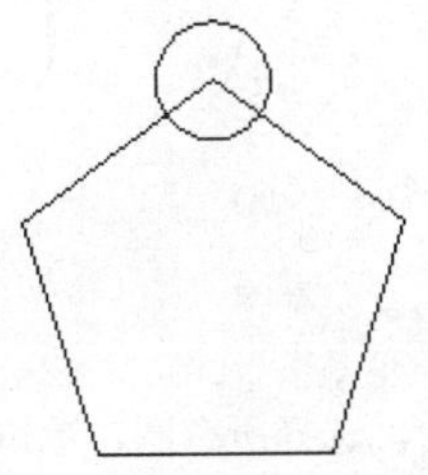

图3-4

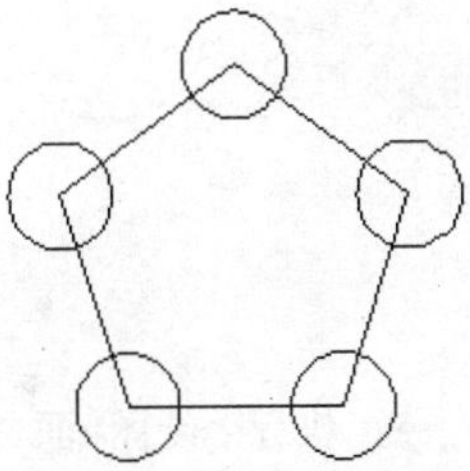

图3-5

技巧与提示

在绘制图形时，一般都应先打开“对象捕捉”功能。例如在绘制圆时，通过该功能，可以很方便地找到正多边形的顶点，以确定圆心位置。步骤3中其他4个圆的绘制也可通过“复制”命令来实现。

04 执行“修改>修剪”命令，一次将多余的边修剪掉，如图3-6所示。

命令行提示如下：

```
命令：_trim
当前设置:投影=UCS，边=无
选择剪切边...
选择对象或 <全部选择>： 指定对角点：找到 6 个
选择对象：
选择要修剪的对象，或按住 Shift 键选择要延伸的对象，或[栏选(F)/窗交(C)/投影(P)/边(E)/删除(R)/放弃(U)]：
```

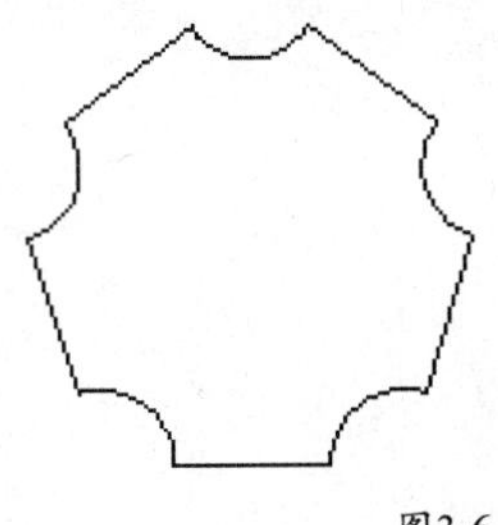

图3-6

2. 图案填充

01 执行“绘图>图案填充”命令，弹出“图案填充和渐变色”对话框，单击“图案”下拉列表后的按钮，选择图案“GRASS”，在比例中设置为5，如图3-7所示。

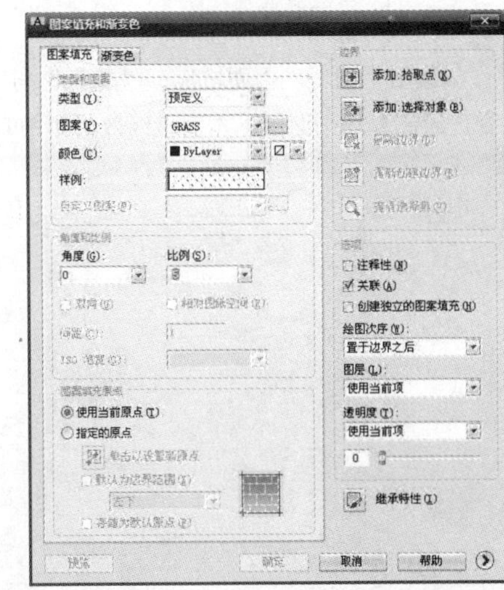

图3-7

02 单击按钮，拾取图形内部点，按回车键后，返回“图案填充和渐变色”对话框，单击“确定”按钮，得到如图3-8所示的草坪平面图。

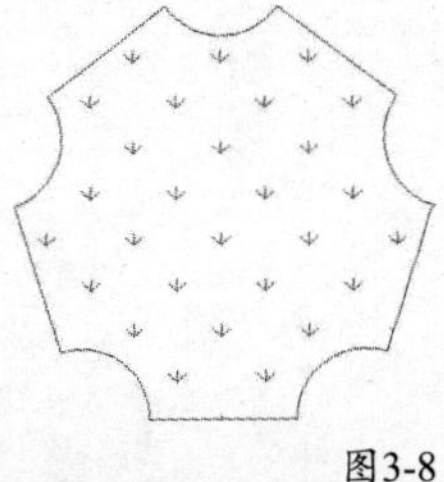

图3-8

练习003

练习位置　DVD>练习文件>第1章>练习003
难易指数　★★☆☆☆
技术掌握　巩固“圆”和“图案填充”等命令的使用方法。

操作指南

参照“实战003 草坪1”案例进行制作。

首先执行“绘图>圆”命令，绘制两个同心圆；然后执行“绘图>图案填充”命令，填充草坪图案。练习的最终效果如图3-9所示。

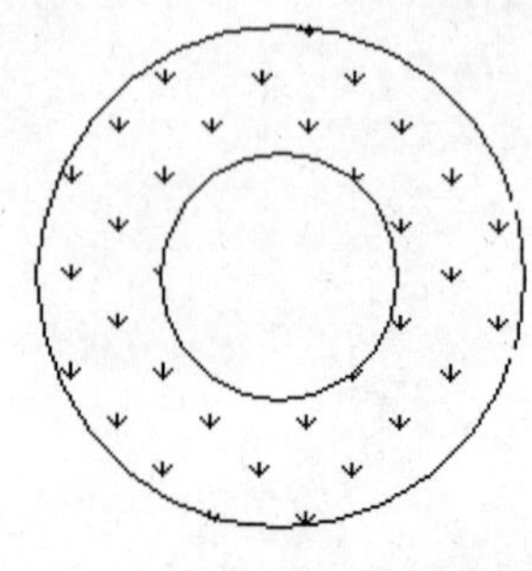

图3-9

实战004 草坪2

实战位置	DVD>实战文件>第1章>实战004
视频位置	DVD>多媒体教学>第1章>实战004
难易指数	★★☆☆☆
技术掌握	掌握“圆”、“面域”、“差集”和“图案填充”等命令。

实战介绍

运用“圆”、“面域”、“差集”与“图案填充”命令，绘制草坪平面图。本例最终效果如图4-1所示。

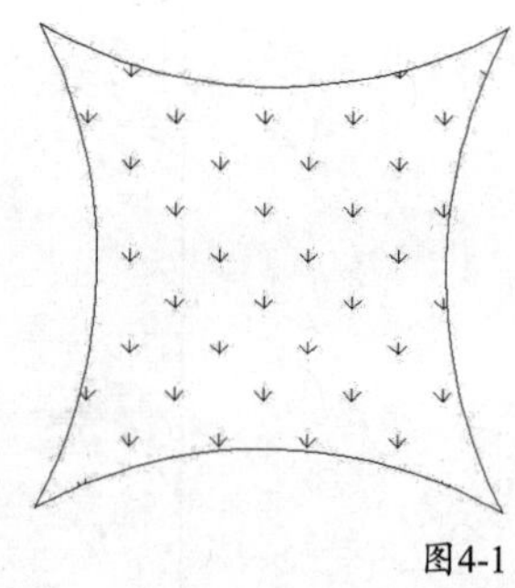

图4-1

制作思路

- 绘制草坪外轮廓。
- 图案填充外轮廓，完成草坪的绘制并将其保存。

制作流程

草坪2的制作流程如图4-2所示。

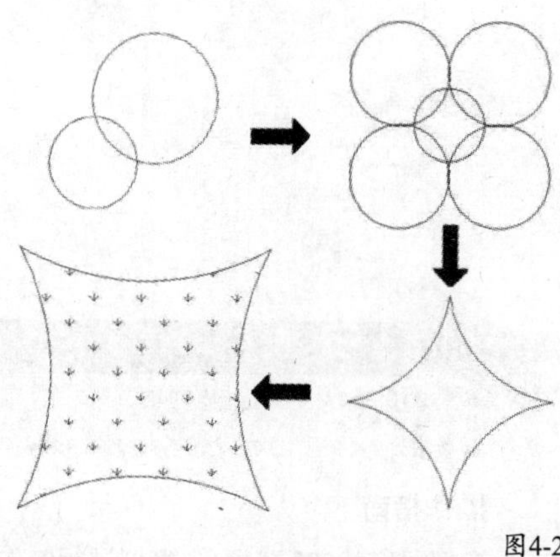

图4-2

1. 绘制外轮廓

01 打开AutoCAD 2013中文版软件，执行“绘图>圆”命令，绘制一个半径为400的圆，如图4-3所示。

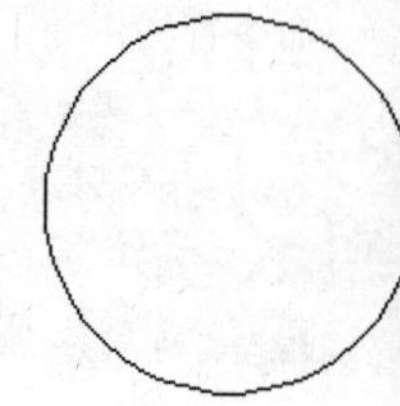

图4-

02 再次执行“绘图>圆”命令，绘制一个与第一个圆相交的圆，如图4-4所示。

命令行提示如下：

```
命令：_circle
指定圆的圆心或 [三点(3P)/两点(2P)/切点、切点、半径(T)]：3p
指定圆上的第一个点：
指定圆上的第二个点：
指定圆上的第三个点：
```

03 在命令行中输入“ARRAYCLASSIC”，弹出“阵列”对话框，设置参数，阵列出其他3个圆，如图4-5所示。

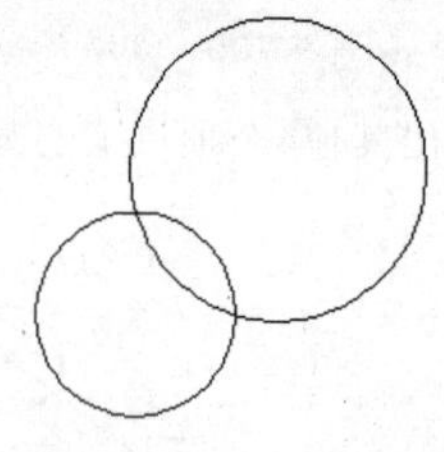

图4-4

图4-

04 执行“绘图>面域”命令，选择所有圆，单击鼠标右键确认后，即可将5个圆生成5个面域。

05 执行“修改>实体编辑>差集”命令。

命令行提示如下：

```
命令：_subtract 选择要从中减去的实体、曲面和面域...
选择对象：
```

此时选择中心的圆，如图4-6所示。

06 按回车键确认后，系统要求选择要减去的面域，此时选择其他4个圆，单击鼠标右键即可得到如图4-7所示的图形。

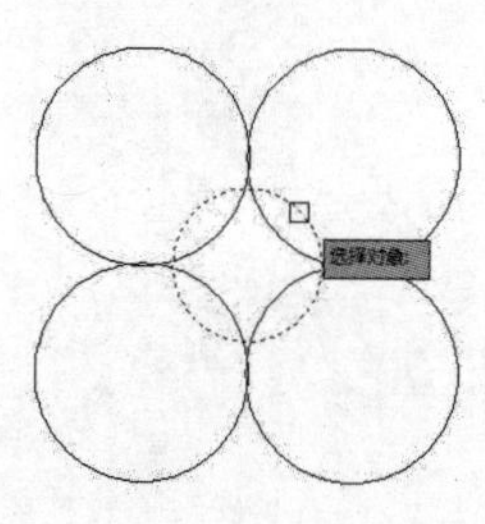

图4-6

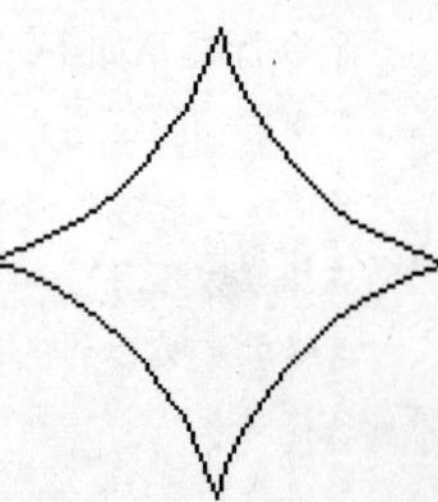

图4-7

2. 图案填充

执行“修改>旋转”命令，将上一步得到的图旋转45°；执行“绘图>图案填充”命令，按照实战3中步骤对草坪填充图案“GRASS”，如图4-8所示。

图4-8

练习004

练习位置	DVD>练习文件>第1章>练习004
难易指数	★★☆☆☆
技术掌握	巩固“正多边形”、“图案填充”和“修剪”等命令的使用方法。

操作指南

参照“实战004 草坪2”案例进行制作。

首先执行“绘图>正多边形”命令，绘制一个正五边形；接着执行“绘图>直线”命令，将正五边形的5个顶点用直线连接起来；然后执行“修改>修剪”命令，将多余的线进行删减得到正五角星形；最后执行“绘图>图案填充”命令，填充草坪图案。练习的最终效果如图4-9所示。

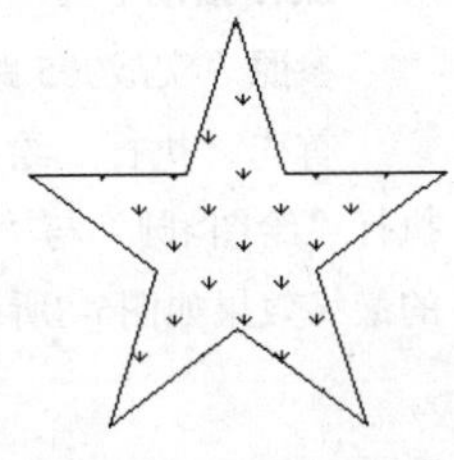

图4-9

实战005 路灯1

实战位置	DVD>实战文件>第1章>实战005
视频位置	DVD>多媒体教学>第1章>实战005
难易指数	★★☆☆☆
技术掌握	掌握“多段线”、“圆”、“延伸”和“镜像”等命令。

实战介绍

运用“多段线”命令，绘制灯杆；利用“圆”命令，绘制路灯；利用“延伸”与“镜像”命令，绘制路灯的整体图形。本例最终效果如图5-1所示。

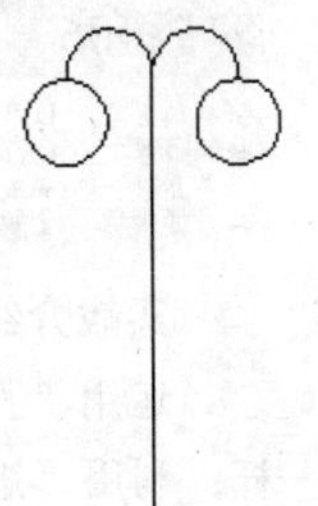

图5-1

制作思路

- 绘制灯杆。
- 绘制圆，将多段线延伸后与圆相交。
- 镜像圆，完成路灯1的绘制并将其保存。

制作流程

路灯1的制作流程如图5-2所示。

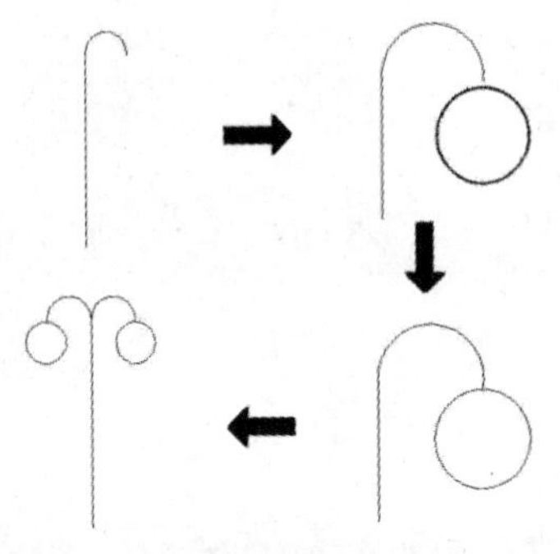

图5-2

1. 绘制灯杆

打开AutoCAD 2013中文版软件，执行“绘图>多段线”命令，绘制如图5-3所示的多段线。

命令行提示如下：

```
命令: _pline
指定起点:
当前线宽为 0.0000
指定下一个点或 [圆弧(A)/半宽(H)/长度(L)/放弃(U)/宽度(W)]: <正交 开>
指定下一点或 [圆弧(A)/闭合(C)/半宽(H)/长度(L)/放弃(U)/宽度(W)]: a
指定圆弧的端点或[角度(A)/圆心(CE)/闭合(CL)/方向(D)/半宽(H)/直线(L)/半径(R)/第二个点(S)/放弃(U)/宽度(W)]:<正交 关>
指定圆弧的端点或[角度(A)/圆心(CE)/闭合(CL)/方向(D)/半宽(H)/直线(L)/半径(R)/第二个点(S)/放弃(U)/宽度(W)]:
```

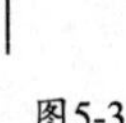

图5-3

2. 绘制圆

01 执行“绘图>圆”命令，绘制一个半径为50的圆，如图5-4所示。

命令行提示如下：

```
命令：_circle
指定圆的圆心或 [三点(3P)/两点(2P)/切点、切点、半径(T)]：
指定圆的半径或 [直径(D)]:50
```

图5-4

02 执行“修改>延伸”命令，使路灯灯杆延伸至圆上。

命令行提示如下：

```
命令：_extend
当前设置：投影=UCS，边=无
选择边界的边...
选择对象或 <全部选择>： 找到 1 个
选择对象：
选择要延伸的对象，或按住 Shift 键选择要修剪的对象，或[栏选(F)/窗交(C)/投影(P)/边(E)/放弃(U)]：
选择要延伸的对象，或按住 Shift 键选择要修剪的对象，或[栏选(F)/窗交(C)/投影(P)/边(E)/放弃(U)]：
```

技巧与提示

在步骤2中，利用“实时缩放”工具放大图形后会发现灯杆并未与灯相交（如图5-5所示），此时可利用“延伸”命令即可使其相交。运用此命令时应先选择要延伸到的对象，然后再选择要延伸的对象，例如本例中应先选择圆然后选择灯杆（效果如图5-6所示）。

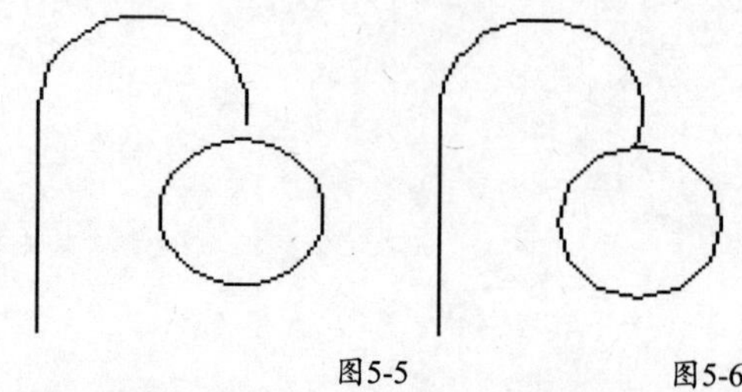

图5-5　　图5-6

3. 镜像灯杆和圆

执行“修改>镜像”命令，以通过灯杆垂直部分的直线为镜像线，镜像出另外一侧的图形，如图5-7所示。

命令行提示如下：

```
命令：_miror
选择对象：找到 1 个
选择对象：找到 1 个，总计 2 个
选择对象：
指定镜像线的第一点：指定镜像线的第二点：
要删除源对象吗？[是(Y)/否(N)] <N>:
```

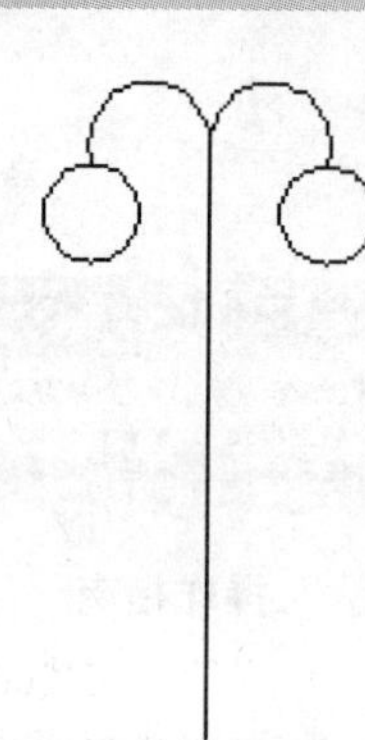

图5-7

练习005

练习位置	DVD>练习文件>第1章>练习005
难易指数	★★☆☆☆
技术掌握	巩固“圆”、“矩形”和“镜像”等命令的使用方法。

操作指南

参照“实战005 路灯1”案例进行制作。

首先，执行“绘图>矩形”命令，绘制灯杆；然后，执行“绘图>圆”与“修改>镜像”命令，绘制灯泡。练习的最终效果如图5-8所示。

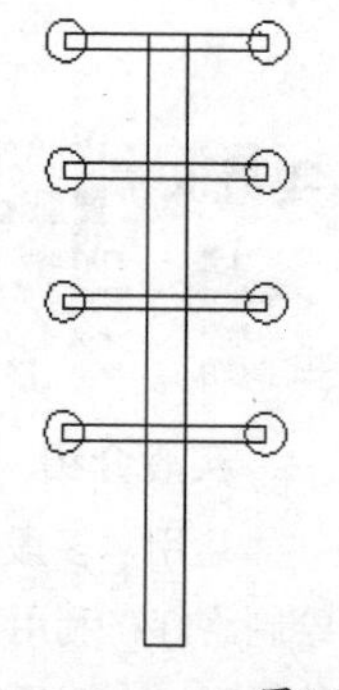

图5-8

实战006 路灯2

实战位置	DVD>实战文件>第1章>实战006
视频位置	DVD>多媒体教学>第1章>实战006
难易指数	★★☆☆☆
技术掌握	掌握“直线”、“矩形”、“移动”和“镜像”等命令。

实战介绍

运用“直线”、“矩形”与“移动”命令，绘制灯杆；利用“矩形”、“移动”与“镜像”命令，绘制路灯。本例最终效果如图6-1所示。

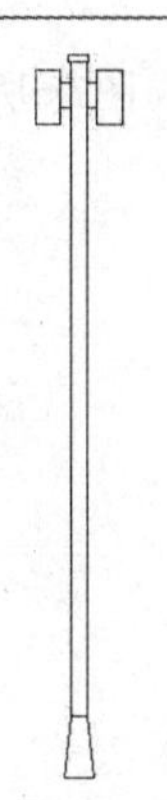

图6-1

制作思路

- 绘制灯杆。
- 绘制灯泡，完成路灯2的绘制并将其保存。

制作流程

路灯2的制作流程如图6-2所示。

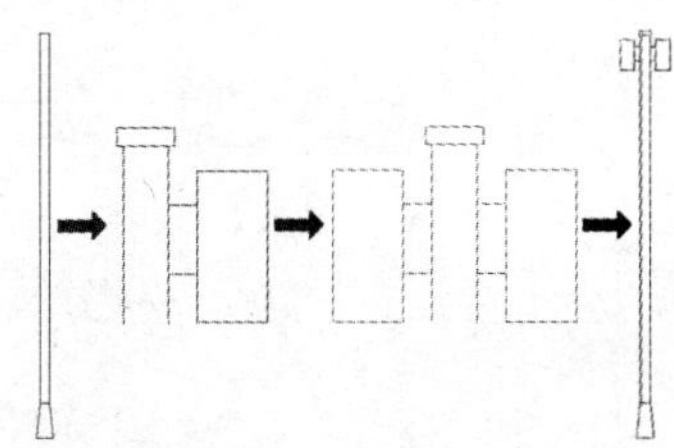

图6-2

1. 绘制灯杆

01 打开AutoCAD 2013中文版软件，执行“绘图>直线”命令，绘制如图6-3所示的直线。

02 执行“绘图>矩形”命令，绘制一个长4360、宽110的矩形，如图6-4所示。

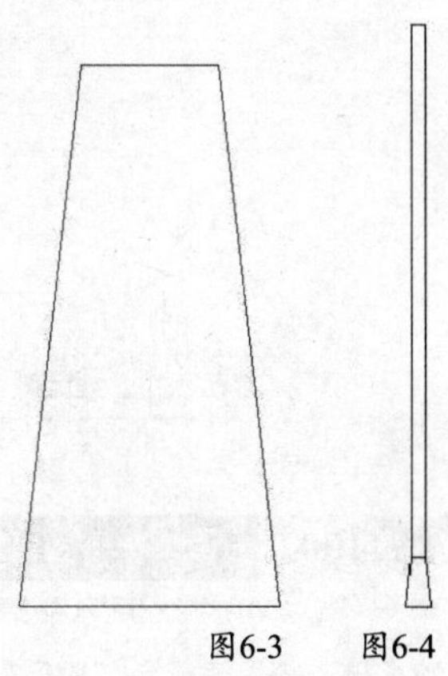

图6-3　图6-4

03 首先执行“绘图>矩形”命令，绘制一个的长140、宽42的矩形，然后执行“修改>移动”命令，将矩形移动到合适的位置，如图6-5所示。

图6-5

2. 绘制灯泡

01 执行“绘图>矩形”命令，绘制如图6-6所示的矩形作为路灯。

02 执行“修改>镜像”命令，将上一步所绘制的图形镜像到另一侧，如图6-7所示。

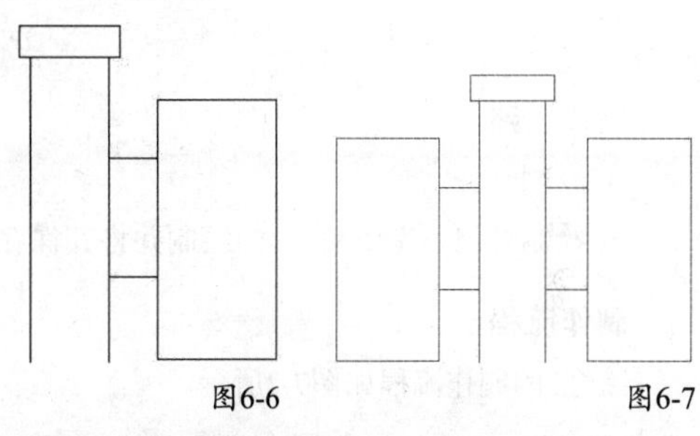

图6-6　图6-7

03 执行“视图>缩放>实时”命令，将所有图形全部显示，如图6-8所示。

练习006

练习位置	DVD>练习文件>第1章>练习006
难易指数	★★☆☆☆
技术掌握	巩固“直线”、“矩形”、“移动”和“镜像”等命令的使用方法。

操作指南

参照“实战006 路灯2”案例进行制作。

首先执行“绘图>直线”、“绘图>矩形”与“绘图>移动”命令，绘制灯杆；然后执行“绘图>直线”、“绘图>矩形”、“修改>移动”与“修改>镜像”命令，绘制灯泡。练习的最终效果如图6-9所示。

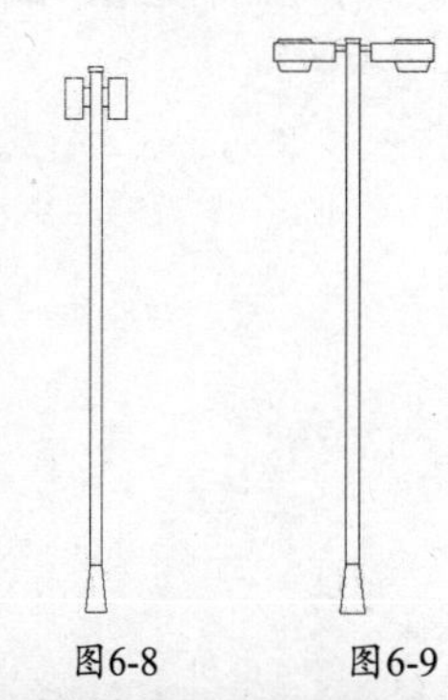

图6-8　图6-9

实战007 路灯3

实战位置	DVD>实战文件>第1章>实战007
视频位置	DVD>多媒体教学>第1章>实战007
难易指数	★★☆☆☆
技术掌握	掌握“矩形”、“圆”、“移动”、“复制”、“镜像”和“修剪”等命令。

实战介绍

运用“矩形”、“移动”、“复制”与“镜像”命令，绘制灯杆；利用“圆”、“复制”、“镜像”与“修剪”命令，绘制灯泡。本例最终效果如图7-1所示。

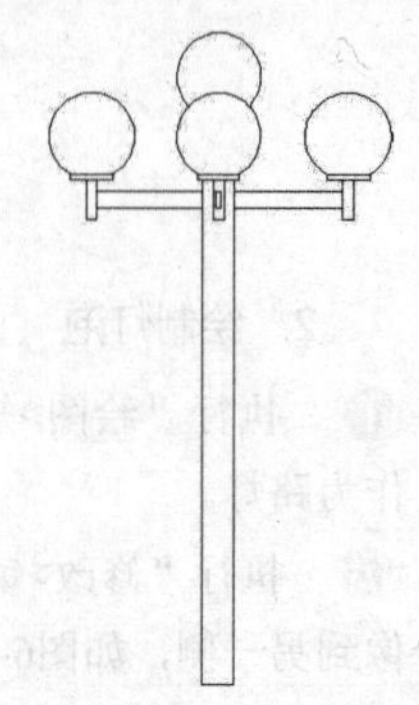
图7-1

制作思路

- 绘制灯杆。
- 绘制灯泡，完成路灯3的绘制并将其保存。

制作流程

路灯3的制作流程如图7-2所示。

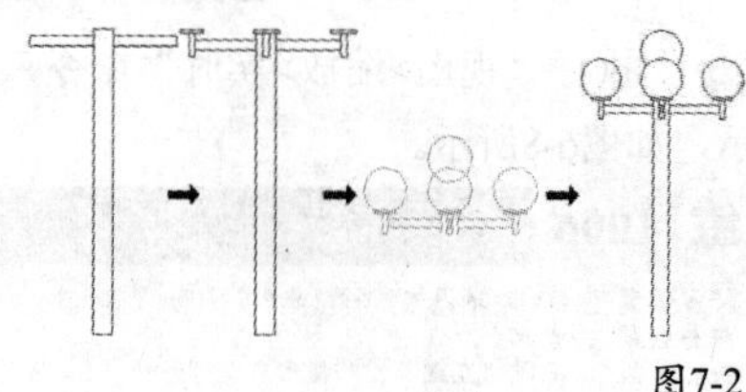
图7-2

1. 绘制灯杆

01 打开AutoCAD 2013中文版软件，执行“绘图>矩形”命令，绘制一个长150、宽2300的矩形，如图7-3所示。

02 执行“绘图>矩形”命令，绘制一个长500、宽75的矩形，执行“修改>移动”和“修改>镜像”命令，移动并镜像刚绘制的矩形，如图7-4所示。

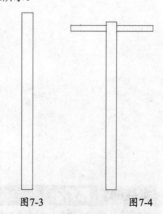

图7-3 图7-4

03 执行“绘图>矩形”命令，绘制如图7-5所示的矩形。

04 执行“修改>复制”和“修改>镜像”命令，绘制如图7-6所示的图形。

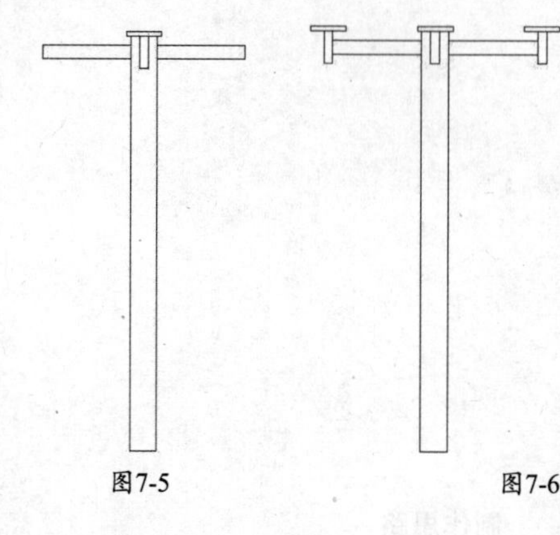
图7-5 图7-6

05 执行“绘图>矩形”命令，绘制一个矩形，执行“修改>移动”命令，将矩形移动到合适的位置，如图7-7所示。

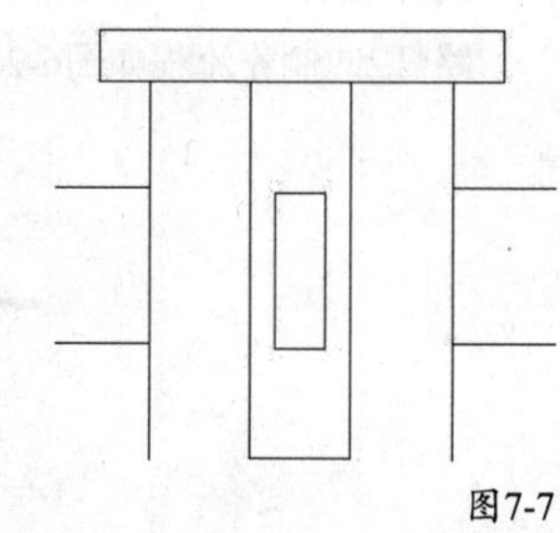
图7-7

2. 绘制灯泡

01 执行“绘图>圆”和“修改>复制”命令，绘制圆，如图7-8所示。

02 执行“绘图>圆”和“修改>复制”命令，绘制圆，如图7-9所示。

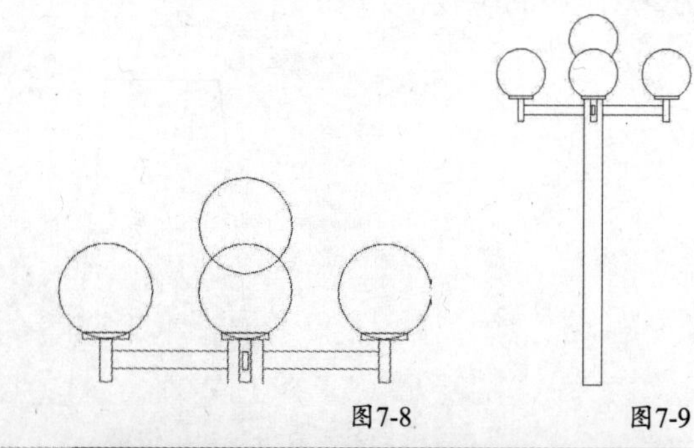
图7-8 图7-9

练习007

练习位置	DVD>练习文件>第1章>练习007
难易指数	★★☆☆☆
技术掌握	巩固“直线”、“矩形”、“移动”和“镜像”等命令的使用方法。

操作指南

参照“实战007 路灯3”案例进行制作。

首先执行“绘图>直线”、“绘图>矩形”与“绘图>移动”命令，绘制灯杆；然后执行“绘图>圆”与“修改>

修剪”命令，绘制灯泡。练习效果如图7-10所示。

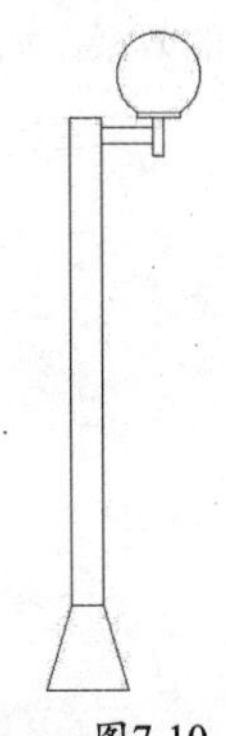

图7-10

实战008 地板图案

实战位置	DVD>实战文件>第1章>实战008
视频位置	DVD>多媒体教学>第1章>实战008
难易指数	★★☆☆☆
技术掌握	掌握“矩形”、“圆”、“剪切”、“阵列”和“图案填充”等命令。

实战介绍

运用“矩形”、“圆”、“剪切”、“阵列”与“图案填充”命令，绘制地板图案。本例最终效果如图8-1所示。

图8-1

制作思路

- 绘制单元地板图案。
- 阵列单元地板图案，完成地板图案的绘制并将其保存。

制作流程

地板图案的制作流程如图8-2所示。

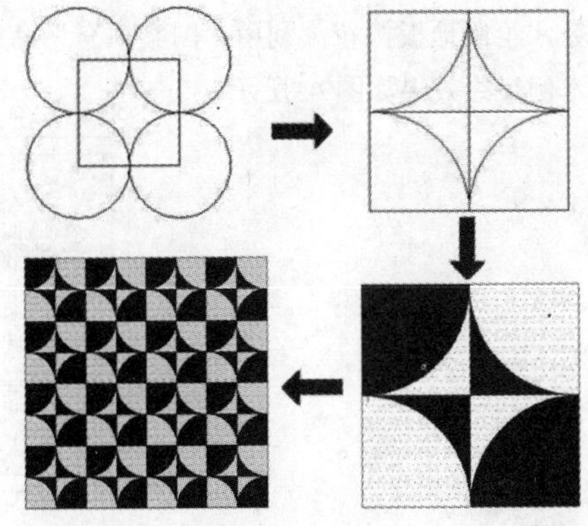

图8-2

1. 绘制地板单元

01 打开AutoCAD 2013中文版软件，执行“绘图>正多边形”命令，绘制一个边长为600的正方形，如图8-3所示。

图8-3

02 执行“绘图>圆”命令，以正方形的一个顶点为中心，绘制一个半径为300的圆，如图8-4所示。

命令行提示如下：

```
命令：_polygon 输入边的数目 <4>:
指定正多边形的中心点或 [边(E)]:
输入选项 [内接于圆(I)/外切于圆(C)] <I>: c
指定圆的半径：300
```

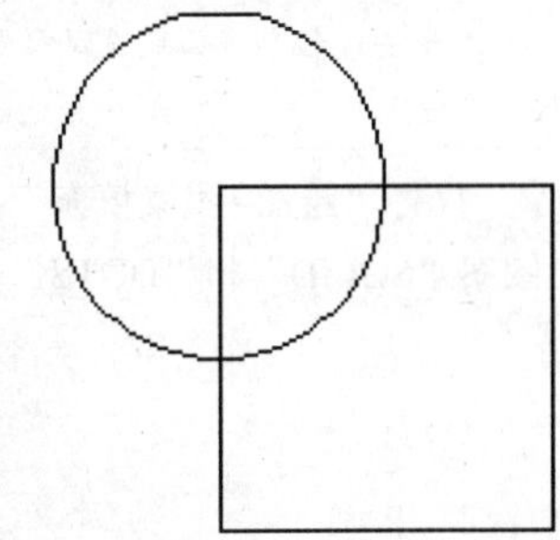

图8-4

技巧与提示

注意，在绘图时一定要时刻利用状态栏中的辅助绘图工具，在本步骤中打开“对象捕捉”功能能方便地捕捉到正方形的顶点。

03 在命令行中输入“ARRAYCLASSIC”，对圆进行环形阵列操作，如图8-5所示。

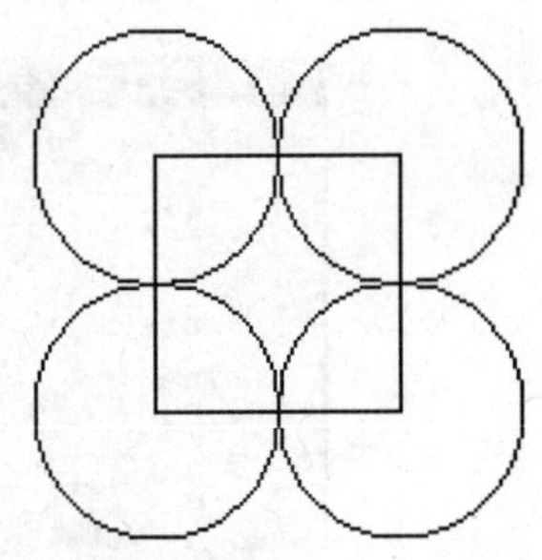

图8-5

04 执行“修改>修剪”命令，修剪掉多余的圆弧，如图8-6所示。

命令行提示如下：

```
命令：_trim
当前设置:投影=无，边=无
选择剪切边...
选择对象或 <全部选择>： 指定对角点：找到 5 个
选择对象：
选择要修剪的对象，或按住 Shift 键选择要延伸的对象，或[栏选(F)/窗交(C)/投影(P)/边(E)/删除(R)/放弃(U)]：
……
```

05 执行“绘图>直线”命令，绘制如图8-7所示的直线。

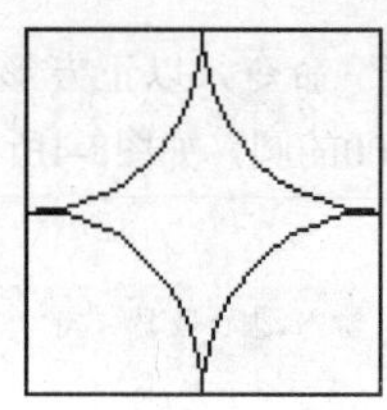

图8-6

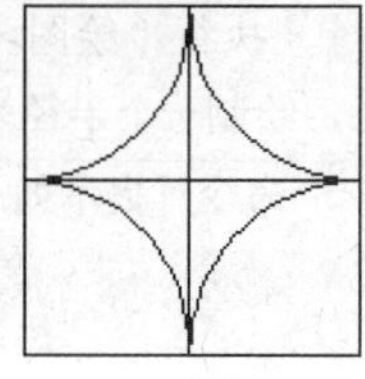

图8-7

技巧与提示

在绘图过程中，如果遇到需要重复使用某一命令，可直接按回车键。

06 执行“绘图>图案填充”命令，对图8-7所示图形填充图案“SOLID”和“DOTS”，结果如图8-8所示。

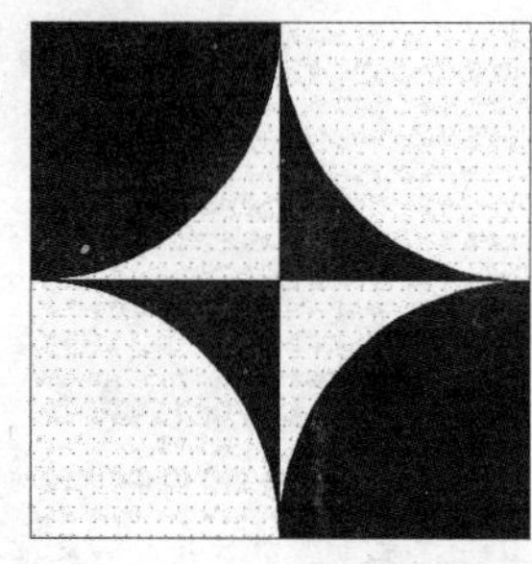

图8-8

2. 阵列地板单元

01 在命令行中输入“ARRAYCLASSIC”，弹出“阵列”对话框，设置参数，如图8-9所示。

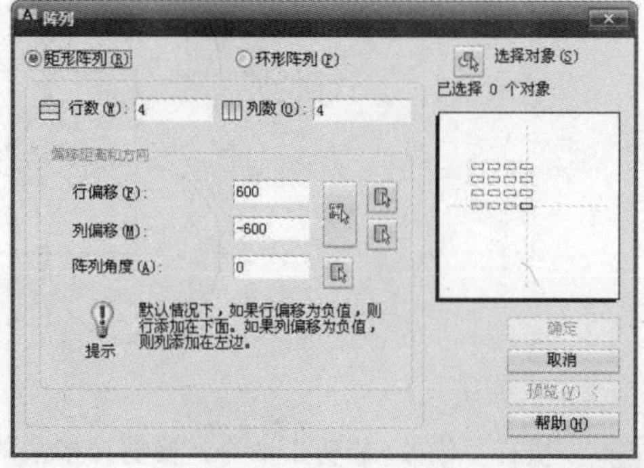

图8-9

02 单击“确定”按钮，即可看到地板图案拼切到一起的效果，如图8-10所示。

图8-10

练习008

练习位置 DVD>练习文件>第1章>练习008
难易指数 ★★☆☆☆
技术掌握 巩固“圆”、“圆弧”、“矩形”、“阵列”和“复制”等命令的使用方法。

操作指南

参照“实战008 地板图案”案例进行制作。

首先执行“绘图>矩形”和“修改>偏移”命令，绘制地板外轮廓；然后执行“绘图>圆”、“绘图>直线”、“绘图>图案填充”、“修改>阵列”和“修改>复制”命令，绘制地板图案。练习最终效果如图8-11所示。

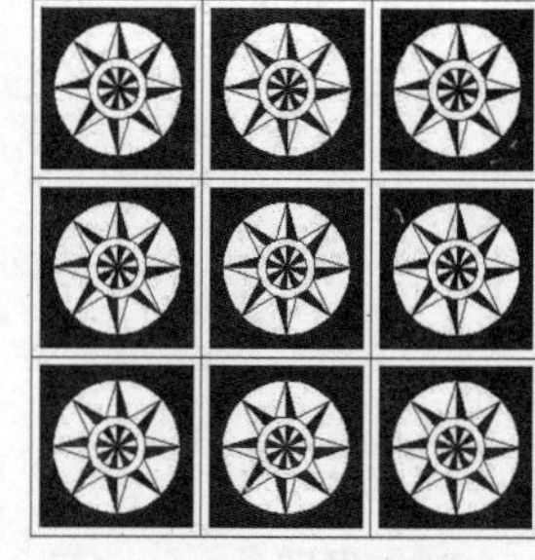

图8-11

实战009 地板拼花1

实战位置 VD>实战文件>第1章>实战009
视频位置 DVD>多媒体教学>第1章>实战009
难易指数 ★★☆☆☆
技术掌握 掌握“矩形”、“圆弧”、“点”、“定数等分”和“图案填充”等命令。

实战介绍

运用“矩形”、“圆弧”、“点”与“定数等分”命令，绘制地板拼花；利用“图案填充”命令，填充地板。本例最终效果如图9-1所示。

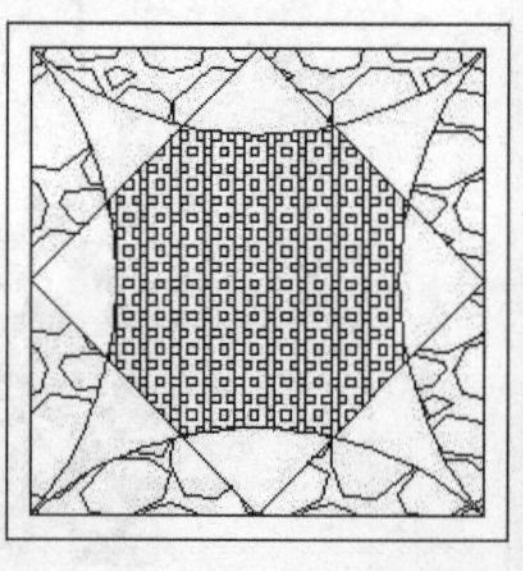

图9-1

制作思路

- 绘制地板拼花。
- 填充地板，完成地板拼花的绘制并将其保存。

制作流程

地板拼花1的制作流程如图9-2所示。

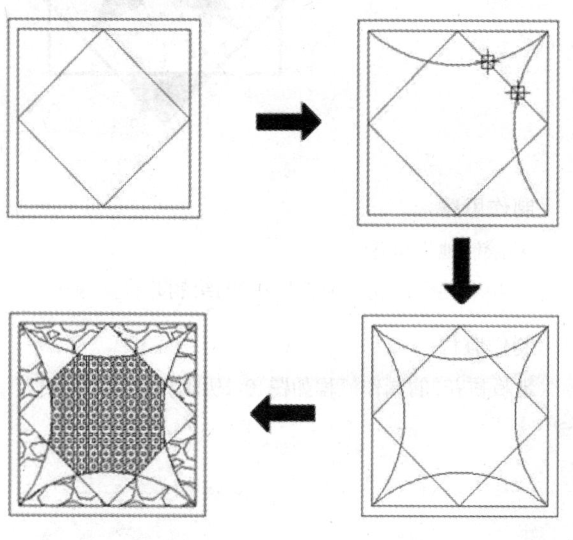

图9-2

1. 绘制地板拼花

01 打开AutoCAD 2013中文版软件，执行“绘图>矩形”命令，绘制如图9-3所示的矩形。

命令行提示如下：

```
命令: _rectang
指定第一个角点或 [倒角(C)/标高(E)/圆角(F)/厚度(T)/宽度(W)]:
指定另一个角点或 [面积(A)/尺寸(D)/旋转(R)]: @400,400
```

02 执行“格式>点样式”命令，弹出“点样式”对话框，如图9-4所示。

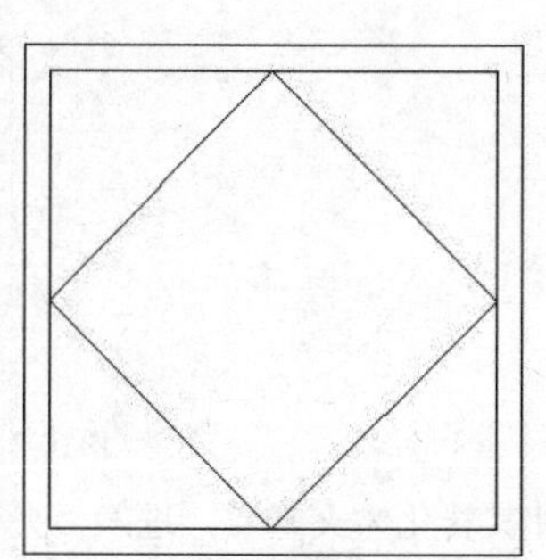

图9-3

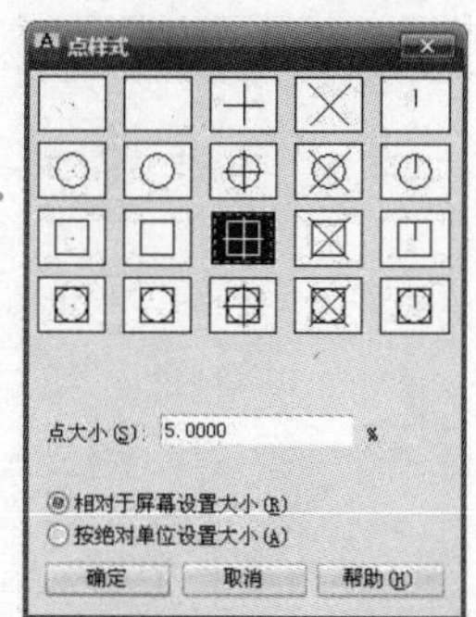

图9-4

03 执行“绘图>点>定数等分”命令，将地板内部右上侧的线段分为3份，如图9-5所示。

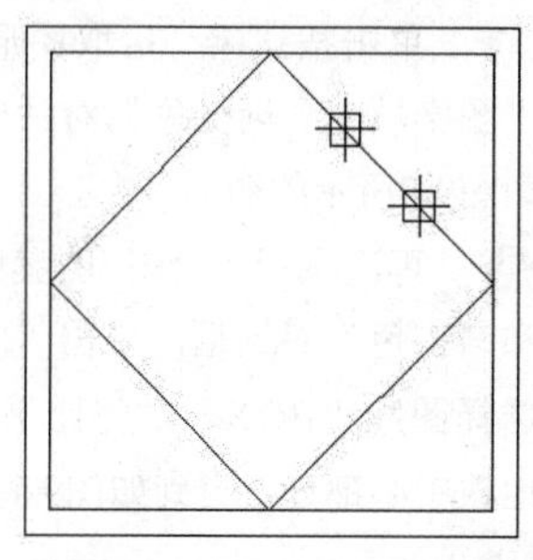

图9-5

04 执行“绘图>圆弧”命令，依次单击内部矩形的右上角点、右上侧直线的第二个节点和内部矩形的右下角点，绘制地板拼花右侧的弧形部分。

05 再次执行“绘图>圆弧”命令，依次单击内部矩形的右上角点、右上侧直线的第一个节点和内部矩形的左上角点，绘制地板拼花上部的弧形部分，如图9-6所示。

06 执行“修改>镜像”命令，以内部矩形的左上和右下焦点为基点，对上两步所绘制的圆弧进行镜像，然后执行“修改>删除”命令，删除节点，如图9-7所示。

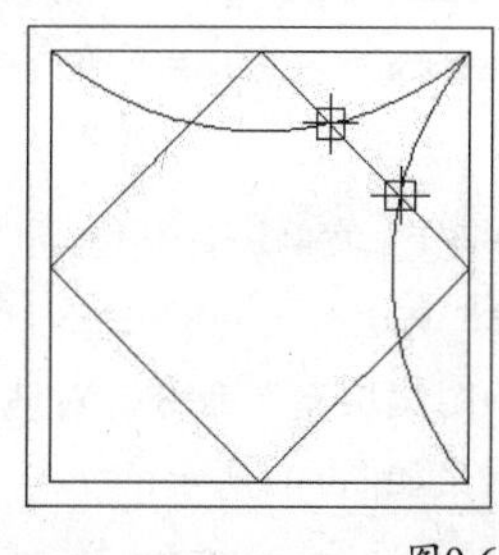

图9-6

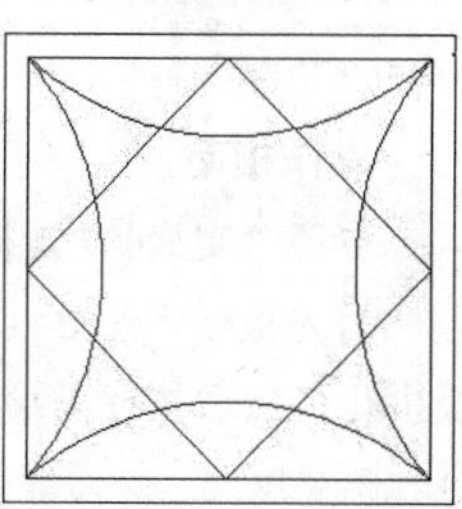

图9-7

2. 图案填充

01 执行“绘图>图案填充”命令，弹出“图案填充和渐变色”对话框，单击“图案”下拉列表后的按钮，选择图案“GRAVEL”，将比例设置为5，如图9-8所示。

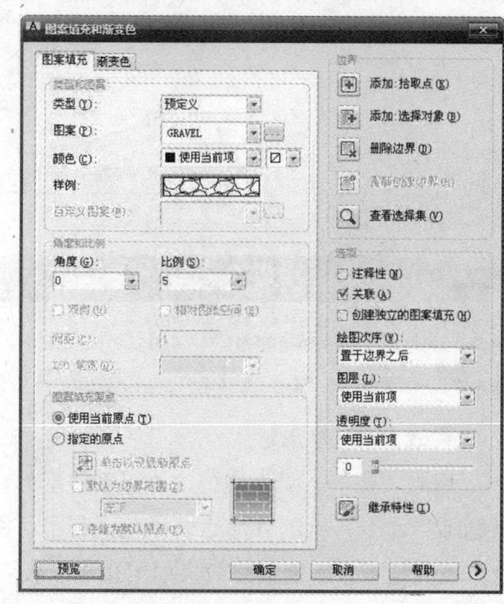

图9-8

02 单击按钮，拾取图形内部点，按回车键后，返回“图案填充和渐变色”对话框，单击“确定”按钮，得到如图9-9所示的图形。

03 再次执行“绘图>图案填充”命令，弹出“图案填充和渐变色”对话框，单击“图案”下拉列表后的按钮，选择图案“BOX”，将比例设置为1，单击按钮，拾取地板中心部分，得到如图9-10所示的图形。

图9-9

图9-10

练习009

练习位置	DVD>练习文件>第1章>练习009
难易指数	★★★★☆
技术掌握	巩固“圆”、“直线”和“图案填充”等命令的使用方法。

操作指南

参照“实战009 地板拼花1”案例进行制作。

首先执行“绘图>直线”与“绘图>圆”命令，绘制地板拼花；然后执行“绘图>图案填充”命令，对地板图案进行图案填充。练习最终效果如图9-11所示。

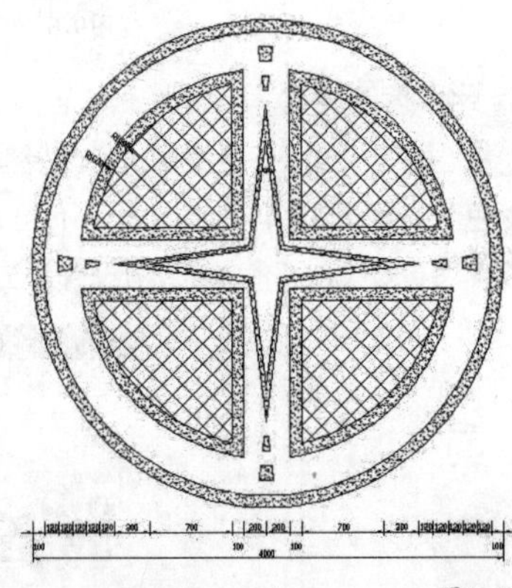

图9-11

实战010 地板拼花2

实战位置	DVD>实战文件>第1章>实战010
视频位置	DVD>多媒体教学>第1章>实战010
难易指数	★★☆☆☆
技术掌握	掌握“圆”、“直线”、“正多边形”、“阵列”、“删除”和“图案填充”等命令。

实战介绍

运用“圆”、“直线”、“正多边形”、“阵列”与“删除”命令，绘制方形地板拼花；利用“图案填充”命令，填充地板。本例最终效果如图10-1所示。

图10-1

制作思路

- 绘制地板拼花。
- 填充地板，完成地板拼花2的绘制并将其保存。

制作流程

地板拼花2的制作流程如图10-2所示。

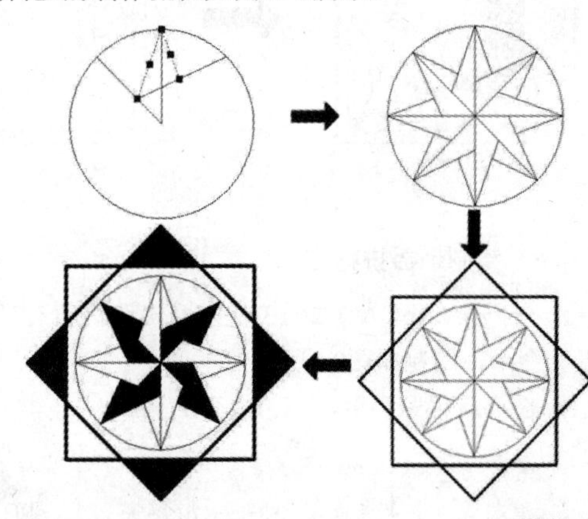

图10-2

1. 绘制地板拼花

01 打开AutoCAD 2013中文版软件，执行“绘图>圆”命令，绘制一个半径为900的圆。

02 执行“绘图>直线”命令，绘制如图10-3所示的直线。

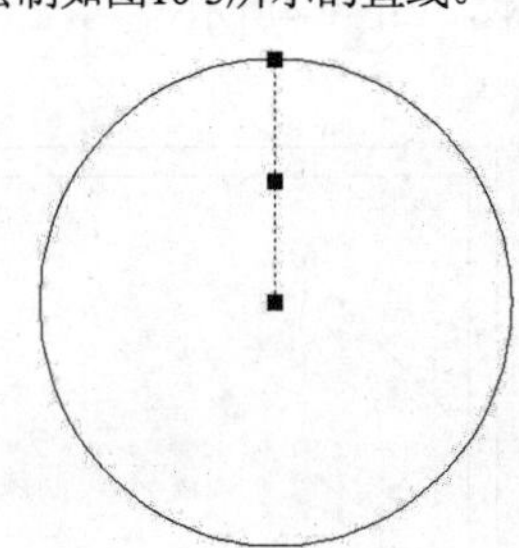

图10-3

03 单击最上方的夹点，使其转化为夹基点，进入“夹点编辑”模式，此时此夹点的颜色变为红色。

04 在进入“夹点编辑”模式后，使用“夹点旋转”功能对直线进行编辑，如图10-4所示。

命令行提示如下：

```
命令:
** 拉伸 **
指定拉伸点或 [基点(B)/复制(C)/放弃(U)/退出(X)]:_
rotate
** 旋转 **
指定旋转角度或 [基点(B)/复制(C)/放弃(U)/参照(R)/
退出(X)]: C
** 旋转 (多重) **
指定旋转角度或 [基点(B)/复制(C)/放弃(U)/参照(R)/
退出(X)]: 20
** 旋转 (多重) **
指定旋转角度或 [基点(B)/复制(C)/放弃(U)/参照(R)/
退出(X)]:
```

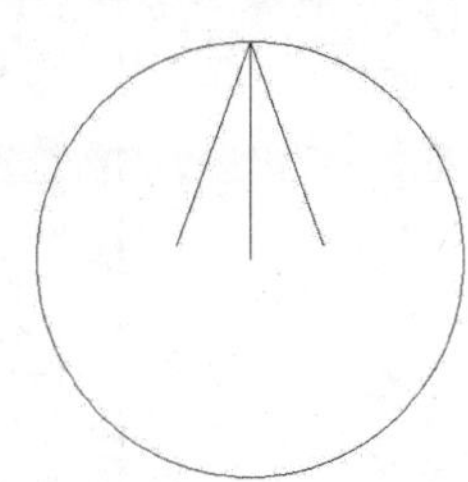

图10-4

05 在无命令执行的前提下，选择第二步绘制的直线，使其夹点显示，单击最下方夹点，使其转化为夹基点，进入"夹点编辑"模式，对其进行夹点编辑，如图10-5所示。

命令行提示如下：

```
命令:
** 拉伸 **
指定拉伸点或 [基点(B)/复制(C)/放弃(U)/退出(X)]:_
rotate
** 旋转 **
指定旋转角度或 [基点(B)/复制(C)/放弃(U)/参照(R)/
退出(X)]: C
** 旋转 (多重) **
指定旋转角度或 [基点(B)/复制(C)/放弃(U)/参照(R)/
退出(X)]: 45
** 旋转 (多重) **
指定旋转角度或 [基点(B)/复制(C)/放弃(U)/参照(R)/
退出(X)]:
```

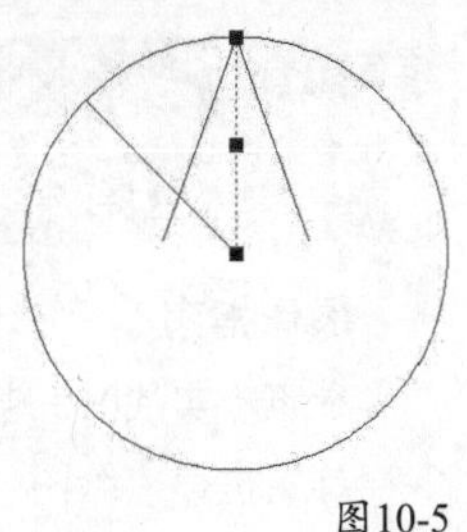

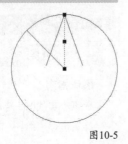

图10-5

06 在无命令执行的前提下，选择如图8-6所示的直线，使其夹点显示，单击最上方夹点，使其转化为夹基点，进入"夹点编辑"模式，对其进行夹点编辑，如图10-6所示。

命令行提示如下：

```
命令:
** 拉伸 **
指定拉伸点或 [基点(B)/复制(C)/放弃(U)/退出(X)]: _ rotate
** 旋转 **
指定旋转角度或 [基点(B)/复制(C)/放弃(U)/参照(R)/
退出(X)]: C
** 旋转 (多重) **
指定旋转角度或 [基点(B)/复制(C)/放弃(U)/参照(R)/
退出(X)]: B
指定基点:    //捕捉圆的圆心
** 旋转 (多重) **
指定旋转角度或 [基点(B)/复制(C)/放弃(U)/参照(R)/
退出(X)]: -45
** 旋转 (多重) **
指定旋转角度或 [基点(B)/复制(C)/放弃(U)/参照(R)/
退出(X)]:
```

07 单击旋转后的直线最下方的夹点，进入"夹点编辑"模式，以如图10-7所示的交点作为目标点，对其进行夹点拉伸操作，如图10-7所示。

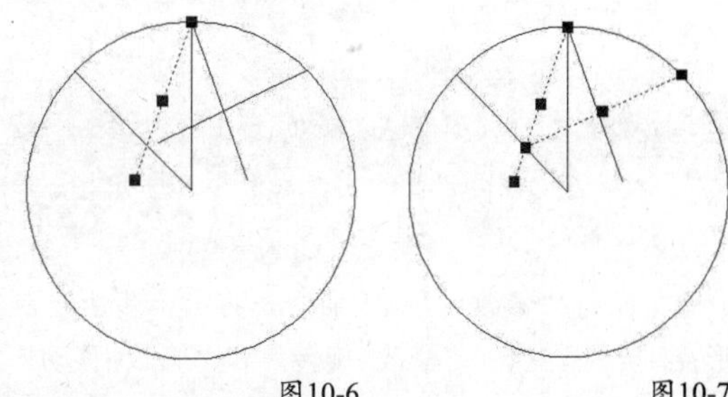

图10-6 图10-7

08 重复执行上一步操作，对另两条直线进行夹点拉伸操作，如图10-8所示。

09 执行"修改>删除"命令，删除直线，如图10-9所示。

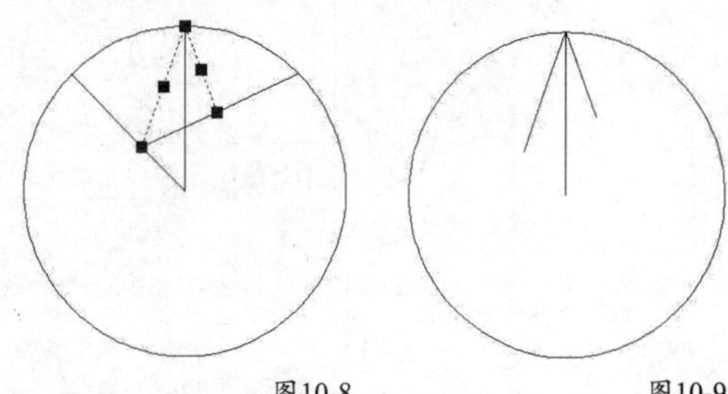

图10-8 图10-9

10 在命令行中输入"ARRAYCLASSIC"，弹出"阵列"对话框，设置参数，如图10-10所示。阵列结果如图10-11所示。

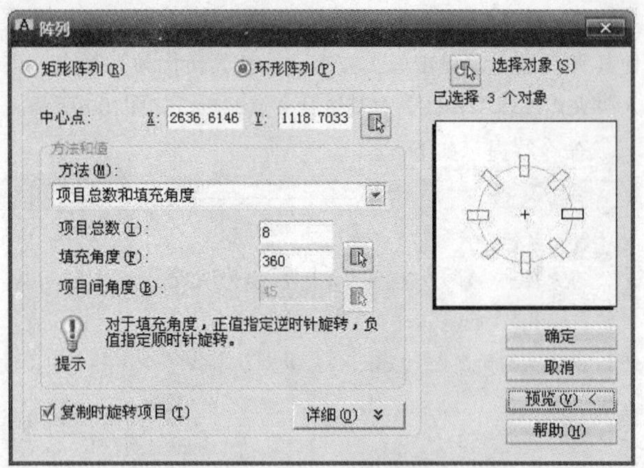

图10-10

图10-11

11 执行“绘图>正多边形”命令，绘制正方形，如图10-12所示。

命令行提示如下：

```
命令: _polygon 输入侧面数 <4>:
指定正多边形的中心点或 [边(E)]:
输入选项 [内接于圆(I)/外切于圆(C)] <C>:
指定圆的半径: <正交 开> 1000
```

12 执行“修改>复制”命令，将上一步所绘制的正方形复制一个，执行“修改>旋转”和“修改>移动”命令，将复制后的正方形移动并旋转到如图10-13所示的位置。

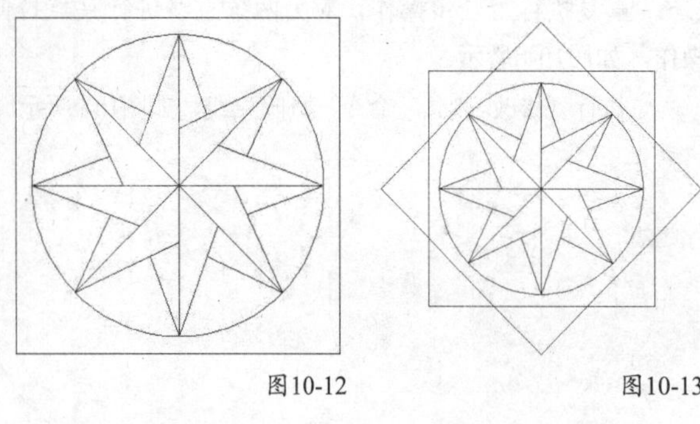

图10-12　　图10-13

13 执行“修改>特性”命令，在弹出的选项板中修改“线宽”为0.5，如图10-14所示。

图10-14

2. 图案填充

01 执行“绘图>图案填充”命令，弹出“图案填充和渐变色”对话框，单击“图案”下拉列表后的 按钮，选择图案“SOLID”，如图10-15所示。

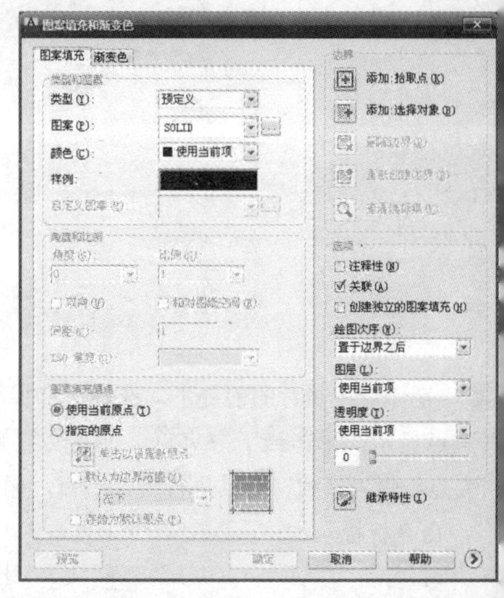

图10-15

02 单击 按钮，拾取图形内部点，按回车键后，返回“图案填充和渐变色”对话框，单击“确定”按钮，得到如图10-16所示的图形。

图10-16

练习010

练习位置	DVD>练习文件>第1章>练习010
难易指数	★★★★☆
技术掌握	巩固“圆”、“直线”和“图案填充”等命令的使用方法。

操作指南

参照“实战010 地板拼花2”案例进行制作。

首先执行“绘图>直线”与“绘图>圆弧”命令，绘制地板拼花；然后执行“绘图>图案填充”命令，对地板图案进行图案填充。练习最终效果如图10-17所示。

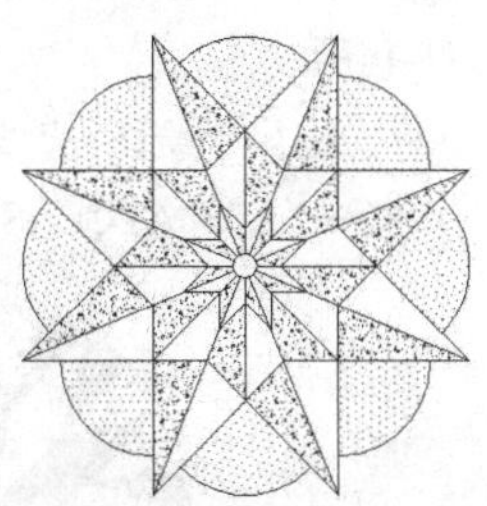

图10-17

实战011 地板拼花3

实战位置	DVD>实战文件>第1章>实战011
视频位置	DVD>多媒体教学>第1章>实战011
难易指数	★★☆☆☆
技术掌握	掌握“圆”、“直线”、“图案填充”、“镜像”、“删除”和“阵列”等命令。

实战介绍

运用“圆”、“直线”、“图案填充”、“阵列”、“镜像”与“删除”命令，绘制地板拼花；利用“图案填充”命令，填充地板。本例最终效果如图11-1所示。

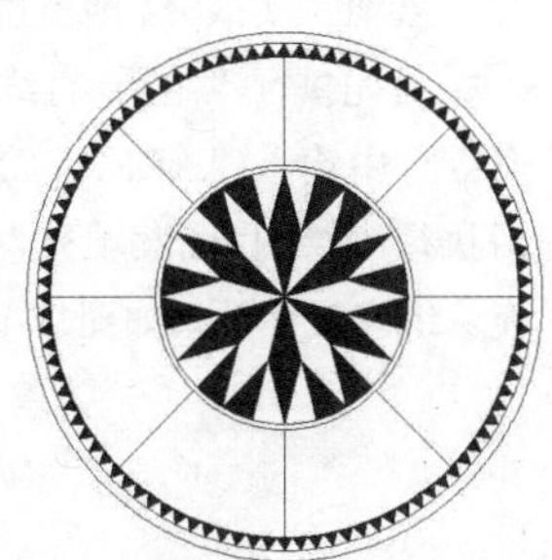

图11-1

制作思路

- 绘制地板拼花。
- 填充地板，完成地板拼花3的绘制并将其保存。

制作流程

地板拼花3的制作流程如图11-2所示。

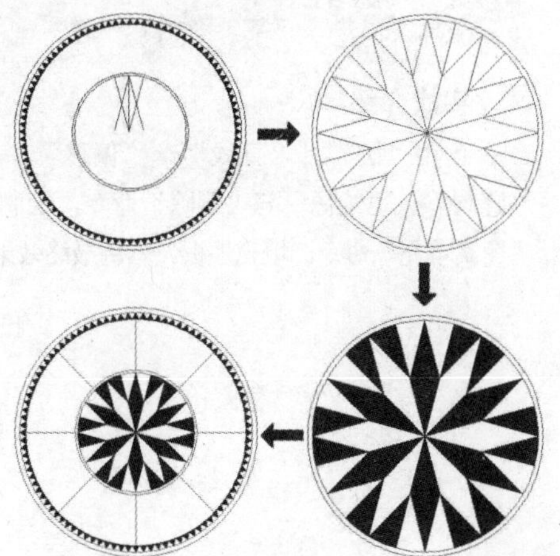

图11-2

1. 绘制地板拼花

01 打开AutoCAD 2013中文版软件，执行“绘图>圆”命令，绘制两个半径分别为2500和2400的同心圆，如图11-3所示。

02 执行“绘图>直线”命令，以小圆上象限点为端点，绘制如图11-4所示的长为150的直线。

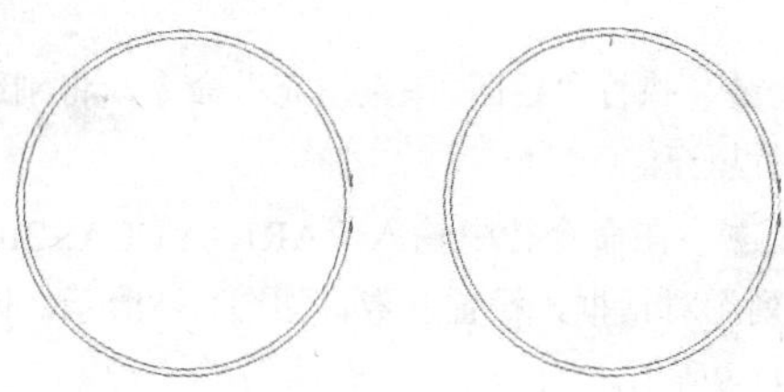

图11-3　图11-4

03 执行“修改>缩放”命令，对刚绘制的直线进行放大显示，选择直线段，使其夹点显示。

04 单击最上方夹点，使其转化为夹基点，进入“夹点编辑”模式，对其进行夹点编辑，如图11-5所示。

命令行提示如下：

```
命令：
** 拉伸 **
指定拉伸点或 [基点(B)/复制(C)/放弃(U)/退出(X)]:_rotate
** 旋转 **
指定旋转角度或 [基点(B)/复制(C)/放弃(U)/参照(R)/退出(X)]: C
** 旋转 (多重) **
指定旋转角度或 [基点(B)/复制(C)/放弃(U)/参照(R)/退出(X)]: 30
** 旋转 (多重) **
指定旋转角度或 [基点(B)/复制(C)/放弃(U)/参照(R)/退出(X)]: -30
** 旋转 (多重) **
指定旋转角度或 [基点(B)/复制(C)/放弃(U)/参照(R)/退出(X)]:
```

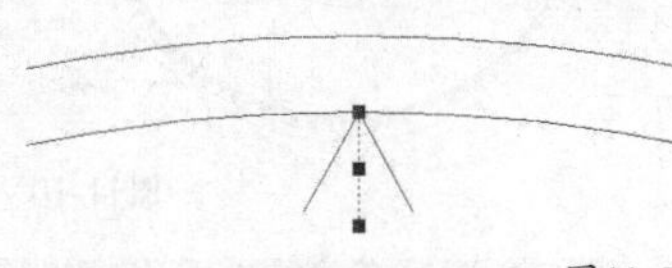

图11-5

05 单击最上方夹点，使其转化为夹基点，进入“夹点编辑”模式，将其移动到如图11-6所示的位置。

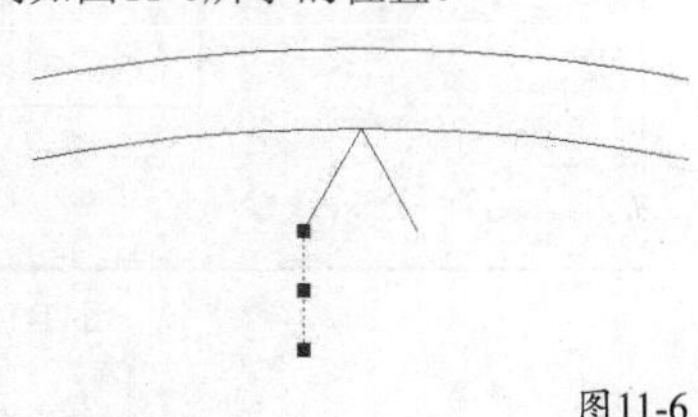

图11-6

06 单击移动后直线最下方夹点，将夹点移动到如图11-7所示的位置。

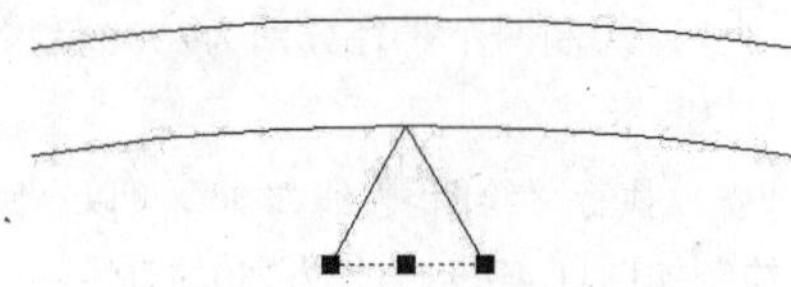

图11-7

07 执行“绘图>图案填充”命令，将刚绘制好的图形进行填充。

08 在命令行中输入“ARRAYCLASSIC”，弹出“阵列”对话框，设置参数，如图11-8所示。阵列后效果如图11-9所示。

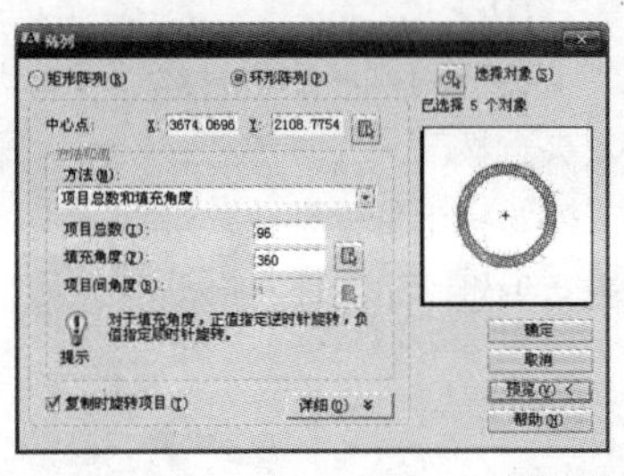

图11-8

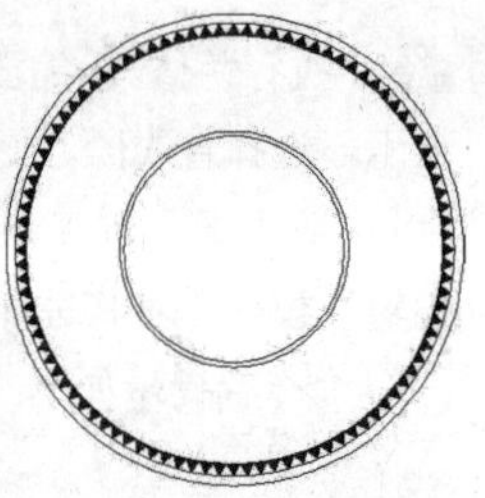

图11-9

09 执行“绘图>直线”、“修改>旋转”和“修改>镜像”命令，绘制如图11-10所示的图形。

10 执行“修改>删除”和“修改>修剪”命令，删除并修剪直线，如图11-11所示。

11 在命令行中输入“ARRAYCLASSIC”，弹出“阵列”对话框，设置参数如图11-12所示，阵列结果如图11-13所示。

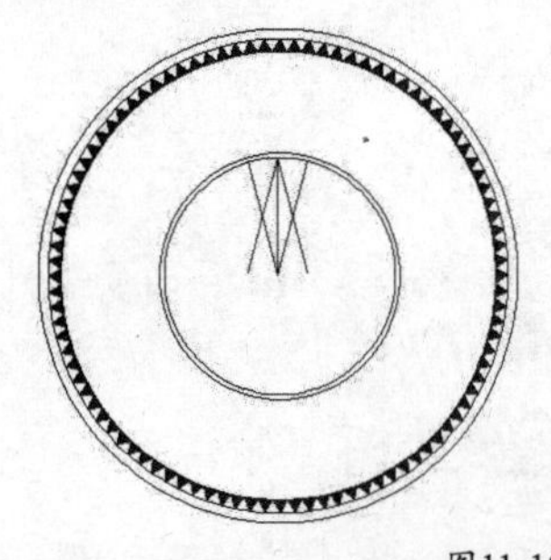

图11-10

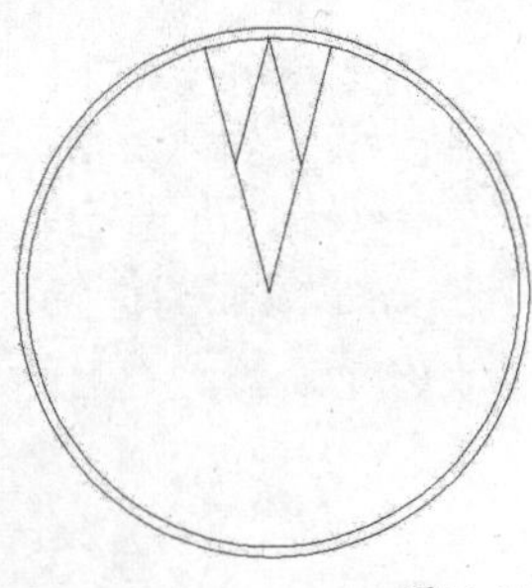

图11-11

图11-12

图11-13

2. 图案填充

01 执行“绘图>图案填充”命令，填充地板拼花，如图11-14所示。

02 执行“绘图>直线”命令，绘制直线，然后在命令行中输入“ARR AYCLASSIC”，阵列直线，如图11-15所示。

图11-14

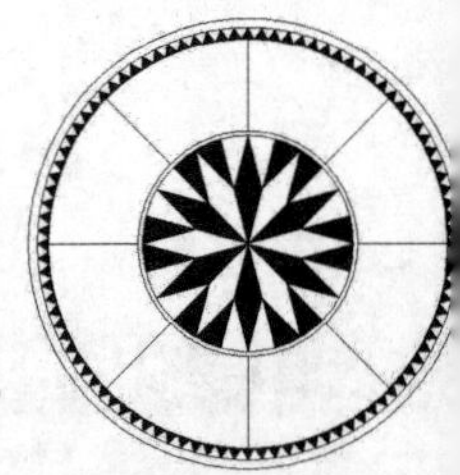

图11-15

练习011

练习位置	DVD>练习文件>第1章>练习011
难易指数	★★★★☆
技术掌握	巩固“圆”、“直线”、“阵列”和“图案填充”等命令的使用方法。

操作指南

参照“实战011 地板拼花3”案例进行制作。

首先执行“绘图>直线”与“绘图>圆弧”命令，并在命令行中输入“ARRAYCLASSIC”，绘制地板拼花；然后执行“绘图>图案填充”命令，对地板图案进行图案填充。练习最终效果如图11-16所示。

图11-16

实战012 地板拼花4

实战位置	DVD>实战文件>第1章>实战012
视频位置	DVD>多媒体教学>第1章>实战012
难易指数	★★☆☆☆
技术掌握	掌握“圆”、“直线”、“偏移”、“图案填充”、“镜像”、“删除”和“阵列”等命令。

实战介绍

运用“圆”、“直线”、“偏移”、“图案填充”、“阵列”、“镜像”与“删除”命令，绘制地板拼花；利用“图案填充”命令，填充地板。本例最终效果如图12-1所示。

图12-1

制作思路

- 绘制地板拼花。
- 填充地板，完成地板拼花4的绘制并将其保存。

制作流程

地板拼花4的制作流程如图12-2所示。

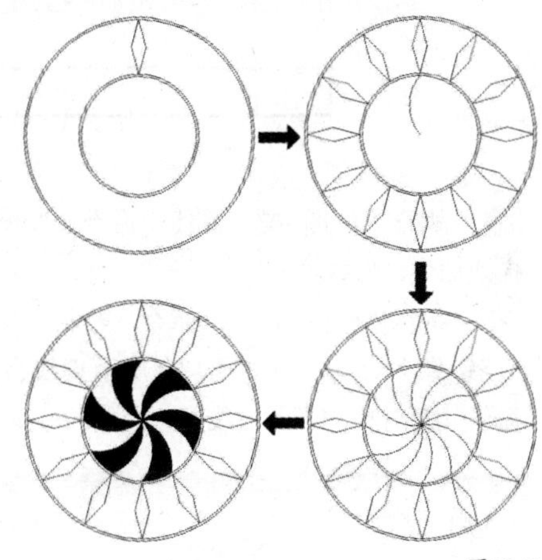

图12-2

1. 绘制地板拼花

01 打开AutoCAD 2013中文版软件，执行“绘图>圆”命令，绘制两个半径分别为2500和1300的同心圆，如图12-3所示。

02 执行“修改>偏移”命令，将两个同心圆分别向内偏移50，如图12-4所示。

03 执行“绘图>直线”、“修改>旋转”和“修改>镜像”命令，绘制如图12-5所示的图形。

04 执行“修改>删除”和“修改>修剪”命令，删除并修剪直线，如图12-6所示。

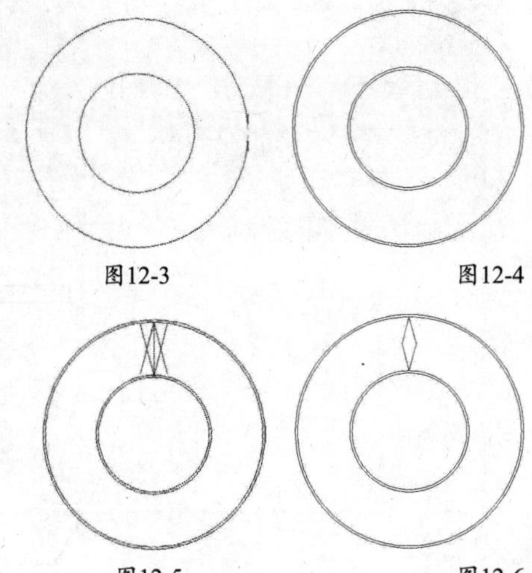

图12-3 图12-4

图12-5 图12-6

05 在命令行中输入“ARRAYCLASSIC”，弹出“阵列”对话框，设置参数如图12-7所示，阵列后效果如图12-8所示。

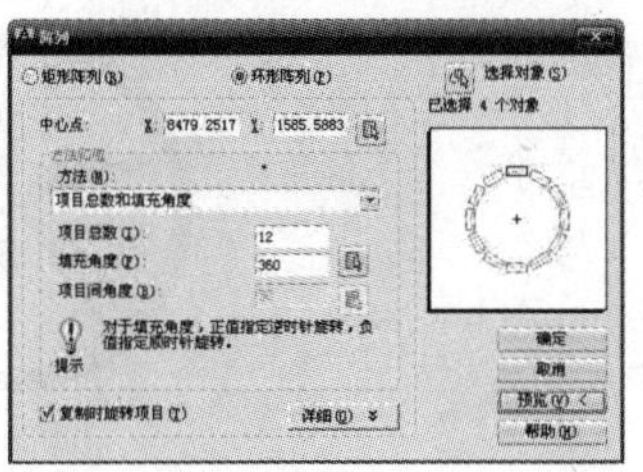

图12-7 图12-8

06 执行“绘图>圆弧>起点、端点、半径”命令，绘制一个半径为1000的圆弧，如图12-9所示。

图12-9

07 在命令行中输入“ARRAYCLASSIC”，弹出“阵列”对话框，设置参数如图12-10所示，阵列后效果如图12-11所示。

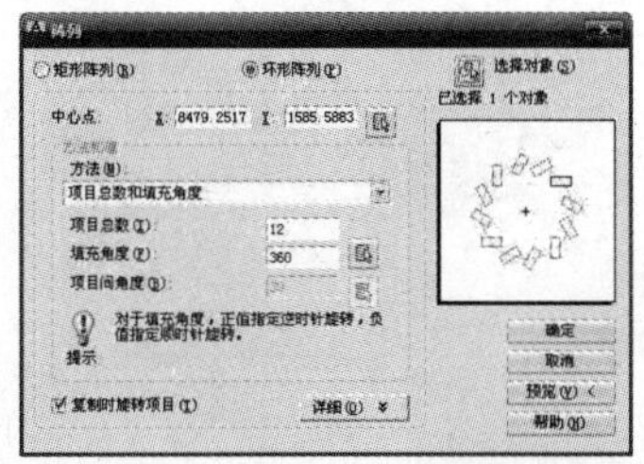

图12-10 图12-11

2. 图案填充

执行“绘图>图案填充”命令，填充地板拼花，如图12-12所示。

图12-12

练习012

练习位置	DVD>练习文件>第1章>练习012
难易指数	★★★★☆
技术掌握	巩固“圆”、“直线”、“阵列”和“图案填充”等命令的使用方法。

操作指南

参照“实战012 地板拼花4”案例进行制作。

首先执行“绘图>直线”和“绘图>圆弧”命令，在命令行中输入“ARRAYCLASSIC”，绘制地板拼花；然后执行“绘图>图案填充”命令，对地板图案进行图案填充。练习最终效果如图12-13所示。

图12-13

实战013 室内植物1

原始文件位置	DVD>原始文件>第1章>实战013原始文件
实战位置	DVD>实战文件>第1章>实战013
视频位置	DVD>多媒体教学>第1章>实战013
难易指数	★★★☆☆
技术掌握	掌握"直线"、"矩形"、"样条曲线"、"镜像"和"偏移"等命令。

实战介绍

运用"矩形"、"样条曲线"、"镜像"与"偏移"命令，绘制花瓶；利用"直线"命令，绘制绿色植物。本例最终效果如图13-1所示。

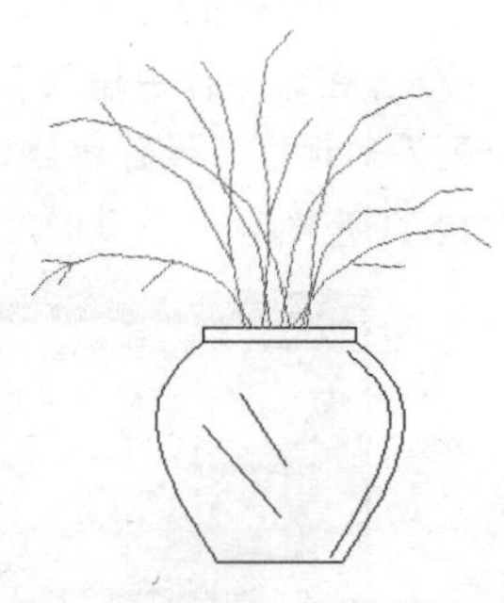

图13-1

制作思路

- 绘制花瓶。
- 插入植物，完成室内植物的绘制并将其保存。

制作流程

室内植物的制作流程如图13-2所示。

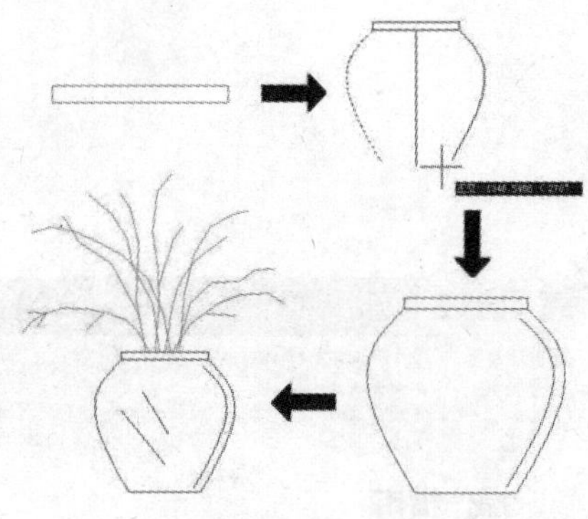

图13-2

1. 绘制花瓶

01 打开AutoCAD 2013中文版软件，执行"绘图>矩形"命令，绘制如图13-3所示的矩形。

命令行提示如下：

```
命令: _rectang
指定第一个角点或 [倒角(C)/标高(E)/圆角(F)/厚度(T)/宽度(W)]:
指定另一个角点或 [面积(A)/尺寸(D)/旋转(R)]: @900,-80
```

图13-3

02 执行"绘图>样条曲线"命令，绘制如图13-4所示的样条曲线。

03 执行"绘图>直线"命令，绘制一条直线，执行"修改>镜像"命令，以如图13-5所示直线为镜像线，镜像出另外一侧对称的样条曲线。

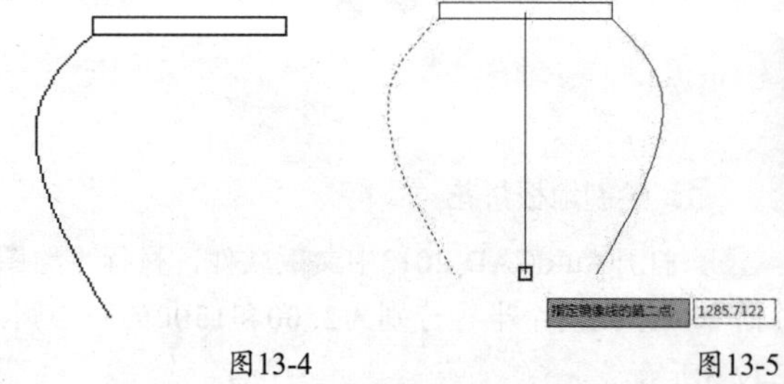

图13-4 图13-5

04 执行"绘图>直线"命令，连接花瓶底部，然后执行"修改>偏移"命令，将右侧曲线向内偏移80个单位，如图13-6所示。

命令行提示如下：

```
命令: _offset
当前设置: 删除源=否  图层=源  OFFSETGAPTYPE=0
指定偏移距离或 [通过(T)/删除(E)/图层(L)] <40.0000>: 80
选择要偏移的对象, 或 [退出(E)/放弃(U)] <退出>:
指定要偏移的那一侧上的点, 或 [退出(E)/多个(M)/放弃(U)] <退出>:
选择要偏移的对象, 或 [退出(E)/放弃(U)] <退出>:
```

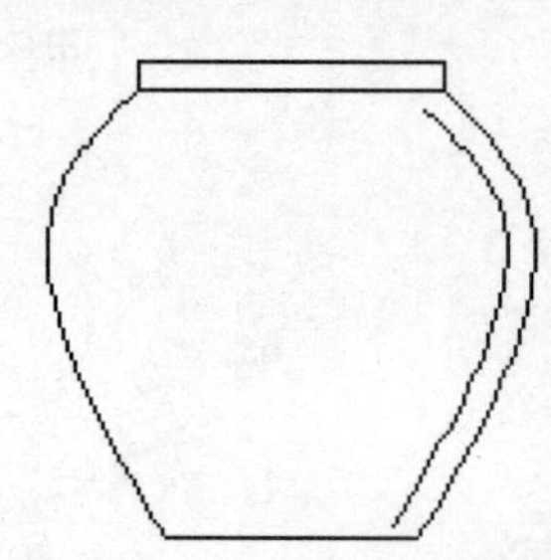

图13-6

2. 绘制绿色植物

执行"插入>块"命令，插入原始文件中的"实战013

原始文件”图形，如图13-7所示。

图13-7

练习013

练习位置	DVD>练习文件>第1章>练习013
难易指数	★★★☆☆
技术掌握	巩固“直线”命令的使用方法。

操作指南

参照“实战013 室内植物1”案例进行制作。

执行“绘图>直线”命令，绘制花。练习最终效果如图13-8所示。

图13-8

实战014　室内植物2

原始文件位置	DVD>原始文件>第1章>实战014原始文件
实战位置	DVD>实战文件>第1章>实战014
视频位置	DVD>多媒体教学>第1章>实战014
难易指数	★★★☆☆
技术掌握	掌握“直线”、“矩形”、“移动”和“插入块”等命令。

实战介绍

运用“矩形”、“样条曲线”、“镜像”与“偏移”命令，绘制花瓶；利用“直线”命令，绘制绿色植物。本例最终效果如图14-1所示。

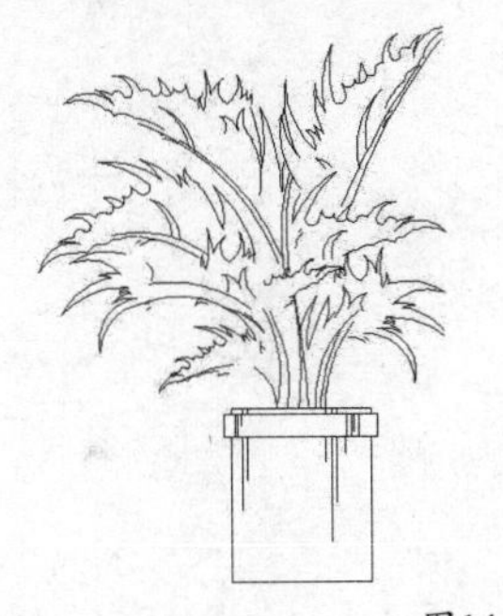

图14-1

制作思路

- 绘制花盆。
- 插入植物，完成室内植物2的绘制并将其保存。

制作流程

室内植物2的制作流程如图14-2所示。

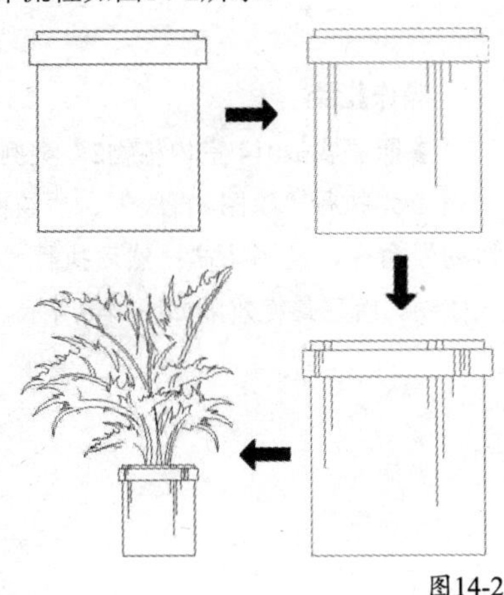

图14-2

1. 绘制花盆

01 打开AutoCAD 2013中文版软件，执行“绘图>矩形”命令，绘制如图14-3所示的矩形。

02 执行“绘图>矩形”命令，绘制如图14-4所示的矩形。

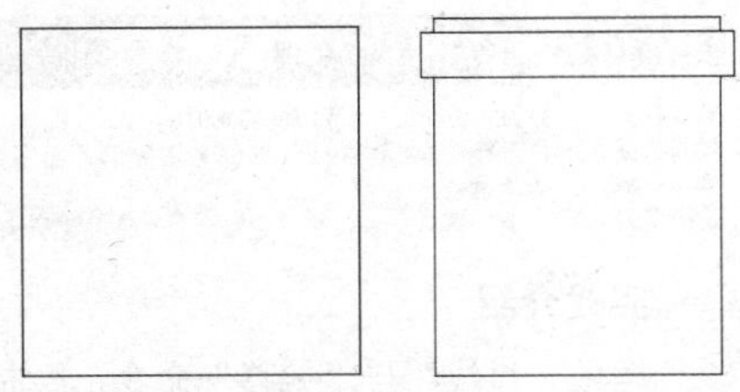

图14-3　　图14-4

03 执行“绘图>直线”命令，绘制如图14-5所示的直线。

04 执行“绘图>直线”命令，绘制直线，如图14-6所示。

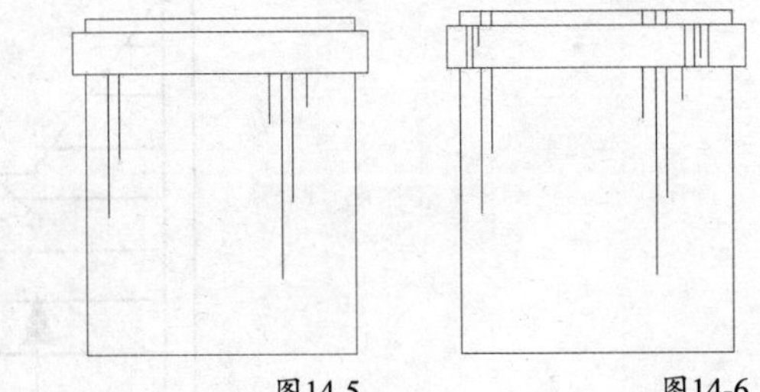

图14-5　　图14-6

2. 插入绿色植物

执行“插入>块”命令，插入原始文件中的“实战014原始文件”图形，如图14-7所示。

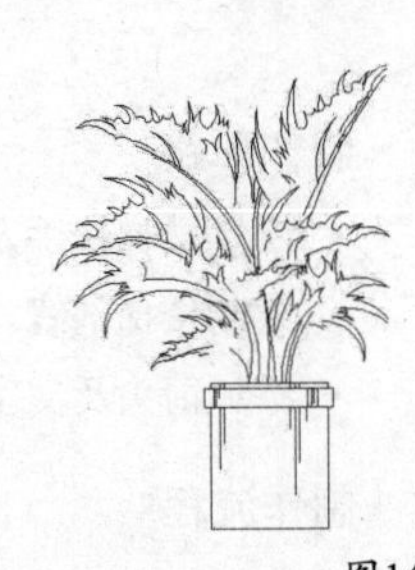

图14-7

练习014

练习位置	DVD>练习文件>第1章>练习014
难易指数	★★★☆☆
技术掌握	巩固"直线"、"矩形"、"移动"和"插入块"等命令的使用方法。

操作指南

参照"实战014 室内植物2"案例进行制作。

首先执行"绘图>直线"、"绘图>矩形"与"修改>移动"命令，绘制花盆；然后执行"插入>块"命令，插入植物。练习最终效果如图14-8所示。

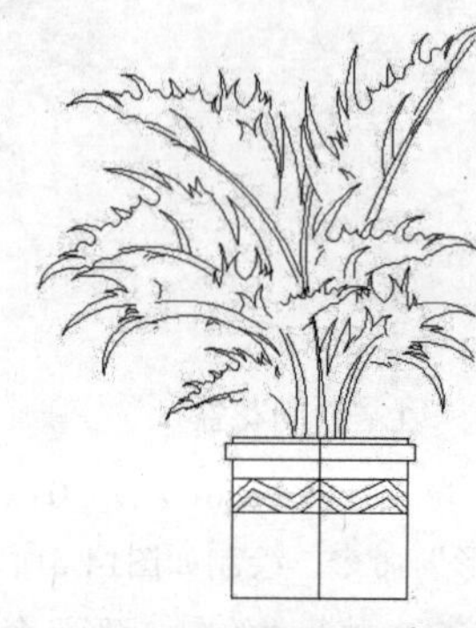

图14-8

实战015 楼梯1（平面图）

实战位置	DVD>实战文件>第1章>实战015
视频位置	DVD>多媒体教学>第1章>实战015
难易指数	★★★☆☆
技术掌握	掌握"直线"、"矩形"和"多段线"等命令。

实战介绍

运用"直线"与"偏移"命令，绘制楼梯台阶；利用"矩形"命令，绘制扶手；利用"多段线"命令，绘制箭头。本例最终效果如图15-1所示。

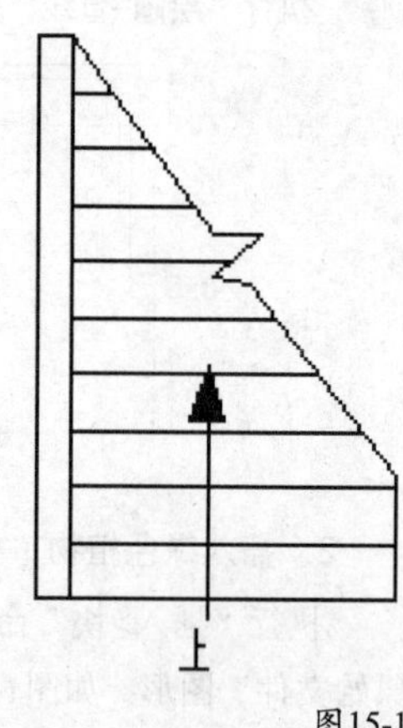

图15-1

制作思路

- 绘制楼梯扶手及台阶。
- 绘制楼梯剖线。
- 添加箭头及文字，完成楼梯的绘制并将其保存。

制作流程

楼梯1（平面图）的制作流程如图15-2所示。

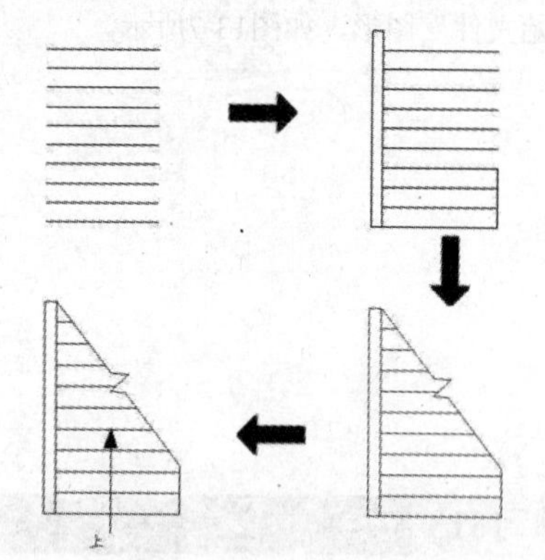

图15-2

1. 绘制楼梯扶手及台阶

01 打开AutoCAD 2013中文版软件，执行"绘图>直线"命令，绘制一条水平长度为300的直线。

02 执行"修改>偏移"命令，将直线向上偏移50，偏移出9条平行的直线，如图15-3所示。

图15-3

03 执行"绘图>矩形"命令，绘制楼梯栏杆，如图15-4所示。

命令行提示如下：

```
命令: _rectang
指定第一个角点或 [倒角(C)/标高(E)/圆角(F)/厚度(T)/宽度(W)]:
指定另一个角点或 [面积(A)/尺寸(D)/旋转(R)]: @-30,500
```

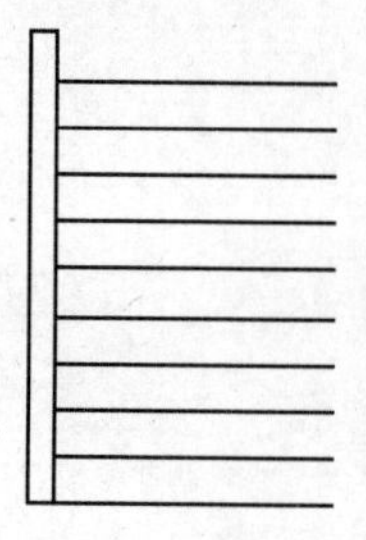

图15-4

2. 绘制楼梯剖线及箭头等

01 执行"绘图>直线"命令，绘制如图15-5所示的直线。

02 再次执行"绘图>直线"命令，绘制如图15-6所示的剖线。

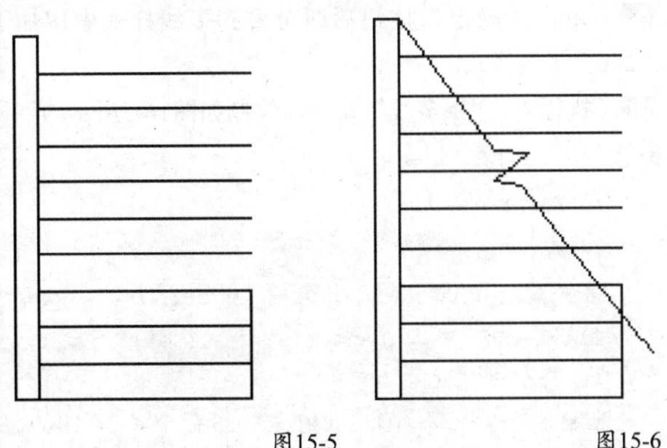

图15-5　　图15-6

03 执行“修改>修剪”命令，将多余的直线修剪掉，如图15-7所示。

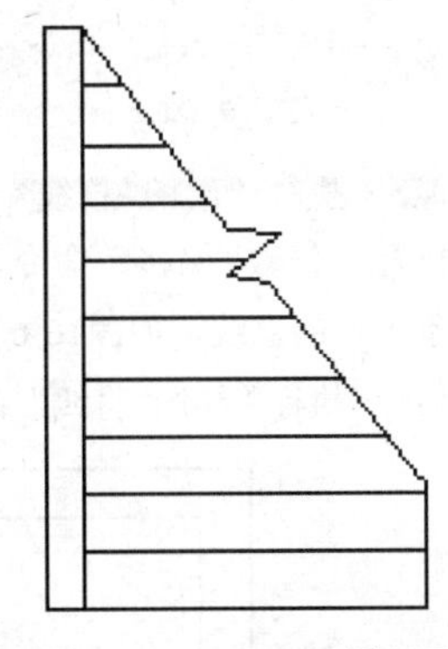

图15-7

04 执行“绘图>多段线”命令，绘制箭头，如图15-8所示。

命令行提示如下：

```
命令: _pline
指定起点: <对象捕捉 关> <对象捕捉追踪 关>
当前线宽为 0.0000
指定下一个点或 [圆弧(A)/半宽(H)/长度(L)/放弃(U)/宽度(W)]:
指定下一点或 [圆弧(A)/闭合(C)/半宽(H)/长度(L)/放弃(U)/宽度(W)]: w
指定起点宽度 <0.0000>: 30
指定端点宽度 <30.0000>: 0
指定下一点或 [圆弧(A)/闭合(C)/半宽(H)/长度(L)/放弃(U)/宽度(W)]:
指定下一点或 [圆弧(A)/闭合(C)/半宽(H)/长度(L)/放弃(U)/宽度(W)]:
```

05 执行“绘图>文字>多行文字”命令，在绘图区要输入文字的位置绘制矩形框后，弹出“文字格式”对话框和输入框，在其中输入文字“上”，然后单击对话框中的“确定”按钮即可完成文字的输入，得到如图15-9所示的一层楼梯图。

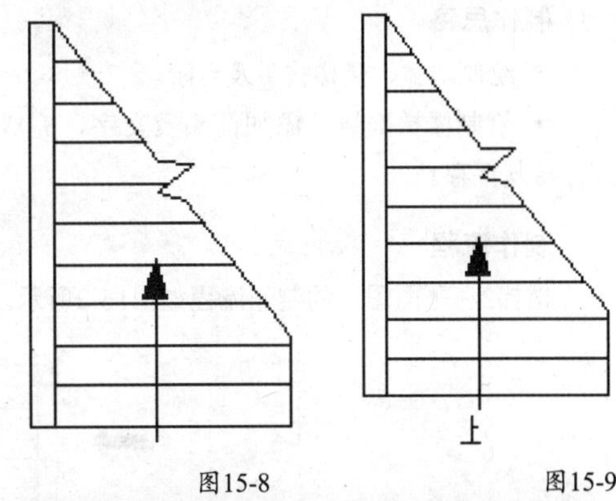

图15-8　　图15-9

练习015

练习位置	DVD>练习文件>第1章>练习015
难易指数	★★☆☆☆
技术掌握	巩固“直线”、“偏移”、“多段线”和“多行文字”等命令的使用方法。

操作指南

参照“实战015 楼梯1（平面图）”案例进行制作。

首先执行“绘图>直线”命令，绘制楼梯台阶、扶手、箭头及剖线；然后执行“绘图>文字>多行文字”命令，添加箭头下方的文字。练习最终效果如图15-10所示。

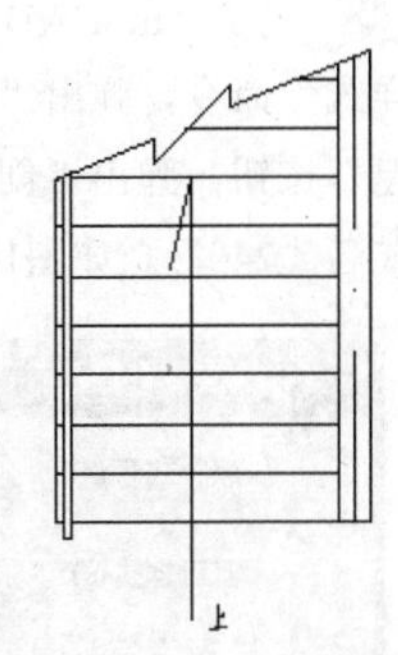

图15-10

实战016　楼梯2（平面图）

实战位置	DVD>实战文件>第1章>实战016
视频位置	DVD>多媒体教学>第1章>实战016
难易指数	★★★☆☆
技术掌握	掌握“多线”、“直线”和“偏移”等命令。

实战介绍

运用“多线”命令，绘制楼梯两侧的墙体；利用“直线”与“偏移”命令，绘制台阶与剖线；利用“直线”命令，绘制出楼梯起跑线。本例最终效果如图16-1所示。

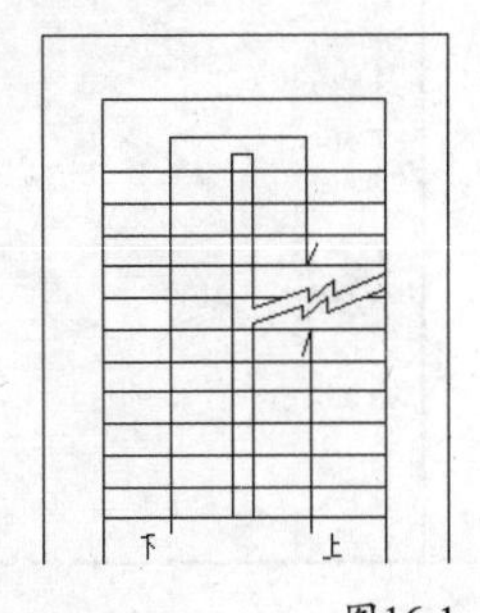

图16-1

制作思路

- 绘制墙体、楼梯扶手及台阶。
- 绘制楼梯剖线，添加箭头及文字，完成楼梯的绘制并将其保存。

制作流程

楼梯2（平面图）的制作流程如图16-2所示。

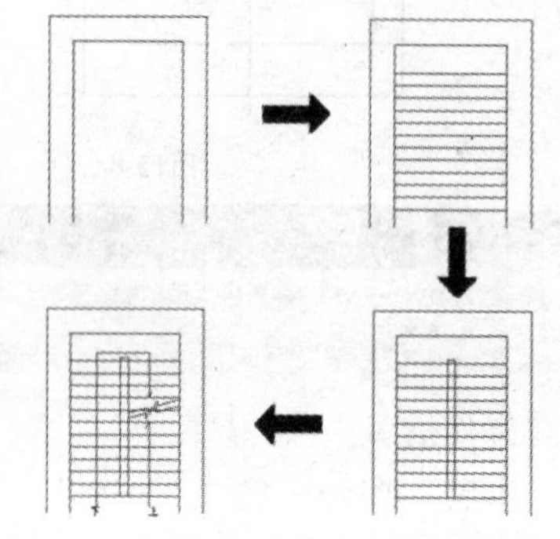

图16-2

1. 绘制楼梯扶手及台阶

01 打开AutoCAD 2013中文版软件，执行“格式>多线样式”命令，弹出“多线样式”对话框。单击其中的“新建”按钮，弹出“创建新的多线样式”对话框，输入新样式名“240”，如图16-3所示。

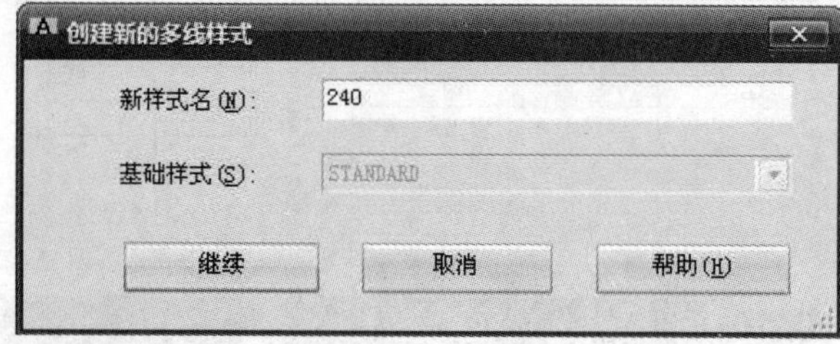

图16-3

02 单击“继续”按钮，弹出“新建多线样式：240”对话框，在“图元”组合框中设置两个偏移量分别为“120”与“-120”，如图16-4所示。

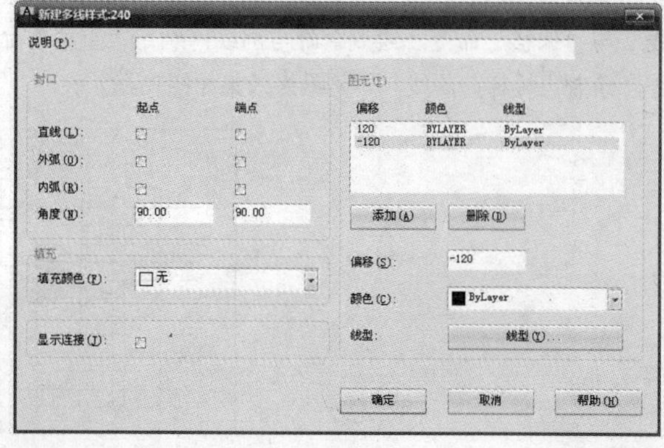

图16-4

03 单击“确定”按钮后即可看到多线样式中增加了“240”多线样式。

04 执行“绘图>多线”命令，绘制如图16-5所示的墙体多线。

命令行提示如下：

```
命令: _mline
当前设置: 对正 = 上, 比例 = 20.00, 样式 = 240
指定起点或 [对正(J)/比例(S)/样式(ST)]: s
输入多线比例 <20.00>: 0.5
当前设置: 对正 = 上, 比例 = 0.50, 样式 = 240
指定起点或 [对正(J)/比例(S)/样式(ST)]:    <<指定下一点: <正交 开>1000
指定下一点或 [放弃(U)]: 800
指定下一点或 [闭合(C)/放弃(U)]: 1000
指定下一点或 [闭合(C)/放弃(U)]:
```

05 执行“绘图>直线”命令，绘制一条水平直线，然后执行“修改>偏移”命令，将直线向上偏移60，偏移出10条平行的直线，如图16-6所示。

06 执行“绘图>直线”命令，绘制如图16-7所示的直线。

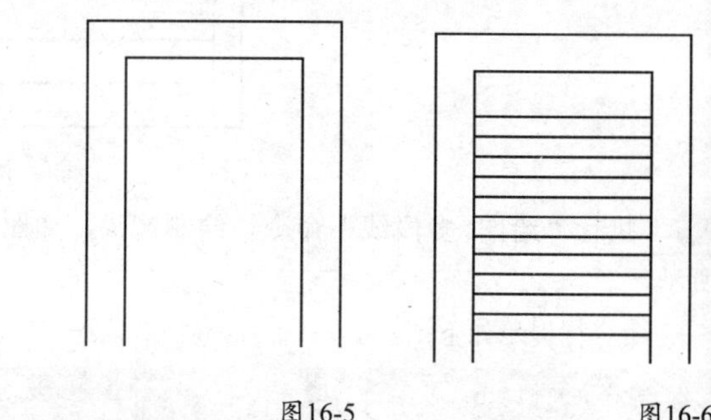

图16-5　　图16-6

技巧与提示

绘制该直线时，应配合“正交”与“对象捕捉”功能，使直线位于中心位置。

07 执行“修改>偏移”命令，将直线分别向左右偏移20，执行“修改>删除”命令，删除中间的直线。

08 执行“绘图>直线”和“修改>修剪”命令，绘制出如图16-8所示的楼梯扶手。

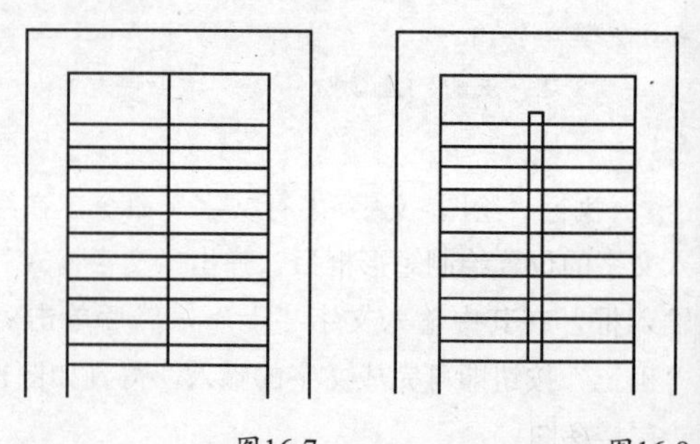

图16-7　　图16-8

2. 绘制楼梯剖线及箭头等

01 执行“绘图>直线”和“修改>修剪”命令，绘制如图16-9所示的剖线。

02 执行“绘图>直线”命令，绘制如图16-10所示的起跑线，绘制时注意起跑线的方向。

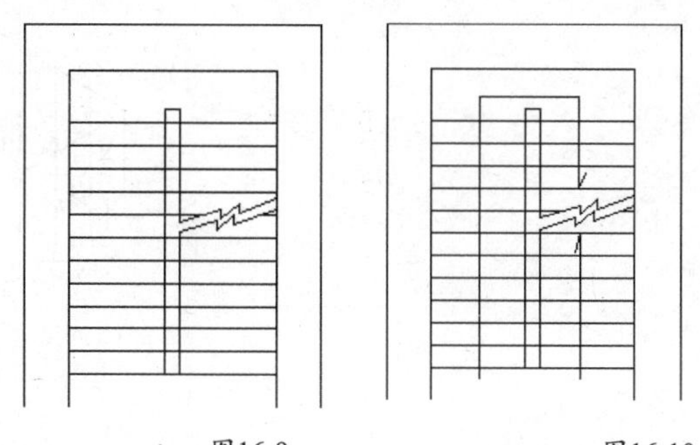

图16-9　　图16-10

03 执行“绘图>文字>多行文字”命令，为楼梯添加文字，如图16-11所示。

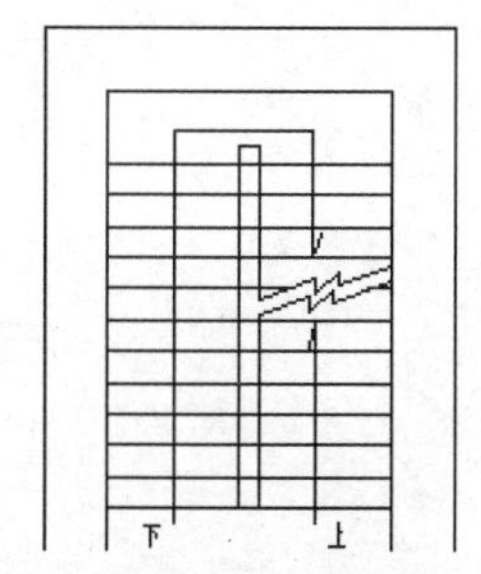

图16-11

练习016

练习位置	DVD>练习文件>第1章>练习016
难易指数	★★☆☆☆
技术掌握	巩固“直线”、“偏移”、“多段线”和“多行文字”等命令的使用方法。

操作指南

参照“实战016 楼梯2（平面图）”案例进行制作。

首先执行“绘图>直线”命令，绘制楼梯台阶及扶手；然后执行“绘图>多段线”命令，绘制箭头；最后执行“绘图>文字>多行文字”命令，添加箭头下方的文字。练习最终效果如图16-12所示。

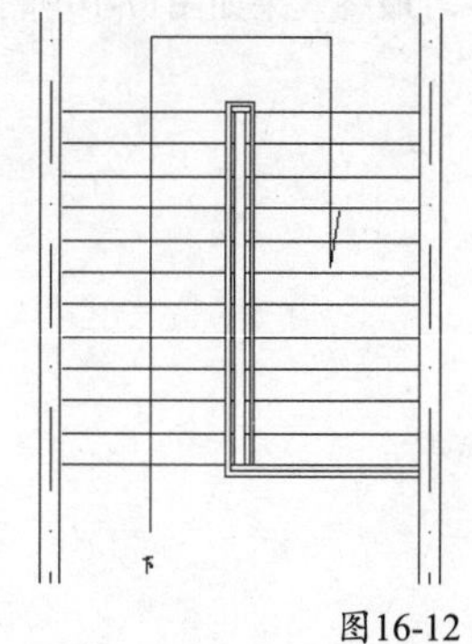

图16-12

实战017 楼梯3（剖面图）

实战位置	DVD>实战文件>第1章>实战017
视频位置	DVD>多媒体教学>第1章>实战017
难易指数	★★★☆☆
技术掌握	掌握“直线”、“复制”和“图案填充”等命令。

实战介绍

运用“直线”命令，绘制台阶；利用“直线”与“复制”命令，绘制楼梯扶手；利用“图案填充”命令，图案填充剖切处。本例最终效果如图17-1所示。

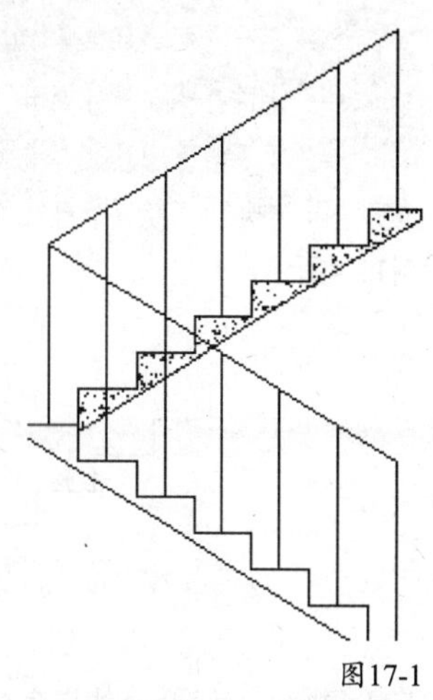

图17-1

制作思路

- 绘制楼梯台阶。
- 绘制楼梯栏杆。
- 绘制楼梯基部。
- 填充剖切处图案，完成楼梯的绘制并将其保存。

制作流程

楼梯3（剖面图）的制作流程如图17-2所示。

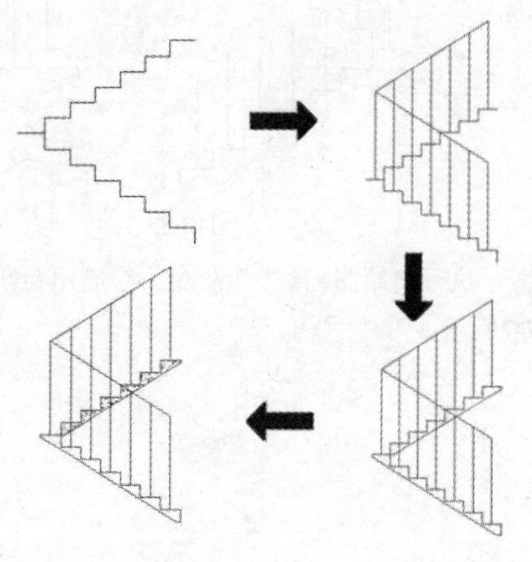

图17-2

1. 绘制楼梯台阶、栏杆等

01 打开AutoCAD 2013中文版软件，执行“绘图>直线”命令，利用相对坐标来绘制楼梯台阶，如图17-3所示。

命令行提示如下：

```
命令: _line
指定第一点:
指定下一点或 [放弃(U)]: @0,120
指定下一点或 [放弃(U)]: @-200,0
指定下一点或 [闭合(C)/放弃(U)]: @0,120
指定下一点或 [闭合(C)/放弃(U)]: @-200,0
......
指定下一点或 [闭合(C)/放弃(U)]: @0,120
指定下一点或 [闭合(C)/放弃(U)]: @-200,0
指定下一点或 [闭合(C)/放弃(U)]:
```

02 再次执行“绘图>直线”命令，绘制另一级台阶，如图17-4所示。

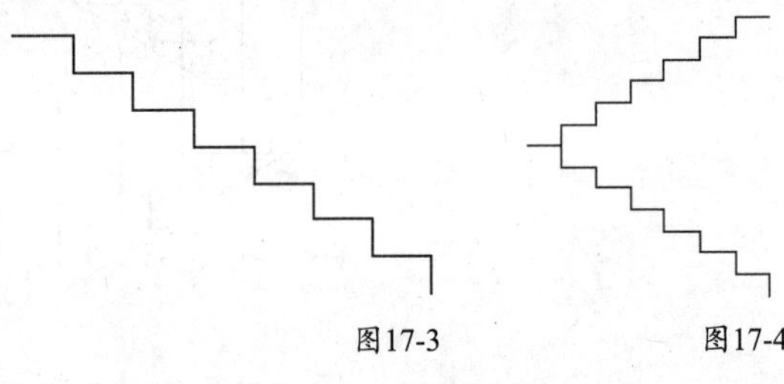

图17-3　　图17-4

03 执行“绘图>直线”命令，绘制栏杆。

04 执行“修改>复制”命令，将栏杆复制到其他台阶上，如图17-5所示。

05 执行“绘图>直线”命令，连接栏杆上部绘制出扶手，如图17-6所示。

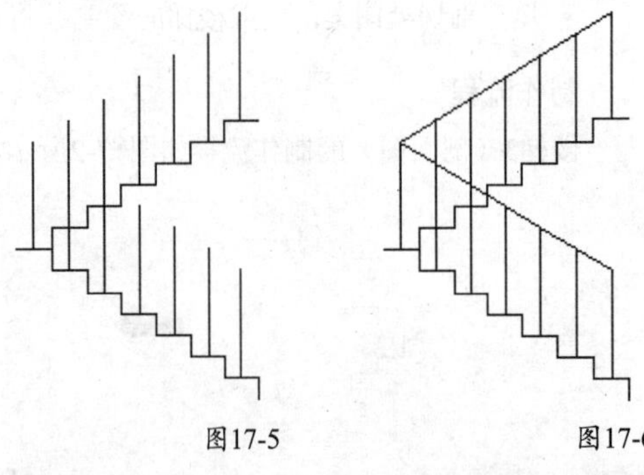

图17-5　　图17-6

06 执行“绘图>直线”命令，绘制出台阶的基部，如图17-7所示。

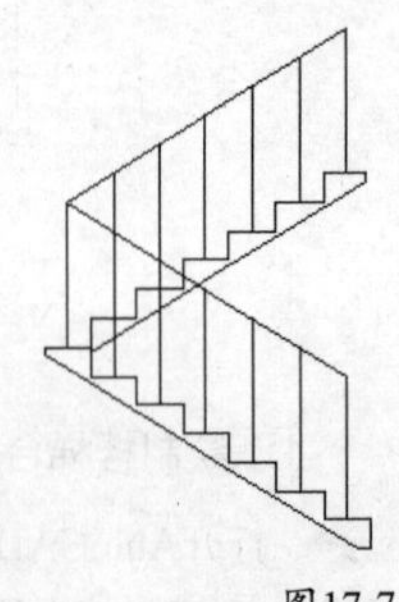

图17-7

技巧与提示

在绘制楼梯基部时，台阶下的直线一定要与扶手平行。可先画出如图11-8所示的图形，然后偏移一定距离，通过“修剪”或“倒角”命令对细部进行修饰，即可得到所需结果。

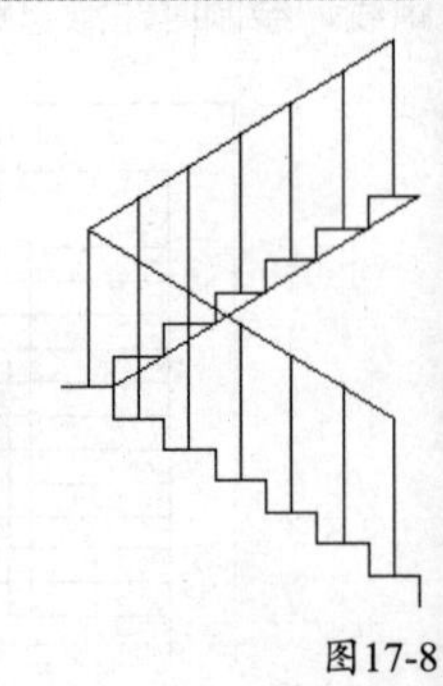

图17-8

2. 填充剖切处图案

执行“绘图>图案填充”命令，对剖切处进行图案填充，填充图案“AR-CONC”，如图17-9所示。

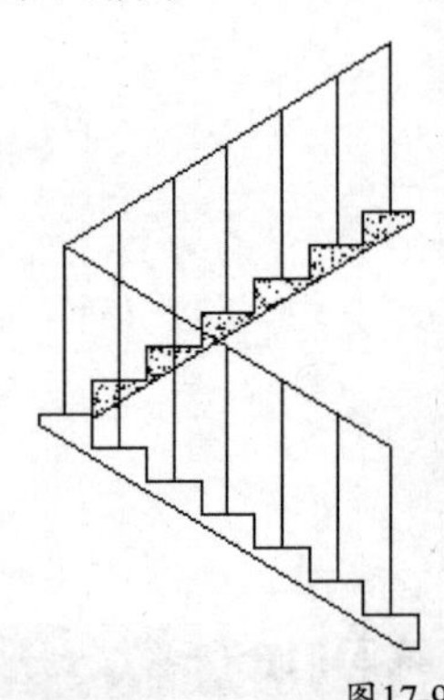

图17-9

练习017

练习位置	DVD>练习文件>第1章>练习017
难易指数	★★☆☆☆
技术掌握	巩固“直线”和“图案填充”等命令的使用方法。

操作指南

参照“实战017 楼梯3（剖面图）”案例进行制作。

首先执行“绘图>直线”命令，绘制楼梯台阶和梁；然后执行“绘图>图案填充”命令，填充楼梯剖切处。练习最终效果如图17-10所示。

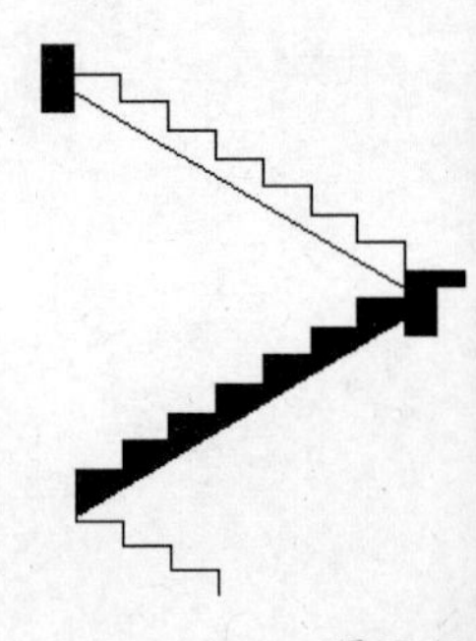

图17-10

实战018 旋转楼梯

实战位置	DVD>实战文件>第1章>实战018
视频位置	DVD>多媒体教学>第1章>实战018
难易指数	★★★☆☆
技术掌握	掌握"直线"、"圆"、"多段线"、"偏移"和"修剪"等命令。

实战介绍

运用"直线"、"圆"、"多段线"、"修剪"与"偏移"命令，绘制旋转楼梯。本例最终效果如图18-1所示。

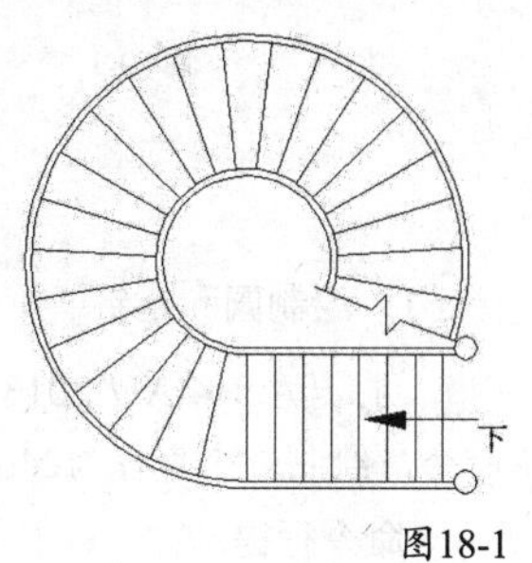

图18-1

制作思路

- 绘制旋转楼梯。
- 添加箭头和文字，完成旋转楼梯的绘制并将其保存。

制作流程

旋转楼梯的制作流程如图18-2所示。

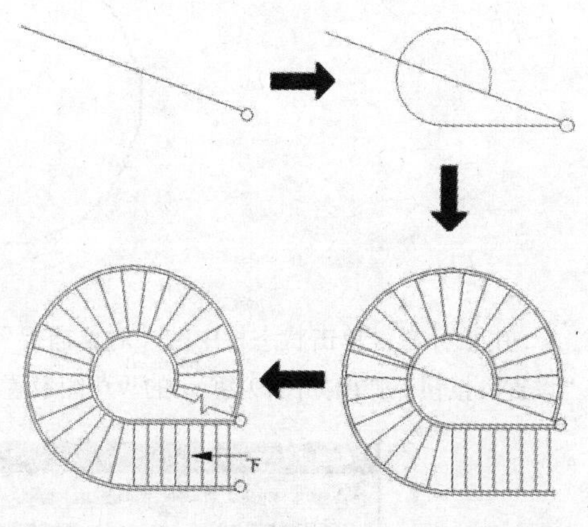

图18-2

1. 绘制旋转楼梯

01 打开AutoCAD 2013中文版软件。执行"绘图>圆"命令，绘制一个半径为240的圆。执行"绘图>直线"命令，绘制一条长4000的斜线。效果如图18-3所示。

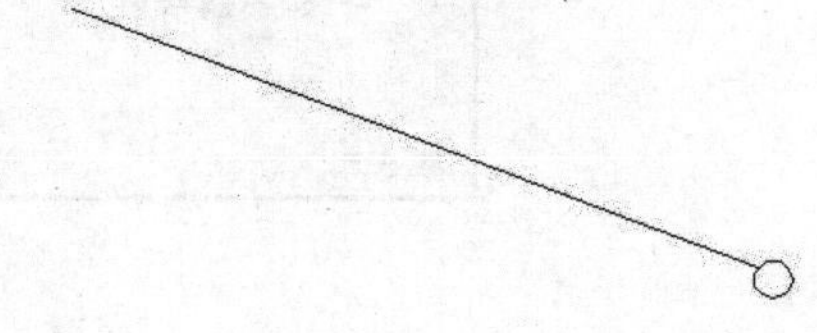

图18-3

02 执行"绘图>直线"命令，捕捉圆心并绘制一条长2010的斜线，如图18-4所示。

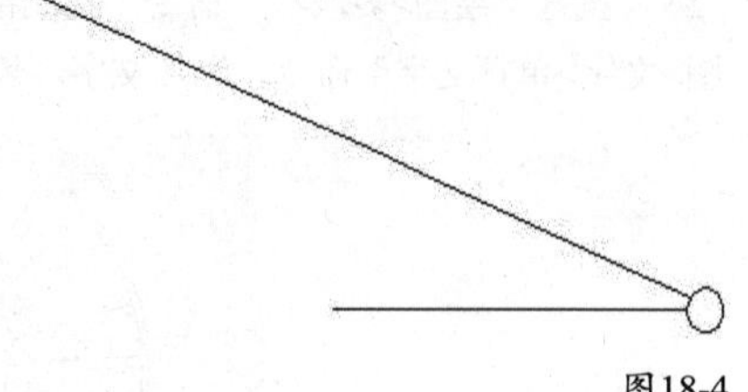

图18-4

03 首先执行"绘图>圆"命令，捕捉斜线的中点，绘制一个半径为651的圆，然后执行"修改>修剪"命令，对图形进行修剪，如图18-5所示。

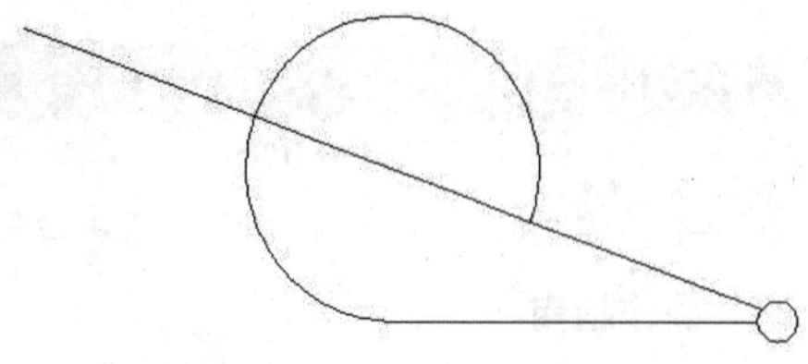

图18-5

04 执行"修剪>偏移"命令，将绘制的直线和圆弧向外依次偏移60、1110、60，如图18-6所示。

05 首先执行"绘图>直线"命令，绘制一条长为1110的直线，然后执行"修改>偏移"命令，将垂直线向左偏移250，偏移7次。如图18-7所示。

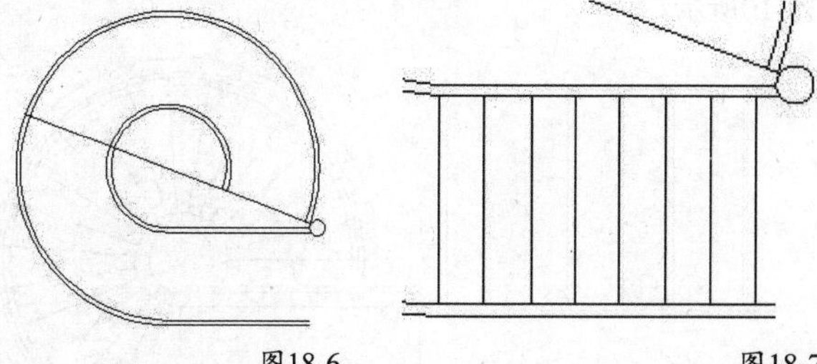

图18-6　　图18-7

06 在命令行中输入"ARRAYCLASSIC"，弹出"阵列"对话框，将长1110的直线以扶手圆圆心为中心进行环形阵列操作，执行"修改>删除"命令，将多余的直线删除掉，如图18-8所示。

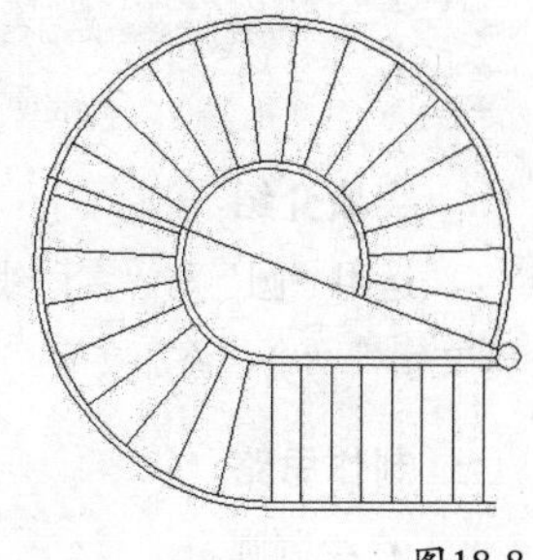

图18-8

2. 绘制箭头并添加文字

01 执行"修改>修剪"命令，修剪图形，执行"修改>复制"命令，复制楼梯扶手的小圆。执行"绘图>直线"命令，绘制楼梯折断线。

02 执行“绘图>多段线”命令，绘制楼梯箭头。执行“绘图>文字>单行文字”命令，添加文字。效果如图18-9所示。

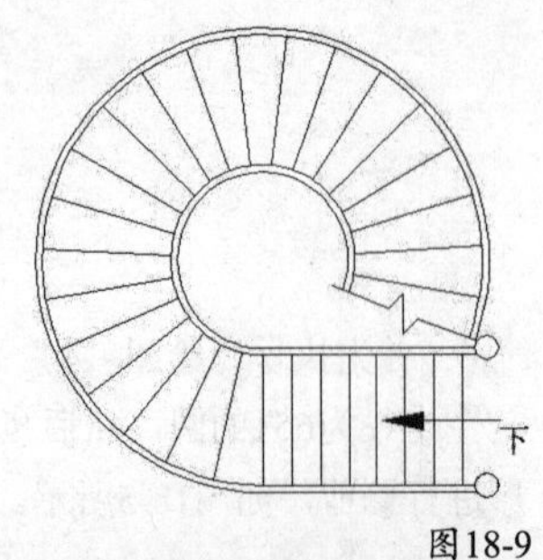

图18-9

练习018

练习位置　DVD>练习文件>第1章>练习018
难易指数　★★☆☆☆
技术掌握　巩固“圆”、“直线”、“偏移”和“阵列”等命令的使用方法。

操作指南

参照“实战018 旋转楼梯”案例进行制作。

首先执行“绘图>圆”、“绘图>直线”和“修改>偏移”命令，绘制楼梯扶手；接着执行“绘图>直线”命令，绘制楼梯；然后在命令行中输入“ARRAY CLASSIC”，阵列直线，得到完整的楼梯；最后执行“绘图>直线”命令，绘制楼梯折断线。练习最终效果如图18-10所示。

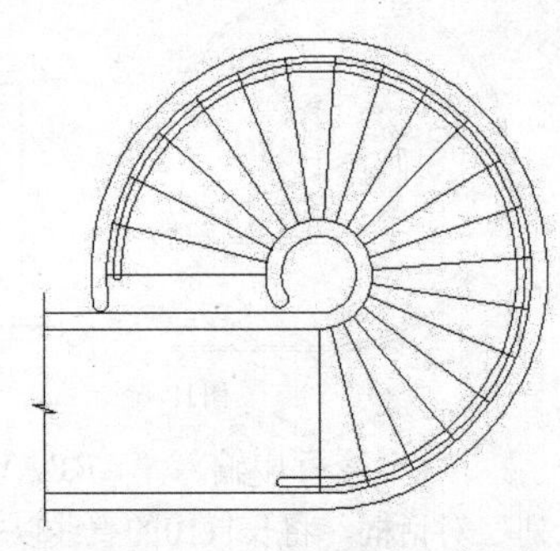

图18-10

实战019 指北针

实战位置　DVD>实战文件>第1章>实战019
视频位置　DVD>多媒体教学>第1章>实战019
难易指数　★☆☆☆☆
技术掌握　掌握“圆”、“多段线”和“多行文字”等命令。

实战介绍

运用“圆”与“多段线”命令，绘制指北针；利用“多行文字”命令，添加文字。本例最终效果如图19-1所示。

制作思路

- 绘制圆。
- 绘制指针。
- 添加文字，完成指北针的绘制并将其保存。

制作流程

指北针的制作流程如图19-2所示。

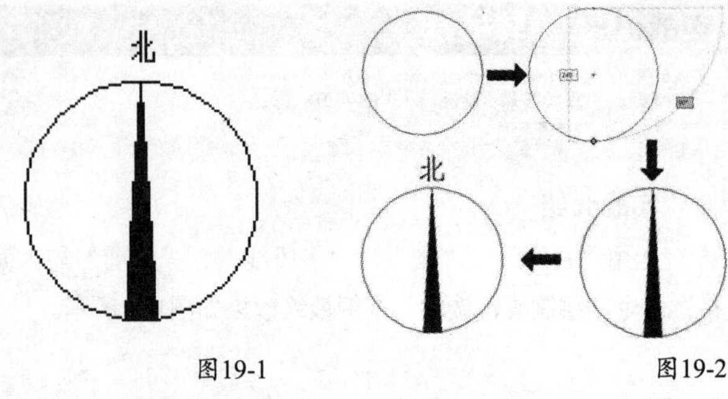

图19-1　图19-2

1. 绘制圆和指针

01 打开AutoCAD 2013中文版软件，执行“绘图>圆”命令，绘制一个直径为240的圆，如图19-3所示。

命令行提示如下：

```
命令：_circle
指定圆的圆心或 [三点(3P)/两点(2P)/相切、相切、半径(T)]：
指定圆的半径或 [直径(D)]：d
指定圆的直径 ：240
```

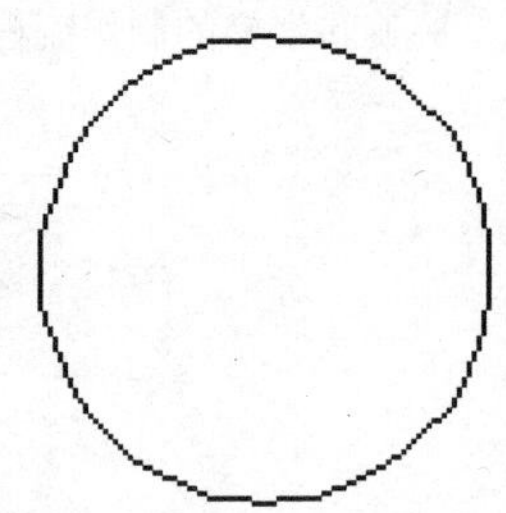

图19-3

02 用鼠标右键单击状态栏中的“对象捕捉”按钮，单击“设置”按钮，弹出如图19-4所示的“草图设置”对话框。

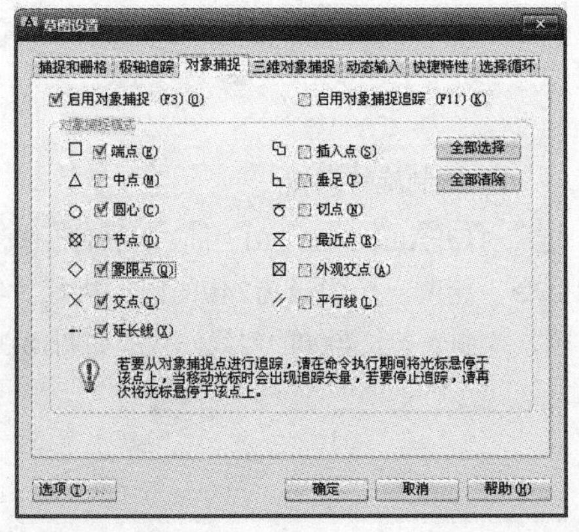

图19-4

03 选中“象限点”前的复选框，单击“确定”按钮。

04 执行“绘图>多段线”命令，命令行会提示要求指定第一点，如图19-5所示，捕捉上面的象限点。

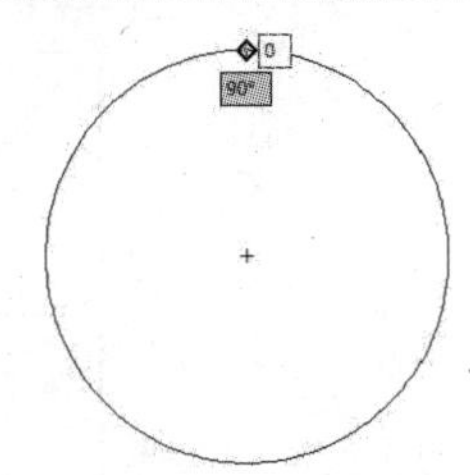
图19-5

05 设置完起始点与端点的线宽后，捕捉第二个象限点作为端点，如图19-6所示。

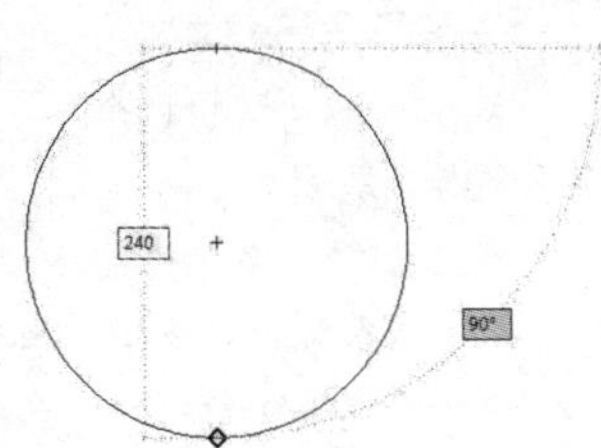
图19-6

命令行提示如下：

```
命令：_pline
指定起点：
当前线宽为0.0000
指定下一个点或 [圆弧(A)/半宽(H)/长度(L)/放弃(U)/宽度(W)]：w
指定起点宽度 <0.0000>：0
指定端点宽度 <0.0000>：30
指定下一个点或 [圆弧(A)/半宽(H)/长度(L)/放弃(U)/宽度(W)]：
指定下一点或 [圆弧(A)/闭合(C)/半宽(H)/长度(L)/放弃(U)/宽度(W)]：
```

06 绘制好后的指北针如图19-7所示。

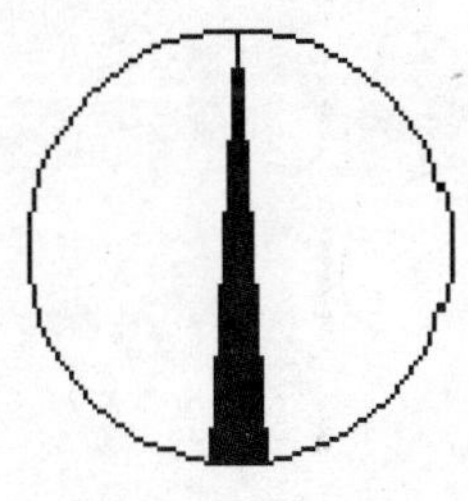
图19-7

2. 添加文字

执行“绘图>文字>多行文字”命令，在箭头处写上“北”字。

技巧与提示

在建筑制图中，文字高度一般为3.5、5或7，这里设置文字高度为3.5。

练习019

练习位置	DVD>练习文件>第1章>练习019
难易指数	★★☆☆☆
技术掌握	巩固“圆”、“直线”、“偏移”和“多行文字”等命令的使用方法。

操作指南

参照“实战019 指北针”案例进行制作。

首先执行“绘图>直线”命令，绘制16条方位线；接着执行“绘图>圆”与“修改>偏移”命令，绘制多个同心圆；然后执行“绘图>直线”命令，绘制主导风向；最后执行“绘图>文字>多行文字”与“修改>修剪”命令，完善风玫瑰图。练习最终效果如图19-8所示。

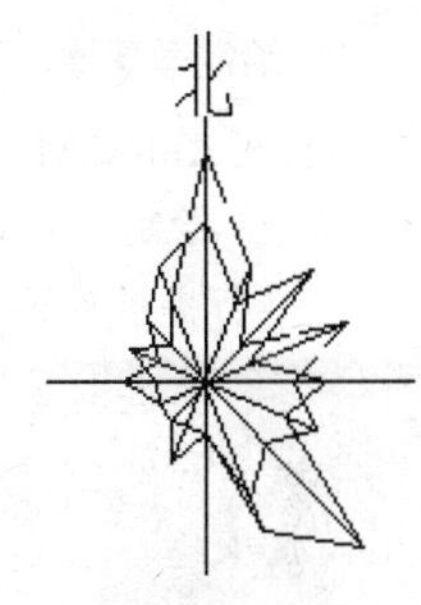

图19-8

实战020 篮球场

实战位置	DVD>实战文件>第1章>实战020
视频位置	DVD>多媒体教学>第1章>实战020
难易指数	★☆☆☆☆
技术掌握	掌握“矩形”、“圆”和“镜像”等命令。

实战介绍

运用“矩形”、“圆”与“镜像”命令，绘制篮球场的平面图。本例最终效果如图20-1所示。

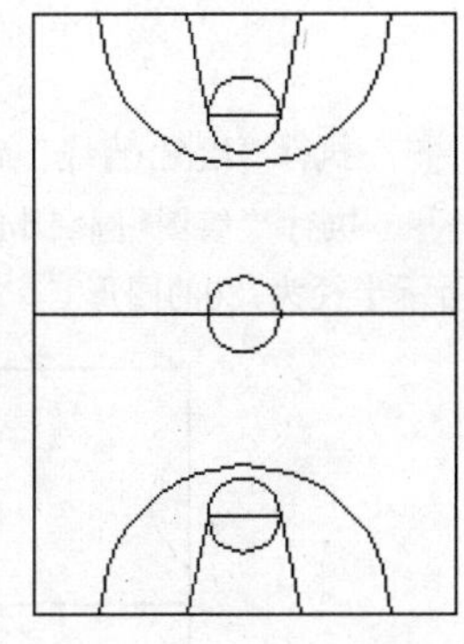
图20-1

制作思路

- 绘制矩形场地。
- 绘制篮球场的争球圈、罚球圈及三秒区等。
- 镜像三分线、三秒区，完成篮球场的绘制并将其保存。

制作流程

篮球场的制作流程如图20-2所示。

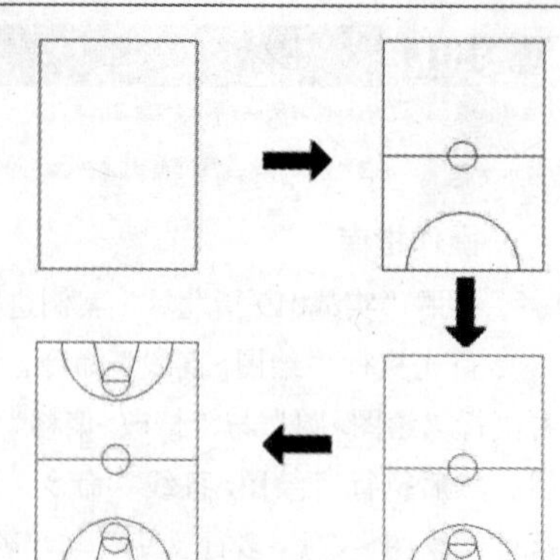

图20-2

1. 绘制争球圈、罚球圈等

01 打开AutoCAD 2013中文版软件，执行“绘图>矩形”命令，绘制如图20-3所示的矩形。

命令行提示如下：

```
命令: _rectang
指定第一个角点或 [倒角(C)/标高(E)/圆角(F)/厚度(T)/宽度(W)]:
指定另一个角点或 [面积(A)/尺寸(D)/旋转(R)]: @520,720
```

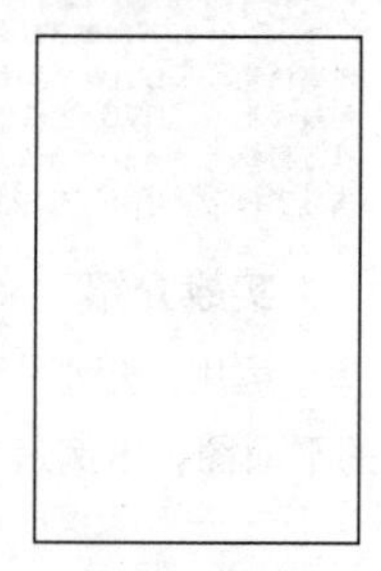

图20-3

02 执行“绘图>直线”命令，绘制如图20-4所示的图形。

03 执行“绘图>圆>圆心、半径”命令，绘制如图20-5所示半径为180的图形。

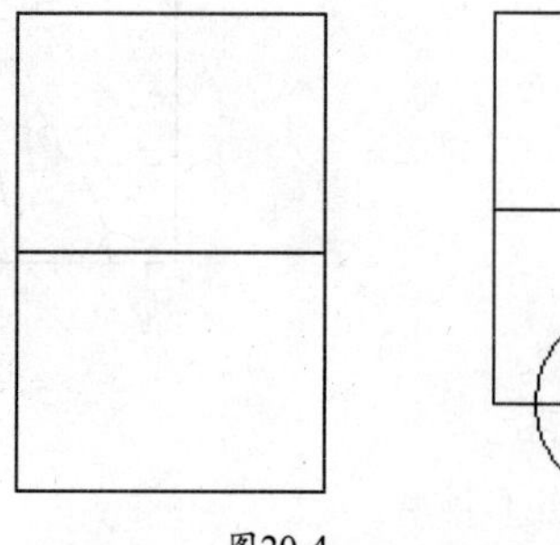

图20-4　　图20-5

04 执行“修改>修剪”命令，修剪图形，执行“绘图>圆”命令，绘制半径为45的争球圈，如图20-6所示。

05 执行“修改>复制”命令，绘制罚球圈，如图14-7所示。

命令行提示如下：

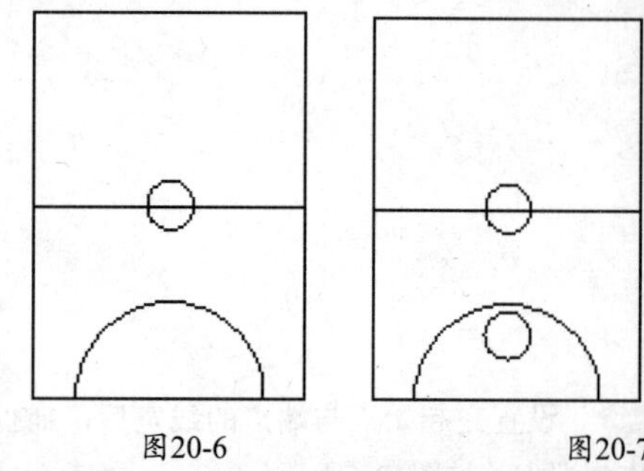

图20-6　　图20-7

```
命令: _copy
选择对象: 找到 1 个
选择对象:
当前设置: 复制模式 = 多个
指定基点或 [位移(D)/模式(O)]<位移>:指定第二个点或<使用第一个点作为位移>:<正交开>240
指定第二个点或[退出(E)/放弃(U)] <退出>:
```

06 执行“绘图>直线”命令，绘制如图20-8所示的图形。

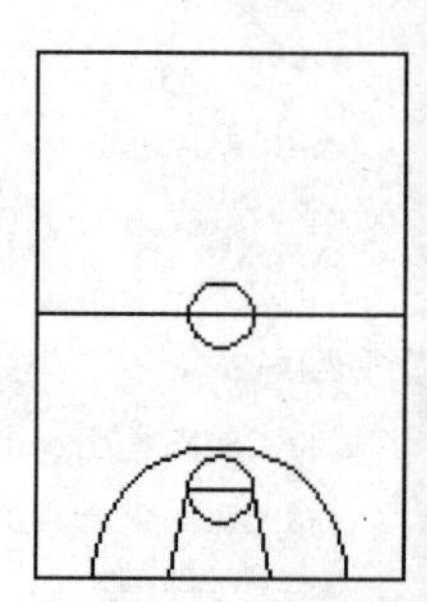

图20-8

2. 镜像三分线、三分区

执行“修改>镜像”命令，以中间的直线为镜像线，镜像出球场另一侧的三分线与三秒区，如图20-9所示。

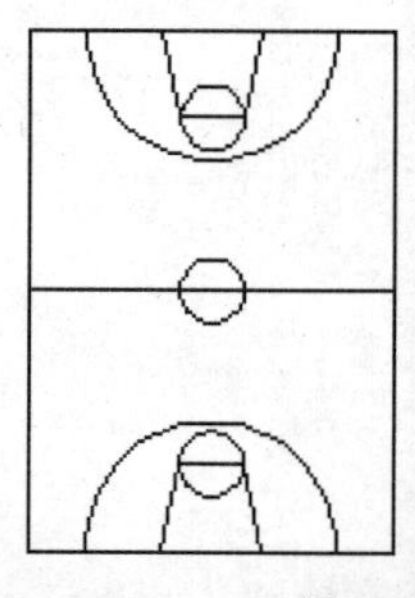

图20-9

练习020

练习位置	DVD>练习文件>第1章>练习020
难易指数	★★★★☆
技术掌握	巩固“圆”、“圆弧”、“矩形”、“直线”和“修剪”等命令的使用方法。

操作指南

参照“实战020 篮球场”案例进行制作。

执行“绘图>直线”、“绘图>圆弧”、“绘图>矩形”、“修改>分解”、“修改>偏移”、“修改>修剪”

和“修改>阵列”等命令，绘制玩具，练习最终效果如图20-10所示。

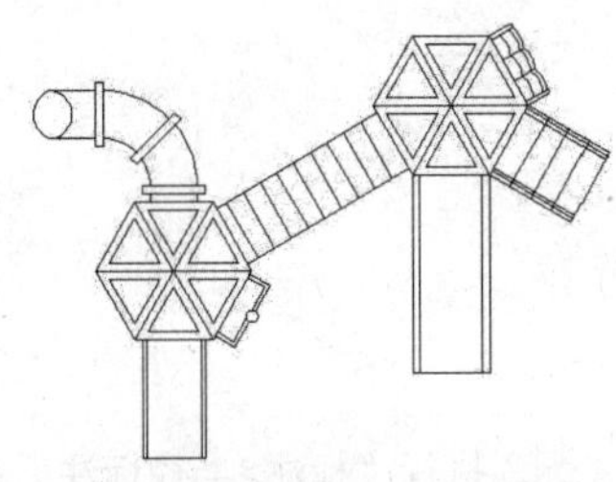

图20-10

实战021 400米跑道

实战位置	DVD>实战文件>第1章>实战021
视频位置	DVD>多媒体教学>第1章>实战021
难易指数	★★★☆☆
技术掌握	掌握“直线”、“圆弧”、“线性标注”和“半径标注”等命令。

实战介绍

运用“直线”与“圆弧”命令，绘制400米跑道；利用“线性标注”与“半径标注”命令，进行尺寸标注。本例最终效果如图21-1所示。

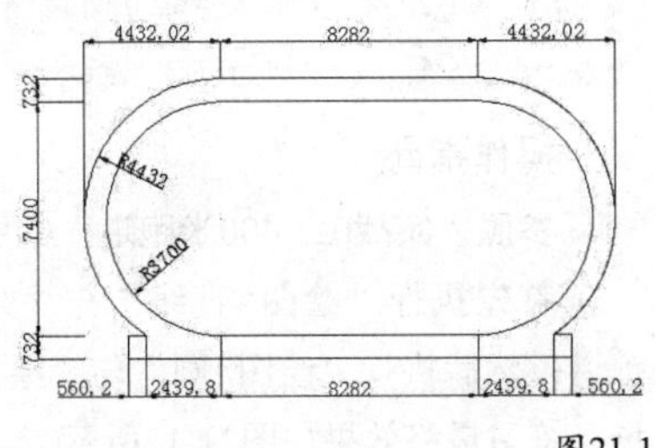

图21-1

制作思路

- 绘制400米跑道。
- 标注跑道，完成400米跑道的绘制并将其保存。

制作流程

400米跑道的制作流程如图21-2所示。

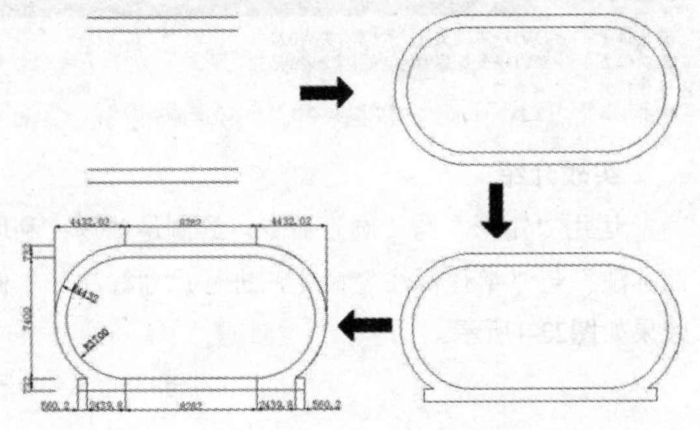

图21-2

1. 绘制400米跑道

01 打开AutoCAD 2013中文版软件，执行“绘图>直线”命令，绘制一条长为8282的直线；执行“修改>偏移”命令，将刚绘制的直线沿y轴负方向垂直向下分别偏移732、7400、732，如图21-3所示。

图21-3

02 执行“绘图>圆弧”命令，以两个内、外边框上下两端点的垂直连线的中点为圆心，绘制4个圆弧，作为运动场的跑道，如图21-4所示。

命令行提示如下：

```
命令：_arc
制定圆弧的起点或圆心(c)]：c
指定圆弧的圆心:选择对象：
制定圆弧的起点：
指定圆弧的端点或[角度(A)/弦长(L)]：
```

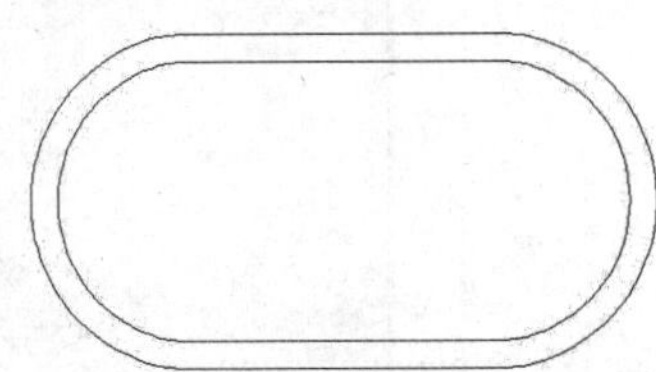

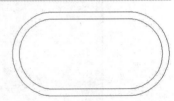

图21-4

03 选择如图21-4所示下方的直线，使其呈夹点显示状态。将直线的两端端点沿水平方向，分别向两边拉伸3000，如图21-5所示。

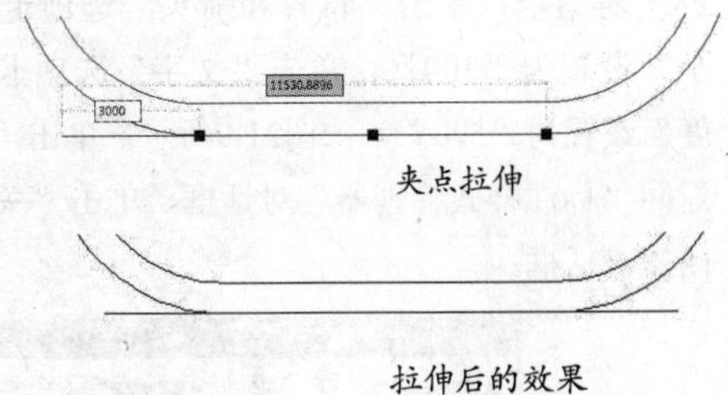

图21-5

04 执行“修改>偏移”命令，将延伸后的直线向y轴负方向偏移732，执行“绘图>直线”命令，连接两直线的端点，如图21-6所示。

命令行提示如下：

```
命令：_offset
当前设置：删除源=否　图层=源　OFFSETGAPTYPE=0
指定偏移距离或　[通过(T)/删除(E)/图层(L)]
<732.0000>:　指定第二点：@0,732
选择要偏移的对象，或　[退出(E)/放弃(U)]　<退出>:
```

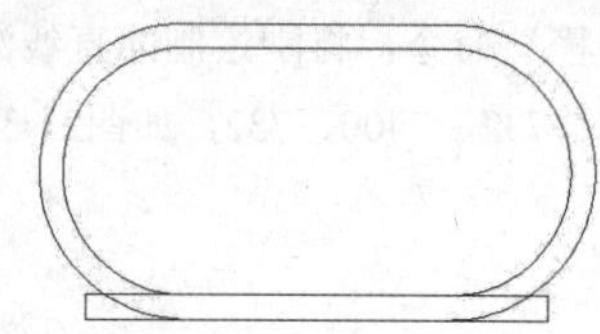

图21-6

05 执行“修改>修剪”命令，对直线进行修剪，如图21-7所示。

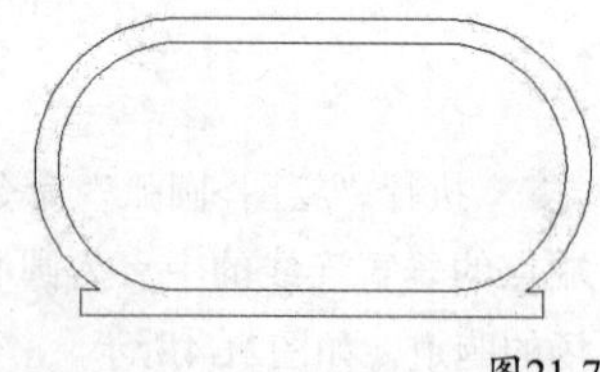

图21-7

2. 标注尺寸

01 执行“标注>标注样式”命令，弹出“标注样式管理器”对话框，如图21-8所示。

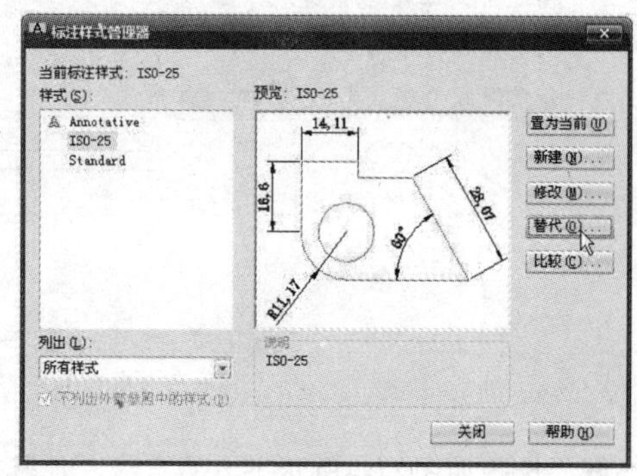

图21-8

02 单击“替代”按钮，弹出“替代当前样式：ISO-25”对话框；单击“符号和箭头”选项卡，将“箭头大小”设置为“300”；单击“文字”选项卡，将“文字高度”设置为“500”，如图21-9所示；单击“确定”按钮，返回“标注样式管理器”对话框，单击“关闭”按钮，关闭该对话框。

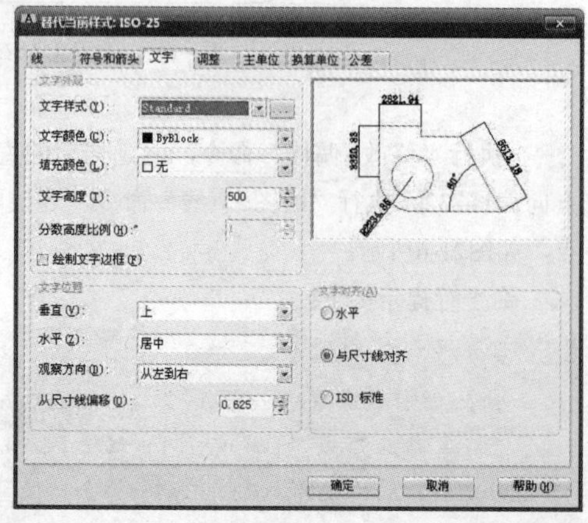

图21-9

03 执行“标注>线性标注”命令，选择标注原点，对跑道的线段部分进行尺寸标注，如图21-10所示。

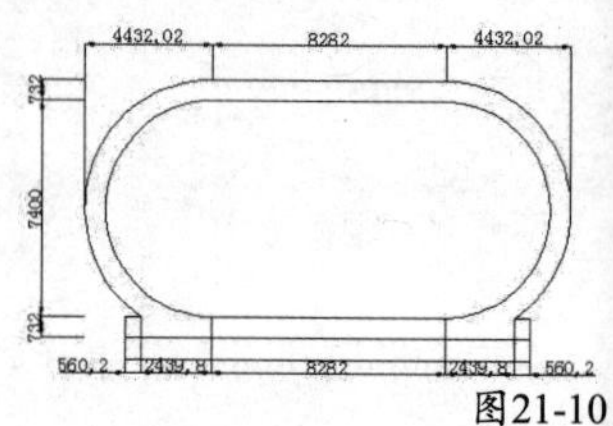

图21-10

04 执行“标注>半径标注”命令，对跑道的圆弧部分进行尺寸标注，如图21-11所示。

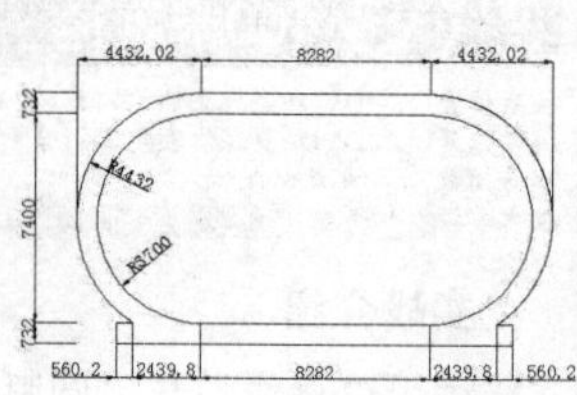

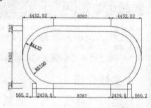

图21-11

练习021

练习位置	DVD>练习文件>第1章>练习021
难易指数	★★☆☆☆
技术掌握	巩固“圆”、“直线”、“矩形”和“偏移”等命令的使用方法。

操作指南

参照“实战021 400米跑道”案例进行制作。

首先执行“绘图>直线”与“绘图>圆”命令，绘制跑道；然后执行“绘图>圆”与“绘图>圆”命令，绘制操场。练习最终效果如图21-12所示。

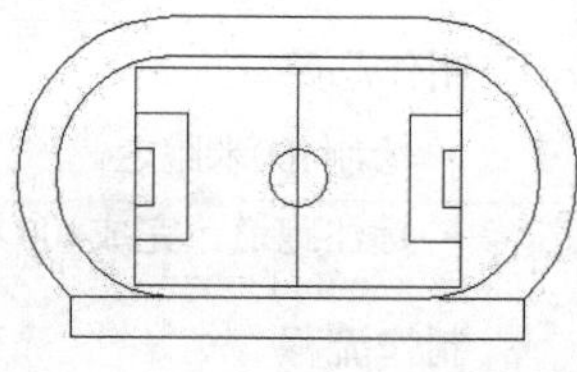

图21-12

实战022 足球场

实战位置	DVD>实战文件>第1章>实战022
视频位置	DVD>多媒体教学>第1章>实战022
难易指数	★★☆☆☆
技术掌握	掌握“矩形”、“圆”和“线性标注”等命令。

实战介绍

运用“矩形”与“圆”命令，绘制足球场；利用“线性标注”与“半径标注”命令，进行尺寸标注。本例最终效果如图22-1所示。

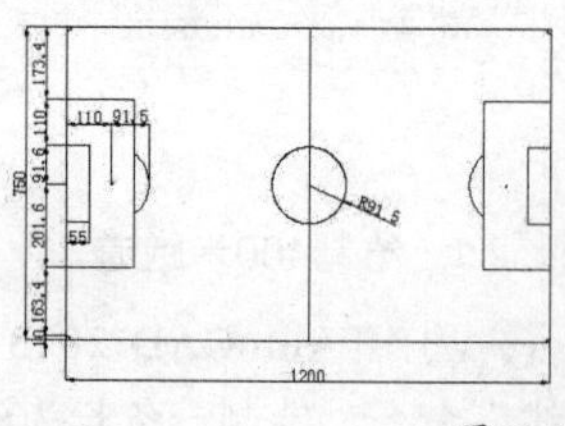

图22-1

制作思路

- 绘制足球场。
- 标注足球场，完成足球场的绘制并将其保存。

制作流程

足球场的制作流程如图22-2所示。

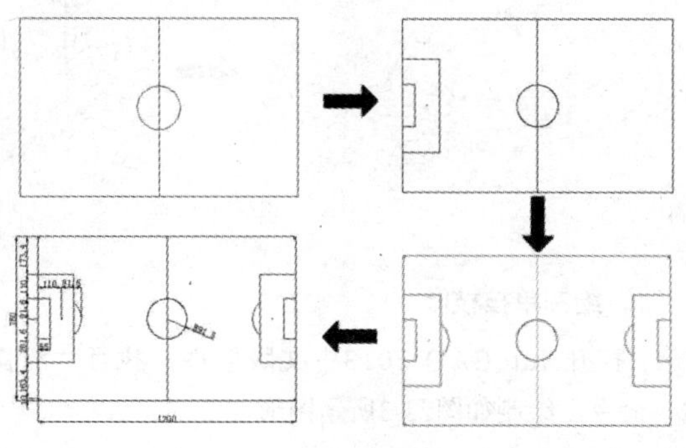

图22-2

1. 绘制足球场

01 打开AutoCAD 2013中文版软件，执行“绘图>矩形”命令，绘制一个长1200、宽750的矩形，作为足球场的场界线。

02 执行“绘图>直线”命令，连接矩形的上下边中点，作为足球场的中线。

03 执行“绘图>圆”命令，以上一步所绘制的直线中点为圆心，绘制一个半径为91.5的圆，作为足球场的中心圆，如图22-3所示。

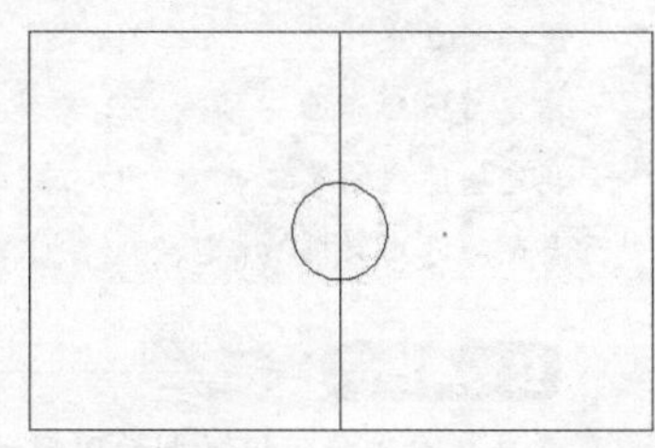

图22-3

04 执行“绘图>矩形”命令，绘制一个长183.2、宽55的矩形，使矩形左边边框中点与足球场界线左边边框的中点相重合，作为足球场的一个门。

05 执行“绘图>矩形”命令，绘制一个长403.2、宽165的矩形，使矩形左边边框中点与足球场界线左边边框的中点相重合，作为足球场的一个禁区线。

06 执行“绘图>圆”命令，以足球场边线左边边框中点为圆心绘制一个半径为1.5的圆；执行“修改>移动”命令，将刚才绘制的圆向右水平移动110，作为足球场的一个罚球点，如图22-4所示。

07 执行“绘图>圆”命令，以罚球点的圆心为圆心，绘制一个半径为91.5的圆。

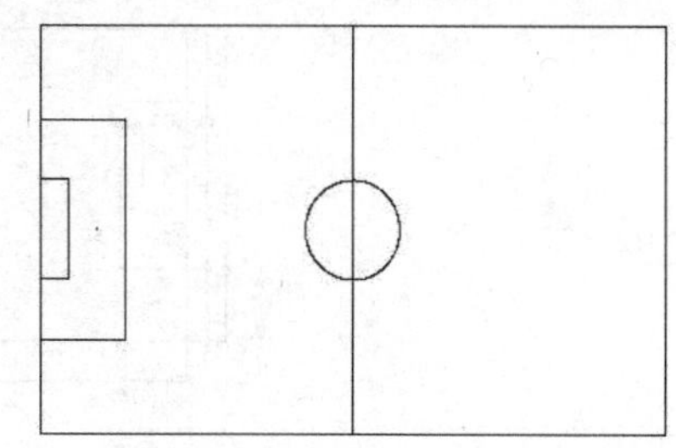

图22-4

08 执行“修改>修剪”命令，对上一步所绘制的圆进行修剪，使圆变为圆弧，作为足球场的罚球弧，如图22-5所示。

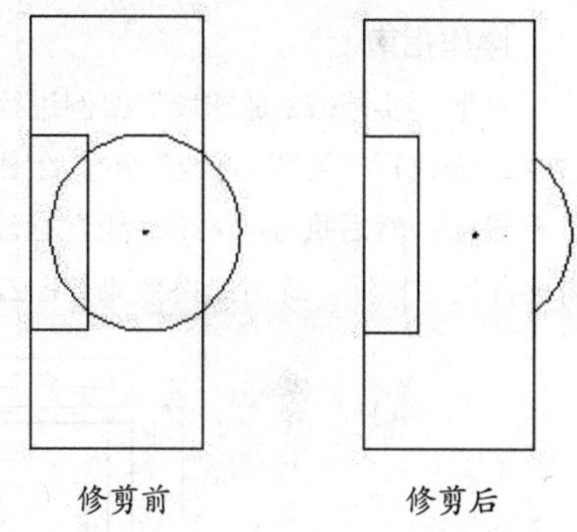

修剪前　　修剪后

图22-5

09 执行“绘图>圆”命令，分别以足球场边线的左上角点和左下角点为圆心，绘制半径为10的圆。

10 执行“修改>修剪”命令，对上一步所绘制的圆进行修剪，使圆变为圆弧，作为足球场的角球区，如图22-6所示。

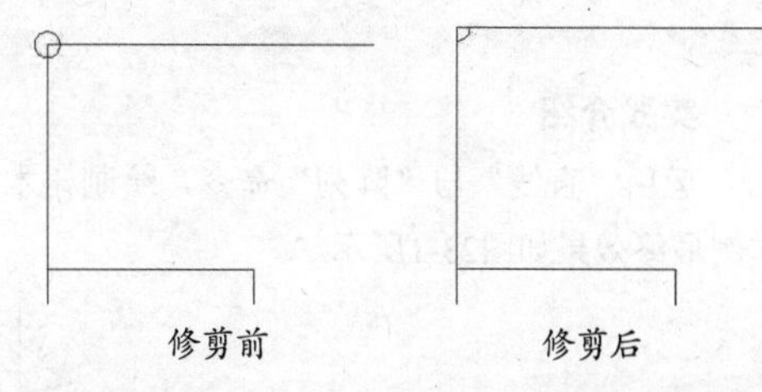

修剪前　　修剪后

图22-6

11 执行“修改>镜像”命令，以足球场中线为镜像轴，将足球场的球门、禁区、罚球弧、罚球点等复制到足球场的右侧，如图22-7所示。

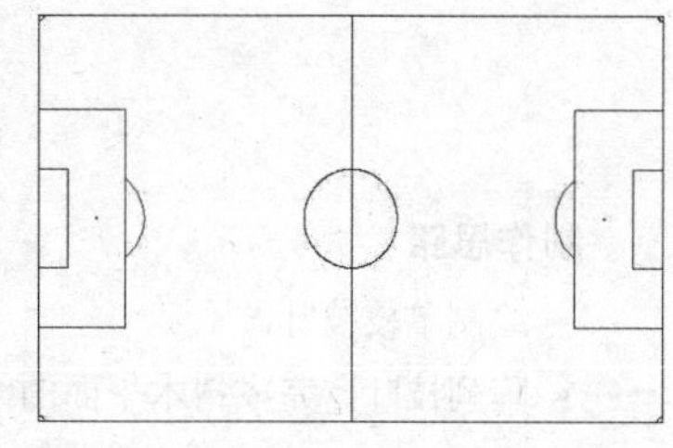

图22-7

2. 标注尺寸

执行“标注>线性标注”命令，选择标注原点，对足球场的线段部分进行尺寸标注，如图22-8所示。

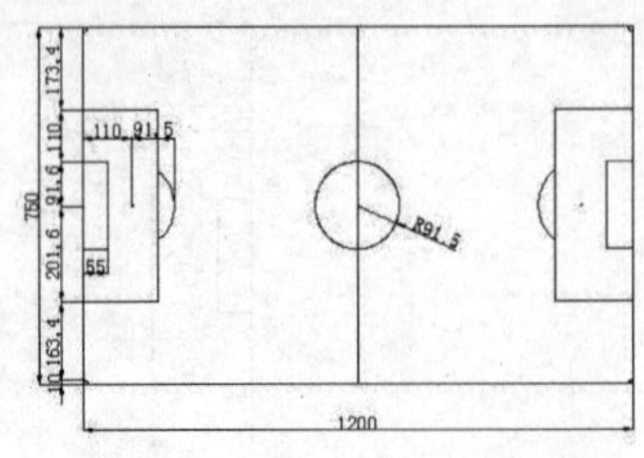

图22-8

练习022

练习位置	DVD>练习文件>第1章>练习022
难易指数	★★★☆☆
技术掌握	巩固“直线”、“矩形”和“线性标注”等命令的使用方法。

操作指南

参照“实战022 足球场”案例进行制作。

首先执行“绘图>直线”和“绘图>矩形”命令，绘制羽毛球场；然后执行“标注>线性标注”命令，对羽毛球场进行尺寸标注。练习最终效果如图22-9所示。

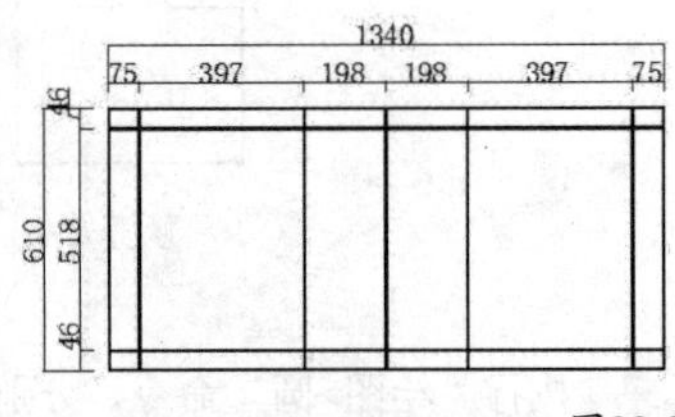

图22-9

实战023 树木（图例）

实战位置	DVD>实战文件>第1章>实战023
视频位置	DVD>多媒体教学>第1章>实战023
难易指数	★★☆☆☆
技术掌握	掌握“直线”和“阵列”等命令。

实战介绍

运用“直线”与“阵列”命令，绘制树木的平面图。本例最终效果如图23-1所示。

图23-1

制作思路

- 绘制单枝枝叶。
- 阵列枝叶，完成树木平面的绘制。
- 将树木图形创建块并将其保存。

制作流程

树木（图例）的制作流程如图23-2所示。

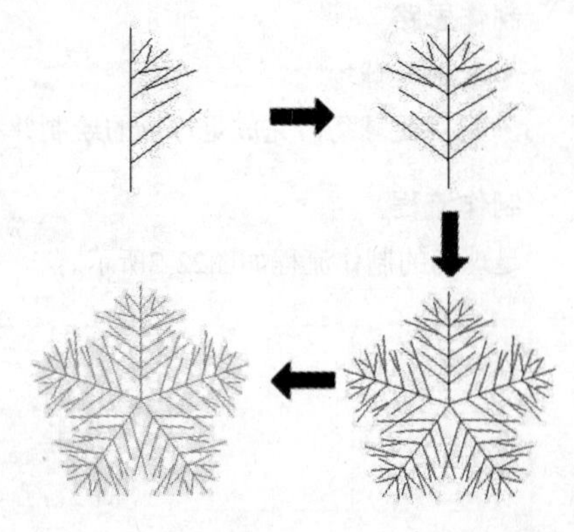

图23-2

1. 绘制单枝枝叶

01 打开AutoCAD 2013中文版软件，执行“绘图>直线”命令，绘制如图23-3所示图形。

02 执行“修改>镜像”命令，镜像复制出另一侧的枝叶，如图23-4所示。

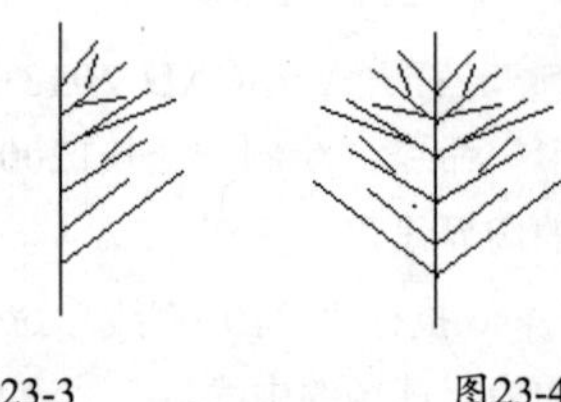

图23-3 图23-4

命令行提示如下：

```
命令: _mirror
选择对象: 指定对角点: 找到 10 个
选择对象:
指定镜像线的第一点:  <对象捕捉 开>  <正交 开>
指定镜像线的第二点:
要删除源对象吗? [是(Y)/否(N)] <N>:
```

技巧与提示

在选择要进行镜像复制的图形时，由于需要选择的直线较多，可采用窗交的选择方式。当用户选择对象时，在命令行输入“select”，命令行提示“选择对象：”，在提示下输入“？”，将会出现如下提示：

```
需要点或窗口(W)/上一个(L)/窗交(C)/框(BOX)/全部(ALL)/栏选(F)/圈围(WP)/圈交(CP)/编组(G)/添加(A)/删除(R)/多个(M)/前一个(P)/放弃(U)/自动(AU)/单个(SI)/子对象/对象
```

其中：

需要点：可以直接拾取对象，拾取到的对象醒目显示。

窗口：从左到右指定矩形的两个角点以创建矩形选择窗口，所有位于矩形窗口中的对象均被选中，在窗口之外的对象或者部分在该窗口中的对象则不能被选中。

窗交：从左到右指定角点创建窗交选择。全部位于窗口之内或与窗口边界相交的对象都将被选中。

2. 阵列单枝枝叶

01 在命令行中输入“ARRAYCLASSIC”，弹出“阵列”对话框，如图23-5所示设置参数，其中中心点为中间直线最下方的端点。

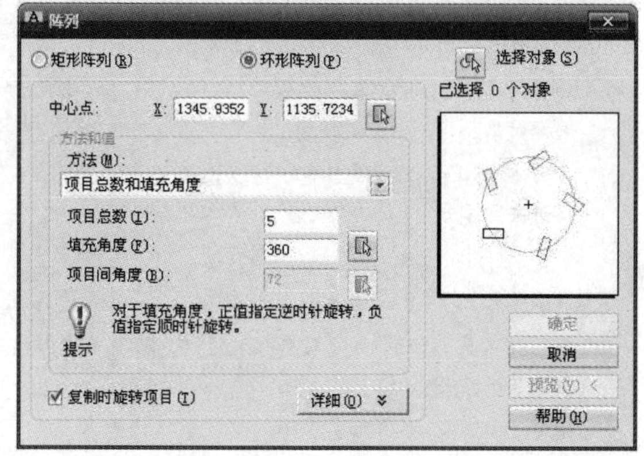

图23-5

02 单击“选择对象”按钮，选择图23-4所示图形为阵列对象，单击“确定”按钮，即可得到如图23-6所示效果。

图23-6

03 设置树木的颜色为绿色，执行“绘图>创建块”命令，弹出“块定义”对话框，设置如图23-7所示，以树的中心点为基点，单击“选择对象”按钮，选择整个图形。

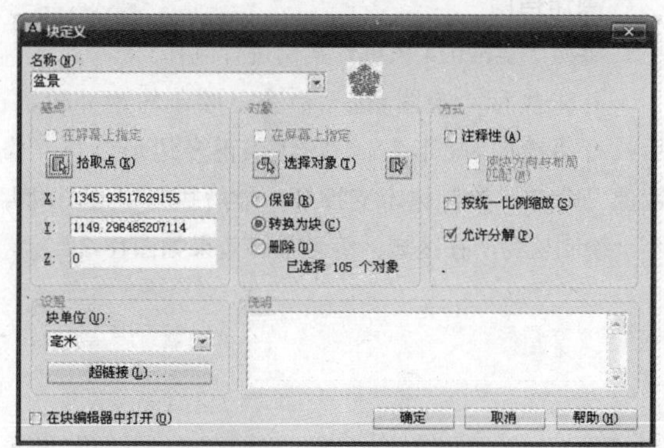

图23-7

04 单击“确定”按钮，即可看到该图形已经定义为块，用拾取框中单击图形的任一部分时，整个图形都会被选中，如图23-8中所示。

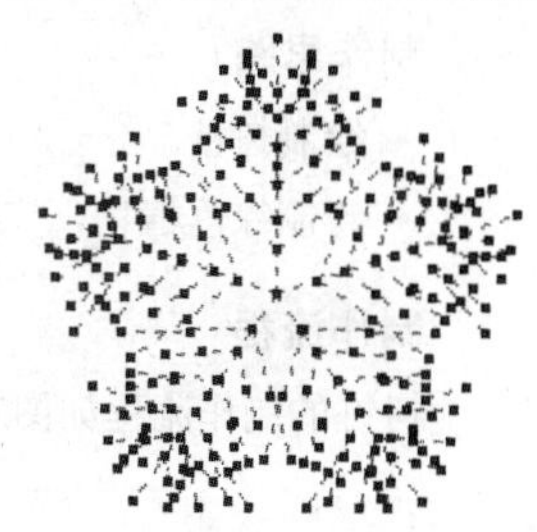

图23-8

05 需要插入此图形时，执行“插入>块”命令即可。

练习023

练习位置	DVD>练习文件>第1章>练习023
难易指数	★★☆☆☆
技术掌握	巩固“圆”、“直线”和“阵列”等命令的使用方法。

操作指南

参照“实战023 树木”案例进行制作。

首先执行“绘图>圆”命令，绘制蒲公英外轮廓；然后执行“绘图>直线”命令，绘制四分之一的蒲公英；最后执行“修改>阵列”命令，阵列已绘制好的蒲公英，得到完整的图案。练习最终效果如图23-9所示。

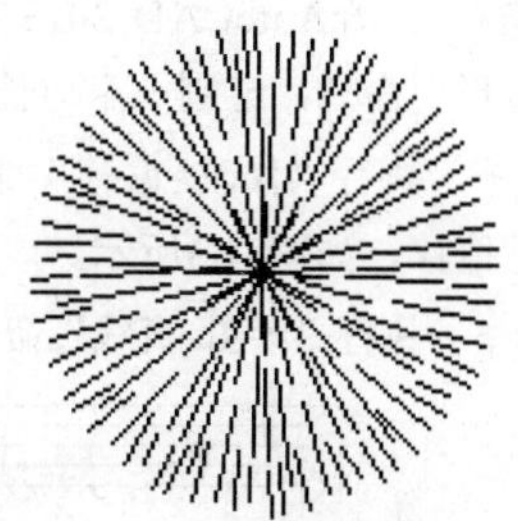

图23-9

实战024 树桩

实战位置	DVD>实战文件>第1章>实战024
视频位置	DVD>多媒体教学>第1章>实战024
难易指数	★★☆☆☆
技术掌握	掌握“正多边形”、“偏移”、“直线”、“圆”和“修订云线”等命令。

实战介绍

运用“正多边形”、“直线”与“偏移”命令，绘制树桩；利用“圆”与“修订云线”命令，绘制绿色植物。本例最终效果如图24-1所示。

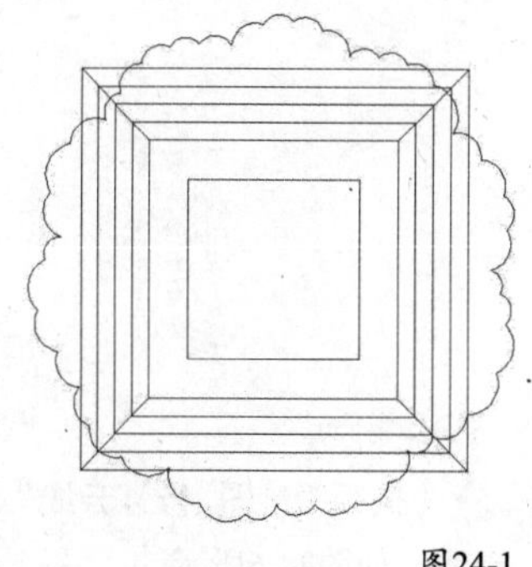

图24-1

制作思路

- 绘制树桩。
- 绘制绿色植物，完成树桩的绘制并将其保存。

制作流程

树桩的制作流程如图24-2所示。

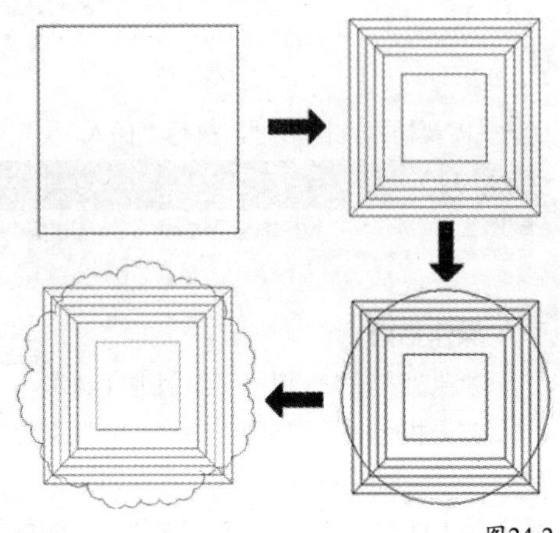

图24-2

1. 绘制树桩

01 打开AutoCAD 2013中文版软件，执行“绘图>正多边形”命令，绘制一个边长为1000的正方形。

02 执行“修改>偏移”命令，将上一步绘制的正方形进行偏移，如图24-3所示。

03 执行“绘图>直线”命令，绘制如图24-4所示的直线。

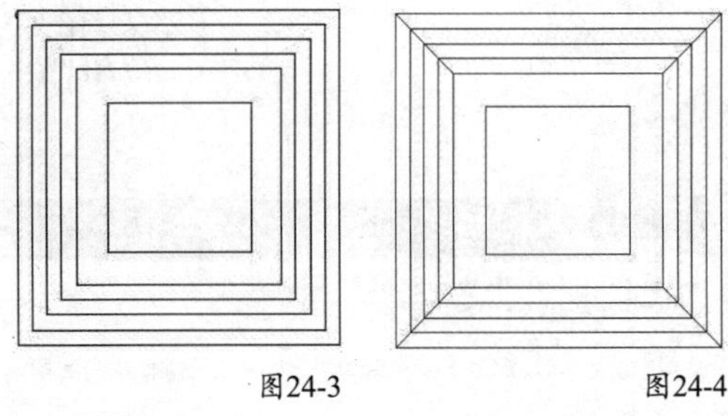

图24-3　　图24-4

2. 绘制绿色植物

01 执行“绘图>圆”命令，以正四边形的正中心点作为圆心，绘制一个半径为1250的圆，如图24-5所示。

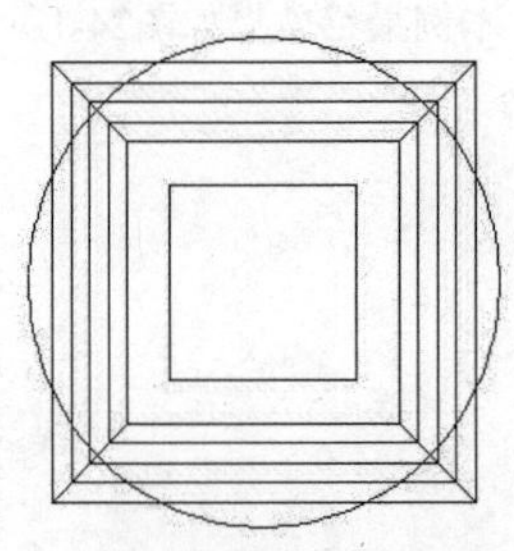

图24-5

02 执行“绘图>修订云线”命令，将刚绘制的圆转化为云线，如图24-6所示。

命令行提示和操作内容如下：

```
命令：_revcloud
最小弧长：150    最大弧长：300    样式：普通
指定起点或 [弧长(A)/对象(O)/样式(S)] <对象>：A
指定最小弧长 <150>：750
指定最大弧长 <750>：750
指定起点或 [弧长(A)/对象(O)/样式(S)] <对象>：O
选择对象：
反转方向 [是(Y)/否(N)] <否>：N
修订云线完成。
命令：_revcloud
最小弧长：750    最大弧长：750    样式：普通
指定起点或 [弧长(A)/对象(O)/样式(S)] <对象>：A
指定最小弧长 <750>：150
指定最大弧长 <150>：300
指定起点或 [弧长(A)/对象(O)/样式(S)] <对象>：O
选择对象：
反转方向 [是(Y)/否(N)] <否>：N
修订云线完成。
```

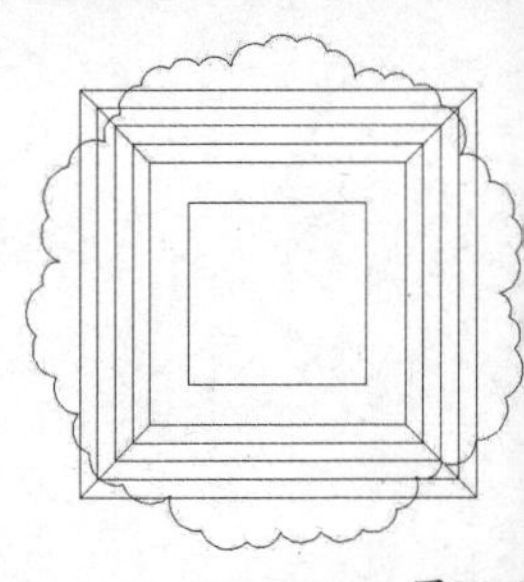

图24-6

练习024

练习位置	DVD>练习文件>第1章>练习024
难易指数	★★☆☆☆
技术掌握	巩固“矩形”、“圆”、“正多边形”和“镜像”等命令的使用方法。

操作指南

参照“实战024 树桩”案例进行制作。

首先执行“绘图>圆”命令，绘制树池外轮廓；然后执行“绘图>矩形”、“绘图>正多边形”与“修改>镜像”命令，绘制树木支撑杆；最后执行“绘图>圆”命令，绘制植物所在区域。练习最终效果如图18-7所示。

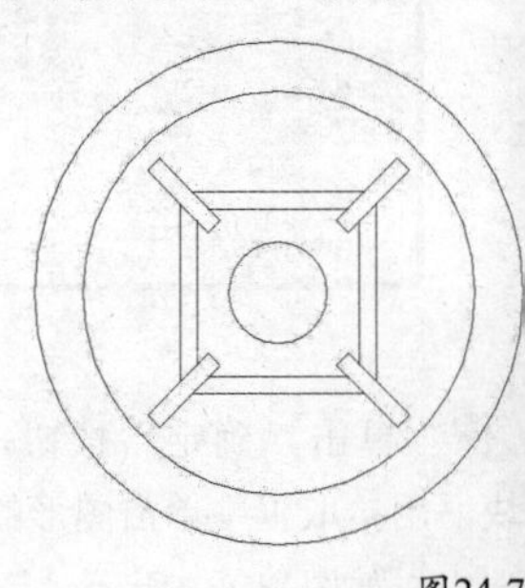

图24-7

实战025　八角亭

实战位置	DVD>实战文件>第1章>实战025
视频位置	DVD>多媒体教学>第1章>实战025
难易指数	★★☆☆☆
技术掌握	掌握“正多边形”、“圆”、“圆环”、“偏移”、“复制”和“删除”等命令。

实战介绍

运用“正多边形”、“圆”与“偏移”命令，绘制亭身；利用“圆环”、“多段线”、“复制”与“删除”命令，绘制亭柱。本例最终效果如图25-1所示。

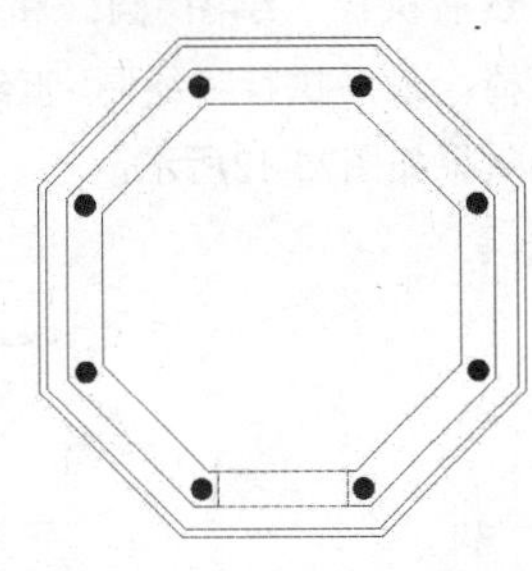

图25-1

制作思路

- 绘制亭身。
- 绘制亭柱，完成八角亭的绘制并将其保存。

制作流程

八角亭的制作流程如图25-2所示。

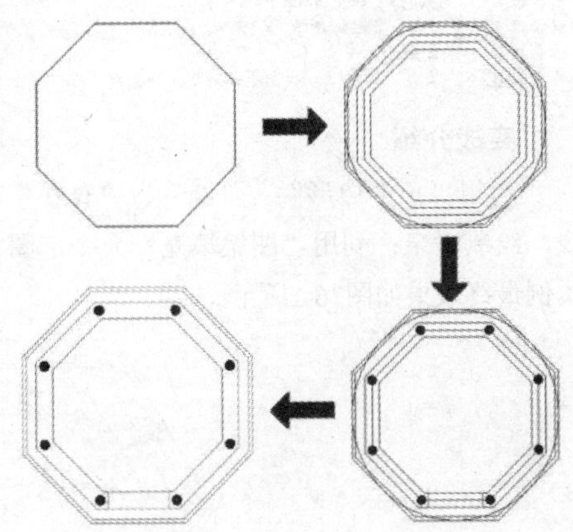

图25-2

1. 绘制亭身

01 打开AutoCAD 2013中文版软件，执行“绘图>正多边形”命令，绘制一个边长为1550的正八边形，如图25-3所示。

命令行提示如下：

```
命令: _polygon 输入侧面数 <4>: 8
指定正多边形的中心点或 [边(E)]: E
指定边的第一个端点: 指定边的第二个端点: 1550
```

02 执行“绘图>圆>三点(3P)”命令，绘制正八边形的内切圆，如图25-4所示。

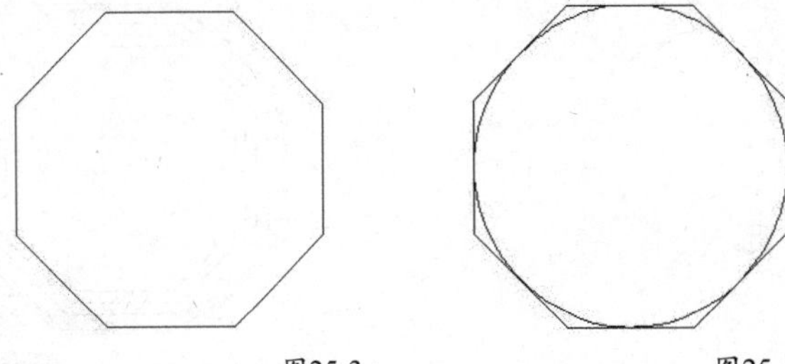

图25-3　　图25-4

03 执行“绘图>正多边形”命令，绘制一个边长为1500的正八边形。

04 执行“修改>移动”命令，将刚绘制的正八边形进行位移操作，如图25-5所示。

命令行提示和操作内容如下：

```
命令: _move
选择对象: 找到 1 个
选择对象:
指定基点或 [位移(D)] <位移>:    <对象捕捉追踪 开>
指定第二个点或 <使用第一个点作为位移>:
```

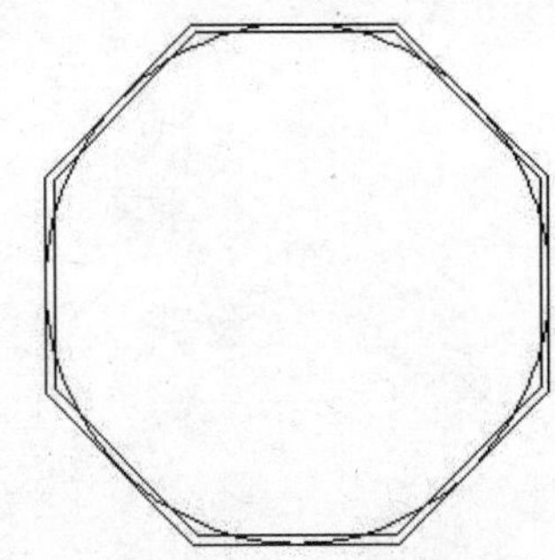

图25-5

技巧与提示

在对八边形进行位移时，配合“中点捕捉”和“对象追踪”功能，以如图25-6所示的对象追踪虚线的交点作为基点，使基点和圆的圆心相重合，完成正八边形的位移。

05 重复执行“绘图>正多边形”命令，绘制内切圆半径为1380的正八边形，如图25-7所示。

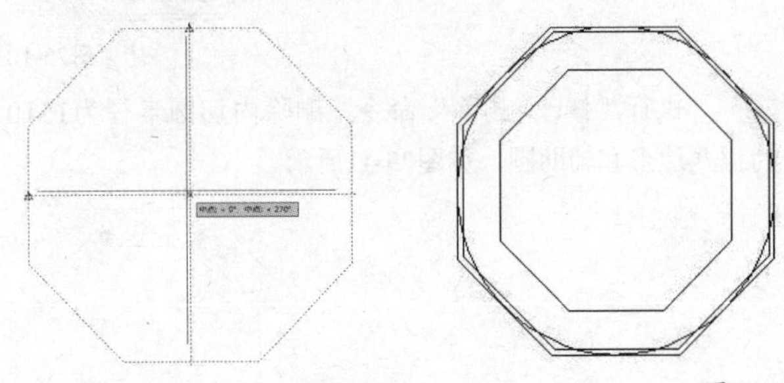

图25-6　　图25-7

06 重复执行“绘图>正多边形”命令，分别绘制内切圆半径为1510和1645的正八边形，如图25-8所示。

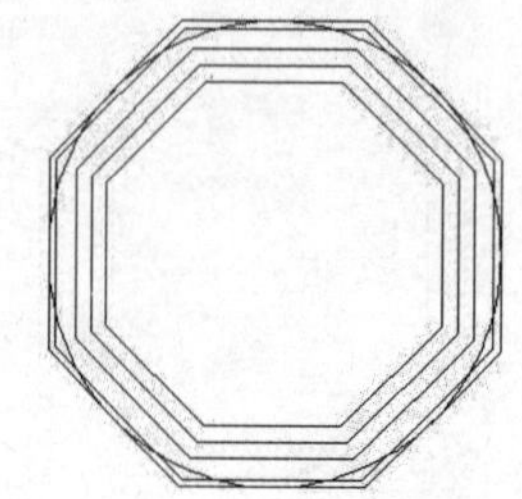

图25-8

2. 绘制亭柱

01 执行“绘图>圆环”命令，以内切圆半径为1510的正八边形角点作为圆环中心点，绘制外径为160的实心圆，如图25-9所示。

命令行提示和操作内容如下：

```
命令: _donut
指定圆环的内径 <0.5000>:
指定圆环的外径 <1.0000>: 160
指定圆环的中心点或 <退出>:
指定圆环的中心点或 <退出>:
```

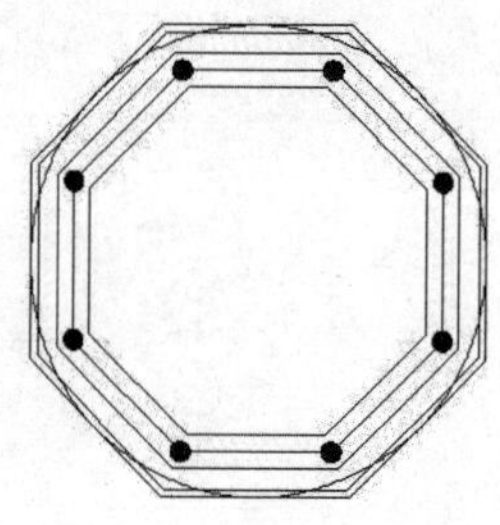

图25-9

02 设置当前颜色为红色，执行“绘图>多段线”命令，绘制闭合多段线，如图25-10所示。

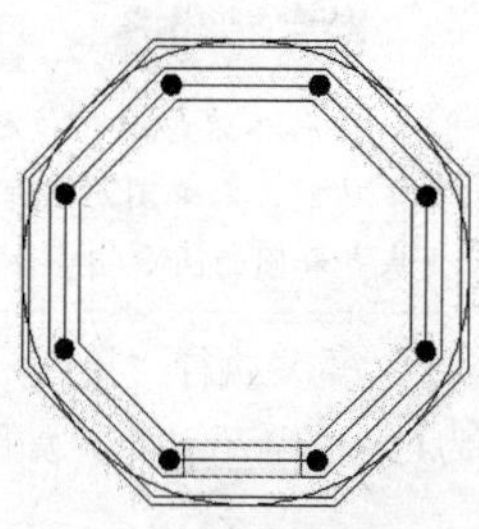

图25-10

03 执行“修改>删除”命令，删除内切圆半径为1510的正八边形和辅助圆，如图25-11所示。

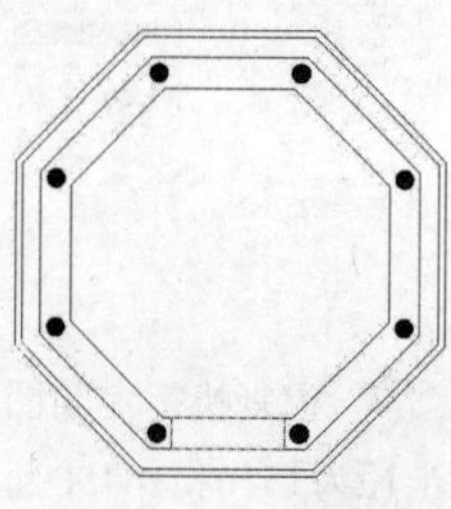

图25-11

练习025

练习位置	DVD>练习文件>第1章>练习025
难易指数	★★☆☆☆
技术掌握	巩固“直线”、“圆”、“正多边形”和“偏移”等命令的使用方法。

操作指南

参照“实战025 八角亭”案例进行制作。

首先执行“绘图>正多边形”命令，绘制八角亭外轮廓；接着执行“修改>偏移”命令，绘制八角亭内轮廓；然后执行“绘图>圆”和“绘图>直线”命令，柱子和座椅；最后执行“绘图>直线”命令，绘制台阶。练习最终效果如图25-12所示。

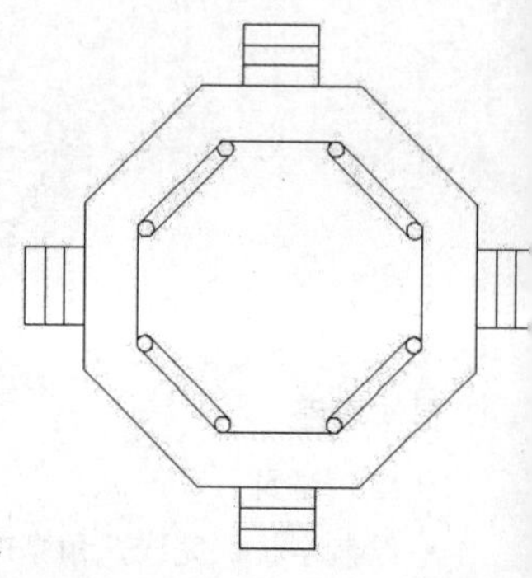

图25-12

实战026 喷泉

实战位置	DVD>实战文件>第1章>实战026
视频位置	DVD>多媒体教学>第1章>实战026
难易指数	★★☆☆☆
技术掌握	掌握“直线”、“正多边形”、“偏移”和“图案填充”等命令。

实战介绍

运用“正多边形”、“圆”、“直线”与“偏移”命令，绘制喷泉；利用“图案填充”命令，图案填充喷泉。本例最终效果如图26-1所示。

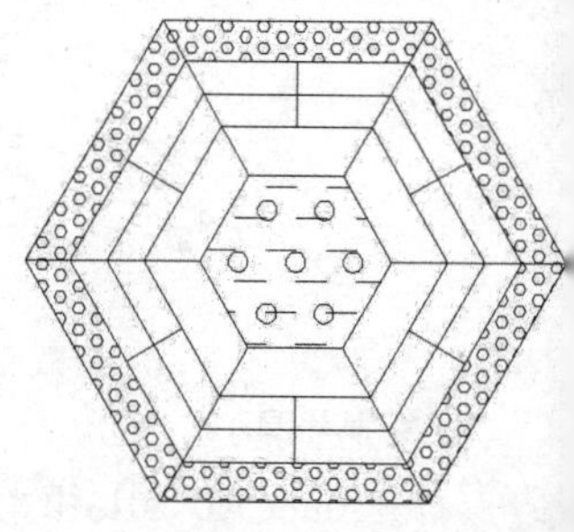

图26-1

制作思路

- 绘制喷泉。
- 图案填充，完成喷泉的绘制并将其保存。

制作流程

喷泉的制作流程如图26-2所示。

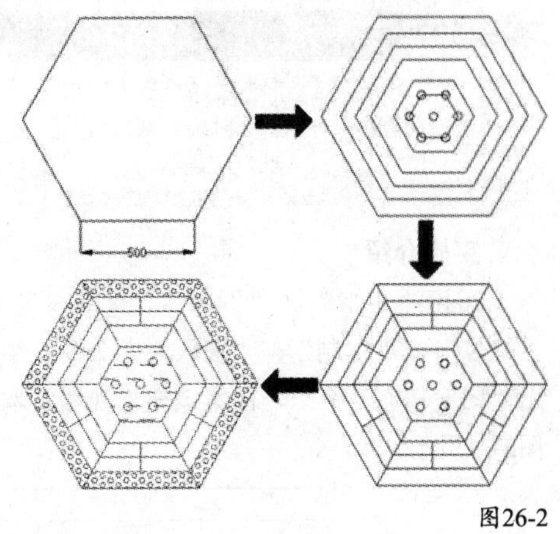

图26-2

1. 绘制喷泉

01 打开AutoCAD 2013中文版软件，执行“绘图>正多边形”命令，绘制边长为500的正六边形，如图26-3所示。

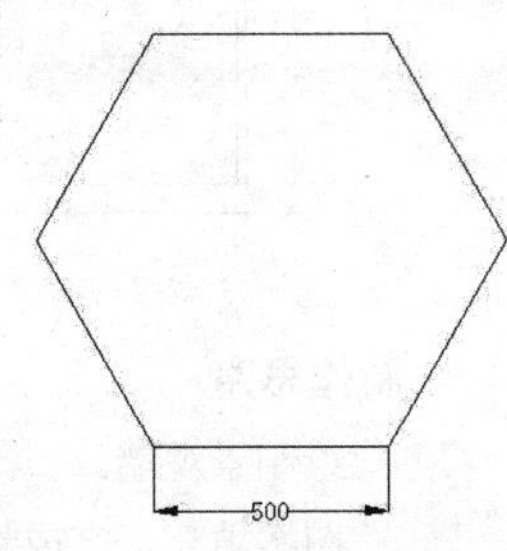

图26-3

02 执行“绘制>圆>圆心、半径”命令，配合“对象捕捉”和“对象追踪”功能，以如图26-4所示的对焦追踪虚线的交点作为圆心，绘制半径为50的圆，如图26-5所示。

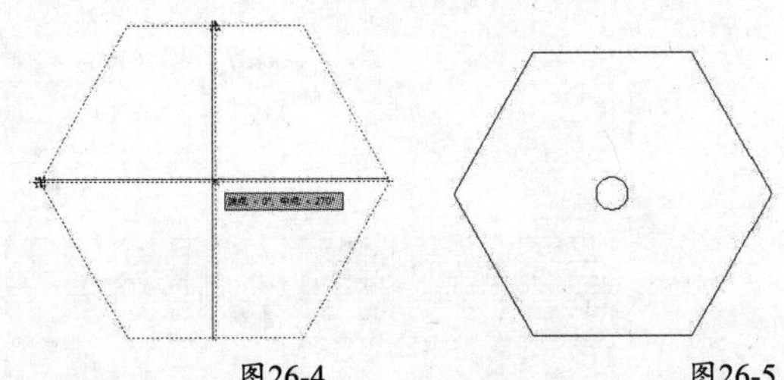

图26-4　　图26-5

03 执行“修改>偏移”命令，将边长为500的正六边形依次向外偏移250、415、580、780，如图26-6所示。

04 再次执行“修改>偏移”命令，将边长为500的正六边形向内偏移173，以向内偏移后的正六边形的各个角点为圆心，绘制半径为50的圆，如图26-7所示。

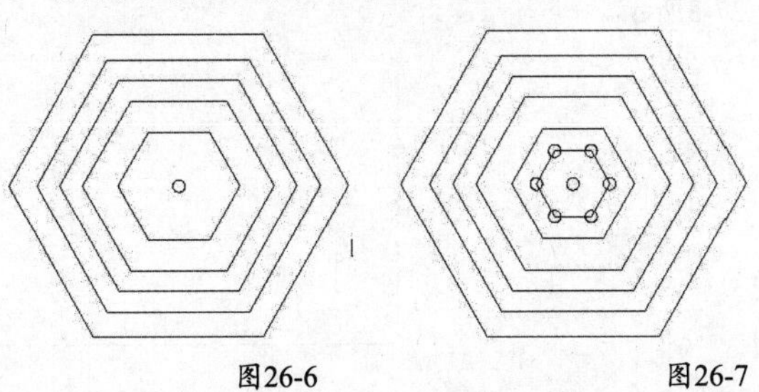

图26-6　　图26-7

05 执行“修改>删除”命令，删除最内侧的六边形，执行“绘图>直线”命令，分别连接六边形各角点，如图26-8所示。

06 执行“绘制>直线”命令，配合“中点捕捉”或“垂足捕捉”功能，继续绘制内部的轮廓线，如图26-9所示。

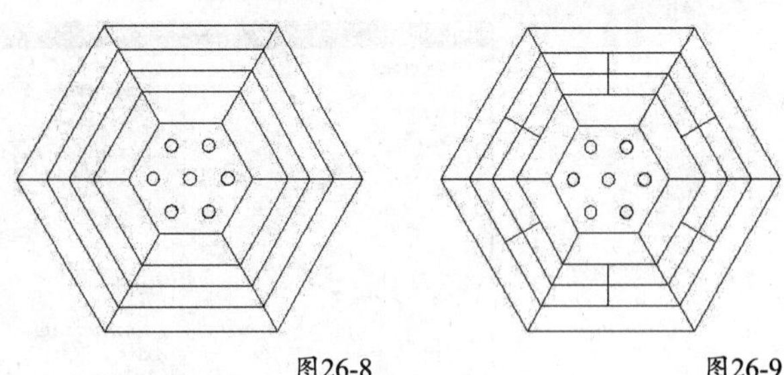

图26-8　　图26-9

2. 图案填充

01 在无命令执行的前提下，选择内部的7个圆以及连接正六边形角点的直线和内部的线，使其夹点显示。展开“颜色控制”下拉列表，修改对象的颜色为254，按键盘上的Esc键，取消对象的夹点显示，如图26-10所示。

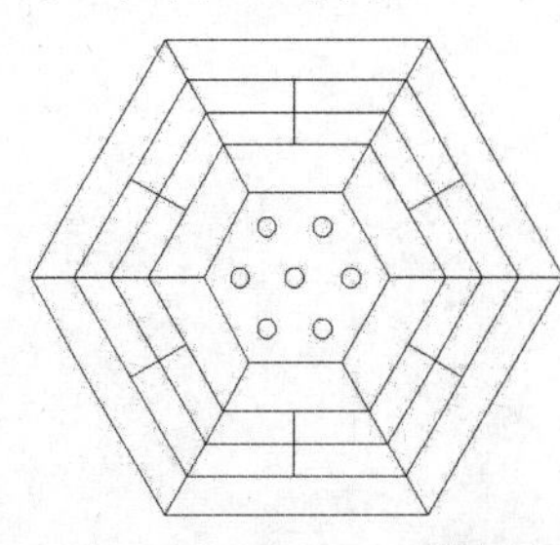

图26-10

02 再设置当前颜色为142，执行“绘图>图案填充”命令，弹出“图案填充与渐变色”对话框。单击“图案”列表右侧的按钮，在弹出的“填充图案选项板”对话框中，选择HEX图案，如图26-11所示。

图26-11

03 再次执行“绘图>图案填充”命令，弹出“图案填充与渐变色”对话框。单击“图案”列表右侧的按钮，在弹出的“填充图案选项板”对话框中，选择DASH图案，如图26-12所示。

04 最后得到最终的图案，如图26-13所示。

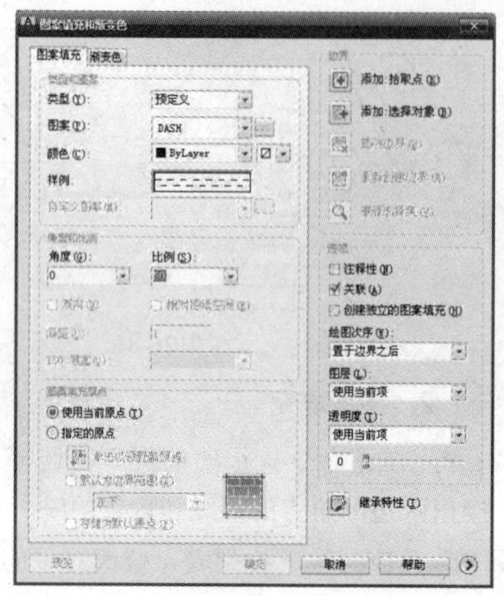

图26-12

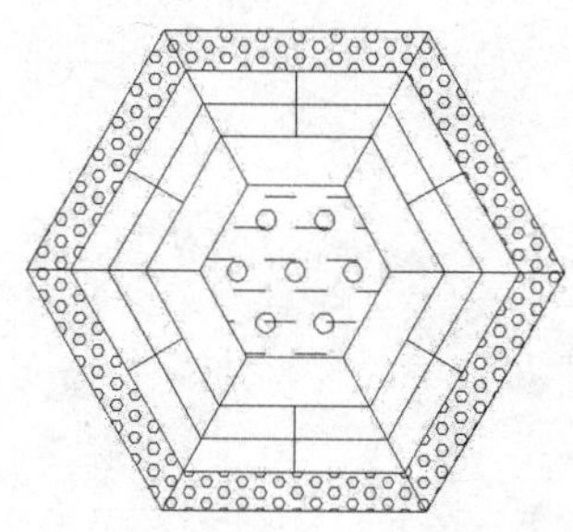

图26-13

练习026

练习位置	DVD>练习文件>第1章>练习026
难易指数	★★☆☆☆
技术掌握	巩固“圆”、“偏移”和“图案填充”等命令的使用方法。

操作指南

参照“实战026 喷泉”案例进行制作。

首先执行“绘图>圆”命令，绘制喷泉外轮廓；然后执行“修改>偏移”命令，绘制喷泉；最后执行“绘图>图案填充”命令，对喷泉的绿色植物和水面部分进行填充。练习最终效果如图26-14所示。

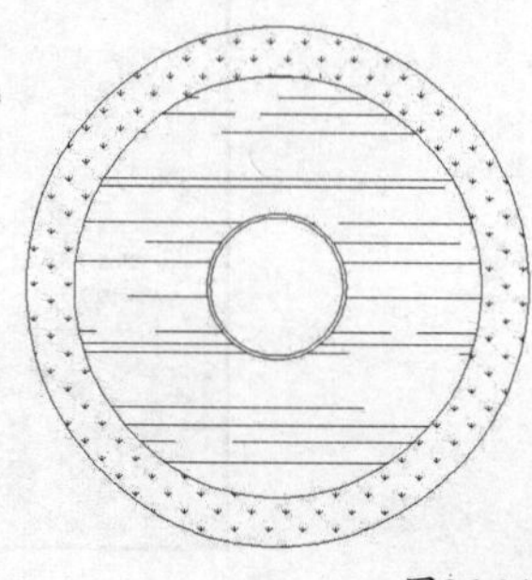

图26-14

实战027 景观墙

原始文件位置	DVD>原始文件>第1章>实战027原始文件-1，实战027原始文件-2
实战位置	DVD>实战文件>第1章>实战027
视频位置	DVD>多媒体教学>第1章>实战027
难易指数	★★☆☆☆
技术掌握	掌握“矩形”、“圆弧”、“偏移”、“修剪”、“镜像”、“复制”、“插入块”和“图案填充”等命令。

实战介绍

运用“矩形”、“圆弧”、“偏移”、“修剪”、“镜像”、“复制”与“插入块”命令，绘制景观墙；利用“图案填充”命令，图案填充景观墙。本例最终效果如图27-1所示。

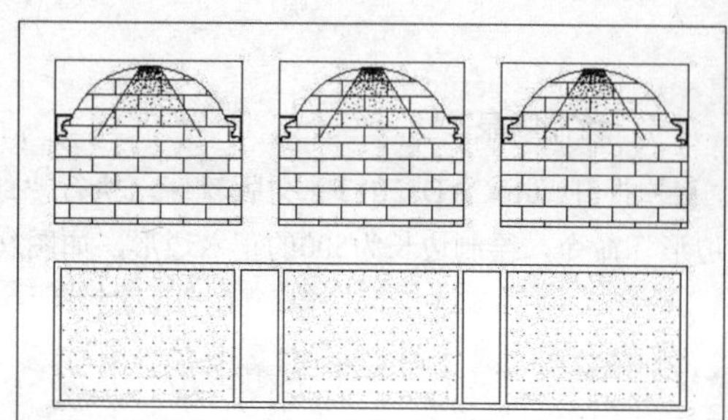

图27-1

制作思路

- 绘制景观墙。
- 图案填充，完成景观墙的绘制并将其保存。

制作流程

景观墙的制作流程如图27-2所示。

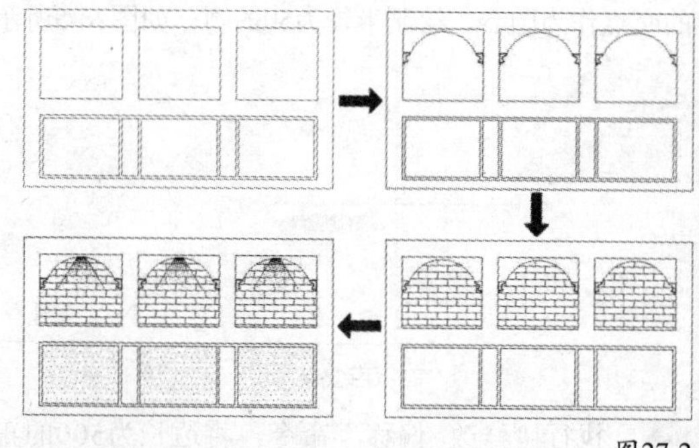

图27-2

1. 绘制景观墙

01 打开AutoCAD 2013中文版软件，执行“绘图>矩形”命令，绘制一个长为2850、宽为1600的矩形，如图27-3所示。

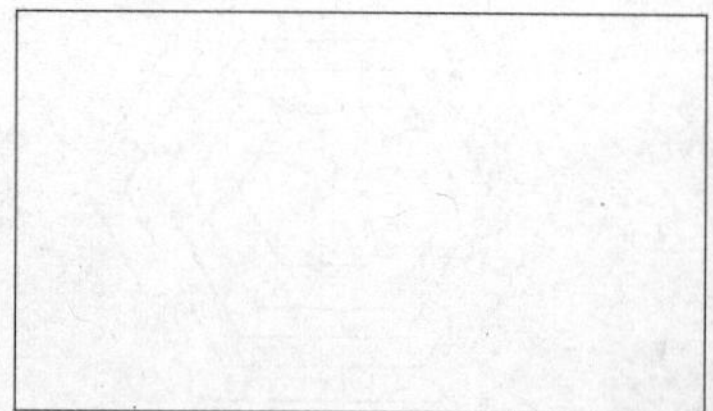

图27-3

02 执行“绘制>矩形”命令，配合“捕捉自”功能，设置偏移距离为（@150，80），绘制一个长为2550、宽为570的矩形，如图27-4所示。

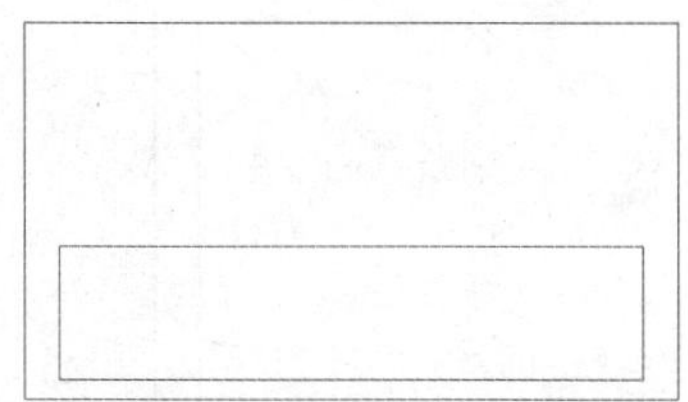

图27-4

03 执行“修改>偏移”命令，将上一步所绘制的矩形向内偏移25。

04 执行“绘图>矩形”和“修改>镜像”命令，配合“捕捉自”功能，设置各位置的轮廓线间距为25，绘制矩形，执行“修改>修剪”命令，修剪所绘制的图形，如图27-5所示。

图27-5

05 执行“绘图>矩形”命令，配合“捕捉自”功能，设置各位置的轮廓线间距为150，绘制一个长为750、宽为650的矩形，如图27-6所示。

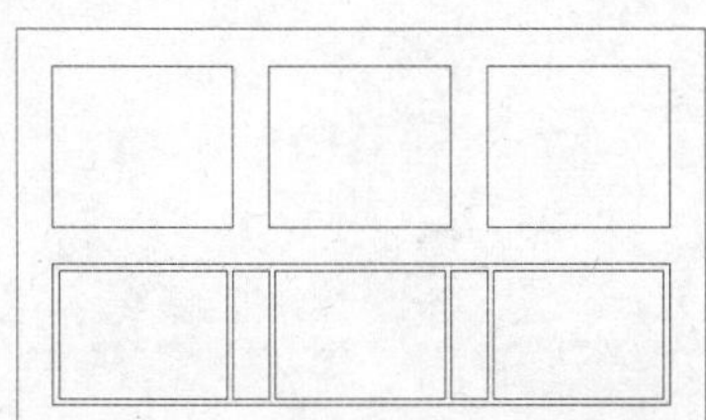

图27-6

06 执行“插入>块”命令，插入原始文件中的“实战027原始文件-1”图形，执行“修改>镜像”和“修改>复制”命令，绘制其他装饰线，如图27-7所示。

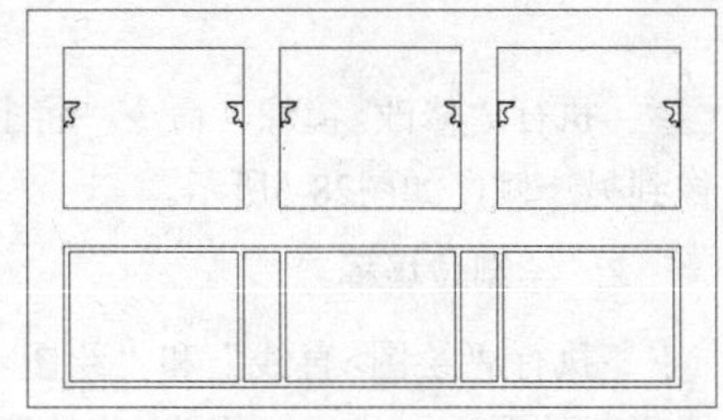

图27-7

07 执行“绘制>圆弧>三点”命令，绘制圆弧，执行“修改>复制”命令，复制其他圆弧，如图27-8所示。

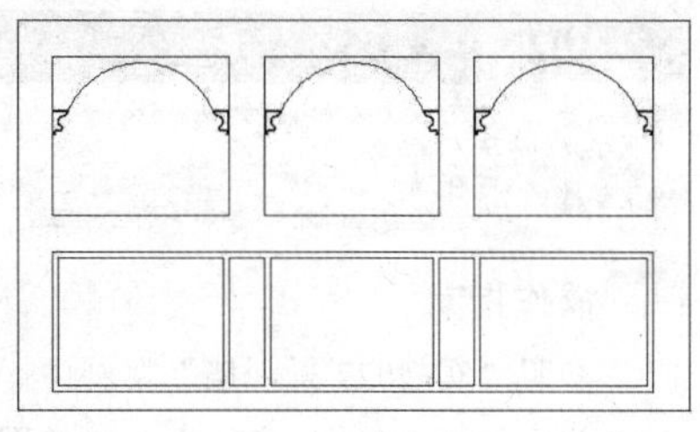

图27-8

2. 图案填充

01 执行“绘图>图案填充”命令，在弹出的“图案填充和渐变色”对话框中设置图案为“AR-BRSTD”，比例为“0.9”，将上方矩形轮廓区域进行图案填充，如图27-9所示。

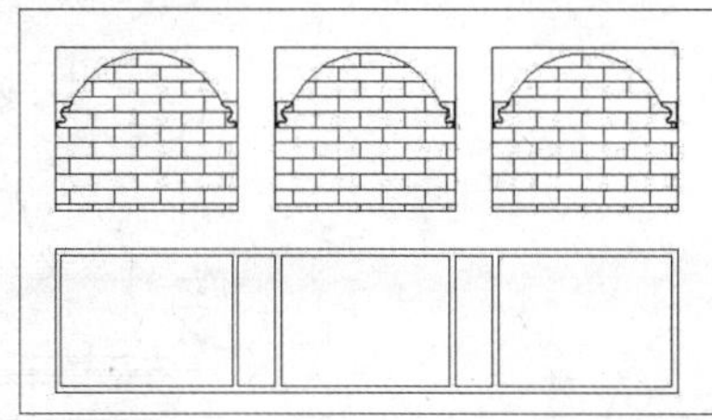

图27-9

02 执行“插入>块”命令，插入原始文件中的“实战027原始文件-2”图形。

03 执行“绘制>图案填充”命令，弹出“图案填充与渐变色”对话框，单击“图案”列表右侧的按钮，在弹出的“填充图案选项板”对话框中，选择“DOTS”图案，如图27-10所示，填充效果如图27-11所示。

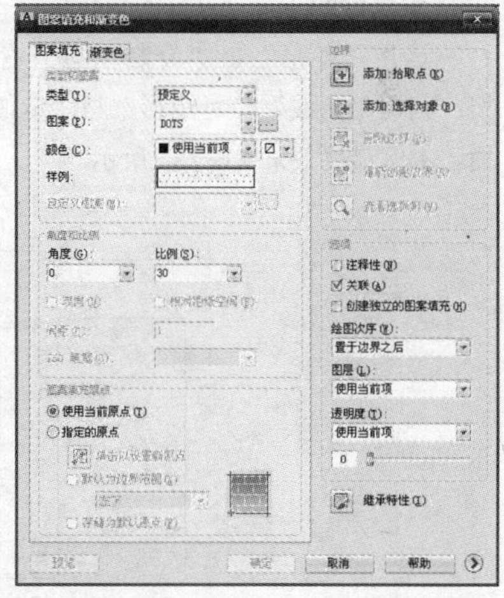

图27-10

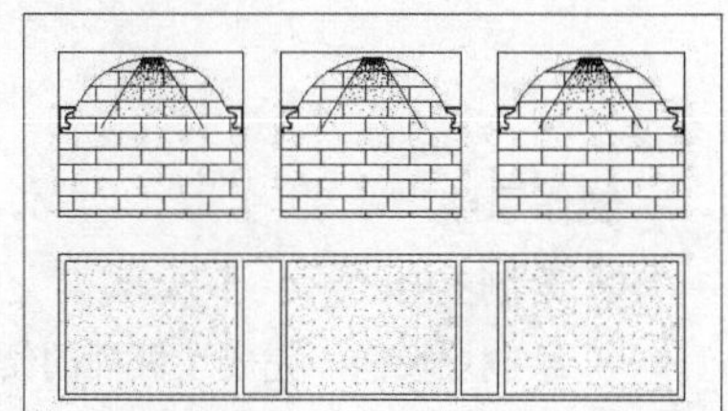

图27-11

练习027

练习位置	DVD>练习文件>第1章>练习027
难易指数	★★☆☆☆
技术掌握	巩固“直线”、“矩形”、“圆弧”、“圆”、“样条曲线”、“偏移”、“复制”、“修剪”和“图案填充”等命令的使用方法。

操作指南

参照“实战027 景观墙”案例进行制作。

首先执行“绘图>直线”、“绘图>矩形”、“绘图>圆弧”、“绘图>圆”、“绘图>样条曲线”、“修改>偏移”、“修改>复制”与“修改>修剪”命令，绘制吊灯；然后执行“绘图>图案填充”命令，图案填充吊灯。练习最终效果如图27-12所示。

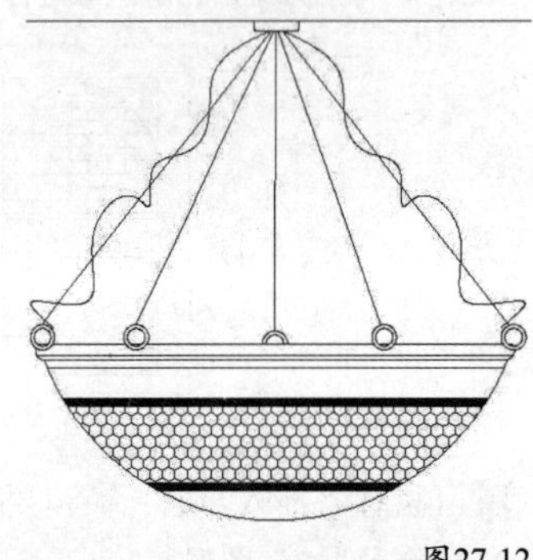

图27-12

实战028 垃圾桶

实战位置	DVD>实战文件>第1章>实战028
视频位置	DVD>多媒体教学>第1章>实战028
难易指数	★★☆☆☆
技术掌握	掌握“直线”、“矩形”、“复制”、“删除”、“修剪”和“镜像”等命令。

实战介绍

运用“矩形”、“复制”与“镜像”命令，绘制支架；利用“直线”、“矩形”与“镜像”命令，绘制垃圾桶。本例最终效果如图28-1所示。

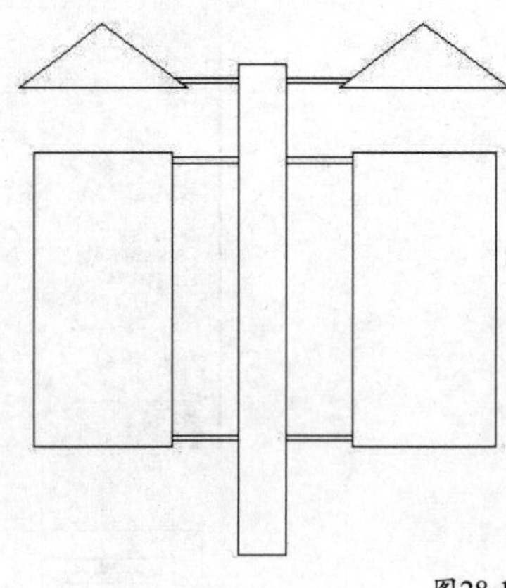

图28-1

制作思路

- 绘制支架。
- 绘制垃圾桶，完成垃圾桶的绘制并将其保存。

制作流程

垃圾桶的制作流程如图28-2所示。

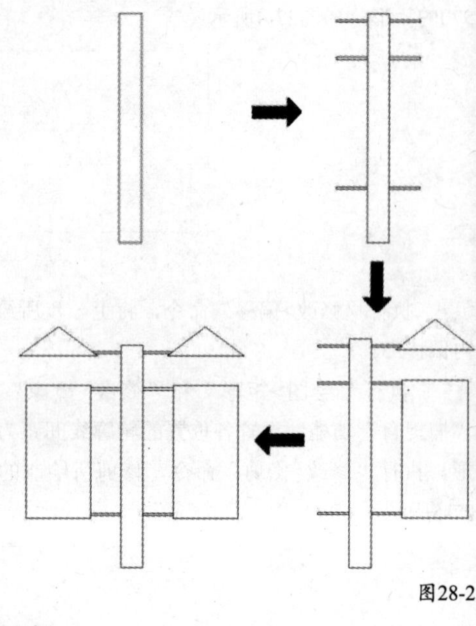

图28-2

1. 绘制支架

01 打开AutoCAD 2013中文版软件，执行“绘图>矩形”命令，绘制一个长为100、宽为1000的矩形，如图28-3所示。

02 执行“绘制>矩形”命令，绘制一个长为140、宽为10的矩形，执行“修改>移动”和“修改>复制”命令，将刚绘制的矩形移动复制到如图28-4所示的位置。

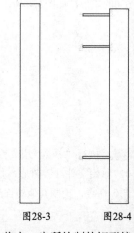

图28-3　图28-4

03 执行“修改>镜像”命令，将上一步所绘制的矩形镜像到另一侧，如图28-5所示。

2. 绘制垃圾桶

01 执行“绘图>直线”和“绘图>矩形”命令，绘制如图所示的图形，执行“修改>移动”命令，将所绘制的图形移动到合适的位置，如图28-6所示。

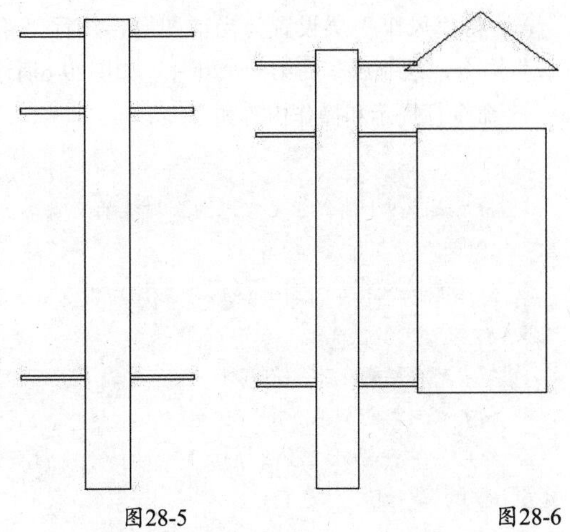

图28-5　　图28-6

02 执行“修改>镜像”命令，将上一步所绘制的图形镜像复制到另一侧，如图28-7所示。

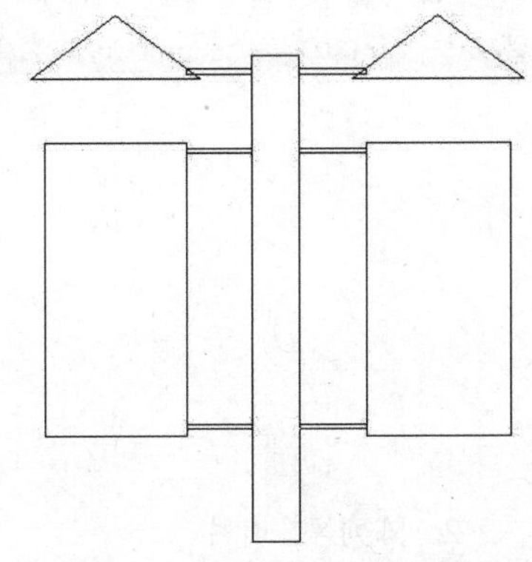

图28-7

03 执行“修改>修剪”命令，修剪图形，如图28-8所示。

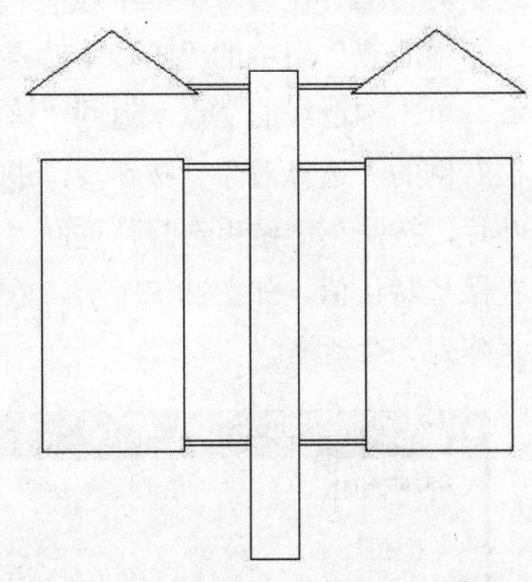

图28-8

练习028

练习位置	DVD>练习文件>第1章>练习028
难易指数	★★☆☆☆
技术掌握	巩固“直线”、“矩形”和“移动”等命令的使用方法。

操作指南

参照“实战028 垃圾桶”案例进行制作。

执行“绘图>直线”、“绘图>矩形”与“修改>移动”命令，绘制垃圾桶。练习最终效果如图28-9所示。

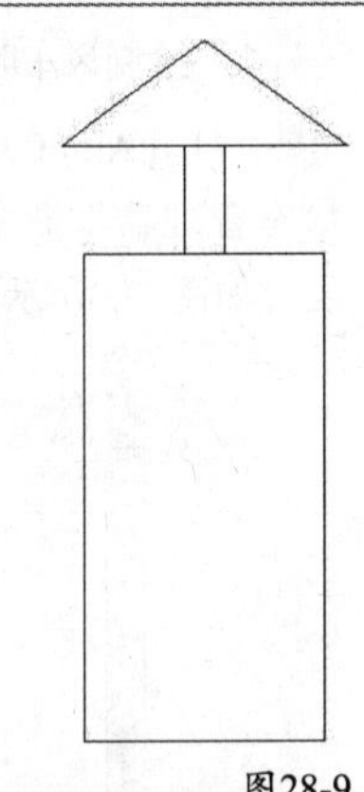

图28-9

实战029 风车

实战位置	DVD>实战文件>第1章>实战029
视频位置	DVD>多媒体教学>第1章>实战029
难易指数	★★☆☆☆
技术掌握	掌握“多段线”、“构造线”和“环形阵列”等命令。

实战介绍

通过学习绘制风车的过程，进一步熟悉多段线绘图命令的使用方法，并认识构造线和环形阵列命令的使用方法。本例最终效果如图29-1所示。

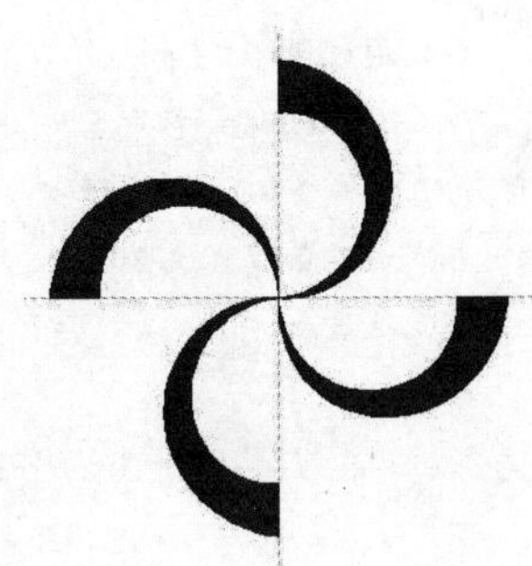

图29-1

制作思路

- 绘制辅助线，以及风车的第一个叶片。
- 阵列叶片，完成风车的绘制并将其保存。

制作流程

风车的制作流程如图29-2所示。

图29-2

1. 绘制风车叶片

01 打开AutoCAD 2013中文版软件，执行“图层>图层状态管理器”命令，创建“点画线”图层和“风车”图层，如图29-3所示。

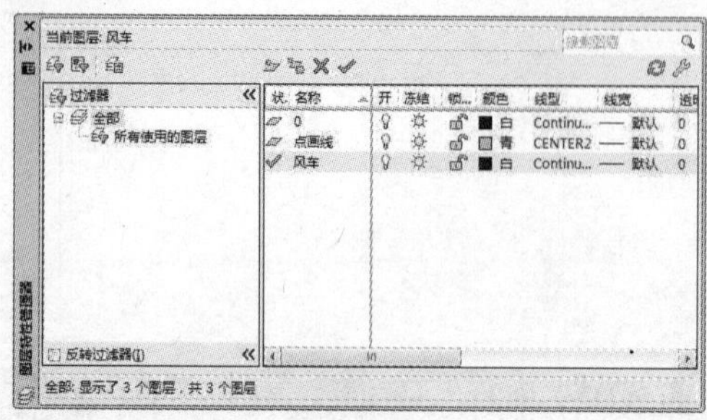

图29-3

02 将“点画线”层设置为当前图层。执行“绘制>构造线”命令，绘制辅助线，如图21-4所示。

命令行提示和操作内容如下：

```
命令: _xline 指定点或 [水平(H)/垂直(V)/角度(A)/二等分(B)/偏移(O)]: h
指定通过点: 200,200
指定通过点:
命令: _xline 指定点或 [水平(H)/垂直(V)/角度(A)/二等分(B)/偏移(O)]: v
指定通过点: 200,200
指定通过点:
```

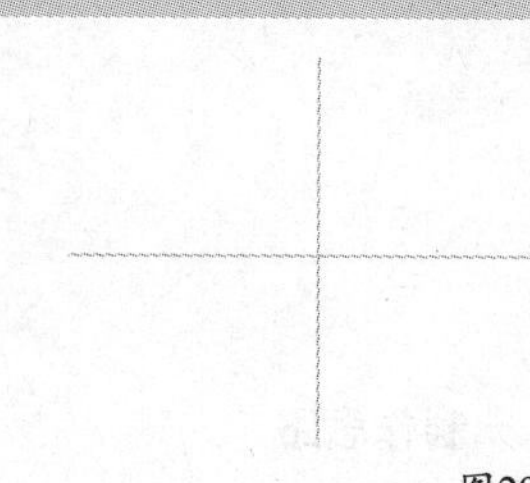

图29-4

03 在状态栏上的“对象捕捉”按钮上单击鼠标右键，在弹出的快捷菜单中选择“设置”选项，设置对象捕捉模式，如图29-5所示。

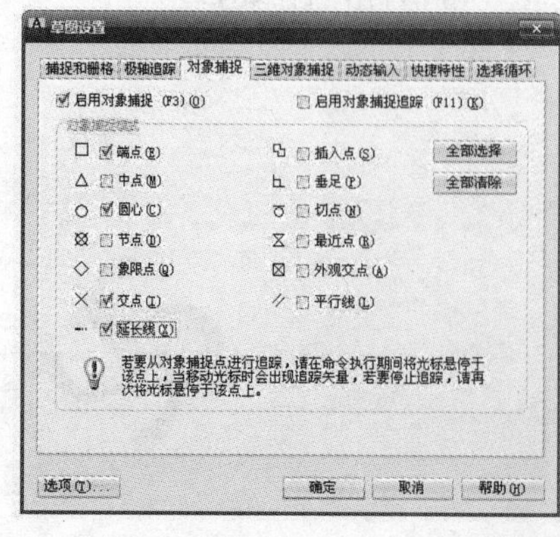

图29-5

04 将“风车”层设置为当前图层，执行“绘图>多段线”命令，绘制风车的第一个叶片，如图29-6所示。

命令行提示和操作内容如下：

```
命令: _pline
指定起点:(捕捉指定起点为辅助线的交点)当前线宽为20.0000
指定下一个点或 [圆弧(A)/半宽(H)/长度(L)/放弃(U)/宽度(W)]: w
指定起点宽度 <20.0000>: 0
指定端点宽度 <0.0000>: 40
指定下一个点或 [圆弧(A)/半宽(H)/长度(L)/放弃(U)/宽度(W)]: a
指定圆弧的端点或[角度(A)/圆心(CE)/方向(D)/半宽(H)/直线(L)/半径(R)/第二个点(S)/放弃(U)/宽度(W)]: 200,300
指定圆弧的端点或[角度(A)/圆心(CE)/闭合(CL)/方向(D)/半宽(H)/直线(L)/半径(R)/第二个点(S)/放弃(U)/宽度(W)]:(按回车键结束命令)
```

图29-6

2. 阵列风车叶片

01 在命令行中输入“ARRAYCLASSIC”，弹出“阵列”对话框。在该对话框中选中“环形阵列”单选框，单击“中心点”组中的“拾取中心点”按钮，进入绘图区域。单击构造线的交点，返回“阵列”对话框，单击对话框右侧的“选择对象”按钮，进入绘图区选择刚绘制的叶片，按回车键结束选择，返回“阵列”对话框，其余设置保持默认值，如图29-7所示。单击“确定”按钮，关闭“阵列”对话框。

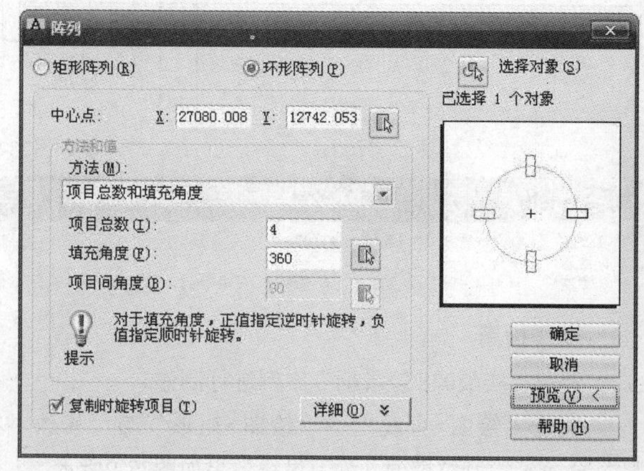

图29-7

02 执行“修改>修剪”命令，选择全部图形，将多余的构造线修剪掉，结果如图29-8所示。

图29-8

练习029

练习位置	DVD>练习文件>第1章>练习029
难易指数	★★☆☆☆
技术掌握	巩固“直线”、“圆弧”和“阵列”等命令的使用方法。

操作指南

参照“实战029 风车”案例进行制作。

首先执行“绘图>直线”命令，绘制风车外轮廓；然后执行“绘图>圆弧”与“绘图>直线”命令，绘制风车的一个风叶；最后执行“修改>阵列”命令，阵列风车风叶。练习最终效果如图29-9所示。

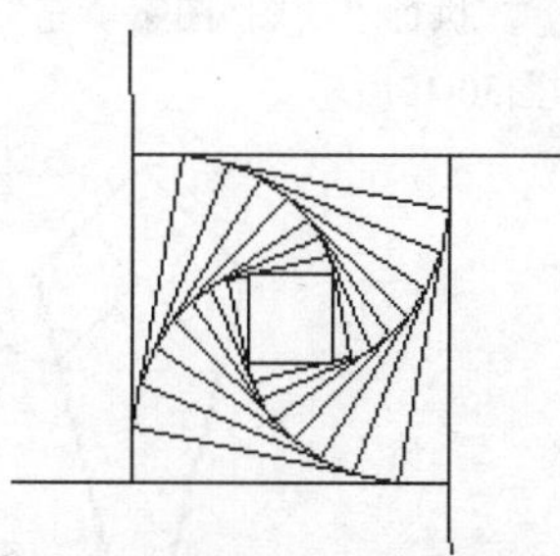

图29-9

实战030 雪花图案

实战位置	DVD>实战文件>第1章>实战030
视频位置	DVD>多媒体教学>第1章>实战030
难易指数	★★☆☆☆
技术掌握	掌握“直线”、“阵列”和“极轴追踪”等命令。

实战介绍

运用“直线”、“极轴”与“阵列”命令，绘制雪花图案。本例最终效果如图30-1所示。

图30-1

制作思路

- 绘制雪花瓣。
- 阵列雪花瓣，完成雪花图案的绘制并将其保存。

制作流程

雪花图案的制作流程如图30-2所示。

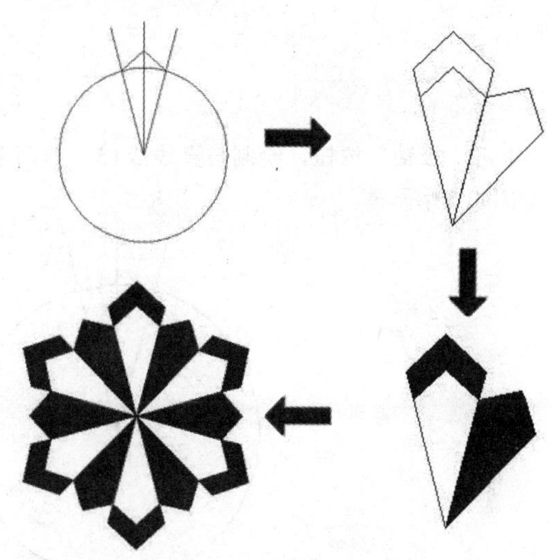

图30-2

1. 绘制雪花瓣

01 打开AutoCAD 2013中文版软件，执行“绘图>圆”命令，绘制一个半径为400的圆。

02 在“极轴”按钮上单击鼠标右键，选择“设置”项，设置“增量角”为15，单击“对象捕捉”选项卡，选中“象限点”前的复选框，如图30-3所示。

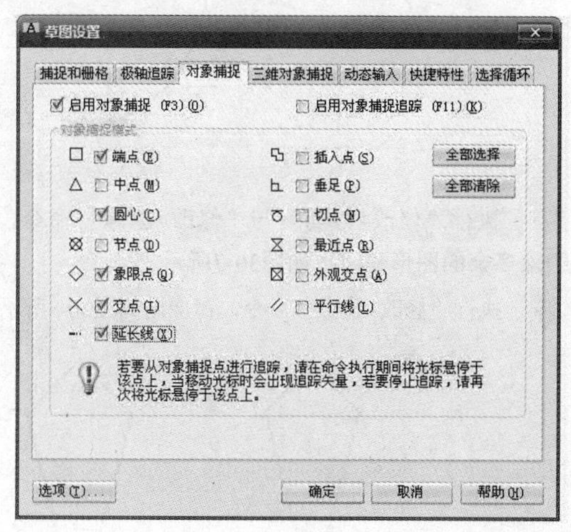

图30-3

03 单击“确定”按钮，配合“极轴”和“对象捕捉”功能。

04 执行“绘图>直线”命令，绘制通过圆心与象限点的直线，如图30-4所示。

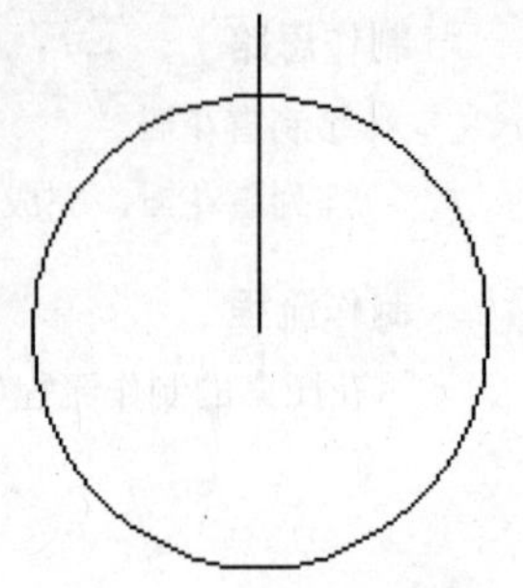

图30-4

05 单击“极轴”按钮，绘制与直线成15°的两条直线，如图30-5所示。

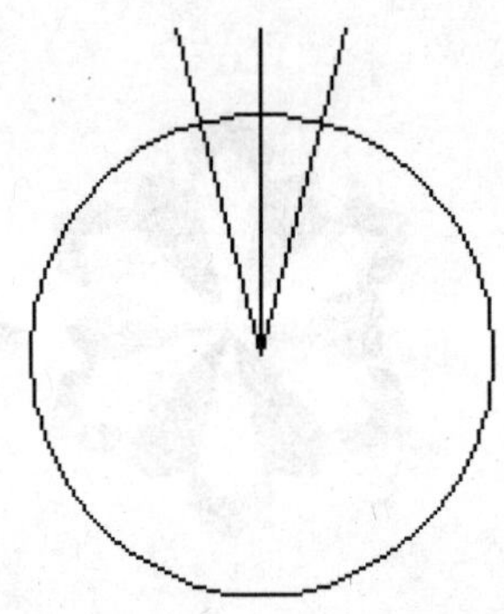

图30-5

06 执行“绘图>直线”命令，绘制如图30-6所示的图形。

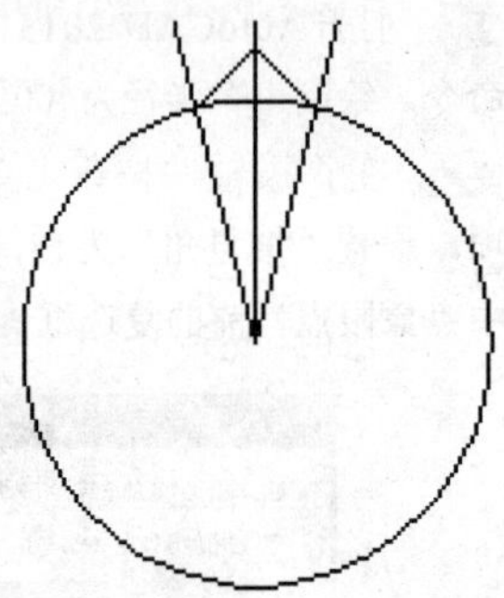

图30-6

07 执行“修改>修剪”与“修改>删除”命令，修剪和删除多余的图形和线，如图30-7所示。

08 执行“修改>镜像”命令，镜像出如图30-8所示图形。

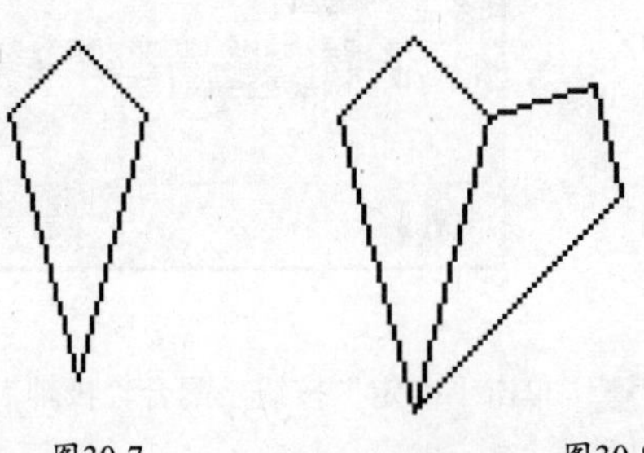

图30-7　　图30-8

09 执行“修改>偏移”命令，将花瓣向上偏移一定距离，如图30-9所示。

10 执行“修改>倒角”命令，选择两条偏移后的直线，使其相交，如图30-10所示。

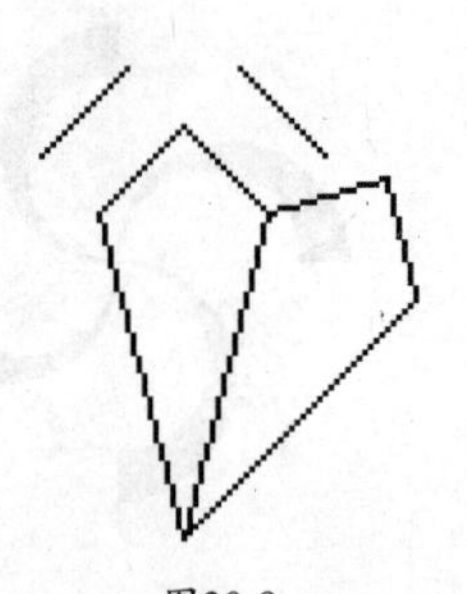

图30-9　　图30-10

命令行提示如下：

```
命令: _chamfer
(“修剪”模式) 当前倒角距离 1 = 0.0000, 距离 2 = 0.0000
选择第一条直线或 [放弃(U)/多段线(P)/距离(D)/角度(A)/修剪(T)/方式(E)/多个(M)]:
选择第二条直线, 或按住 Shift 键选择要应用角点的直线:
```

11 执行“修改>延伸”命令，使偏移后的直线与棱边相交，并修剪掉多余的直线，如图30-11所示。

12 执行“绘图>图案填充”命令，填充图案“SOLID”如图30-12所示。

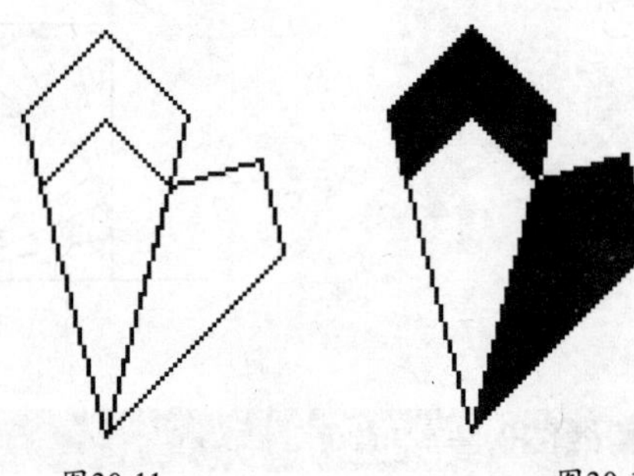

图30-11　　图30-12

2. 阵列雪花瓣

01 在命令行中输入“ARRAYCLASSIC”，弹出“阵列”对话框，设置参数，如图30-13所示。

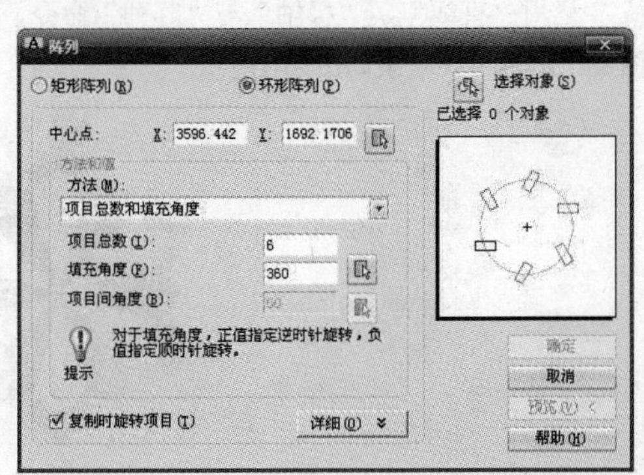

图30-13

02 单击“确定”按钮后即可看到雪花图案，如图30-14所示。

图30-14

练习030

练习位置	DVD>练习文件>第1章>练习030
难易指数	★★☆☆☆
技术掌握	巩固“圆”、“直线”、“定点等分”和“阵列”等命令的使用方法。

操作指南

参照“实战030 雪花图案”案例进行制作。

首先执行“绘图>圆”命令，绘制同心圆；然后执行“绘图>直线”与“绘图>点>定数等分”命令，绘制两圆间的图案；最后执行“绘图>直线”与“修改>阵列”命令，绘制大圆外的图案。练习最终效果如图30-15所示。

图30-15

实战031 标题栏

实战位置	DVD>实战文件>第1章>实战031
视频位置	DVD>多媒体教学>第1章>实战031
难易指数	★☆☆☆☆
技术掌握	掌握“直线”、“单行文字”和“线宽”等命令。

实战介绍

运用“直线”、“单行文字”与“线宽”命令，绘制标题栏。本例最终效果如图31-1所示。

设计单位名称区		
签字区	工程名称区	图号区
	图名区	

图31-1

制作思路

- 绘制外框线及分格线。
- 输入文字，绘制辅助线，完成标题栏的绘制并将其保存。

制作流程

标题栏的制作流程如图31-2所示。

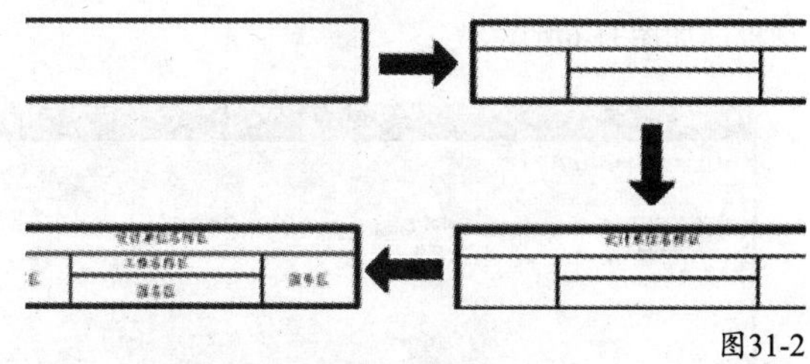

图31-2

1. 绘制外框线和分格线

01 打开AutoCAD 2013中文版软件，执行“格式>线宽”命令，弹出“线宽设置”对话框，选择“线宽”为“0.70”，选中“显示线宽”前的复选框，如图31-3所示。

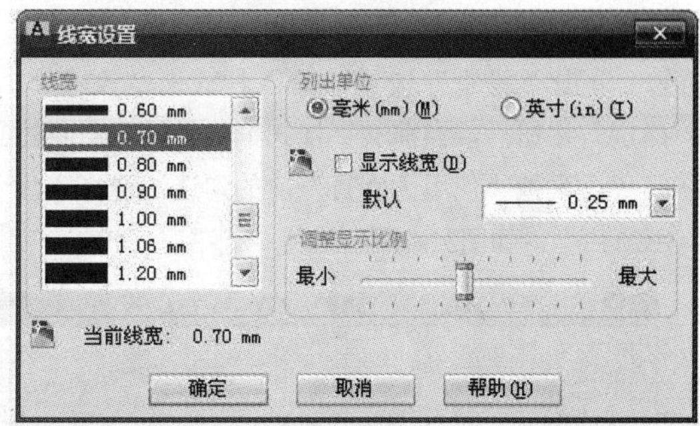

图31-3

02 单击“确定”按钮。执行“绘图>直线”命令，以任意一点为起始点，配合“正交”功能，向上拖动鼠标，输入40，然后向右拖动鼠标输入200，再向下拖动输入40，最后输入“C”完成标题栏外框线的绘制，如图31-4所示。

命令行提示如下：

```
命令: _line 指定第一点:
指定下一点或 [放弃(U)]: 40
指定下一点或 [放弃(U)]: 200
指定下一点或 [闭合(C)/放弃(U)]: 40指定下一点或
[闭合(C)/放弃(U)]: c
```

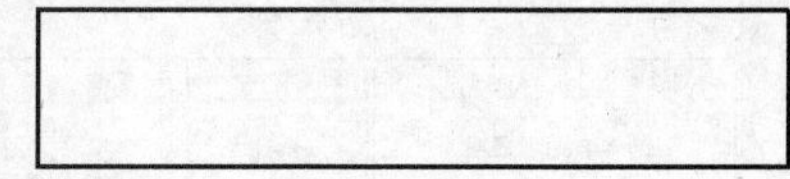

图31-4

03 再次执行“格式>线宽”命令，弹出“线宽设置”对话框，设置“线宽”为0.35，绘制标题栏的分格线，如图31-5所示。

图31-5

2. 添加文字，绘制辅助线

01 执行“格式>文字样式”命令，弹出“文字样式”对话框，如图31-6所示。

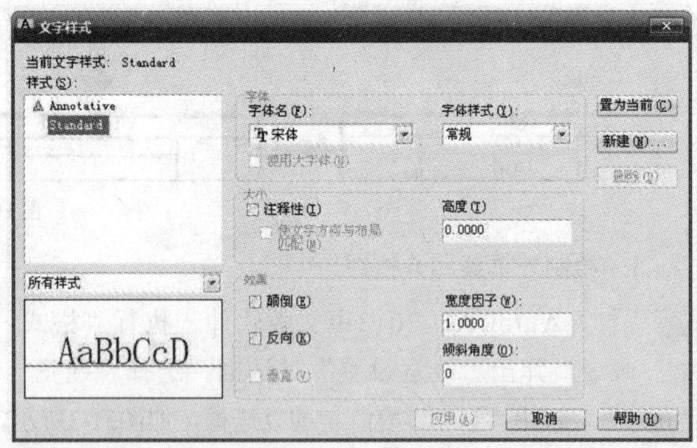

图31-6

02 单击“新建”按钮，输入样式名“文字”，单击“确定”按钮后，当前文字样式框中会显示出新建立的文字样式，去掉“使用大字目”前的勾选，选择字体“仿宋_GB2312”，如图31-7所示。

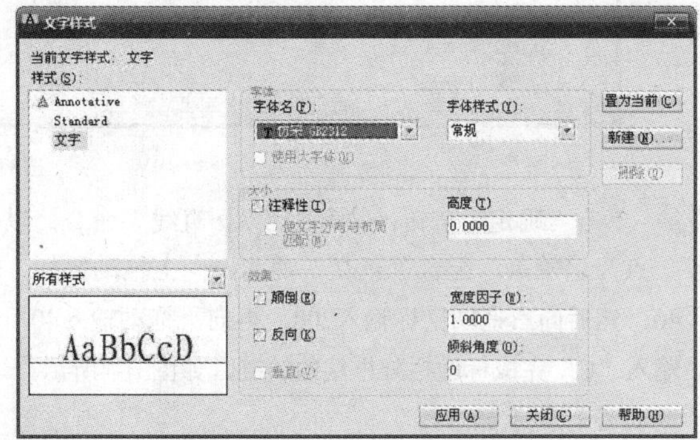

图31-7

03 单击“应用”按钮，关闭该对话框。

04 执行“格式>图层”命令，弹出“图层特性管理器”对话框，新建“辅助线”和“文字”图层，如图31-8所示。

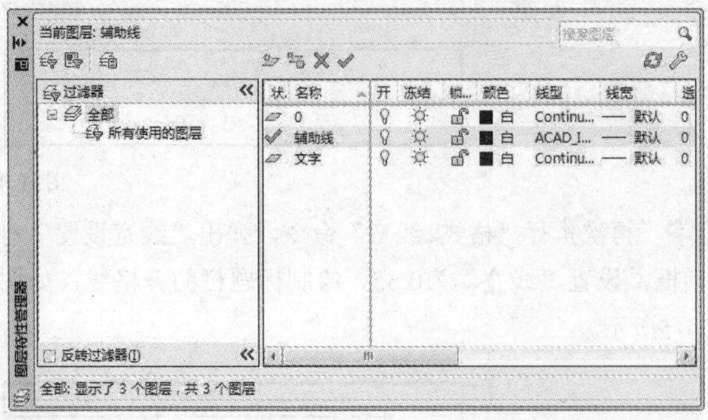

图31-8

05 将“辅助线”层设置为当前层，执行“绘图>直线”命令，绘制如图31-9所示辅助线。

图31-9

06 将“文字”层设置为当前层。

07 执行“绘图>文字>单行文字”命令，以辅助线的中点为中心点输入文字，如图31-10所示。

命令行提示如下：

```
命令: _dtext
当前文字样式: "文字" 文字高度: 2.5000 注释性: 否
指定文字的起点或 [对正(J)/样式(S)]: J
输入选项
[对齐(A)/调整(F)/中心(C)/中间(M)/右(R)/左上(TL)/中上(TC)/右上(TR)/左中(ML)/正中(MC)/右中(MR)/左下(BL)/中下(BC)/右下(BR)]: MC
指定文字的中间点:
指定高度 <2.5000>: 5
指定文字的旋转角度 <0>:
```

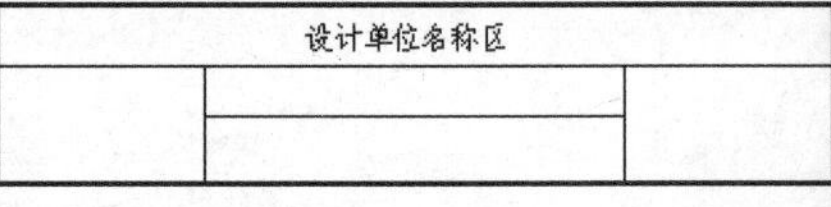

图31-10

技巧与提示

在“指定文字的起点或[对正(J)/样式(S)]：”提示信息后输入“J”，可以设置文字的排列方式。此时命令行显示如下提示信息：

```
输入对正选项[左(L)/对齐(A)/调整(F)/中心(C)/中间(M)/右(R)/左上(TL)/中上(TC)/右上(TR)/左中(ML)/正中(MC)/右中(MR)/左下(BL)/中下(BC)/右下(BR)]<左上(TL)>:
```

在AutoCAD2008中，系统为文字提供了如图31-11所示的多种对正方式。

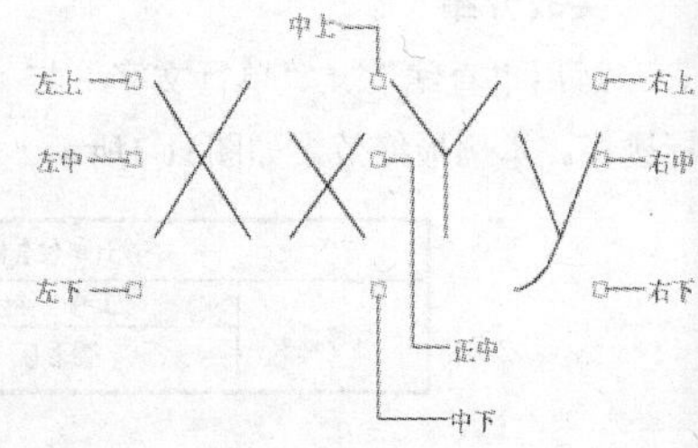

图31-11

08 执行“绘图>文字>单行文字”命令，输入其他文字，如图31-12所示。

设计单位名称区		
签字区	工程名称区	图号区
	图名区	

图31-12

练习031

练习位置　DVD>练习文件>第1章>练习031
难易指数　★★☆☆☆
技术掌握　巩固“直线”和“单行文字”等命令的使用方法。

操作指南

参照“实战031 标题栏”案例进行制作。

首先执行“绘图>直线”与“绘图>矩形”命令，绘制标题栏的外轮廓和分格线；然后执行“绘图>文字>文字>单行文字”命令，添加文字。练习最终效果如图31-13所示。

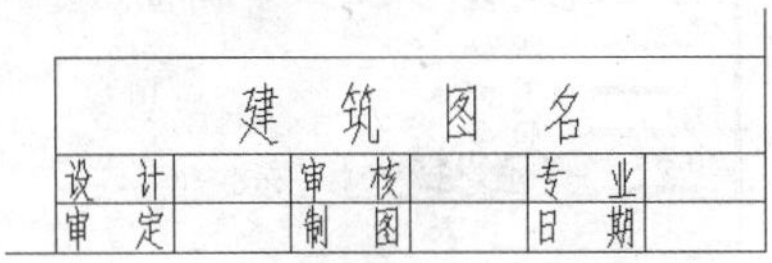

建　筑　图　名					
设　计		审　核		专　业	
审　定		制　图		日　期	

图31-13

实战032　会签栏

实战位置　DVD>实战文件>第1章>实战032
视频位置　DVD>多媒体教学>第1章>实战032
难易指数　★☆☆☆☆
技术掌握　掌握“直线”、“单行文字”和“线宽”等命令。

实战介绍

运用“多段线”、“直线”与“单行文字”命令，绘制会签栏。本例最终效果如图32-1所示。

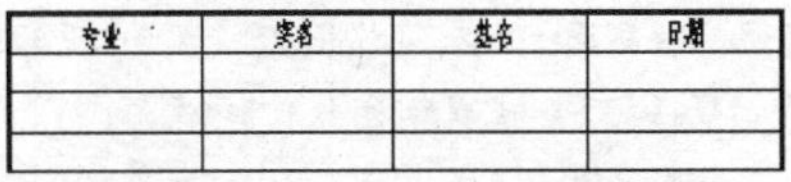

专业	实名	签名	日期

图32-1

制作思路

- 绘制外框线及分格线。
- 添加文字，完成标题栏的绘制并将其保存。

制作流程

会签栏的制作流程如图32-2所示。

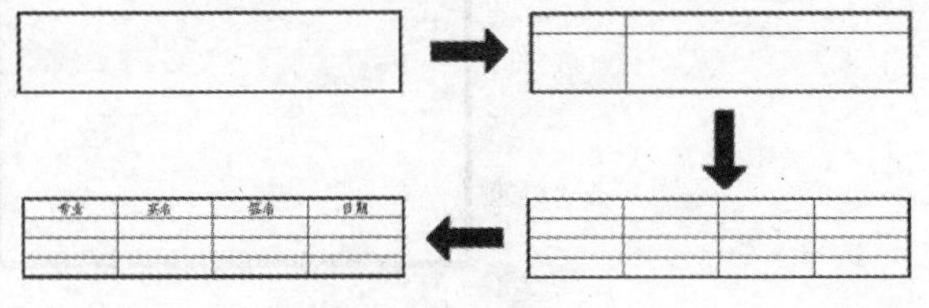

图32-2

1. 绘制外框线和分格线

01 打开AutoCAD 2013中文版软件，执行“绘图>多段线”命令，绘制如图32-3所示多段线。

命令行提示如下：

```
命令：_pline
指定起点：
当前线宽为 0.0000
指定下一个点或 [圆弧(A)/半宽(H)/长度(L)/放弃(U)/宽度(W)]： <正交 开> W
指定起点宽度 <0.0000>： 0.35
指定端点宽度 <0.3500>：
指定下一个点或 [圆弧(A)/半宽(H)/长度(L)/放弃(U)/宽度(W)]： 100
指定下一点或 [圆弧(A)/闭合(C)/半宽(H)/长度(L)/放弃(U)/宽度(W)]： 20
指定下一点或 [圆弧(A)/闭合(C)/半宽(H)/长度(L)/放弃(U)/宽度(W)]： 100
指定下一点或 [圆弧(A)/闭合(C)/半宽(H)/长度(L)/放弃(U)/宽度(W)]： C
```

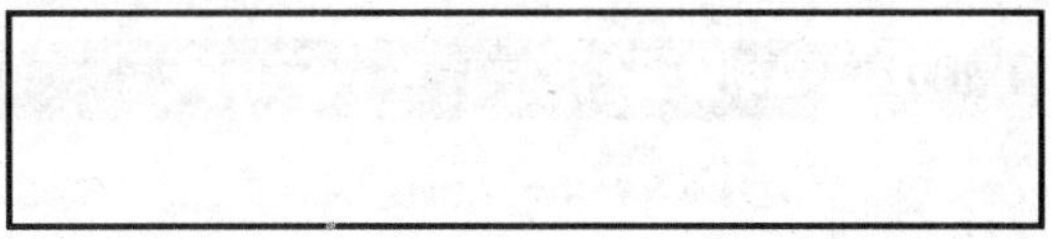

图32-3

02 执行“绘图>直线”命令，绘制如图32-4所示直线。

命令行提示如下：

```
命令：_line 指定第一点：@25,0
指定下一点或 [放弃(U)]：
指定下一点或 [放弃(U)]：
命令：_line 指定第一点：@-25,-5
指定下一点或 [放弃(U)]：
指定下一点或 [放弃(U)]：
```

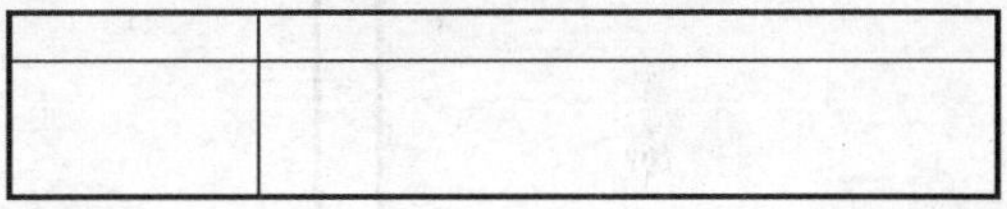

图32-4

03 执行“修改>偏移”命令，偏移直线，完成会签栏的绘制，如图32-5所示。

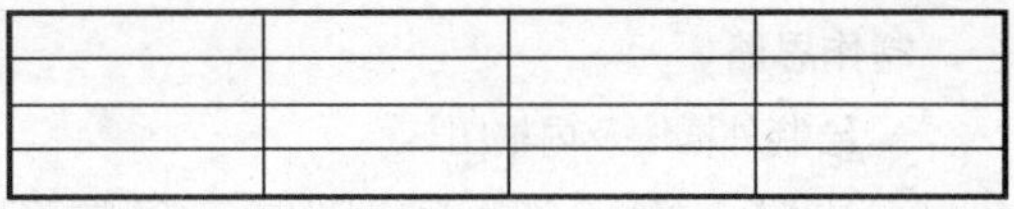

图32-5

2. 添加文字

执行“格式>图层”命令，弹出“图层特性管理器”对话框，新建“文字”图层，设置文字字体为“仿宋_GB2312”，执行“绘图>文字>单行文字”命令，输入文字，如图32-6所示。

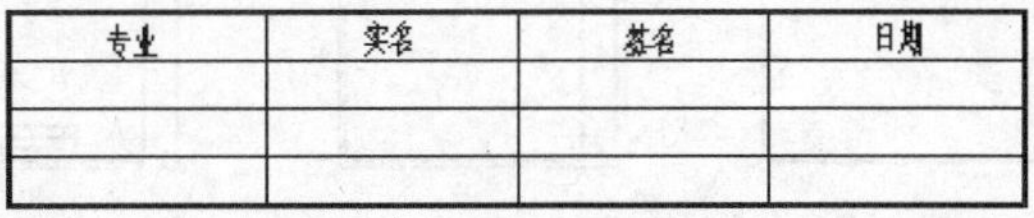

专业	实名	签名	日期

图32-6

练习032

练习位置 DVD>练习文件>第1章>练习032
难易指数 ★★☆☆☆
技术掌握 巩固"矩形"、"直线"和"单行文字"等命令的使用方法。

操作指南

参照"实战032 会签栏"案例进行制作。

首先执行"绘图>直线"与"绘图>矩形"命令，绘制会签栏的外轮廓和分格线；然后执行"绘图>文字>文字>单行文字"命令，添加文字。练习最终效果如图32-7所示。

专 业	姓 名	日 期	专 业	姓 名	日 期
建 筑			暖 通		
结 构			电 气		
给排水					

图32-7

实战033 A4图纸

实战位置 DVD>实战文件>第1章>实战033
视频位置 DVD>多媒体教学>第1章>实战033
难易指数 ★☆☆☆☆
技术掌握 掌握"多段线"、"直线"和"插入块"等命令。

实战介绍

运用"多段线"、"直线"与"插入块"命令，绘制A4图纸。本例最终效果如图33-1所示。

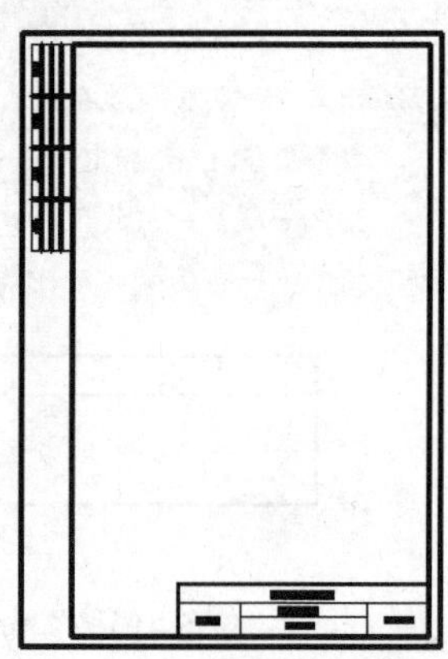

图33-1

制作思路

- 绘制外框线及内框图。
- 插入标题栏和会签栏，完成A4图纸的绘制并将其保存。

制作流程

A4图纸的制作流程如图33-2所示。

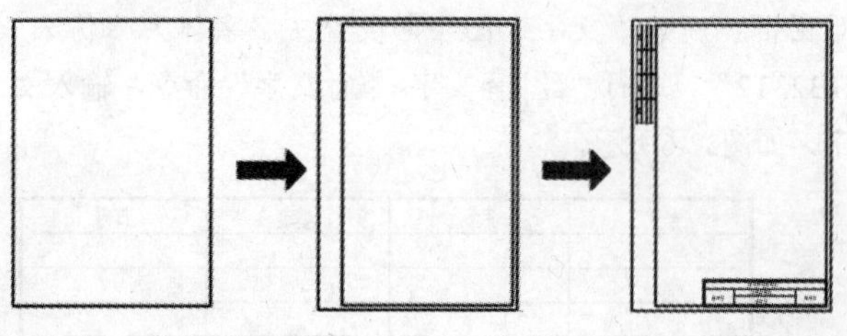

图33-2

1. 绘制外框线及内框线

01 打开AutoCAD 2013中文版软件，执行"格式>线宽"命令，弹出"线宽设置"对话框，设置"线宽"为0.50，如图33-3所示。

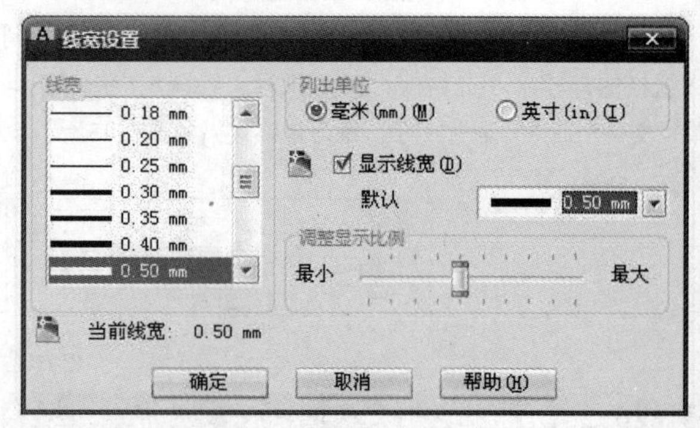

图33-3

02 单击"确定"按钮，执行"绘图>直线"命令，绘制如图33-4所示图形。

命令行提示如下：

```
命令: _line 指定第一点:
指定下一点或 [放弃(U)]:  <正交 开> @210,0
指定下一点或 [放弃(U)]: @0,297
指定下一点或 [闭合(C)/放弃(U)]: @-210,0
指定下一点或 [闭合(C)/放弃(U)]: C
```

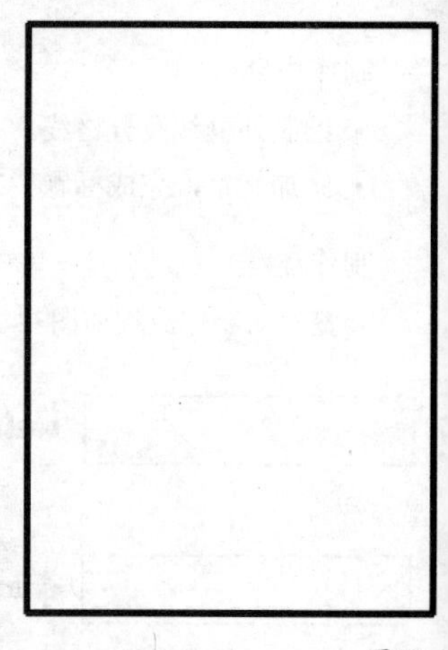

图33-4

03 再次执行"绘图>直线"命令，绘制内图框，如图33-5所示。

命令行提示如下：

```
命令: _line 指定第一点: @25,5
指定下一点或 [放弃(U)]: @180,0
指定下一点或 [放弃(U)]: @0,287
指定下一点或 [闭合(C)/放弃(U)]: @-180,0
指定下一点或 [闭合(C)/放弃(U)]: @0,287
```

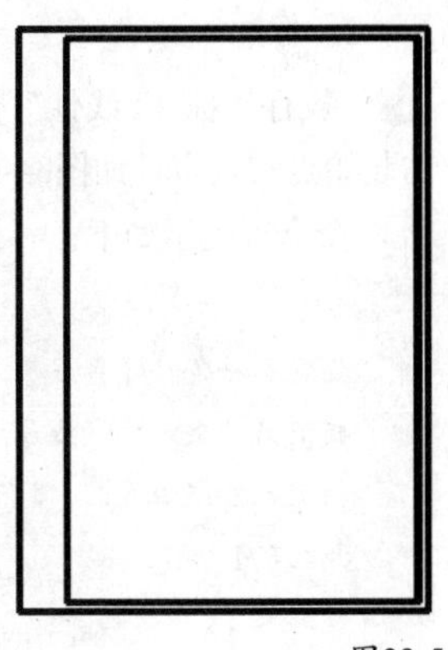

图33-5

2. 插入块

执行“插入>块”命令，单击“浏览”按钮，将标题栏和会签栏分别插入进来，执行“修改>移动”命令，调整其位置，如图33-6所示。

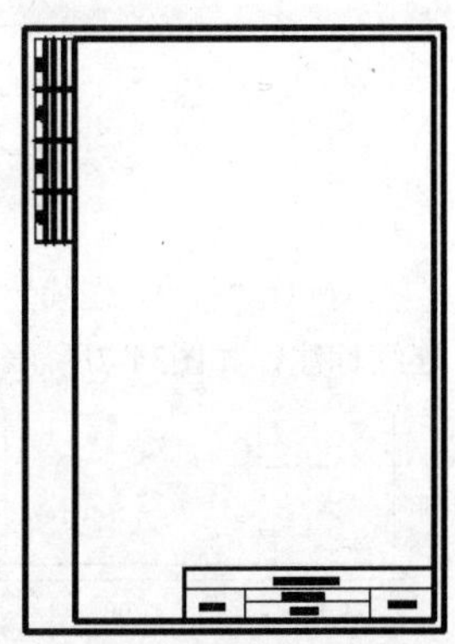

图33-6

练习033

练习位置	DVD>练习文件>第1章>练习033
难易指数	★★☆☆☆
技术掌握	巩固“矩形”、“直线”和“插入块”等命令的使用方法。

操作指南

参照“实战033 A4图纸”案例进行制作。

首先执行“绘图>直线”与“绘图>矩形”命令，绘制图纸的内外图框；然后执行“插入>块”命令，插入已经绘制好的标题栏和会签栏。练习最终效果如图33-7所示。

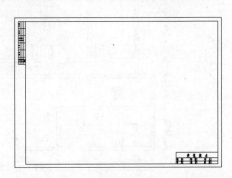

图33-7

实战034 标注尺寸

原始文件位置	DVD>原始文件>第1章>实战034原始文件
实战位置	DVD>实战文件>第1章>实战034
视频位置	DVD>多媒体教学>第1章>实战034
难易指数	★☆☆☆☆
技术掌握	掌握“线性标注”、“连续标注”和“直径标注”等命令。

实战介绍

运用“线性标注”、“连续标注”与“直径标注”命令，完成对建筑制图的标注。本例最终效果如图34-1所示。

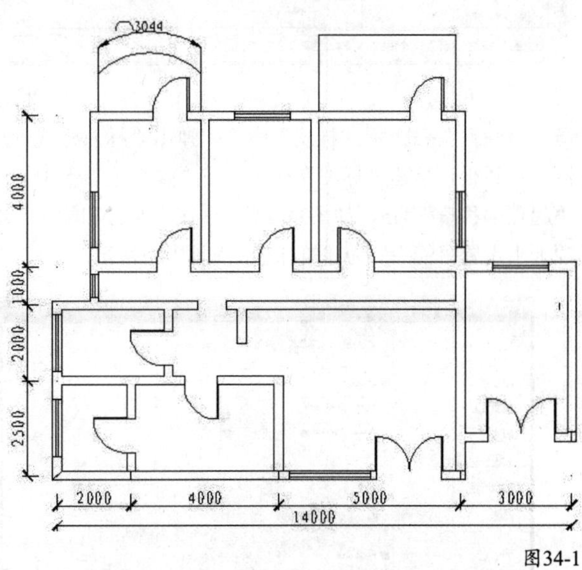

图34-1

制作思路

- 新建图层，设置标注及文字式样。
- 标注尺寸并修改弧长式样，完成标注尺寸的绘制并将其保存。

制作流程

标注尺寸的制作流程如图34-2所示。

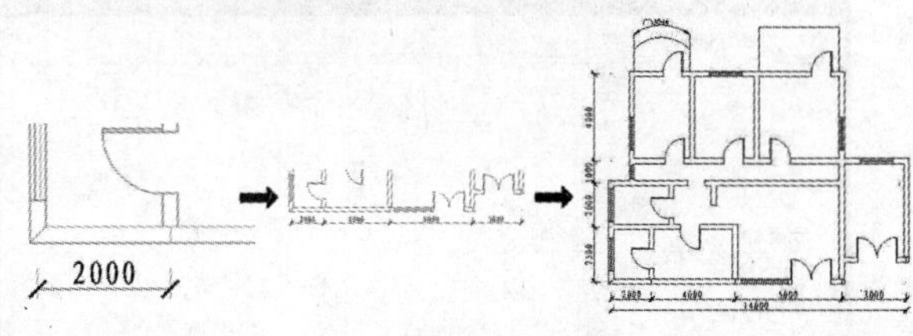

图34-2

1. 新建图层，设置标注及文字样式

01 打开AutoCAD 2013中文版软件，执行“文件>打开”命令，打开原始文件中的“实战034原始文件”图形。

02 执行“图层>图层特性管理器”命令，单击“新建图层”按钮，新建“标注”和“文字”图层。将“标注”层设置为当前层，单击“确定”按钮，“图层特性管理器”选项板如图34-3所示。

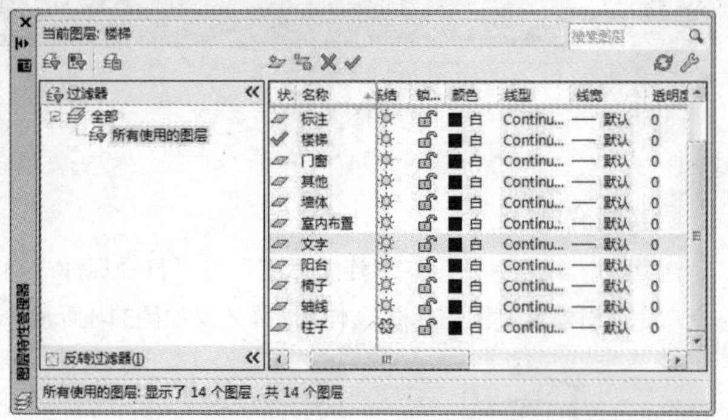

图34-3

03 执行“格式>标注样式”命令，弹出“标注样式管理器”对话框，新建“标注”样式。在“线”选项卡中设置“起点偏移量”为5，如图34-4所示。在“符号和箭头”选项卡中设置“箭头”为建筑标记，如图34-5所示。

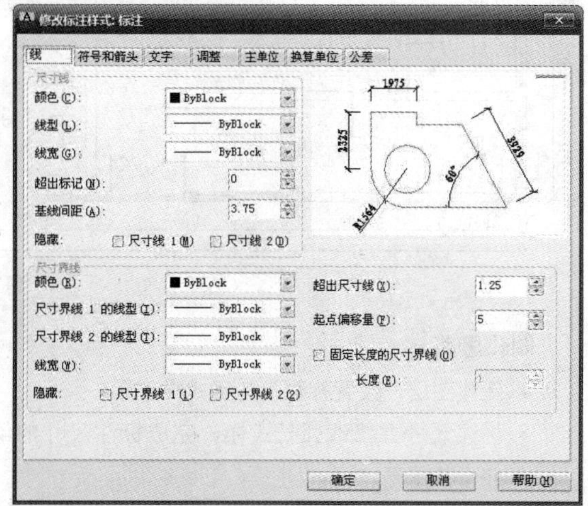

图34-4

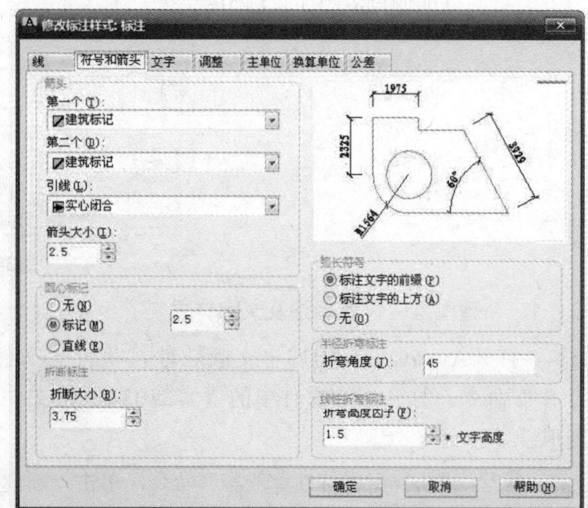

图34-5

04 切换到“文字”选项卡，设置“文字高度”为3.5，其他设置采用默认值即可。

2. 标注

01 执行“标注>线性”命令，指定需要标注尺寸的图形的起始点与端点，如图34-6所示。

命令行提示如下：

```
命令: _dimlinear
指定第一条尺寸界线原点或 <选择对象>:
指定第二条尺寸界线原点:
指定尺寸线位置或[多行文字(M)/文字(T)/角度(A)/水平(H)/垂直(V)/旋转(R)]:
标注文字 = 2000
```

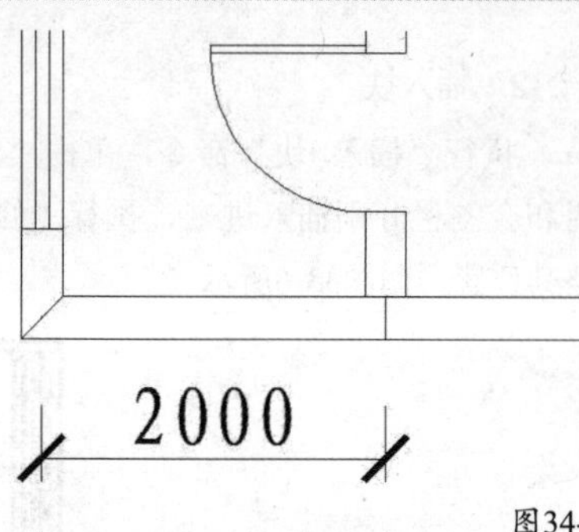

图34-6

02 执行“标注>连续”命令，接着上一标注对图形进行连续标注，如图34-7所示。

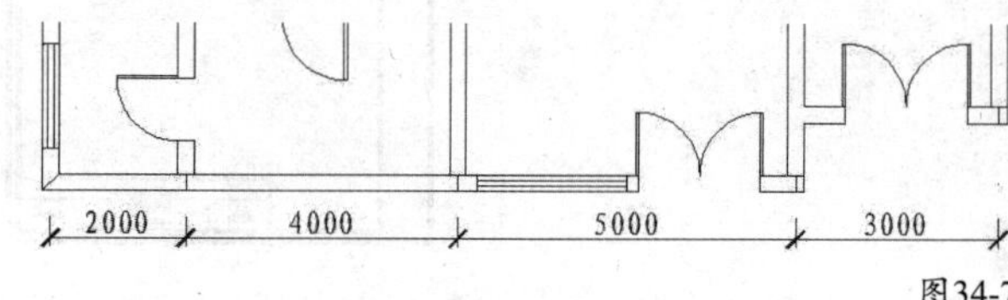

图34-7

技巧与提示

连续标注可创建一系列首尾相连放置的标注，每个连续标注都从前一个标注的第二条尺寸界线处开始。

03 执行“标注>线性”与“标注>连续”命令，对图形尺寸进行标注，如图34-8所示。

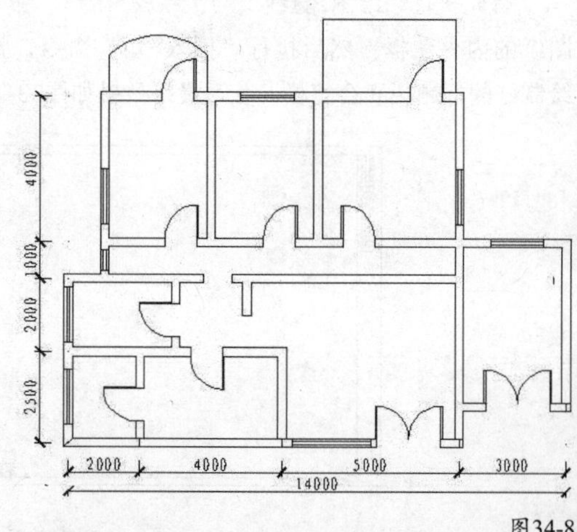

图34-8

技巧与提示

在标注尺寸时，应按从内到外、从左到右、从下到上的顺序来标注尺寸。

04 执行“标注>弧长”命令，对阳台弧长的长度进行标注，如图34-9所示。

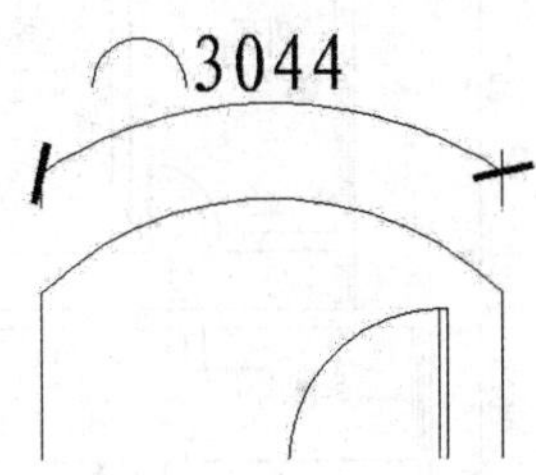

图34-9

05 单击该弧长标注，弹出“特性”对话框，在该对话框中修改弧长标注样式，如图34-10所示。

图34-10

06 修改完成后关闭该对话框，即可看到标注样式被修改，如图34-11所示。

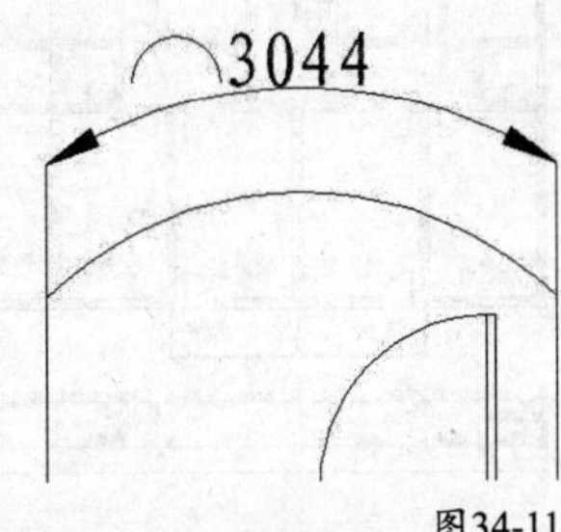

图34-11

练习034

练习位置	DVD>练习文件>第1章>练习034
难易指数	★★☆☆☆
技术掌握	巩固“圆”、“直线”和“修剪”等命令的使用方法。

操作指南

参照“实战034 标注尺寸”案例进行制作。

执行“标注>线性”和“标注>连续”命令，对所示图形进行标注，练习最终效果如图34-12所示。

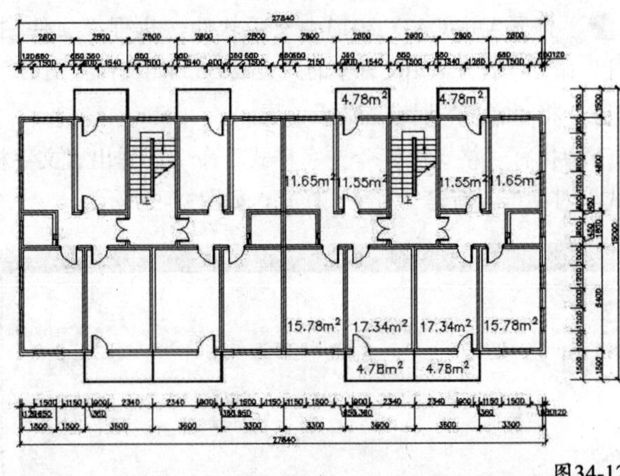

图34-12

实战035 标注文字注释

原始文件位置	DVD>原始文件>第1章实战035原始文件
实战位置	DVD>实战文件>第1章>实战35
视频位置	DVD>多媒体教学>第1章>实战035
难易指数	★☆☆☆☆
技术掌握	掌握“多行文字”命令。

实战介绍

运用“多行文字”命令，为建筑制图标注文字注释。本例最终效果如图35-1所示。

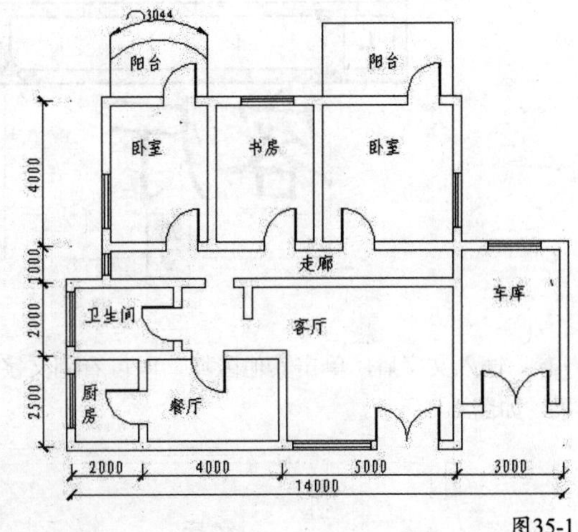

图35-1

制作思路

- 打开原始文件图形，新建“文字”样式并输入文字。
- 采用同样方法为各个房间添加文字注释，完成所有的文字注释并将其保存。

制作流程

标注文字注释的制作流程如图35-2所示。

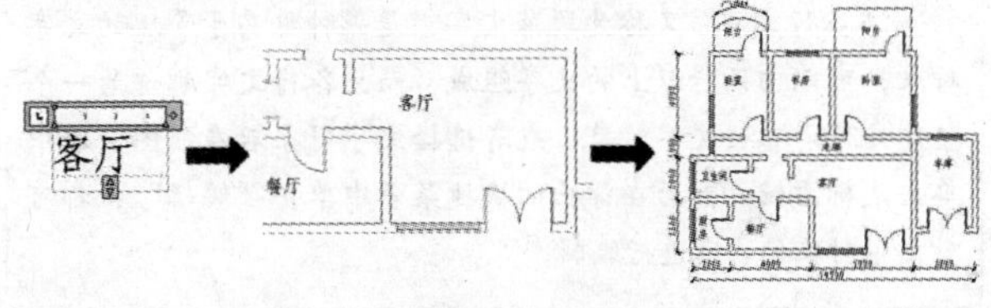

图35-2

01 打开AutoCAD 2013中文版软件，执行“文件>打开”命令，打开原始文件中的“实战035原始文件”图形。

02 将“文字”层设置为当前层。

03 执行“格式>文字>文字样式”命令，弹出“文字样式”对话框，新建“文字”样式，如图35-3所示。

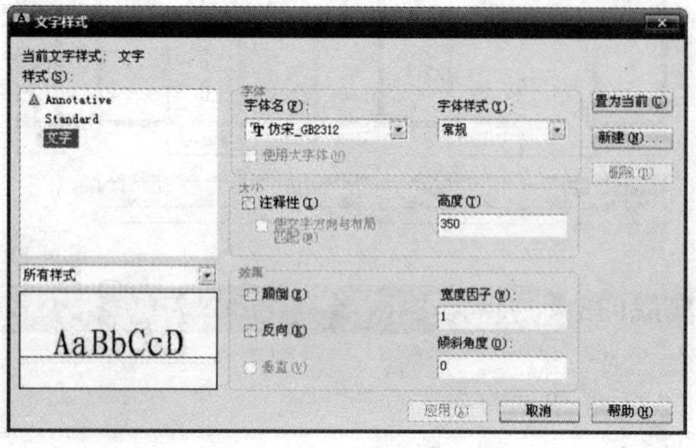

图35-3

04 单击“应用”按钮，关闭该对话框。执行“绘图>文字>多行文字”命令，输入文字注释，如图35-4所示。

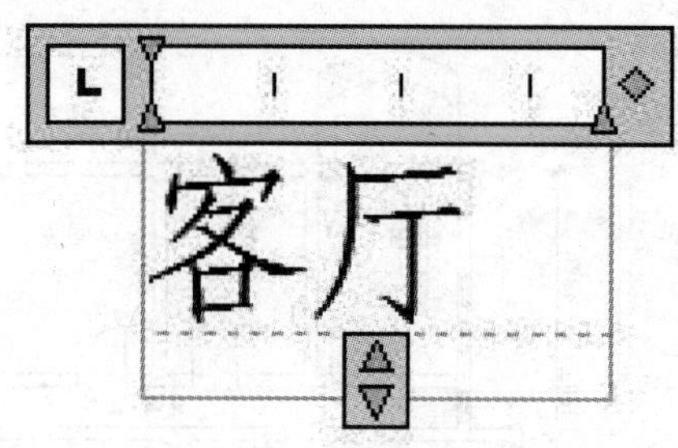

图35-4

05 输入文字后，单击其他区域，即可看到文字注释效果，如图35-5所示。

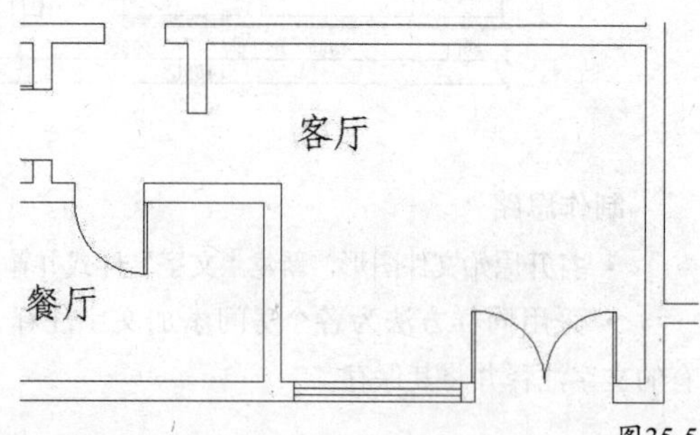

图35-5

技巧与提示

“多行文字”又称为段落文字，是一种更易于管理的文字对象，可以由两行以上的文字组成，而且各行文字都作为一个整体处理。双击文字对象，或者选择文字对象后在绘图区域中单击鼠标右键，然后在弹出的快捷菜单中单击“编辑”，都可对文字对象的内容进行编辑。

06 采用同样方法在各个房间内给予文字注释，如图35-6所示。

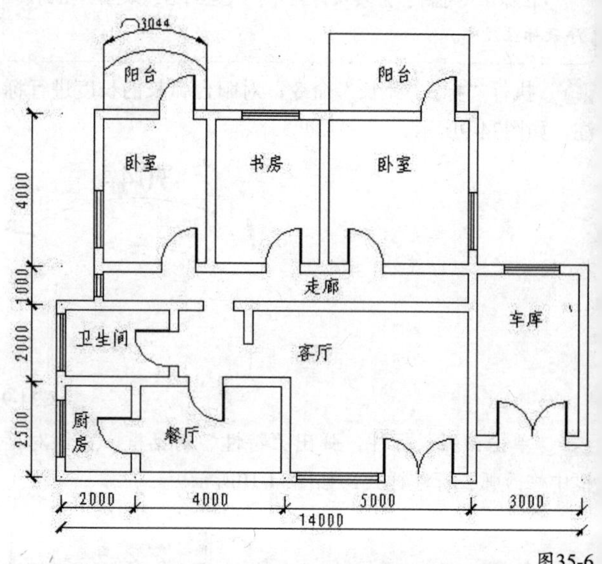

图35-6

练习035

原始文件位置	DVD>原始文件>第1章>练习035 原始文件
练习位置	DVD>练习文件>第1章>练习035
难易指数	★★☆☆☆
技术掌握	巩固“多行文字”命令的使用方法。

操作指南

参照“实战035 标注文字样式”案例进行制作。

执行“绘图>文字>多行文字”命令，对所示图形进行标注。练习最终效果如图35-7所示。

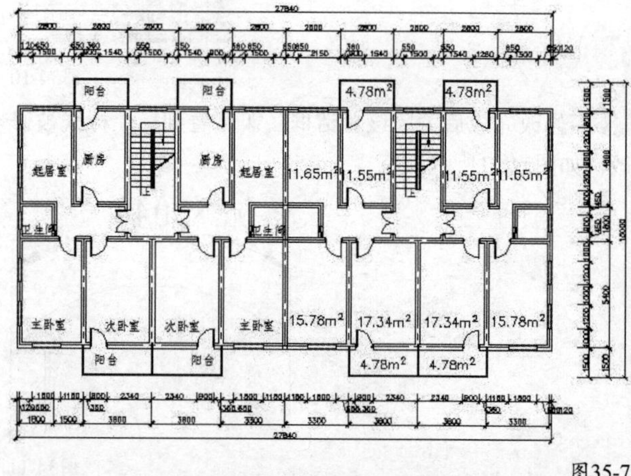

图35-7

实战036 图案1

实战位置	DVD>实战文件>第1章>实战036
视频位置	DVD>多媒体教学>第1章>实战036
难易指数	★★☆☆☆
技术掌握	掌握“圆”、“圆弧”和“偏移”等命令。

实战介绍

运用“圆”、“圆弧”与“偏移”命令，绘制图案。本例最终效果如图36-1所示。

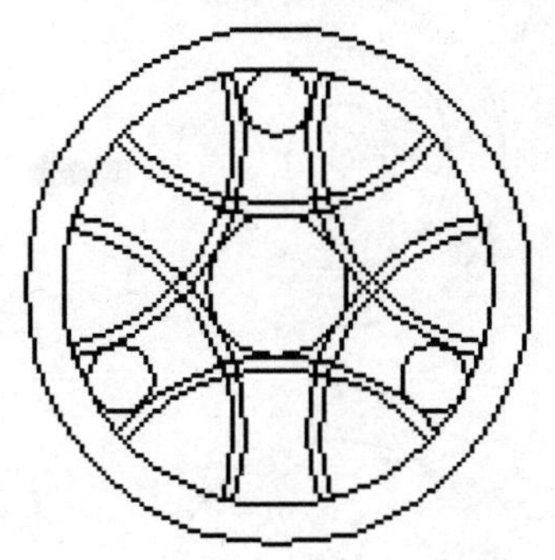

图36-1

制作思路

- 绘制同心圆外边框。
- 绘制圆内图案，完成图案1的绘制并将其保存。

制作流程

图案1的制作流程如图36-2所示。

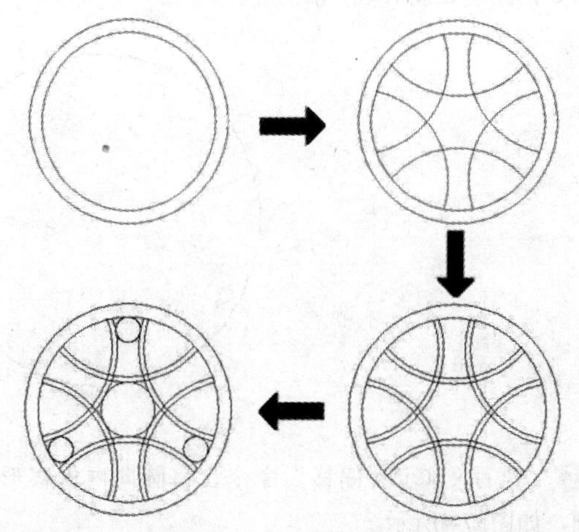

图36-2

1. 绘制外边框

01 打开AutoCAD 2013中文版软件，执行“绘图>圆”命令，绘制如图36-3所示的圆。

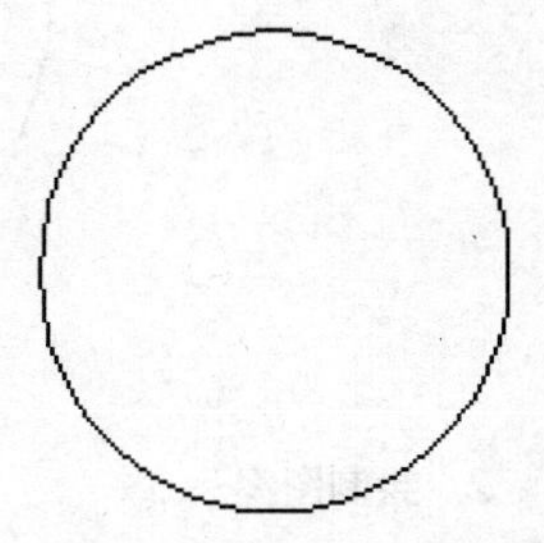

图36-3

02 执行“修改>偏移”命令，将圆弧向内偏移50，如图36-4所示。

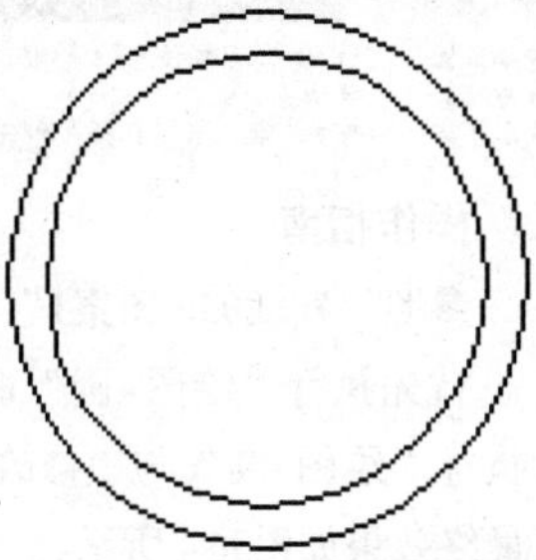

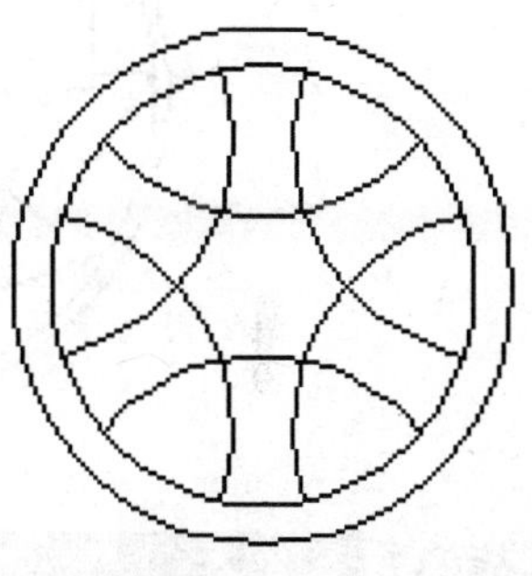

图36-4

2. 绘制图案

01 执行“绘图>圆弧”命令，绘制如图36-5所示的圆弧。

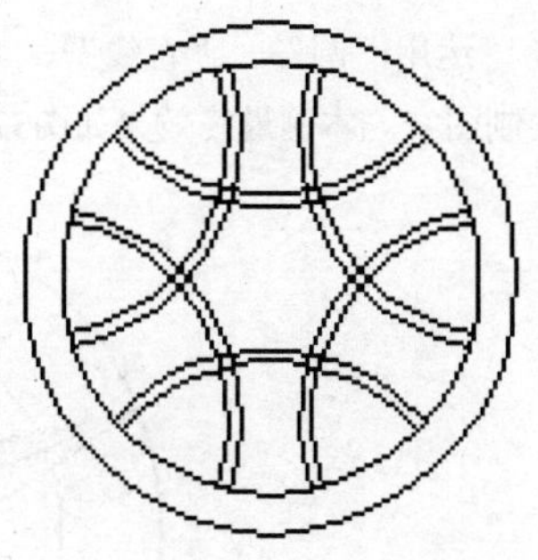

图36-5

02 执行“修改>偏移”命令，将圆弧向内偏移20，如图36-6所示。

图36-6

03 执行“绘图>圆”命令，绘制如图36-7所示的圆形。

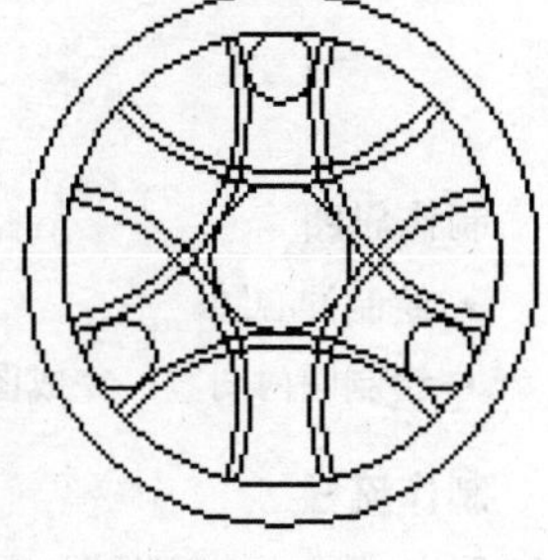

图36-7

练习036

练习位置	DVD>练习文件>第1章>练习036
难易指数	★★☆☆☆
技术掌握	掌握"圆"、"圆弧"和"偏移"等命令的使用方法。

操作指南

参照"实战036 图案1"案例进行制作。

首先执行"绘图>圆"命令，绘制图案的外边框；然后执行"绘图>圆"与"修改>阵列"命令，绘制图案。练习最终效果如图36-8所示。

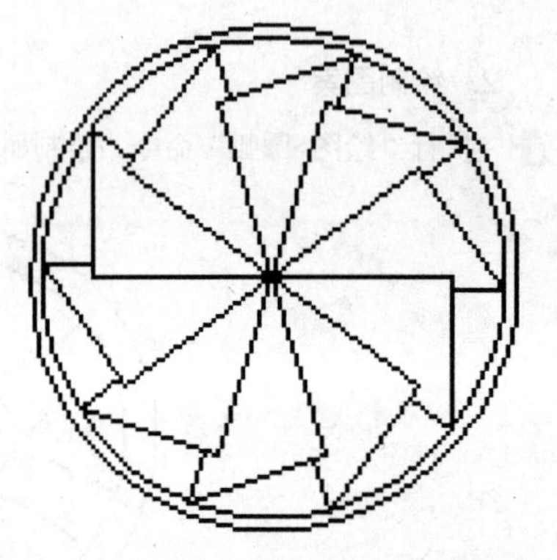

图36-8

实战037 图案2

实战位置	DVD>实战文件>第1章>实战037
视频位置	DVD>多媒体教学>第1章>实战037
难易指数	★★☆☆☆
技术掌握	掌握"圆"、"直线"和"修剪"等命令。

实战介绍

运用"圆"、"直线"、"偏移"与"修剪"命令，绘制图案。本例最终效果如图37-1所示。

图37-1

制作思路

- 绘制同心圆。
- 绘制圆内图案，完成图案2的绘制并将其保存。

制作流程

图案2的制作流程如图37-2所示。

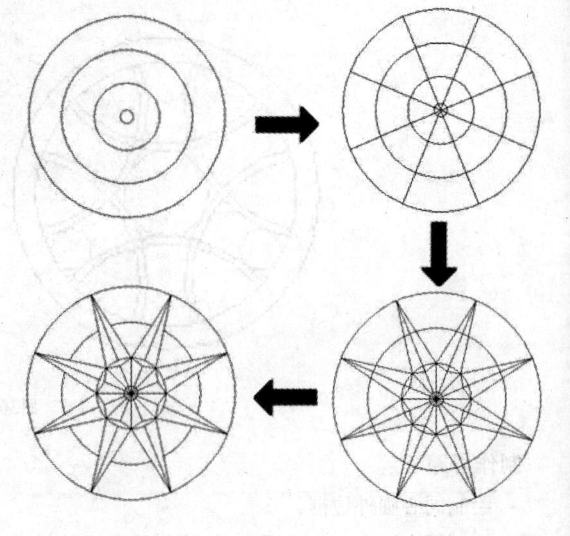

图37-2

1. 绘制外边框

01 打开AutoCAD 2013中文版软件，执行"绘图>圆"命令，绘制如图37-3所示的圆。

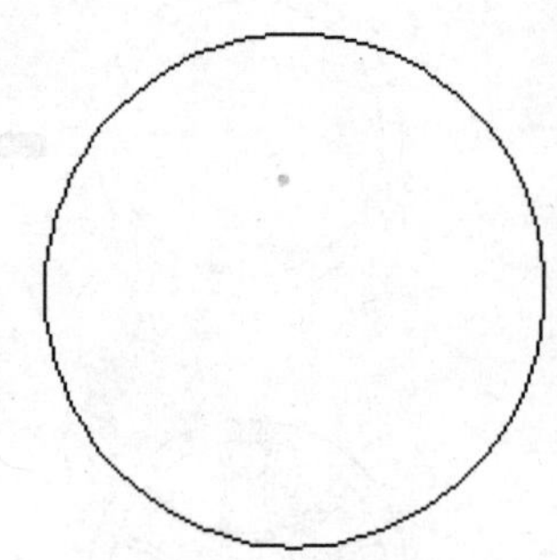

图37-3

02 执行"修改>偏移"命令，将圆向内偏移形成同心圆，如图37-4所示。

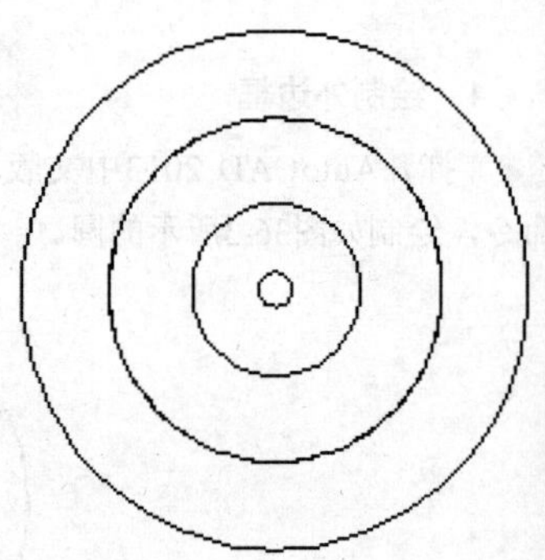

图37-4

2. 绘制图案

01 执行"绘图>直线"命令，绘制如图37-5所示的直线。

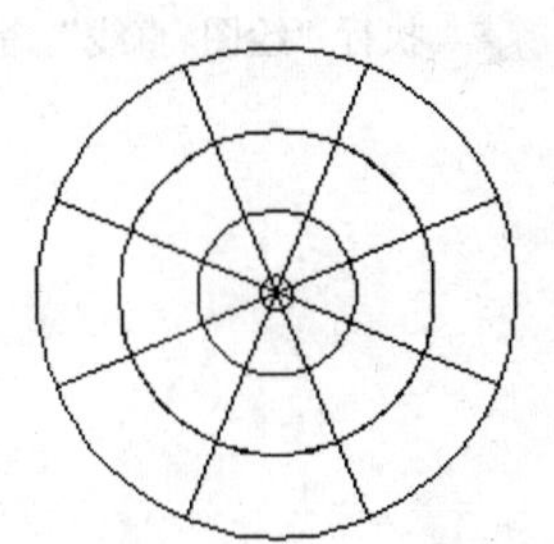

图37-5

02 执行“修改>偏移”命令，绘制如图37-6所示的直线。

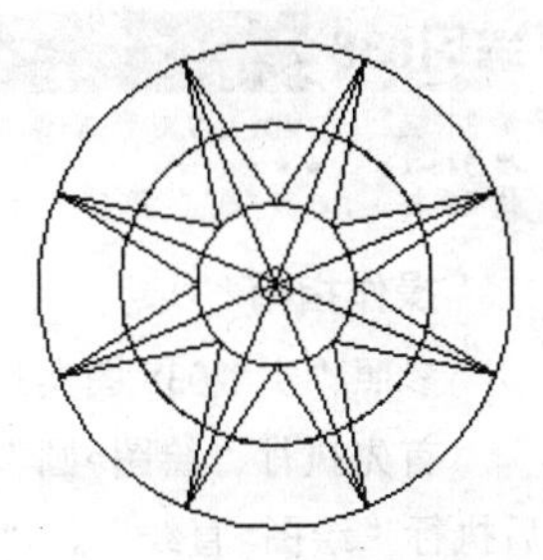

图37-6

03 执行“修改>偏移”命令，绘制如图37-7所示的直线。

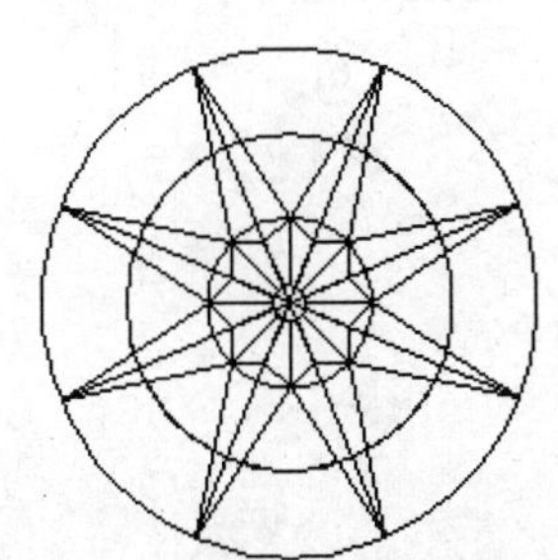

图37-7

04 执行“修改>修剪”命令，将图进行修剪，如图37-8所示。

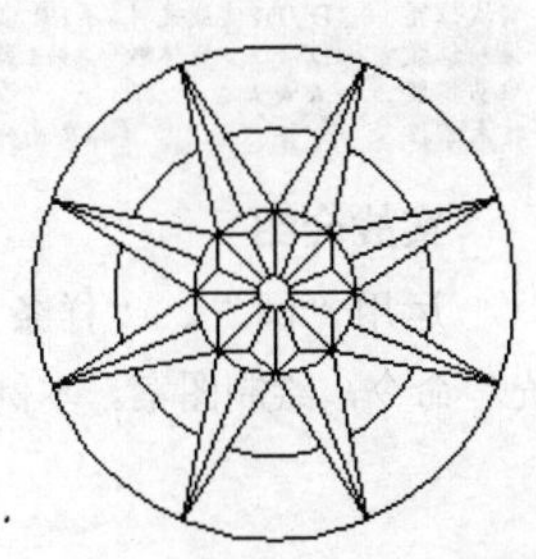

图37-8

练习037

练习位置	DVD>练习文件>第1章>练习037
难易指数	★★☆☆☆
技术掌握	巩固“圆”、“直线”、“偏移”和“修剪”等命令的使用方法。

操作指南

参照“实战037 图案2”案例进行制作。

首先执行“绘图>圆”命令，绘制图案的外边框；然后执行“绘图>直线”、“修改>修剪”与“修改>阵列”命令，绘制图案。练习最终效果如图37-9所示。

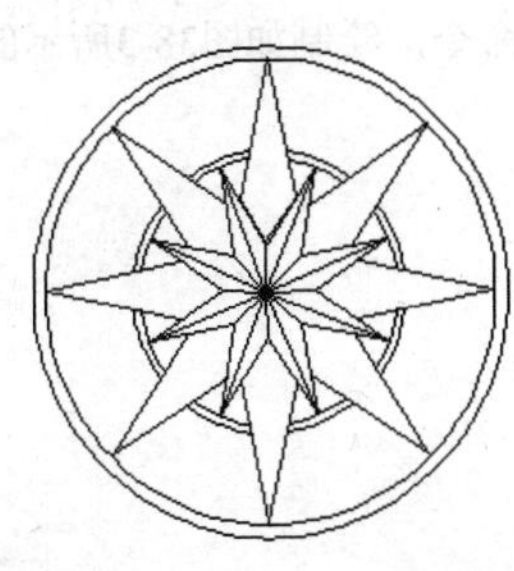

图37-9

实战038 图案3

实战位置	DVD>实战文件>第1章>实战038
视频位置	DVD>多媒体教学>第1章>实战038
难易指数	★★☆☆☆
技术掌握	掌握“圆”、“直线”和“偏移”等命令。

实战介绍

用“圆”、“直线”、“偏移”与“修剪”命令，绘制图案。本例最终效果如图38-1所示。

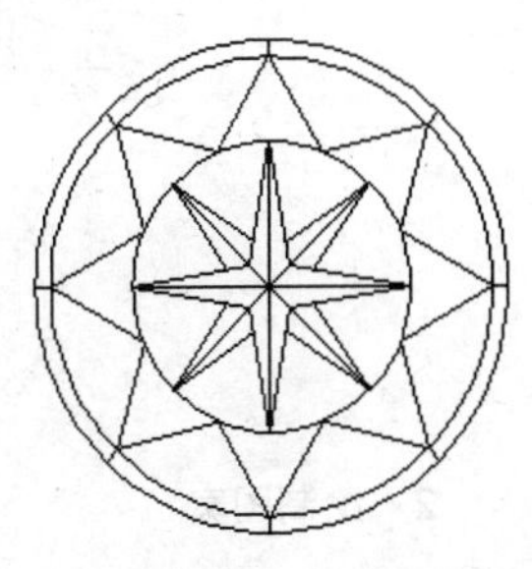

图38-1

制作思路

- 绘制同心圆。
- 绘制圆内图案，完成图案3的绘制并将其保存。

制作流程

图案3的制作流程如图38-2所示。

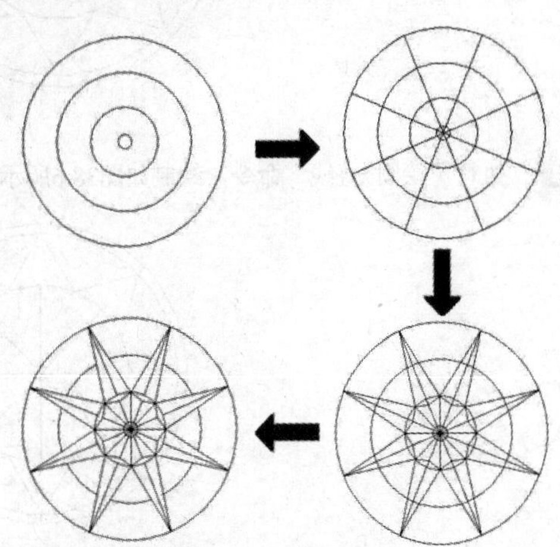

图38-2

1. 绘制外边框

01 打开AutoCAD 2013中文版软件，执行“绘图>圆”命令，绘制如图38-3所示的圆。

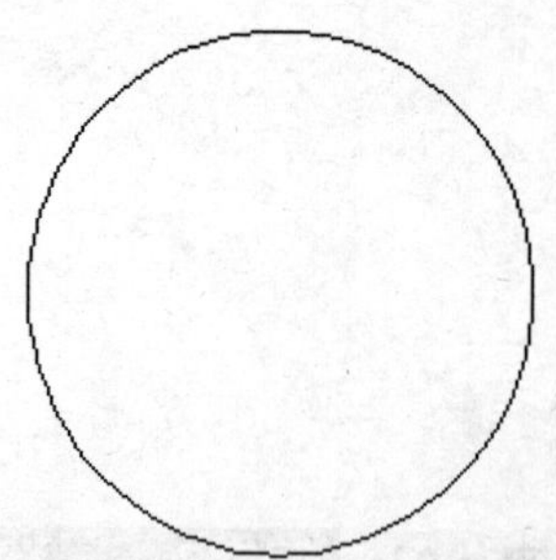

图38-3

02 执行“修剪>偏移”命令，将圆向内偏移形成同心圆，如图38-4所示。

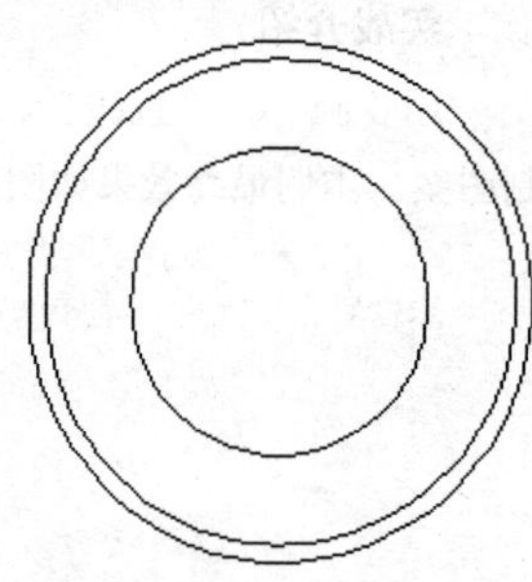

图38-4

2. 绘制图案

01 执行“绘图>直线”命令，绘制如图38-5所示的直线。

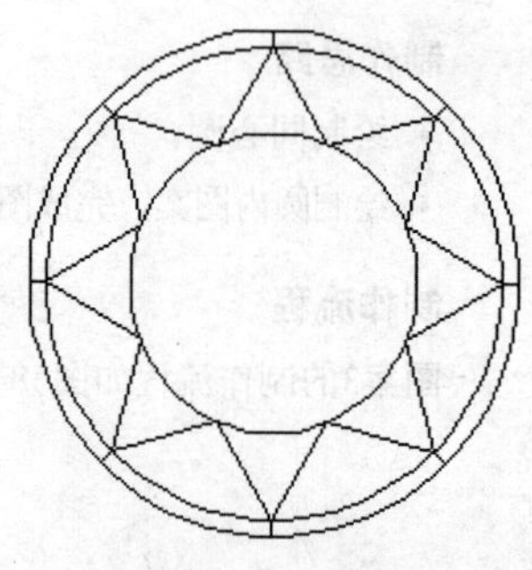

图38-5

02 执行“绘图>直线”命令，绘制如图38-6所示的直线。

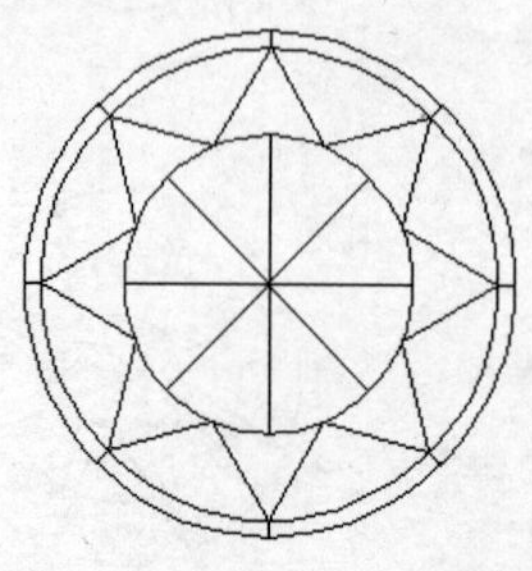

图38-6

03 执行“绘图>直线”命令，绘制如图38-7所示的直线。

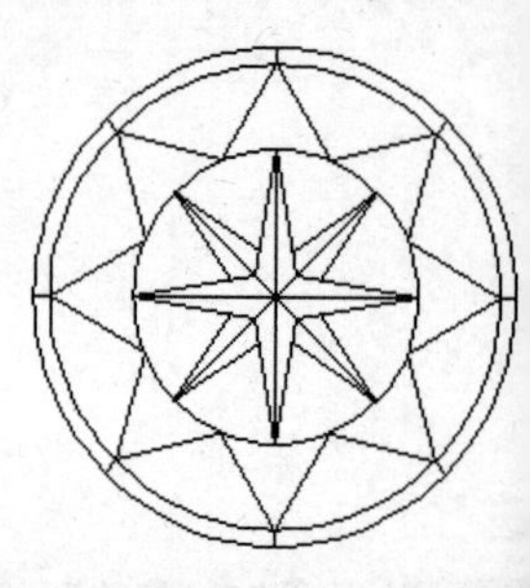

图38-7

练习038

练习位置	DVD>练习文件>第1章>练习038
难易指数	★★★☆☆
技术掌握	巩固“圆”、“圆弧”、“直线”、“偏移”和“修剪”等命令的使用方法。

操作指南

参照“实战038 图案3”案例进行制作。

首先执行“绘图>圆”命令，绘制图案的外边框；然后执行“绘图>直线”、“绘图>圆弧”、“修改>修剪”与“修改>偏移”命令，绘制图案。练习最终效果如图38-8所示。

图38-8

实战039 图案4

实战位置	DVD>实战文件>第1章>实战039
视频位置	DVD>多媒体教学>第1章>实战039
难易指数	★★★☆☆
技术掌握	掌握“圆”、“样条曲线”、“阵列”和“图案填充”等命令。

实战介绍

运用“圆”、“样条曲线”、“阵列”与“图案填充”命令，绘制图案。本例最终效果如图39-1所示。

图39-1

制作思路

- 绘制同心圆。
- 绘制图案。
- 填充图案，完成图案4的绘制并将其保存。

制作流程

图案4的制作流程如图39-2所示。

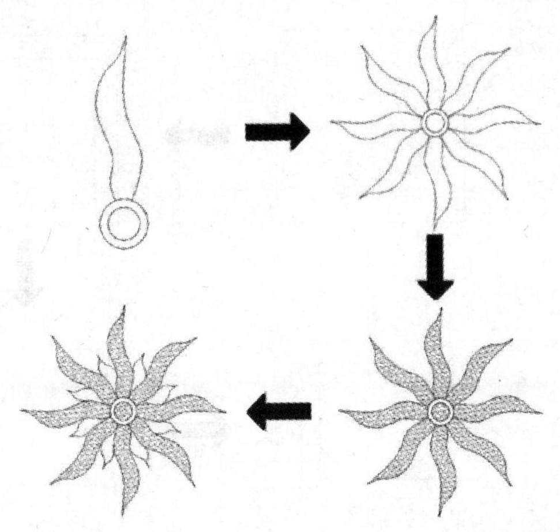

图39-2

01 打开AutoCAD 2013中文版软件，执行“绘图>圆”命令，绘制如图39-3所示的圆。

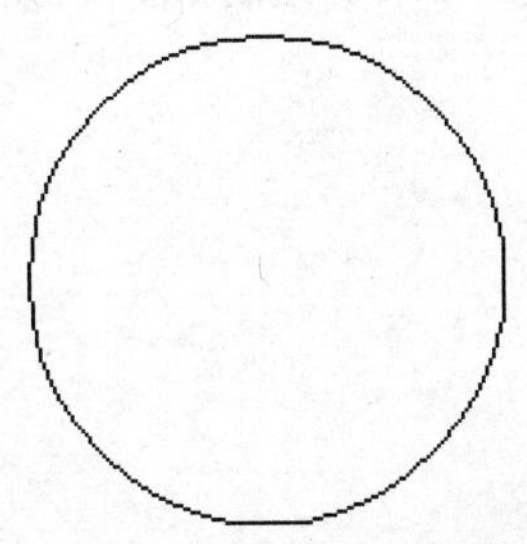

图39-3

02 执行“修改>偏移”命令，将圆向内偏移形成同心圆，如图39-4所示。

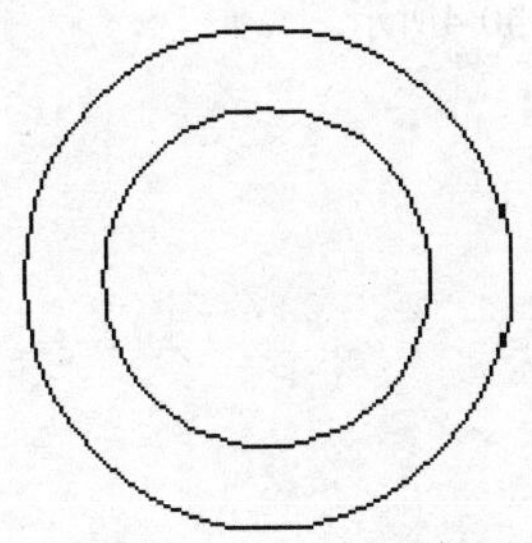

图39-4

03 执行“绘图>样条曲线”命令，绘制如图39-5所示的样条曲线。

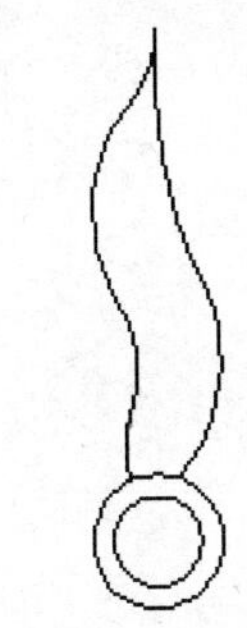

图39-5

04 在命令行中输入“ARRAYCLASSIC”，弹出“阵列”对话框，设置参数，将图案进行阵列，如图39-6所示。

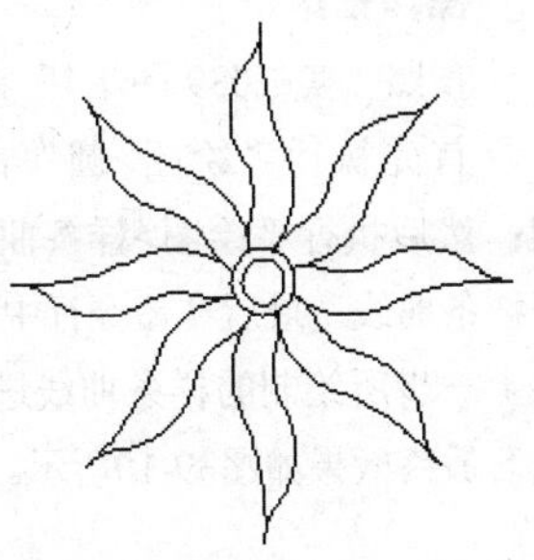

图39-6

05 执行“绘图>图案填充”命令，如图39-7所示。

图39-7

06 执行“绘图>样条曲线”命令，绘制如图39-8所示的样条曲线。

图39-8

07 在命令行中输入“ARRAYCLASSIC”，弹出“阵列”对话框，设置参数，将图案进行阵列，如图39-9所示。

图39-9

练习039

练习位置	DVD>练习文件>第1章>练习039
难易指数	★★★☆☆
技术掌握	巩固"圆"、"样条曲线"和"阵列"等命令的使用方法。

操作指南

参照"实战039 图案4"案例进行制作。

首先执行"绘图>圆"命令，绘制图案中间的同心圆；然后执行"绘图>样条曲线"命令，绘制图案中的一个样条曲线；最后在命令行中输入"ARRAYCLASSIC"，将上一步所绘制的样条曲线进行阵列，得到完整的图案。练习最终效果如图39-10所示。

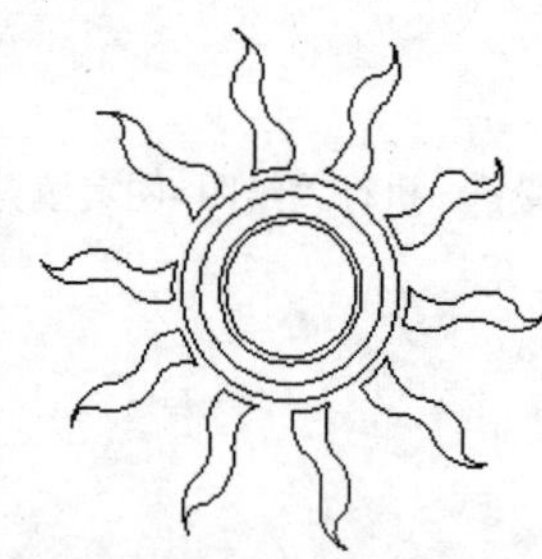

图39-10

实战040 图案5

实战位置	DVD>实战文件>第1章>实战040
视频位置	DVD>多媒体教学>第1章>实战040
难易指数	★☆☆☆☆
技术掌握	掌握"矩形"、"偏移"、"旋转"和"修剪"等命令。

实战介绍

运用"矩形"、"偏移"、"旋转"与"修剪"命令，绘制图案。本例最终效果如图40-1所示。

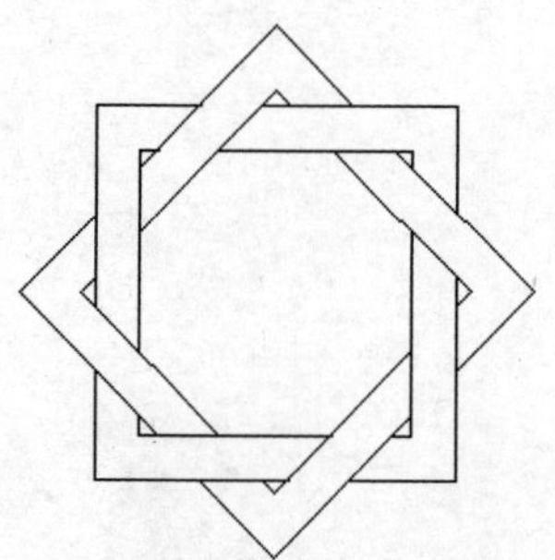

图40-1

制作思路

- 绘制矩形并向内偏移。
- 复制两个矩形并旋转，使其与被复制的矩形相交。
- 修减多余线条，完成图案5的绘制并将其保存。

制作流程

图案5的制作流程如图40-2所示。

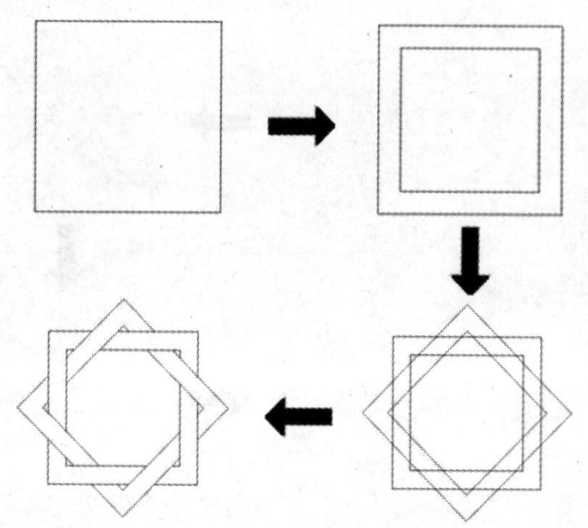

图40-2

01 打开AutoCAD 2013中文版软件，执行"绘图>矩形"命令，绘制如图40-3所示的矩形。

图40-3

02 执行"修改>偏移"命令，将矩形向内偏移，如图40-4所示。

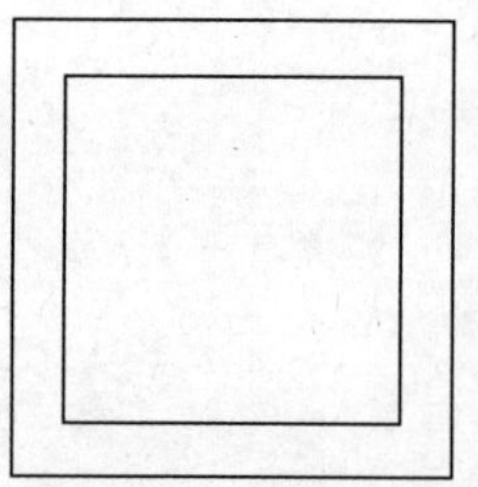

图40-4

03 执行"修改>复制"命令，执行"修改>旋转"命令，如图40-5所示。

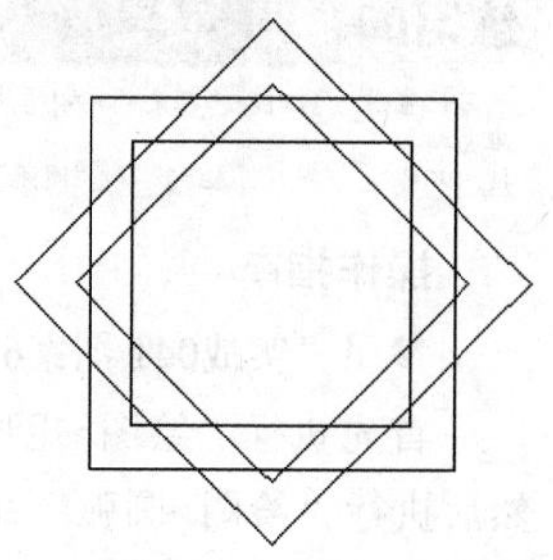

图40-5

04 执行“修改>复制”命令，结果如图40-6所示。

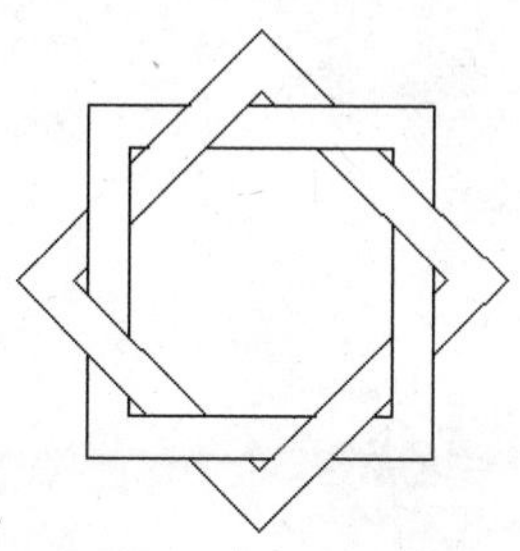

图40-6

练习040

练习位置	DVD>练习文件>第1章>练习040
难易指数	★★☆☆☆
技术掌握	巩固“圆”、“样条曲线”和“阵列”等命令的使用方法。

操作指南

参照“实战040 图案5”案例进行制作。

首先执行“绘图>圆”命令，绘制图案中间的同心圆；然后执行“绘图>样条曲线”命令，绘制图案中的一个样条曲线；最后在命令行中输入“ARRAYC LASSIC”，将上一步所绘制的样条曲线进行阵列，得到完整的图案。练习最终效果如图40-7所示。

图40-7

实战041 图案6

实战位置	DVD>实战文件>第1章>实战041
视频位置	DVD>多媒体教学>第1章>实战041
难易指数	★★★☆☆
技术掌握	掌握“矩形”、“偏移”、“圆”和“修剪”等命令的使用方法。

实战介绍

运用“矩形”、“偏移”、“圆”、“直线”、“镜像”与“修剪”命令，绘制图案。本例最终效果如图41-1所示。

图41-1

制作思路

- 绘制矩形外边框。
- 绘制中间图案，完成图案6的绘制并将其保存。

制作流程

图案6的制作流程如图41-2所示。

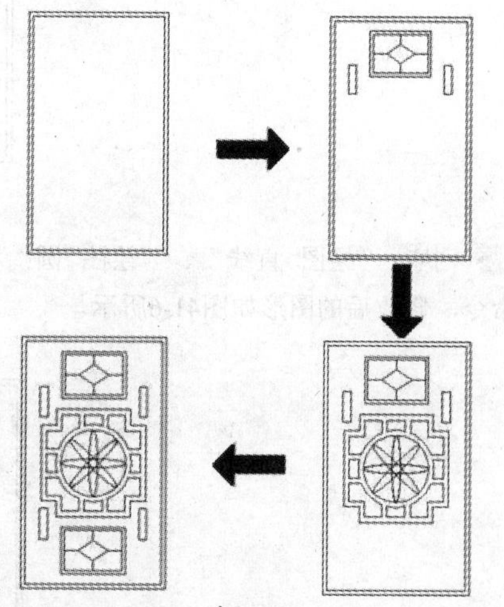

图41-2

1. 绘制外框

01 打开AutoCAD 2013中文版软件，执行“绘图>矩形”命令，绘制如图41-3所示的矩形。

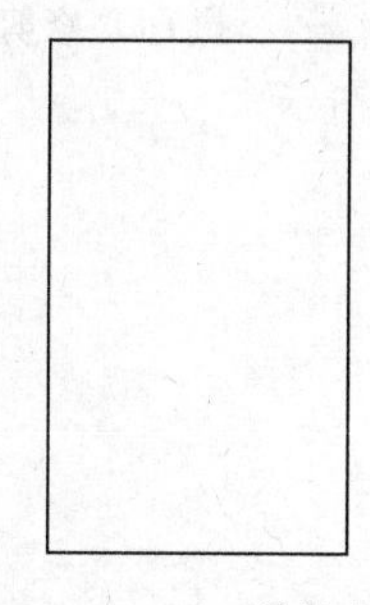

图41-3

02 执行“修剪>偏移”命令，将矩形向内偏移，如图41-4所示。

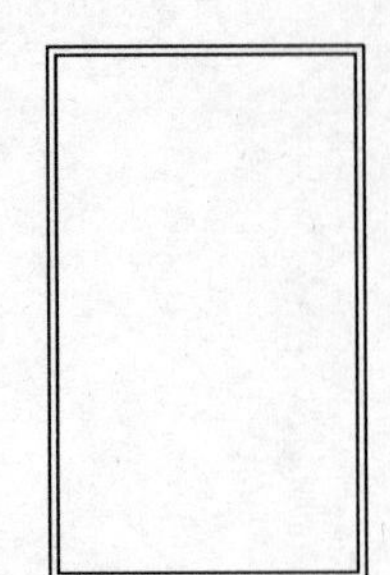
图41-4

2. 绘制图案

01 执行“绘图>矩形”命令，绘制如图41-5所示的矩形。

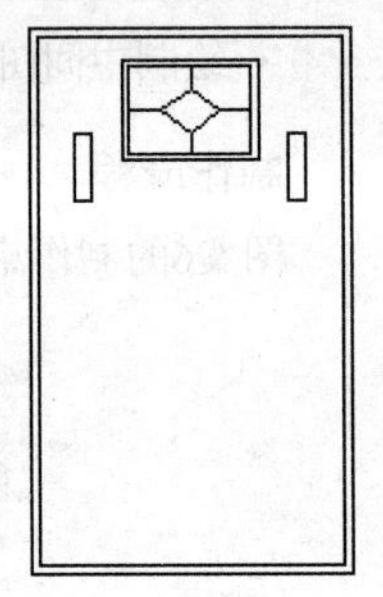
图41-5

02 执行“绘图>直线”、“绘图>圆”和“修改>修剪”命令，修改后的图形如图41-6所示。

图41-6

03 执行“修剪>镜像”命令，将图形镜像，如图41-7所示。

图41-7

练习041

练习位置	DVD>练习文件>第1章>练习041
难易指数	★★☆☆☆
技术掌握	巩固“矩形”和“圆弧”等命令的使用方法。

操作指南

参照“实战041 图案6”案例进行制作。

首先执行“绘图>矩形”命令，绘制图案内外框线；然后执行“绘图>圆弧”命令，绘制图案。练习最终效果如图41-8所示。

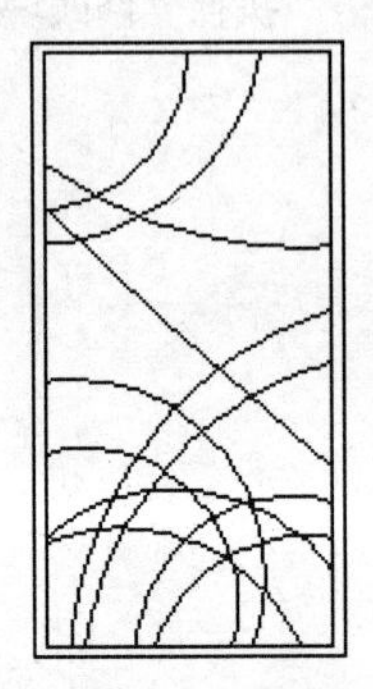
图41-8

实战042 罗马柱

实战位置	DVD>实战文件>第1章>实战042
视频位置	DVD>多媒体教学>第1章>实战042
难易指数	★★★☆☆
技术掌握	掌握“矩形”、“圆弧”、“圆”、“修剪”和“偏移”等命令。

实战介绍

运用“矩形”、“圆”、“圆弧”、“偏移”与“修剪”命令，绘制罗马柱。本例最终效果如图42-1所示。

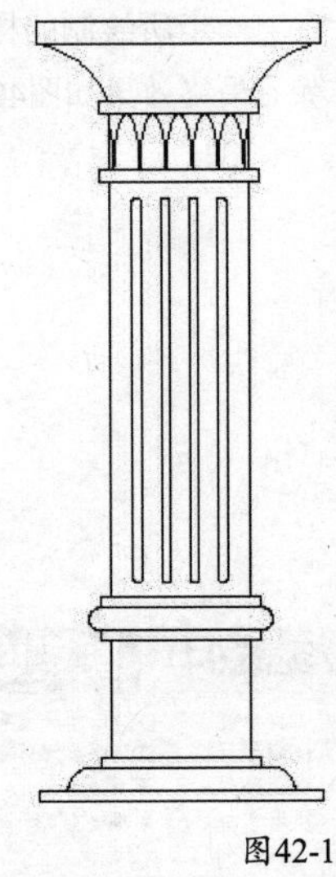
图42-1

制作思路

- 绘制外轮廓线。
- 编辑外轮廓线，完成罗马柱的绘制并将其保存。

制作流程

罗马柱的制作流程如图42-2所示。

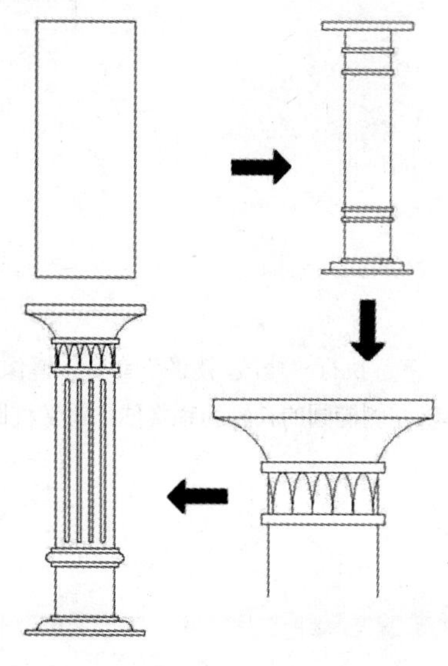

图42-2

1. 绘制外轮廓

01 打开AutoCAD 2013中文版软件，执行“绘图>矩形”命令，绘制一个长320、宽120的矩形，如图42-3所示。

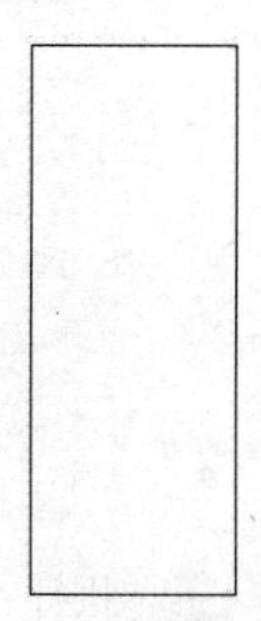

图42-3

02 执行“修改>分解”命令，对绘制的矩形进行分解。

03 执行“修改>偏移”命令，将矩形底边向上偏移4，再将偏移后的直线依次向上偏移10、4、48、4、9.5、4、170、5.5、22.5、5.5、23.5，如图42-4所示。

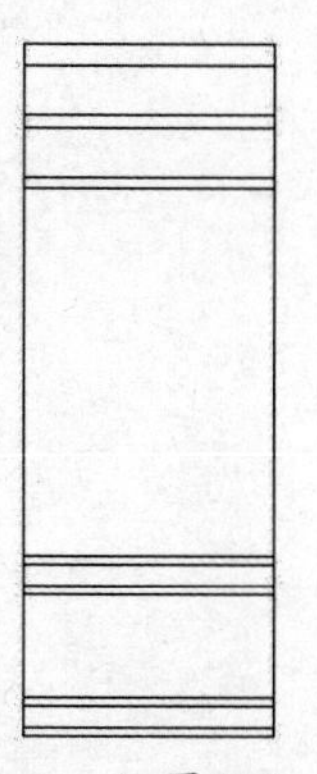

图42-4

04 执行“修改>偏移”命令，将矩形左边向右偏移12，再将偏移后的直线依次向右偏移4、10、4、60、4、10、4，如图42-5所示。

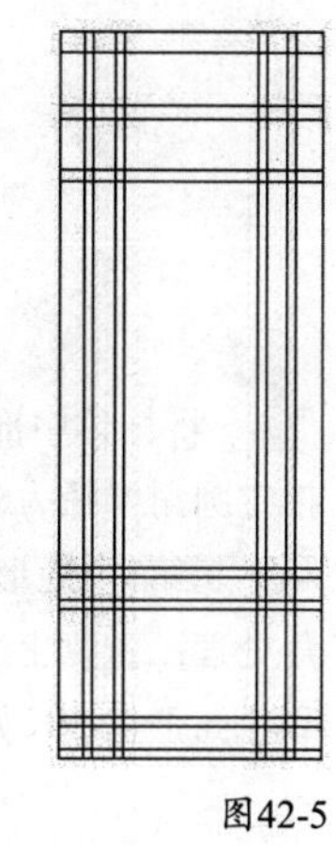

图42-5

2. 修剪并绘制成形

01 执行“修改>修剪”命令，修剪线段，如图42-6所示。

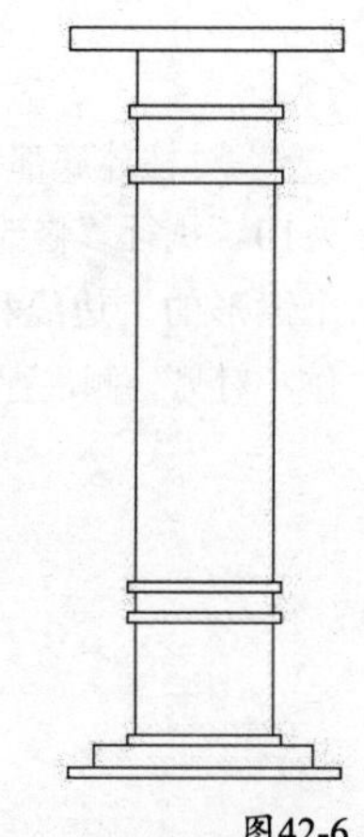

图42-6

02 执行“绘图>圆弧>起点、端点、角度”命令，选择上部矩形的左下角点为起点，选择第二个矩形与柱体的交点为端点，指定角度为－60°，绘制圆弧如图42-7所示。

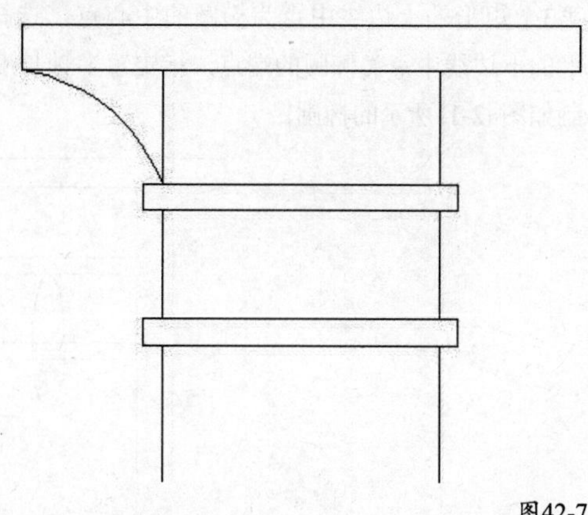

图42-7

03 执行“修改>镜像”命令，以上下两边的中点为圆心，将上一步绘制的圆弧镜像，执行“修改>删除”命令，将中间的两条垂直线删除，如图42-8所示。

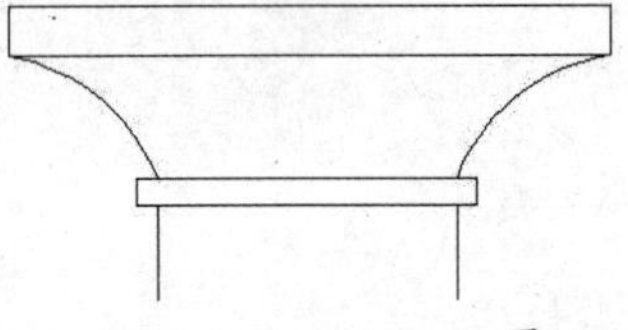

图42-8

04 将柱体中部装饰部分的左右侧线条进行圆角处理，指定圆角半径为5。执行“修改>圆角”命令，选择视图中从上起第3个矩形的下底边和第4个矩形的上顶边，进行圆角处理；重复上述操作，对另一侧进行圆角处理，然后删除中间垂直线，如图42-9所示。

图42-9

05 对柱体底部装饰部分进行圆角处理，指定圆角半径为10。执行“修改>圆角”命令，选择视图中从下起第二个矩形的上边线和左侧线，进行圆角处理；重复上述操作，对另一侧进行圆角处理，如图42-10所示。

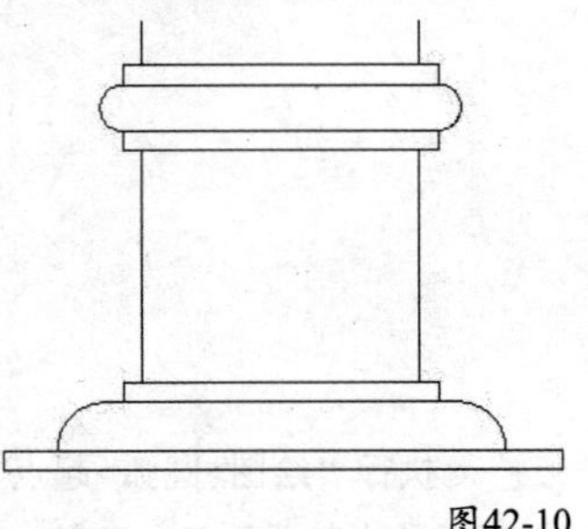

图42-10

06 执行“绘图>椭圆”命令，以选择视图中从上起的第3个矩形的上边线中点为椭圆的中心点，选择第二个矩形的下边线中点为椭圆的端点，指定短半轴长度为5.5，绘制如图42-11所示的椭圆。

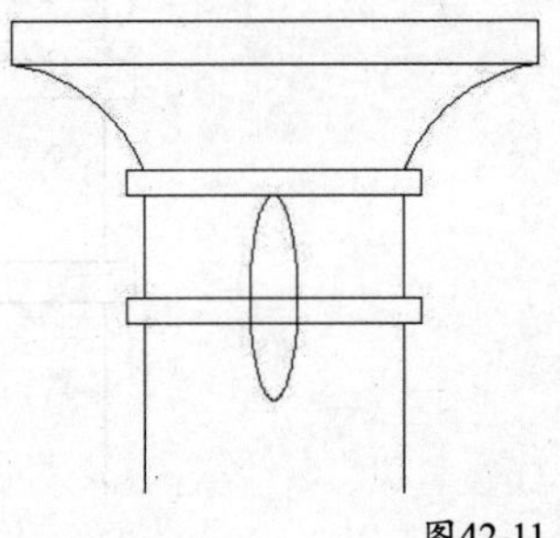

图42-11

07 执行“修改>复制”命令，复制上一步所绘制的椭圆，如图42-12所示。

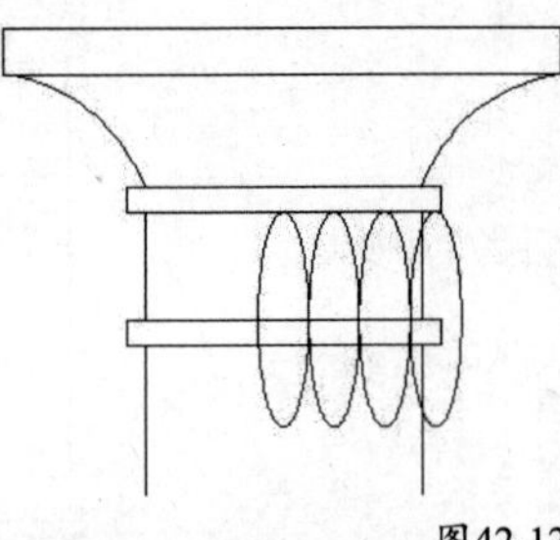

图42-12

08 执行“修改>镜像”命令，镜像上一步复制出的椭圆，以左侧椭圆的长轴为镜像线，镜像椭圆，如图42-13所示。

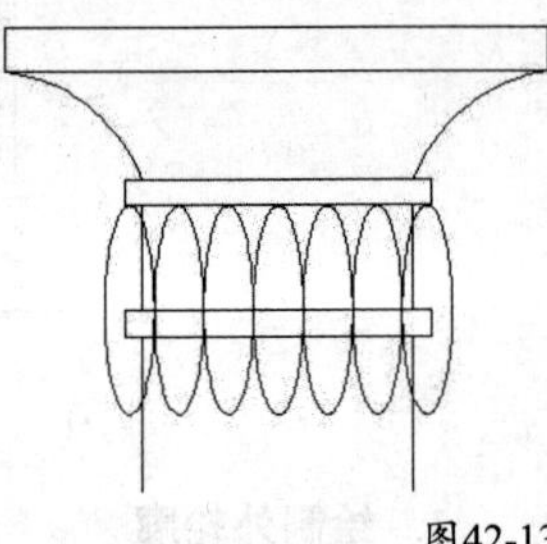

图42-13

09 执行“修改>修剪”命令，修剪椭圆，如图42-14所示。

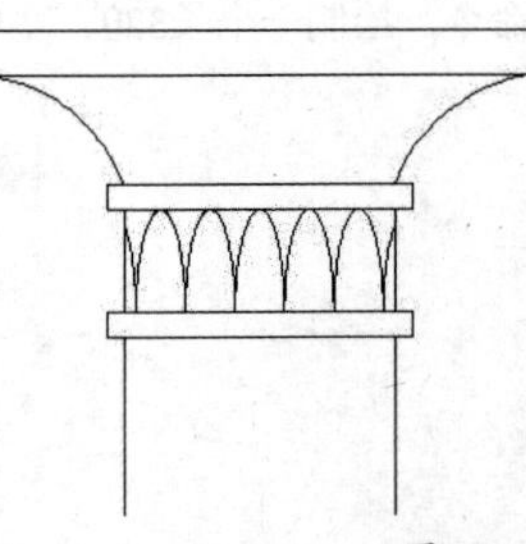

图42-14

10 执行“修改>偏移”命令，将柱体主体部分的左边线向右偏移10，将偏移后的直线依次向右偏移4、8、4、8、4、8和4，得到如图42-15所示的效果。

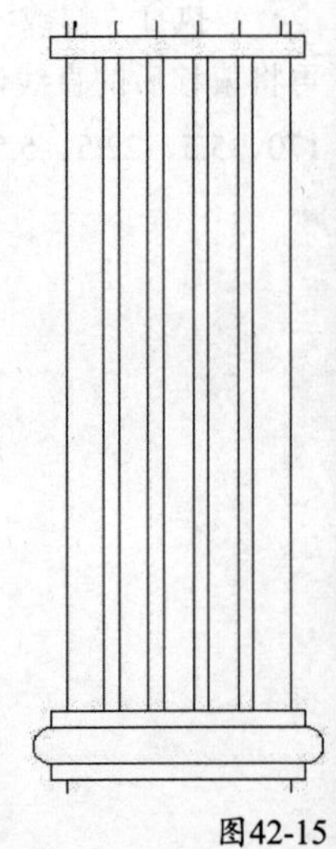

图42-15

11 执行“修改>偏移”命令，将图中圆角上方矩形的上边线向上偏移6和158，如图42-16所示。

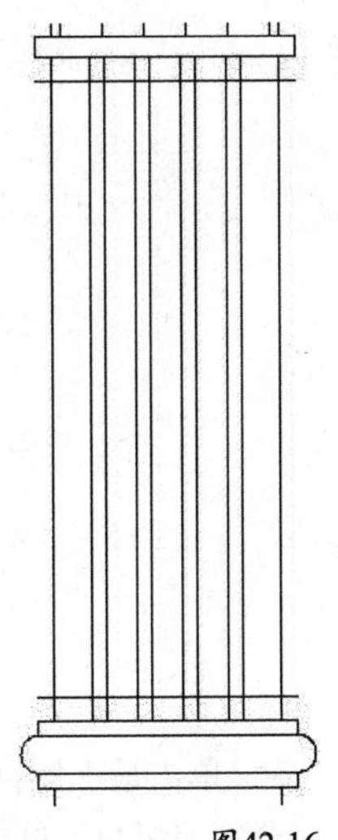

图42-16

12 执行“绘图>圆>切点、切点、半径”命令，将图中圆角上方矩形的上边线向上偏移6和158，如图42-17所示绘制半径为2的圆。

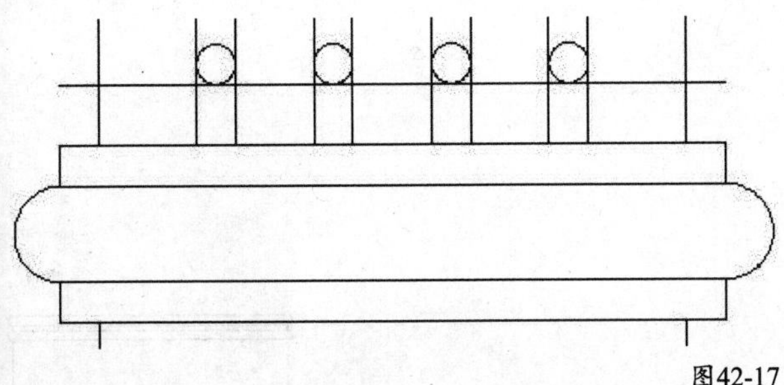

图42-17

13 执行“修改>修剪”命令，修剪圆与竖直偏移线；执行“修改>删除”命令，删除水平的偏移辅助线，完成该图的绘制。完成后的效果如图42-18所示。

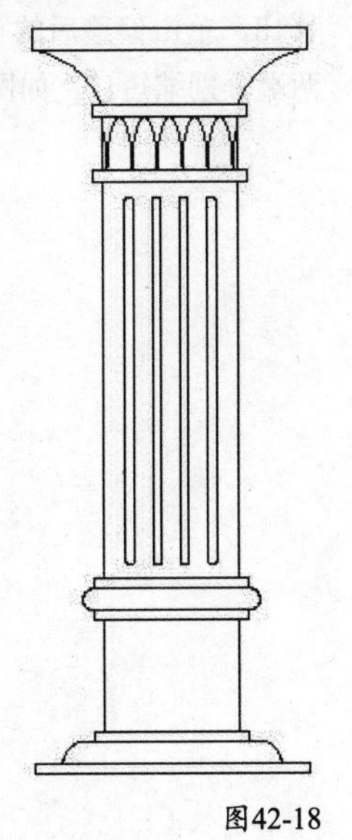

图42-18

练习042

练习位置	DVD>练习文件>第1章>练习042
难易指数	★★☆☆☆
技术掌握	巩固“矩形”、“直线”、“图案填充”和“线性标注”等命令的使用方法。

操作指南

参照“实战042 罗马柱”案例进行制作。

首先执行“绘图>矩形”与“绘图>直线”命令，绘制装饰柱轮廓；然后执行“绘图>图案填充”命令，填充装饰柱；最后执行“标注>线性标注”命令，标注装饰柱。练习最终效果如图42-19所示。

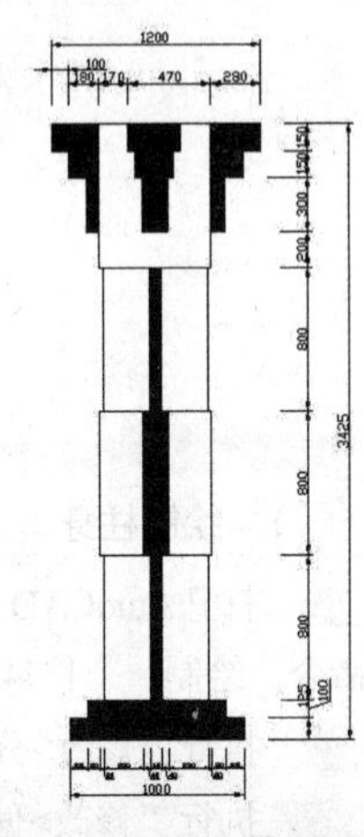

图42-19

实战043 装饰柱

原始文件位置	DVD>原始文件>第1章>实战043原始文件
实战位置	DVD>实战文件>第1章>实战043
视频位置	DVD>多媒体教学>第1章>实战043
难易指数	★★★☆☆
技术掌握	掌握“直线”、“矩形”、“圆弧”、“分解”、“偏移”、“修剪”、“圆角”、“镜像”、“删除”、“复制”和“插入块”等命令。

实例介绍

运用“直线”、“矩形”、“圆弧”、“分解”、“偏移”、“修剪”、“圆角”、“镜像”、“删除”与“复制”命令，绘制装饰柱；利用“插入块”命令，绘制柱头。本例最终效果如图43-1所示。

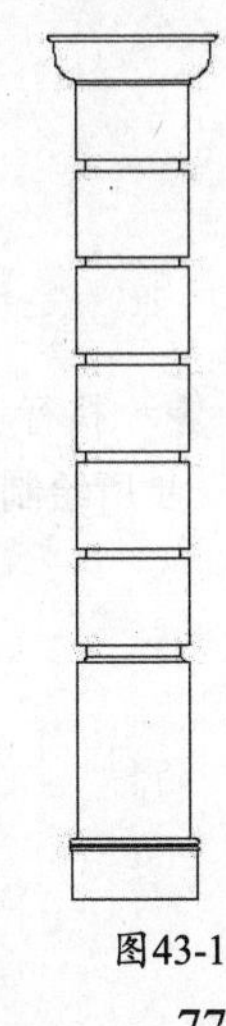

图43-1

制作思路

- 绘制柱身。
- 插入柱头，完成装饰柱的绘制并将其保存。

制作流程

装饰柱的制作流程如图43-2所示。

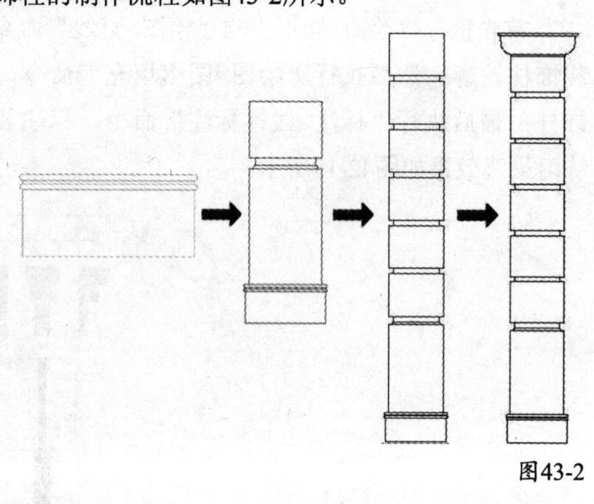

图43-2

1. 绘制柱身

01 打开AutoCAD 2013中文版软件，执行“绘图>矩形”命令，绘制一个长443、宽206的矩形作为柱墩轮廓线。

02 执行“修改>分解”命令，对绘制的矩形进行分解。

03 执行“修改>偏移”命令，将矩形上边线依次向下偏移15、9、14，如图43-3所示。

图43-3

04 执行“修改>修剪”命令，将上一步所绘制的矩形进行修剪，如图43-4所示。

图43-4

05 执行“修改>圆角”命令，设置圆角半径为5，对上一步所绘制的图形进行圆角处理，如图43-5所示。

图43-5

06 执行“修改>偏移”命令，将上一步所绘制的图形的最上边边线依次向上偏移619和637，如图43-6所示。

图43-6

07 单击最上侧直线，使其呈“夹点”显示，将直线两端分别缩短44，单击从上往下数第二条直线，使其呈“夹点”显示，将直线两端分别缩短21.5，如图43-7所示。

图43-7

08 执行“修改>偏移”命令，将最上方的直线向上偏移18，单击偏移后的直线，使其呈“夹点”显示，将直线两端分别缩短11，如图43-8所示。

图43-8

09 执行“绘图>圆弧”和“修改>镜像”命令，绘制圆弧，执行“绘图>直线”命令，连接图线的端点和垂足点，如图43-9所示。

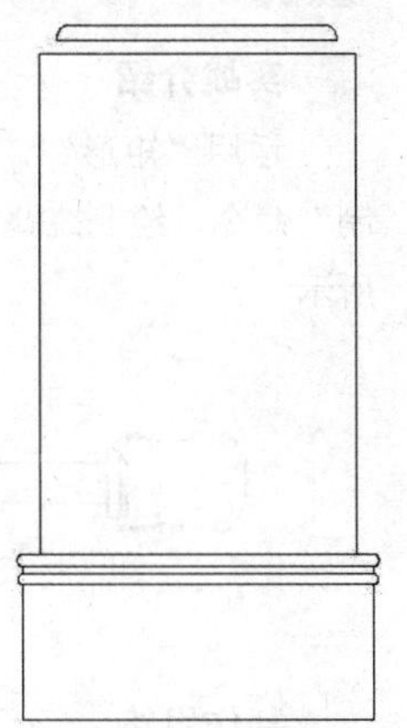

图43-9

10 执行“修改>删除”命令，将上方第二条水平直线删除，执行“修改>移动”命令，将最上方的水平线和两段圆弧沿垂直线向下移动18，如图43-10所示。

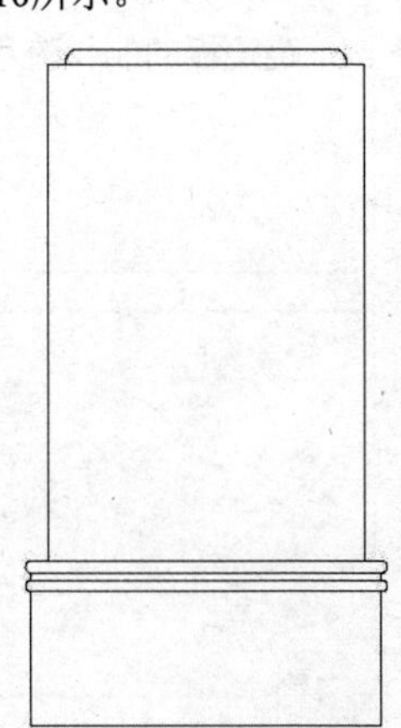

图43-10

11 执行“绘图>矩形”命令，绘制一个长333、宽38的矩形，如图43-11所示。

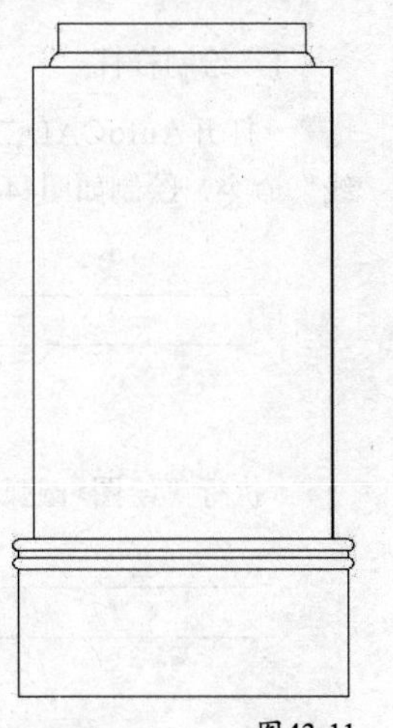

图43-11

12 执行“绘图>矩形”命令，绘制一个长400、宽300的矩形，执行“修改>移动”命令，将其移动到合适的位置，如图43-12所示。

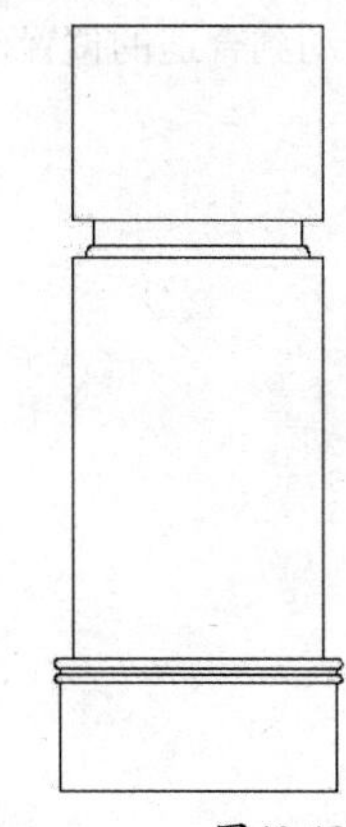

图43-12

13 执行“修改>复制”命令，将绘制的两个矩形向上复制5个，如图43-13所示。

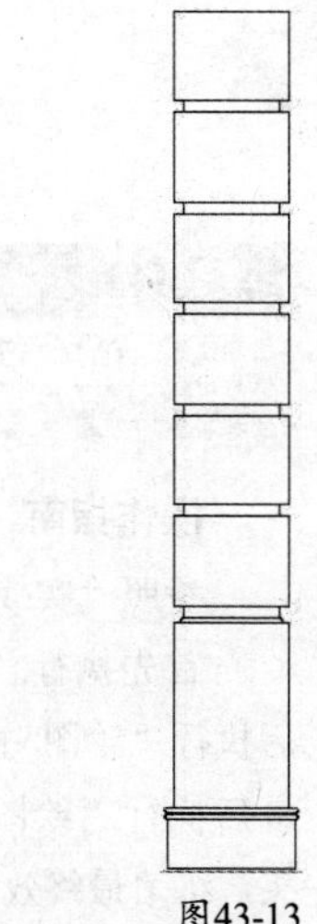

图43-13

14 单击最上部的矩形，使其呈“夹点”显示，单击最上边的中间夹点，将最上边边线向下移动37，如图43-14所示。

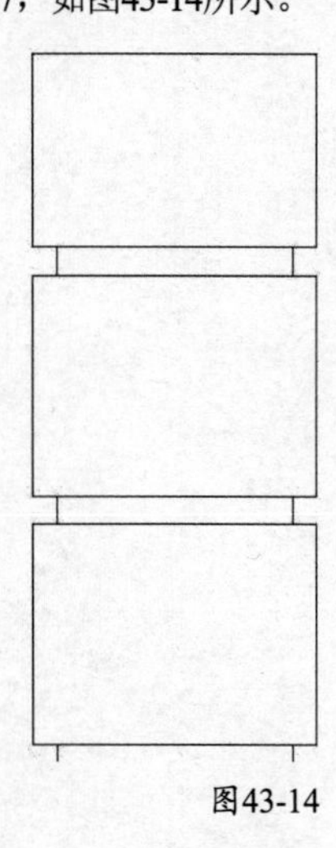

图43-14

2. 插入柱头

执行“插入>块”命令，插入原始文件中的“实战043原始文件”图形，然后执行“修改>移动”命令，将其移动到合适的位置，如图43-15所示。

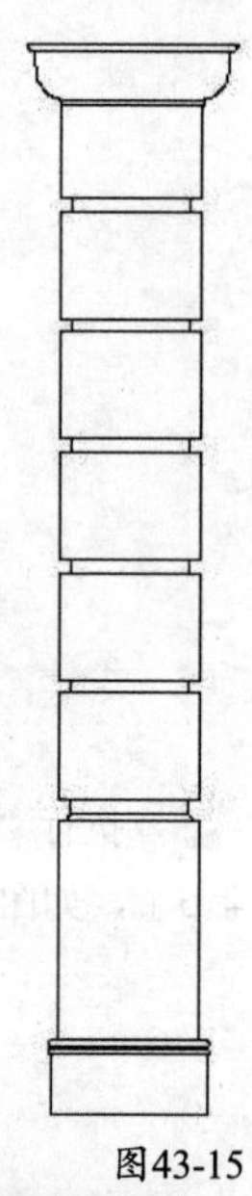

图43-15

练习043

练习位置	DVD>练习文件>第1章>练习043
难易指数	★★☆☆☆
技术掌握	巩固“矩形”、“直线”、“图案填充”和“线性标注”等命令的使用方法。

操作指南

参照“实战043 装饰柱”案例进行制作。

首先执行“绘图>矩形”命令，绘制装饰柱轮廓；然后执行“绘图>直线”和“修改>偏移”命令，绘制柱身；最后执行“绘图>矩形”和“修改>修剪”命令，绘制柱头，练习最终效果如图43-16所示。

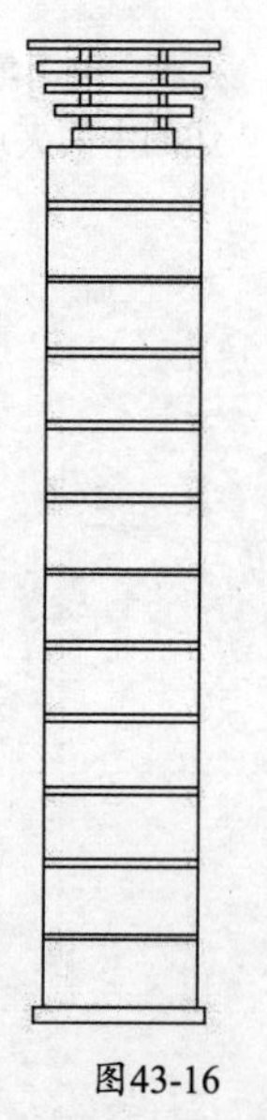

图43-16

实战044 跷跷板

实战位置	DVD>实战文件>第1章>实战044
视频位置	DVD>多媒体教学>第1章>实战044
难易指数	★★★☆☆
技术掌握	掌握“矩形”、“圆弧”、“圆”和“复制”等命令。

实战介绍

运用“矩形”、“圆”、“直线”、“圆弧”与“复制”命令，绘制跷跷板的平面图。本例最终效果如图44-1所示。

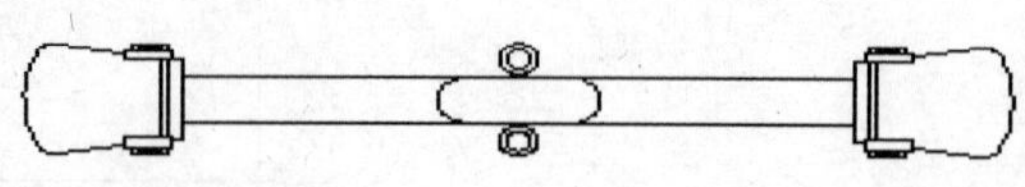

图44-1

制作思路

- 绘制杠杆。
- 绘制座椅，完成跷跷板的绘制并将其保存。

制作流程

跷跷板的制作流程如图44-2所示。

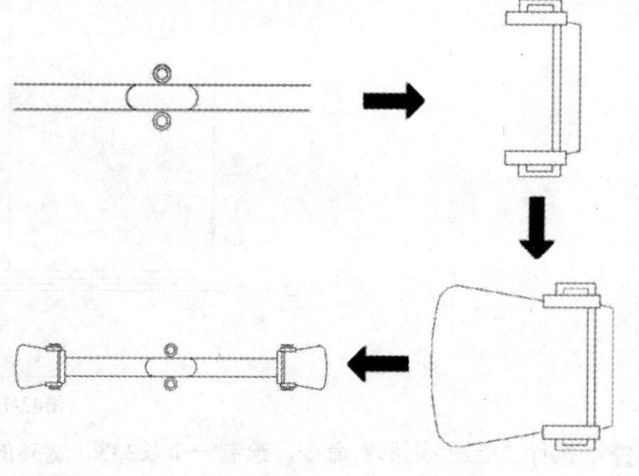

图44-2

1. 绘制杠杆

01 打开AutoCAD 2013中文版软件，执行“绘图>直线”命令，绘制如图44-3所示的直线。

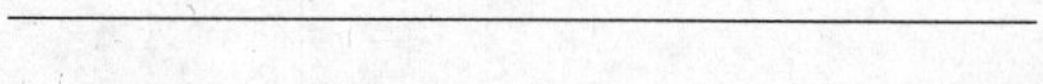

图44-3

02 执行“绘图>圆弧”命令，绘制如图44-4所示图形。

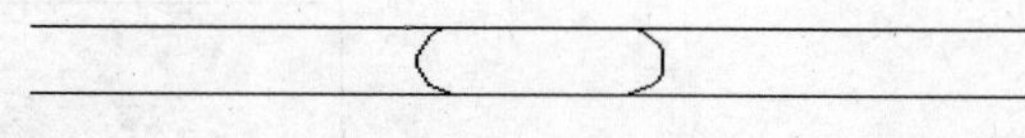

图44-4

03 执行“绘图>圆”命令，绘制如图44-5所示的图形。

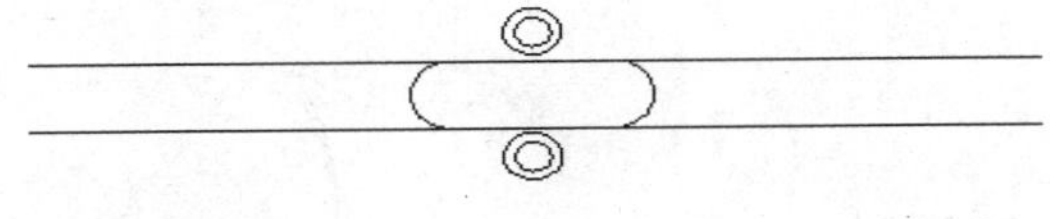

图44-5

2. 绘制座椅

01 执行“绘图>矩形”和“绘图>直线”命令，绘制结果如图44-6所示。

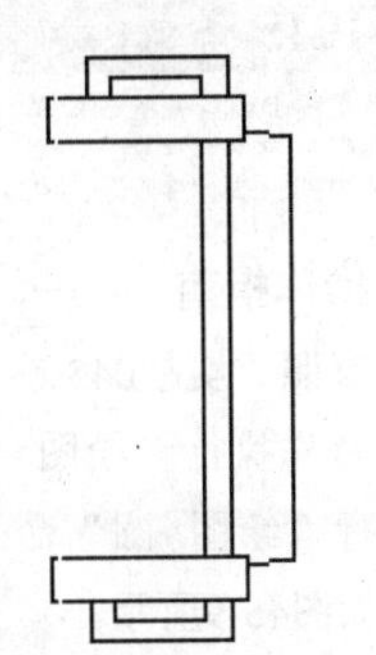

图44-6

02 执行“绘图>圆弧”命令，绘制如图44-7所示图形。

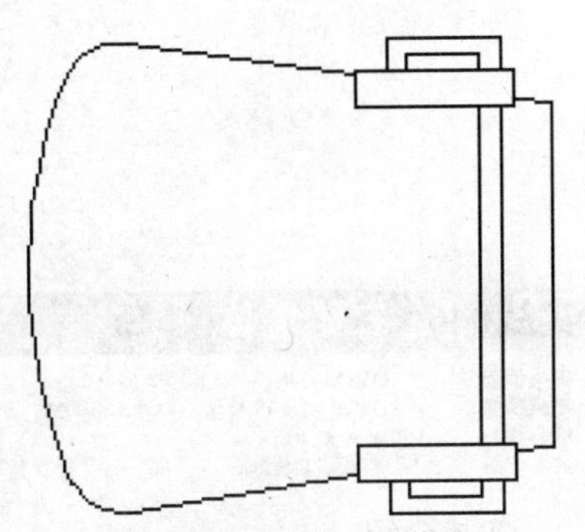

图44-7

03 执行“修改>复制”命令，如图44-8所示。

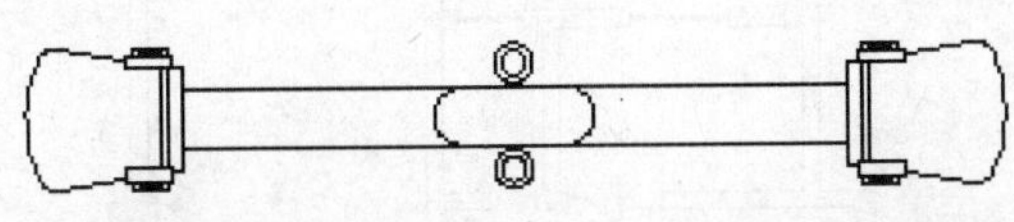

图44-8

练习044

练习位置	DVD>练习文件>第1章>练习044
难易指数	★★☆☆☆
技术掌握	巩固“矩形”、“圆弧”、“圆”和“复制”等命令的使用方法。

操作指南

参照“实战044 跷跷板”案例进行制作。

首先执行“绘图>直线”命令，绘制连接两个座椅的杠杆；然后执行“绘图>圆弧”、“绘图>矩形”与“绘图>直线”命令，绘制座椅；最后执行“修改>镜像”命令，镜像座椅。练习最终效果如图44-9所示。

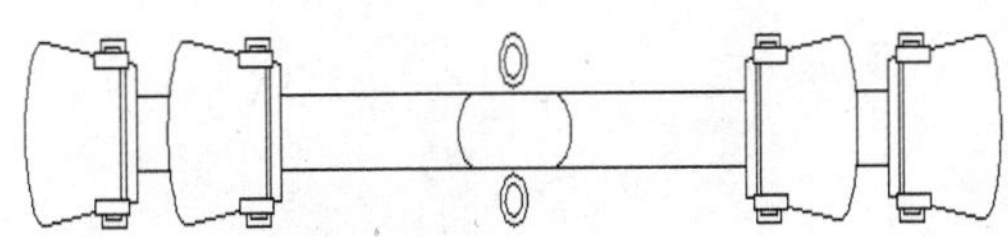

图44-9

实战045 旋转门

实战位置	DVD>实战文件>第1章>实战045
视频位置	DVD>多媒体教学>第1章>实战045
难易指数	★★★☆☆
技术掌握	掌握“直线”、“圆弧”、“圆”和“阵列”等命令。

实战介绍

运用“圆”、“直线”、“圆弧”与“阵列”命令，绘制旋转门的平面图。本例最终效果如图45-1所示。

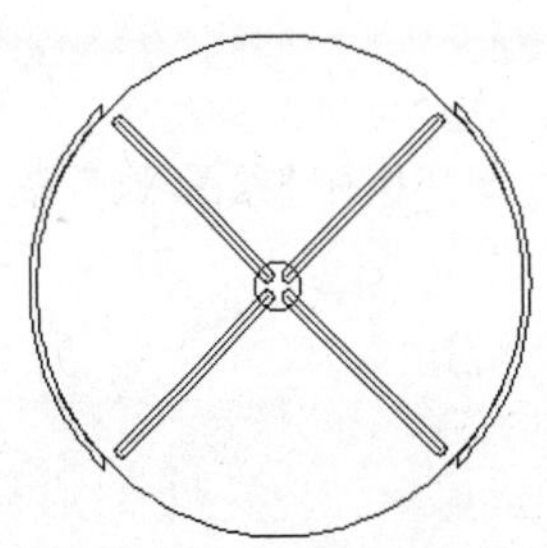

图45-1

制作思路

- 绘制外边框。
- 绘制门扇，完成整个图形的绘制并将其保存。

制作流程

旋转门的制作流程如图45-2所示。

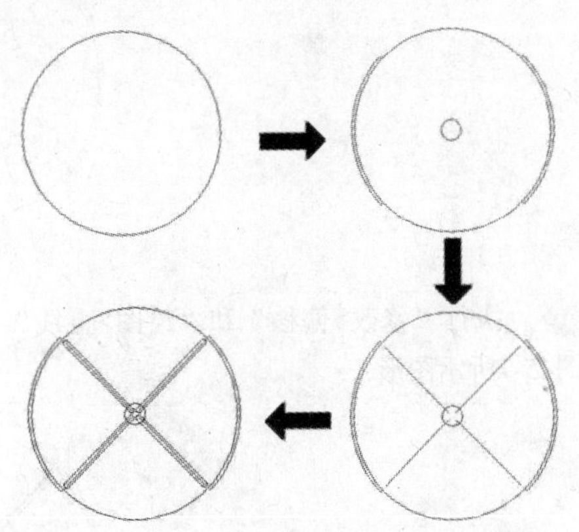

图45-2

1. 绘制外边框

01 打开AutoCAD 2013中文版软件，执行“绘图>圆”命令，绘制如图45-3所示的圆。

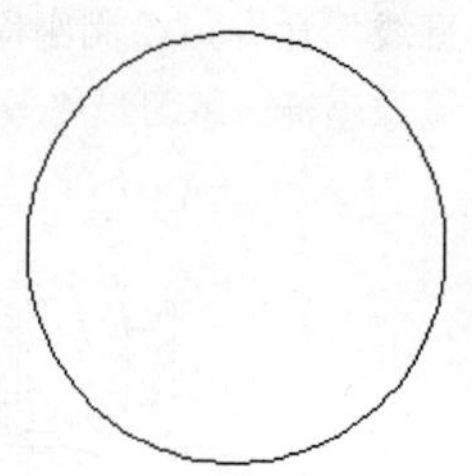

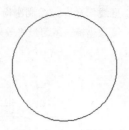

图45-3

02 执行“绘图>圆弧”和“绘图>直线”命令，绘制如图45-4所示图形。

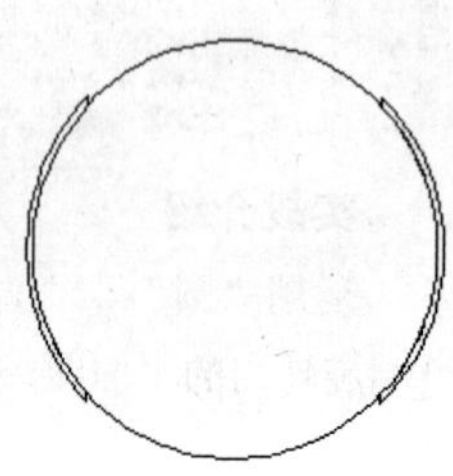

图45-4

03 执行“绘图>圆”命令，绘制如图45-5所示的图形。

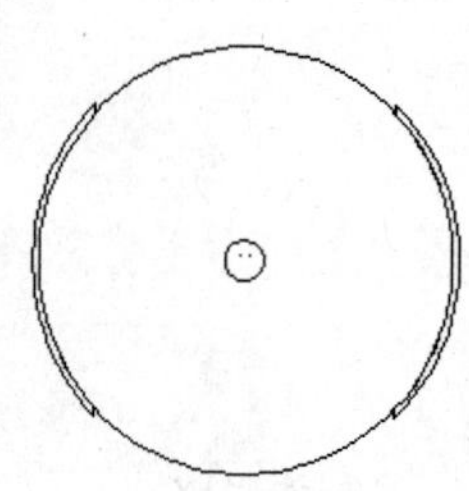

图45-5

2. 绘制门扇

01 执行“绘图>直线”命令，绘制如图45-6所示的图形。

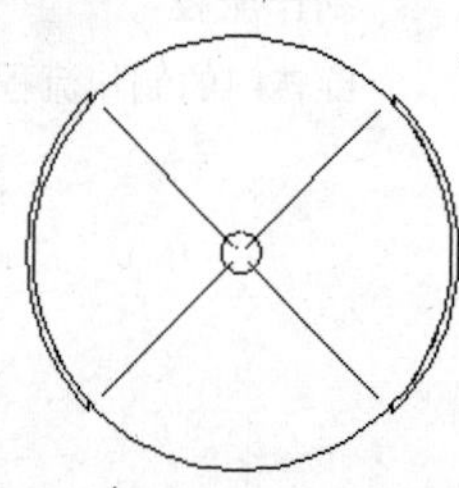

图45-6

02 执行“修改>偏移”和“绘图>直线”命令，绘制如图45-7所示图形。

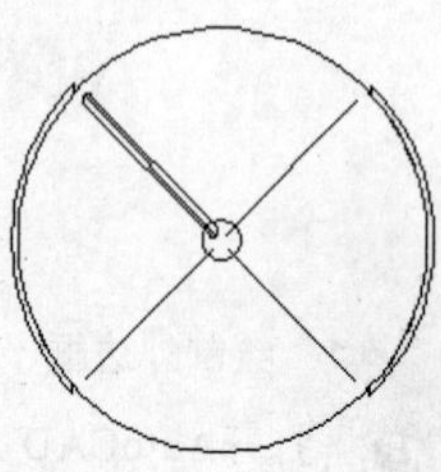

图45-7

03 执行“修改>阵列”命令，如图45-8所示。

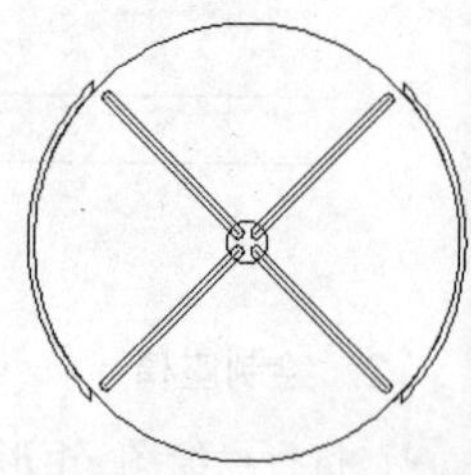

图45-8

练习045

练习位置	DVD>练习文件>第1章>练习045
难易指数	★★☆☆☆
技术掌握	巩固“直线”、“圆弧”、“圆”和“阵列”等命令的使用方法。

操作指南

参照“实战045 旋转门”案例进行制作。

首先执行“绘图>圆”命令，绘制旋转门外边框；然后执行“绘图>圆”命令，绘制旋转门的门扇。练习最终效果如图45-9所示。

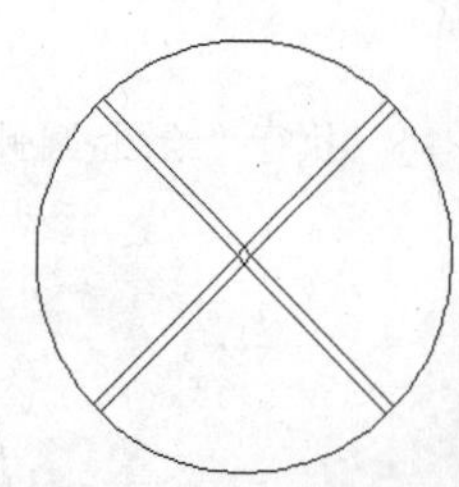

图45-9

实战046 二维墙体

实战位置	DVD>实战文件>第1章>实战046
视频位置	DVD>多媒体教学>第1章>实战046
难易指数	★★★☆☆
技术掌握	掌握“直线”、“多线”和“修剪”等命令。

实战介绍

用“直线”、“多线”与“修剪”命令，绘制二维墙体。本例最终效果如图46-1所示。

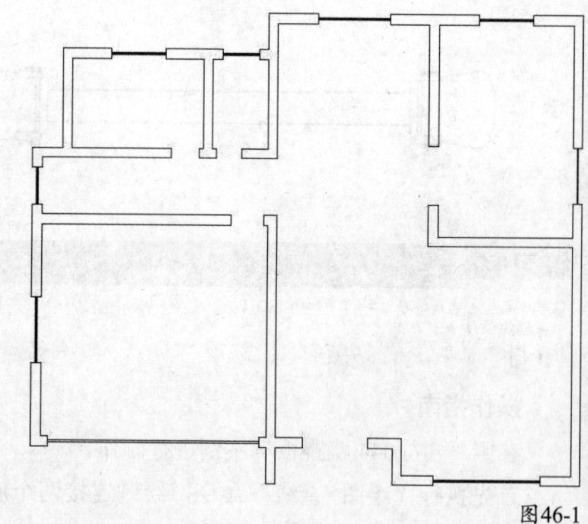

图46-1

制作思路

- 绘制墙体中轴线。
- 绘制墙体。
- 绘制窗，完成二维墙体的绘制并将其保存。

制作流程

二维墙体的制作流程如图46-2所示。

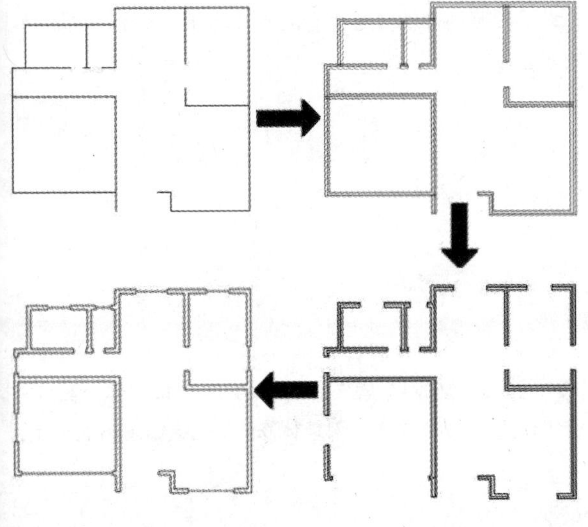

图46-2

1. 绘制中轴线

01 打开AutoCAD 2013中文版软件，执行“格式>图层”命令，弹出“图层特性管理器”对话框。在其中单击“新建图层”按钮，绘制一个图层。在当前对话框中，单击“图层1”的“名称”选项，并输入“墙体”字样，重命名图层。单击该图层的“线宽”选项，在弹出的“线宽”对话框中，选择“0.3mm”选项，设置墙身线宽，如图46-3所示。

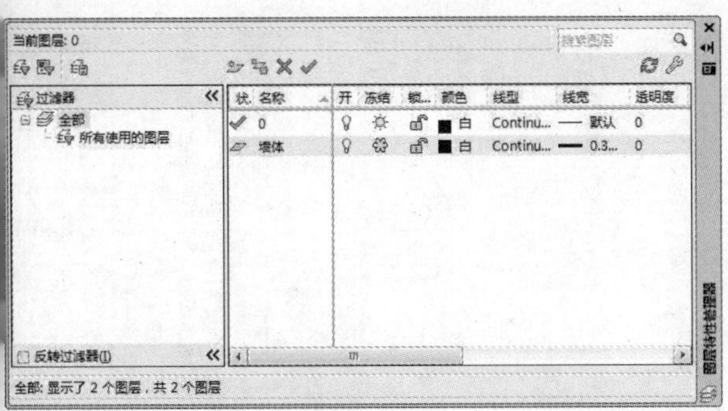

图46-3

02 设置完线宽之后，在当前对话框中双击该图层，将其设置为当前层，如图46-4所示。

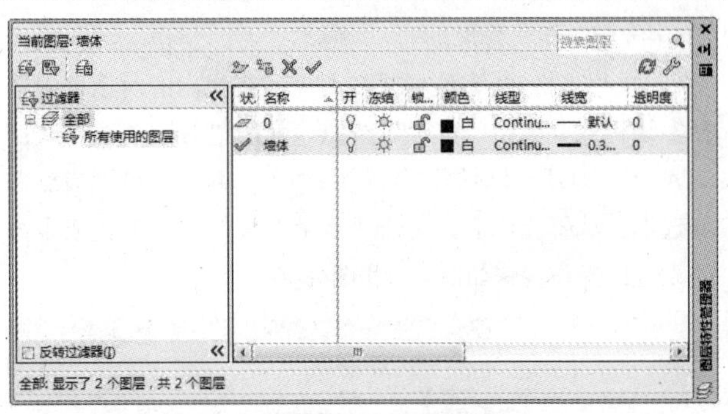

图46-4

03 执行“绘图>直线”命令，绘制直线，如图46-5所示。命令行提示如下：

```
命令: _line
指定第一个点:
指定下一点或 [放弃(U)]: 830
指定下一点或 [放弃(U)]: 1130
指定下一点或 [闭合(C)/放弃(U)]: 1000
指定下一点或 [闭合(C)/放弃(U)]: 2980
指定下一点或 [闭合(C)/放弃(U)]: 1000
指定下一点或 [闭合(C)/放弃(U)]: 6460
指定下一点或 [闭合(C)/放弃(U)]: 4020
指定下一点或 [闭合(C)/放弃(U)]: *取消*
```

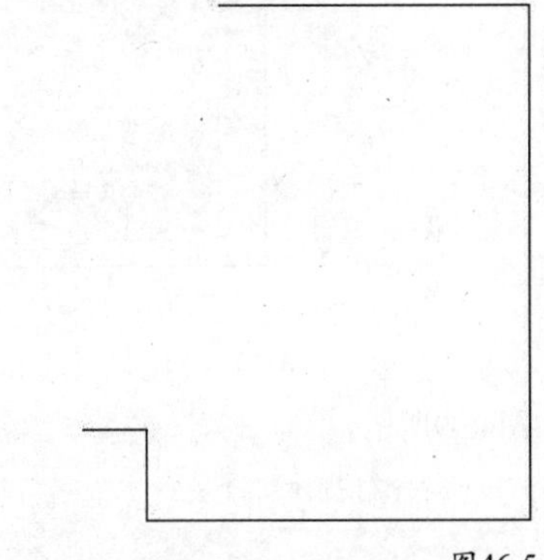

图46-5

04 再次执行“绘图>直线”命令，完成墙体中轴线的绘制，如图46-6所示。

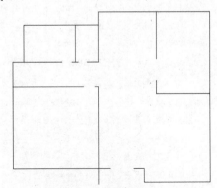

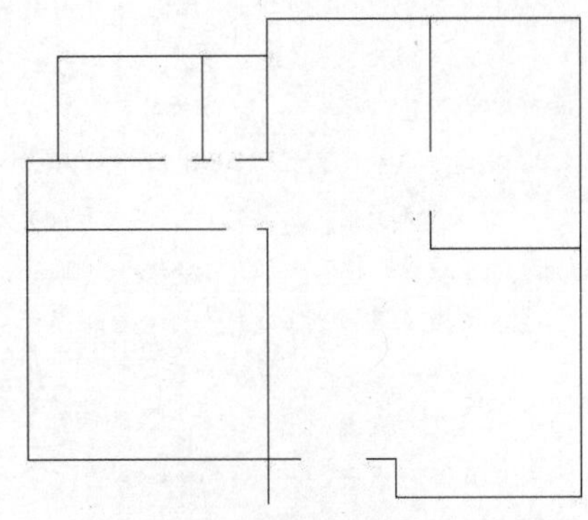

图46-6

2. 绘制墙体和窗

01 执行“格式>多线样式”命令，在弹出的对话框中选择多线样式并单击“修改”按钮，弹出“修改多线样式：STANDARD”对话框，勾选直线中“起点”和“端点”复选框。选择完成后，单击“确定”按钮，即可完成多线的设置。操作步骤如图46-7和图46-8所示。

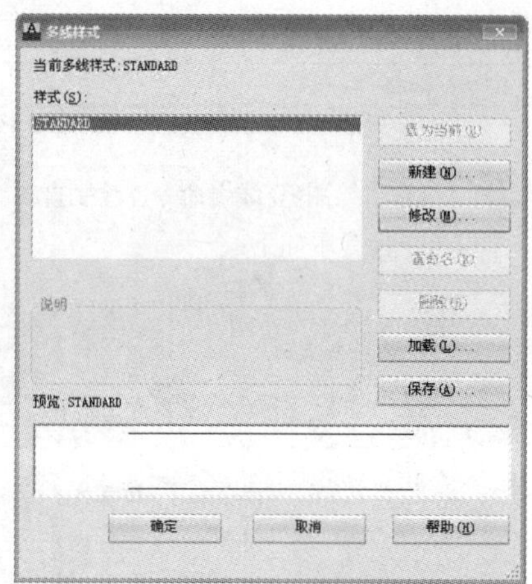

图46-7

图46-8

02 在命令行中输入ML（多线）命令，绘制墙体线，如图46-9所示。

命令行提示如下：

```
命令：ML
MLINE
当前设置：对正 = 上，比例 = 20.00，样式 = STANDARD
指定起点或 [对正(J)/比例(S)/样式(ST)]:  S
输入多线比例 <20.00>:  260
当前设置：对正 = 上，比例 = 260.00，样式 = STANDARD
指定起点或 [对正(J)/比例(S)/样式(ST)]:  J
输入对正类型 [上(T)/无(Z)/下(B)] <上>:  Z
当前设置：对正 = 无，比例 = 260.00，样式 = STANDARD
指定起点或 [对正(J)/比例(S)/样式(ST)]:
指定下一点：
指定下一点或 [放弃(U)]:
指定下一点或 [闭合(C)/放弃(U)]:
指定下一点或 [闭合(C)/放弃(U)]:
```

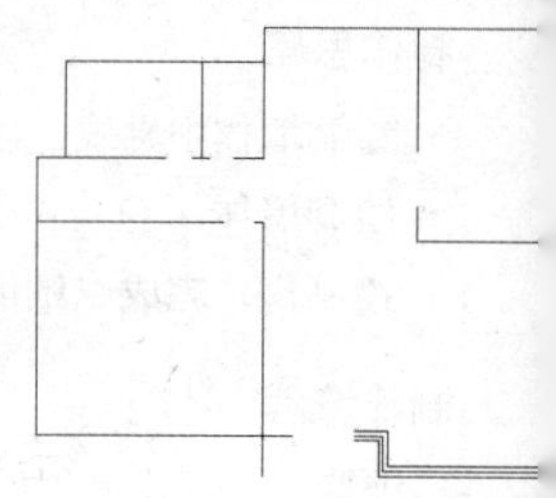

图46-

03 按照同样的方法，完成所有墙体的绘制，如图46-1所示。

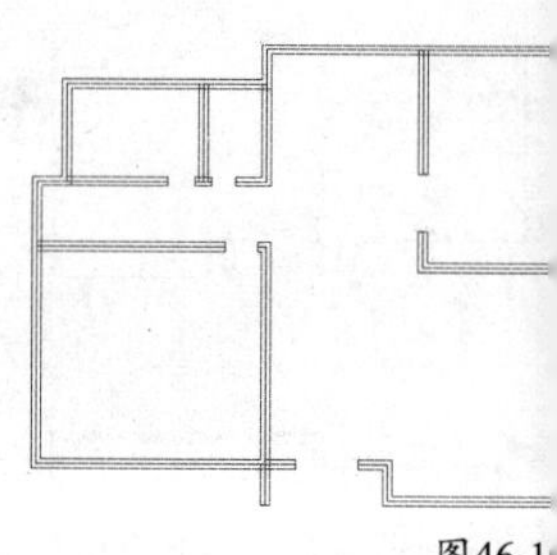

图46-1

04 执行“修改>分解”命令，将刚绘制的墙体分解；再执行“修改>修剪”命令，对墙体修剪。结果如图46-11所示。

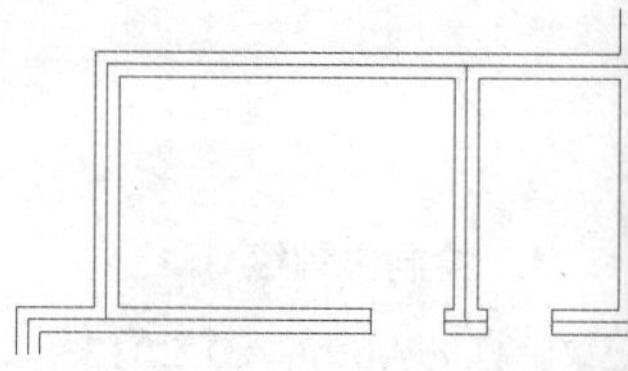

图46-1

05 执行“绘图>直线”命令，绘制出窗户的位置；再执行“修改>修剪”命令，对图形进行修剪，如图46-12和图46-13所示。

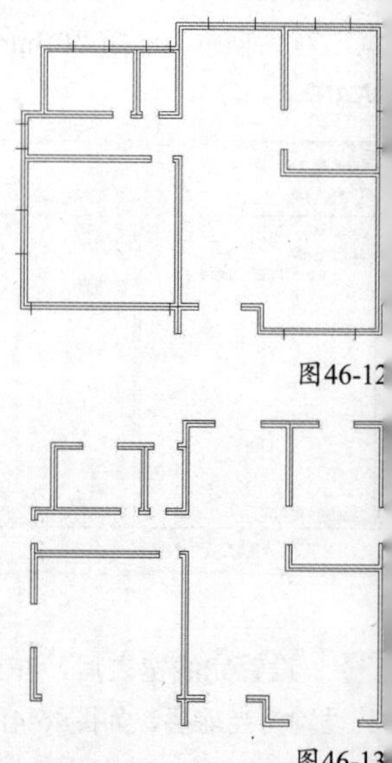

图46-12

图46-13

06 执行“绘图>直线”命令，绘制墙体中的窗，如图46-14所示。

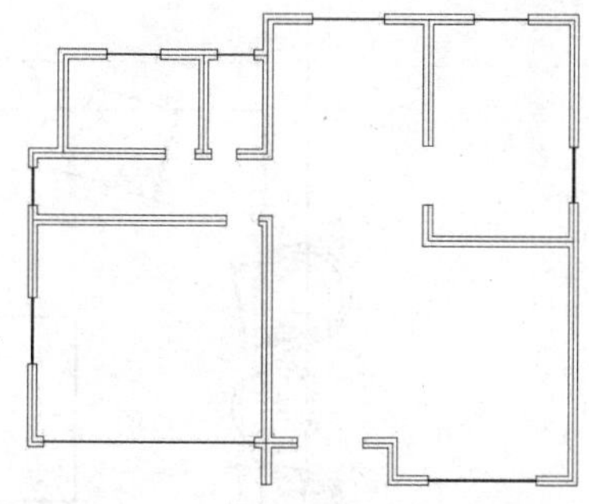

图46-14

07 执行“修改>删除”命令，删除墙体中轴线，如图46-15所示。

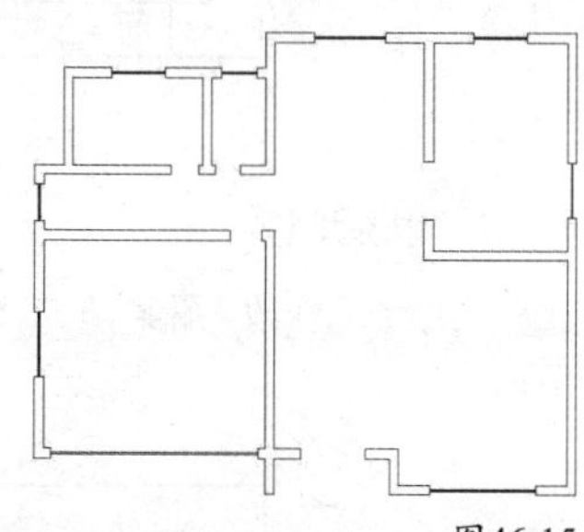

图46-15

练习046

练习位置	DVD>练习文件>第1章>练习 0 46
难易指数	★★☆☆☆
技术掌握	巩固“直线”、“多线”和“修剪”等命令的使用方法。

操作指南

参照“实战046 二维墙体”案例进行制作。

首先执行“绘图>直线”命令，绘制轴网；然后执行“绘图>多线”命令，绘制墙体；最后执行“修改>修剪”命令，修剪墙体。练习最终效果如图46-16所示。

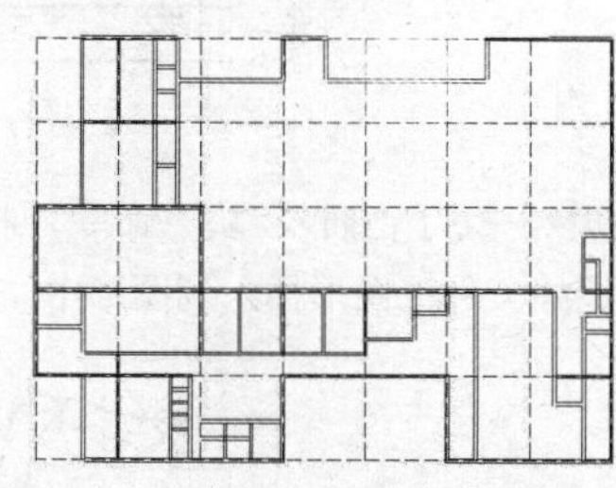

图46-16

实战047 卧室

原始文件位置	DVD>原始文件>第1章>实战047原始文件
实战位置	DVD>实战文件>第1章>实战047
视频位置	DVD>多媒体教学>第1章>实战047
难易指数	★★★☆☆
技术掌握	掌握“矩形”、“直线”、“圆弧”、“圆”、“镜像”、“图案填充”和“插入块”等命令。

实战介绍

运用“矩形”、“圆弧”、“圆”与“直线”命令，绘制卧室平面图；利用“图案填充”命令，填充图形。本例最终效果如图47-1所示。

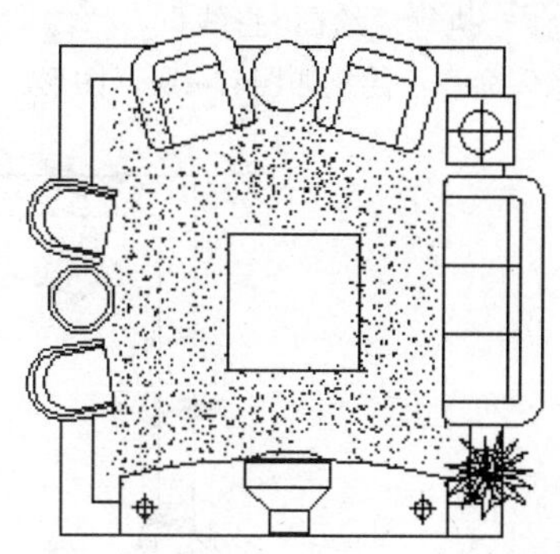

图47-1

制作思路

- 绘制卧室外轮廓及茶几。
- 绘制沙发、座椅、电视等家具。
- 填充卧室地板。
- 插入花图形，完成卧室的绘制并将其保存。

制作流程

卧室的制作流程如图47-2所示。

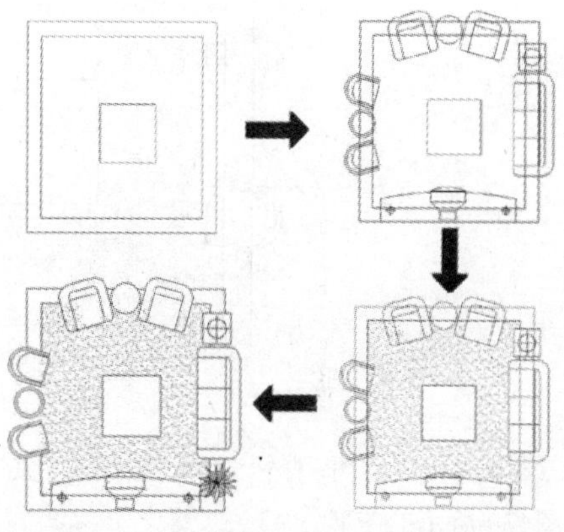

图47-2

1. 绘制家具

01 打开AutoCAD 2013中文版软件，执行“绘图>矩形”命令，绘制如图47-3所示图形。

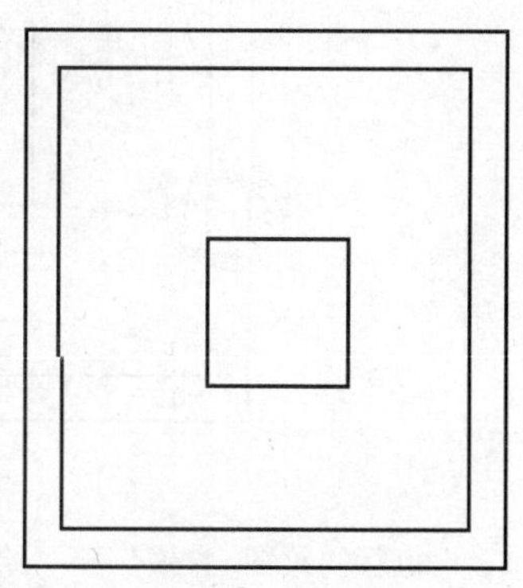

图47-3

02 执行“绘图>直线”、“绘图>圆弧”和“修改>镜像”命令，绘制如图47-4所示图形。

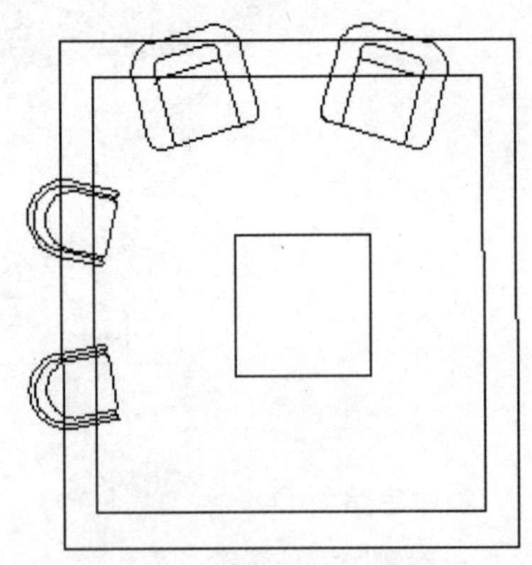

图47-4

03 执行“绘图>直线”和“绘图>圆弧”命令，绘制如图47-5所示的图形。

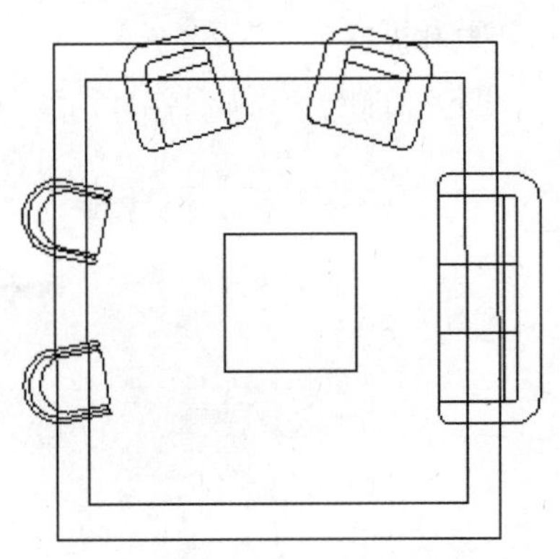

图47-5

04 执行“绘图>直线”和“绘图>圆弧”命令，绘制如图47-6所示的图形。

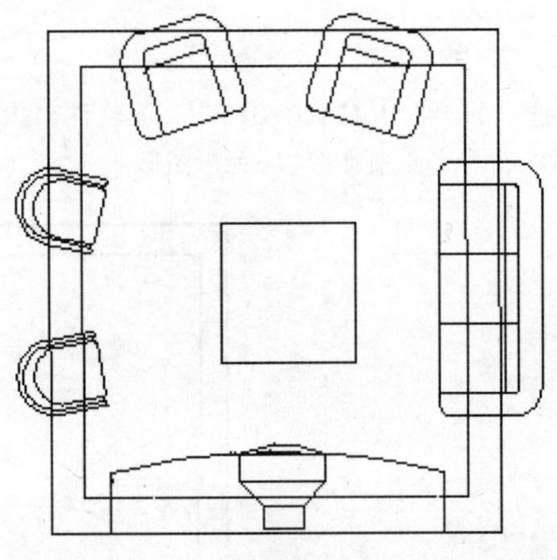

图47-6

05 执行“绘图>直线”和“绘图>圆”命令，绘制如图47-7所示图形。

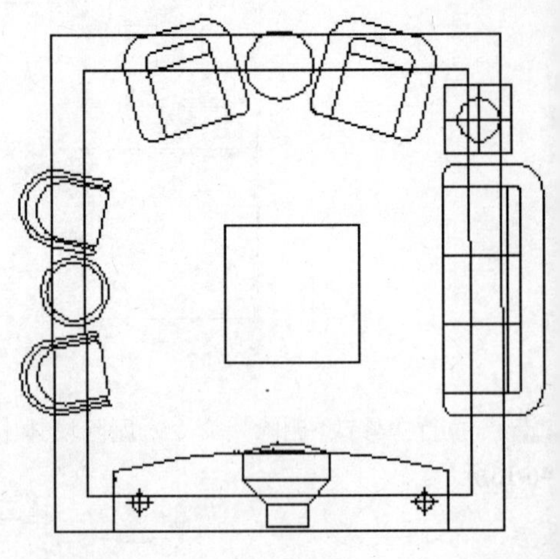

图47-7

2. 填充地板

01 执行“修改>图案填充”命令，绘制如图47-8所示图形。

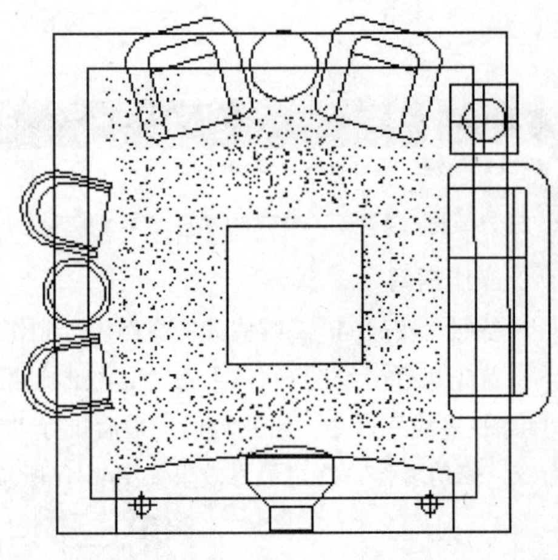

图47-8

02 执行“插入>块”命令，将原始文件中的“实战047原始文件”图形插入到图形中，如图47-9所示。

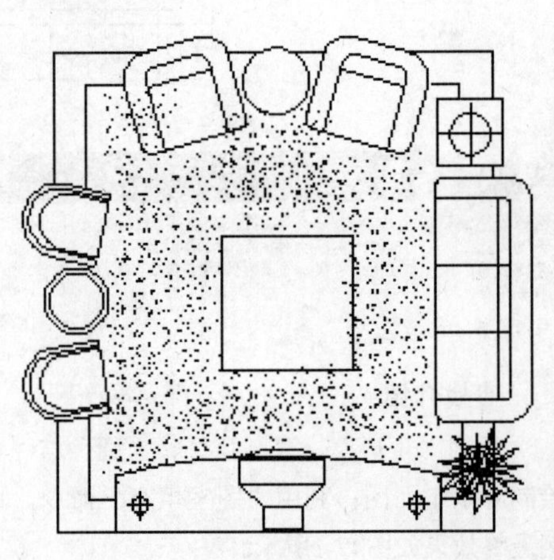

图47-9

练习047

练习位置	DVD>练习文件>第1章>练习047
难易指数	★★☆☆☆
技术掌握	巩固“矩形”、“直线”、“圆弧”、“圆”和“插入块”等命令的使用方法。

操作指南

参照“实战047 卧室”案例进行制作。

首先执行“绘图>矩形”、“绘图>直线”、“绘图>圆”与“绘图>圆弧”命令，绘制家具；然后执行“插入>块”命令，插入植物。练习最终效果如图47-10所示。

图47-10

实战048 阳台1（立面）

实战位置	DVD>实战文件>第1章>实战048
视频位置	DVD>多媒体教学>第1章>实战048
难易指数	★★☆☆☆
技术掌握	掌握“直线”、“圆弧”、“矩形”、“分解”、“偏移”、“修剪”、“打断于点”和“镜像”等命令。

实战介绍

运用“直线”、“圆弧”、“矩形”、“分解”、“偏移”、“修剪”、“打断于点”与“镜像”命令，绘制阳台的立面图。本例最终效果如图48-1所示。

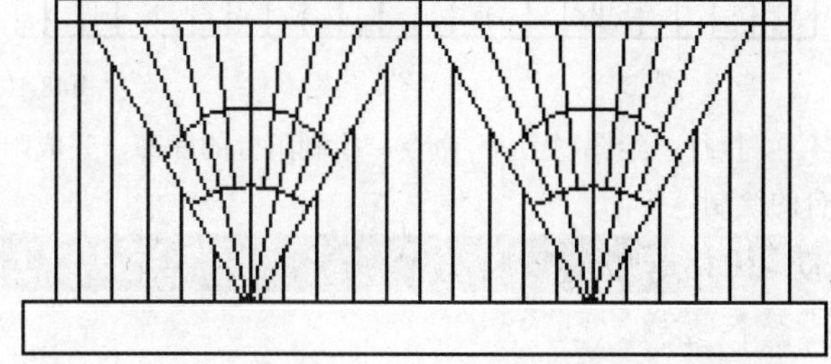

图48-1

制作思路

- 绘制阳台栏杆外轮廓。
- 绘制栏杆图案。
- 镜像另一侧阳台。
- 绘制阳台的底部，完成阳台1（立面）的绘制并将其保存。

制作流程

阳台1（立面）的制作流程如图48-2所示。

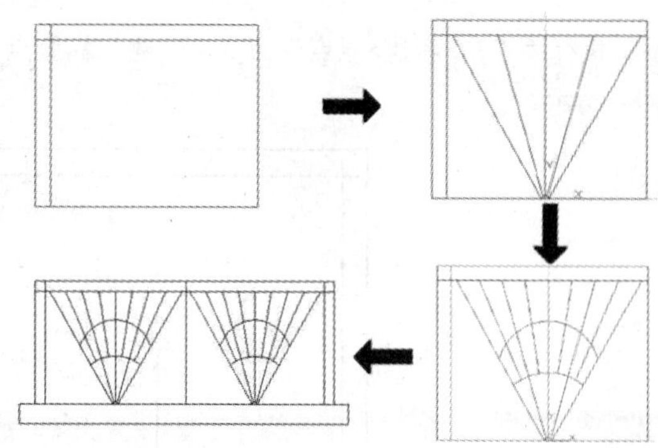

图48-2

01 打开AutoCAD 2013中文版软件，执行“绘图>矩形”命令，绘制一个矩形。

命令行提示如下：

```
命令: _rectang
指定第一个角点或 [倒角(C)/标高(E)/圆角(F)/厚度(T)/宽度(W)]:
指定另一个角点或 [面积(A)/尺寸(D)/旋转(R)]: @1500,-1200
```

02 执行“修改>分解”命令，将矩形分解。

03 执行“修改>偏移”命令，将分解后的矩形的两条边分别向内侧偏移100，如图48-3所示。

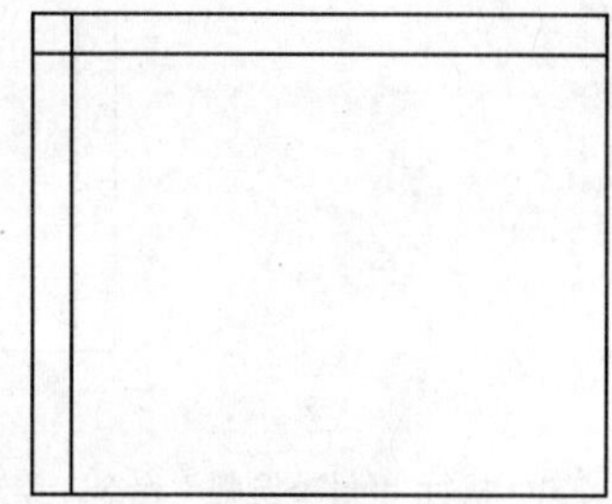

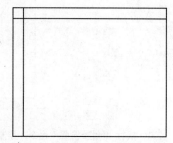

图48-3

04 执行“修改>打断于点”命令，将下方的直线从交点处打断，如图48-4所示。

命令行提示如下：

```
命令: _break 选择对象:
指定第二个打断点 或 [第一点(F)]: _f
指定第一个打断点: <对象捕捉 开>
指定第二个打断点: @
```

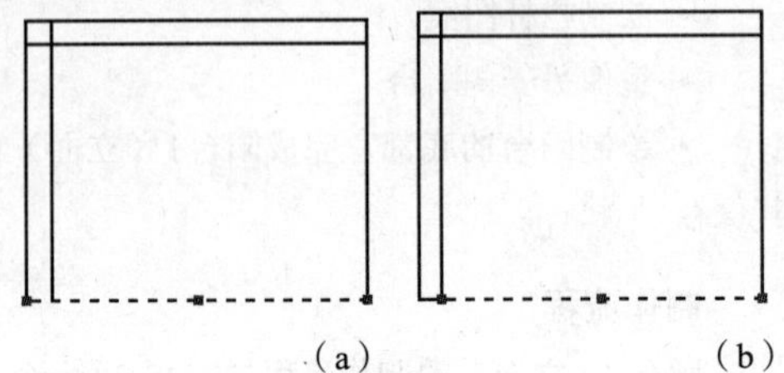

图48-4

05 执行“工具>新建>原点”命令，新建坐标原点，如图48-5所示。

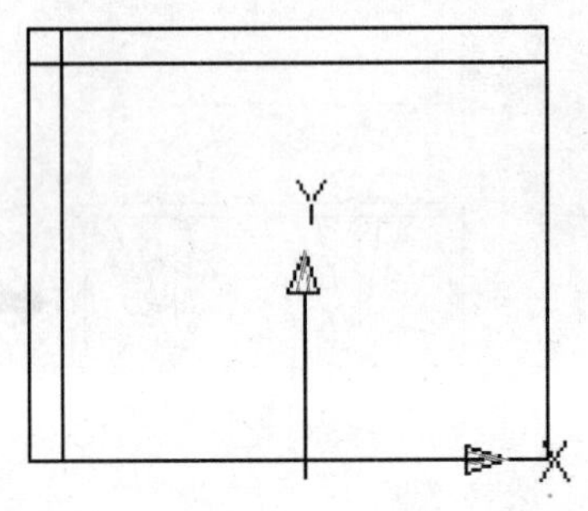

图48-5

06 执行“绘图>圆弧”命令，绘制圆弧。

命令行提示如下：

```
命令：_arc 指定圆弧的起点或 [圆心(C)]: -25,0
指定圆弧的第二个点或 [圆心(C)/端点(E)]: 0,20
指定圆弧的端点：25,0
```

07 执行“极轴”命令，设置极轴增量角为15°；执行“绘图>直线”和“绘图>圆弧”命令，绘制如图48-6所示的图形。

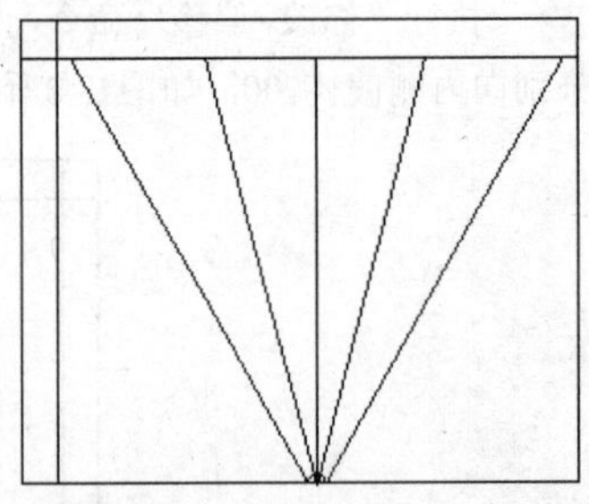

图48-6

08 执行“绘图>圆弧”命令，绘制其他圆弧，如图48-7所示。

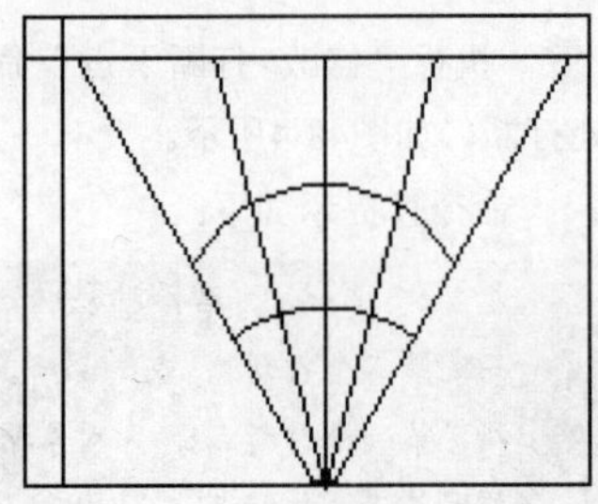

图48-7

技巧与提示

在绘制圆弧时，为了使圆弧两段的端点在同一水平线上，可以先画一条水平的辅助直线，这样在绘制时可以结合“对象捕捉”功能方便地捕捉在同一水平向上的两点，如图48-8所示。

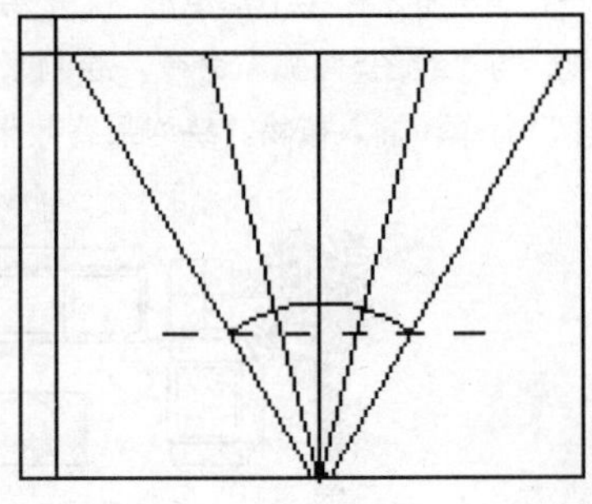

图48-8

09 执行“绘图>直线”命令，绘制其他直线；执行“修改>修剪”命令，修剪掉多余的直线，如图48-9所示。

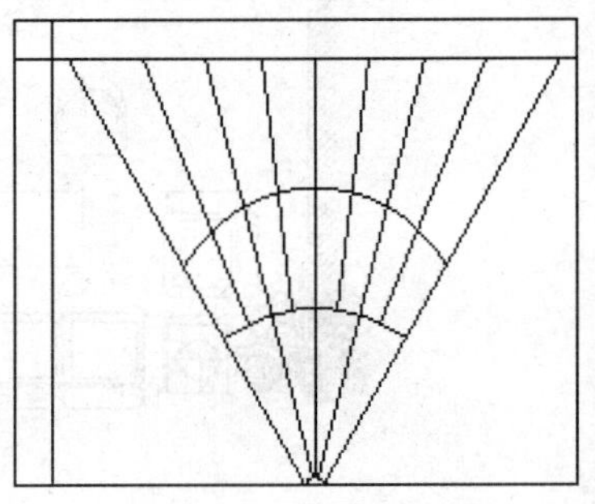

图48-9

10 执行“绘图>直线”命令，绘制其他直线；执行“修改>镜像”命令，绘制阳台的其他部分，如图48-10所示。

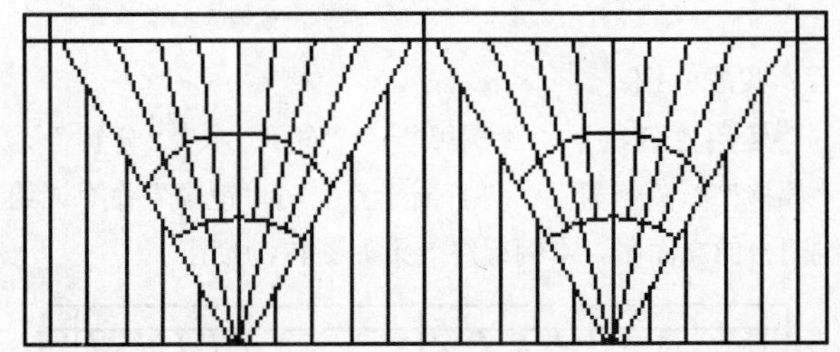

图48-10

11 执行“绘图>矩形”命令，绘制阳台的底部，完成阳台的绘制。

练习048

练习位置	DVD>练习文件>第1章>练习048
难易指数	★★☆☆☆
技术掌握	巩固“圆”、“直线”和“偏移”等命令的使用方法。

操作指南

参照“实战048 阳台1（立面）”案例进行制作。

执行“绘图>直线”、“绘图>圆”与“修改>偏移”

命令，绘制栏杆修饰。练习最终效果如图48-11所示。

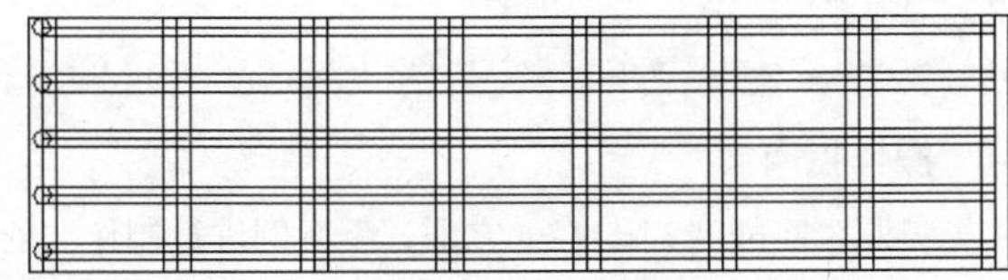

图48-11

实战049　阳台2（立面）

实战位置	DVD>实战文件>第1章>实战049
视频位置	DVD>多媒体教学>第1章>实战049
难易指数	★★☆☆☆
技术掌握	掌握“直线”、“圆弧”、“矩形”和“拉伸”等命令。

实战介绍

运用“矩形”、“圆弧”、“样条曲线”与“直线”命令，绘制阳台。本例最终效果如图49-1所示。

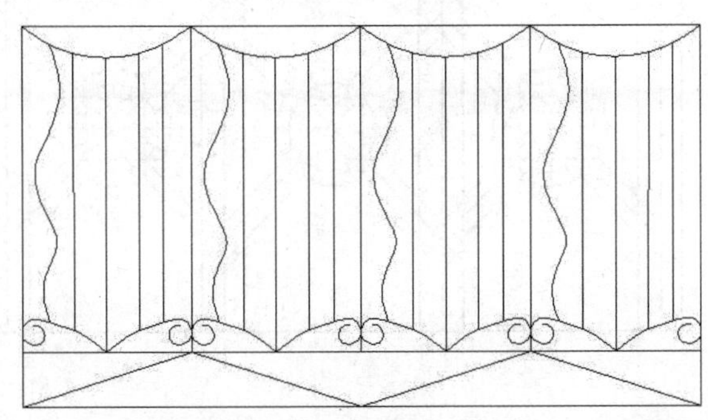

图49-1

制作思路

- 绘制阳台栏杆外轮廓。
- 绘制栏杆图案。
- 绘制出另一侧阳台。
- 绘制阳台的底部，完成阳台（立面）的绘制并将其保存。

制作流程

阳台2（立面）的制作流程如图49-2所示。

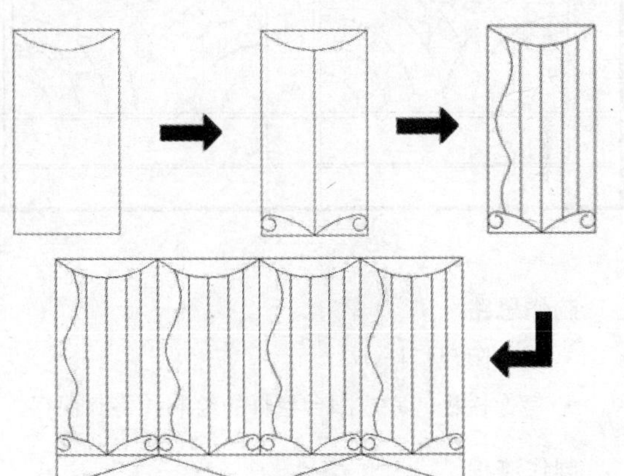

图49-2

01 打开AutoCAD 2013中文版软件，执行“绘图>矩形”命令，绘制一个长480、宽900的矩形。

命令行提示如下：

```
命令: _rectang
指定第一个角点或 [倒角(C)/标高(E)/圆角(F)/厚度(T)/宽度(W)]:
指定另一个角点或 [面积(A)/尺寸(D)/旋转(R)]: @480,-900
```

02 执行“绘图>圆弧”命令，绘制如图49-3所示的图形。

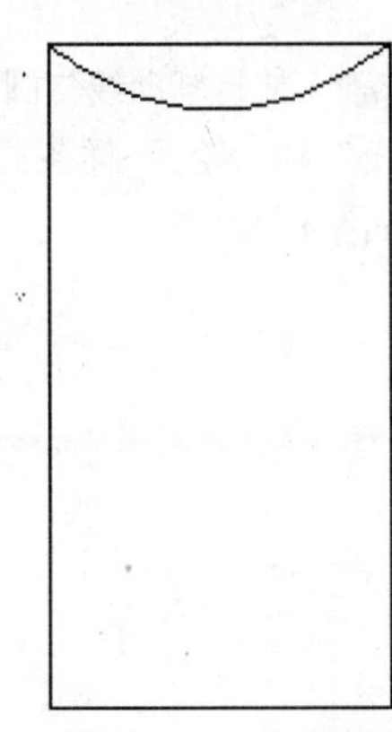

图49-3

03 执行“绘图>圆弧”命令，绘制栏杆花纹，花纹起点为矩形底边的中点，如图49-4所示。

04 执行“修改>拉伸”命令，将花纹拉伸至与左边相切，如图40-5所示。

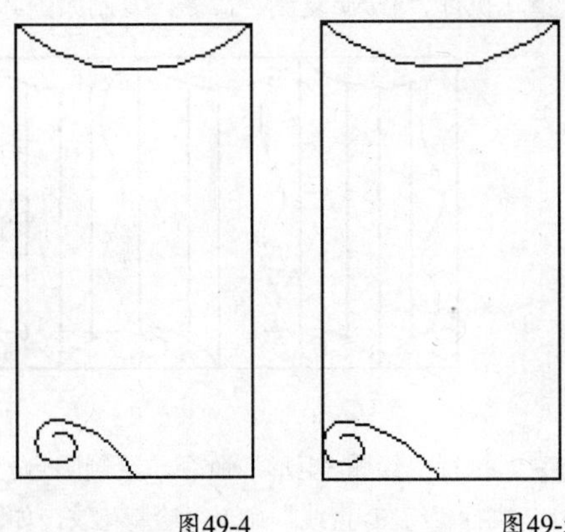

图49-4　　图49-5

技巧与提示

在拉伸图形时一定要框选所要拉伸的对象。

05 执行“修改>镜像”命令，将花纹镜像复制到另一侧；执行“绘图>直线”命令，绘制如图49-6所示的直线。

06 执行“绘图>直线”命令，绘制两条辅助线，如图49-7所示。

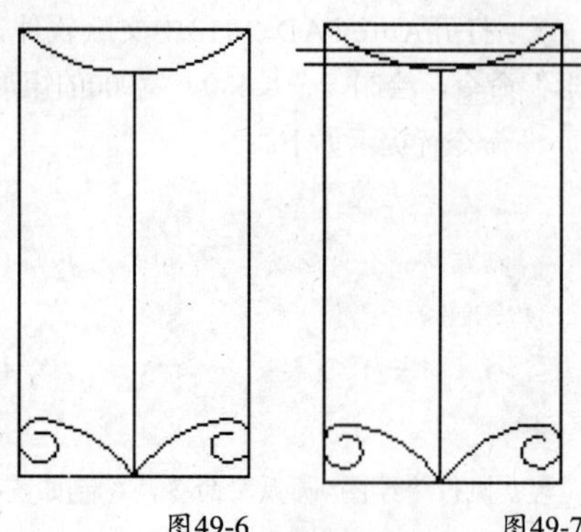

图49-6　　图49-7

07 捕捉辅助线与圆弧的交点为起始点，执行“绘图>直线”和“绘图>样条曲线”命令，绘制直线与样条曲线，如图49-8所示。

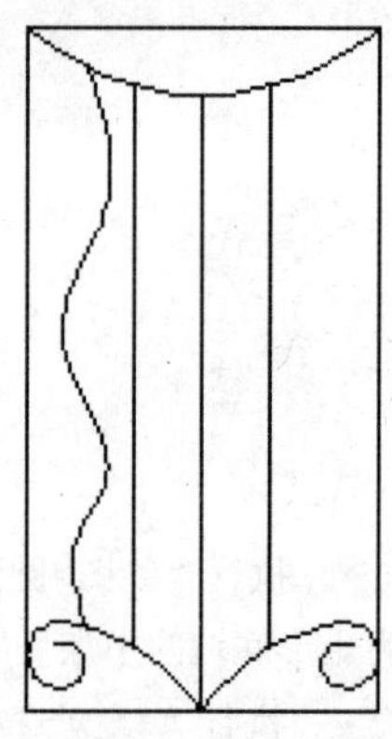

图49-8

08 执行“修改>复制”命令，复制如图49-9所示图形。

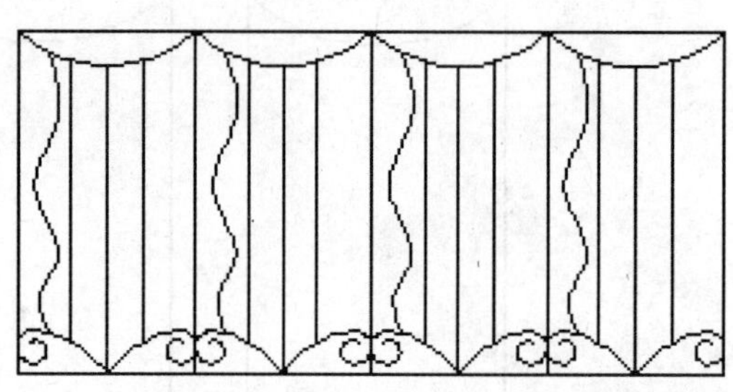

图49-9

09 执行“绘图>矩形”命令，绘制阳台栏杆下面的一部分；执行“绘图>直线”命令，绘制花纹，如图49-10所示。

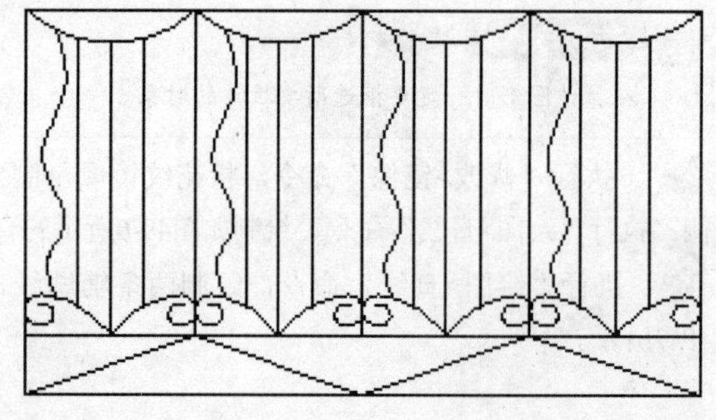

图49-10

练习049

练习位置	DVD>练习文件>第1章>练习049
难易指数	★★☆☆☆
技术掌握	巩固“矩形”、“直线”、“圆弧”、“复制”和“阵列”等命令的使用方法。

操作指南

参照“实战049 阳台2（立面）”案例进行制作。

首先执行“绘图>直线”、“绘图>矩形”、“绘图>圆弧”与“修改>复制”命令，在命令栏中输入“ARRAYCLASSIC”，绘制栏杆中间图案；然后执行“绘图>直线”、“绘图>矩形”与“修改>复制”命令，绘制栏杆外轮廓。练习最终效果如图49-11所示。

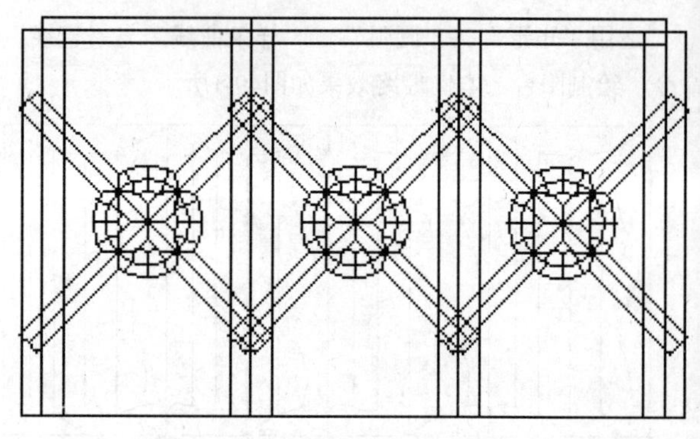

图49-11

实战050 阳台栏杆

实战位置	DVD>实战文件>第1章>实战050
视频位置	DVD>多媒体教学>第1章>实战050
难易指数	★★☆☆☆
技术掌握	掌握“矩形”、“多线”、“圆”和“修剪”等命令。

实战介绍

运用“矩形”、“多线”、“圆”与“修剪”命令，绘制阳台栏杆。本例最终效果如图50-1所示。

图50-1

制作思路

- 绘制阳台栏杆。
- 镜像栏杆，完成阳台栏杆的绘制并将其保存。

制作流程

阳台栏杆的制作流程如图50-2所示。

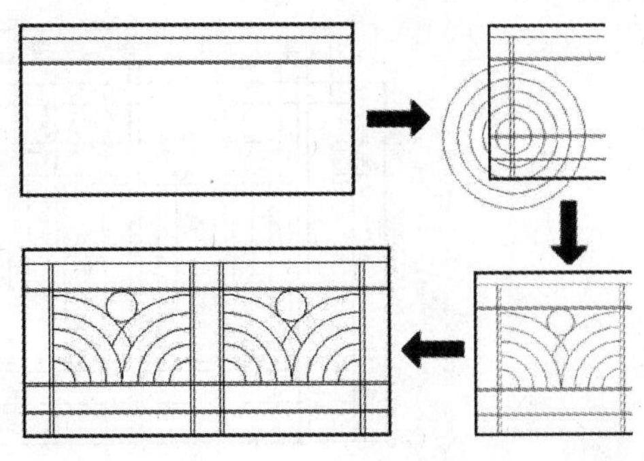

图50-2

1. 绘制阳台栏杆

01 打开AutoCAD 2013中文版软件，执行“绘图>矩形”命令，设置宽度为“10”，绘制一个长1870、宽930的矩形。

02 执行“绘图>直线”命令，以上一步绘制的矩形左上角点垂直向下70的点为起点，水平向右绘制一条长为1870的直线，如图50-3所示。

03 执行“绘图>多线”命令，设置比例为“10”，以矩形外边框左上角点垂直向下200的点为起点，水平向右绘制一条长为1870的多线，作为阳台栏杆的第一条横向支撑，如图50-3所示。

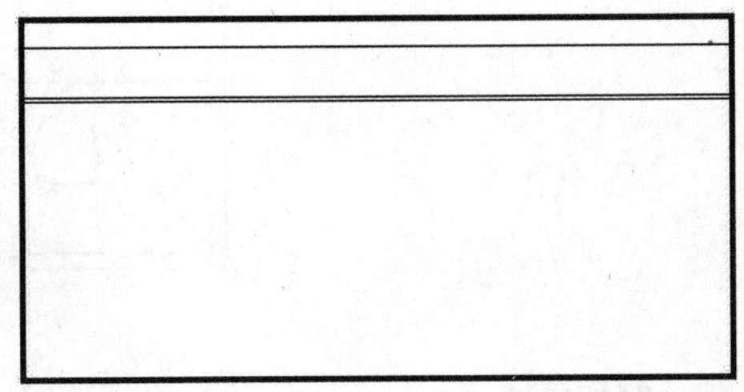

图50-3

04 执行“修改>复制”命令，分别将上一步所绘制的横向支撑垂直向下复制470、610，如图50-4所示。

图50-4

05 执行“绘图>多线”命令，设置比例为“20”，以矩形外边框左下角点水平向右150的点为起点，垂直向上绘制一条长度为860的多线，作为第一条纵向支撑。

06 执行“修改>复制”命令，将上一步绘制的多线纵向支撑水平向右复制720，如图50-5所示。

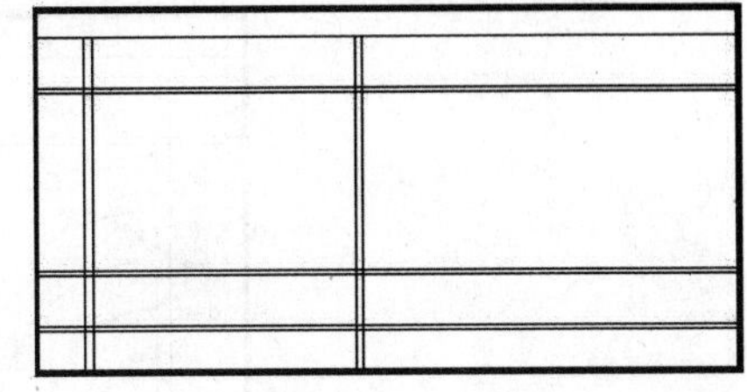

图50-5

07 执行“绘图>圆”命令，从上数第二条横向支撑和左数第一条纵向支撑的交点为圆心，绘制一个半径为350的圆，如图50-6所示。

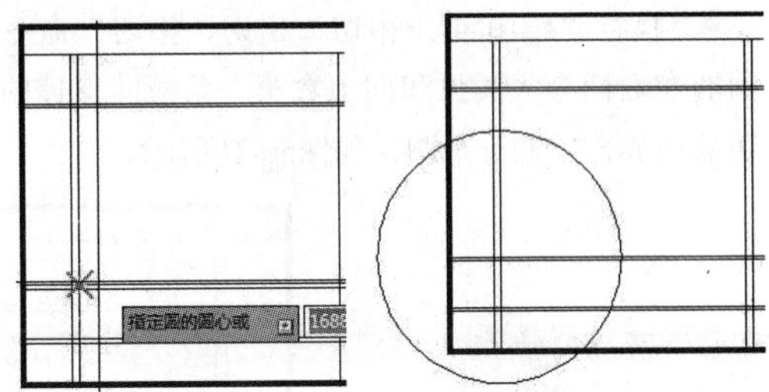

图50-6

08 执行“修改>偏移”命令，将上一步绘制的圆依次向内偏移3次，偏移距离均为80，向外偏移一次，偏移距离为90，如图50-7所示。

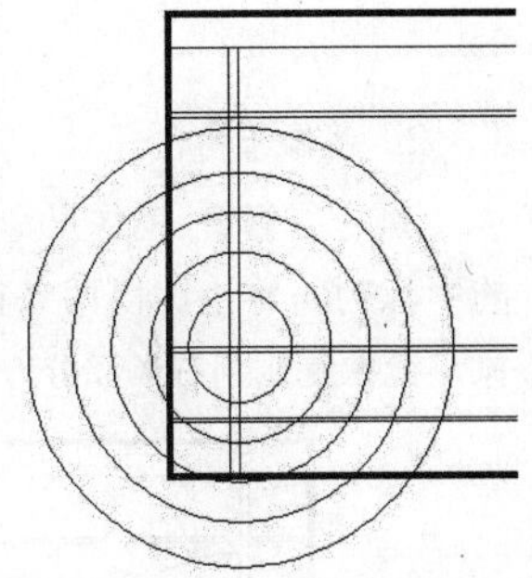

图50-7

09 执行“修改>修剪”命令，以刚才绘制的圆和上数第二条横向支撑和左数第一条纵向支撑为修剪对象，对圆进行修剪，如图50-8所示。

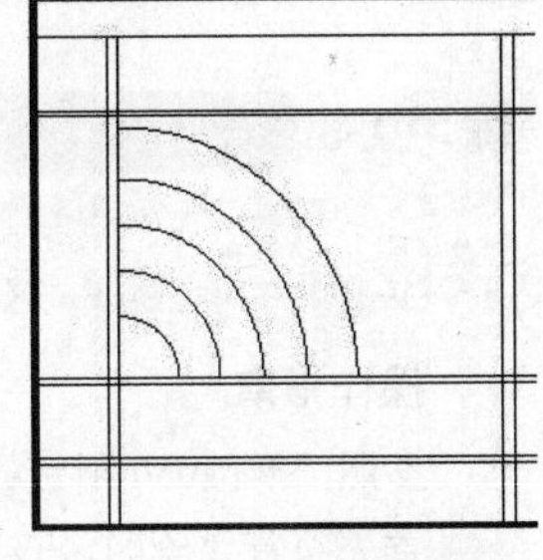

图50-8

10 执行“修改>镜像”命令，从外数第二条圆弧与向上数第二条横向支撑的交点为对称点，对圆弧进行镜像复制并进行修剪，如图50-9所示。

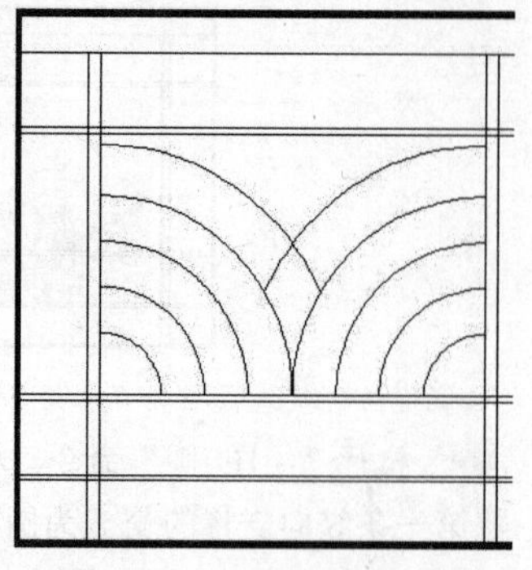

图50-9

11 执行“绘图>圆>相切、相切、相切”命令，以最外圈的左右两个大圆弧和向上数第一条横向支撑的下边为相切的边界，绘制一个圆，如图50-10所示。

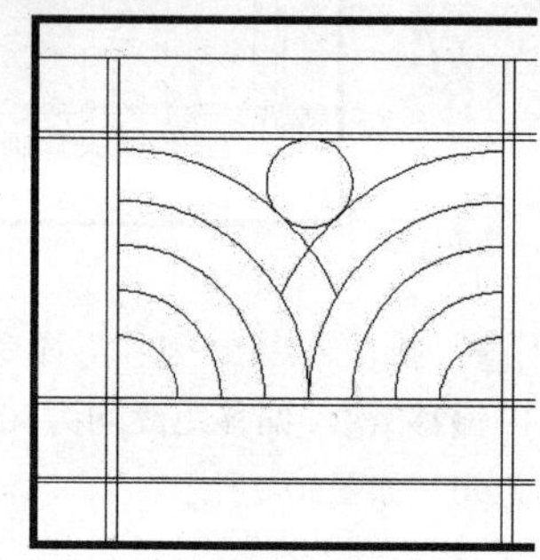

图50-10

2. 镜像阳台栏杆

执行“修剪>镜像”命令，以阳台栏杆外边框上下边的中点为对称点，以两条横向支撑、圆和所有圆弧为对象，镜像复制到右半部分，如图50-11所示。

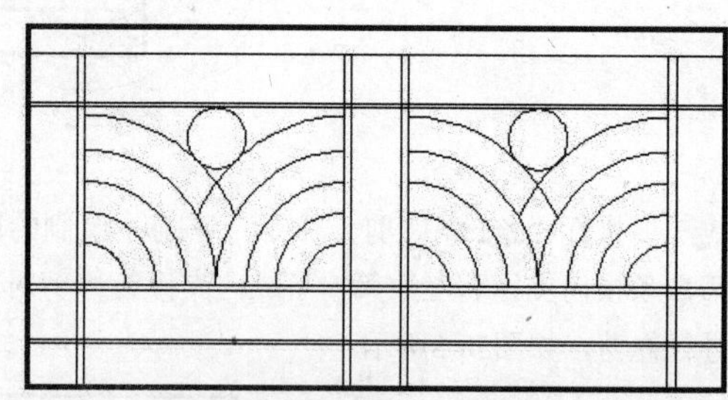

图50-11

练习050

练习位置	DVD>练习文件>第1章>练习050
难易指数	★★☆☆☆
技术掌握	巩固“直线”、“矩形”、“圆弧”、“复制”和“线性标注”等命令的使用方法。

操作指南

参照“实战050 阳台栏杆”案例进行制作。

首先执行“绘图>直线”、“绘图>矩形”、“绘图>圆弧”与“修改>复制”命令，绘制栏杆；然后执行“标注>线性标注”命令，标注栏杆尺寸。练习最终效果如图50-12所示。

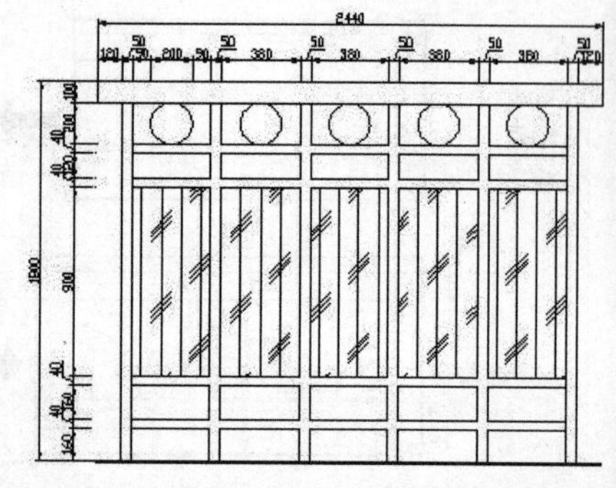

图50-12

实战051 办公室

实战位置	DVD>实战文件>第1章>实战051
视频位置	VD>多媒体教学>第1章>实战051
难易指数	★★☆☆☆
技术掌握	掌握“直线”、“矩形”和“圆弧”等命令。

实例介绍

运用“直线”、“矩形”与“圆弧”命令来绘制办公桌的平面图。本例最终效果如图51-1所示。

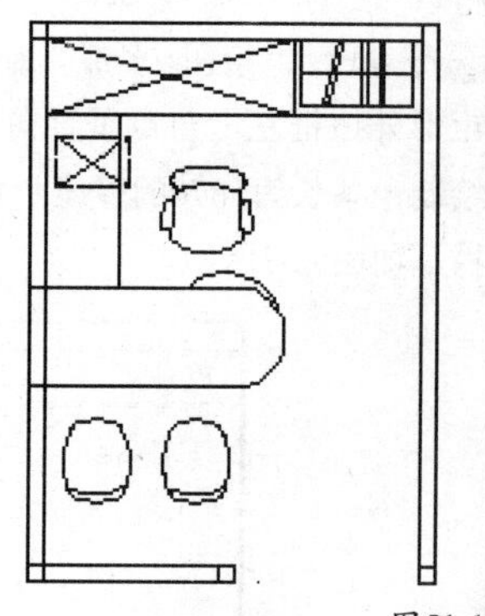

图51-1

制作思路

- 绘制办公室轮廓。
- 绘制书桌、书柜等家具。
- 绘制座椅，完成办公室的绘制并将其保存。

制作流程

办公室的制作流程如图51-2所示。

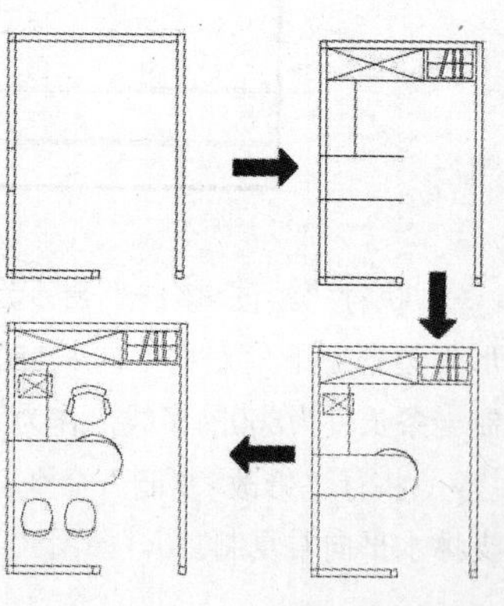

图51-2

01 打开AutoCAD 2013中文版软件，执行“绘图>直线”命令，绘制如图51-3所示图形。

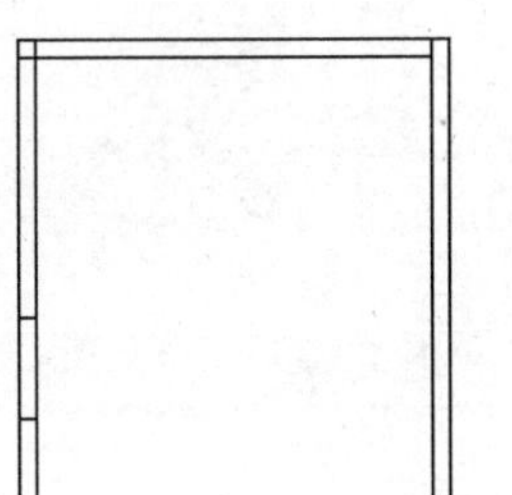

图51-3

02 执行“绘图>直线”命令，绘制如图51-4所示图形。

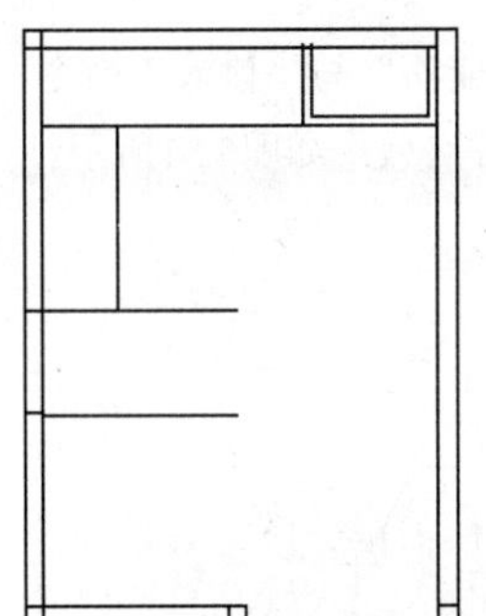

图51-4

03 执行“绘图>直线”命令，绘制如图51-5所示的图形。

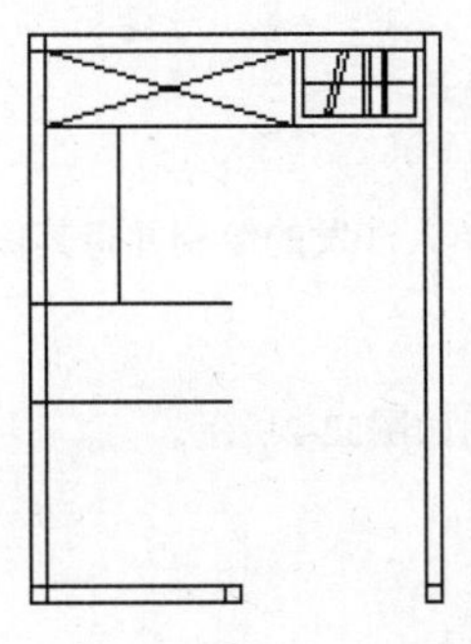

图51-5

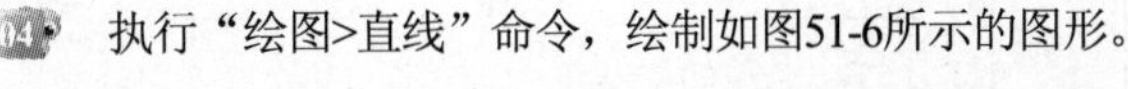

04 执行“绘图>直线”命令，绘制如图51-6所示的图形。

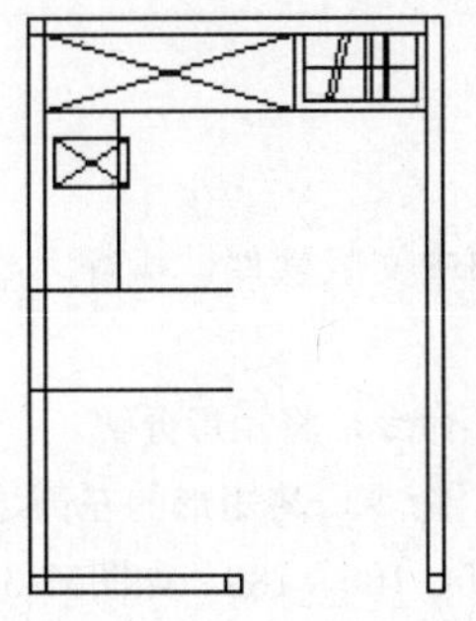

图51-6

05 执行“绘图>圆弧”命令，绘制如图51-7所示图形。

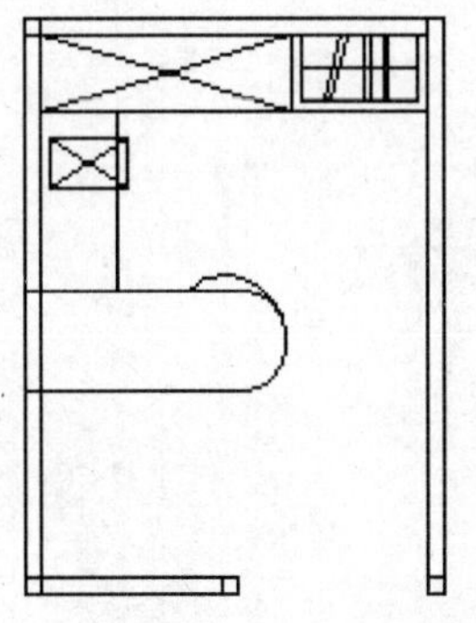

图51-7

06 执行“绘图>圆弧”命令，绘制如图51-8所示图形。

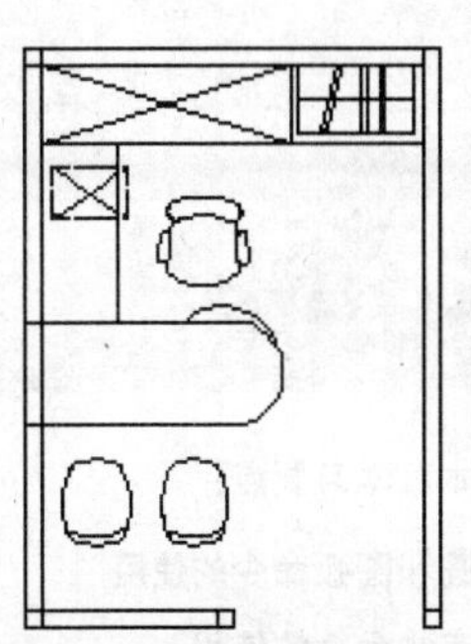

图51-8

练习051

练习位置	DVD>练习文件>第1章>练习051
难易指数	★★☆☆☆
技术掌握	巩固“直线”、“矩形”、“圆弧”和“镜像”等命令的使用方法。

操作指南

参照“实战051 办公室”案例进行制作。

首先执行“绘图>直线”命令，绘制办公室外轮廓；然后执行“绘图>直线”、“绘图>矩形”、“绘图>圆弧”与“修改>镜像”命令，绘制办公室家具。练习最终效果如图51-9所示。

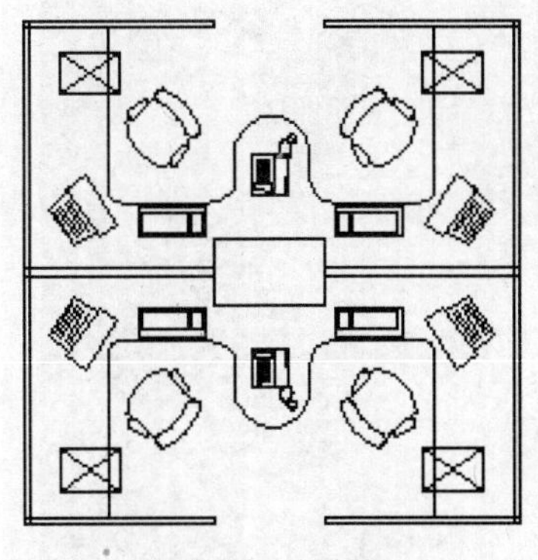

图51-9

第2章 绘制二维家具

本章学习要点：

圆和圆弧命令的使用

直线命令的使用

多段线命令的使用

复制命令的使用

阵列命令的使用

修剪命令的使用

图案填充命令的使用

多行文字命令的使用

各种图案的绘制

实战052 单人沙发

实战位置	DVD>实战文件>第2章>实战052
视频位置	DVD>多媒体教学>第2章>实战052
难易指数	★☆☆☆☆
技术掌握	掌握“矩形”、“圆弧”、“偏移”与“修剪”等命令。

实战介绍

运用“矩形”、“偏移”与“修剪”命令，绘制座椅和靠背；利用“圆弧”命令，绘制扶手。案例最终效果如图52-1所示。

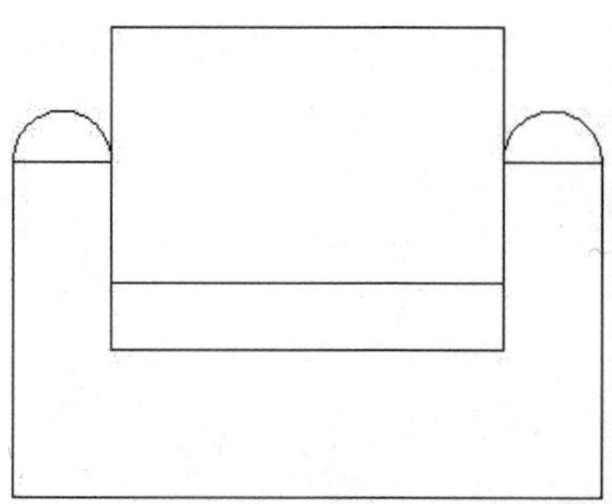

图52-1

制作思路

- 绘制单人沙发。
- 绘制扶手，完成单人沙发的绘制并将其保存。

制作流程

单人沙发的制作流程如图52-2所示。

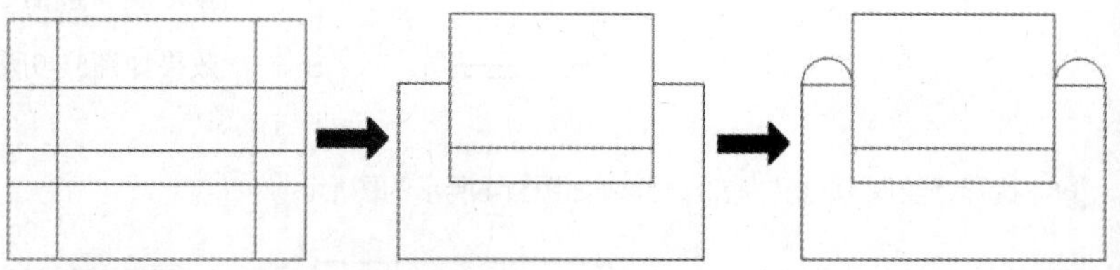

图52-2

1. 绘制沙发

01 打开AutoCAD2013中文版软件，执行“绘图>矩形”命令，绘制一个长为900、宽为700的矩形。

02 执行“修改>分解”命令，将矩形分解。

03 执行“修改>偏移”命令，将矩形的左侧边依次向右偏移150和600，将矩形的下边框依次向上偏移220、100、180，如图52-3所示。

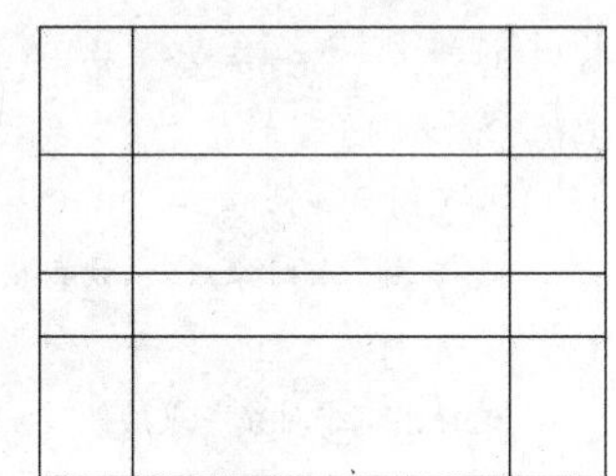

图52-3

04 执行“修改>修剪”命令，将上一步所绘制的所有对象进行修剪，如图52-4所示。

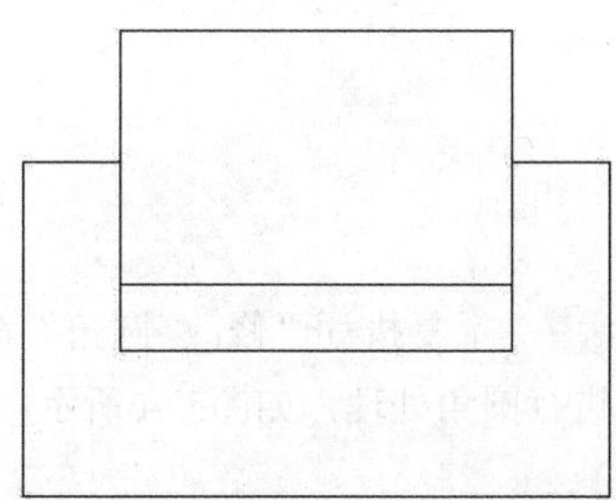

图52-4

2. 绘制扶手

执行“绘图>圆弧”命令，绘制单人沙发的扶手，完成单人沙发的绘制，如图52-5所示。

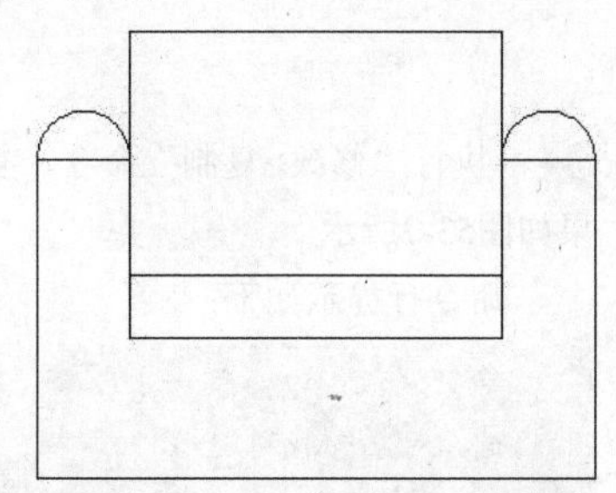

图52-5

练习052

练习位置	DVD>练习文件>第2章>练习052
难易指数	★★★☆☆
技术掌握	巩固“直线”、“矩形”、“圆弧”、“修剪”和“线性标注”等命令的使用方法。

操作指南

参照“实战052 单人沙发”案例进行制作。

首先执行“绘图>矩形”、“绘图>直线”、“绘图>圆弧”与“修改>修剪”等命令，绘制沙发；然后执行“标注>线性标注”命令，对沙发进行尺寸标注。练习最终效果如图52-6所示。

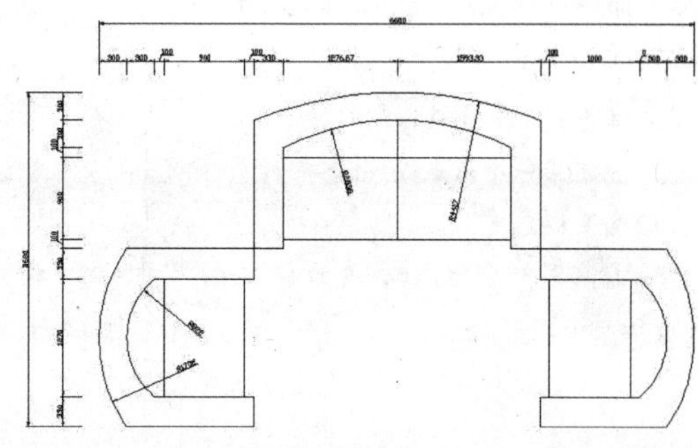

图52-6

实战053 沙发

实战位置	DVD>实战文件>第2章>实战053
视频位置	DVD>多媒体教学>第2章>实战053
难易指数	★★☆☆☆
技术掌握	掌握“矩形”和“圆角”等命令。

实战介绍

运用“矩形”与“复制”命令，绘制沙发基本轮廓；利用“圆角”命令，修饰沙发边角。本例最终效果如图53-1所示。

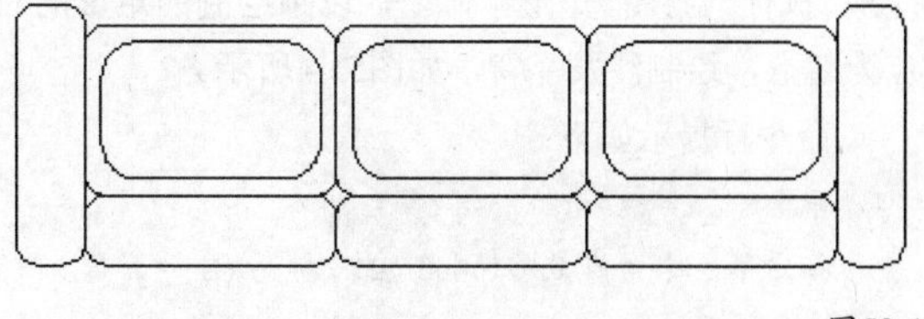

图53-1

制作思路

- 绘制沙发靠背及扶手。
- 复制沙发靠背及扶手。
- 绘制沙发座。
- 复制沙发座，完成沙发的绘制并将其保存。

制作流程

沙发的制作流程如图53-2所示。

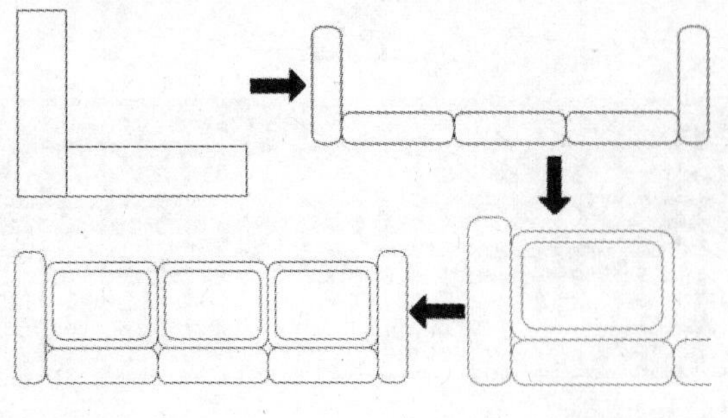

图53-2

1. 绘制沙发

01 打开AutoCAD 2013中文版软件，执行“绘图>矩形”命令，绘制如图53-3所示的矩形。

命令行提示如下：

```
命令：_rectang
指定第一个角点或 [倒角(C)/标高(E)/圆角(F)/厚度(T)/宽度(W)]：
指定另一个角点或 [面积(A)/尺寸(D)/旋转(R)]：@160,-600
```

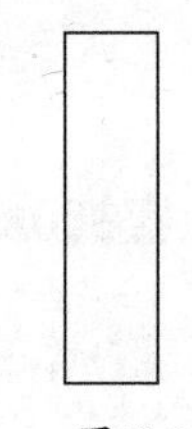

图53-3

技巧与提示

在任意工具栏中的命令上单击鼠标右键，选择相应的命令，即可调出所需工具栏。

02 执行“绘图>矩形”命令，以刚绘制的矩形的右下角点为起点，绘制沙发靠背，如图53-4所示。

命令行提示如下：

```
命令：_rectang
指定第一个角点或 [倒角(C)/标高(E)/圆角(F)/厚度(T)/宽度(W)]：
指定另一个角点或 [面积(A)/尺寸(D)/旋转(R)]：@600,160
```

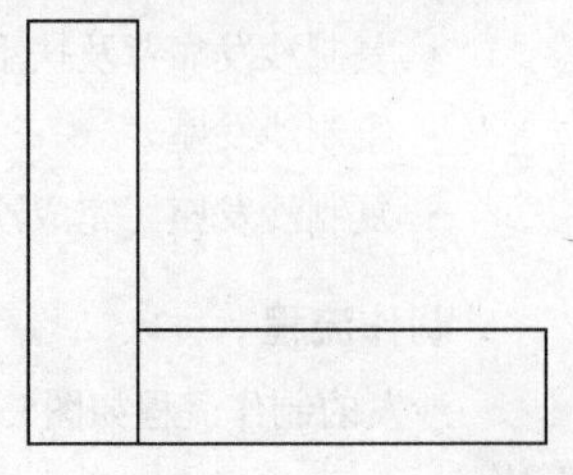

图53-4

技巧与提示

在确定矩形第一个角点时，单击屏幕下方状态栏中的“对象捕捉”功能，可方便地捕捉到该点。

03 执行“修改>圆角”命令，对第二个矩形相邻的边进行圆角处理，如图53-5所示。

命令行提示如下：

```
命令：_fillet
当前设置：模式 = 修剪，半径 = 10.0000
选择第一个对象或 [放弃(U)/多段线(P)/半径(R)/修剪(T)/多个(M)]：r
指定圆角半径 <10.0000>：50
选择第一个对象或 [放弃(U)/多段线(P)/半径(R)/修剪(T)/多个(M)]：
选择第二个对象，或按住 Shift 键选择要应用角点的对象：
```

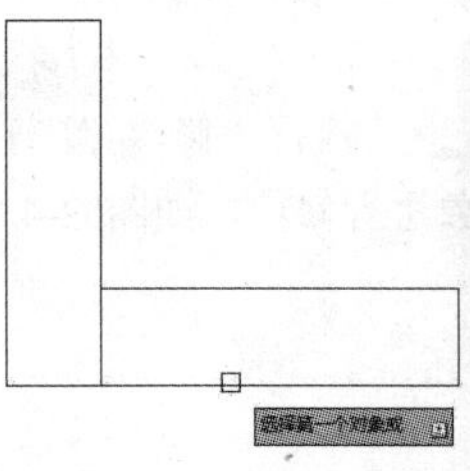

图53-5

04 重复执行“修改>圆角”命令，对矩形各个相邻的边进行圆角处理，如图53-6所示。

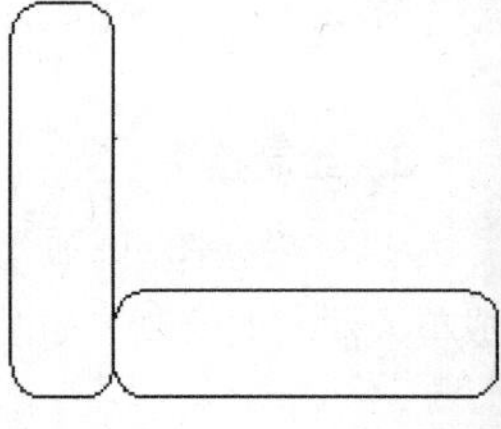

图53-6

05 执行“修改>复制”命令，复制沙发靠背与扶手，结果如图53-7所示。

命令行提示如下：

```
命令：_copy
选择对象：找到 1 个
选择对象：
当前设置：  复制模式 = 多个
指定基点或 [位移(D)/模式(O)] <位移>：指定第二个点或 <使用第一个点作为位移>：600
指定第二个点或 [退出(E)/放弃(U)] <退出>：
……
命令：_copy
选择对象：找到 1 个
```

```
选择对象：
当前设置：　复制模式 = 多个
指定基点或 [位移(D)/模式(O)] <位移>：指定第二个点或 <使用第一个点作为位移>：1960
指定第二个点或 [退出(E)/放弃(U)] <退出>：
```

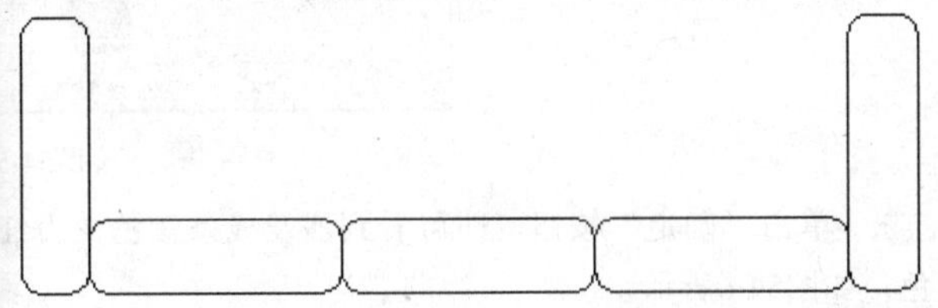

图53-7

2. 绘制沙发座

01 执行"绘图>矩形"命令，绘制如图53-8所示的矩形沙发座。

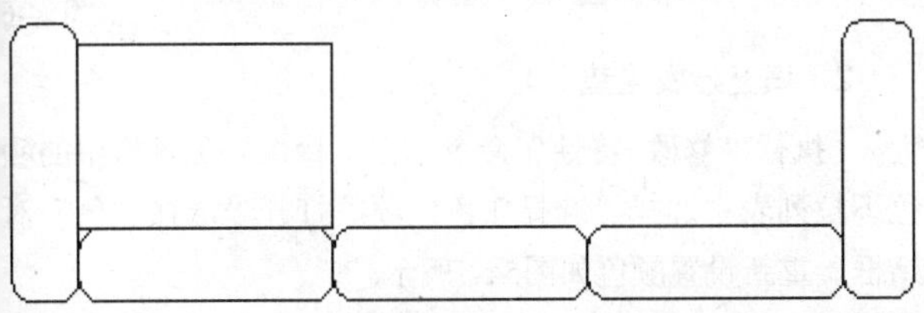

图53-8

02 执行"修改>偏移"命令，将矩形向内偏移40，如图53-9所示。

命令行提示如下：

```
命令：_offset
当前设置：删除源=否　图层=源　OFFSETGAPTYPE=0
指定偏移距离或 [通过(T)/删除(E)/图层(L)] <通过>：40
选择要偏移的对象，或 [退出(E)/放弃(U)] <退出>：
指定要偏移的那一侧上的点，或 [退出(E)/多个(M)/放弃(U)] <退出>：
选择要偏移的对象，或 [退出(E)/放弃(U)] <退出>：
```

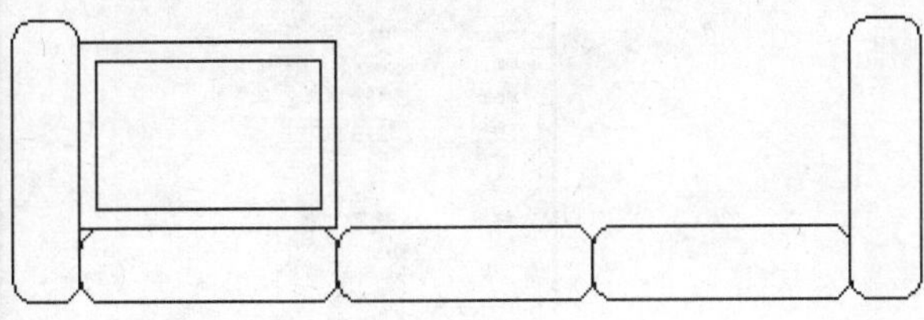

图53-9

03 执行"修改>圆角"命令，对矩形进行圆角处理，如图53-10所示。

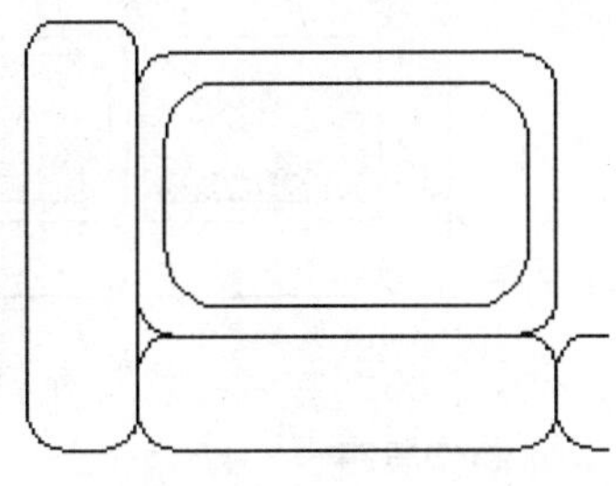

图53-10

04 执行"修改>复制"命令，复制沙发靠背如图53-11所示。

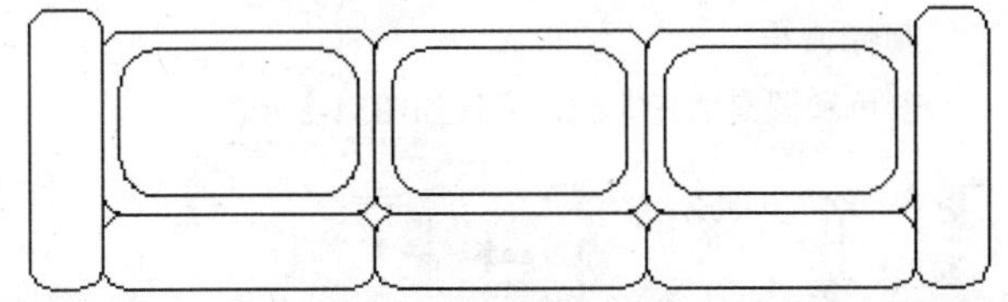

图53-11

练习053

练习位置	DVD>练习文件>第2章>练习053
难易指数	★★★☆☆
技术掌握	巩固"直线"、"圆弧"、"修剪"、"偏移"和"圆角"等命令的使用方法。

操作指南

参照"实战053 沙发"案例进行制作。

首先执行"绘图>直线"、"绘图>圆弧"、"修改>偏移"与"修改>修剪"命令，绘制沙发靠背；执行"绘图>直线"、"绘图>圆弧"与"修改>修剪"命令，绘制沙发座。练习最终效果如图53-12所示。

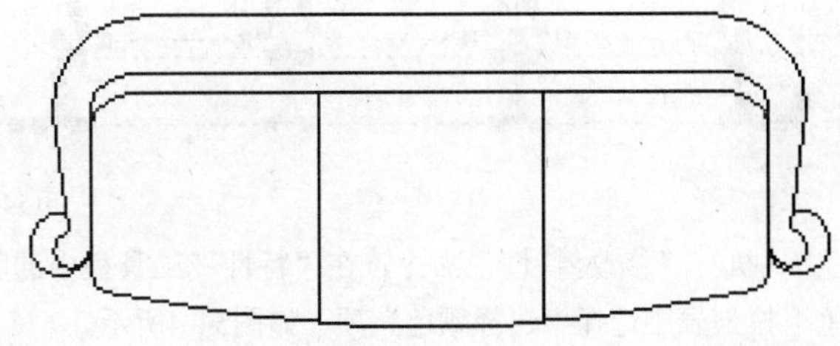

图53-12

实战054 着色和图案填充

原始文件位置	DVD>原始文件>第2章>实战054 原始文件
实战位置	DVD>实战文件>第2章>实战054
视频位置	DVD>多媒体教学>第2章>实战054
难易指数	★★☆☆☆
技术掌握	掌握"图案填充"命令。

实战介绍

运用"特性"命令，设置沙发的轮廓线颜色；利用"图案填充"命令，图案填充沙发坐垫。本例最终效果如图54-1所示。

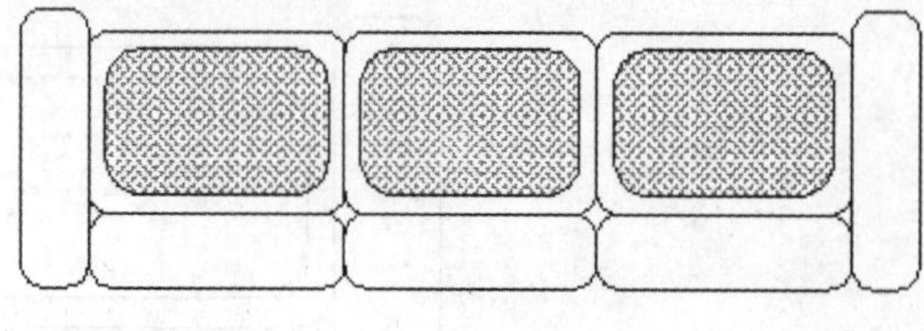

图54-1

制作思路

• 设置沙发外轮廓颜色。

• 填充沙发坐垫，完成着色与图案填充的绘制并将其保存。

制作流程

着色和图案填充的制作流程如图54-2所示。

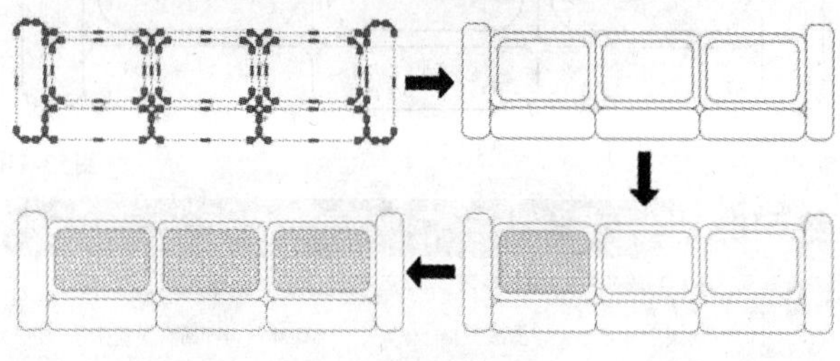

图54-2

1. 设置颜色

01 打开AutoCAD 2013中文版软件，执行“文件>打开”命令，打开原始文件中的“实战054 原始文件”图形。

02 用拾取框选择沙发所有轮廓，如图54-3所示。

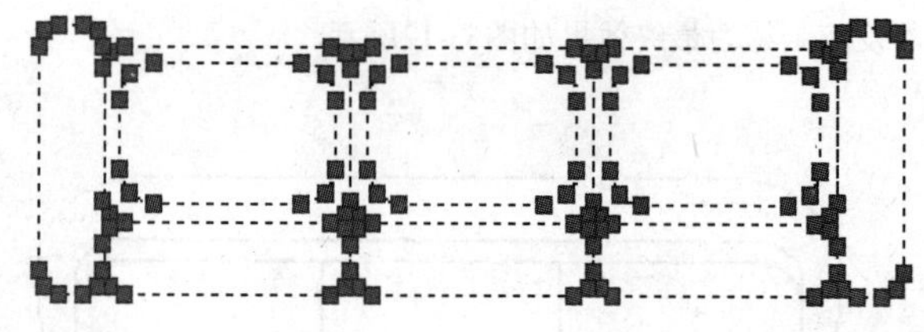

图54-3

03 执行“修改>特性”命令，在“特性”工具栏中的颜色下拉列表中选择“选择颜色”项，如图54-4所示。

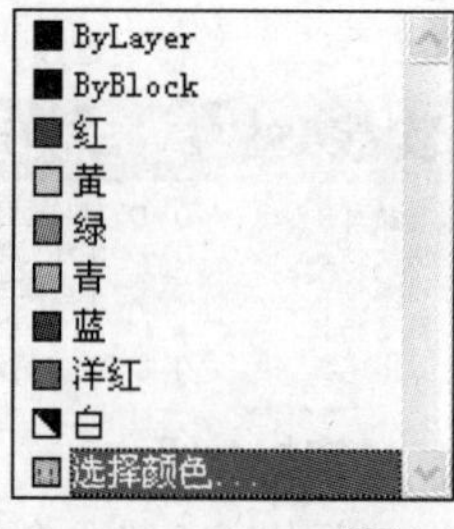

图54-4

04 打开“选择颜色”对话框，选择颜色242，如图54-5所示。

图54-5

05 单击“确定”按钮，即可看到沙发线条颜色变为红色，如图54-6所示。

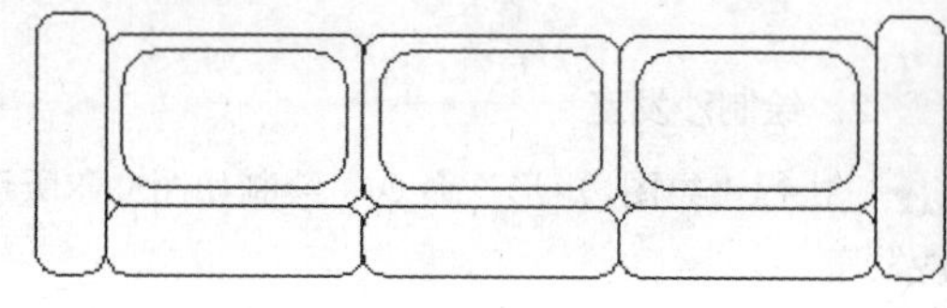

图54-6

2. 填充沙发坐垫

01 执行“修改>特性”命令，在“特性”工具栏中的颜色下拉列表中选择“选择颜色”项，打开“选择颜色”对话框，重新设置颜色如图54-7所示。

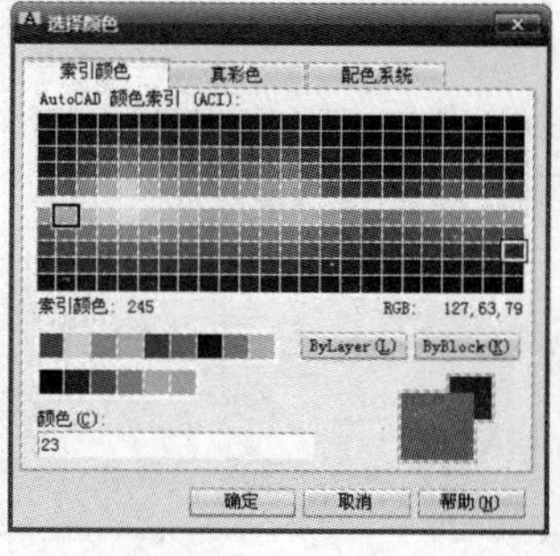

图54-7

02 单击“确定”按钮，执行“绘图>图案填充”命令，打开如图54-8所示的“图案填充和渐变色”对话框。

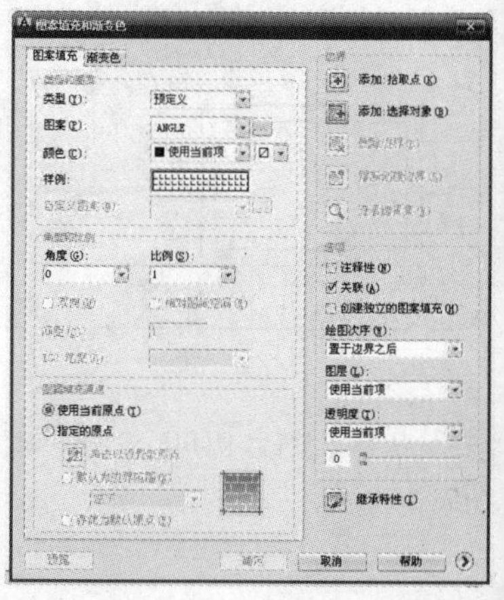

图54-8

03 单击图案后面的按钮，弹出“填充图案选项板”对话框，如图54-9所示。

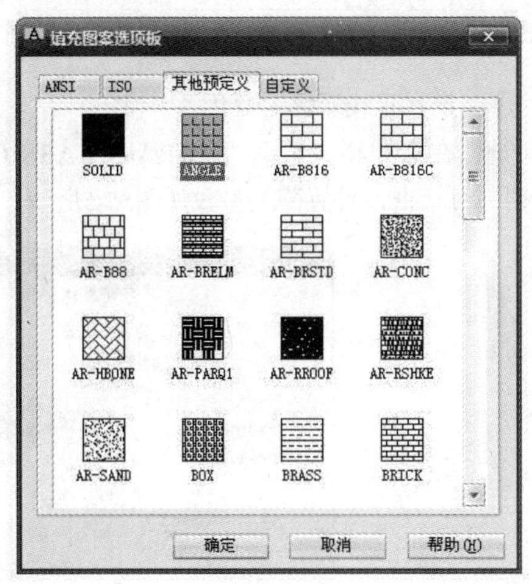

图54-9

技巧与提示

在图案填充时，设置不同的比例，效果显示也会不同，比例值大时填充密度会比较小，比例小时填充的密度会比较大。

04 在该对话框中选择图案“CROSS”，单击“确定”按钮，并设置比例为2，单击拾取内部点按钮，在屏幕中在矩形内部单击，如图54-10所示。

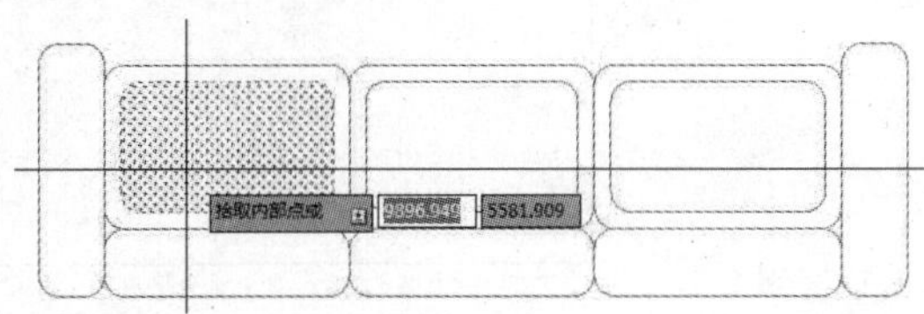

图54-10

05 单击鼠标右键选择“确认”命令，返回“图案填充和渐变色”对话框。单击“确认”按钮，即可看到图案填充效果，如图54-11所示。

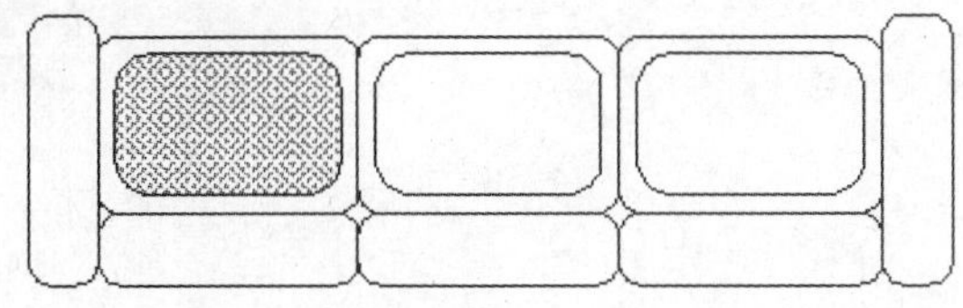

图54-11

06 重复执行“绘图>图案填充”命令，填充其他的沙发坐垫，结果如图54-12所示。

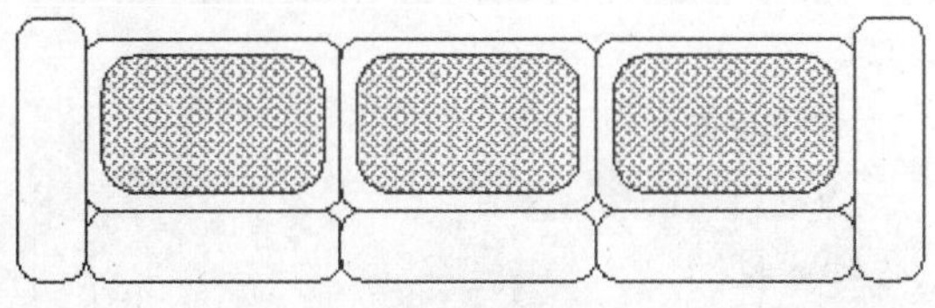

图54-12

练习054

原始文件位置	DVD>原始文件>第2章>练习054 原始文件
练习位置	DVD>练习文件>第2章>练习054
难易指数	★★★☆☆
技术掌握	巩固“图案填充”命令的使用方法。

操作指南

参照“实战054 沙发图案填充”案例进行制作。

首先执行“文件>打开”命令，打开上一练习中所绘制的沙发；然后执行“绘图>图案填充”，对沙发座进行填充。练习最终效果如图54-13所示。

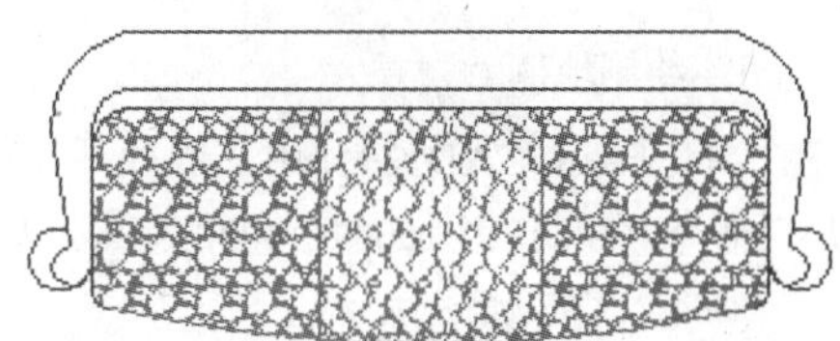

图54-13

实战055 地毯

实战位置	DVD>实战文件>第2章>实战055
视频位置	DVD>多媒体教学>第2章>实战055
难易指数	★★☆☆☆
技术掌握	掌握“矩形”、“直线”、“偏移”和“图案填充”等命令。

实战介绍

运用“矩形”与“偏移”命令，绘制地毯轮廓；利用“直线”与“阵列”命令，绘制地毯边缘部分；利用“多段线”命令，绘制地毯中心图案；利用“图案填充”命令，对其进行填充。本例最终效果如图55-1所示。

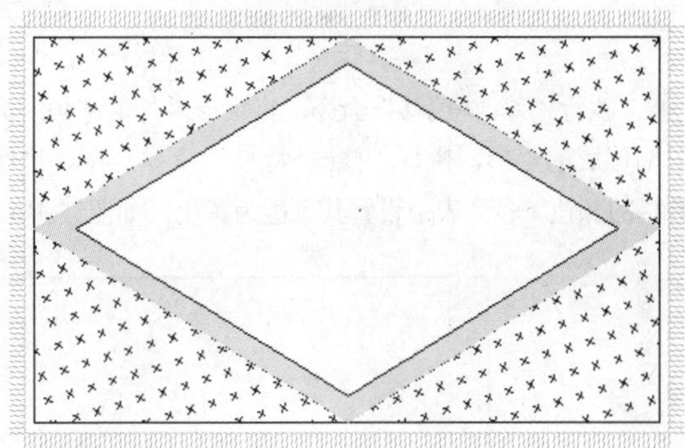

图55-1

制作思路

- 绘制地毯及其毛边。
- 运用“图案填充”命令对地毯进行填充，完成地毯的绘制并将其保存。

制作流程

地毯的制作流程如图55-2所示。

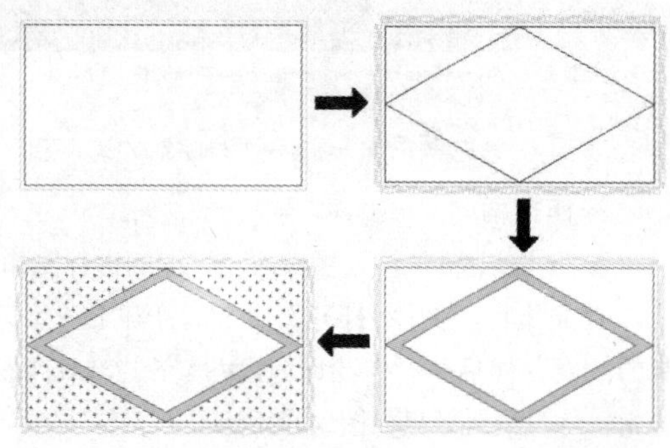

图55-2

1. 绘制地毯

01 打开AutoCAD 2013中文版软件，执行“绘图>矩形”命令，绘制一个2500×1400的矩形，如图55-3所示。

命令行提示如下：

```
命令：_rectang
指定第一个角点或 [倒角(C)/标高(E)/圆角(F)/厚度(T)/宽度(W)]：
指定另一个角点或 [面积(A)/尺寸(D)/旋转(R)]：@2500,-1400
```

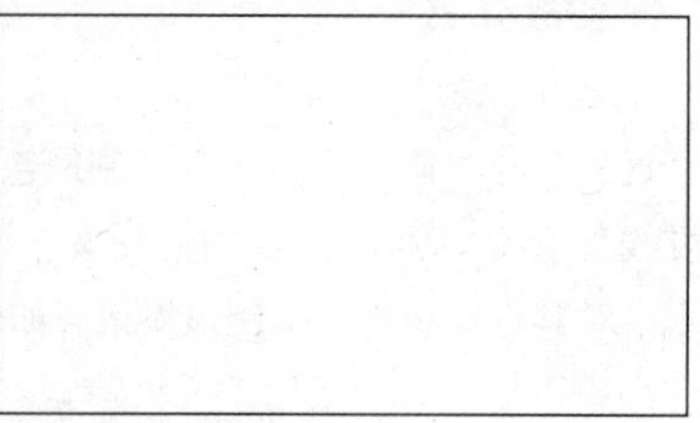

图55-3

02 执行“修改>偏移”命令，将矩形向外偏移40；然后选中偏移后的矩形，执行“修改>特性”命令，在“特性”工具栏的颜色下拉列表中设置其颜色为黄色，如图55-4所示。

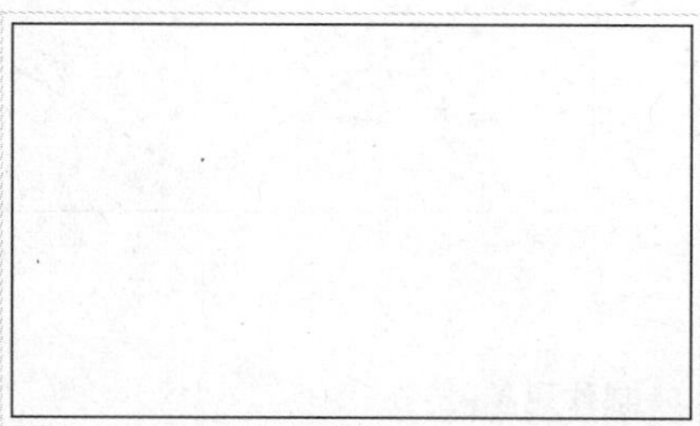

图55-4

03 执行“绘图>直线”命令，绘制一条长为60的直线。

命令行提示如下：

```
命令：_line 指定第一点：
指定下一点或 [放弃(U)]：<正交 开>
指定下一点或 [放弃(U)]：60
指定下一点或 [放弃(U)]：
```

技巧与提示

单击屏幕下方的“正交”按钮，即可对打开或关闭“正交”功能进行切换。

04 设置直线颜色为蓝色。

05 在命令栏中输入“ARRAYCLASSIC”，打开“阵列”对话框，设置阵列参数如图55-5所示。

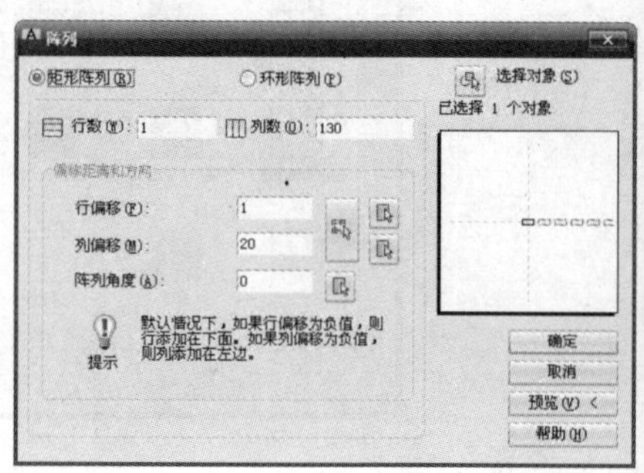

图55-5

06 单击该对话框中的“选择对象”按钮，选择直线，按回车键后，单击“确认”按钮，即可看到阵列效果，如图55-6所示。

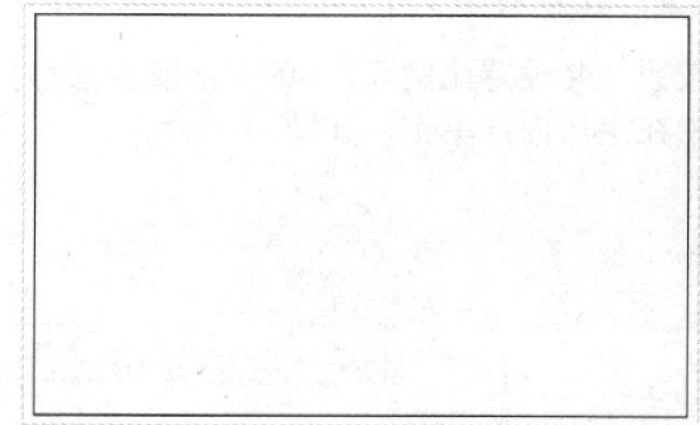

图55-6

07 重复在命令栏中输入“ARRAYCLASSIC”，阵列出矩形其他3个边周围的地毯毛边，绘制效果如图55-7所示。

图55-7

08 执行“绘图>多段线”命令，绘制如图55-8所示的多段线。

命令行提示如下：

```
命令：_pline
指定起点：
```

```
当前线宽为 0.0000
指定下一个点或 [圆弧(A)/半宽(H)/长度(L)/放弃(U)/宽度(W)]: <正交 关>
指定下一点或 [圆弧(A)/闭合(C)/半宽(H)/长度(L)/放弃(U)/宽度(W)]:
指定下一点或 [圆弧(A)/闭合(C)/半宽(H)/长度(L)/放弃(U)/宽度(W)]:
指定下一点或 [圆弧(A)/闭合(C)/半宽(H)/长度(L)/放弃(U)/宽度(W)]: c
```

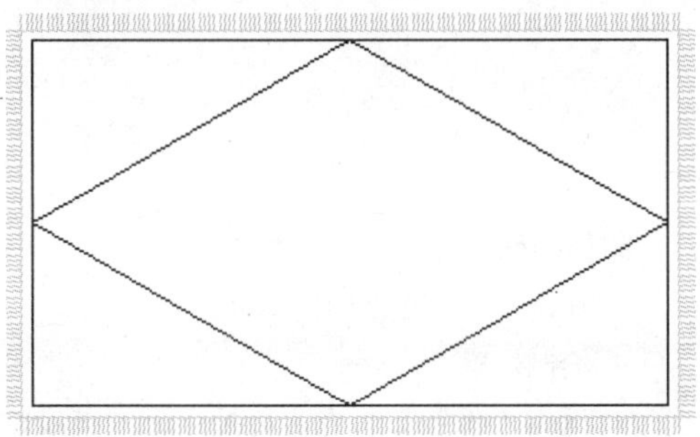

图55-8

09 执行“修改>偏移”命令，将多段线向内侧偏移，如图55-9所示。

命令行提示如下：

```
命令: _offset
当前设置: 删除源=否  图层=源  OFFSETGAPTYPE=0
指定偏移距离或 [通过(T)/删除(E)/图层(L)] <40.0000>: 80
选择要偏移的对象，或 [退出(E)/放弃(U)] <退出>:
指定要偏移的那一侧上的点，或 [退出(E)/多个(M)/放弃(U)] <退出>:
选择要偏移的对象，或 [退出(E)/放弃(U)] <退出>:
```

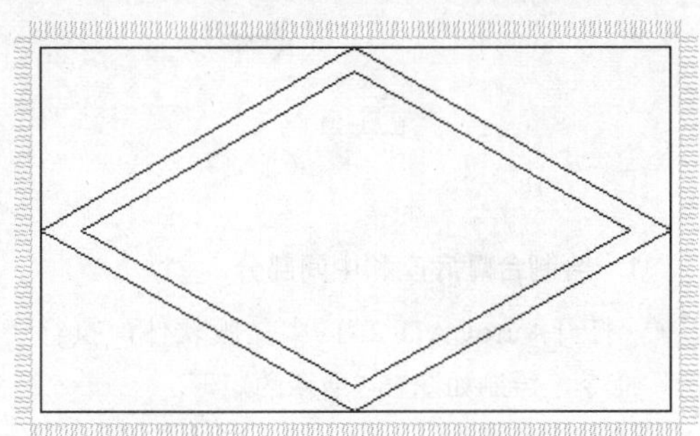

图55-9

2. 图案填充地毯

01 执行“绘图>图案填充”菜单命令，打开“图案填充和渐变色”对话框。单击“图案”列表框后的...按钮，选择图案“SOLID”。

02 在“样例”下拉列表中选择“选择颜色”项，打开“选择颜色”对话框，设置颜色如图55-10所示。

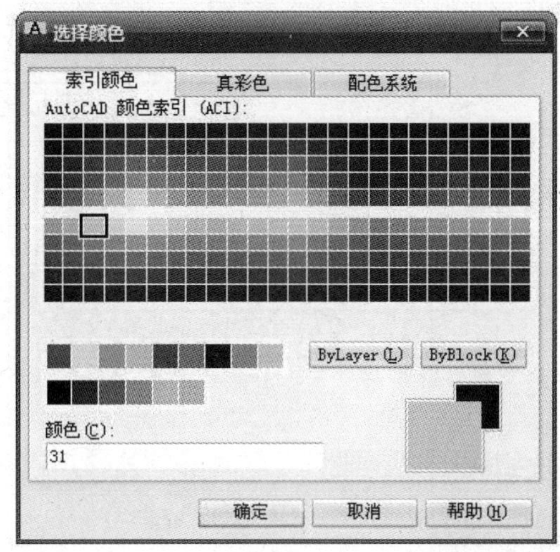

图55-10

03 单击“确定”按钮，返回“图案填充和渐变色”对话框，如图55-11所示。

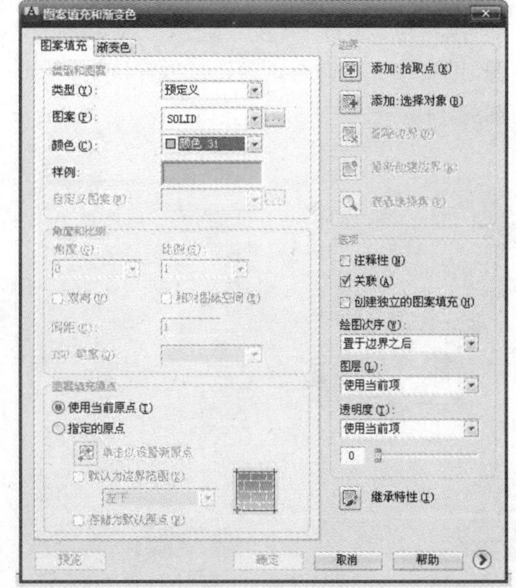

图55-11

04 单击 按钮，在屏幕中单击两多段线内的任意一点，按回车键后，单击“确定”按钮，即可得到如图55-12所示效果。

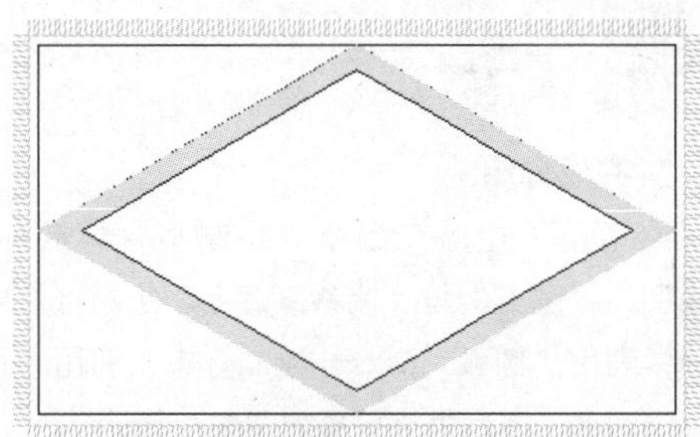

图55-12

05 选择图案“CROSS”填充其他部分，最终地毯效果如图55-13所示。

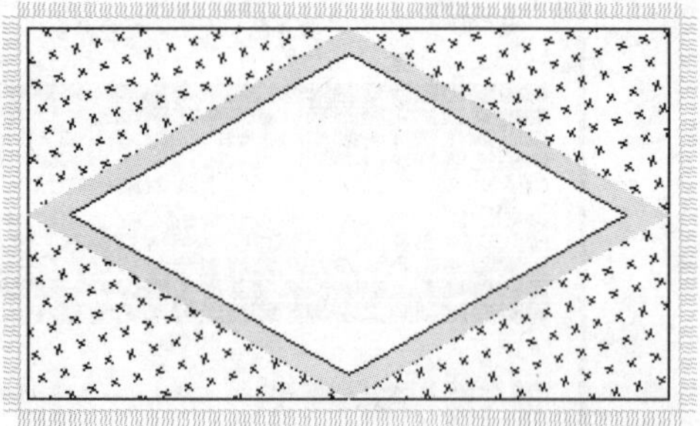

图55-13

练习055

练习位置	DVD>练习文件>第2章>练习055
难易指数	★★★☆☆
技术掌握	巩固“矩形”、“直线”、“圆”、“偏移”和“图案填充”等命令的使用方法。

操作指南

参照“实战055 地毯”案例进行制作。

首先执行“绘图>直线”、“绘图>矩形”、“绘图>圆”与“修改>偏移”命令，绘制地毯；然后执行“绘图>图案填充”命令，对地毯进行填充。练习最终效果如图55-14所示。

图55-14

实战056 小台灯

实战位置	DVD>实战文件>第2章>实战056
视频位置	DVD>多媒体教学>第2章>实战056
难易指数	★★☆☆☆
技术掌握	掌握“矩形”、“圆弧”和“偏移”等命令。

实战介绍

运用“矩形”命令，绘制小台灯底座；利用“直线”、“圆弧”与“偏移”命令，绘制台灯中间的支撑部分；利用“圆弧”命令，绘制灯罩；利用“修剪”命令，修饰细部。本例最终效果如图56-1所示。

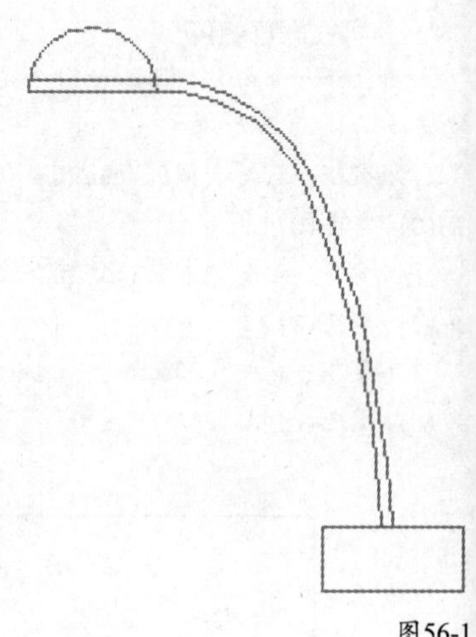

图56-1

制作思路

• 绘制台灯底座及中间部分。

• 绘制灯罩。

• 运用“修剪”命令，剪掉多余的直线，完成小台灯的绘制并将其保存。

制作流程

小台灯的制作流程如图56-2所示。

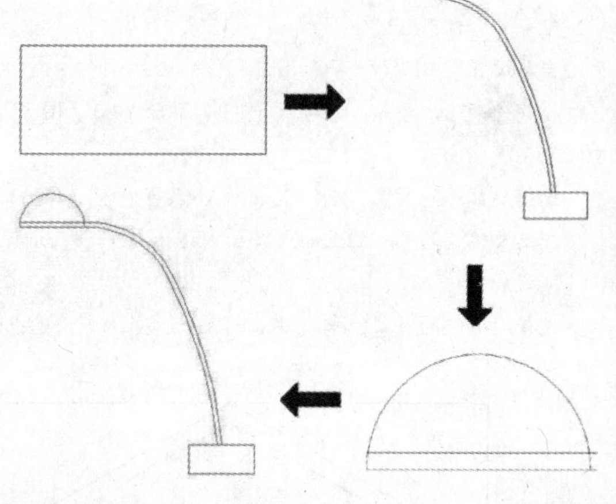

图56-2

1. 绘制台灯底座和中间部分

01 打开AutoCAD 2013中文版软件，执行“绘图>矩形”命令，绘制如图56-3所示的矩形。

命令行提示如下：

```
命令: _rectang
指定第一个角点或 [倒角(C)/标高(E)/圆角(F)/厚度(T)/宽度(W)]:
指定另一个角点或 [面积(A)/尺寸(D)/旋转(R)]: @140,-60
```

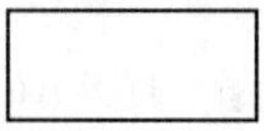

图56-3

02 执行“绘图>圆弧”命令，绘制如图56-4所示的圆弧。

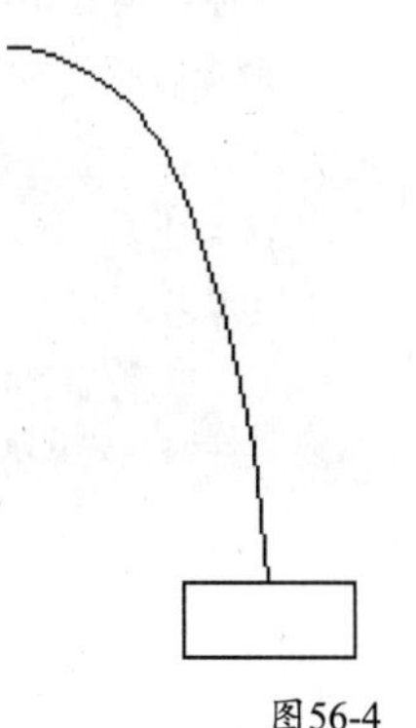

图56-4

技巧与提示

绘制该段圆弧时，可执行两次“圆弧”命令来绘制，第二段圆弧的起点为第一段的端点。

03 执行“绘图>直线”命令，绘制水平直线，如图56-5所示。

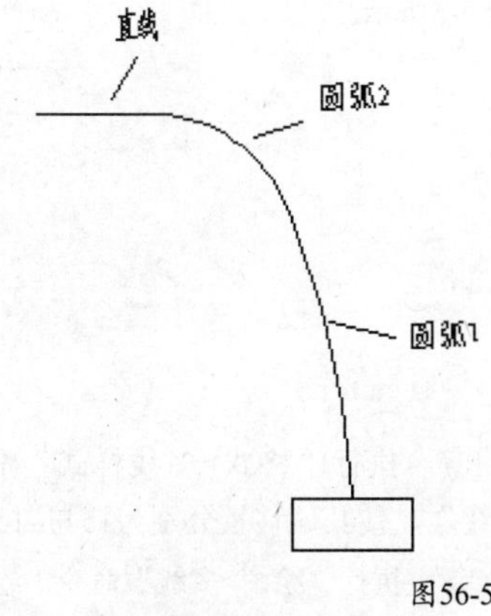

图56-5

04 执行“修改>偏移”命令，将两条圆弧及一条直线偏移10，如图56-6所示。

命令行提示如下：

```
命令: _offset
当前设置: 删除源=否  图层=源  OFFSETGAPTYPE=0
指定偏移距离或 [通过(T)/删除(E)/图层(L)] <通过>:10
选择要偏移的对象，或 [退出(E)/放弃(U)] <退出>:
指定要偏移的那一侧上的点，或 [退出(E)/多个(M)/放弃(U)] <退出>:
选择要偏移的对象，或 [退出(E)/放弃(U)] <退出>:
指定要偏移的那一侧上的点，或 [退出(E)/多个(M)/放弃(U)] <退出>:
选择要偏移的对象，或 [退出(E)/放弃(U)] <退出>:
指定要偏移的那一侧上的点，或 [退出(E)/多个(M)/放弃(U)] <退出>:
选择要偏移的对象，或 [退出(E)/放弃(U)] <退出>:
```

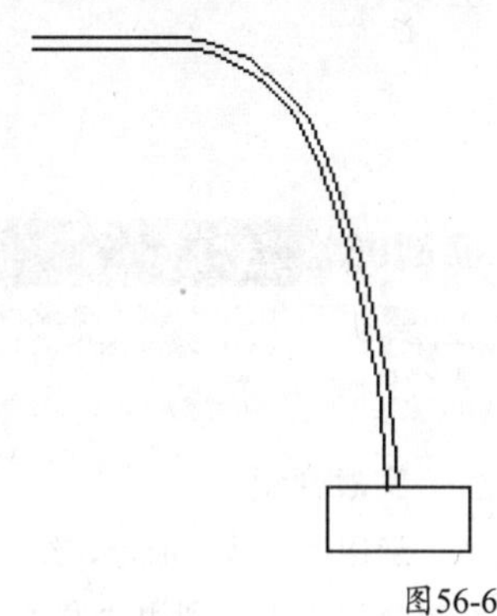

图56-6

2. 绘制灯罩

01 执行“绘图>圆弧”命令，绘制台灯的灯罩，如图56-7所示。

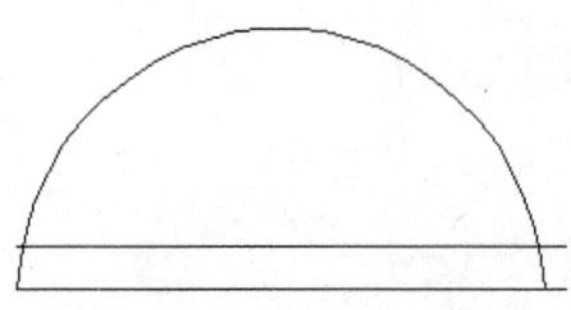

图56-7

02 执行“修改>修剪”命令，剪切掉灯罩与灯底部多余的直线，结果如图56-8所示。

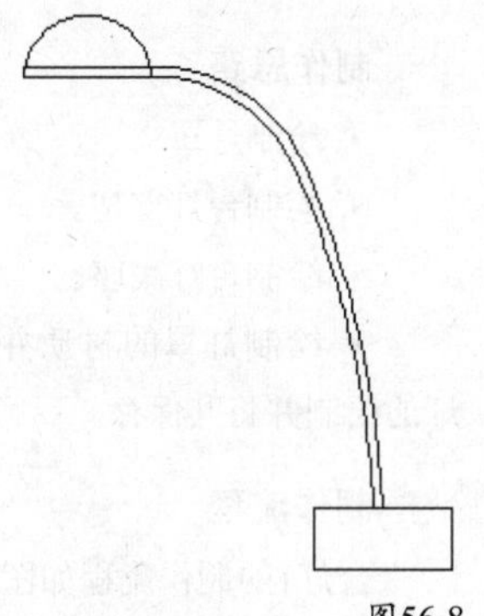

图56-8

03 执行“修改>特性”命令，在“特性”工具栏中可以通过改变台灯线条的颜色，来增加其美观度。

练习056

练习位置	DVD>练习文件>第2章>练习056
难易指数	★★★☆☆
技术掌握	巩固“矩形”、“直线”、“圆弧”和“偏移”等命令的使用方法

操作指南

参照“实战056 小台灯”案例进行制作。

执行“绘图>直线”、“绘图>矩形”、“绘图>圆弧”和“修改>偏移”命令，绘制小台灯。练习最终效果如图56-9所示。

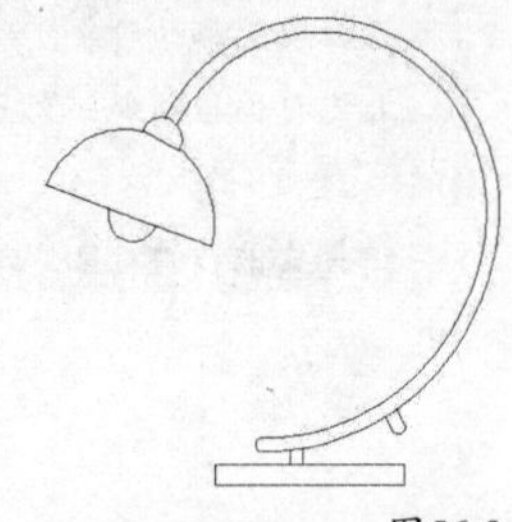

图56-9

实战057 台灯1

实战位置	DVD>实战文件>第2章>实战057
视频位置	DVD>多媒体教学>第2章>实战057
难易指数	★★☆☆☆
技术掌握	掌握“直线”、“多段线”和“圆弧”等命令。

实战介绍

运用“直线”命令，绘制灯罩；利用“多线”命令，绘制台灯支架；利用“圆弧”与“直线”命令，绘制底座。本例最终效果如图57-1所示。

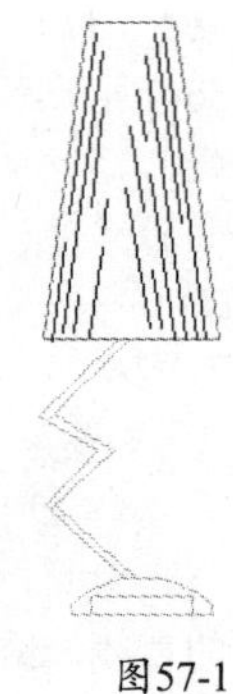

图57-1

制作思路

- 绘制灯罩。
- 绘制台灯支架。
- 绘制台灯底座。
- 绘制灯罩的材质并设置不同部分的颜色，完成台灯的绘制并将其保存。

制作流程

台灯1的制作流程如图58-2所示。

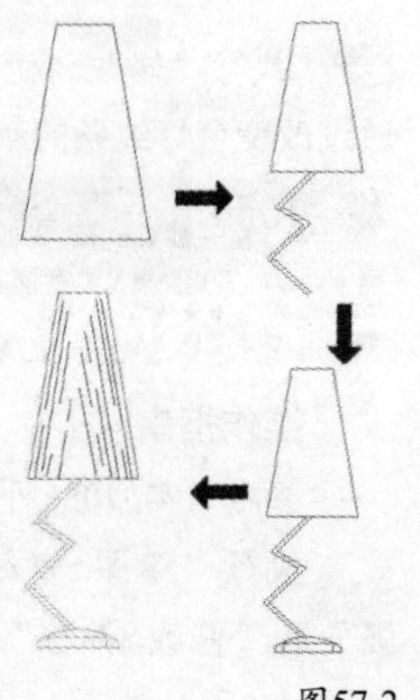

图57-2

1. 绘制台灯

01 打开AutoCAD 2013中文版软件，执行“绘图>直线”命令，绘制如图57-3所示的图形。

02 执行“修改>镜像”命令，配合“正交”与“对象捕捉”功能，镜像出如图57-4所示的图形。

命令行提示如下：

```
命令： _mirror
选择对象：找到 1 个
选择对象：
指定镜像线的第一点：指定镜像线的第二点： <正交 开>
要删除源对象吗？[是(Y)/否(N)] <N>:
```

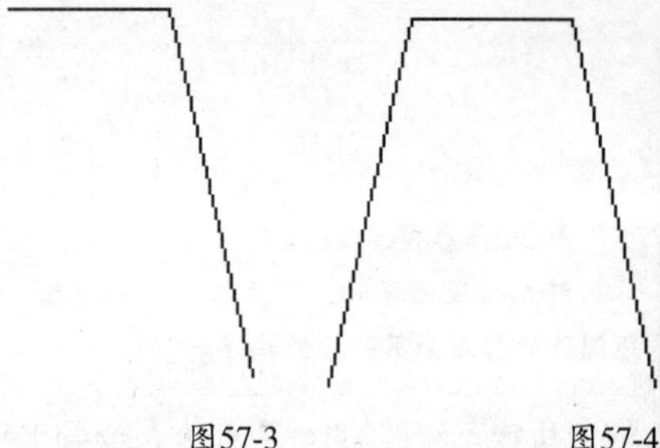

图57-3 图57-4

03 执行“绘图>直线”命令，连接下面的两个点，如图57-5所示。

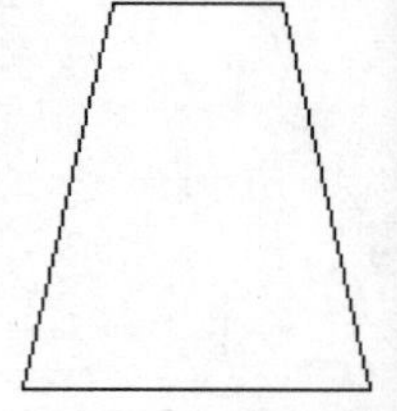

图57-5

04 执行“格式>多线样式”命令，新建一个样式“多线”，使其偏移量分别为15与–15。

05 执行“绘图>多线”命令，绘制如图57-6所示的多线。

命令行提示如下：

```
命令： _mline
当前设置： 对正 = 上，比例 = 20.00，样式 = STANDARD
指定起点或 [对正(J)/比例(S)/样式(ST)]： s
输入多线比例 <20.00>： 1
当前设置： 对正 = 上，比例 = 1.00，样式 = STANDARD
指定起点或 [对正(J)/比例(S)/样式(ST)]： st
输入多线样式名或 [?]： 多线
当前设置：对正 = 上，比例 = 1.00，样式 = 多线
指定起点或 [对正(J)/比例(S)/样式(ST)]：
指定下一点： <正交 关>
```

```
指定下一点或 [放弃(U)]:
指定下一点或 [闭合(C)/放弃(U)]:
指定下一点或 [闭合(C)/放弃(U)]:    <对象捕捉追踪 开>
指定下一点或 [闭合(C)/放弃(U)]:
```

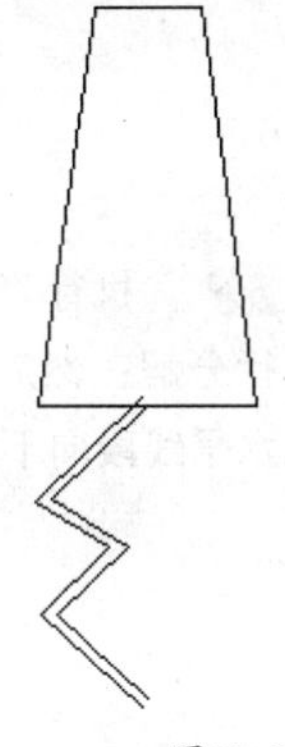

图57-6

06 执行“修改>分解”命令，将多线炸开；然后执行“修改>修剪”和“修改>延伸”命令将多线修饰成如图57-7所示的图形。

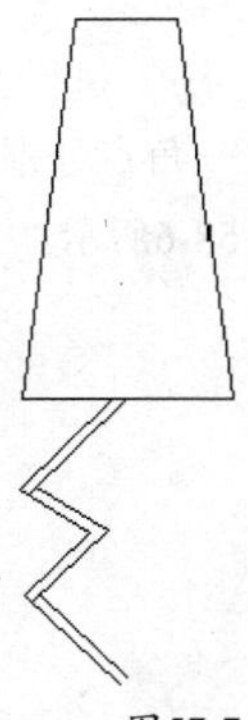

图57-7

07 执行“绘图>直线”和“绘图>圆弧”命令，绘制台灯底座，结果如图57-8所示。

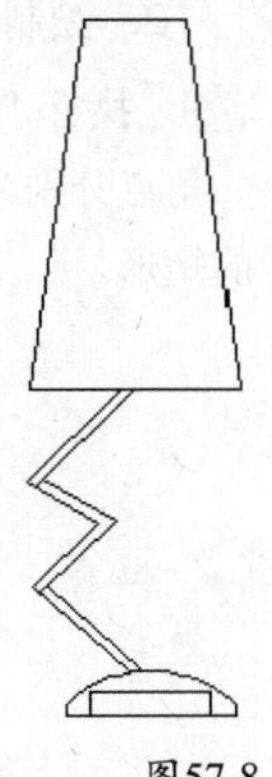

图57-8

2. 绘制灯罩材质

01 执行“绘图>直线”和“修改>打断”命令，绘制出台灯灯罩上的直线，来表示台灯的材质，如图57-9所示。

图57-9

02 执行“修改>特性”命令，在“特性”工具栏设置台灯不同部分的颜色，设置灯罩为“洋红”，其他部位为“青色”，结果如图57-10所示。

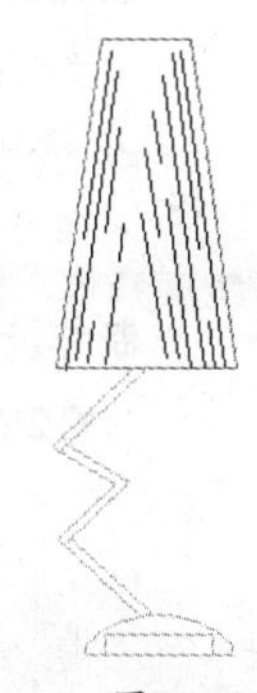

图57-10

练习057

练习位置	DVD>练习文件>第2章>练习057
难易指数	★★★☆☆
技术掌握	巩固“矩形”、“直线”和“修剪”命令的使用方法。

操作指南

参照“实战057 台灯1”案例进行制作。

执行“绘图>直线”、“绘图>矩形”与“修改>修剪”命令，绘制台灯1。练习最终效果如图57-11所示。

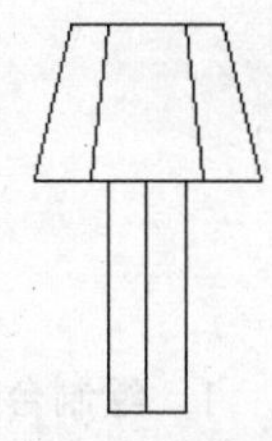

图57-11

实战058 台灯2

实战位置	DVD>实战文件>第2章>实战058
视频位置	DVD>多媒体教学>第2章>实战058
难易指数	★★☆☆☆
技术掌握	握“直线”、“矩形”、“圆”、“分解”和“修剪”等命令。

实战介绍

运用“直线”、“矩形”与“圆”命令，绘制基本图形，利用“分解”与“修剪”命令，修改基本图形。本例最终效果如图58-1所示。

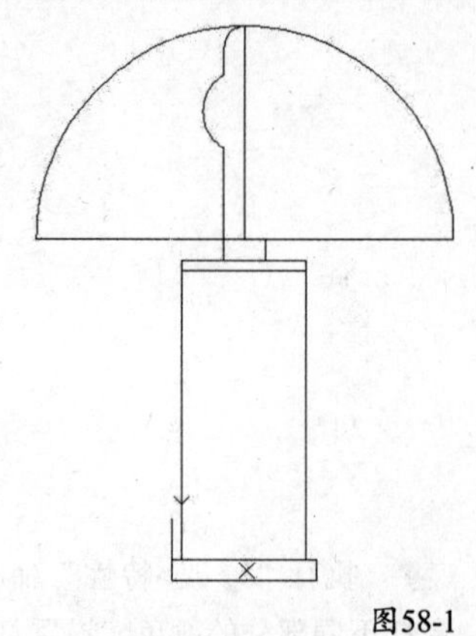

图58-1

制作思路

- 绘制台灯灯座。
- 绘制台灯灯泡。
- 绘制台灯灯罩，完成台灯的绘制并将其保存。

制作流程

台灯2的制作流程如图58-2所示。

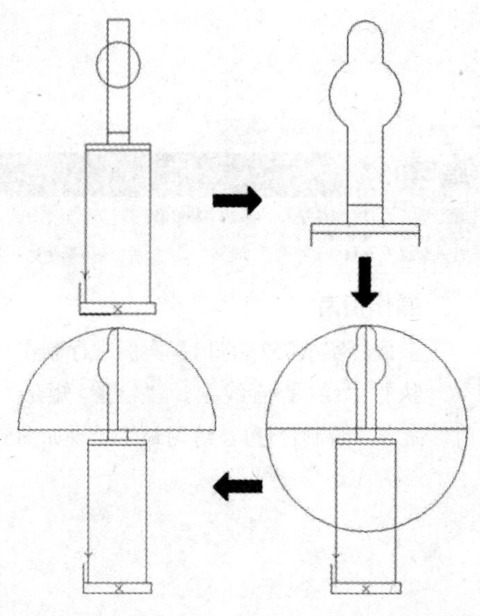

图58-2

1. 绘制台灯座

01 打开AutoCAD 2013中文版软件，执行“绘图>矩形”命令，指定矩形的第一角点和另一角点分别为（0,0）和（140,20），绘制矩形1，如图58-3所示。

图58-3

02 执行“绘图>矩形”命令，指定矩形的第一角点和另一角点分别为（10,20）和（120,280），绘制矩形2，如图58-4所示。

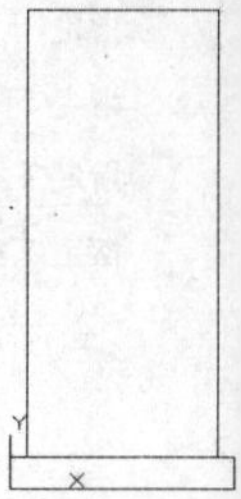

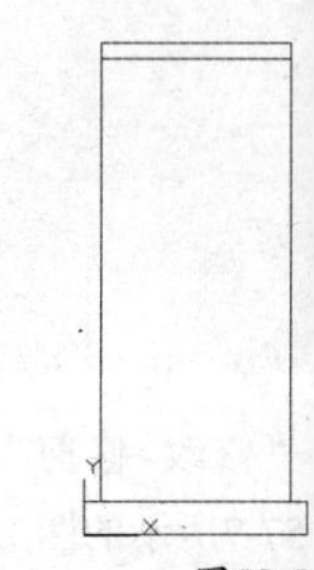

图58-4

03 执行“修改>分解”命令，对第二步绘制的矩形进行分解；然后执行“修改>偏移”命令，将该矩形顶部的水平线段向下偏移10，如图58-5所示。

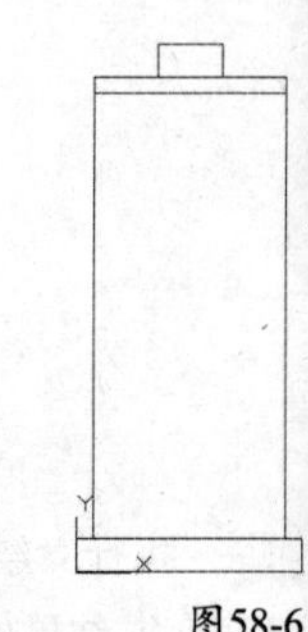

图58-5

04 执行“绘图>矩形”命令，指定矩形的第一角点和另一角点分别为（50,300）和（40,20），绘制矩形3，如图58-6所示。

图58-6

2. 绘制台灯灯泡

01 执行“绘图>矩形”命令，指定矩形的第一角点和另一角点分别为（50,320）和（40,200），绘制如图58-7所示的矩形。

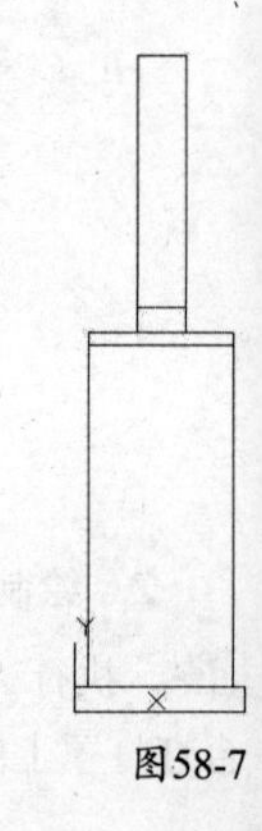

图58-7

02 执行“绘图>圆”命令，以点（70,440）为圆心，40为半径，绘制圆，如图58-8所示。

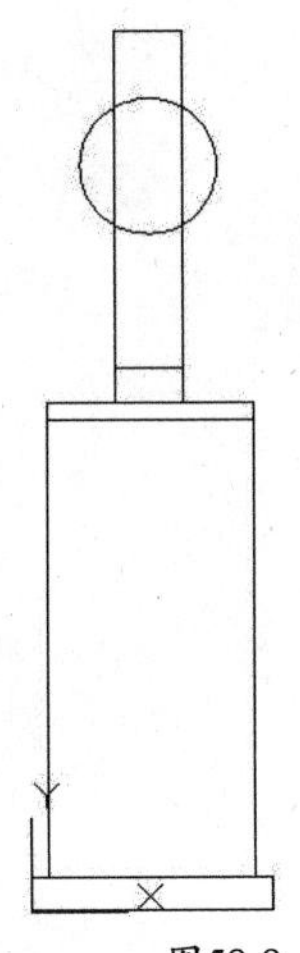

图58-8

03 执行“修改>修剪”命令，修剪线段和圆弧，如图58-9所示。

04 执行“修改>分解”命令，对剩余的矩形部分进行分解；执行“修改>圆角”命令，设置圆角半径为20，对圆和矩形的交点和矩形上部分线段间的交点进行“圆角”修改，如图58-10所示。

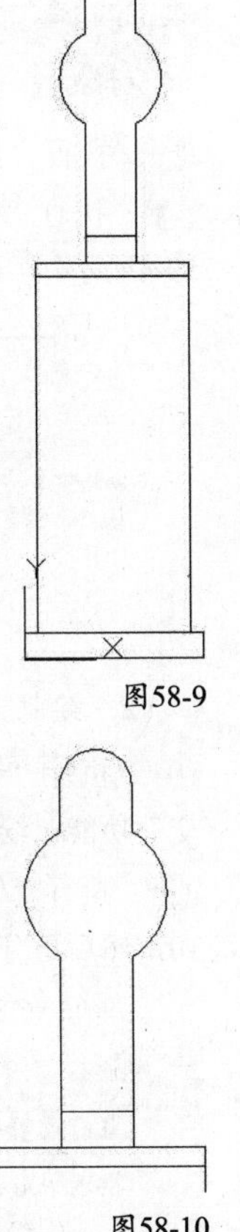

图58-9

图58-10

3. 绘制台灯灯罩

01 执行“绘图>圆”命令，以点（70,320）为圆心，200为半径，绘制圆，如图58-11所示。

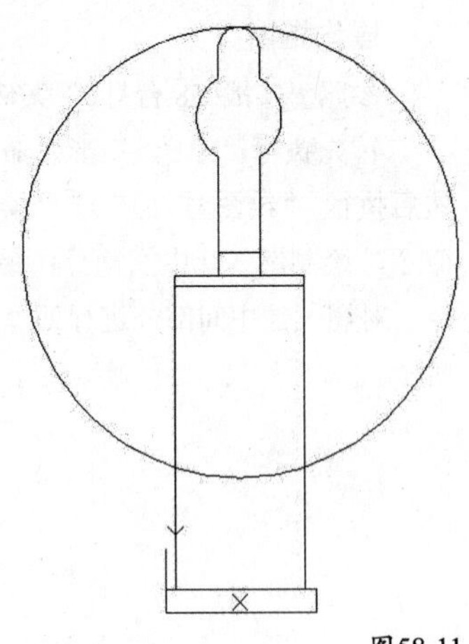

图58-11

02 执行“绘图>直线”命令，分别以圆的左右象限点以及圆的上方象限点和圆心为起点和端点绘制直线，如图58-12所示。

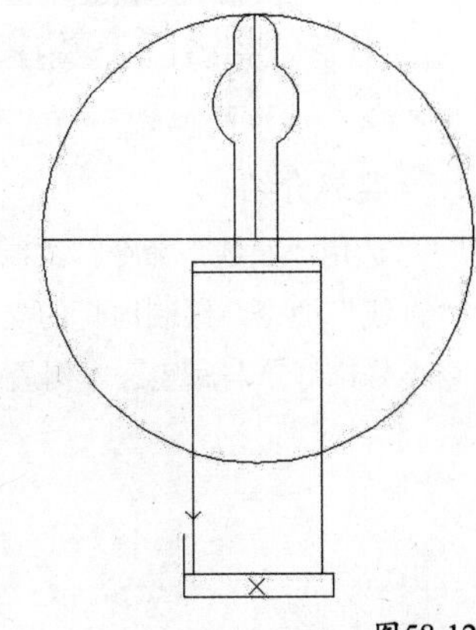

图58-12

03 执行“修改>修剪”命令，修剪线段和圆弧，如图58-13所示。

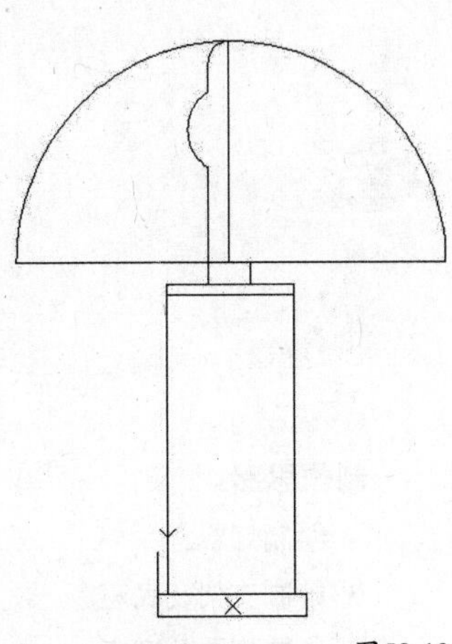

图58-13

练习058

练习位置　DVD>练习文件>第2章>练习058
难易指数　★★★☆☆
技术掌握　巩固"矩形"、"直线"、"圆"和"镜像"命令的使用方法。

操作指南

参照"实战058 台灯2"案例进行制作。

首先执行"绘图>矩形"命令，绘制燃气灶外轮廓；然后执行"绘图>矩形"、"绘图>直线"与"绘图>圆"命令，绘制燃气灶中间部分；最后执行"修改>镜像"命令，对燃气灶中间部分进行处理。练习最终效果如图58-14所示。

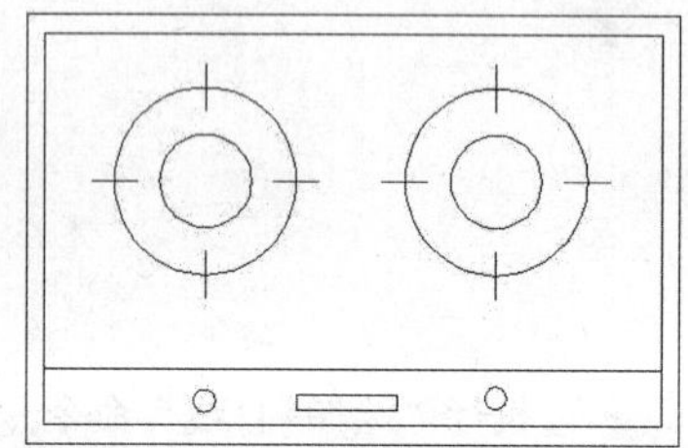

图58-14

实战059 地灯1

实战位置　DVD>实战文件>第2章>实战059
视频位置　DVD>多媒体教学>第2章>实战059
难易指数　★★☆☆☆
技术掌握　掌握"直线"和"矩形"命令。

实战介绍

运用"直线"命令，绘制地灯灯罩；利用"矩形"与"直线"命令，绘制地灯的支架与底座；利用"直线"命令，修饰灯罩与底座。本例最终效果如图59-1所示。

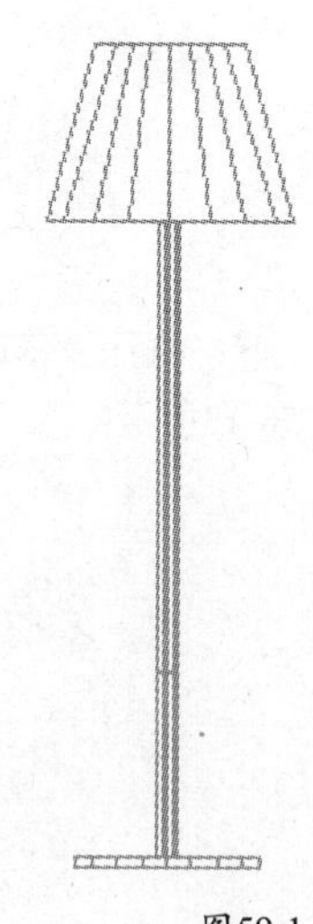

图59-1

制作思路

- 绘制灯罩。
- 绘制支架及底座。
- 修饰灯罩及底座。
- 设置地灯颜色，完成地灯的绘制并将其保存。

制作流程

地灯1的制作流程如图59-2所示。

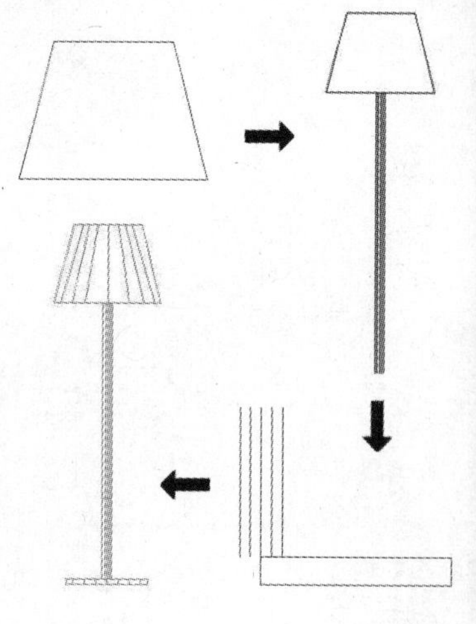

图59-2

1. 绘制灯罩

01 打开AutoCAD 2013中文版软件，执行"绘图>直线"命令，绘制出如图59-3所示的图形。

命令行提示如下：

```
命令: _line 指定第一点:
指定下一点或 [放弃(U)]:  <正交 开> 300
指定下一点或 [放弃(U)]:  <正交 关> 350
指定下一点或 [闭合(C)/放弃(U)]:
```

02 执行"修改>镜像"命令，镜像出另外一侧直线。

03 执行"绘图>直线"命令，连接下面的两点，如图59-4所示。

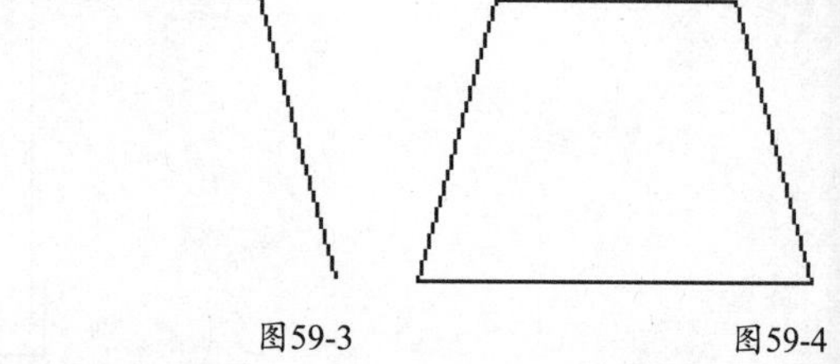

图59-3　　图59-4

2. 绘制支架及底座

01 执行"绘图>直线"命令，配合"对象捕捉"与"正交"功能，绘制一条长为1200的直线。

02 执行"修改>偏移"命令，使该直线分别向左右偏移10，然后再分别偏移20，结果如图59-5所示。

部分命令行提示如下：

```
命令: _offset
当前设置: 删除源=否  图层=源  OFFSETGAPTYPE=0
指定偏移距离或 [通过(T)/删除(E)/图层(L)] <通过>:
20
```

```
选择要偏移的对象，或 [退出(E)/放弃(U)] <退出>:
指定要偏移的那一侧上的点，或 [退出(E)/多个(M)/放弃(U)] <退出>:
选择要偏移的对象，或 [退出(E)/放弃(U)] <退出>:
指定要偏移的那一侧上的点，或 [退出(E)/多个(M)/放弃(U)] <退出>:
选择要偏移的对象，或 [退出(E)/放弃(U)] <退出>:
```

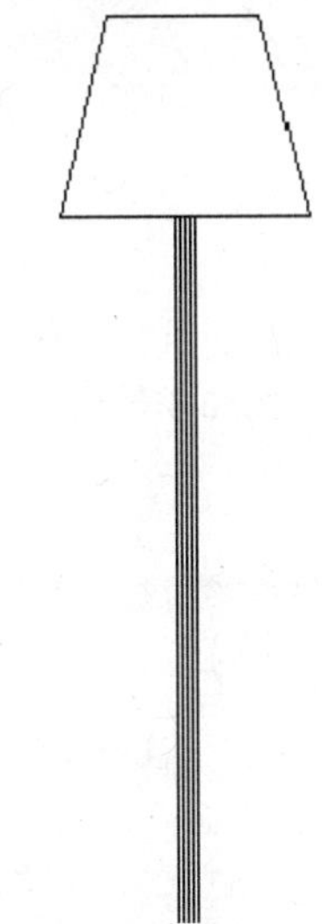

图59-5

03 执行“绘图>直线”命令，绘制出支架中间交接部分。

04 执行“绘图>矩形”命令，以中间的直线端点为起始点，绘制如图59-6所示的矩形。

命令行提示如下：

```
命令: _rectang
指定第一个角点或 [倒角(C)/标高(E)/圆角(F)/厚度(T)/宽度(W)]:
指定另一个角点或 [面积(A)/尺寸(D)/旋转(R)]: @180,-25
```

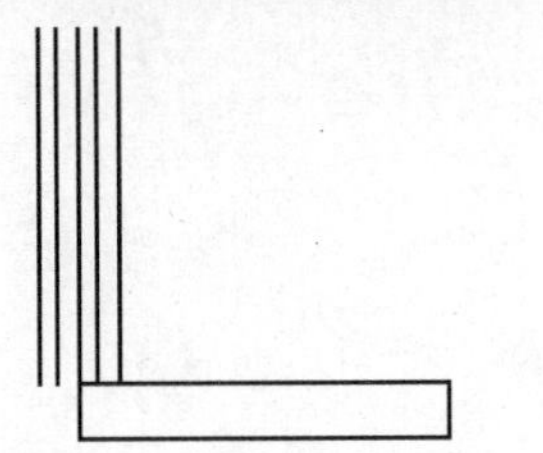

图59-6

05 执行“修改>镜像”命令镜像复制出另一侧的矩形，完成底座的绘制。

3. 修饰灯罩及底座

01 执行“绘图>直线”命令，对灯罩与底座进行修饰，结果如图59-7所示。

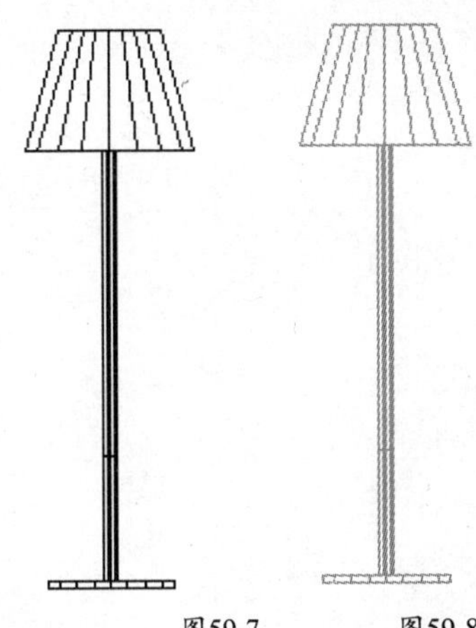

图59-7　图59-8

02 执行“格式>颜色”命令，设置地灯1颜色为“绿色”，如图59-8所示。

练习059

练习位置	DVD>练习文件>第2章>练习059
难易指数	★★★☆☆
技术掌握	巩固“直线”和“矩形”命令的使用方法。

操作指南

参照“实战059 地灯1”案例进行制作。

首先执行“绘图>直线”命令，绘制灯罩；然后执行“绘图>矩形”与“绘图>直线”命令，绘制支架和底座；最后执行“绘图>直线”命令，修饰灯罩。练习最终效果如图59-9所示。

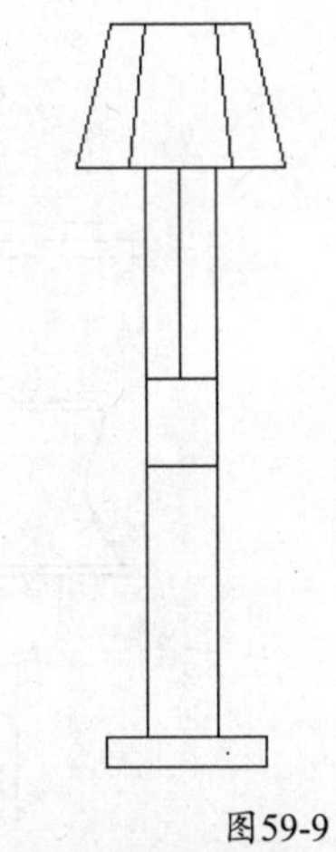

图59-9

实战060 地灯2

实战位置	DVD>实战文件>第2章>实战060
视频位置	DVD>多媒体教学>第2章>实战060
难易指数	★★☆☆☆
技术掌握	掌握“直线”、“矩形”、“圆弧”、“偏移”、“镜像”和“样条曲线”命令。

实战介绍

运用“直线”、“矩形”、“圆弧”与“镜像”命令，绘制灯柱；利用“样条曲线”、“直线”与“镜像”命令，绘制灯罩；利用“分解”与“删除”命令，删除多余部分。本例最终效果如图60-1所示。

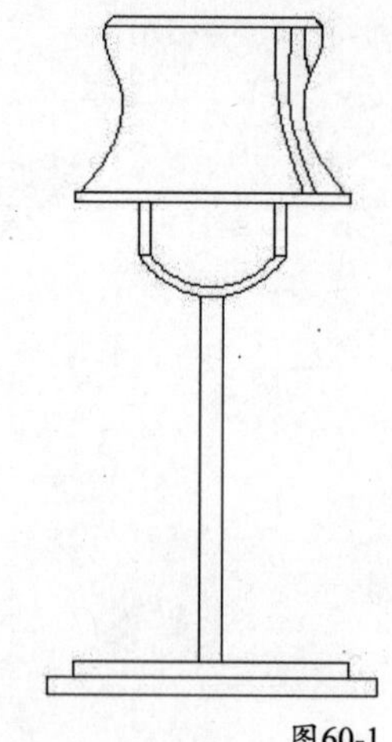

图60-1

制作思路

- 绘制灯柱和底座。
- 绘制灯罩。
- 删除多余部分，完成地灯的绘制并将其保存。

制作流程

地灯2的制作流程如图60-2所示。

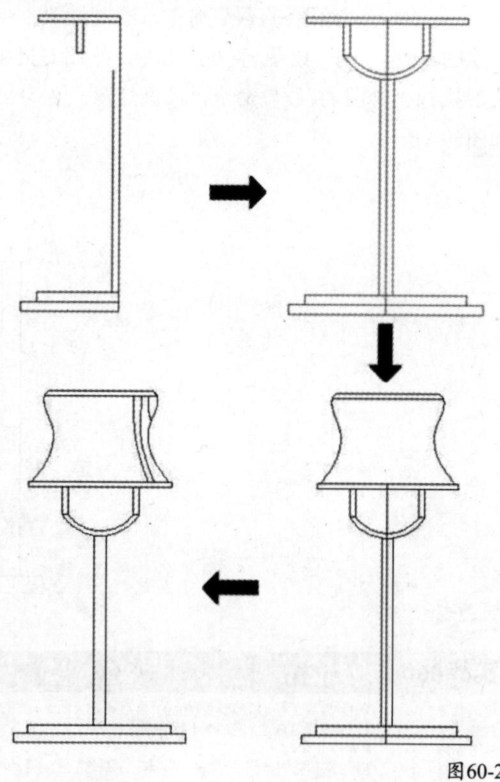

图60-2

1. 绘制灯柱和底座

01 打开AutoCAD 2013中文版软件，执行“绘图>直线”和“绘图>矩形”命令，绘制灯柱和底座的左下部分，如图60-3所示。

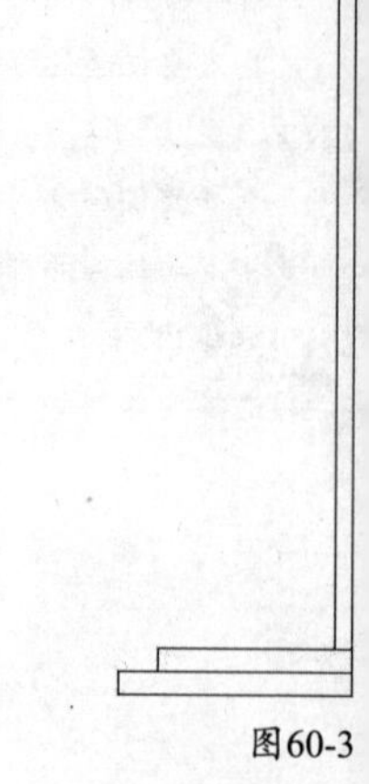

图60-3

02 执行“修改>矩形”命令，绘制灯柱的左上部分，如图60-4所示。

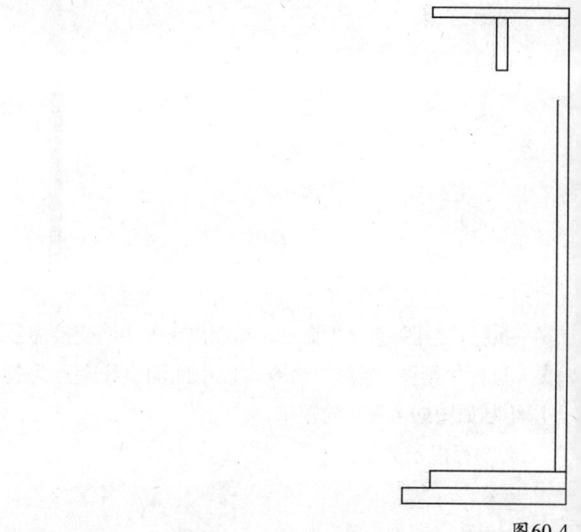

图60-4

03 执行“修改>镜像”命令，镜像出灯柱和底座的右边部分，如图60-5所示。

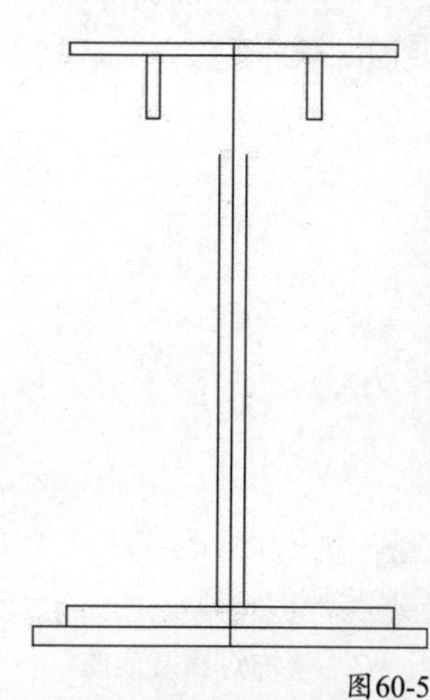

图60-5

04 执行“绘图>圆弧”命令，绘制灯柱中间部分，如图60-6所示。

图60-6

2. 绘制灯罩

01 执行“绘图>样条曲线”命令，绘制灯罩左边部分，如图60-7所示。

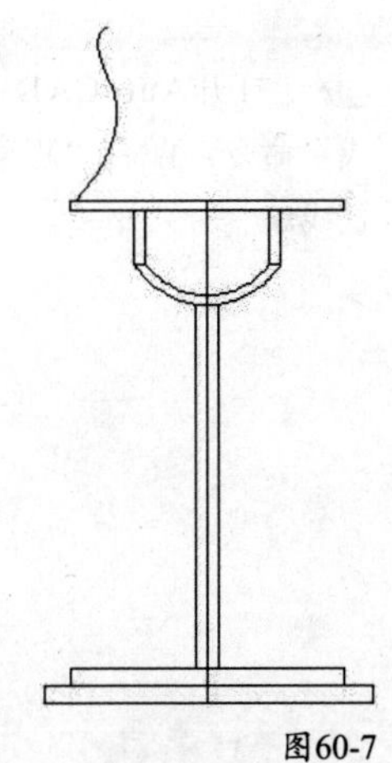

图60-7

02 执行“修改>镜像”命令，镜像出灯罩的右边部分，如图60-8所示。

图60-8

03 执行“绘图>直线”和“修改>偏移”命令，绘制灯罩的上部分，如图60-9所示。

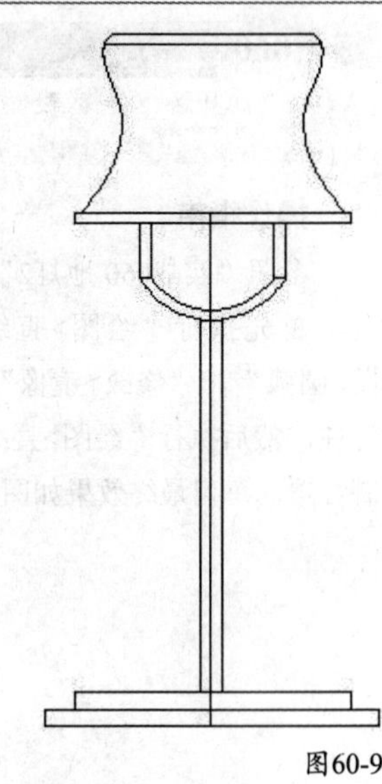

图60-9

04 执行“绘图>样条曲线”命令，修饰灯罩部分，如图60-10所示。

05 执行“修改>分解”和“修改>删除”命令，将多余部分删除，如图60-11所示。

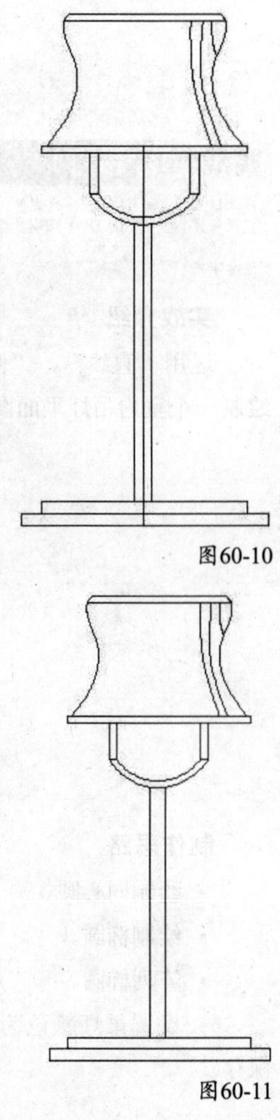

图60-10

图60-11

练习060

练习位置	DVD>练习文件>第2章>练习060
难易指数	★★★☆☆
技术掌握	巩固“直线”、“矩形”、“圆弧”、“偏移”和“镜像”命令的使用方法。

操作指南

参照“实战060 地灯2”案例进行制作。

首先执行“绘图>直线”、“绘图>矩形”、“绘图>圆弧”、“修改>镜像”与“修改>偏移”命令；绘制灯柱，然后执行“绘图>直线”与“修改>偏移”命令，绘制灯罩。练习最终效果如图60-12所示。

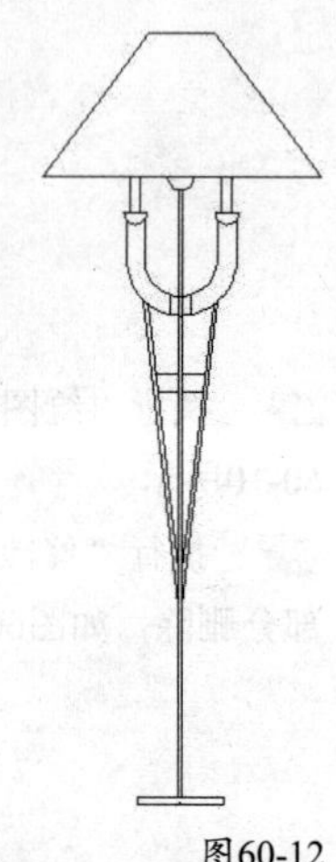

图60-12

实战061 吊灯1

实战位置	DVD>实战文件>第2章>实战061
视频位置	DVD>多媒体教学>第2章>实战061
难易指数	★★☆☆☆
技术掌握	掌握“直线”、“圆”、“椭圆”和“阵列”等命令。

实战介绍

运用“直线”、“圆”、“椭圆”与“阵列”命令，绘制一个室内吊灯平面图。本例最终效果如图61-1所示。

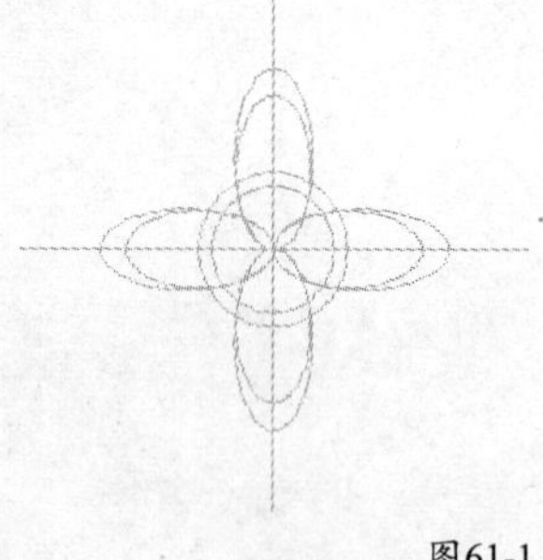

图61-1

制作思路

• 绘制同心圆。

• 绘制椭圆。

• 阵列椭圆。

• 设置吊灯颜色为浅蓝色，完成吊灯的绘制并将其保存。

制作流程

吊灯1的制作流程如图61-2所示。

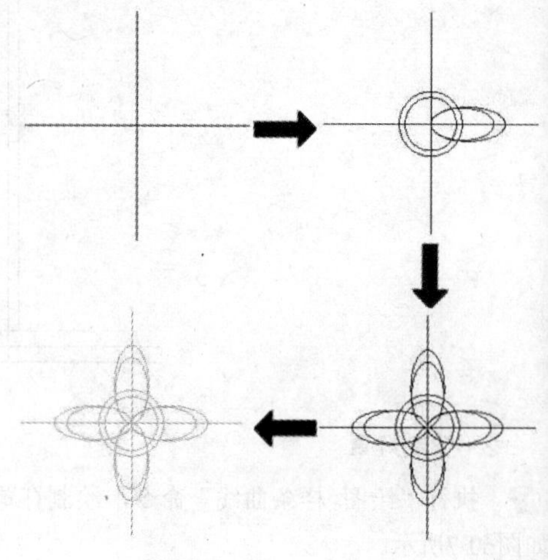

图61-2

01 打开AutoCAD 2013中文版软件，执行“绘图>直线”命令，配合“正交”功能，绘制如图61-3所示的相交直线。

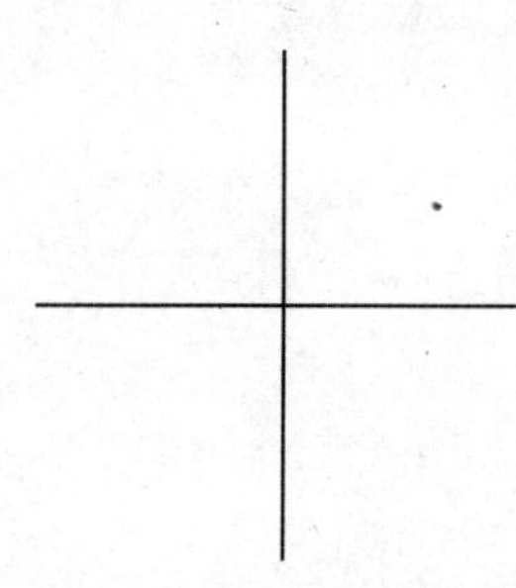

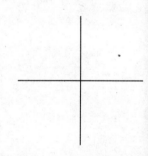

图61-3

02 执行“绘图>圆”命令，以直线的交点为中心点，绘制同心圆，两个圆的半径分别为180与220，如图61-4所示。

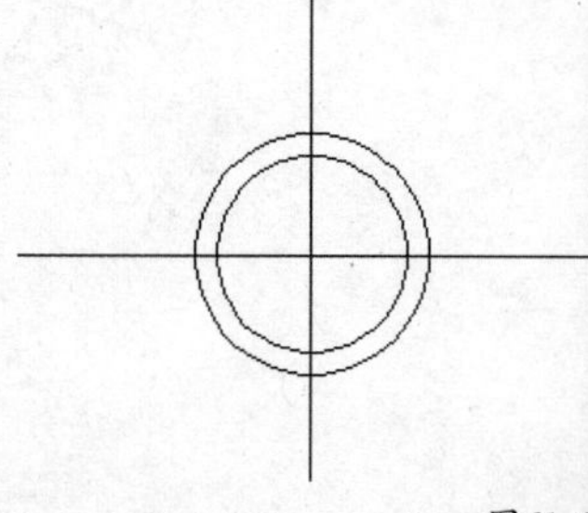

图61-4

03 执行“绘图>椭圆”命令，绘制如图61-5所示的图形。命令行提示如下：

```
命令: _ellipse
指定椭圆的轴端点或 [圆弧(A)/中心点(C)]:
指定轴的另一个端点: 440
指定另一条半轴长度或 [旋转(R)]: 110
```

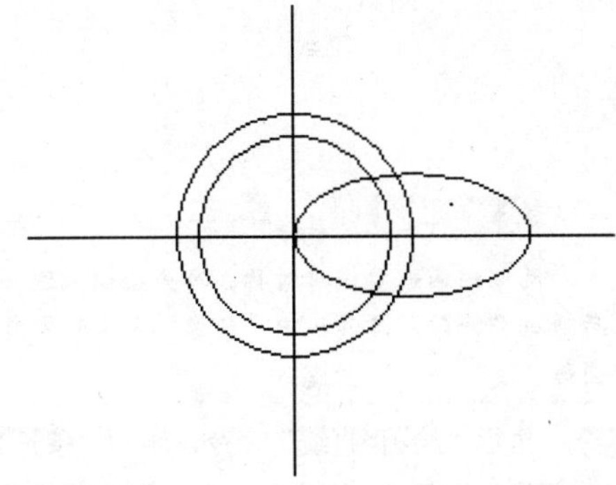

图61-5

04 再次执行“绘图>椭圆”命令，绘制另一个椭圆，如图61-6所示。

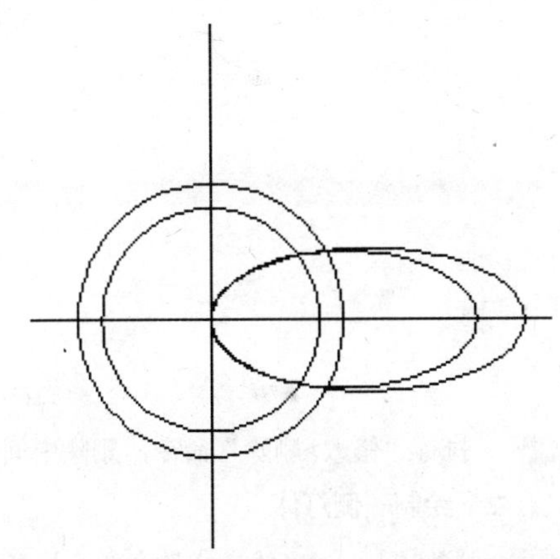

图61-6

05 在命令栏中输入“ARRAYCLASSIC”，设置“阵列”对话框如图61-7所示。

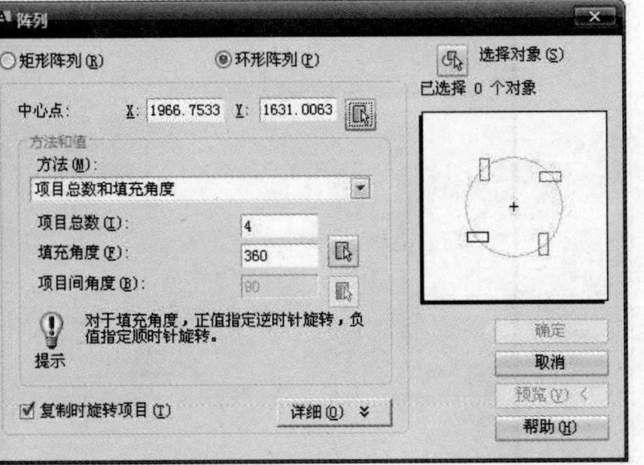

图61-7

因为要围绕着圆进行环形阵列，因此阵列的中心点必须为圆心。

06 单击“确定”按钮，即可得到如图61-8所示的图形。

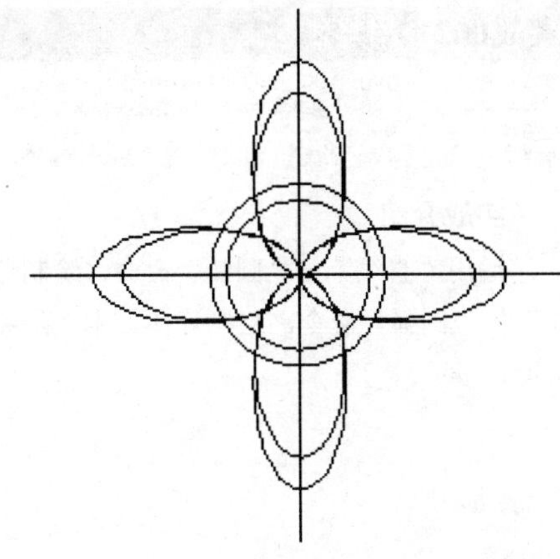

图61-8

07 执行“修改>特性”命令，在“特性”工具栏中设置吊灯的颜色为浅蓝色，如图61-9所示。

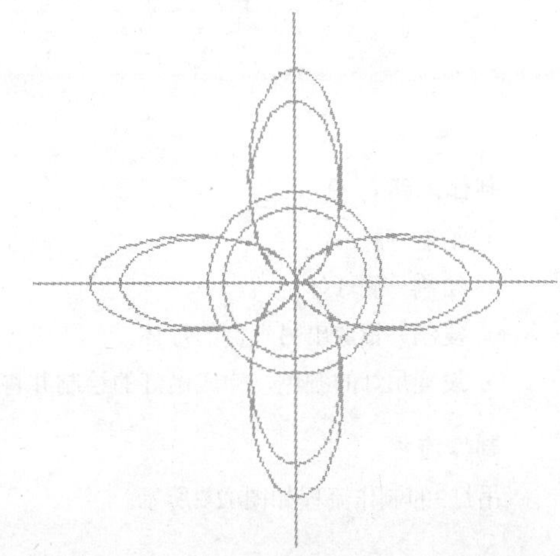

图61-9

练习061

练习位置	DVD>练习文件>第2章>练习061
难易指数	★★★☆☆
技术掌握	巩固“直线”、“正多边形”和“偏移”命令的使用方法。

操作指南

参照“实战061 吊灯1”案例进行制作。

首先执行“绘图>正多边形”与“修改>偏移”命令，绘制吊灯轮廓；然后执行“绘图>直线”命令，绘制吊灯中间部分。练习最终效果如图61-10所示。

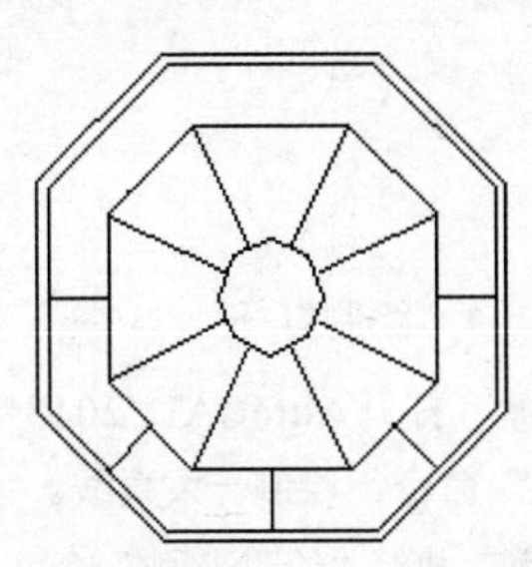

图61-10

实战062 吊灯2

实战位置	DVD>实战文件>第2章>实战062
视频位置	DVD>多媒体教学>第2章>实战062
难易指数	★★☆☆☆
技术掌握	掌握“直线”、“圆弧”和“多线”等命令。

实战介绍

运用“直线”与“圆弧”命令，绘制灯杆；利用“多线”与“圆弧”命令，绘制灯体。本例最终效果如图62-1所示。

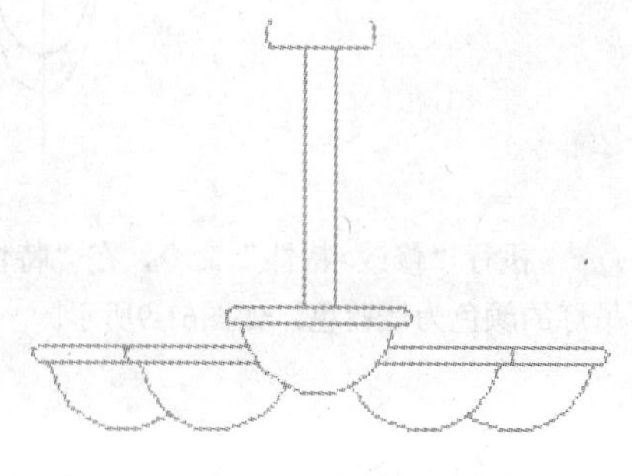

图62-1

制作思路

- 绘制灯杆。
- 绘制一侧灯体。
- 复制并镜像出另一侧的灯体。
- 设置吊灯的颜色，完成吊灯的绘制并将其保存。

制作流程

吊灯2的制作流程如图62-2所示。

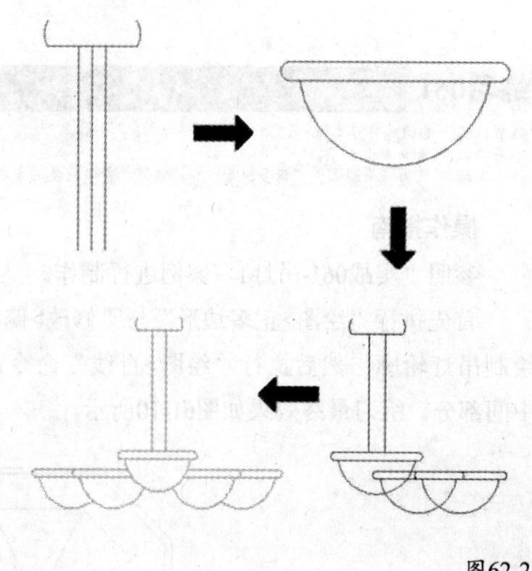

图62-2

1. 绘制灯杆

01 打开AutoCAD 2013中文版软件，执行“绘图>直线”命令，绘制一条直线。

02 执行“绘图>圆弧”命令，绘制出如图62-3所示的图形。

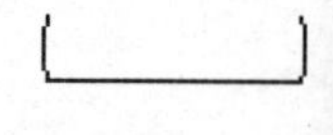

图62-3

技巧与提示

两侧的圆弧要保持对称，可先绘制直线一侧的圆弧，然后通过“修改”工具栏中“镜像”命令镜像复制出另一侧的圆弧。

03 执行“绘图>直线”命令，绘制一条长为300的直线。

04 执行“修改>偏移”命令，使该直线分别向左右偏移20个单位，如图62-4所示。

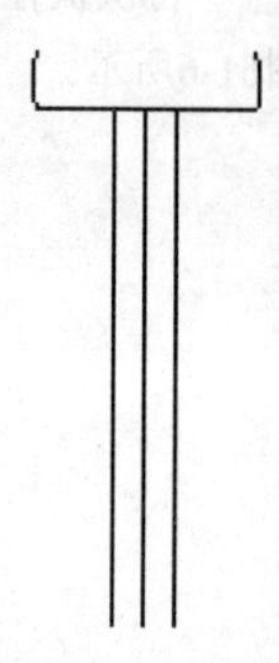

图62-4

05 执行“修改>删除”命令，删除中间的直线。

2. 绘制一侧灯体

01 执行“格式>多线样式”命令，打开“多线样式”对话框，如图62-5所示。

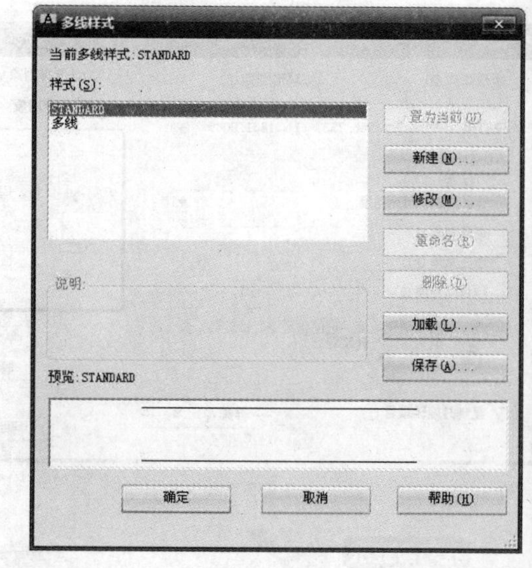

图62-5

02 单击“新建”按钮，输入新建样式名“多线”；单击“继续”按钮，打开“新建多线样式”对话框，选中“封口”组合框中“外弧”的起点与端点，如图62-6所示。

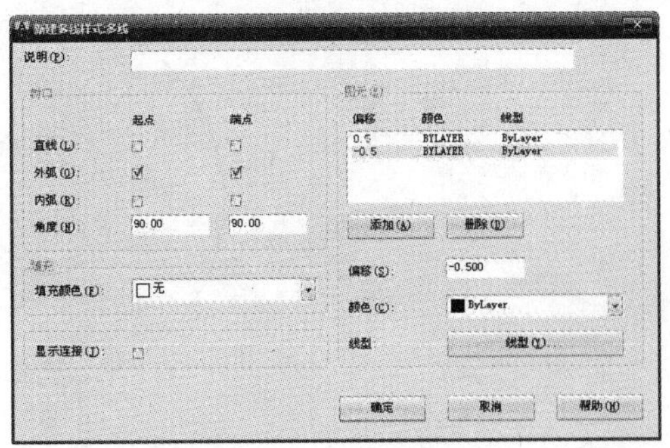

图62-6

03 单击“确定”按钮，执行“绘图>多线”命令，绘制一条多线。

命令行提示如下：

```
命令: _mline
当前设置: 对正 = 上, 比例 = 20.00, 样式 = 1
指定起点或 [对正(J)/比例(S)/样式(ST)]:  st
输入多线样式名或 [?]:  多线
当前设置: 对正 = 上, 比例 = 20.00, 样式 = 多线
指定起点或 [对正(J)/比例(S)/样式(ST)]:
指定下一点:  220
指定下一点或 [放弃(U)]:
```

04 执行“绘图>圆弧”命令，绘制如图62-7所示的灯形状。

命令行提示如下：

```
命令: _arc 指定圆弧的起点或 [圆心(C)]: @-100,0
指定圆弧的第二个点或 [圆心(C)/端点(E)]:  <正交 关> @100,-85
指定圆弧的端点: @100,85
```

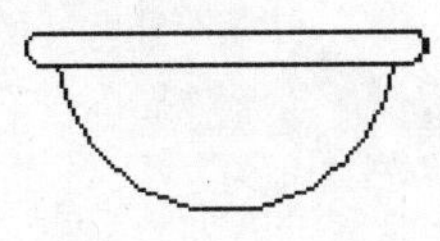

图62-7

05 执行“修改>复制”命令，将灯复制到合适的位置，如图62-8所示。

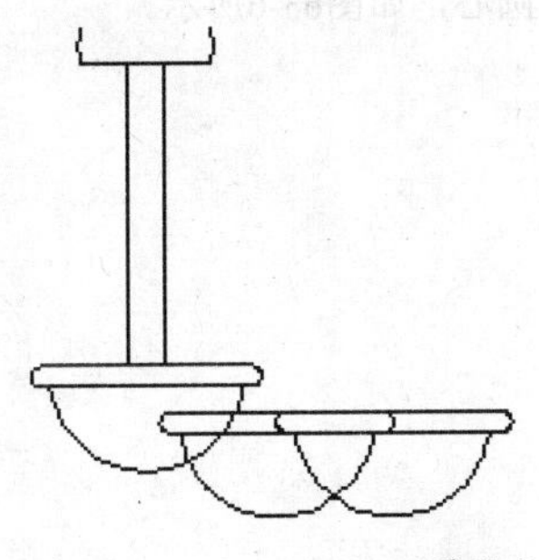

图62-8

06 执行“修改>修剪”命令，修剪掉多余的线，然后执行“修改>镜像”命令，镜像复制出另外一侧的灯，如图62-9所示。

命令行提示如下：

```
命令: _mirror
选择对象: 找到 1 个
选择对象: 找到 1 个, 总计 2 个
选择对象: 找到 1 个, 总计 3 个
选择对象: 找到 1 个, 总计 4 个
选择对象: 找到 1 个, 总计 5 个
选择对象: 找到 1 个, 总计 6 个
选择对象: 找到 1 个, 总计 7 个
选择对象: 找到 1 个, 总计 8 个
选择对象:
指定镜像线的第一点: 指定镜像线的第二点:  <正交 开>
要删除源对象吗? [是(Y)/否(N)] <N>:
```

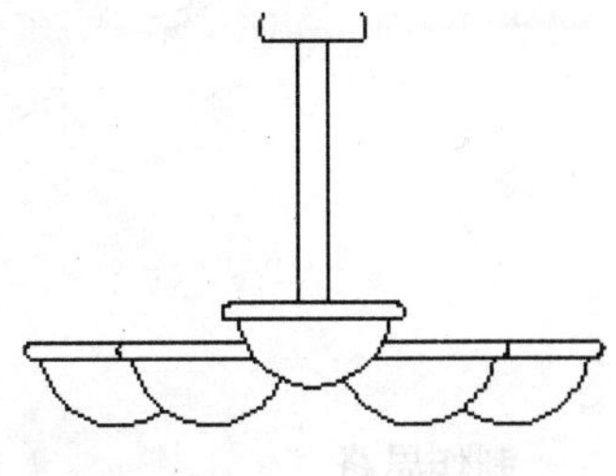

图62-9

07 执行“修改>特性”命令，在“特性”工具栏中设置吊灯的颜色。

练习062

练习位置	DVD>练习文件>第2章>练习062
难易指数	★★★☆☆
技术掌握	巩固“直线”、“圆”、“圆弧”、“阵列”和“偏移”命令的使用方法。

操作指南

参照“实战062 吊灯2”案例进行制作。

首先执行“绘图>圆”命令，绘制吊灯轮廓；然后执行“绘图>直线”、“绘图>圆”、“绘图>圆弧”、“修改>阵列”与“修改>偏移”命令，绘制吊灯。练习最终效果如图62-10所示。

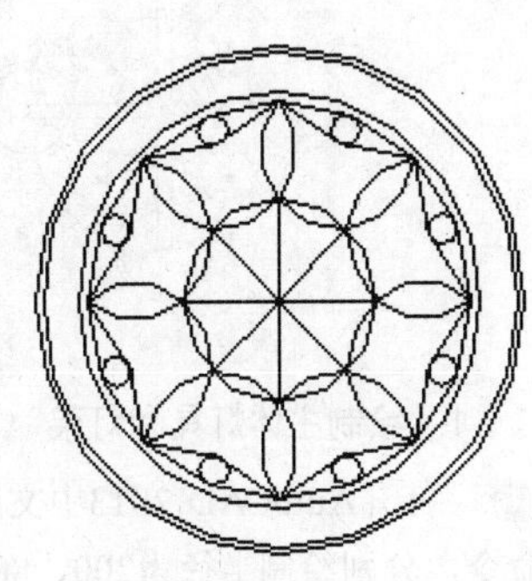

图62-10

实战063 吊灯3

实战位置	DVD>实战文件>第2章>实战063
视频位置	DVD>多媒体教学>第2章>实战063
难易指数	★★☆☆☆
技术掌握	掌握“多线”、“圆”、“复制”、“修剪”、“旋转”和“缩放”等命令。

实战介绍

运用“多线”、“圆”与“阵列”命令，绘制主体灯具和灯架；利用“复制”与“旋转”命令，创建周边灯具和灯架；利用“缩放”与“修剪”命令，完成吊灯的绘制。本例最终效果如图63-1所示。

图63-1

制作思路

- 绘制主体灯具和灯架。
- 绘制周边灯具和灯架，完成吊灯3的绘制并将其保存。

制作流程

吊灯3的制作流程如图63-2所示。

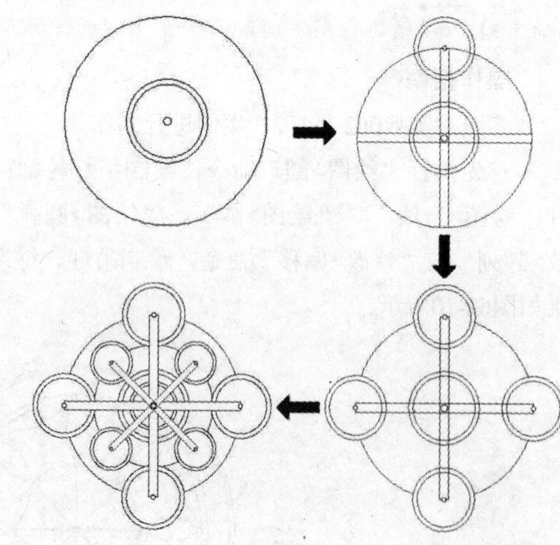

图63-2

1. 绘制主体灯具和灯架

01 打开AutoCAD 2013中文版软件，执行“绘图>圆”命令，分别绘制半径为200、80、70、7.5的圆，如图63-3所示。

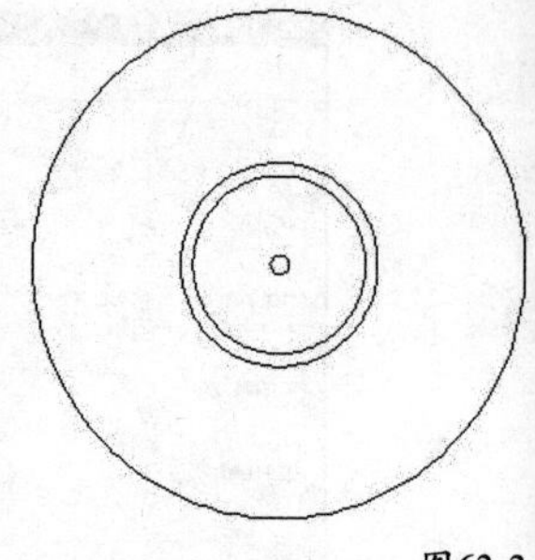

图63-3

02 执行“绘图>多线”命令，设置多线的比例为20，圆角半径为10，对正类型为无，以大圆的4个象限点为端点，绘制如图63-4所示的多线作为灯具灯架。

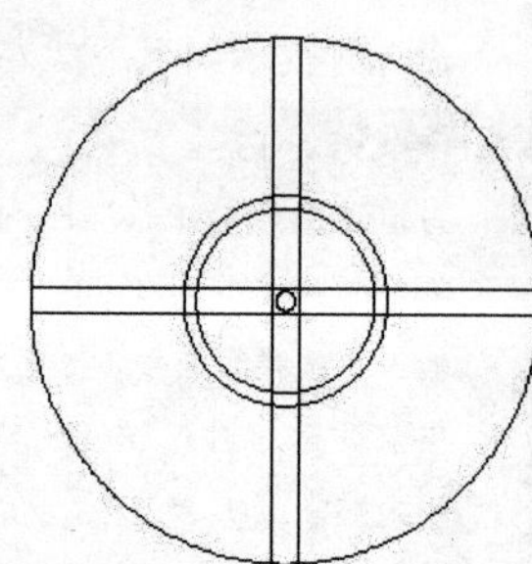

图63-4

03 执行“绘图>圆”命令，以大圆上象限点为圆心，分别绘制半径为5、60、70的圆，如图63-5所示。

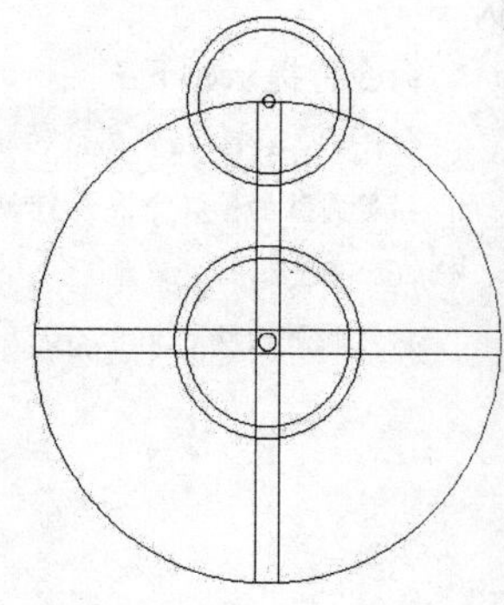

图63-5

04 在命令栏中输入“ARRAYCLASSIC”，对上一步中绘制的同心圆进行环形阵列，设置中心点为下方同心圆的圆心，如图63-6所示。

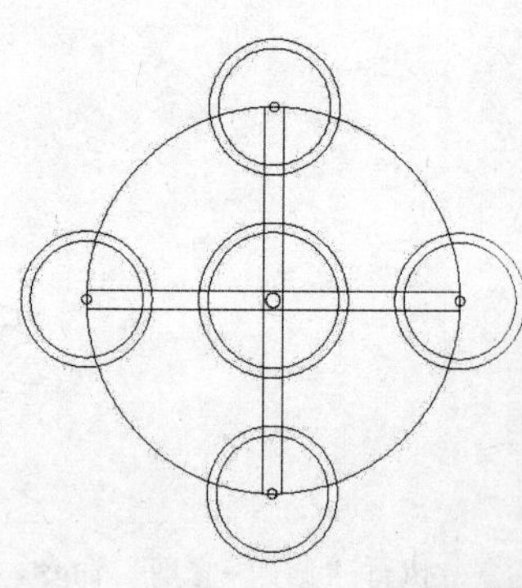

图63-6

05 执行“修改>修剪”命令，选择第3步所绘制的同心圆中最外侧的圆作为修剪边界，修剪掉内部的圆弧和直线段，如图63-7所示。

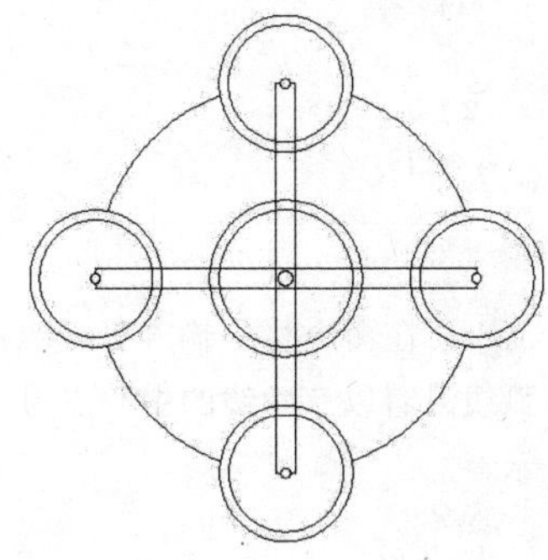

图63-7

2. 绘制内部灯具和灯架

01 执行“修改>复制”命令，将之前绘制的主体灯具和灯架进行复制；执行“修改>旋转”命令，将复制的主体灯具和支架旋转45°，如图63-8所示。

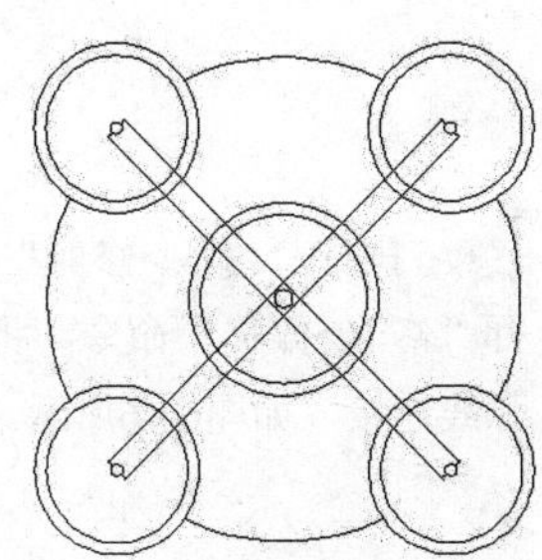

图63-8

02 执行“修改>缩放”命令，将原主体灯具和支架放大1.5倍，作为吊灯外围的灯具和灯架；执行“修改>移动”命令，以大圆圆心为基点，将旋转后的灯具和灯架移动至吊灯的外围灯具和灯架中，设置目标点是外围灯具和灯架的大圆圆心，如图63-9所示。

图63-9

03 执行“修改>修剪”命令，修剪并删除掉多余的线段，如图63-10所示。

图63-10

练习063

练习位置	DVD>练习文件>第2章>练习063
难易指数	★★★☆☆
技术掌握	巩固“直线”、“矩形”、“圆”、“圆弧”、“正多边形”、“圆角”、“修剪”、“阵列”和“偏移”命令的使用方法。

操作指南

参照“实战063 吊灯3”案例进行制作。

首先执行“绘图>圆”与“修改>偏移”命令，绘制吊灯中间部分；接着执行“绘图>直线”、“绘图>圆”、“绘图>圆弧”、“绘图>正多边形”、“修改>修剪”、“修改>偏移”与“修改>圆角”命令，绘制吊灯主体灯具和灯架；然后在命令栏中输入“ARRAYCLASSIC”，阵列灯具和灯架，完成外围主体灯具和灯架的绘制；最后执行“绘图>矩形”、“绘图>圆”、“修改>修剪”与“修改>偏移”命令，并在命令栏中输入“ARRAYCLASSIC”，完成里面灯具和灯架的绘制。练习最终效果如图63-11所示。

图63-11

实战064 玻璃茶几

实战位置	DVD>实战文件>第2章>实战064
视频位置	DVD>多媒体教学>第2章>实战064
难易指数	★★☆☆☆
技术掌握	掌握“直线”、“圆”、“正多边形”、“线型”、“阵列”、“镜像”和“偏移”等命令。

实战介绍

运用“正多边形”与“偏移”命令，绘制玻璃茶几外轮廓；利用“正多边形”、“圆”与“镜像”命令，绘制茶几角和底部隔板。本例最终效果如图64-1所示。

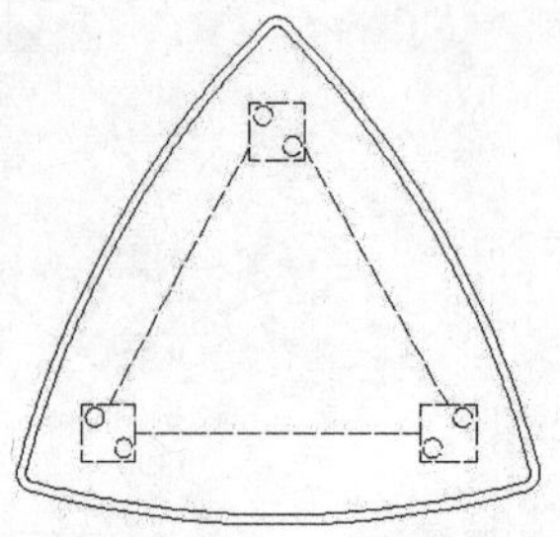

图64-1

制作思路

• 绘制茶几外轮廓。

• 绘制茶几角和底部隔板，完成玻璃茶几的绘制并将其保存。

制作流程

玻璃茶几的制作流程如图64-2所示。

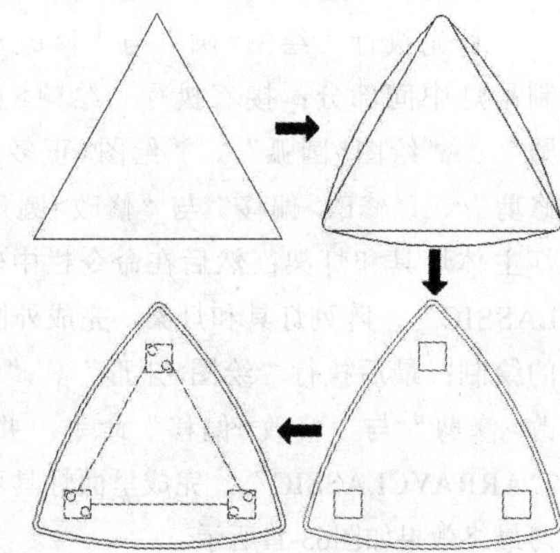

图64-2

1. 绘制茶几外轮廓

01 打开AutoCAD 2013中文版软件，执行“绘图>正多边形”命令，绘制一个边长为300的正三角形，如图64-3所示。

命令行提示如下：

```
命令：_polygon 输入侧面数 <4>：3
指定正多边形的中心点或 [边(E)]：E
指定边的第一个端点：指定边的第二个端点：300
```

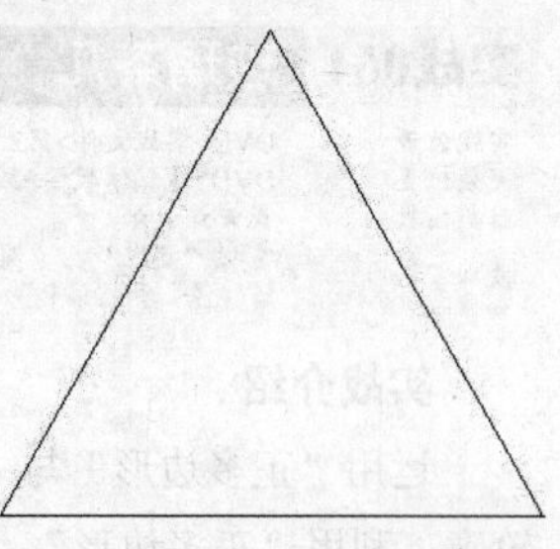

图64-3

02 执行“修改>圆角”命令，将3个顶角进行圆角处理，圆角半径为10；执行“绘图>圆弧”命令，绘制圆弧，如图64-4所示。

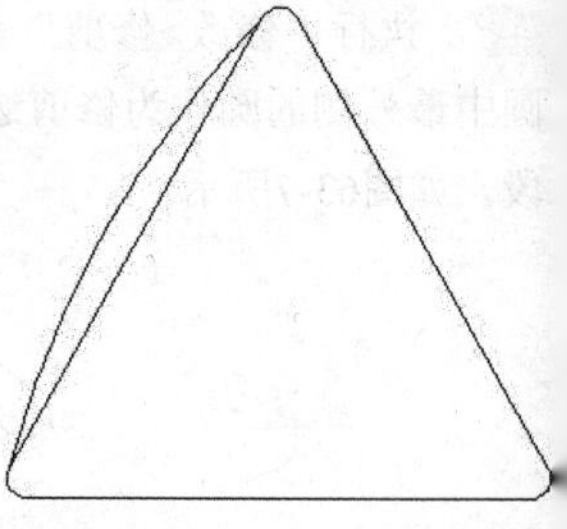

图64-4

03 在命令栏中输入“ARRAYCLASSIC”，将绘制的弧线沿着以三角线的中心点为中心进行阵列，如图64-5所示。

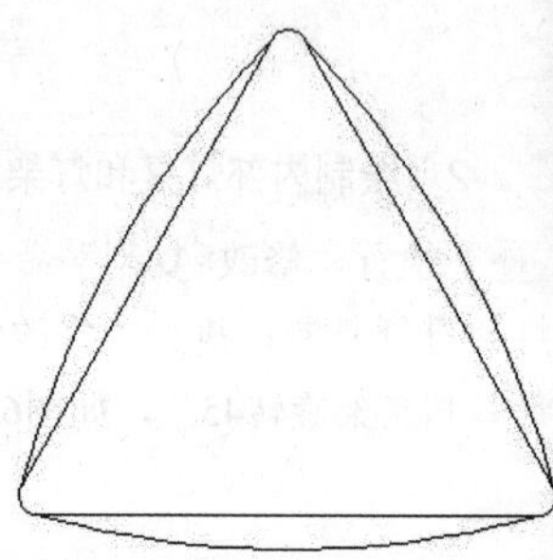

图64-5

04 执行“修改>修剪”命令，修剪三角形的3条边；执行“修改>偏移”命令，将弧线向内偏移5，并将偏移后的弧线连接，如图64-6所示。

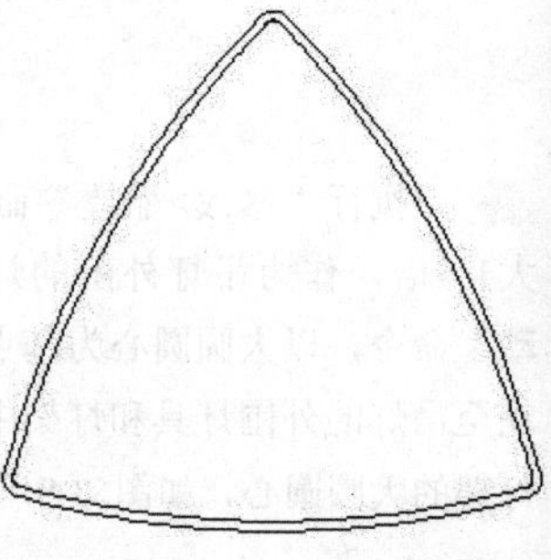

图64-6

2. 绘制茶几角和底部隔板

01 执行“绘图>正多边形”命令，绘制一个长为30的正方形，并将其复制两个，放在合适的位置，作为茶几角，如图64-7所示。

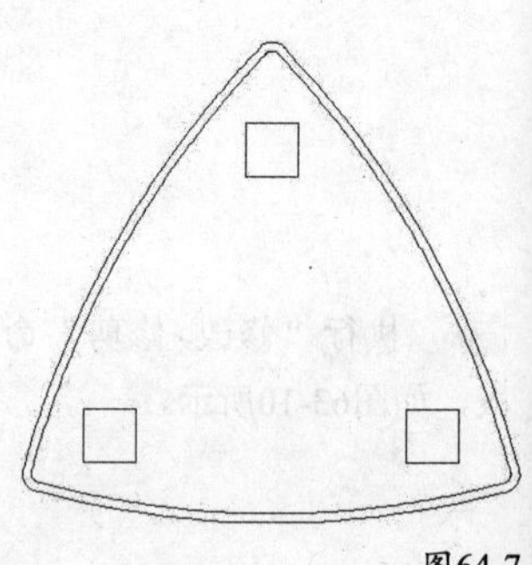

图64-7

02 执行“绘图>圆”和“修改>镜像”命令，绘制固定茶几的钢钉；执行“绘图>直线”命令，绘制3条柱脚连接线，如图64-8所示。

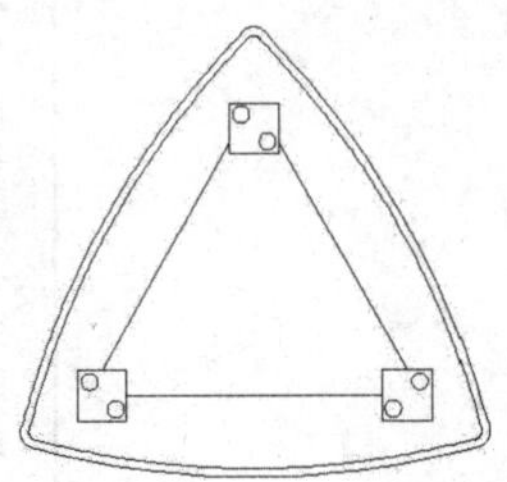

图64-8

03 由于茶几角和底部隔板是在玻璃台面的下方，所以用虚线表示。将茶几角和底部隔板全部选中，执行“格式>线型”命令，选择虚线线型，如图64-9所示。

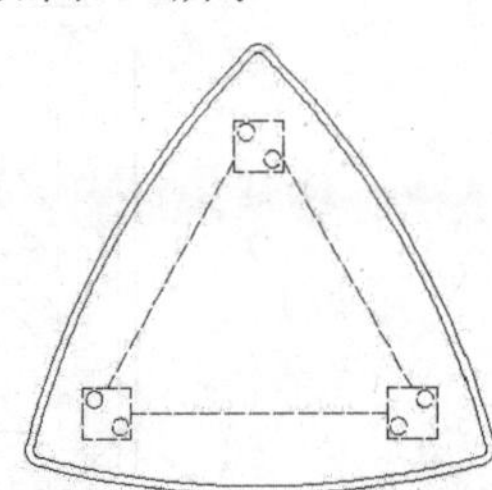

图64-9

练习064

练习位置	DVD>练习文件>第2章>练习064
难易指数	★★★☆☆
技术掌握	巩固“正多边形”、“椭圆”、“镜像”、“偏移”和“修剪”命令的使用方法。

操作指南

参照“实战064 玻璃茶几”案例进行制作。

首先执行“绘图>椭圆”与“修改>偏移”命令，绘制茶几台面；然后执行“绘图>正多边形”、“绘图>椭圆”、“修改>镜像”、“修改>偏移”与“修改>修剪”命令，绘制茶几角及底部隔板；最后执行“格式>线型”命令，将茶几角及底部隔板用虚线表示。练习最终效果如图64-10所示。

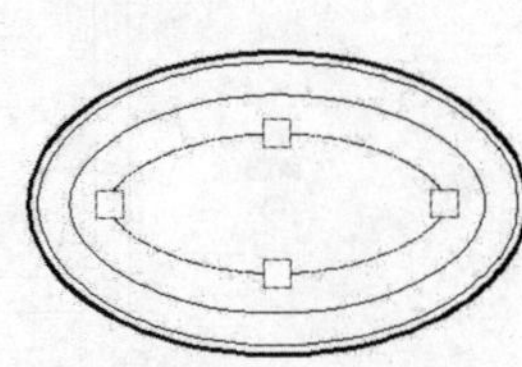

图64-10

实战065 茶几

实战位置	DVD>实战文件>第2章>实战065
视频位置	DVD>多媒体教学>第2章>实战065
难易指数	★★☆☆☆
技术掌握	掌握“矩形”、“倒角”、“圆角”、“偏移”和“图案填充”等命令。

实战介绍

运用“矩形”、“偏移”与“倒角”命令，绘制茶几周边框架；利用“分解”、“偏移”、“延伸”、“拉长”与“圆角”命令，对框架轮廓线进行编辑；利用“图案填充”命令，对图形填充图案。本例最终效果如图65-1所示。

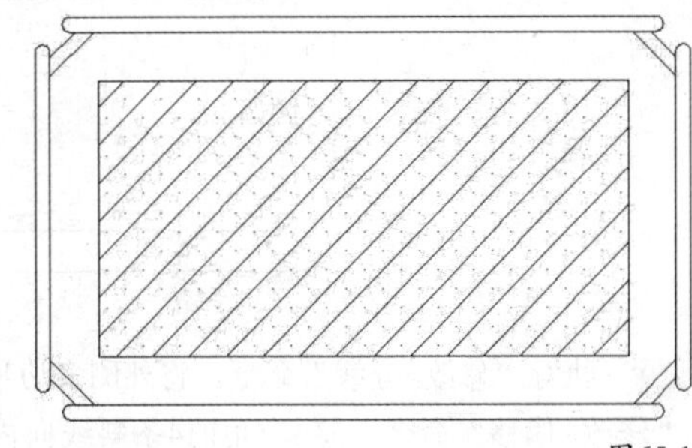

图65-1

制作思路

• 绘制茶几周边框架。

• 对框架进行编辑，填充图形，完成茶几的绘制并将其保存。

制作流程

茶几的制作流程如图65-2所示。

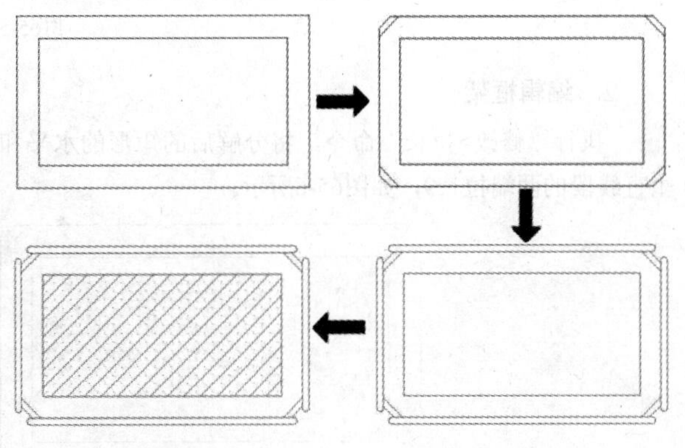

图65-2

1. 绘制茶几周边框架

01 打开AutoCAD 2013中文版软件，执行“绘图>矩形”命令，绘制一个长为972、宽为486的矩形。

02 执行“修改>偏移”命令，将矩形向外偏移86，如图65-3所示。

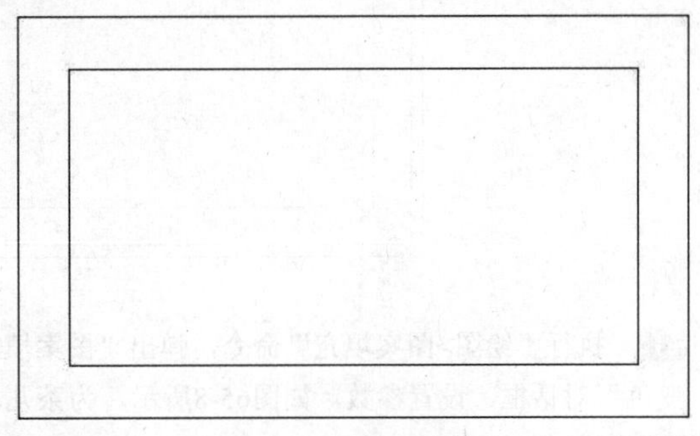

图65-3

03 执行“修改>倒角”命令，设置倒角距离为48，倒角角度为45°，对外侧矩形进行倒角操作，如图65-4所示。

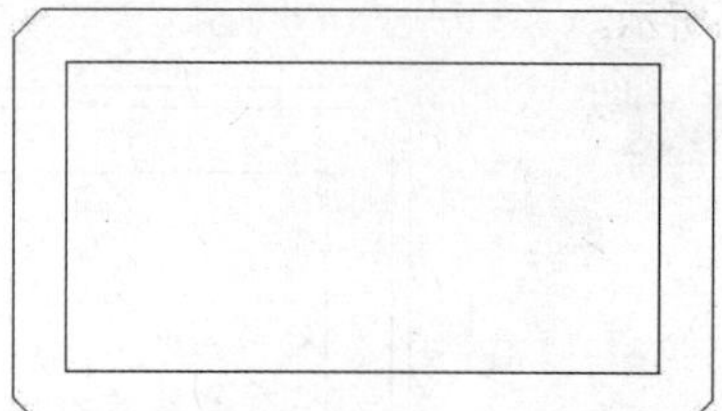

图65-4

04 执行“修改>分解”命令，将外侧多边形分解；执行“修改>偏移”命令，将4个角的4条斜线向内偏移24；执行“修改>延伸”命令，将偏移后的斜线延伸至与原矩形的4条边相交，如图65-5所示。

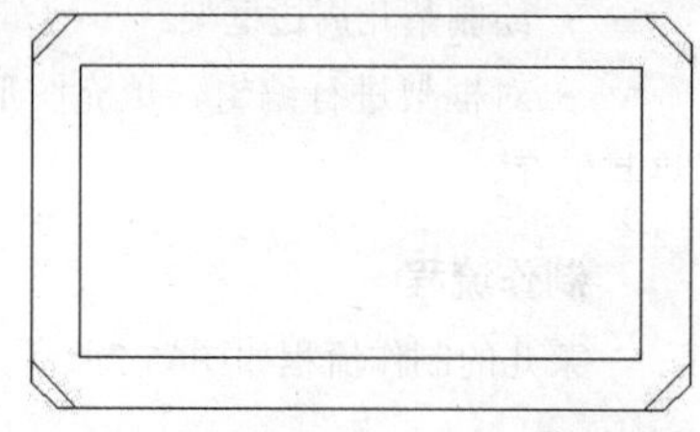

图65-5

2. 编辑框架

01 执行“修改>拉长”命令，将分解后的矩形的水平和垂直线段的两端拉长9，如图65-6所示。

图65-6

02 执行“修改>偏移”命令，将拉长后的4条线段向外偏移27；执行“修改>圆角”命令，对各组平行线进行圆角处理，如图65-7所示。

图65-7

03 执行“绘图>图案填充”命令，弹出“图案填充和渐变色”对话框，设置参数，如图65-8所示。为茶几填充图案，如图65-9所示。

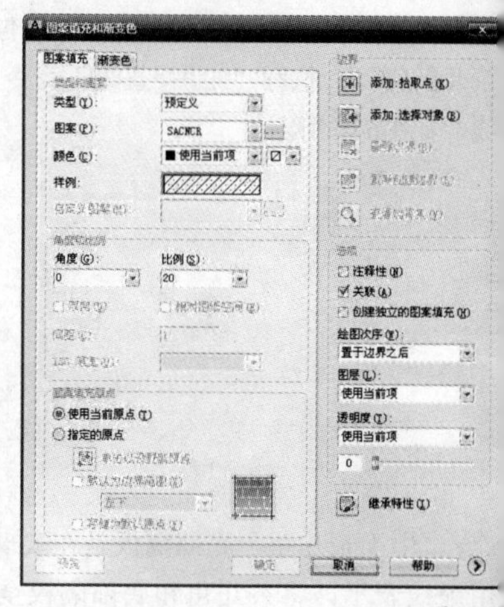

图65-8

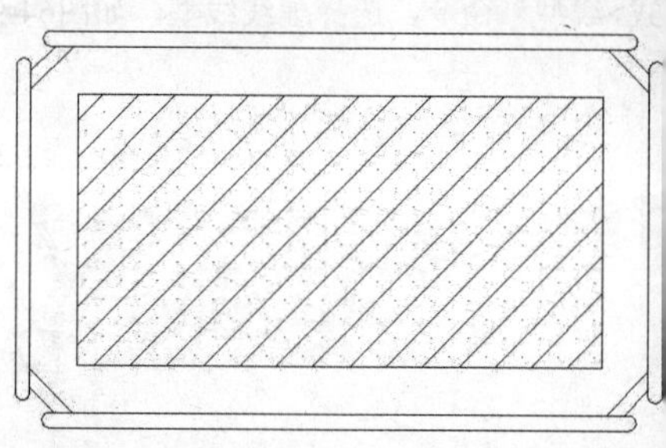

图65-9

练习065

练习位置	DVD>练习文件>第2章>练习065
难易指数	★★★☆☆
技术掌握	巩固“矩形”、“直线”、“分解”、“偏移”和“修剪”命令的使用方法。

操作指南

参照“实战065 茶几”案例进行制作。

首先执行“绘图>矩形”与“修改>偏移”命令，绘制茶几周边框架；然后执行“绘图>直线”、“修改>分解”、“修改>偏移”与“修改>修剪”命令，编辑茶几框架。练习最终效果如图65-10所示。

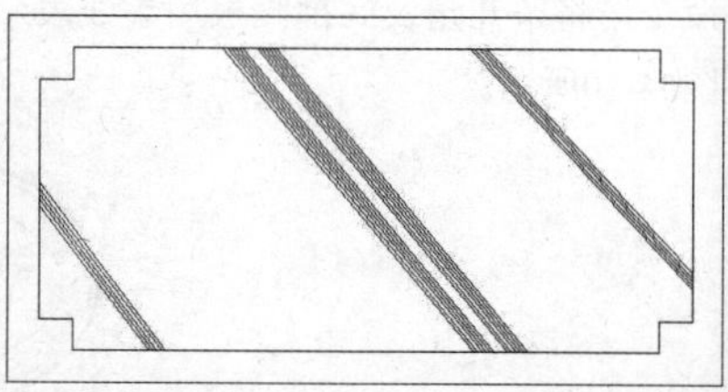

图65-10

实战066 茶几（立面）

实战位置	DVD>实战文件>第2章>实战066
视频位置	DVD>多媒体教学>第2章>实战066
难易指数	★★☆☆☆
技术掌握	掌握“矩形”、“倒角”、“偏移”、“分解”、“延伸”、“修剪”、“镜像”和“夹点编辑”等命令。

实战介绍

运用“矩形”、“偏移”与“倒角”命令，绘制茶几桌面；利用“矩形”、“分解”、“延伸”、“修剪”、

"镜像"与"夹点编辑"命令，绘制桌脚。本例最终效果如图66-1所示。

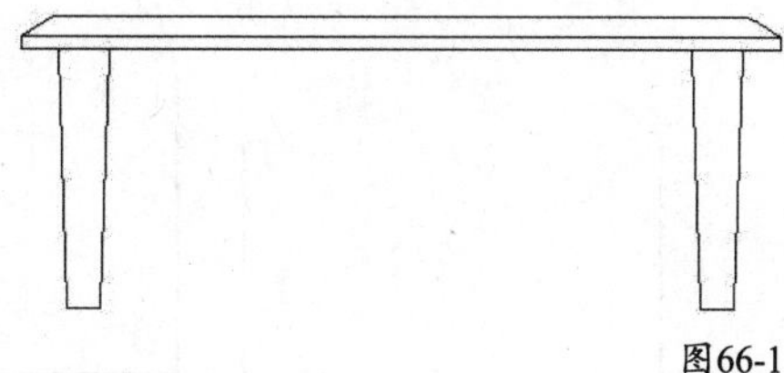

图66-1

制作思路

- 绘制茶几桌面。
- 绘制桌脚，完成茶几（立面）的绘制并将其保存。

制作流程

茶几（立面）的制作流程如图66-2所示。

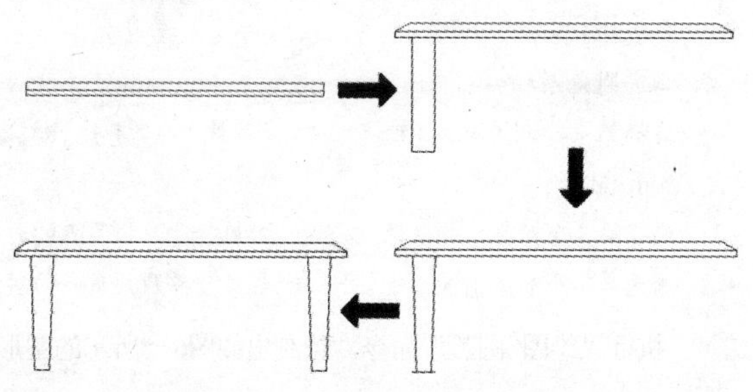

图66-2

1. 绘制茶几桌面

01 打开AutoCAD 2013中文版软件，执行"绘图>矩形"命令，绘制一个长为1200、宽为50的矩形。

02 执行"修改>分解"与"修改>偏移"命令，将矩形分解，然后将矩形下方水平线段向上偏移20，如图66-3所示。

图66-3

03 执行"修改>倒角"命令，设置倒角距离分别为30、50，对桌面进行倒角操作，如图66-4所示。

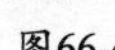

图66-4

2. 绘制桌脚

01 执行"绘图>矩形"命令，配合"捕捉自"功能，以距离左下方断点水平距离向右60的点为起点，绘制长度为80、宽为400的矩形，并将其分解，如图66-5所示。

图66-5

02 将矩形的两条垂直线段夹点显示，使用"夹点旋转"功能，分别将其旋转2°和-2°，如图66-6所示。

图66-6

03 执行"修改>延伸"命令，以最下方的水平边线作为边界，对旋转后的两条边线进行延伸处理。

04 执行"修改>修剪"命令，对图形进行修剪，如图66-7所示。

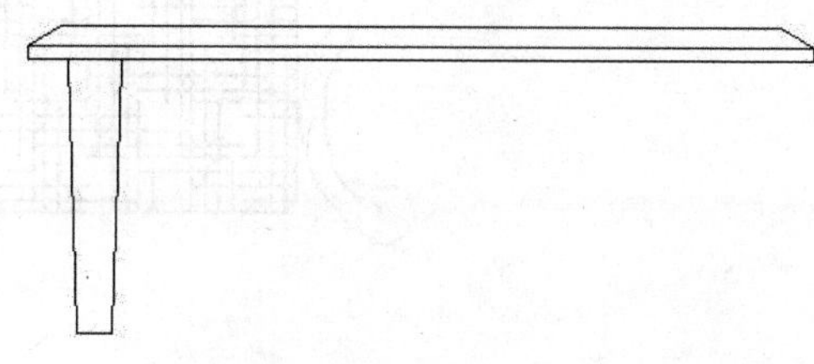

图66-7

05 执行"修改>镜像"命令，对桌脚进行镜像操作，如图66-8所示。

图66-8

练习066

练习位置	DVD>练习文件>第2章>练习066
难易指数	★★★☆☆
技术掌握	巩固"矩形"、"直线"、"分解"、"偏移"、"镜像"和"修剪"命令的使用方法。

操作指南

参照"实战066 茶几（立面）"案例进行制作。

首先执行"绘图>矩形"、"绘图>直线"与"修改>偏移"命令，绘制茶几桌面；然后执行"绘图>直线"、"绘图>矩形"、"修改>分解"、"修改>偏移"、"修改>阵列"与"修改>修剪"命令，绘制桌脚。练习最终效果如图66-9所示。

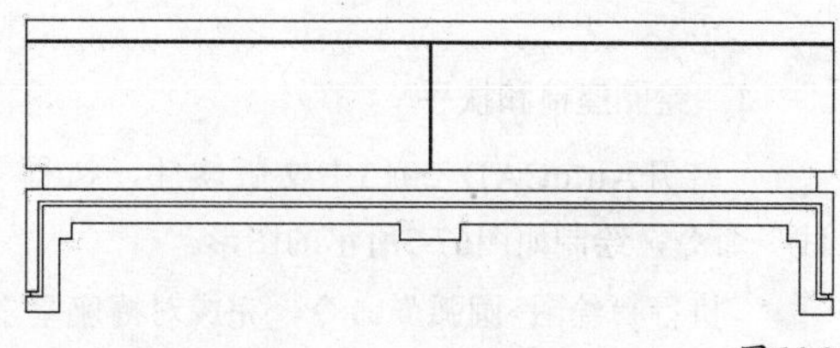

图66-9

实战067 靠椅

实战位置	DVD>实战文件>第2章>实战067
视频位置	DVD>多媒体教学>第2章>实战067
难易指数	★★☆☆☆
技术掌握	掌握“直线”、“圆弧”、“偏移”和“图案填充”等命令。

实战介绍

运用“直线”、“圆弧”与“偏移”命令，绘制靠椅的平面图；利用“图案填充”命令，填充靠椅。本例最终效果如图67-1所示。

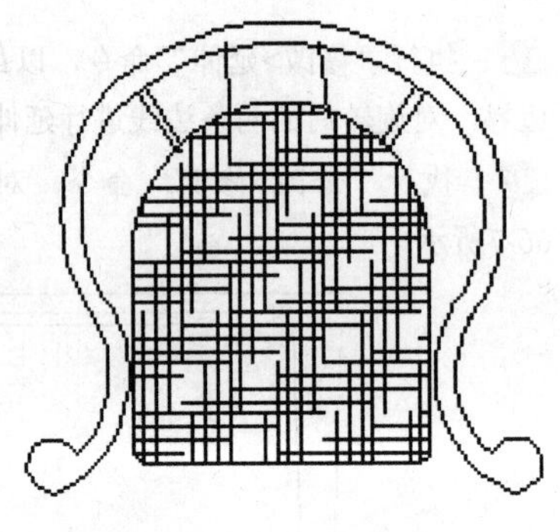

图67-1

制作思路

- 绘制椅座。
- 绘制靠椅扶手。
- 绘制椅座和扶手的连接部件。
- 填充座椅，完成靠椅的绘制并将其保存。

制作流程

靠椅的制作流程如图67-2所示。

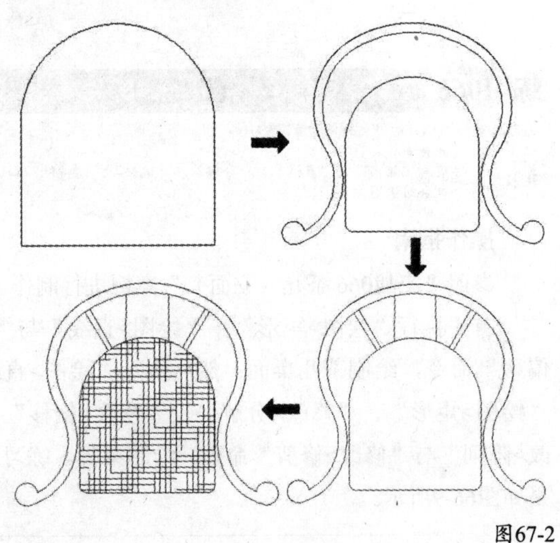

图67-2

1. 绘制座椅和扶手

01 打开AutoCAD 2013中文版软件，执行“绘图>直线”命令，绘制如图67-3所示的图形。

02 执行“绘图>圆弧”命令，完成对椅座基本形状的绘制，如图67-4所示。

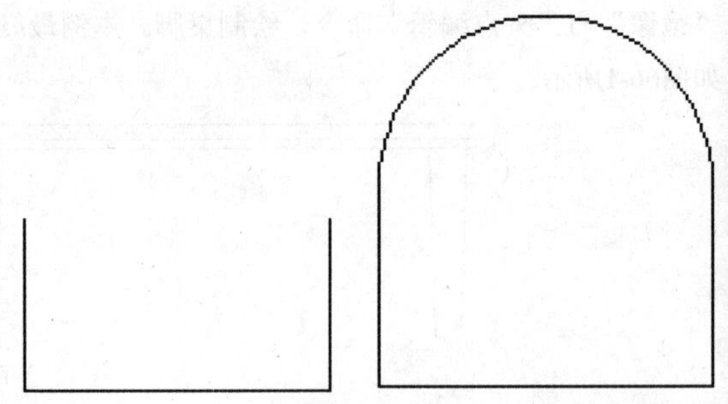

图67-3　　图67-4

03 执行“修改>圆角”命令，对直线部分进行倒圆角处理。命令行提示如下：

```
命令: _fillet
当前设置: 模式 = 修剪, 半径 = 0.5000
选择第一个对象或 [放弃(U)/多段线(P)/半径(R)/修剪(T)/多个(M)]: r
指定圆角半径 <0.5000>: 30
选择第一个对象或 [放弃(U)/多段线(P)/半径(R)/修剪(T)/多个(M)]:
选择第二个对象, 或按住 Shift 键选择要应用角点的对象:
选择第二个对象, 或按住 Shift 键选择要应用角点的对象:
```

04 执行“绘图>圆弧”命令，绘制出如图67-5所示的图形。

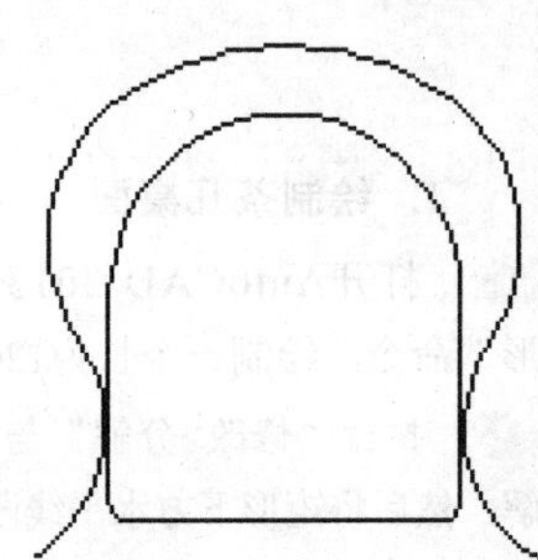

图67-5

05 执行“修改>偏移”命令，使上一步所绘制的圆弧向外偏移40，如图67-6所示。

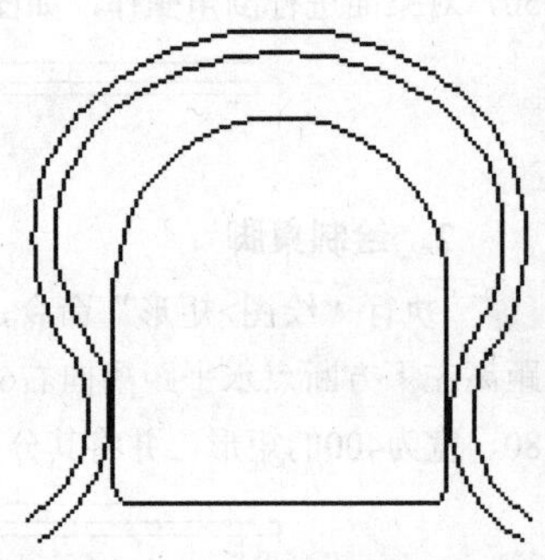

图67-6

06 执行“绘图>圆弧”命令，绘制出靠椅扶手处的圆弧状；执行“修改>修剪”命令，将多余的线修剪掉，如图67-7所示。

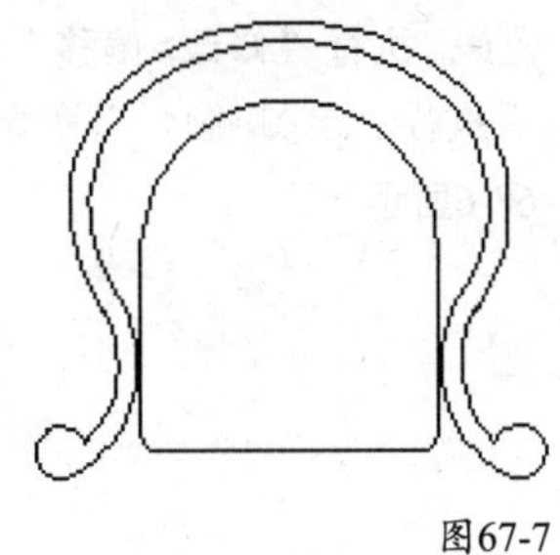

图67-7

2. 绘制连接部件，填充图案

01 执行“绘图>直线”命令，绘制如图67-8所示的图形。

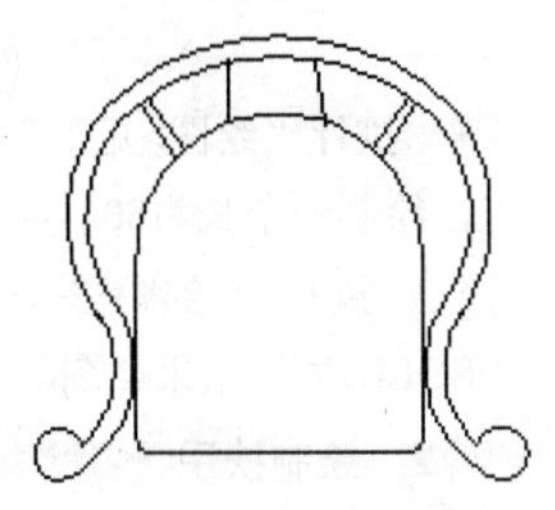

图67-8

02 执行“绘图>图案填充”命令，对椅座填充图案“HOUND”，结果如图67-9所示。

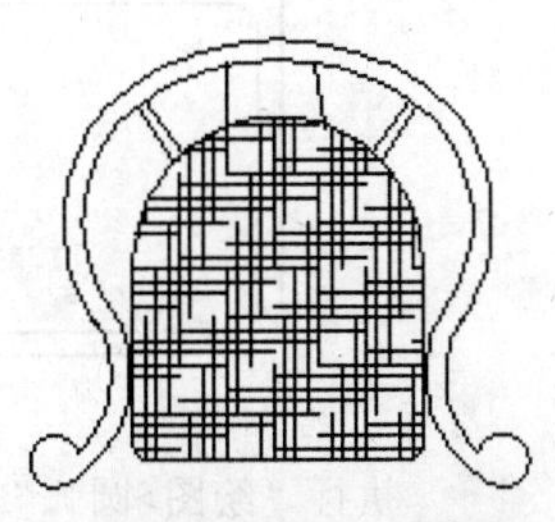

图67-9

练习067

练习位置	DVD>练习文件>第2章>练习067
难易指数	★★★☆☆
技术掌握	巩固“直线”、“圆弧”和“偏移”命令的使用方法。

操作指南

参照“实战067 靠椅”案例进行制作。

首先执行“绘图>直线”与“绘图>圆弧”命令，绘制座椅；然后执行“绘图>直线”、“绘图>圆弧”与“修改>偏移”命令，绘制靠椅扶手和连接部分。练习最终效果如图67-10所示。

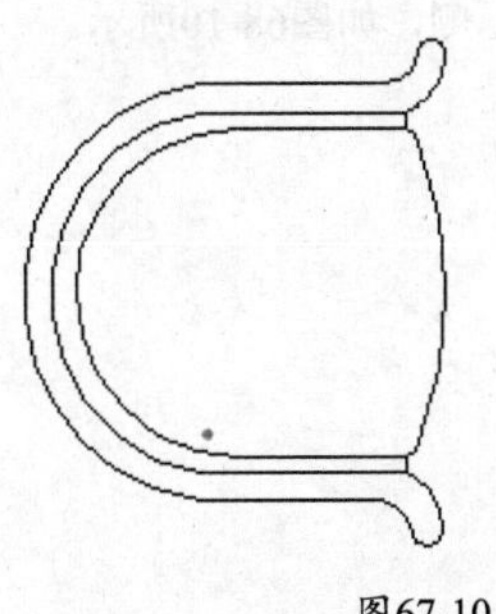

图67-10

实战068 餐桌椅1

实战位置	DVD>实战文件>第2章>实战068
视频位置	DVD>多媒体教学>第2章>实战068
难易指数	★★☆☆☆
技术掌握	掌握“矩形”、“圆弧”和“偏移”等命令。

实战介绍

运用“矩形”与“偏移”命令，绘制椅座；利用“圆弧”命令，绘制靠背；利用“矩形”命令，绘制扶手。本例最终效果如图68-1所示。

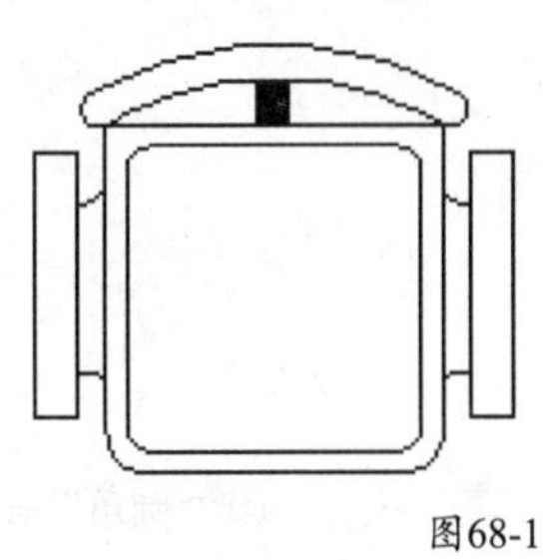

图68-1

制作思路

- 绘制椅座。
- 绘制靠背。
- 绘制扶手，完成餐桌椅1的绘制并将其保存。

制作流程

餐桌椅1的制作流程如图68-2所示。

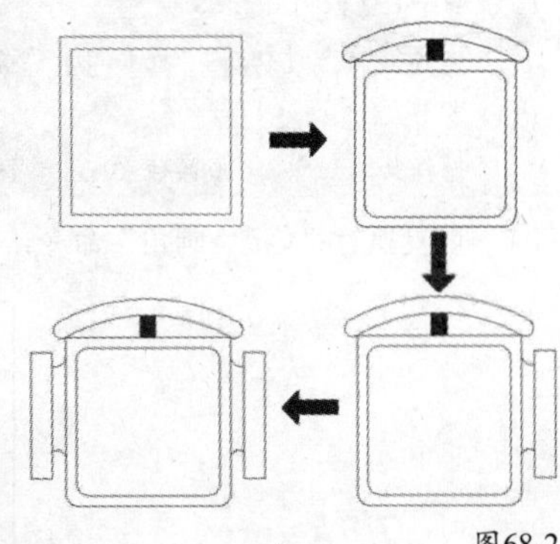

图68-2

1. 绘制椅座和靠背

01 打开AutoCAD 2013中文版软件，执行“绘图>正多边形”命令，绘制一个边长为800的正方形。

02 执行“修改>偏移”命令，将正方形向内侧偏移50，如图68-3所示。

命令行提示如下：

```
命令: _polygon 输入边的数目 <4>:
指定正多边形的中心点或 [边(E)]:
指定边的第一个端点:
指定边的第二
个端点: <正交 开> 800
命令: _offset
```

```
当前设置：删除源=否  图层=源  OFFSETGAPTYPE=0
指定偏移距离或 [通过(T)/删除(E)/图层(L)] <通过>: 50
选择要偏移的对象，或 [退出(E)/放弃(U)] <退出>:
指定要偏移的那一侧上的点，或 [退出(E)/多个(M)/放弃(U)] <退出>:
选择要偏移的对象，或 [退出(E)/放弃(U)] <退出>:
```

图68-3

03 执行“修改>圆角”命令，将椅子的座位边角处倒圆角。命令行提示如下：

```
命令: _fillet
当前设置：模式 = 修剪，半径 = 0.0000
选择第一个对象或 [放弃(U)/多段线(P)/半径(R)/修剪(T)/多个(M)]: r
指定圆角半径 <0.0000>: 60
选择第一个对象或 [放弃(U)/多段线(P)/半径(R)/修剪(T)/多个(M)]:
选择第一个对象或 [放弃(U)/多段线(P)/半径(R)/修剪(T)/多个(M)]:
选择第二个对象，或按住 Shift 键选择要应用角点的对象:
```

重复执行“修改>圆角”命令，效果如图68-4所示。

图68-4

04 执行“绘图>圆弧”命令，捕捉点a、b为起始点与端点绘制圆弧，如图68-5所示。

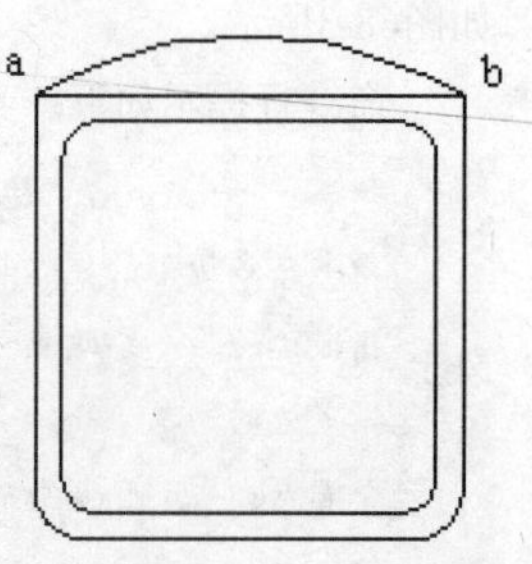

图68-5

05 执行“修改>偏移”命令，将圆弧向外偏移80；然后执行“绘图>圆弧”命令，绘制两段圆弧的封口，如图68-6所示。

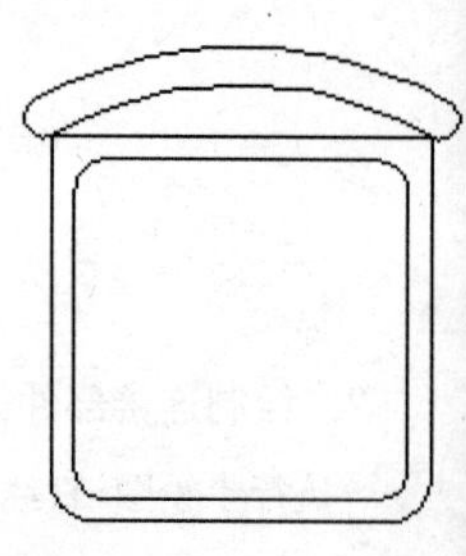

图68-6

06 执行“绘图>矩形”命令，以椅座上侧的中点为起始点，绘制一个长为80、高为110的矩形。

07 执行“绘图>图案填充”命令，对矩形填充图案“SOLID”，结果如图68-7所示。

2. 绘制扶手

01 执行“绘图>矩形”命令，绘制如图68-8所示的矩形。

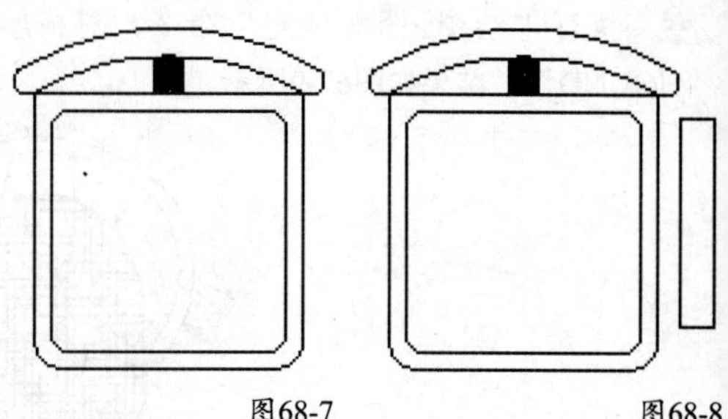

图68-7　　图68-8

02 执行“绘图>圆弧”和“修改>修剪”命令，连接椅座与矩形，如图68-9所示。

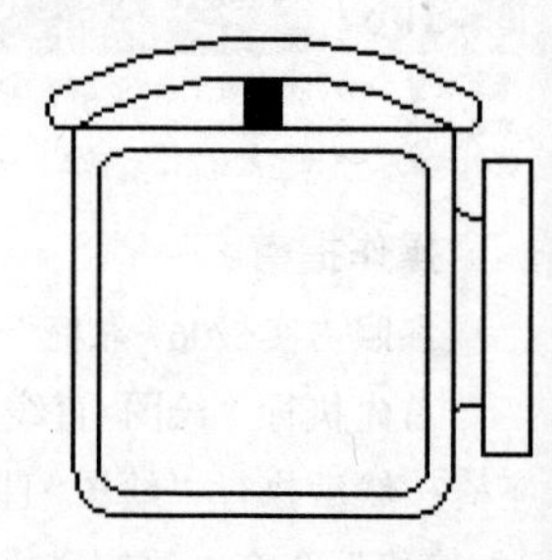

图68-9

03 执行“修改>镜像”命令，将扶手镜像复制到另一侧，如图68-10所示。

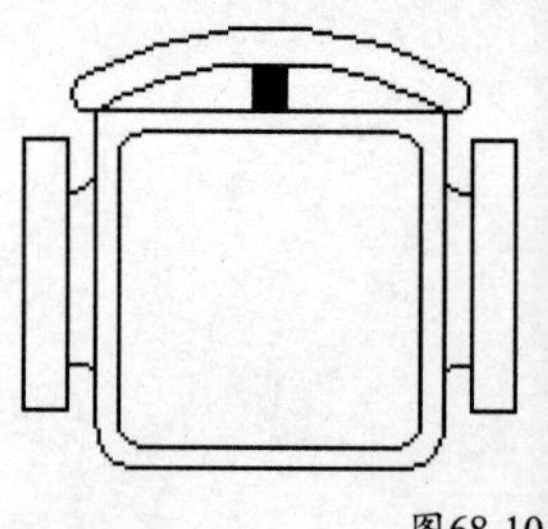

图68-10

练习068

练习位置　DVD>练习文件>第2章>练习068
难易指数　★★★☆☆
技术掌握　巩固“直线”、“圆弧”和“偏移”命令的使用方法。

操作指南

参照“实战068 餐桌椅1”案例进行制作。

首先执行“绘图>直线”与“绘图>圆弧”命令，绘制座椅；然后执行“绘图>直线”、“绘图>圆弧”与“修改>偏移”命令，绘制靠椅扶手和靠背。练习最终效果如图68-11所示。

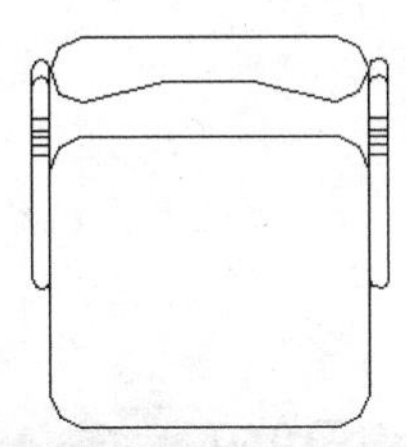

图68-11

实战069　餐桌椅2

实战位置　DVD>实战文件>第2章>实战069
视频位置　DVD>多媒体教学>第2章>实战069
难易指数　★★☆☆☆
技术掌握　掌握“直线”、“圆弧”和“多段线”等命令。

实战介绍

运用“多段线”命令，绘制扶手；利用“直线”与“圆弧”命令，绘制靠背和椅座。本例最终效果如图69-1所示。

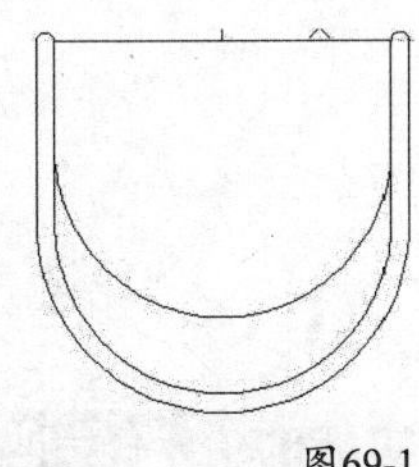

图69-1

制作思路

- 绘制扶手。
- 绘制椅座。
- 绘制靠背，完成餐桌椅1的绘制并将其保存。

制作流程

餐桌椅2的制作流程如图69-2所示。

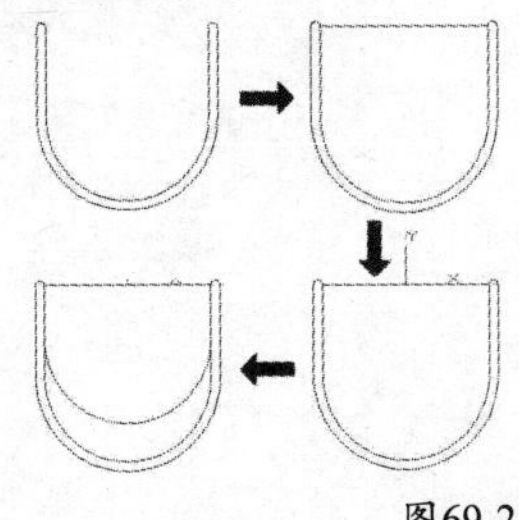

图69-2

1. 绘制扶手

01 打开AutoCAD 2013中文版软件，执行“工具>绘图设置”命令，在弹出的“草图设置”对话框中选择“极轴追踪”选项卡，设置如图69-3所示。

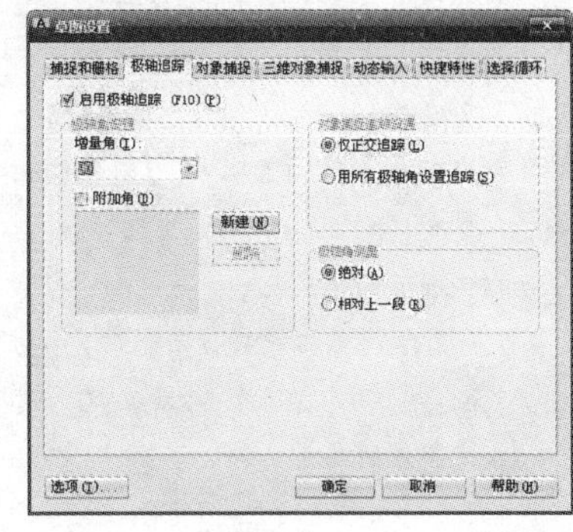

图69-3

02 执行“绘图>多段线”命令，配合“极轴追踪”功能，绘制餐桌椅2的扶手，如图69-4所示。

命令行提示如下：

```
命令: _pline
指定起点:
当前线宽为 0.0000
指定下一个点或 [圆弧(A)/半宽(H)/长度(L)/放弃(U)/宽度(W)]: 285
指定下一点或 [圆弧(A)/闭合(C)/半宽(H)/长度(L)/放弃(U)/宽度(W)]: A
指定圆弧的端点或
[角度(A)/圆心(CE)/闭合(CL)/方向(D)/半宽(H)/直线(L)/半径(R)/第二个点(S)/放弃(U)/宽度(W)]: 600
指定圆弧的端点或
[角度(A)/圆心(CE)/闭合(CL)/方向(D)/半宽(H)/直线(L)/半径(R)/第二个点(S)/放弃(U)/宽度(W)]: l
指定下一点或 [圆弧(A)/闭合(C)/半宽(H)/长度(L)/放弃(U)/宽度(W)]: 285
指定下一点或 [圆弧(A)/闭合(C)/半宽(H)/长度(L)/放弃(U)/宽度(W)]: a
指定圆弧的端点或
[角度(A)/圆心(CE)/闭合(CL)/方向(D)/半宽(H)/直线(L)/半径(R)/第二个点(S)/放弃(U)/宽度(W)]: 30
指定圆弧的端点或
[角度(A)/圆心(CE)/闭合(CL)/方向(D)/半宽(H)/直线(L)/半径(R)/第二个点(S)/放弃(U)/宽度(W)]: l
指定下一点或 [圆弧(A)/闭合(C)/半宽(H)/长度(L)/放弃(U)/宽度(W)]: 285
指定下一点或 [圆弧(A)/闭合(C)/半宽(H)/长度(L)/放弃(U)/宽度(W)]: a
指定圆弧的端点或
```

[角度(A)/圆心(CE)/闭合(CL)/方向(D)/半宽(H)/直线(L)/半径(R)/第二个点(S)/放弃(U)/宽度(W)]：540

指定圆弧的端点或

[角度(A)/圆心(CE)/闭合(CL)/方向(D)/半宽(H)/直线(L)/半径(R)/第二个点(S)/放弃(U)/宽度(W)]：1

指定下一点或 [圆弧(A)/闭合(C)/半宽(H)/长度(L)/放弃(U)/宽度(W)]：285

指定下一点或 [圆弧(A)/闭合(C)/半宽(H)/长度(L)/放弃(U)/宽度(W)]：a

指定圆弧的端点或

[角度(A)/圆心(CE)/闭合(CL)/方向(D)/半宽(H)/直线(L)/半径(R)/第二个点(S)/放弃(U)/宽度(W)]：30

指定圆弧的端点或

[角度(A)/圆心(CE)/闭合(CL)/方向(D)/半宽(H)/直线(L)/半径(R)/第二个点(S)/放弃(U)/宽度(W)]：

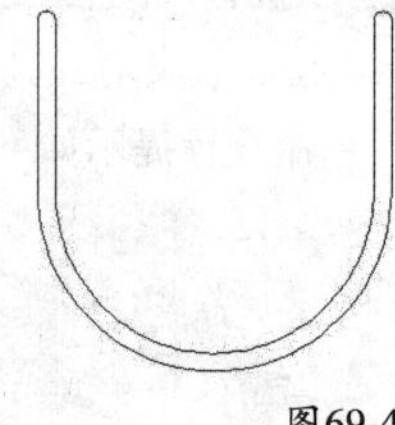

图69-4

2. 绘制椅座和靠背

01 执行“绘图>直线”命令，配合“端点捕捉”功能，连接扶手上方的两个端点，如图69-5所示。

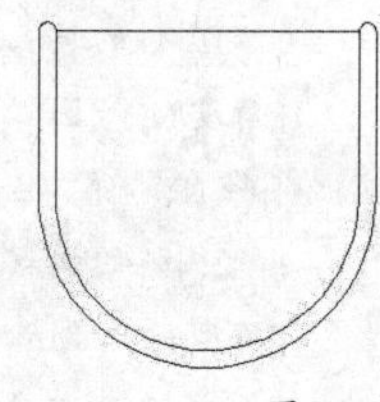

图69-5

02 执行“工具>新建UCS>原点”命令，捕捉如图69-6所示的中点，作为新坐标系的原点，如图69-7所示。

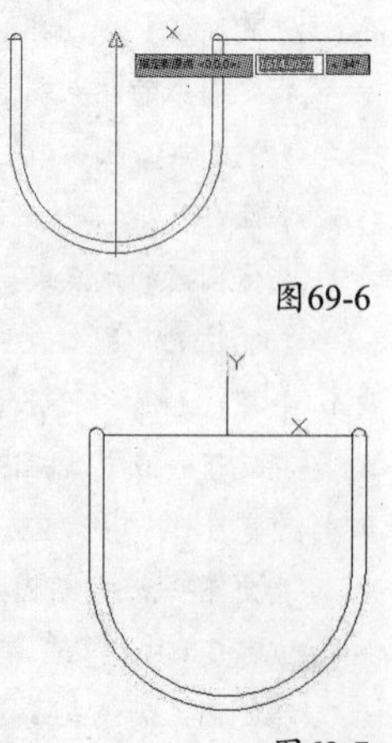

图69-6

图69-7

03 执行“绘图>圆弧>三点”命令，配合“输入点坐标”功能，绘制靠背，如图69-8所示。

命令行提示如下：

命令：_arc

指定圆弧的起点或 [圆心(C)]：-270,-185

指定圆弧的第二个点或 [圆心(C)/端点(E)]：<正交 关> @270,-250

指定圆弧的端点：@270,250

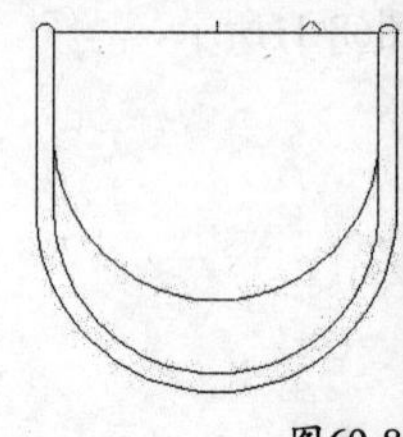

图69-8

练习069

练习位置 DVD>练习文件>第2章>练习069
难易指数 ★★★☆☆
技术掌握 巩固“直线”、“圆弧”和“多段线”命令的使用方法。

操作指南

参照“实战069 餐桌椅2”案例进行制作。

首先执行“绘图>多段线”命令，绘制扶手；然后执行“绘图>直线”与“绘图>圆弧”命令，绘制座椅和靠背。练习最终效果如图69-9所示。

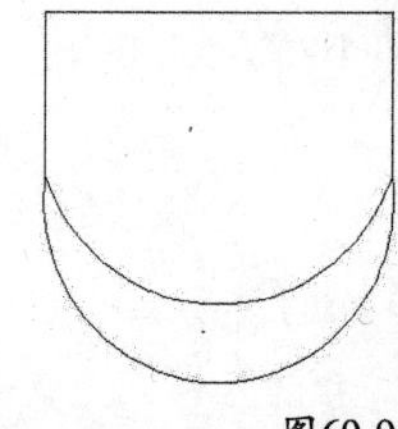

图69-9

实战070 旋转座椅

实战位置 DVD>实战文件>第2章>实战070
视频位置 DVD>多媒体教学>第2章>实战070
难易指数 ★★☆☆☆
技术掌握 掌握“矩形”、“圆角”和“图案填充”等命令。

实战介绍

运用“矩形”与“圆角”命令，绘制旋转座椅；利用“图案填充”命令，用图案填充旋转座椅。本例最终效果如图70-1所示。

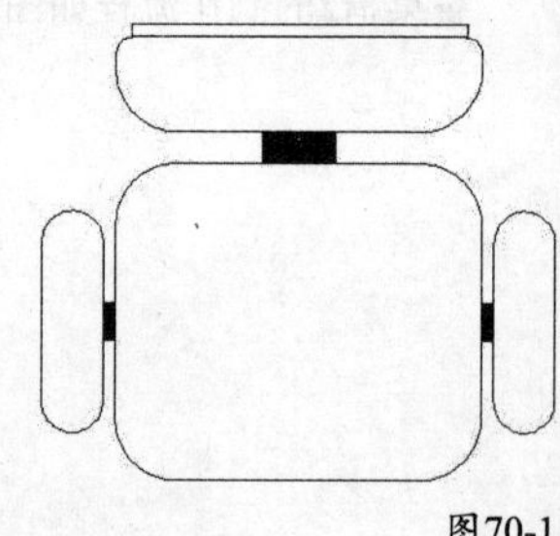

图70-1

制作思路

- 绘制椅座。
- 绘制扶手和靠背。
- 填充连接杆，完成旋转座椅的绘制并将其保存。

制作流程

旋转座椅的制作流程如图70-2所示。

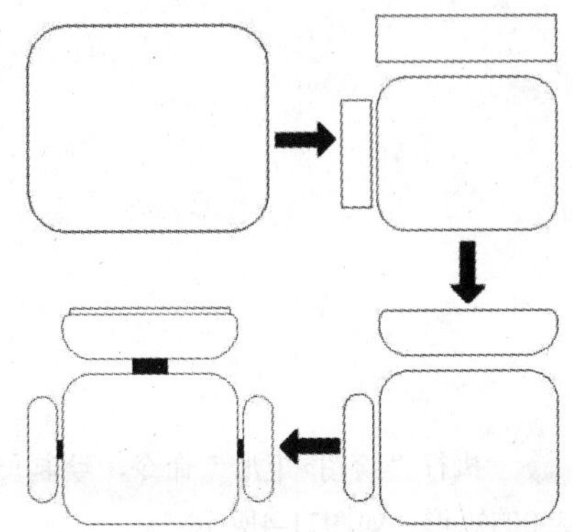

图70-2

01 打开AutoCAD 2013中文版软件，执行“绘图>矩形”命令，绘制一个长为600、宽为500的矩形；执行“修改>圆角”命令，圆角半径为100，如图70-3所示。

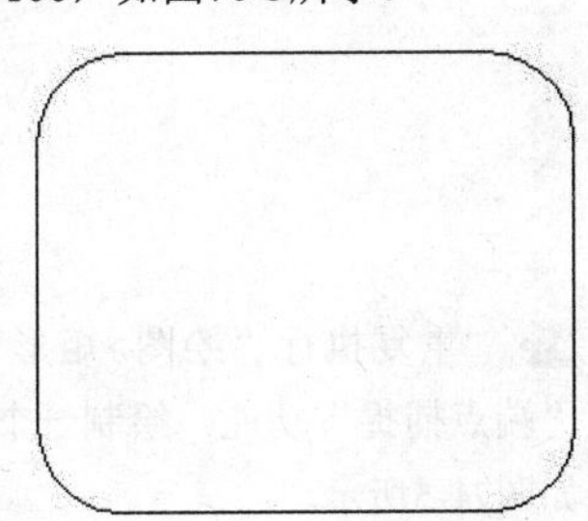

图70-3

02 执行“绘图>矩形”命令，分别绘制长为600、宽为150和长为350、宽为100的两个矩形，并放置在合适的位置，作为座椅的靠背和扶手，如图70-4所示。

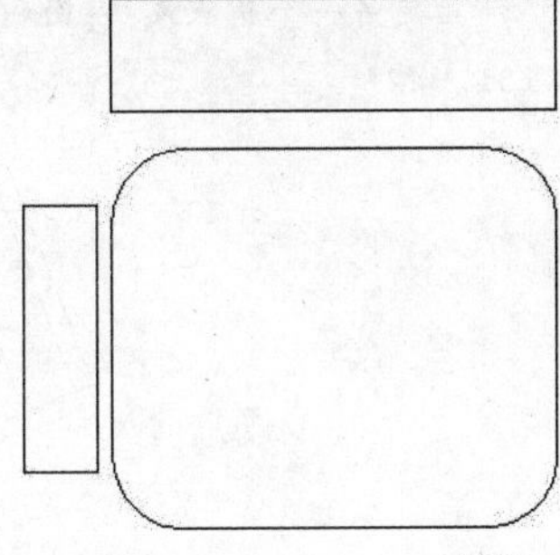

图70-4

03 执行“修改>圆角”命令，将刚绘制的矩形倒圆角，小矩形的圆角半径为50，大矩形的圆角半径分别为100和30，如图70-5所示。

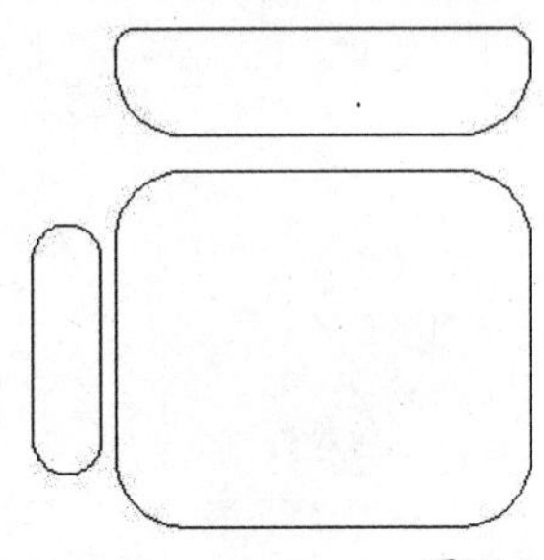

图70-5

04 执行“修改>镜像”命令，将扶手进行镜像；执行“绘图>矩形”命令，绘制座椅之间的连接杆；执行“绘图>图案填充”命令，填充座椅之间的连接杆，如图70-6所示。

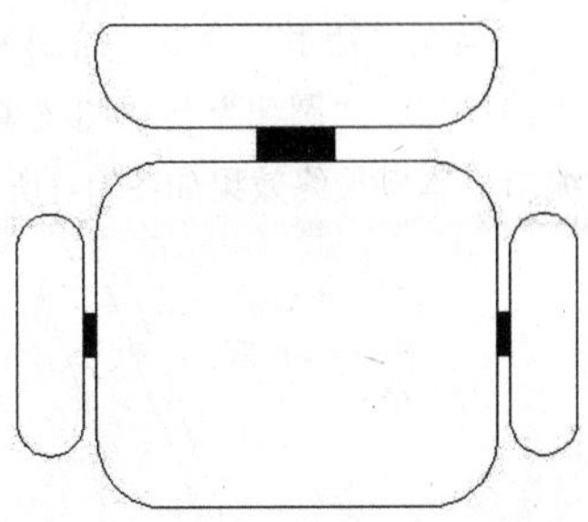

图70-6

05 执行“绘图>矩形”命令，绘制一个长为550、宽为20的矩形，放置在座椅靠背上方，如图70-7所示。

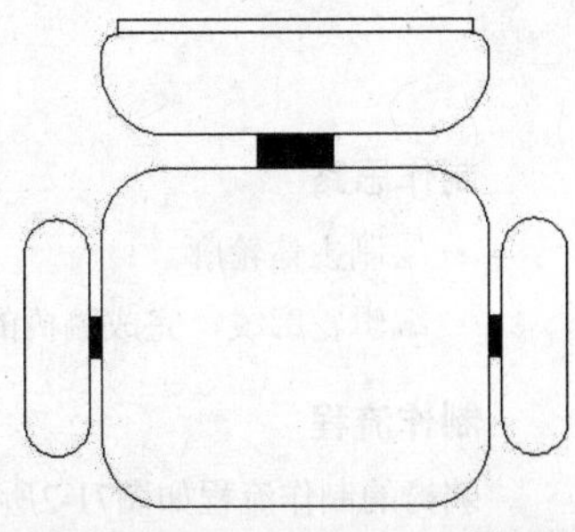

图70-7

练习070

练习位置	DVD>练习文件>第2章>练习070
难易指数	★★★☆☆
技术掌握	巩固“矩形”、“正多边形”、“圆弧”、“偏移”、“圆角”和“图案填充”命令的使用方法。

操作指南

参照“实战070 旋转座椅”案例进行制作。

首先执行“绘图>正多边形”、“修改>偏移”与“修改>圆角”命令，绘制座椅；接着执行“绘图>矩形”与“修剪>圆角”命令，绘制扶手；然后执行“绘图>正多边形”与“修改>偏移”命令，绘制靠背；最后执行“绘图>矩形”与“绘图>图案填充”命令，绘制连接部位。练习最终效果如图70-8所示。

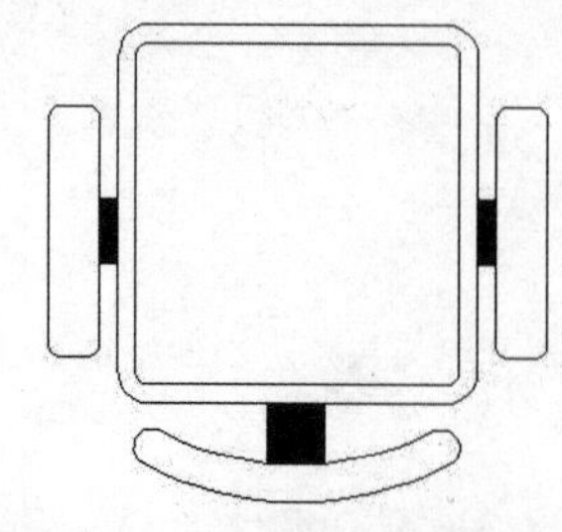

图70-8

实战071 躺椅

实战位置	DVD>实战文件>第2章>实战071
视频位置	DVD>多媒体教学>第2章>实战071
难易指数	★★☆☆☆
技术掌握	掌握“矩形”、“分解”、“圆角”、“偏移”和“图案填充”等命令。

实战介绍

运用“矩形”命令，绘制主体轮廓；利用“分解”、“偏移”、“圆角”与“图案填充”命令，对轮廓线进行编辑。本例最终效果如图71-1所示。

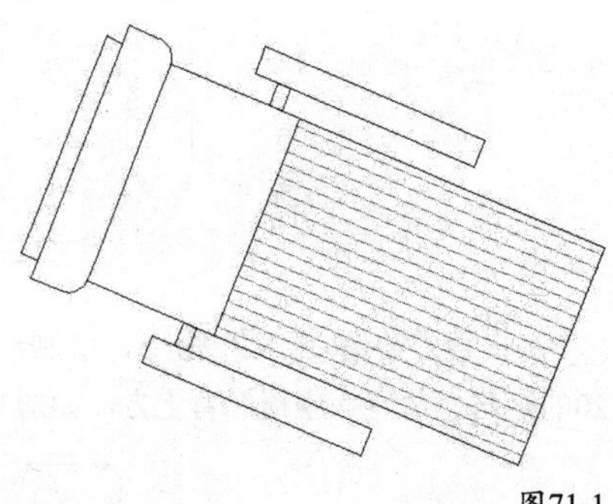

图71-1

制作思路

- 绘制主体轮廓。
- 编辑轮廓线，完成躺椅的绘制并将其保存。

制作流程

躺椅的制作流程如图71-2所示。

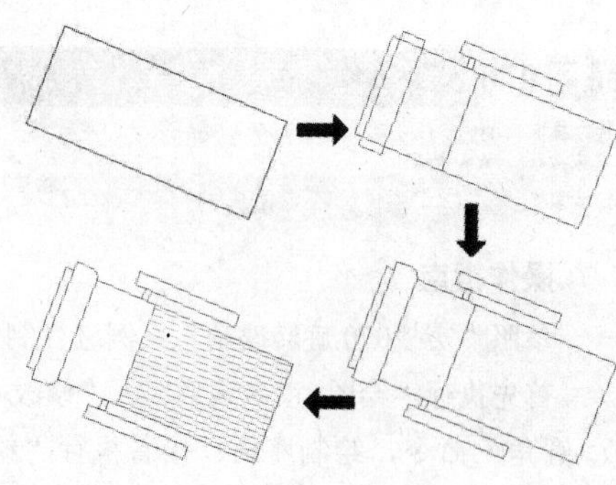

图71-2

1. 绘制主体轮廓

01 打开AutoCAD 2013中文版软件，执行“工具>新建UCS>Z”命令，进行新的用户坐标系的定义，如图71-3所示。

命令行提示如下：

```
命令: _ucs
当前 UCS 名称: *世界*
指定 UCS 的原点或 [面(F)/命名(NA)/对象(OB)/上一个(P)/视图(V)/世界(W)/X/Y/Z/Z 轴(ZA)] <世界>: _z
指定绕 Z 轴的旋转角度 <90>: -22
```

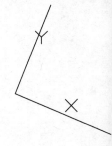

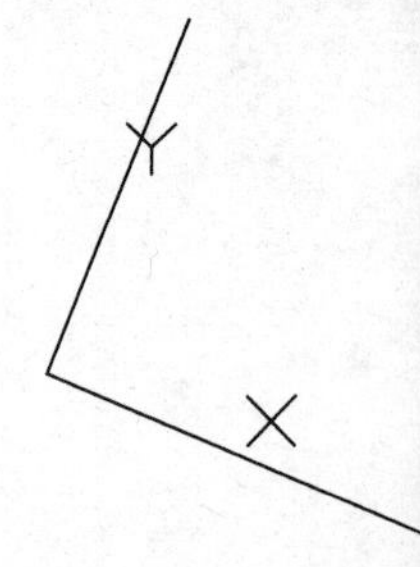

图71-3

02 执行“绘图>矩形”命令，绘制一个长为1311、宽为550的矩形，如图71-4所示。

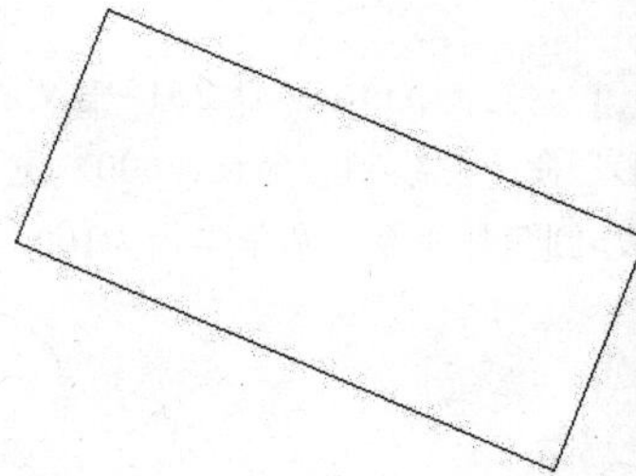

图71-4

03 重复执行“绘图>矩形”命令，配合“捕捉自”和“端点捕捉”功能，绘制一个长为131、宽为642的矩形，如图71-5所示。

命令行提示如下：

```
命令: _rectang
指定第一个角点或 [倒角(C)/标高(E)/圆角(F)/厚度(T)/宽度(W)]: _from 基点: <偏移>: @42,-46
指定另一个角点或 [面积(A)/尺寸(D)/旋转(R)]: @131,642
```

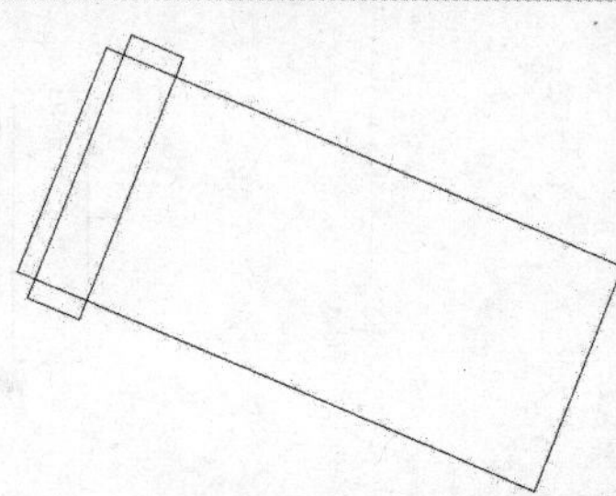

图71-5

04 执行“修改>分解”命令，将刚绘制的两个矩形进行分解；执行“修改>偏移”命令，将大矩形的下边线向左上方偏移800，如图71-6所示。

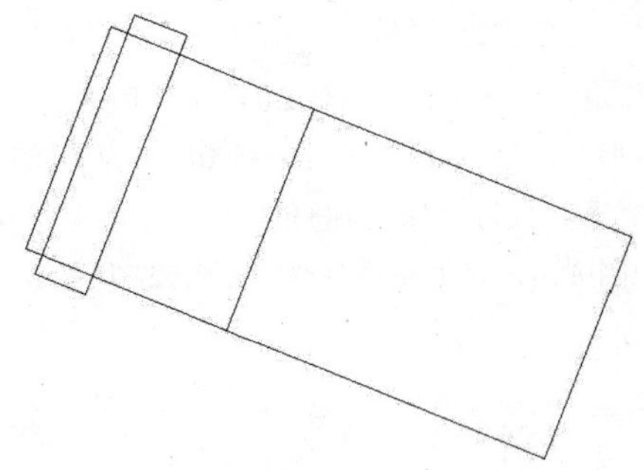

图71-6

05 执行“绘图>矩形”命令，配合“捕捉自”和“端点捕捉”功能，绘制两侧的扶手轮廓线，如图71-7所示。

命令行提示如下：

```
命令: _rectang
指定第一个角点或 [倒角(C)/标高(E)/圆角(F)/厚度(T)/宽度(W)]: _from 基点: <偏移>: @-83,0
指定另一个角点或 [面积(A)/尺寸(D)/旋转(R)]: @34,57
命令: _rectang
指定第一个角点或 [倒角(C)/标高(E)/圆角(F)/厚度(T)/宽度(W)]: _from 基点: <偏移>: @-140,57
指定另一个角点或 [面积(A)/尺寸(D)/旋转(R)]: @579,68
```

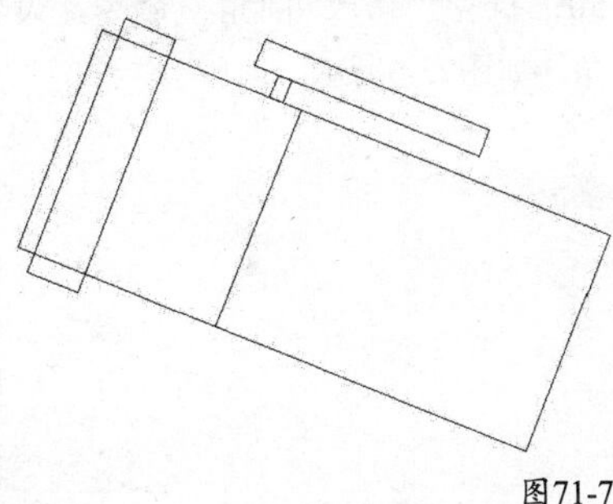

图71-7

2. 编辑轮廓线

01 执行“修改>镜像”命令，将刚绘制的两个矩形进行镜像复制操作，如图71-8所示。

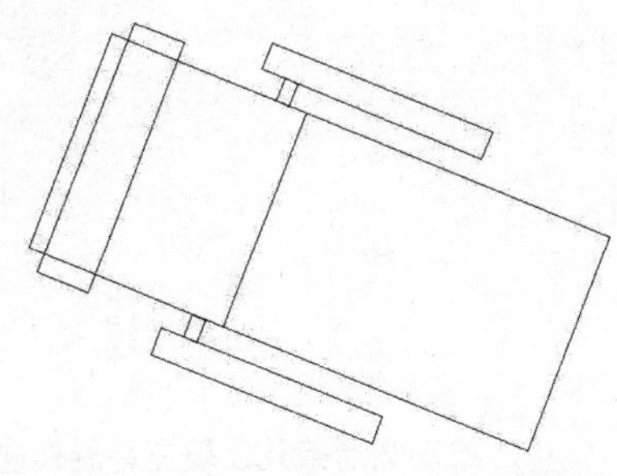

图71-8

02 执行“修改>圆角”命令，设置圆角半径为50，进行圆角处理，如图71-9所示。

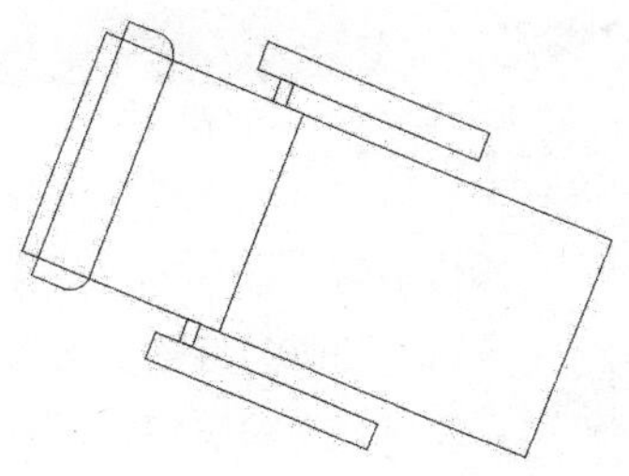

图71-9

03 执行“修改>修剪”命令，对轮廓线进行修剪操作，删除不需要部分的图线，如图71-10所示。

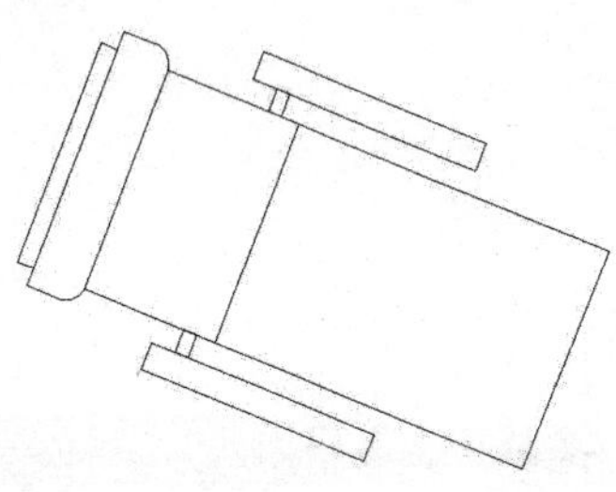

图71-10

04 执行“格式>颜色”命令，在弹出的“选择颜色”对话框中，设置当前颜色为8号色。

05 执行“绘图>图案填充”命令，在弹出的“图案填充和渐变色”对话框中设置参数，如图71-11所示。对图形进行图案填充，如图71-12所示。

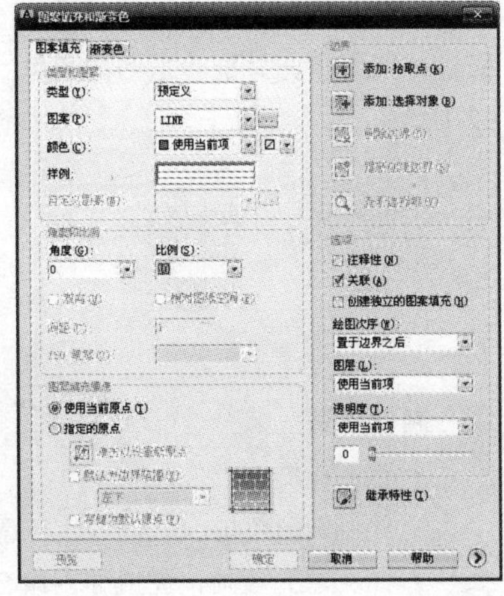

图71-11

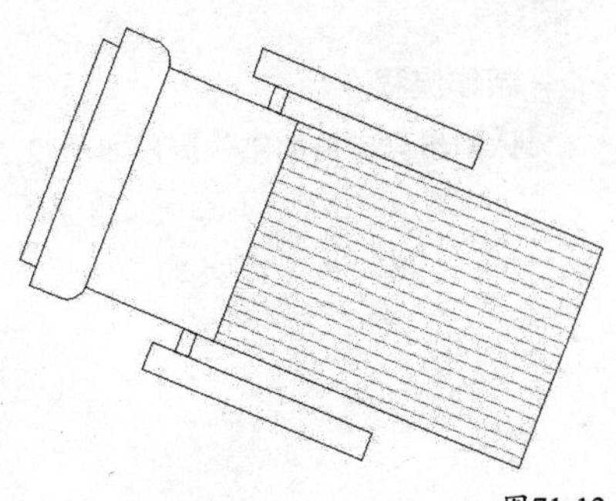

图71-12

练习071

练习位置	DVD>练习文件>第2章>练习071
难易指数	★★★☆☆
技术掌握	巩固"矩形"、"分解"、"偏移"和"图案填充"命令的使用方法。

操作指南

参照"实战071 躺椅"案例进行制作。

首先执行"绘图>矩形"命令，绘制主体轮廓；然后执行"修改>分解"、"修改>偏移"与"绘图>图案填充"命令，编辑轮廓线。练习最终效果如图71-13所示。

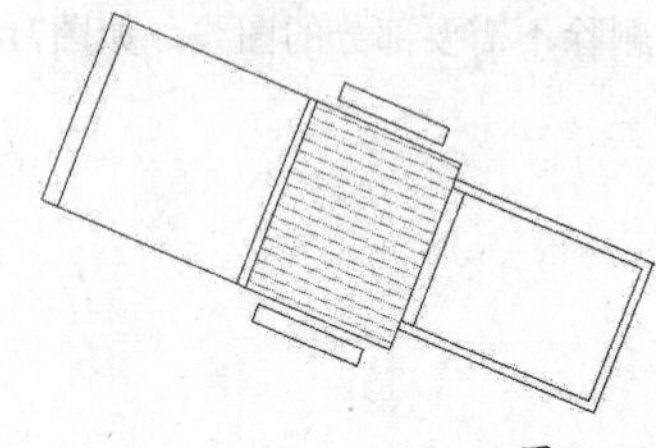

图71-13

实战072 休闲座椅组合

实战位置	DVD>实战文件>第2章>实战072
视频位置	DVD>多媒体教学>第2章>实战072
难易指数	★★★☆☆
技术掌握	掌握"矩形"、"圆"、"圆弧"、"圆角"、"修剪"、"偏移"、"旋转"、"镜像"和"图案填充"等命令。

实战介绍

运用"矩形"、"圆弧"、"圆角"、"偏移"与"修剪"命令，绘制座椅；利用"圆"与"偏移"命令，绘制圆形茶几；利用"图案填充"与"旋转"命令，对座椅进行图案填充并旋转适当的角度。本例最终效果如图72-1所示。

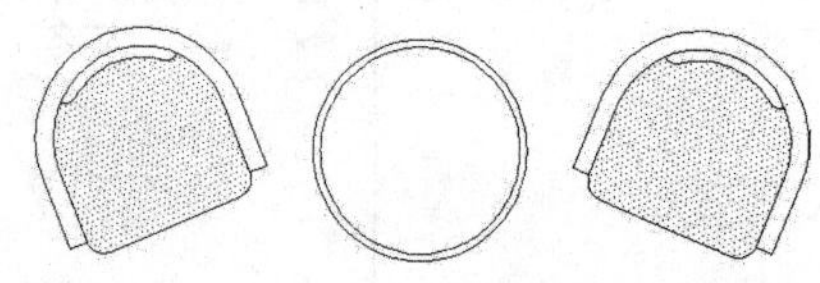

图72-1

制作思路

- 绘制座椅。
- 绘制圆形茶几。
- 图案填充座椅，完成休闲组合座椅的绘制并将其保存。

制作流程

休闲组合座椅的制作流程如图72-2所示。

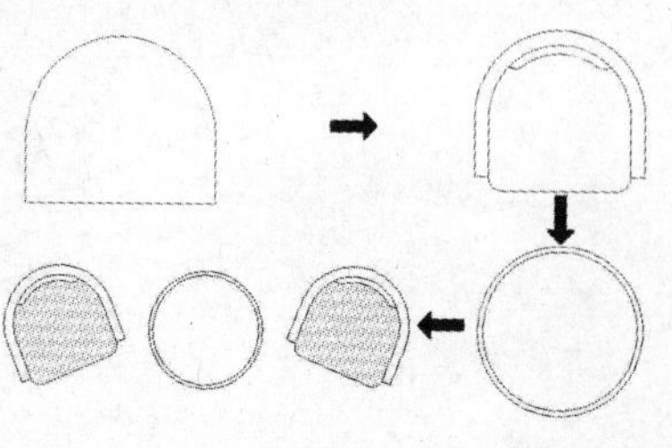

图72-2

1. 绘制座椅

01 打开AutoCAD 2013中文版软件，执行"绘图>矩形"命令，绘制一个长为600、宽为500的矩形。

02 执行"修改>圆角"命令，圆角半径为300，将矩形倒圆角，作为座椅靠背，如图72-3所示。

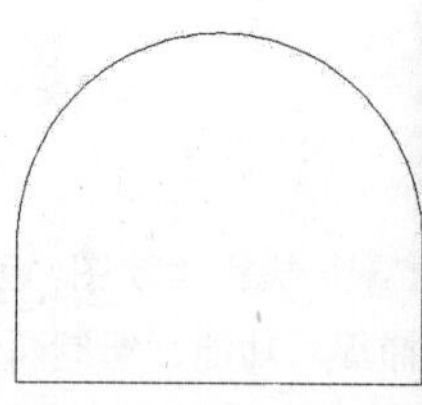

图72-3

03 执行"修改>偏移"命令，将靠背向内偏移50，如图72-4所示。

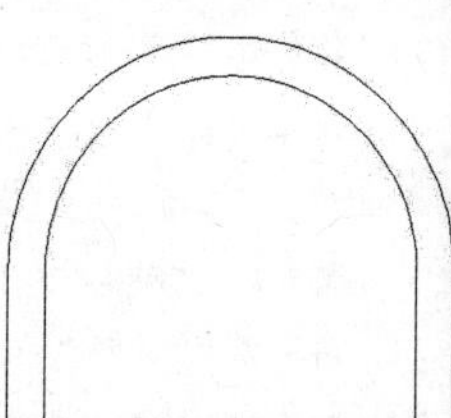

图72-4

04 执行"修改>偏移"命令，将座椅边沿线向下偏移50；执行"修改>圆角"命令，设置适当半径进行倒圆角，如图72-5所示。

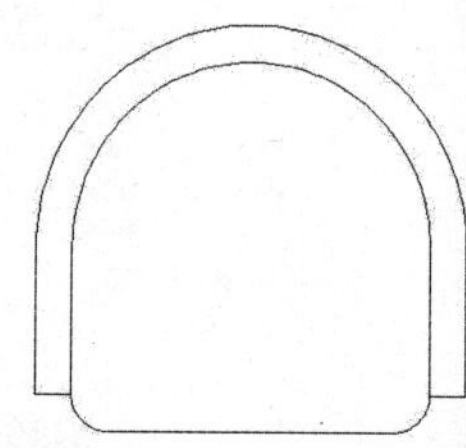

图72-5

05 执行"修改>偏移"命令，将靠背向下偏移30，执行"绘图>圆弧"和"修改>修剪"命令，修改图形添加圆弧，完成靠垫的绘制，如图72-6所示。

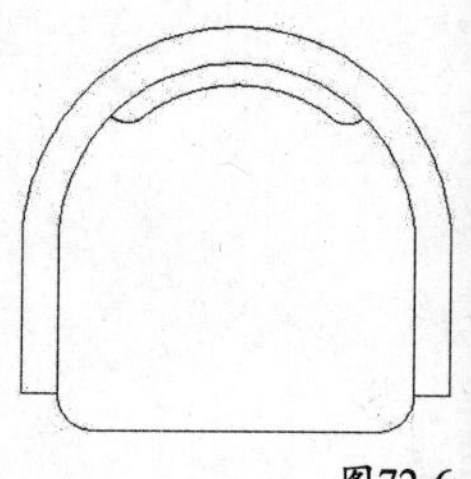

图72-6

2. 绘制圆形茶几、填充并旋转座椅

01 执行"绘图>圆"命令，绘制一个半径为300的圆；执行"修改>偏移"命令，将该圆向内偏移20，作为圆形茶几，如图72-7所示。

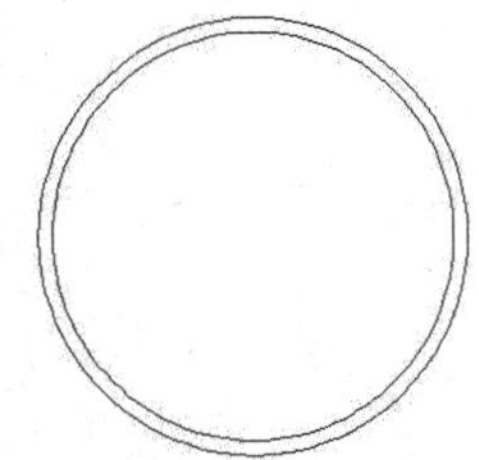

图72-7

02 执行“绘图>图案填充”命令，对座椅进行图案填充；执行“修改>旋转”命令，将座椅旋转适当角度，并放到合适的位置；执行“修改>镜像”命令，对座椅进行镜像，如图72-8所示。

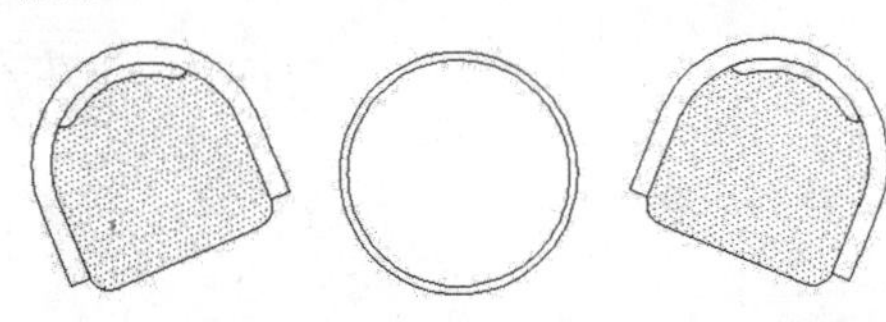

图72-8

练习072

练习位置	DVD>练习文件>第2章>练习072
难易指数	★★★☆☆
技术掌握	巩固“矩形”、“圆”、“圆弧”、“圆角”、“修剪”、“偏移”、“旋转”、“镜像”和“图案填充”等命令的使用方法。

操作指南

参照“实战072 休闲组合座椅”案例进行制作。

首先执行“绘图>矩形”、“绘图>圆弧”、“修改>圆角”、“修改>偏移”与“修改>修剪”命令，绘制座椅；然后执行“绘图>圆”命令，绘制圆形茶几；最后执行“绘图>图案填充”与“修改>旋转”命令，对座椅进行图案填充并旋转适当的角度。练习最终效果如图72-9所示。

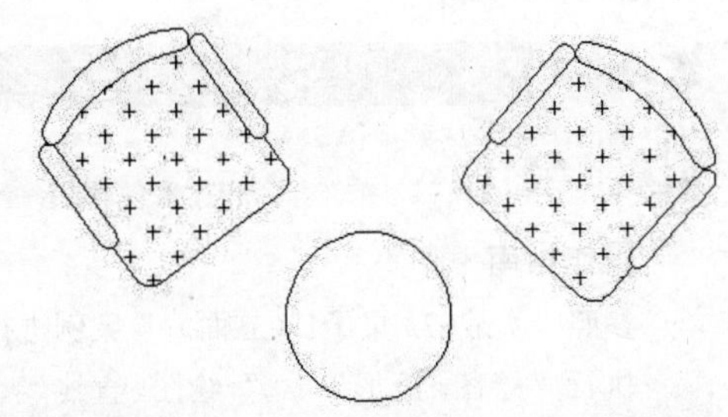

图72-9

实战073 桌子1（立面）

实战位置	DVD>实战文件>第2章>实战073
视频位置	DVD>多媒体教学>第2章>实战073
难易指数	★★☆☆☆
技术掌握	掌握“直线”、“圆弧”和“矩形”等命令。

实战介绍

运用“圆弧”命令，绘制桌子下方的支架；利用“矩形”与“直线”命令绘制桌子的其他部位。本例最终效果如图73-1所示。

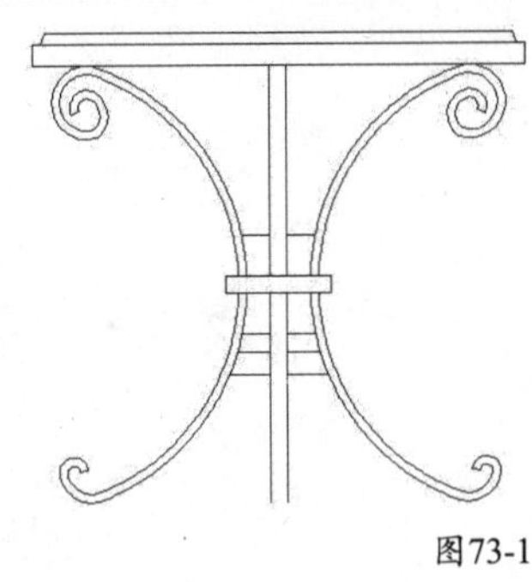

图73-1

制作思路

- 绘制桌子下方支架。
- 绘制桌子桌面。
- 绘制桌子其他部分。
- 设置桌子的颜色，完成桌子的绘制并将其保存。

制作流程

桌子1（立面）的制作流程如图73-2所示。

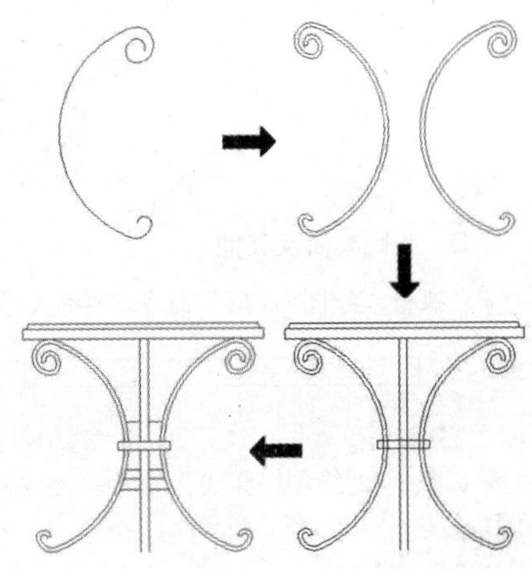

图73-2

1. 绘制桌子下方支架

01 打开AutoCAD 2013中文版软件，执行“绘图>圆弧”命令，重复执行该命令，绘制如图73-3所示的桌子支架。

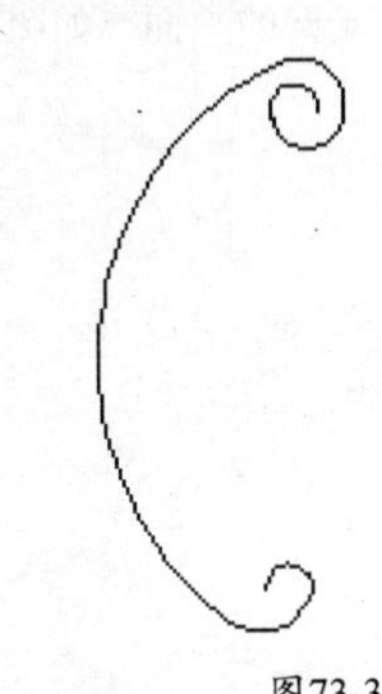

图73-3

02 执行“修改>偏移”命令，使其向内偏移10，如图73-4所示。

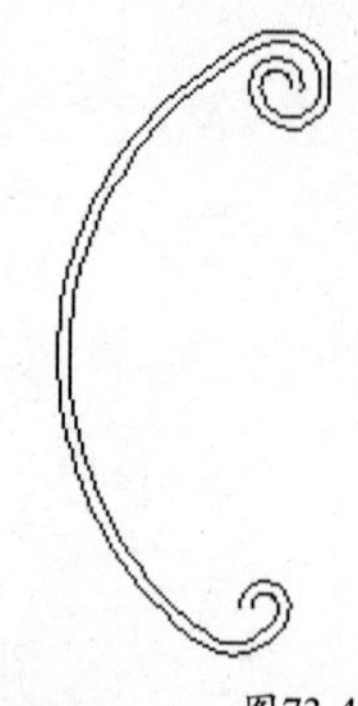
图73-4

03 执行“绘图>直线”命令，连接两段圆弧。

04 执行“修改>镜像”命令，镜像复制出另一侧的桌子支架，如图73-5所示。

图73-5

2. 绘制桌面及其他

01 执行“绘图>矩形”命令，绘制如图73-6所示。

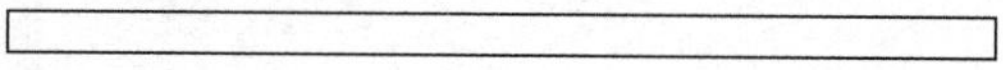

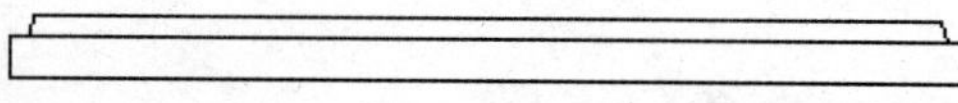
图73-6

02 执行“绘图>直线”命令，绘制桌面，如图73-7所示。

图73-7

03 执行“修改>移动”命令，将桌面移动到图73-5所示支架的上面，如图73-8所示。

图73-8

04 执行“绘图>直线”命令，配合“对象捕捉”功能，绘制如图73-9所示的直线。

图73-9

05 执行“修改>偏移”命令，使该直线向左右各偏移10，然后执行“修改>删除”命令，删除中间的直线。

06 执行“绘图>矩形”命令，绘制如图73-10所示的图形。

图73-10

07 执行“修改>修剪”命令，将多余的线修剪掉，然后执行“绘图>直线”命令，绘制连接桌子中间轴与支架的直线，如图73-11所示。

图73-11

练习073

练习位置 DVD>练习文件>第2章>练习073
难易指数 ★★★☆☆
技术掌握 巩固“直线”、“矩形”、“修剪”和“复制”等命令的使用方法。

操作指南

参照“实战073 桌子1（立面）”案例进行制作。

执行“绘图>矩形”、“ 绘图>直线”、“修改>复制”与“修改>修剪”命令，绘制桌子1（立面）练习。练习最终效果如图73-12所示。

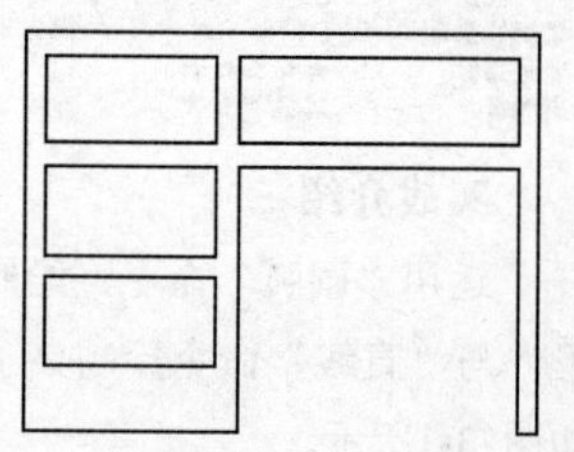
图73-12

实战074　桌子2（平面）

实战位置	DVD>实战文件>第2章>实战074
视频位置	DVD>多媒体教学>第2章>实战074
难易指数	★★☆☆☆
技术掌握	掌握“正多边形”、“偏移”和“样条曲线”等命令。

实战介绍

运用“矩形”与“偏移”命令，绘制桌子的主要部分；利用“样条曲线”命令，绘制桌子的纹理。本例最终效果如图74-1所示。

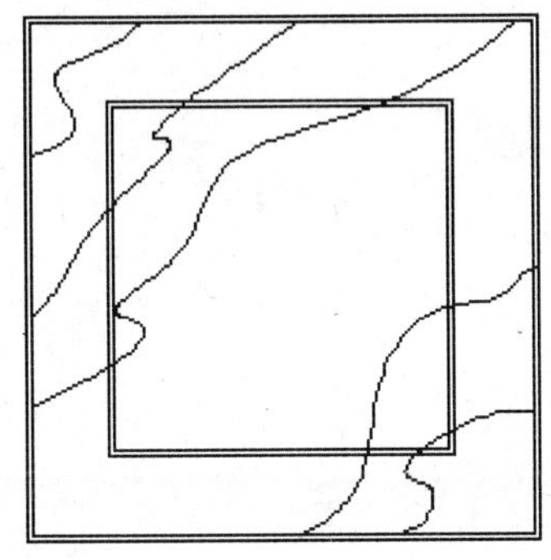

图74-1

制作思路

- 绘制桌子平面。
- 绘制桌子纹理，完成桌子平面的绘制并将其保存。

制作流程

桌子（平面）的制作流程如图74-2所示。

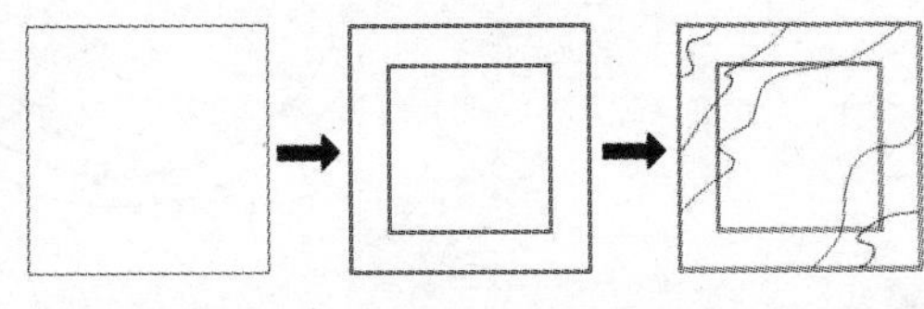

图74-2

01 打开AutoCAD 2013中文版软件，执行“绘图>正多边形”命令，绘制如图74-3所示的正方形。

图74-3

02 执行“修改>偏移”命令，分别将矩形向内侧偏移10、160、170，结果如图74-4所示。

命令行提示如下：

```
命令: _offset
当前设置: 删除源=否  图层=源  OFFSETGAPTYPE=0
指定偏移距离或 [通过(T)/删除(E)/图层(L)] <通过>: 10
选择要偏移的对象, 或 [退出(E)/放弃(U)] <退出>:
指定要偏移的那一侧上的点, 或 [退出(E)/多个(M)/放弃(U)] <退出>:
选择要偏移的对象, 或 [退出(E)/放弃(U)] <退出>:
命令: _offset
当前设置: 删除源=否  图层=源  OFFSETGAPTYPE=0
指定偏移距离或 [通过(T)/删除(E)/图层(L)] <10.0000>: 160
选择要偏移的对象, 或 [退出(E)/放弃(U)] <退出>:
指定要偏移的那一侧上的点, 或 [退出(E)/多个(M)/放弃(U)] <退出>:
选择要偏移的对象, 或 [退出(E)/放弃(U)] <退出>:
命令: _offset
当前设置: 删除源=否  图层=源  OFFSETGAPTYPE=0
指定偏移距离或 [通过(T)/删除(E)/图层(L)] <150.0000>: 170
选择要偏移的对象, 或 [退出(E)/放弃(U)] <退出>:
指定要偏移的那一侧上的点, 或 [退出(E)/多个(M)/放弃(U)] <退出>:
选择要偏移的对象, 或 [退出(E)/放弃(U)] <退出>:
```

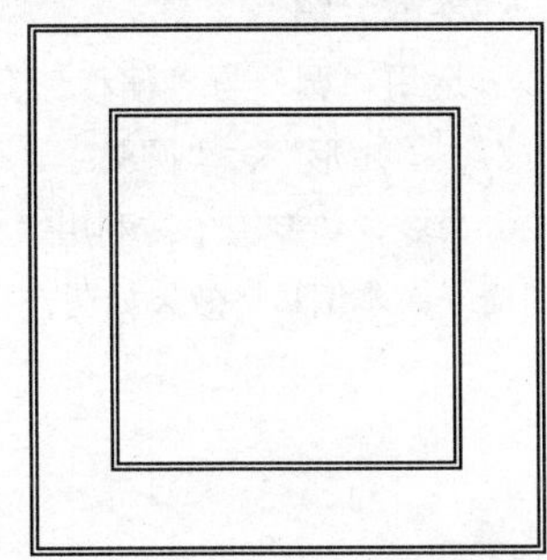

图74-4

03 执行“绘图>样条曲线”命令，绘制如图74-5所示的图形。

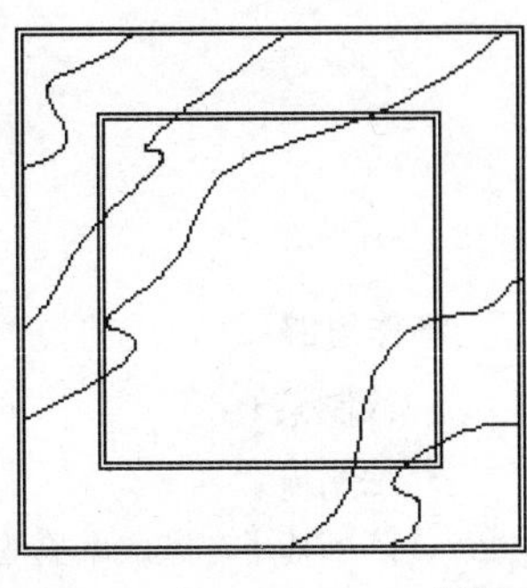

图74-5

练习074

练习位置	DVD>练习文件>第2章>练习074
难易指数	★★★☆☆
技术掌握	巩固“矩形”和“移动”命令的使用方法。

操作指南

参照“实战074 桌子（平面）”案例进行制作。

执行“绘图>矩形”与“修改>移动”命令，绘制电冰箱。练习最终效果如图74-6所示。

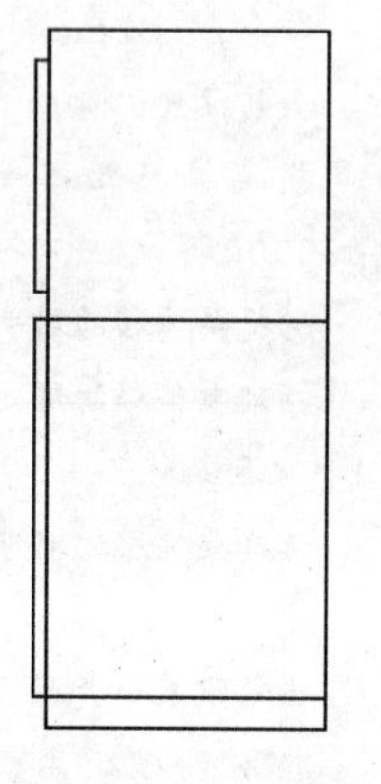

图74-6

实战075 餐桌

实战位置	DVD>实战文件>第2章>实战075
视频位置	DVD>多媒体教学>第2章>实战075
难易指数	★★☆☆☆
技术掌握	掌握“直线”、“矩形”、“圆弧”、“圆”、“倒角”、“复制”、“移动”、“偏移”、“镜像”和“阵列”等命令。

实战介绍

运用“圆”与“偏移”命令，绘制桌子；利用“直线”、“矩形”、“圆弧”、“倒角”、“复制”与“镜像”命令，绘制椅子；利用“移动”与“阵列”命令，阵列椅子。本例最终效果如图75-1所示。

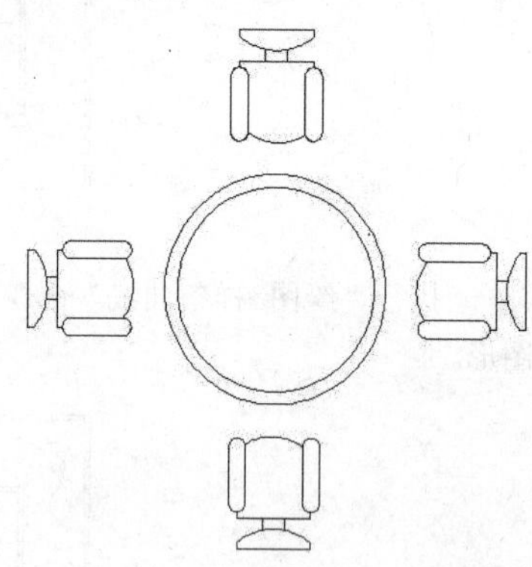

图75-1

制作思路

- 绘制桌子。
- 绘制椅子。
- 阵列椅子，完成餐桌的绘制并将其保存。

制作流程

餐桌的制作流程如图75-2所示。

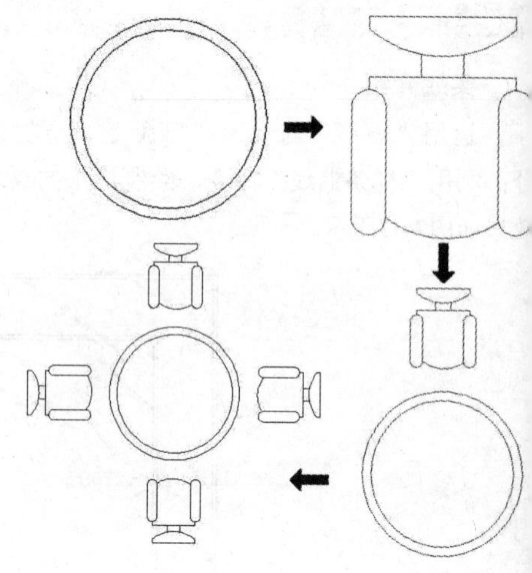

图75-2

1. 绘制桌椅

01 打开AutoCAD 2013中文版软件，执行“绘图>圆”命令，绘制一个半径为180的圆；执行“修改>偏移”命令，将绘制的圆向内偏移20，如图75-3所示。

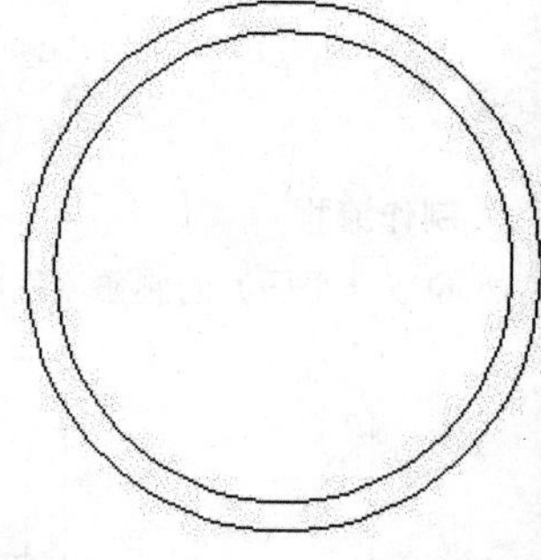

图75-3

02 执行“绘图>直线”和“修改>复制”命令，绘制椅子的一部分，如图75-4所示。

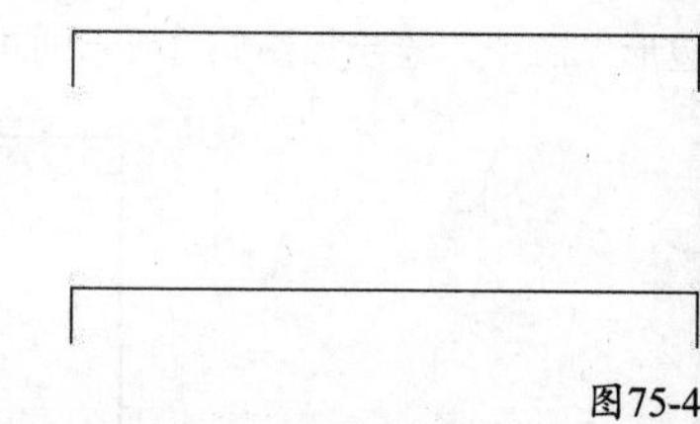

图75-4

03 执行“绘图>圆弧>三点”命令，绘制圆弧，如图75-5所示的图形。

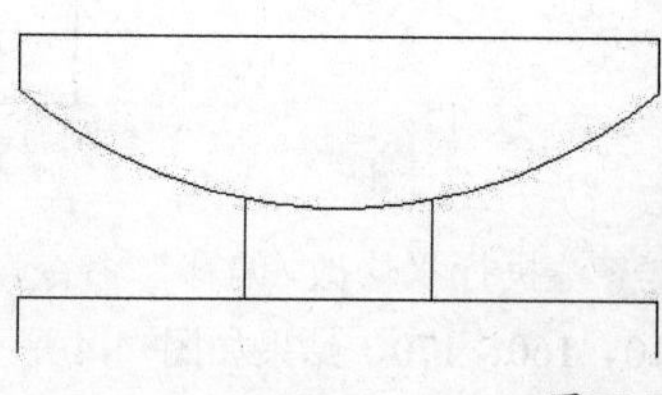

图75-5

04 执行“绘图>矩形”命令，绘制一个长为28、宽为15的矩形；执行“修改>倒角”命令，设置倒角半径为4，如图75-6所示。

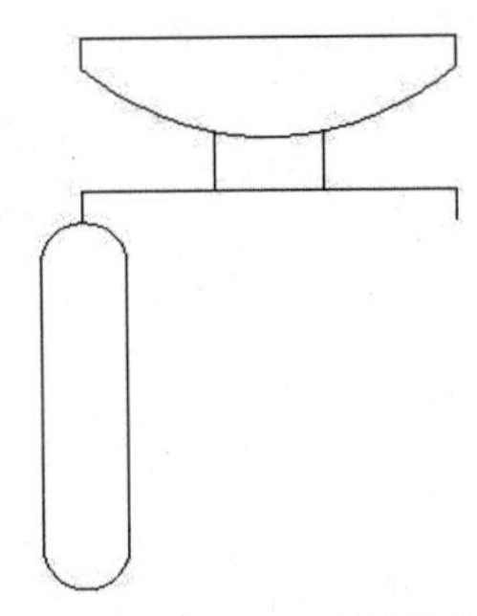

图75-6

05 执行“修改>镜像”命令，镜像椅子右半部分的扶手，如图75-7所示。

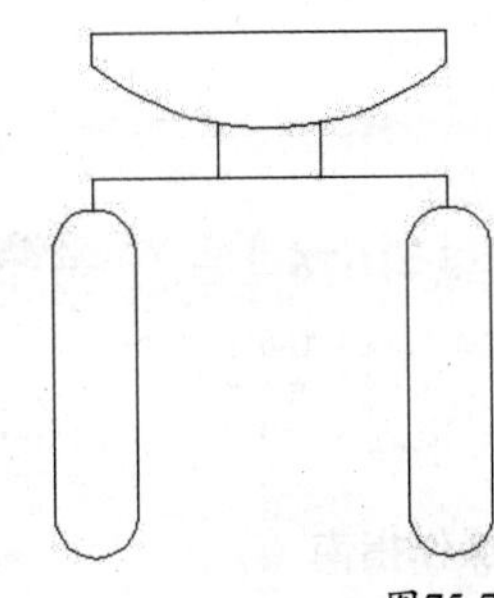

图75-7

06 执行“绘图>圆弧”命令，绘制椅面，如图75-8所示。

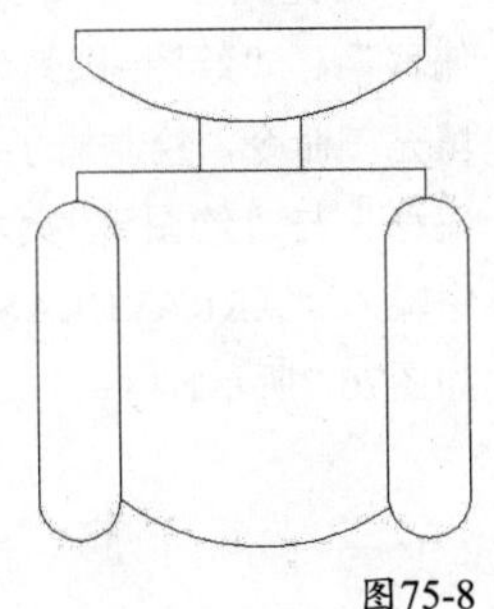

图75-8

2. 阵列椅子

01 执行“修改>移动”命令，调整桌椅的位置关系，如图75-9所示。

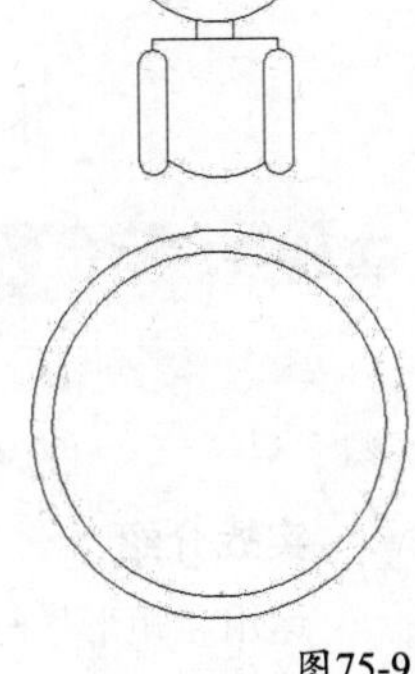

图75-9

02 执行“修改>阵列”命令，以圆桌为中心阵列椅子，如图75-10所示。

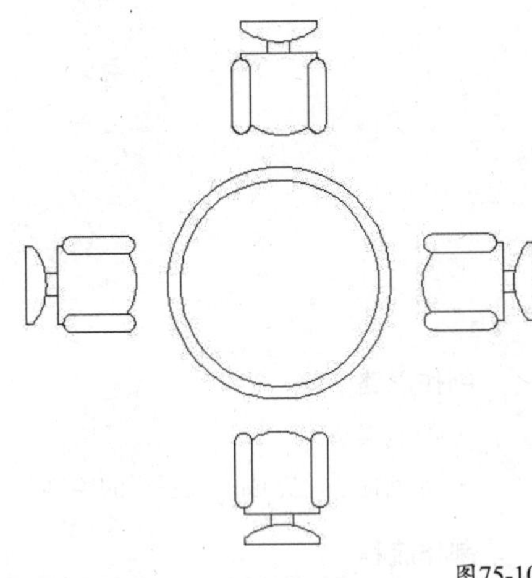

图75-10

练习075

练习位置	DVD>练习文件>第2章>练习075
难易指数	★★★☆☆
技术掌握	巩固“直线”、“矩形”、“圆弧”、“倒角”、“旋转”、“移动”和“阵列”等命令的使用方法。

操作指南

参照“实战075 餐桌”案例进行制作。

首先执行“绘图>矩形”与“修改>旋转”命令，绘制桌子；然后执行“绘图>直线”、“绘图>矩形”、“绘图>圆弧”、“修改>倒角”与“修改>旋转”命令，绘制椅子；最后在命令栏中输入“ARRAYCLASS IC”，阵列椅子。练习最终效果如图75-11所示。

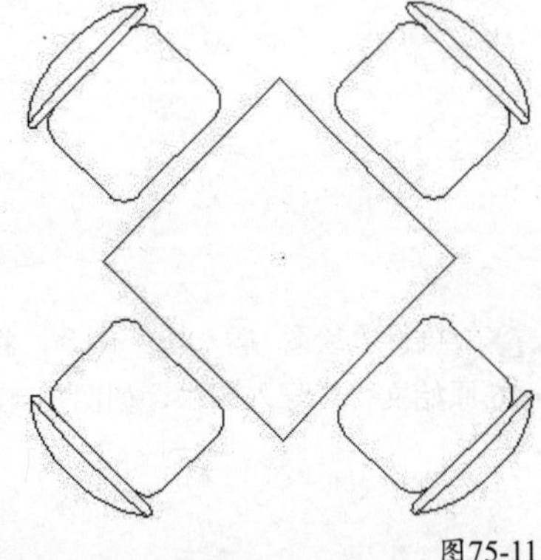

图75-11

实战076 多人餐桌

原始文件位置	DVD>原始文件>第2章>实战076 原始文件
实战位置	DVD>实战文件>第2章>实战076
视频位置	DVD>多媒体教学>第2章>实战076
难易指数	★★☆☆☆
技术掌握	掌握“圆”、“插入块”、“移动”和“阵列”等命令。

实战介绍

运用“圆”命令，绘制桌子；利用“插入块”、“移动”与“阵列”命令，阵列椅子。本例最终效果如图76-1所示。

图76-1

制作思路

- 绘制桌子。
- 阵列椅子，完成多人餐桌的绘制并将其保存。

制作流程

多人餐桌的制作流程如图76-2所示。

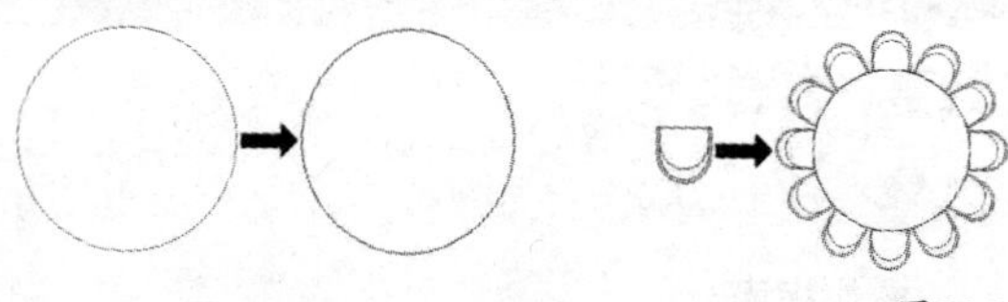

图76-2

01 打开AutoCAD 2013中文版软件，执行“绘图>插入块”命令，绘制一个半径为1200的圆，作为圆形餐桌，如图76-3所示。

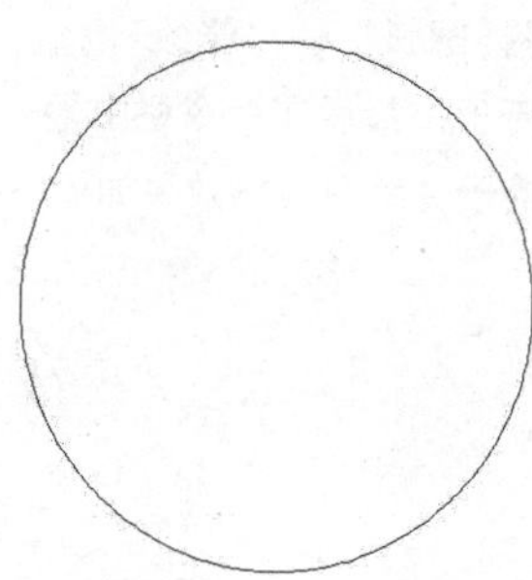

图76-3

02 执行“绘图>插入块”命令，将原始文件中的“实战076 原始文件”导入图中，如图76-4所示。

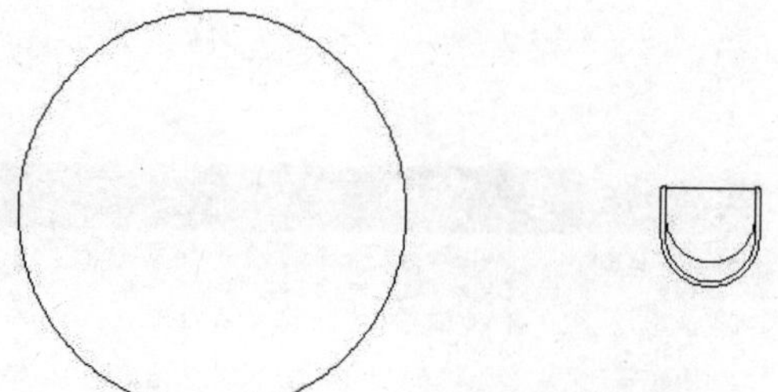

图76-4

03 在命令栏中输入“ARRAYCLASSIC”，在弹出的“阵列”对话框中，设置参数，如图76-5所示；以圆形桌中心为中心点，阵列餐桌椅，如图76-6所示。

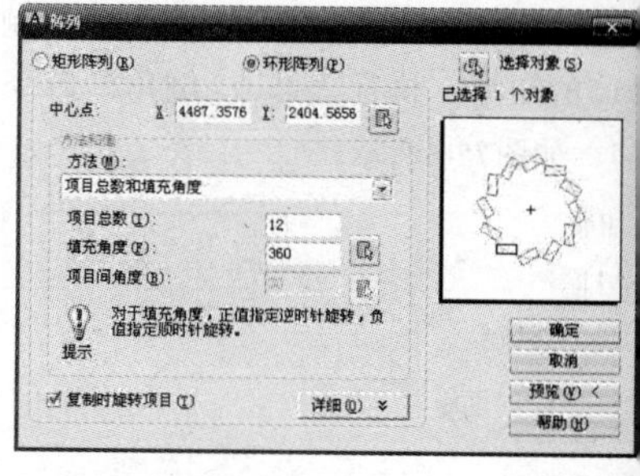

图76-5

图76-6

练习076

练习位置	DVD>练习文件>第2章>练习076
难易指数	★★★☆☆
技术掌握	巩固“直线”、“矩形”、“圆弧”、“倒角”、“偏移”、“移动”、“阵列”和“图案填充”等命令的使用方法。

操作指南

参照“实战076 多人餐桌”案例进行制作。

首先执行“绘图>直线”、“绘图>矩形”、“修改>偏移”、“绘图>圆弧”、“修改>倒角”与“绘图>图案填充”命令，绘制椅子；然后执行“绘图>圆”、“修改>偏移”与“绘图>图案填充”命令，绘制桌子；在命令栏中输入“ARRAYCLASSIC”，阵列椅子。练习最终效果如图76-7所示。

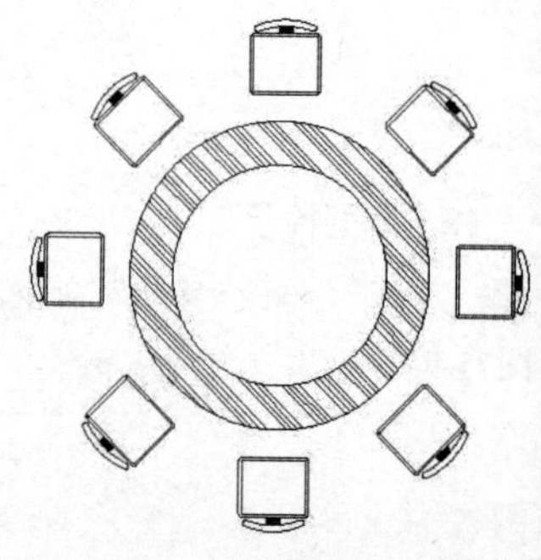

图76-7

实战077 马桶（俯视图）

实战位置	DVD>实战文件>第2章>实战077
视频位置	DVD>多媒体教学>第2章>实战077
难易指数	★★☆☆☆
技术掌握	掌握“矩形”和“圆弧”等命令。

实战介绍

运用“矩形”与“圆弧”命令，绘制马桶俯视图。本例最终效果如图77-1所示。

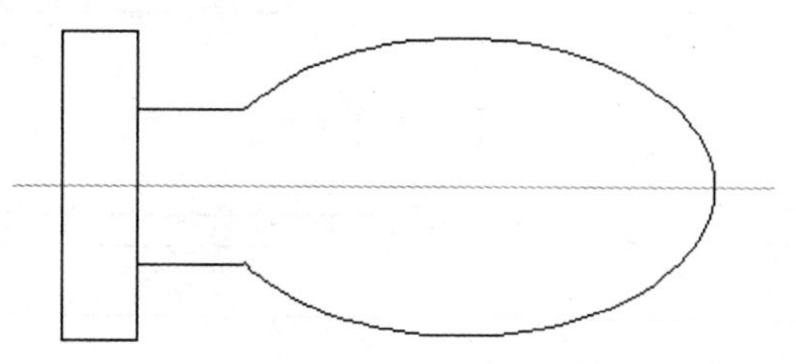

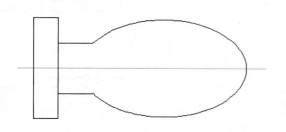

图77-1

制作思路

- 绘制水箱。
- 绘制马桶盖，完成马桶的绘制并将其保存。

制作流程

马桶（俯视图）的制作流程如图77-2所示。

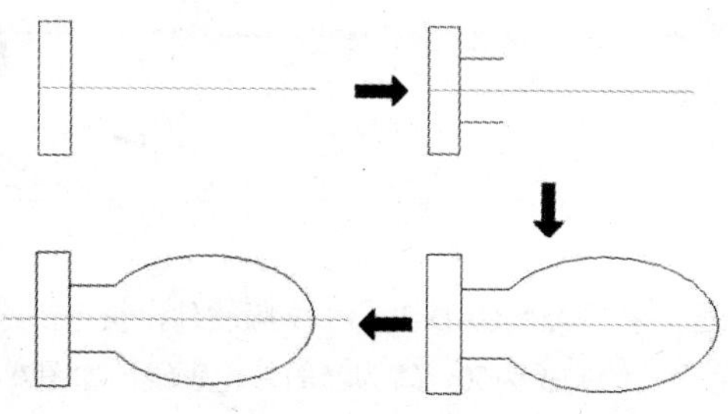

图77-2

1. 绘制水箱

01 打开AutoCAD 2013中文版软件，执行“格式>图层”命令，创建“点画线”图层和“轮廓线”图层，如图77-3所示。

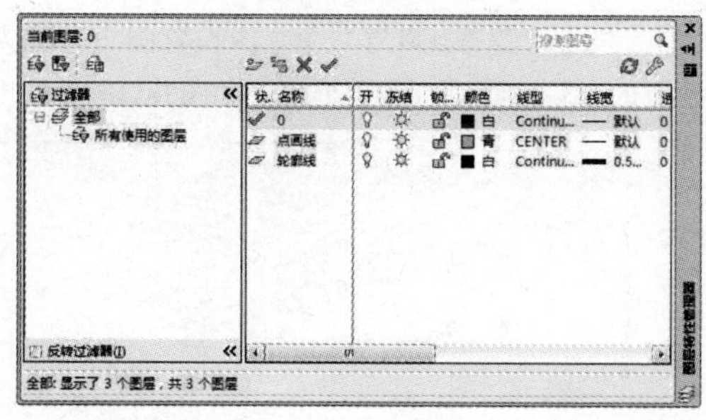

图77-3

02 将“点画线”层置为当前层。执行“绘图>直线”命令，绘制水平直线作为辅助线，如图77-4所示。

图77-4

03 执行“格式>图层”命令，修改当前图层为“轮廓线”图层。执行“绘图>矩形”命令，绘制矩形，如图77-5所示。

命令行提示如下：

```
命令: _rectang
指定第一个角点或 [倒角(C)/标高(E)/圆角(F)/厚度(T)/宽度(W)]:
指定另一个角点或 [面积(A)/尺寸(D)/旋转(R)]: @5,20
```

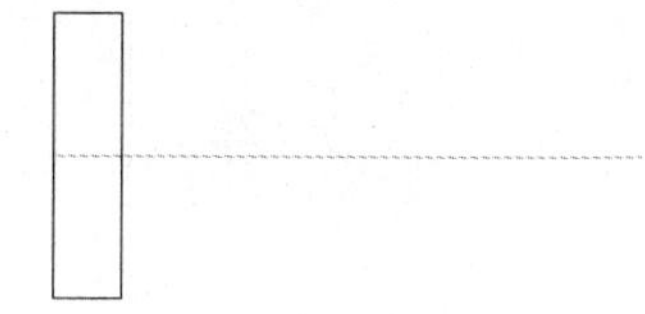

图77-5

2. 绘制马桶盖

01 执行“绘图>直线”命令，绘制两条对称的直线，如图77-6所示。

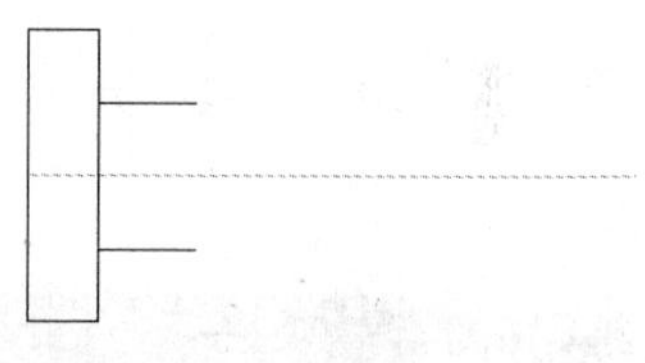

图77-6

技巧与提示

要想调用各种命令，可在命令行输入相应的命令。如执行“直线”命令时可在命令行输入“LINE”，执行“圆弧”命令时可通过在命令行输入“ARC”。

02 绘制椭圆弧，可以通过执行“绘图>椭圆”命令，在命令行提示下键入A，按回车键，或者通过执行“绘图>椭圆弧”命令，调用椭圆弧命令。绘制圆弧结果如图77-7所示。

命令行提示如下：

```
命令: _ellipse
指定椭圆的轴端点或 [圆弧(A)/中心点(C)]: a
指定椭圆弧的轴端点或 [中心点(C)]: c
指定椭圆弧的中心点:
指定轴的端点:
指定另一条半轴长度或 [旋转(R)]:
指定起始角度或 [参数(P)]:
指定终止角度或 [参数(P)/包含角度(I)]:
```

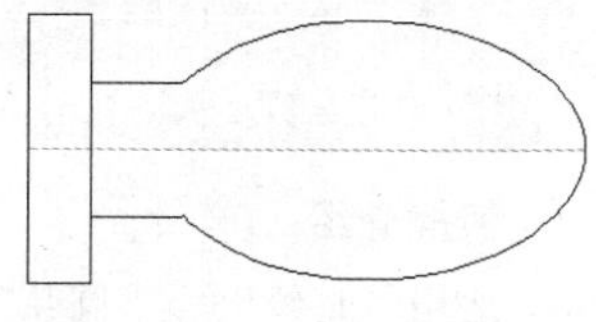

图77-7

技巧与提示

绘制圆弧时，当命令行提示指定角度时，注意默认角度是逆时针方向的。例如上一步中，若最后指定角度时先指定平行直线中上部直线，再指定下部直线，则会得到椭圆弧的另一半，如图77-8所示。

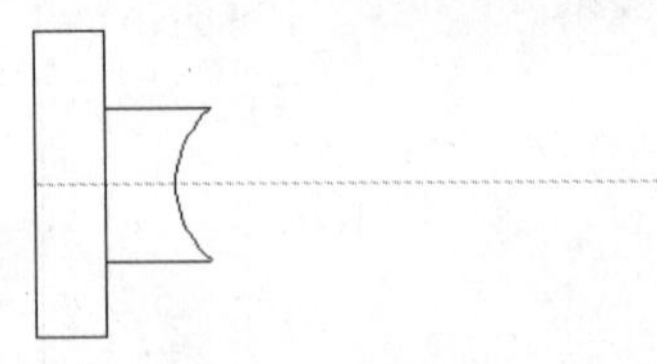

图77-8

03 单击选中辅助线，执行“修改>拉伸”命令，将其进行适当拉伸，结果如图77-9示。

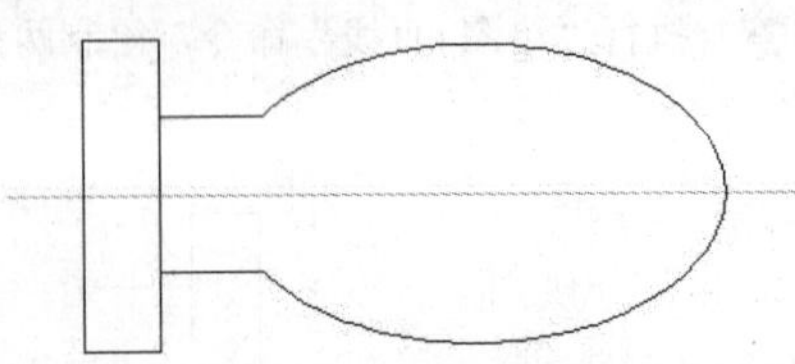

图77-9

练习077

练习位置	DVD>练习文件>第2章>练习077
难易指数	★★★☆☆
技术掌握	巩固“直线”、“矩形”、“圆弧”、“倒角”和“偏移”等命令的使用方法。

操作指南

参照“实战077 马桶”案例进行制作。

首先执行“绘图>矩形”与“修改>倒角”命令，绘制水箱；然后执行“绘图>圆弧”、“绘图>直线”与“修改>偏移”命令，绘制马桶。练习最终效果如图77-10所示。

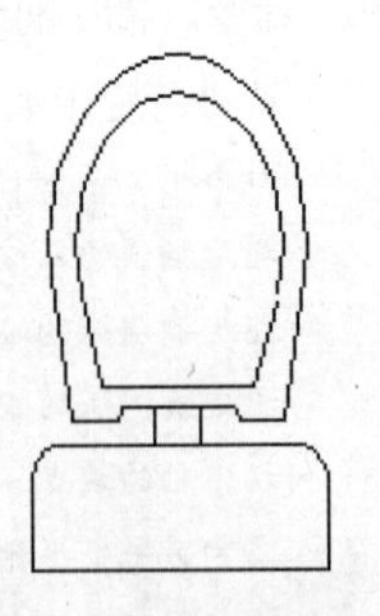

图77-10

实战078 蹲式座便器

实战位置	DVD>实战文件>第2章>实战078
视频位置	DVD>多媒体教学>第2章>实战078
难易指数	★★☆☆☆
技术掌握	掌握“直线”、“圆弧”、“圆角”和“偏移”等命令。

实战介绍

运用“直线”、“圆弧”、“圆角”与“偏移”命令，绘制蹲式座便器。本例最终效果如图78-1所示。

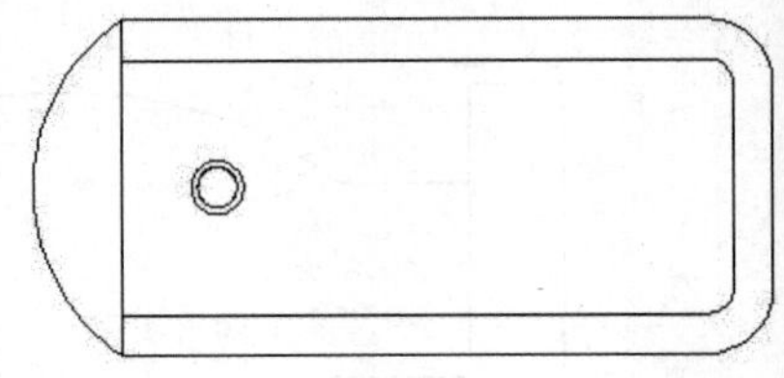

图78-1

制作思路

• 绘制右轮廓线。

• 绘制左轮廓线和冲水孔，完成蹲式座便器的绘制并将其保存。

制作流程

蹲式座便器的制作流程如图78-2所示。

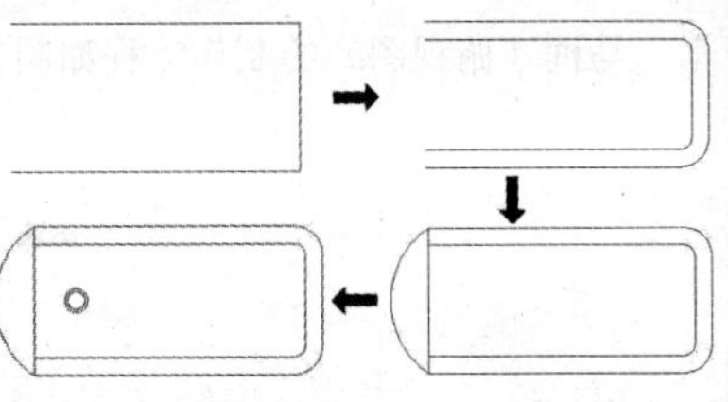

图78-2

01 打开AutoCAD 2013中文版软件，执行“绘图>直线”命令，绘制长为50、宽为25的外轮廓线，如图78-3所示。

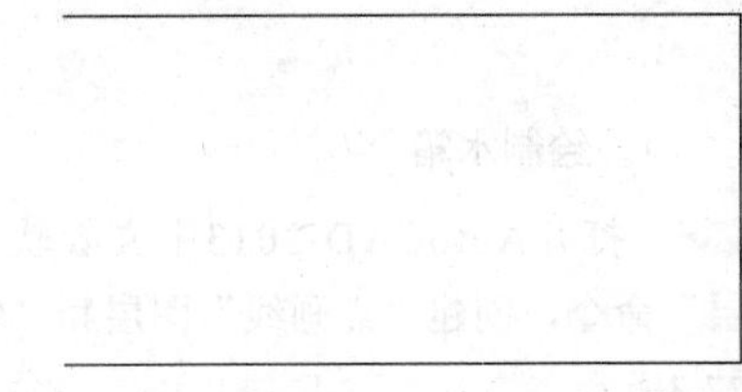

图78-3

02 执行“修改>圆角”命令，设置圆角半径为5，对刚绘制的外轮廓线进行圆角处理，如图78-4所示。

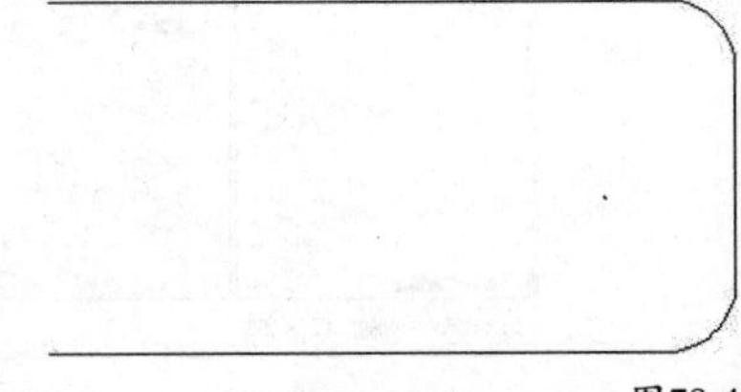

图78-4

03 执行“修改>偏移”命令，将绘制的外轮廓线向内偏移3，如图78-5所示。

图78-5

04 执行“绘图>直线”命令，配合“端点捕捉”功能，绘制左侧的垂直轮廓线，如图78-6所示。

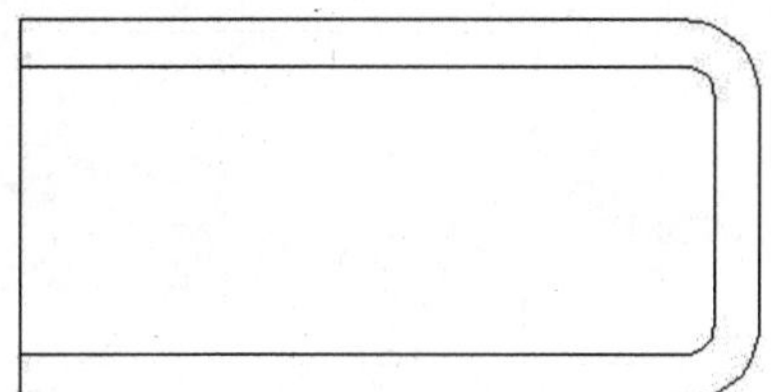

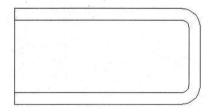

图78-6

05 执行“绘图>圆弧>起点、端点、半径”命令，绘制半径为15的圆弧，如图78-7所示。

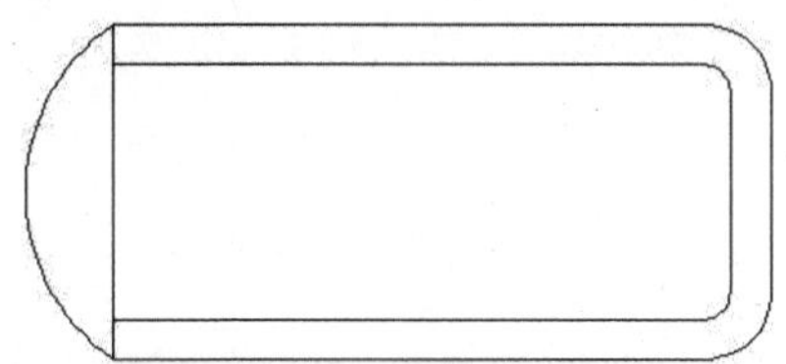

图78-7

06 执行“绘图>圆”命令，以圆弧的圆心为圆心，分别绘制半径为2和1.5的圆组成同心圆，并放到合适的位置，如图78-8所示。

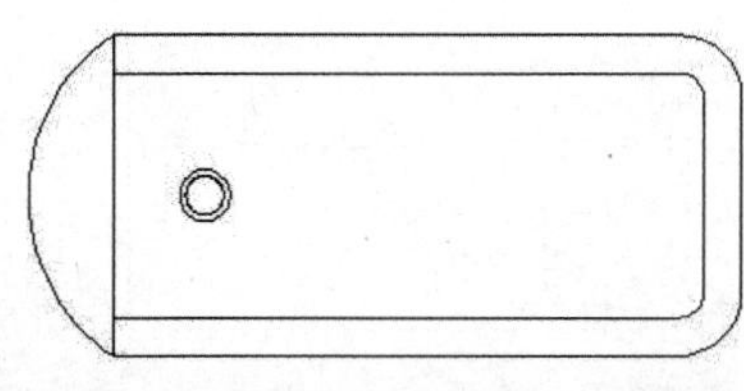

图78-8

练习078

练习位置	DVD>练习文件>第2章>练习078
难易指数	★★★☆☆
技术掌握	巩固“直线”、“圆”、“圆弧”、“椭圆”、“阵列”和“修剪”等命令的使用方法。

操作指南

参照“实战078 蹲式座便器”案例进行制作。

执行“绘图>直线”、“绘图>圆”、“绘图>圆弧”、“绘图>椭圆”、“修改>阵列”与“修改>修剪”命令，绘制蹲式座便器。练习最终效果如图78-9所示。

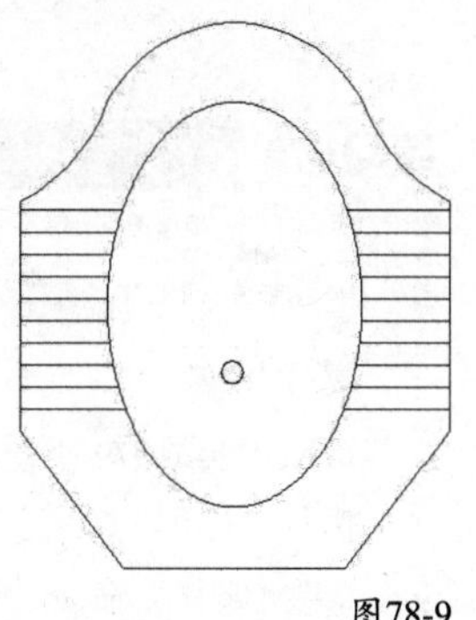

图78-9

实战079 小便器

实战位置	DVD>实战文件>第2章>实战079
视频位置	DVD>多媒体教学>第2章>实战079
难易指数	★★☆☆☆
技术掌握	掌握“正多边形”、“圆弧”、“分解”、“圆角”和“删除”等命令。

实战介绍

运用“正多边形”、“圆弧”、“圆角”、“分解”与“删除”命令，绘制小便器。本例最终效果如图79-1所示。

图79-1

制作思路

- 绘制小便器。
- 绘制冲水孔，完成小便器的绘制并将其保存。

制作流程

小便器的制作流程如图79-2所示。

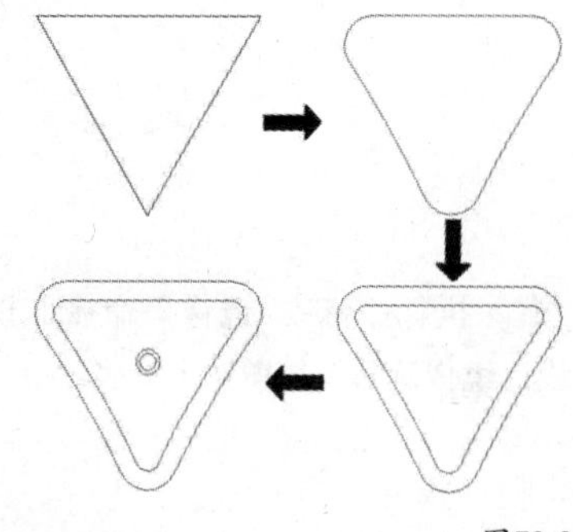

图79-2

1. 绘制小便器

01 打开AutoCAD 2013中文版软件，执行“工具>绘图设置”命令，在弹出的“草图设置”对话框中，勾选“启用极轴追踪”复选框，如图79-3所示。

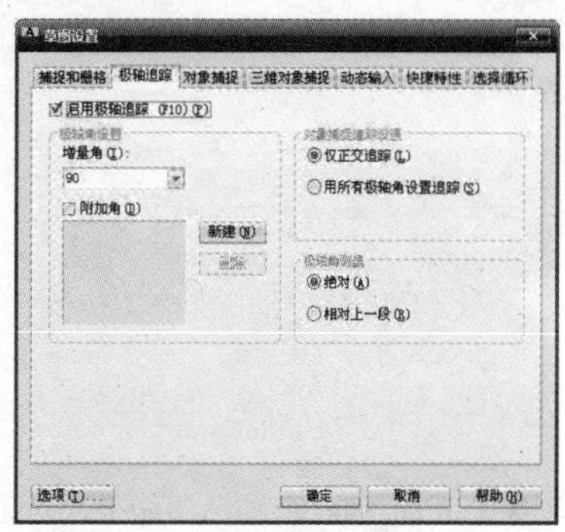

图79-3

02 执行“绘图>正多边形”命令，绘制一个边长为700的正三角形，如图79-4所示。

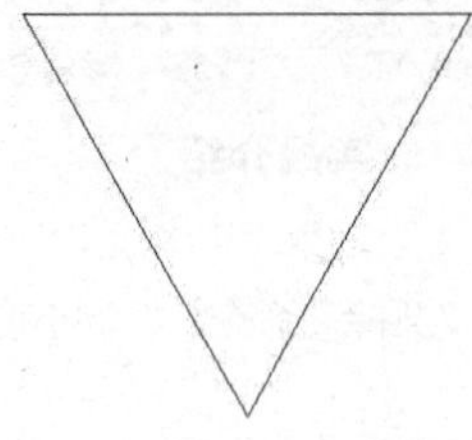

图79-4

03 执行“格式>圆弧>起点、端点、角度”命令，配合“端点捕捉”功能，绘制两侧的弧形轮廓线，如图79-5所示。

命令行提示如下：

```
命令：_arc
指定圆弧的起点或 [圆心(C)]:
指定圆弧的第二个点或[圆心(C) /端点(E)]:_e
指定圆弧的端点:
指定圆弧的圆心或[角度(A)/方向(D)/半径(R)]:_a
指定包含角: -15
```

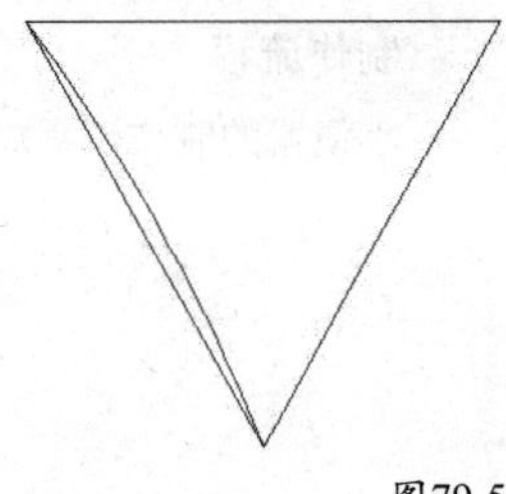

图79-5

04 执行“修改>镜像”命令，以正三角形中线为镜像线，镜像圆弧，如图79-6所示。

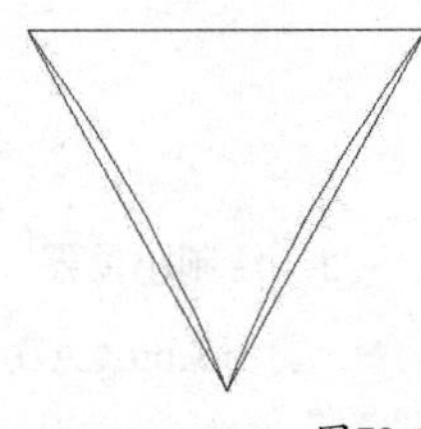

图79-6

05 执行“修改>分解”和“修改>删除”命令，将分解后的正三角形下边两条直线删除，如图79-7所示。

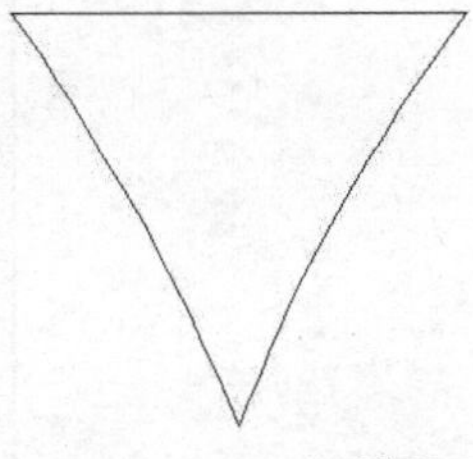

图79-7

06 执行“修改>圆角”命令，对上一步所示的图形进行圆角处理，设置圆角半径为75，如图79-8所示。

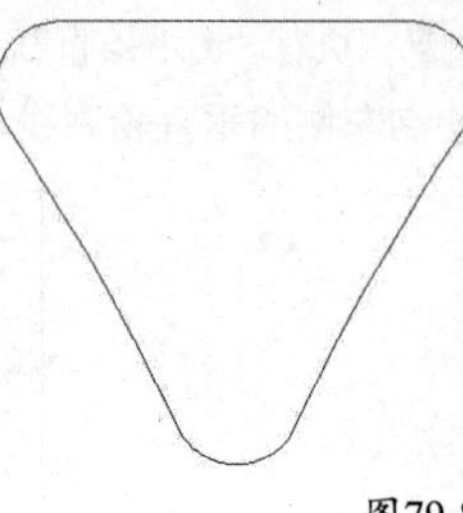

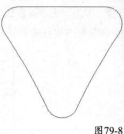

图79-8

07 执行“修改>偏移”命令，将上一步所绘制的图像向内偏移45，如图79-9所示。

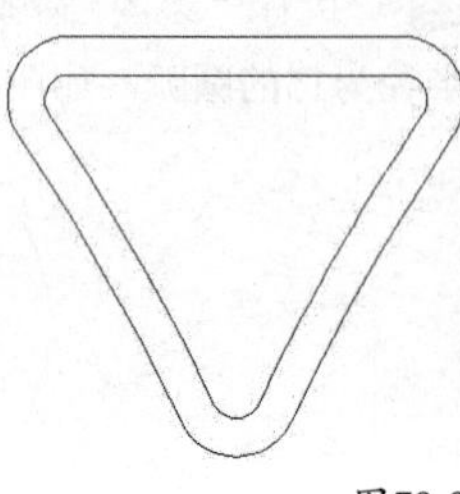

图79-9

2. 绘制冲水孔

01 执行“绘图>直线”命令，配合“中点捕捉”功能，绘制如图79-10所示的直线作为辅助线。

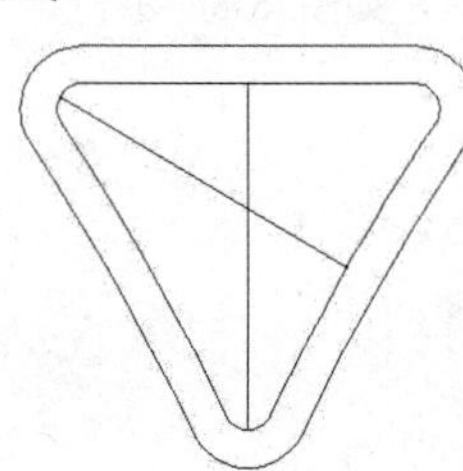

图79-10

02 执行“绘图>圆”命令，以上一步绘制的辅助线的交点作为圆心，绘制半径分别为20和30的圆组成同心圆；执行“修改>删除”命令，删除两条辅助线，如图79-11所示。

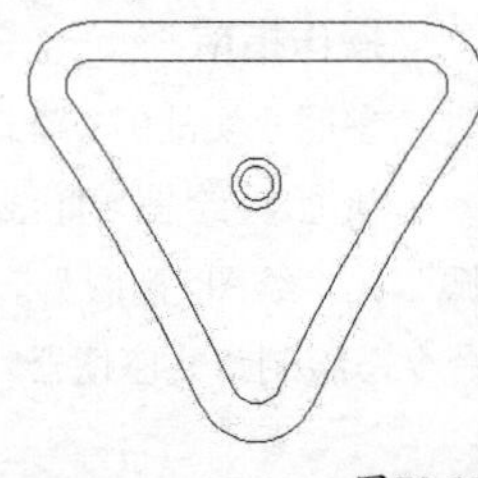

图79-11

练习079

练习位置	DVD>练习文件>第2章>练习079
难易指数	★★★☆☆
技术掌握	巩固“直线”、“圆”、“倒角”和“偏移”等命令的使用方法。

操作指南

参照“实战079 小便器”案例进行制作。

执行“绘图>直线”、“绘图>圆”、“修改>倒角”与“修改>偏移”命令，绘制小便器。练习最终效果如图79-12所示。

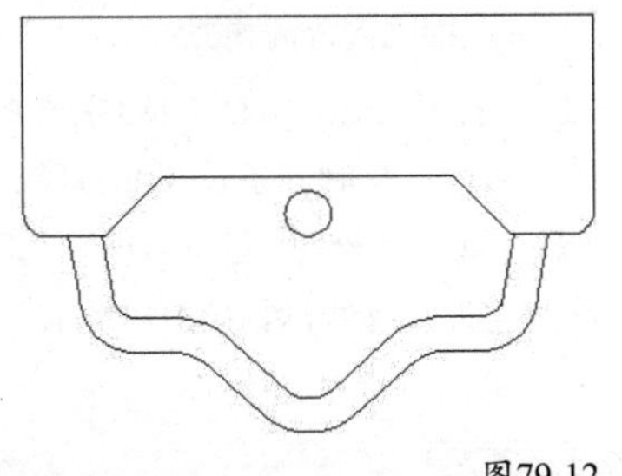

图79-12

实战080 矩形浴缸

实战位置	DVD>实战文件>第2章>实战080
视频位置	DVD>多媒体教学>第2章>实战080
难易指数	★★☆☆☆
技术掌握	掌握“矩形”、“圆”、“圆弧”、“偏移”和“修剪”等命令。

实战介绍

运用“矩形”、“圆弧”、“偏移”与“修剪”命令，绘制矩形浴缸。本例最终效果如图80-1所示。

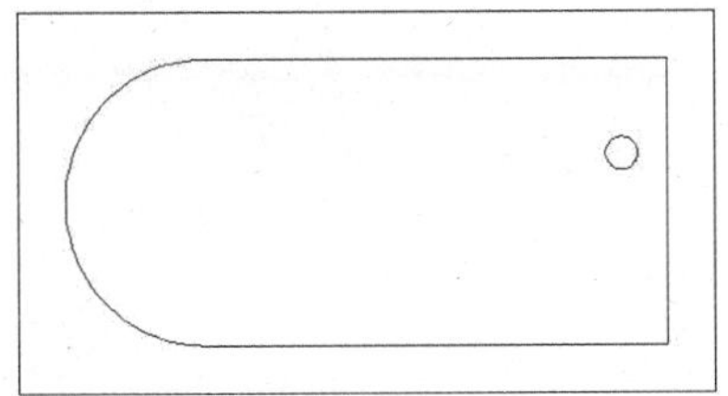

图80-1

制作思路

- 绘制浴缸。
- 绘制冲水孔，完成矩形浴缸的绘制并将其保存。

制作流程

矩形浴缸的制作流程如图80-2所示。

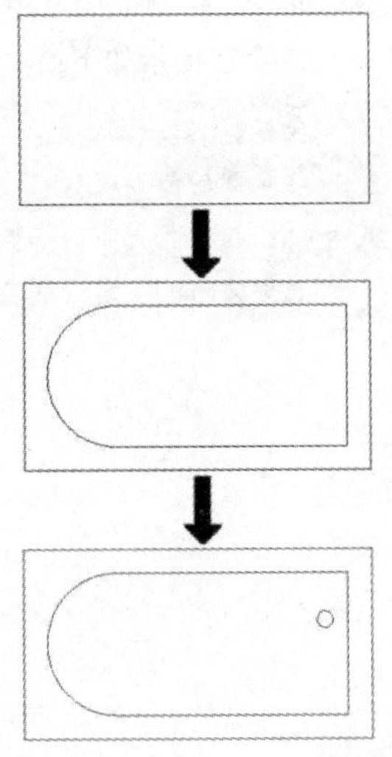

图80-2

01 打开AutoCAD 2013中文版软件，执行“绘图>矩形”命令，绘制一个长为1500、宽为800的矩形，作为浴缸的外轮廓线，如图80-3所示。

图80-3

02 执行“修改>偏移”命令，将矩形向内偏移100，如图80-4所示。

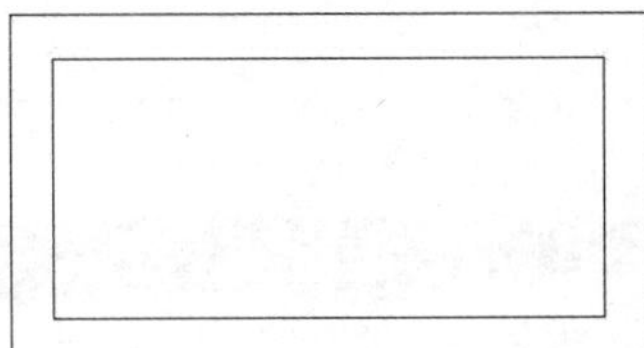

图80-4

03 执行“修改>圆角”命令，设置圆角半径为300，将内侧矩形进行圆角处理，如图80-5所示。

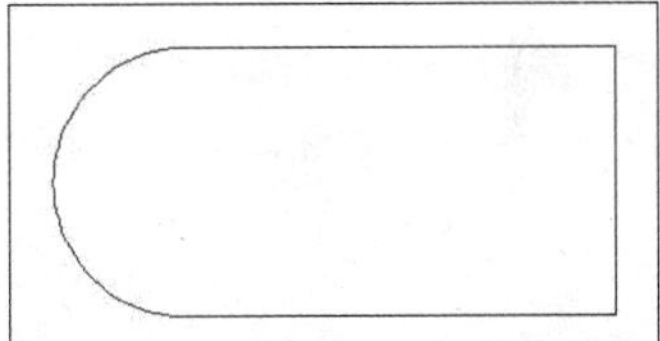

图80-5

04 执行“绘图>圆”命令，配合“对象追踪”功能，将圆心设置在距离内轮廓线右上角点向左偏移100、向下偏移200的点上，绘制半径为35的冲水孔，如图80-6所示。

命令行提示如下：

```
命令: _circle
指定圆的圆心或 [三点(3P)/两点(2P)/切点、切点、半径(T)]: _from 基点: <偏移>: @-100,-200
指定圆的半径或 [直径(D)]: 35
```

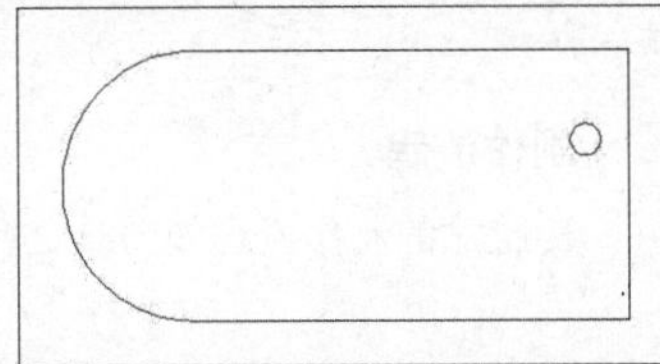

图80-6

练习080

练习位置	DVD>练习文件>第2章>练习080
难易指数	★★★☆☆
技术掌握	巩固“矩形”、“圆”、“圆弧”、“倒角”、“偏移”和“尺寸标注”等命令的使用方法。

操作指南

参照“实战080 矩形浴缸”案例进行制作。

首先执行“绘图>矩形”、“修改>倒角”与“修改>偏移”命令，绘制浴缸外轮廓；然后执行“绘图>矩形”、“绘图>圆弧”、“修改>偏移”与“修改>倒角”命令，绘制内轮廓；接着执行“绘图>圆”命令，绘制冲水孔；最后执行“标注>线性标注”命令，标注浴缸。练习最终效果如图80-7所示。

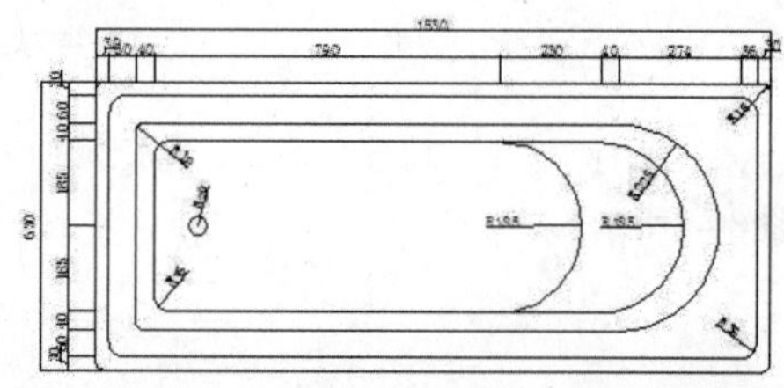

图80-7

实战081 洗脸盆

实战位置	DVD>实战文件>第2章>实战081
视频位置	DVD>多媒体教学>第2章>实战081
难易指数	★★☆☆☆
技术掌握	掌握“直线”、“圆”、“圆弧”、“椭圆”、“偏移”和“修剪”等命令。

实战介绍

运用“直线”、“圆弧”、“偏移”与“修剪”命令，绘制内外轮廓线；利用“圆”、“椭圆”与“修剪”命令，绘制其他轮廓线。本例最终效果如图81-1所示。

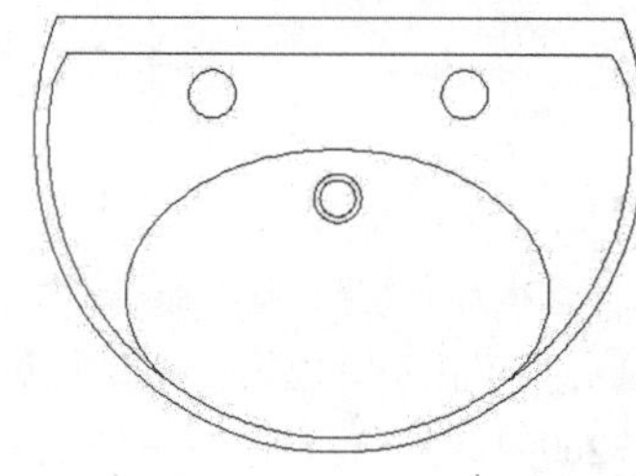

图81-1

制作思路

- 绘制内外轮廓线。
- 绘制其他轮廓线。
- 绘制冲水孔和圆形阀门，完成洗脸盆的绘制并将其保存。

制作流程

洗脸盆的制作流程如图81-2所示。

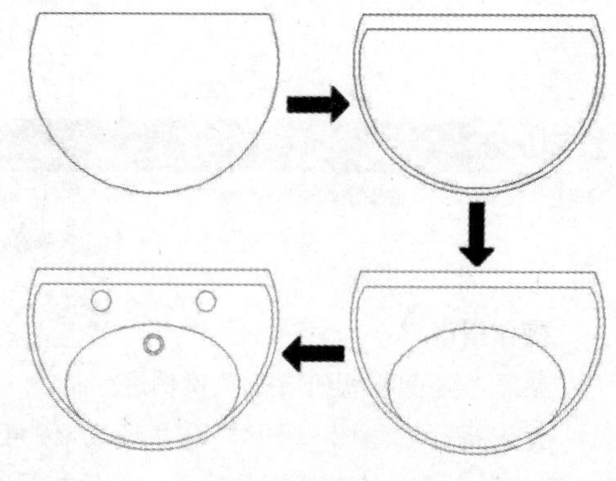

图81-2

1. 绘制内外轮廓线

01 打开AutoCAD 2013中文版软件，执行“绘图>直线”命令，绘制一条长480的直线。

02 执行“绘图>圆弧>起点、端点、角度”命令，绘制洗脸盆外轮廓线，如图81-3所示。

命令行提示如下：

```
命令: _arc
指定圆弧的起点或 [圆心(C)]:
指定圆弧的第二个点或 [圆心(C)/端点(E)]: _e
指定圆弧的端点:
指定圆弧的圆心或 [角度(A)/方向(D)/半径(R)]: _a
指定包含角: 225
```

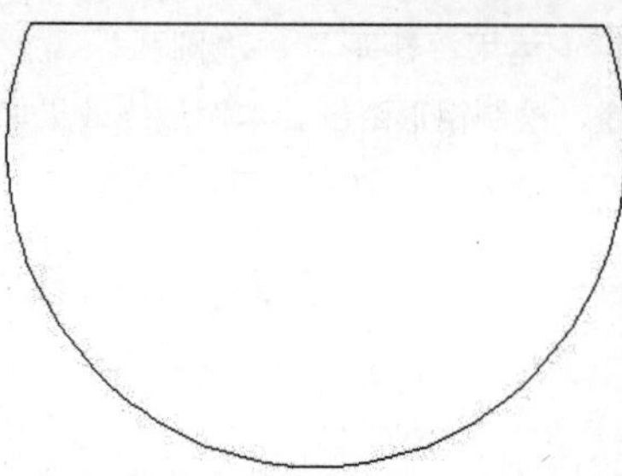

图81-3

技巧与提示

在配合“角度”功能绘制圆弧时，如果输入的数值为正值，系统将按逆时针方向绘制圆弧；如果输入的数值为负值，系统将按顺时针方向绘制圆弧。

03 执行“绘图>圆”命令，配合“圆心捕捉”和“对象追踪”功能，以圆弧的圆心作为追踪点，引出垂直的对象追踪虚线，绘制半径为265的圆，如图81-4所示。

命令行提示如下：

```
命令: _circle
指定圆的圆心或 [三点(3P)/两点(2P)/切点、切点、半径(T)]: 60
指定圆的半径或 [直径(D)] <265.0000>: 265
```

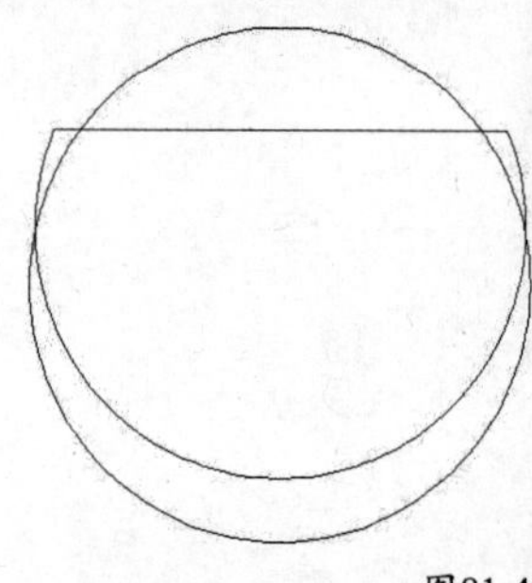

图81-4

04 执行“修改>偏移”命令，分别将直线轮廓线和弧形外轮廓线向内侧进行偏移复制，如图81-5所示。

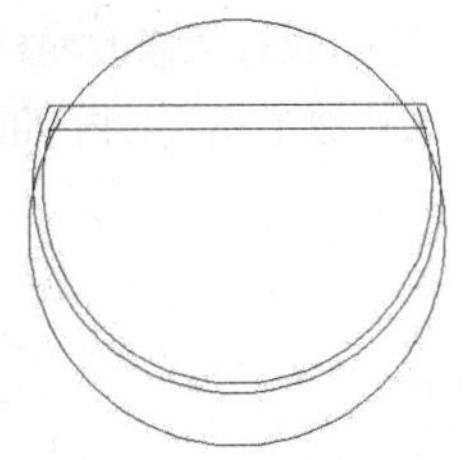
图81-5

05 执行“修改>修剪”命令，对偏移出的轮廓线进行修剪处理，如图81-6所示。

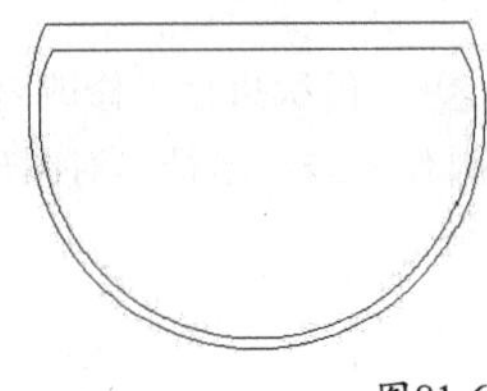
图81-6

2. 绘制其他轮廓线

01 执行“绘图>椭圆”命令，绘制长轴和短轴分别为360、240的椭圆，如图81-7所示。

命令行提示如下：

```
命令: _ellipse
指定椭圆的轴端点或 [圆弧(A)/中心点(C)]: C
指定椭圆的中心点: 130
指定轴的端点: @180,0
指定另一条半轴长度或 [旋转(R)]: 120
```

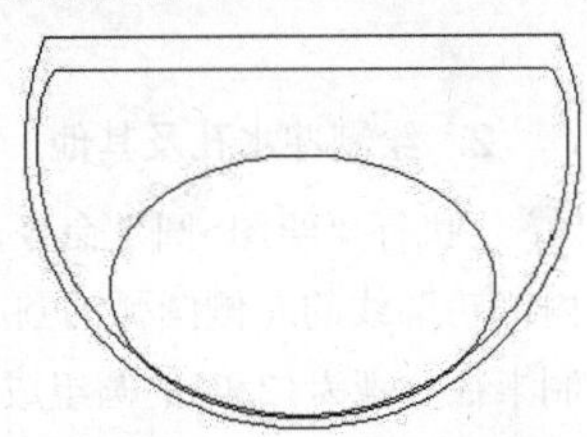
图81-7

02 执行“修改>修剪”命令，以椭圆作为修剪边界，对内侧大圆弧进行修剪，如图81-8所示。

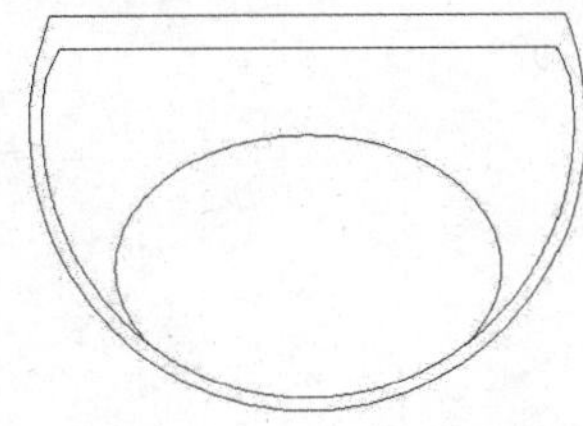
图81-8

03 执行“绘图>圆”命令，绘制两个半径分别为15和20的圆组成同心圆，并放到合适的位置，作为漏水孔；再绘制两个半径为20的圆，放到合适的位置，作为圆形阀门，如图81-9所示。

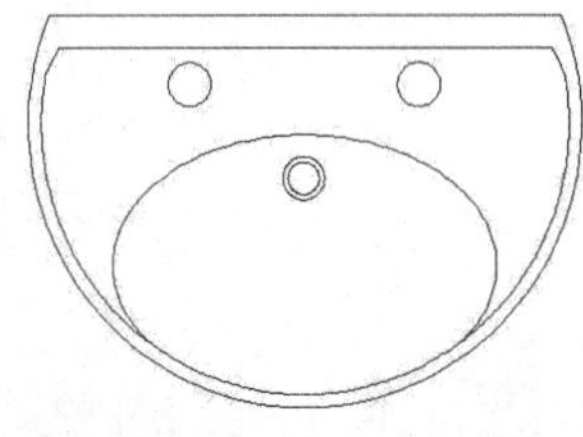
图81-9

练习081

练习位置	DVD>练习文件>第2章>练习081
难易指数	★★★☆☆
技术掌握	巩固“直线”、“矩形”、“圆”、“圆弧”和“偏移”等命令的使用方法。

操作指南

参照“实战081 洗脸盆”案例进行制作。

执行“绘图>直线”、“绘图>矩形”、“绘图>圆”、“绘图>圆弧”与“修改>偏移”命令，绘制洗脸盆。练习最终效果如图81-10所示。

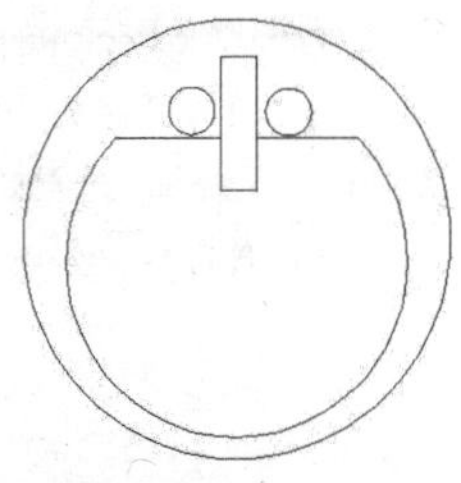
图81-10

实战082 大众浴池

实战位置	DVD>实战文件>第2章>实战082
视频位置	DVD>多媒体教学>第2章>实战082
难易指数	★★☆☆☆
技术掌握	掌握“圆”、“偏移”和“修剪”等命令。

实战介绍

运用“圆”命令，绘制轮廓线和相切圆；利用“偏移”与“修剪”命令，修剪多余轮廓线。本例最终效果如图82-1所示。

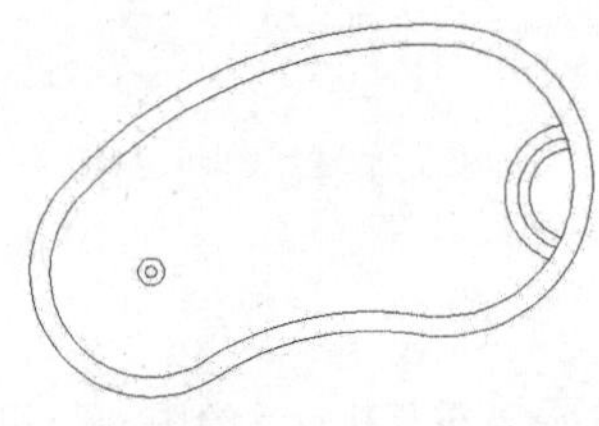
图82-1

制作思路

- 绘制内外轮廓线。
- 绘制冲水孔及其他，完成大众浴池的绘制并将其保存。

制作流程

大众浴池的制作流程如图82-2所示。

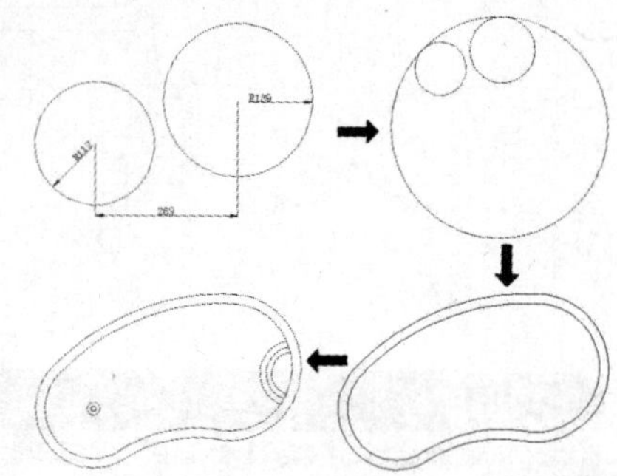

图82-2

1. 绘制内外轮廓线

01 打开AutoCAD 2013中文版软件，执行“绘图>圆”命令，配合“对象捕捉”功能，绘制两个圆，用以定位两侧的圆弧轮廓线，如图82-3所示。

命令行提示如下：

```
命令: _circle
指定圆的圆心或 [三点(3P)/两点(2P)/切点、切点、半径(T)]: _from 基点: <偏移>: @268,80
指定圆的半径或 [直径(D)] <112.0000>: 139
```

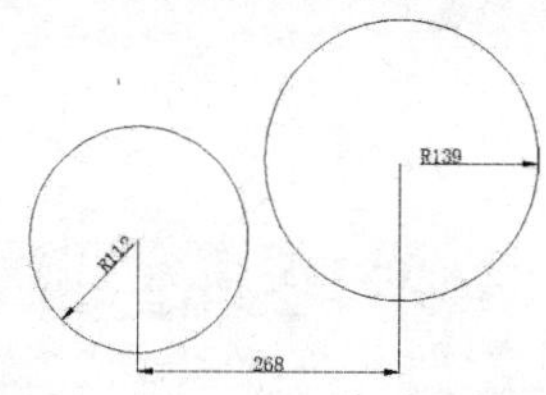

图82-3

02 执行“绘图>圆>相切、相切、半径”命令，绘制半径为468的圆，如图82-4所示。

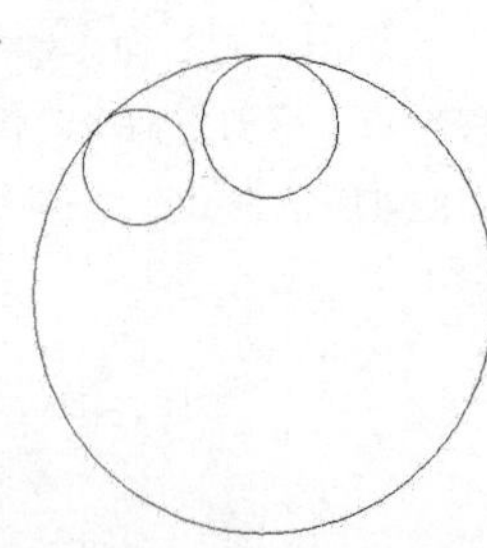

图82-4

03 重复执行“绘图>圆>相切、相切、半径”命令，绘制半径为274的相切圆，如图82-5所示。

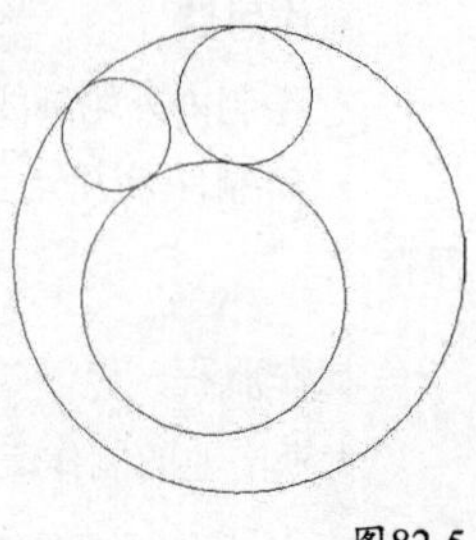

图82-5

04 执行“修改>修剪”命令，以刚绘制的两个相切圆作为修剪半径，对内部的两个圆进行修剪，如图82-6所示。

图82-6

05 再次执行“修改>修剪”命令，以刚修剪后的两个圆弧作为修剪半径，对图形进行修剪，如图82-7所示。

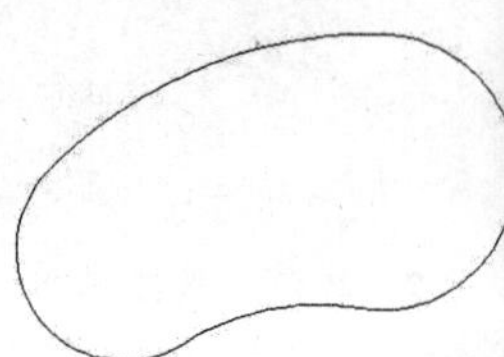

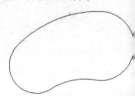

图82-7

06 执行“修改>偏移”命令，将修剪后的轮廓线向内偏移18，如图82-8所示。

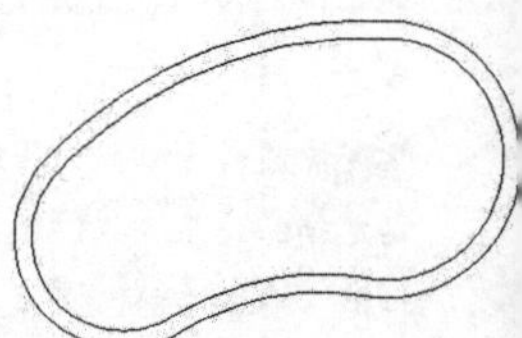

图82-8

2. 绘制冲水孔及其他

01 执行“绘图>圆”命令，配合“圆心捕捉”功能，以内侧轮廓线的左侧圆弧的圆心为圆心，如图82-9所示，绘制半径分别为12和5的圆组成同心圆，如图82-10所示。

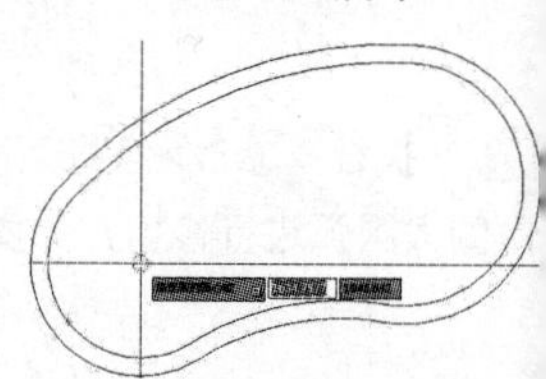

图82-9

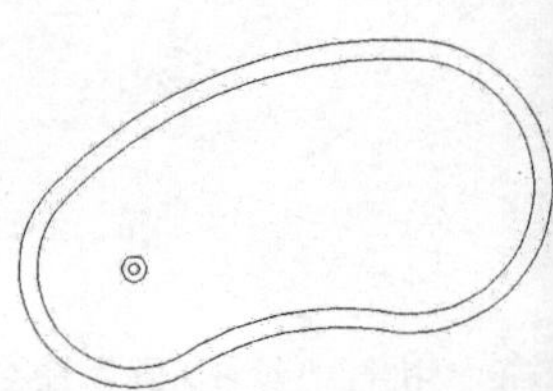

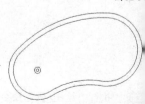

图82-10

02 执行“绘图>圆”命令，以内侧轮廓线的右侧圆弧的中点为圆心，绘制半径分别为62、50和40的圆组成同心圆，如图82-11所示。

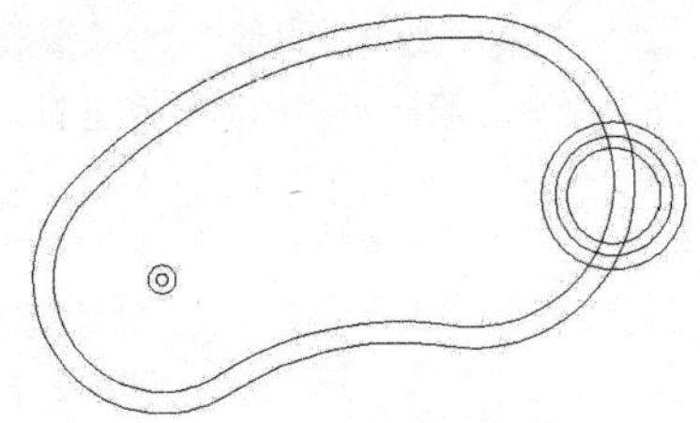
图82-11

03 执行“修改>修剪”命令，对刚绘制的一组同心圆进行修剪处理，如图82-12所示。

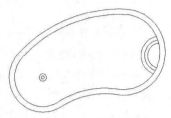

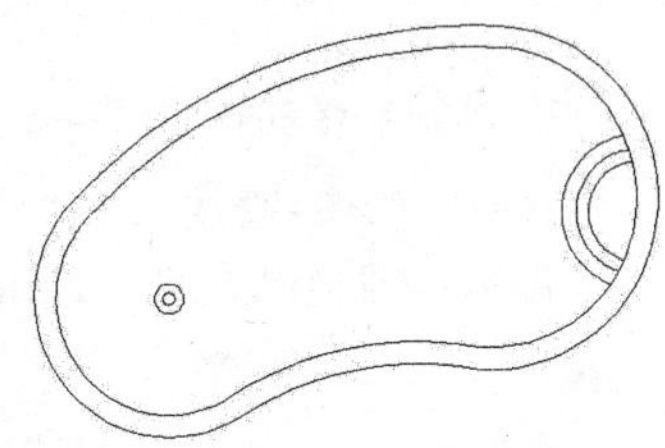
图82-12

练习082

练习位置	DVD>练习文件>第2章>练习082
难易指数	★★★☆☆
技术掌握	巩固“矩形”、“圆”、“圆弧”、“分解”、“修剪”、“延伸”和“偏移”等命令的使用方法。

操作指南

参照“实战082 大众浴池”案例进行制作。

执行“绘图>矩形”、“绘图>圆”、“绘图>圆弧”、“修改>分解”、“修改>修剪”、“修改>延伸”与“修改>偏移”命令，绘制浴缸。练习最终效果如图82-13所示。

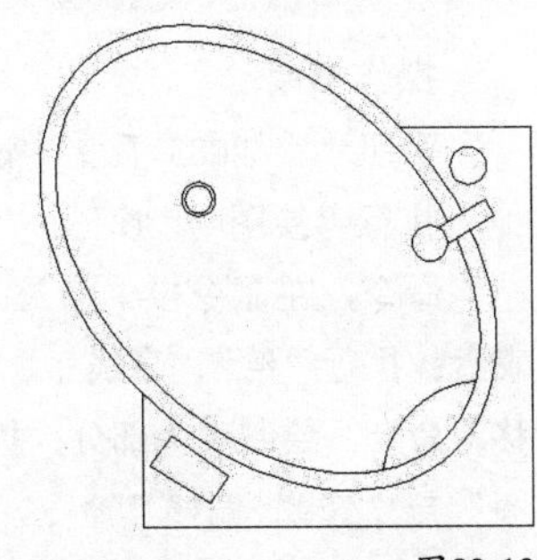
图82-13

实战083 手表

实战位置	DVD>实战文件>第2章>实战083
视频位置	DVD>多媒体教学>第2章>实战083
难易指数	★★☆☆☆
技术掌握	掌握“直线”、“圆”、“圆弧”、“偏移”、“阵列”和“修剪”等命令。

实战介绍

运用“圆”与“偏移”命令，绘制手表外轮廓；利用“直线”、“偏移”与“修剪”命令，绘制手表刻度和指针；利用“直线”与“圆弧”命令，绘制手表表带。本例最终效果如图83-1所示。

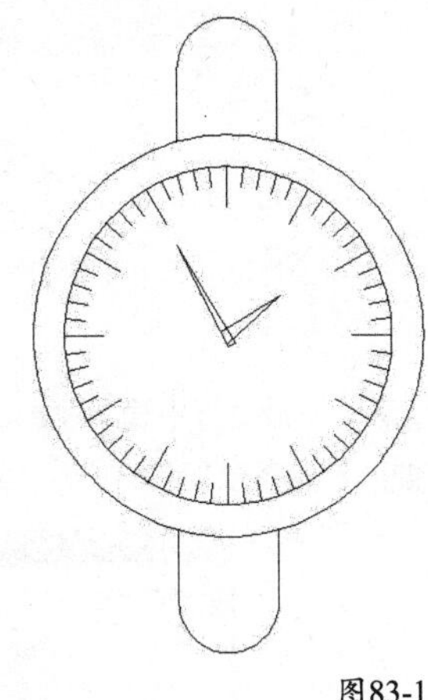
图83-1

制作思路

- 绘制手表轮廓。
- 绘制手表刻度和指针。
- 绘制手表表带，完成手表的绘制并将其保存。

制作流程

手表的制作流程如图83-2所示。

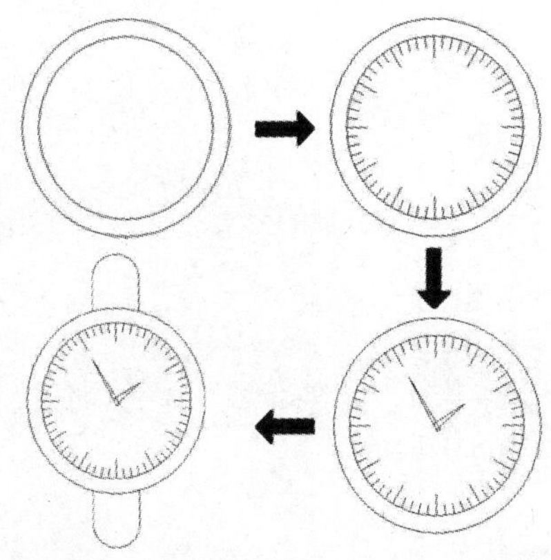
图83-2

1. 绘制手表轮廓、刻度和指针

01 打开AutoCAD 2013中文版软件，执行“绘图>圆”命令，绘制一个半径为500的圆，执行“修改>偏移”命令，将绘制的圆向内偏移80，如图83-3所示。

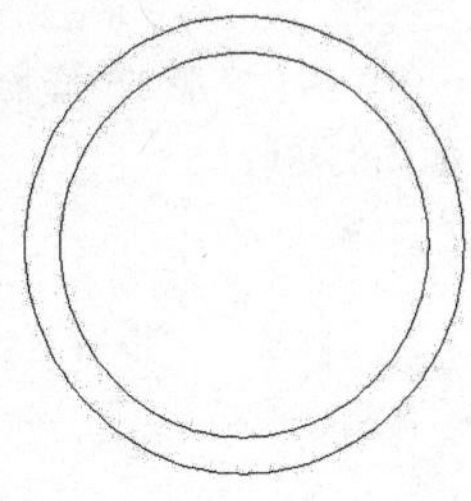
图83-3

02 执行“绘图>直线”命令，绘制手表的一个时间刻度，如图83-4所示。

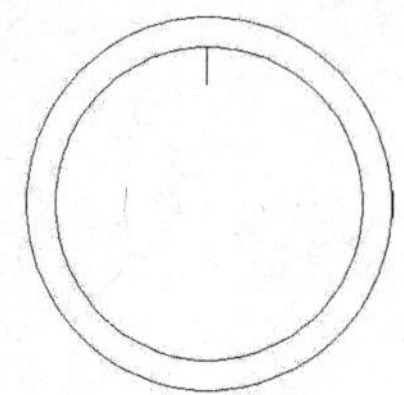

图83-4

03 在命令行中输入“ARRAYCLASSIC”，弹出阵列对话框，设置参数如图83-5所示，得到阵列结果如图83-6所示。

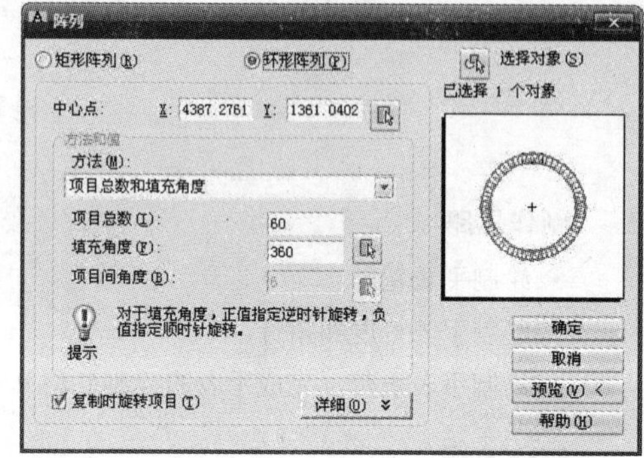

图83-5

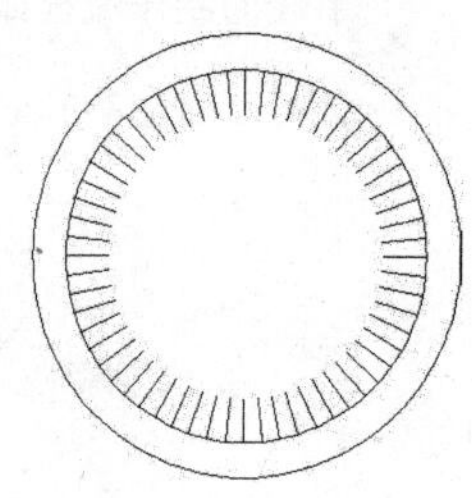

图83-6

04 执行“修改>偏移”命令，将手表内圆向内偏移50，如图83-7所示。

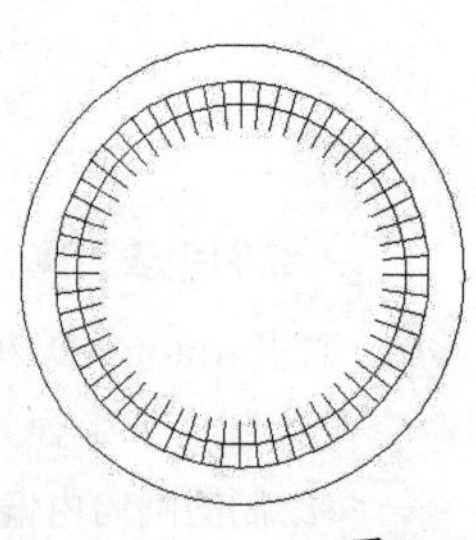

图83-7

05 执行“修改>修剪”命令，对分刻度进行修剪处理，如图83-8所示。

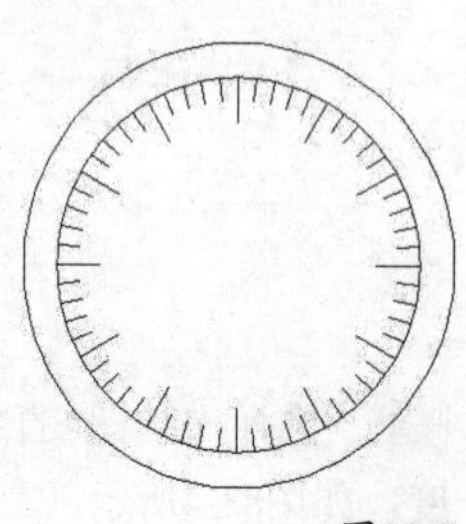

图83-8

06 执行“绘图>直线”、“修改>旋转”和“修改>镜像”命令，绘制手表的时针和分针，如图83-9所示。

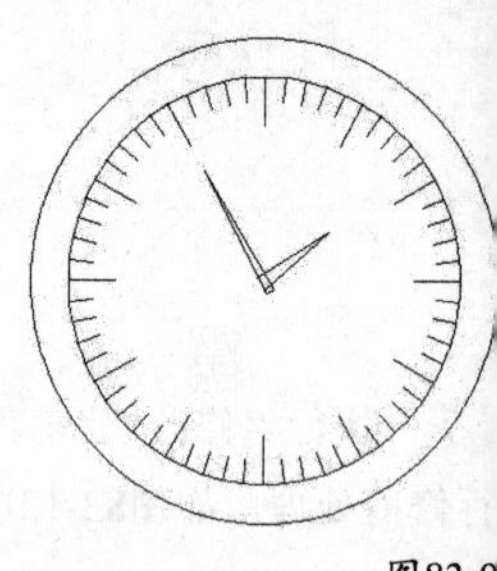

图83-9

2. 绘制手表表带

执行“绘图>直线”、“绘图>圆弧”和“修改>镜像”命令，绘制手表表带，如图83-10所示。

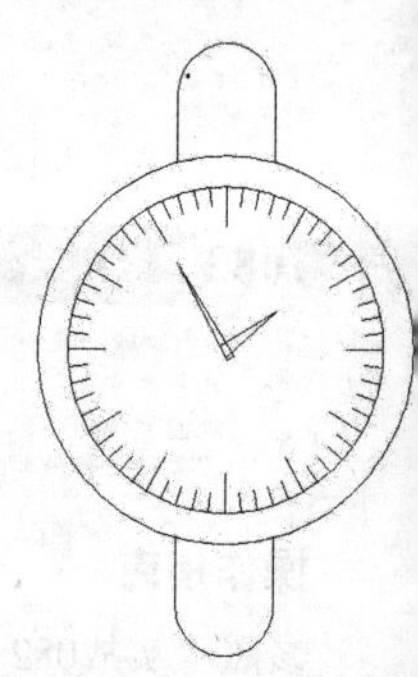

图83-10

练习083

练习位置	DVD>练习文件>第2章>练习083
难易指数	★★★☆☆
技术掌握	巩固“矩形”、“圆”、“圆弧”、“分解”、“修剪”、“延伸”、“偏移”和“阵列”等命令的使用方法。

操作指南

参照“实战083 手表”案例进行制作。

执行“绘图>矩形”、“绘图>圆”与“绘图>图案填充”命令，在命令栏中输入“ARRAYCLASSIC”，绘制表盘；执行“绘图>直线”、“ 绘图>椭圆”与“修改>偏移”命令，绘制表上部分；执行“绘图>直线”、“绘图>圆”与“修改>偏移”命令，绘制表下部分。练习最终效果如图83-11所示。

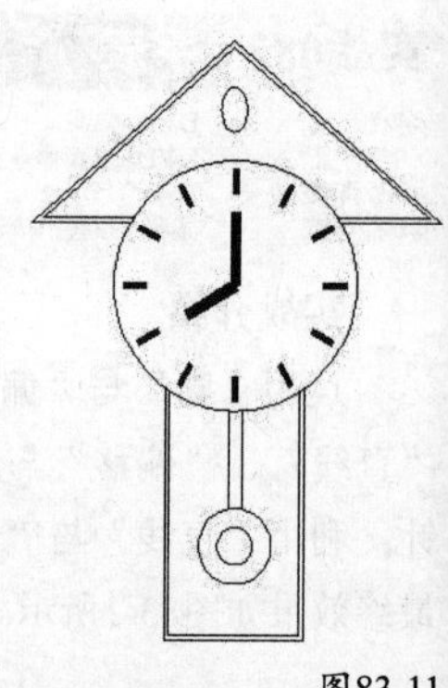

图83-11

实战084　插座

实战位置	DVD>实战文件>第2章>实战084
视频位置	DVD>多媒体教学>第2章>实战084
难易指数	★★☆☆☆
技术掌握	掌握“直线”、“正多边形”、“矩形”、“分解”、“圆角”、“镜像”、“复制”和“旋转”等命令。

实战介绍

运用“正多边形”与“圆角”命令，绘制插座外轮廓；利用“矩形”、“复制”与“旋转”命令，绘制插座插孔。本例最终效果如图84-1所示。

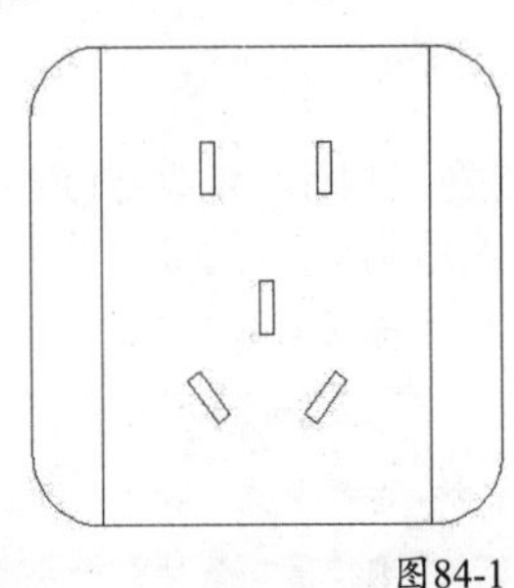

图84-1

制作思路

- 绘制插座外轮廓。
- 绘制插座插孔，完成插座的绘制并将其保存。

制作流程

手表的制作流程如图84-2所示。

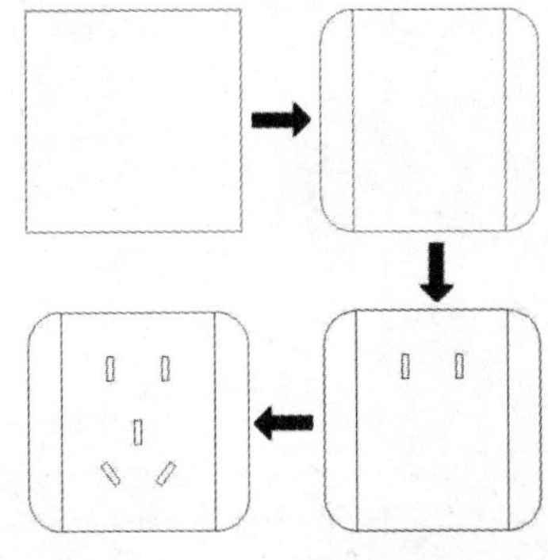

图84-2

01 打开AutoCAD 2013中文版软件，执行“绘图>正多边形”命令，绘制一个边长为100的正方形，如图84-3所示。

图84-3

02 执行“绘图>直线”、“修改>圆角”和“修改>镜像”命令，将正方形倒圆角，并绘制直线，如图84-4所示。

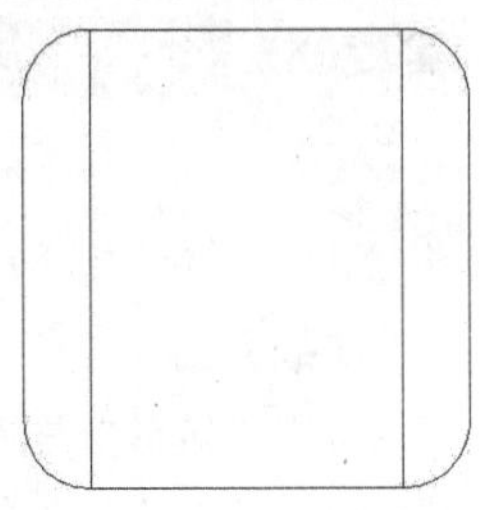

图84-4

03 执行“绘图>绘图”和“修改>镜像”命令，绘制两头插孔，如图84-5所示。

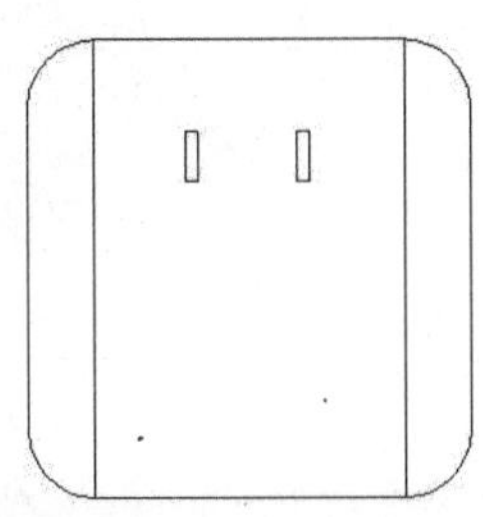

图84-5

04 执行“修改>复制”、“修改>旋转”和“修改>镜像”命令，绘制三孔插头，如图84-6所示。

图84-6

练习084

练习位置	DVD>练习文件>第2章>练习084
难易指数	★★★☆☆
技术掌握	巩固“矩形”、“圆”、“直线”、“修剪”、“复制”、“镜像”和“偏移”等命令的使用方法。

操作指南

参照“实战084 插座”案例进行制作。

执行“绘图>矩形”、“绘图>直线”与“修改>偏移”命令，绘制轮廓；执行“绘图>直线”、“绘图>矩形”、“绘图>圆”、“修改>修剪”、“修改>复制”、“修改>镜像”与“修改>偏移”命令，绘制插孔。练习最终效果如图84-7所示。

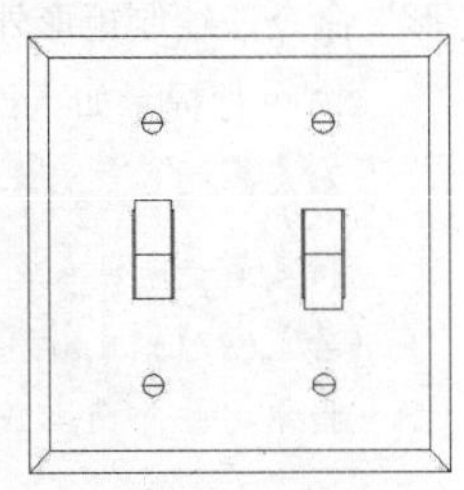

图84-7

实战085 控制面板

实战位置	DVD>实战文件>第2章>实战085
视频位置	DVD>多媒体教学>第2章>实战085
难易指数	★★☆☆☆
技术掌握	掌握“矩形”、“圆角”和“圆环”等命令。

实战介绍

运用“矩形”与“圆角”命令，绘制控制面板外轮廓；利用“圆环”命令，绘制按钮。本例最终效果如图85-1所示。

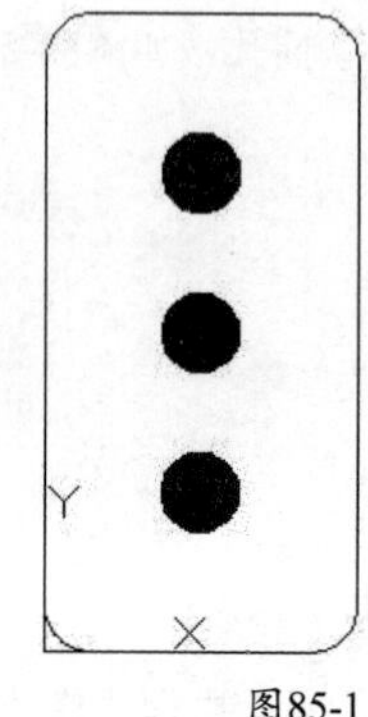
图85-1

制作思路

- 绘制控制面板外轮廓。
- 绘制按钮，完成控制面板的绘制并将其保存。

制作流程

控制面板的制作流程如图85-2所示。

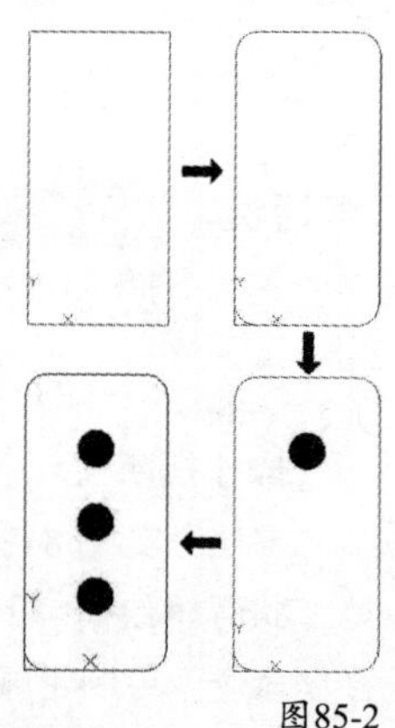
图85-2

1. 绘制控制面板外轮廓

01 打开AutoCAD 2013中文版软件，执行“绘图>矩形”命令，绘制矩形外框，如图85-3所示。

命令行提示如下：

```
命令: _rectang
指定第一个角点或 [倒角(C)/标高(E)/圆角(F)/厚度(T)/宽度(W)]: 0,0
指定另一个角点或 [面积(A)/尺寸(D)/旋转(R)]: @20,40
```

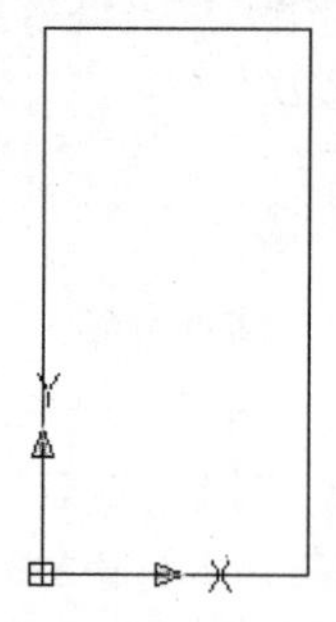
图85-3

02 执行“修改>圆角”命令，绘制矩形轮廓的圆角，如图85-4所示。

命令行提示如下：

```
命令: _fillet
当前设置: 模式 = 修剪, 半径 = 3.0000
选择第一个对象或 [放弃(U)/多段线(P)/半径(R)/修剪(T)/多个(M)]: r
指定圆角半径 <0.0000>: 3
选择第一个对象或 [放弃(U)/多段线(P)/半径(R)/修剪(T)/多个(M)]:(选择矩形的左侧边)
选择第二个对象，或按住 Shift 键选择要应用角点的对象:(选择矩形的顶边)
```

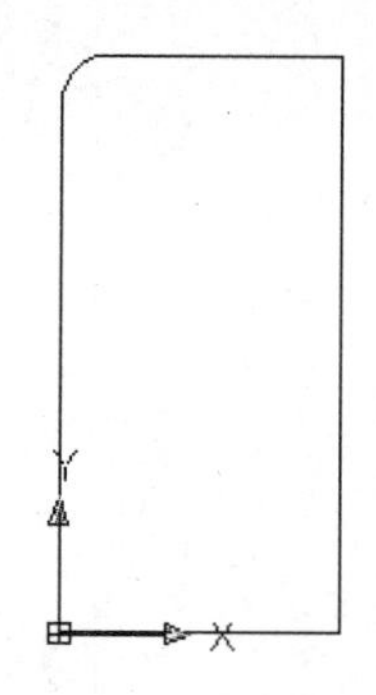
图85-4

03 重复执行“修改>圆角”命令，对其余3条边进行圆角处理，结果如图85-5所示。

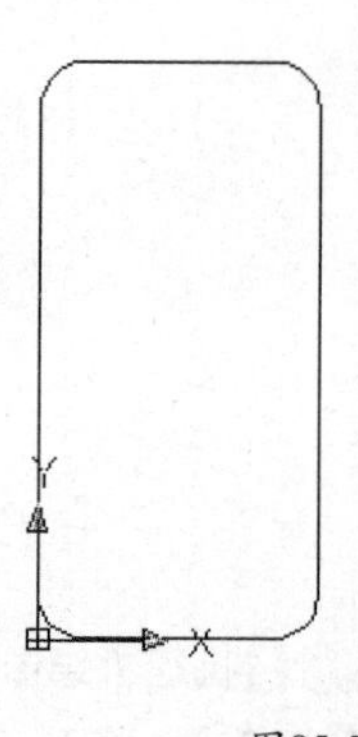
图85-5

2. 绘制按钮

01 执行“绘图>圆环”命令，绘制内径为0的圆环，表示控制按板的按钮，如图85-6所示。

命令行提示如下：

```
命令: _donut
指定圆环的内径 <0.5000>: 0
指定圆环的外径 <1.0000>: 5
指定圆环的中心点或 <退出>: 10,30
```

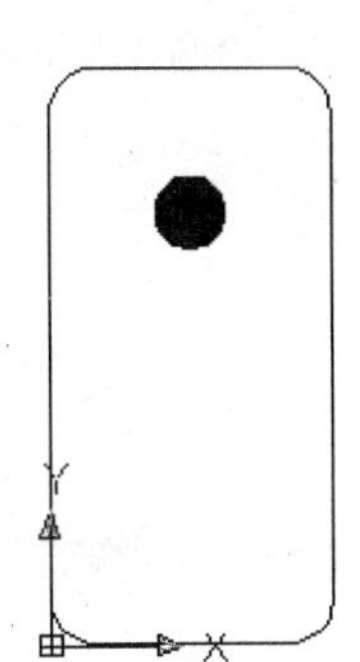

图85-6

02 重复执行“绘图>圆环”命令，继续输入其余实心圆环的中心点的位置，得到结果如图85-7所示。

命令行提示如下：

```
指定圆环的中心点或 <退出>: 10,20
指定圆环的中心点或 <退出>: 10,10
指定圆环的中心点或 <退出>:
```

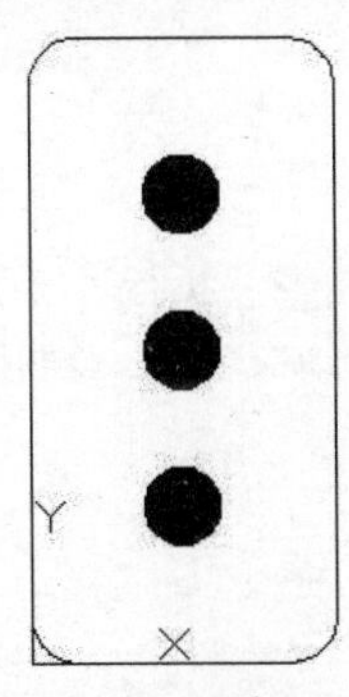

图85-7

练习085

练习位置	DVD>练习文件>第2章>练习085
难易指数	★★★☆☆
技术掌握	巩固“矩形”、“直线”、“偏移”、“复制”和“图案填充”等命令的使用方法。

操作指南

参照“实战085 控制面板”案例进行制作。

执行“绘图>圆”命令，绘制外轮廓；执行“绘图>直线”、“绘图>圆”、“绘图>多段线”、“修改>偏移”、“修改>修剪”和“绘图>图案填充”命令，绘制禁止右转。练习最终效果如图85-8所示。

图85-8

实战086 计算机显示屏

实战位置	DVD>实战文件>第2章>实战086
视频位置	DVD>多媒体教学>第2章>实战086
难易指数	★★☆☆☆
技术掌握	掌握“直线”、“矩形”、“圆”、“圆弧”、“分解”、“偏移”、“圆角”、“修剪”和“移动”等命令。

实战介绍

运用“直线”、“矩形”、“分解”、“偏移”与“圆角”命令，绘制计算机屏幕；利用“矩形”、“圆”、“圆弧”、“分解”、“偏移”、“修剪”与“移动”命令，绘制控制按钮部分；利用“矩形”、“圆弧”、“分解”与“修剪”，绘制底座。本例最终效果如图86-1所示。

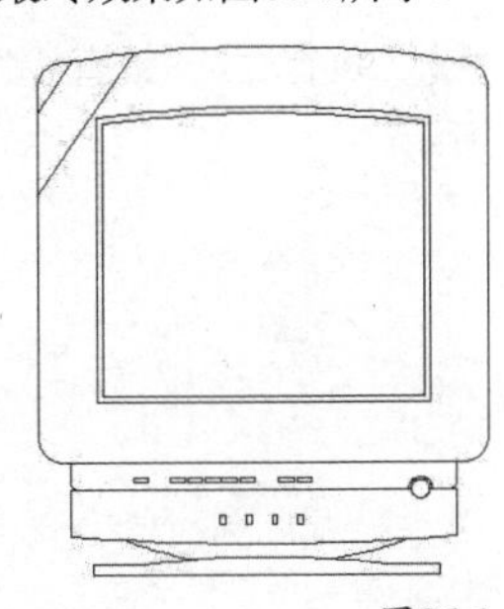

图86-1

制作思路

- 绘制计算机屏幕。
- 绘制控制按钮部分和底座，完成计算机显示屏的绘制并将其保存。

制作流程

计算机显示屏的制作流程如图86-2所示。

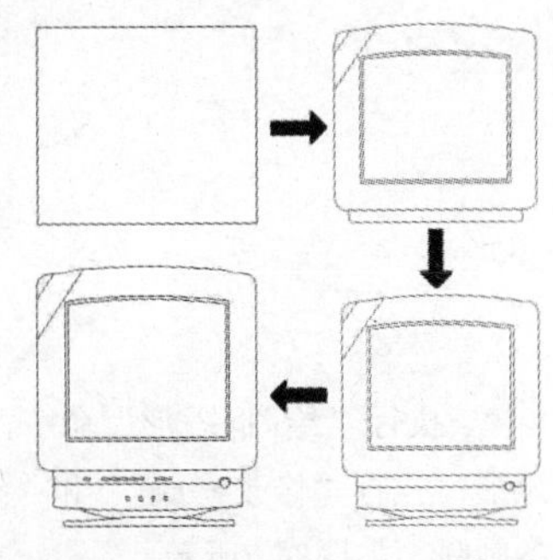

图86-2

1. 绘制计算机屏幕

01 打开AutoCAD 2013中文版软件，执行“绘图>矩形”命令，绘制一个长350、宽300的矩形，如图86-3所示。

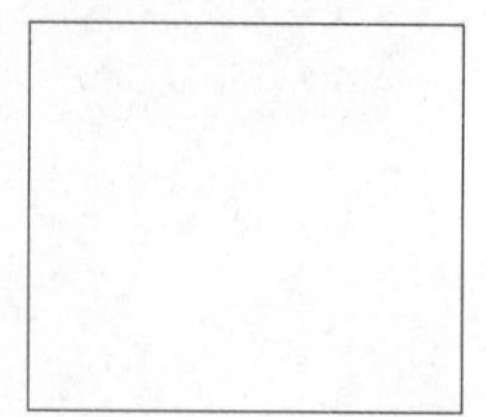

图86-3

02 执行“修改>分解”命令，将上一步绘制的矩形分解；执行“绘图>圆弧”命令，将上部线段删除，绘制圆弧；执行“绘图>偏移”命令，将得到的图形依次向内偏移45和5，如图86-4所示。

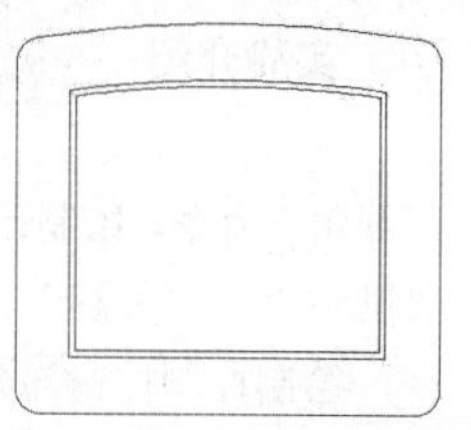

图86-4

03 执行“绘图>直线”命令，绘制两条直线，如图86-5所示。

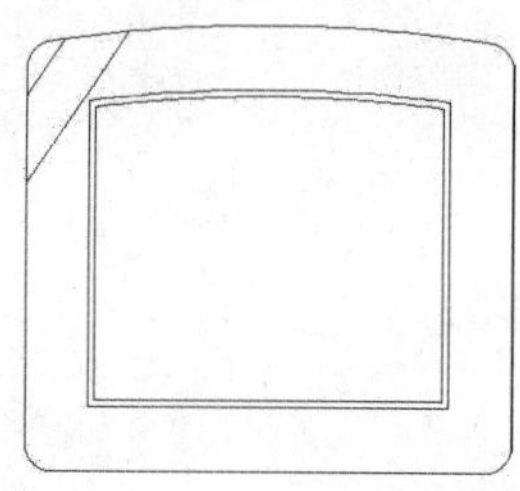

图86-5

2. 绘制控制按钮和底座部分

01 执行“绘图>矩形”命令，绘制一个长300、宽20的矩形；执行“修改>圆角”命令，设置圆角半径为5，将矩形下面两个角进行圆角处理，如图86-6所示。

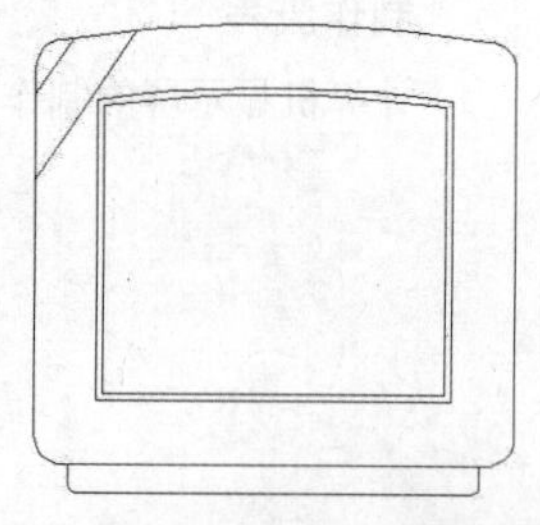

图86-6

02 执行“绘图>矩形”命令，绘制一个长300、宽35的矩形；执行“修改>分解”和“绘图>圆弧”命令，绘制一条圆弧，如图86-7所示。

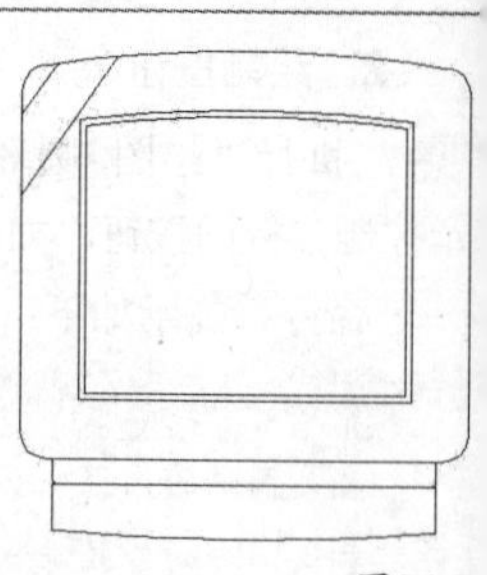

图86-7

03 执行“绘图>圆”、“修改>偏移”和“修改>修剪”命令，绘制计算机屏幕的开关按钮，如图86-8所示。

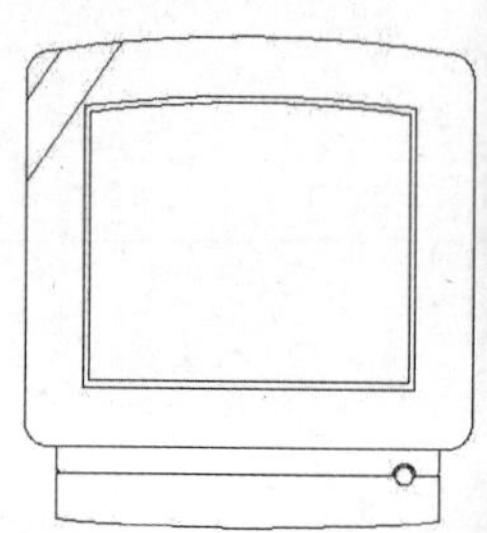

图86-8

04 执行“绘图>矩形”、“绘图>圆弧”、“修改>分解”和“修改>修剪”命令，绘制计算机显示器的底座，如图86-9所示。

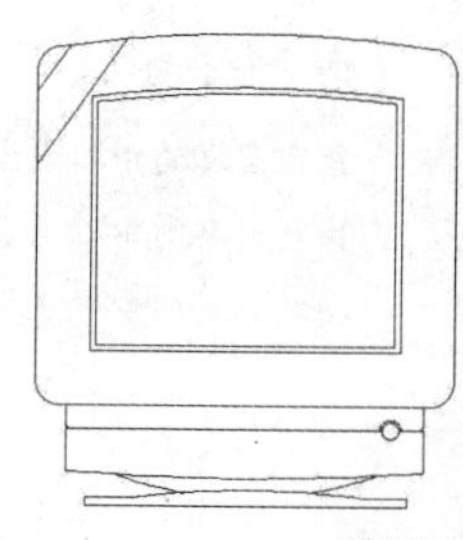

图86-9

05 执行“绘图>矩形”、“修改>复制”和“修改>移动”命令，绘制按钮并放到合适的位置，如图86-10所示。

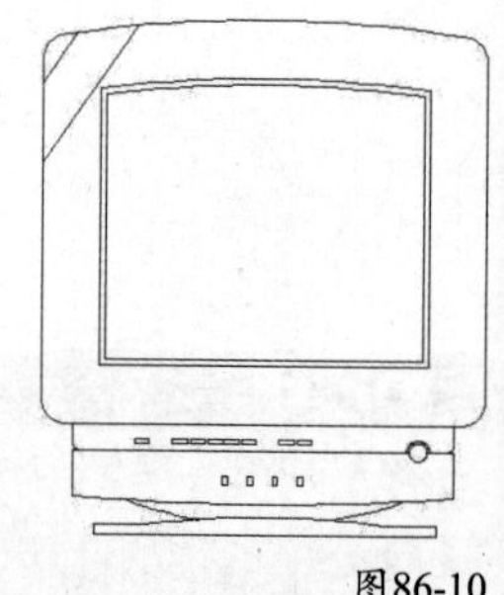

图86-10

练习086

练习位置	DVD>练习文件>第2章>练习086
难易指数	★★★☆☆
技术掌握	巩固“矩形”、“直线”、“圆”、“偏移”、“复制”和“圆角”等命令的使用方法。

操作指南

参照“实战086 计算机显示屏”案例进行制作。

执行“绘图>矩形”、“修改>偏移”与“绘图>圆角”命令，绘制显示屏轮廓；执行“修改>偏移、“绘图>矩形”、“绘图>圆”、“修改>复制”与“修改>移动”命令，绘制按钮并放到合适的位置，执行“绘图>矩形”与“绘图>直线”命令，绘制底座。练习最终效果如图86-11所示。

图86-11

实战087 计算机桌

实战位置	DVD>实战文件>第2章>实战087
视频位置	DVD>多媒体教学>第2章>实战087
难易指数	★★☆☆☆
技术掌握	掌握“直线”、“矩形”、“修剪”、“复制”、“镜像”和“相对坐标”等命令。

实战介绍

运用“直线”、“矩形”、“复制”与“镜像”命令，绘制桌面和隔板；利用“直线”、“矩形”、“复制”与“移动”命令，绘制抽屉和键盘区。本例最终效果如图87-1所示。

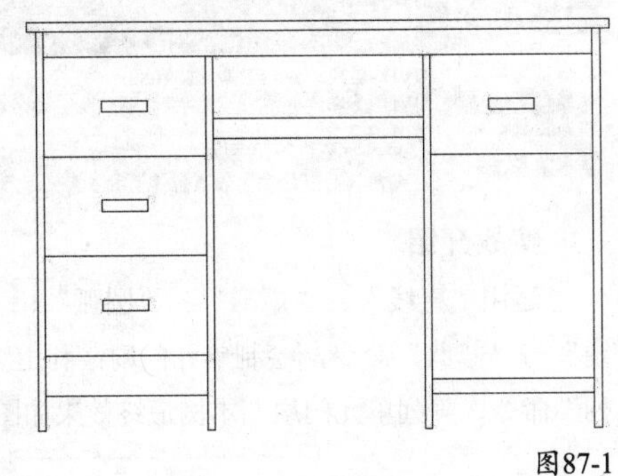

图87-1

制作思路

- 绘制计算机桌桌面和隔板。
- 绘制抽屉和键盘区，完成计算机桌的绘制并将其保存。

制作流程

计算机桌的制作流程如图87-2所示。

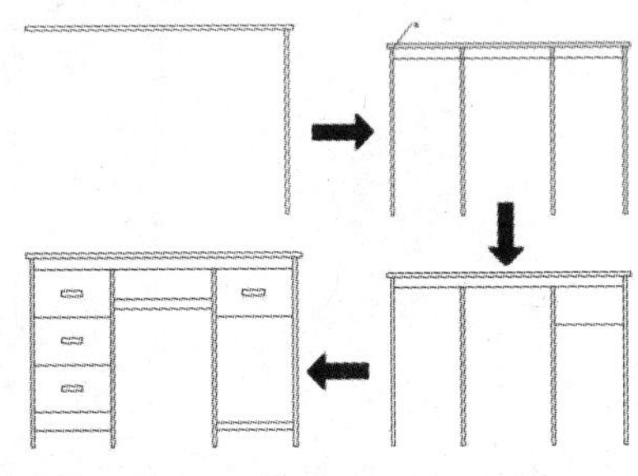

图87-2

01 打开AutoCAD 2013中文版软件，执行“绘图>矩形”命令，绘制尺寸为1200×20的桌面。

命令行提示如下：

```
命令: _rectang
指定第一个角点或 [倒角(C)/标高(E)/圆角(F)/厚度(T)/宽度(W)]:
指定另一个角点或 [面积(A)/尺寸(D)/旋转(R)]: @1200,-20
```

02 重复执行“绘图>矩形”命令，绘制如图87-3所示的图形。

命令行提示如下：

```
命令: _rectang
指定第一个角点或 [倒角(C)/标高(E)/圆角(F)/厚度(T)/宽度(W)]: @-20,0
指定另一个角点或 [面积(A)/尺寸(D)/旋转(R)]: @-15,-800
```

图87-3

03 执行“修改>复制”和“修改>镜像”命令，将上一步中所绘制的矩形复制镜像到另外3个位置，如图87-4所示。

命令行提示如下：

```
命令: _copy
选择对象: 找到 1 个
选择对象:
当前设置: 复制模式 = 多个
指定基点或 [位移(D)/模式(O)] <位移>: 指定第二个点或 <使用第一个点作为位移>: 350
指定第二个点或 [退出(E)/放弃(U)] <退出>:
```

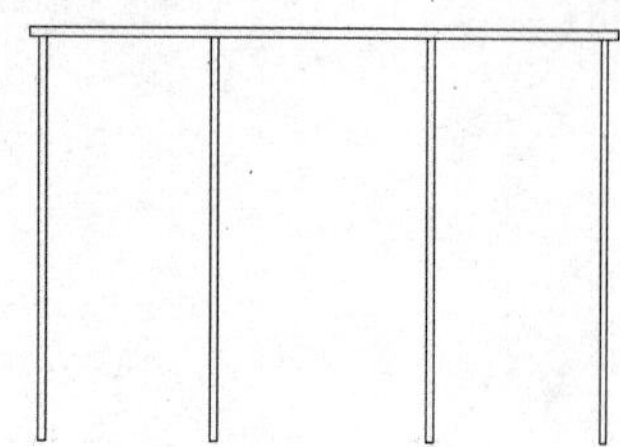

图87-4

04 执行“绘图>矩形”命令，以a点为起始点，绘制尺寸为1160×50的矩形，如图87-5所示。

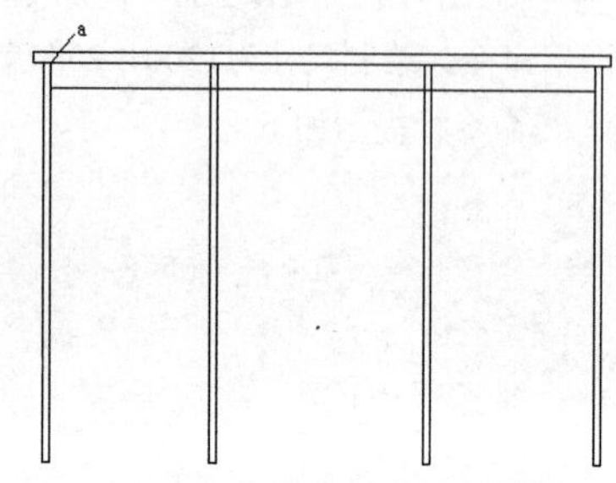

图87-5

05 执行“修改>修剪”命令，将多余的直线修剪掉。

06 执行“绘图>直线”命令，绘制如图87-6所示直线。

命令行提示如下：

```
命令: _line 指定第一点: @0,-180
指定下一点或 [放弃(U)]:  <正交 开>
指定下一点或 [放弃(U)]:
```

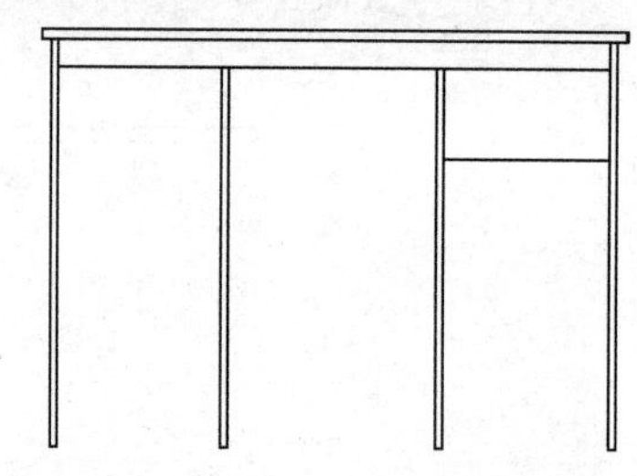

图87-6

07 执行“绘图>直线”命令，或在命令行输入“COPY”，将刚绘制的直线复制到其他位置来表示桌子的抽屉。

08 执行“绘图>矩形”命令，绘制一个小矩形表示抽屉把手；然后执行“修改>复制”命令，将把手复制到各个抽屉上，如图87-7所示。

图87-7

09 执行“绘图>矩形”命令，在桌子中部绘制键盘区，如图87-8所示。

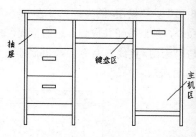

图87-8

练习087

练习位置	DVD>练习文件>第2章>练习087
难易指数	★★★☆☆
技术掌握	巩固“矩形”、“直线”、“分解”、“偏移”、“复制”和“修剪”等命令的使用方法。

操作指南

参照“实战087 计算机桌”案例进行制作。

执行“绘图>矩形”、“绘图>直线”、“修改>分解”、“修改>复制”与“修改>修剪”命令，绘制桌子。练习最终效果如图87-9所示。

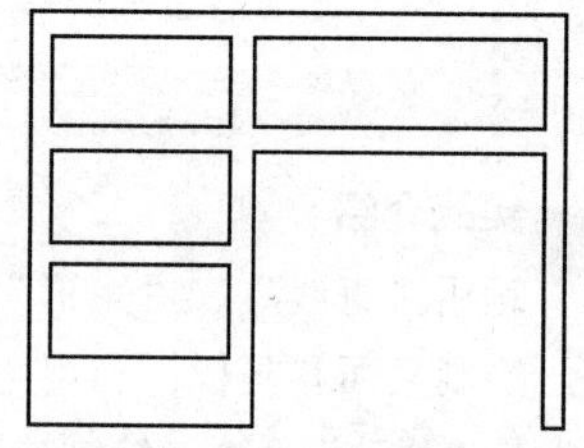

图87-9

实战088 书柜

实战位置	DVD>实战文件>第2章>实战088
视频位置	DVD>多媒体教学>第2章>实战088
难易指数	★★☆☆☆
技术掌握	掌握“直线”、“矩形”、“圆环”、“圆弧”、“多线”、“分解”、“修剪”、“镜像”和“阵列”等命令。

实战介绍

运用“直线”、“矩形”、“圆弧”、“圆环”、“多线”与“修剪”命令，绘制单元门扇；利用“镜像”与“阵列”命令，阵列单元门扇。本例最终效果如图88-1所示。

图88-1

制作思路

- 绘制单元门扇。
- 阵列单元门扇，完成书柜的绘制并将其保存。

制作流程

书柜的制作流程如图88-2所示。

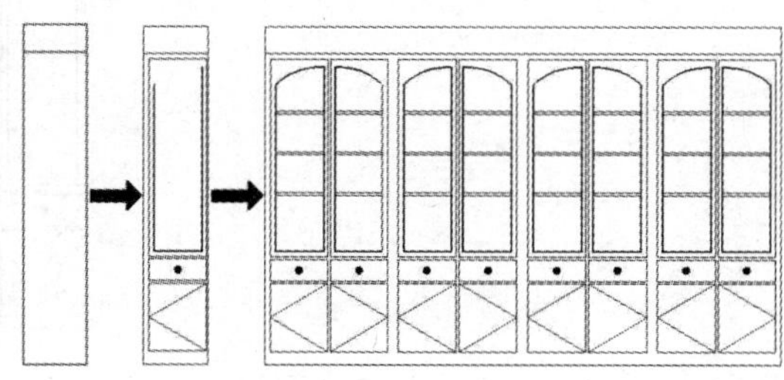

图88-2

1. 绘制单元门扇

01 打开AutoCAD 2013中文版软件，执行“绘图>矩形”命令，绘制长980、宽5000的矩形。

02 执行“修改>分解”命令，将矩形分解。

03 执行“修改>偏移”命令，将矩形的上边框向下偏移400，如图88-3所示。

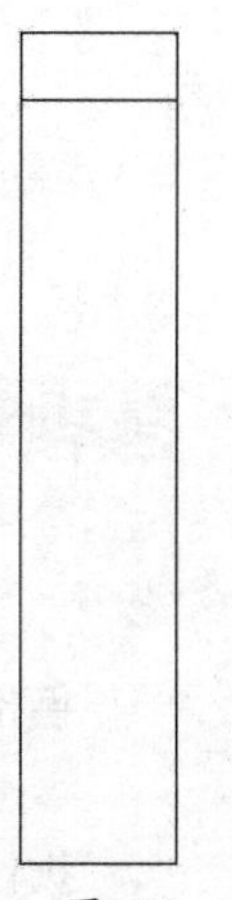

图88-3

04 执行“绘图>矩形”命令，配合“捕捉自”功能，捕捉矩形左下方角点为基点，绘制左边下部门扇，如图88-4所示。

图88-4

05 执行“绘图>矩形”命令，配合“对象追踪”功能，捕捉上一步绘制的矩形左上方角点垂直向上40的点为基点，绘制尺寸为880×320的抽屉框边，如图88-5所示。

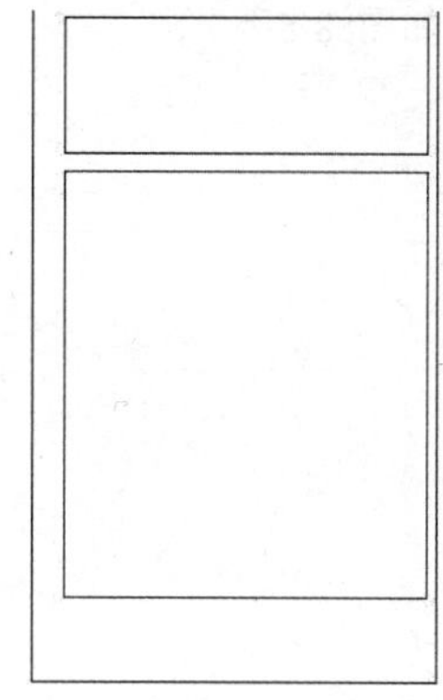

图88-5

06 执行“绘图>矩形”命令，配合“对象追踪”功能，捕捉上一步绘制的矩形左上方角点垂直向上40的点为基点，绘制尺寸为880×2920的左侧上部门扇外边框，如图88-6所示。

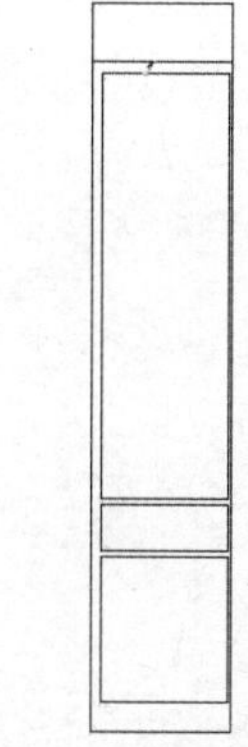

图88-6

07 执行“绘图>直线”命令，依次连接左边下部门扇右上角点与左边框中点及左边框中点与右下角点，如图88-7所示。

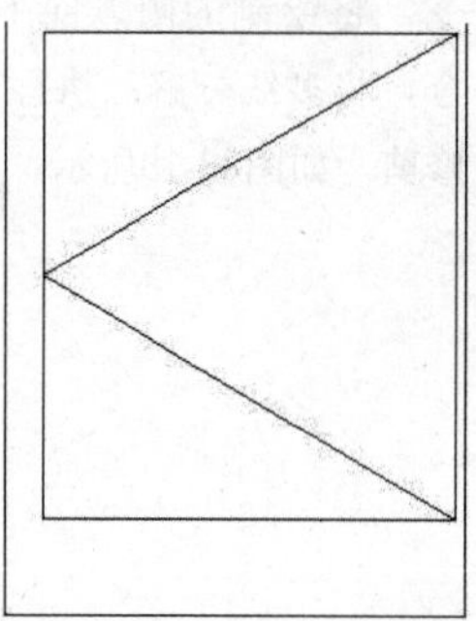

图88-7

08 执行“绘图>圆环”命令，配合“对象捕捉”和“对象追踪”功能，绘制内径为0、外径为52的圆环，圆心位于抽屉边框中心线。

09 执行“绘图>多线”命令，配合“捕捉自”功能，设置多线“对正”方式为“下”，“比例”为“10”，“样式”为“STANDARD”，绘制左边上部门扇的内边框，如图88-8所示。

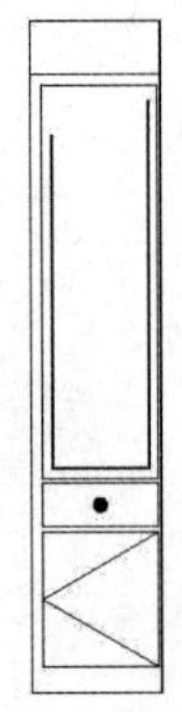

图88-8

10 执行“绘图>多线”命令，同上一步操作类似，设置多线“对正”方式为“无”，“比例”为“40”，配合“捕捉自”功能，分别绘制上部门扇的第二个和第三个夹板，每个夹板之间的垂直距离为600，如图88-9所示。

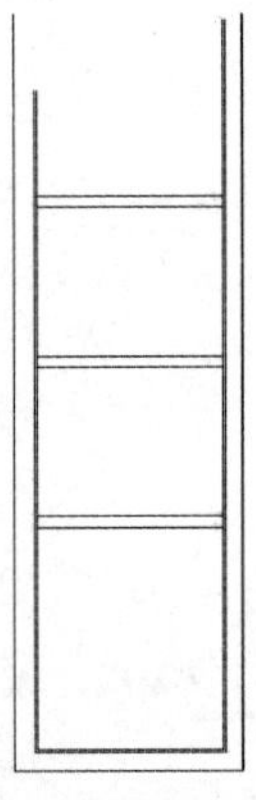

图88-9

11 执行“绘图>圆弧>三点”命令，配合“对象捕捉”功能，绘制上部门扇的圆弧部分；执行“修改>偏移”命令，将绘制的圆弧向下偏移10；执行“修改>分解”命令，将多线分解；执行“修改>修剪”命令，对圆弧进行修剪，如图88-10所示。

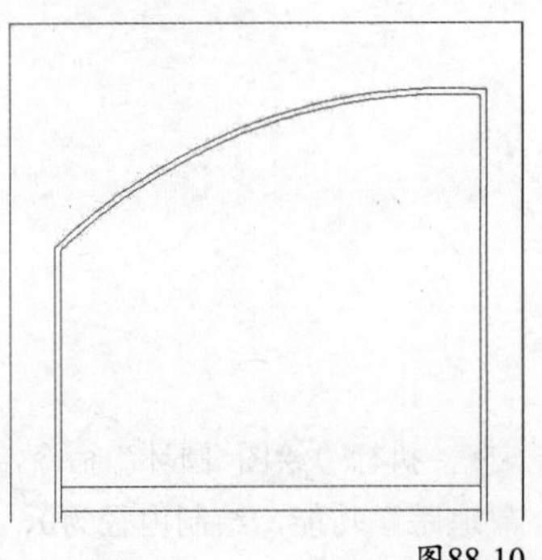

图88-10

2. 阵列门扇

01 执行“修改>镜像”命令，对已绘制完成的左半部分书柜进行镜像，如图88-11所示。

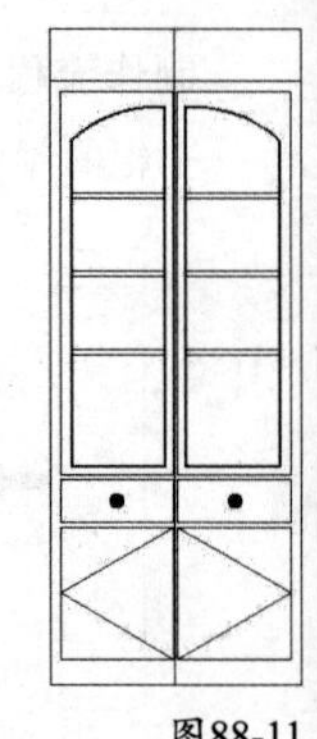

图88-11

02 在命令栏中输入“ARRAYCLASSIC”，弹出“阵列”对话框后，在“行数”文本框中输入“1”、在“列数”文本框中输入“4”、在“列偏移”文本框中输入“1960”，将所绘制门扇向右水平复制3个，如图88-12所示。

图88-12

练习088

练习位置	DVD>练习文件>第2章>练习088
难易指数	★★★☆☆
技术掌握	巩固“直线”、“矩形”、“多线”、“图案填充”和“镜像”等命令的使用方法。

操作指南

参照“实战088 书柜”案例进行制作。

执行“绘图>矩形”、“绘图>直线”、“绘图>多线”与“绘图>图案填充”命令，绘制单元门扇；执行“修改>镜像”命令，镜像单元门扇。练习最终效果如图88-13所示。

图88-13

实战089 液晶电视

实战位置	DVD>实战文件>第2章>实战089
视频位置	DVD>多媒体教学>第2章>实战089
难易指数	★★☆☆☆
技术掌握	掌握"直线"、"矩形"、"圆"、"偏移"、"修剪"、"延伸"、"复制"、"镜像"、"圆角"和"图案填充"等命令。

实战介绍

运用"直线"、"矩形"、"偏移"、"延伸"与"图案填充"命令，绘制电视屏幕；利用"圆"、"复制"、"修剪"和"移动"命令，绘制按钮；利用"矩形"和"圆角"命令，绘制底座。本例最终效果如图89-1所示。

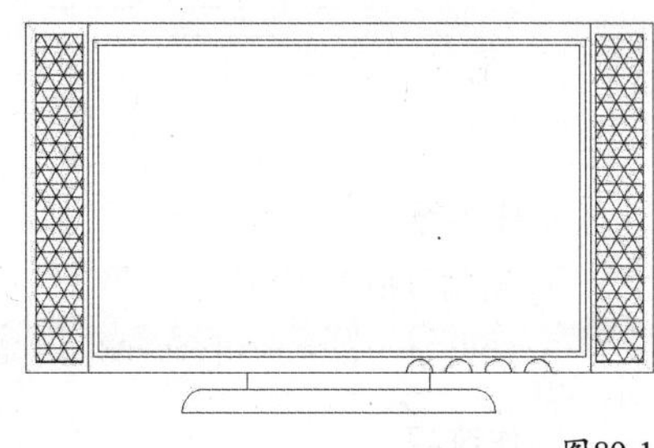

图89-1

制作思路

- 绘制电视机屏幕。
- 绘制按钮和底座，完成电视机的绘制并将其保存。

制作流程

电视机的制作流程如图89-2所示。

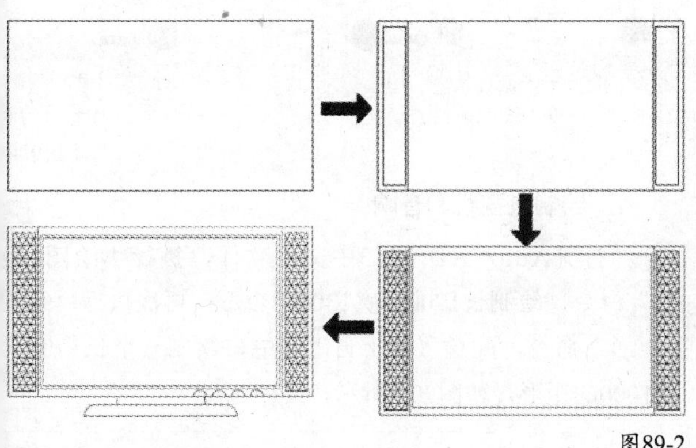

图89-2

1. 绘制电视机屏幕

01 打开AutoCAD 2013中文版软件，执行"绘图>矩形"命令，绘制长1200、宽650的矩形，如图89-3所示。

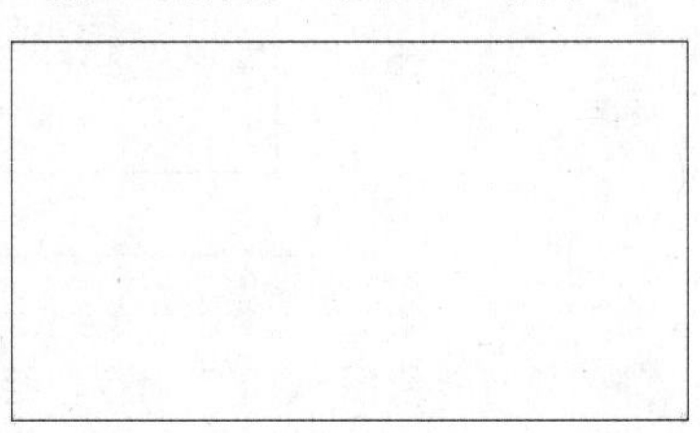

图89-3

02 执行"修改>偏移"命令，将上一步绘制的矩形向内偏移20；执行"绘图>直线"命令，配合"捕捉自"功能，以内侧矩形左上角点为基点向右偏移100，绘制直线；执行"修改>偏移"命令，得到另一侧直线，如图89-4所示。

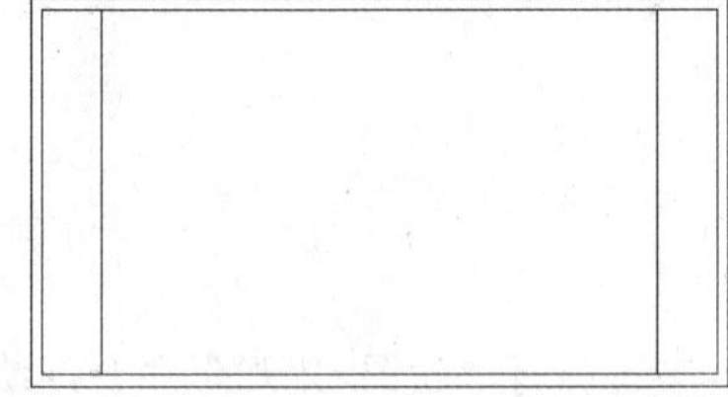

图89-4

03 执行"修改>修剪"、"修改>偏移"和"修改>延伸"命令，修改上一步中绘制的图形，如图89-5所示。

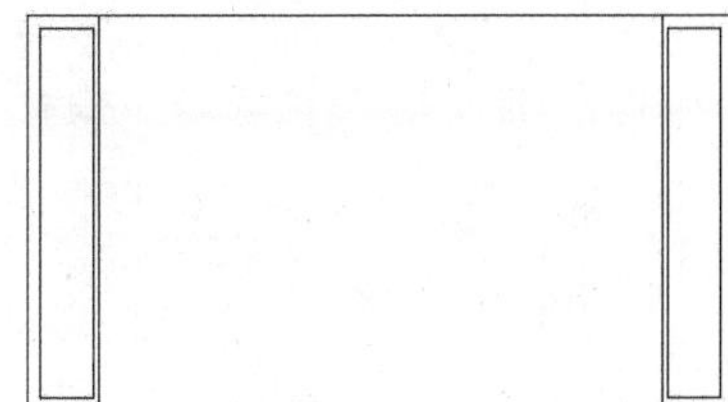

图89-5

04 执行"绘图>图案填充"命令，填充矩形，如图89-6所示。

图89-6

05 执行"绘图>矩形"命令，配合"捕捉自"功能，绘制矩形，如图89-7所示。

命令行提示如下：

```
命令: _rectang
指定第一个角点或 [倒角(C)/标高(E)/圆角(F)/厚度(T)/宽度(W)]: _from 基点: <偏移>: @10,-30
指定另一个角点或 [面积(A)/尺寸(D)/旋转(R)]: 940,-590
命令: 指定对角点或 [栏选(F)/圈围(WP)/圈交(CP)]:
```

图89-7

2. 绘制按钮和底座

01 执行“修改>偏移”命令，将上一步绘制的矩形向内偏移10；执行“绘图>圆”、“修改>复制”和“修改>修剪”命令，绘制按钮，如图89-8所示。

图89-8

02 执行“绘图>矩形”命令，绘制长350、宽30和长600、宽45的两个矩形。

03 执行“修改>圆角”命令，设置圆角半径为45，将矩形倒圆角，如图89-9所示。

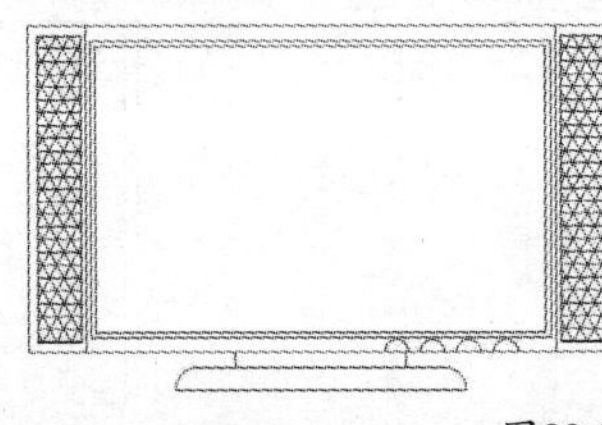

图89-9

练习089

练习位置	DVD>练习文件>第2章>练习089
难易指数	★★★☆☆
技术掌握	巩固“直线”、“矩形”、“圆”、“修剪”、“复制”、“偏移”、“圆角”和“图案填充”等命令的使用方法。

操作指南

参照“实战089 液晶电视”案例进行制作。

执行“绘图>矩形”、“绘图>直线”、“修改>偏移”与“修改>圆角”命令，绘制屏幕；执行“绘图>圆”、“修改>复制”与“修改>修剪”命令，绘制按钮；执行“绘图>矩形”与“绘图>直线”命令，绘制底座。练习最终效果如图89-10所示。

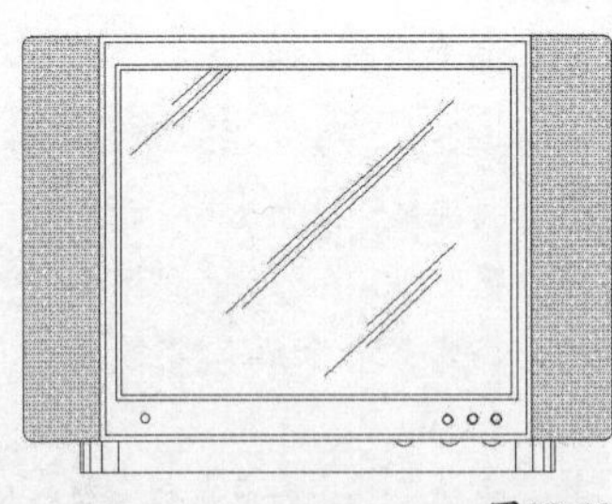

图89-10

实战090 组合音响

实战位置	DVD>实战文件>第2章>实战090
视频位置	DVD>多媒体教学>第2章>实战090
难易指数	★★☆☆☆
技术掌握	握“直线”、“矩形”、“圆”、“圆弧”、“图案填充”和“镜像”等命令。

实战介绍

运用“直线”、“矩形”、“偏移”、“延伸”与“图案填充”命令，绘制电视机屏幕；利用“圆”、“复制”、“修剪”和“移动”命令，绘制按钮；利用“矩形”和“圆角”命令，绘制底座。本例最终效果如图90-1所示。

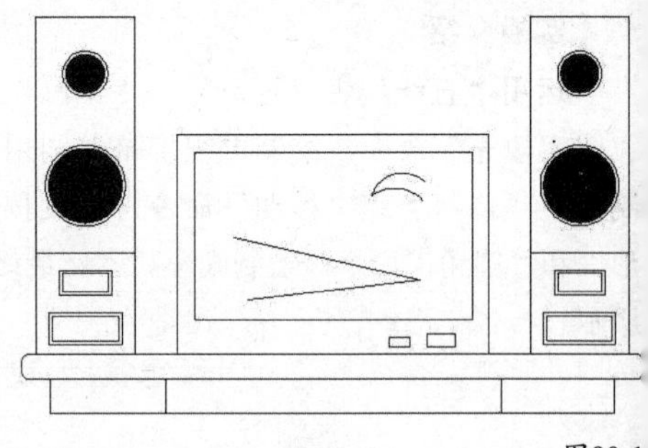

图90-1

制作思路

- 绘制电视机和音响。
- 绘制桌子，完成组合音响的绘制并将其保存。

制作流程

组合音响的制作流程如图90-2所示。

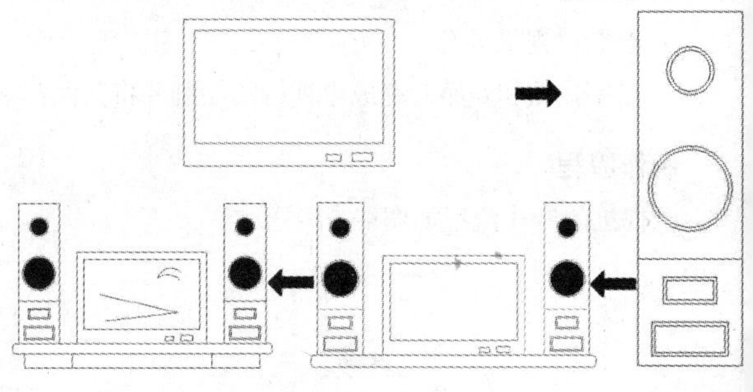

图90-2

1. 绘制电视机和音响

01 打开AutoCAD 2013中文版软件，执行“绘图>矩形”命令，绘制长1900、宽1300的矩形；再次执行“绘图>矩形”命令，配合“捕捉自”功能，绘制一个长1700、宽1000的矩形，如图90-3所示。

图90-3

02 执行“绘图>矩形”命令，绘制矩形，并放到合适的位置，如图90-4所示。

图90-4

03 执行“绘图>矩形”和“绘图>直线”命令，配合“捕捉自”功能，绘制音响外轮廓，如图90-5所示。

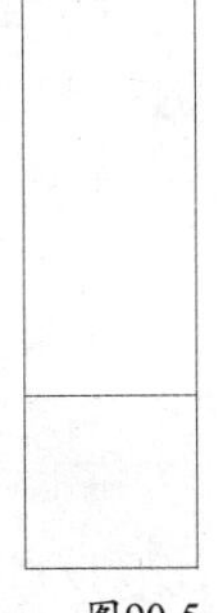
图90-5

04 执行“绘图>圆”和“修改>偏移”命令，绘制同心圆，并放到合适的位置，如图90-6所示。

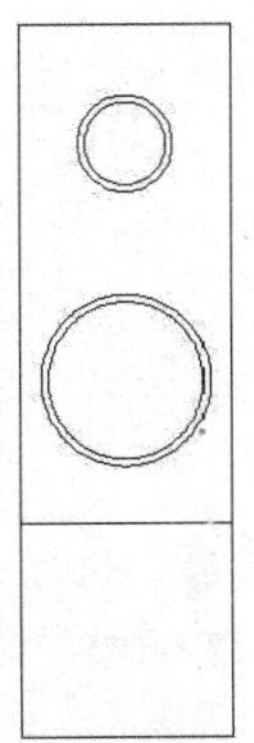
图90-6

05 执行“绘图>矩形”和“修改>偏移”命令，绘制矩形，并放到合适的位置，如图90-7所示。

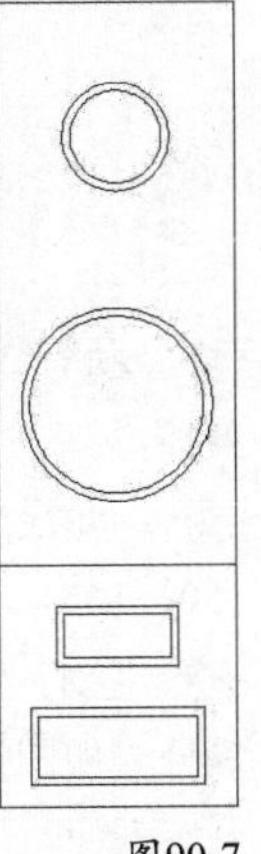
图90-7

2. 绘制按钮和底座

01 执行“绘图>图案填充”命令，填充音响；执行“修改>移动”命令，将绘制好的电视和音响放在合适的位置；执行“修改>镜像”命令，以电视的中线为镜像线，镜像出另一侧的音响，如图90-8所示。

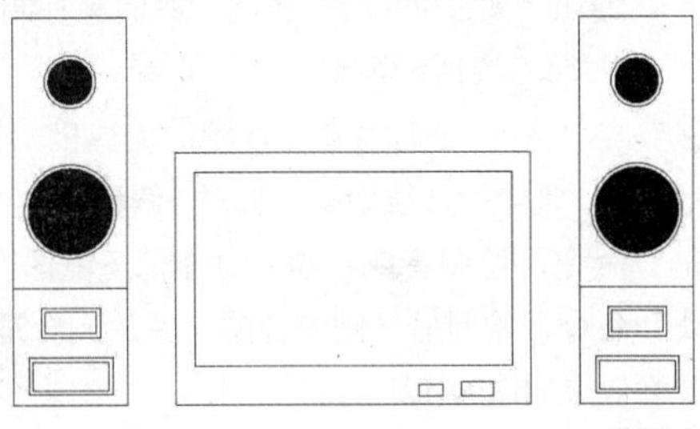
图90-8

02 执行“绘图>矩形”命令，绘制长3800、宽150的矩形；执行“修改>圆角”命令，设置圆角半径为50，将矩形倒圆角，如图90-9所示。

图90-9

03 执行“绘图>矩形”和“绘图>直线”命令，绘制如图90-10所示的图形。

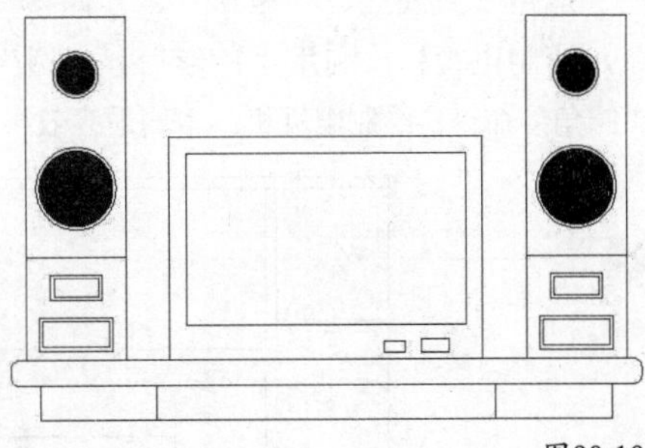
图90-10

04 执行“绘图>直线”和“绘图>圆弧”命令，绘制图案，如图90-11所示。

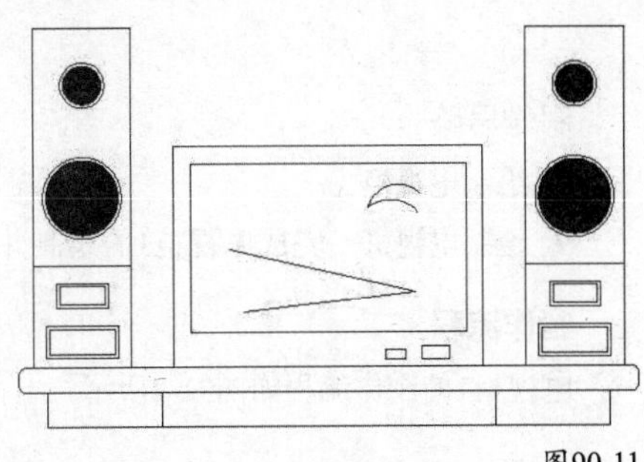
图90-11

练习090

练习位置	DVD>练习文件>第2章>练习090
难易指数	★★★☆☆
技术掌握	巩固“直线”、“矩形”、“分解”、“偏移”、“图案填充”和“镜像”等命令的使用方法。

操作指南

参照“实战090 组合音响”案例进行制作。

执行“绘图>矩形”、“绘图>直线”、“修改>偏移”与“修改>分解”命令，绘制电视机；执行“绘图>矩形”、“绘图>直线”、“修改>偏移”与“绘图>图案填充”命令，绘制音响；执行“修改>镜像”与“修改>移动”命令，绘制另一侧的音响，并放到合适的位置。练习最终效果如图90-12所示。

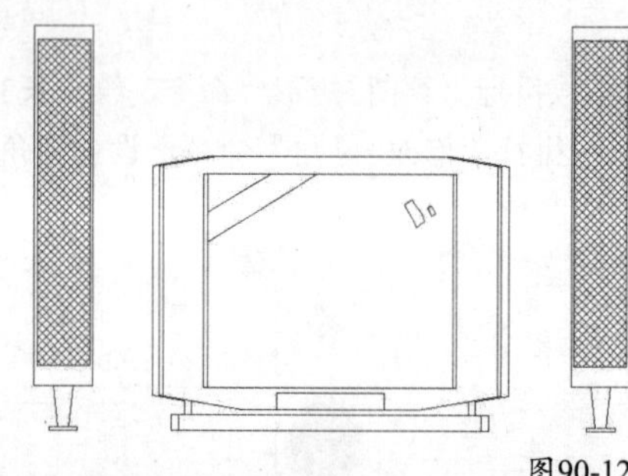

图90-12

实战091 电视柜1

实战位置	DVD>实战文件>第2章>实战091
视频位置	DVD>多媒体教学>第2章>实战091
难易指数	★★☆☆☆
技术掌握	掌握“直线”、“矩形”、“圆”、“等分”、“圆角”、“镜像”和“偏移”等命令。

实战介绍

运用“直线”、“矩形”、“偏移”与“等分”命令，绘制电视柜；利用“矩形”、“圆”、“偏移”和“圆角”命令，绘制电视机。本例最终效果如图91-1所示。

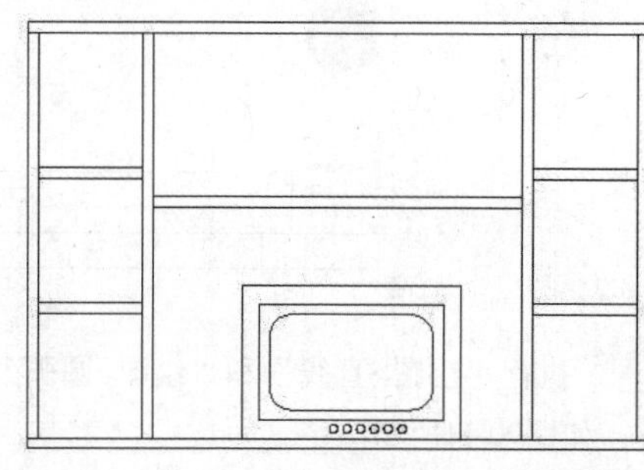

图91-1

制作思路

- 绘制电视柜。
- 绘制电视机，完成电视柜1的绘制并将其保存。

制作流程

电视柜1的制作流程如图91-2所示。

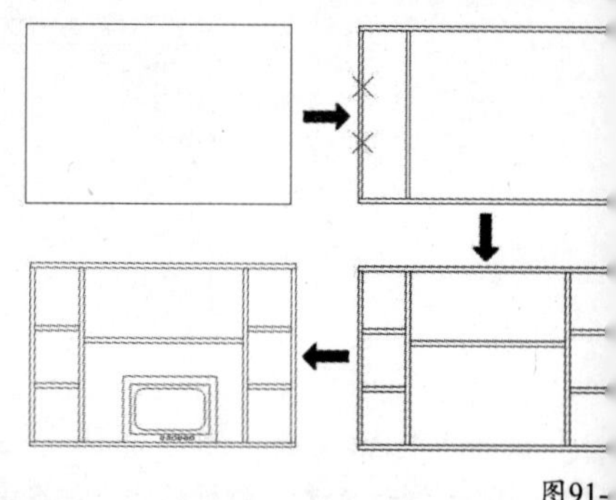

图91-2

1. 绘制电视柜

01 打开AutoCAD 2013中文版软件，执行“绘图>矩形”命令，绘制一个矩形，如图91-3所示。

命令行提示如下：

```
命令: _rectang
指定第一个角点或 [倒角(C)/标高(E)/圆角(F)/厚度(T)/宽度(W)]:
指定另一个角点或 [面积(A)/尺寸(D)/旋转(R)]: @900,-600
```

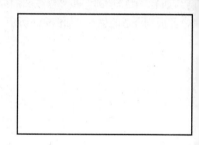

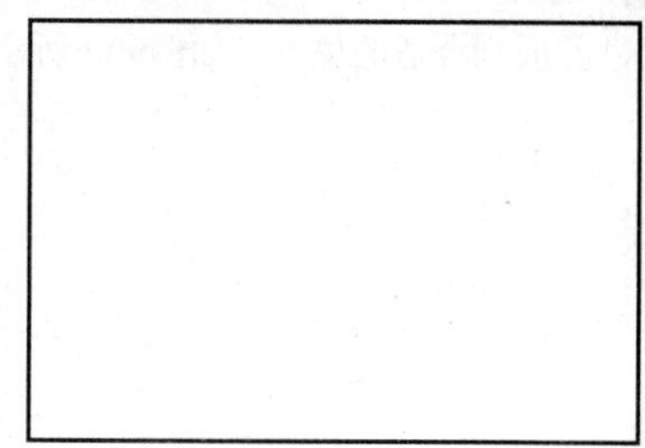

图91-3

02 执行“修改>分解”命令，将矩形分解；执行“修改>偏移”命令，偏移直线如图91-4所示。

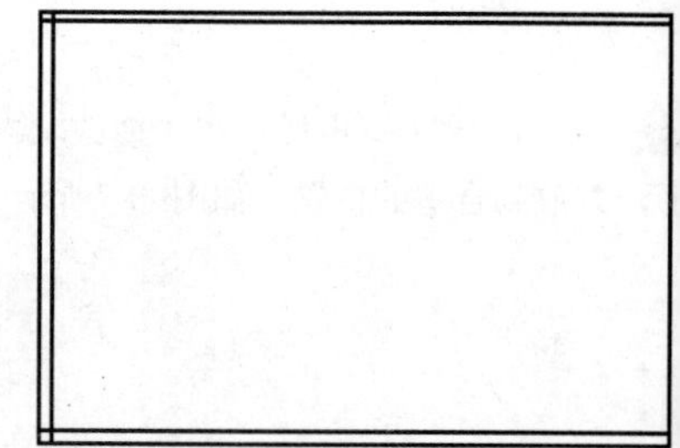

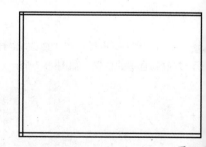

图91-4

03 执行“修改>修剪”命令，将偏移后的直线相交处修剪掉。

04 执行“修改>偏移”命令，将左侧直线向右偏移150、165。

05 执行“绘图>点>定数等分”命令，将左侧的直线三等分，如图91-5所示。

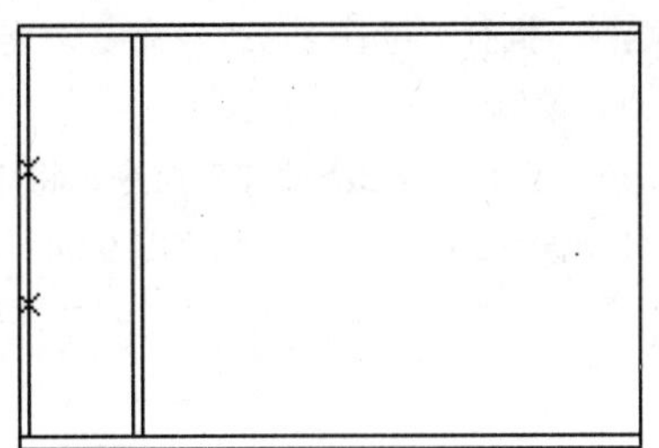
图91-5

06 执行“绘图>直线”命令，绘制出如图91-6所示的电视柜的立面。

07 执行“修改>镜像”命令，将电视柜的立面镜像复制到另一侧，如图91-7所示。

08 执行“绘图>直线”和“修改>偏移”命令，绘制电视柜的中间横梁，如图91-8所示。

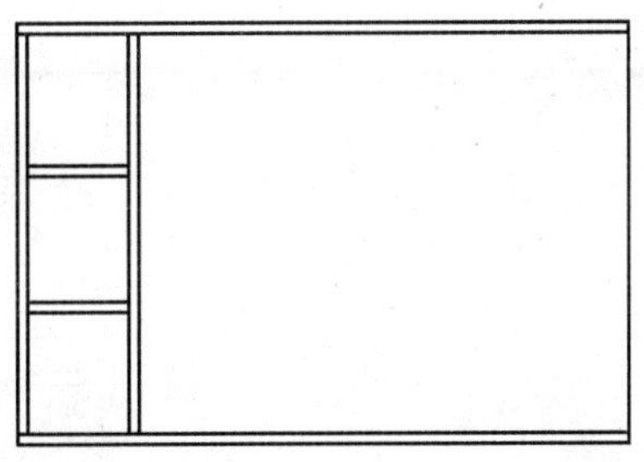
图91-6

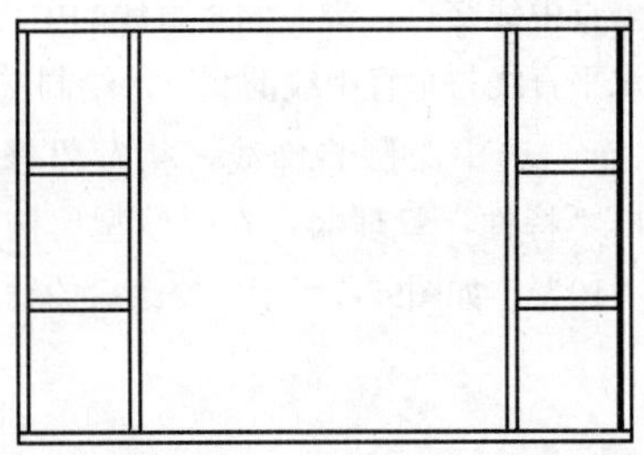
图91-7

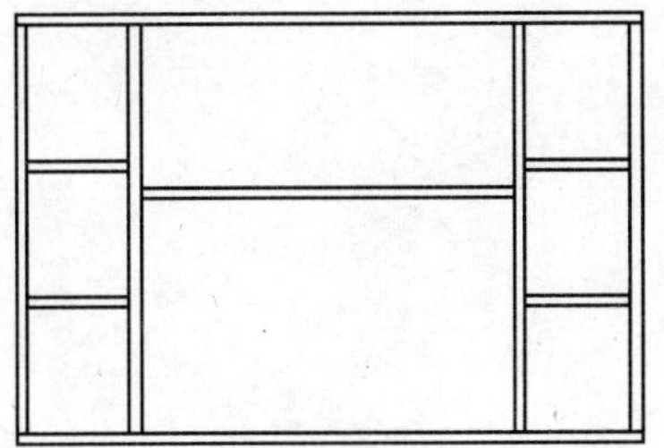
图91-8

2. 绘制电视机

01 执行“绘图>矩形”命令，绘制电视机的外轮廓。

02 执行“修改>偏移”命令，绘制电视机的内轮廓线和外轮廓线，如图91-9所示。

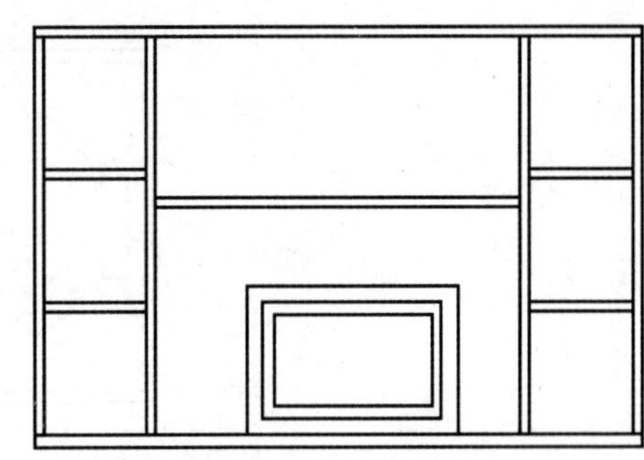
图91-9

03 执行“修改>圆角”命令，对电视机的屏幕进行倒圆角处理。

命令行提示如下：

```
命令: _fillet
当前设置: 模式 = 修剪，半径 = 0.0000
选择第一个对象或 [放弃(U)/多段线(P)/半径(R)/修剪(T)/多个(M)]: r
指定圆角半径 <0.0000>: 30
选择第一个对象或 [放弃(U)/多段线(P)/半径(R)/修剪(T)/多个(M)]:
选择第二个对象，或按住 Shift 键选择要应用角点的对象:
```

04 执行“绘图>圆”命令，绘制电视机的按钮，如图91-10所示。

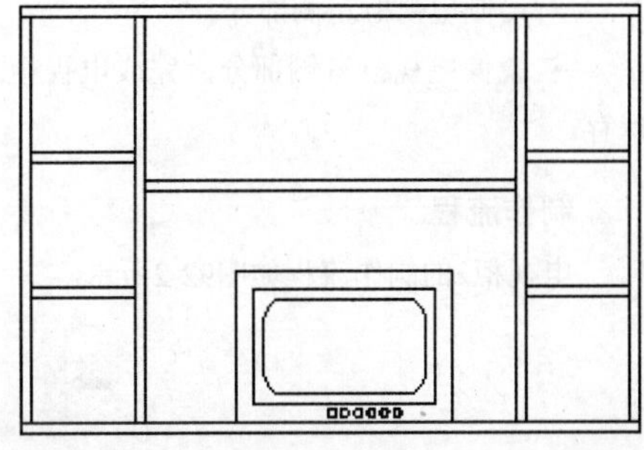
图91-10

练习091

练习位置	DVD>练习文件>第2章>练习091
难易指数	★★★☆☆
技术掌握	巩固“直线”、“矩形”、“分解”、“偏移”、“图案填充”和“镜像”等命令的使用方法。

操作指南

参照“实战091 电视柜1”案例进行制作。

执行“绘图>矩形”、“绘图>直线”、“修改>偏移”、“修改>分解”与“修改>修剪”命令，绘制电视柜；执行“绘图>矩形”、“绘图>圆弧”与“修改>镜像”命令，绘制电视柜门；执行“绘图>矩形”、“绘图>直线”、“绘图>圆”与“绘图>圆弧”命令，绘制电视机。练习最终效果如图91-11所示。

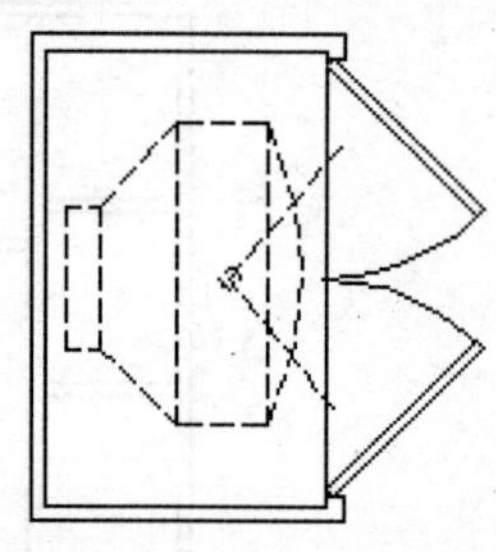

图91-11

实战092 电视柜2

实战位置	DVD>实战文件>第2章>实战092
视频位置	DVD>多媒体教学>第2章>实战092
难易指数	★★☆☆☆
技术掌握	掌握“矩形”、“多段线”、“圆环”、“偏移”、“镜像”和“夹点拉伸”等命令。

实战介绍

运用“矩形、“多段线”、“偏移”与“夹点拉伸”命令，绘制电视柜的左侧部分；利用“圆环”命令，绘制抽屉把手；执行“修改>镜像”命令，复制出拉手和电视柜的右侧部分。本例最终效果如图92-1所示。

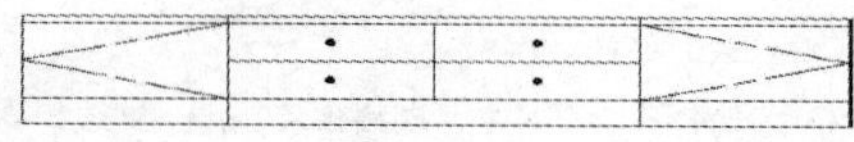

图92-1

制作思路

- 绘制电视柜左侧部分。
- 镜像电视柜右侧部分，完成电视柜2的绘制并将其保存。

制作流程

电视柜2的制作流程如图92-2所示。

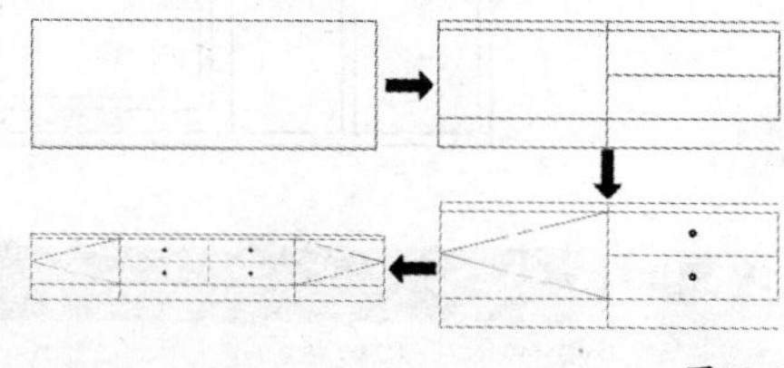

图92-2

1. 绘制电视柜左半部分

01 打开AutoCAD 2013中文版软件，执行“绘图>矩形”命令，绘制一个1200×430的矩形，作为电视柜的外边框；执行“修改>分解”命令，将矩形分解，如图92-3所示。

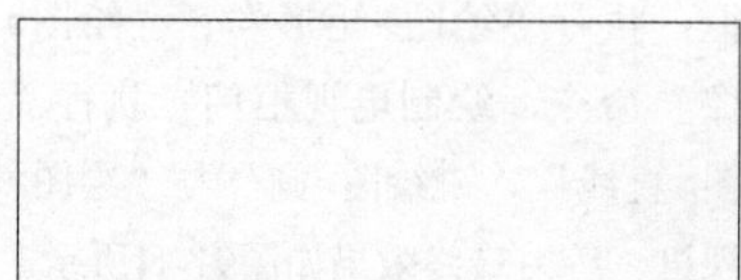

图92-3

02 执行“绘图>直线”命令，连接矩形上下边框的中点，绘制一条垂直中线。

03 执行“修改>偏移”命令，将矩形的上边框依次向下分别偏移30、150、150，如图92-4所示。

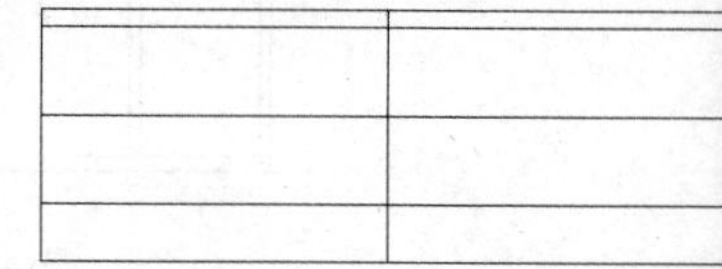

图92-4

04 单击第3条水平直线、垂直中线及最右边竖直线，夹点效果如图92-5所示，依次对它们进行拉伸，效果如图92-6所示。

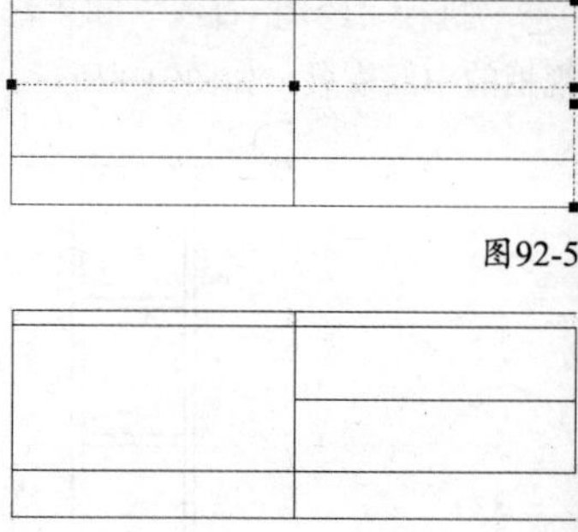

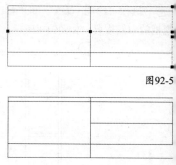

图92-5

图92-6

05 执行“绘图>多段线”命令，连接第二条水平直线与垂直中线交点、最左侧竖直线的中点和从下往上数第二条水平直线与垂直中线的交点，绘制左侧装饰线。

06 选中左侧装饰线，执行“修改>特性”命令，弹出“特性”管理器；在“线型比例”后的文本框中输入“10”，如图92-7所示，修改后的线型如图92-8所示。

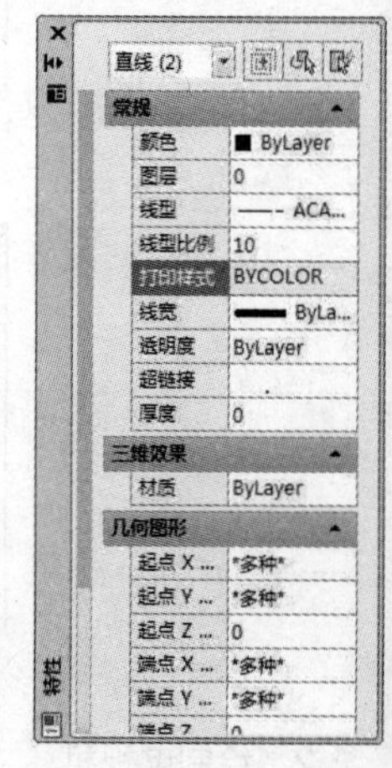

图92-7

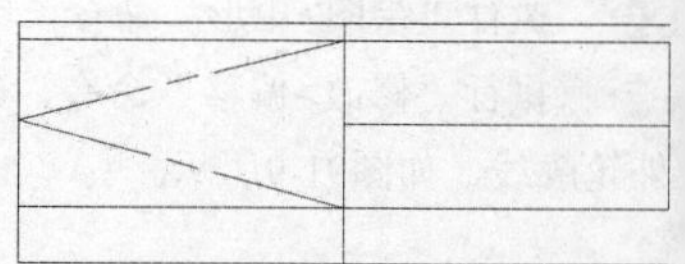

图92-8

07 执行“绘图>圆环”命令，或者在命令行中输入“DO”，按回车键，设置内环半径为10、外环半径为25的圆环，并配合“对象追踪”功能，将圆心设置在抽屉的中心。

08 执行“修改>镜像”命令，或者在命令行中输入“MI”，按回车键，以第3条水平直线作为对称轴，把上部分抽屉把手复制到下部分，完成电视柜左半部分的绘制，如图92-9所示。

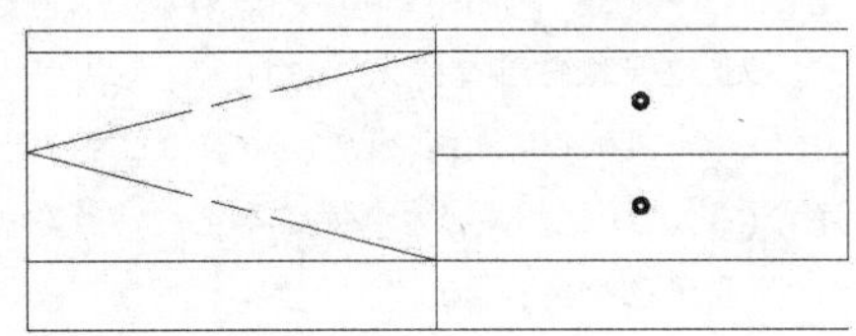

图92-9

2. 镜像电视柜

执行“修改>镜像”命令，以最右边的竖直线为镜像线，将电视柜的左半部分复制到右半部分，完成电视柜的绘制，如图92-10所示。

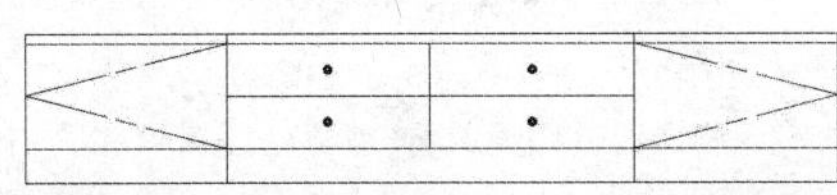

图92-10

练习092

练习位置	DVD>练习文件>第2章>练习092
难易指数	★★★☆☆
技术掌握	巩固“矩形”、“直线”、“圆”、“复制”、“偏移”、“镜像”和“图案填充”等命令的使用方法。

操作指南

参照“实战092 电视柜2”案例进行制作。

执行“绘图>矩形”、“绘图>直线”、“绘图>圆”、“修改>偏移”、“修改>复制”与“修改>镜像”命令，绘制电视柜；执行“绘图>矩形”与“修改>偏移”命令，绘制抽屉拉手；执行“绘图>图案填充”命令，填充电视柜。练习最终效果如图92-11所示。

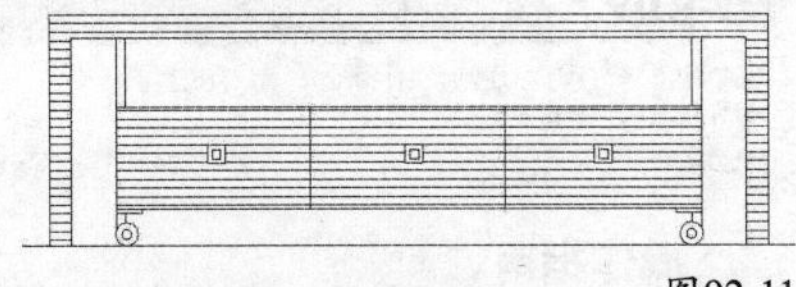

图92-11

实战093 晾衣架

实战位置	DVD>实战文件>第2章>实战093
视频位置	DVD>多媒体教学>第2章>实战093
难易指数	★★☆☆☆
技术掌握	掌握“直线”、“多段线”、“圆弧”和“镜像”等命令。

实战介绍

运用“直线”命令，绘制衣架；利用“多段线”命令，绘制衣钩；利用“圆弧”命令，绘制衣架和衣钩的连接部分。本例最终效果如图93-1所示。

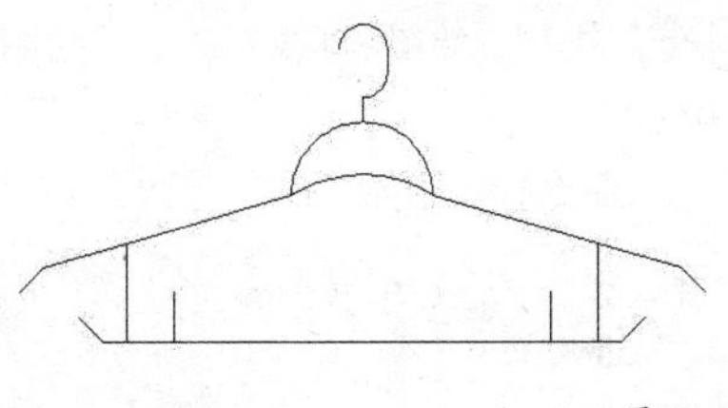

图93-1

制作思路

- 绘制衣架轮廓。
- 绘制衣钩和连接部分，完成衣架的绘制并将其保存。

制作流程

晾衣架的制作流程如图93-2所示。

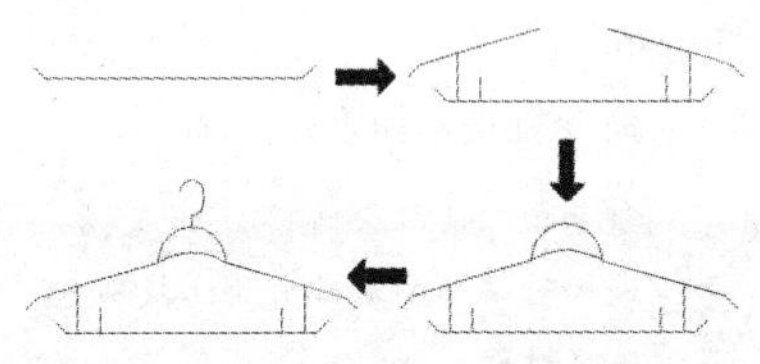

图93-2

01 打开AutoCAD 2013中文版软件，执行“绘图>直线”命令，绘制晾衣架的下部轮廓线，如图93-3所示。

命令行提示如下：

```
命令： _line 指定第一点： 80,210
指定下一点或 [放弃(U)]： 90,200
指定下一点或 [放弃(U)]： 310,200
指定下一点或 [闭合(C)/放弃(U)]： 320,210
指定下一点或 [闭合(C)/放弃(U)]：
```

图93-3

02 再次执行“绘图>直线”命令，绘制晾衣架左半部分的垂直直线，如图93-4所示。

命令行提示如下：

```
命令： _line 指定第一点： 100,200
指定下一点或 [放弃(U)]： 100,240
指定下一点或 [放弃(U)]：
命令:LINE
指定第一点： 120,200
指定下一点或 [放弃(U)]： 120,220
指定下一点或 [放弃(U)]：
```

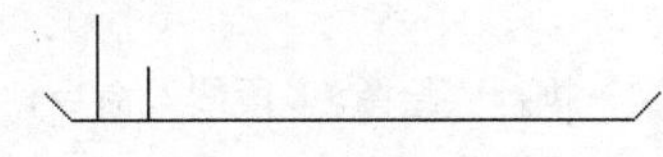

图93-4

03 执行“绘图>直线”命令，绘制斜线部分，如图93-5所示。

命令行提示如下：

```
命令：_line 指定第一点：170,260
指定下一点或 [放弃(U)]：65,230
指定下一点或 [放弃(U)]：55,220
指定下一点或 [闭合(C)/放弃(U)]：
```

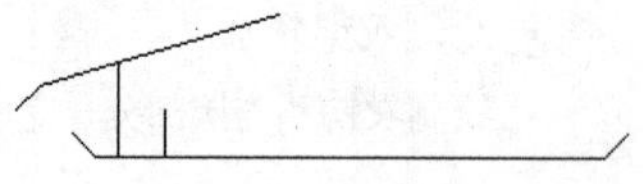

图93-5

04 执行“修改>镜像”命令，将左半部分镜像，结果如图93-6所示。

命令行提示如下：

```
命令：_mirror
选择对象：指定对角点：找到 4 个
选择对象：
指定镜像线的第一点：200,200
指定镜像线的第二点：200,250
要删除源对象吗？[是(Y)/否(N)] <N>：
```

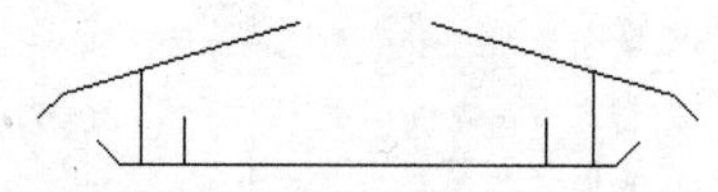

图93-6

05 执行“绘图>圆弧”命令，绘制圆弧，结果如图93-7所示。

命令行提示如下：

```
命令：_arc 指定圆弧的起点或 [圆心(C)]：
指定圆弧的第二个点或 [圆心(C)/端点(E)]：c
指定圆弧的圆心：200,260
指定圆弧的端点或 [角度(A)/弦长(L)]：
命令：_arc 指定圆弧的起点或 [圆心(C)]：
指定圆弧的第二个点或 [圆心(C)/端点(E)]：c
指定圆弧的圆心：200,210
指定圆弧的端点或 [角度(A)/弦长(L)]：
```

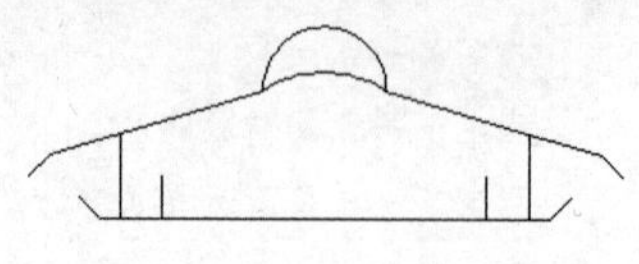

图93-7

06 执行“绘图>多段线”命令，绘制多段线，结果如图93-8所示。

命令行提示如下：

```
命令：_pline
指定起点：200,290
当前线宽为 0.0000
指定下一个点或 [圆弧(A)/半宽(H)/长度(L)/放弃(U)/宽度(W)]：200,300
指定下一点或 [圆弧(A)/闭合(C)/半宽(H)/长度(L)/放弃(U)/宽度(W)]：a
指定圆弧的端点或[角度(A)/圆心(CE)/闭合(CL)/方向(D)/半宽(H)/直线(L)/半径(R)/第二个点(S)/放弃(U)/宽度(W)]：ce
指定圆弧的圆心：200,310
指定圆弧的端点或[角度(A)/圆心(CE)/闭合(CL)/方向(D)/半宽(H)/直线(L)/半径(R)/第二个点(S)/放弃(U)/宽度(W)]：a
指定包含角：90
指定圆弧的端点或 [圆心(CE)/半径(R)]：210,310
指定圆弧的端点或[角度(A)/圆心(CE)/闭合(CL)/方向(D)/半宽(H)/直线(L)/半径(R)/第二个点(S)/放弃(U)/宽度(W)]：l
指定下一点或 [圆弧(A)/闭合(C)/半宽(H)/长度(L)/放弃(U)/宽度(W)]：210,320
指定下一点或 [圆弧(A)/闭合(C)/半宽(H)/长度(L)/放弃(U)/宽度(W)]：a
指定圆弧的端点或[角度(A)/圆心(CE)/闭合(CL)/方向(D)/半宽(H)/直线(L)/半径(R)/第二个点(S)/放弃(U)/宽度(W)]：ce
指定圆弧的圆心：200,320
指定圆弧的端点或 [角度(A)/长度(L)]：a
指定包含角：180
指定圆弧的端点或[角度(A)/圆心(CE)/闭合(CL)/方向(D)/半宽(H)/直线(L)/半径(R)/第二个点(S)/放弃(U)/宽度(W)]：
```

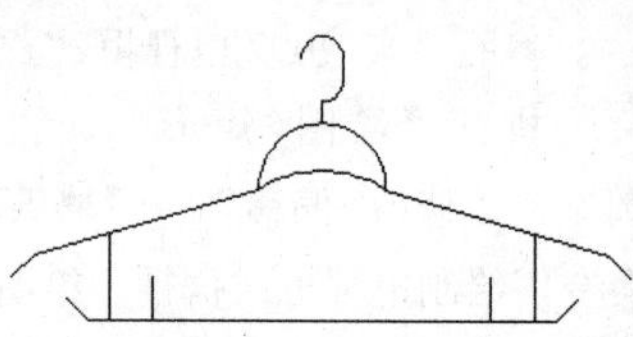

图93-8

练习093

练习位置	DVD>练习文件>第2章>练习093
难易指数	★★★☆☆
技术掌握	巩固“直线”、“矩形”、“旋转”与“复制”等命令的使用方法。

操作指南

参照“实战093 晾衣架”案例进行制作。

执行“绘图>直线”命令，绘制书架轮廓，执行“绘图>矩形”、“修改>复制”与“修改>旋转”命令，绘制书。练习最终效果如图93-9所示。

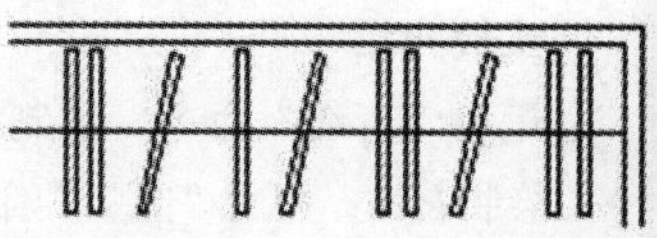

图93-9

实战094 双门衣柜

实战位置	DVD>实战文件>第2章>实战094
视频位置	DVD>多媒体教学>第2章>实战094
难易指数	★★☆☆☆
技术掌握	掌握“矩形”、“修剪”、“旋转”和“复制”等命令。

实战介绍

运用“矩形”、“偏移”、“旋转”、“镜像”命令，绘制衣柜轮廓，利用“矩形”、“旋转”、“复制”、“镜像”命令，绘制衣架。本例最终效果如图94-1所示。

图94-1

制作思路

- 绘制双门衣柜的轮廓。
- 绘制衣架，完成双门衣柜的绘制并将其保存。

制作流程

双门衣柜的制作流程如图94-2所示。

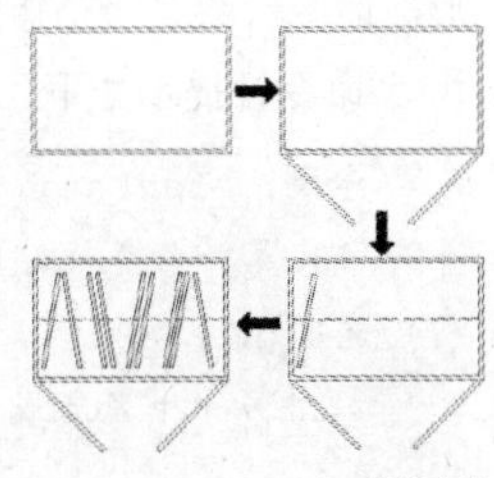

图94-2

01 打开AutoCAD 2013中文版软件，执行“绘图>矩形”命令，绘制一个长1000、宽600的矩形；执行“修改>偏移”命令，将长方形向内偏移20，如图94-3所示。

图94-3

02 执行“绘图>矩形”命令，绘制一个长520、宽20的矩形；执行“修改>旋转”命令，将该矩形逆时针旋转45°，如图94-4所示。

命令行提示如下：

```
命令: _rotate
UCS 当前的正角方向:  ANGDIR=逆时针  ANGBASE=0
找到 1 个
指定基点:
指定旋转角度，或 [复制(C)/参照(R)] <0>:  45
```

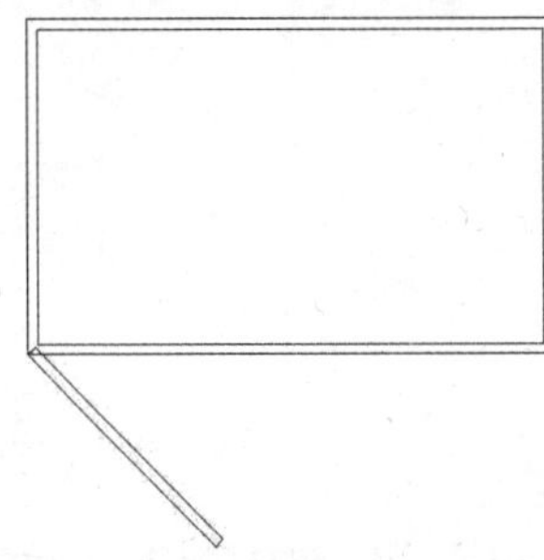

图94-4

03 执行“修改>镜像”命令，以长1000的矩形的中心线为镜像线，镜像复制衣柜门；执行“修改>修剪”命令，修剪衣柜门，如图94-5所示。

图94-5

04 执行“绘图>直线”命令，绘制衣柜横向中心线。

05 选中该中心线，执行“特性>线型”命令，选择“其他”选项，并在弹出的对话框中选择“虚线”线型，单击“确定”按钮，完成线型的转换，如图94-6所示。

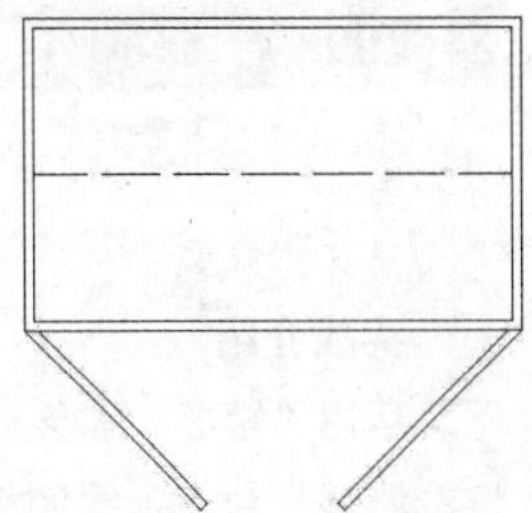

图94-6

06 执行“绘图>矩形”命令，绘制一个长500、宽20的矩形；执行“修改>旋转”命令，旋转合适的角度，结果如图94-7所示。

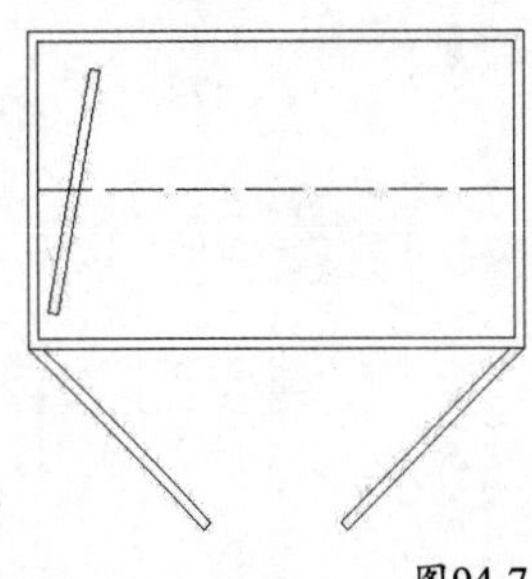

图94-7

07 执行“修改>复制”和“修改>镜像”命令，将衣架多复制几次，并放置在适当位置，如图94-8所示。

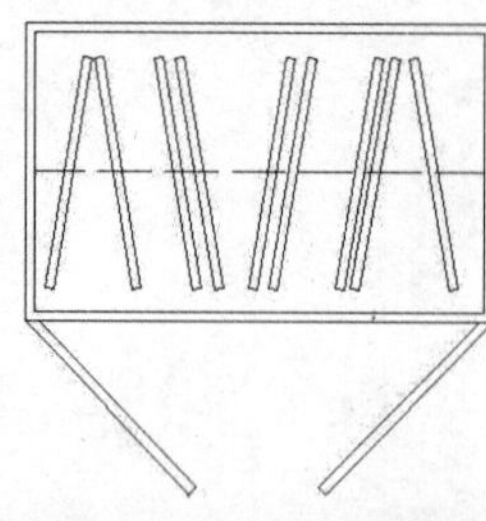

图94-8

练习094

练习位置 DVD>练习文件>第2章>练习094
难易指数 ★★★☆☆
技术掌握 巩固“直线”、“矩形”、“旋转”与“复制”等命令的使用方法。

操作指南

参照“实战094 双门衣柜”案例进行制作。

执行“绘图>矩形”和“绘图>直线”命令，绘制衣柜轮廓；执行“绘图>矩形”、“绘图>直线”、“修改>复制”与“修改>旋转”命令，绘制衣架和挂衣杆。练习最终效果如图94-9所示。

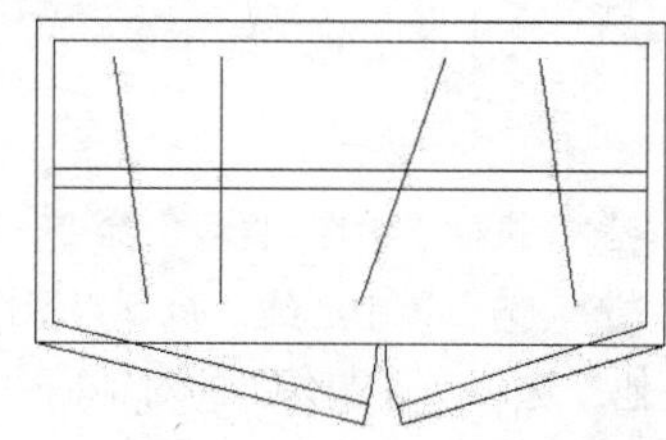

图94-9

实战095 衣柜1（立面图）

实战位置 DVD>实战文件>第2章>实例095
视频位置 DVD>多媒体教学>第2章>实例095
难易指数 ★★★☆☆
技术掌握 掌握“矩形”、“直线”、“圆”和“偏移”等命令。

实战介绍

运用“矩形”命令，绘制衣柜的轮廓；利用“直线”与“偏移”命令，绘制细部；利用“圆”与“圆弧”命令，绘制衣柜上的图案。本例最终效果如图95-1所示。

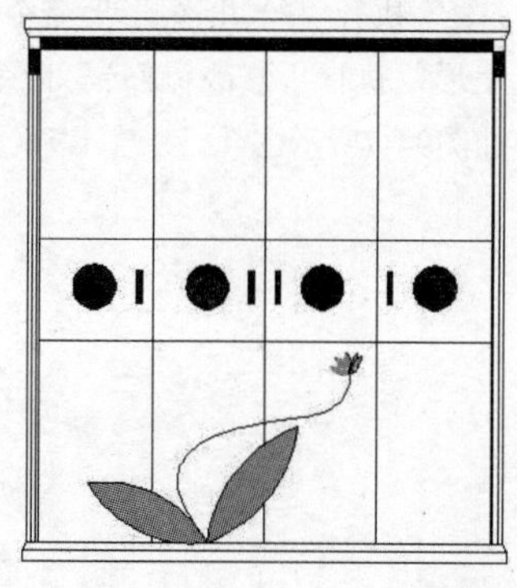

图95-1

制作思路

• 绘制衣柜外轮廓。

• 绘制衣柜门及把手等。

• 插入块绘制衣柜图案，完成衣柜的绘制并将其保存。

制作流程

衣柜1（立面图）的制作流程如图95-2所示。

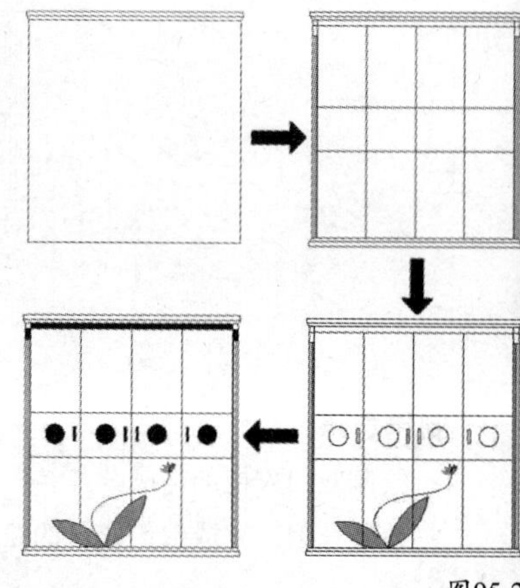

图95-2

01 打开AutoCAD 2013中文版软件，执行“绘图>矩形”命令，绘制一个矩形。

命令行提示如下：

```
命令: _rectang
指定第一个角点或 [倒角(C)/标高(E)/圆角(F)/厚度(T)/宽度(W)]:
指定另一个角点或 [面积(A)/尺寸(D)/旋转(R)]: @2000,-40
```

02 执行“工具>绘图设置”命令，弹出“草图设置”对话框，单击“极轴追踪”选项卡，设置“增量角”为30，如图95-3所示。

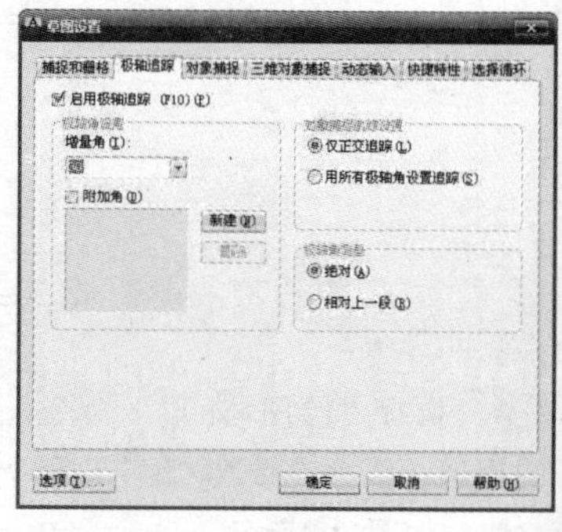

图95-3

03 单击“确定”按钮，执行“绘图>直线”命令，绘制如图95-4所示的图形，其中斜线与垂直方向成30°。

图95-4

04 执行“绘图>矩形”命令，绘制一个长1960、宽2000的矩形，如图95-5所示。

命令行提示如下：

```
命令: _rectang
指定第一个角点或 [倒角(C)/标高(E)/圆角(F)/厚度(T)/宽度(W)]:
指定另一个角点或 [面积(A)/尺寸(D)/旋转(R)]: @1960,-2000
```

图95-5

05 执行“修改>分解”命令，将矩形炸开；执行“绘图>直线”和“修改>偏移”命令，绘制出如图95-6所示图形。

图95-6

06 执行“修改>修剪”命令，将多余的直线修剪掉；执行“修改>镜像”命令，将柜子的上侧镜像复制到底部，如图95-7所示。

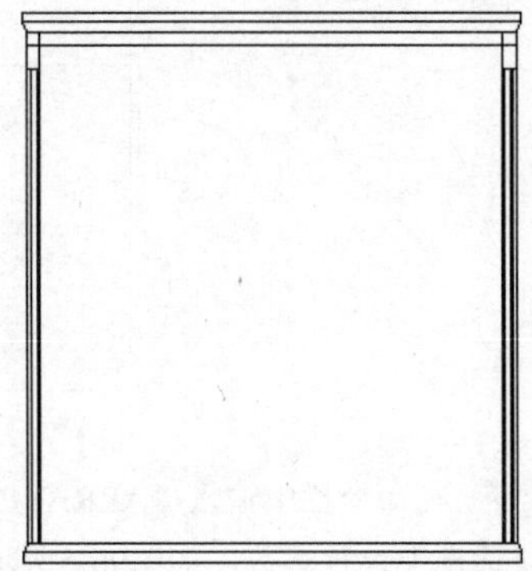

图95-7

07 执行“修改>偏移”命令，偏移复制出衣柜中间的两条横线和3条垂直直线；然后执行“修改>修剪”命令，修剪掉多余的直线，如图95-8所示。

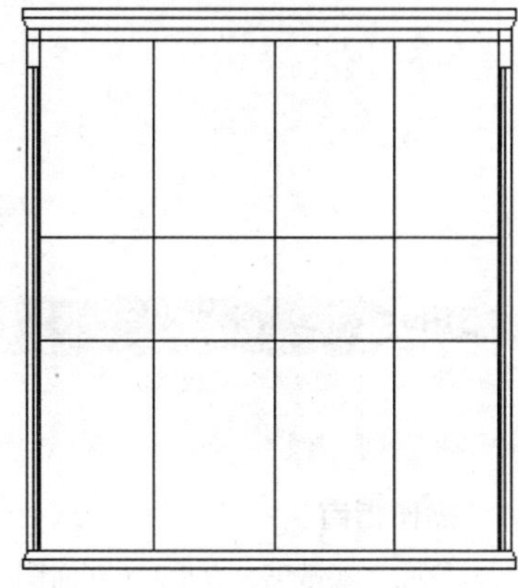

图95-8

08 执行“绘图>矩形”命令，绘制衣柜门的把手；执行“绘图>圆”命令，绘制把手旁的图案，如图95-9所示。

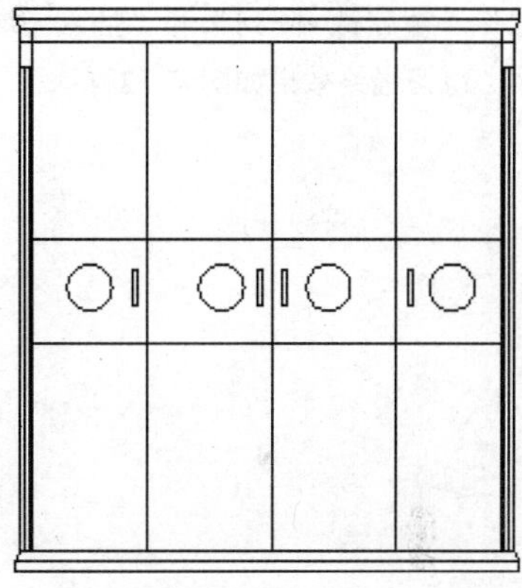

图95-9

09 执行“插入>块”命令，插入已绘制的块“图案”，绘制如图95-10所示图案。

图95-10

10 执行“绘图>图案填充”命令，对衣柜进行图案填充，效果如图95-11所示。

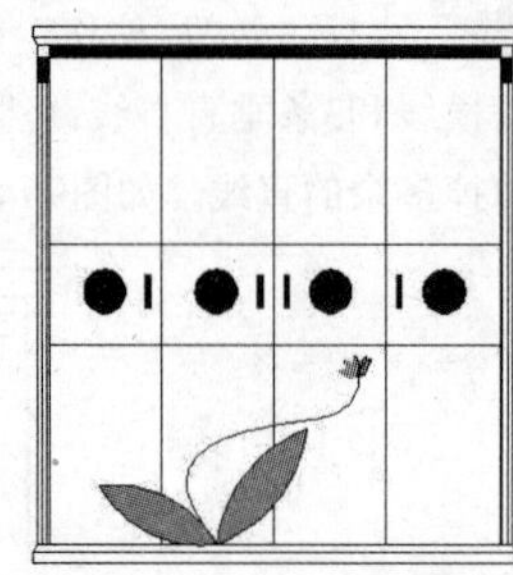

图95-11

练习095

练习位置	DVD>练习文件>第2章>练习095
难易指数	★★★☆☆
技术掌握	巩固“矩形”、“直线”、“圆”和“偏移”等命令的使用方法。

操作指南

参照“实战095 衣柜1（立面图）”案例进行制作。

执行“绘图>矩形”和“绘图>直线”命令，绘制衣柜轮廓；执行“绘图>矩形”、“绘图>直线”、“绘图>圆”、“修改>偏移”、“修改>分解”、“修改>镜像”、“修改>阵列”和“插入>块”命令，绘制衣柜图案。练习最终效果如图95-12所示。

图95-12

实战096 衣柜2（立面图）

实战位置	DVD>实战文件>第2章>实战096
视频位置	DVD>多媒体教学>第2章>实战096
难易指数	★★☆☆☆
技术掌握	掌握“矩形”、“圆”、“旋转”和“复制”等命令。

实战介绍

运用“矩形”命令，绘制外边框；利用“矩形”、“圆”与“删除”命令，绘制内框和把手；执行“修改>镜像”命令，镜像内边框和把手部分。本例最终效果如图96-1所示。

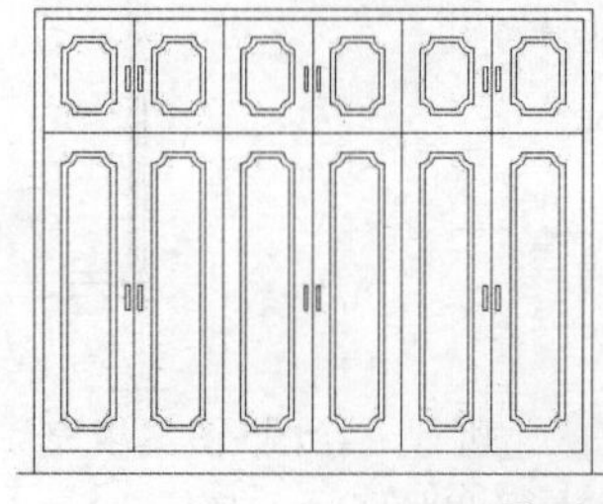

图96-1

制作思路

• 绘制外边框。

• 绘制内框和把手。

• 镜像内框和把手，完成衣柜2（立面图）的绘制并将其保存。

制作流程

衣柜2（立面图）的制作流程如图96-2所示。

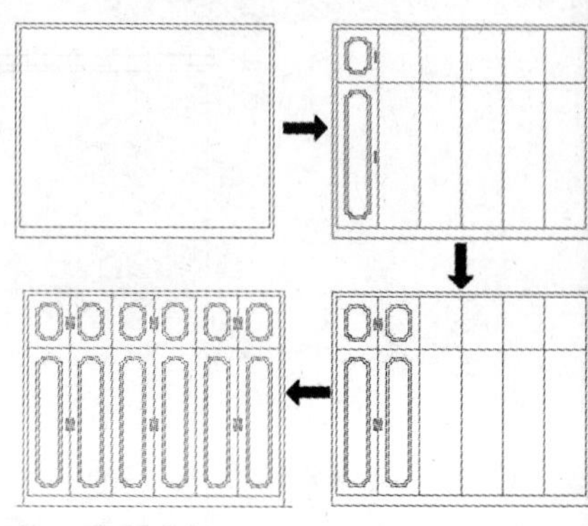

图96-2

1. 绘制外边框、内框和把手

01 打开AutoCAD 2013中文版软件，执行“绘图>矩形”命令，配合“捕捉自”功能，分别绘制长3100、宽2500和长3000、宽2330的两个矩形，如图96-3所示。

图96-3

02 执行“修改>分解”命令，将两个矩形分解；执行“修改>偏移”命令，将内侧矩形的上方水平边线向下偏移620，如图96-4所示。

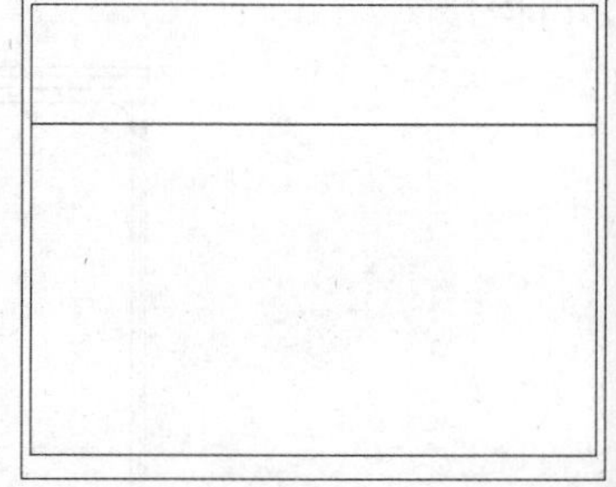

图96-4

03 在命令栏中输入“ARRAYCLASSIC”，在“阵列”对话框中设置参数，如图96-5所示。将内侧矩形的左侧垂直边线向右阵列6份，结果如图96-6所示。

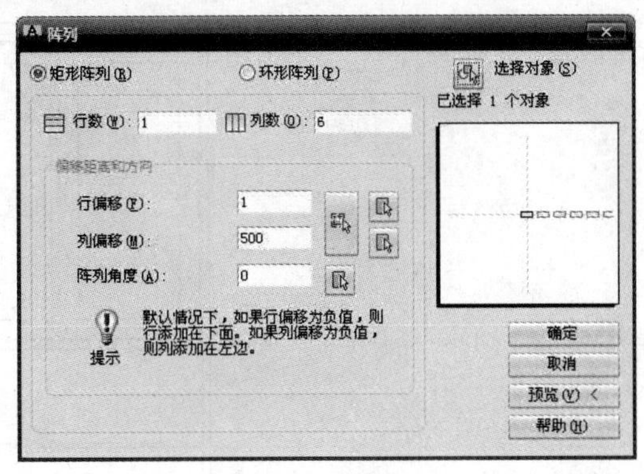

图96-5

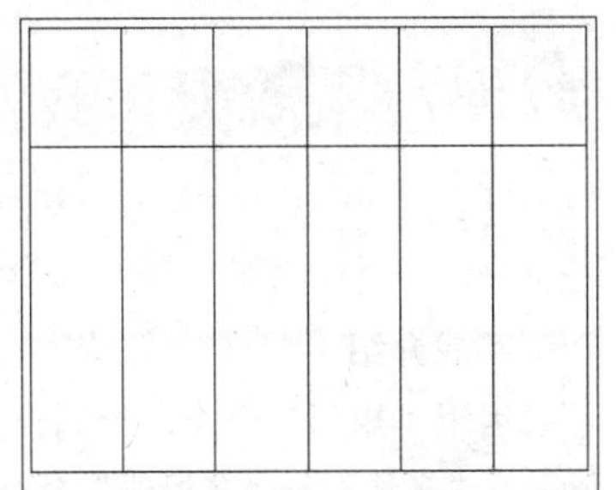
图96-6

04 执行“绘图>矩形”命令，配合“捕捉自”功能，绘制长300、宽1500的内框，如图96-7所示。

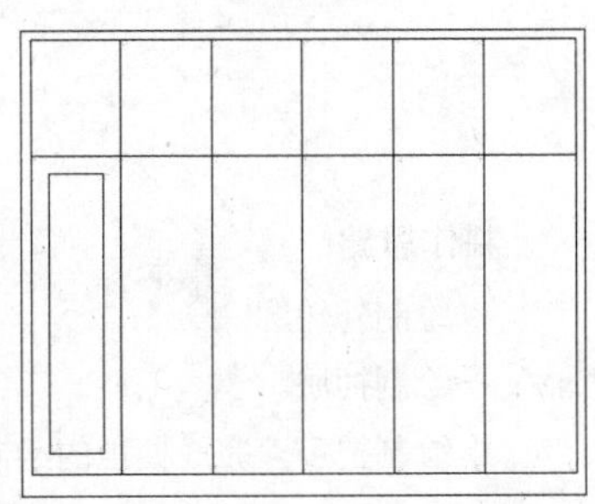
图96-7

05 执行“绘图>圆”命令，分别以刚绘制的矩形的4个角点为圆心，绘制半径为50的圆，如图96-8所示。

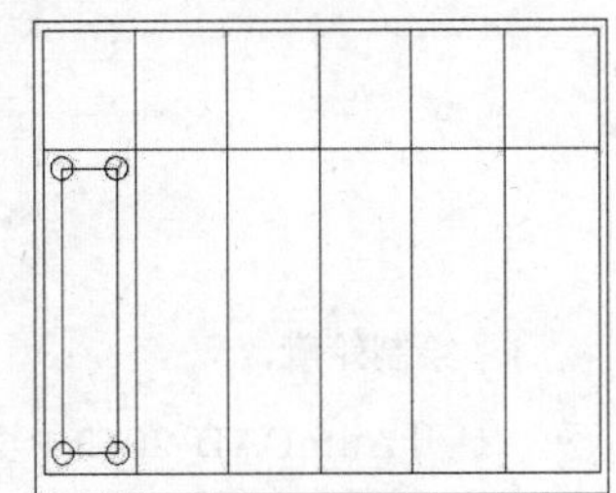
图96-8

06 执行“绘图>边界”命令，在内框区域中捕捉一点，创建一条闭合的多段线边界。

07 执行“修改>偏移”命令，将创建的边界向内偏移30；执行“修改>删除”命令，将4个圆的矩形部分以及其他多余线删除，结果如图96-9所示。

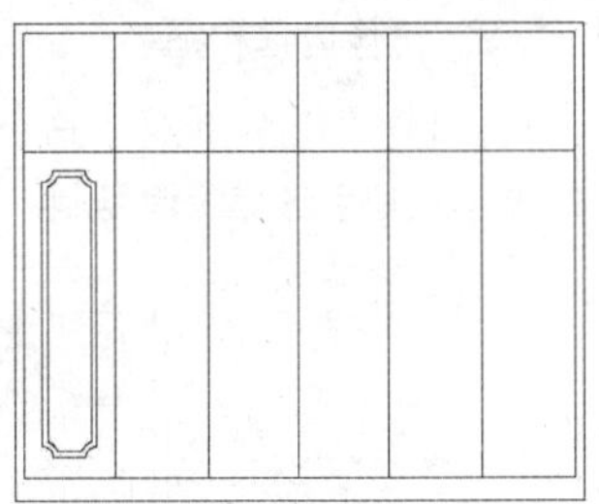
图96-9

08 重复步骤04~步骤07的操作，绘制上方的内框，如图96-10所示。

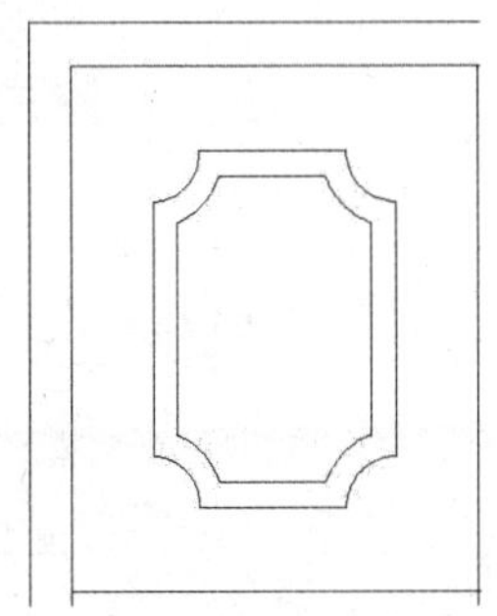
图96-10

09 执行“绘图>矩形”命令，配合“捕捉自”功能，以上一步绘制的内侧矩形的右上角点为基点，以点（@-25，-260）作为右上角点，绘制长20、宽120的矩形作为把手，如图96-11所示。

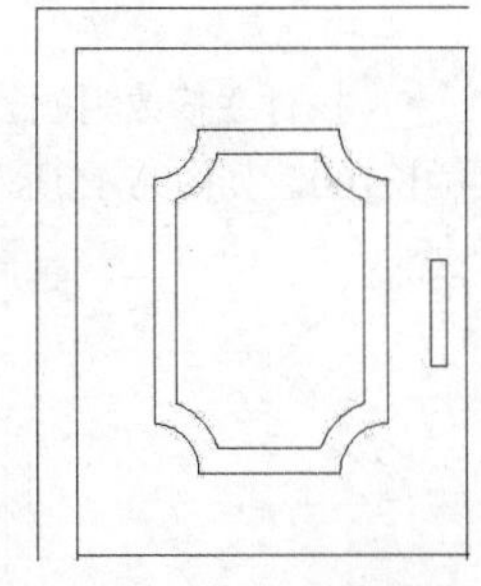
图96-11

10 执行“绘图>矩形”命令，配合“捕捉自”功能，以左侧第3条垂直线和下边第二条水平线的交点为基点，以点（@-25，-765）作为右下角点，绘制长20、宽160的矩形作为把手，如图96-12所示。

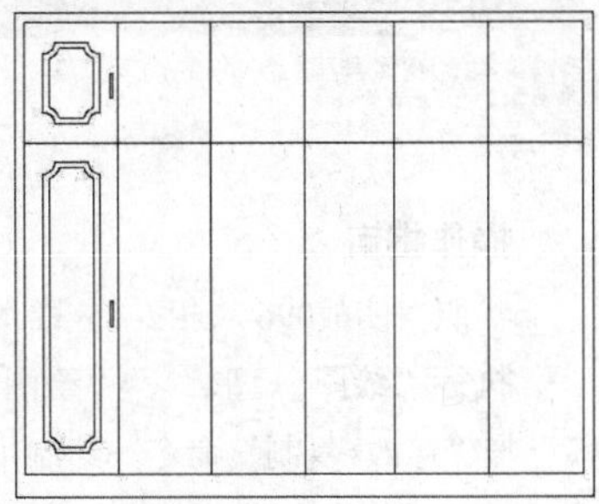
图96-12

2. 镜像内框和把手

01 执行“修改>镜像”命令，配合“捕捉捕捉”功能，将内框及把手进行镜像复制，如图96-13所示。

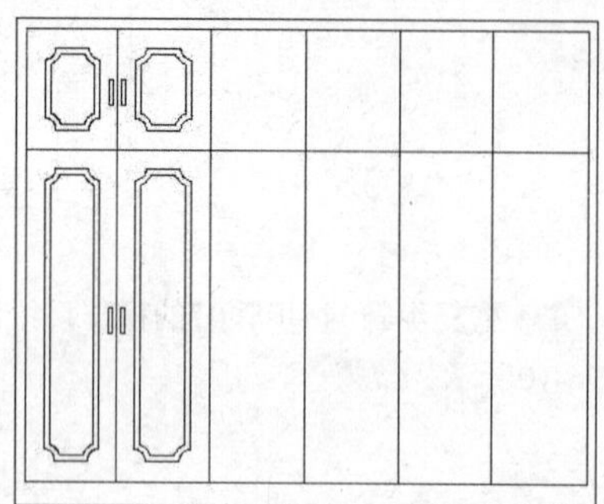

图96-13

02 在命令栏中输入“ARRAYCLASSIC”，阵列内框及把手，如图96-14所示。

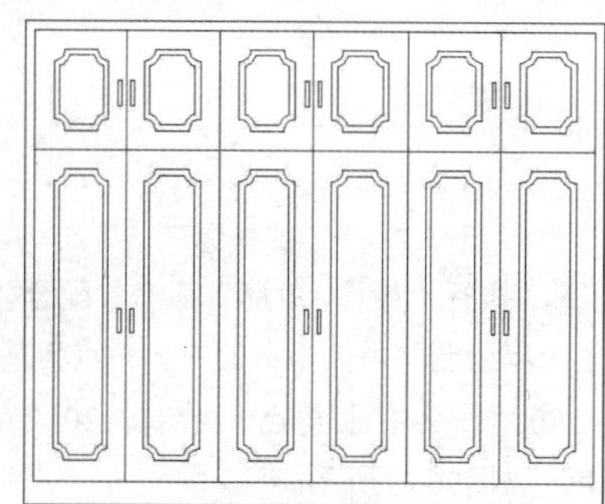

图96-14

03 执行“修改>拉长”命令，将最下方水平线的两端各拉长100，如图96-15所示。

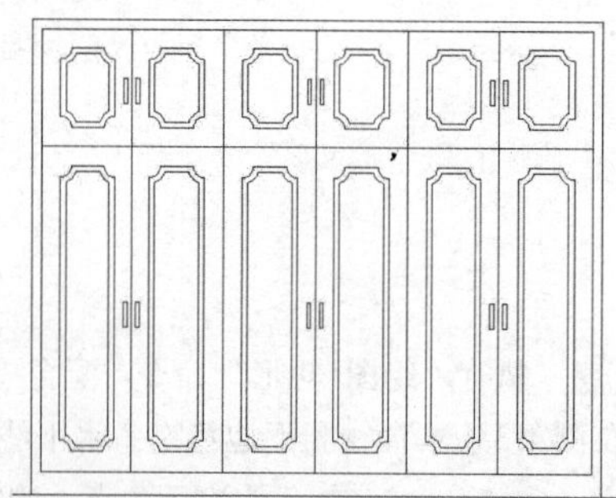

图96-15

练习096

练习位置	DVD>练习文件>第2章>练习096
难易指数	★★★☆☆
技术掌握	巩固“矩形”、“多段线”、“偏移”、“镜像”与“复制”等命令的使用方法。

操作指南

参照“实战096 衣柜2（立面图）”案例进行制作。

执行“绘图>矩形”、“绘图>多段线”、“修改>偏移”与“修改>复制”命令，绘制吊柜左侧部分；执行“修改>镜像”命令，镜像吊柜。练习最终效果如图96-16所示。

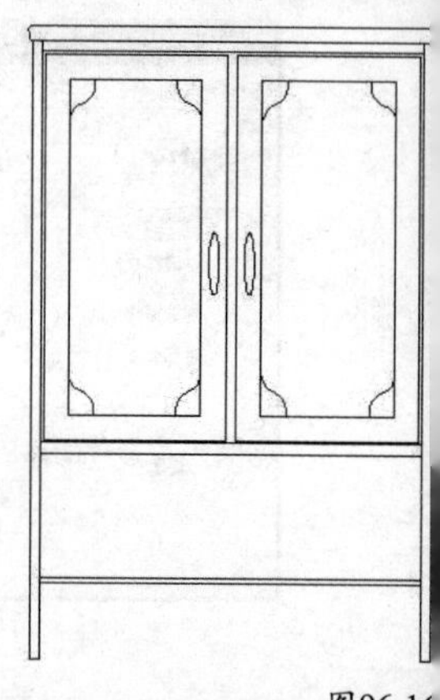

图96-16

实战097 橱柜

实战位置	DVD>实战文件>第2章>实战097
视频位置	DVD>多媒体教学>第2章>实战097
难易指数	★★☆☆☆
技术掌握	掌握“矩形”、“多线”、“镜像”和“阵列”等命令。

实战介绍

运用“矩形”命令，绘制台面和外边框；利用“矩形”、“多线”与“多段线”命令，绘制抽屉及把手。本例最终效果如图97-1所示。

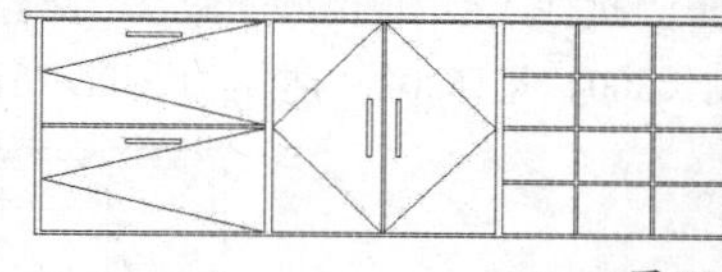

图97-1

制作思路

- 绘制外轮廓。
- 绘制抽屉。
- 绘制把手，完成橱柜的绘制并将其保存。

制作流程

橱柜的制作流程如图97-2所示。

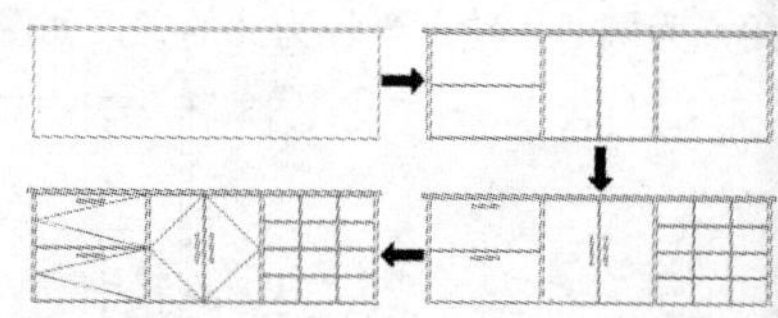

图97-2

1. 绘制轮廓

01 打开AutoCAD 2013中文版软件，执行“绘图>矩形”和“修剪>圆角”命令，绘制长2570、宽20，圆角半径为10的圆角矩形，如图97-3所示。

图97-3

02 重复执行“绘图>矩形”命令，配合“捕捉自”命令，绘制长2500、宽750的矩形，如图97-4所示。

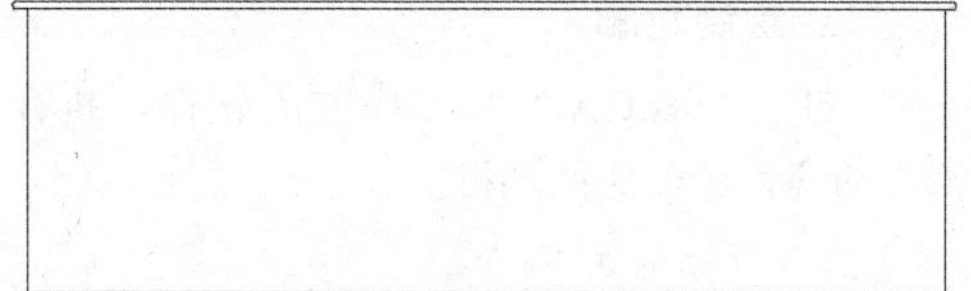

图97-4

03 重复执行“绘图>矩形”命令，配合“捕捉自”命令，以刚绘制的矩形的左下角点作为基点，以点（@25,10）作为第一角点，绘制长800、宽730的矩形，如图97-5所示。

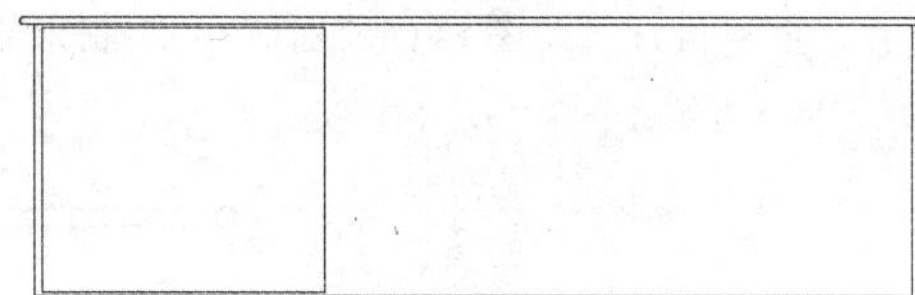

图97-5

04 在命令行中输入“ARRAYCLASSIC”，在“阵列”对话框中设置参数，如图97-6所示。对内部矩形进行阵列操作，结果如图97-7所示。

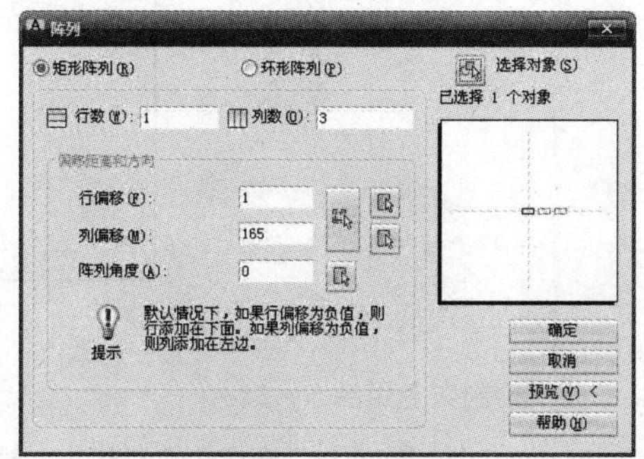

图97-6

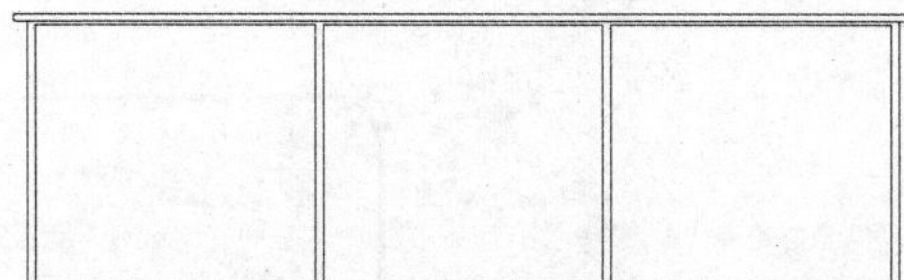

图97-7

2. 绘制抽屉及把手

01 执行“绘图>多线”命令，设置“对正”为“无”、“比例”为“10”，绘制水平的多线作为抽屉的分隔线，如图97-8所示。

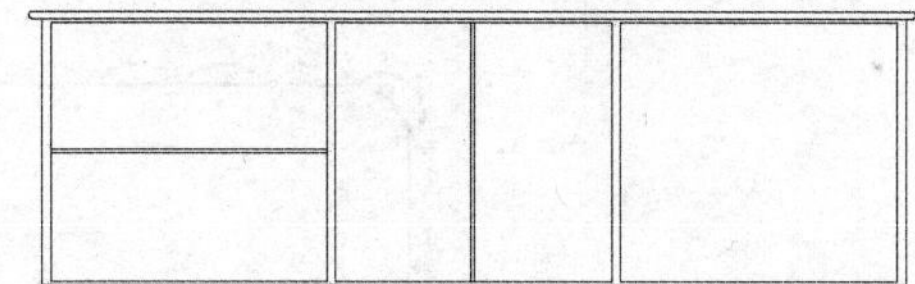

图97-8

02 重复执行“绘图>多线”命令，绘制右侧的九宫格，如图97-9所示。

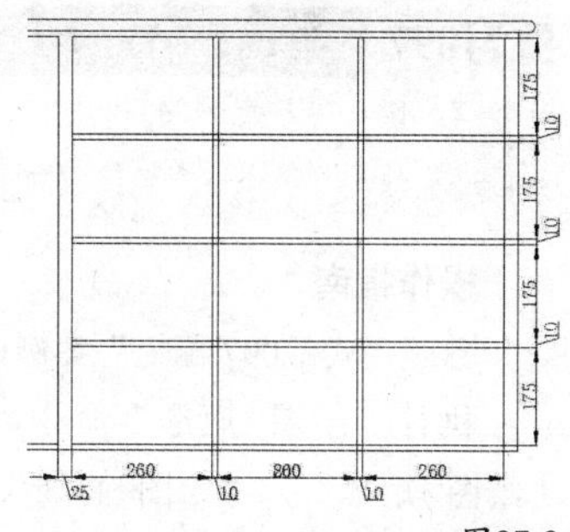

图97-9

03 执行“修改>对象>多线”命令，在弹出的“多线编辑工具”对话框中选择“十字合并”按钮，效果如图97-10所示。

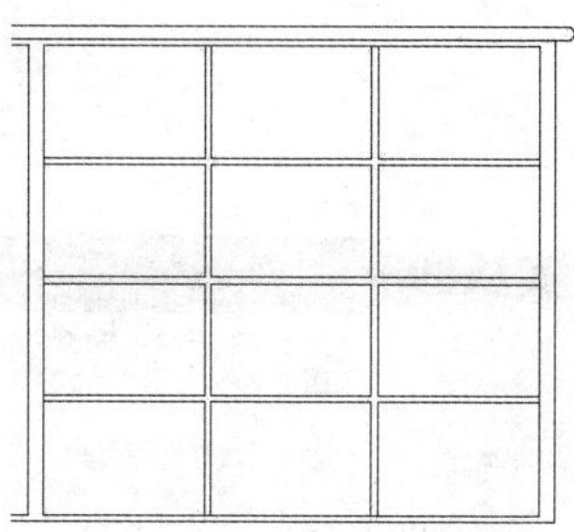

图97-10

04 执行“绘图>矩形”命令，配合“捕捉自”命令，绘制抽屉把手，如图97-11所示。

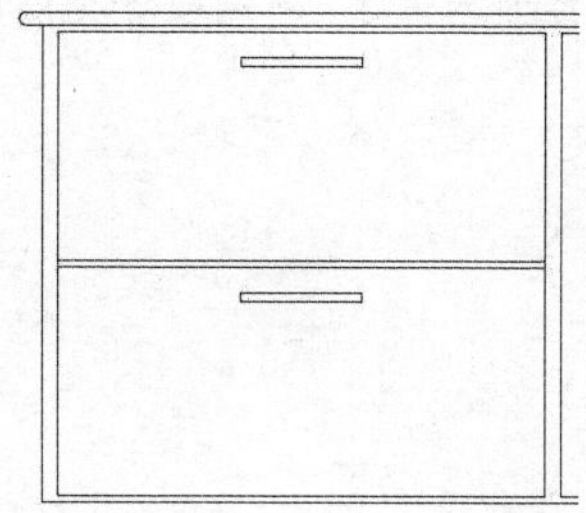

图97-11

05 执行“绘图>矩形”命令，配合“捕捉自”命令，绘制中间抽屉把手，如图97-12所示。

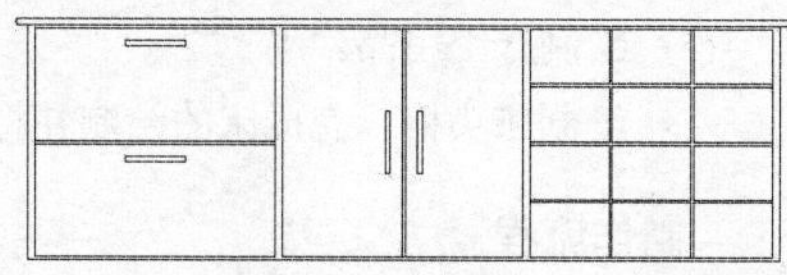

图97-12

06 执行“绘图>多段线”命令，配合“中点捕捉”和“端点捕捉”命令，绘制抽屉的开启方向，如图97-13所示。

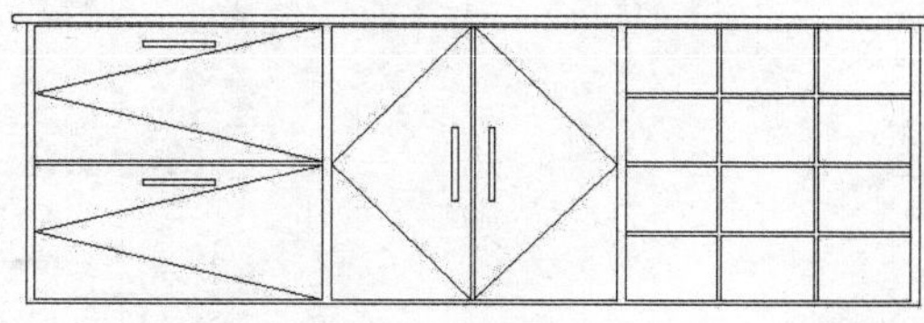

图97-13

练习097

练习位置	DVD>练习文件>第2章>练习097
难易指数	★★★☆☆
技术掌握	巩固“矩形”、“直线”、“偏移”、“镜像”与“复制”等命令的使用方法。

操作指南

参照“实战097 橱柜”案例进行制作。

执行“绘图>矩形”命令，绘制橱柜外轮廓；执行“绘图>矩形”、“绘图>直线”、“修改>偏移”、“修改>复制”与“修改>镜像”命令，绘制抽屉。练习最终效果如图97-14所示。

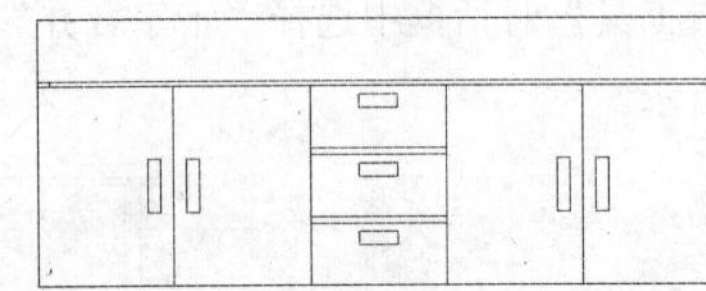

图97-14

实战098 床

实战位置	DVD>实战文件>第2章>实战098
视频位置	DVD>多媒体教学>第2章>实战098
难易指数	★★★☆☆
技术掌握	掌握“矩形”、“圆”、“正多边形”和“圆弧”等命令。

实战介绍

运用“矩形”命令，绘制床的轮廓；利用“圆弧”命令，修饰枕头的花边；利用“正多边形”与“圆”命令，绘制床头灯。本例最终效果如图98-1所示。

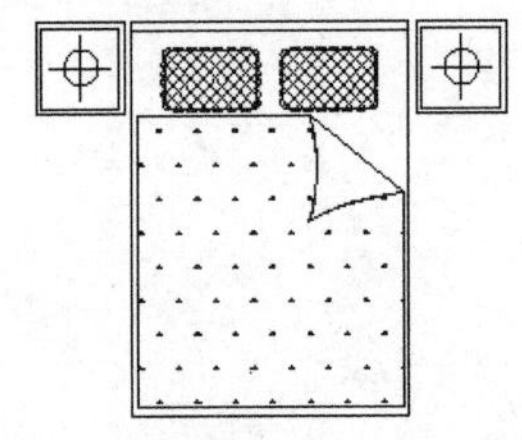

图98-1

制作思路

- 绘制床外轮廓。
- 绘制床上用品。
- 绘制床头柜，完成床的绘制并将其保存。

制作流程

床的制作流程如图98-2所示。

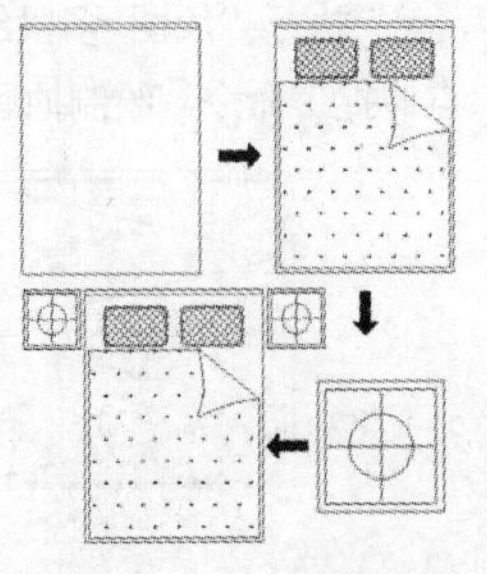

图98-2

1. 绘制轮廓

01 打开AutoCAD 2013中文版软件，执行“绘图>矩形”命令，绘制床的挡板。

命令行提示如下：

```
命令：_rectang
指定第一个角点或 [倒角(C)/标高(E)/圆角(F)/厚度(T)/宽度(W)]:
指定另一个角点或 [面积(A)/尺寸(D)/旋转(R)]: @1500,-40
```

02 重复执行“绘图>矩形”命令，绘制床的大体轮廓，如图98-3所示。

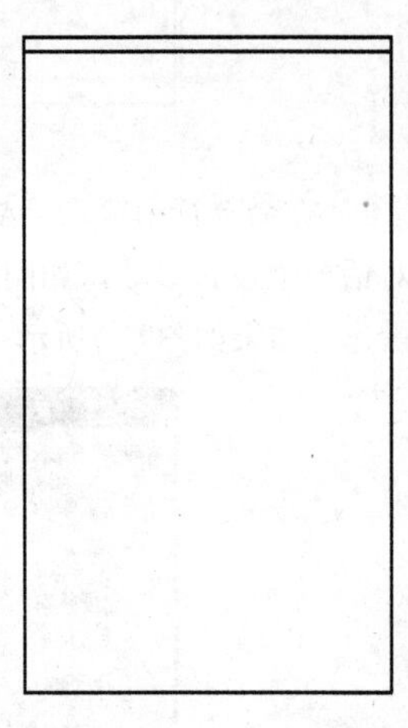

图98-3

2. 绘制床上用品

01 执行“绘图>矩形”命令，绘制枕头；执行“修改>圆角”命令，对刚才绘制的矩形进行圆角处理，如图98-4所示。

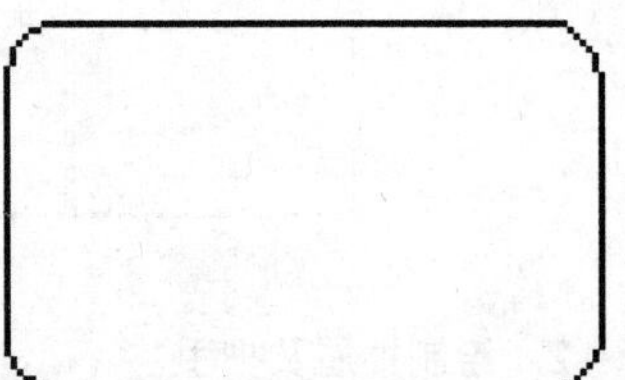

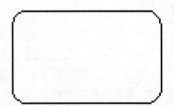

图98-4

02 执行“绘图>圆弧”和“修改>复制”命令，绘制出枕头的形状，如图98-5所示。

图98-5

03 执行“修改>镜像”命令，镜像枕头到另一侧；执行“绘图>图案填充”命令，对枕头进行填充。

04 执行“绘图>矩形”命令，绘制一个如图98-6所示的矩形。

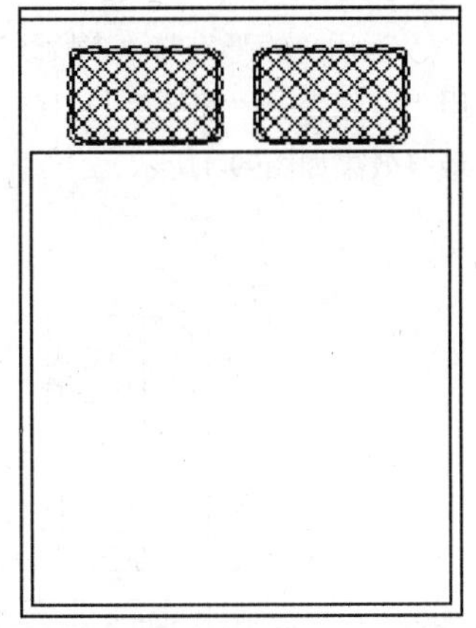

图98-6

05 执行“修改>倒角”命令，对上一步所绘制的矩形的右上角进行倒角处理。

命令行提示如下：

```
命令: _chamfer
("修剪"模式) 当前倒角距离 1 = 0.0000，距离 2 = 0.0000
选择第一条直线或 [放弃(U)/多段线(P)/距离(D)/角度(A)/修剪(T)/方式(E)/多个(M)]: d
指定第一个倒角距离 <0.0000>: 500
指定第二个倒角距离 <500.0000>: 400
选择第一条直线或 [放弃(U)/多段线(P)/距离(D)/角度(A)/修剪(T)/方式(E)/多个(M)]:
选择第二条直线，或按住 Shift 键选择要应用角点的直线:
```

技巧与提示

在进行倒直角时，除了通过“距离”项外，还可以通过其他几种来实现。

“距离(D)”选项：通过输入倒角的斜线距离进行倒角，斜线的距离可以相同也可以不同。

“角度(A)”选项：通过输入第一个倒角距离和角度来进行倒角。

“修剪(T)”选项：设置倒角后是否保留原拐角边。选择“修剪”即表示倒角后对倒角边进行修剪；选择“不修剪”则表示不进行修剪。

“方式(E)”选项：用于设置倒角的方法，即采用“距离”方式还是“角度”方式进行倒斜角。选择“距离”选项即将以两条边的倒角距离来修倒角；选择“角度”选项则表示将以一条边的距离以及相应的角度来修倒角。

“多个(M)”选项：用于同时对多个对象进行倒角操作。

06 执行“绘图>样条曲线”命令，绘制被子的角边，如图98-7所示。

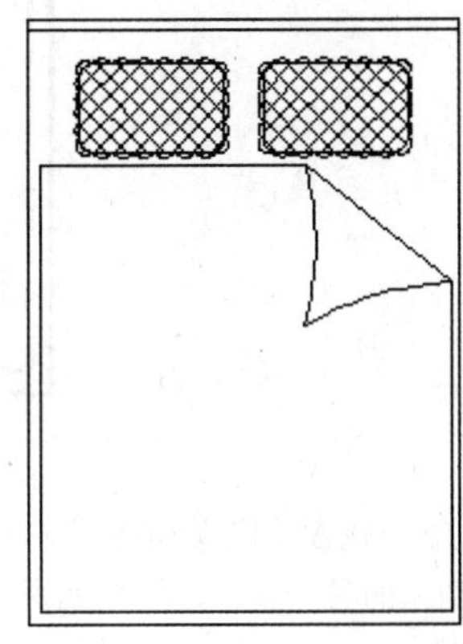

图98-7

07 执行“绘图>图案填充”命令，对被子表面进行图案填充，如图98-8所示。

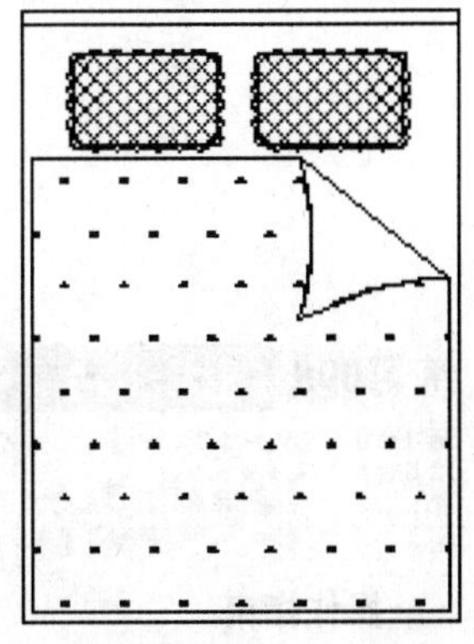

图98-8

3. 绘制床头柜

01 执行“绘图>正多边形”命令，绘制正方形；执行“修改>偏移”命令，偏移所绘制的正方形，如图98-9所示。

图98-9

02 执行“绘图>圆”命令，绘制半径为120的圆。

03 执行“绘图>直线”命令，绘制灯的中心线，如图98-10所示。

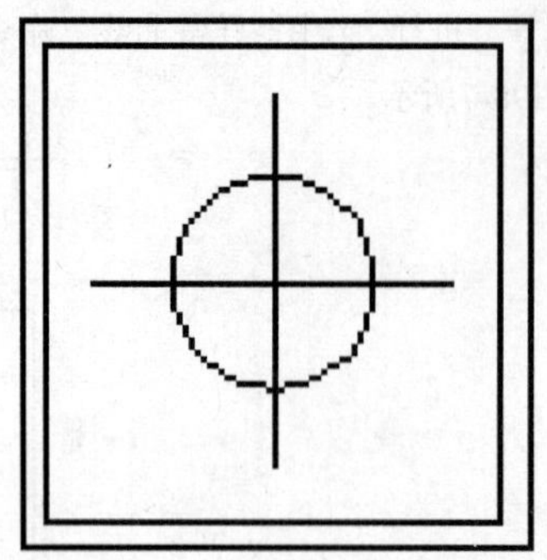

图98-10

04 执行“修改>镜像”命令，将上一步绘制的图形镜像到床的另一侧，如图98-11所示。

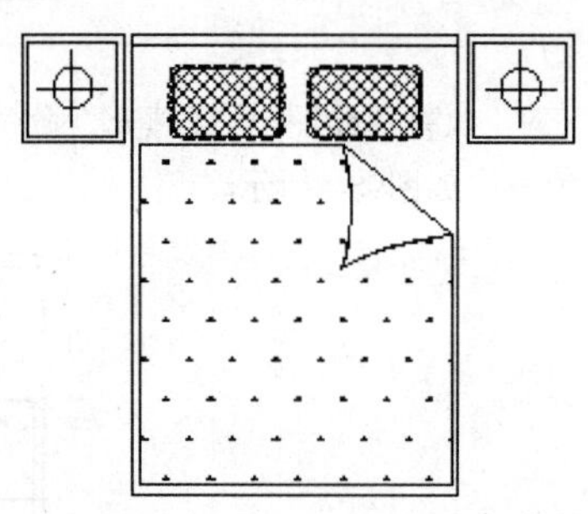

图98-11

练习098

练习位置	DVD>练习文件>第2章>练习098
难易指数	★★★☆☆
技术掌握	巩固“矩形”、“直线”、“圆”、“圆弧”、“修剪”、“镜像”、“偏移”和“阵列”等命令的使用方法。

操作指南

参照“实战098 床”案例进行制作。

执行“绘图>矩形”和“修改>圆角”命令，绘制床外轮廓；执行“绘图>矩形”、“绘图>多段线”、“修改>偏移”、“修改>修剪”和“修改>镜像”命令，绘制床上用品；执行“绘图>矩形”、“绘图>直线”、“绘图>圆”命令，绘制床头柜；执行“绘图>直线”、“绘图>圆”、“修改>偏移”、“修改>修剪”和“修改>阵列”命令，绘制地毯。练习最终效果如图98-12所示。

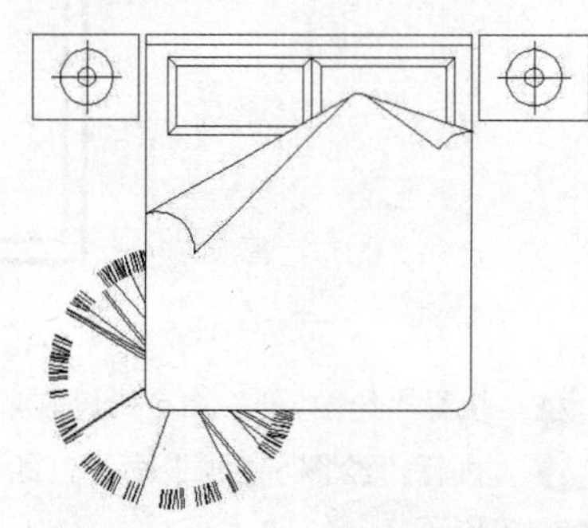

图98-12

实战099 单人床

实战位置	DVD>实战文件>第2章>实战099
视频位置	DVD>多媒体教学>第2章>实战099
难易指数	★★★☆☆
技术掌握	掌握“矩形”、“多段线”、“阵列”和“镜像”等命令。

实战介绍

运用“矩形”与“多段线”命令，绘制床的支撑；利用“镜像”、“复制”与“阵列”命令，编辑图形。本例最终效果如图99-1所示。

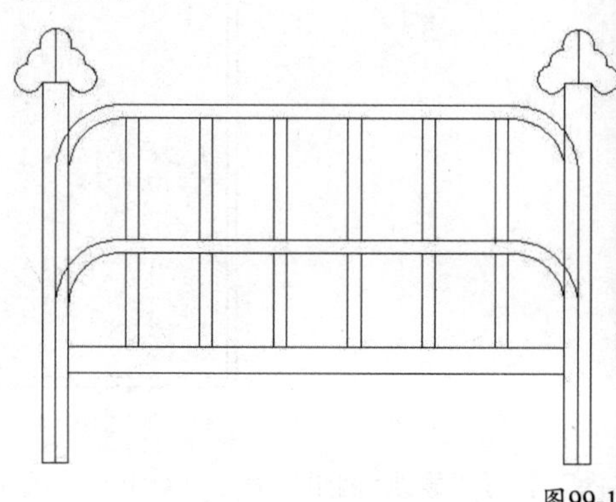

图99-1

制作思路

- 绘制床的支撑。
- 编辑图形，完成单人床的绘制并将其保存。

制作流程

单人床的制作流程如图99-2所示。

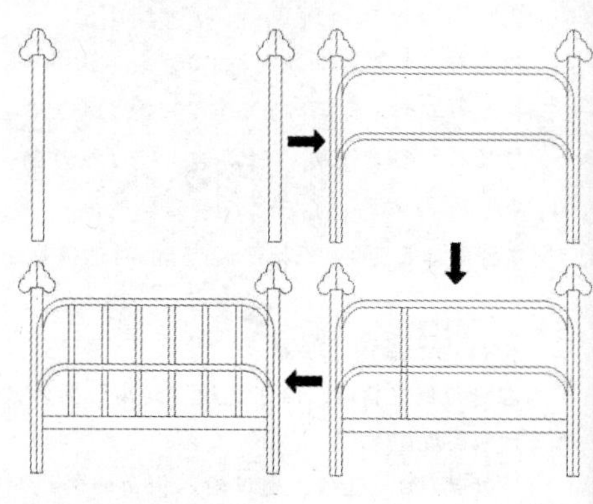

图99-2

1. 绘制床的支撑

01 打开AutoCAD 2013中文版软件，执行“绘图>矩形”命令，绘制一个长60、宽850的矩形。

02 执行“绘图>多段线”命令，以矩形上方边线的中点作为起点，绘制多段线。

命令行提示如下：

```
命令: _arc   45度
指定圆弧的起点或 [圆心(C)]:
指定圆弧的第二个点或 [圆心(C)/端点(E)]: 50
```

```
指定圆弧的端点：
命令：_arc    43度
指定圆弧的起点或 [圆心(C)]：
指定圆弧的第二个点或 [圆心(C)/端点(E)]：
指定圆弧的端点：
命令：_arc    60度
指定圆弧的起点或 [圆心(C)]：
指定圆弧的第二个点或 [圆心(C)/端点(E)]：50
指定圆弧的端点：
```

03 执行“修改>镜像”命令，将上一步绘制的闭合多段线进行镜像处理，如图99-3所示。

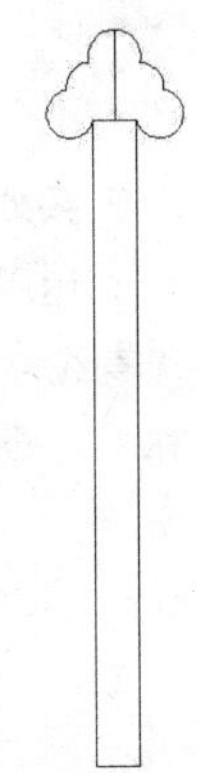

图99-3

04 执行“修改>复制”命令，将图99-3向右复制1000，如图99-4所示。

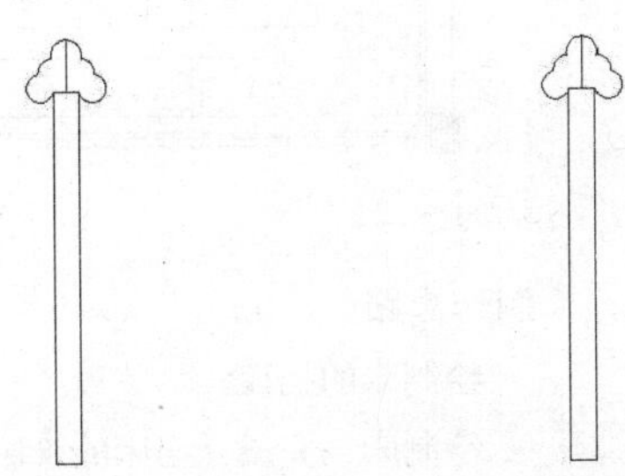

图99-4

05 执行“绘图>多段线”命令，以矩形底边中点作为起点，绘制垂直高度为800、水平长度为1000的多段线，如图99-5所示。

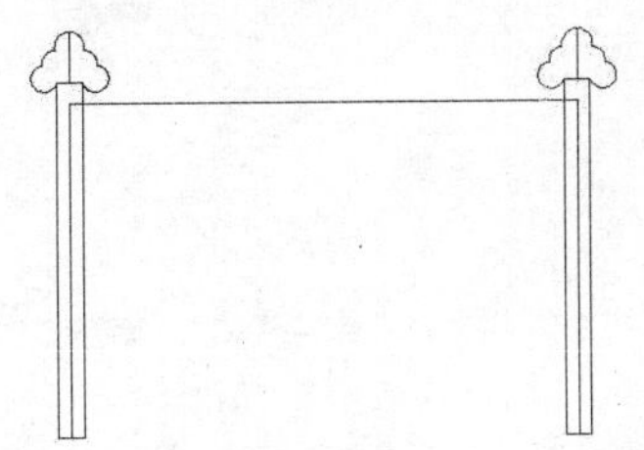

图99-5

06 执行“修改>圆角”命令，设置圆角半径为150，选择多线段进行圆角处理，如图99-6所示。

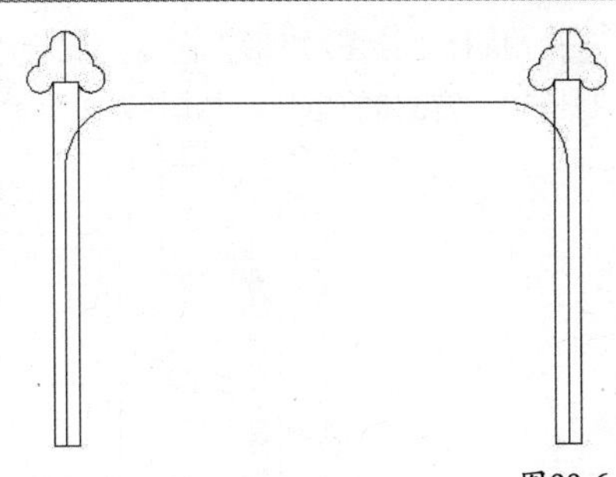

图99-6

07 执行“修改>复制”命令，将圆角操作后的多段线向下复制300，如图99-7所示。

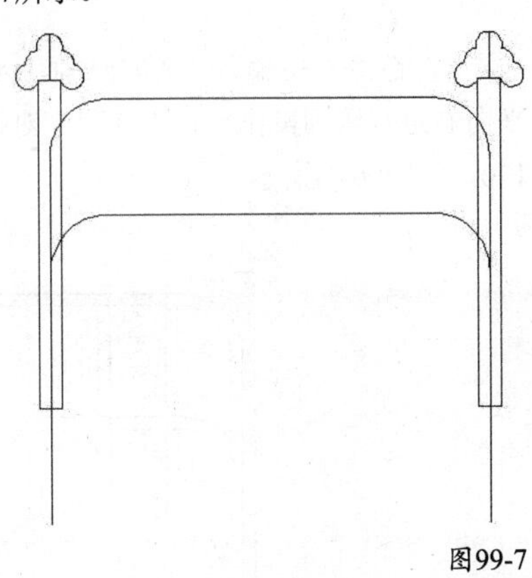

图99-7

2. 编辑图形

01 执行“修改>修剪”命令，对复制的多线段进行修剪操作。

02 执行“修改>偏移”命令，将两条多段线向下偏移30，如图99-8所示。

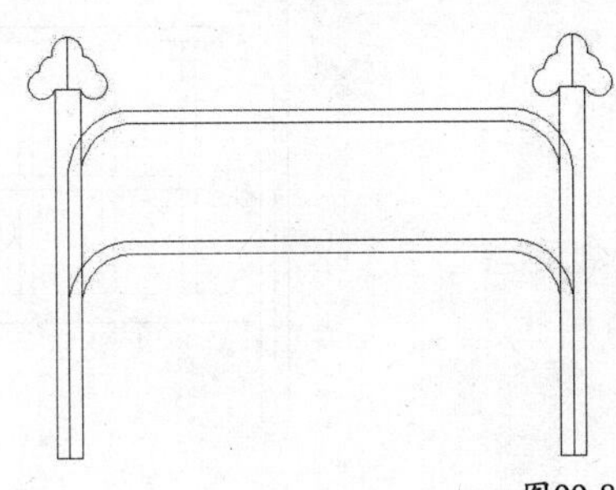

图99-8

03 执行“绘图>矩形”命令，配合“捕捉自”功能，绘制长940、宽60的矩形，如图99-9所示。

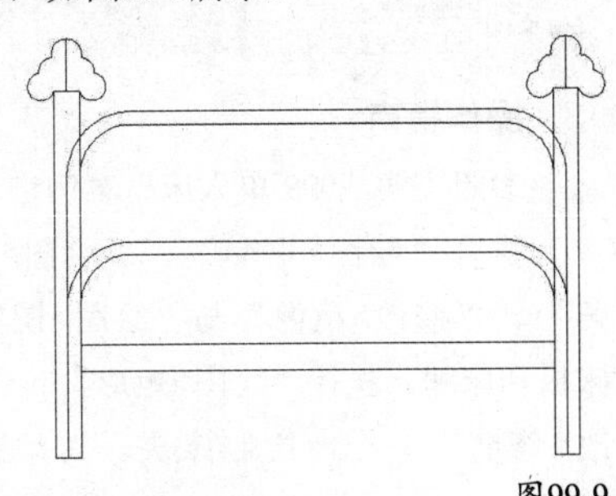

图99-9

04 执行“绘图>矩形”命令，配合“捕捉自”功能，绘制长30、宽510的矩形，如图99-10所示。

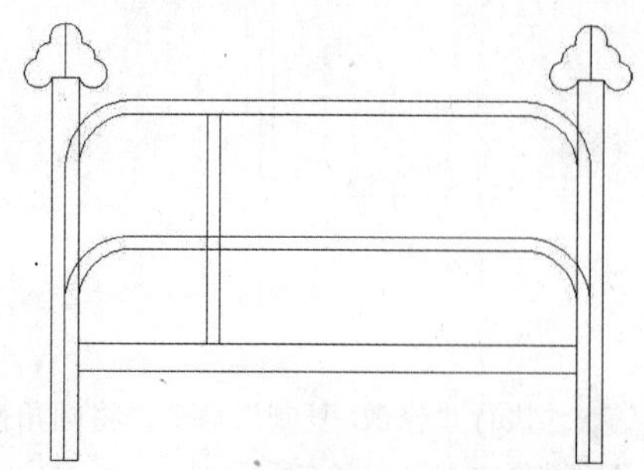
图99-10

05 在命令栏中输入“ARRAYCLASSIC”，将矩形水平向右进行阵列操作，在“阵列”对话框中设置列偏移为170，如图99-11所示。

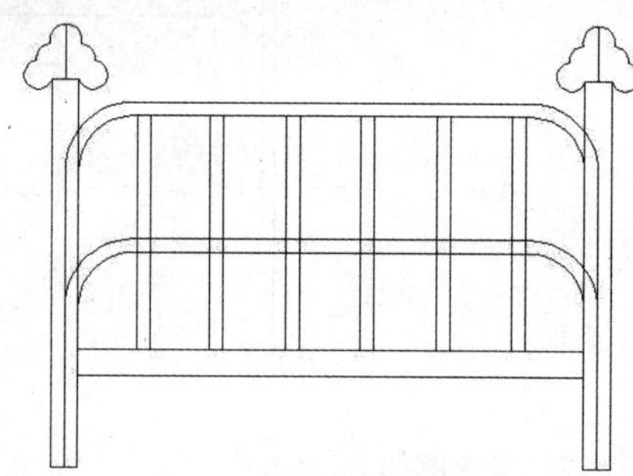
图99-11

06 执行“修改>修剪”命令，对矩形进行修剪操作，如图99-12所示。

图99-12

练习099

练习位置	DVD>练习文件>第2章>练习099
难易指数	★★★☆☆
技术掌握	巩固“矩形”、“直线”、“圆角”、“修剪”、“镜像”、“复制”与“图案填充”等命令的使用方法。

操作指南

参照“实战099 单人床”案例进行制作。

执行“绘图>矩形”、“绘图>直线”、“修改>圆角”、“修改>镜像”与“绘图>图案填充”命令，绘制床板和床腿；执行“绘图>矩形”、“修改>阵列”与“修改>修剪”命令，绘制床头。练习最终效果如图99-13所示。

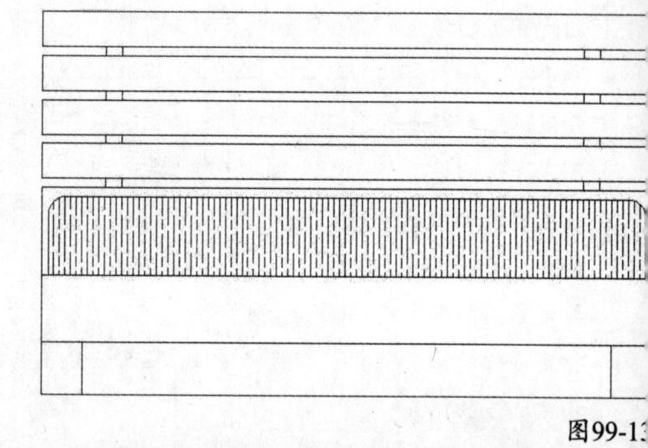
图99-13

实战100 立面床

实战位置	DVD>实战文件>第2章>实战100
视频位置	DVD>多媒体教学>第2章>实战100
难易指数	★★★☆☆
技术掌握	掌握“矩形”、“直线”、“圆弧”、“偏移”和“图案填充”等命令。

实战介绍

运用“直线”与“圆弧”命令绘，制床的挡板；利用“直线”与“偏移”命令，绘制床的轮廓；利用“图案填充”命令，修饰床的花纹部分。本例最终效果如图100-1所示。

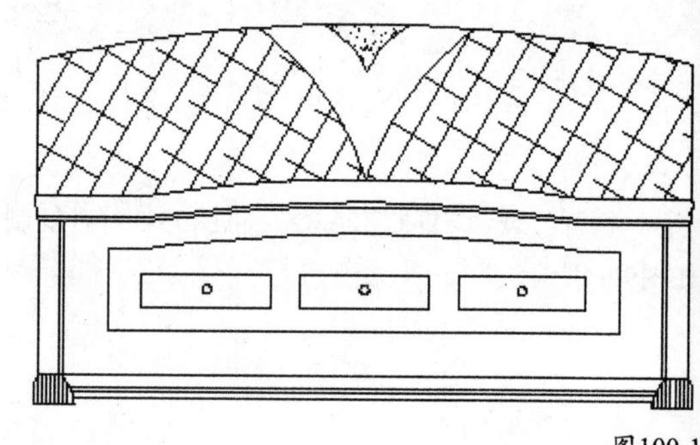
图100-1

制作思路

- 绘制床的挡板。
- 绘制床，完成立面床的绘制并将其保存。

制作流程

立面床的制作流程如图100-2所示。

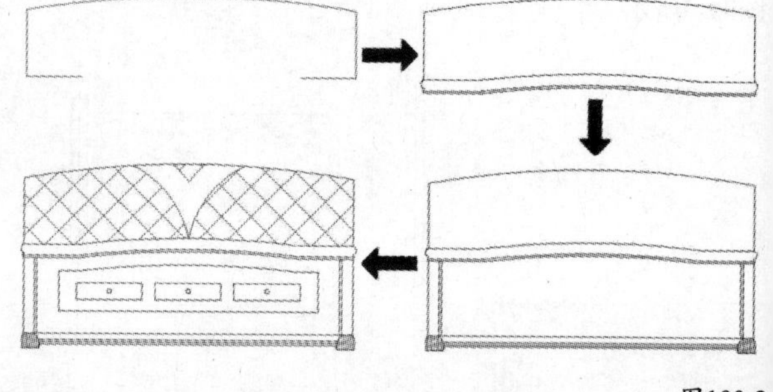
图100-2

1. 绘制床的挡板

01 打开AutoCAD 2013中文版软件，执行“绘图>直线”命令，绘制一条长为1500的辅助线。

02 执行“绘图>圆弧”命令，以直线的两端为圆弧的起始点和端点，如图100-3所示。

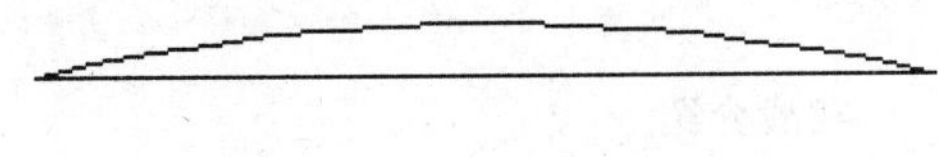

图100-3

03 执行“修改>删除”命令，删除辅助线；执行“绘图>直线”和“绘图>圆弧”命令，绘制出如图100-4所示的图形。

图100-4

04 执行“修改>复制”命令，将圆弧复制到下方；然后执行“修改>修剪”命令，将多出的弧线去掉，如图100-5所示。

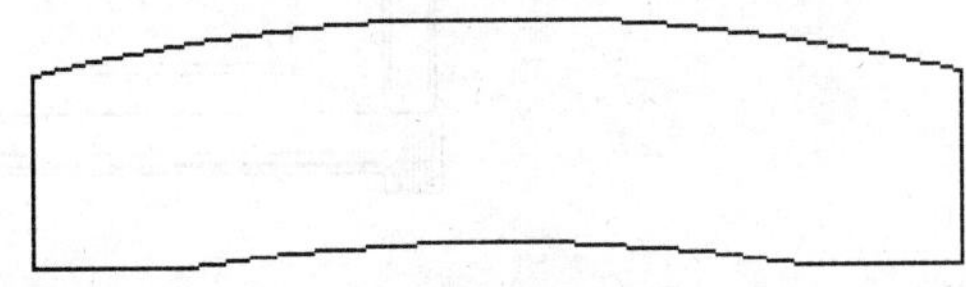

图100-5

技巧与提示

为保证床头挡板上下圆弧平行，这里应该利用“复制”命令，将圆弧平行复制到合适的位置。复制时以圆弧与垂直直线相交处为基点，下方直线端点为第二点，如图100-6所示。

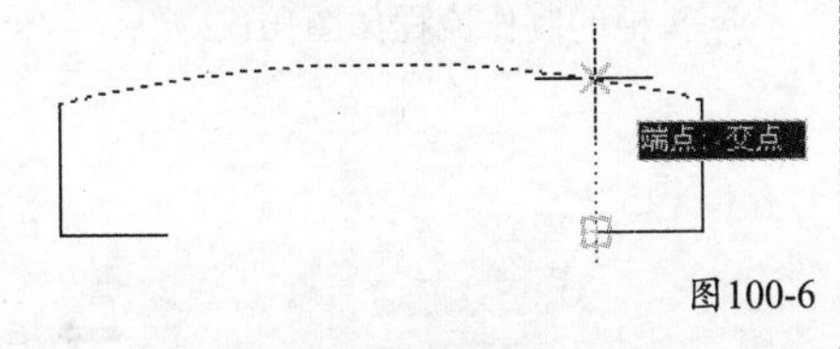

图100-6

05 重复执行“修改>复制”命令，复制床板下方的直线和圆弧；执行“绘图>圆弧”命令，连接它们，如图100-7所示。

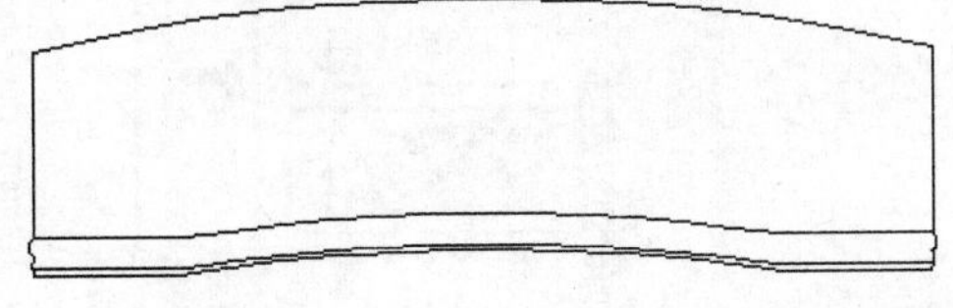

图100-7

技巧与提示

由于两端的圆弧比较微小，因此绘制时可通过“实时缩放”工具，将整个图形放大来绘制圆弧。

2. 绘制床

01 执行“绘图>直线”命令，绘制如图34-7所示的轮廓。绘制时为了保持对称性，执行“修改>镜像”命令，绘制另一侧的图形。

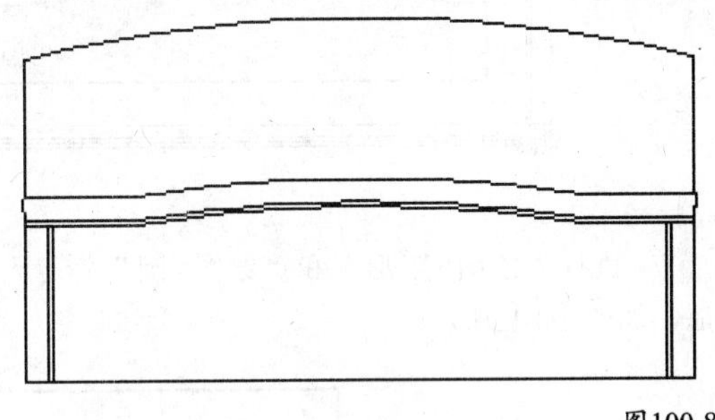

图100-8

02 执行“绘图>直线”命令，绘制床脚，如图100-9所示。

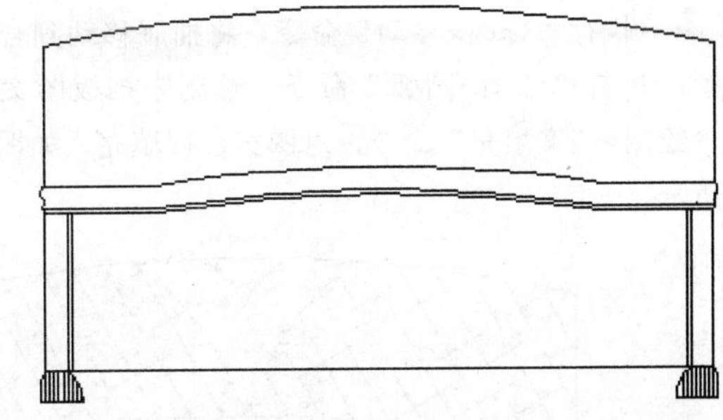

图100-9

03 执行“修改>偏移”命令，偏移出床下方的直线，如图100-10所示。

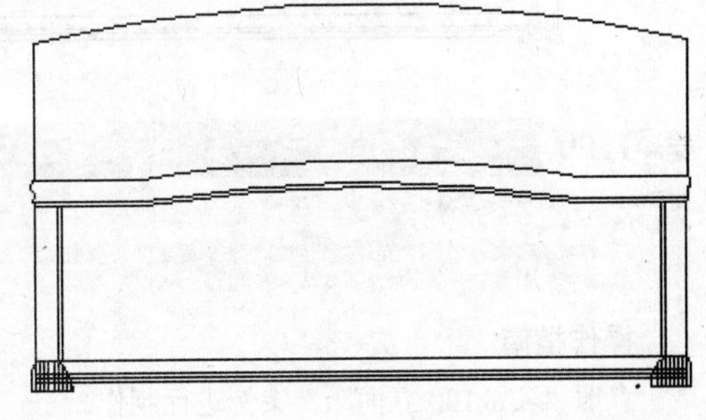

图100-10

04 执行“修改>打断于点”命令，以直线与床脚相交的点为打断点，执行“修改>删除”命令，删除床脚内的直线。

05 执行“修改>偏移”和“修改>复制”命令，绘制床的内轮廓；执行“修改>修剪”命令，将多余的直线修剪掉，如图100-11所示。

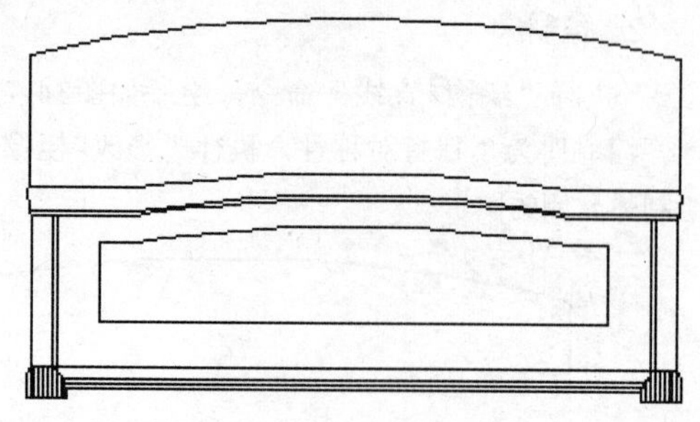

图100-11

06 执行“绘图>矩形”和“绘图>圆”命令，绘制抽屉，如图100-12所示。

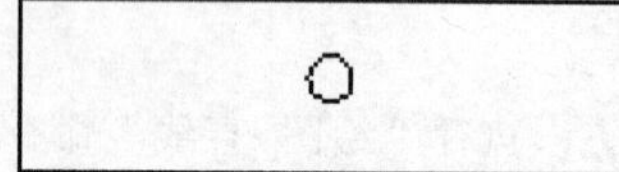

图100-12

07 执行“修改>移动”命令，将抽屉移动到合适的位置；执行“绘图>圆弧”命令，绘制床挡板图案；执行“绘图>图案填充”命令，对图案进行填充，如图100-13所示。

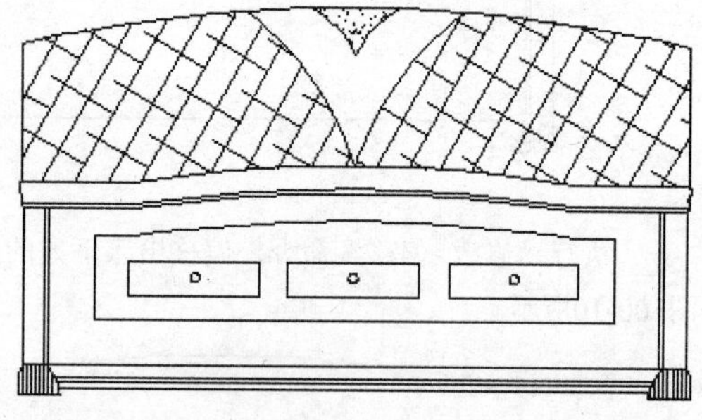

图100-13

练习100

练习位置	DVD>练习文件>第2章>练习100
难易指数	★★★☆☆
技术掌握	巩固“矩形”、“直线”、“圆”、“圆弧”、“圆角”、“修剪”与“镜像”等命令的使用方法。

操作指南

参照“实战100 立面床”案例进行制作。

执行“绘图>矩形”、“绘图>直线”与“修剪>偏移”命令，绘制床；执行“绘图>圆”、“绘图>圆弧”与“修改>镜像”命令，绘制床头；执行“绘图>矩形”命令，绘制床头柜；执行“绘图>矩形”与“绘图>直线”命令，绘制床头灯。练习最终效果如图100-14所示。

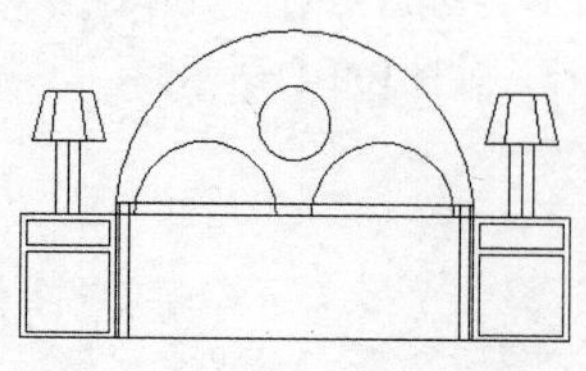

图100-14

实战101 床头柜

实战位置	DVD>实战文件>第2章>实战101
视频位置	DVD>多媒体教学>第2章>实战101
难易指数	★★★☆☆
技术掌握	掌握“矩形”、“直线”、“多段线”、“圆弧”、“圆”、“修剪”、“偏移”、“复制”和“镜像”等命令。

实战介绍

运用“直线”、“圆弧”、“修剪”、“偏移”与“镜像”命令，绘制轮廓；利用“直线”、“矩形”、“多段线”、“圆”、“修剪”、“偏移”与“镜像”命令，绘制支脚和抽屉。本例最终效果如图101-1所示。

图101-1

制作思路

- 绘制轮廓。
- 绘制支脚和抽屉，完成床头柜的绘制并将其保存。

制作流程

床头柜的制作流程如图101-2所示。

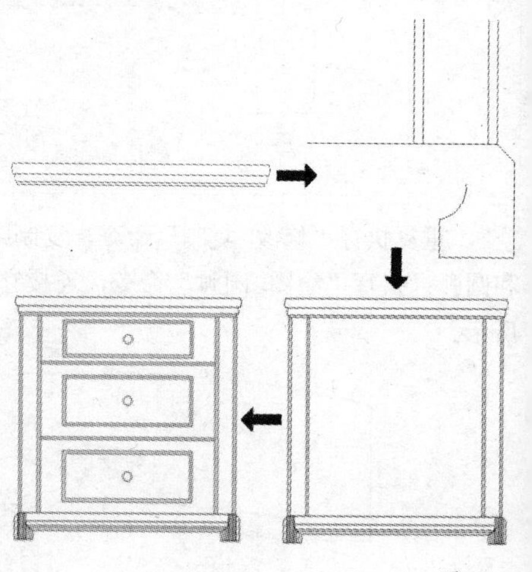

图101-2

1. 绘制轮廓

01 打开AutoCAD 2013中文版软件，执行“绘图>直线”命令，绘制一条长为490的直线。

02 执行“修改>偏移”命令，将直线分别向下偏移20、15、5。

03 执行“绘图>圆弧”命令，绘制直线两端的圆弧；然后执行“修改>修剪”命令，将多余的弧线修剪掉，如图101-3所示。

图101-3

04 执行“绘图>直线”命令，绘制一条长为425的垂直直线。

05 执行“修改>偏移”命令，将垂直直线向右偏移5、35、5；执行“修改>镜像”命令，镜像出对称的直线；执行“绘图>直线”命令，绘制直线连接底部，如图101-4所示。

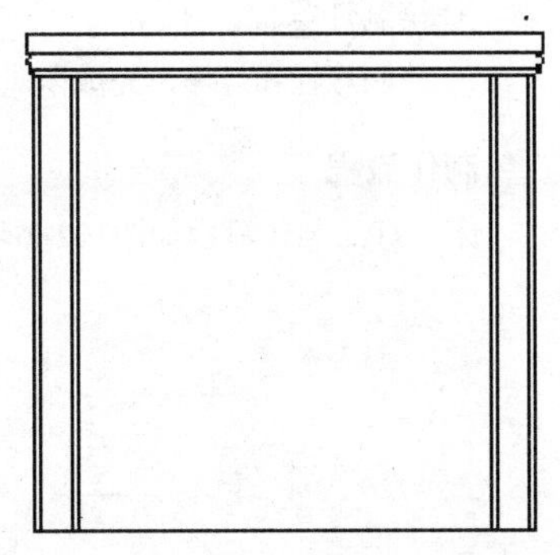

图101-4

2. 绘制支脚和抽屉

01 利用实战100中床脚的绘制方法绘制出支脚的轮廓图，如图101-5所示。

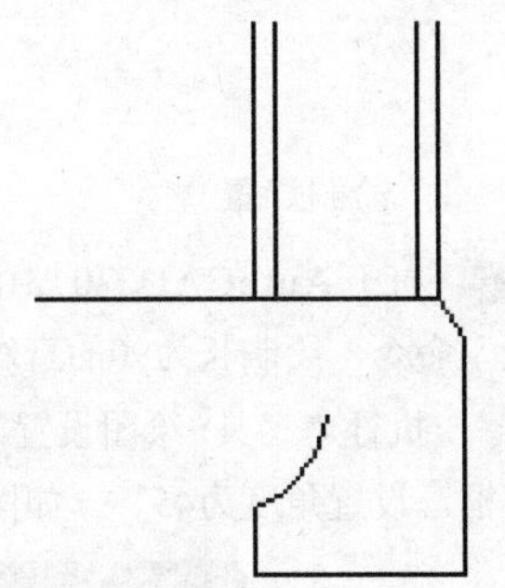

图101-5

02 执行“修改>镜像”命令，将支脚镜像复制到另一侧；然后执行“绘图>直线”命令，绘制如图101-6所示图形。

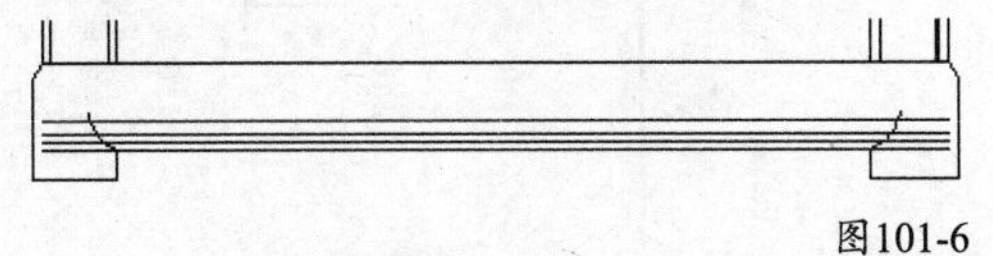

图101-6

03 执行“修改>修剪”命令，修剪掉多余的直线；执行“绘图>直线”命令，绘制支脚内的竖线，如图101-7所示。

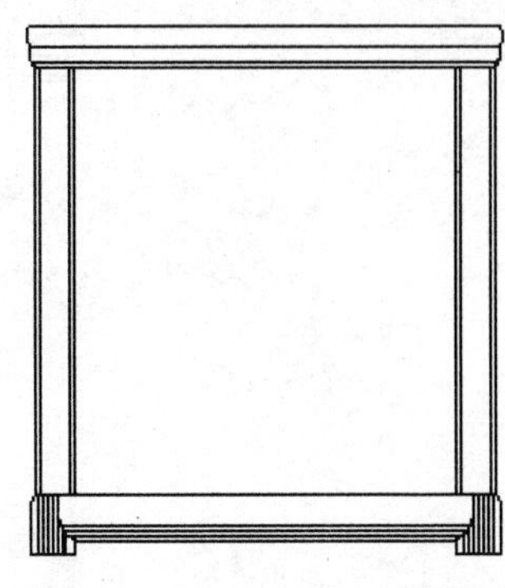

图101-7

04 执行“工具>新建UCS>原点”命令，指定A点为新的坐标原点，如图101-8所示。

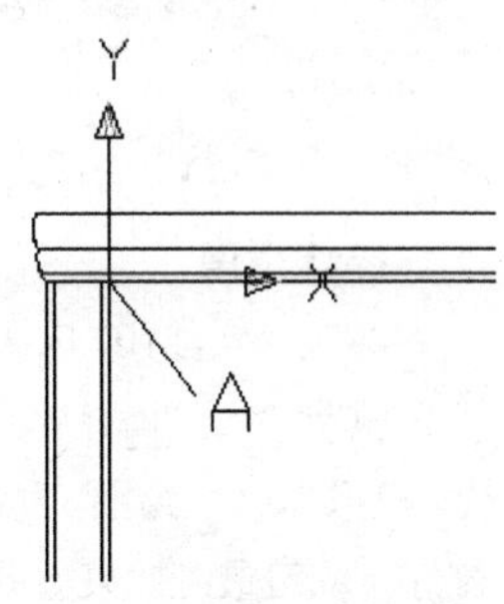

图101-8

05 执行“绘图>直线”命令，配合“正交”功能，绘制直线。

命令行提示如下：

```
命令： _line 指定第一点： 0,-100
指定下一点或 [放弃(U)]：  <正交 开>
指定下一点或 [放弃(U)]：
```

06 执行“修改>偏移”命令，将直线水平向下偏移，如图101-9所示。

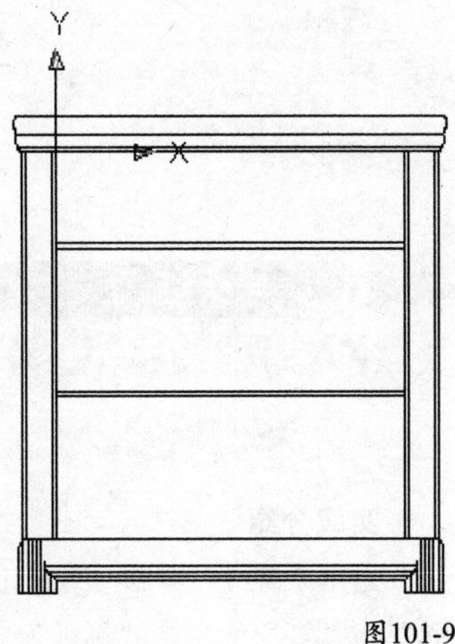

图101-9

07 执行“绘图>矩形”、“绘图>圆”、“修改>偏移”与“修改>复制”命令，绘制抽屉，结果如图101-10所示。

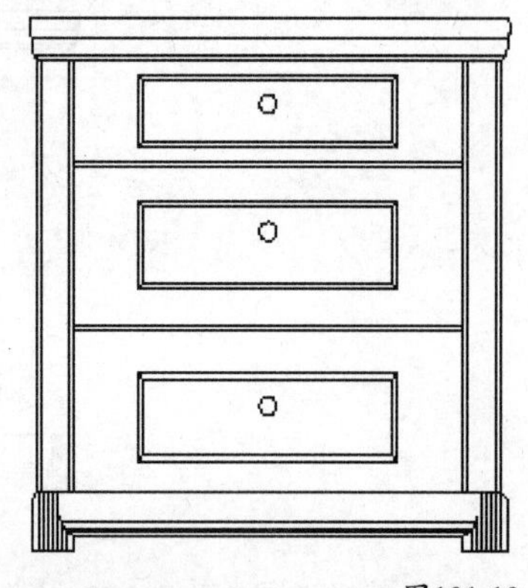

图101-10

练习101

练习位置	DVD>练习文件>第2章>练习101
难易指数	★★★☆☆
技术掌握	巩固“矩形”、“直线”与“镜像”等命令的使用方法。

操作指南

参照“实战101 床头柜”案例进行制作。

执行“绘图>矩形”命令，绘制床头柜；执行“绘图>矩形”、“绘图>直线”与“修剪>镜像”命令，绘制台灯。练习最终效果如图101-11所示。

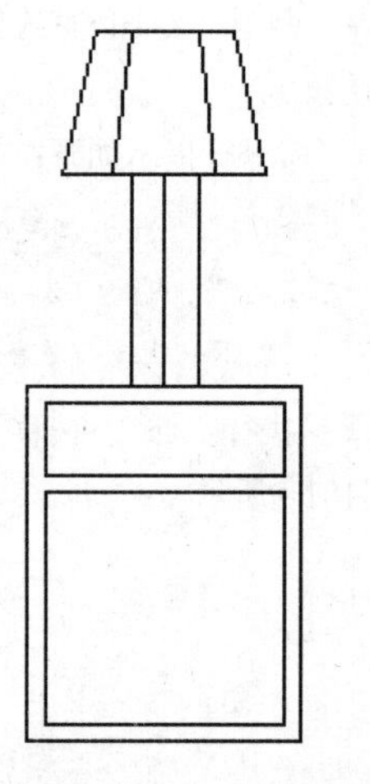

图101-11

实战102 床头灯

实战位置	DVD>实战文件>第2章>实战102
视频位置	DVD>多媒体教学>第2章>实战102
难易指数	★★★☆☆
技术掌握	掌握“矩形”、“直线”、“多段线”、“圆弧”、“圆角”、“修剪”、“偏移”和“图案填充”等命令。

实战介绍

运用“直线”命令，绘制灯罩；利用“直线”、“矩形”、“多段线”、“圆弧”、“分解”、“修剪”、“延伸”与“图案填充”命令，绘制灯柱和灯座。本例最终效果如图102-1所示。

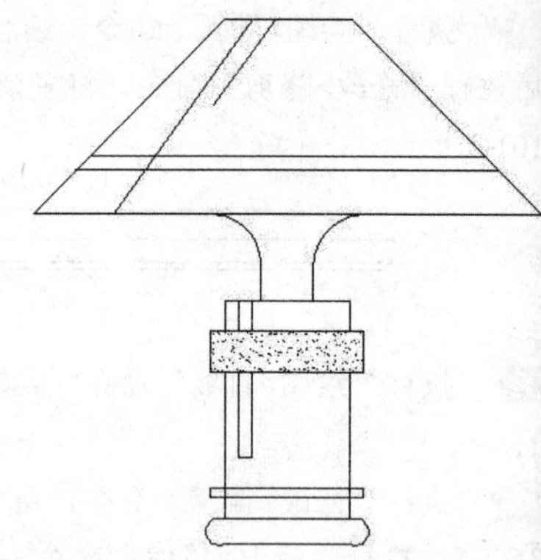

图102-1

制作思路

- 绘制灯罩。
- 绘制灯柱和灯座，完成床头灯的绘制并将其保存。

制作流程

床头灯的制作流程如图102-2所示。

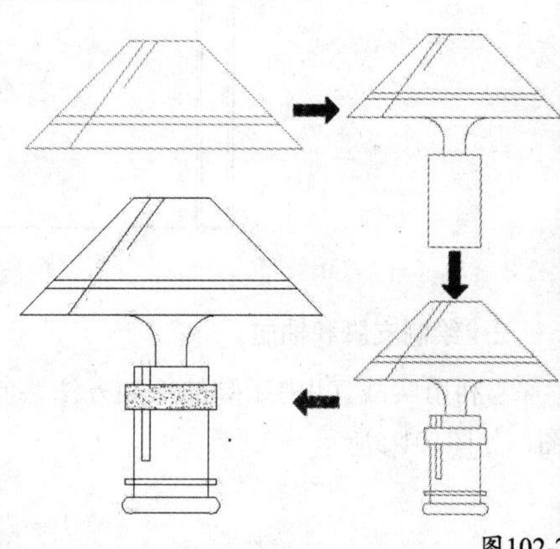

图102-2

1. 绘制灯罩

01 打开AutoCAD 2013中文版软件，执行“绘图>直线”命令，绘制长为90的直线。

02 执行“工具>绘图设置”命令，弹出“草图设置”对话框，设置角度为45°，如图102-3所示。

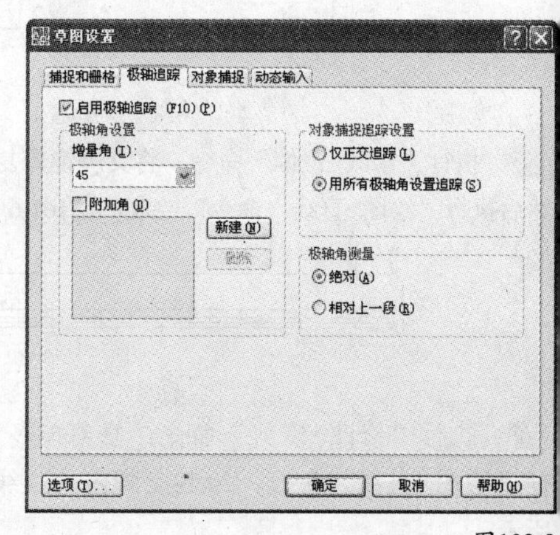

图102-3

03 单击“确定”按钮，绘制与步骤01中直线成45°的直线；执行“绘图>直线”命令，绘制灯罩，如图102-4所示。

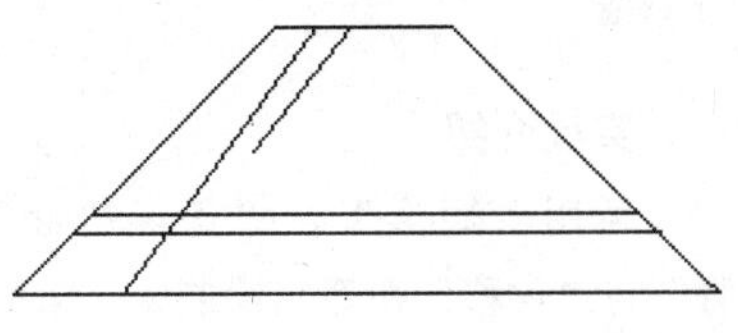

图102-4

2. 绘制灯柱和灯座

01 执行“绘图>多段线”命令，绘制如图102-5所示的多段线。

命令行提示如下：

```
命令: _pline
指定起点: <对象捕捉追踪 开>
当前线宽为 0.0000
指定下一个点或 [圆弧(A)/半宽(H)/长度(L)/放弃(U)/宽度(W)]:
指定下一点或 [圆弧(A)/闭合(C)/半宽(H)/长度(L)/放弃(U)/宽度(W)]: a
指定圆弧的端点或
[角度(A)/圆心(CE)/闭合(CL)/方向(D)/半宽(H)/直线(L)/半径(R)/第二个点(S)/放弃(U)/宽度(W)]:
指定圆弧的端点或
[角度(A)/圆心(CE)/闭合(CL)/方向(D)/半宽(H)/直线(L)/半径(R)/第二个点(S)/放弃(U)/宽度(W)]:
```

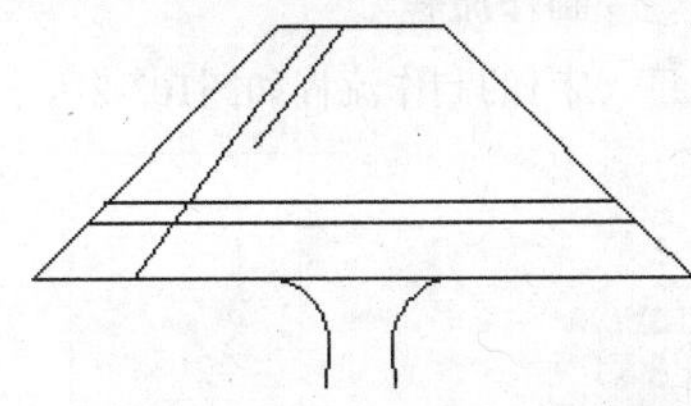

图102-5

02 执行“绘图>矩形”命令，配合“对象捕捉”功能，以多段线的两端为矩形的两个顶点，绘制出如图102-6所示的矩形。

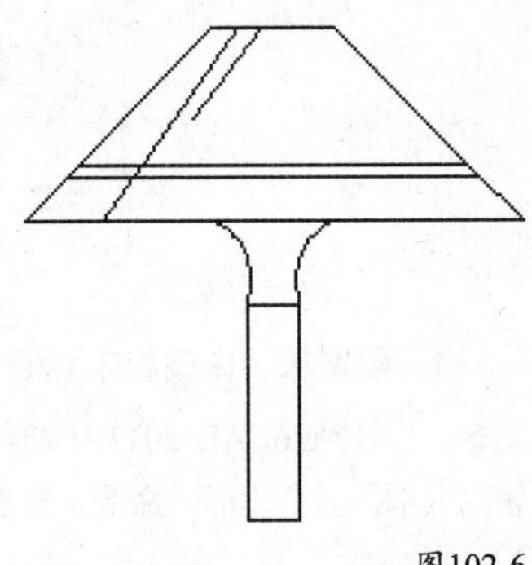

图102-6

03 执行“修改>分解”命令，将矩形分解；执行“修改>移动”命令，把两侧的直线向各自对应的外侧移动相同的距离。

04 执行“修改>延伸”命令，将矩形上下侧的直线延伸至左右两侧上，如图102-7所示。

命令行提示如下：

```
命令: _extend
当前设置:投影=无，边=无
选择边界的边...
选择对象或 <全部选择>: 找到 1 个
选择对象: 找到 1 个，总计 2 个
选择对象:
选择要延伸的对象，或按住 Shift 键选择要修剪的对象，或栏选(F)/窗交(C)/投影(P)/边(E)/放弃(U)]:
```

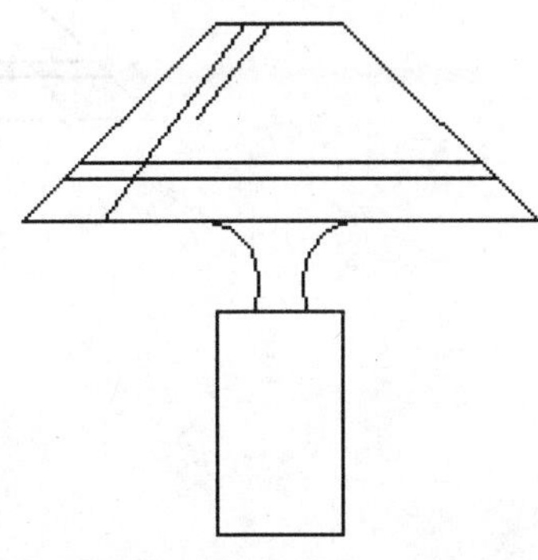

图102-7

技巧与提示

在某些图中，由于移动了图形，使本应相交的图形对象分离了，此时如果想让对象相交，但拉长的距离不知道，可以使用延伸命令。延伸就是使对象的终点落到指定的某个对象的边界上。圆弧、椭圆弧、直线及射线等对象都可以被延伸。

05 执行“绘图>矩形”及“修改>延伸”命令，绘制出如图102-8所示的图形。

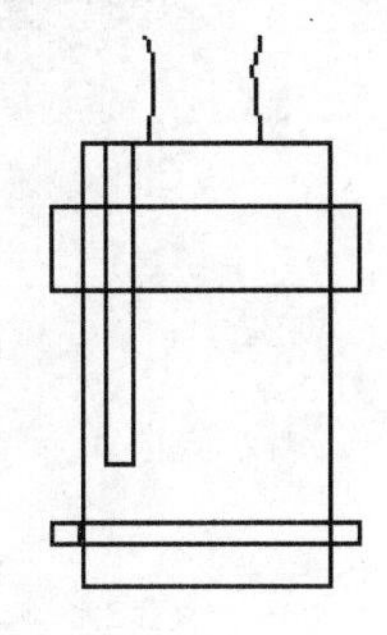

图102-8

06 执行“修改>延伸”命令，修剪多余的直线；执行“绘图>图案填充”命令，对矩形进行图案填充，如图102-9所示。

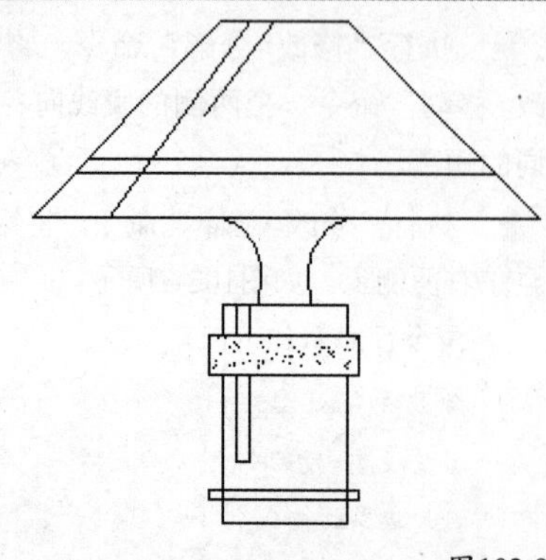

图102-9

07 执行“绘图>直线”及“绘图>圆弧”命令，绘制台灯底座，如图102-10所示。

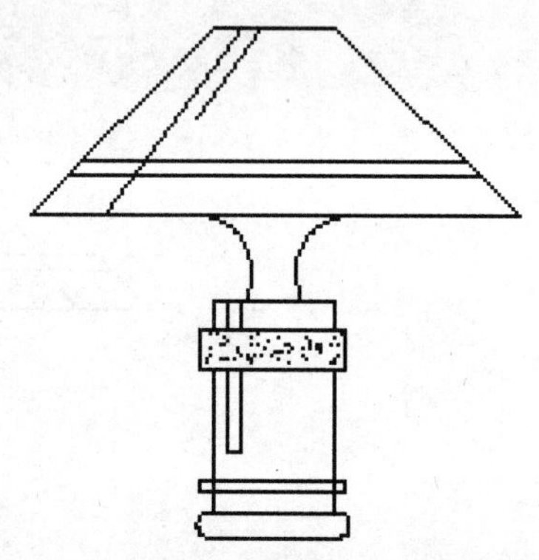

图102-10

练习102

练习位置	DVD>练习文件>第2章>练习102
难易指数	★★★☆☆
技术掌握	巩固“矩形”、“直线”、“多段线”与“镜像”等命令的使用方法。

操作指南

参照“实战102 床头灯”案例进行制作。

执行“绘图>矩形”与“绘图>多段线”命令，绘制床头柜；执行“绘图>矩形”、“绘图>直线”与“修剪>镜像”命令，绘制台灯。练习最终效果如图102-11所示。

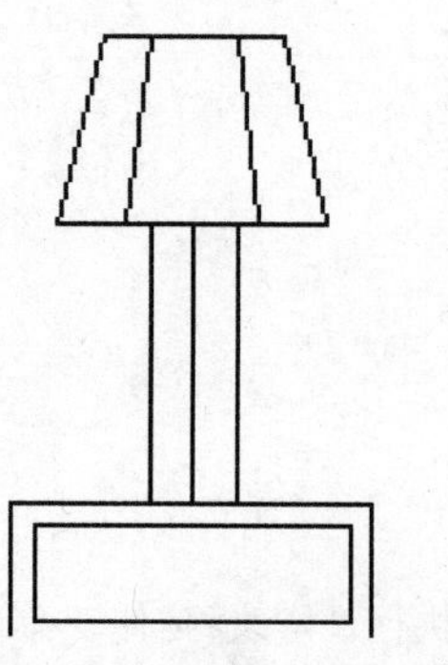

图102-11

实战103 床1

实战位置	DVD>实战文件>第2章>实战103
视频位置	DVD>多媒体教学>第2章>实战103
难易指数	★★★☆☆
技术掌握	掌握“矩形”、“直线”、“圆”、“正多边形”、“偏移”与“修剪”等命令。

实战介绍

运用“矩形”、“正多边形”、“直线”、“修剪”与“偏移”命令，绘制床、床榻和床头柜；利用“直线”、“圆”与“偏移”命令，绘制床头灯。本例最终效果如图103-1所示。

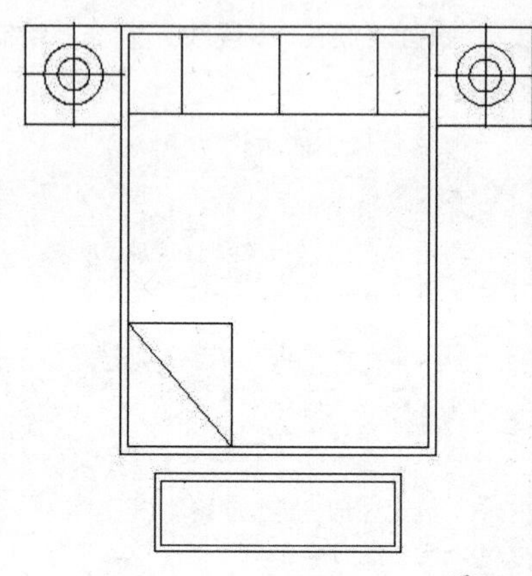

图103-1

制作思路

- 绘制床、床榻和床头柜。
- 绘制床头灯，完成床1的绘制并将其保存。

制作流程

床1的制作流程如图103-2所示。

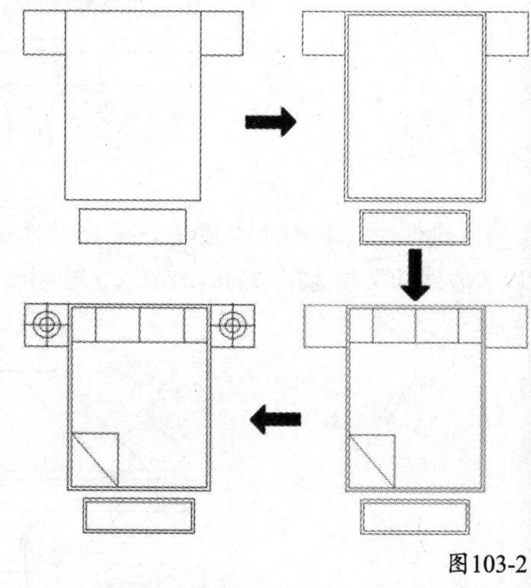

图103-2

1. 绘制床、床榻和床头柜

01 打开AutoCAD 2013中文版软件，执行“绘图>矩形”和“绘图>正多边形”命令，绘制如图103-3所示的矩形。

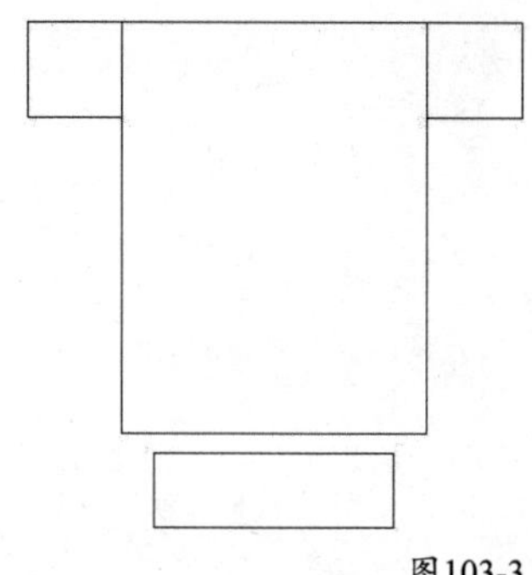

图103-3

02 执行“修改>偏移”命令，将床和床榻的矩形向内分别偏移36、30。

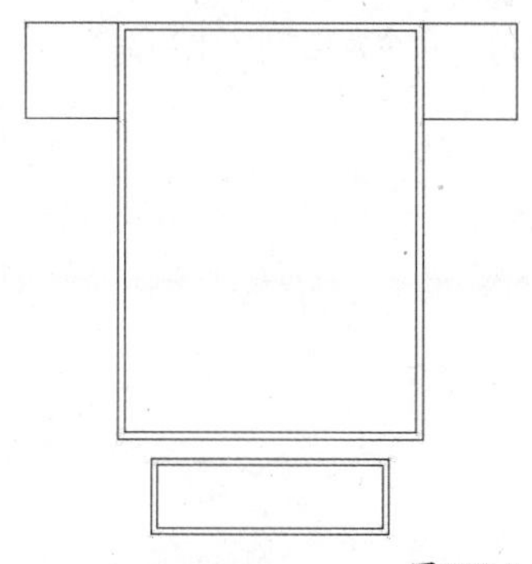

图103-4

03 执行“绘图>直线”、“修改>偏移”与“修改>修剪”命令，绘制床上用品，如图103-5所示。

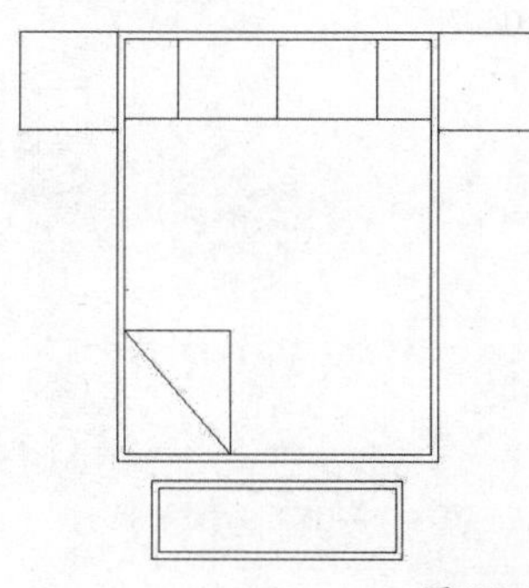

图103-5

2. 绘制床头灯

执行“绘图>直线”、“绘图>圆”与“修改>修剪”命令，绘制床头灯，如图103-6所示。

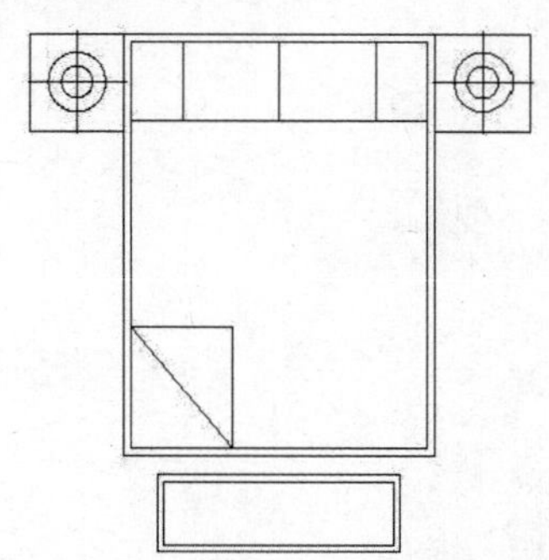

图103-6

练习103

练习位置	DVD>练习文件>第2章>练习103
难易指数	★★★☆☆
技术掌握	巩固“矩形”、“直线”、“圆”、“圆弧”、“正多边形”、“偏移”、“圆角”与“修剪”等命令的使用方法。

操作指南

参照“实战103 床1”案例进行制作。

执行“绘图>矩形”、“绘图>正多边形”、“绘图>直线”、“修改>修剪”与“修改>偏移”命令，绘制床和床头柜；执行“绘图>直线”、“绘图>圆弧”与“修改>偏移”命令，绘制床上用品；执行“绘图>直线”、“绘图>圆”与“修改>偏移”命令，绘制床头灯。练习最终效果如图103-7所示。

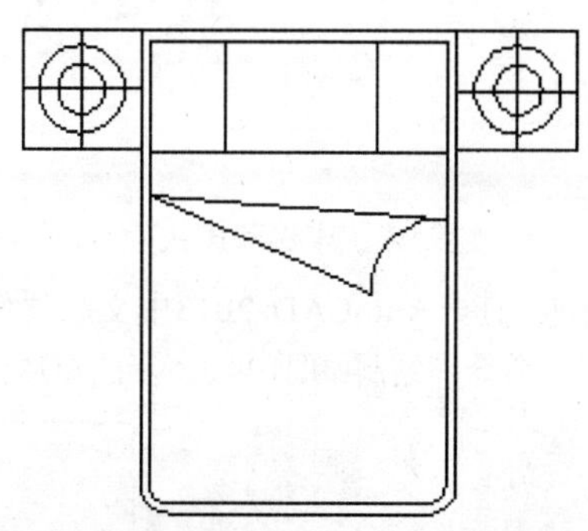

图103-7

实战104　床2

实战位置	DVD>实战文件>第2章>实战104
视频位置	DVD>多媒体教学>第2章>实战104
难易指数	★★★☆☆
技术掌握	掌握“矩形”、“直线”、“圆”、“圆弧”、“圆角”、“分解”、“偏移”、“镜像”与“修剪”等命令。

实战介绍

运用“矩形”、“正多边形”、“直线”、“修剪”与“偏移”命令，绘制床、床榻和床头柜；利用“直线”、“圆”与“偏移”命令，绘制床头灯。本例最终效果如图104-1所示。

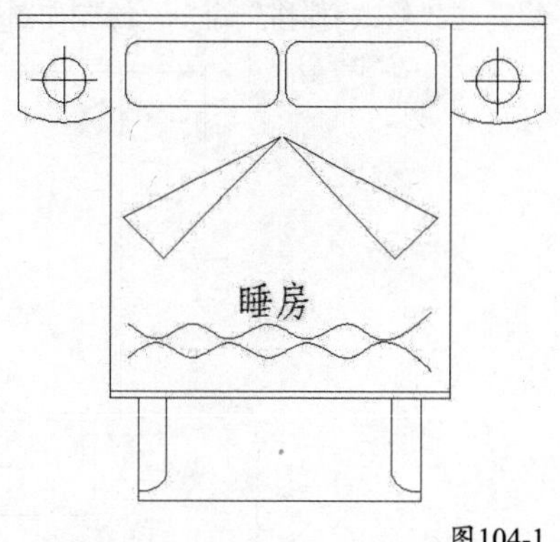

图104-1

制作思路

- 绘制床、床榻和床头柜。

• 绘制床头灯，完成床2的绘制并将其保存。

制作流程

床2的制作流程如图104-2所示。

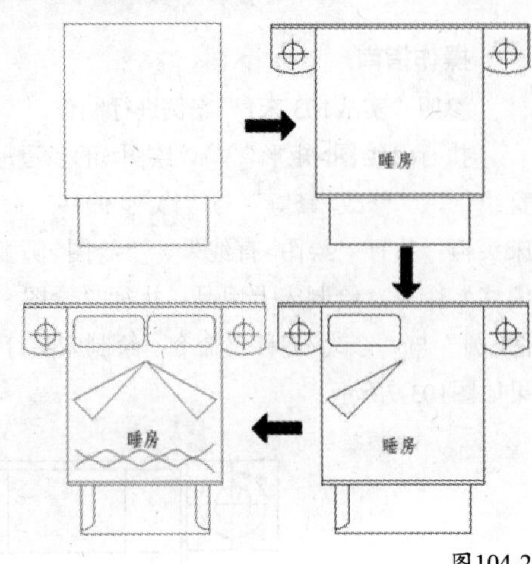

图104-2

1. 绘制床、床榻和床头柜

01 打开AutoCAD 2013中文版软件，执行“绘图>矩形”命令，绘制如图104-3所示的矩形。

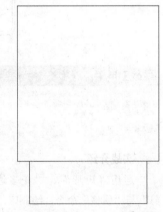

图104-3

02 执行“绘图>矩形”、“绘图>圆弧”、“修改>分解”与“修改>偏移”命令，绘制如图104-4所示的图形。

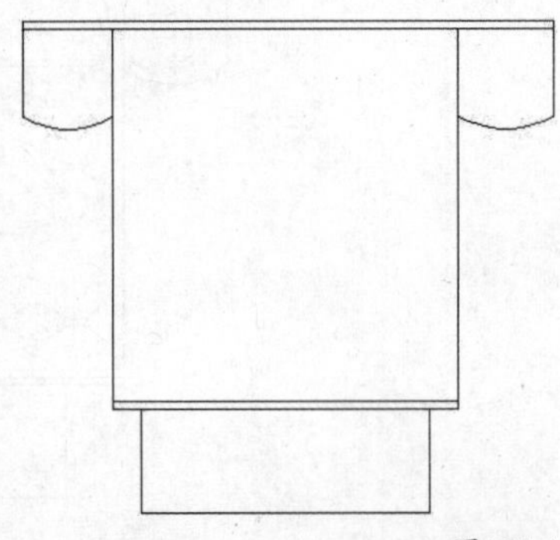

图104-4

03 执行“绘图>直线”、“绘图>圆”与“绘图>多行文字”命令，绘制床头灯并添加文字，如图104-5所示。

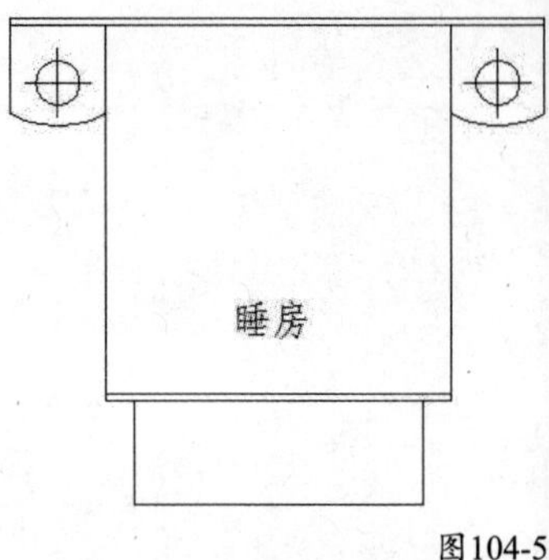

图104-5

2. 绘制床头灯

01 执行“绘图>直线”、“绘图>矩形”与“修改>圆角”命令，绘制床上用品，如图104-6所示。

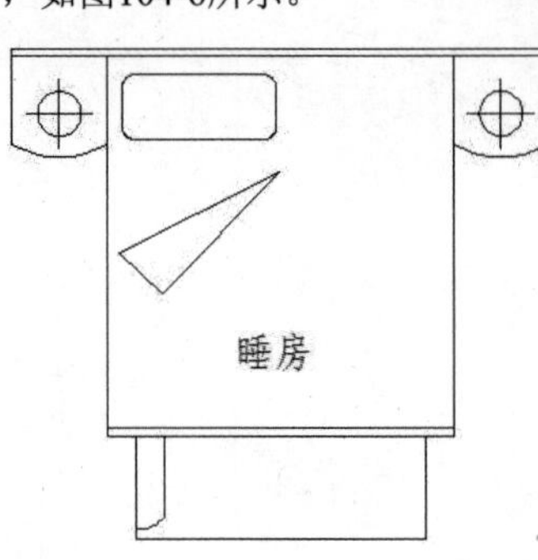

图104-6

02 执行“修改>镜像”命令，镜像床上用品，如图104-7所示。

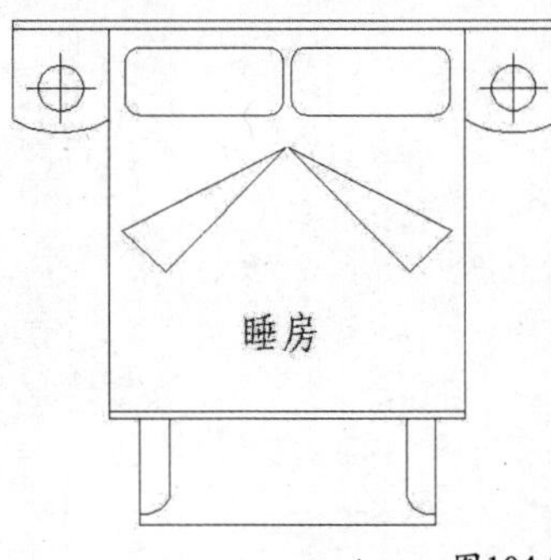

图104-7

03 执行“绘图>样条曲线”和“修改>镜像”命令，绘制如图104-8所示的图形。

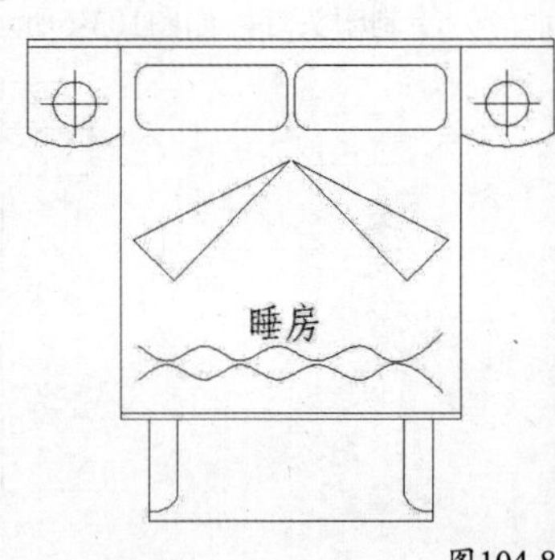

图104-8

练习104

练习位置	DVD>练习文件>第2章>练习104
难易指数	★★★☆☆
技术掌握	巩固"矩形"、"直线"、"圆"、"圆弧"、"圆角"、"分解"、"偏移"、"镜像"与"修剪"等命令的使用方法。

操作指南

参照"实战104 床2"案例进行制作。

执行"绘图>矩形"、"绘图>直线"、"绘图>圆弧"、"修改>圆角"与"修改>修剪"命令，绘制床；执行"绘图>直线"、"绘图>矩形"与"修改>圆角"命令，绘制床头柜；执行"绘图>直线"、"绘图>圆"与"修改>偏移"命令，绘制床头灯。练习最终效果如图104-9所示。

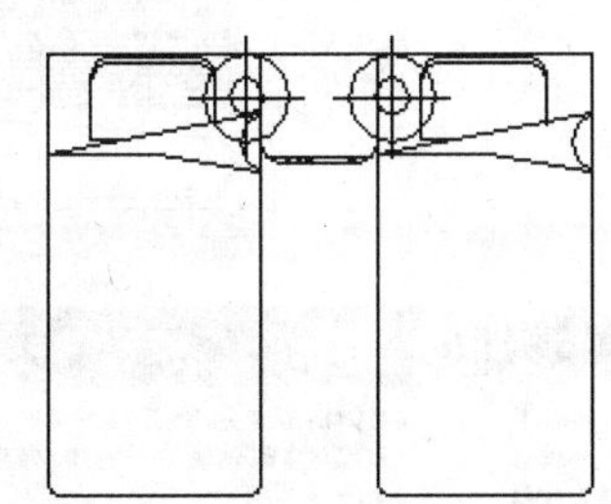

图104-9

实战105　立柜空调

原始文件位置	DVD>原始文件>第2章>实战105 原始文件
实战位置	DVD>实战文件>第2章>实战105
视频位置	DVD>多媒体教学>第2章>实战105
难易指数	★★★☆☆
技术掌握	掌握"矩形"、"直线"、"圆弧"、"圆角"、"插入"与"阵列"等命令。

实战介绍

运用"矩形"与"圆角"命令，绘制轮廓；利用"直线"、"圆弧"与"阵列"命令，绘制出风口和进风口；利用"插入块"命令，绘制控制板。本例最终效果如图105-1所示。

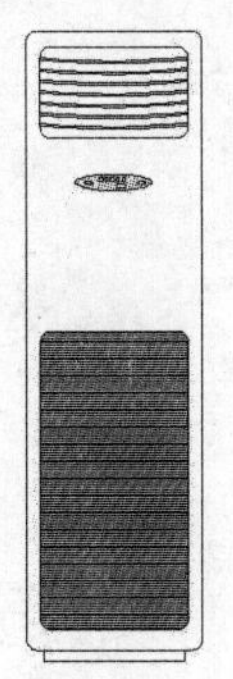

图105-1

制作思路

- 绘制空调轮廓。
- 绘制出风口、进风口和控制板，完成立柜空调的绘制并将其保存。

制作流程

立柜空调的制作流程如图105-2所示。

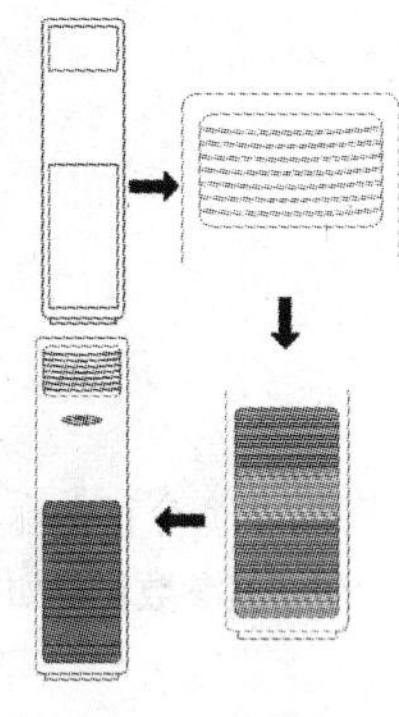

图105-2

1. 绘制轮廓

01 打开AutoCAD 2013中文版软件，执行"绘图>矩形"命令，绘制一个长500、宽1700的矩形作为空调机柜，再绘制一个长400、宽30的矩形作为柜脚，如图105-3所示。

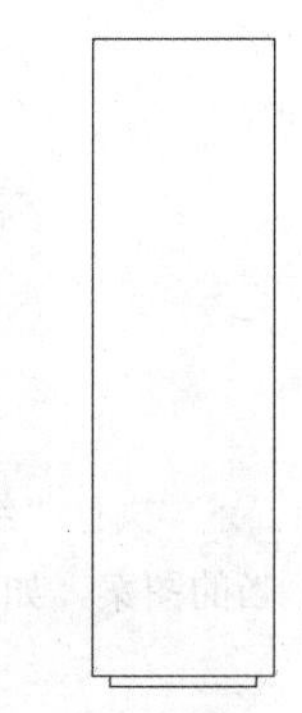

图105-3

02 执行"绘图>矩形"命令，绘制长420、宽250和长420、宽820的两个矩形，并将其移至机柜适当的位置，作为空调的出风口和进风口；执行"修改>圆角"命令，设置圆角半径为30，将绘制的矩形倒圆角，如图105-4所示。

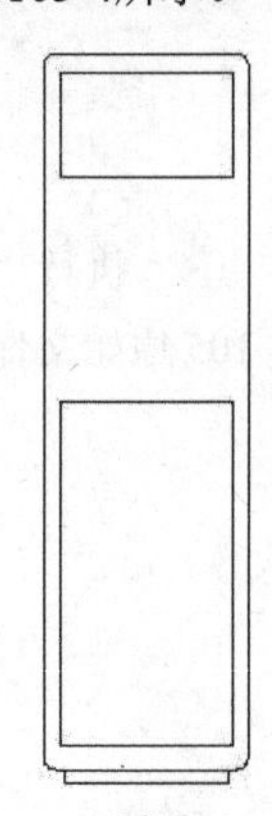

图105-4

2. 绘制出风口、进风口和控制板

01 执行"绘图>圆弧"命令，绘制空调出风口的叶片，

其弧线参数适中即可；执行“修改>偏移”命令，距离为10，如图105-5所示。

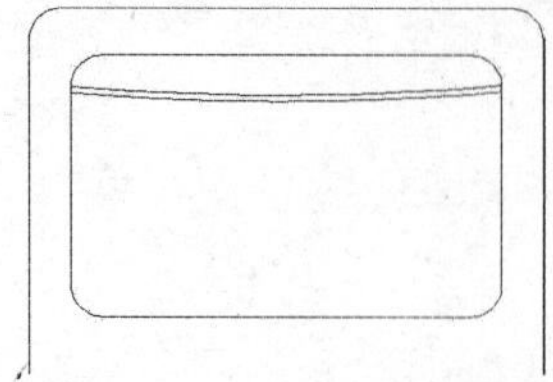

图105-5

02 在命令行中输入“ARRAYCLASSIC”，对该叶片进行阵列，其参数设置如图105-6所示，阵列效果如图105-7所示。

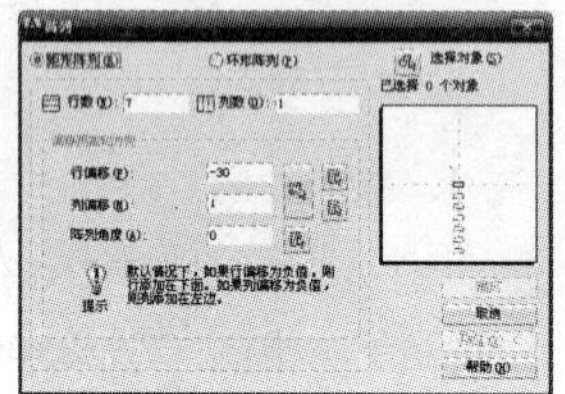

图105-6

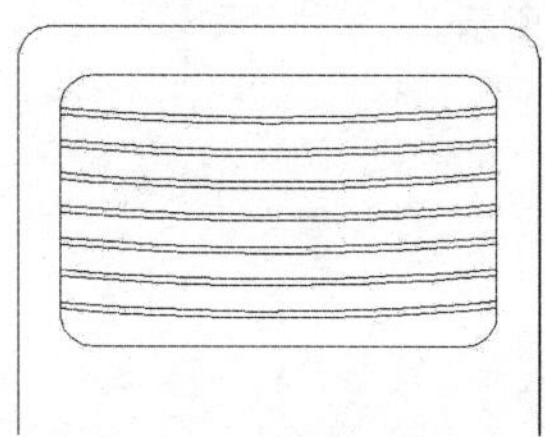

图105-7

03 执行“绘图>图案填充”命令，为空调进风口填充适当的图案，如图105-8所示。

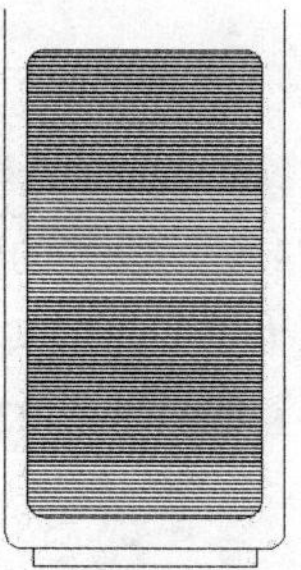

图105-8

04 执行“插入>块”命令，插入原始文件中的“实战105 原始文件”图形，并放到适当位置，如图105-9所示。

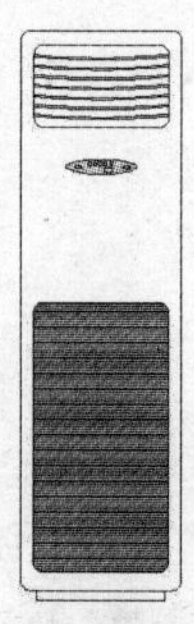

图105-9

练习105

练习位置	DVD>练习文件>第2章>练习105
难易指数	★★★☆☆
技术掌握	巩固“矩形”、“直线”、“圆弧”、“椭圆”、“偏移”与“图案填充”等命令的使用方法。

操作指南

参照“实战105 立柜空调”案例进行制作。

执行“绘图>矩形”、“绘图>圆弧”、“修改>偏移”与“修改>圆角”命令，绘制轮廓；执行“绘图>直线”命令，绘制出风口；执行“绘图>矩形”、“绘图>椭圆”与“绘图>图案填充”命令，绘制控制板。练习最终效果如图105-10所示。

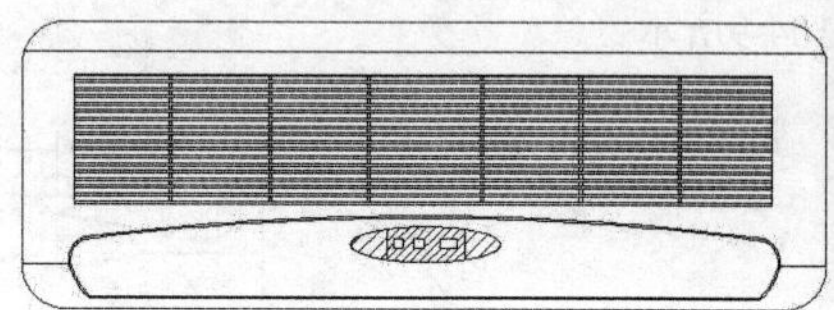

图105-10

实战106 窗帘

实战位置	DVD>实战文件>第2章>实战106
视频位置	DVD>多媒体教学>第2章>实战106
难易指数	★★★☆☆
技术掌握	掌握“矩形”、“直线”、“圆弧”、“分解”、“偏移”、“倒角”、“缩放”、“镜像”与“修剪”等命令。

实战介绍

运用“矩形”、“圆弧”与“偏移”命令，绘制横梁；利用“直线”、“偏移”、“倒角”与“修剪”命令，绘制窗户；利用“圆弧”、“直线”、“复制”、“修剪”与“镜像”命令，绘制窗帘。本例最终效果如图106-1所示。

图106-1

制作思路

- 绘制窗户。
- 绘制窗帘，完成窗帘的绘制并将其保存。

制作流程

窗帘的制作流程如图106-2所示。

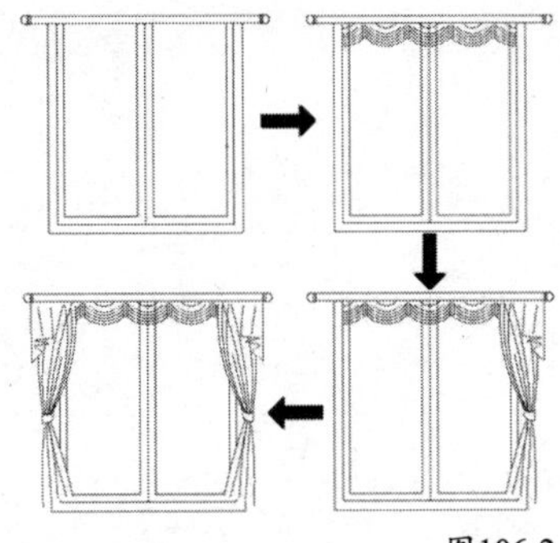

图106-2

1. 绘制窗户

01 打开AutoCAD 2013中文版软件，执行“绘图>矩形”命令，绘制一个长1600、宽50的矩形。

02 执行“修改>分解”命令，将矩形分解。

03 执行“修改>偏移”命令，将两侧的直线向中间各偏移10，如图106-3所示。

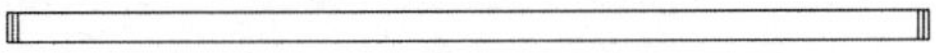

图106-3

04 执行“绘图>圆弧”命令，绘制窗帘上侧的横梁，如图106-4所示。

图106-4

05 执行“绘图>直线”、“修改>倒角”、“修改>修剪”和“修改>偏移”命令，绘制如图106-5所示的窗户轮廓。

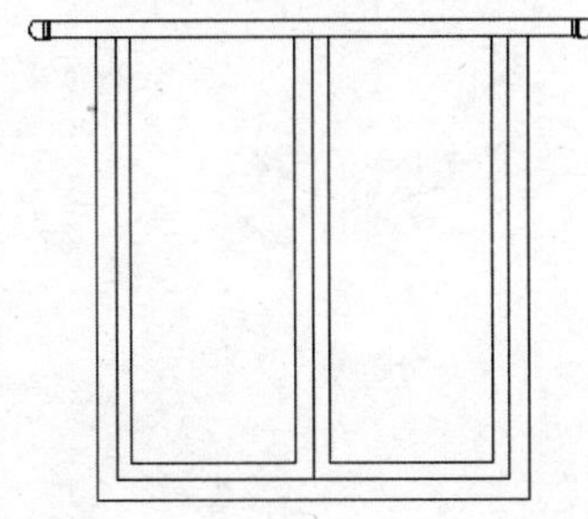

图106-5

2. 绘制窗帘

01 执行“绘图>圆弧”和“绘图>直线”命令，绘制窗帘上侧褶皱部分，如图106-6所示。

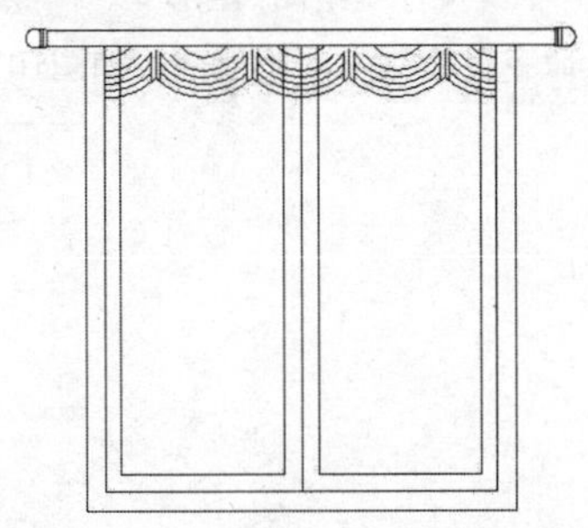

图106-6

02 执行“绘图>圆弧”和“绘图>直线”命令，绘制窗帘的下摆，如图106-7所示。

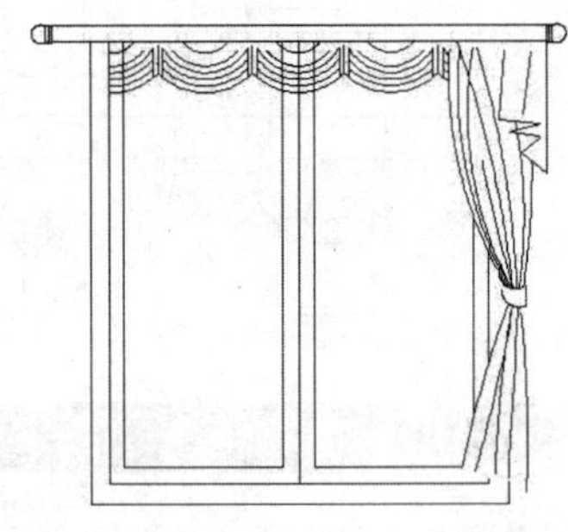

图106-7

03 执行“修改>镜像”命令，镜像复制出窗户另一侧的窗帘，如图106-8所示。

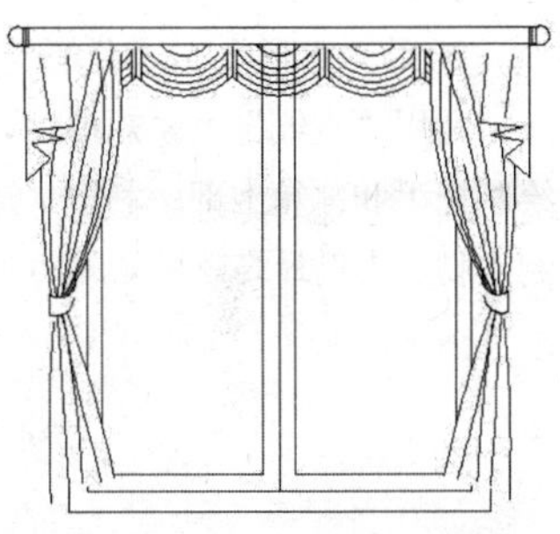

图106-8

技巧与提示

在镜像后多余的直线可用“修剪”命令将其修剪掉。

04 执行“视图>缩放>实时”命令，放大窗帘的图形，检查是否有多余的线条；执行“修改>修剪”命令，进行细部修饰。

练习106

练习位置	DVD>练习文件>第2章>练习106
难易指数	★★★☆☆
技术掌握	巩固“矩形”、“直线”、“圆弧”、“分解”、“偏移”、“镜像”、“修剪”、“复制”和“图案填充”等命令的使用方法。

操作指南

参照“实战106 窗帘”案例进行制作。

首先执行“绘图>矩形”、“绘图>圆弧”、“修改>分解”和“修改>偏移”命令，绘制轮廓；然后执行“绘图>直线”、“绘图>圆弧”、“修改>偏移”、“修改>修剪”和“绘图>图案填充”命令，绘制窗帘；最后执行“修改>复制”命令，复制图形。练习最终效果如图106-9所示。

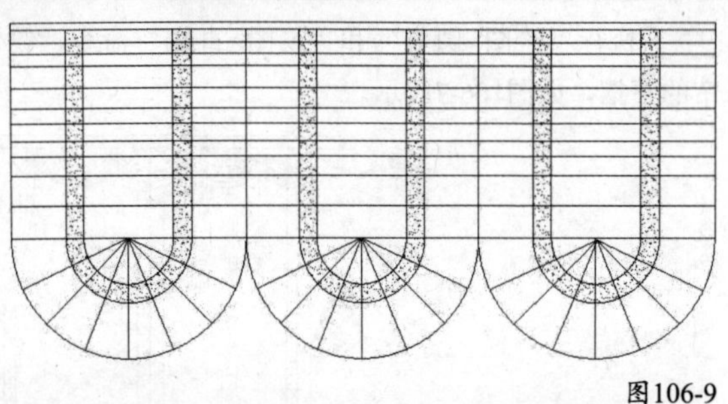
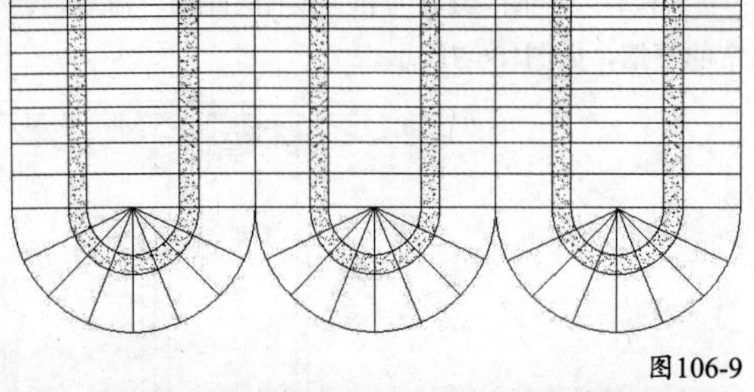

图106-9

实战107 电冰箱

实战位置	DVD>实战文件>第2章>实战107
视频位置	DVD>多媒体教学>第2章>实战107
难易指数	★★☆☆☆
技术掌握	掌握“矩形”、“圆”、“分解”与“偏移”等命令。

实战介绍

运用“矩形”、“分解”与“偏移”命令，绘制轮廓；利用“直线”、“矩形”、“圆”与“复制”命令，绘制把手和冰箱上部；利用“矩形”与“直线”命令，绘制支脚。本例最终效果如图107-1所示。

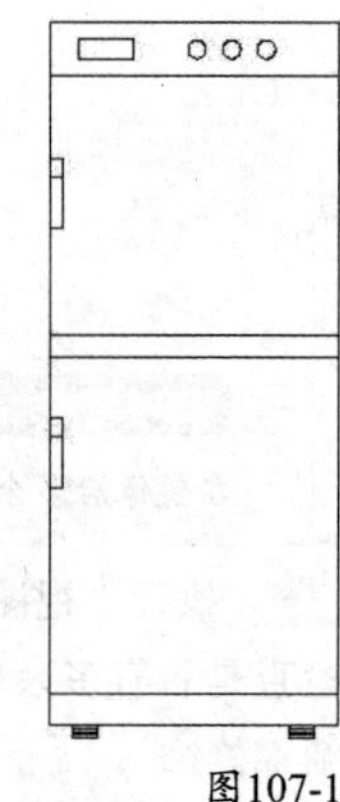

图107-1

制作思路

• 绘制轮廓。

• 绘制把手、上部和支脚，完成电冰箱的绘制并将其保存。

制作流程

电冰箱的制作流程如图107-2所示。

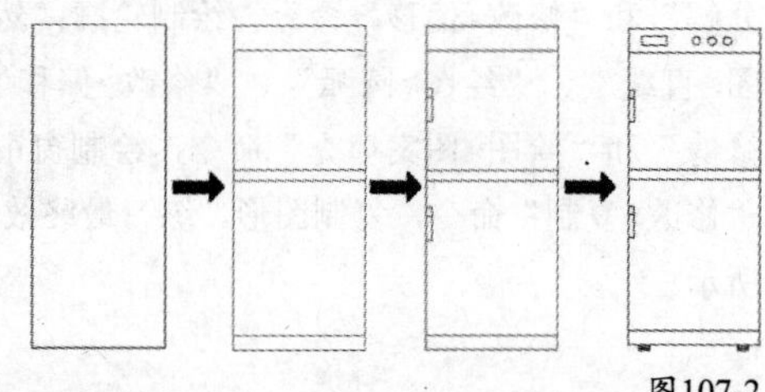

图107-2

1. 绘制轮廓

01 执行“绘图>圆弧”和“绘图>直线”命令，绘制轮廓，如图107-3所示。

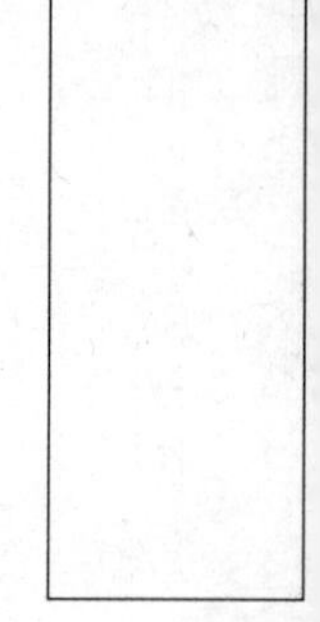

图107-3

02 执行“修改>分解”和“修改>偏移”命令，绘制电冰箱的上下门，如图107-4所示。

图107-4

2. 绘制把手、上部和支脚

01 执行“绘图>矩形”、“绘图>直线”和“修改>复制”命令，绘制电冰箱把手，如图107-5所示。

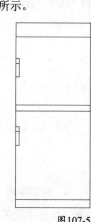

图107-5

02 执行“绘图>矩形”、“绘图>圆”和“修改>复制”命令，绘制电冰箱上部，如图107-6所示。

图107-6

03 执行“绘图>矩形”和“绘图>直线”命令，绘制电冰箱支脚，如图107-7所示。

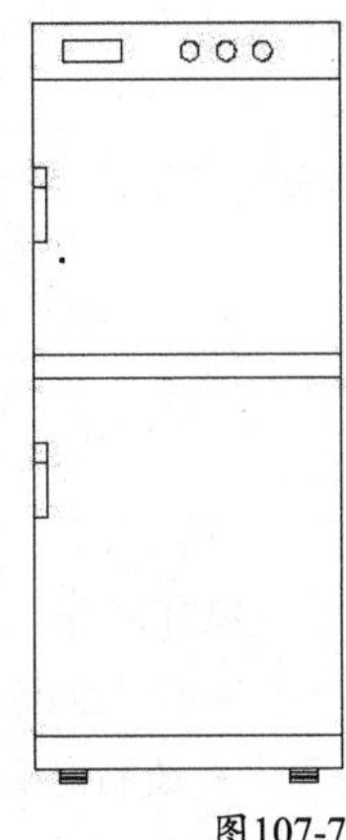

图107-7

练习107

练习位置	DVD>练习文件>第2章>练习107
难易指数	★★★☆☆
技术掌握	巩固“矩形”、“直线”、“偏移”与“图案填充”等命令的使用方法。

操作指南

参照“实战107 电冰箱”案例进行制作。

执行“绘图>矩形”、“绘图>直线”、“修改>偏移”与“绘图>图案填充”命令；绘制电冰箱，执行“绘图>矩形”与“绘图>图案填充”命令，绘制支脚。练习最终效果如图107-8所示。

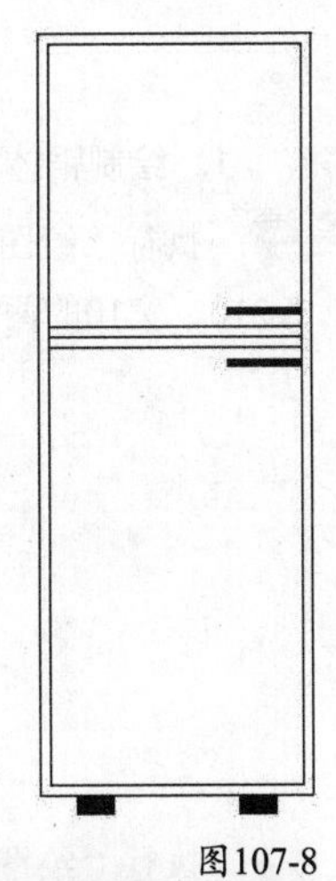

图107-8

实战108 微波炉

实战位置	DVD>实战文件>第2章>实战108
视频位置	DVD>多媒体教学>第2章>实战108
难易指数	★★☆☆☆
技术掌握	掌握“矩形”、“直线”、“圆”与“偏移”等命令。

实战介绍

运用“矩形”与“偏移”命令，绘制轮廓；利用“矩形”与“圆”命令，绘制按钮；利用“矩形”命令，绘制装饰部分；利用“直线”命令，绘制斜线，表示玻璃材质。本例最终效果如图108-1所示。

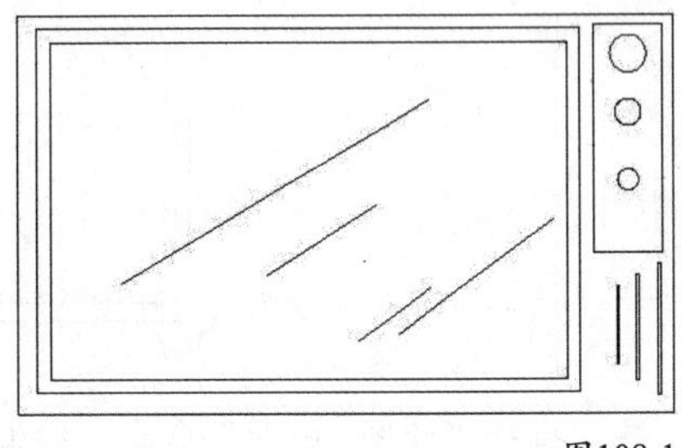

图108-1

制作思路

- 绘制轮廓。
- 绘制按钮和其他，完成微波炉的绘制并将其保存。

制作流程

微波炉的制作流程如图108-2所示。

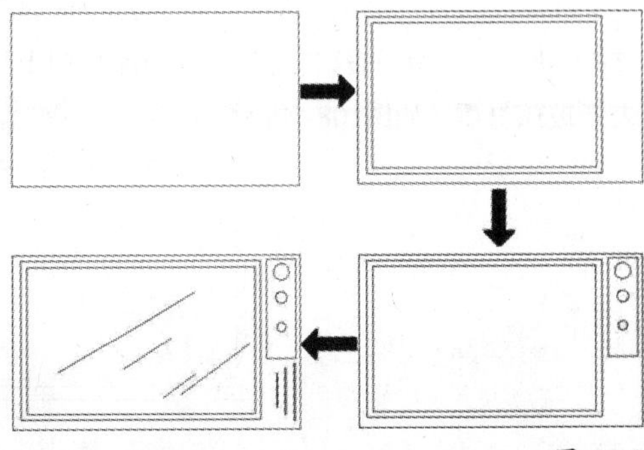

图108-2

1. 绘制轮廓

01 执行“绘图>矩形”命令，绘制一个长510、宽300的矩形，如图108-3所示。

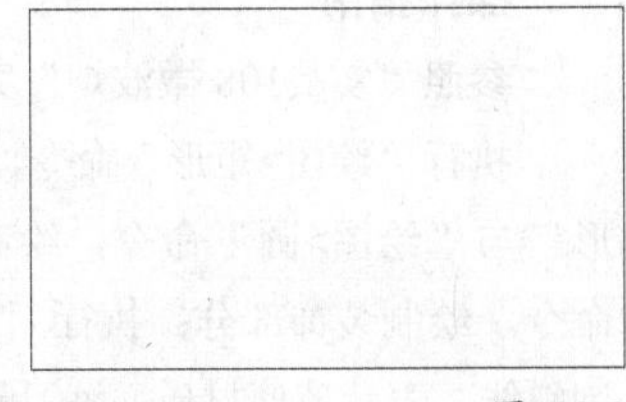

图108-3

02 执行“绘图>矩形”命令，配合“捕捉自”功能，绘制门轮廓，如图108-4所示。

图108-4

2. 绘制按钮和其他

01 执行“绘图>矩形”和“绘图>圆”命令，绘制按钮，如图108-5所示。

图108-5

02 执行“绘图>矩形”命令，绘制装饰部分，如图108-6所示。

图108-6

03 执行“绘图>直线”命令，在微波炉门上绘制斜线，表示玻璃材质，如图108-7所示。

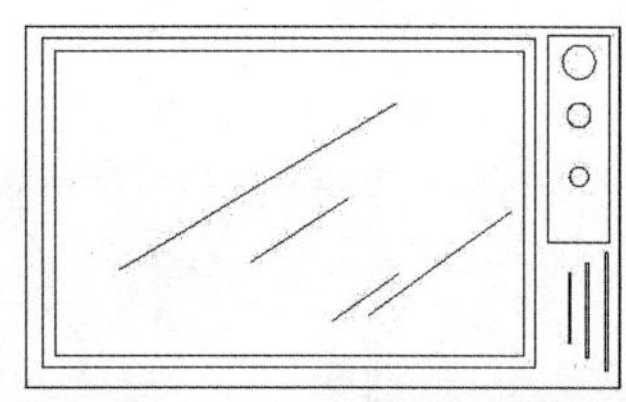

图108-7

练习108

练习位置	DVD>练习文件>第2章>练习108
难易指数	★★★☆☆
技术掌握	巩固“矩形”、“直线”、“偏移”与“图案填充”等命令的使用方法。

操作指南

参照“实战108 微波炉”案例进行制作。

执行“绘图>矩形”命令，绘制轮廓；执行“绘图>矩形”与“绘图>圆”命令，绘制按钮；执行 “绘图>圆”命令，绘制装饰部分；执行 “绘图>图案填充”命令，绘制斜线，表示玻璃材质。练习最终效果如图108-8所示。

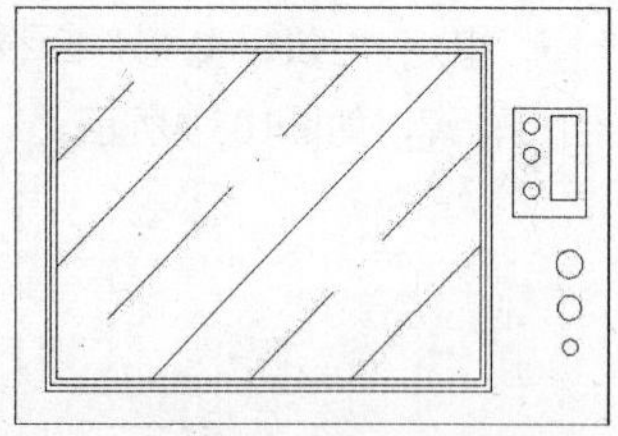

图108-8

实战109 高压锅

实战位置	DVD>实战文件>第2章>实战109
视频位置	DVD>多媒体教学>第2章>实战109
难易指数	★★☆☆☆
技术掌握	掌握“矩形”、“圆弧”、“圆角”与“镜像”等命令。

实战介绍

运用“矩形”、“圆弧”与“圆角”命令，绘制锅体；利用“矩形”、“圆角”与“镜像”命令，绘制把手。本例最终效果如图109-1所示。

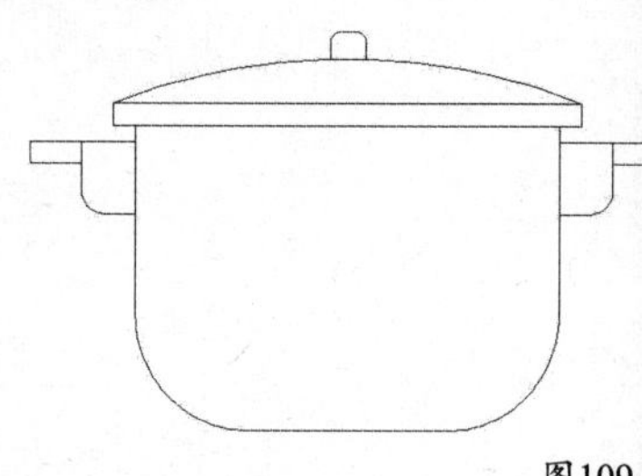

图109-1

制作思路

- 绘制锅体。
- 绘制把手，完成高压锅的绘制并将其保存。

制作流程

高压锅的制作流程如图109-2所示。

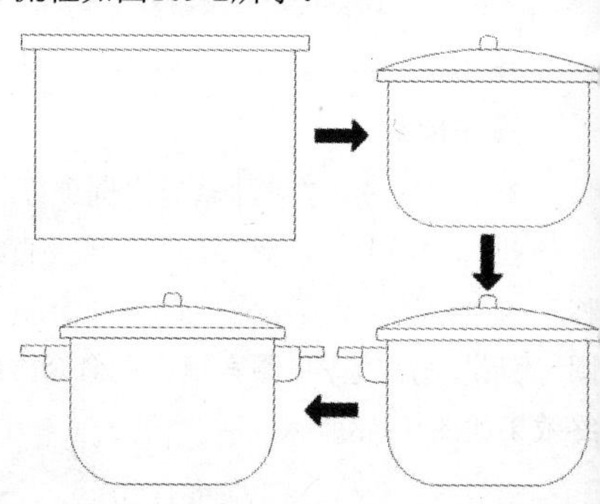

图109-2

1. 绘制锅体

01 执行“绘图>矩形”命令，分别绘制长190、宽132和长210、宽10的两个矩形，如图109-3所示。

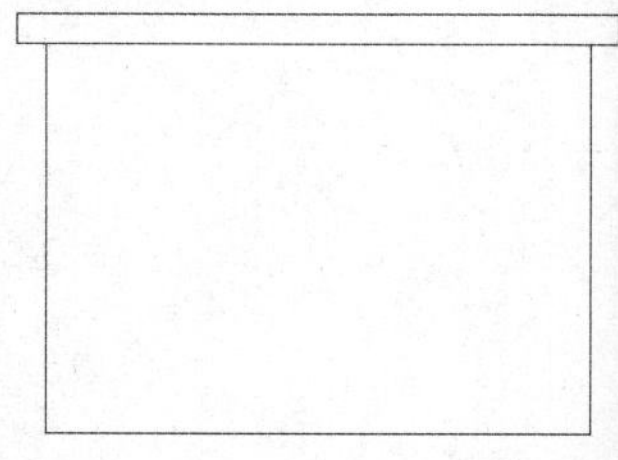

图109-3

02 执行“绘图>圆弧”和“绘图>矩形”命令，绘制锅盖；执行“修改>圆角”命令，设置锅底和锅盖圆角半径分别为50、5，如图109-4所示。

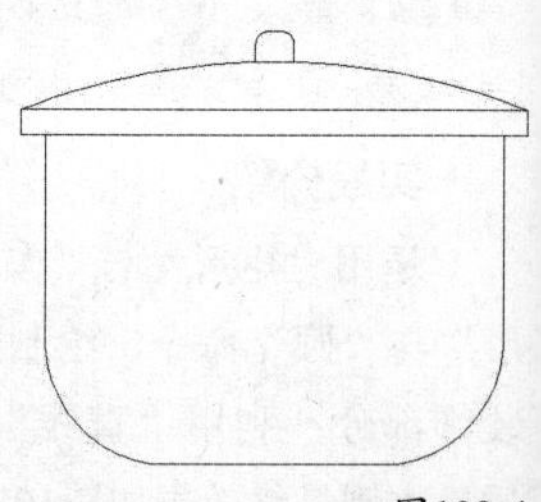

图109-4

2. 绘制把手

01 执行“绘图>矩形”和“绘图>圆角”命令，分别绘制长24、宽31和长23、宽9的两个矩形，设置圆角半径分别为10，如图109-5所示。

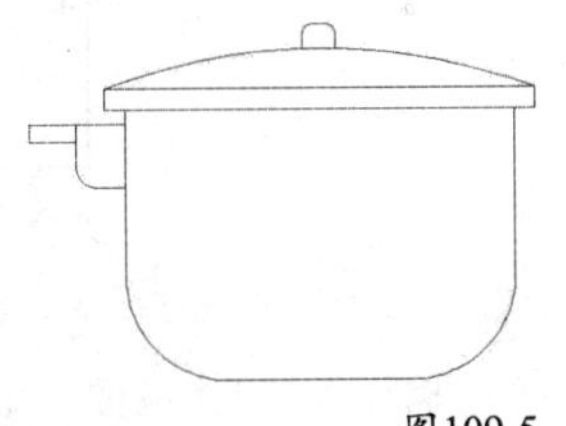

图109-5

02 执行“修改>镜像”命令，镜像把手，如图109-6所示。

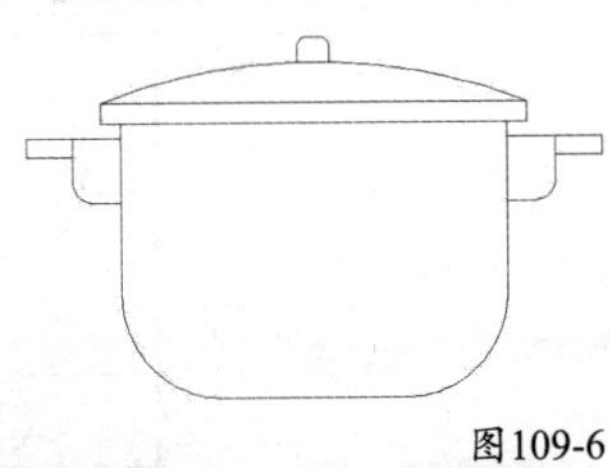

图109-6

练习109

练习位置	DVD>练习文件>第2章>练习109
难易指数	★★★☆☆
技术掌握	巩固“矩形”、“圆弧”与“圆角”等命令的使用方法。

操作指南

参照“实战109 高压锅”案例进行制作。

执行“绘图>矩形”、“绘图>圆弧”与“修改>圆角”命令，绘制锅体；执行“绘图>矩形”与“修改>圆角”命令，绘制把手。练习最终效果如图109-7所示。

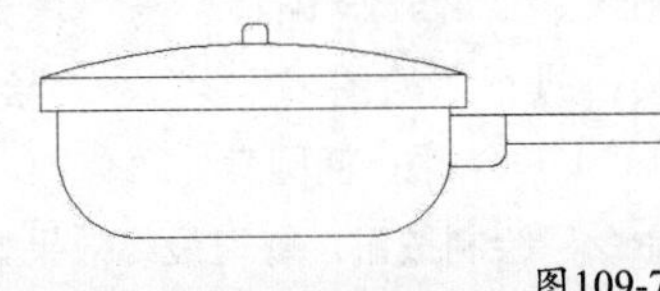

图109-7

实战110 灶具（平面）

实战位置	DVD>实战文件>第2章>实战110
视频位置	DVD>多媒体教学>第2章>实战110
难易指数	★★☆☆☆
技术掌握	掌握“直线”、“矩形”、“圆”、“偏移”、“阵列”与“镜像”等命令。

实战介绍

运用“矩形”、“直线”、“圆”、“偏移”、“阵列”与“镜像”命令，绘制灶具；利用“圆”、“直线”与“镜像”命令，绘制按钮。本例最终效果如图110-1所示。

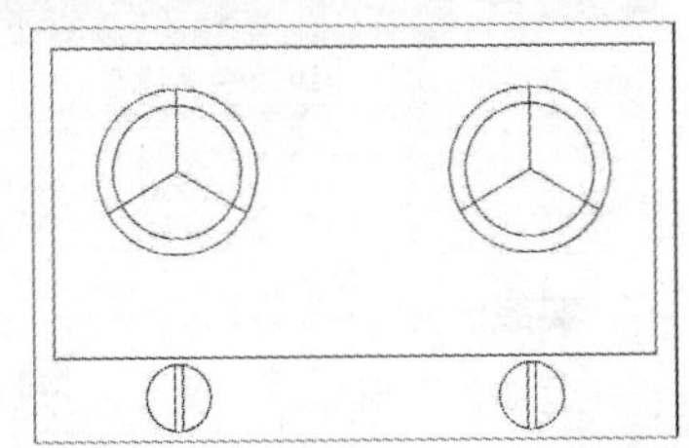

图110-1

制作思路

- 绘制灶具。
- 绘制按钮，完成灶具（平面图）的绘制并将其保存。

制作流程

灶具（平面图）的制作流程如图110-2所示。

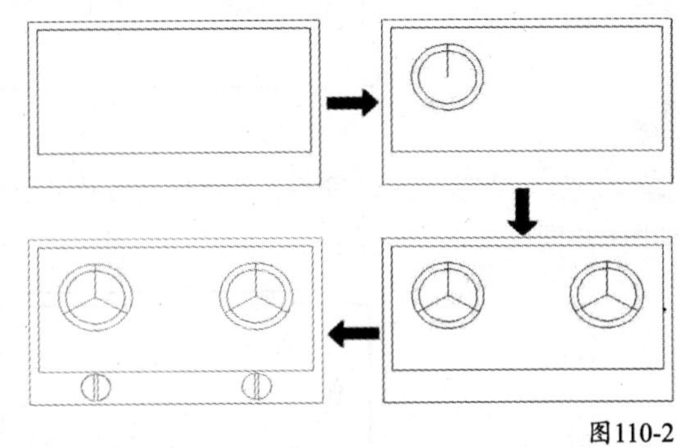

图110-2

1. 绘制灶具

01 打开AutoCAD 2013中文版软件，执行“绘图>矩形”命令，绘制如图110-3所示的两个矩形。

命令行提示如下：

```
命令：_rectang
指定第一个角点或 [倒角(C)/标高(E)/圆角(F)/厚度(T)/宽度(W)]:
指定另一个角点或 [面积(A)/尺寸(D)/旋转(R)]: @750,-375
命令：_rectang
指定第一个角点或 [倒角(C)/标高(E)/圆角(F)/厚度(T)/宽度(W)]: @25,-100
指定另一个角点或 [面积(A)/尺寸(D)/旋转(R)]: @-800,500
```

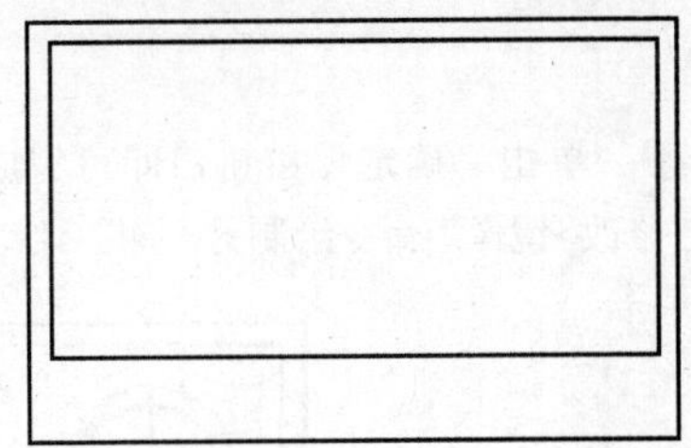

图110-3

02 执行“绘图>圆”命令，绘制灶具口。

命令行提示如下：

```
命令：_circle
指定圆的圆心或 [三点(3P)/两点(2P)/相切、相切、半径(T)]: @180,-175
指定圆的半径或 [直径(D)]: 100
```

03 执行“修改>偏移”命令，将圆向内侧偏移20，如图

110-4所示。

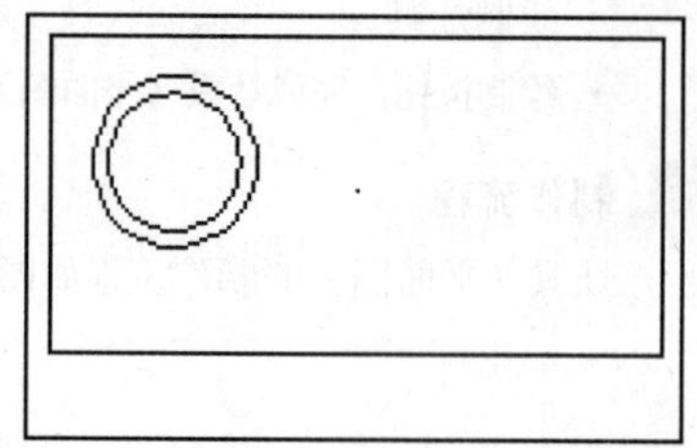

图110-4

04 执行“绘图>直线”命令，绘制灶具口圆形的半径，如图110-5所示。

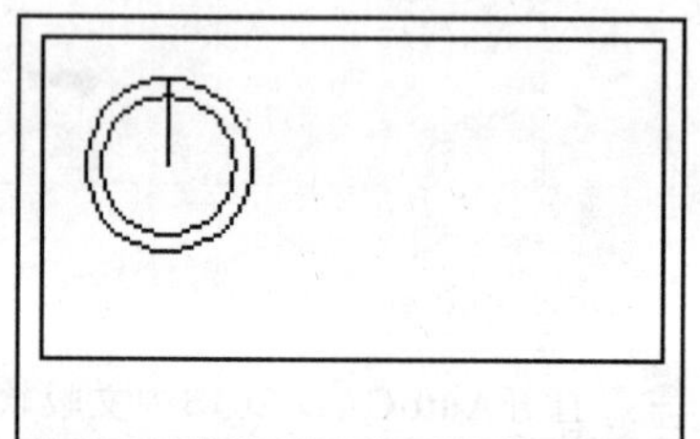

图110-5

05 在命令栏中输入“ARRAYCLASSIC”，弹出“阵列”对话框，以圆心为阵列中心点，设置参数如图110-6所示。

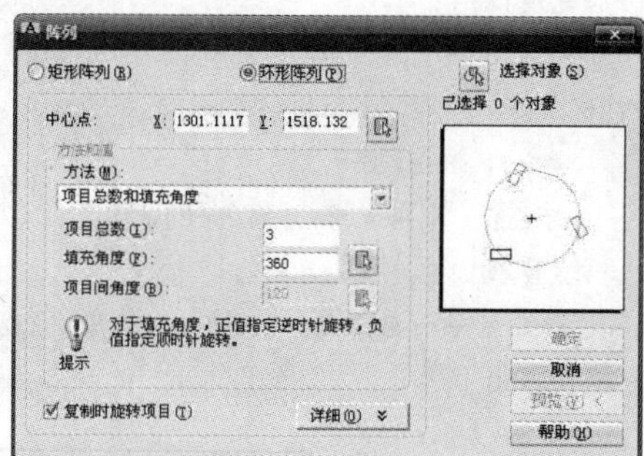

图110-6

06 单击“确定”按钮，即可完成灶口的绘制；执行“修改>镜像”命令绘制另一侧的灶口，如图110-7所示。

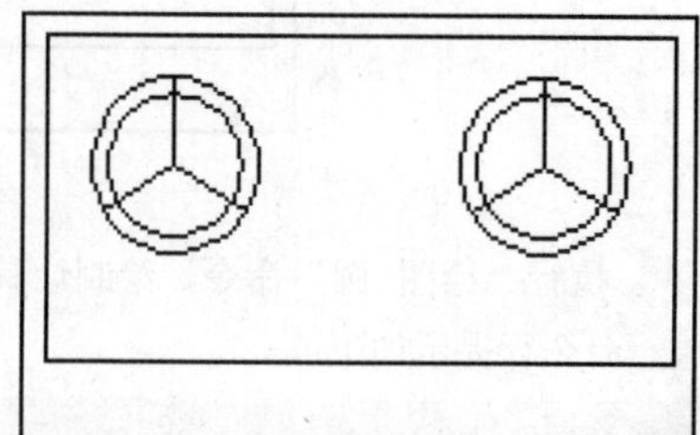

图110-7

2. 绘制按钮

01 执行“绘图>圆”命令，绘制一个半径为40的圆形开关，如图110-8所示。

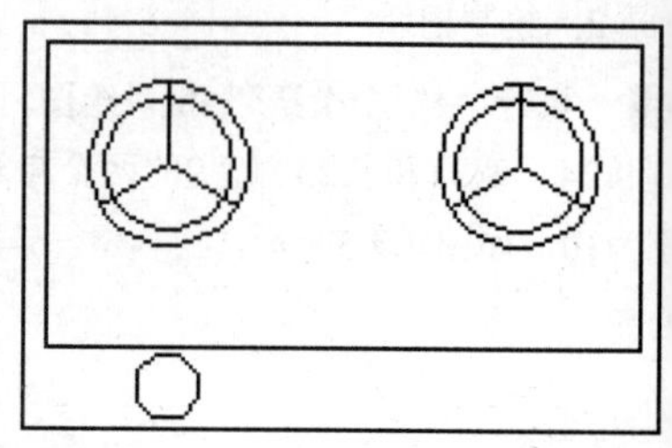

图110-8

02 执行“绘图>直线”命令，绘制两条平行直线组成开关；执行“修改>镜像”命令，镜像复制另一个开关，如图110-9所示。

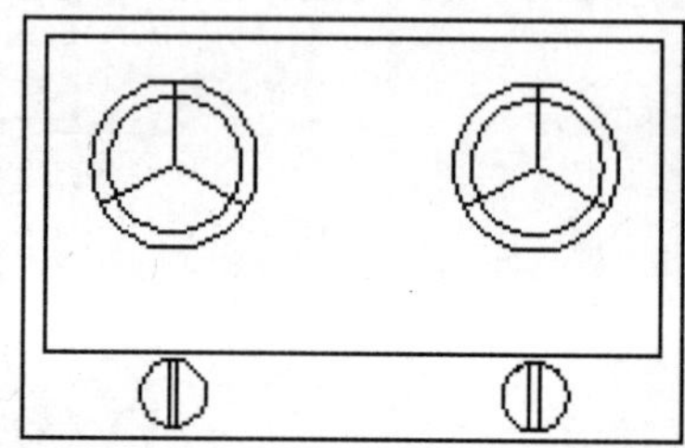

图110-9

练习110

练习位置	DVD>练习文件>第2章>练习110
难易指数	★★★☆☆
技术掌握	巩固“直线”、“矩形”、“圆”、“圆弧”、“椭圆”、“偏移”、“复制”与“镜像”等命令的使用方法。

操作指南

参照“实战110 灶具（平面图）”案例进行制作。

执行“绘图>矩形”、“绘图>直线”、“绘图>圆”、“修改>偏移”与“修改>镜像”命令，绘制灶具；执行“绘图>矩形”、“绘图>直线”、“绘图>圆弧”、“绘图>椭圆”、“修改>复制”与“修改>镜像”命令，绘制按钮。练习最终效果如图110-10所示。

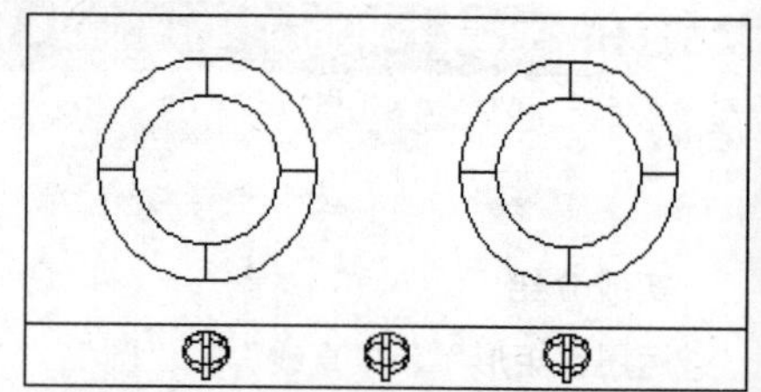

图110-10

实战111 油烟机

实战位置	DVD>实战文件>第2章>实战111
视频位置	DVD>多媒体教学>第2章>实战111
难易指数	★★☆☆☆
技术掌握	掌握“矩形”、“圆”、“分解”、“偏移”、“圆角”、“复制”与“修剪”等命令。

实战介绍

运用“矩形”、“圆”、“分解”、“偏移”、“圆角”与“修剪”命令，绘制油烟机；利用“圆”与“复制”命令，绘制按钮。本例最终效果如图111-1所示。

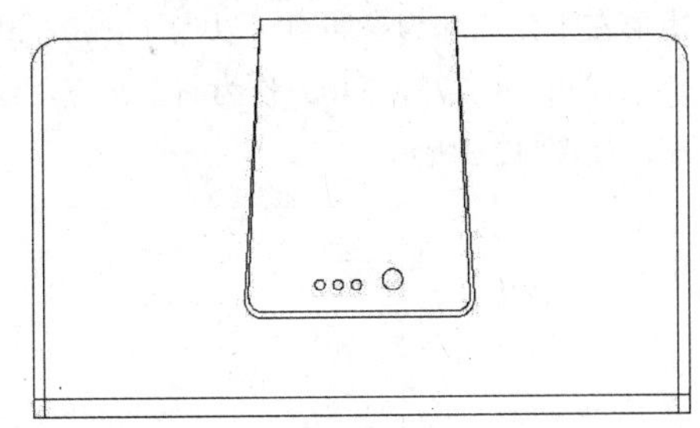

图111-1

制作思路

- 绘制油烟机。
- 绘制按钮，完成油烟机的绘制并将其保存。

制作流程

油烟机的制作流程如图111-2所示。

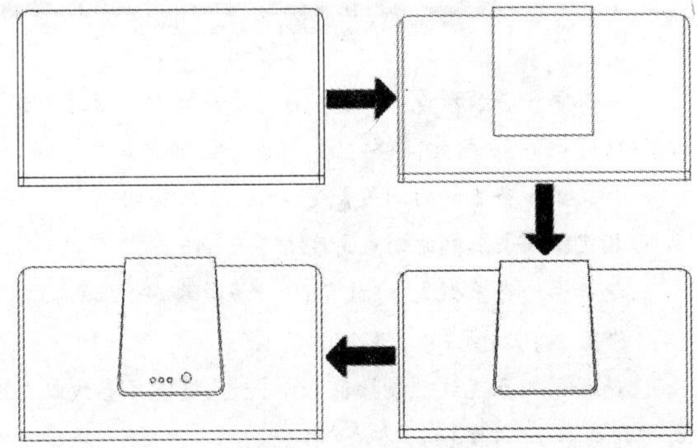

图111-2

01 打开AutoCAD 2013中文版软件，执行“绘图>矩形”命令，绘制一个长720、宽400的矩形，如图111-3所示。

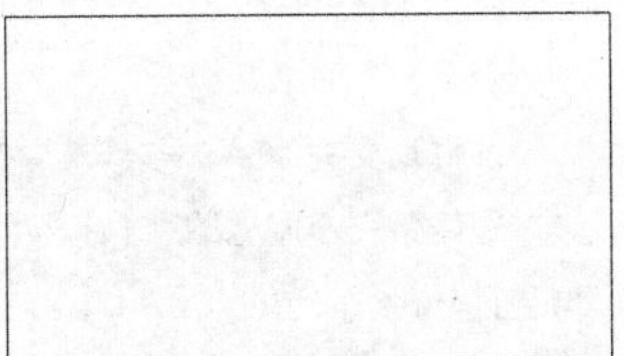

图111-3

02 执行“修改>分解”命令，将矩形分解；执行“修改>偏移”命令，将长宽分别向内偏移20、12；执行“修改>圆角”命令，设置圆角半径为30；执行“修改>修改”命令，修剪图形，如图111-4所示。

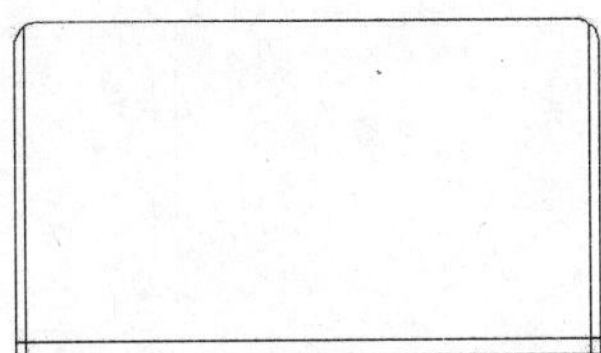

图111-4

03 执行“绘图>矩形”命令，配合“捕捉自”功能，绘制矩形，如图111-5所示。

命令行提示如下：

```
命令：_rectang
指定第一个角点或 [倒角(C)/标高(E)/圆角(F)/厚度(T)/宽度(W)]：_from 基点：<偏移>：@-122.5,20
指定另一个角点或 [面积(A)/尺寸(D)/旋转(R)]：@245,-310
```

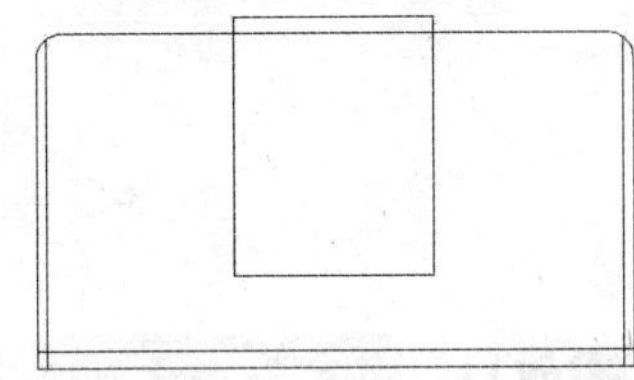

图111-5

04 执行“修改>分解”命令，将矩形分解；执行“修改>偏移”命令，将长宽分别向内偏移6.5、4.8，将矩形的上部两个夹点向内移动一定的距离；执行“修改>圆角”命令，设置圆角半径分别为20、15，将矩形倒圆角；执行“修改>修改”命令，修剪图形，如图111-6所示。

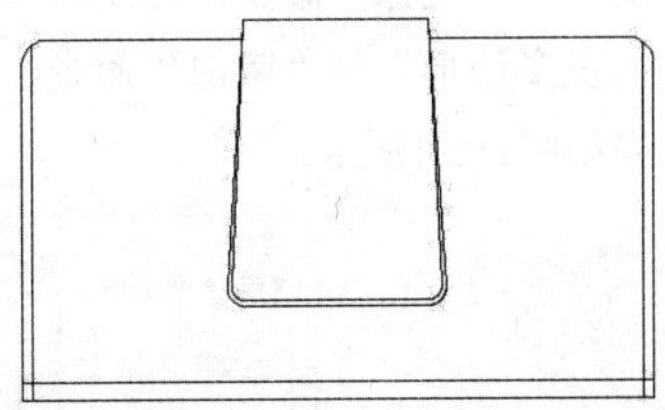

图111-6

05 执行“绘图>圆”命令，绘制两个半径分别为11、5.5的圆；执行“修改>复制”命令，将小圆复制两个，并放在合适的位置，如图111-7所示。

命令行提示如下：

```
命令：_circle
指定圆的圆心或 [三点(3P)/两点(2P)/切点、切点、半径(T)]：_from 基点：<偏移>：@-40,5.5
指定圆的半径或 [直径(D)] <11.0000>：5.5
```

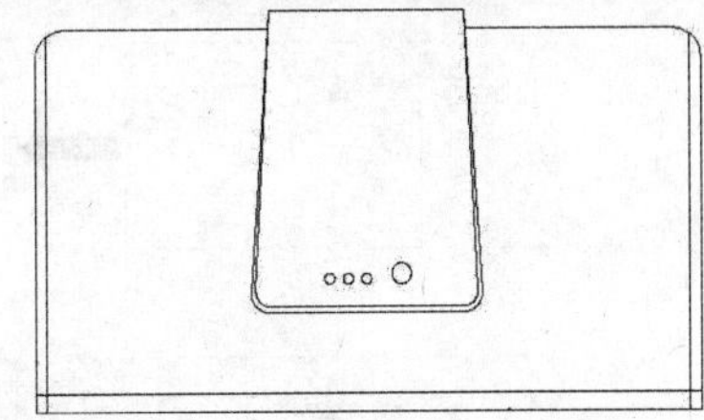

图111-7

练习111

练习位置	DVD>练习文件>第2章>练习111
难易指数	★★★☆☆
技术掌握	巩固“直线”、“矩形”、“圆角”与“图案填充”等命令的使用方法。

操作指南

参照“实战111 油烟机”案例进行制作。

执行“绘图>矩形”、“绘图>直线”与“修改>圆角”命令，绘制油烟机；执行“绘图>图案填充”命令，填充图形。练习最终效果如图111-8所示。

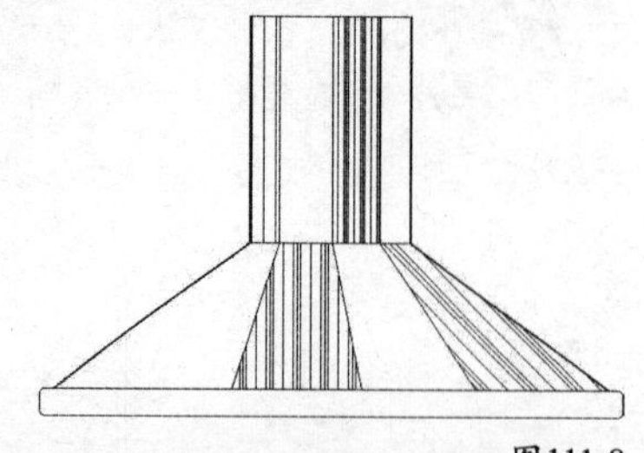
图111-8

实战112 洗涤槽

实战位置	DVD>实战文件>第2章>实战112
视频位置	DVD>多媒体教学>第2章>实战112
难易指数	★★☆☆☆
技术掌握	掌握“矩形”、“正多边形”、“多段线”、“圆”、“倒角”、“圆角”、“镜像”与“修剪”等命令。

实战介绍

运用“矩形”、“圆”、“倒角”、“圆角”、“复制”与“镜像”命令，绘制内外轮廓；利用“多段线”、“正多边形”与“镜像”命令，绘制开关阀。本例最终效果如图112-1所示。

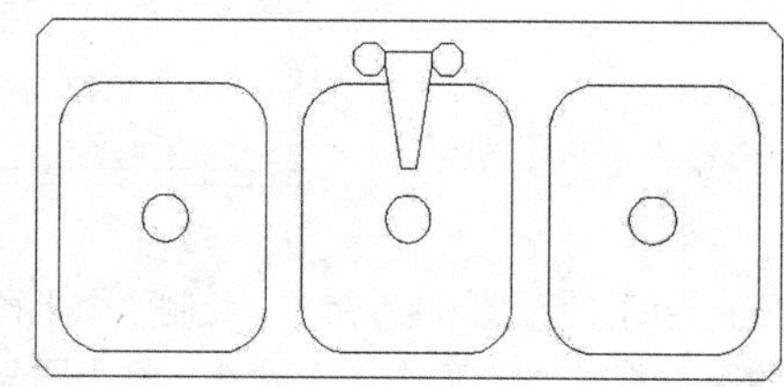
图112-1

制作思路

- 绘制内外轮廓。
- 绘制开关阀，完成洗涤槽的绘制并最终保存。

制作流程

洗涤槽的制作流程如图112-2所示。

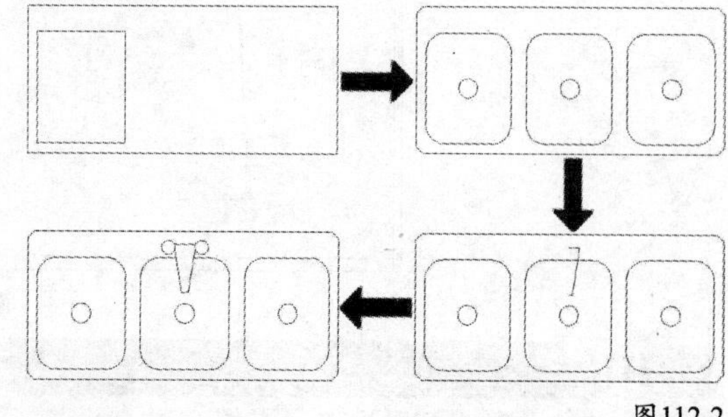
图112-2

1. 绘制内外轮廓

01 打开AutoCAD 2013中文版软件，执行“绘图>矩形”命令，绘制一个长980、宽450的矩形。

02 执行“绘图>矩形”命令，配合“捕捉自”功能，以矩形左下角点作为参照点，以点（@30，30）作为左下角点，以点（@275，340）作为右上角点，绘制内部矩形轮廓，如图112-3所示。

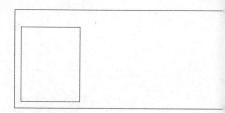

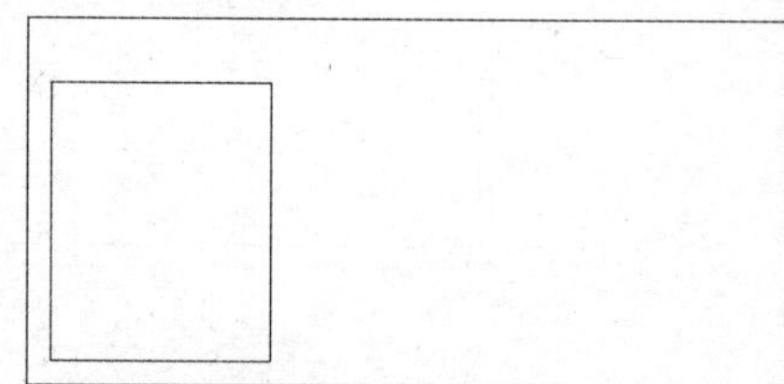
图112-3

03 执行“修改>倒角”命令，为外侧的大矩形进行倒角处理。

命令行提示如下：

```
命令: _chamfer
("修剪"模式) 当前倒角距离 1 = 0.0000, 距离 2 = 0.0000
选择第一条直线或 [放弃(U)/多段线(P)/距离(D)/角度(A)/修剪(T)/方式(E)/多个(M)]:  A
指定第一条直线的倒角长度 <0.0000>: 20
指定第一条直线的倒角角度 <0>: 45
选择第一条直线或 [放弃(U)/多段线(P)/距离(D)/角度(A)/修剪(T)/方式(E)/多个(M)]:
选择第二条直线, 或按住 Shift 键选择直线以应用角点或 [距离(D)/角度(A)/方法(M)]:
```

04 执行“修改>圆角”命令，为内侧的小矩形进行圆角处理，如图112-4所示。

命令行提示如下：

```
命令: _fillet
当前设置: 模式 = 修剪, 半径 = 0.0000
选择第一个对象或 [放弃(U)/多段线(P)/半径(R)/修剪(T)/多个(M)]: R
指定圆角半径 <0.0000>: 60
选择第一个对象或 [放弃(U)/多段线(P)/半径(R)/修剪(T)/多个(M)]:
选择第二个对象, 或按住 Shift 键选择对象以应用角点或 [半径(R)]:
```

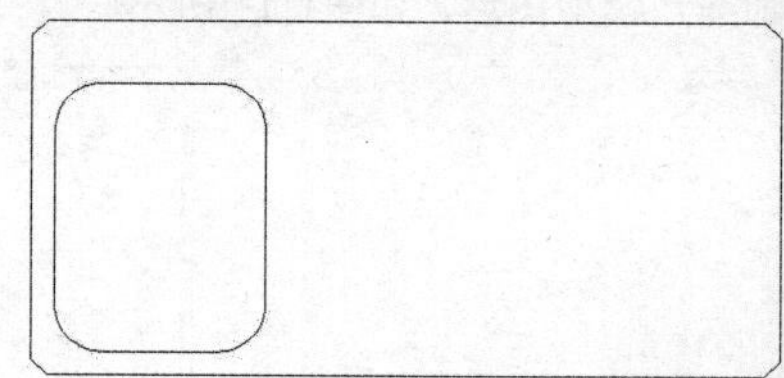
图112-4

05 执行“绘图>圆”命令，以内侧图形的中心作为圆心，绘制一个半径为30的圆作为漏水口，如图112-5所示。

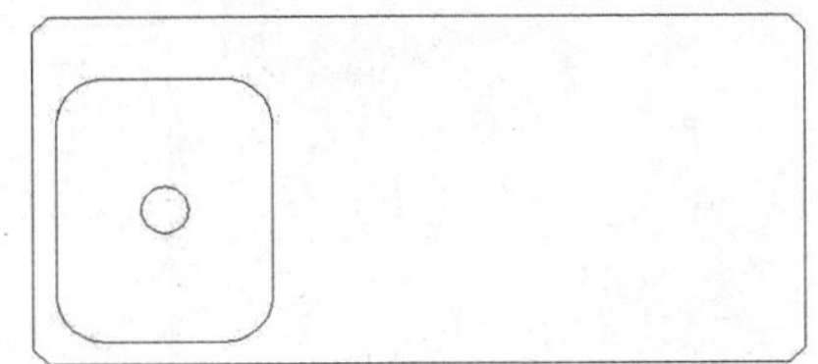

图112-5

06 执行“修改>复制”命令，将内侧图形向右复制两个，如图112-6所示。

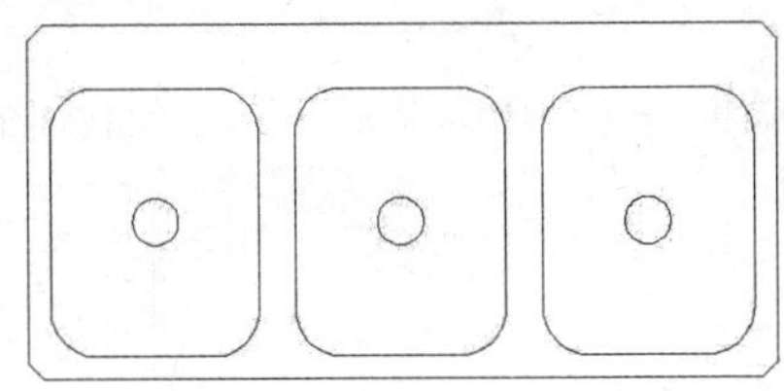

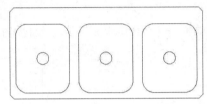

图112-6

2. 绘制开关阀

01 执行“绘图>多段线”命令，配合“捕捉自”功能，捕捉大矩形上侧边的中点作为基点，绘制如图112-7所示的轮廓线。

命令行提示如下：

```
命令: _pline
指定起点:
当前线宽为 0.0000
指定下一个点或 [圆弧(A)/半宽(H)/长度(L)/放弃(U)/宽度(W)]: _from 基点: <偏移>: @0,-40
指定下一点或 [圆弧(A)/闭合(C)/半宽(H)/长度(L)/放弃(U)/宽度(W)]: @31,0
指定下一点或 [圆弧(A)/闭合(C)/半宽(H)/长度(L)/放弃(U)/宽度(W)]: @0,-17
指定下一点或 [圆弧(A)/闭合(C)/半宽(H)/长度(L)/放弃(U)/宽度(W)]: @-21,-130
指定下一点或 [圆弧(A)/闭合(C)/半宽(H)/长度(L)/放弃(U)/宽度(W)]: @-10,0
指定下一点或 [圆弧(A)/闭合(C)/半宽(H)/长度(L)/放弃(U)/宽度(W)]: *取消*
```

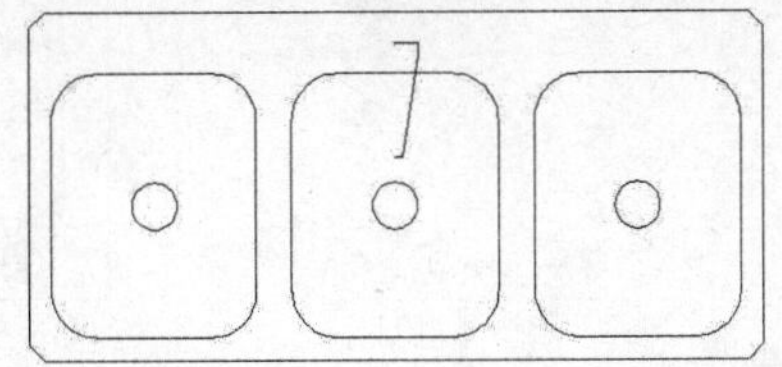

图112-7

02 执行“绘图>正多边形”命令，绘制如图112-8所示的正八边形。

命令行提示如下：

```
命令: _polygon 输入侧面数 <4>: 8
指定正多边形的中心点或 [边(E)]: E
指定边的第一个端点:捕捉如图12-8所示的A点
指定边的第二个端点:捕捉如图12-8所示的B点
```

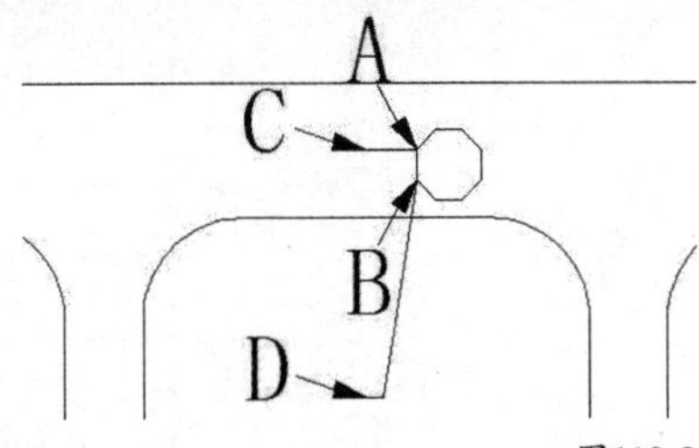

图112-8

03 执行“修改>镜像”命令，以图112-8所示的端点C和端点D作为镜像点，选择刚绘制的多段线和正八边形进行镜像复制操作；执行“修改>修剪”命令，修剪图形，如图112-9所示。

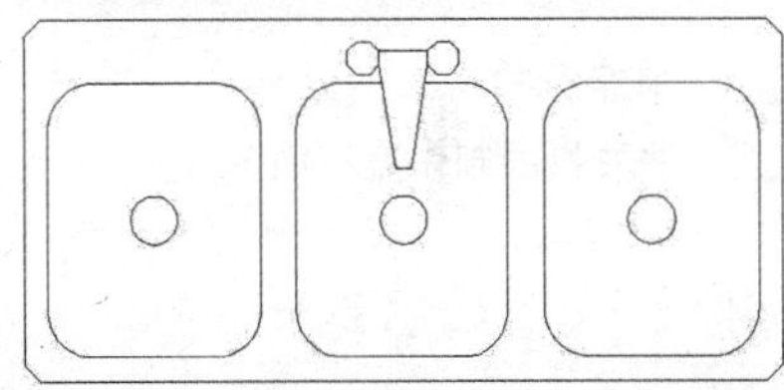

图112-9

练习112

练习位置	DVD>练习文件>第2章>练习112
难易指数	★★★☆☆
技术掌握	巩固“矩形”、“多段线”、“圆”、“圆角”、“镜像”与“修剪”等命令的使用方法。

操作指南

参照“实战112 洗涤槽”案例进行制作。

执行“绘图>矩形”、“绘图>圆”、“修改>圆角”与“修改>镜像”命令，绘制洗涤槽；执行“绘图>圆”、“绘图>多段线”、“修改>镜像”与“修改>修剪”命令，绘制开关阀。练习最终效果如图112-10所示。

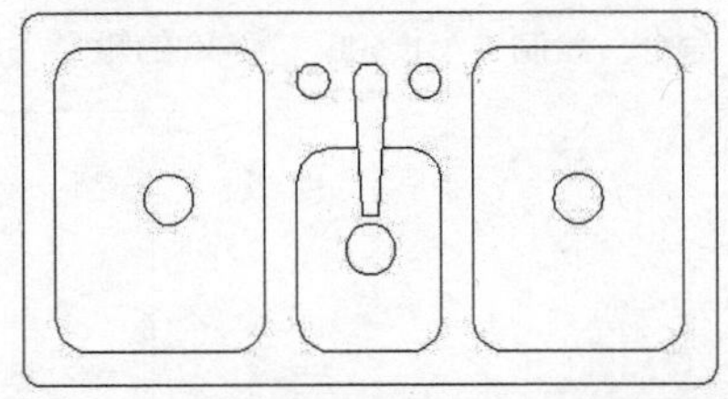

图112-10

实战113 洗衣机

实战位置	DVD>实战文件>第2章>实战113
视频位置	DVD>多媒体教学>第2章>实战113
难易指数	★★☆☆☆
技术掌握	掌握“矩形”、“直线”、“圆”、“圆弧”与“复制”等命令。

实战介绍

运用“矩形”与“直线”命令，绘制洗衣机；利用

“圆”、“圆弧”与“复制”命令，绘制按钮。本例最终效果如图113-1所示。

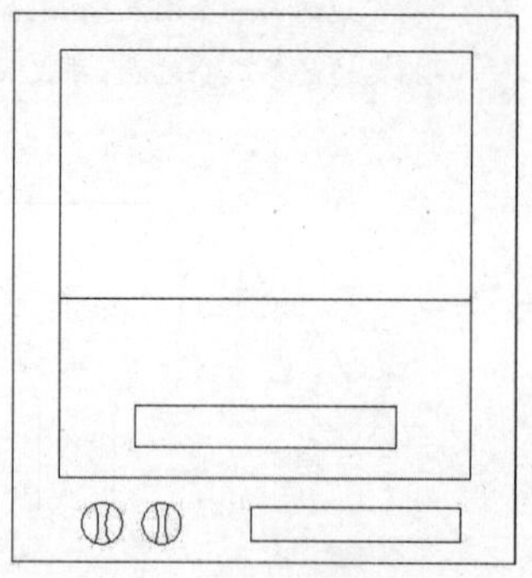

图113-1

制作思路

- 绘制洗衣机。
- 绘制按钮，完成洗衣机的绘制并将其保存。

制作流程

洗衣机的制作流程如图113-2所示。

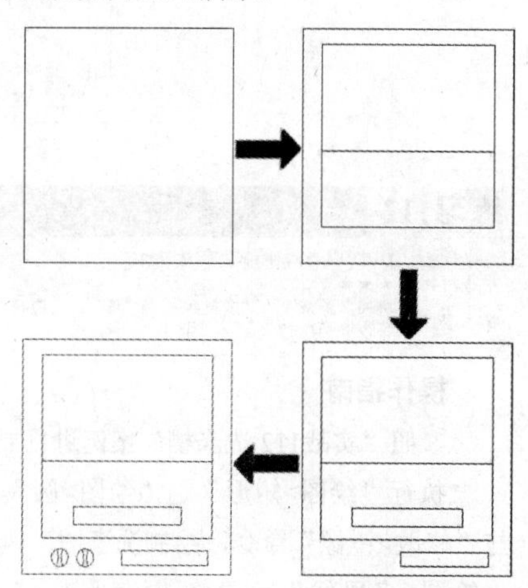

图113-2

01 打开AutoCAD 2013中文版软件，执行“绘图>矩形”命令，绘制一个长500、宽530 的矩形，如图113-3所示。

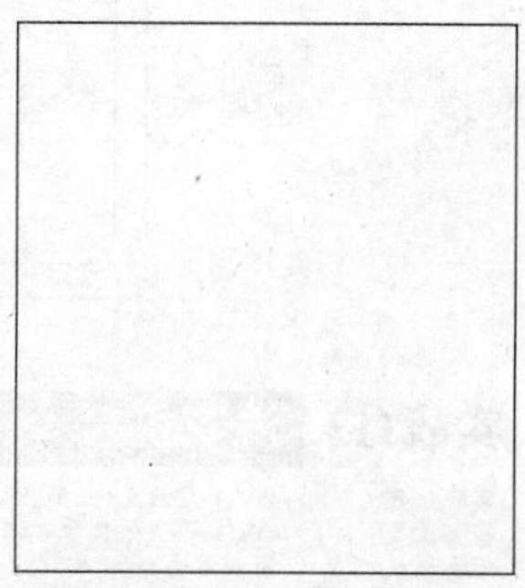

图113-3

02 执行“绘图>直线”和“绘图>矩形”命令，配合“捕捉自”功能，绘制如图113-4所示图形。

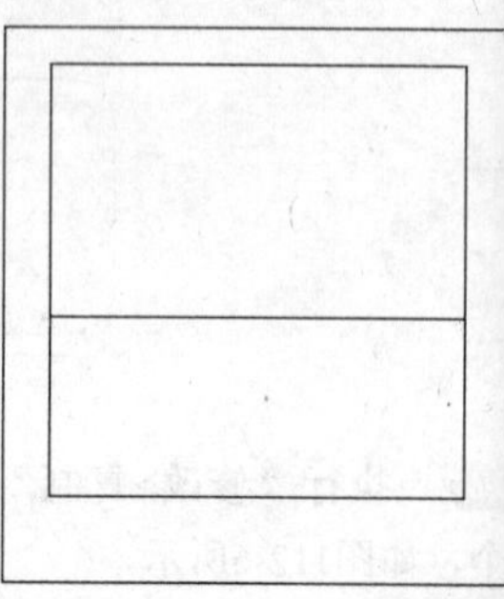

图113-4

03 执行“绘图>矩形”命令，绘制如图113-5所示的图形。

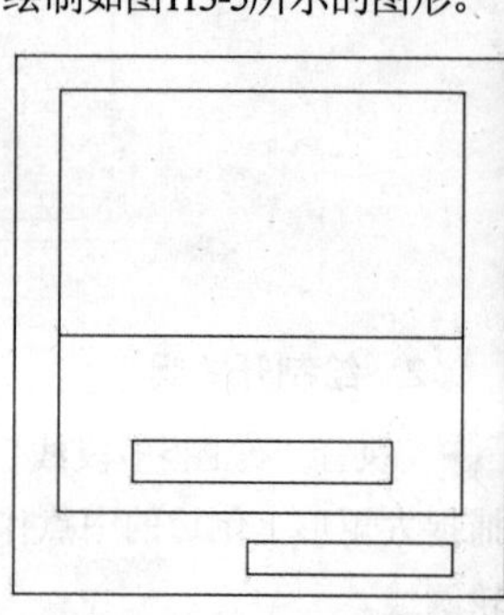

图113-5

04 执行“绘图>圆”和“绘图>圆弧”命令，绘制如图113-6所示的图形。

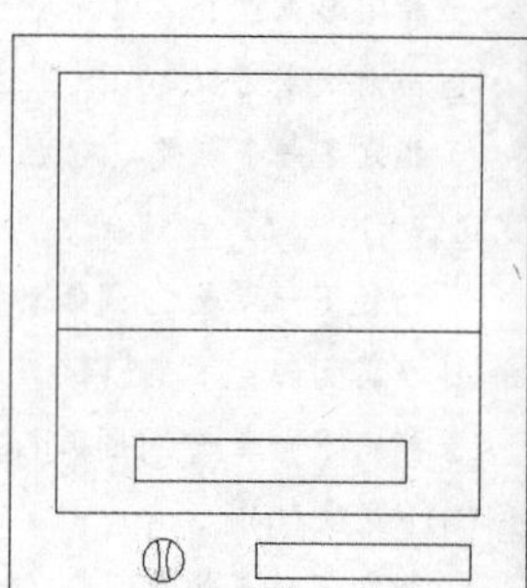

图113-6

05 执行“修改>复制”命令，复制按钮，如图113-7所示。

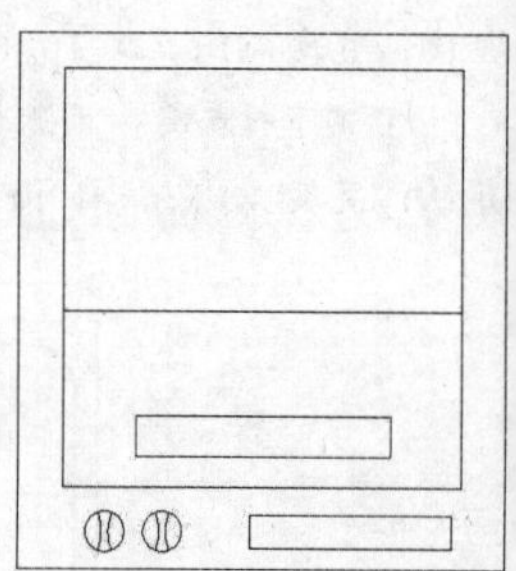

图113-7

练习113

练习位置	DVD>练习文件>第2章>练习113
难易指数	★★★☆☆
技术掌握	巩固“矩形”、“直线”与“文字”等命令的使用方法。

操作指南

参照“实战113 洗衣机”案例进行制作。

执行“绘图>矩形”、“绘图>直线”与“绘图>文字”命令，绘制洗衣机。练习最终效果如图113-8所示。

图113-8

实战114　洗衣机（立面）

实战位置	DVD>实战文件>第2章>实战114
视频位置	DVD>多媒体教学>第2章>实战114
难易指数	★★☆☆☆
技术掌握	掌握“矩形”、“直线”、“圆”、“圆弧”、“分解”、“偏移”与“镜像”等命令。

实战介绍

运用“矩形”、“圆”、“分解”与“偏移”命令，绘制洗衣机；利用“直线”、“矩形”、“圆”、“圆弧”与“复制”命令，绘制洗衣粉盒和按钮；利用“矩形”、“分解”、“偏移”与“镜像”命令，绘制支脚。本例最终效果如图114-1所示。

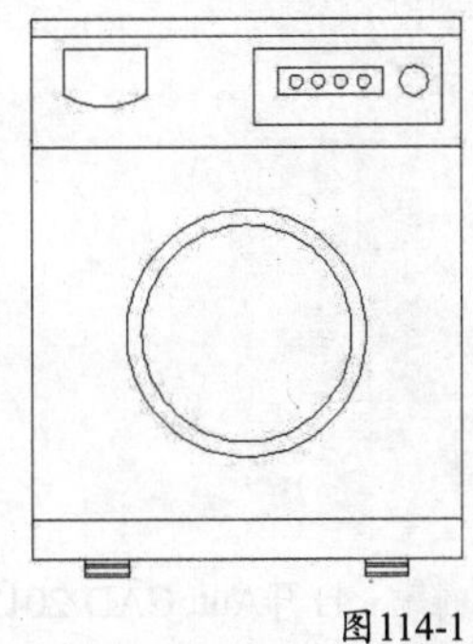

图114-1

制作思路

- 绘制洗衣机。
- 绘制其他，完成洗衣机（立面）的绘制并将其保存。

制作流程

洗衣机（立面）的制作流程如图114-2所示。

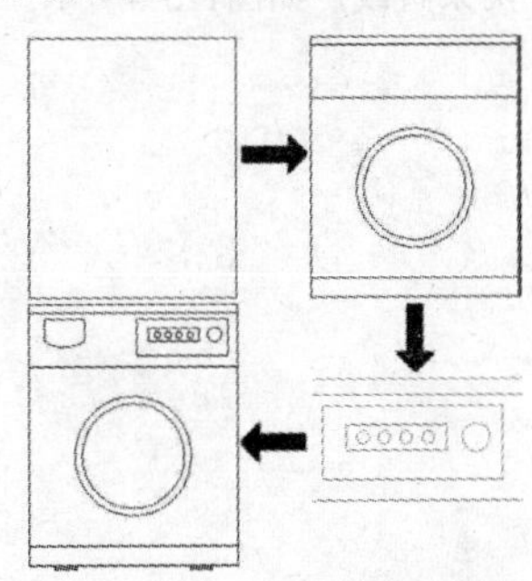

图114-2

1. 绘制洗衣机

01 打开AutoCAD 2013中文版软件，执行“绘图>矩形”命令，绘制矩形，如图114-3所示。

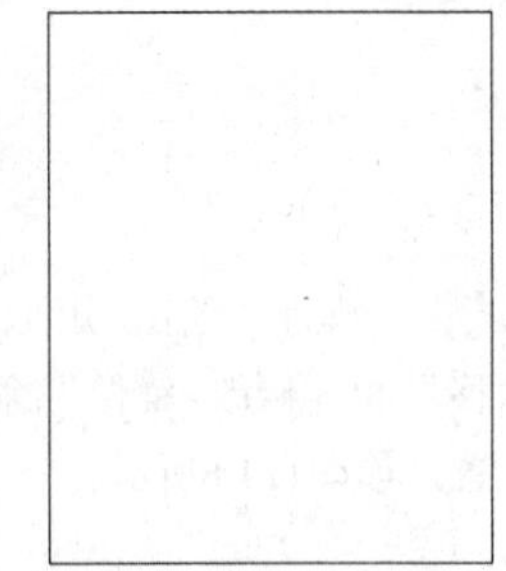

图114-3

02 执行“修改>分解”和“修改>偏移”命令，将矩形上边线依次向内偏移81.6、543、1816，如图114-4所示。

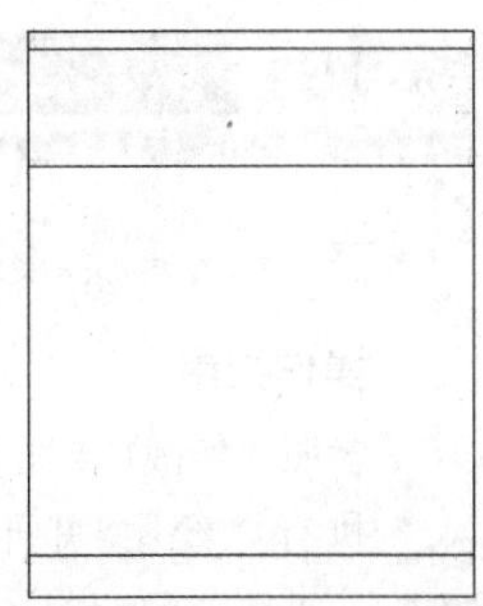

图114-4

03 执行“绘图>圆”和“修改>偏移”命令，绘制一个半径为528的圆，并向外偏移75，如图114-5所示。

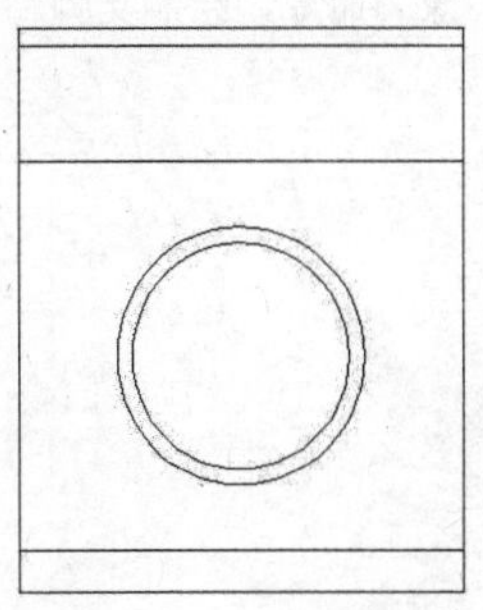

图114-5

2. 绘制其他

01 执行“绘图>直线”和“绘图>圆弧”命令，绘制洗衣粉盒，如图114-6所示。

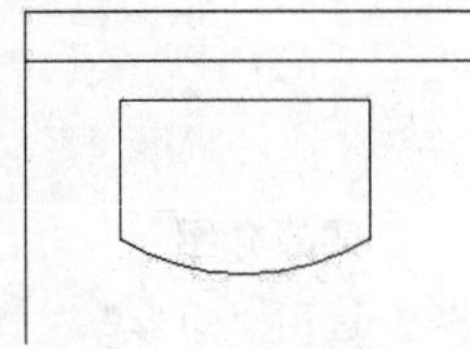

图114-6

02 执行“绘图>矩形”命令，配合“捕捉自”功能，绘制按钮区域；执行“绘图>圆”和“修改>复制”命令，绘制按钮，并放到合适的位置，如图114-7所示。

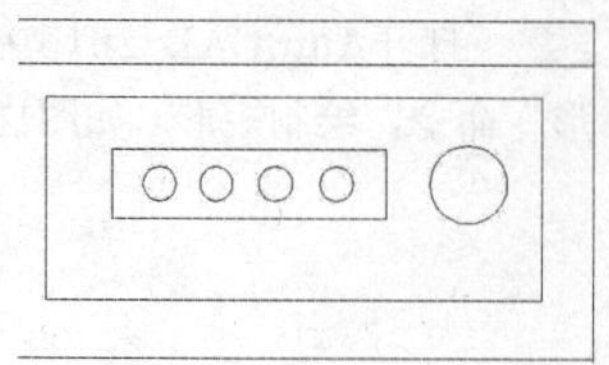

图114-7

03 执行“绘图>矩形”、“修改>分解”、“修改>偏移”和“修改>镜像”命令，绘制支脚，并放到合适的位置，如图114-8所示。

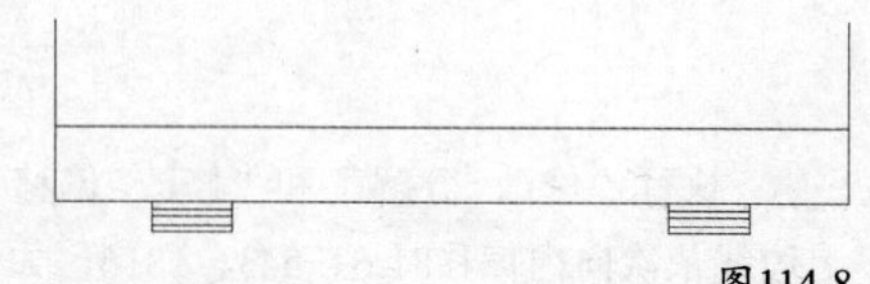

图114-8

练习114

练习位置	DVD>练习文件>第2章>练习114
难易指数	★★★☆☆
技术掌握	巩固“矩形”、“直线”、“圆”、“圆弧”、“分解”、“偏移”与“镜像”等命令的使用方法。

操作指南

参照“实战114 洗衣机（立面）”案例进行制作。

执行“绘图>矩形”、“绘图>直线”、“绘图>圆”、“修改>偏移”与“修改>圆角”命令，绘制洗衣机；执行“绘图>矩形”、“绘图>圆”与“修改>复制”命令，绘制按钮及其他；执行“绘图>圆弧”与“修改>镜像”命令，绘制支脚。练习最终效果如图114-9所示。

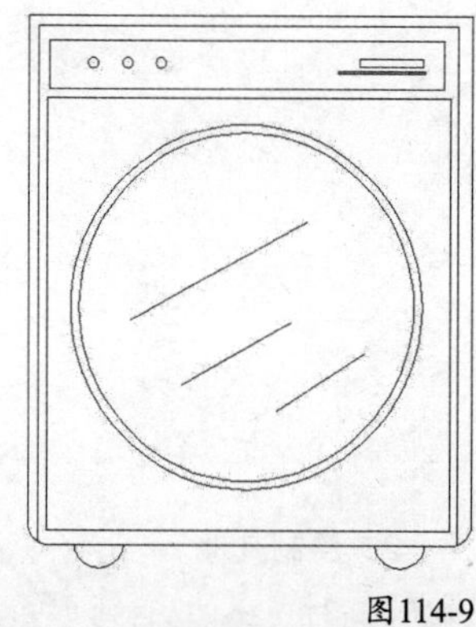

图114-9

实战115 钢琴

实战位置	DVD>实战文件>第2章>实战115
视频位置	DVD>多媒体教学>第2章>实战115
难易指数	★★☆☆☆
技术掌握	掌握“矩形”、“直线”、“圆弧”和“复制”等命令。

实战介绍

运用“矩形”、“直线”与“圆弧”命令，绘制轮廓；利用“矩形”、“直线”与“复制”命令，绘制琴键。本例最终效果如图115-1所示。

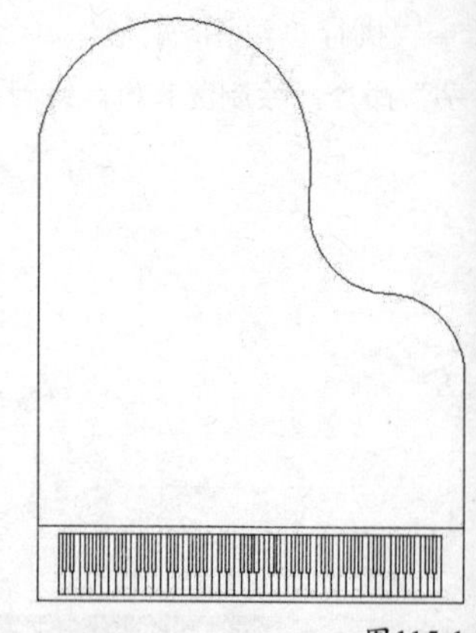

图115-1

制作思路

- 绘制轮廓。
- 绘制琴键，完成钢琴的绘制并将其保存。

制作流程

钢琴的制作流程如图115-2所示。

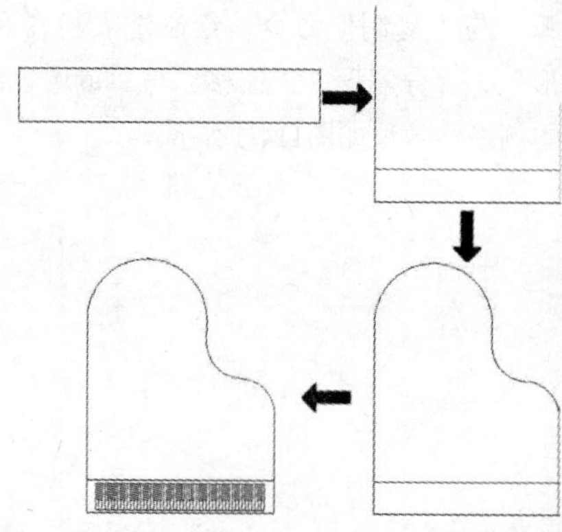

图115-2

01 打开AutoCAD 2013中文版软件，执行“绘图>矩形”命令，绘制一个长1450、宽250 的矩形，如图115-3所示。

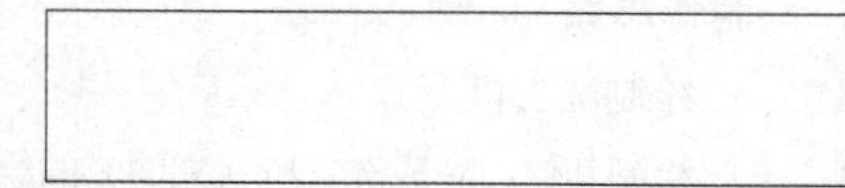

图115-3

02 执行“绘图>直线”命令，绘制分别长1250、511的两条直线，如图115-4所示。

图115-4

03 执行“绘图>圆弧”命令，绘制如图115-5所示图形。

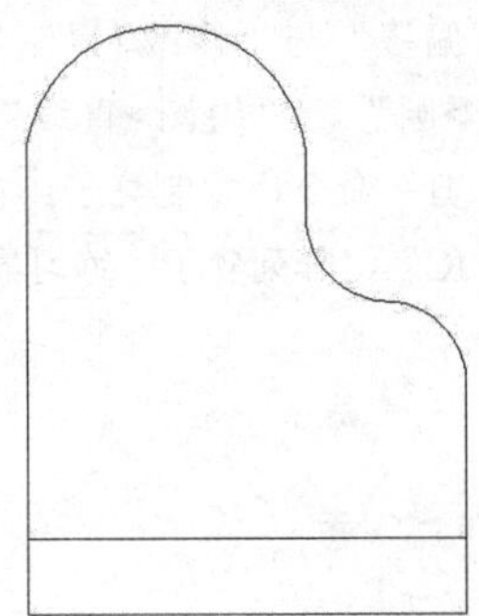

图115-5

04 执行“绘图>矩形”、“绘图>直线”与“修改>复制”命令，绘制琴键，如图115-6所示。

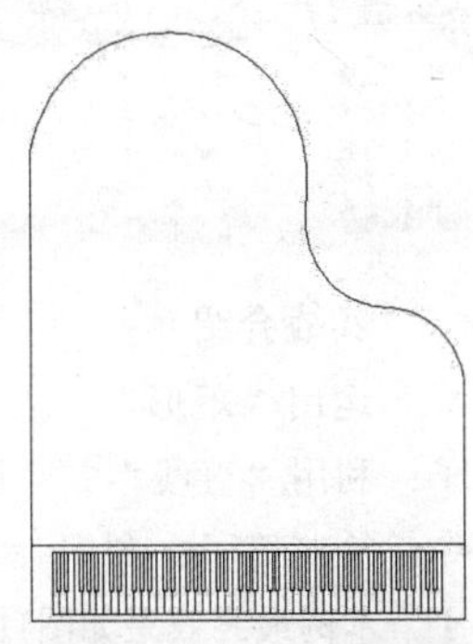

图115-6

练习115

练习位置	DVD>练习文件>第2章>练习115
难易指数	★★★☆☆
技术掌握	巩固“矩形”、“直线”、“圆弧”、“复制”和“镜像”等命令的使用方法。

操作指南

参照“实战115 洗衣机（立面）”案例进行制作。

执行“绘图>矩形”、“绘图>直线”、“绘图>圆弧”与“修改>镜像”命令，绘制琴身；执行“绘图>矩形”、“绘图>直线”与“修改>复制”命令，绘制琴键；执行“绘图>矩形”与“修改>复制”命令，绘制凳子。练习最终效果如图115-7所示。

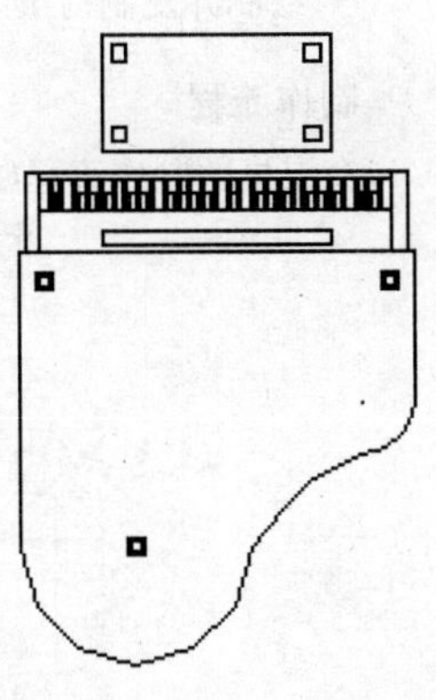

图115-7

实战116 吧台

实战位置	DVD>实战文件>第2章>实战116
视频位置	DVD>多媒体教学>第2章>实战116
难易指数	★★☆☆☆
技术掌握	掌握“直线”、“圆”、“圆弧”、“偏移”、“修剪”、“延伸”、“复制”和“阵列”等命令。

实战介绍

运用“圆”、“圆弧”、“偏移”、“修剪”与“延伸”命令，绘制吧台；利用“圆”、“直线”、“偏移”、“修剪”与“阵列”命令，绘制凳子。本例最终效果如图116-1所示。

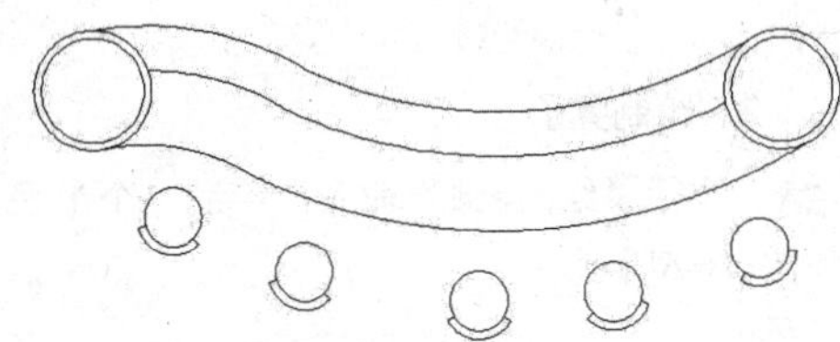

图116-1

制作思路

- 绘制吧台。
- 绘制凳子，完成吧台的绘制并将其保存。

制作流程

吧台的制作流程如图116-2所示。

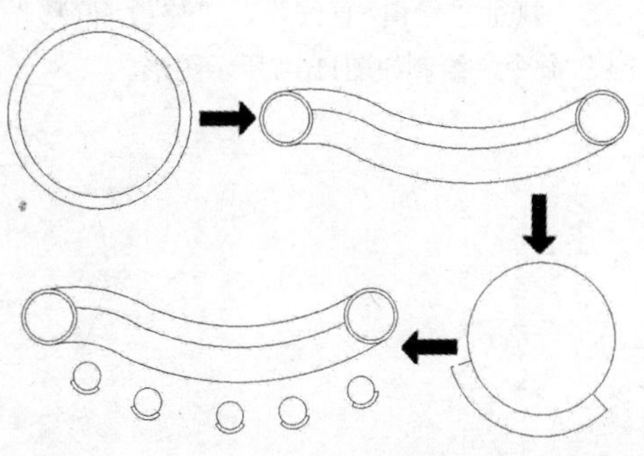

图116-2

1. 绘制吧台

01 打开AutoCAD 2013中文版软件，执行“绘图>圆”和“修改>偏移”命令，绘制一个半径为350的圆，并向外偏移50，如图116-3所示。

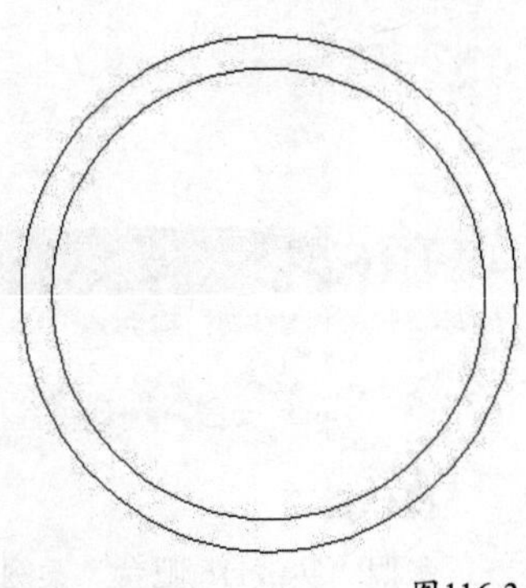

图116-3

02 执行“修改>复制”命令，绘制如图116-4所示图形。

图116-4

03 执行“绘图>圆弧”和“修改>偏移”命令，绘制如图116-5所示图形。

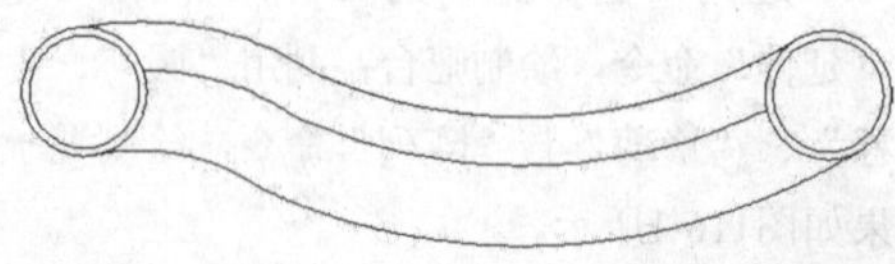

图116-5

2. 绘制凳子

01 执行“绘图>圆”命令，绘制一个半径为200的圆，如图116-6所示。

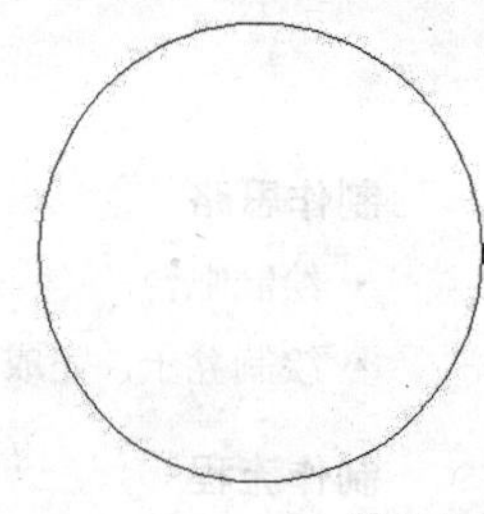

图116-6

02 执行“绘图>直线”、“修改>偏移”和“修改>修剪”命令，绘制如图116-7所示图形。

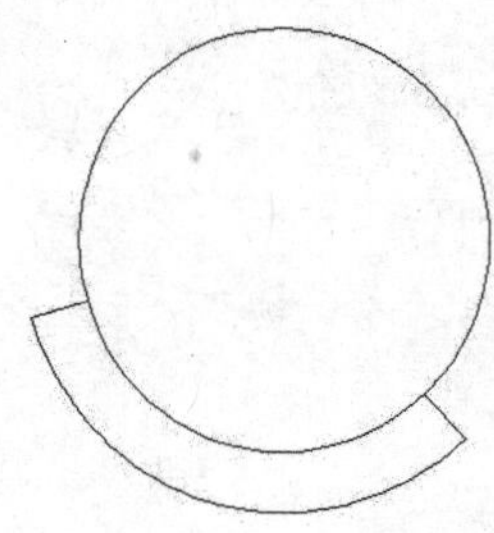

图116-7

03 执行“修改>复制”命令，并在命令栏中输入“ARRAYCLASSIC”，复制并阵列凳子，如图116-8所示。

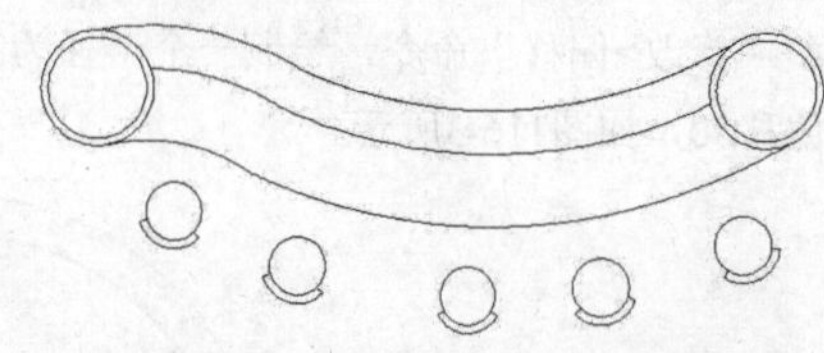

图116-8

练习116

练习位置	DVD>练习文件>第2章>练习116
难易指数	★★★☆☆
技术掌握	巩固“直线”、“圆”、“圆弧”、“偏移”、“修剪”、“复制”与“阵列”等命令的使用方法。

操作指南

参照“实战116 吧台”案例进行制作。

执行“绘图>直线”、“绘图>圆弧”、“修改>偏移”与“修改>复制”命令，绘制吧台；执行“绘图>圆”、“绘图>直线”、“修改>偏移”与“修改>修剪”命令，绘制凳子；在命令栏中输入“ARRAYCLASSIC”，阵列凳子。练习最终效果如图116-9所示。

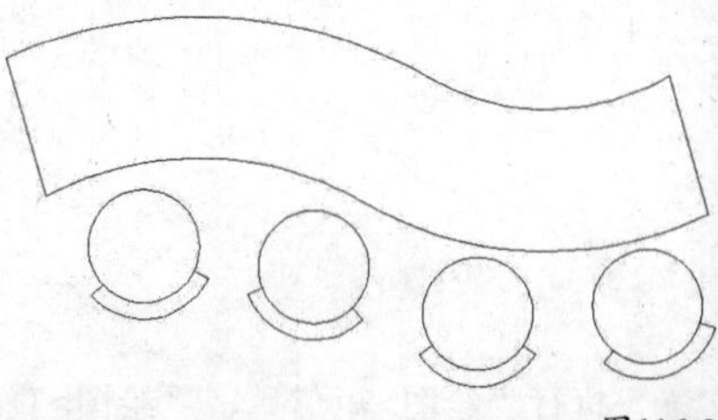

图116-9

实战117 会议桌

实战位置	DVD>实战文件>第2章>实战117
视频位置	DVD>多媒体教学>第2章>实战117
难易指数	★★☆☆☆
技术掌握	掌握“直线”、“矩形”、“圆弧”、“圆角”、“偏移”、“复制”与“镜像”等命令。

实战介绍

运用“矩形”、“直线”与“圆角”命令，绘制桌子；利用“直线”、“圆弧”、“偏移”与“镜像”命令，绘制椅子；利用“复制”与“镜像”命令，复制椅子。本例最终效果如图117-1所示。

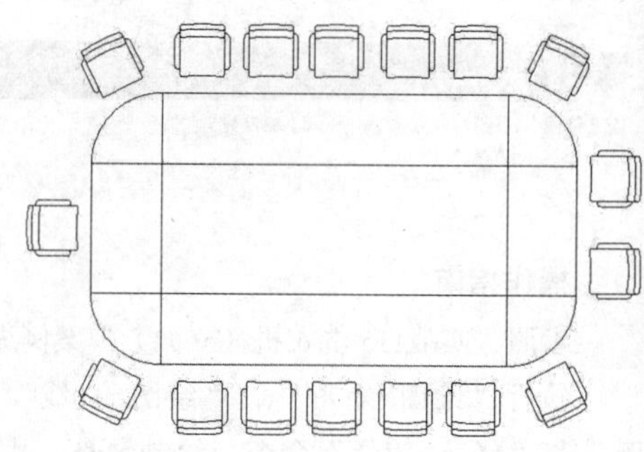

图117-1

制作思路

• 绘制桌子。
• 绘制并复制椅子，完成吧台的绘制并将其保存。

制作流程

会议桌的制作流程如图117-2所示。

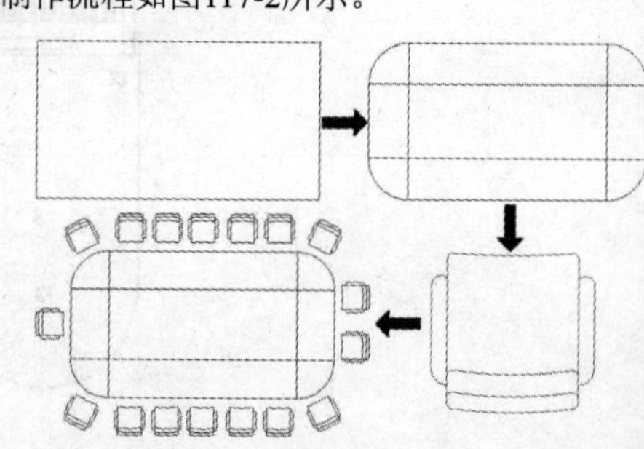

图117-2

1. 绘制桌子

01 打开AutoCAD 2013中文版软件，执行“绘图>矩形”命令，绘制如图117-3所示的矩形。

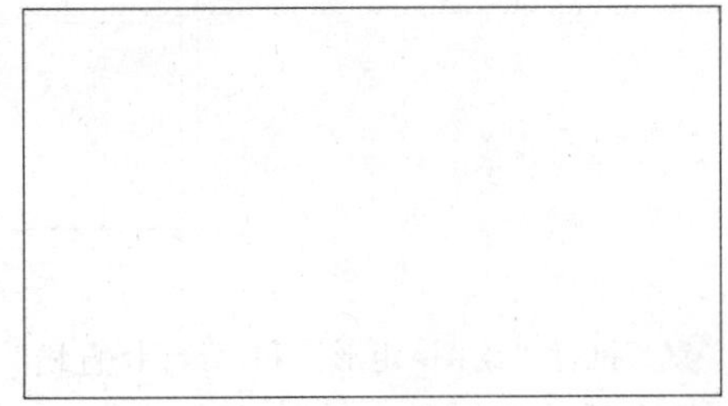

图117-3

02 执行“修改>圆角”命令，设置圆角半径为800，如图117-4所示。

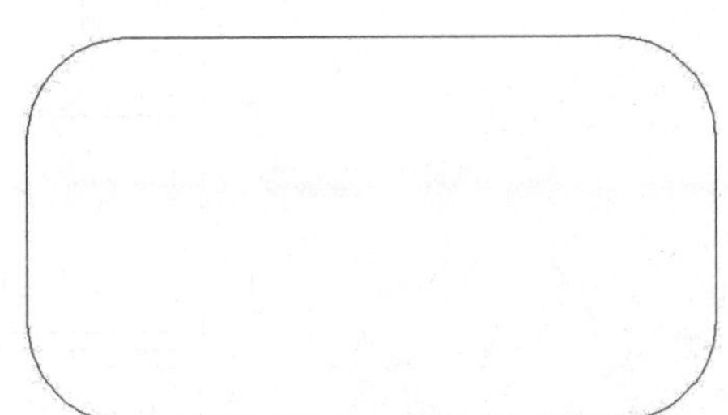

图117-4

03 执行“绘图>直线”和“修改>镜像”命令，绘制如图117-5所示的图形。

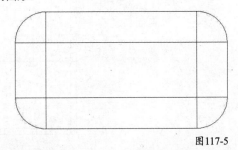

图117-5

2. 绘制并复制椅子

01 执行“绘图>直线”、“绘图>圆弧”和“修改>偏移”命令，绘制如图117-6所示图形。

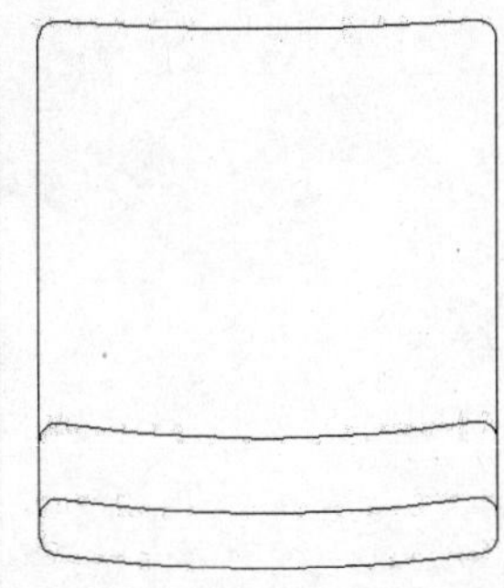

图117-6

02 执行“绘图>直线”、“绘图>圆弧”和“修改>镜像”命令，绘制如图117-7所示图形。

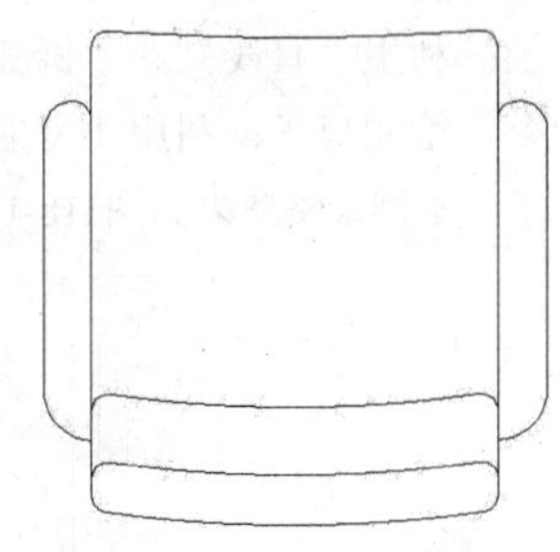

图117-7

03 执行“修改>复制”和“修改>镜像”命令，如图117-8所示。

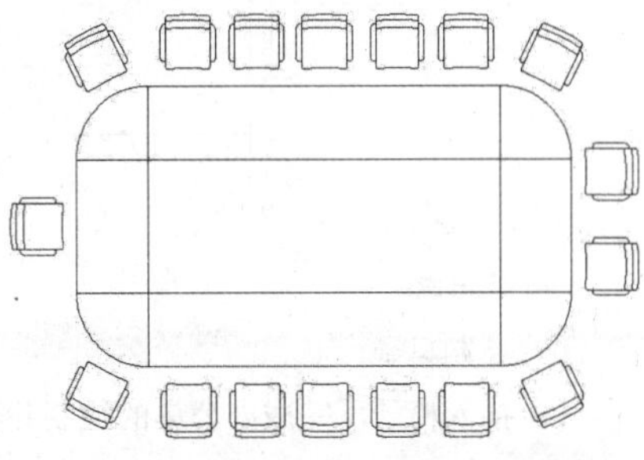

图117-8

练习117

练习位置	DVD>练习文件>第2章>练习117
难易指数	★★★☆☆
技术掌握	巩固“直线”、“矩形”、“圆弧”、“圆角”、“偏移”、“复制”和“镜像”等命令的使用方法。

操作指南

参照“实战117 会议桌”案例进行制作。

执行“绘图>直线”、“绘图>圆弧”与“修改>偏移”命令，绘制桌子；执行“绘图>直线”、“绘图>圆弧”、“修改>偏移”与“修改>镜像”命令，绘制椅子；执行“修改>复制”与“修改>镜像”命令，阵列椅子。练习最终效果如图117-9所示。

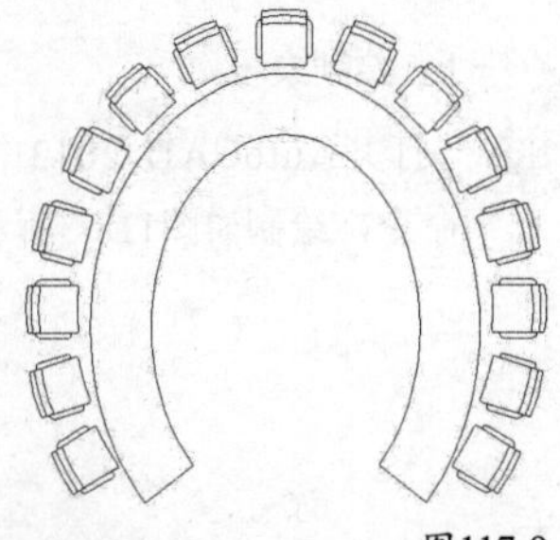

图117-9

实战118 办公桌

原始文件位置	DVD>原始文件>第2章>实战118原始文件
实战位置	DVD>实战文件>第2章>实战118
视频位置	DVD>多媒体教学>第2章>实战118
难易指数	★★☆☆☆
技术掌握	掌握“直线”、“矩形”、“圆角”、“修剪”和“插入块”等命令。

实战介绍

运用“矩形”、“直线”与“圆角”命令，绘制桌子；利用“直线”、“圆弧”、“偏移”与“镜像”命令，绘制椅子；利用“复制”与“镜像”命令，复制椅子。本例最终效果如图118-1所示。

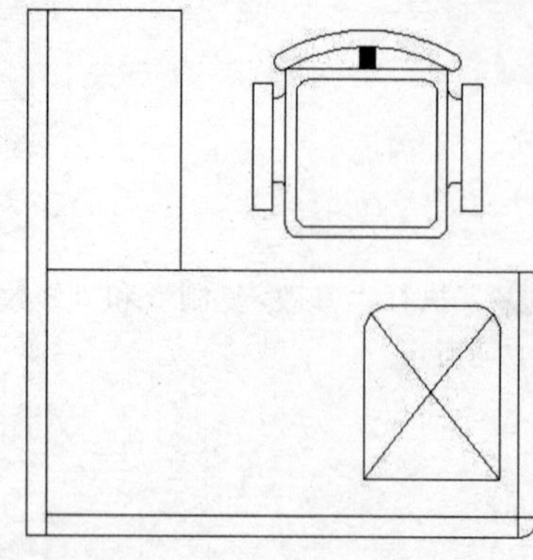

图118-1

制作思路

- 绘制桌子。
- 插入椅子，完成办公桌的绘制并将其保存。

制作流程

办公桌的制作流程如图118-2所示。

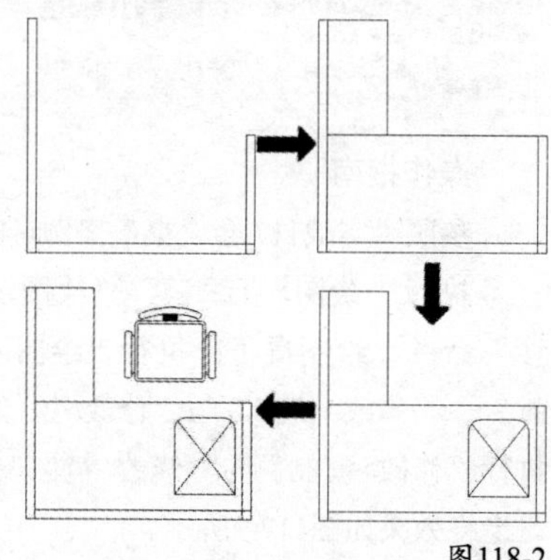

图118-2

1. 绘制桌子

01 打开AutoCAD 2013中文版软件，执行“绘图>矩形”命令，绘制如图118-3所示图形。

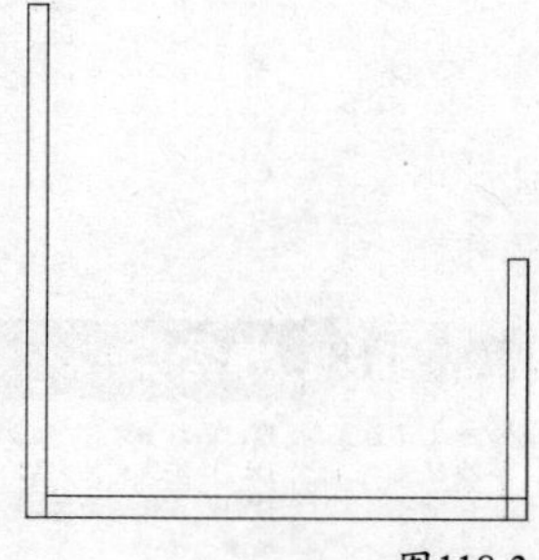

图118-3

02 执行“绘图>矩形”命令，绘制如图118-4所示图形。

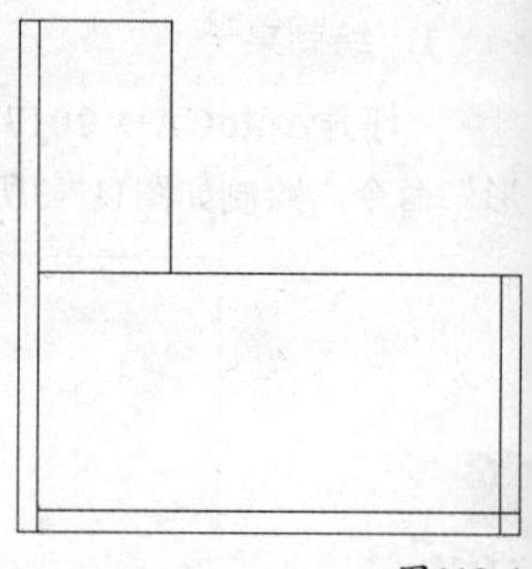

图118-4

03 执行“绘图>矩形”和“绘图>直线”命令，绘制如图118-5所示的图形。

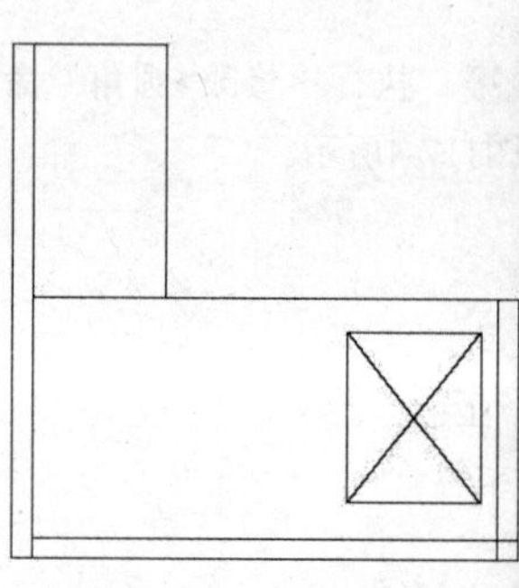

图118-5

04 执行“修改>圆角”命令，设置圆角半径为60、80，绘制如图118-6所示的图形。

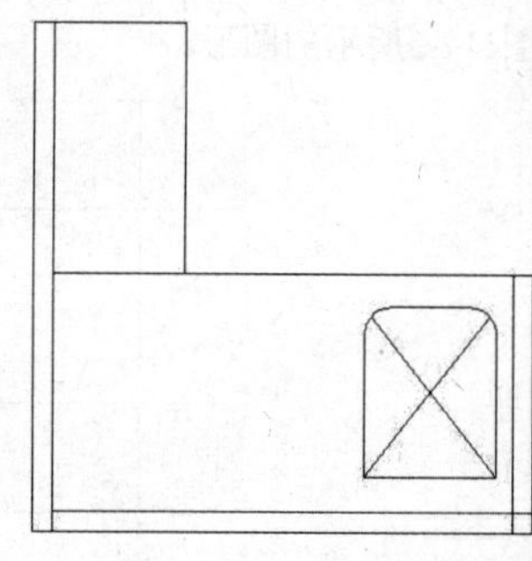

图118-6

2. 插入块

执行“插入>块”命令，插入原始文件中的“实战118原始文件”图形，如图118-7所示。

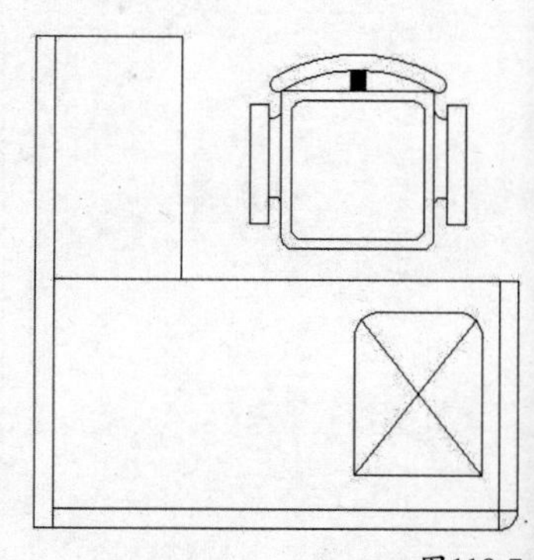

图118-7

练习118

练习位置	DVD>练习文件>第2章>练习118
难易指数	★★★☆☆
技术掌握	巩固“直线”、“矩形”、“圆弧”、“圆角”、“偏移”、“复制”与“镜像”等命令的使用方法。

操作指南

参照“实战118 会议桌”案例进行制作。

执行“绘图>矩形”、“绘图>圆弧”、“修改>分解”与“修改>偏移”命令，绘制桌子；执行“绘图>矩形”、“绘图>圆弧”、“修改>圆角”、“修改>偏移”与“修改>镜像”命令，绘制椅子；执行“插入>块”命令，插入椅子。练习最终效果如图118-8所示。

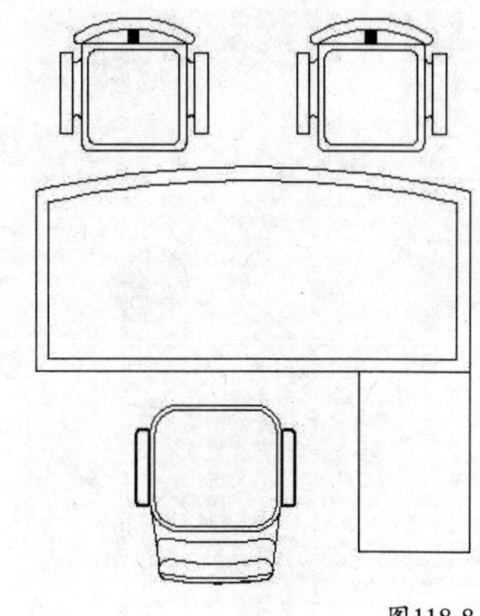

图118-8

第3章 门

本章学习要点：

圆和圆弧命令的使用

矩形命令的使用

直线命令的使用

多段线命令的使用

样条曲线命令的使用

偏移命令的使用

分解命令的使用

复制命令的使用

阵列命令的使用

修剪命令的使用

图案填充命令的使用

实战119 门（平面）

实战位置	DVD>实战文件>第3章>实战119
视频位置	DVD>多媒体教学>第3章>实战119
难易指数	★☆☆☆☆
技术掌握	掌握“矩形”和“圆弧”等命令。

实战介绍

运用“矩形”命令，绘制门框；利用“圆弧”命令，绘制门的开启轨迹。案例最终效果如图119-1所示。

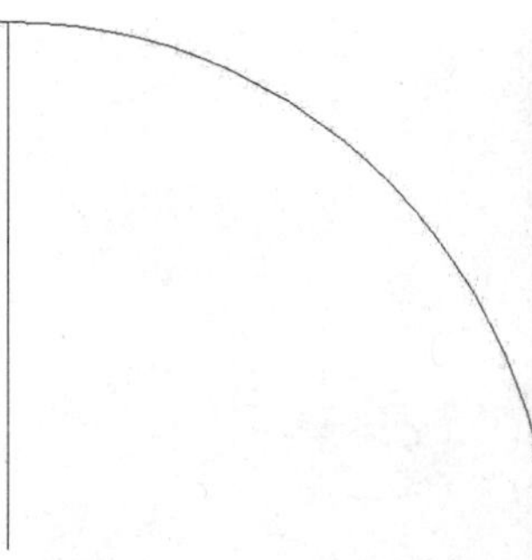

图119-1

制作思路

• 绘制门框。

• 绘制开启轨迹，完成门（平面）的绘制并将其保存。

制作流程

门（平面）的制作流程如图119-2所示。

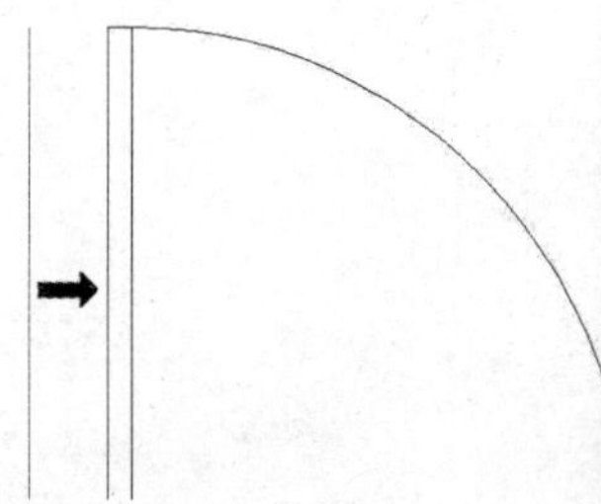

图119-2

01 打开AutoCAD 2013中文版软件，执行“绘图>矩形”命令，绘制如图119-3所示的门框。

命令行提示如下：

```
命令: _rectang
指定第一个角点或 [倒角(C)/标高(E)/圆角(F)/厚度(T)/宽度(W)]:
指定另一个角点或 [面积(A)/尺寸(D)/旋转(R)]: @40,-800
```

图119-3

02 执行“绘图>圆弧”命令，绘制门的开启轨迹，如图119-4所示。

命令行提示如下：

```
命令：_arc 指定圆弧的起点或 [圆心(C)]:<对象捕捉>
指定圆弧的第二个点或 [圆心(C)/端点(E)]:c
指定圆弧的圆心：
指定圆弧的端点或 [角度(A)/弦长(L)]:a
指定包含角:-90
```

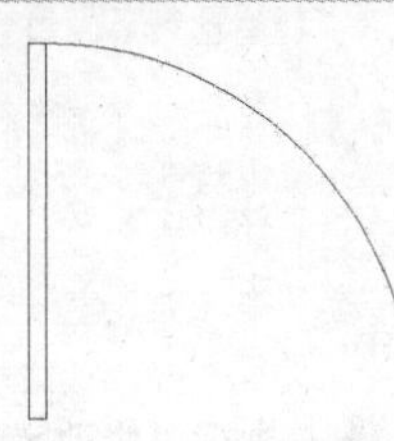

图119-4

在平面图中门一般分为两种，左门和右门，如图119-4所示。

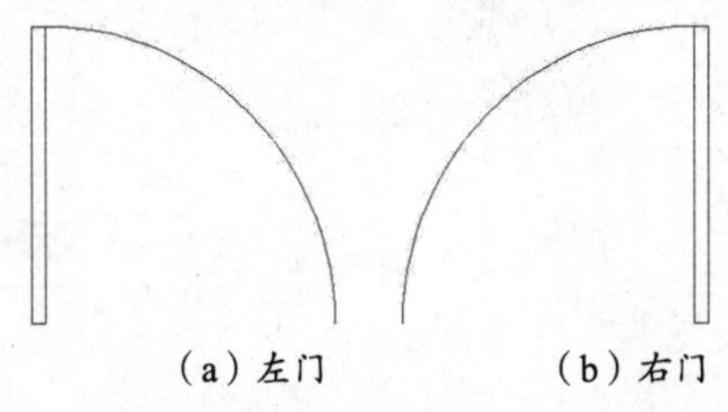

图119-5

练习119

练习位置	DVD>练习文件>第3章>练习119
难易指数	★☆☆☆☆
技术掌握	巩固“直线”、“圆弧”和“镜像”等命令的使用方法。

操作指南

参照“实战119 门（平面）”案例进行制作。

首先，执行“绘图>矩形”与“绘图>圆弧”命令，绘制平开门的左半部分，然后，执行“修改>镜像”命令，绘制平开门的右半部分；练习最终效果如图119-6所示。

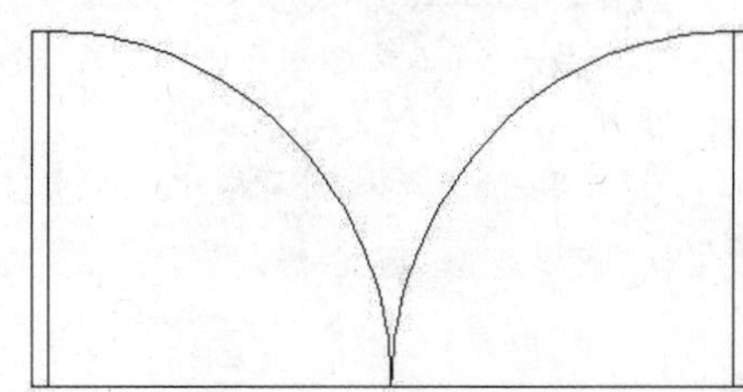

图119-6

实战120 门1（立面）

实战位置	DVD>实战文件>第3章>实战120
视频位置	DVD>多媒体教学>第3章>实战120
难易指数	★★☆☆☆
技术掌握	掌握“矩形”、“直线”和“镜像”等命令。

实战介绍

运用“矩形”与“直线”命令，绘制门的左半部分；利用“镜像”命令，镜像得到门的右半部分。本例最终效果如图120-1所示。

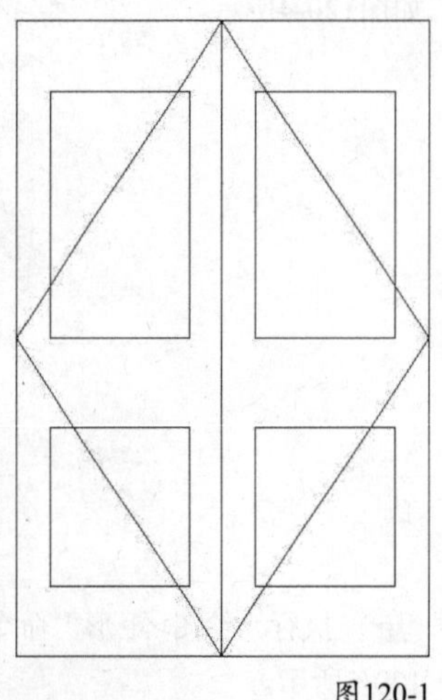

图120-1

制作思路

• 绘制门的左半部分。

• 镜像门的左半部分，完成门1（立面）的绘制并将其保存。

制作流程

门1（立面）的制作流程如图120-2所示。

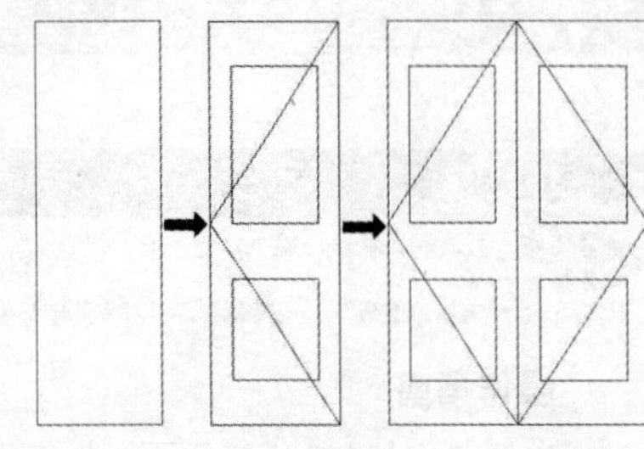

图120-2

01 打开AutoCAD 2013中文版软件，执行“绘图>矩形”命令，绘制如图120-3所示的图形。

```
命令: _rectang
指定第一个角点或 [倒角(C)/标高(E)/圆角(F)/厚度(T)/宽度(W)]:
指定另一个角点或 [面积(A)/尺寸(D)/旋转(R)]: @770,-1800
```

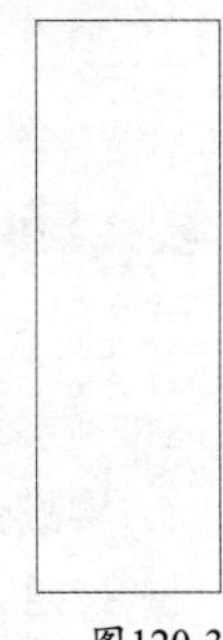

图120-3

02 执行“工具>新建UCS>原点”命令，新建坐标原点如图120-4所示。

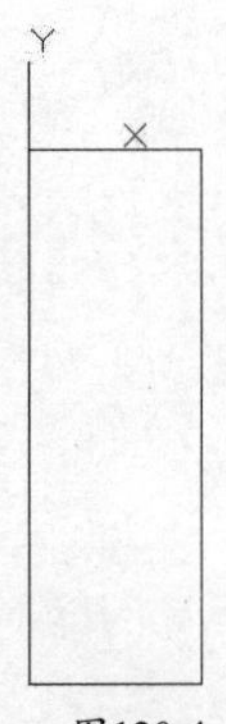

图120-4

03 执行“绘图>矩形”命令，绘制门内上的矩形，如图120-5所示。

命令行提示如下：

```
命令: _rectang
指定第一个角点或 [倒角(C)/标高(E)/圆角(F)/厚度(T)/宽度(W)]: 100,-200
指定另一个角点或 [面积(A)/尺寸(D)/旋转(R)]: @400,-700
命令: _rectang
指定第一个角点或 [倒角(C)/标高(E)/圆角(F)/厚度(T)/宽度(W)]: 100,-1184
指定另一个角点或 [面积(A)/尺寸(D)/旋转(R)]: @400,-484
```

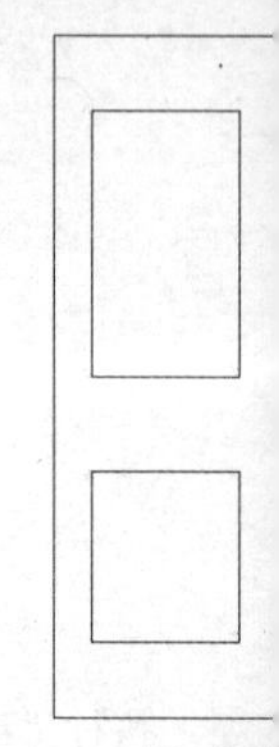

图120-5

04 执行“绘图>直线”命令，绘制如图120-6所示的直线。

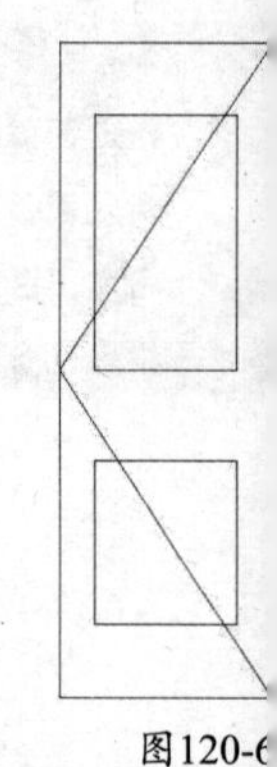

图120-6

05 执行“修改>镜像”命令，将门镜像复制到另一侧，如图120-7所示。

图120-7

练习120

练习位置 DVD>练习文件>第3章>练习120
难易指数 ★☆☆☆☆
技术掌握 巩固"直线"、"矩形"、"圆弧"和"镜像"等命令的使用方法

操作指南

参照"实战120 门1（立面）"案例进行制作。

首先，执行"绘图>矩形"和"绘图>直线"命令，绘制门外轮廓；然后，执行"绘图>直线"、"绘图>矩形"和"修改>偏移"命令，绘制门的左半部分；最后，执行"修改>镜像"命令，绘制门的右半部分。练习最终的效果如图120-8所示。

图120-8

实战121 门2（立面）

实战位置 DVD>实战文件>第3章>实战121
视频位置 DVD>多媒体教学>第3章>实战121
难易指数 ★★☆☆☆
技术掌握 掌握"矩形"、"直线"、"圆弧"、"偏移"、"分解"、"修剪"和"镜像"等命令。

实战介绍

运用"矩形"、"直线"与"偏移"命令，绘制门扇；利用"圆弧"、"分解"、"修剪"与"镜像"命令，绘制窗框。本例最终效果如图121-1所示。

图121-1

制作思路

- 绘制门扇。
- 绘制门的窗框，完成门2（立面）的绘制并将其保存。

制作流程

门2（立面）的制作流程如图121-2所示。

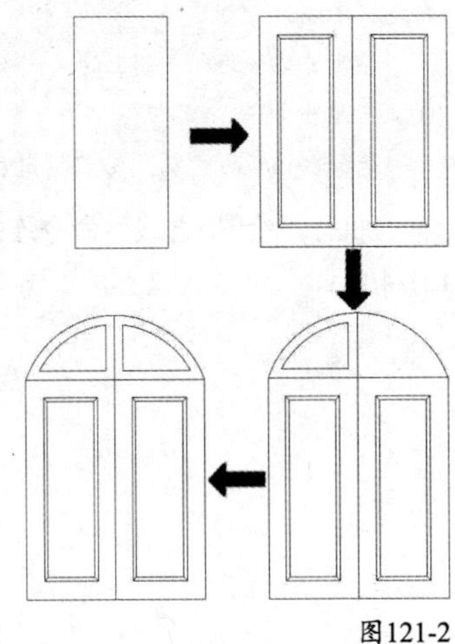

图121-2

1. 绘制门扇

01 打开AutoCAD 2013中文版软件，执行"绘图>矩形"命令，绘制一个840×1200的矩形，如图121-3所示。

命令行提示如下：

```
命令: _rectang
指定第一个角点或 [倒角(C)/标高(E)/圆角(F)/厚度(T)/宽度(W)]:
指定另一个角点或 [面积(A)/尺寸(D)/旋转(R)]: @840,-1200
```

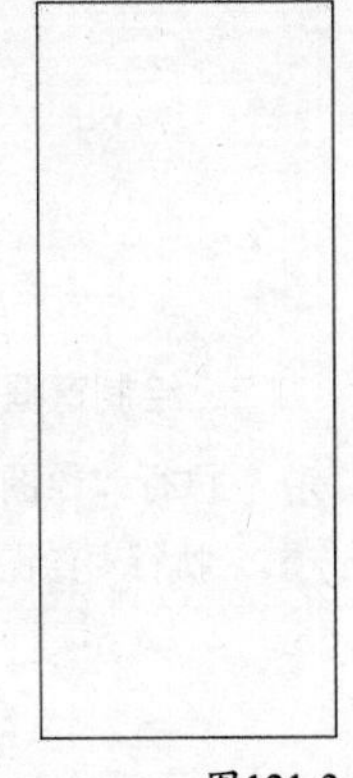

图121-3

02 执行"修改>偏移"命令，将矩形向分别偏移84、20。

命令行提示如下：

```
命令: OFFSET
当前设置: 删除源=否  图层=源  OFFSETGAPTYPE=0
指定偏移距离或 [通过(T)/删除(E)/图层(L)] <通过>: 84
指定要偏移的那一侧上的点，或 [退出(E)/多个(M)/放弃(U)] <退出>:
选择要偏移的对象，或 [退出(E)/放弃(U)] <退出>:
命令: OFFSET
```

```
当前设置：删除源=否  图层=源  OFFSETGAPTYPE=0
指定偏移距离或 [通过(T)/删除(E)/图层(L)] <84.0000>: 20
指定要偏移的那一侧上的点，或 [退出(E)/多个(M)/放弃(U)] <退出>:
选择要偏移的对象，或 [退出(E)/放弃(U)] <退出>:
```

03 执行“绘图>直线”命令连接内侧矩形的顶角，如图121-4所示。

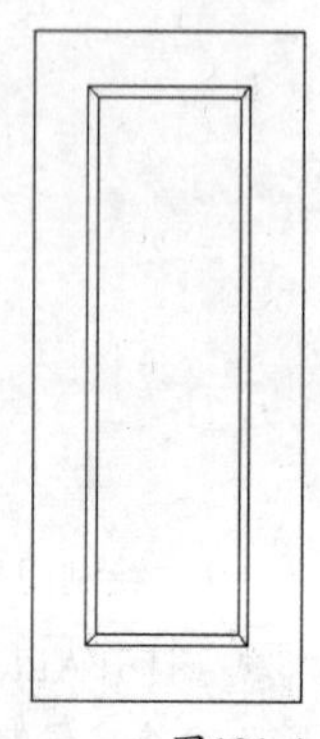

图121-4

04 执行“修改>镜像”命令，镜像复制出另一侧的门扇，如图121-5所示。

图121-5

2. 绘制窗框

01 执行“绘图>直线”命令，绘制一条长384的直线。

02 执行“绘图>圆弧”命令，绘制如图121-6所示圆弧。

图121-6

03 执行“修改>分解”命令，将矩形门框分解。

04 在命令行中输入“ARRAYCLASSIC”，将直线和圆弧向内偏移20；执行“修改>修剪”命令，将多余的直线修剪掉，如图121-7所示。

图121-7

05 执行“修改>镜像”命令，将窗口镜像到另一侧，如图121-8所示。

图121-8

练习121

练习位置	DVD>练习文件>第3章>练习121
难易指数	★☆☆☆☆
技术掌握	巩固“直线”、“矩形”、“偏移”、“分解”、“修剪”和“镜像”等命令的使用方法

操作指南

参照“实战121 门2（立面）”案例进行制作。

执行“绘图>矩形”、“绘图>直线”、“修改>偏移”、“修改>分解”、“修改>修剪”和“修改>镜像”命令，绘制门和窗框。练习最终效果如图121-9所示。

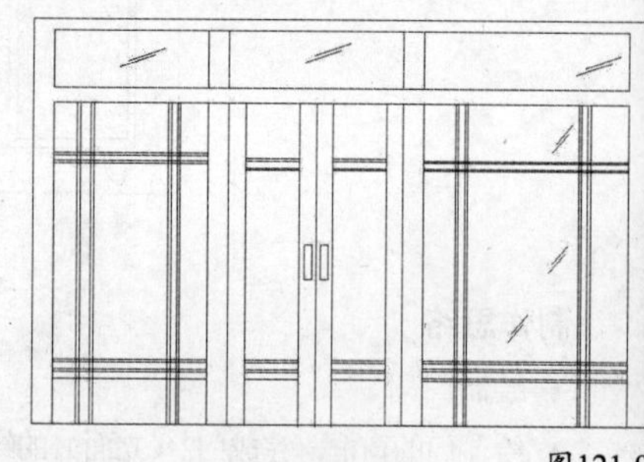

图121-9

实战122　门3（立面）

实战位置	DVD>实战文件>第3章>实战122
视频位置	DVD>多媒体教学>第3章>实战122
难易指数	★★☆☆☆
技术掌握	掌握“矩形”、“直线”、“多段线”、“圆”、“偏移”、“圆角”、“阵列”和“镜像”等命令。

实战介绍

运用“多段线”、“直线”与“偏移”命令，绘制门框；利用“矩形”、“直线”、“偏移”、“阵列”与“镜像”命令，绘制门框中的图案；利用“矩形”、“圆”、“偏移”、“圆角”与“镜像”，绘制把手。本例最终效果如图122-1所示。

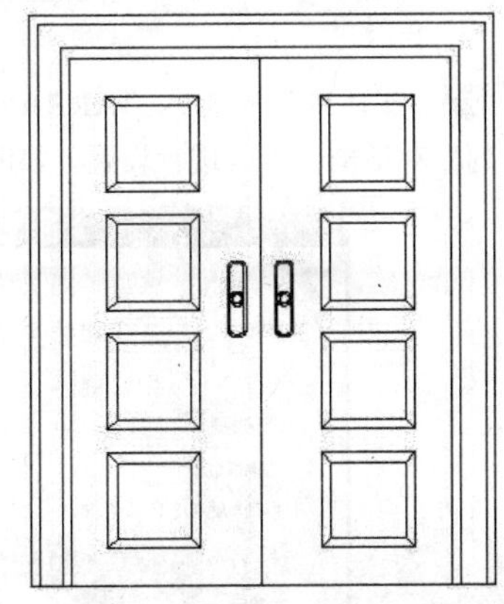

图122-1

制作思路

- 绘制门框。
- 绘制门的图案和把手，完成门3（立面）的绘制并将其保存。

制作流程

门3（立面）的制作流程如图122-2所示。

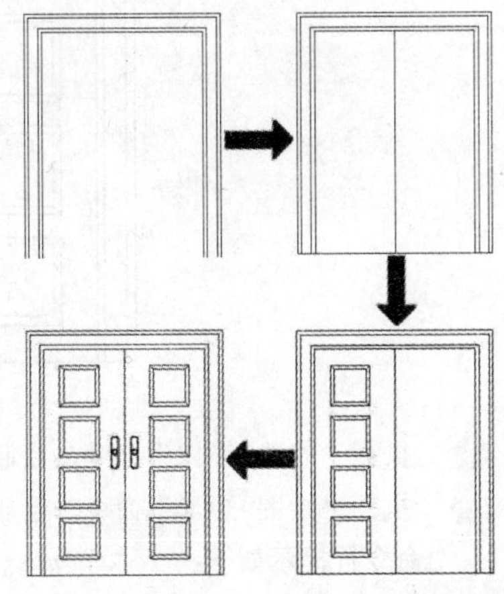

图122-2

1. 绘制门框

01 打开AutoCAD 2013中文版软件，执行“绘图>多段线”命令，绘制多段线。

命令行提示如下：

```
命令：_pline
指定起点：
当前线宽为 0.0000
指定下一个点或 [圆弧(A)/半宽(H)/长度(L)/放弃(U)/宽度(W)]：1200
指定下一点或 [圆弧(A)/闭合(C)/半宽(H)/长度(L)/放弃(U)/宽度(W)]：1000
指定下一点或 [圆弧(A)/闭合(C)/半宽(H)/长度(L)/放弃(U)/宽度(W)]：1200
指定下一点或 [圆弧(A)/闭合(C)/半宽(H)/长度(L)/放弃(U)/宽度(W)]：*取消*
```

02 在命令行中输入“ARRAYCLASSIC”，将绘制的多段线向内偏移，如图122-3所示。

命令行提示如下：

```
命令：OFFSET
当前设置：删除源=否　图层=源　OFFSETGAPTYPE=0
指定偏移距离或 [通过(T)/删除(E)/图层(L)] <20.0000>：20
指定要偏移的那一侧上的点，或 [退出(E)/多个(M)/放弃(U)] <退出>：
选择要偏移的对象，或 [退出(E)/放弃(U)] <退出>：
命令：OFFSET
当前设置：删除源=否　图层=源　OFFSETGAPTYPE=0
指定偏移距离或 [通过(T)/删除(E)/图层(L)] <20.0000>：　指定第二点：67
选择要偏移的对象，或 [退出(E)/放弃(U)] <退出>：
指定要偏移的那一侧上的点，或 [退出(E)/多个(M)/放弃(U)] <退出>：
选择要偏移的对象，或 [退出(E)/放弃(U)] <退出>：
命令：OFFSET
当前设置：删除源=否　图层=源　OFFSETGAPTYPE=0
指定偏移距离或 [通过(T)/删除(E)/图层(L)] <20.0000>：20
指定要偏移的那一侧上的点，或 [退出(E)/多个(M)/放弃(U)] <退出>：
选择要偏移的对象，或 [退出(E)/放弃(U)] <退出>：
```

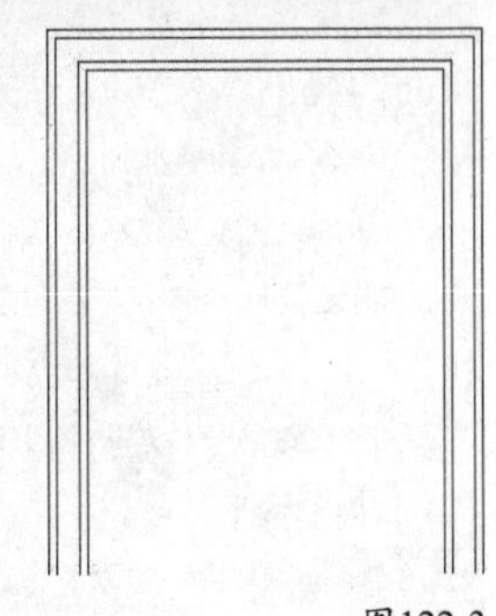

图122-3

03 执行“绘图>直线”命令，连接底线及中线，如图122-4所示。

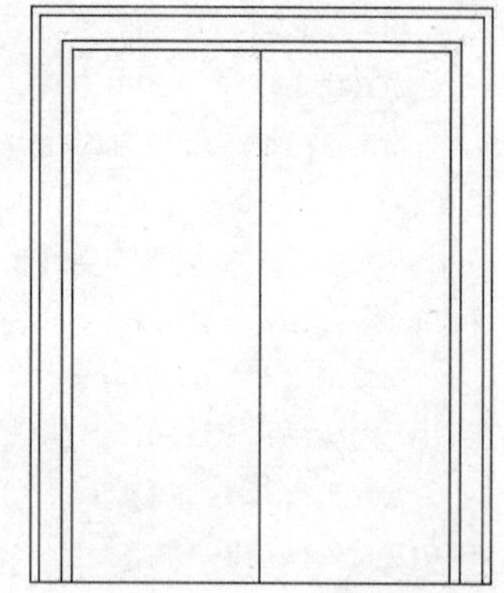
图122-4

2. 绘制图案及把手

01 执行“工具>新建UCS>原点”命令，新建坐标原点如图122-5所示。

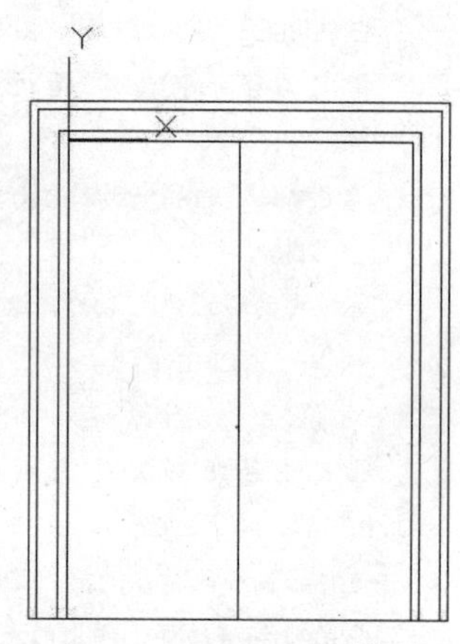
图122-5

02 执行“绘图>矩形”命令，绘制一个矩形；执行“修改>偏移”命令，将矩形向内侧偏移20；执行“绘图>直线”命令，将交线连接，绘制门上的图案，如图122-6所示。

命令行提示如下：

```
命令：_rectang
指定第一个角点或 [倒角(C)/标高(E)/圆角(F)/厚度(T)/宽度(W)]: 80,-80
指定另一个角点或 [面积(A)/尺寸(D)/旋转(R)]: @200,-200
命令：OFFSET
当前设置：删除源=否  图层=源  OFFSETGAPTYPE=0
指定偏移距离或 [通过(T)/删除(E)/图层(L)] <通过>: 20
指定要偏移的那一侧上的点，或 [退出(E)/多个(M)/放弃(U)] <退出>:
选择要偏移的对象，或 [退出(E)/放弃(U)] <退出>:
```

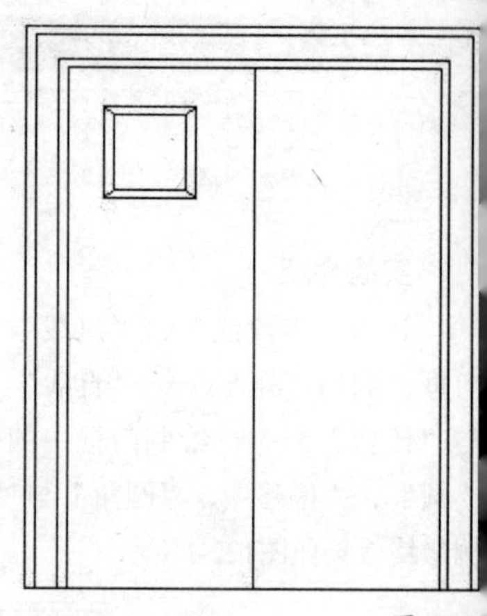
图122-6

03 在命令行中输入“ARRAYCLASSIC”，弹出“阵列”对话框，对其进行设置，如图122-7所示。

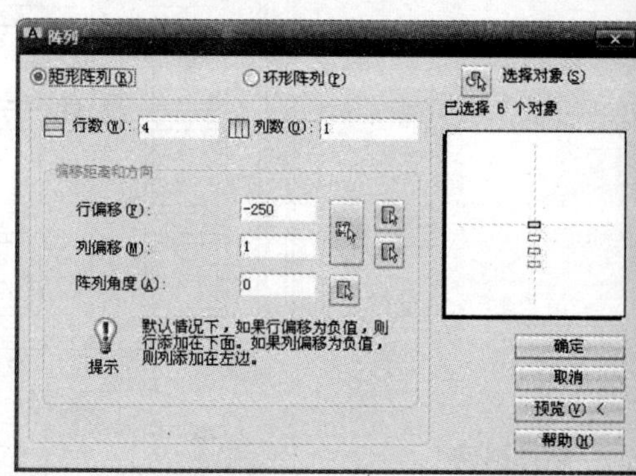

图122-7

04 单击“确定”按钮，阵列效果如图122-8所示。

图122-8

05 执行“修改>镜像”命令，绘制出其他门上的图案。

06 执行“绘图>矩形”命令，绘制矩形。

命令行提示如下：

```
命令：_rectang
指定第一个角点或 [倒角(C)/标高(E)/圆角(F)/厚度(T)/宽度(W)]:
指定另一个角点或 [面积(A)/尺寸(D)/旋转(R)]: @30,-150
```

07 执行“绘图>圆”命令，绘制把手上的圆，如图122-9所示。

命令行提示如下：

```
命令: _circle
指定圆的圆心或 [三点(3P)/两点(2P)/切点、切点、半径(T)]: _from 基点: <偏移>: @15,-80
指定圆的半径或 [直径(D)]: 15
```

08 执行“修改>圆角”命令，指定圆角半径为10，将矩形进行倒圆角处理；执行“修改>偏移”命令，将圆向内偏移5，将矩形向外偏移5，如图122-10所示。

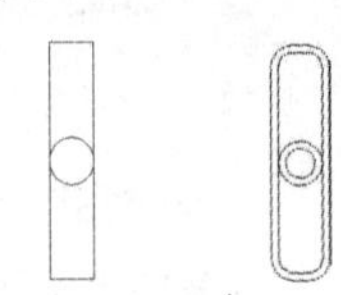

图122-9　　图122-10

09 执行“修改>镜像”命令，将把手镜像复制到另一侧，如图122-11所示。

图122-11

练习122

练习位置	DVD>练习文件>第3章>练习122
难易指数	★☆☆☆☆
技术掌握	巩固“直线”、“矩形”、“偏移”、“复制”和“镜像”等命令的使用方法。

操作指南

参照“实战122 门3（立面）”案例进行制作。

执行“绘图>矩形”、“绘图>直线”、“修改>偏移”、“修改>复制”与“修改>镜像”命令，绘制玻璃门。练习最终效果如图122-12所示。

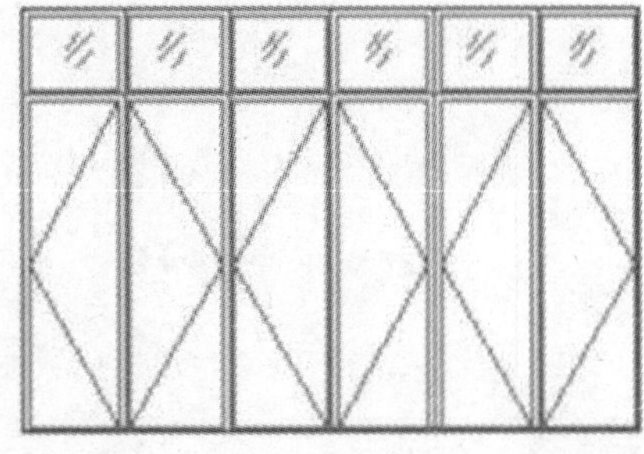

图122-12

实战123 门（剖面图）

实战位置	DVD>实战文件>第3章>实战123
视频位置	DVD>多媒体教学>第3章>实战123
难易指数	★★☆☆☆
技术掌握	掌握“矩形”、“直线”和“定数等分”等命令。

实战介绍

运用“矩形”、“直线”与“定数等分”命令，绘制门的剖面图。本例最终效果如图123-1所示。

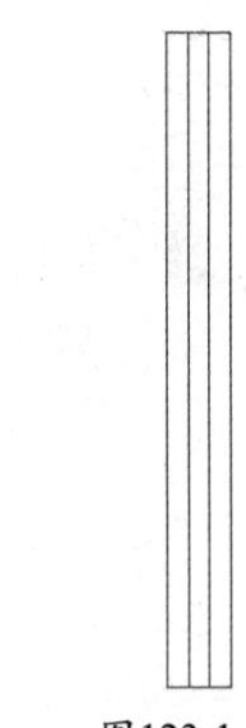

图123-1

制作思路

• 绘制门框。

• 绘制门的剖面图，完成门（剖面图）的绘制并将其保存。

制作流程

门（剖面图）的制作流程如图123-2所示。

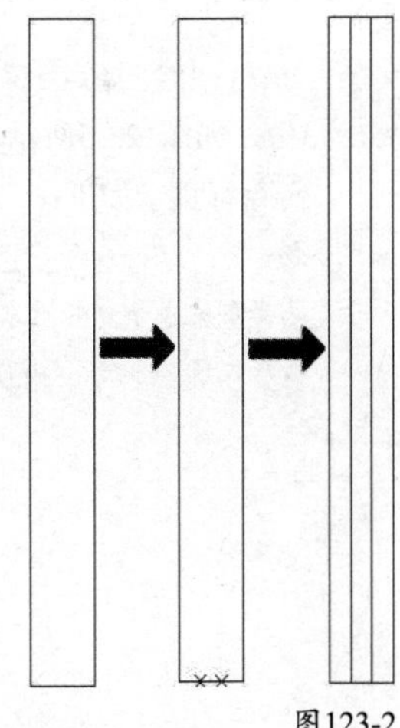

图123-2

01 打开AutoCAD 2013中文版软件，执行“绘图>矩形”命令，绘制门的外轮廓线，如图123-3所示。

命令行提示如下：

```
命令: _rectang
指定第一个角点或 [倒角(C)/标高(E)/圆角(F)/厚度(T)/宽度(W)]:
指定另一个角点或 [面积(A)/尺寸(D)/旋转(R)]: @200,2000
```

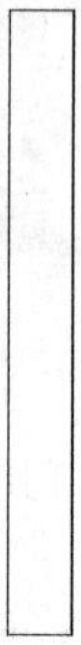

图123-3

02 执行“修剪>分解”命令，将矩形分解。

03 执行“格式>点样式”命令，选择叉号样式，如图123-4所示。

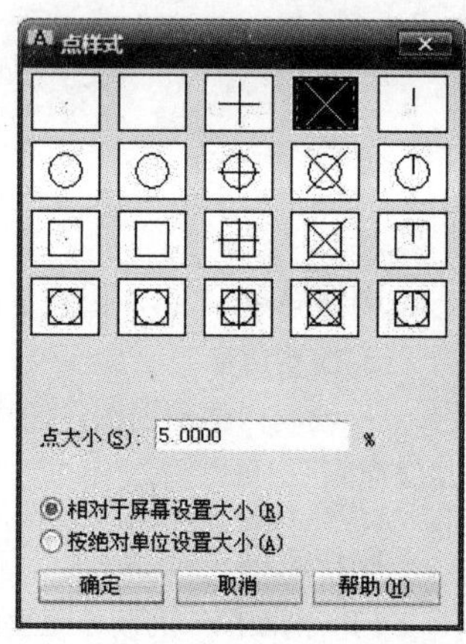

图123-4

04 执行“绘图>点>定数等分”命令，将矩形下边边等分为3份，如图123-5所示。

命令行提示如下：

```
命令：_divide
选择要定数等分的对象：
输入线段数目或 [块(B)]：3
```

图123-5

05 执行“绘图>直线”命令，配合“正交”功能，绘制过等分点的直线；执行“修改>删除”命令，删除等分点，如图123-6所示。

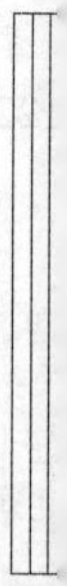

图123-6

练习123

练习位置	DVD>练习文件>第3章>练习123
难易指数	★☆☆☆☆
技术掌握	巩固“直线”、“矩形”、“圆弧”和“镜像”等命令的使用方法。

操作指南

参照“实战123 双开门”案例进行制作。

首先执行“绘图>矩形”、“绘图>直线”与“绘图>圆弧”命令，绘制双开门的左半部分；然后执行“修改>镜像”命令，镜像得到双开门的右半部分。练习最终效果如图123-7所示。

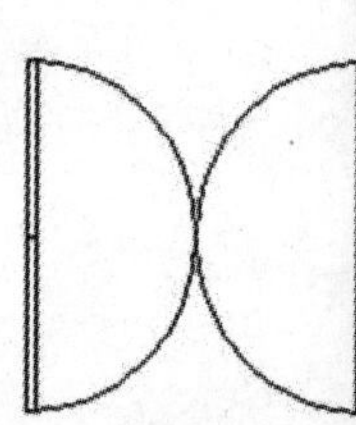

图123-7

实战124 家居门

实战位置	DVD>实战文件>第3章>实战124
视频位置	DVD>多媒体教学>第3章>实战124
难易指数	★★☆☆☆
技术掌握	掌握“矩形”、“直线”、“多段线”、“圆”、“偏移”和“镜像”等命令。

实战介绍

运用“矩形”与“偏移”命令，绘制门框；利用“多段线”、“矩形”、“直线”与“镜像”命令，绘制家居门的图案；利用“圆”、“多段线”与“偏移”命令，绘制把手。本例最终效果如图124-1所示。

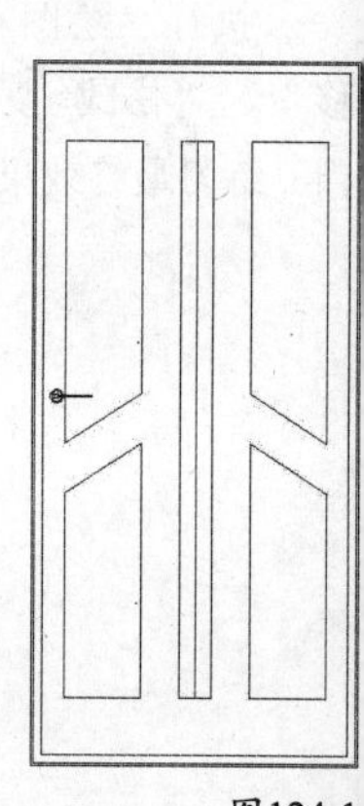

图124-1

制作思路

- 绘制门框及图案。
- 绘制把手，完成家居门的绘制并将其保存。

制作流程

家居门的制作流程如图124-2所示。

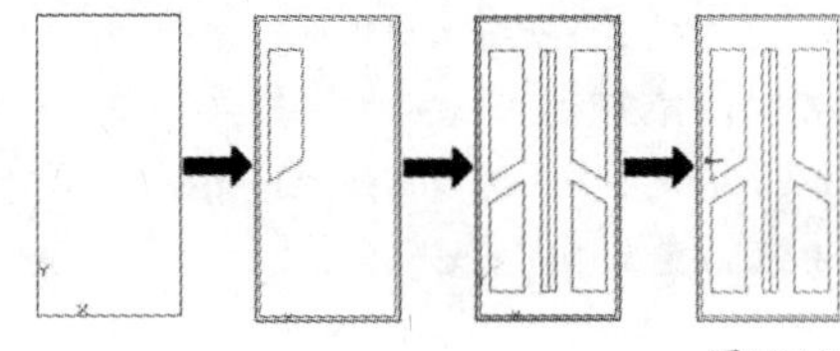

图124-2

1. 绘制门框及图案

01 打开AutoCAD 2013中文版软件，执行“绘图>矩形”命令，以点（0，0）为起点，绘制一个长2040、宽4200的矩形，如图124-3所示。

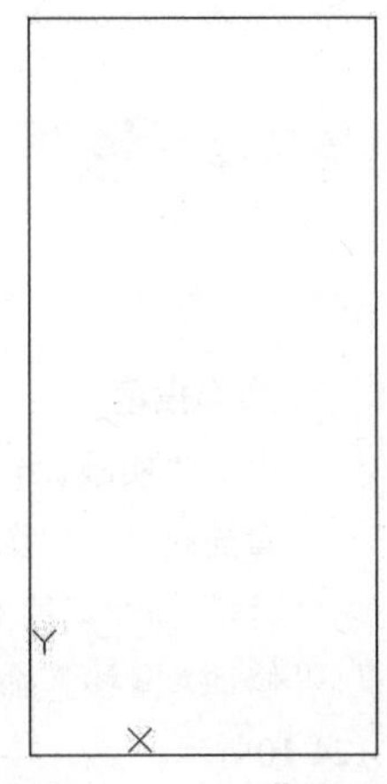

图124-3

02 执行“修改>偏移”命令，将矩形向内依次偏移15、50，如图124-4所示。

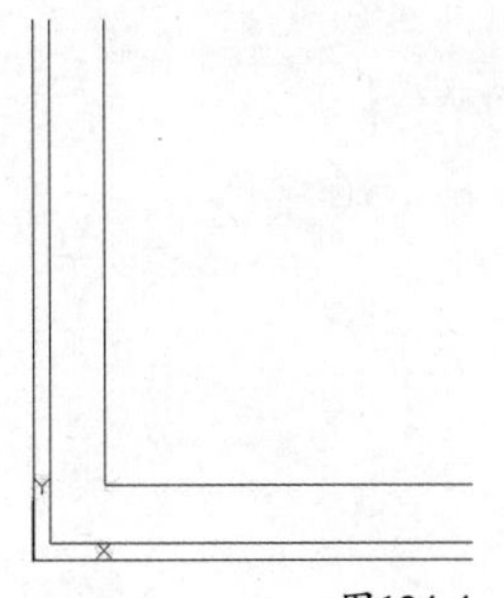

图124-4

03 执行“绘图>多段线”命令，以点（200，3720）为起点绘制多段线，如图124-5所示。

命令行提示如下：

```
命令：_pline
指定起点：200,3720
当前线宽为 0.0000
    指定下一个点或 [圆弧(A)/半宽(H)/长度(L)/放弃(U)/宽度(W)]：@480,0
    指定下一点或 [圆弧(A)/闭合(C)/半宽(H)/长度(L)/放弃(U)/宽度(W)]：@0,-1500
    指定下一点或 [圆弧(A)/闭合(C)/半宽(H)/长度(L)/放弃(U)/宽度(W)]：@-480,-300
    指定下一点或 [圆弧(A)/闭合(C)/半宽(H)/长度(L)/放弃(U)/宽度(W)]：c
```

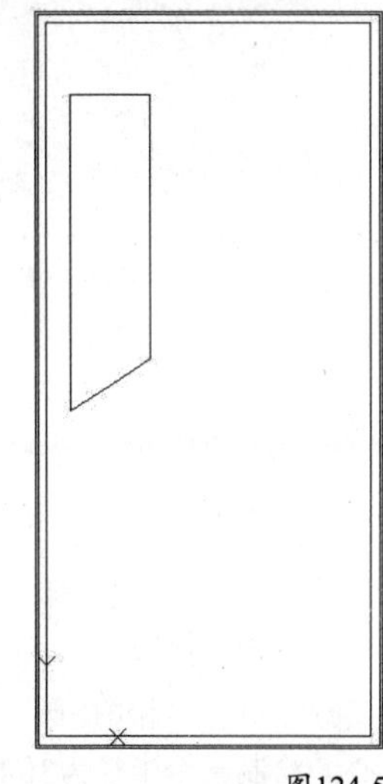

图124-5

04 重复执行“绘图>多段线”命令，以点（200，405）为起点绘制多段线；执行“修改>镜像”命令，以门外轮廓水平边的垂直中线为镜像线，镜像图形，如图124-6所示。

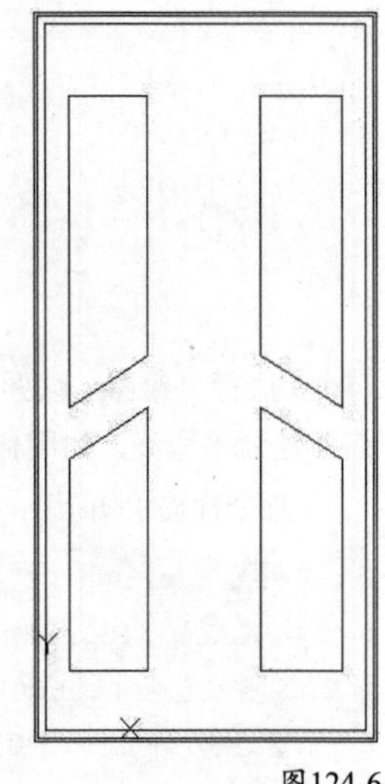

图124-6

05 执行“绘图>矩形”命令，以点（920，3720）为起点，绘制一个长200、宽3315的矩形；执行“绘图>直线”命令，以矩形的上下水平边的中点为起点和终点绘制直线，如图124-7所示。

命令行提示如下：

```
命令：_rectang
指定第一个角点或 [倒角(C)/标高(E)/圆角(F)/厚度(T)/宽度(W)]：920,3720
指定另一个角点或 [面积(A)/尺寸(D)/旋转(R)]：@200,3315
```

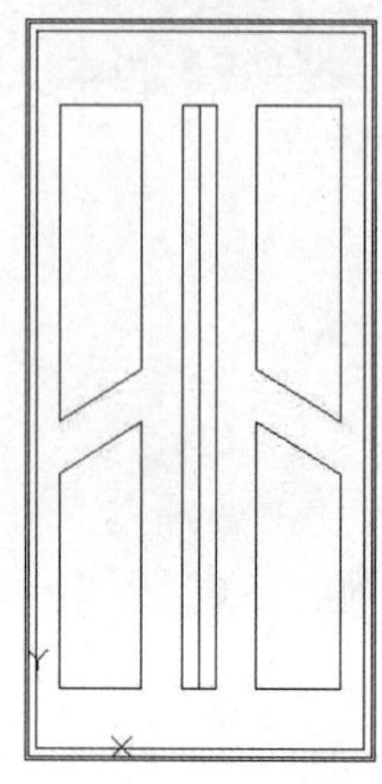

图124-7

2. 绘制把手

01 执行“绘图>圆”命令，以点（150，2200）为圆心，绘制一个半径为30的圆；执行“修改>偏移”命令，将圆向外偏移10、向内偏移20，如图124-8所示。

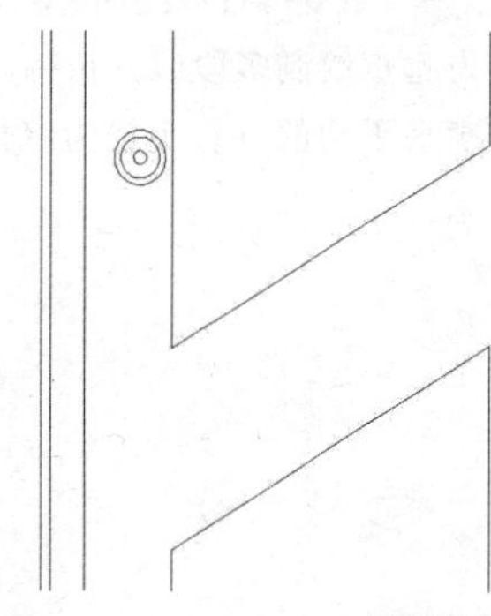

图124-8

02 执行“绘图>多段线”命令，以点（130，2210）为起点绘制多段线，如图124-9所示。

命令行提示如下：

```
命令：_pline
指定起点：130,2210
当前线宽为 0.0000
指定下一个点或 [圆弧(A)/半宽(H)/长度(L)/放弃(U)/宽度(W)]：@30,0
指定下一点或 [圆弧(A)/闭合(C)/半宽(H)/长度(L)/放弃(U)/宽度(W)]：@10,-5
指定下一点或 [圆弧(A)/闭合(C)/半宽(H)/长度(L)/放弃(U)/宽度(W)]：@200,0
指定下一点或 [圆弧(A)/闭合(C)/半宽(H)/长度(L)/放弃(U)/宽度(W)]：@0,-10
指定下一点或 [圆弧(A)/闭合(C)/半宽(H)/长度(L)/放弃(U)/宽度(W)]：@-200,0
指定下一点或 [圆弧(A)/闭合(C)/半宽(H)/长度(L)/放弃(U)/宽度(W)]：@-10,-5
指定下一点或 [圆弧(A)/闭合(C)/半宽(H)/长度(L)/放弃(U)/宽度(W)]：@-30,0
指定下一点或 [圆弧(A)/闭合(C)/半宽(H)/长度(L)/放弃(U)/宽度(W)]：c
```

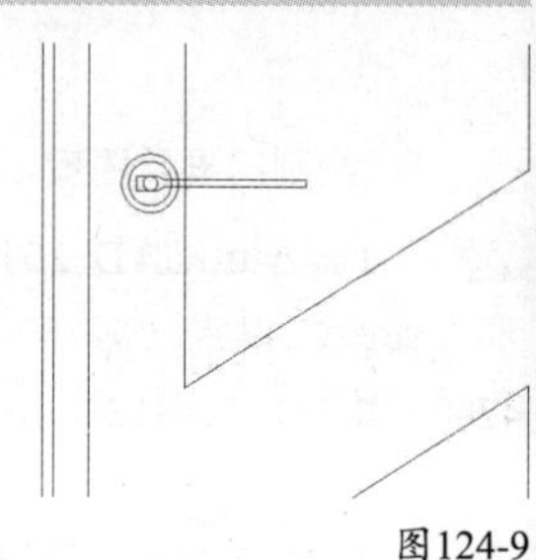

图124-9

练习124

练习位置	DVD>练习文件>第3章>练习124
难易指数	★☆☆☆☆
技术掌握	固“多线”、“圆”、“偏移”和“图案填充”等命令的使用方法。

操作指南

参照“实战124 家居门”案例进行制作。

首先执行“绘图>多线”、“绘图>图案填充”与“修改>偏移”命令，绘制门框及图案；然后执行“绘图>圆”与“修改>偏移”命令，绘制把手。练习最终效果如图124-10所示。

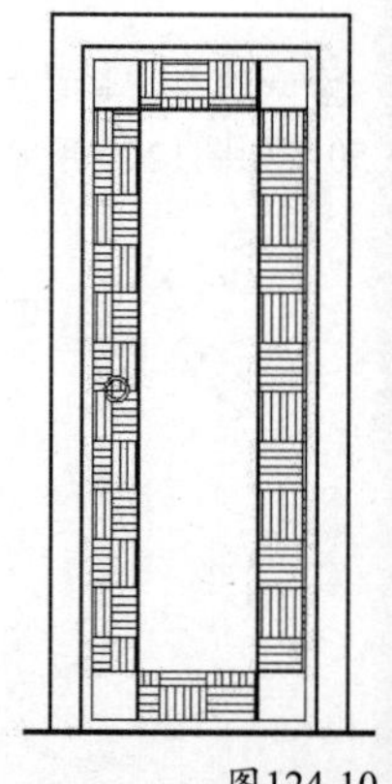

图124-10

实战125 双扇门

实战位置	DVD>实战文件>第3章>实战125
视频位置	DVD>多媒体教学>第3章>实战125
难易指数	★★★☆☆
技术掌握	掌握“矩形”、“直线”、“圆弧”、“偏移”、“图案填充”和“镜像”等命令。

实战介绍

运用“矩形”、“直线”与“偏移”命令，绘制门框；利用“矩形”、“圆弧”与“图案填充”命令，绘制单扇门；利用“圆”命令，绘制把手；利用“镜像”命令，镜像单扇门。本例最终效果如图125-1所示。

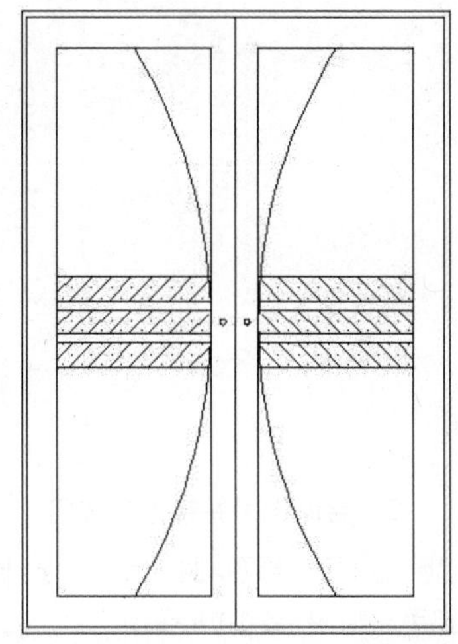
图125-1

制作思路

- 绘制单扇门。
- 绘制把手，并镜像单扇门，完成双扇门的绘制并将其保存。

制作流程

双扇门的制作流程如图125-2所示。

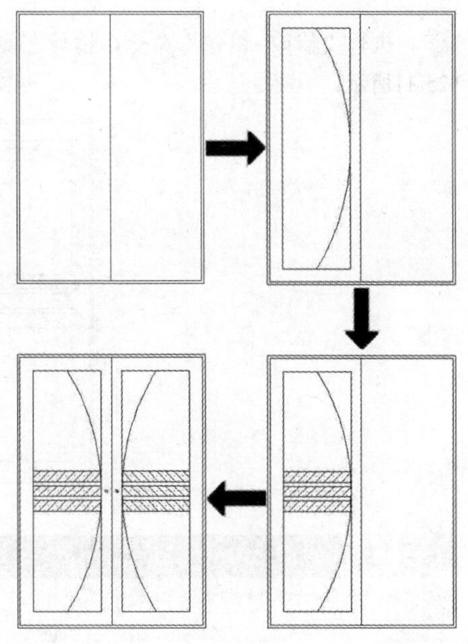
图125-2

1. 绘制单扇门

01 打开AutoCAD 2013中文版软件，执行“绘图>矩形”命令，以点（0，0）为起点，绘制一个长1400、宽2040的矩形，如图125-3所示。

图125-3

02 执行“修改>偏移”命令，将矩形向内偏移20；执行“绘图>直线”命令，配合“中点捕捉”功能，绘制门框中心线，如图125-4所示。

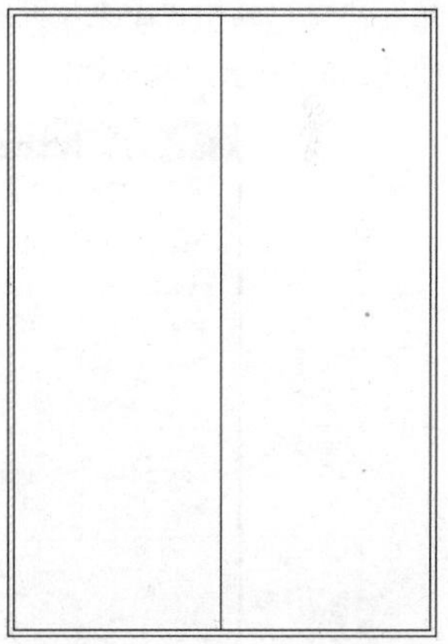
图125-4

03 执行“绘图>矩形”命令，配合“捕捉自”功能，以内框的左下角点为基点，绘制一个长520、宽1800的矩形，如图125-5所示。

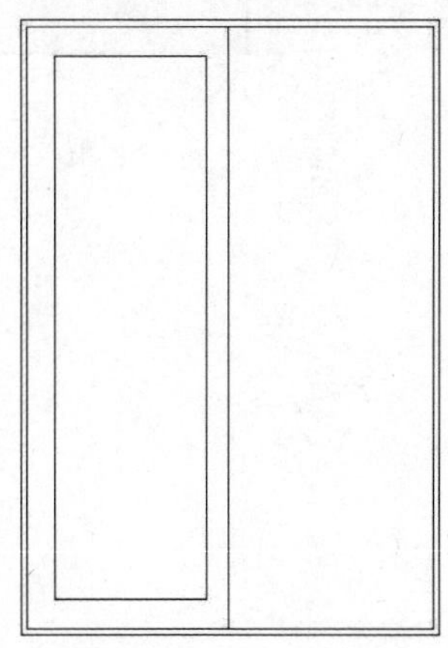
图125-5

04 执行“绘图>圆弧”命令，配合“中点捕捉”功能，绘制圆弧，如图125-6所示。

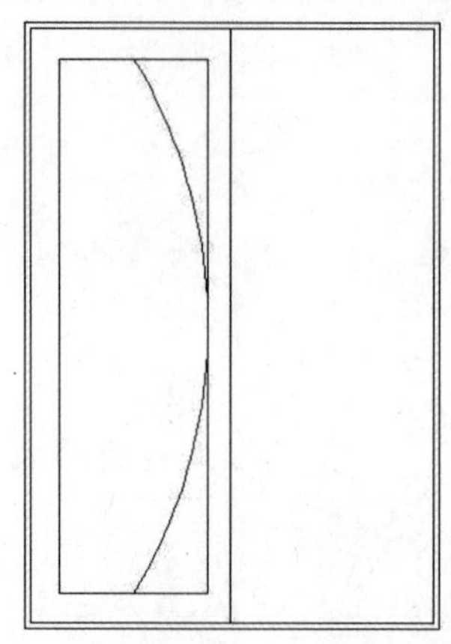

图125-6

05 执行“绘图>矩形”命令，配合“捕捉自”功能，以刚绘制的矩形的左下角点为基点，以点（@0，750）为左下角点，绘制长520、宽80的矩形；执行“绘图>图案填充”命令，弹出“图案填充和渐变色”对话框，设置参数如图125-7所示，填充效果如图125-8所示。

图125-7

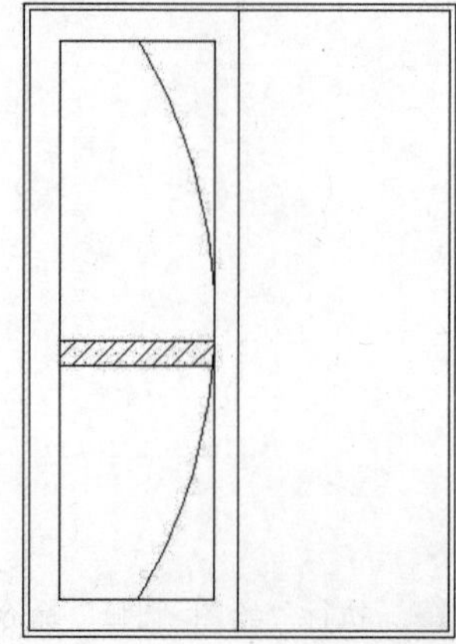

图125-8

06 执行“修改>复制”命令，将填充后的矩形向上复制两个，如图125-9所示。

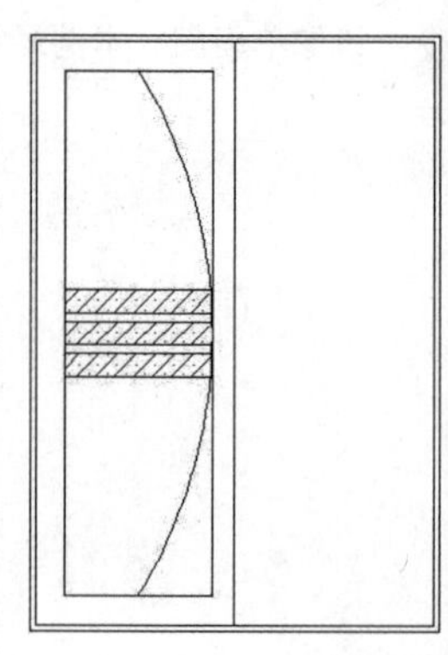

图125-9

2. 绘制把手并镜像单扇门

01 执行“绘图>圆”命令，绘制一个半径为10的圆作为把手，如图125-10所示。

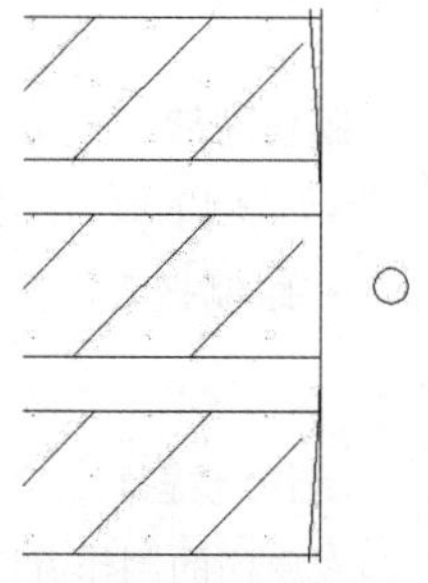

图125-10

02 执行“修改>镜像”命令，镜像左侧单扇门，如图125-11所示。

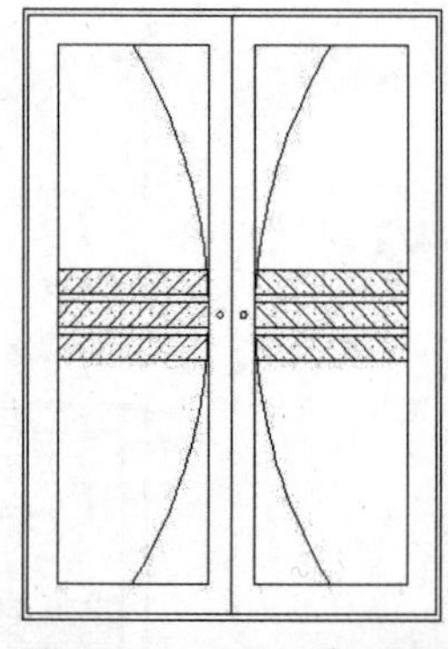

图125-11

练习125

练习位置	DVD>练习文件>第3章>练习125
难易指数	★☆☆☆☆
技术掌握	巩固“矩形”、“直线”、“圆弧”、“偏移”、“修剪”和“镜像”等命令的使用方法。

操作指南

参照“实战125 双扇门”案例进行制作。

首先执行“绘图>矩形”、“绘图>直线”与“修改>偏移”命令，绘制门框；然后执行“绘图>直线”、“绘图>圆弧”、“修改>偏移”与“修改>镜像”命令，绘制图案。练习最终效果如图125-12所示。

图125-12

实战126　木门（立面图）

实战位置	DVD>实战文件>第3章>实战126
视频位置	DVD>多媒体教学>第3章>实战126
难易指数	★★★☆☆
技术掌握	掌握“矩形”、“多线”、“多段线”、“圆”、“椭圆”、“圆环”、“偏移”、“修剪”、“镜像”和“阵列”等命令。

实战介绍

运用“矩形”、“多线”和“多段线”命令，绘制门框；利用“矩形”、“多段线”、“圆”、“椭圆”、“偏移”、“修剪”、“阵列”和“镜像”命令，绘制图案，利用“圆环”命令，绘制把手；利用“多段线”命令，镜像水平示意线。本例最终效果如图126-1所示。

图126-1

制作思路

• 绘制门框与图案。

• 绘制把手与水平示意线，完成木门（立面图）的绘制并将其保存。

制作流程

木门（立面图）的制作流程如图126-2所示。

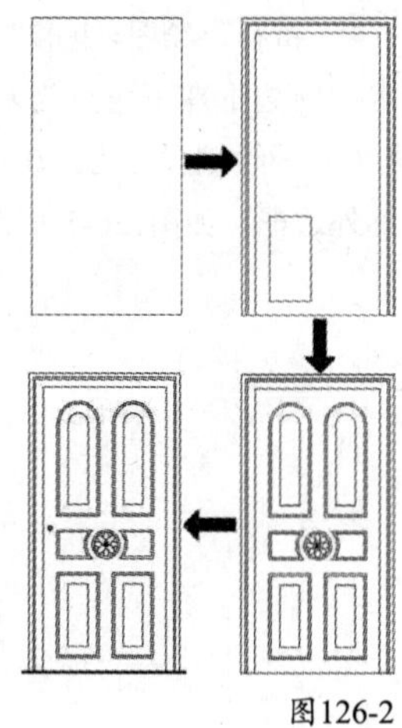

图126-2

1. 绘制门框与图案

01 打开AutoCAD 2013中文版软件，执行“绘图>矩形”命令，绘制一个长1200、宽2200的矩形，如图126-3所示。

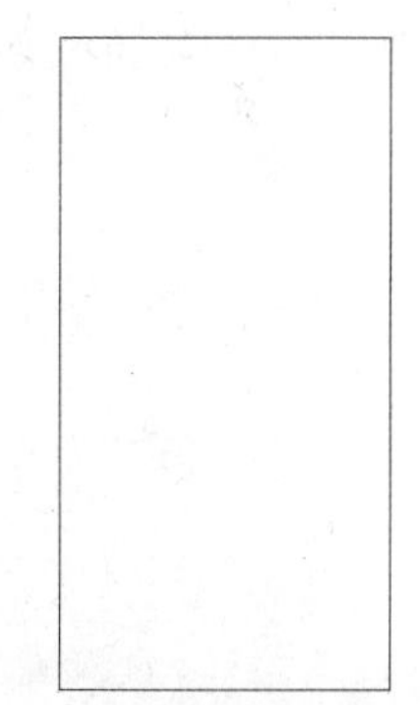

图126-3

02 执行“绘图>多线”命令，配合“捕捉自”和“正交”功能，以矩形的左下角点为基点，设置“对正”方式为“上”，“比例”为“15”，偏移距离为（@30，0），指定下一点坐标为（@0，2070）、（@1040，0）、（@0，-2070），绘制门的装饰线条。

03 执行“绘图>多段线”命令，配合“捕捉自”和“正交”功能，以矩形的左下角点为基点，设置偏移距离为（@100，0），绘制木门的内边框，如图126-4所示。

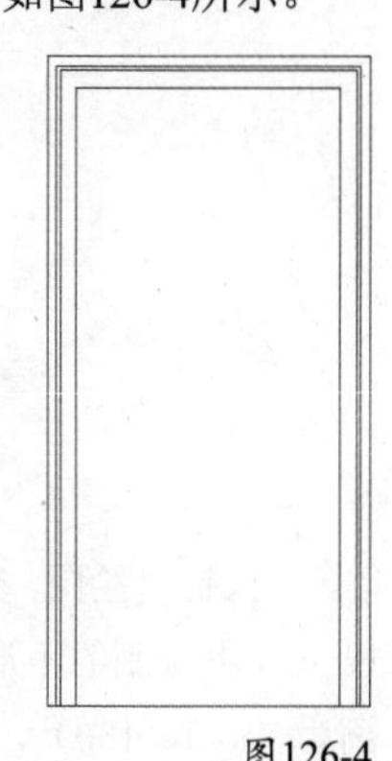

图126-4

04 执行“绘图>矩形”命令，配合“捕捉自”功能，以木门内边框左下角点为基点，设置偏移距离为（@100，100），绘制尺寸为300×600的矩形，作为门扇下部的装饰外边框，如图126-5所示。

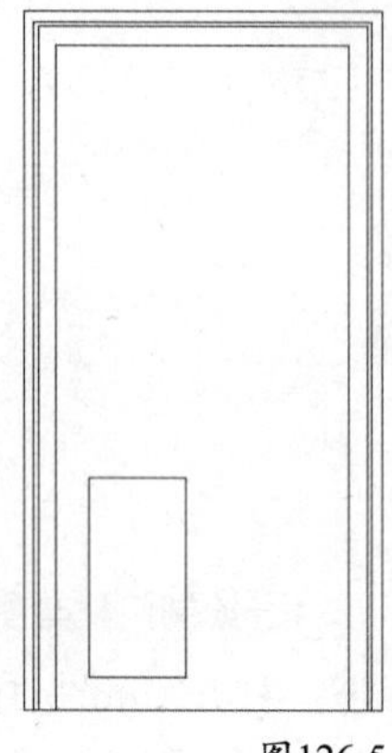

图126-5

05 执行“修改>偏移”命令，将上一步绘制的矩形依次向内偏移15、65，如图126-6所示。

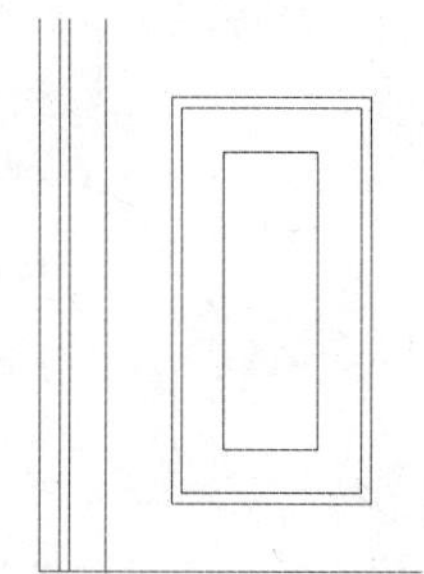

图126-6

06 执行“绘图>矩形”命令，配合“捕捉自”功能，以门扇下部装饰外边框左上角点为基点，设置偏移距离为（@0，100），绘制尺寸为300×200的矩形；执行“修改>偏移”命令，将绘制好的矩形向内偏移15，如图126-7所示。

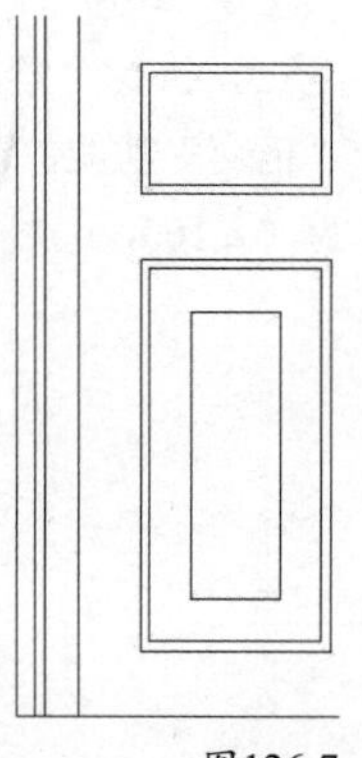

图126-7

07 执行“绘图>多段线”命令，配合“捕捉自”功能，以上一步绘制的矩形外边框左上角点为基点，设置偏移距离为（@0，100），绘制多段线，如图126-8所示。

命令行提示如下：

```
命令: _pline
指定起点:
当前线宽为 0.0000
指定下一个点或 [圆弧(A)/半宽(H)/长度(L)/放弃(U)/宽度(W)]: _from 基点: <偏移>: @0,100
指定下一点或 [圆弧(A)/闭合(C)/半宽(H)/长度(L)/放弃(U)/宽度(W)]: 650
指定下一点或 [圆弧(A)/闭合(C)/半宽(H)/长度(L)/放弃(U)/宽度(W)]: A
指定圆弧的端点或
[角度(A)/圆心(CE)/闭合(CL)/方向(D)/半宽(H)/直线(L)/半径(R)/第二个点(S)/放弃(U)/宽度(W)]: 300
指定圆弧的端点或
[角度(A)/圆心(CE)/闭合(CL)/方向(D)/半宽(H)/直线(L)/半径(R)/第二个点(S)/放弃(U)/宽度(W)]: L
指定下一点或 [圆弧(A)/闭合(C)/半宽(H)/长度(L)/放弃(U)/宽度(W)]: 650
指定下一点或 [圆弧(A)/闭合(C)/半宽(H)/长度(L)/放弃(U)/宽度(W)]: c
```

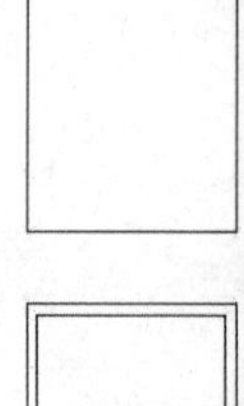

图126-8

08 执行“修改>偏移”命令，将绘制好的多段线依次向内偏移15、65，如图126-9所示。

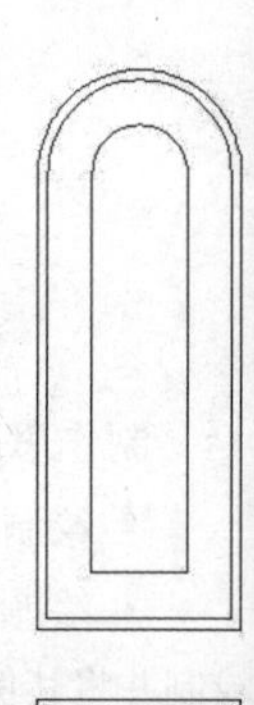

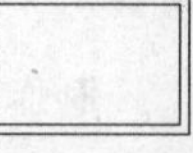

图126-9

09 执行“绘图>圆”命令，配合“对象追踪”功能，以木门外边框的横向中点和第6步所绘制的矩形的竖向中点的追踪线的交叉点为圆心，绘制一个半径为155的圆，作为中心雕花装饰的外边框，如图126-10所示。

图126-10

10 执行“修改>偏移”命令，将绘制好的圆依次向内偏移15、40、15，如图126-11所示。

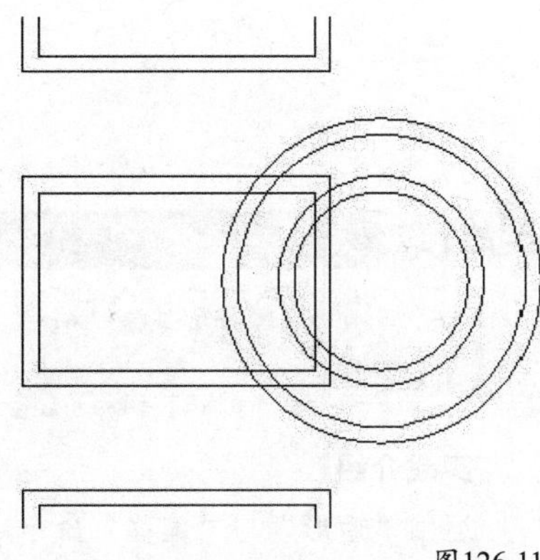

图126-11

11 执行“修改>修剪”命令，对中部的矩形框和圆进行修剪，如图126-12所示。

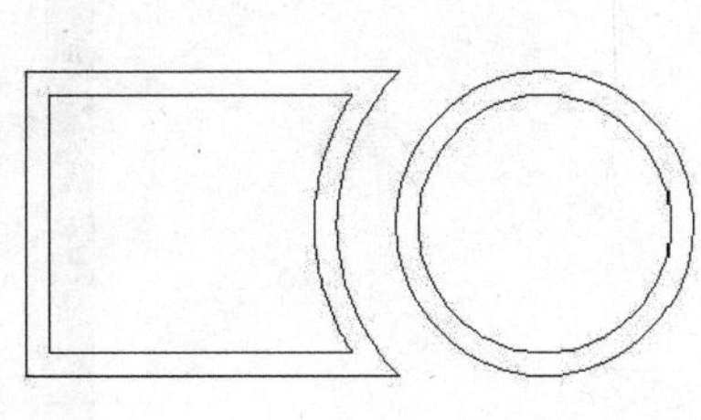

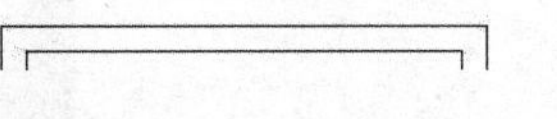

图126-12

12 执行“绘图>椭圆”命令，以中心圆内框的上部象限点和圆心为椭圆长轴的两个端点，指定短轴长度为40，绘制一片椭圆形花瓣，如图126-13所示。

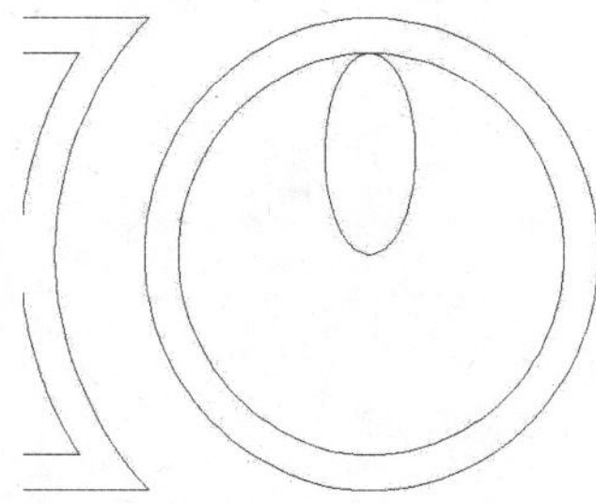

图126-13

13 在命令栏中输入“ARRAYCLASSIC”，弹出“阵列”对话框，设置参数如图126-14所示，阵列效果如图126-15所示。

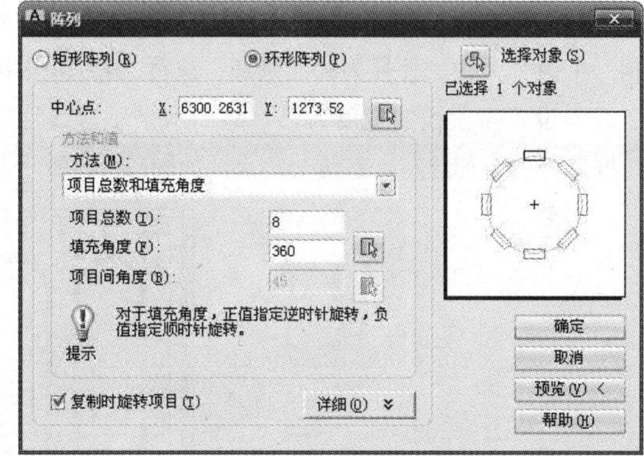

图126-14

图126-15

14 执行“修改>修剪”命令，对上一步阵列的花瓣进行修剪，如图126-16所示。

图126-16

15 执行“修改>镜像”命令，以外门框的上、下边框的中点为镜像的基点，将门扇的左半部分镜像复制到右半部分，如图126-17所示。

图126-17

2. 绘制把手与水平示意线

01 执行“绘图>圆环”命令，配合“捕捉自”功能，绘制一个内径为20、外径为30的圆环；执行“绘图>多段线”命令，设置多段线的宽度为15，绘制水平示意线连接木门门框最外侧下部的左、右两个角点，如图126-18所示。

图126-18

02 执行“修改>拉长”命令，设置“增量（DE）”为100，将上一步所绘制的水平示意线的两边分别拉长，如图126-19所示。

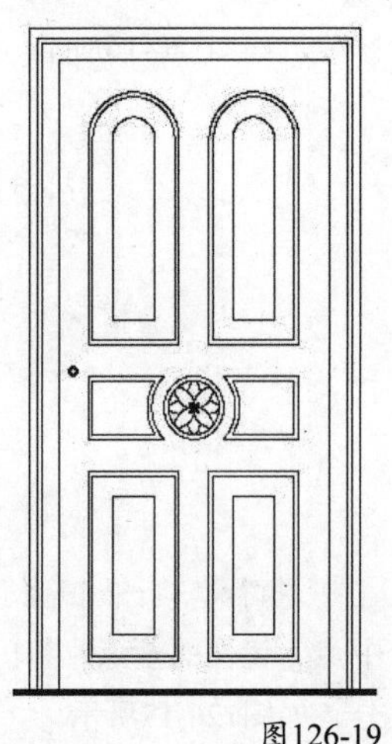
图126-19

练习126

练习位置	DVD>练习文件>第3章>练习126
难易指数	★★☆☆☆
技术掌握	巩固“矩形”、“圆弧”、“偏移”和“修剪”等命令的使用方法。

操作指南

参照“实战126 木门（立面图）”案例进行制作。

首先执行“绘图>矩形”与“修改>偏移”命令，绘制门框；然后执行“绘图>矩形”、“绘图>圆弧”、“修改>偏移”与“修改>修剪”命令，绘制图案及把手。练习的最终效果如图126-20所示。

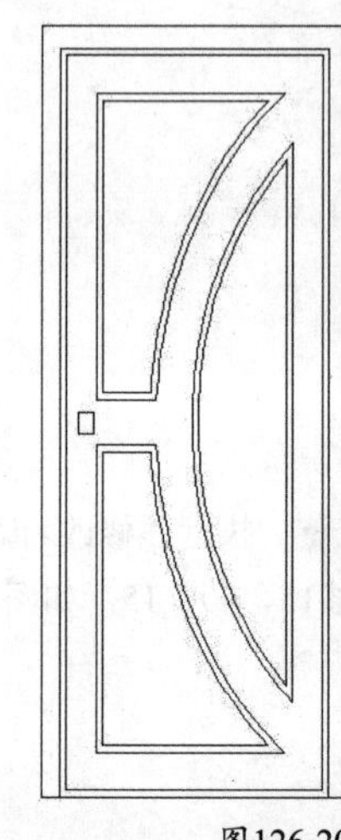
图126-20

实战127 大门

实战位置	DVD>实战文件>第3章>实战127
视频位置	DVD>多媒体教学>第3章>实战127
难易指数	★★★☆☆
技术掌握	掌握“矩形”、“直线”、“圆”、“偏移”、“修剪”、“阵列”和“图案填充”等命令。

实战介绍

运用“矩形”与“偏移”命令，绘制门轮廓线；利用“直线”、“圆”、“修剪”与“阵列”命令，绘制图案；利用“图案填充”命令，填充图案。本例最终效果如图127-1所示。

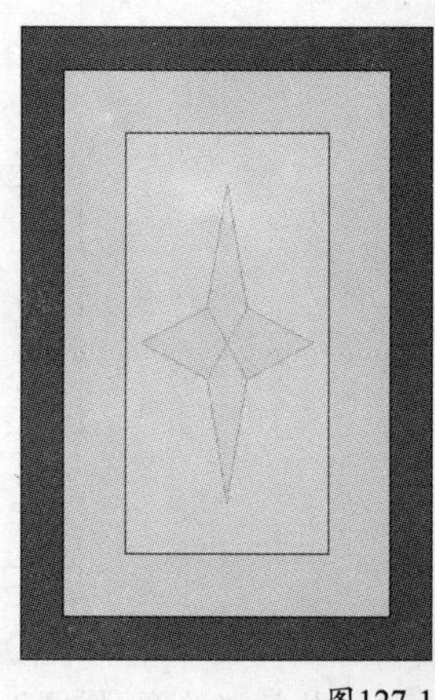
图127-1

制作思路

- 绘制门轮廓线。
- 绘制图案，完成大门的绘制并将其保存。

制作流程

大门的制作流程如图127-2所示。

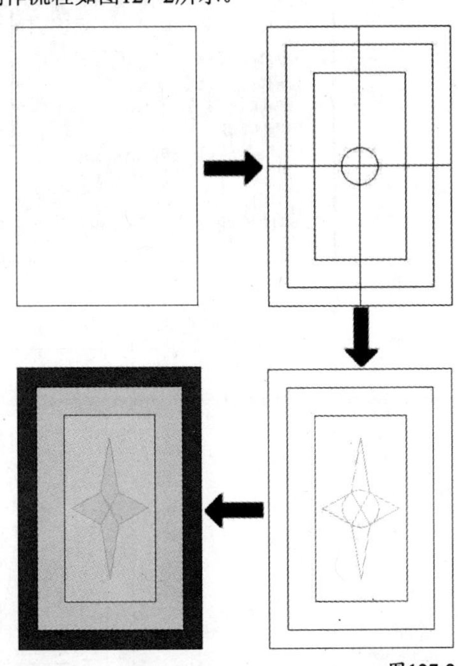

图127-2

1. 绘制门轮廓线

01 打开AutoCAD 2013中文版软件，执行“绘图>矩形”命令，绘制一个长1000、宽1500的矩形，如图127-3所示。

命令行提示如下：

```
命令: _rectang
指定第一个角点或 [倒角(C)/标高(E)/圆角(F)/厚度(T)/宽度(W)]:
指定另一个角点或 [面积(A)/尺寸(D)/旋转(R)]: @1000,1500
```

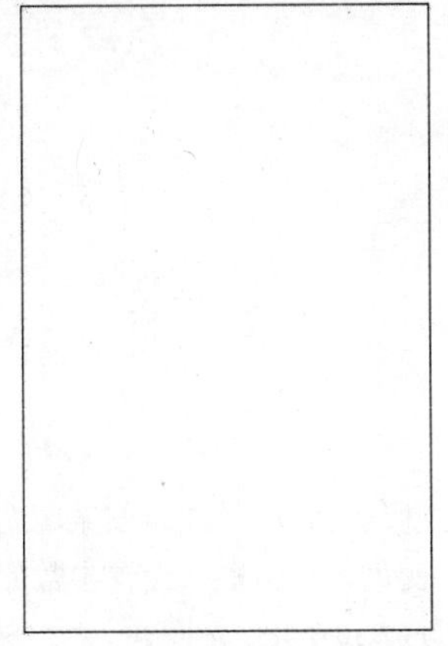

图127-3

02 执行“修改>偏移”命令，将上一步绘制的矩形向内偏移100、150，如图127-4所示。

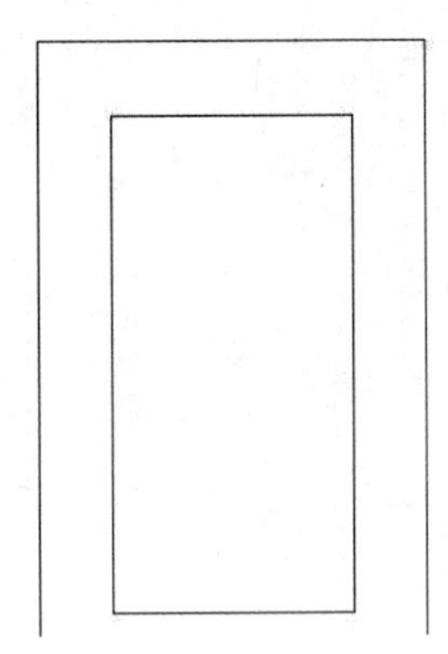

图127-4

2. 绘制图案

01 执行“绘图>直线”命令，绘制两条辅助线，其交点为矩形中心；执行“绘图>圆”命令，以交点为圆心绘制一个半径为100的圆，如图127-5所示。

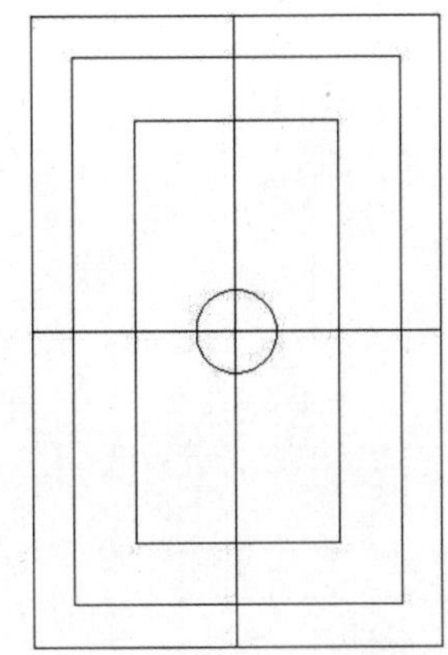

图127-5

02 执行“工具>绘图设置”命令，弹出“草图设置”对话框，设置极轴角度，如图127-6所示。

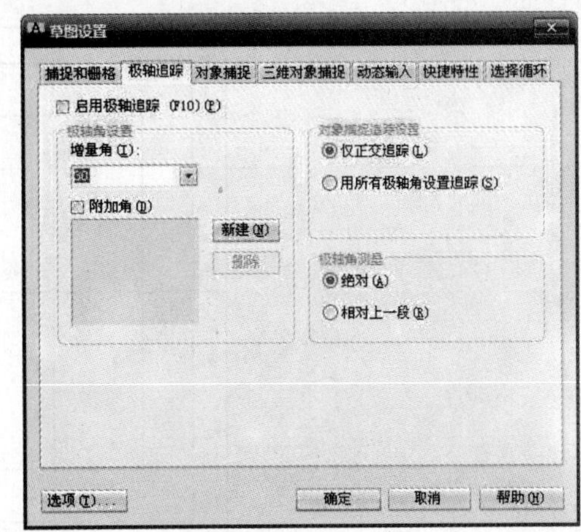

图127-6

03 执行“绘图>直线”命令，配合“极轴”功能，绘制直线，如图127-7所示。

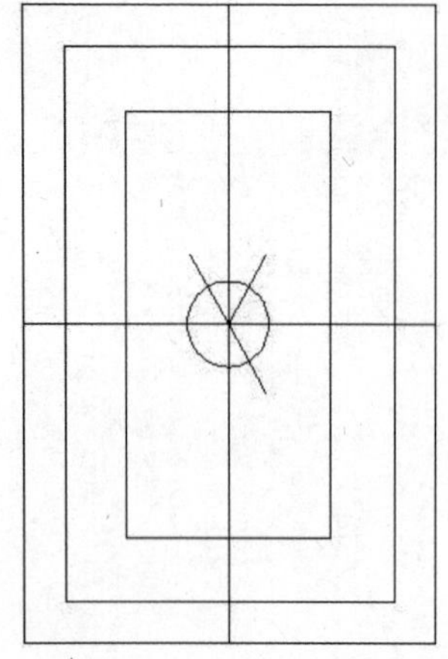

图127-7

04 执行“绘图>直线”命令，捕捉直线和圆的交点，绘制直线，如图127-8所示。

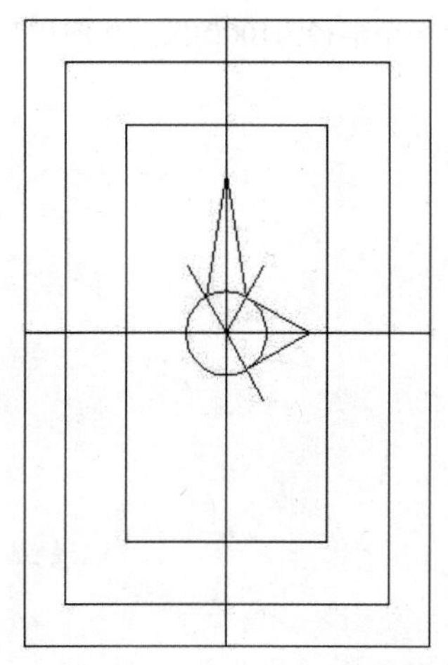

图127-8

05 执行“修改>修剪”命令，修剪掉多余的直线，如图127-9所示。

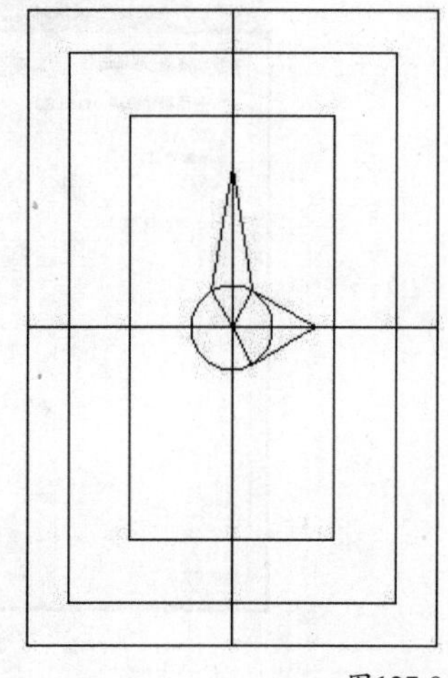

图127-9

06 在命令行中输入“ARRAYCLASSIC”，弹出“阵列”对话框，设置参数如图127-10所示，阵列效果如图127-11所示。

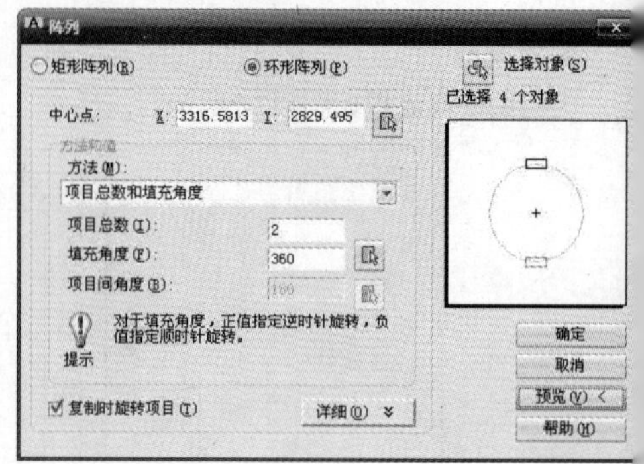

图127-10

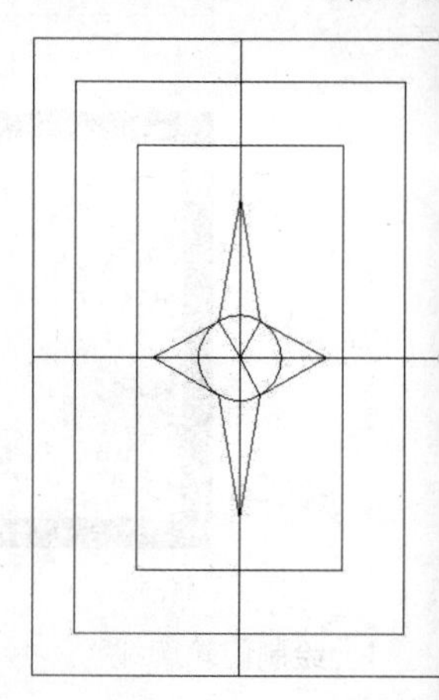

图127-11

07 执行“格式>颜色”命令，选择内部矩形框，在颜色下拉列表中选择蓝色；采用同样的方法设置中间4个菱形的颜色为黄色，如图127-12所示。

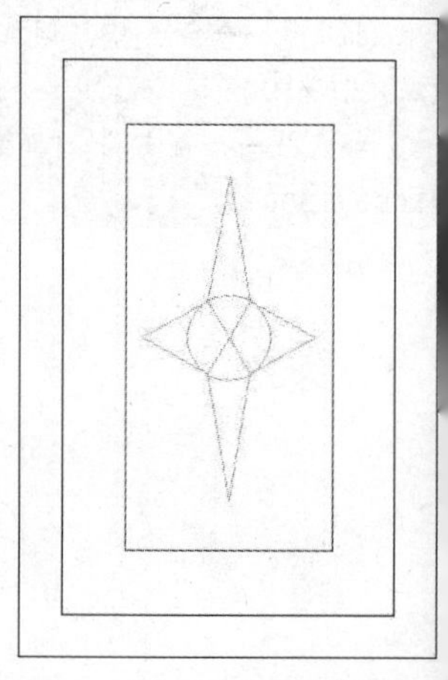

图127-12

08 执行“绘图>图案填充”命令，弹出“图案填充和渐变色”对话框，设置参数如图127-13所示，填充效果如图127-14所示。

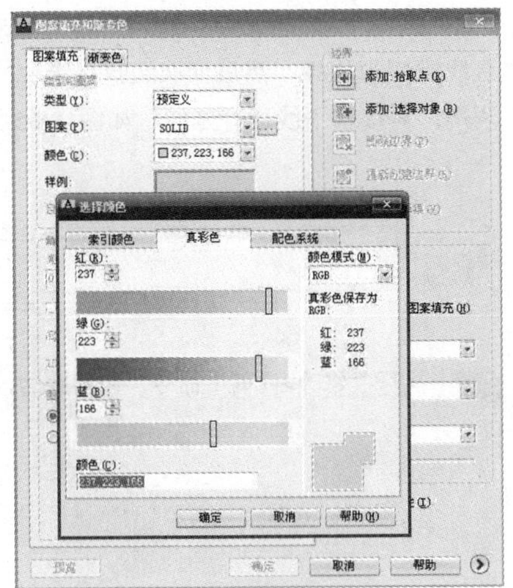

图127-13

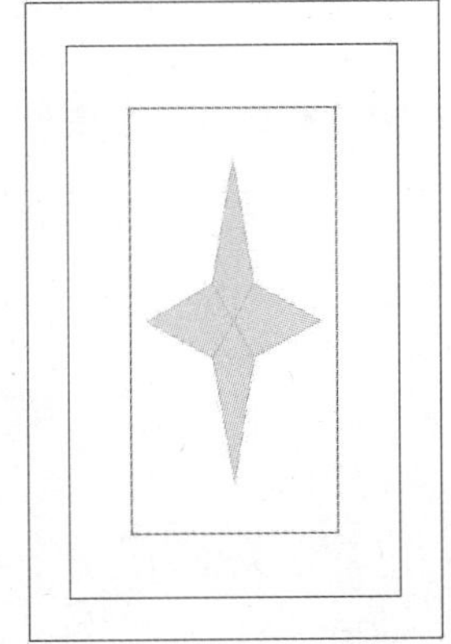

图127-14

09 重复执行“绘图>图案填充”命令，图案填充其他区域，如图127-15所示。

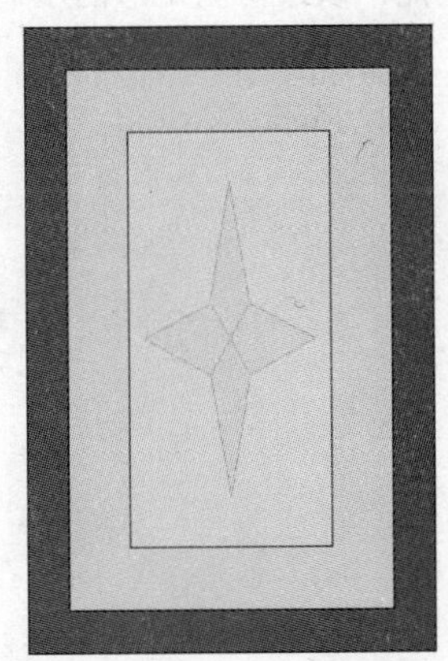

图127-15

练习127

练习位置	DVD>练习文件>第3章>练习127
难易指数	★★☆☆☆
技术掌握	巩固“矩形”、“直线”、“分解”、“偏移”、“图案填充”和“镜像”等命令的使用方法。

操作指南

参照“实战127 大门”案例进行制作。

首先执行“绘图>矩形”、“修改>分解”与“修改>偏移”命令，绘制门框；然后执行“绘图>矩形”、“绘图>直线”、“绘图>图案填充”与“修改>镜像”命令，绘制图案。练习最终效果如图127-16所示。

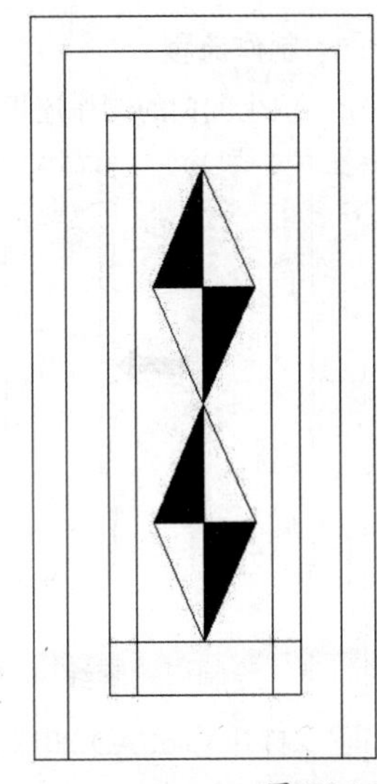

图127-16

实战128　卫生间门

实战位置	DVD>实战文件>第3章>实战128
视频位置	DVD>多媒体教学>第3章>实战128
难易指数	★★★☆☆
技术掌握	掌握“矩形”、“直线”、“圆”、“偏移”、“修剪”和“阵列”等命令。

实战介绍

运用“矩形”、“直线”、“偏移”与“修剪”命令，绘制轮廓；利用“矩形”、“偏移”与“阵列”命令，绘制百叶窗；利用“圆”与“偏移”命令，绘制把手。本例最终效果如图128-1所示。

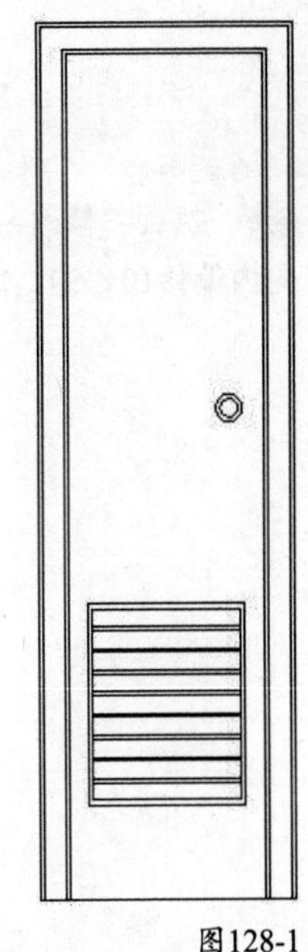

图128-1

制作思路

• 绘制轮廓。

• 绘制百叶窗与把手，完成卫生间门的绘制并将其保存。

制作流程

卫生间门的制作流程如图128-2所示。

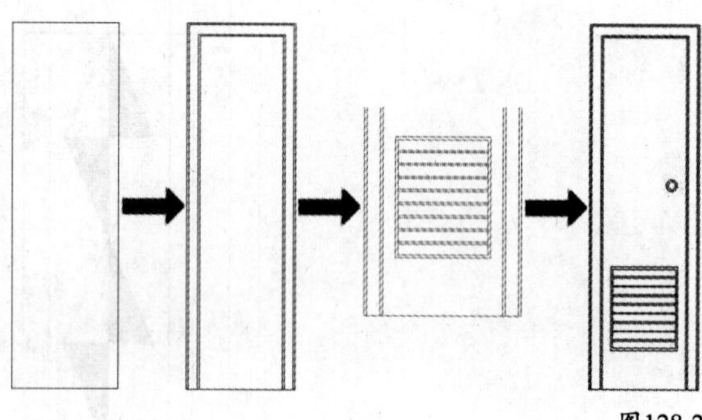

图128-2

1. 绘制门轮廓线

01 打开AutoCAD 2013中文版软件，执行“绘图>矩形”命令，绘制一个长590、宽2000的矩形，如图128-3所示。

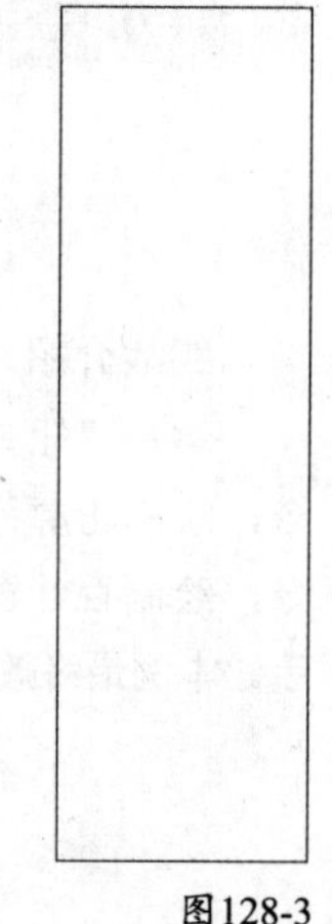

图128-3

02 执行“修改>偏移”命令，将上一步绘制的矩形依次向内偏移10、50、10，如图128-4所示。

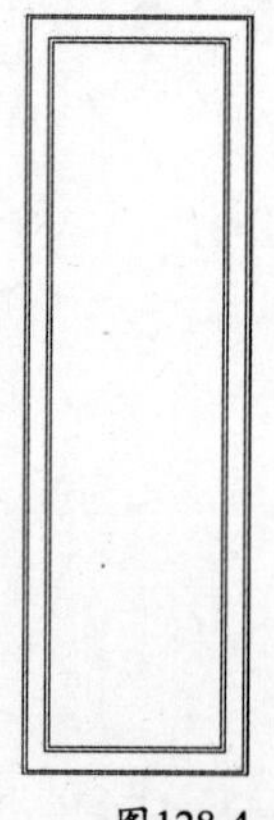

图128-4

03 执行“修改>延伸”命令，选择最外侧矩形两侧的直线段作为边界，然后依次选择最里侧矩形底部水平线两端，对该水平线进行延伸，如图128-5所示。

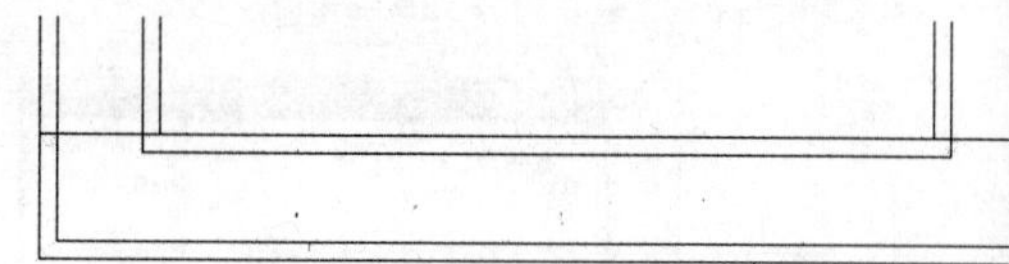

图128

04 执行“修改>修剪”命令，修剪底边，如图128-6所示。

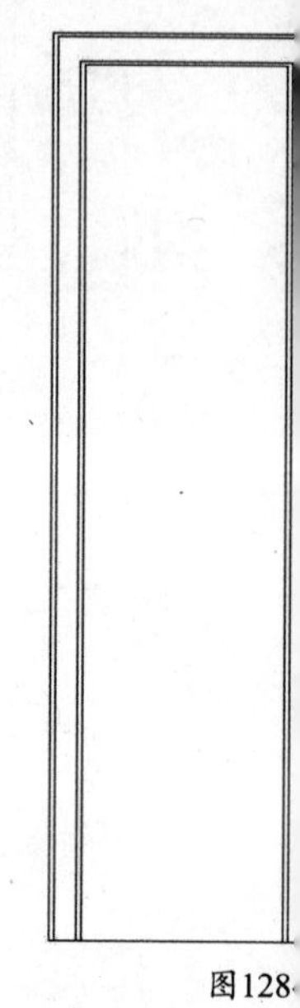

图128

2. 绘制百叶窗与把手

01 执行“绘图>矩形”命令，配合“捕捉自”功能，以最内侧矩形的左下角点为基点，设置偏移距离（@45，210），绘制一个长360、宽440的矩形，如图128-7所示。

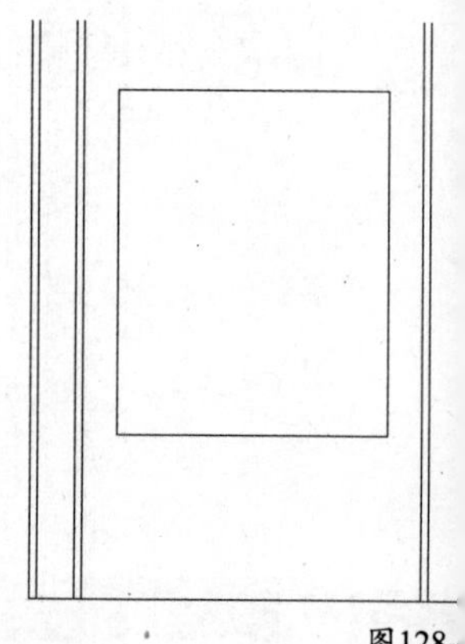

图128-

02 执行“修改>偏移”命令，将上一步绘制的矩形依次向内偏移10，如图128-8所示。

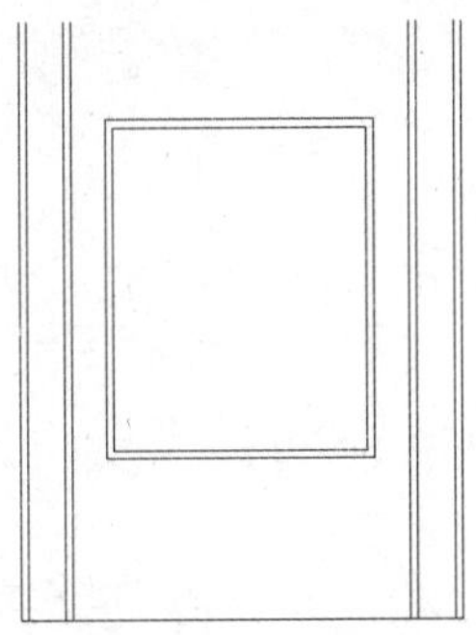
图128-8

03 执行“绘图>矩形”命令，以上一步偏移后的矩形的左下角点为起点，绘制一个长340、宽40的矩形，如图128-9所示。

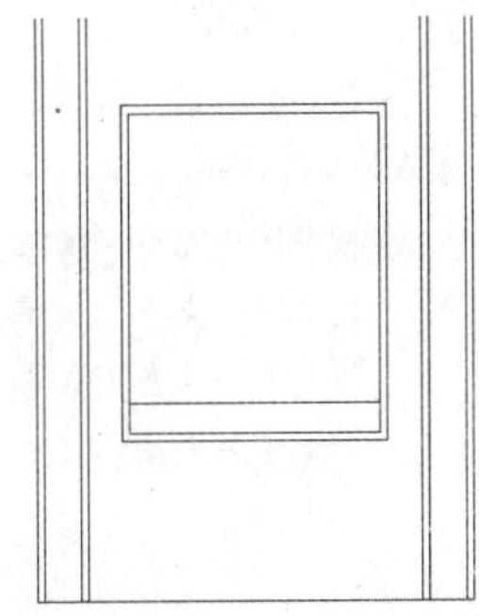
图128-9

04 在命令行中输入“ARRAYCLASSIC”，弹出“阵列”对话框，设置参数如图128-10所示，得到的阵列效果如图128-11所示。

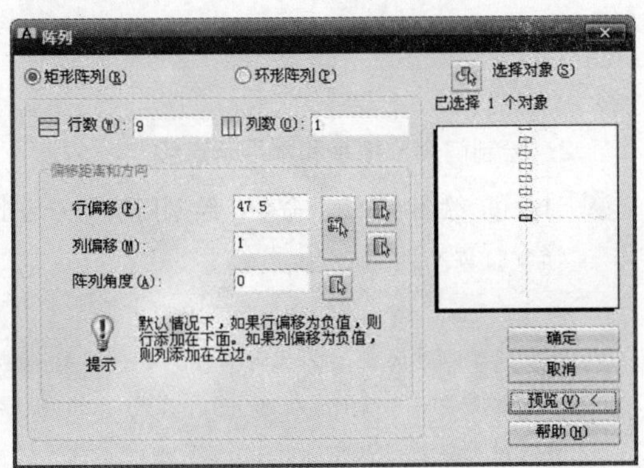

图128-10

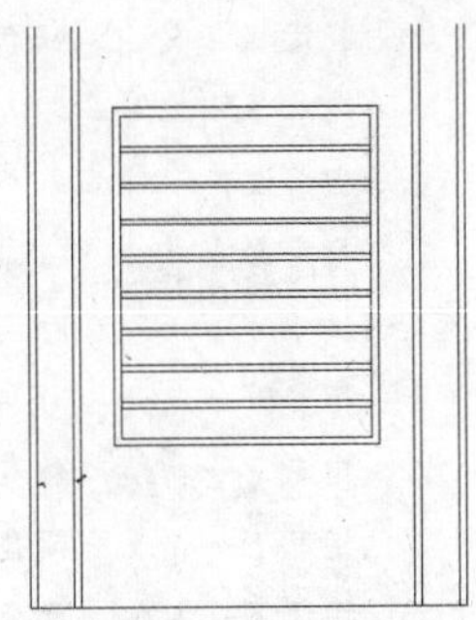
图128-11

05 执行“绘图>圆”命令，配合“捕捉自”功能，以百叶窗最外侧矩形的左上角点为基点，设置偏移距离为（@325，430），绘制一个半径为30的圆；执行“修改>偏移”命令，将绘制的圆向内偏移10，如图128-12所示。

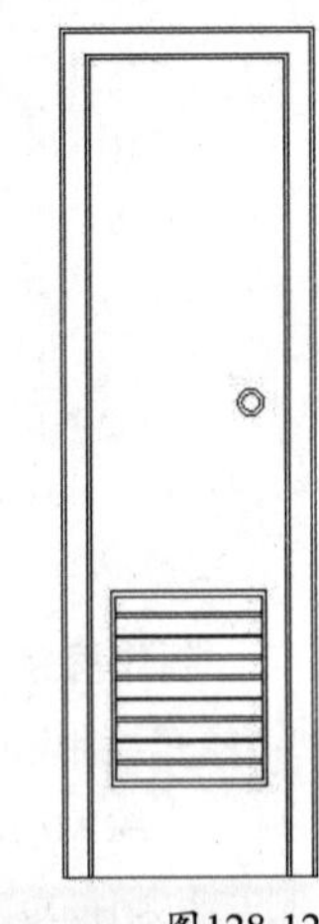
图128-12

练习128

练习位置	DVD>练习文件>第3章>练习128
难易指数	★★☆☆☆
技术掌握	巩固“矩形”、“直线”、“圆弧”、“分解”、“偏移”、“修剪”、“圆角”和“镜像”等命令的使用方法。

操作指南

参照“实战128 卫生间门”案例进行制作。

首先执行“绘图>矩形”、“绘图>直线”、“修改>分解”、“修改>修剪”、“修改>圆角”、“修改>偏移”与“修改>镜像”命令，绘制椅座和支脚；然后执行“绘图>矩形”、“绘图>圆弧”、“修改>圆角”与“修改>镜像”命令，绘制扶手和椅背。练习最终效果如图128-13所示。

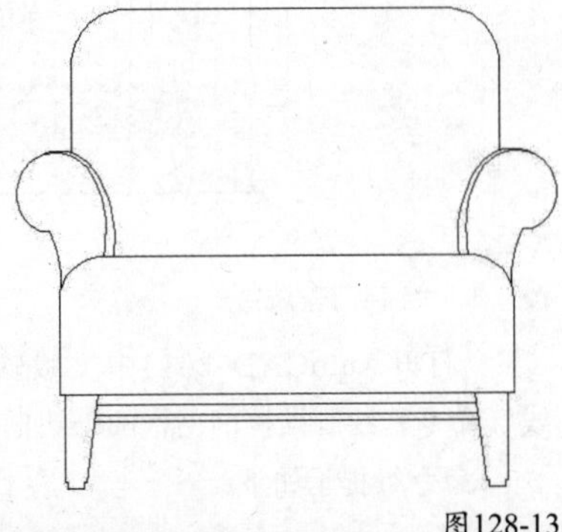
图128-13

实战129 推拉门

实战位置	DVD>实战文件>第3章>实战129
视频位置	DVD>多媒体教学>第3章>实战129
难易指数	★★★☆☆
技术掌握	掌握“多线”、“多段线”、“复制”、“镜像”和“图案填充”等命令。

实战介绍

运用“多线”命令，绘制轮廓；利用“多线”、“图案填充”与“复制”命令，绘制门扇和把手；利用“多段线”命令，绘制水平示意线。本例最终效果如图129-1所示。

图129-1

制作思路

• 绘制轮廓。

• 绘制门扇、把手和水平示意线，完成推拉门的绘制并将其保存。

制作流程

推拉门的制作流程如图129-2所示。

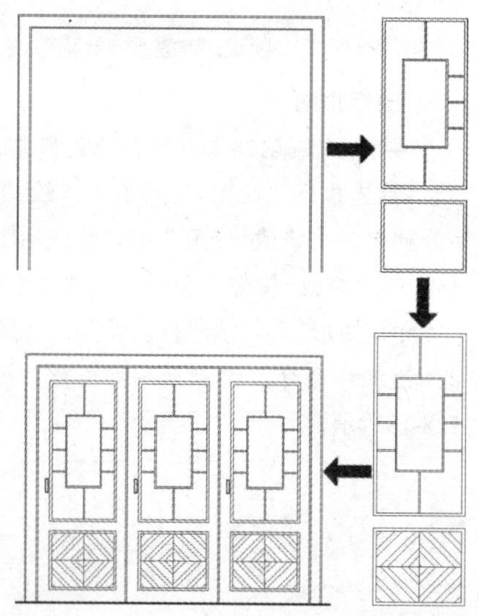

图129-2

1. 绘制门轮廓线

01 打开AutoCAD 2013中文版软件，执行“绘图>多线”命令，绘制推拉门门框的外边框，如图129-3所示。

命令行提示如下：

```
命令：_mline
当前设置：对正 = 上，比例 = 12.00，样式 = STANDARD
指定起点或 [对正(J)/比例(S)/样式(ST)]:
指定下一点： @0,2100
指定下一点或 [放弃(U)]： @2600,0
指定下一点或 [闭合(C)/放弃(U)]： @0,-2100
指定下一点或 [闭合(C)/放弃(U)]： C
```

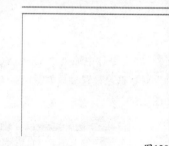

图129-

02 执行“绘图>多线”命令，配合“捕捉自”功能，绘制门框的内边框，如图129-4所示。

命令行提示如下：

```
命令：_mline
当前设置： 对正 = 上，比例 = 12.00，样式 =
STANDARD
指定起点或 [对正(J)/比例(S)/样式(ST)]： _fror
基点：<偏移>：@100,0
指定下一点： @0,2000
指定下一点或 [放弃(U)]： @2400,0
指定下一点或 [闭合(C)/放弃(U)]： @0,-2000
指定下一点或 [闭合(C)/放弃(U)]： C
```

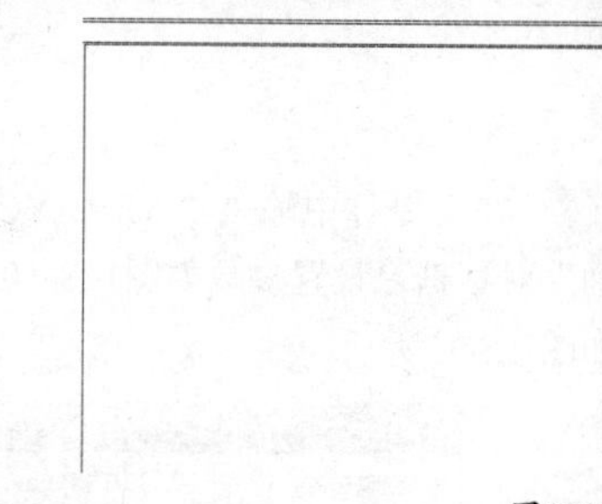

图129-4

2. 绘制门扇、把手和水平示意线

01 执行“绘图>多线”命令，绘制门扇上方边框。

命令行提示如下：

```
命令：_mline
当前设置：对正 = 上，比例 = 20.00，样式 = STANDARD
指定起点或 [对正(J)/比例(S)/样式(ST)]： J
输入对正类型 [上(T)/无(Z)/下(B)] <上>： B
当前设置：对正 = 下，比例 = 20.00，样式 = STANDARD
指定起点或 [对正(J)/比例(S)/样式(ST)]： S
输入多线比例 <20.00>： 20
当前设置：对正 = 下，比例 = 20.00，样式 = STANDARD
指定起点或 [对正(J)/比例(S)/样式(ST)]： _from
基点：<偏移>：@100,-120
指定下一点： @0,-1180
指定下一点或 [放弃(U)]： @600,0
指定下一点或 [闭合(C)/放弃(U)]： @0,1180
指定下一点或 [闭合(C)/放弃(U)]： C
```

02 执行“绘图>多线”命令，绘制门扇下方边框，如图129-5所示。

命令行提示如下：

```
命令: _mline
当前设置: 对正 = 下，比例 = 20.00，样式 = STANDARD
指定起点或 [对正(J)/比例(S)/样式(ST)]: _from
基点: <偏移>: @0,-80
指定下一点: 500
指定下一点或 [放弃(U)]: 600
指定下一点或 [闭合(C)/放弃(U)]: 500
指定下一点或 [闭合(C)/放弃(U)]: C
```

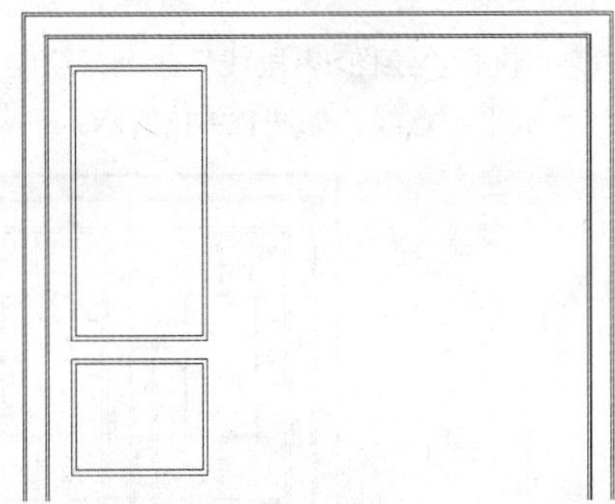

图129-5

03 执行“绘图>多线”命令，绘制内部多线，如图129-6所示。

命令行提示如下：

```
命令: _mline
当前设置: 对正 = 上，比例 = 10.00，样式 = STANDARD
指定起点或 [对正(J)/比例(S)/样式(ST)]: _from
基点: <偏移>: @130,-275
指定下一点: @0,-590
指定下一点或 [放弃(U)]: @300,0
指定下一点或 [闭合(C)/放弃(U)]: @0,590
指定下一点或 [闭合(C)/放弃(U)]: C
```

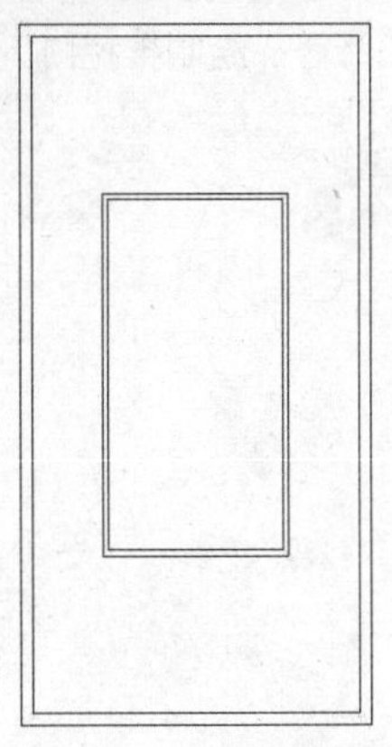

图129-6

04 执行“绘图>多线”命令，绘制内部修饰条，如图129-7所示。

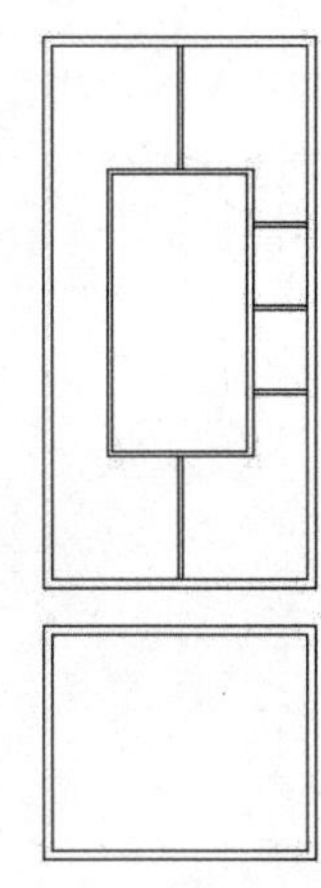

图129-7

05 执行“修改>镜像”命令，镜像上一步绘制的内部修饰条，如图129-8所示。

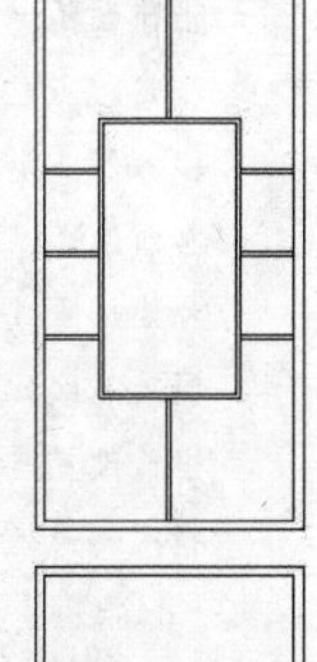

图129-8

06 执行“绘图>图案填充”命令，弹出“图案填充和渐变的”对话框，设置参数如图129-9所示，填充效果如图129-10所示。

图129-9

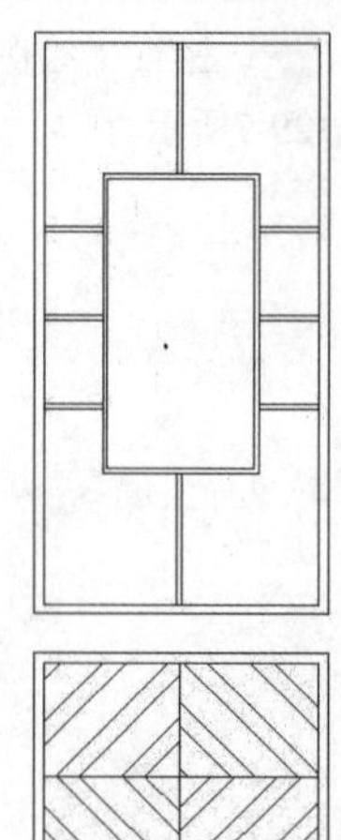

图129-10

07 执行"绘图>多线"命令，绘制门把手。

命令行提示如下：

```
命令: _mline
当前设置: 对正 = 无, 比例 = 10.00, 样式 = STANDARD
指定起点或 [对正(J)/比例(S)/样式(ST)]:  J
输入对正类型 [上(T)/无(Z)/下(B)] <无>:  T
当前设置: 对正 = 上, 比例 = 10.00, 样式 = STANDARD
指定起点或 [对正(J)/比例(S)/样式(ST)]:  S
输入多线比例 <10.00>:  5
当前设置: 对正 = 上, 比例 = 5.00, 样式 = STANDARD
指定起点或 [对正(J)/比例(S)/样式(ST)]:   _from
基点: <偏移>: @-10,240
指定下一点:  @-30,0
指定下一点或 [放弃(U)]:  @0,120
指定下一点或 [闭合(C)/放弃(U)]:  @30,0
指定下一点或 [闭合(C)/放弃(U)]:  C
```

08 执行"绘图>多线"命令，配合"捕捉自"功能，以上一步绘制的图形的右上角点为基点，设置偏移距离为（@82，120），绘制宽度为20的垂直多线，如图129-11所示。

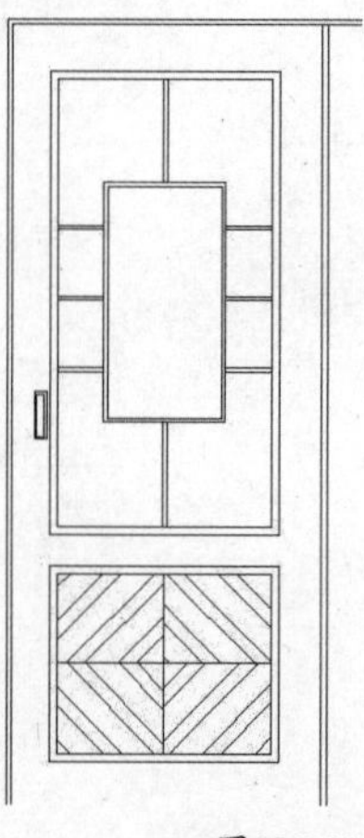

图129-11

09 执行"修改>复制"命令，复制上一步所绘制的图形，如图129-12所示。

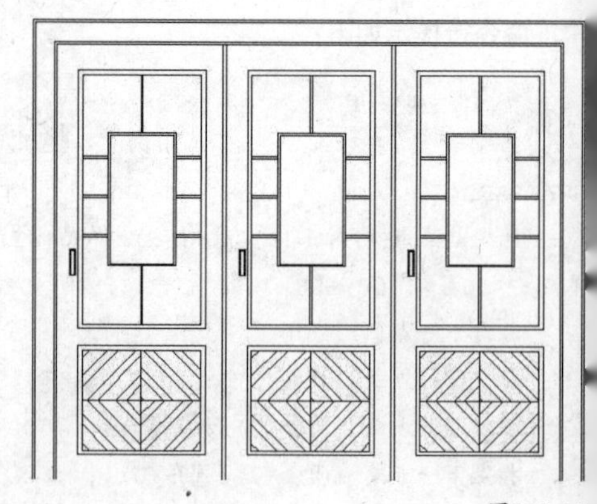

图129-12

10 执行"绘图>多段线"命令，绘制宽度为15的多段线作为水平示意线，如图129-13所示。

图129-13

练习129

练习位置	DVD>练习文件>第3章>练习129
难易指数	★★☆☆☆
技术掌握	巩固"矩形"、"直线"、"多线"、"偏移"、"复制"和"镜像"等命令的使用方法。

操作指南

参照"实战129 推拉门"案例进行制作。

执行"绘图>矩形"、"绘图>直线"、"绘图>多线"、"修改>复制"、"修改>偏移"与"修改>镜像"命令，绘制推拉门。练习最终效果如图129-14所示。

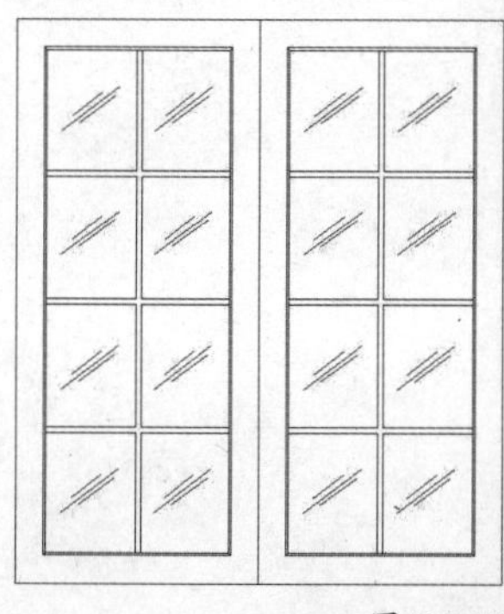

图129-14

实战130 公园门

实战位置	DVD>实战文件>第3章>实战130
视频位置	DVD>多媒体教学>第3章>实战130
难易指数	★☆☆☆☆
技术掌握	掌握“矩形”、“圆”、“偏移”、“分解”和“修剪”等命令。

实战介绍

运用“矩形”命令，绘制墙体；利用“圆”与“偏移”命令，绘制门；利用“分解”、“偏移”与“修剪”命令，绘制台阶。本例最终效果如图130-1所示。

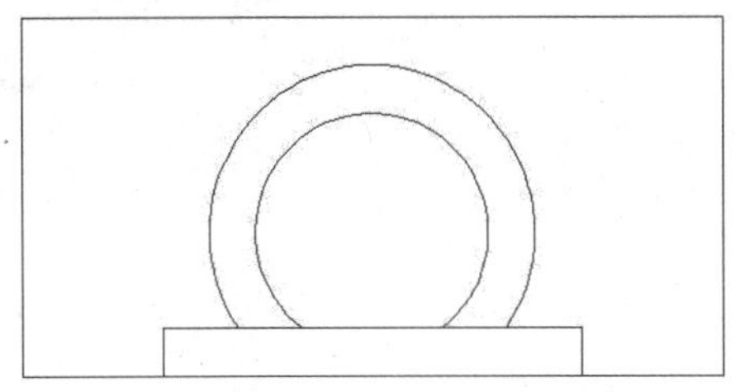

图130-1

制作思路

- 绘制墙体和门。
- 绘制台阶，完成公园门的绘制并将其保存。

制作流程

公园门的制作流程如图130-2所示。

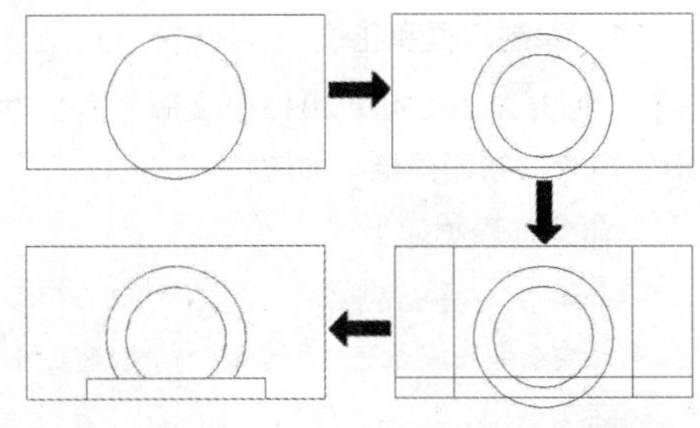

图130-2

01 打开AutoCAD 2013中文版软件，执行“绘图>矩形”命令，绘制墙体。

命令行提示如下：

```
命令：_rectang
指定第一个角点或 [倒角(C)/标高(E)/圆角(F)/厚度(T)/宽度(W)]:
指定另一个角点或 [面积(A)/尺寸(D)/旋转(R)]: @3000,1500
```

02 执行“绘图>圆”命令，绘制一半径为700的圆，作为圆门，如图130-3所示。

命令行提示如下：

```
命令：_circle
指定圆的圆心或 [三点(3P)/两点(2P)/切点、切点、半径(T)]: _from 基点：<偏移>：@0,600
指定圆的半径或 [直径(D)]: 700
```

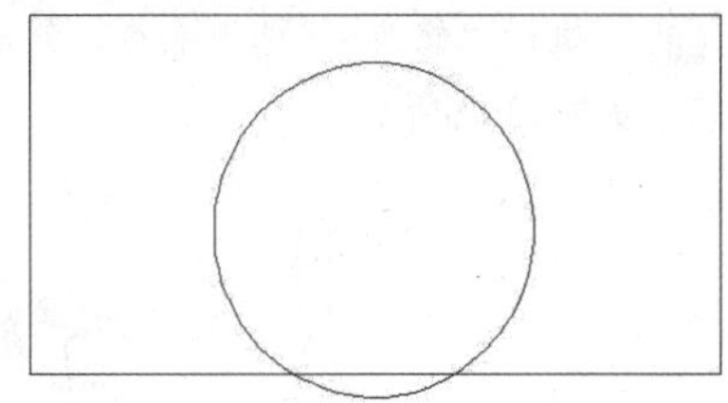

图130-3

03 执行“修改>偏移”命令，将圆门向内偏移200，如图130-4所示。

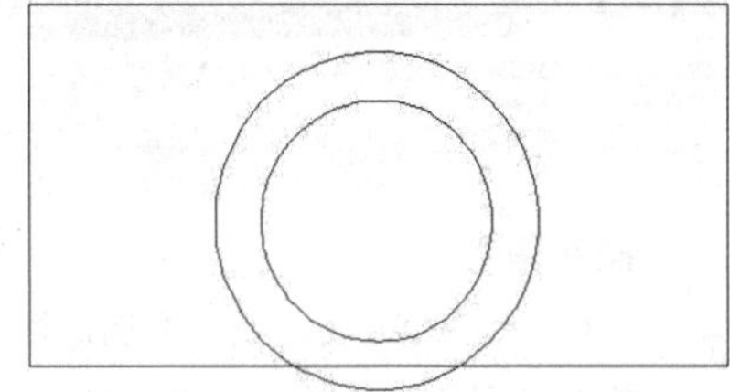

图130-4

04 执行“修改>分解”命令，将墙体分解。

05 执行“修改>偏移”命令，绘制辅助直线，如图130-5所示。

命令行提示如下：

```
命令：OFFSET
当前设置：删除源=否  图层=源  OFFSETGAPTYPE=0
指定偏移距离或 [通过(T)/删除(E)/图层(L)] <通过>: 600
指定要偏移的那一侧上的点，或 [退出(E)/多个(M)/放弃(U)] <退出>:
选择要偏移的对象，或 [退出(E)/放弃(U)] <退出>:
指定要偏移的那一侧上的点，或 [退出(E)/多个(M)/放弃(U)] <退出>:
选择要偏移的对象，或 [退出(E)/放弃(U)] <退出>:
命令：OFFSET
当前设置：删除源=否  图层=源  OFFSETGAPTYPE=0
指定偏移距离或 [通过(T)/删除(E)/图层(L)] <600.0000>: 200
指定要偏移的那一侧上的点，或 [退出(E)/多个(M)/放弃(U)] <退出>:
选择要偏移的对象，或 [退出(E)/放弃(U)] <退出>:
```

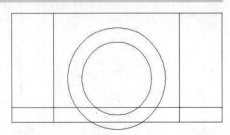

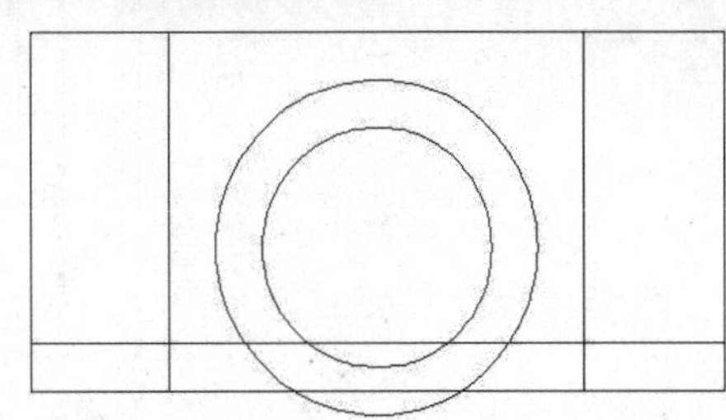

图130-5

06 执行“修改>修剪”命令，修剪辅助线，绘制出台阶，如图130-6所示。

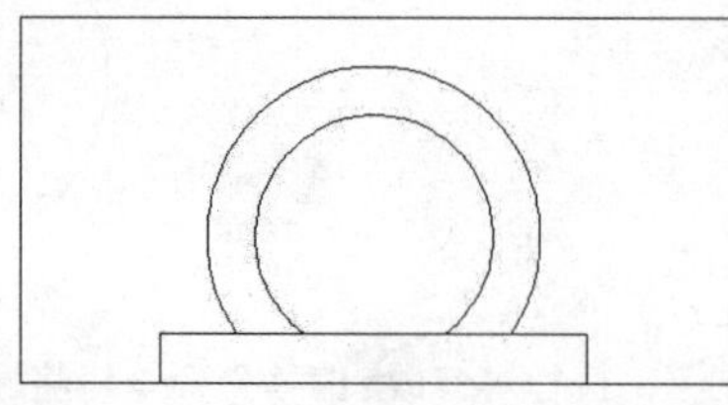

图130-6

练习130

练习位置	DVD>练习文件>第3章>练习130
难易指数	★★☆☆☆
技术掌握	巩固“矩形”、“直线”、“圆弧”、“复制”和“镜像”等命令的使用方法。

操作指南

参照“实战130 公园门”案例进行制作。

执行“绘图>矩形”、“绘图>直线”、“绘图>圆弧”、“修改>复制”与“修改>镜像”命令，绘制旋转门。练习最终效果如图130-7所示。

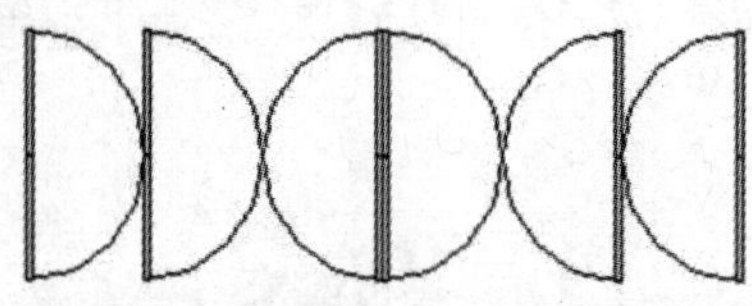

图130-7

实战131 防盗门

原始文件位置	DVD>原始文件>第3章>实战131 原始文件-1、实战131 原始文件-2
实战位置	DVD>实战文件>第3章>实战131
视频位置	DVD>多媒体教学>第3章>实战131
难易指数	★★★☆☆
技术掌握	掌握“矩形”、“直线”、“圆”、“多段线”、“多线”、“镜像”、“偏移”和“插入块”等命令。

实战介绍

运用“矩形”与“偏移”命令，绘制门框；利用“多段线”、“多线”与“镜像”命令，绘制门上的花纹；利用“插入块”命令，插入图案和门把手；利用“圆”与“偏移”命令，绘制猫眼。本例最终效果如图131-1所示。

图131-1

制作思路

• 绘制门框和花纹。

• 绘制门把手、图案和猫眼，完成防盗门的绘制并将其保存。

制作流程

防盗门的制作流程如图131-2所示。

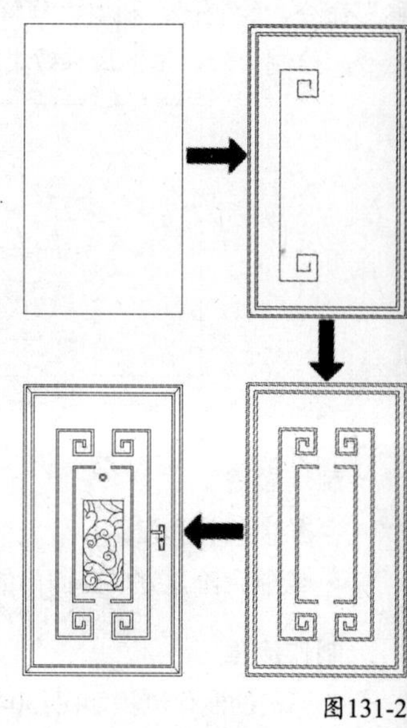

图131-2

1. 绘制门框和花纹

01 打开AutoCAD 2013中文版软件，执行“绘图>矩形”命令，绘制门框，如图131-3所示。

命令行提示如下：

```
命令: _rectang
指定第一个角点或 [倒角(C)/标高(E)/圆角(F)/厚度(T)/宽度(W)]:
指定另一个角点或 [面积(A)/尺寸(D)/旋转(R)]: @1000,-1800
```

图131-3

02 执行“修改>偏移”命令，将门框向内偏移，如图131-4所示。

命令行提示如下：

```
命令：OFFSET
当前设置：删除源=否  图层=源  OFFSETGAPTYPE=0
指定偏移距离或 [通过(T)/删除(E)/图层(L)] <8.0000>: 15
指定要偏移的那一侧上的点，或 [退出(E)/多个(M)/放弃(U)] <退出>:
选择要偏移的对象，或 [退出(E)/放弃(U)] <退出>:命令: OFFSET
当前设置：删除源=否  图层=源  OFFSETGAPTYPE=0
指定偏移距离或 [通过(T)/删除(E)/图层(L)] <15.0000>: 35
指定要偏移的那一侧上的点，或 [退出(E)/多个(M)/放弃(U)] <退出>:
选择要偏移的对象，或 [退出(E)/放弃(U)] <退出>:
命令：OFFSET
当前设置：删除源=否  图层=源  OFFSETGAPTYPE=0
指定偏移距离或 [通过(T)/删除(E)/图层(L)] <8.0000>: 15
指定要偏移的那一侧上的点，或 [退出(E)/多个(M)/放弃(U)] <退出>:
选择要偏移的对象，或 [退出(E)/放弃(U)] <退出>:
```

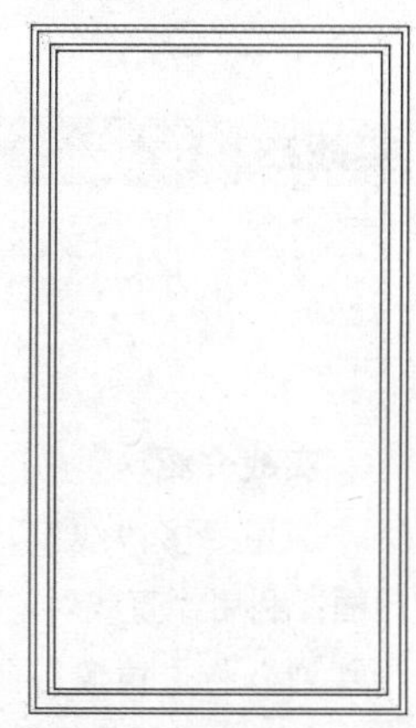

图131-4

03 执行“绘图>多段线”命令，绘制门上的部分花纹，如图131-5所示。

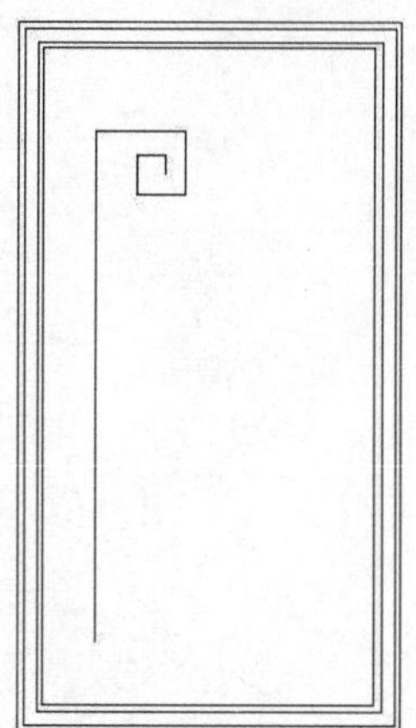

图131-5

04 执行“修改>镜像”命令，镜像复制出下面的花纹，如图131-6所示。

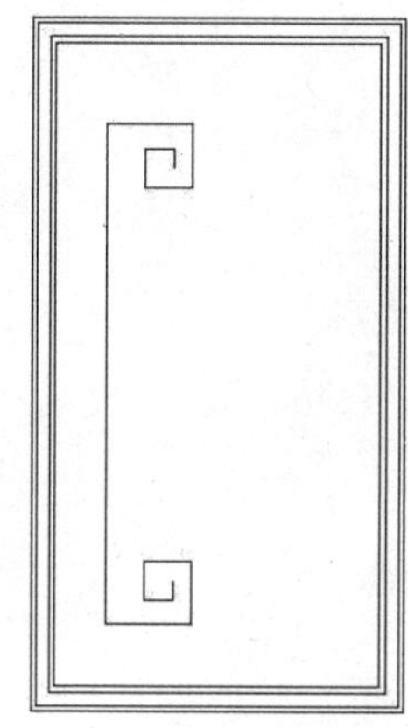

图131-6

05 执行“修改>偏移”命令，偏移花纹多段线；执行“绘图>直线”命令，用直线连接偏移后的多段线，如图131-7所示。

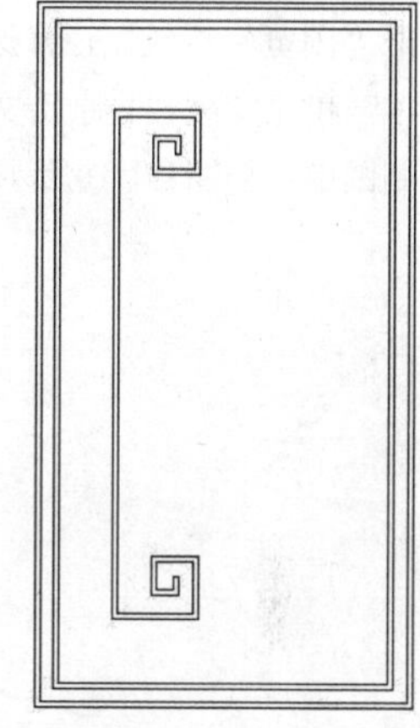

图131-7

06 执行“绘图>多线”命令，绘制其他花纹；执行“绘图>直线”命令，连接多线，如图131-8所示。

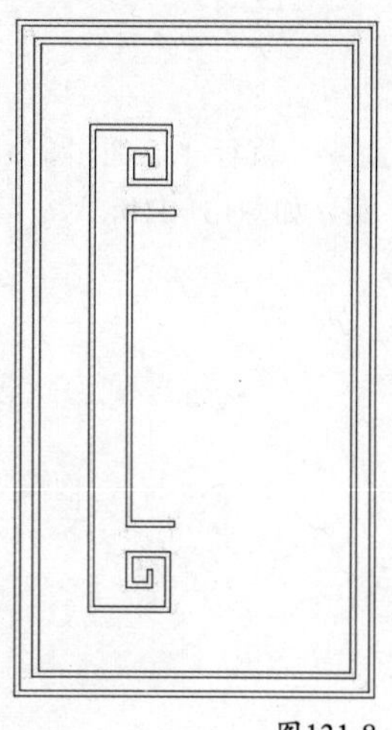

图131-8

07 执行“修改>镜像”命令，镜像出另一侧的花纹，如图131-9所示。

图131-9

2. 绘制门把手、图案和猫眼

01 执行“插入>块”命令，弹出“插入”对话框，单击“浏览”按钮，打开原始文件中的“实战131 原始文件-1”和“实战131 原始文件-2”文件，将其插入到门的绘制图中，如图131-10所示。

图131-10

02 执行“绘图>圆”和“修改>偏移”命令，绘制猫眼，如图131-11所示。

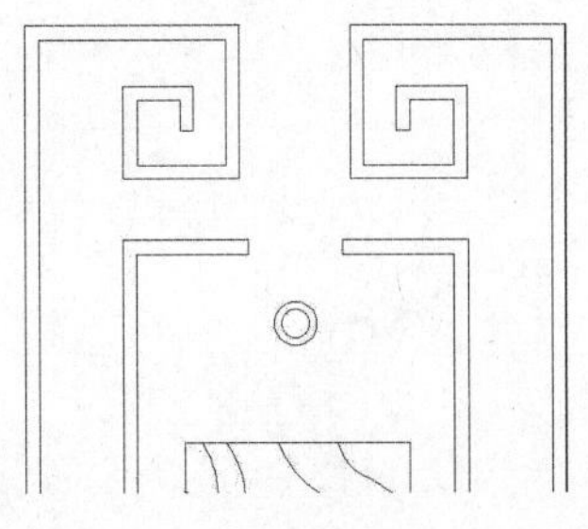
图131-11

练习131

实战位置	DVD>练习文件>第3章>练习131
难易指数	★★☆☆☆
技术掌握	巩固“矩形”、“直线”、“多段线”、“偏移”、“修剪”和“镜像”等命令的使用方法

操作指南

参照“实战131 防盗门”案例进行制作。

执行“绘图>矩形”、“绘图>直线”、“修改>偏移”、“修改>修剪”和“修改>镜像”命令，绘制防盗门。练习最终效果如图131-12所示。

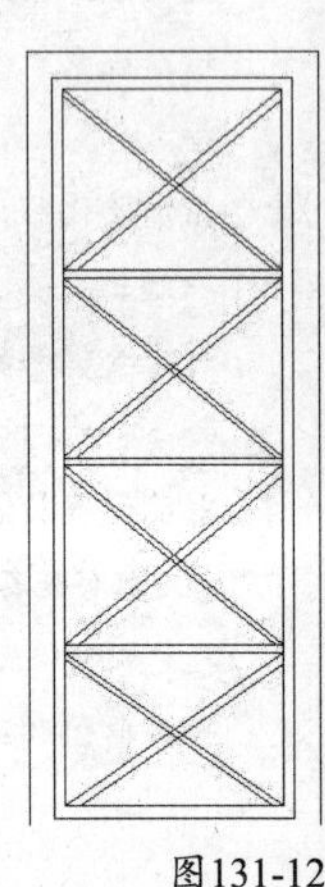
图131-12

实战132 铝合金门

原始文件位置	DVD>原始文件>第3章>实战132 原始文件
实战位置	DVD>实战文件>第3章>实战132
视频位置	DVD>多媒体教学>第3章>实战132
难易指数	★★★☆☆
技术掌握	掌握“多段线”、“直线”、“修剪”、“阵列”、“分解”、“镜像”、“偏移”和“图案填充”等命令。

实战介绍

运用“多段线”、“直线”与“偏移”命令，绘制门框；利用“直线”、“分解”、“偏移”、“修剪”、“阵列”与“镜像”命令，绘制玻璃格；利用“图案填充”命令，对门的材料进行填充。本例最终效果如图132-1所示。

图132-1

制作思路

- 绘制门框和玻璃格。
- 填充铝合金门，完成铝合金门的绘制并将其保存。

制作流程

防盗门的制作流程如图132-2所示。

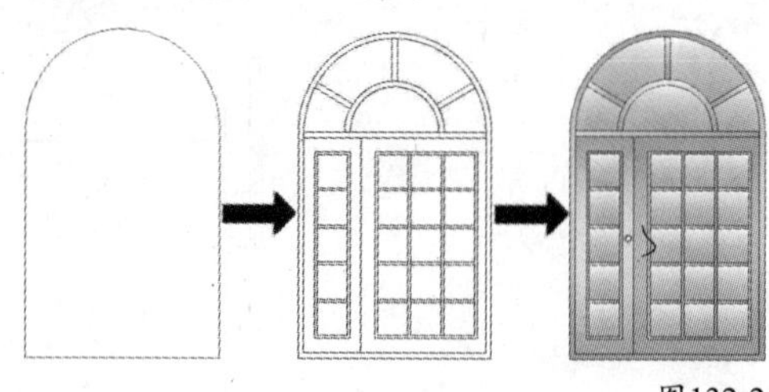

图132-2

1. 绘制门框和玻璃格

01 打开AutoCAD 2013中文版软件，执行“绘图>多段线”命令，绘制如图132-3所示的多段线。

命令行提示如下：

```
命令：_pline
指定起点：
当前线宽为 0.0000
指定下一个点或 [圆弧(A)/半宽(H)/长度(L)/放弃(U)/宽度(W)]：800
指定下一点或 [圆弧(A)/闭合(C)/半宽(H)/长度(L)/放弃(U)/宽度(W)]：a
指定圆弧的端点或
[角度(A)/圆心(CE)/闭合(CL)/方向(D)/半宽(H)/直线(L)/半径(R)/第二个点(S)/放弃(U)/宽度(W)]：700
指定圆弧的端点或
[角度(A)/圆心(CE)/闭合(CL)/方向(D)/半宽(H)/直线(L)/半径(R)/第二个点(S)/放弃(U)/宽度(W)]：l
指定下一点或 [圆弧(A)/闭合(C)/半宽(H)/长度(L)/放弃(U)/宽度(W)]：800
指定下一点或 [圆弧(A)/闭合(C)/半宽(H)/长度(L)/放弃(U)/宽度(W)]：c
```

图132-3

02 执行“修改>偏移”命令，将多段线向内侧偏移20，绘制门框。

03 执行“绘图>直线”命令，绘制门框上部的横梁部分；执行“修改>偏移”命令，将直线向下偏移20，如图132-4所示。

命令行提示如下：

```
命令：OFFSET
当前设置：删除源=否　图层=源　OFFSETGAPTYPE=0
指定偏移距离或 [通过(T)/删除(E)/图层(L)] <20.0000>：20
指定要偏移的那一侧上的点，或 [退出(E)/多个(M)/放弃(U)] <退出>：
选择要偏移的对象，或 [退出(E)/放弃(U)] <退出>：
```

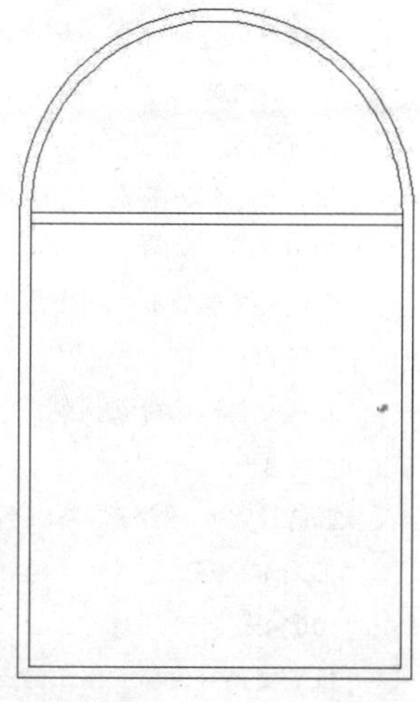

图132-4

04 执行“修改>打断于点”命令，指定点A为打断点，如图132-5所示。

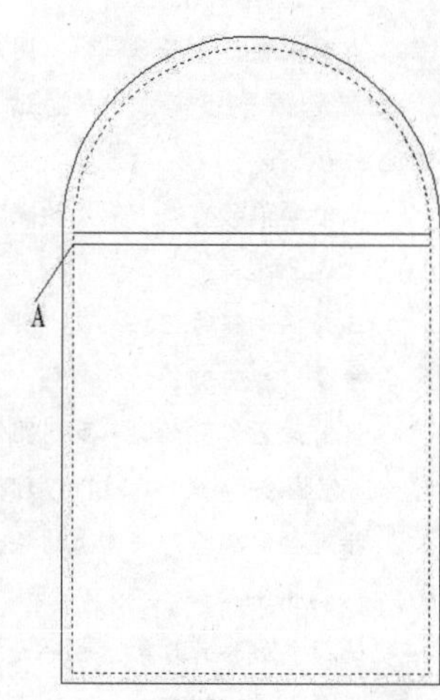

图132-5

05 执行“修改>分解”命令，将内侧多段线炸开；执行“修改>偏移”命令，绘制辅助直线，如图132-6所示。

命令行提示如下：

命令：OFFSET

当前设置：删除源=否　图层=源　OFFSETGAPTYPE=0

指定偏移距离或　[通过(T)/删除(E)/图层(L)] <370.0000>:　40

指定要偏移的那一侧上的点，或 [退出(E)/多个(M)/放弃(U)] <退出>:

选择要偏移的对象，或 [退出(E)/放弃(U)] <退出>:命令：OFFSET

当前设置：删除源=否　图层=源　OFFSETGAPTYPE=0

指定偏移距离或　[通过(T)/删除(E)/图层(L)] <40.0000>:　130

指定要偏移的那一侧上的点，或 [退出(E)/多个(M)/放弃(U)] <退出>:

选择要偏移的对象，或 [退出(E)/放弃(U)] <退出>:

命令：OFFSET

当前设置：删除源=否　图层=源　OFFSETGAPTYPE=0

指定偏移距离或　[通过(T)/删除(E)/图层(L)] <130.0000>:　40

指定要偏移的那一侧上的点，或 [退出(E)/多个(M)/放弃(U)] <退出>:

选择要偏移的对象，或 [退出(E)/放弃(U)] <退出>:命令：OFFSET

当前设置：删除源=否　图层=源　OFFSETGAPTYPE=0

指定偏移距离或　[通过(T)/删除(E)/图层(L)] <40.0000>:　50

指定要偏移的那一侧上的点，或 [退出(E)/多个(M)/放弃(U)] <退出>:

选择要偏移的对象，或 [退出(E)/放弃(U)] <退出>:

命令：OFFSET

当前设置：删除源=否　图层=源　OFFSETGAPTYPE=0

指定偏移距离或　[通过(T)/删除(E)/图层(L)] <50.0000>:　370

指定要偏移的那一侧上的点，或 [退出(E)/多个(M)/放弃(U)] <退出>:

选择要偏移的对象，或 [退出(E)/放弃(U)] <退出>:

命令：OFFSET

当前设置：删除源=否　图层=源　OFFSETGAPTYPE=0

指定偏移距离或 [通过(T)/删除(E)/图层(L)] <370.0000>:　50

指定要偏移的那一侧上的点，或 [退出(E)/多个(M)/放弃(U)] <退出>:

选择要偏移的对象，或 [退出(E)/放弃(U)] <退出>:

命令：OFFSET

当前设置：删除源=否　图层=源　OFFSETGAPTYPE=0

指定偏移距离或　[通过(T)/删除(E)/图层(L)] <50.0000>:　660

指定要偏移的那一侧上的点，或 [退出(E)/多个(M)/放弃(U)] <退出>:

选择要偏移的对象，或 [退出(E)/放弃(U)] <退出>:

图132-6

06 执行“修改>修剪”命令，修剪掉多余的线段，如图132-7所示。

图132-7

07 执行“修改>偏移”命令，偏移直线，如图132-8所示。

命令行提示如下：

命令：OFFSET

当前设置：删除源=否　图层=源　OFFSETGAPTYPE=0

指定偏移距离或　[通过(T)/删除(E)/图层(L)] <370.0000>:　10

指定要偏移的那一侧上的点，或 [退出(E)/多个(M)/放弃(U)] <退出>:

选择要偏移的对象，或 [退出(E)/放弃(U)] <退出>:

命令：OFFSET

当前设置：删除源=否　图层=源　OFFSETGAPTYPE=0

指定偏移距离或　[通过(T)/删除(E)/图层(L)] <10.0000>:　110

```
指定要偏移的那一侧上的点，或 [退出(E)/多个(M)/放弃(U)] <退出>:
选择要偏移的对象，或 [退出(E)/放弃(U)] <退出>:
命令: OFFSET
当前设置: 删除源=否  图层=源  OFFSETGAPTYPE=0
指定偏移距离或 [通过(T)/删除(E)/图层(L)] <110.0000>: 10
指定要偏移的那一侧上的点，或 [退出(E)/多个(M)/放弃(U)] <退出>:
选择要偏移的对象，或 [退出(E)/放弃(U)] <退出>:
命令: OFFSET
当前设置: 删除源=否  图层=源  OFFSETGAPTYPE=0
指定偏移距离或 [通过(T)/删除(E)/图层(L)] <10.0000>: 110
指定要偏移的那一侧上的点，或 [退出(E)/多个(M)/放弃(U)] <退出>:
选择要偏移的对象，或 [退出(E)/放弃(U)] <退出>:
命令: OFFSET
当前设置: 删除源=否  图层=源  OFFSETGAPTYPE=0
指定偏移距离或 [通过(T)/删除(E)/图层(L)] <110.0000>: 10
指定要偏移的那一侧上的点，或 [退出(E)/多个(M)/放弃(U)] <退出>:
选择要偏移的对象，或 [退出(E)/放弃(U)] <退出>:
命令: OFFSET
当前设置: 删除源=否  图层=源  OFFSETGAPTYPE=0
指定偏移距离或 [通过(T)/删除(E)/图层(L)] <10.0000>: 110
指定要偏移的那一侧上的点，或 [退出(E)/多个(M)/放弃(U)] <退出>:
选择要偏移的对象，或 [退出(E)/放弃(U)] <退出>:
```

图132-8

08 执行“修剪>偏移”命令，将圆弧依次向内偏移150、20；执行“绘图>直线”和“修剪>偏移”命令，绘制中间隔断，如图132-9所示。

图132-9

09 在命令行中输入“ARRAYCLASSIC”，弹出“阵列”对话框，设置参数如图132-10所示，得到的阵列效果如图132-11所示。

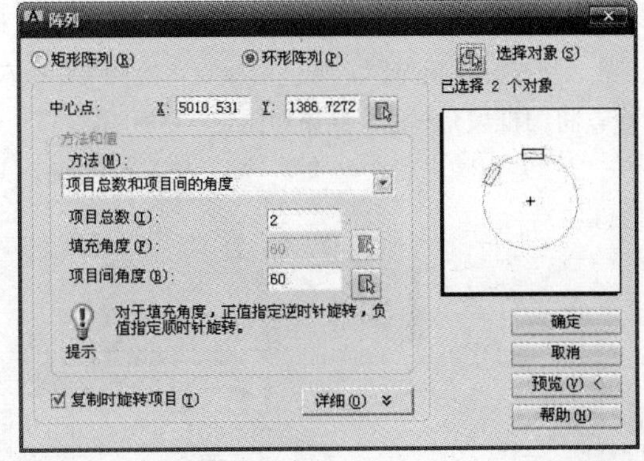

图132-10

图132-11

2. 填充铝合金门

01 执行“插入块”命令，插入原始文件中的“实战132原始文件”图形。

02 执行“绘图>图案填充”命令，弹出“图案填充和渐变色”对话框，设置参数，如图132-12所示。

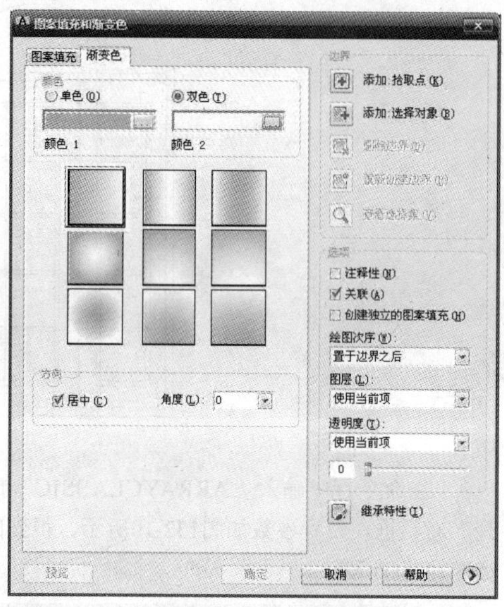

图132-12

03 将玻璃格填充图示颜色；执行“绘图>图案填充”命令，将门框填充灰色，结果如图132-13所示。

图132-13

练习132

练习位置	DVD>练习文件>第3章>练习132
难易指数	★★☆☆☆
技术掌握	巩固“矩形”、“直线”、“偏移”、“阵列”、“镜像”和“颜色”等命令的使用方法。

操作指南

参照“实战132 铝合金门”案例进行制作。

执行“绘图>矩形”、“绘图>直线”、“修改>偏移”、“修改>镜像”与“格式>颜色”命令，在命令行中输入“ARRAYCLASSIC”，绘制木门。练习最终效果如图132-14所示。

图132-14

实战133 单开铁门

实战位置	DVD>实战文件>第3章>实战133
视频位置	DVD>多媒体教学>第3章>实战133
难易指数	★★☆☆☆
技术掌握	掌握“矩形”、“圆弧”、“修剪”、“偏移”、“分解”、“镜像”、“复制”和“图案填充”等命令。

实战介绍

运用“矩形”与“偏移”命令，绘制门框；利用“分解”与“偏移”命令，绘制铁架；利用“圆弧”、“镜像”、“复制”、“修剪”与“图案填充”命令，绘制花纹。本例最终效果如图133-1所示。

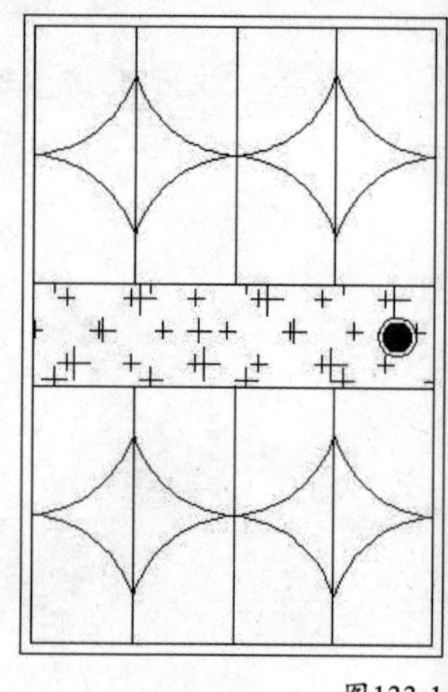

图133-1

制作思路

- 绘制门框和铁架。
- 绘制花纹和把手，完成单开铁门的绘制并将其保存。

制作流程

单开铁门的制作流程如图133-2所示。

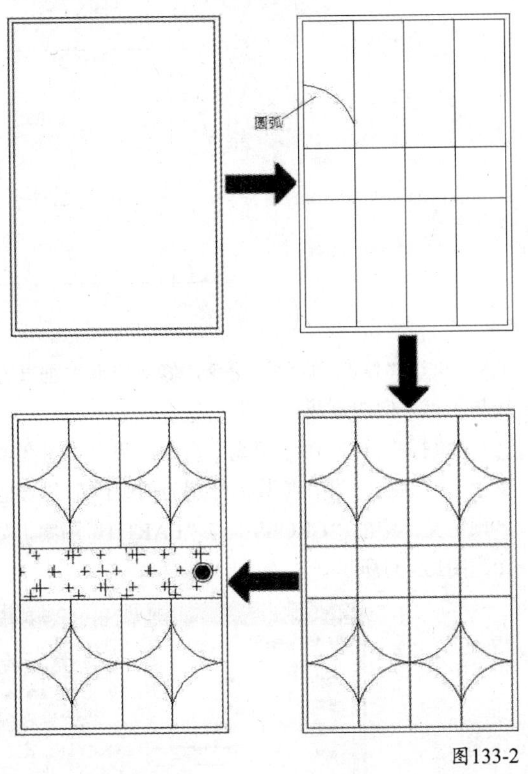

图133-2

1. 绘制门框和铁架

01 打开AutoCAD 2013中文版软件，执行“绘图>矩形”命令，绘制长800、宽1200的门框，如图133-3所示。

命令行提示如下：

```
命令：_rectang
指定第一个角点或 [倒角(C)/标高(E)/圆角(F)/厚度(T)/宽度(W)]:
指定另一个角点或 [面积(A)/尺寸(D)/旋转(R)]: @800,1200
```

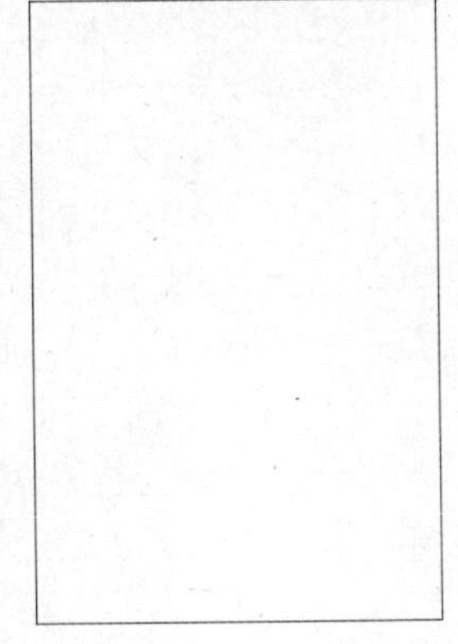

图133-3

02 执行“修改>偏移”命令，将矩形向外侧偏移20，如图133-4所示。

命令行提示如下：

```
命令：OFFSET
当前设置：删除源=否  图层=源  OFFSETGAPTYPE=0
指定偏移距离或 [通过(T)/删除(E)/图层(L)] <通过>: 20
指定要偏移的那一侧上的点，或 [退出(E)/多个(M)/放弃(U)] <退出>:
选择要偏移的对象，或 [退出(E)/放弃(U)] <退出>:
```

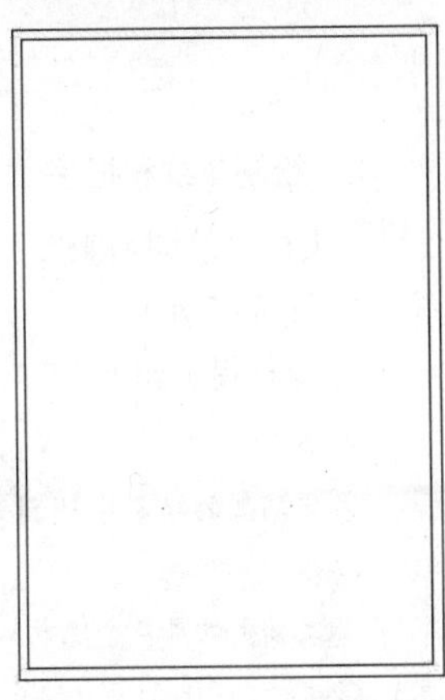

图133-4

03 执行“修改>分解”命令，将内侧矩形进行分解。

04 执行“修改>偏移”命令，将内侧矩形上部的直线依次向下偏移500、200，结果如图133-5所示。

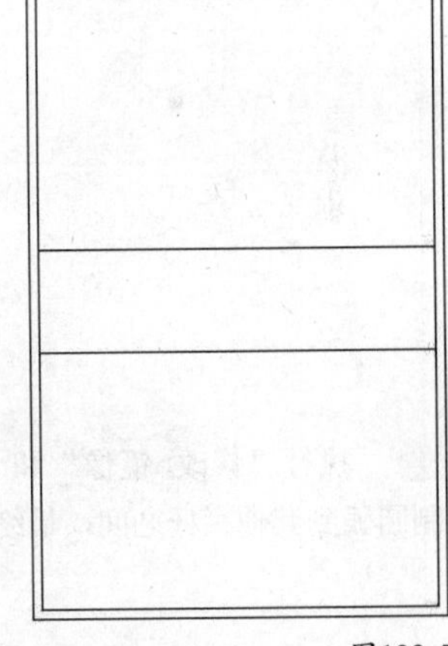

图133-5

05 执行“修改>偏移”命令，将内侧矩形左侧的直线依次向右偏移200、200、200、200，结果如图133-6所示。

命令行提示如下：

```
命令：OFFSET
当前设置：删除源=否  图层=源  OFFSETGAPTYPE=0
指定偏移距离或 [通过(T)/删除(E)/图层(L)] <通过>: 200
指定要偏移的那一侧上的点，或 [退出(E)/多个(M)/放弃(U)] <退出>:
选择要偏移的对象，或 [退出(E)/放弃(U)] <退出>:
```

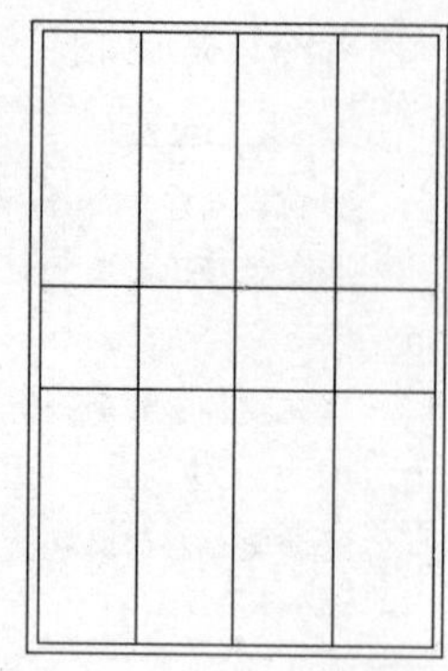

图133-6

2. 绘制花纹和把手

01 执行“绘图>圆弧”命令，绘制铁栏杆间的圆弧花纹，如图133-7所示。

命令行提示如下：

```
命令: _arc
指定圆弧的起点或 [圆心(C)]: _from 基点: <偏移>:
@0,-250
指定圆弧的第二个点或 [圆心(C)/端点(E)]: _from 基
点: <偏移>: @0,125
指定圆弧的端点:
```

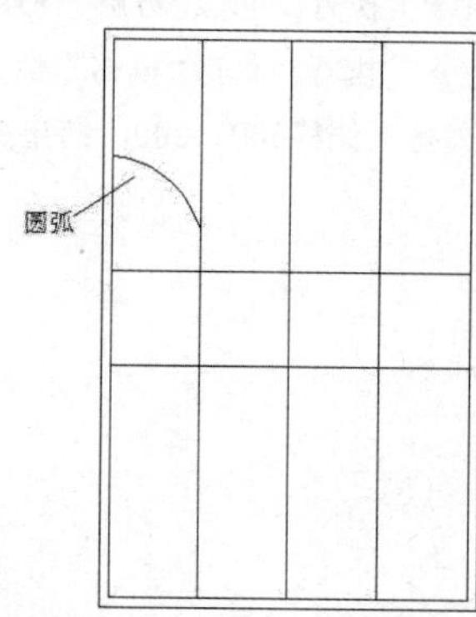

图133-7

02 执行“修改>镜像”和“修改>复制”命令，镜像复制圆弧到其他栏杆之间，最终效果如图133-8所示。

图133-8

03 执行“绘图>圆”和“修改>偏移”命令，绘制同心圆作为圆形把手，如图133-9所示。

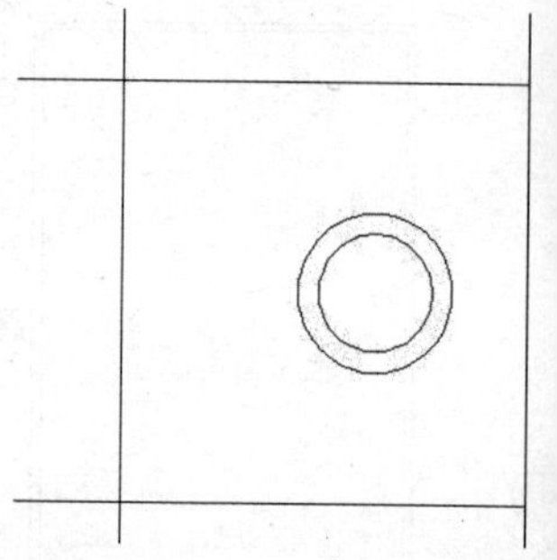

图133-

04 执行“修改>修剪”命令，修剪门框中垂直方向的直线与平行方向的直线。

05 执行“绘图>图案填充”命令，弹出“图案填充和渐变色”对话框，设置参数，分别为门中间部分与把手填充“预定义”中的“CROSS“与“EARTH”图案，如图133-10、图133-11所示。

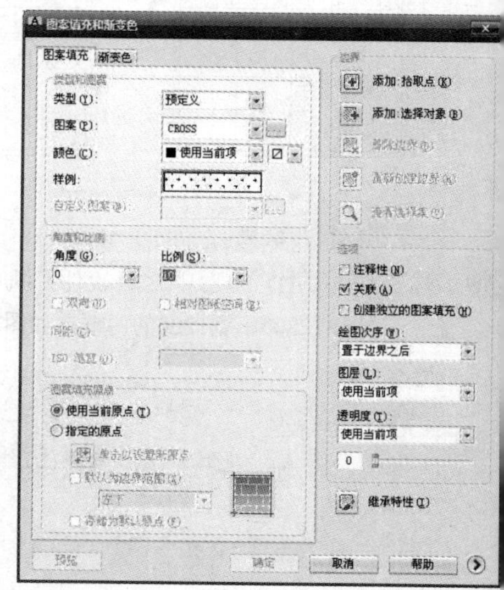

图133-10

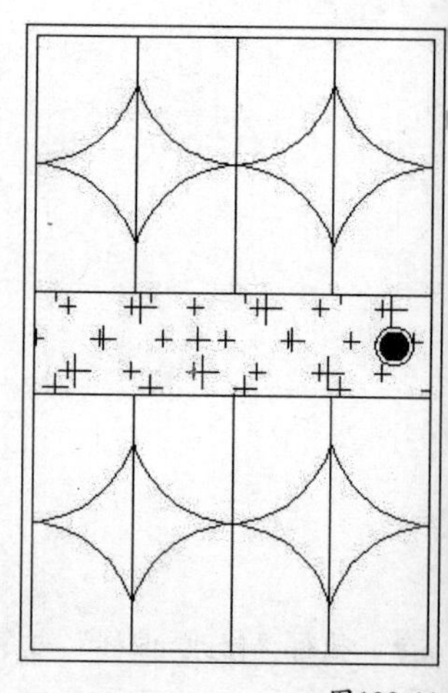

图133-11

练习133

练习位置	DVD>练习文件>第3章>练习133
难易指数	★★☆☆☆
技术掌握	巩固“矩形”、“直线”、“多段线”、“偏移”、“复制”、“镜像”和“图案填充”等命令的使用方法

操作指南

参照“实战133 单开铁门”案例进行制作。

首先执行“绘图>多段线”、“绘图>直线”和“修改>偏移”命令，绘制门框；然后执行“绘图>直线”、“绘图>矩形”、“修改>偏移”、“修改>复制”和“绘图>图案填充”命令，绘制门扇。练习最终效果如图133-12所示。

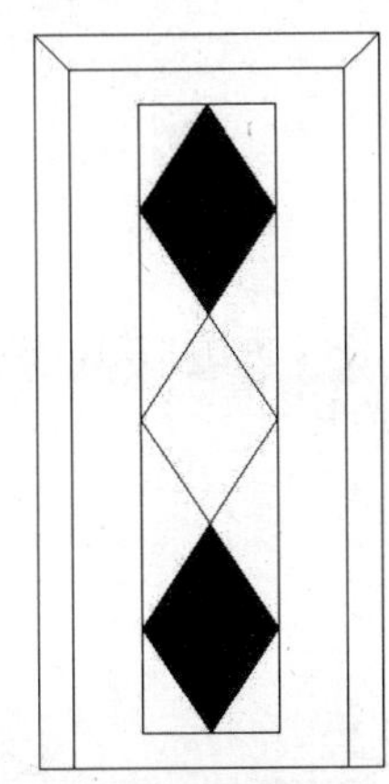

图133-12

实战134 铁艺门

实战位置	DVD>实战文件>第3章>实战134
视频位置	DVD>多媒体教学>第3章>实战133
难易指数	★★★☆☆
技术掌握	掌握“矩形”、“多线”、“多段线”、“圆”、“直线”、“镜像”、“偏移”、“定数等分”和“打断于点”等命令。

实战介绍

运用“多线”命令，绘制门框；利用“矩形”、“圆”、“直线”、“多段线”、“镜像”、“偏移”、“定数等分”与“打断于点”命令，绘制图案；利用“圆”与“偏移”命令，绘制把手；利用“多段线”命令，绘制水平示意线。本例最终效果如图134-1所示。

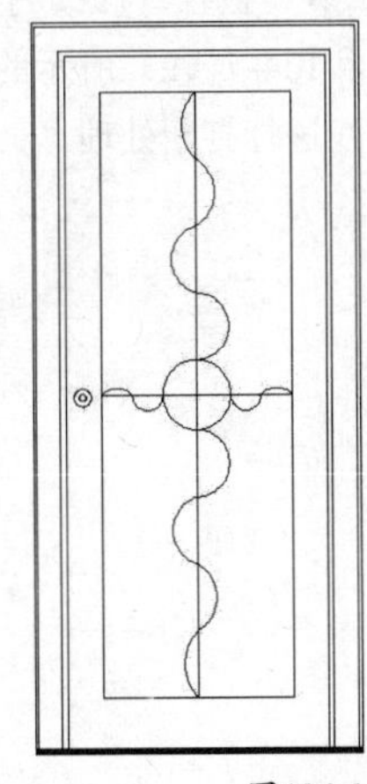

图134-1

制作思路

- 绘制门框。
- 绘制图案、把手和水平示意线，完成铁艺门的绘制并将其保存。

制作流程

铁艺门的制作流程如图134-2所示。

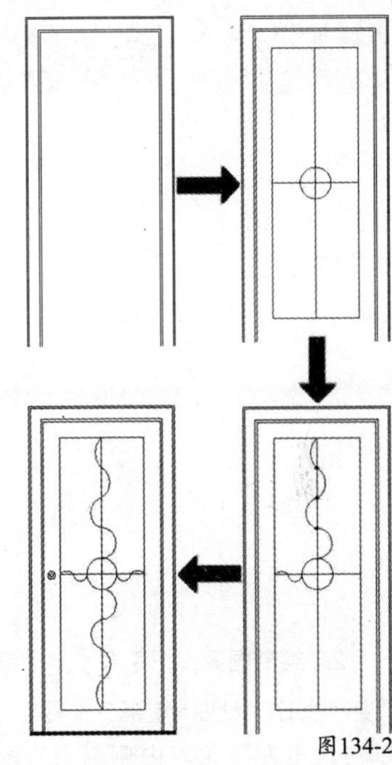

图134-2

1. 绘制门框

打开AutoCAD 2013中文版软件，执行“绘图>多线”命令，配合“捕捉自”功能，绘制门框，如图134-3所示。

命令行提示如下：

```
命令: _mline
当前设置: 对正 = 上, 比例 = 0.00, 样式 = STANDARD
指定起点或 [对正(J)/比例(S)/样式(ST)]:  S
输入多线比例 <0.00>:  10
当前设置: 对正 = 上, 比例 = 10.00, 样式 = STANDARD
指定起点或 [对正(J)/比例(S)/样式(ST)]:
指定下一点:  2080
指定下一点或 [放弃(U)]:  960
指定下一点或 [闭合(C)/放弃(U)]:  2080
指定下一点或 [闭合(C)/放弃(U)]:
命令: _mline
当前设置: 对正 = 上, 比例 = 10.00, 样式 = STANDARD
指定起点或 [对正(J)/比例(S)/样式(ST)]:  J
输入对正类型 [上(T)/无(Z)/下(B)] <下>:  T
当前设置: 对正 = 上, 比例 = 10.00, 样式 = STANDARD
```

```
指定起点或 [对正(J)/比例(S)/样式(ST)]:  S
输入多线比例 <10.00>:  15
当前设置: 对正 = 下, 比例 = 15.00, 样式 = STANDARD
指定起点或 [对正(J)/比例(S)/样式(ST)]:  _from
基点: <偏移>: @80,0
指定下一点:  2000
指定下一点或 [放弃(U)]:  800
指定下一点或 [闭合(C)/放弃(U)]:  2000
指定下一点或 [闭合(C)/放弃(U)]:
```

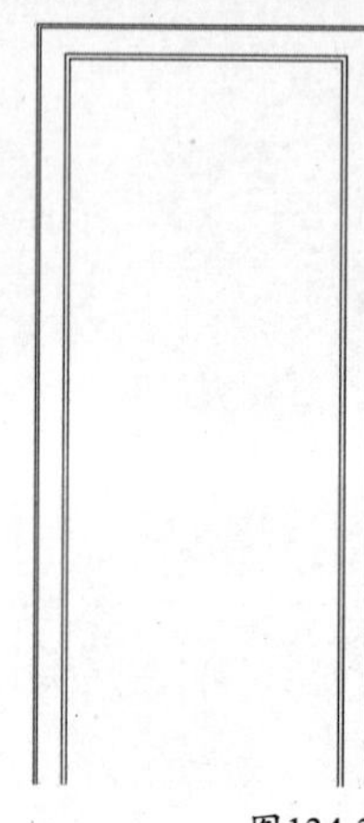

图134-3

2. 绘制图案、把手和水平示意线

01 执行“绘图>矩形”命令，配合“捕捉自”功能，以内边框左下角点内侧端点为基点，绘制矩形，如图134-4所示。

命令行提示如下：

```
命令: _rectang
指定第一个角点或 [倒角(C)/标高(E)/圆角(F)/厚度(T)/宽度(W)]: _from 基点: <偏移>: @105,150
指定另一个角点或 [面积(A)/尺寸(D)/旋转(R)]: @560,1730
```

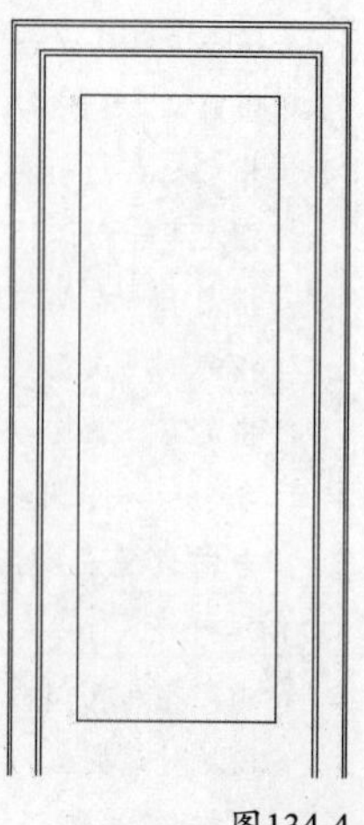

图134-4

02 执行“绘图>直线”命令，绘制直线，如图134-5所示。

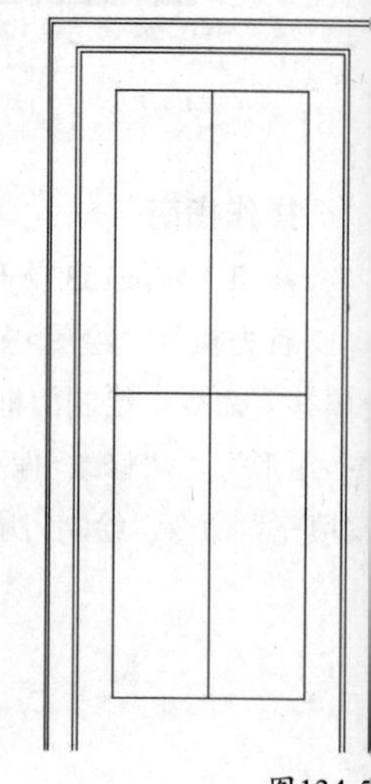

图134-5

03 执行“绘图>圆”命令，以两条直线的交点为圆心，绘制一个半径为100的圆，结果如图134-6所示。

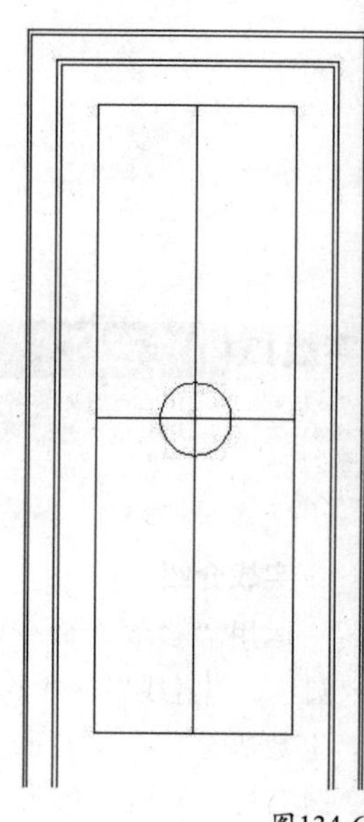

图134-6

04 执行“修改>打断于点”命令，分别以图134-7（1）和134-7（2）所示的交点作为端点，将水平中线和垂直中线进行打断处理。

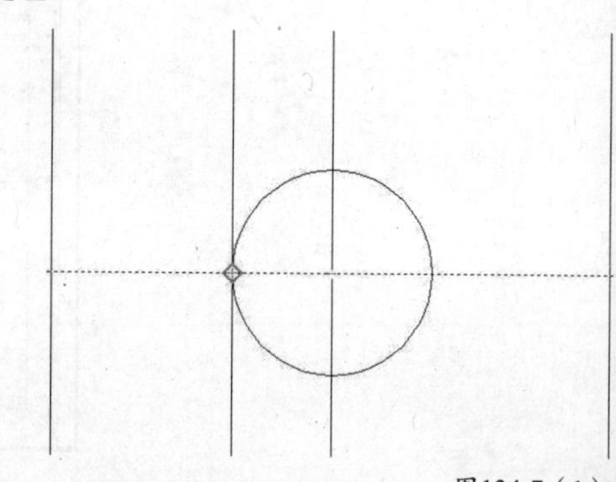

图134-7（1）

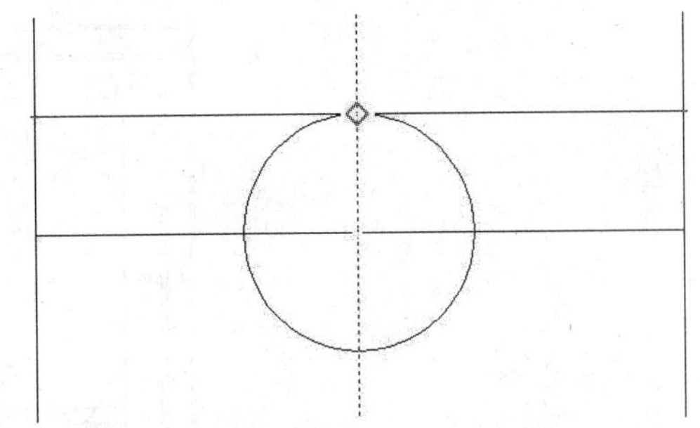

图134-7（2）

05 执行“格式>点样式”命令，弹出“点样式”对话框，如图134-8所示。

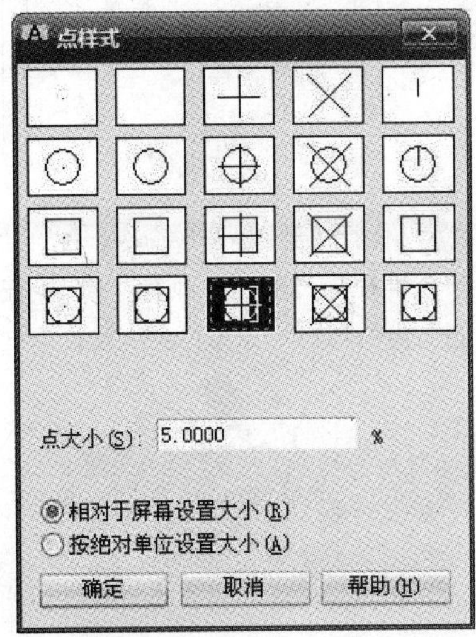

图134-8

06 执行“绘图>点>定数等分”命令，选择圆上方的中线，将其4等分，如图134-9所示。

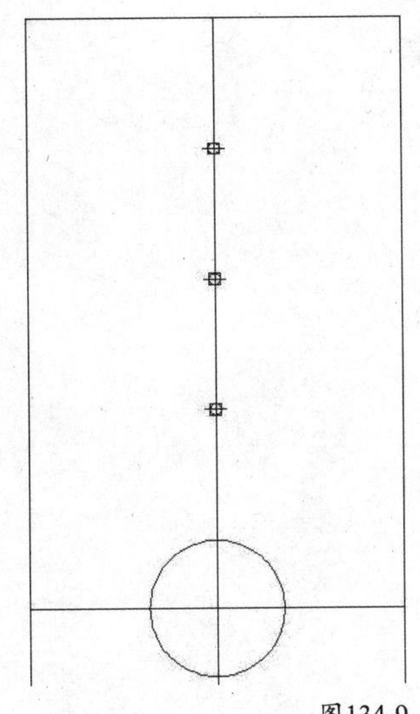

图134-9

07 执行“绘图>多段线”命令，配合“端点捕捉”和“节点捕捉”功能，绘制门扇上方的弧形拉槽，如图134-10所示。

命令行提示如下：

```
命令: _pline
指定起点:
当前线宽为 0.0000
指定下一个点或 [圆弧(A)/半宽(H)/长度(L)/放弃(U)/宽度(W)]: A
指定圆弧的端点或
[角度(A)/圆心(CE)/方向(D)/半宽(H)/直线(L)/半径(R)/第二个点(S)/放弃(U)/宽度(W)]: A
指定包含角: 90
指定圆弧的端点或 [圆心(CE)/半径(R)]:
指定圆弧的端点或
[角度(A)/圆心(CE)/闭合(CL)/方向(D)/半宽(H)/直线(L)/半径(R)/第二个点(S)/放弃(U)/宽度(W)]: A
指定包含角: -120
指定圆弧的端点或 [圆心(CE)/半径(R)]:
指定圆弧的端点或
[角度(A)/圆心(CE)/闭合(CL)/方向(D)/半宽(H)/直线(L)/半径(R)/第二个点(S)/放弃(U)/宽度(W)]: A
指定包含角: 150
指定圆弧的端点或 [圆心(CE)/半径(R)]:
指定圆弧的端点或
[角度(A)/圆心(CE)/闭合(CL)/方向(D)/半宽(H)/直线(L)/半径(R)/第二个点(S)/放弃(U)/宽度(W)]: A
指定包含角: -180
指定圆弧的端点或 [圆心(CE)/半径(R)]:
指定圆弧的端点或
[角度(A)/圆心(CE)/闭合(CL)/方向(D)/半宽(H)/直线(L)/半径(R)/第二个点(S)/放弃(U)/宽度(W)]:
```

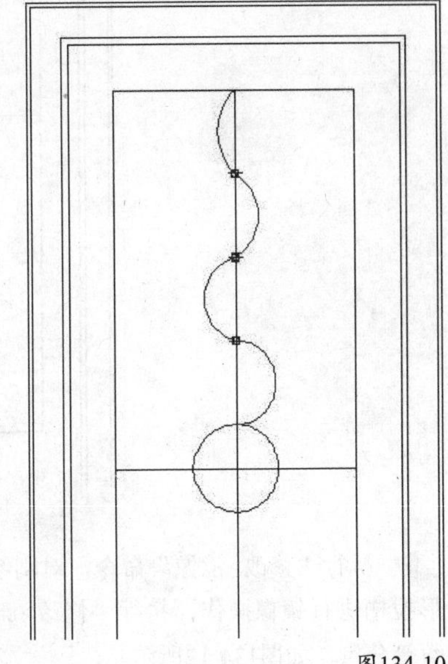

图134-10

08 执行“绘图>多段线”命令，配合“端点捕捉”和“节点捕捉”功能，绘制门扇左侧的弧形拉槽，如图134-11所示。

命令行提示如下：

```
命令: _pline
指定起点:
当前线宽为 0.0000
指定下一个点或 [圆弧(A)/半宽(H)/长度(L)/放弃(U)/宽度(W)]: A
指定圆弧的端点或
[角度(A)/圆心(CE)/方向(D)/半宽(H)/直线(L)/半径(R)/第二个点(S)/放弃(U)/宽度(W)]: A
指定包含角: -90
指定圆弧的端点或 [圆心(CE)/半径(R)]:
指定圆弧的端点或
[角度(A)/圆心(CE)/闭合(CL)/方向(D)/半宽(H)/直线(L)/半径(R)/第二个点(S)/放弃(U)/宽度(W)]: A
指定包含角: 180
指定圆弧的端点或 [圆心(CE)/半径(R)]:
指定圆弧的端点或
[角度(A)/圆心(CE)/闭合(CL)/方向(D)/半宽(H)/直线(L)/半径(R)/第二个点(S)/放弃(U)/宽度(W)]:
```

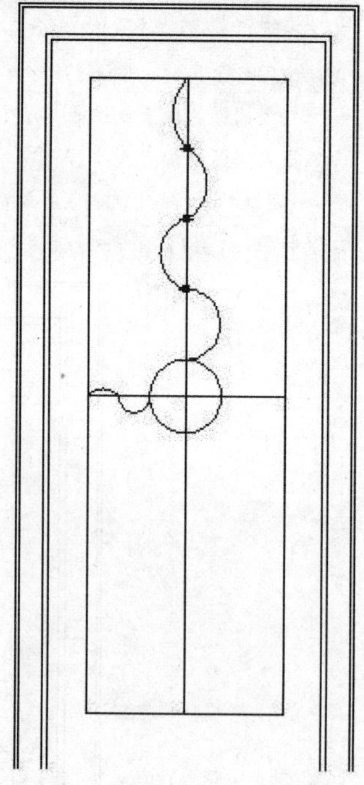

图134-11

09 执行“修改>镜像”命令，对刚绘制的两条多段线弧形拉槽进行镜像操作；执行“修改>删除”命令，删除定数等分点，如图134-12所示。

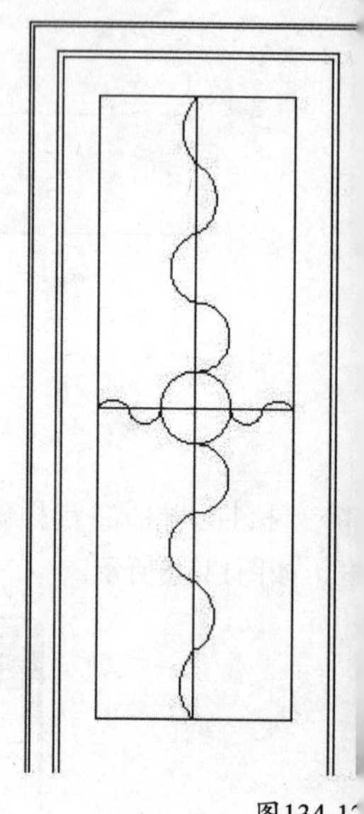

图134-12

10 执行“绘图>圆”命令，配合“捕捉自”功能，绘制一个半径为25的圆；执行“修改>偏移”命令，将绘制的圆向内偏移15，如图134-13所示。

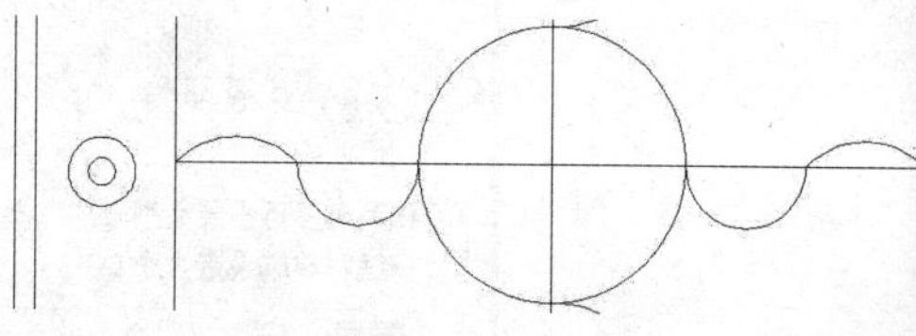

图134-13

11 执行“绘图>多段线”命令，设置线宽15，连接门套外边框的两个下端点，绘制门的水平示意线，如图134-14所示。

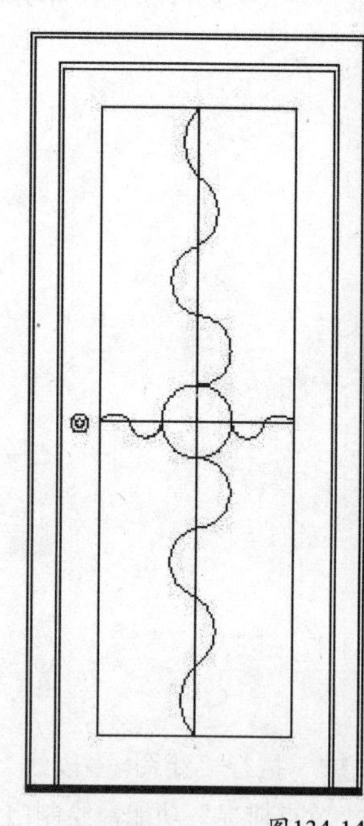

图134-14

练习134

练习位置	DVD>练习文件>第3章>练习134
难易指数	★★☆☆☆
技术掌握	巩固“多段线”、“圆”、“圆弧”、“椭圆”、“直线”、“镜像”、“偏移”、“删除”、“定数等分”和“修剪”等命令的使用方法。

操作指南

参照“实战134 铁艺门”案例进行制作。

首先执行“绘图>多段线”与“修改>偏移”命令，绘制门框；接着执行“绘图>椭圆”、“绘图>圆弧”、“绘图>直线”、“绘图>点>定数等分”、“修改>偏移”、“修改>镜像”、“修改>删除”与“修改>修剪”命令，绘制图案；然后执行“绘图>圆”与“修改>偏移”命令，绘制把手；最后执行“绘图>多段线”命令，绘制水平示意线。练习最终效果如图134-15所示。

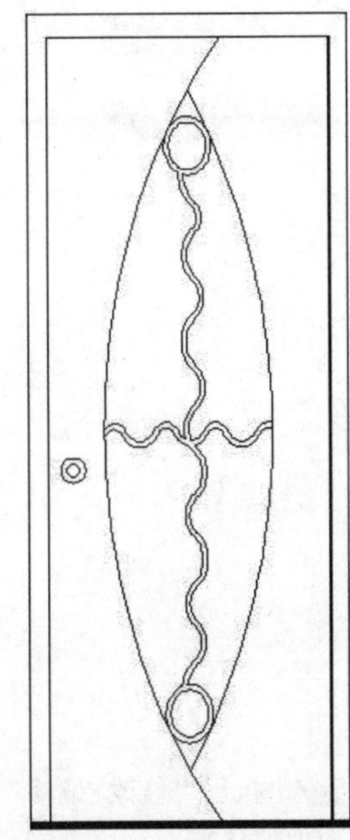

图134-15

实战135 古典门1

实战位置	DVD>实战文件>第3章>实战135
视频位置	DVD>多媒体教学>第3章>实战135
难易指数	★★★☆☆
技术掌握	掌握“矩形”、“直线”、“多段线”、“圆弧”、“分解”、“修剪”、“镜像”、“偏移”、“倒角”、“删除”、“阵列”和“图案填充”等命令。

实战介绍

运用“多段线”、“直线”与“偏移”命令，绘制门框；利用“矩形”、“多段线”、“直线”、“圆弧”、“分解”、“镜像”、“偏移”、“倒角”、“删除”、“修剪”与“阵列”命令，绘制门中镂格；利用“矩形”与“图案填充”命令，绘制把手；利用“图案填充”命令，填充门。本例最终效果如图135-1所示。

图135-1

制作思路

- 绘制门框。
- 绘制门中镂格。
- 绘制把手并填充图案，完成古典门1的绘制并将其保存。

制作流程

古典门1的制作流程如图135-2所示。

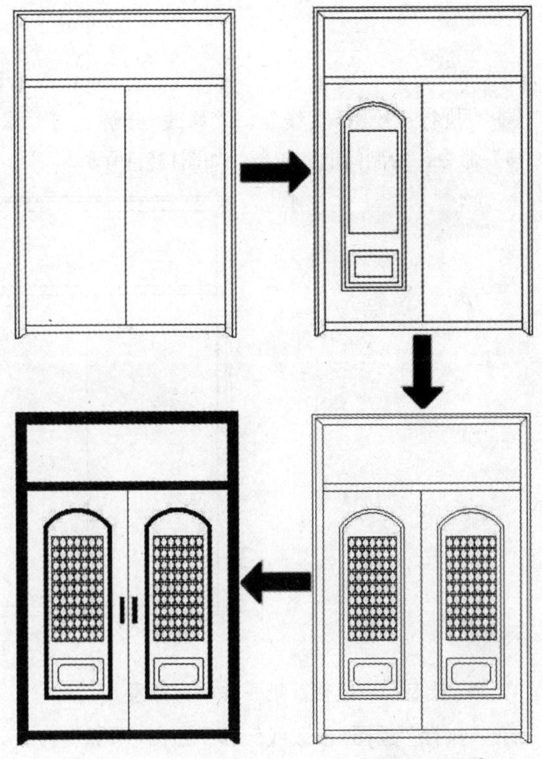

图135-2

1. 绘制门框

01 打开AutoCAD 2013中文版软件，执行“绘图>多段线”命令，绘制门框，如图135-3所示。

命令行提示如下：

```
命令: _pline
指定起点:
当前线宽为 0.0000
指定下一个点或 [圆弧(A)/半宽(H)/长度(L)/放弃(U)/宽度(W)]: 2300
指定下一点或 [圆弧(A)/闭合(C)/半宽(H)/长度(L)/放弃(U)/宽度(W)]: 1600
指定下一点或 [圆弧(A)/闭合(C)/半宽(H)/长度(L)/放弃(U)/宽度(W)]: 2300
指定下一点或 [圆弧(A)/闭合(C)/半宽(H)/长度(L)/放弃(U)/宽度(W)]:
```

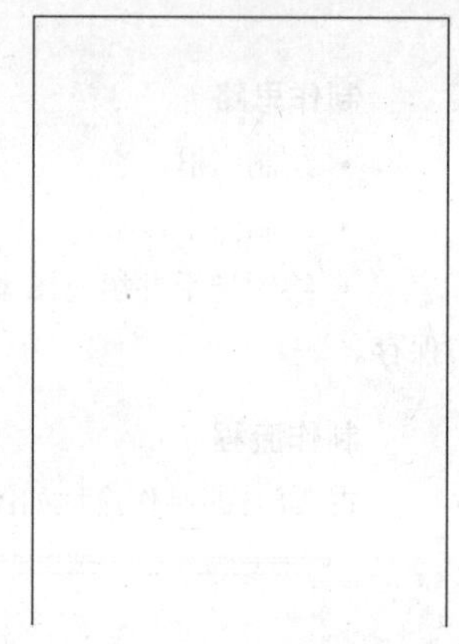
图135-3

02 执行“绘图>直线”、“修改>分解”与“修改>偏移”命令，绘制门框的轮廓，如图135-4所示。

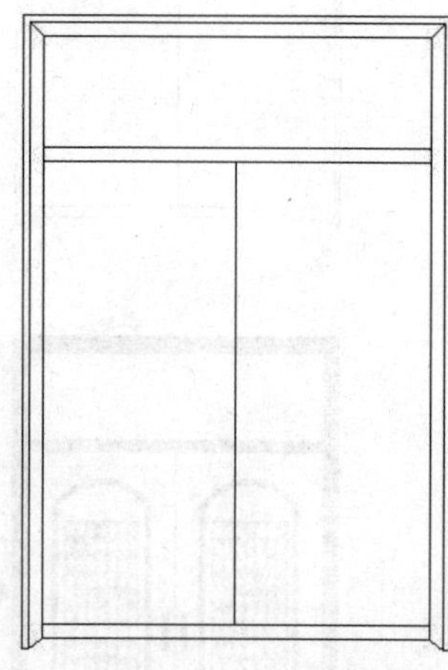
图135-4

2. 绘制门中镂格、把手并填充图案

01 执行“绘图>多段线”和“绘图>圆弧”命令，绘制如图135-5所示的图形。

命令行提示如下：

```
命令: _pline
指定起点:
当前线宽为 0.0000
指定下一个点或 [圆弧(A)/半宽(H)/长度(L)/放弃(U)/宽度(W)]: _from 基点: <偏移>: @120.5,-256
指定下一点或 [圆弧(A)/闭合(C)/半宽(H)/长度(L)/放弃(U)/宽度(W)]: 1200
指定下一点或 [圆弧(A)/闭合(C)/半宽(H)/长度(L)/放弃(U)/宽度(W)]: 484
指定下一点或 [圆弧(A)/闭合(C)/半宽(H)/长度(L)/放弃(U)/宽度(W)]: 1200
指定下一点或 [圆弧(A)/闭合(C)/半宽(H)/长度(L)/放弃(U)/宽度(W)]:
命令: _arc
指定圆弧的起点或 [圆心(C)]:
指定圆弧的第二个点或 [圆心(C)/端点(E)]:
指定圆弧的端点:
```

图135-5

02 执行“修改>偏移”命令，将上一步骤中绘制的图形向内偏移25。

03 执行“修改>修剪”命令，修剪偏移后的图形，如图135-6所示。

图135-6

04 执行“绘图>矩形”命令，绘制如图135-7所示的矩形。

```
命令：_rectang
指定第一个角点或 [倒角(C)/标高(E)/圆角(F)/厚度(T)/宽度(W)]：_from 基点：<偏移>：@35,35
指定另一个角点或 [面积(A)/尺寸(D)/旋转(R)]：
指定另一个角点或 [面积(A)/尺寸(D)/旋转(R)]：@364,223
命令：OFFSET
当前设置：删除源=否  图层=源  OFFSETGAPTYPE=0
指定偏移距离或 [通过(T)/删除(E)/图层(L)] <25.0000>： 40
指定要偏移的那一侧上的点，或 [退出(E)/多个(M)/放弃(U)] <退出>：
选择要偏移的对象，或 [退出(E)/放弃(U)] <退出>：
命令：_rectang
指定第一个角点或 [倒角(C)/标高(E)/圆角(F)/厚度(T)/宽度(W)]：_from 基点：<偏移>：@0,126
指定另一个角点或 [面积(A)/尺寸(D)/旋转(R)]：@364,720
```

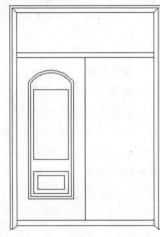

图135-7

05 执行“修改>倒角”命令，对矩形进行倒角处理，如图135-8所示。

命令行提示如下：

```
命令：_chamfer
("修剪"模式) 当前倒角距离 1 = 5.0000，距离 2 = 5.0000
选择第一条直线或 [放弃(U)/多段线(P)/距离(D)/角度(A)/修剪(T)/方式(E)/多个(M)]： D
指定 第一个 倒角距离 <5.0000>：5
指定 第二个 倒角距离 <5.0000>：5
选择第一条直线或 [放弃(U)/多段线(P)/距离(D)/角度(A)/修剪(T)/方式(E)/多个(M)]：
选择第二条直线，或按住 Shift 键选择直线以应用角点或 [距离(D)/角度(A)/方法(M)]：
……
命令：_chamfer
("修剪"模式) 当前倒角距离 1 = 5.0000，距离 2 = 5.0000
选择第一条直线或 [放弃(U)/多段线(P)/距离(D)/角度(A)/修剪(T)/方式(E)/多个(M)]： D
指定 第一个 倒角距离 <25.0000>：25
指定 第二个 倒角距离 <25.0000>：25
选择第一条直线或 [放弃(U)/多段线(P)/距离(D)/角度(A)/修剪(T)/方式(E)/多个(M)]：
选择第二条直线，或按住 Shift 键选择直线以应用角点或 [距离(D)/角度(A)/方法(M)]：
……
```

图135-8

06 执行“绘图>矩形”命令，绘制一个52×80的矩形；执行“修改>偏移”命令，将矩形向内偏移15，如图135-9所示的图形。

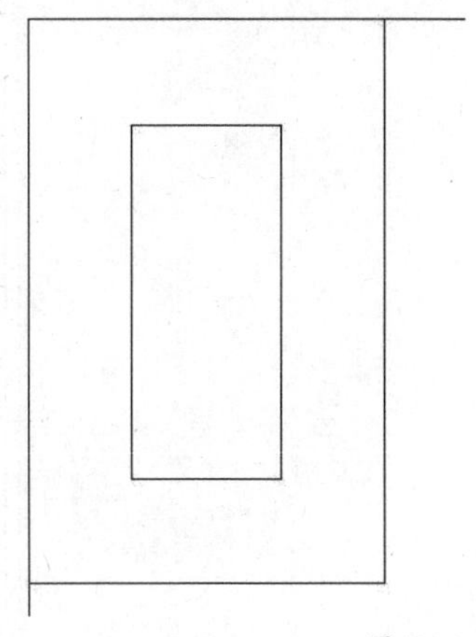

图135-9

07 执行“绘图>圆弧”命令，绘制矩形内的圆弧；执行“修改>删除”命令，删除内侧矩形，完成门的窗户内图案的绘制，如图135-10所示。

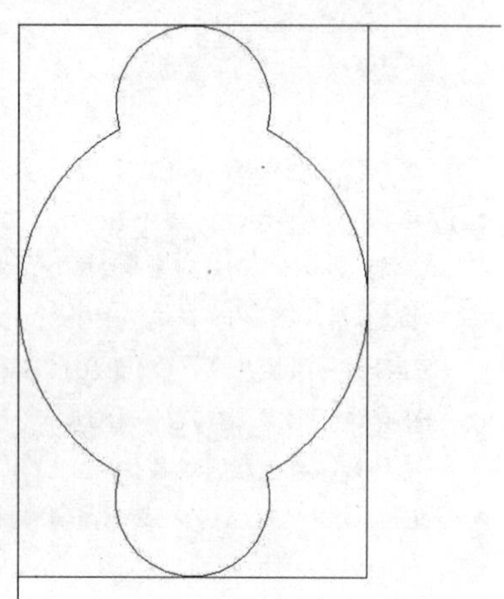

图135-10

08 在命令行中输入“ARRAYCLASSIC”，弹出“阵列”对话框，设置参数，如图135-11所示。

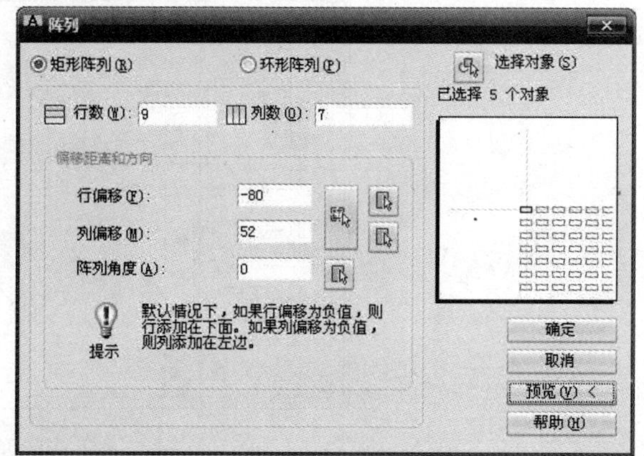

图135-11

09 单击“确定”按钮，执行“修改>镜像”命令，将门上的图案镜像复制到另一侧，得到如图135-12所示的效果。

图135-12

10 执行“绘图>矩形”命令，绘制门的拉手；执行“绘图>图案填充”命令，对门进行图案填充，结果如图135-13所示。

图135-13

练习135

练习位置	DVD>练习文件>第3章>练习135
难易指数	★★☆☆☆
技术掌握	巩固“矩形”、“多段线”、“直线”、“正多边形”、“镜像”、“偏移”和“修剪”等命令的使用方法。

操作指南

参照“实战135 古典门1”案例进行制作。

首先执行“绘图>矩形”命令，绘制门框；然后执行“绘图>矩形”、“绘图>多段线”、“绘图>直线”、“绘图>圆弧”、“修改>偏移”、“修改>镜像”和“修改>修剪”命令，绘制图案；练习效果如图135-14所示。

图135-14

实战136 古典门2

实战位置	DVD>实战文件>第3章>实战136
视频位置	DVD>多媒体教学>第3章>实战136
难易指数	★★☆☆☆
技术掌握	掌握"矩形"、"多线"、"圆"、"分解"、"修剪"、"删除"、"镜像"、"偏移"和"复制"等命令。

实战介绍

运用"矩形"与"偏移"命令，绘制门框；利用"多线"、"删除"与"复制"命令，绘制支撑；利用"分解"、"修剪"与"删除"命令，编辑支撑；利用"镜像"命令，镜像支撑；利用"圆"与"偏移"命令，绘制把手。本例最终效果如图136-1所示。

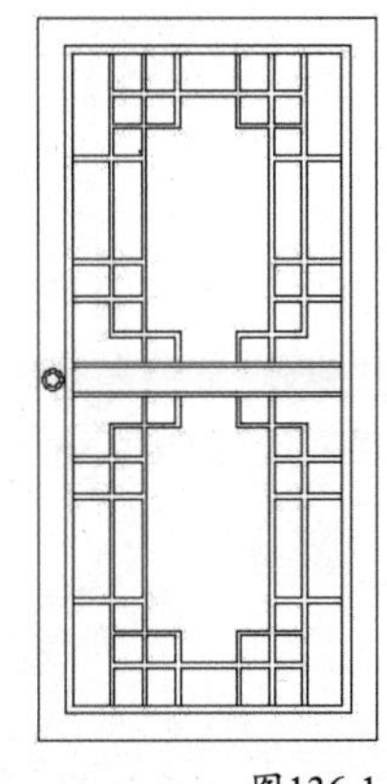

图136-1

制作思路

- 绘制门框。
- 绘制支撑。
- 绘制把手，完成古典门2的绘制并将其保存。

制作流程

古典门2的制作流程如图136-2所示。

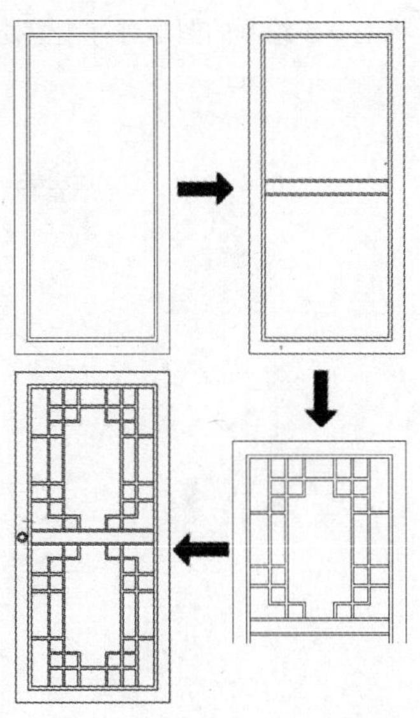

图136-2

1. 绘制门框

01 打开AutoCAD 2013中文版软件，执行"绘图>矩形"命令，绘制门框外边框，如图136-3所示。

命令行提示如下：

```
命令: _rectang
指定第一个角点或 [倒角(C)/标高(E)/圆角(F)/厚度(T)/宽度(W)]:
指定另一个角点或 [面积(A)/尺寸(D)/旋转(R)]: @1000,2100
```

02 执行"修改>偏移"命令，将上一步绘制的矩形向内依次偏移80、20，绘制门框的内边框，如图136-3所示。

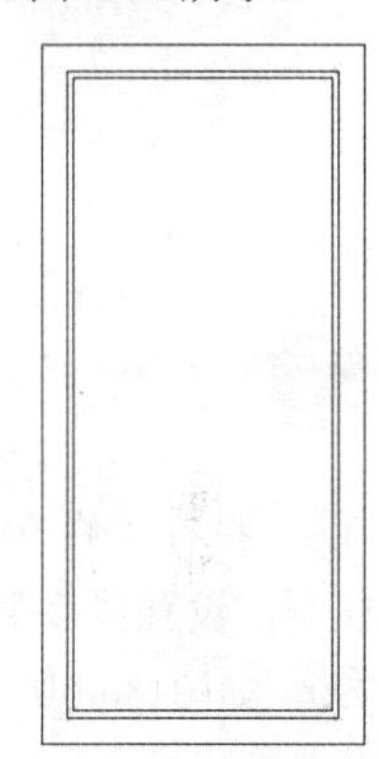

图136-3

2. 绘制支撑和把手

01 执行"绘图>多线"命令，绘制水平多线，如图136-4所示。

命令行提示如下：

```
命令: _mline
当前设置: 对正 = 无，比例 = 15.00，样式 = 墙线样式
指定起点或 [对正(J)/比例(S)/样式(ST)]:
指定下一点:
指定下一点或 [放弃(U)]:
```

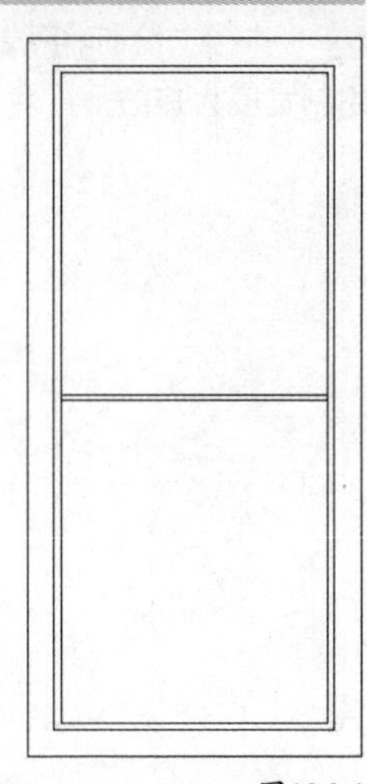

图136-4

02 执行“修改>复制”命令，将上一步骤中绘制的多线进行对称复制，设置位移距离为42.5；执行“修改>删除”命令，删除原水平多线，如图136-5所示。

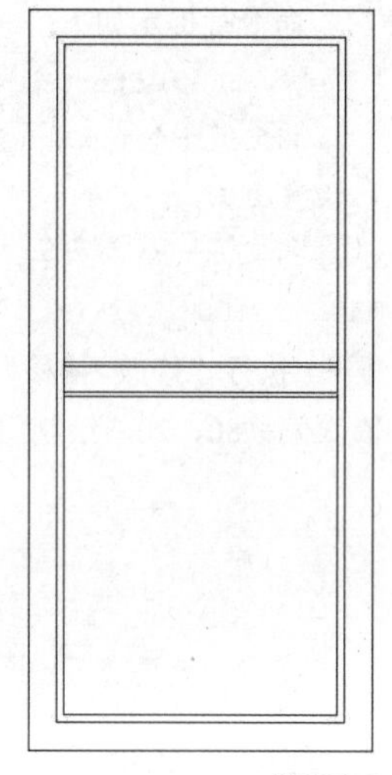

图136-5

03 执行“修改>复制”命令，将上方的多线向上进行复制，设置位移距离分别为95、190、300、600、695和790，如图136-6所示。

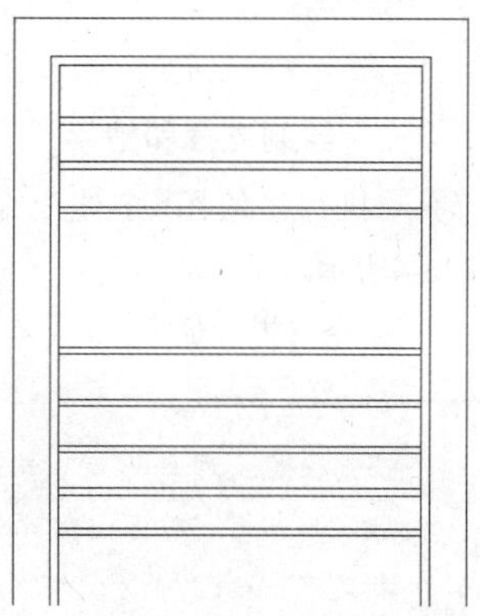

图136-6

04 执行“绘图>多线”命令，配合“中点捕捉”功能，绘制宽度为15的垂直多线，如图136-7所示。

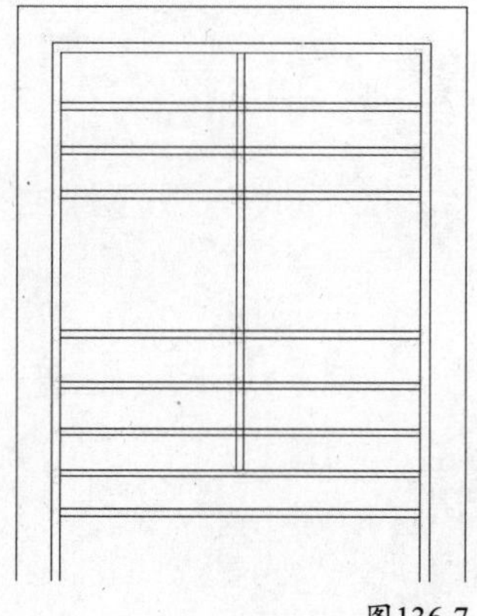

图136-7

05 执行“修改>复制”命令，将上一步绘制的垂直多线进行对称复制，设置位移距离分别为95、190和285，如图136-8所示。

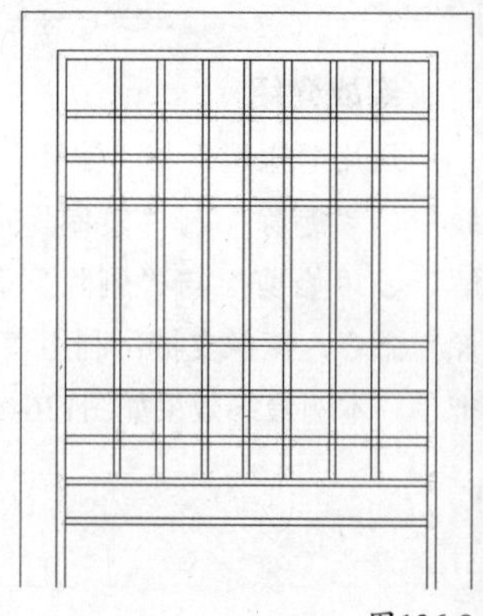

图136-8

06 执行“修改>分解”命令，将所有多线分解；执行“修改>修剪”和“修改>删除”命令，对内部图形进行编辑，效果如图136-9所示。

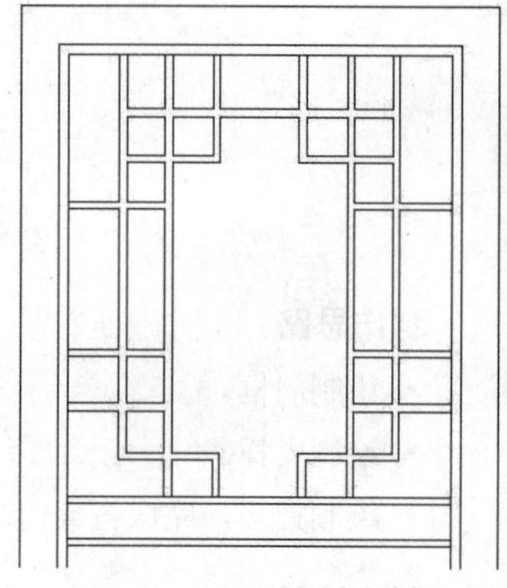

图136-9

07 执行“修改>镜像”命令，配合“中点捕捉”功能，将上一步绘制的图形进行镜像处理，如图136-10所示。

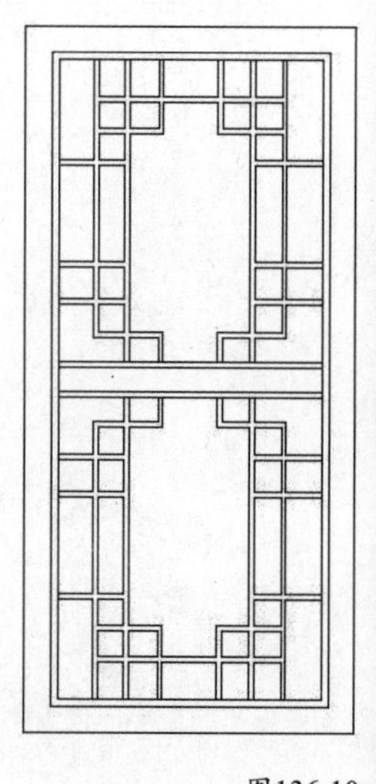

图136-10

08 执行“绘图>圆”命令，配合“捕捉自”功能，以位于距离门扇外边框左边线中点水平向右40的点为圆心，绘制半径为30和20的一组同心圆作为把手，如图136-11所示。

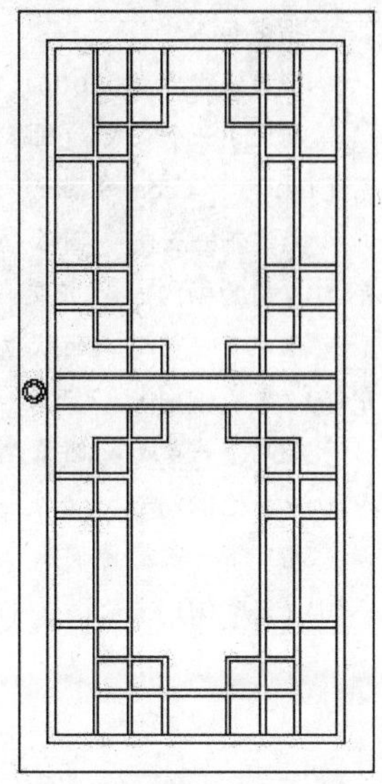

图136-11

练习136

练习位置	DVD>练习文件>第3章>练习136
难易指数	★★☆☆☆
技术掌握	巩固“矩形”、“多线”、“偏移”、“分解”、“复制”、“镜像”、“删除”和“修剪”等命令的使用方法。

操作指南

参照“实战136 古典门2”案例进行制作。

首先，执行“绘图>矩形”与“修改>偏移”命令，绘制门框；然后，执行“绘图>多线”、“修改>偏移”、“修改>镜像”、“修改>复制”、“修改>分解”、“修改>修剪”与“修改>删除”命令，绘制支撑。练习最终效果如图136-12所示。

图136-12

实战137 卧室门1

原始文件位置	DVD>原始文件>第3章>实战137 原始文件
实战位置	DVD>实战文件>第3章>实战137
视频位置	DVD>多媒体教学>第3章>实战137
难易指数	★★☆☆☆
技术掌握	掌握“矩形”、“多段线”、“偏移”、“阵列”、“镜像”、“插入块”和“图案填充”等命令。

实战介绍

运用“矩形”与“偏移”命令，绘制门框；利用“多段线”、“阵列”与“镜像”命令，绘制图案；利用“插入块”命令，编辑把手；利用“图案填充”命令，填充图案。本例最终效果如图137-1所示。

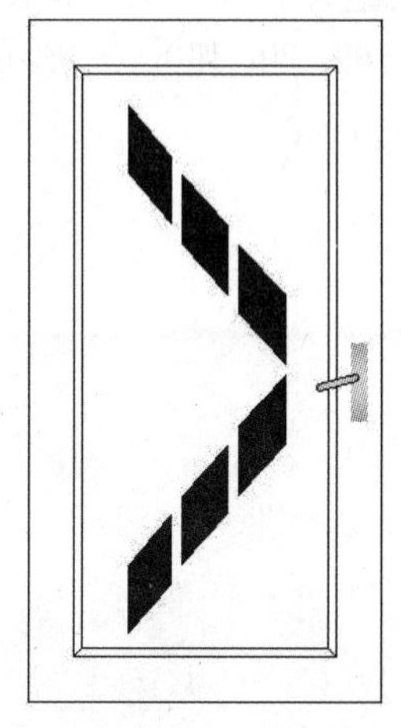

图137-1

制作思路

- 绘制门框。
- 绘制图案。
- 插入把手并填充图案，完成卧室门1的绘制并将其保存。

制作流程

卧室门1的制作流程如图137-2所示。

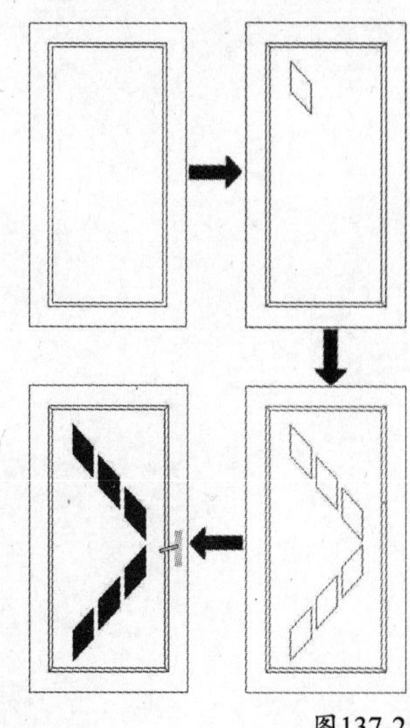

图137-2

1. 绘制门框

01 打开AutoCAD 2013中文版软件，执行“绘图>矩形”命令，绘制矩形门框，如图137-3所示。

命令行提示如下：

```
命令: _rectang
指定第一个角点或 [倒角(C)/标高(E)/圆角(F)/厚度(T)/宽度(W)]:
指定另一个角点或 [面积(A)/尺寸(D)/旋转(R)]: @800,1500
```

02 执行“修改>偏移”命令，将矩形向内侧依次偏移100、20，如图137-3所示。

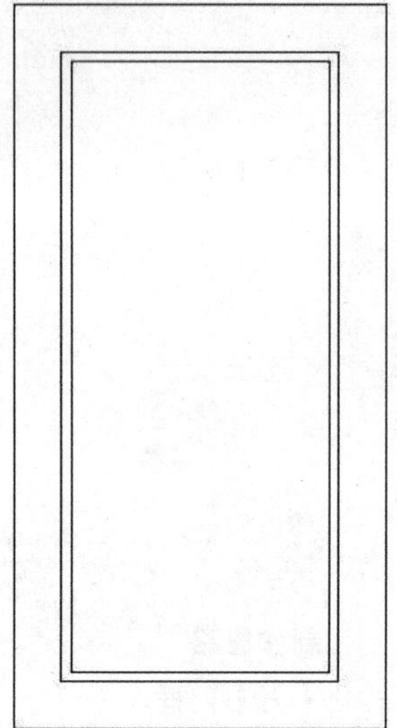

图137-3

03 执行“绘图>直线”命令，连接矩形的角点，如图137-4所示。

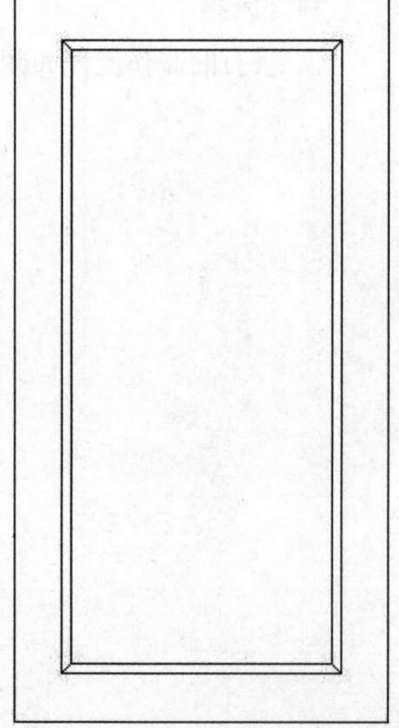

图137-4

2. 绘制图案和把手

01 执行“绘图>多段线”命令，绘制如图137-5所示菱形。

```
命令: _pline
指定起点:
当前线宽为 0.0000
指定下一个点或 [圆弧(A)/半宽(H)/长度(L)/放弃(U)/宽度(W)]: _from 基点: <偏移>: @105,-70
指定下一点或 [圆弧(A)/闭合(C)/半宽(H)/长度(L)/放弃(U)/宽度(W)]: <正交 开> 150
指定下一点或 [圆弧(A)/闭合(C)/半宽(H)/长度(L)/放弃(U)/宽度(W)]: <正交 关> 150
指定下一点或 [圆弧(A)/闭合(C)/半宽(H)/长度(L)/放弃(U)/宽度(W)]: <正交 开> 150
指定下一点或 [圆弧(A)/闭合(C)/半宽(H)/长度(L)/放弃(U)/宽度(W)]: C
```

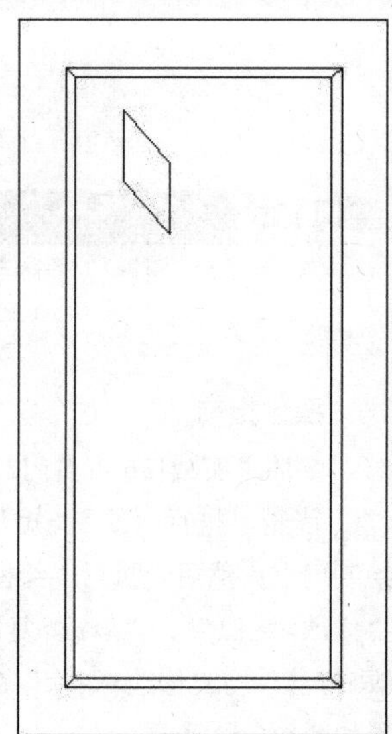

图137-5

02 在命令行中输入“ARRAYCLASSIC”，弹出“阵列”对话框，设置参数如图137-6所示。

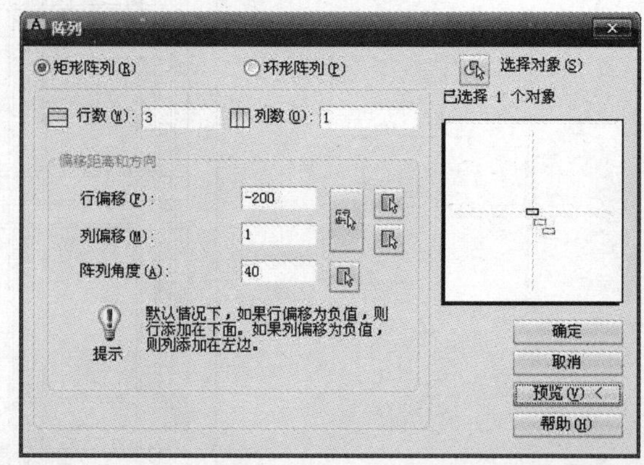

图137-6

技巧与提示

使用“阵列”对话框中的“矩形阵列”命令时，行间距和列间距的正负值将确定阵列的方向。列间距为负值，将向左边阵列；行间距为负值，则向下方阵列。当阵列角度为0时，按照垂直或平行方向偏移；若角度不为0时，偏移距离则沿设置的角度进行阵列。

03 单击“确定”按钮，得到如图137-7所示的图形。

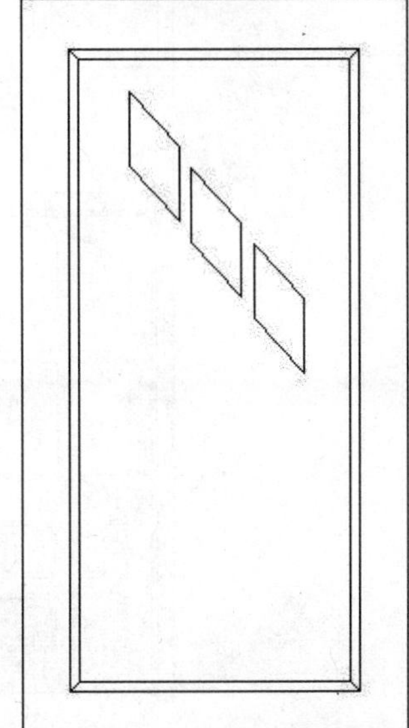

图137-7

04 执行“修改>镜像”命令，镜像复制出其他菱形，如图137-8所示。

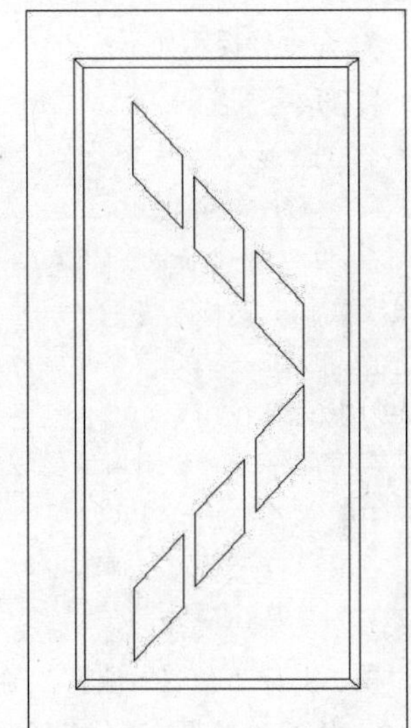

图137-8

05 执行“插入>块”命令，插入原始文件中的“实战137 原始文件”图形，如图137-9所示。

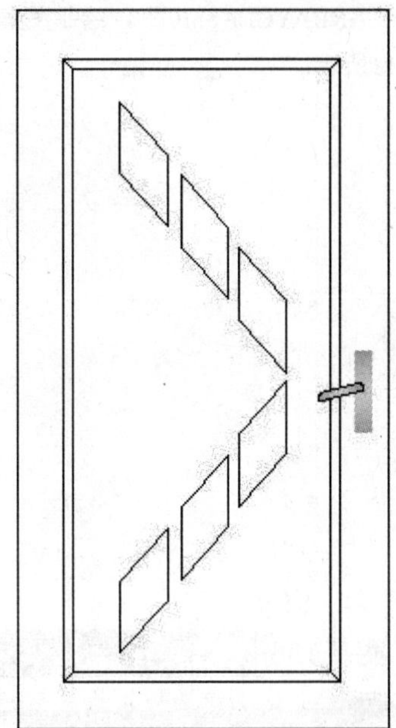

图137-9

06 执行“绘图>图案填充”命令，为菱形填充图案，如图137-10所示。

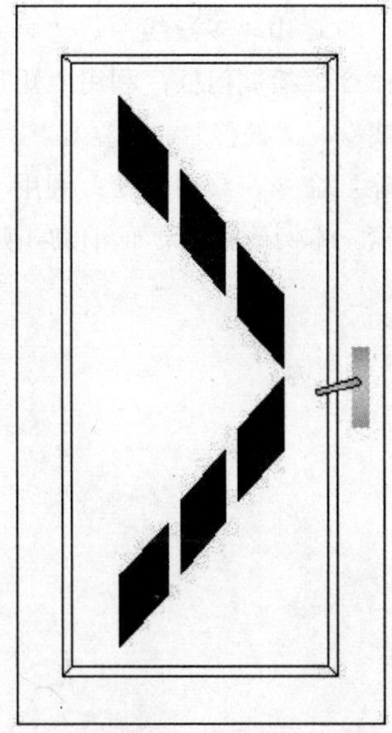

图137-10

练习137

练习位置	DVD>练习文件>第3章>练习137
难易指数	★★☆☆☆
技术掌握	巩固“矩形”、“直线”、“偏移”、“阵列”和“镜像”等命令的使用方法。

操作指南

参照“实战137 卧室门1”案例进行制作。

首先执行“绘图>矩形”与“修改>偏移”命令，绘制门框；然后执行“绘图>矩形”、“绘图>直线”、“修改>偏移”与“修改>镜像”命令，在命令行中输入

"ARRAYCLASSIC"，绘制图案。练习最终效果如图137-11所示。

图137-11

实战138 卧室门2

实战位置	DVD>实战文件>第3章>实战138
视频位置	DVD>多媒体教学>第3章>实战138
难易指数	★★☆☆☆
技术掌握	掌握"矩形"、"多段线"、"直线"、"样条曲线"、"偏移"、"修剪"、"复制"、"镜像"、"删除"和"图案填充"等命令。

实战介绍

运用"多段线"、"直线"、"修剪"与"偏移"命令，绘制门框；利用"矩形"、"直线"、"样条曲线"、"偏移"、"复制"、"修剪"、"镜像"与"删除"命令，绘制门窗；利用"图案填充"命令，填充门窗。本例最终效果如图138-1所示。

图138-1

制作思路

- 绘制门框。
- 绘制窗并填充，完成卧室门2的绘制并将其保存。

制作流程

卧室门2的制作流程如图138-2所示。

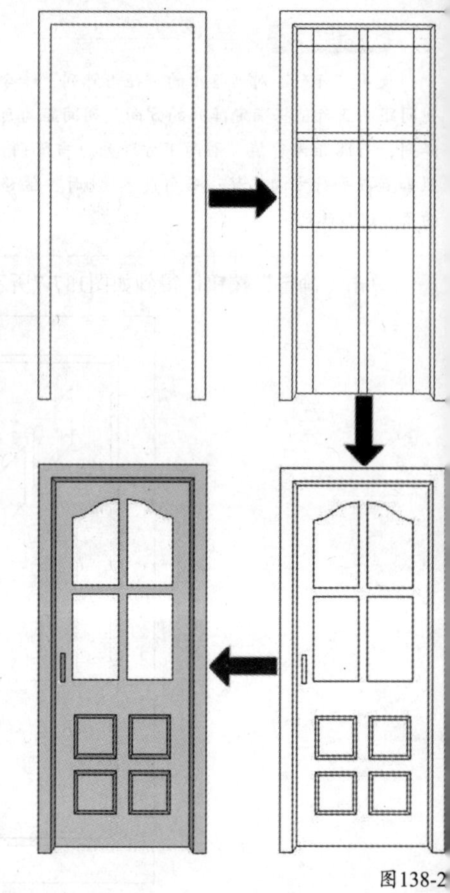

图138-2

1. 绘制门框

01 打开AutoCAD 2013中文版软件，执行"绘图>多段线"命令。

命令行提示如下：

```
命令：_pline
指定起点：
当前线宽为 0.0000
指定下一个点或 [圆弧(A)/半宽(H)/长度(L)/放弃(U)/宽度(W)]：900
指定下一点或 [圆弧(A)/闭合(C)/半宽(H)/长度(L)/放弃(U)/宽度(W)]：400
指定下一点或 [圆弧(A)/闭合(C)/半宽(H)/长度(L)/放弃(U)/宽度(W)]：900
指定下一点或 [圆弧(A)/闭合(C)/半宽(H)/长度(L)/放弃(U)/宽度(W)]：
```

02 执行"修改>偏移"命令，将多段线向内次偏移30；执行"绘图>直线"命令，用直线连接端点，如图138-3所示。

命令行提示如下：

```
命令：OFFSET
当前设置：删除源=否  图层=源  OFFSETGAPTYPE=0
```

```
指定偏移距离或 [通过(T)/删除(E)/图层(L)] <通过>: 30
指定要偏移的那一侧上的点，或 [退出(E)/多个(M)/放弃(U)] <退出>:
选择要偏移的对象，或 [退出(E)/放弃(U)] <退出>:
```

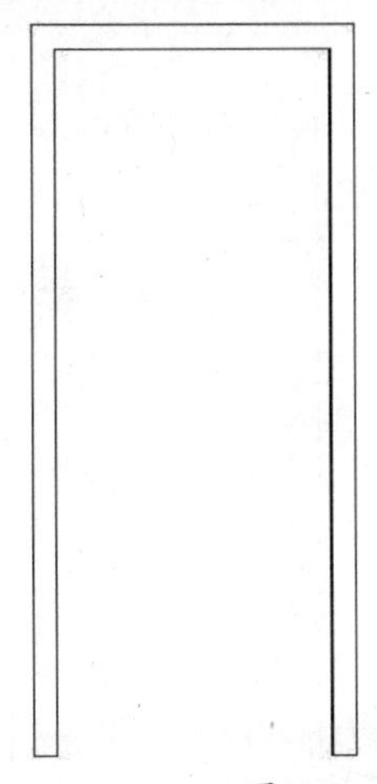

图138-3

03 执行“绘图>直线”命令，配合“捕捉自”功能，绘制辅助线；执行“修改>偏移”命令，将内侧门框向内偏移10，如图138-4所示。

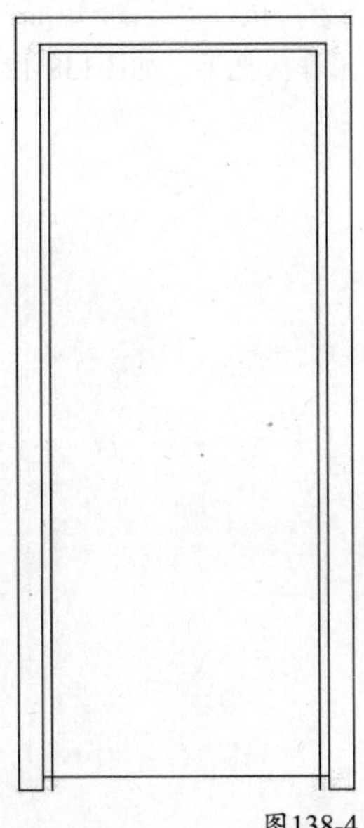

图138-4

命令行提示如下：

```
命令: _line
指定第一个点:
指定下一点或 [放弃(U)]: _from 基点: <偏移>: @0,15
指定下一点或 [放弃(U)]:
指定下一点或 [闭合(C)/放弃(U)]:
```

04 执行“修改>修剪”命令，修剪图形；执行“绘图>直线”命令，用直线连接门框的角点，如图138-5所示。

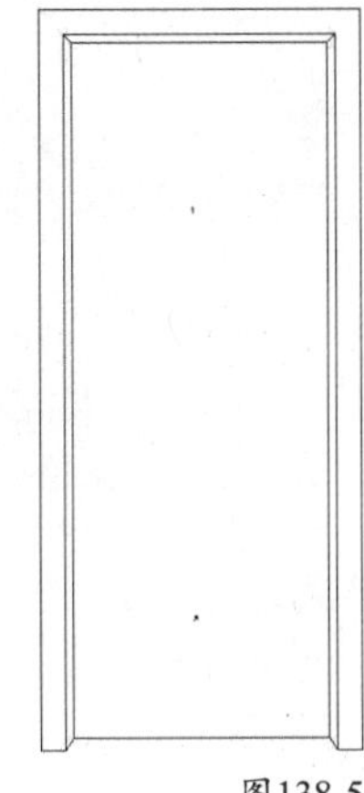

图138-5

2. 绘制窗并填充

01 执行“绘图>直线”命令，绘制如图138-6所示的辅助直线。

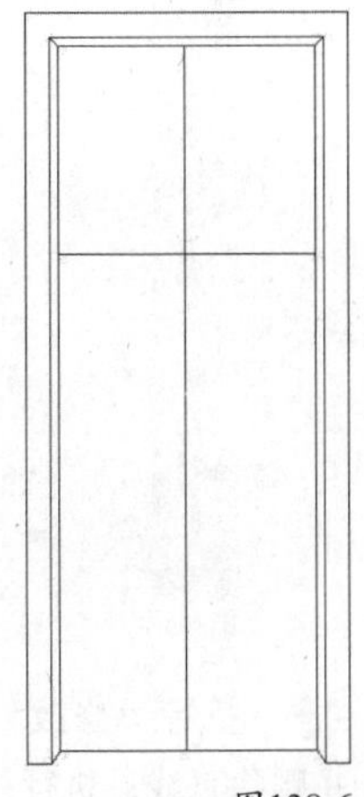

图138-6

02 执行“修改>偏移”命令，偏移辅助直线，结果如图138-7所示。

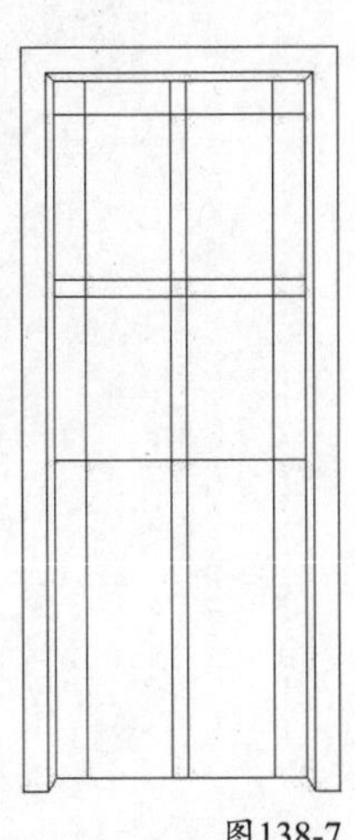

图138-7

03 执行“修改>修剪”命令，修剪掉多余的直线，如图138-8所示。

图138-8

04 执行“绘图>样条曲线”命令，绘制如图138-9所示图形。

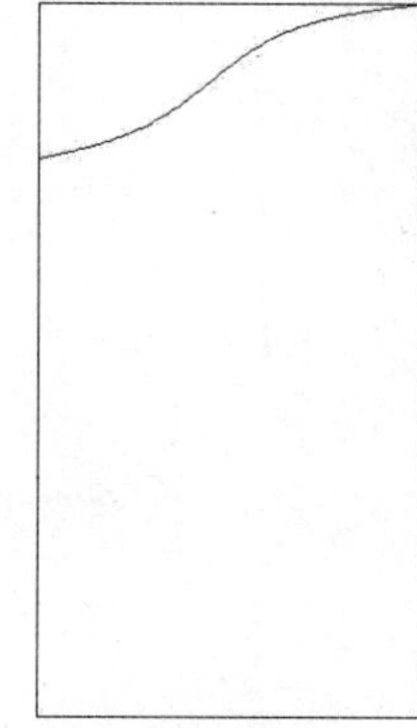
图138-9

05 执行“修改>修剪”和“修改>删除”命令，修剪并删除直线；执行“修改>镜像”命令，镜像复制到另一侧，如图138-10所示。

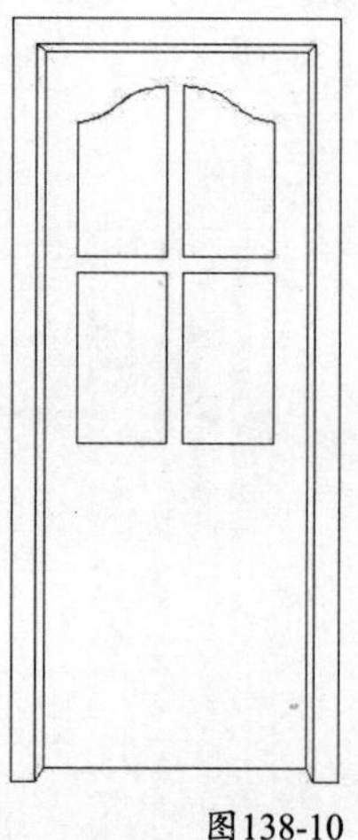
图138-10

06 执行“绘图>矩形”、“绘图>直线”、“修改>偏移”、“修改>复制”和“修改>镜像”命令，绘制门下方的矩形图案，如图138-11所示。

图138-11

07 执行“绘图>矩形”命令，绘制一个长10、宽65的矩形作为把手，如图138-12所示。

图138-12

08 执行“绘图>图案填充”命令，弹出“图案填充和渐变色”对话框，设置参数如图138-13所示，填充效果如图138-14所示。

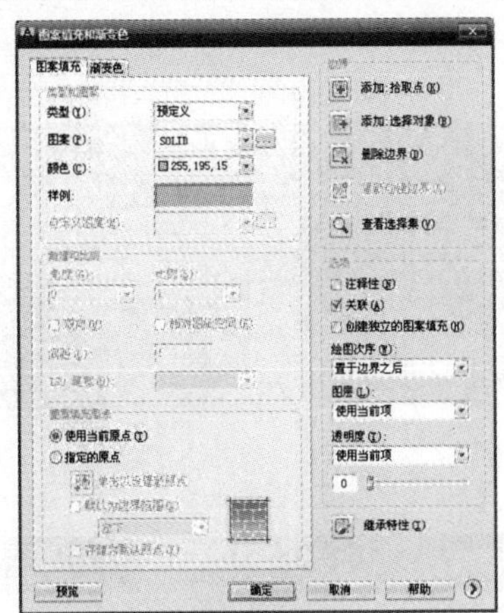

图138-13

图138-14

练习138

练习位置	DVD>练习文件>第3章>练习138
难易指数	★★☆☆☆
技术掌握	巩固“矩形”、“直线”、“多线”、“样条曲线”和“镜像”等命令的使用方法。

操作指南

参照“实战138 卧室门2”案例进行制作。

首先执行“绘图>矩形”命令，绘制门框；然后执行“绘图>直线”、“绘图>多线”、“绘图>样条曲线”与“修改>镜像”命令，绘制图案。练习最终效果如图138-15所示。

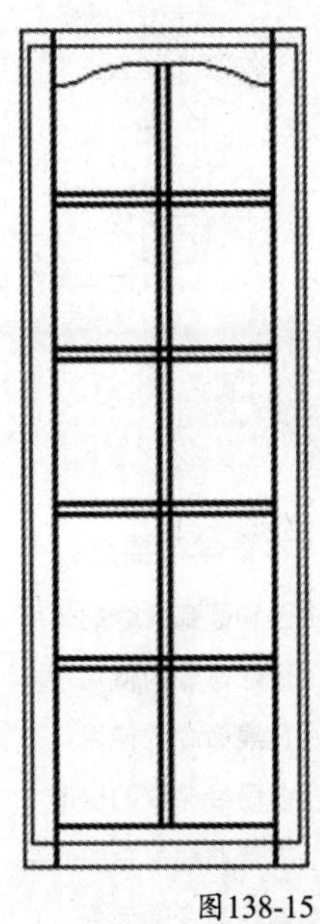

图138-15

第4章
窗

本章学习要点：

圆和圆弧命令的使用
矩形命令的使用
直线命令的使用
多段线命令的使用
样条曲线命令的使用
偏移命令的使用
分解命令的使用
复制命令的使用
阵列命令的使用
修剪命令的使用
图案填充命令的使用
极轴追踪命令的使用

实战139 木窗

实战位置	DVD>实战文件>第4章>实战139
视频位置	DVD>多媒体教学>第4章>实战139
难易指数	★★☆☆☆
技术掌握	掌握“矩形”、“多线”、“直线”、“圆”、“偏移”、“复制”、“修剪”、“删除”、“阵列”和“镜像”等命令。

实战介绍

运用“矩形”与“偏移”命令，绘制窗框；利用“多线”与“复制” 命令，绘制内窗格；利用“直线”、“圆”、“偏移”与“阵列”命令，绘制弧形窗格；利用“修剪”与“删除”命令，去掉多余的部分；利用“镜像”命令，镜像出两个对称的窗格。本例最终效果如图139-1所示。

图139-1

制作思路

- 绘制窗框。
- 绘制窗格并镜像，完成木窗的绘制并将其保存。

制作流程

木窗的制作流程如图139-2所示。

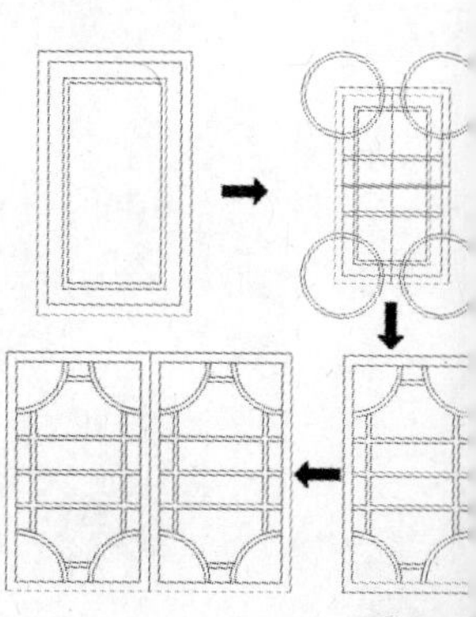

图139-2

1. 绘制窗框

打开AutoCAD 2013中文版软件，执行“绘图>矩形”命令，绘制一个长600、宽1000的矩形，作为木窗的边框；执行“修改>偏移”命令，将其向内偏移40，如图139-3所示。

命令行提示如下：

```
命令：_rectang
指定第一个角点或 [倒角(C)/标高(E)/圆角(F)/厚度(T)/宽度(W)]:
指定另一个角点或 [面积(A)/尺寸(D)/旋转(R)]: @600,1000
命令：OFFSET
当前设置：删除源=否  图层=源  OFFSETGAPTYPE=0
指定偏移距离或 [通过(T)/删除(E)/图层(L)] <通过>:  40
指定要偏移的那一侧上的点，或 [退出(E)/多个(M)/放弃(U)] <退出>:
选择要偏移的对象，或 [退出(E)/放弃(U)] <退出>:
```

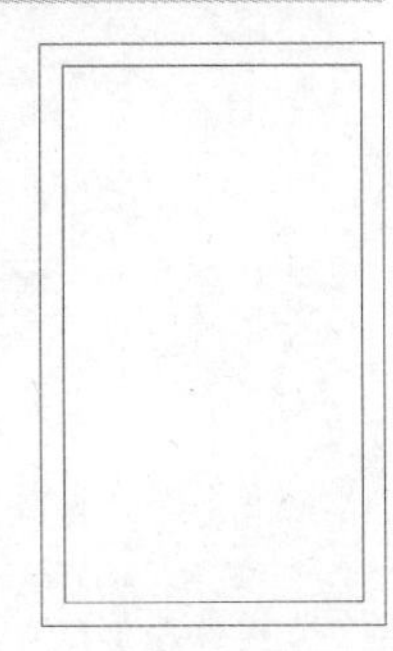

图139-3

2. 绘制窗格

01 执行“绘图>多线”命令，绘制如图139-4所示的内部边框。

命令行提示如下：

```
命令：_mline
当前设置：对正 = 无，比例 = 20.00，样式 = STANDARD
指定起点或 [对正(J)/比例(S)/样式(ST)]:  J
输入对正类型 [上(T)/无(Z)/下(B)] <无>:  T
当前设置：对正 = 上，比例 = 20.00，样式 = STANDARD
指定起点或 [对正(J)/比例(S)/样式(ST)]:  S
输入多线比例 <20.00>:  20
当前设置：对正 = 上，比例 = 20.00，样式 = STANDARD
指定起点或 [对正(J)/比例(S)/样式(ST)]:  _from
基点：<偏移>：@60,60
指定下一点：  <正交 开> 800
指定下一点或 [放弃(U)]:  400
指定下一点或 [闭合(C)/放弃(U)]:  800
指定下一点或 [闭合(C)/放弃(U)]:  c
```

02 执行“绘图>多线”命令，绘制水平边框，并复制2条平行边框与内边框相交组成窗格，如图139-5所示。

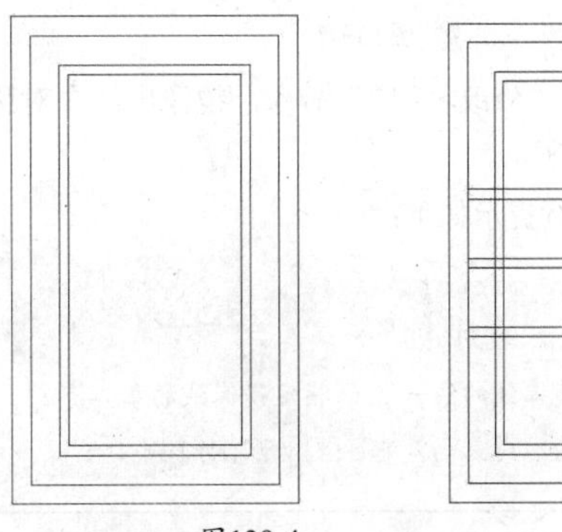

图139-4　　图139-5

03 执行“绘图>直线”命令，绘制两条垂直相交的直线，其交点即为木窗的中心。

04 执行“绘图>圆”命令，绘制一个以矩形角点为圆心，半径为127的圆；执行“修改>偏移”命令，将圆向内偏移20；在命令行中输入“ARRAYCLAS SIC”，弹出“阵列”对话框，设置参数如图139-6所示。

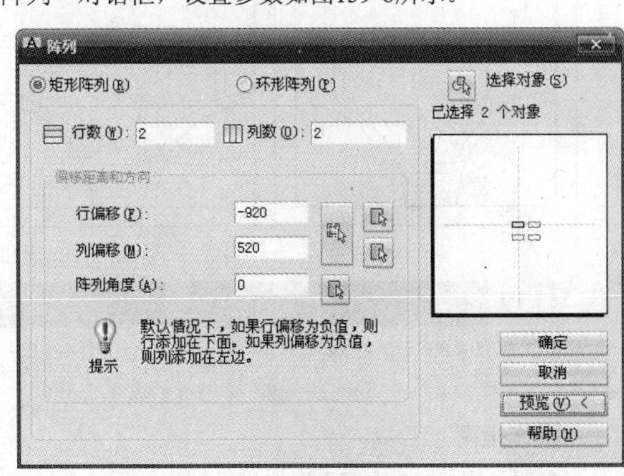

图139-6

05 单击“确定”按钮，效果如图139-7所示。

06 执行“修改>删除”命令，删除两条辅助线；执行“修改>修剪”命令，将多余的线都修剪掉；执行“修改>对象>多线”命令，选择“十字打开”编辑多线，如图139-8所示。

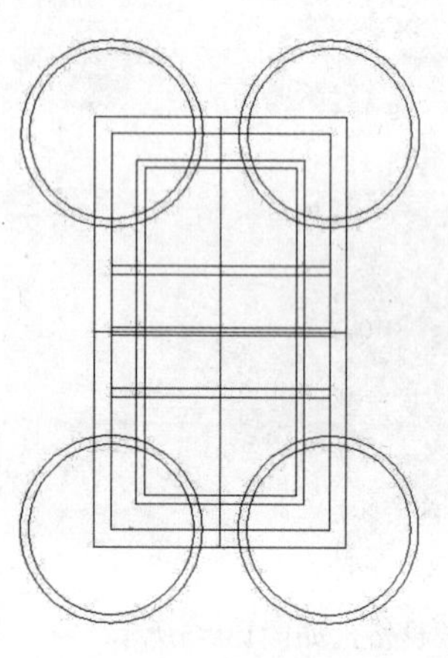

图139-7

图139-8

07 执行“修改>镜像”命令，镜像出两个对称的木窗，如图139-9所示。

命令行提示如下：

```
命令: _mirror
MIRROR 找到 17 个
指定镜像线的第一点: 指定镜像线的第二点:
要删除源对象吗? [是(Y)/否(N)] <N>:
```

图139-9

练习139

练习位置	DVD>练习文件>第4章>练习139
难易指数	★☆☆☆☆
技术掌握	巩固“直线”、“矩形”和“镜像”等命令的使用方法。

操作指南

参照“实战139 木窗”案例进行制作。

首先执行“绘图>矩形”命令，绘制窗框；然后执行“绘图>矩形”、“绘图>直线”与“修改>镜像”命令，绘制窗扇。练习最终效果如图139-10所示。

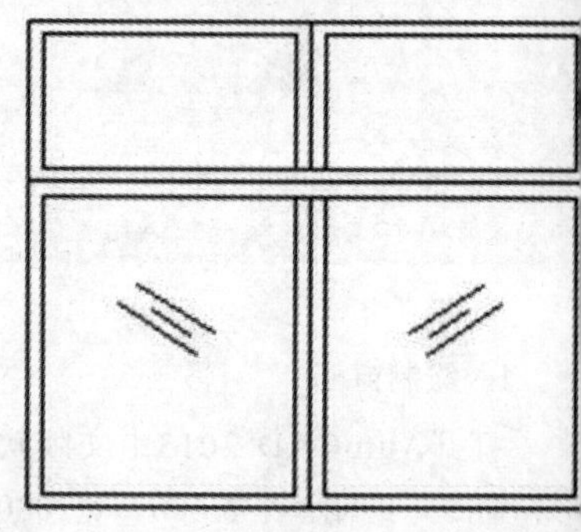

图139-10

实战140 玻璃窗

实战位置	DVD>实战文件>第4章>实战140
视频位置	DVD>多媒体教学>第4章>实战140
难易指数	★★☆☆☆
技术掌握	掌握“多段线”、“直线”、“圆”、“圆弧”、“偏移”、“修剪”、“删除”和“镜像”等命令。

实战介绍

运用“多段线”、“偏移”与“镜像”命令，绘制窗框；利用“圆”、“圆弧”、“偏移”、“删除”与“修剪”命令，绘制玻璃边框；利用“直线”与“镜像”命令，绘制横梁并体现玻璃材质。本例最终效果如图140-1所示。

图140-1

制作思路

- 绘制窗框。
- 绘制玻璃边框。
- 绘制横梁并体现玻璃材质，完成玻璃窗的绘制并将其保存。

制作流程

玻璃窗的制作流程如图140-2所示。

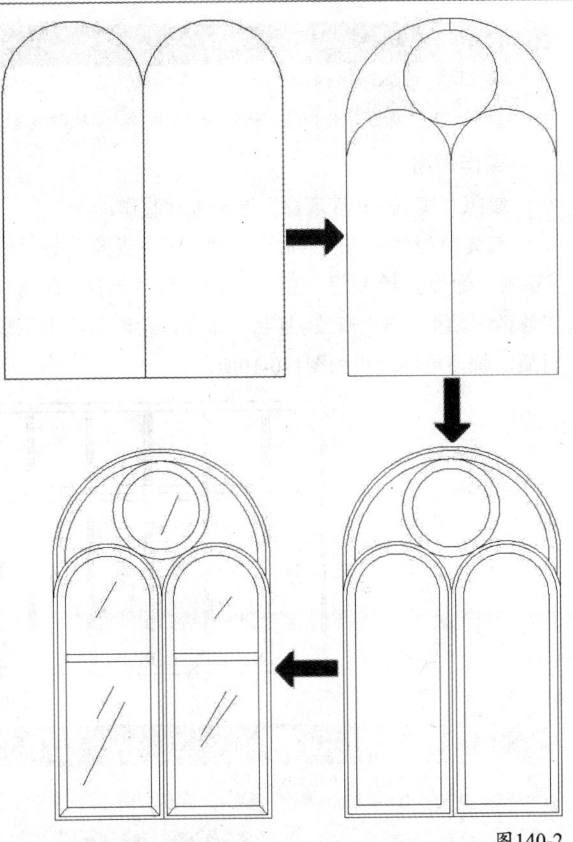

图140-2

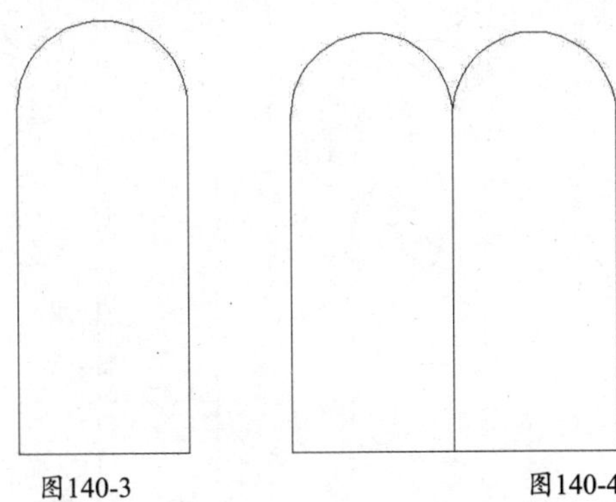

图140-3　　图140-4

1. 绘制门框

01 打开AutoCAD 2013中文版软件，执行“绘图>多段线”命令，绘制如图140-3所示的图形。

命令行提示如下：

```
命令：_pline
指定起点：
当前线宽为 0.0000
指定下一个点或 [圆弧(A)/半宽(H)/长度(L)/放弃(U)/宽度(W)]： <正交 开> 900
指定下一点或 [圆弧(A)/闭合(C)/半宽(H)/长度(L)/放弃(U)/宽度(W)]：A
指定圆弧的端点或
[角度(A)/圆心(CE)/闭合(CL)/方向(D)/半宽(H)/直线(L)/半径(R)/第二个点(S)/放弃(U)/宽度(W)]：450
指定圆弧的端点或
[角度(A)/圆心(CE)/闭合(CL)/方向(D)/半宽(H)/直线(L)/半径(R)/第二个点(S)/放弃(U)/宽度(W)]：L
指定下一点或 [圆弧(A)/闭合(C)/半宽(H)/长度(L)/放弃(U)/宽度(W)]：900
指定下一点或 [圆弧(A)/闭合(C)/半宽(H)/长度(L)/放弃(U)/宽度(W)]：c
```

02 执行“修改>镜像”命令，镜像出另一侧窗框，如图140-4所示。

2. 绘制玻璃边框、横梁并体现玻璃材质

01 执行“绘图>圆”命令，绘制一个与门框弧形相切的圆，如图140-5所示。

命令行提示如下：

```
命令：_circle
指定圆的圆心或 [三点(3P)/两点(2P)/切点、切点、半径(T)]：T
指定对象与圆的第一个切点：
指定对象与圆的第二个切点：
指定圆的半径：200
```

02 配合“正交”和“对象捕捉”功能，捕捉圆的象限点，绘制辅助直线，并绘制两边的直线，如图140-6所示。

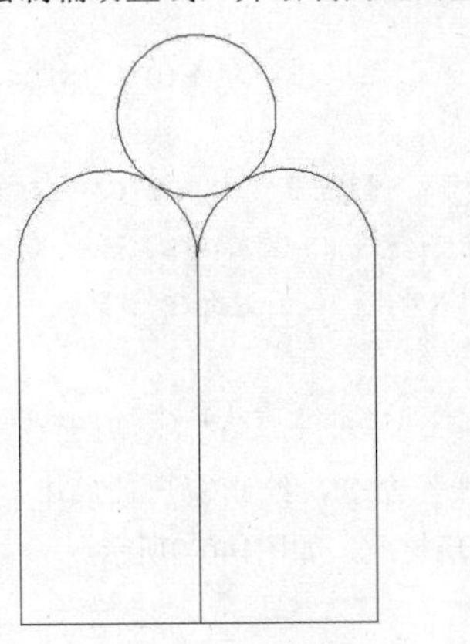

图140-5

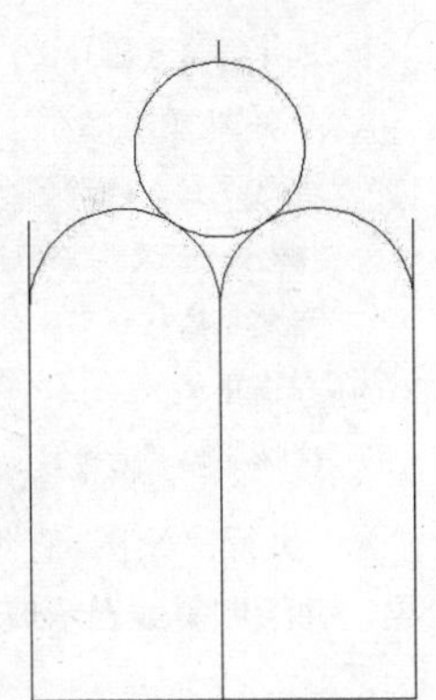

图140-6

03 执行“绘图>圆弧”命令，过3条直线顶点绘制窗框上部的圆弧形状，如图140-7所示。

命令行提示如下：

```
命令：_arc
指定圆弧的起点或 [圆心(C)]：
指定圆弧的第二个点或 [圆心(C)/端点(E)]：
指定圆弧的端点：
```

04 执行“修改>删除”命令，删除辅助直线；执行“修改>偏移”命令，将窗框分别依次向内偏移15、35，圆向内偏移40；执行“修改>修剪”命令，修剪掉多余的直线，如图140-8所示。

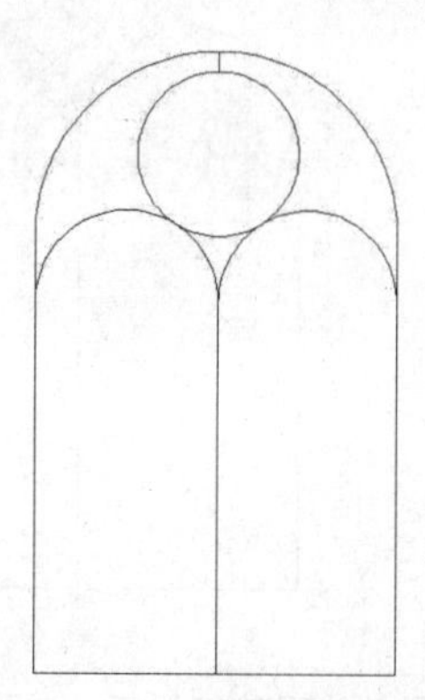

图140-7 　　图140-8

命令行提示如下：

```
命令：OFFSET
当前设置：删除源=否　图层=源　OFFSETGAPTYPE=0
指定偏移距离或 [通过(T)/删除(E)/图层(L)] <30.0000>: 15
指定要偏移的那一侧上的点，或 [退出(E)/多个(M)/放弃(U)] <退出>:
选择要偏移的对象，或 [退出(E)/放弃(U)] <退出>:
命令：OFFSET
当前设置：删除源=否　图层=源　OFFSETGAPTYPE=0
指定偏移距离或 [通过(T)/删除(E)/图层(L)] <15.0000>: 35
指定要偏移的那一侧上的点，或 [退出(E)/多个(M)/放弃(U)] <退出>:
选择要偏移的对象，或 [退出(E)/放弃(U)] <退出>:
命令：OFFSET
当前设置：删除源=否　图层=源　OFFSETGAPTYPE=0
指定偏移距离或 [通过(T)/删除(E)/图层(L)] <35.0000>: 40
指定要偏移的那一侧上的点，或 [退出(E)/多个(M)/放弃(U)] <退出>:
选择要偏移的对象，或 [退出(E)/放弃(U)] <退出>:
```

05 执行“绘图>直线”命令，绘制窗户玻璃中间的横梁，并绘制斜线表示玻璃材质，如图140-9所示。

图140-9

练习140

练习位置　DVD>练习文件>第4章>练习140
难易指数　★☆☆☆☆
技术掌握　巩固“直线”、“矩形”、“镜像”和“复制”等命令的使用方法。

操作指南

参照“实战140 玻璃窗”案例进行制作。

首先执行“绘图>矩形”、“修改>镜像”与“修改>复制”命令，绘制组合窗；然后执行“绘图>直线”、“修改>镜像”与“修改>复制”命令，绘制斜线表示玻璃材质。练习最终效果如图140-10所示。

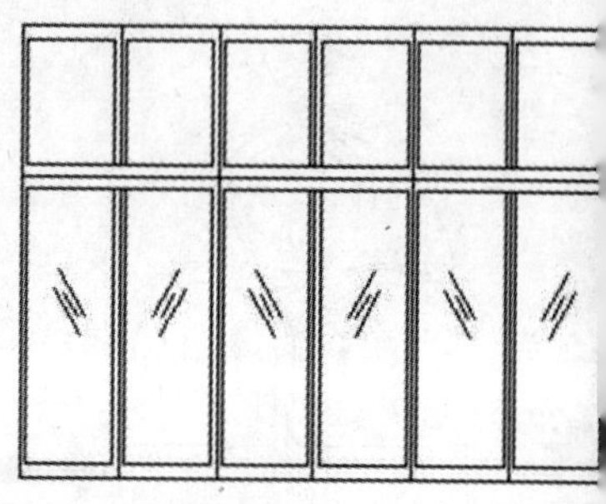

图140-10

实战141 平面图中的窗

实战位置　DVD>实战文件>第4章>实战141
视频位置　DVD>多媒体教学>第4章>实战141
难易指数　★☆☆☆☆
技术掌握　掌握“矩形”、“直线”、“分解”和“定数等分”等命令。

实战介绍

运用“矩形”、“直线”、“分解”与“定数等分”命令，绘制平面图中的窗。本例最终效果如图141-1所示。

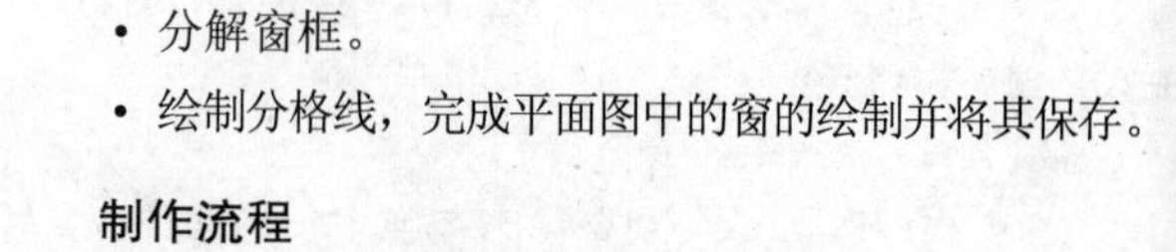

图141-1

制作思路

- 绘制窗框。
- 分解窗框。
- 绘制分格线，完成平面图中的窗的绘制并将其保存。

制作流程

平面图中的窗的制作流程如图141-2所示。

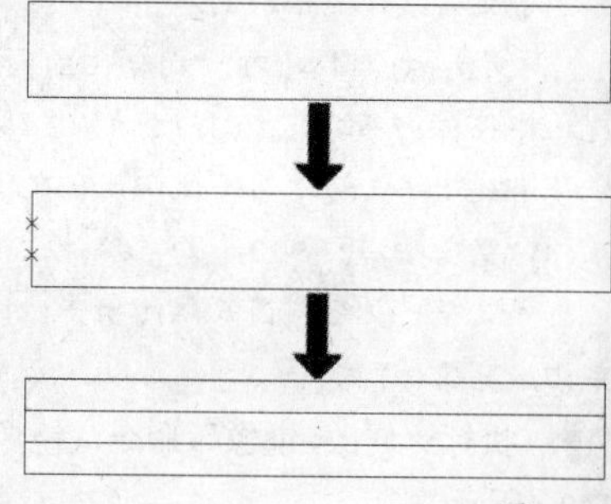

图141-2

01 打开AutoCAD 2013中文版软件，执行“绘图>矩形”命令，绘制如图141-3所示的矩形。

命令行提示如下：

```
命令：_rectang
指定第一个角点或 [倒角(C)/标高(E)/圆角(F)/厚度(T)/宽度(W)]:
指定另一个角点或 [面积(A)/尺寸(D)/旋转(R)]: @1500,240
```

图141-3

技巧与提示

一般的墙体都为24墙，因此这里窗户的宽度为240个单位。

02 执行“修改>分解”命令，将矩形分解。

03 执行“格式>点样式”命令，弹出“点样式”对话框，设置点为叉号样式，如图141-4所示。

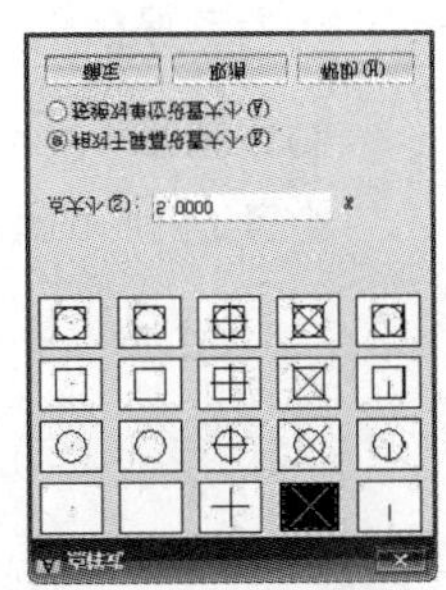

图141-4

04 “绘图>点>定数等分”命令，将矩形左侧边等分为3份，如图141-5所示。

图141-5

05 执行“绘图>直线”命令，配合“正交”和“对象捕捉”功能，绘制窗户的分格线，如图141-6所示。

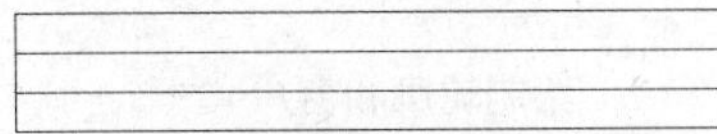

图141-6

练习141

练习位置	DVD>练习文件>第4章>练习141
难易指数	★☆☆☆☆
技术掌握	巩固“直线”、“矩形”、“分解”和“定数等分”等命令的使用方法。

操作指南

参照“实战141 平面图中的窗”案例进行制作。

首先执行“绘图>矩形”命令，绘制窗框；然后执行“绘图>直线”、“修改>分解”与“绘图>点>定数等分”命令，绘制分格线。练习最终效果如图141-7所示。

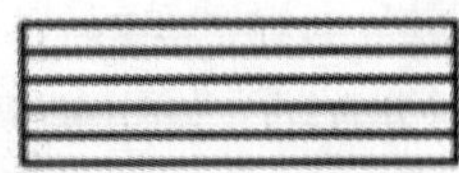

图141-7

实战142 剖面图中的窗

实战位置	DVD>实战文件>第4章>实战142
视频位置	DVD>多媒体教学>第4章>实战142
难易指数	★☆☆☆☆
技术掌握	掌握“矩形”、“直线”、“分解”和“定数等分”等命令。

实战介绍

运用“矩形”、“直线”、“分解”与“定数等分”命令，绘制剖面图中的窗。本例最终效果如图142-1所示。

制作思路

- 绘制窗框。
- 分解窗框。
- 绘制分格线，完成剖面图中的窗的绘制并将其保存。

制作流程

剖面图中的窗的制作流程如图142-2所示。

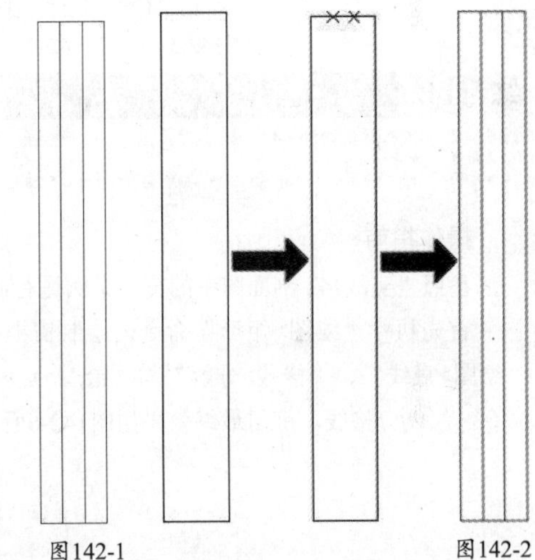

图142-1　　图142-2

01 打开AutoCAD 2013中文版软件，执行“绘图>矩形”命令，绘制如图142-3所示的矩形。

命令行提示如下：

```
命令：_rectang
指定第一个角点或 [倒角(C)/标高(E)/圆角(F)/厚度(T)/宽度(W)]:
指定另一个角点或 [面积(A)/尺寸(D)/旋转(R)]: @240,1800
```

技巧与提示

因为是剖面图，所以绘制时要表示出窗洞的厚度和高。在一般住宅楼窗户的设计中，高为1.8米，宽度不等。

02 执行“修改>分解”命令，将矩形分解。

03 执行“格式>点样式”命令，弹出“点样式”对话框，设置点为叉号样式。

04 执行“绘图>点>定数等分”命令，将矩形上边边线等分为3份，如图142-4所示。

05 执行“绘图>直线”命令，配合“正交”和“对象捕捉”功能，绘制窗户的分格线，如图142-5所示。

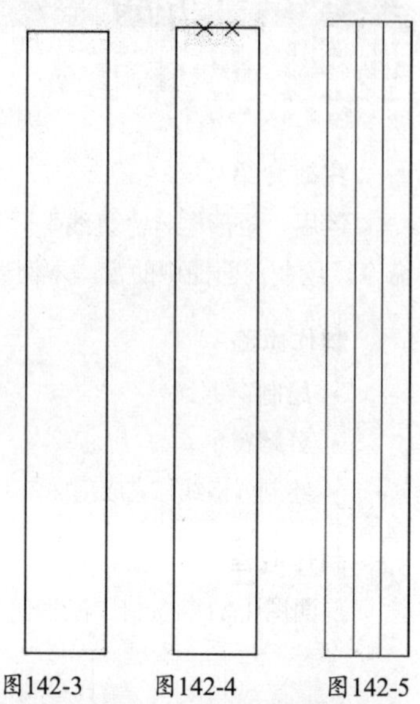
图142-3　图142-4　图142-5

练习142

练习位置	DVD>练习文件>第4章>练习142
难易指数	★☆☆☆☆
技术掌握	巩固“直线”、“矩形”、“分解”和“定数等分”等命令的使用方法。

操作指南

参照“实战142 剖面图中的窗”案例进行制作。

首先执行“绘图>矩形”命令，绘制窗框；然后执行“绘图>直线”、“修改>分解”与“绘图>点>定数等分”命令，绘制分格线。练习最终效果如图142-6所示。

图142-6

实战143 小房子

原始文件位置	DVD>原始文件>第4章>实战143 原始文件
实战位置	DVD>实战文件>第4章>实战143
视频位置	DVD>多媒体教学>第4章>实战143
难易指数	★★★☆☆
技术掌握	掌握“矩形”、“直线”、“偏移”、“镜像”、“删除”、“创建块”、“插入块”和“图案填充”等命令。

实战介绍

运用“矩形”、“直线”与“删除”命令，绘制房子的轮廓；利用“矩形”与“镜像”命令，绘制窗户；利用“插入块”命令，绘制门；利用“图案填充”命令，填充房子。本例最终效果如图143-1所示。

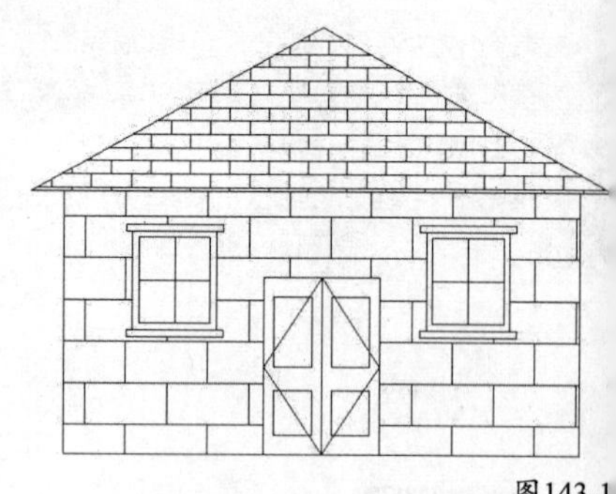
图143-1

制作思路

- 绘制轮廓。
- 绘制窗户。
- 插入门并用图案填充房子，完成小房子的绘制并将其保存。

制作流程

小房子的制作流程如图143-2所示。

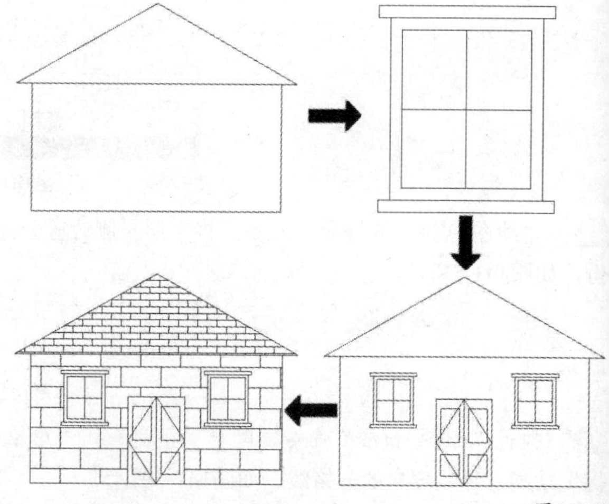
图143-2

1. 绘制轮廓和窗户

01 打开AutoCAD 2013中文版软件，执行“绘图>直线”命令，绘制一条长为900的直线。

命令行提示如下：

```
命令: _line
指定第一个点:
指定下一点或 [放弃(U)]:  <正交 开> 900
指定下一点或 [放弃(U)]:
```

02 执行“绘图>直线”命令，配合“对象捕捉”功能，捕捉直线的中点，绘制如图143-3所示辅助直线。

命令行提示如下：

```
命令：_line
指定第一个点：
指定下一点或 [放弃(U)]：250
指定下一点或 [放弃(U)]：
```

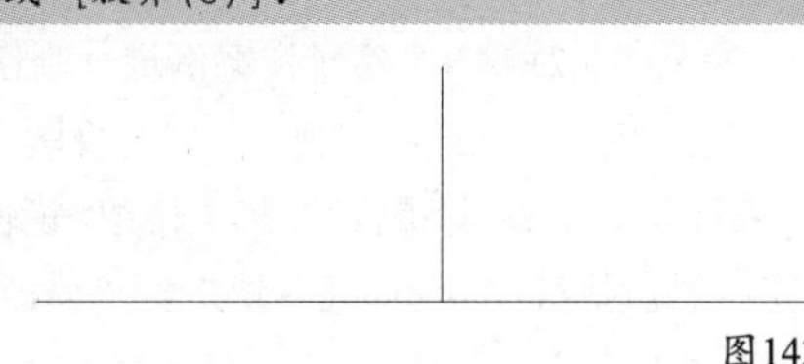

图143-3

03 执行“绘图>直线”命令，绘制房子的顶部；执行“修改>删除”命令，删除辅助线，如图143-4所示。

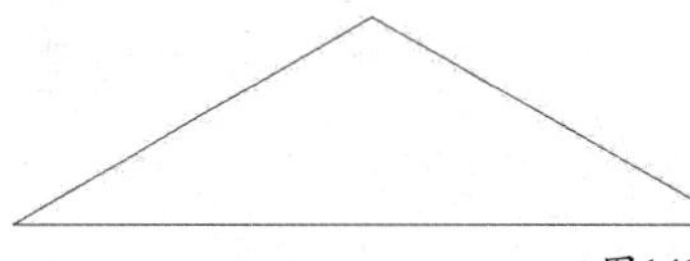

图143-4

04 执行“绘图>矩形”命令，绘制房子的轮廓，如图143-5所示。

命令行提示如下：

```
命令：_rectang
指定第一个角点或 [倒角(C)/标高(E)/圆角(F)/厚度(T)/宽度(W)]：_from 基点：<偏移>：@50,0
指定另一个角点或 [面积(A)/尺寸(D)/旋转(R)]：@800,-400
```

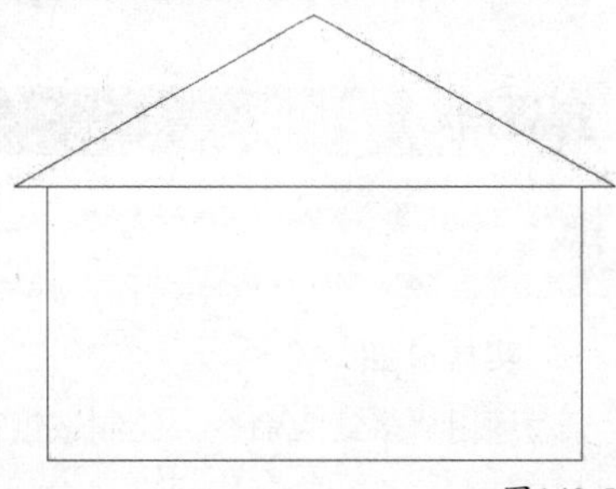

图143-5

05 执行“绘图>矩形”命令，绘制一个150×10的矩形，用来表示窗台。

命令行提示如下：

```
命令：_rectang
指定第一个角点或 [倒角(C)/标高(E)/圆角(F)/厚度(T)/宽度(W)]：
指定另一个角点或 [面积(A)/尺寸(D)/旋转(R)]：@150,10
```

06 再次执行“绘图>矩形”命令，绘制窗的轮廓，如图143-6所示。

命令行提示如下：

```
命令：_rectang
指定第一个角点或 [倒角(C)/标高(E)/圆角(F)/厚度(T)/宽度(W)]：_from 基点：<偏移>：@10,0
指定另一个角点或 [面积(A)/尺寸(D)/旋转(R)]：@130,-150
```

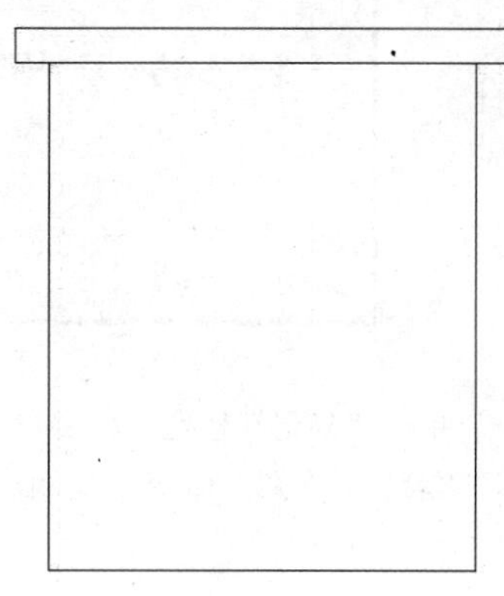

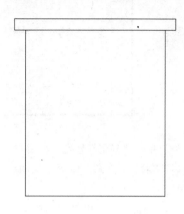

图143-6

07 执行“修改>镜像”命令，将上侧窗台镜像复制到下面。

08 执行“修改>偏移”命令，将矩形向内侧偏移10，如图143-7所示。

09 执行“绘图>直线”命令，绘制窗格，如图143-8所示。

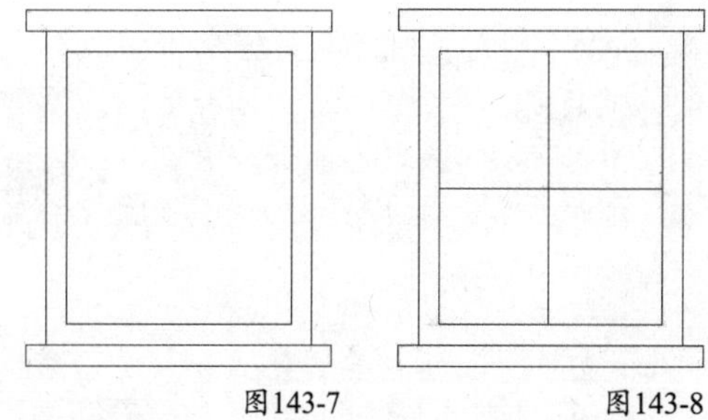

图143-7　　图143-8

10 执行“绘图>插入块”命令，弹出“块定义”对话框，在“名称”处输入“窗户”，单击“拾取点”按钮，拾取左下角点为基点，并单击“选择对象”按钮，选择窗户图形，如图143-9所示。

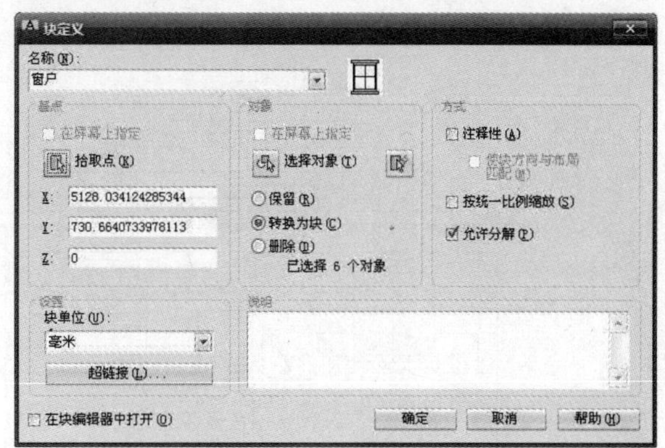

图143-9

11 单击“确定”按钮即可；执行“插入>块”命令，弹出“插入”对话框，设置参数如图143-10所示。

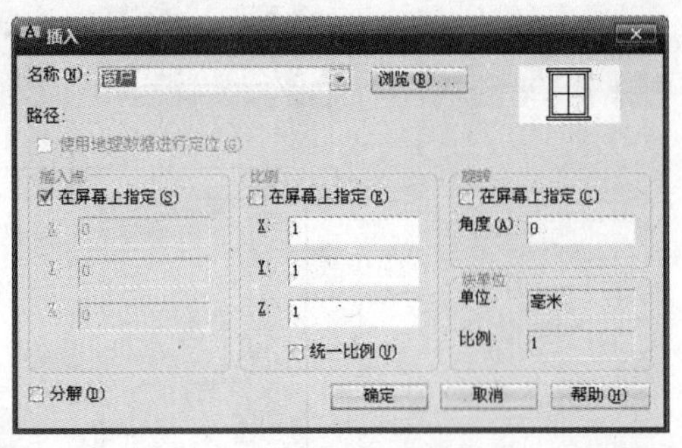

图143-10

12 单击“确定”按钮，将窗户放到房子的合适位置；执行“修改>镜像”命令，复制出另一侧的窗户，如图143-11所示。

2. 插入门并用图案填充房子

01 打开原始文件中的“实战143 原始文件”图形，选择所有图形，右键单击，在弹出的快捷菜单中选择“复制”项；再打开本例文件，单击鼠标右键，选择“粘贴”项；把门的图形调入到本例中；执行“修改>缩放”和“修改>移动”命令，将门放到合适的位置处，如图143-12所示。

命令行提示如下：

```
命令：_scale 找到 10 个
指定基点：
指定比例因子或 [复制(C)/参照(R)]：0.15
命令：指定对角点或 [栏选(F)/圈围(WP)/圈交(CP)]：
```

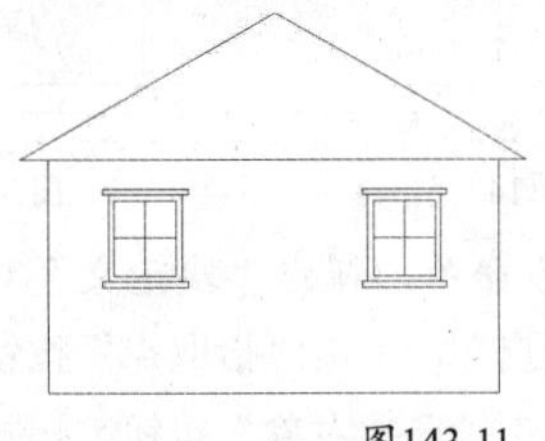

图143-11　　图143-12

02 执行“绘图>图案填充”命令，对房子的墙体进行图案填充操作，如图143-13所示。

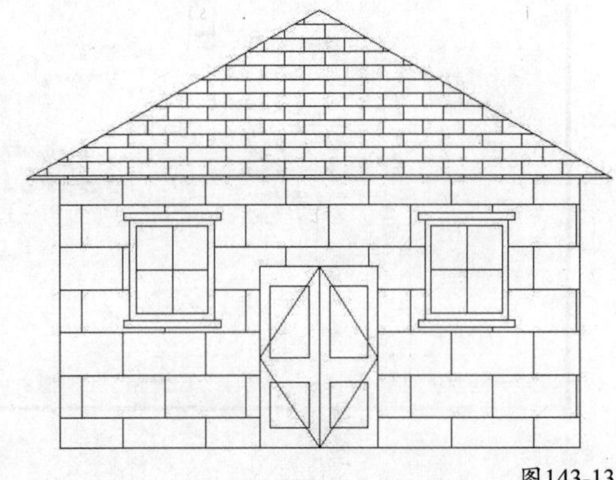

图143-13

练习143

练习位置	DVD>练习文件>第4章>练习143
难易指数	★★☆☆☆
技术掌握	巩固“直线”、“矩形”、“分解”和“定数等分”等命令的使用方法。

操作指南

参照“实战143 小房子”案例进行制作。

首先执行“绘图>矩形”、“绘图>圆弧”、“修改>偏移”、“修改>删除”和“修改>镜像”命令，绘制地毯；然后执行“绘图>插入块”、“修改>修剪”和“修改>镜像”命令，绘制家具；最后执行“绘图>矩形”、“绘图>直线”和“修改>偏移”命令，绘制茶几。练习最终效果如图143-14所示。

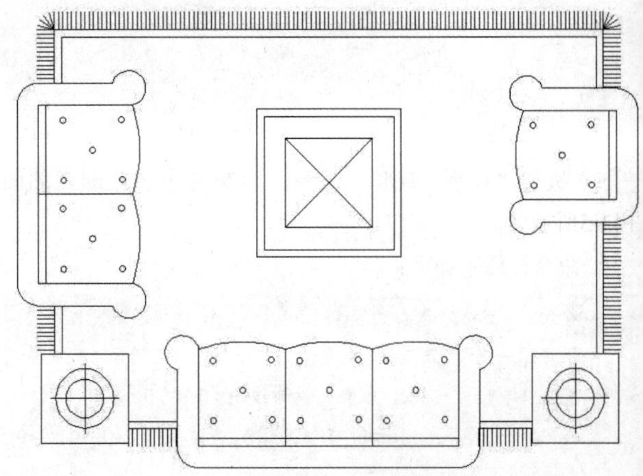

图143-14

实战144 塑钢窗

实战位置	DVD>实战文件>第4章>实战144
视频位置	DVD>多媒体教学>第4章>实战144
难易指数	★☆☆☆☆
技术掌握	掌握“多线”命令。

实战介绍

运用“多线”命令，绘制塑钢窗。本例最终效果如图144-1所示。

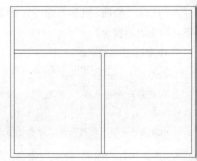

图144-1

制作思路

- 绘制窗框。
- 绘制框内支撑，完成塑钢窗的绘制并将其保存。

制作流程

塑钢窗的制作流程如图144-2所示。

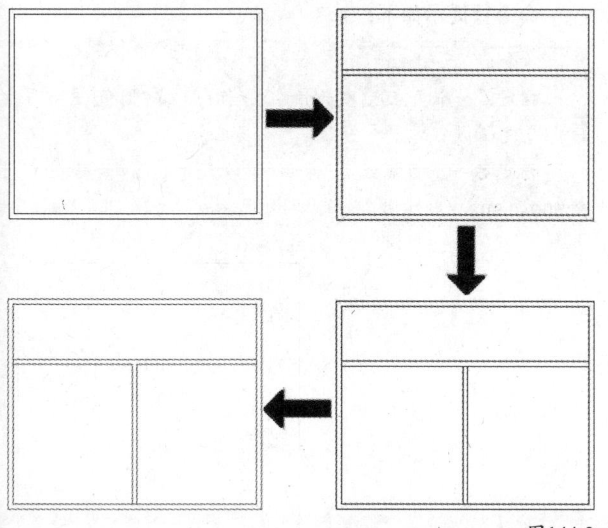

图144-2

01 打开AutoCAD 2013中文版软件，执行“绘图>多线”命令，绘制一个2000×1600的闭合多线矩形框，如图144-3所示。

命令行提示如下：

```
命令：_mline
当前设置：对正 = 上，比例 = 40.00，样式 = STANDARD
指定起点或 [对正(J)/比例(S)/样式(ST)]:  J
输入对正类型 [上(T)/无(Z)/下(B)] <上>:  Z
当前设置：对正 = 无，比例 = 40.00，样式 = STANDARD
指定起点或 [对正(J)/比例(S)/样式(ST)]:  S
输入多线比例 <40.00>:  40
当前设置：对正 = 无，比例 = 40.00，样式 = STANDARD
指定起点或 [对正(J)/比例(S)/样式(ST)]:
指定下一点：   <正交 开> 1600
指定下一点或 [放弃(U)]:  2000
指定下一点或 [闭合(C)/放弃(U)]:  1600
指定下一点或 [闭合(C)/放弃(U)]:  c
```

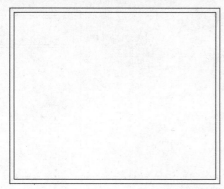

图144-3

技巧与提示

多线中的“对正”方式有以下几种：“上”表示在光标下方绘制多线，因此在指定点处将出现具有最大正值偏移值的直线；“无”表示将光标作为原点绘制多线；“下”表示在光标上方绘制多线，因此在指定点处将出现具有最大负值偏移值的直线。

02 执行“绘图>多线”命令，配合“捕捉自”功能，捕捉多线矩形框内侧左上角点，如图144-4所示；向下偏移450，绘制长度为1960的横向支撑，如图144-5所示。

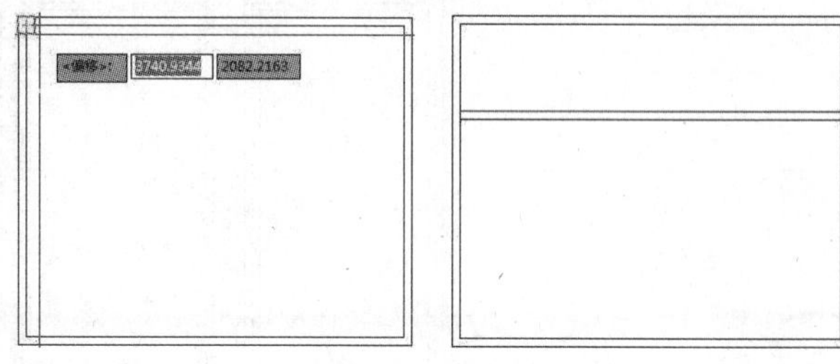

图144-4　　图144-5

03 执行“绘图>多线”命令，配合“捕捉自”功能，连接横向支撑的中点与多线矩形内边框下边的中点，绘制竖向支撑，如图144-6所示。

04 执行“修改>对象>多线”命令，弹出“多线编辑工具”对话框，选择“T形合并”工具，返回绘图界面，对多线依次进行合并，如图144-7所示。

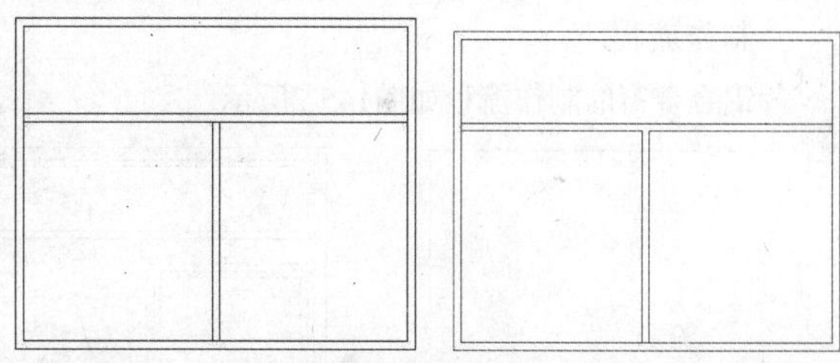

图144-6　　图144-7

练习144

练习位置　DVD>练习文件>第4章>练习144
难易指数　★★☆☆☆
技术掌握　巩固“多线”、“圆弧”、“镜像”和“修剪”等命令的使用方法。

操作指南

参照“实战144 塑钢窗”案例进行制作。

首先执行“绘图>多线”与“修改>镜像”命令，绘制支撑；然后执行“绘图>圆弧”与“修改>修剪”命令，绘制窗框。练习最终效果如图144-8所示。

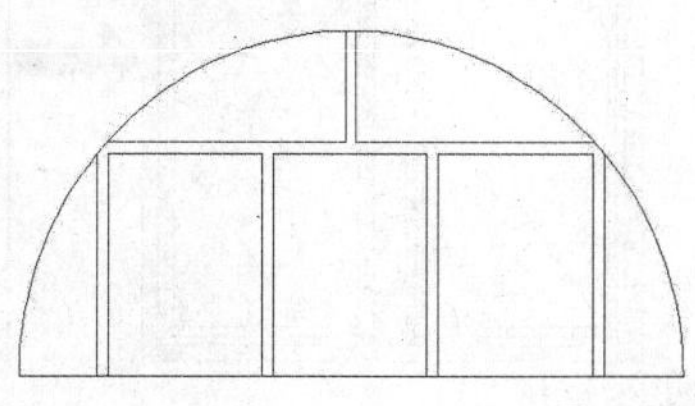

图144-8

实战145 铝合金窗

实战位置	DVD>实战文件>第4章>实战145
视频位置	DVD>多媒体教学>第4章>实战145
难易指数	★★☆☆☆
技术掌握	掌握“直线”、“矩形”、“偏移”和“图案填充”命令。

实战介绍

运用“直线”、“矩形”、“偏移”与“图案填充”命令，绘制铝合金窗。本例最终效果如图145-1所示。

图145-1

制作思路

- 绘制窗。
- 用图案填充铝合金窗，完成铝合金窗的绘制并将其保存。

制作流程

铝合金窗的制作流程如图145-2所示。

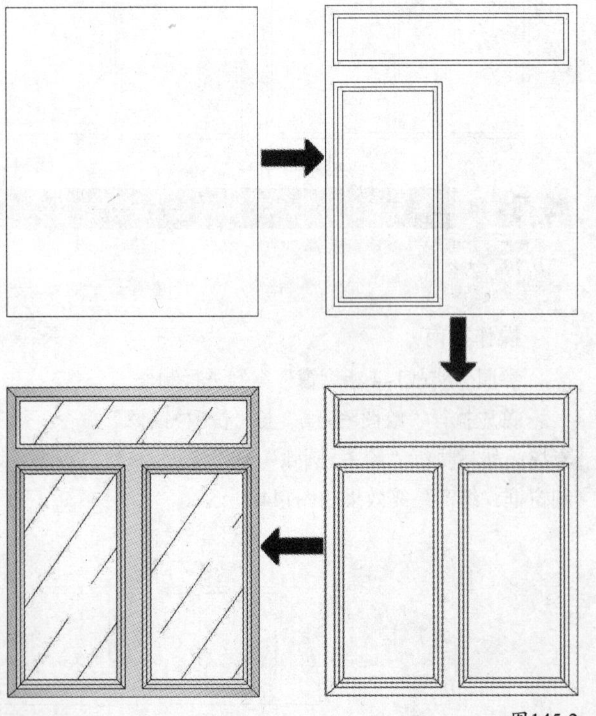

图145-2

01 打开AutoCAD 2013中文版软件，执行“绘图>矩形”命令，绘制出如图145-3所示的矩形。

命令行提示如下：

```
命令: _rectang
指定第一个角点或 [倒角(C)/标高(E)/圆角(F)/厚度(T)/宽度(W)]:
指定另一个角点或 [面积(A)/尺寸(D)/旋转(R)]: @1500,1800
```

图145-3

02 执行“绘图>矩形”和“修改>偏移”命令，绘制窗户的上侧窗框，如图145-4所示。

```
命令: _rectang
指定第一个角点或 [倒角(C)/标高(E)/圆角(F)/厚度(T)/宽度(W)]: _from 基点: <偏移>: @50,-50
指定另一个角点或 [面积(A)/尺寸(D)/旋转(R)]: @1400,-300
命令: OFFSET
当前设置: 删除源=否  图层=源  OFFSETGAPTYPE=0
指定偏移距离或 [通过(T)/删除(E)/图层(L)] <通过>: 25
指定要偏移的那一侧上的点, 或 [退出(E)/多个(M)/放弃(U)] <退出>:
选择要偏移的对象, 或 [退出(E)/放弃(U)] <退出>:
```

图145-4

03 执行“绘图>矩形”和“修改>偏移”命令，绘制下侧左半部分的窗框，如图145-5所示。

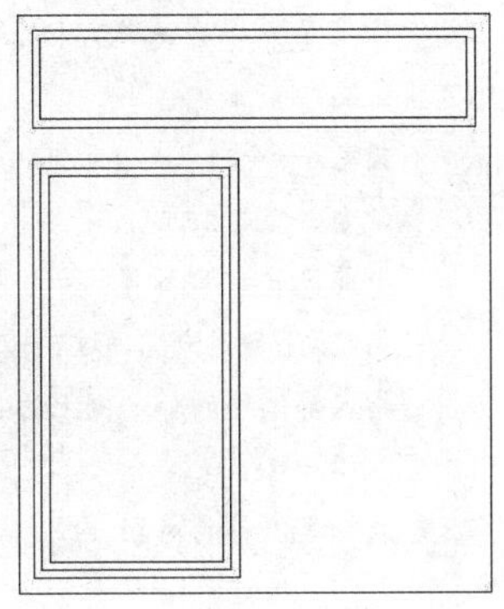

图145-5

04 执行“修改>镜像”命令，将窗户镜像复制到另一侧，如图145-6所示。

命令行提示如下：

```
命令：_mirror
MIRROR 找到 3 个
指定镜像线的第一点：指定镜像线的第二点：
要删除源对象吗？[是(Y)/否(N)] <N>：
```

图145-6

05 执行“绘图>直线”命令，连接矩形的各个角点，如图145-7所示。

图145-7

06 执行“绘图>直线”命令，为窗框部分填充渐变色，如图145-8所示。

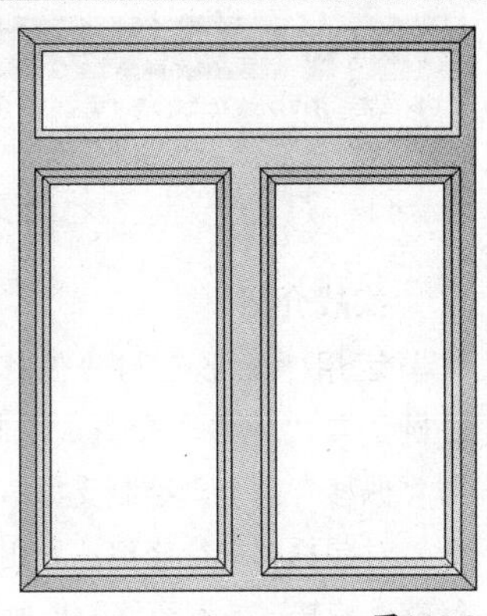

图145-8

07 再次执行“绘图>图案填充”命令，为窗户处填充图案“JIS_STN_1E”，如图145-9所示。

图145-9

练习145

练习位置	DVD>练习文件>第4章>练习145
难易指数	★★☆☆☆
技术掌握	巩固“直线”、“矩形”、“分解”、“偏移”、“镜像”和“图案填充”等命令的使用方法。

操作指南

参照“实战145 铝合金窗”案例进行制作。

首先执行“绘图>矩形”、“修改>分解”、“修改>偏移”和“修改>镜像”命令，绘制窗框；然后执行“绘图>直线”、“绘图>矩形”、“绘图>图案填充”和“修改>镜像”命令，绘制图案。练习最终效果如图145-10所示。

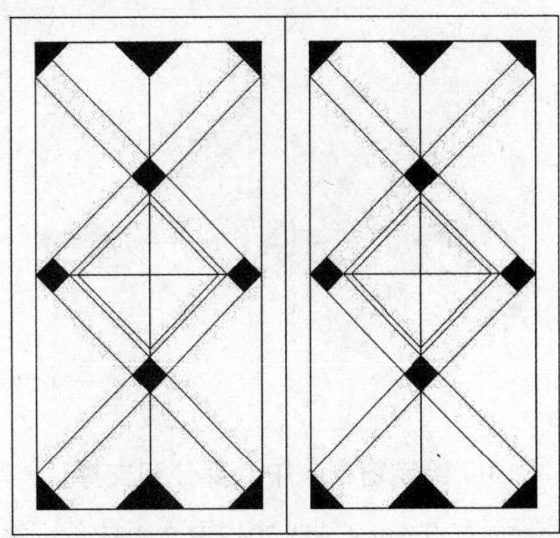

图145-10

实战146 园林窗

实战位置	DVD>实战文件>第4章>实战146
视频位置	DVD>多媒体教学>第4章>实战146
难易指数	★★☆☆☆
技术掌握	掌握“直线”、“矩形”、“偏移”、“修剪”、“删除”和“旋转”命令。

实战介绍

运用“矩形”与“偏移”命令，绘制窗框；利用“圆”与“偏移”命令，绘制中心部分；利用“直线”与“偏移”命令，绘制支撑；利用“修剪”与“删除”命令，对园林窗进行修剪；利用“旋转”命令，将园林窗进行整体旋转。本例最终效果如图146-1所示。

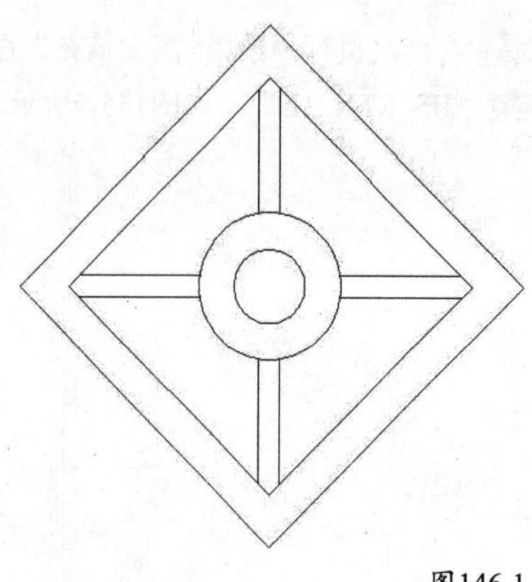

图146-1

制作思路

- 绘制窗框、中心部分和支撑。
- 修剪并旋转园林窗，完成园林窗的绘制并将其保存。

制作流程

园林窗的制作流程如图146-2所示。

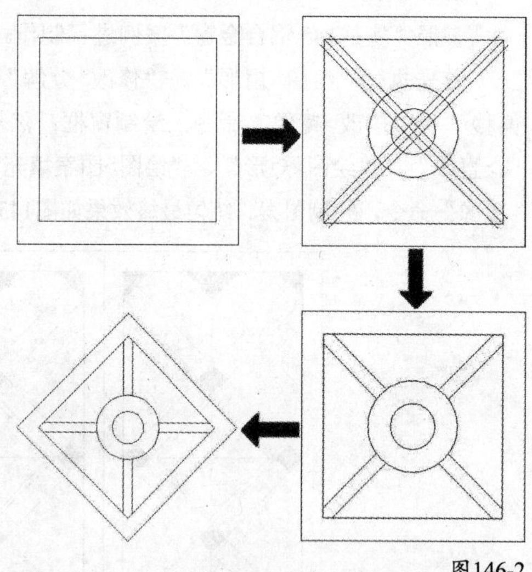

图146-2

1. 绘制窗框、中心部分和支撑

01 打开AutoCAD 2013中文版软件，执行“绘图>矩形”和“修改>偏移”命令，绘制出如图146-3所示的形状。

命令行提示如下：

```
命令：_rectang
指定第一个角点或 [倒角(C)/标高(E)/圆角(F)/厚度(T)/宽度(W)]:
指定另一个角点或 [面积(A)/尺寸(D)/旋转(R)]: @1000,1000
命令：OFFSET
当前设置：删除源=否  图层=源  OFFSETGAPTYPE=0
指定偏移距离或 [通过(T)/删除(E)/图层(L)] <通过>: 100
指定要偏移的那一侧上的点，或 [退出(E)/多个(M)/放弃(U)] <退出>:
选择要偏移的对象，或 [退出(E)/放弃(U)] <退出>:
```

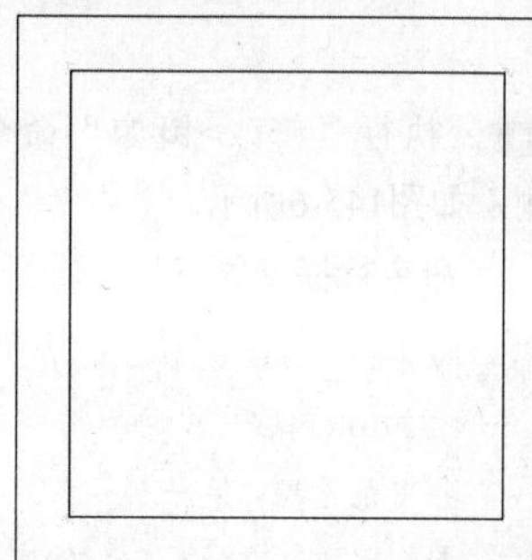

图146-3

02 执行“绘图>直线”命令，分别连接园林窗内部边框的4个角点，绘制两条辅助线，如图146-4所示。

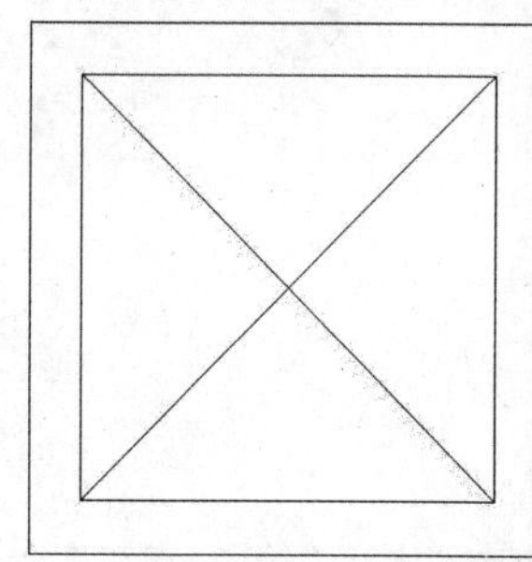

图146-4

03 执行“绘图>圆”和“修改>偏移”命令，以上一步绘制的两条辅助直线的交点为中心，绘制一个半径为200的圆，并向内偏移100，如图146-5所示。

图146-5

04 执行“修改>偏移”命令，将两条辅助直线分别向左和向右个偏移30，如图146-6所示。

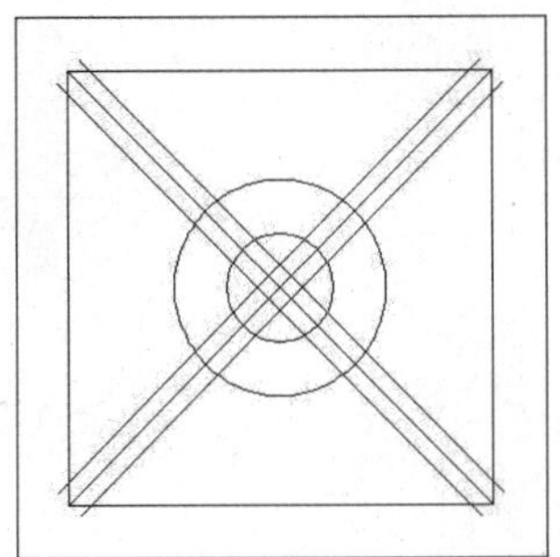

图146-6

2. 修剪并旋转园林窗

01 执行 “修改>删除” 命令，删除两条辅助直线；执行 “修改>修剪” 命令，修剪园林窗，如图146-7所示。

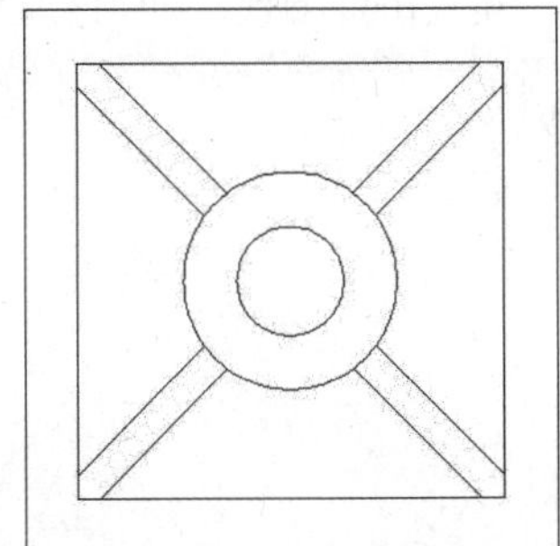

图146-7

02 执行“修改>旋转”命令，框选绘制的所有图形，以园林窗外边框右下角点为基点，将整个图形旋转45°，如图146-8所示。

图146-8

练习146

练习位置	DVD>练习文件>第4章>练习146
难易指数	★★☆☆☆
技术掌握	巩固“矩形”、“多线”、“分解”、“偏移”、“镜像”和“修剪”等命令的使用方法。

操作指南

参照“实战146 园林窗”案例进行制作。

首先执行“绘图>矩形”与“修改>偏移”命令，绘制窗框；然后执行“绘图>多线”、“修改>镜像”、“修改>分解”与“修改>修剪”命令，绘制支撑；最后执行“修改>镜像”命令，镜像复制出另一侧的园林窗。练习最终效果如图146-9所示。

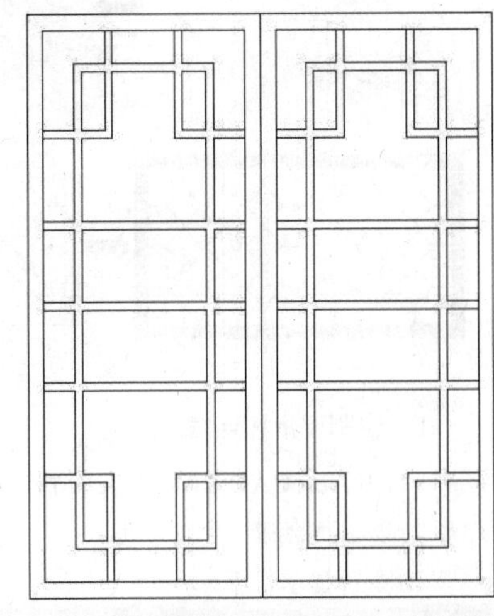

图146-9

实战147 中式窗1

实战位置	DVD>实战文件>第4章>实战147
视频位置	DVD>多媒体教学>第4章>实战147
难易指数	★★☆☆☆
技术掌握	掌握“直线”、“正多边形”、“矩形”、“偏移”、“阵列”、“删除”、“延伸”、“分解”、“修剪”、“复制“、“镜像”、“旋转”和“图案填充”等命令。

实战介绍

运用“正多边形”与“阵列”命令，绘制窗格；利用“直线”、“偏移”、“删除”、“复制”、“镜像”与“修剪”命令，绘制中心部分；利用“直线”与“偏移”命令，绘制窗格与窗框的连线；利用“矩形”与“偏移”命令，绘制窗框；利用“图案填充”命令，填充中式窗1。本例最终效果如图147-1所示。

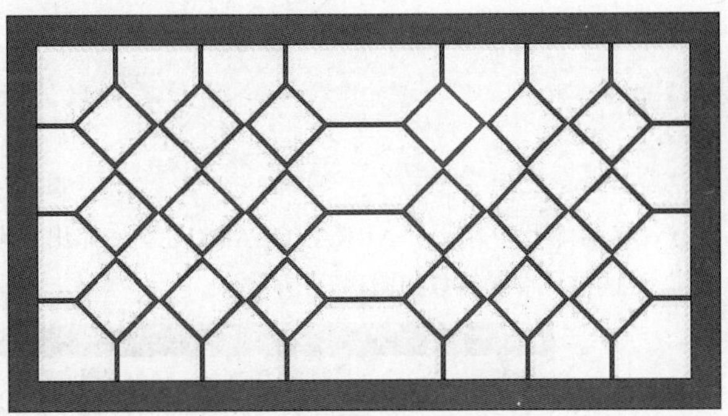

图147-1

制作思路

- 绘制窗格和连线。
- 绘制窗框并填充，完成中式窗1的绘制并将其保存。

制作流程

中式窗1的制作流程如图147-2所示。

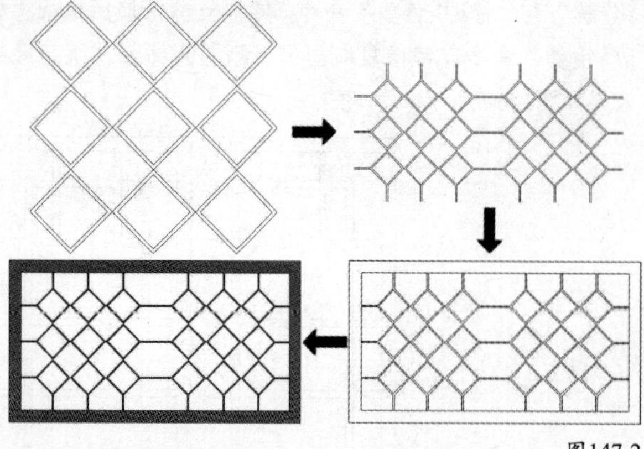

图147-2

1. 绘制窗格和连线

01 打开AutoCAD 2013中文版软件，执行“绘图>正多边形”命令，绘制一个正方形。

命令行提示如下：

```
命令：_polygon 输入侧面数 <4>:
指定正多边形的中心点或 [边(E)]:
输入选项 [内接于圆(I)/外切于圆(C)] <I>: C
指定圆的半径：84
```

02 执行“修改>旋转”命令，将刚绘制的正方形旋转45°；执行“修改>偏移”命令，将正方形向内偏移10，如图147-3所示。

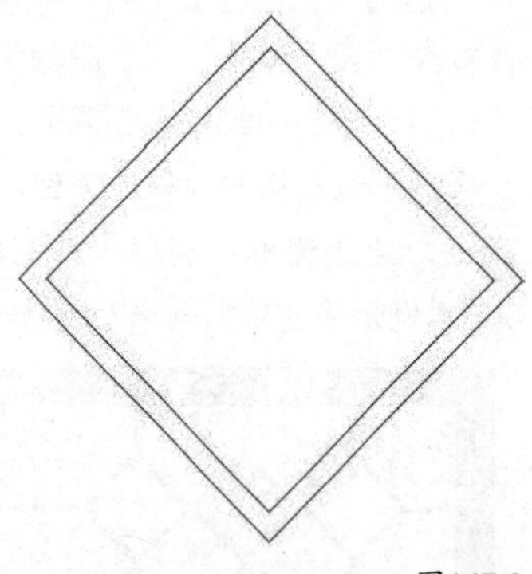

图147-3

03 在命令行中输入“ARRAYCLASSIC”，弹出“阵列”对话框，设置参数如图147-4所示。

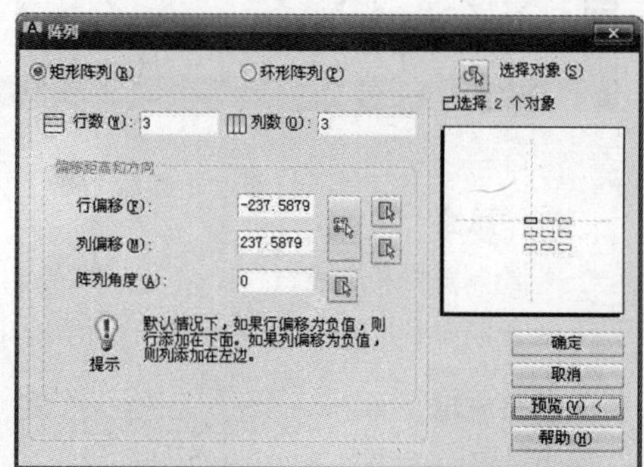

图147-4

04 单击“确定”按钮，即可看到如图147-5所示的阵列效果。

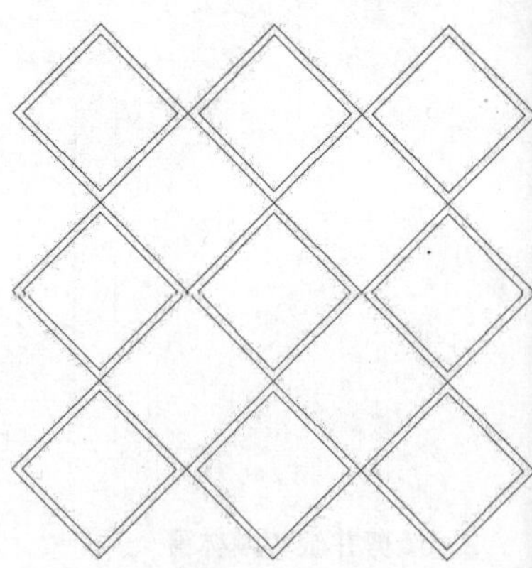

图147-5

05 执行“绘图>直线”命令，捕捉正方形的顶点，绘制一条长100的直线，如图147-6所示。

图147-6

06 执行“修改>偏移”命令，将直线向左右各偏移5；执行“修改>删除”命令，删除中间的直线；执行“修改>删除”命令，使偏移后的直线和正方形窗格相交，如图147-7所示。

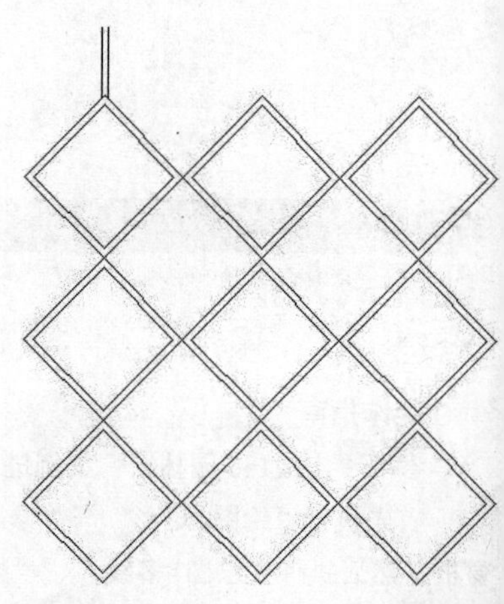

图147-7

07 按照上一步的方法绘制左侧的连线；执行“修改>复制”命令，将直线复制到其他位置；执行“修改>修剪”命令，修剪掉直线与正方形中间的直线，如图147-8所示。

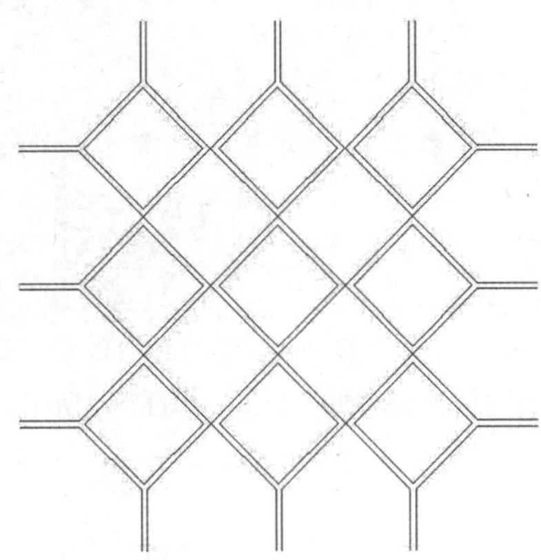

图147-8

执行“修改>修剪”命令前，必须先执行“修改>分解”命令，把正方形炸开，否则无法对其进行正常的修剪操作。

08 执行“修改>镜像”命令，镜像复制出如图147-9所示的图形。

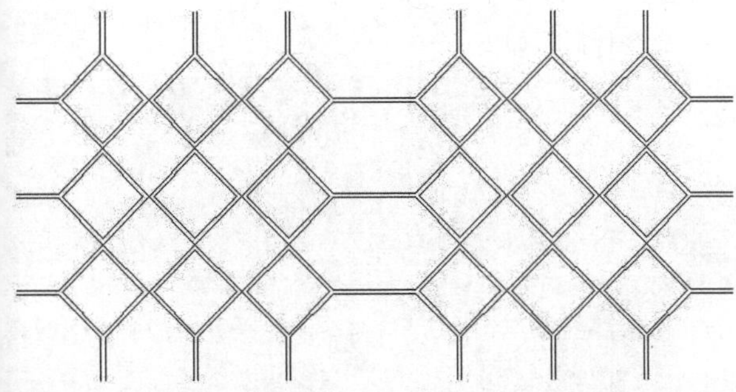

图147-9

2. 绘制窗框并填充

01 执行“绘图>矩形”命令，配合“对象捕捉”和“对象追踪”功能，绘制窗框与直线相连，如图147-10所示。

图147-10

02 执行“绘图>图案填充”命令，弹出“图案填充和渐变色”对话框，设置参数如图147-11所示，对窗框的木质部分进行图案填充，效果如图147-12所示。

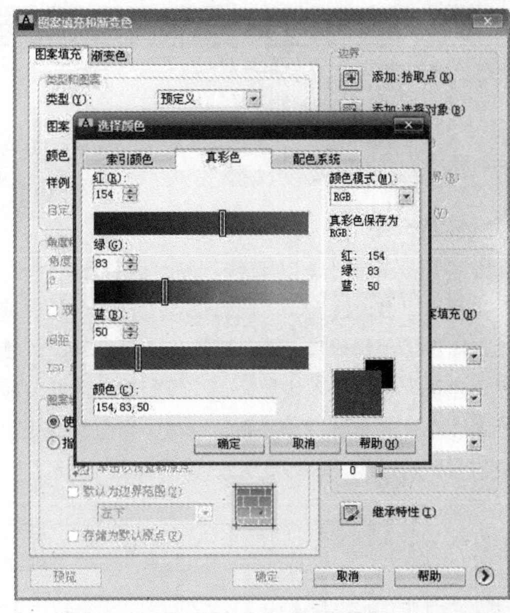

图147-11

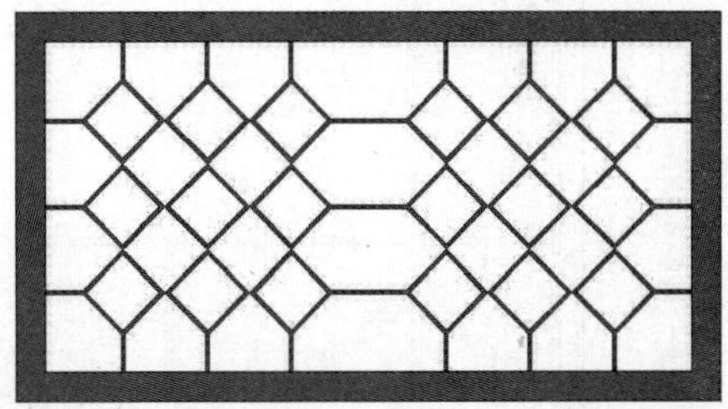

图147-12

练习147

练习位置	DVD>练习文件>第4章>练习147
难易指数	★★☆☆☆
技术掌握	巩固“矩形”、“直线”和“镜像”等命令的使用方法。

操作指南

参照“实战147 中式窗1”案例进行制作。

执行“绘图>矩形”、“绘图>直线”与“修改>镜像”命令，绘制中式窗1。练习最终效果如图147-13所示。

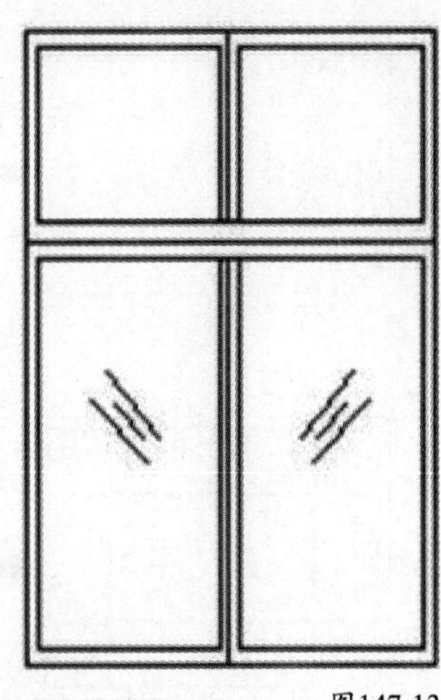

图147-13

实战148 中式窗2

原始文件位置	DVD>原始文件>第4章>实战148 原始文件
实战位置	DVD>实战文件>第4章>实战148
视频位置	DVD>多媒体教学>第4章>实战148
难易指数	★★☆☆☆
技术掌握	掌握“直线”、“矩形”、“多段线”、“圆弧”、“多线”、“偏移”、“延伸”、“修剪”、“复制”、“镜像”、“旋转”、“分解”、“删除”、“创建块”和“插入块”等命令。

实战介绍

运用“矩形”、“直线”与“偏移”命令，绘制窗框；利用“多段线”、“圆弧”、“直线”、“偏移”、“延伸”、“修剪”、“复制”、“镜像”、“旋转”、“创建块”与“插入块”命令，绘制窗户的花窗棱；利用“多线”、“分解”、“删除”与“修剪”命令，绘制窗户与窗框的连线。本例最终效果如图148-1所示。

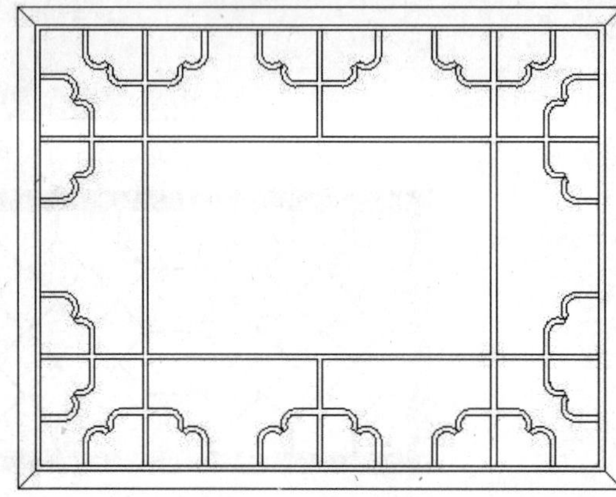

图148-1

制作思路

- 绘制窗框和花窗棱。
- 绘制窗户和窗框的连线，完成中式窗2的绘制并将其保存。

制作流程

中式窗2的制作流程如图148-2所示。

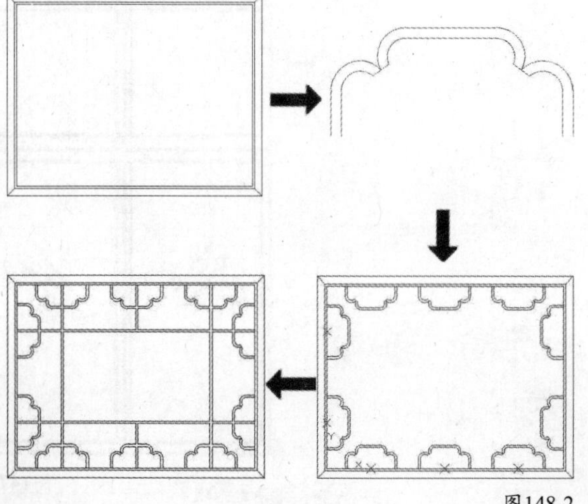

图148-2

1. 绘制窗框和花窗棱

01 打开AutoCAD 2013中文版软件，执行“绘图>矩形”命令，绘制矩形窗框。

命令行提示如下：

```
命令: _rectang
指定第一个角点或 [倒角(C)/标高(E)/圆角(F)/厚度(T)/宽度(W)]:
指定另一个角点或 [面积(A)/尺寸(D)/旋转(R)]: @1730,1330
```

02 执行“修改>偏移”和“绘图>直线”命令，将矩形向内依次偏移50、15，如图148-3所示。

图148-3

03 执行“绘图>多段线”命令，绘制如图148-4所示的多段线。

命令行提示如下：

```
命令: _pline
指定起点:
当前线宽为 0.0000
指定下一个点或 [圆弧(A)/半宽(H)/长度(L)/放弃(U)/宽度(W)]: <正交 开> 64
指定下一点或 [圆弧(A)/闭合(C)/半宽(H)/长度(L)/放弃(U)/宽度(W)]: a
指定圆弧的端点或
[角度(A)/圆心(CE)/闭合(CL)/方向(D)/半宽(H)/直线(L)/半径(R)/第二个点(S)/放弃(U)/宽度(W)]: <正交 关> 80
指定圆弧的端点或
[角度(A)/圆心(CE)/闭合(CL)/方向(D)/半宽(H)/直线(L)/半径(R)/第二个点(S)/放弃(U)/宽度(W)]: *取消*
```

04 执行“绘图>圆弧”和“绘图>直线”命令绘制如图148-5所示图形。

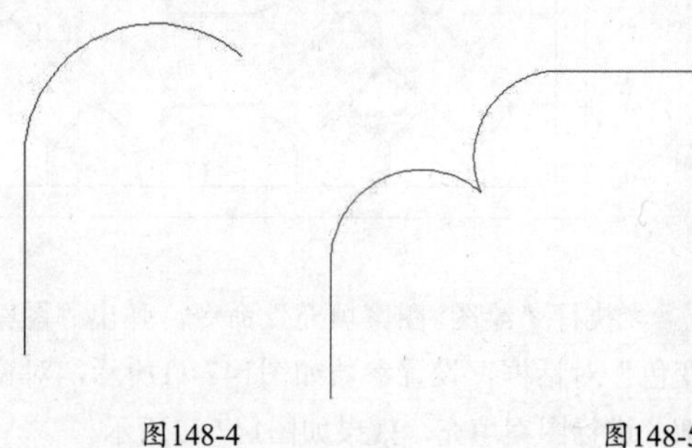

图148-4　图148-5

05 执行“修改>镜像”命令，绘制出另一半图形；执行“修改>偏移”命令，将其向内偏移15；执行“修改>延伸”和“修改>修剪”命令，对其进行修剪，如图148-6所示。

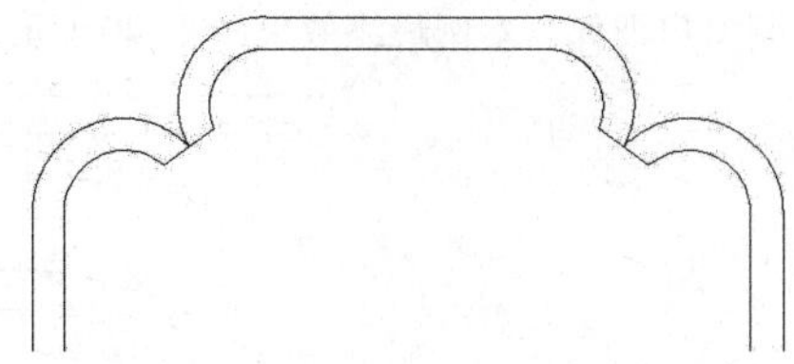

图148-6

06 执行“绘图>创建块”命令，弹出“块定义”对话框，将图148-6所示图形保存为块，设置如图148-7所示。

图148-7

07 单击“确定”按钮，即可将其存储为内部块。

08 执行“工具>新建UCS>原点”命令，如图148-8所示。

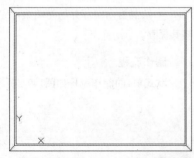

图148-8

09 执行“格式>点样式”命令，设置点的样式；执行“绘图>点>单点”命令，利用绝对坐标绘制出如图148-9所示的点。

图148-9

10 执行“插入>块”命令，插入原始文件中的“实战148原始文件”图形，弹出“插入”对话框，设置参数如图148-10所示。

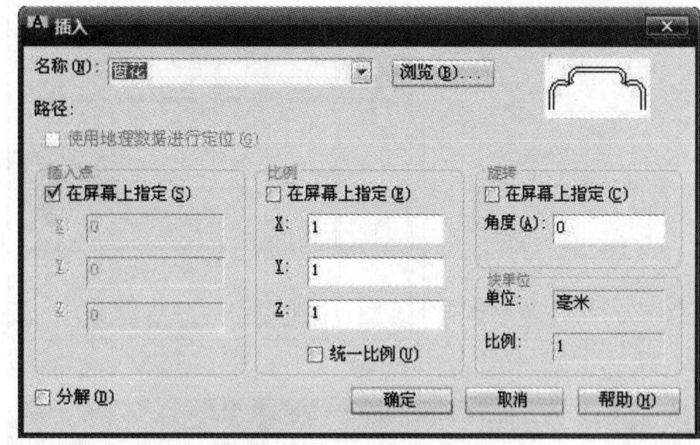

图148-10

11 单击“确定”按钮，以绘制的几个点为插入点，将“花棱”图块插入进来，如图148-11所示。

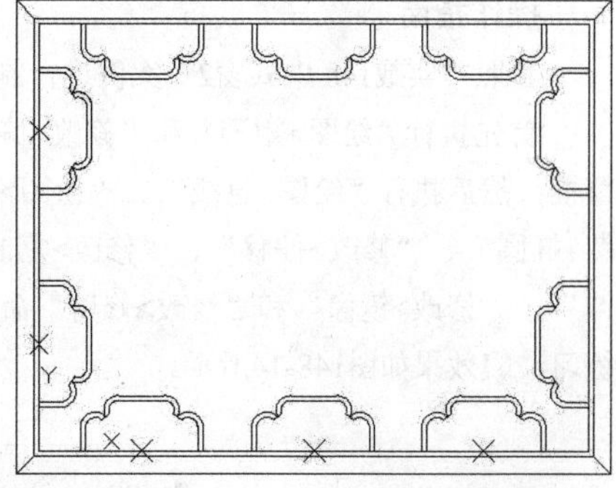

图148-11

2. 绘制窗框和窗户的连线

01 执行“绘图>多线”命令，绘制如图148-12所示的图形。命令行提示如下：

```
命令: _mline
当前设置: 对正 = 无, 比例 = 1.00, 样式 = 15
指定起点或 [对正(J)/比例(S)/样式(ST)]:
指定下一点:
指定下一点或 [放弃(U)]:
```

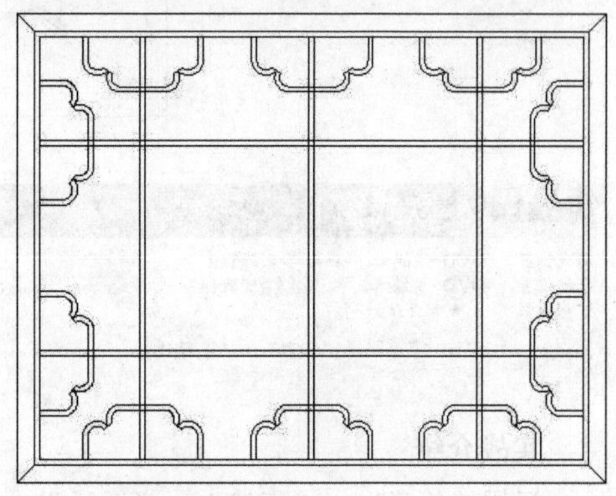

图148-12

02 执行“修改>对象>多线”命令，对多线进行修改；执行“修改>分解”和“修改>修剪”命令，修剪其他的直线，如图148-13所示。

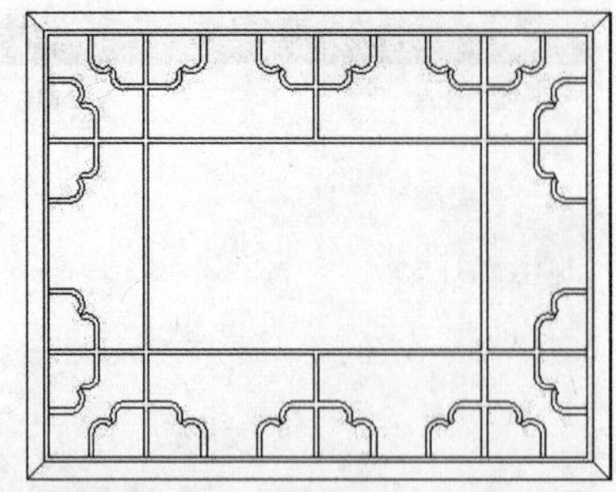

图148-13

练习148

练习位置	DVD>练习文件>第4章>练习148
难易指数	★★☆☆☆
技术掌握	巩固“矩形”、“正多边形”、“圆弧”、“偏移”、“复制”、“拉伸”、“镜像”和“修剪”等命令的使用方法。

操作指南

参照“实战148 中式窗2”案例进行制作。

首先执行“绘图>矩形”和“修改>偏移”命令，绘制窗框；然后执行“绘图>直线”、“绘图>多段线”、“绘图>椭圆”、“修改>偏移”、“修改>复制”、“修改>拉伸”、“修改>镜像”和“修改>修剪”命令，绘制窗花。练习最終效果如图148-14所示。

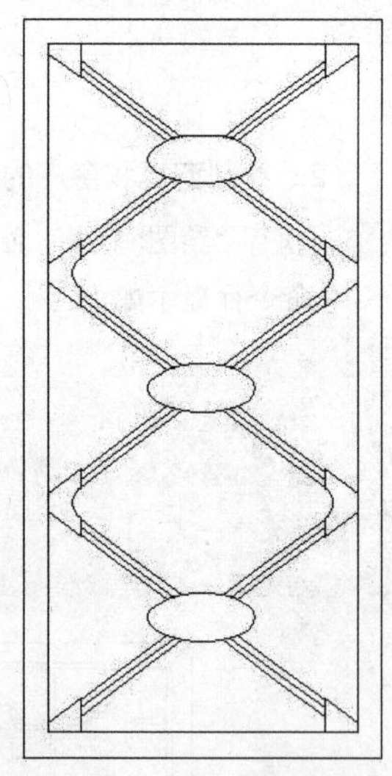

图148-14

实战149 欧式窗1

实战位置	DVD>实战文件>第4章>实战149
视频位置	DVD>多媒体教学>第4章>实战149
难易指数	★★★☆☆
技术掌握	掌握“直线”、“矩形”、“多段线”、“圆弧”、“偏移”、“分解”、“修剪”、“打断于点“、“镜像”和“图案填充”等命令。

实战介绍

运用“矩形”、“直线”、“圆弧”、“镜像”与“修剪”命令，绘制窗顶；利用“多段线”与“偏移”命令，绘制窗户外轮廓；利用“多段线”、“分解”、“偏移”、“打断于点”、“修剪”与“图案填充”命令，绘制窗户细部。本例最终效果如图149-1所示。

图149-1

制作思路

- 绘制窗顶。
- 绘制窗户外轮廓。
- 绘制窗户细部并填充图案，完成欧式窗1的绘制并将其保存。

制作流程

欧式窗1的制作流程如图149-2所示。

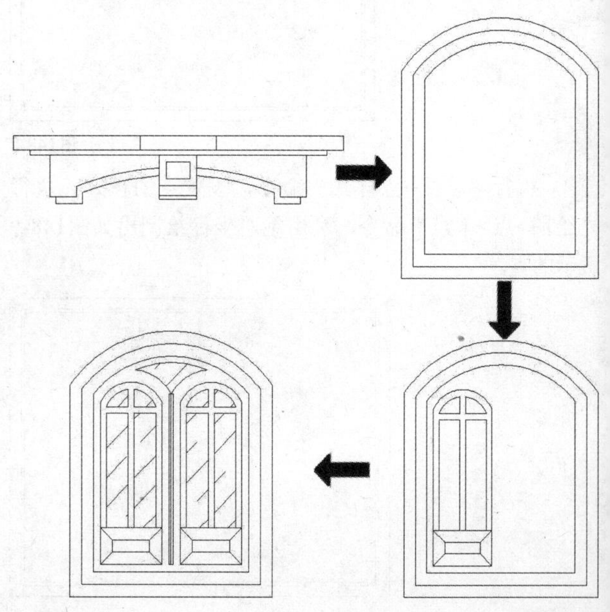

图149-2

1. 绘制窗顶

01 打开AutoCAD 2013中文版软件，执行“绘图>矩形”命令，绘制一个1000×40的矩形。

02 执行“绘图>直线”命令，在矩形内侧绘制两条直线。

03 执行“绘图>矩形”命令，绘制下侧的小矩形，如图149-3所示。

命令行提示如下：

```
命令: _rectang
指定第一个角点或 [倒角(C)/标高(E)/圆角(F)/厚度(T)/宽度(W)]: _from 基点: <偏移>: @50,0
指定另一个角点或 [面积(A)/尺寸(D)/旋转(R)]: @900,-15
```

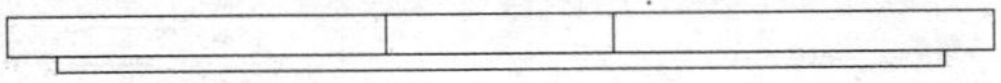

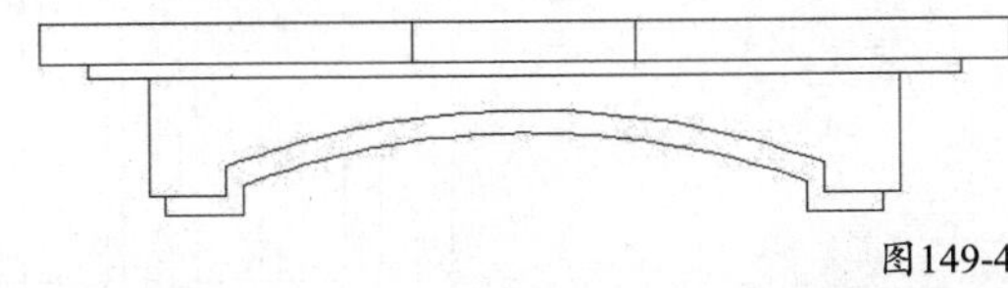

图149-3

04 执行“绘图>直线”、“绘图>圆弧”和“修改>镜像”命令，绘制如图149-4所示的图形。

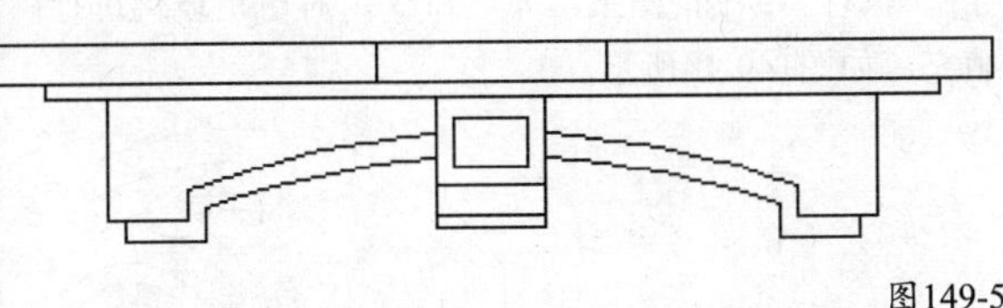

图149-4

05 执行“绘图>矩形”、“修改>偏移”和“修改>修剪”命令，配合“捕捉自”功能，完成如图149-5所示窗顶的绘制。

图149-5

2. 绘制外轮廓

01 执行“绘图>多段线”命令，绘制如图149-6所示的窗户轮廓。

图149-6

命令行提示如下：

```
命令: _pline
指定起点:
当前线宽为 0.0000
指定下一个点或 [圆弧(A)/半宽(H)/长度(L)/放弃(U)/宽度(W)]: 1015
指定下一点或 [圆弧(A)/闭合(C)/半宽(H)/长度(L)/放弃(U)/宽度(W)]: A
指定圆弧的端点或
[角度(A)/圆心(CE)/闭合(CL)/方向(D)/半宽(H)/直线(L)/半径(R)/第二个点(S)/放弃(U)/宽度(W)]: 1015
指定圆弧的端点或
[角度(A)/圆心(CE)/闭合(CL)/方向(D)/半宽(H)/直线(L)/半径(R)/第二个点(S)/放弃(U)/宽度(W)]: l
指定下一点或 [圆弧(A)/闭合(C)/半宽(H)/长度(L)/放弃(U)/宽度(W)]: 1015
指定下一点或 [圆弧(A)/闭合(C)/半宽(H)/长度(L)/放弃(U)/宽度(W)]: c
```

02 执行“修改>偏移”命令，将窗框向内依次偏移60两次，如图149-7所示。

图149-7

3. 绘制窗户细部并填充图案

01 再次执行“绘图>多段线”命令，绘制如图149-8所示的玻璃轮廓。

图149-8

02 执行“绘图>直线”命令，绘制直线；执行“修改>分解”命令，将上一步绘制的多段线分解；执行“修改>偏移”和“修改>修剪”命令，将其偏移并修剪，如图149-9所示。

图149-9

03 执行“修改>修剪”命令，修剪掉多余的直线；执行“绘图>直线”和“修改>删除”命令，绘制出如图149-10所示的图形。

图149-10

04 执行“修改>打断于点”命令，在窗户框下侧水平与垂直直线的交点处打断，然后将其向内偏移60；执行“修改>修剪”命令，将多余的直线修剪掉；执行“绘图>直线”命令，用直线连接交点，如图149-11所示。

图149-11

05 执行“修改>镜像”命令，将窗户镜像复制到另一侧。

06 执行“修改>偏移”命令，偏移窗框和玻璃处的圆弧；执行“修改>修剪”命令，修剪掉多余的直线，如图149-12所示。

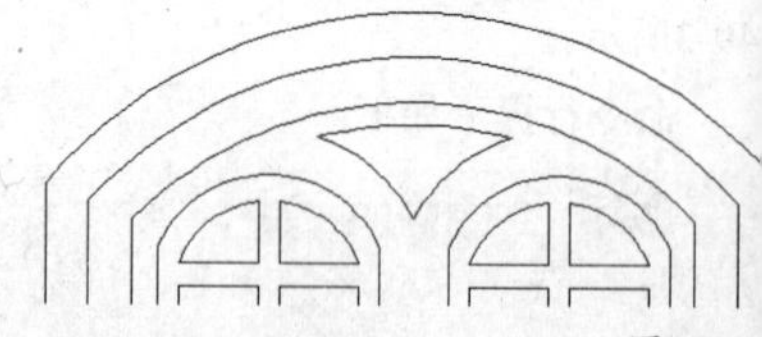

图149-12

07 执行“绘图>直线”和“修改>偏移”命令，绘制窗户墙体的突出部分，如图149-13所示。

图149-13

08 执行“绘图>图案填充”命令，对窗户玻璃进行图案填充，如图149-14所示。

图149-14

练习149

练习位置	DVD>练习文件>第4章>练习149
难易指数	★★☆☆☆
技术掌握	巩固“矩形”、“正多边形”、“直线”、“分解”、“偏移”和“图案填充”等命令的使用方法。

操作指南

参照“实战149 欧式窗1”案例进行制作。

首先执行“绘图>矩形”和“修改>偏移”命令，绘制窗框；然后执行“绘图>正多边形”、“绘图>直线”、“绘图>图案填充”、“修改>分解”和“修改>偏移”命令，绘制图案。练习最终效果如图149-15所示。

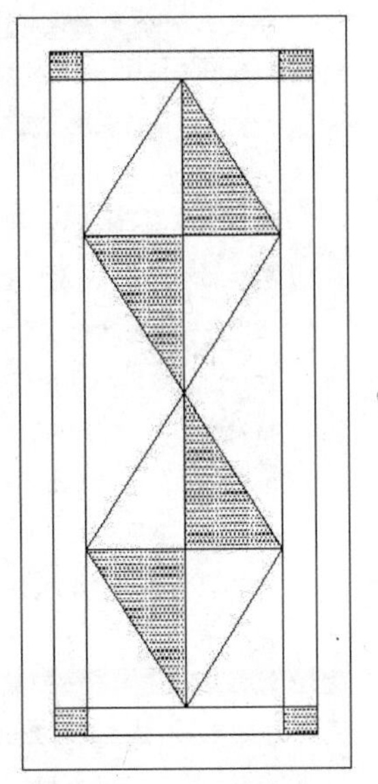

图149-15

实战150　欧式窗2

实战位置	DVD>实战文件>第4章>实战150
视频位置	DVD>多媒体教学>第4章>实战150
难易指数	★★★☆☆
技术掌握	掌握“直线”、“矩形”、“极轴”、“偏移”、“修剪”和“图案填充”等命令。

实战介绍

运用“矩形”、“直线”、“极轴”、“偏移”与“修剪“命令，绘制窗顶；利用“直线”与“矩形”命令，绘制石柱和台基；利用“矩形”、“偏移”、“修剪”与“图案填充”命令，绘制窗户玻璃。本例最终效果如图150-1所示。

图150-1

制作思路

• 绘制窗顶。

• 绘制石柱、台基和玻璃，完成欧式窗2的绘制并将其保存。

制作流程

欧式窗2的制作流程如图150-2所示。

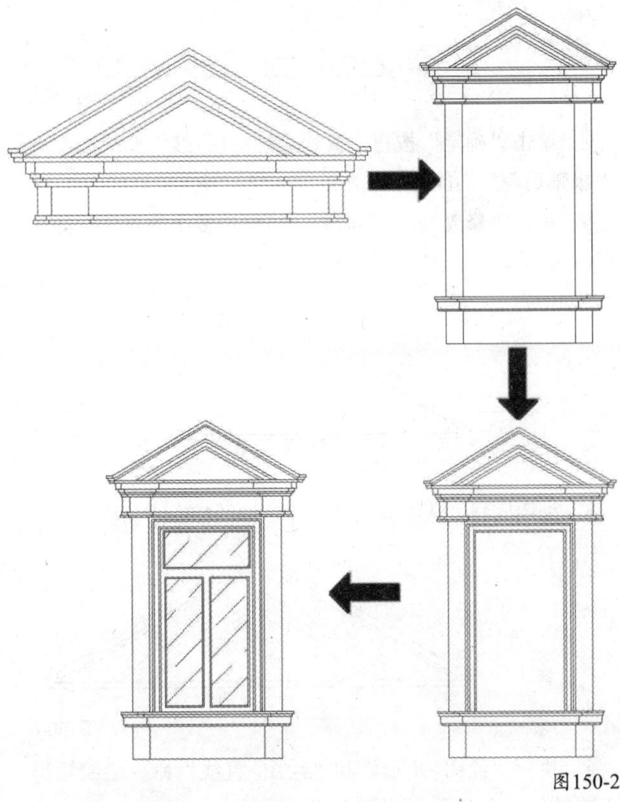

图150-2

1. 绘制窗顶

01 打开AutoCAD 2013中文版软件，执行“绘图>矩形”命令，绘制一个1500×20的矩形。

命令行提示如下：

```
命令: _rectang
指定第一个角点或 [倒角(C)/标高(E)/圆角(F)/厚度(T)/宽度(W)]: _from 基点: <偏移>: @50,0
指定另一个角点或 [面积(A)/尺寸(D)/旋转(R)]: @1500,-20
```

02 再次执行“绘图>矩形”命令，绘制如图150-3所示图形。

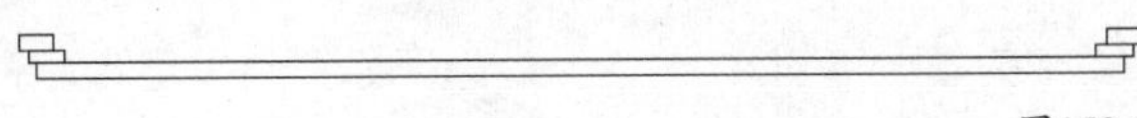

图150-3

03 执行“工具>绘图设置”命令，弹出“草图设置”对话框，设置如图150-4所示。

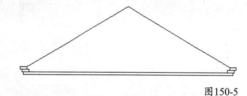

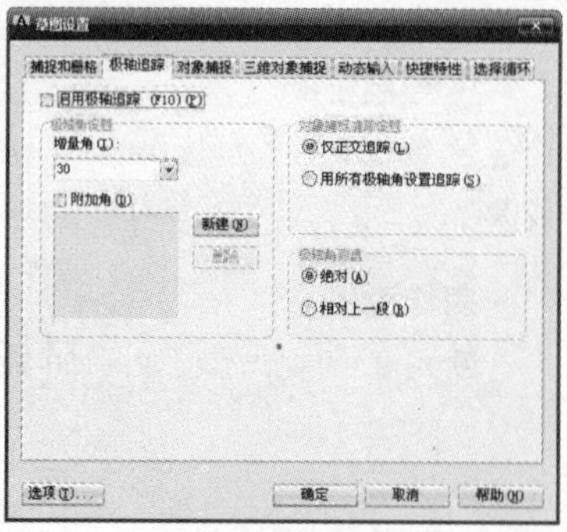

图150-4

04 单击“确定”按钮，执行“绘图>直线”命令，配合“极轴追踪”功能，绘制两条与水平成30°的直线。

05 执行“修改>修剪”命令，修剪掉多余的直线，如图150-5所示。

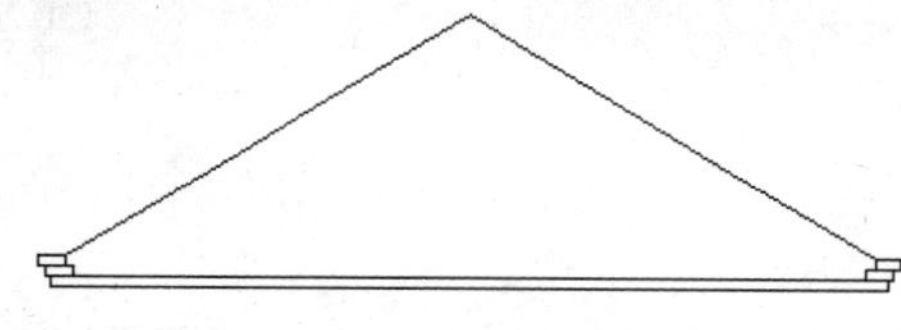

图150-5

06 采用同样方法绘制其他直线，如图150-6所示。

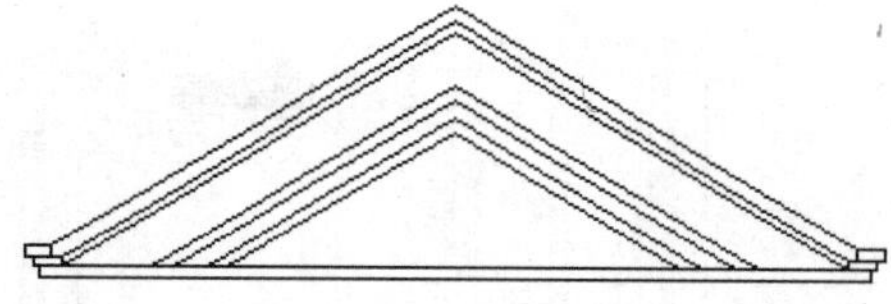

图150-6

07 执行“绘图>矩形”和“绘图>直线”命令绘制矩形下面的另一个矩形，如图150-7所示。

命令行提示如下：

```
命令: _rectang
指定第一个角点或 [倒角(C)/标高(E)/圆角(F)/厚度(T)/宽度(W)]: _from 基点: <偏移>: @50,0
指定另一个角点或 [面积(A)/尺寸(D)/旋转(R)]: @1400,-50
命令: _line
指定第一个点:
指定下一点或 [放弃(U)]:
指定下一点或 [放弃(U)]:
……
```

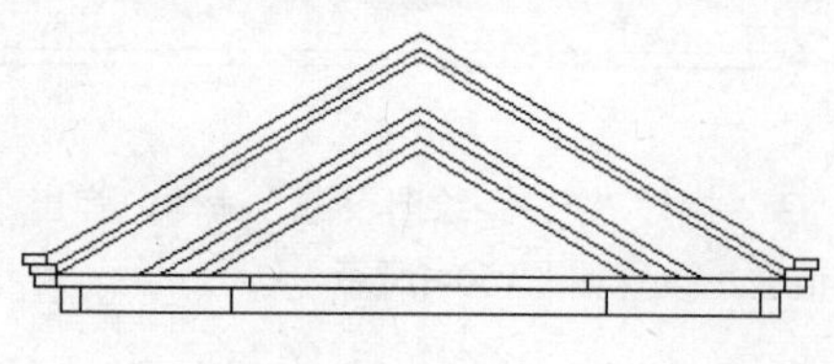

图150-7

08 采用同样方法绘制下面的其他矩形，如图150-8所示。

命令行提示如下：

```
命令: _rectang
指定第一个角点或 [倒角(C)/标高(E)/圆角(F)/厚度(T)/宽度(W)]: _from 基点: <偏移>: @20,0
指定另一个角点或 [面积(A)/尺寸(D)/旋转(R)]: @1360,-2
命令: _rectang
指定第一个角点或 [倒角(C)/标高(E)/圆角(F)/厚度(T)/宽度(W)]: _from 基点: <偏移>: @10,0
指定另一个角点或 [面积(A)/尺寸(D)/旋转(R)]: @1340,-1
命令: _rectang
指定第一个角点或 [倒角(C)/标高(E)/圆角(F)/厚度(T)/宽度(W)]: _from 基点: <偏移>: @10,0
指定另一个角点或 [面积(A)/尺寸(D)/旋转(R)]: @1320,-2
命令: _rectang
指定第一个角点或 [倒角(C)/标高(E)/圆角(F)/厚度(T)/宽度(W)]: _from 基点: <偏移>: @10,0
指定另一个角点或 [面积(A)/尺寸(D)/旋转(R)]: @1300,-120
```

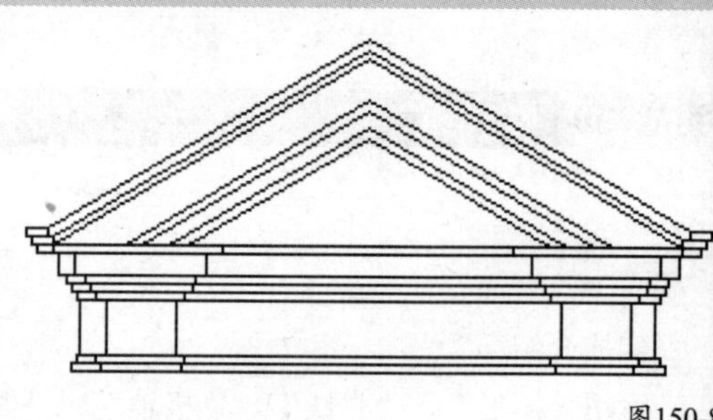

图150-8

2. 绘制石柱、台基和玻璃

01 执行“绘图>直线”命令，绘制窗户两侧的大理石柱，如图150-9所示。

02 运用与绘制窗台顶部相同的方法，执行“绘图>矩形”和“绘图>直线”命令，绘制窗户底部的台基，如图150-10所示。

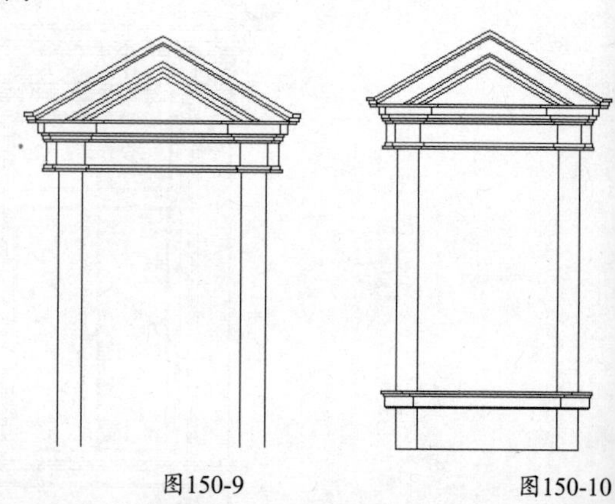

图150-9　　图150-10

03 执行“修改>偏移”命令，将直线向内偏移；执行“修改>修剪”命令，修剪出窗的周边；执行“修改>偏移”命令，并向内侧偏移，如图150-11所示。

04 执行“绘图>矩形”和“修改>偏移”命令，绘制玻璃，结果如图150-12所示。

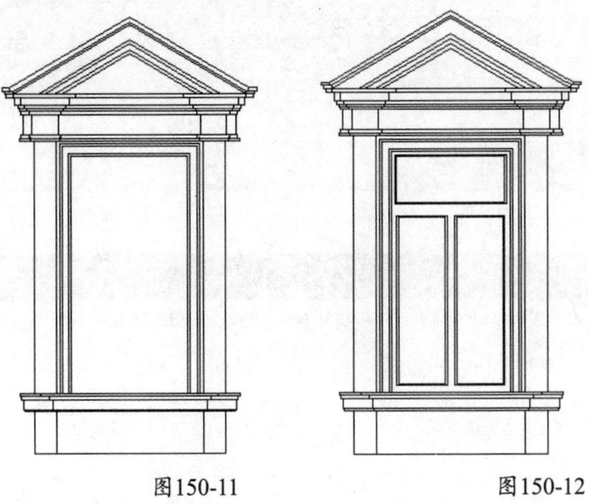

图150-11　　图150-12

05 执行“绘图>图案填充”命令，填充玻璃，结果如图150-13所示。

图150-13

练习150

练习位置	DVD>练习文件>第4章>练习150
难易指数	★★☆☆☆
技术掌握	巩固“矩形”、“直线”、“修剪”、“偏移”和“阵列”等命令的使用方法。

操作指南

参照“实战150 欧式窗2”案例进行制作。

首先执行“绘图>矩形”和“修改>偏移”命令，绘制窗框；然后执行“绘图>直线”、“修改>修剪”和“修改>偏移”命令，绘制图案。练习最终效果如图150-14所示。

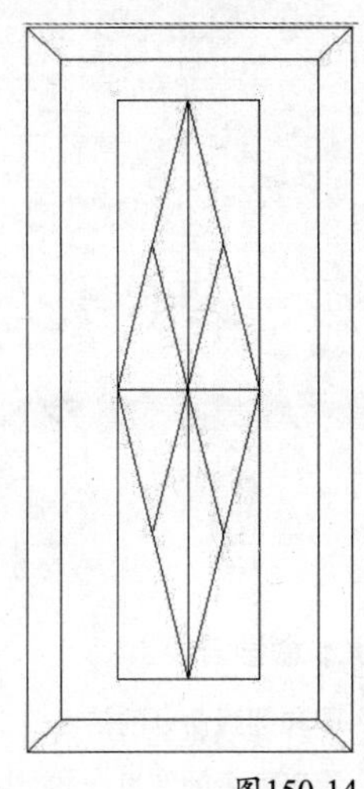

图150-14

第5章 绘制平面图

本章学习要点：

圆和圆弧命令的使用
矩形命令的使用
直线命令的使用
多段线命令的使用
样条曲线命令的使用
偏移命令的使用
分解命令的使用
复制命令的使用
阵列命令的使用
修剪命令的使用
图案填充命令的使用
极轴追踪命令的使用

实战151 客厅平面图

原始文件位置	DVD>原始文件>第5章>实战151 原始文件-1，实战151 原始文件-2，实战151 原始文件-3
实战位置	DVD>实战文件>第5章>实战151
视频位置	DVD>多媒体教学>第5章>实战151
难易指数	★★☆☆☆
技术掌握	掌握“多段线”、“直线”、“矩形”、“圆弧”、“复制”、“修剪”、“偏移”、“修剪”、“镜像”、“分解”和“图案填充”等命令。

实战介绍

运用“多段线”命令，绘制墙体；利用“直线”、“复制”、“矩形”、“修剪”与“偏移”命令，修剪门洞并绘制门和台阶；利用“矩形”、“圆弧”、“偏移”、“缩放”、“旋转”与“移动”命令，绘制电视柜和电视，并插入家具；利用“图案填充”命令，填充地面。本例最终效果如图151-1所示。

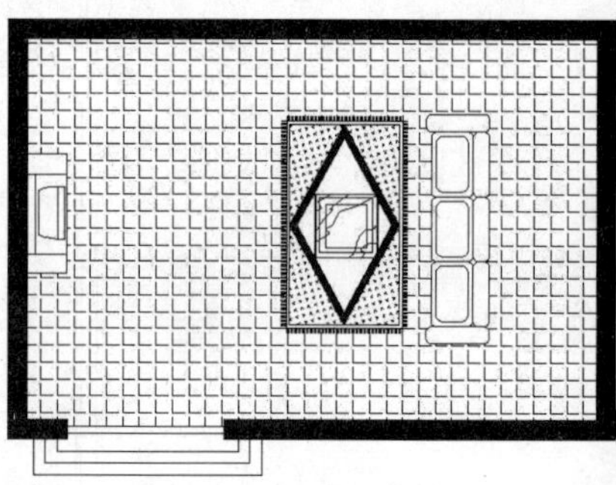

图151-1

制作思路

• 绘制墙体、门和台阶。

• 绘制电视柜、电视、插入家具并用图案填充地面，完成客厅平面图的绘制并将其保存。

制作流程

客厅平面图的制作流程如图151-2所示。

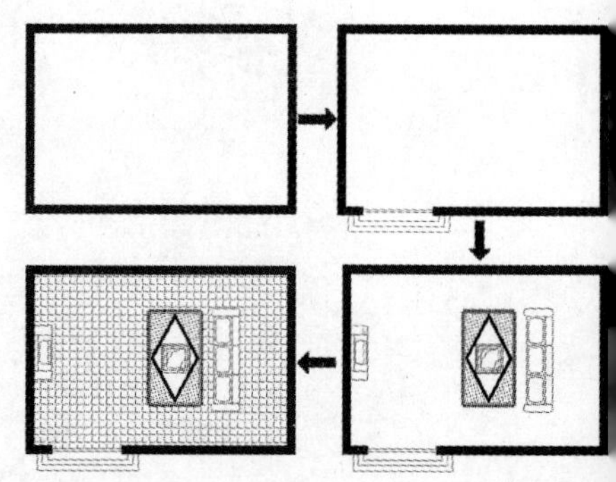

图151-2

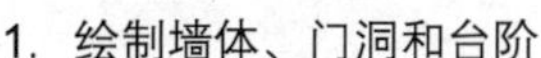

1. 绘制墙体、门洞和台阶

01 打开AutoCAD 2013中文版软件，执行“绘图>多段线”命令，绘制起居室的墙体，如图151-3所示。

命令行提示如下：

```
命令：_pline
指定起点：
当前线宽为 0.0000
指定下一个点或 [圆弧(A)/半宽(H)/长度(L)/放弃(U)/宽度(W)]：W
指定起点宽度 <0.0000>：240
指定端点宽度 <240.0000>：240
指定下一个点或 [圆弧(A)/半宽(H)/长度(L)/放弃(U)/宽度(W)]：5000
指定下一点或 [圆弧(A)/闭合(C)/半宽(H)/长度(L)/放弃(U)/宽度(W)]：7500
指定下一点或 [圆弧(A)/闭合(C)/半宽(H)/长度(L)/放弃(U)/宽度(W)]：5000
指定下一点或 [圆弧(A)/闭合(C)/半宽(H)/长度(L)/放弃(U)/宽度(W)]：c
```

图151-3

02 执行“绘图>直线”命令绘制辅助线。

03 执行“修改>复制”命令，复制辅助线，如图151-4所示。

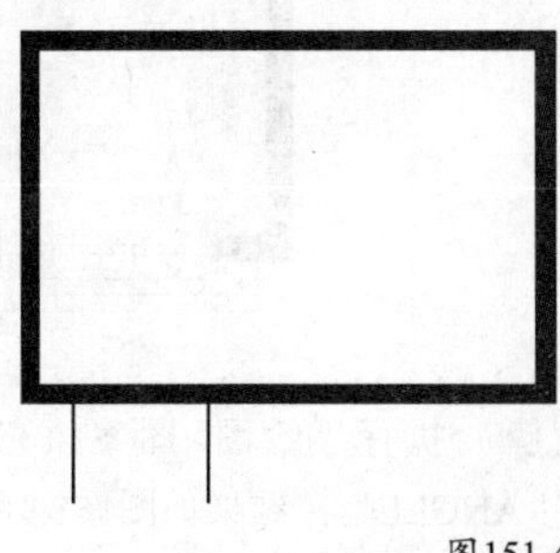

图151-4

04 执行“修改>修剪”命令，修剪出门洞；执行“修改>删除”命令，删除直线，如图151-5所示。

命令行提示如下：

```
命令：_line
COPY 找到 1 个
当前设置：  复制模式 = 多个
指定基点或 [位移(D)/模式(O)] <位移>：
指定第二个点或 [阵列(A)] <使用第一个点作为位移>：2000
指定第二个点或 [阵列(A)/退出(E)/放弃(U)] <退出>：
```

图151-5

05 执行“绘图>矩形”命令绘制门。

命令行提示如下：

```
命令：_rectang
指定第一个角点或 [倒角(C)/标高(E)/圆角(F)/厚度(T)/宽度(W)]：_from 基点：<偏移>：@0,40
指定另一个角点或 [面积(A)/尺寸(D)/旋转(R)]：@2000,-80
```

06 执行“绘图>多段线”和“修改>偏移”命令，绘制台阶，如图151-6所示。

命令行提示如下：

```
命令：_pline
指定起点：
当前线宽为 240.0000
指定下一个点或 [圆弧(A)/半宽(H)/长度(L)/放弃(U)/宽度(W)]：w
指定起点宽度 <240.0000>：0
指定端点宽度 <0.0000>：
指定下一个点或 [圆弧(A)/半宽(H)/长度(L)/放弃(U)/宽度(W)]：_from 基点：<偏移>：@0,-80
```

```
指定下一点或 [圆弧(A)/闭合(C)/半宽(H)/长度(L)/放弃(U)/宽度(W)]: 128
指定下一点或 [圆弧(A)/闭合(C)/半宽(H)/长度(L)/放弃(U)/宽度(W)]: 150
指定下一点或 [圆弧(A)/闭合(C)/半宽(H)/长度(L)/放弃(U)/宽度(W)]: 2300
指定下一点或 [圆弧(A)/闭合(C)/半宽(H)/长度(L)/放弃(U)/宽度(W)]: 150
指定下一点或 [圆弧(A)/闭合(C)/半宽(H)/长度(L)/放弃(U)/宽度(W)]:
命令: OFFSET
当前设置: 删除源=否 图层=源 OFFSETGAPTYPE=0
指定偏移距离或 [通过(T)/删除(E)/图层(L)] <2000.0000>: 150
指定要偏移的那一侧上的点, 或 [退出(E)/多个(M)/放弃(U)] <退出>:
选择要偏移的对象, 或 [退出(E)/放弃(U)] <退出>:
指定要偏移的那一侧上的点, 或 [退出(E)/多个(M)/放弃(U)] <退出>:
选择要偏移的对象, 或 [退出(E)/放弃(U)] <退出>:
```

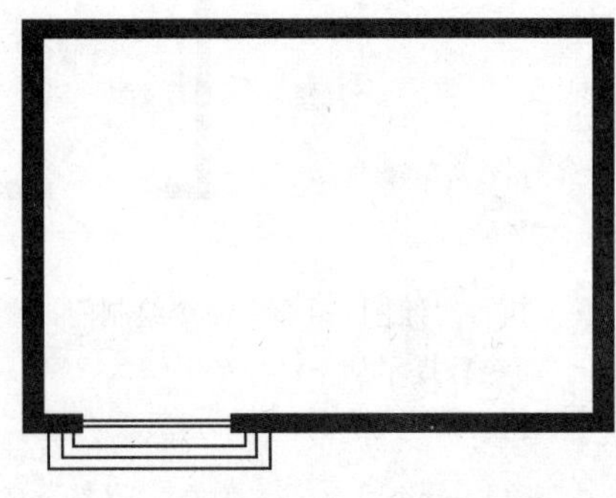

图151-6

2. 绘制电视柜等家具并用图案填充地面

01 执行“绘图>矩形”、“修改>分解”、“修改>偏移”和“修改>修剪”命令，绘制电视柜。

命令行提示如下：

```
命令: _rectang
指定第一个角点或 [倒角(C)/标高(E)/圆角(F)/厚度(T)/宽度(W)]: _from 基点: <偏移>: @120,-1560
指定另一个角点或 [面积(A)/尺寸(D)/旋转(R)]: @500,-1500
命令: _explode 找到 1 个
命令:
命令: _offset
当前设置: 删除源=否 图层=源 OFFSETGAPTYPE=0
指定偏移距离或 [通过(T)/删除(E)/图层(L)] <150.0000>: 250
指定要偏移的那一侧上的点, 或 [退出(E)/多个(M)/放弃(U)] <退出>:
选择要偏移的对象, 或 [退出(E)/放弃(U)] <退出>:
指定要偏移的那一侧上的点, 或 [退出(E)/多个(M)/放弃(U)] <退出>:
选择要偏移的对象, 或 [退出(E)/放弃(U)] <退出>:
命令: _offset
当前设置: 删除源=否 图层=源 OFFSETGAPTYPE=0
指定偏移距离或 [通过(T)/删除(E)/图层(L)] <250.0000>: 100
指定要偏移的那一侧上的点, 或 [退出(E)/多个(M)/放弃(U)] <退出>:
选择要偏移的对象, 或 [退出(E)/放弃(U)] <退出>:
......
```

02 执行“绘图>矩形”和“绘图>圆弧”命令，绘制电视，如图151-7所示。

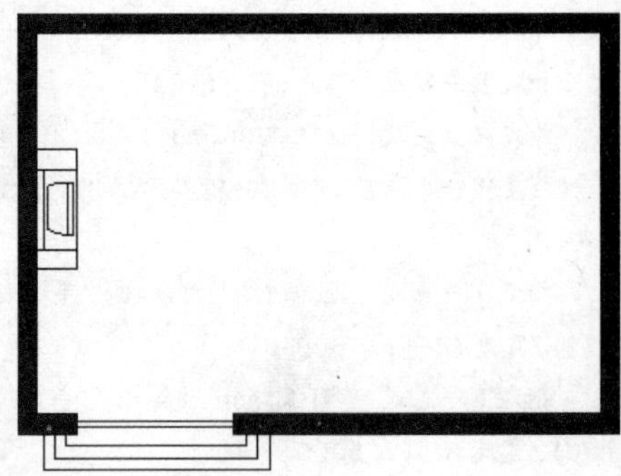

图151-7

03 打开原始文件中的“实战151 原始文件-1”图形，选择沙发的所有图形，将其复制到本例中；执行“修改>缩放”、“修改>旋转”和“修改>移动”命令，将其放置到合适的位置。

04 采用同样方法调入原始文件中的“实战151 原始文件-2”和“实战151 原始文件-3”图形，如图151-8所示。

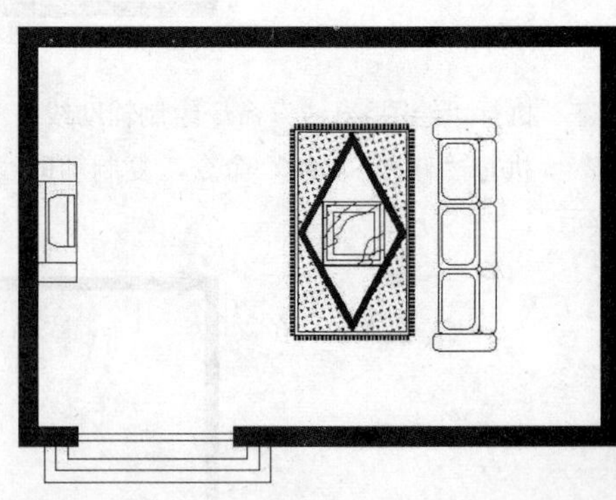

图151-8

05 执行“绘图>图案填充”命令，对地面填充图案“ANGLE”，结果如图151-9所示。

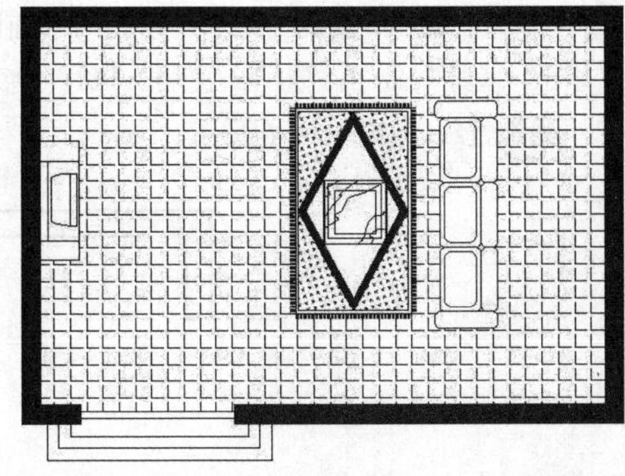

图151-9

练习151

练习位置	DVD>练习文件>第5章>练习151
难易指数	★☆☆☆☆
技术掌握	巩固"直线"、"矩形"、"样条曲线"、"偏移"、"复制"、"镜像"、"缩放"、"旋转"和"移动"等命令的使用方法。

操作指南

参照"实战151 客厅平面图"案例进行制作。

首先执行"绘图>矩形"、"绘图>直线"、"绘图>样条曲线"、"修改>复制"和"修改>偏移"命令，绘制地毯；然后执行"绘图>矩形"、"修改>偏移"和"修改>镜像"命令，绘制桌子；最后执行"修改>缩放"、"修改>旋转"、"修改>移动"和"修改>镜像"命令，绘制沙发。练习效果如图151-10所示。

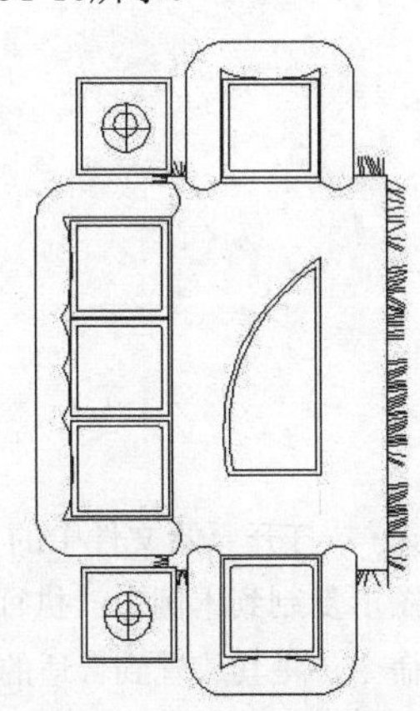

图151-10

实战152 卧室平面图

原始文件位置	DVD>原始文件>第5章>实战152 原始文件-1、实战152 原始文件-2 实战 原始文件-3
实战位置	DVD>实战文件>第5章>实战152
视频位置	DVD>多媒体教学>第5章>实战152
难易指数	★★☆☆☆
技术掌握	掌握"多线"、"直线"、"复制"、"修剪"、"缩放"、"旋转"、"移动"、"镜像"和"图案填充"等命令。

实战介绍

运用"多线"命令，绘制墙体；利用"直线"、"复制"与"修剪"命令，绘制窗；利用"缩放"、"旋转"、"移动"与"镜像"命令，将卧室的其他物品调入；利用"图案填充"命令，填充地面。本例最终效果如图152-1所示。

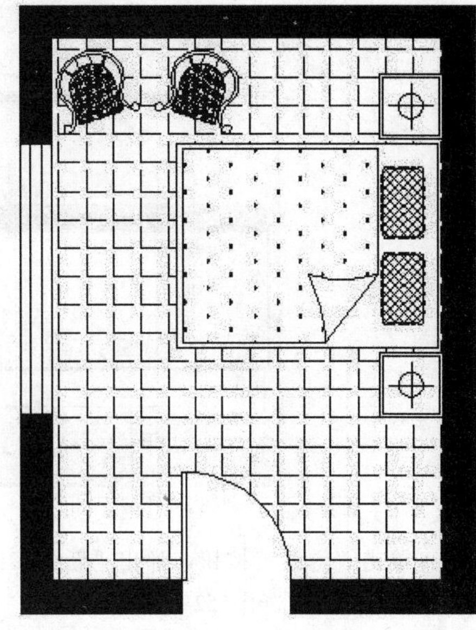

图152-1

制作思路

- 绘制墙体、窗和门。
- 绘制玻璃边框。
- 绘制室内物品并用图案填充图形，完成卧室平面图的绘制并将其保存。

制作流程

卧室平面图的制作流程如图152-2所示。

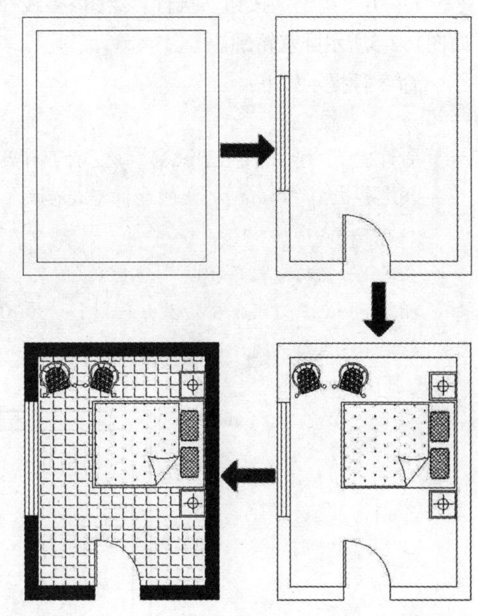

图152-2

1. 绘制门框

01 打开AutoCAD 2013中文版软件，执行"格式>多线样式"命令，弹出"多线样式"对话框，单击"新建"按钮，新建多线"240"，如图152-3所示。

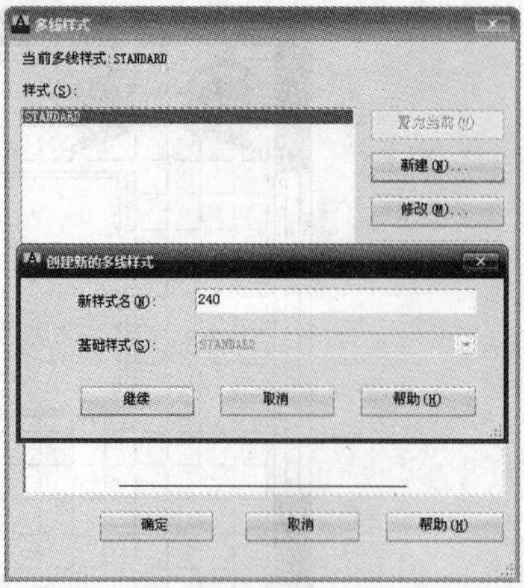

图152-3

02 单击“继续”按钮，弹出“新建多线样式”对话框，设置多线样式如图152-4所示。

图152-4

03 单击“确定”按钮，执行“绘图>多线”命令，绘制如图152-5所示卧室轮廓。

命令行提示如下：

```
命令: _mline
当前设置: 对正 = 上, 比例 = 1.00, 样式 = 240
指定起点或 [对正(J)/比例(S)/样式(ST)]:
指定下一点: 3000
指定下一点或 [放弃(U)]: 4000
指定下一点或 [闭合(C)/放弃(U)]: 3000
指定下一点或 [闭合(C)/放弃(U)]: c
```

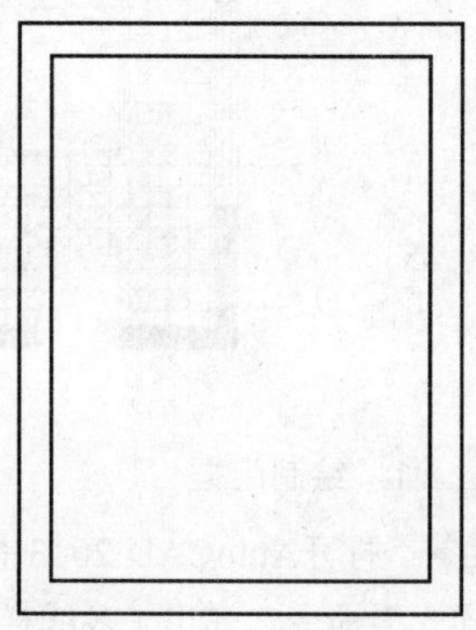

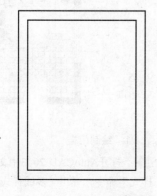

图152-5

04 执行“绘图>直线”命令，绘制两条辅助直线；执行“修改>修剪”命令，修剪出窗洞；执行“修改>删除”命令，删除直线，如图152-6所示。

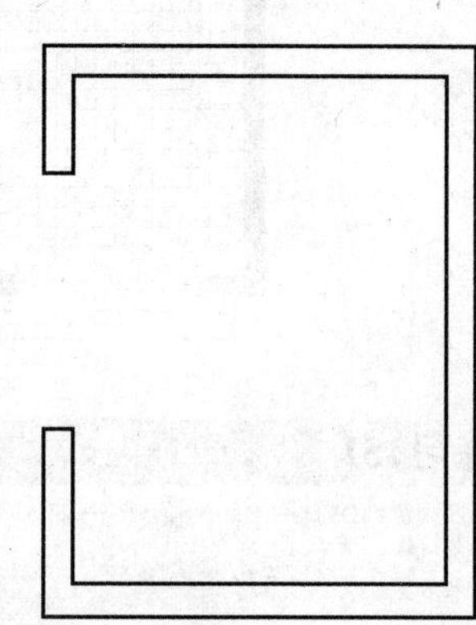

图152-6

05 按照实战141中平面图中窗的绘制方法绘制窗户，如图152-7所示。

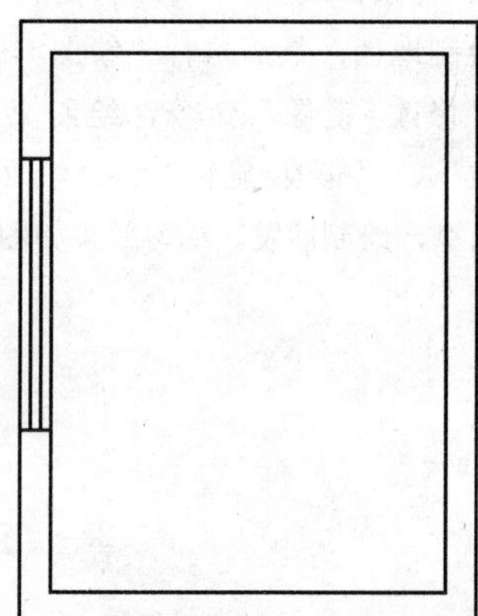

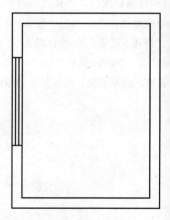

图152-7

06 打开原始文件中的“实战152原始文件-1”图形，将图形复制到本例中；执行“修改>缩放”和“修改>移动”命令，将其放置到合适的位置，如图152-8所示。

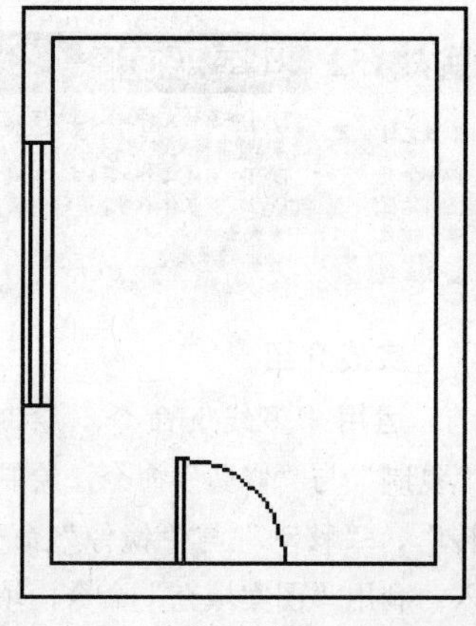

图152-8

07 执行“绘图>直线”和“修改>修剪”命令，修剪出门洞，如图152-9所示。

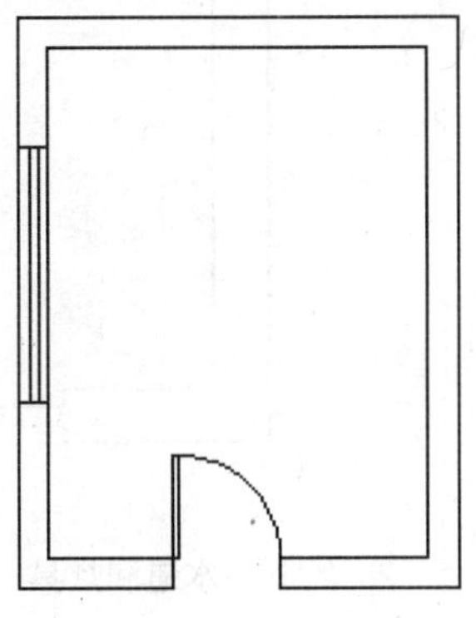

图152-9

2. 绘制室内物品并用图案填充图形

01 执行“修改>镜像”、“修改>缩放”、“修改>旋转”和“修改>移动”命令，将原始文件中的“实战152原始文件-2”和“实战152原始文件-3”调入到本例中来，如图152-10所示。

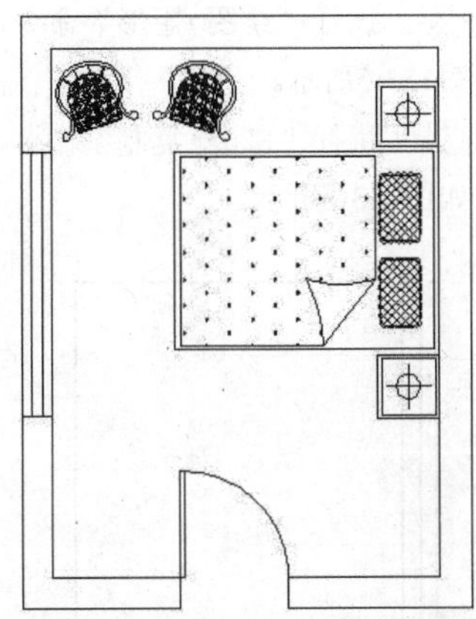

图152-10

02 执行“绘图>图案填充”命令，对卧室地面和墙体分别填充“NET”和“SOLID”图案，如图152-11所示。

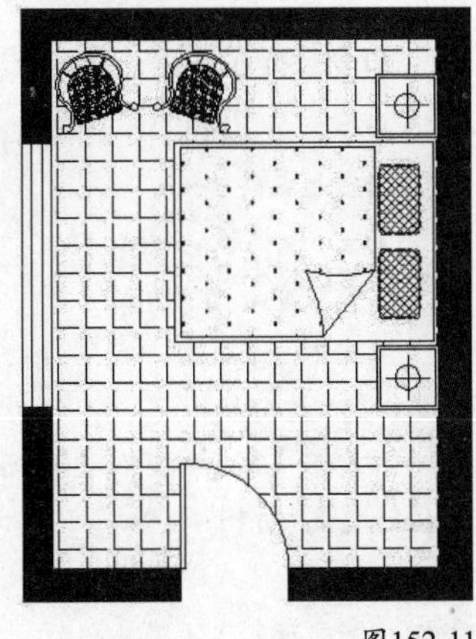

图152-11

练习152

练习位置	DVD>练习文件>第5章>练习152
难易指数	★★☆☆☆
技术掌握	巩固“直线”、“矩形”、“样条曲线”、“偏移”、“复制”、“镜像”、“缩放”、“旋转”和“移动”等命令的使用方法。

操作指南

参照“实战152 卧室平面图”案例进行制作。

首先执行“绘图>多线”、“绘图>直线”、“修改>复制”和“修改>修剪”命令，绘制墙体和门洞；然后执行“绘图>矩形”、“绘图>圆”、“绘图>直线”、“绘图>圆弧”、“绘图>图案填充”、“修改>偏移”、“修改>镜像”和“修改>修剪”命令，绘制室内物品。练习最终效果如图152-12所示。

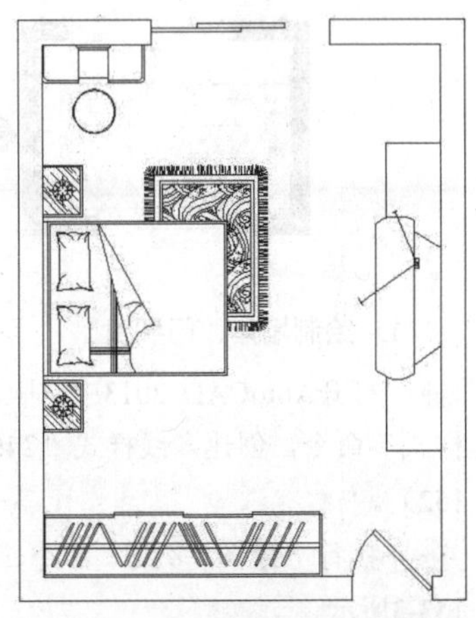

图152-12

实战153 厨房平面图

原始文件位置	DVD>原始文件>第5章>实战153原始文件
实战位置	DVD>实战文件>第5章>实战153
视频位置	DVD>多媒体教学>第5章>实战153
难易指数	★★☆☆☆
技术掌握	掌握“矩形”、“直线”、“多线”、“椭圆”、“修剪”、“复制”、“缩放”、“旋转”和“移动”等命令。

实战介绍

运用“多线”、“直线”、“复制”与“修剪”命令，绘制墙体、门和窗；利用“矩形”与“复制”命令，绘制下水道；利用“矩形”、“直线”、“椭圆”、“缩放”、“旋转”与“移动”命令，绘制灶具。本例最终效果如图153-1所示。

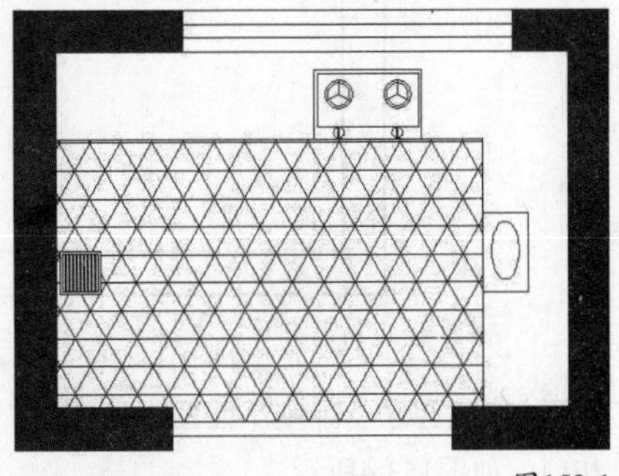

图153-1

制作思路

• 绘制墙体、门和窗。

• 绘制下水道和灶具，完成厨房平面图的绘制并将其保存。

制作流程

厨房平面图的制作流程如图153-2所示。

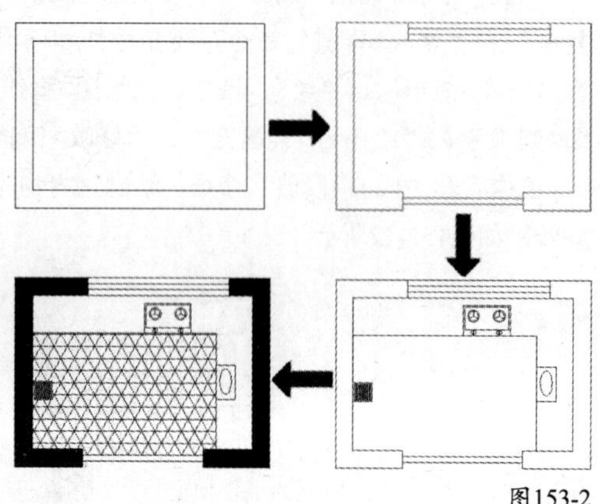

图153-2

1. 绘制墙体、门和窗

01 打开AutoCAD 2013中文版软件，执行“格式>多线样式”命令，创建多线样式“240”（具体操作参见实战152）。

02 执行“绘图>多线”命令，绘制厨房的墙体，如图153-3所示。

命令行提示如下：

```
命令: _mline
当前设置: 对正 = 上, 比例 = 1.00, 样式 = 240
指定起点或 [对正(J)/比例(S)/样式(ST)]:
指定下一点:  2500
指定下一点或 [放弃(U)]:  3500
指定下一点或 [闭合(C)/放弃(U)]:  2500
指定下一点或 [闭合(C)/放弃(U)]:  c
```

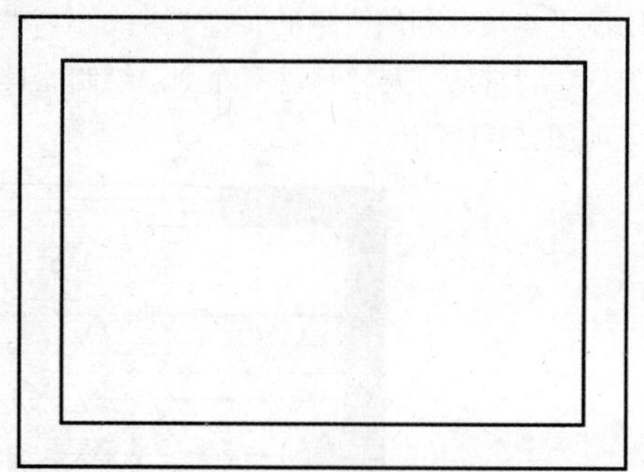

图153-3

03 按照客厅及卧室平面图中绘制窗户的方法绘制窗户和门，如图153-4所示。

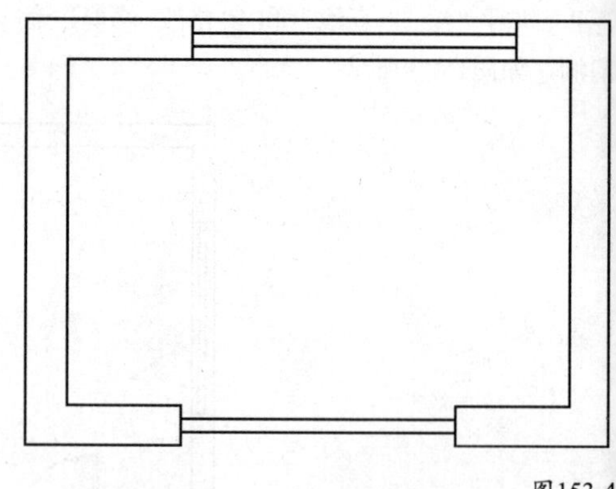

图153-4

2. 绘制下水道和灶具

01 执行“绘图>正多边形”命令，绘制厨房的下水道轮廓。命令行提示如下：

```
命令: _polygon 输入侧面数 <4>:
指定正多边形的中心点或 [边(E)]:
输入选项 [内接于圆(I)/外切于圆(C)] <I>: C
指定圆的半径: 120
```

02 执行“绘图>矩形”命令，绘制第一个下水道沟，如图153-5所示。

03 执行“修改>复制”命令，复制出其他的下水道沟，如图153-6所示。

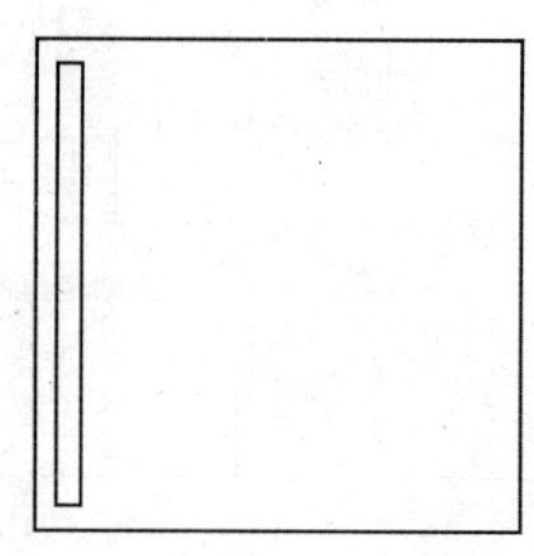

图153-5

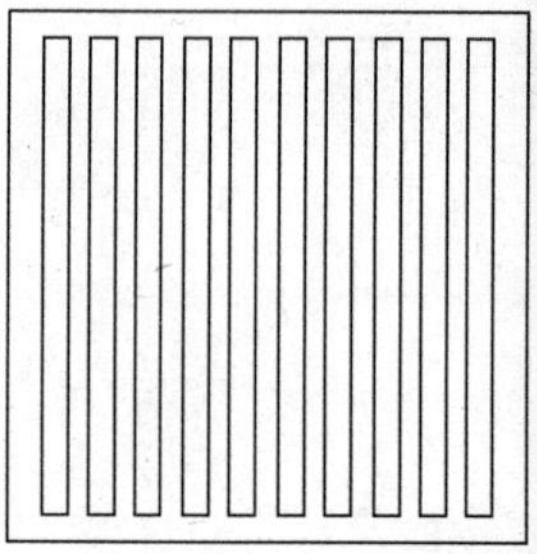

图153-6

04 执行“绘图>多段线”命令，绘制灶台，如图153-7所示。

命令行提示如下：

```
命令: _pline
指定起点: from
基点: <偏移>: @0,-500
当前线宽为 0.0000
指定下一个点或 [圆弧(A)/半宽(H)/长度(L)/放弃(U)/宽度(W)]: 2520
指定下一点或 [圆弧(A)/闭合(C)/半宽(H)/长度(L)/放弃(U)/宽度(W)]:
指定下一点或 [圆弧(A)/闭合(C)/半宽(H)/长度(L)/放弃(U)/宽度(W)]:
```

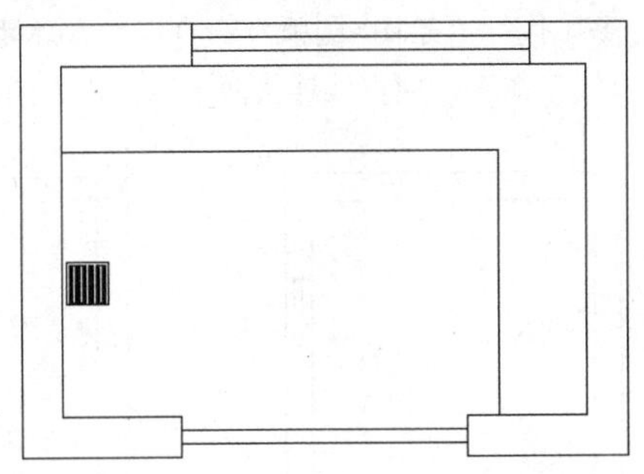

图153-7

05 执行“绘图>矩形”和“绘图>椭圆”命令，绘制水池。

06 执行“修改>复制”、“修改>旋转”和“修改>缩放”命令，将实战110灶具（平面）中的图形调入，结果如图153-8所示。

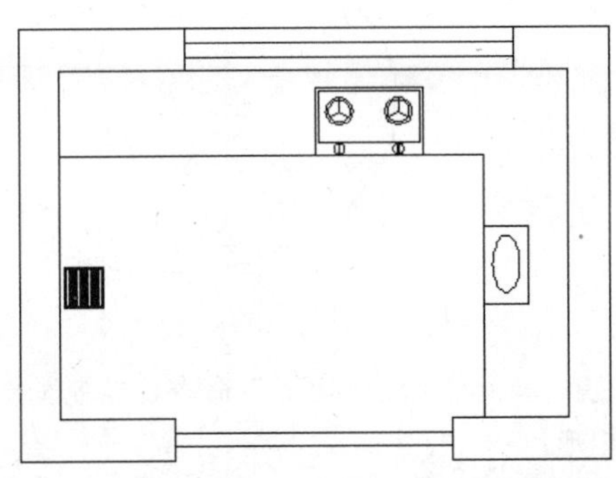

图153-8

07 执行“绘图>图案填充”命令，对地面和墙体进行填充，如图153-9所示。

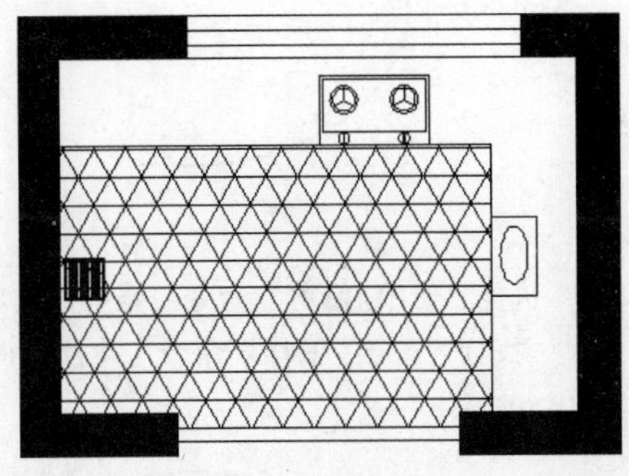

图153-9

练习153

练习位置	DVD>练习文件>第5章>练习153
难易指数	★★☆☆☆
技术掌握	巩固“矩形”、“直线”、“多线”、“圆”、“圆弧”、“修剪”、“复制”、“偏移”、“镜像”、“旋转”、“圆角”和“移动”等命令的使用方法。

操作指南

参照“实战153 厨房平面图”案例进行制作。

首先执行“绘图>直线”、“绘图>多线”、“绘图>圆弧”、“修改>复制”与“修改>修剪”命令，绘制墙体、门和窗；然后执行“绘图>直线”、“绘图>矩形”、“绘图>圆”、“修改>偏移”、“修改>镜像”、“修改>圆角”、“修改>旋转”和“修改>移动”命令，绘制冰箱、洗涤槽和灶具。练习最终效果如图153-10所示。

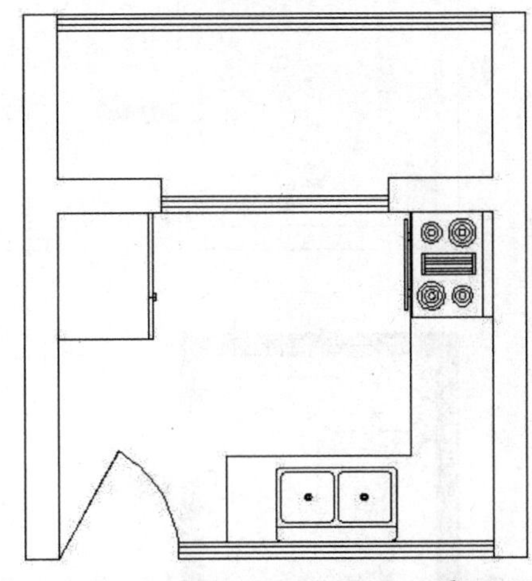

图153-10

实战154 卫生间平面图

实战位置	DVD>实战文件>第5章>实战154
视频位置	DVD>多媒体教学>第5章>实战154
难易指数	★★★☆☆
技术掌握	掌握“矩形”、“直线”、“圆弧”、“椭圆”、“复制”、“修剪”、“偏移”和“图案填充”等命令。

实战介绍

运用“多线”、“直线”、“复制”与“修剪”命令，绘制墙体、门和窗；利用“矩形”、“直线”、“圆弧”、“椭圆”、“偏移”与“修剪”命令，绘制卫生间设施；利用“矩形”与“复制”命令，绘制下水道；利用“图案填充”命令，填充墙体和地面。本例最终效果如图154-1所示。

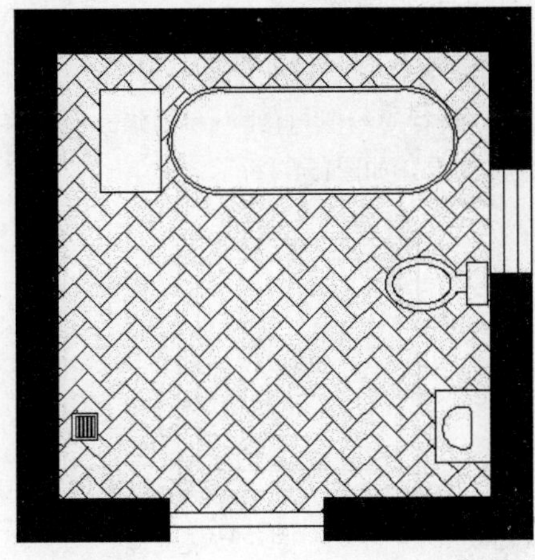

图154-1

制作思路

- 绘制墙体、门和窗。
- 绘制卫生间设施、下水道并填充图形，完成卫生间平面图的绘制并将其保存。

制作流程

卫生间的制作流程如图154-2所示。

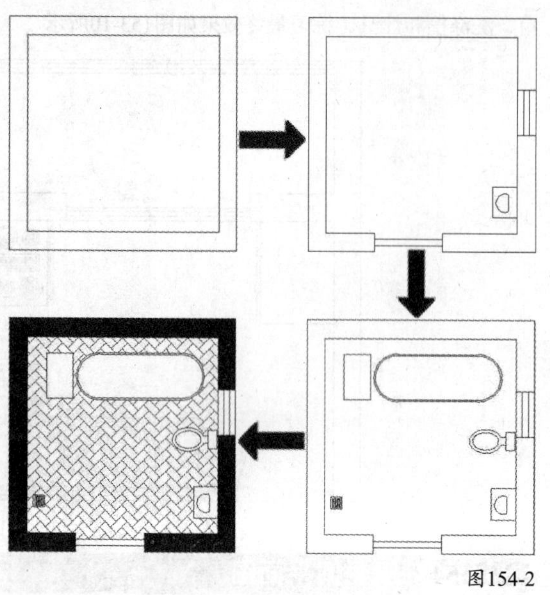

图154-2

1. 绘制轮廓和窗户

01 打开AutoCAD 2013中文版软件，执行“绘图>多线”命令，绘制如图154-3所示的图形（具体绘制方法参照实战152）。

命令行提示如下：

```
命令： _mline
当前设置： 对正 = 上，比例 = 1.00，样式 = 240
指定起点或 [对正(J)/比例(S)/样式(ST)]:
指定下一点：  3000
指定下一点或 [放弃(U)]:  3000
指定下一点或 [闭合(C)/放弃(U)]:  3000
指定下一点或 [闭合(C)/放弃(U)]:  c
```

02 执行“绘图>直线”和“修改>修剪”命令，绘制门洞和窗洞，如图154-4所示。

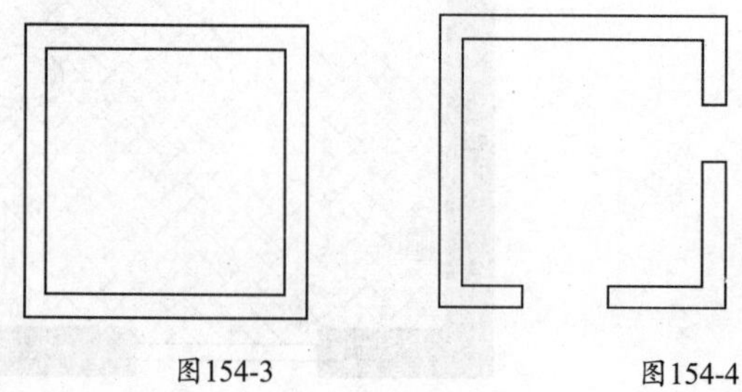

图154-3　　图154-4

03 执行“绘图>矩形”和“绘图>直线”命令，绘制窗户和门，结果如图154-5所示。

2. 绘制卫生间设施、下水道并用图案填充图形

01 执行“绘图>矩形”命令，绘制水池台。

02 执行“绘图>圆弧”命令，绘制水池；执行“绘图>直线”命令，用直线连接两个端点，如图154-6所示。

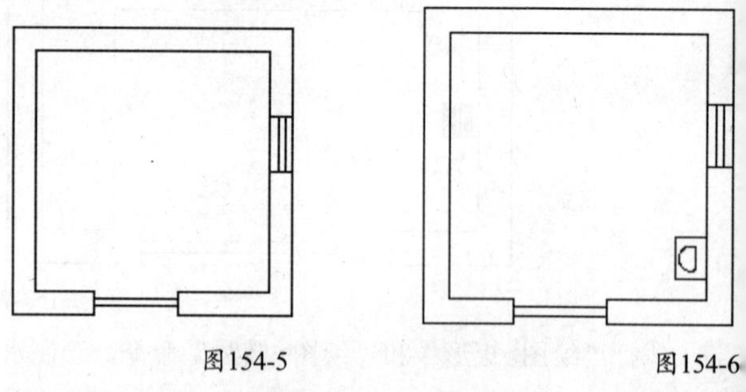

图154-5　　图154-6

03 执行“绘图>椭圆”命令，绘制椭圆；执行“绘图>直线”命令，绘制两条直线，如图154-7所示。

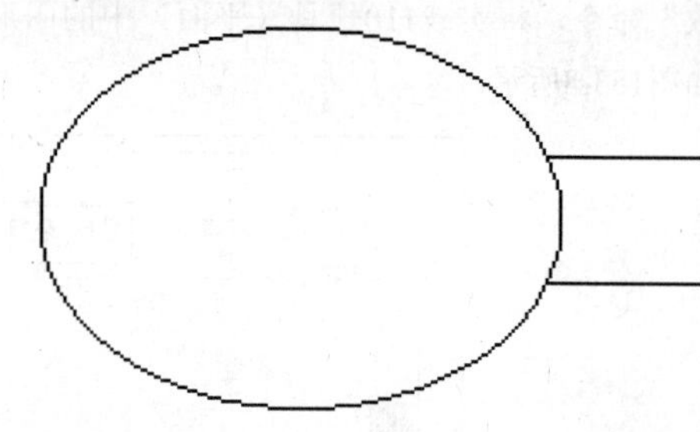

图154-7

04 执行“绘图>矩形”命令，绘制如图154-8所示的矩形。

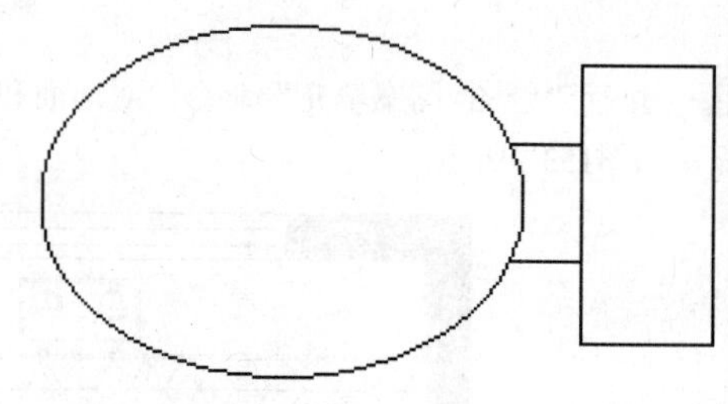

图154-8

05 执行“修改>修剪”命令，修剪直线与圆弧相交处的部分；执行“修改>偏移”命令，将圆弧向内偏移40，如图154-9所示。

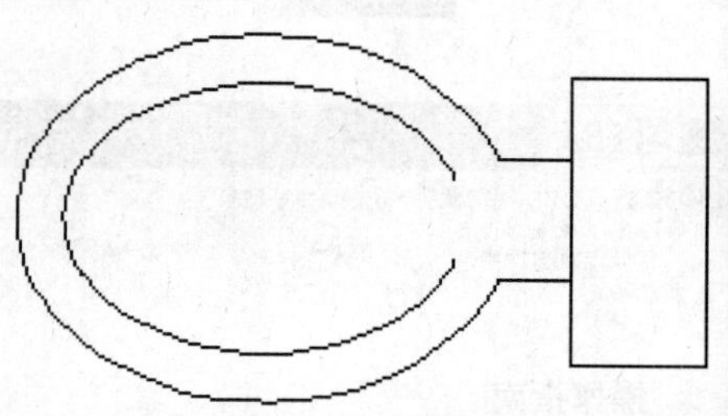

图154-9

06 执行“绘图>直线”命令，连接圆弧部分，完成马桶的绘制，如图154-10所示。

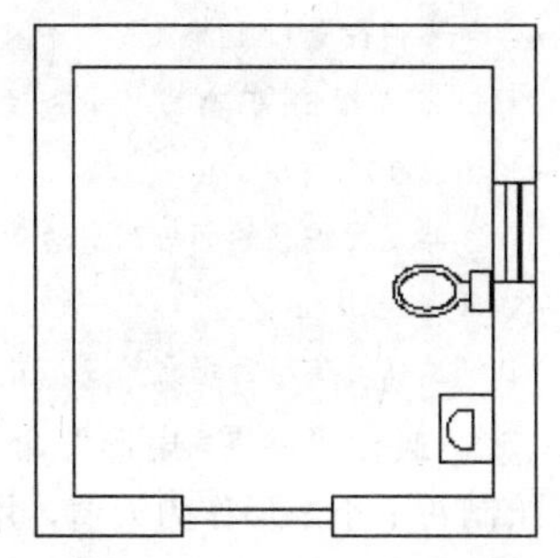

图154-10

07 执行“绘图>直线”、“绘图>矩形”、“绘图>圆弧”和“修改>偏移”命令，绘制浴池，如图154-11所示。

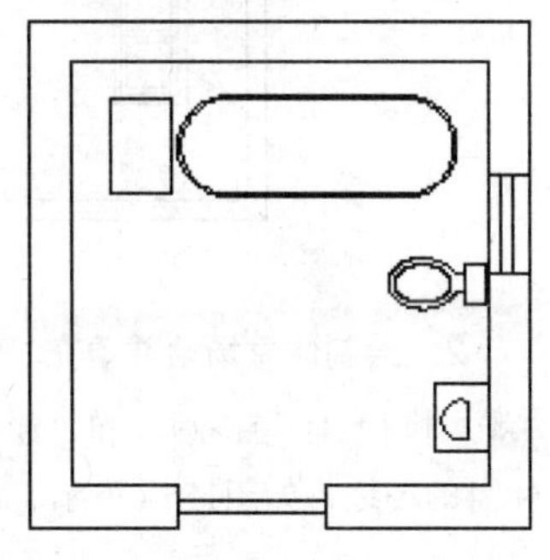

图154-11

08 利用实战153中下水道的绘制方法绘制卫生间内的下水道，绘制好的效果如图154-12所示。

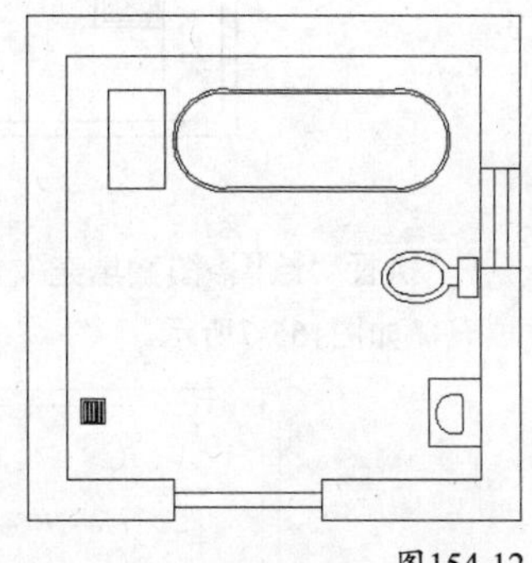

图154-12

09 执行“绘图>图案填充”命令，对地面和墙体进行填充，如图154-13所示。

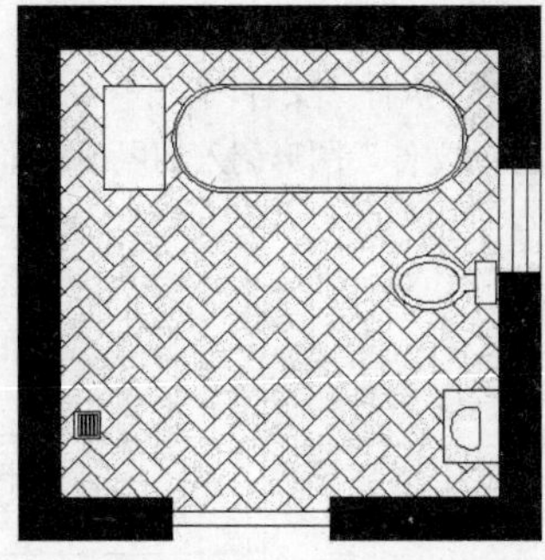

图154-13

练习154

练习位置	DVD>练习文件>第5章>练习154
难易指数	★★☆☆☆
技术掌握	巩固“直线”、“矩形”、“分解”和“定数等分”等命令的使用方法。

操作指南

参照“实战154 卫生间平面图”案例进行制作。

首先执行“绘图>直线”、“绘图>多线”和“修改>偏移”命令，绘制墙体和门；然后执行“绘图>直线”、“绘图>矩形”、“绘图>椭圆”、“绘图>圆弧”、“修改>偏移”、“修改>镜像”、“修改>圆角”、“修改>旋转”和“修改>移动”命令，绘制卫生间设施。练习最终效果如图154-14所示。

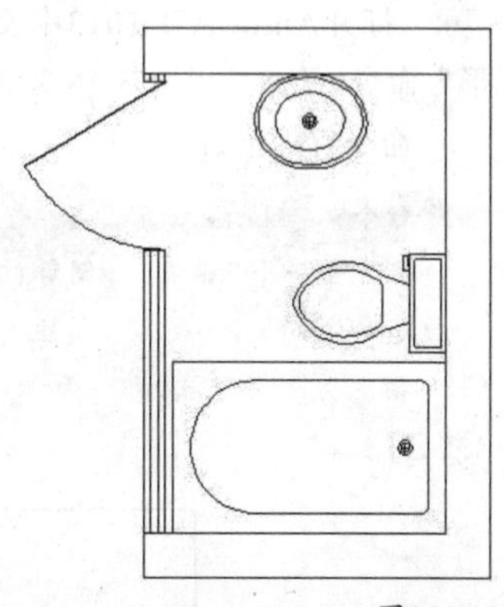

图154-14

实战155　屋顶平面图

原始文件位置	DVD>原始文件>第5章>实战155 原始文件
实战位置	DVD>实战文件>第5章>实战155
视频位置	DVD>多媒体教学>第5章>实战155
难易指数	★★★☆☆
技术掌握	掌握“矩形”、“直线”、“圆”、“偏移”和“图案填充”等命令。

实战介绍

运用“矩形”与“偏移”命令，绘制女儿墙；利用“矩形”命令，绘制天窗；利用“直线”、“圆”与“偏移”命令，绘制屋顶休息场地；利用“图案填充”命令，填充屋顶。本例最终效果如图155-1所示。

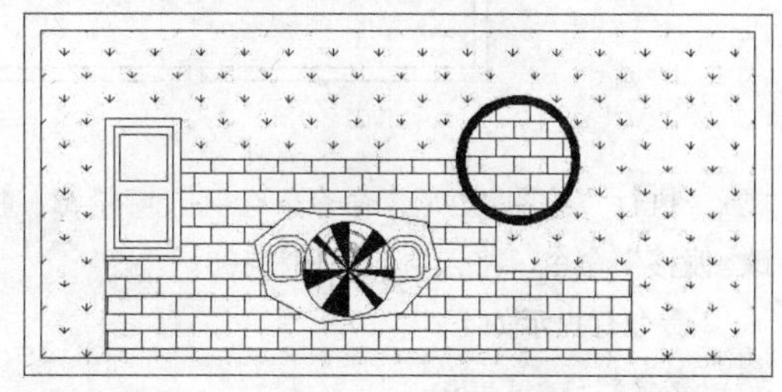

图155-1

制作思路

- 绘制女儿墙和天窗。
- 绘制休息场地并填充，完成屋顶平面图的绘制并将其保存。

制作流程

屋顶平面图的制作流程如图155-2所示。

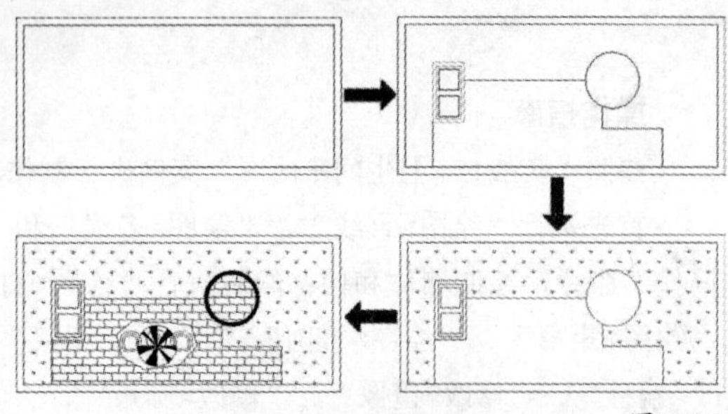

图155-2

1. 绘制女儿墙和天窗

01 打开AutoCAD 2013中文版软件，执行“绘图>矩形”命令，绘制如图155-3所示的矩形。

命令行提示如下：

```
命令：_rectang
指定第一个角点或 [倒角(C)/标高(E)/圆角(F)/厚度(T)/宽度(W)]:
指定另一个角点或 [面积(A)/尺寸(D)/旋转(R)]: @9000,4200
```

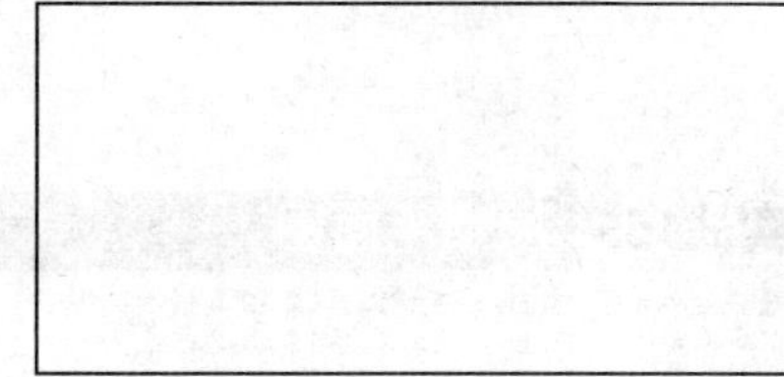

图155-3

02 执行“修改>偏移”命令，将矩形向内偏移200，完成女儿墙的绘制，如图155-4所示。

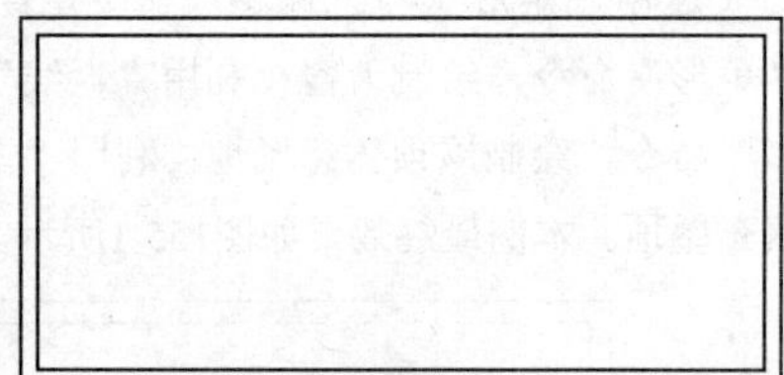

图155-4

03 执行“绘图>矩形”命令，绘制天窗轮廓；执行“修改>偏移”命令，将天窗向内偏移100。

命令行提示如下：

```
命令：_rectang
指定第一个角点或 [倒角(C)/标高(E)/圆角(F)/厚度(T)/宽度(W)]: _from 基点：<偏移>: @760,-1020
指定另一个角点或 [面积(A)/尺寸(D)/旋转(R)]: @900,-1600
命令：_offset
当前设置：删除源=否  图层=源  OFFSETGAPTYPE=0
指定偏移距离或 [通过(T)/删除(E)/图层(L)] <200.0000>: 100
指定要偏移的那一侧上的点，或 [退出(E)/多个(M)/放弃(U)] <退出>:
选择要偏移的对象，或 [退出(E)/放弃(U)] <退出>:
```

04 执行“绘图>矩形”命令，配合“捕捉自”功能，绘制两个小矩形作为天窗，用直线连接中线，如图155-5所示。

图155-5

2. 绘制休息场地并填充

01 执行“绘图>圆”和“绘图>直线”命令，绘制屋顶休息的场地，如图155-6所示。

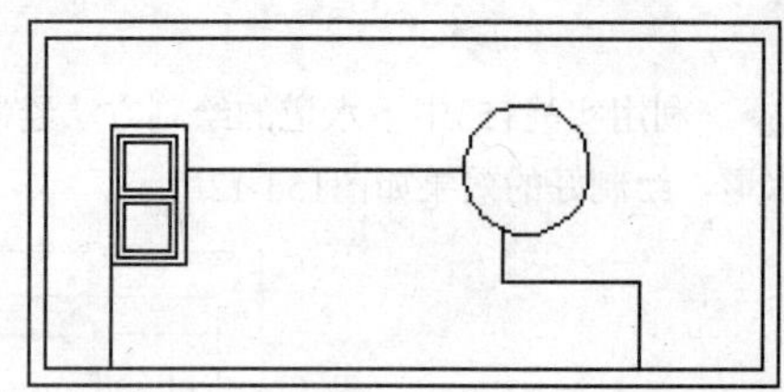

图155-6

02 执行“绘图>图案填充”命令，对休息场地部分进行填充，如图155-7所示。

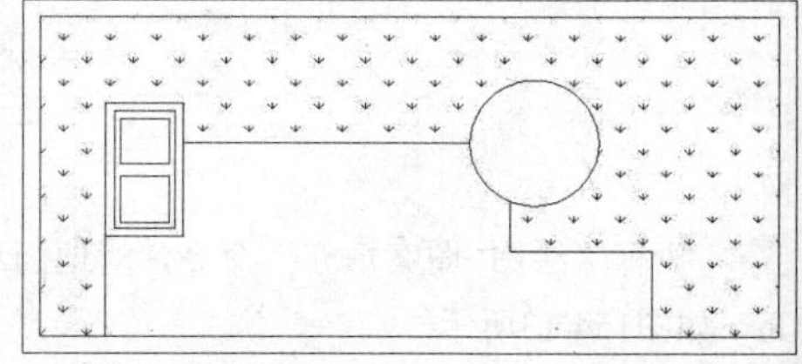

图155-7

03 执行“文件>打开”命令，将原始文件中的“实战155原始文件”图形调入到屋顶平面图中，如图155-8所示。

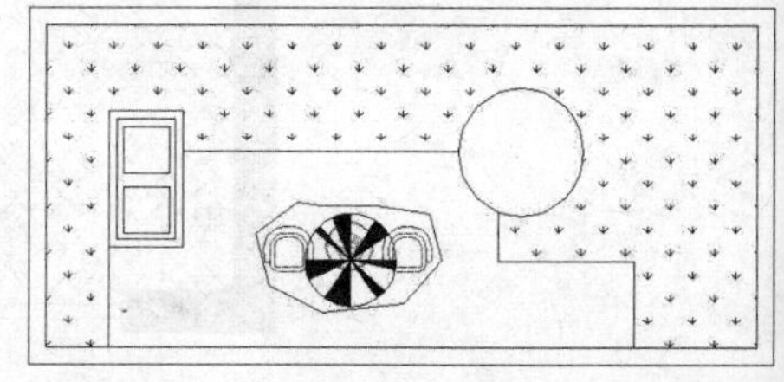

图155-8

04 执行“绘图>图案填充”命令，对休息地面填充图案，如图155-9所示。

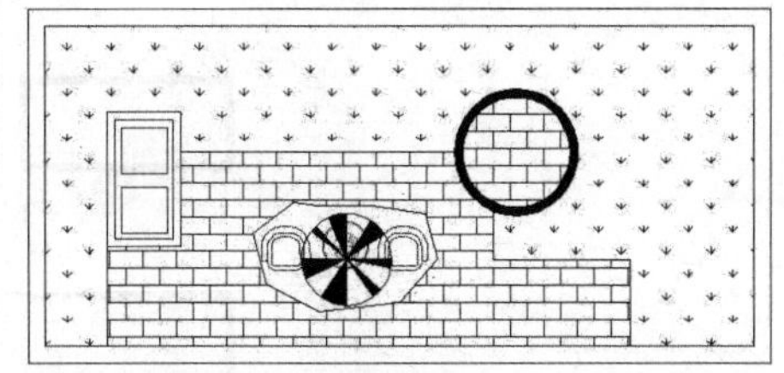

图155-9

练习155

练习位置	DVD>练习文件>第5章>练习155
难易指数	★★☆☆☆
技术掌握	巩固“多线”、“直线”、“矩形”、“圆弧”、“圆”、“偏移”、“复制”、“镜像”、“圆角”、“修剪”、“旋转”、“移动”和“图案填充”等命令的使用方法。

操作指南

参照“实战155 屋顶平面图”案例进行制作。

首先执行“绘图>直线”、“绘图>多线”、“绘图>圆弧”、“修改>复制”和“修改>修剪”命令，绘制墙体、门和窗；然后执行“绘图>直线”、“绘图>矩形”、“绘图>圆”、“绘图>圆弧”、“修改>偏移”、“修改>镜像”、“修改>圆角”、“修改>旋转”和“修改>移动”命令，绘制厨房灶具和卫生间设施。练习最终效果如图155-10所示。

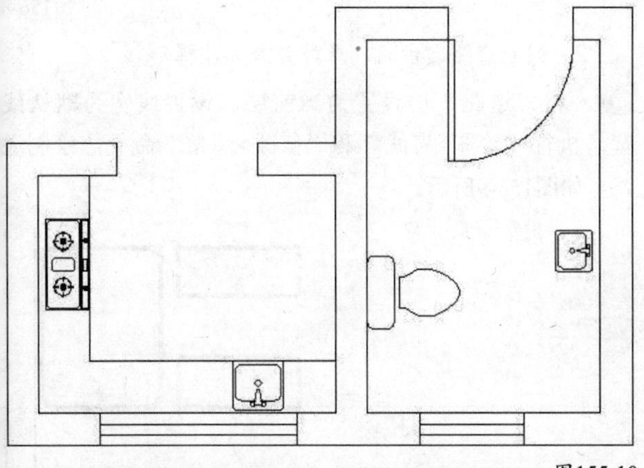

图155-10

实战156 地段总平面图

实战位置	DVD>实战文件>第5章>实战156
视频位置	DVD>多媒体教学>第5章>实战156
难易指数	★★☆☆☆
技术掌握	掌握“矩形”、“直线”、“多段线”、“圆角”、“阵列”、“偏移”、“图案填充”和“多行文字”等命令。

实战介绍

运用“直线”与“偏移”命令，绘制辅助线；利用“多段线”命令，绘制已有建筑；利用“直线”、“多段线”与“圆角”命令，绘制道路、台阶和草坪；利用“图案填充”命令，填充草坪；利用“多行文字”命令，添加文字注释。本例最终效果如图156-1所示。

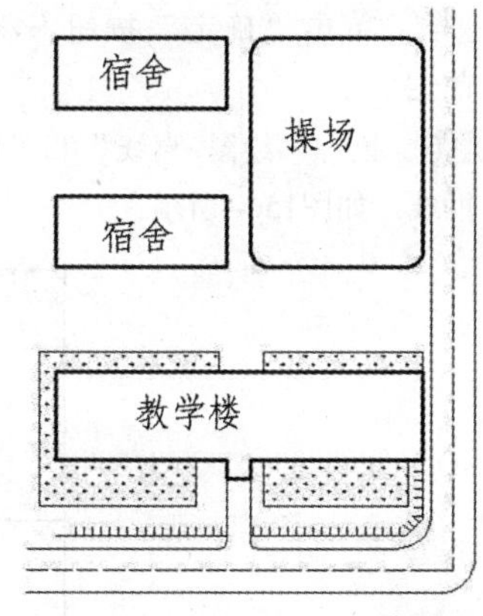

图156-1

制作思路

- 绘制辅助线和已有建筑。
- 绘制道路、台阶、草坪并添加注释，完成地段总平面图的绘制并将其保存。

制作流程

地段总平面图的制作流程如图156-2所示。

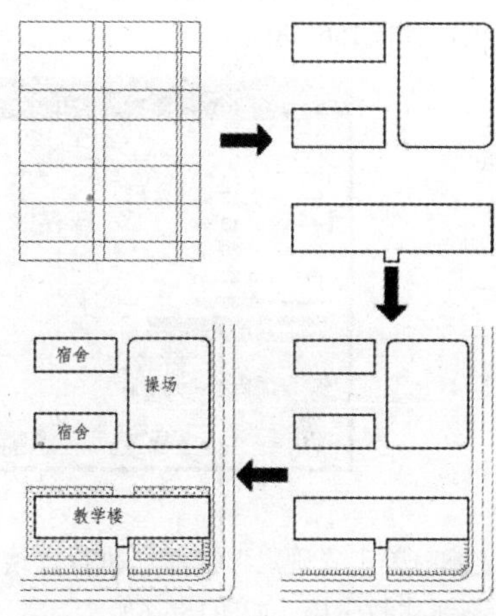

图156-2

1. 绘制辅助线和已有建筑

01 打开AutoCAD 2013中文版软件，执行“格式>图层”命令，弹出“图层特性管理器”对话框，设置“道路”、“辅助线”、“建筑物”、“绿化”等图层，如图156-3所示。

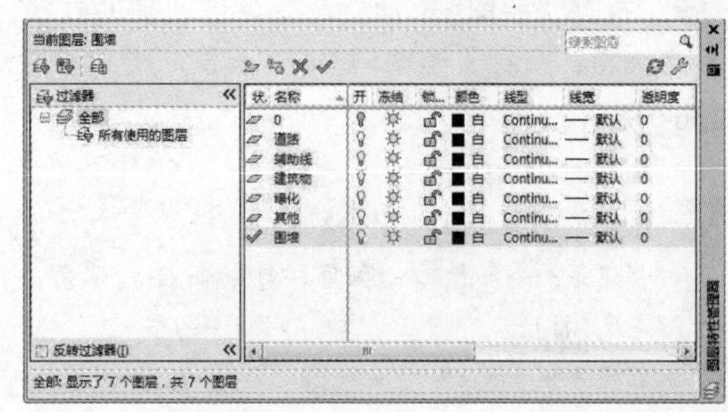

图156-3

02 单击“确定”按钮，将“辅助线”层设置为当前层。

03 执行“绘图>直线”和“修改>偏移”命令，绘制辅助线，如图156-4所示。

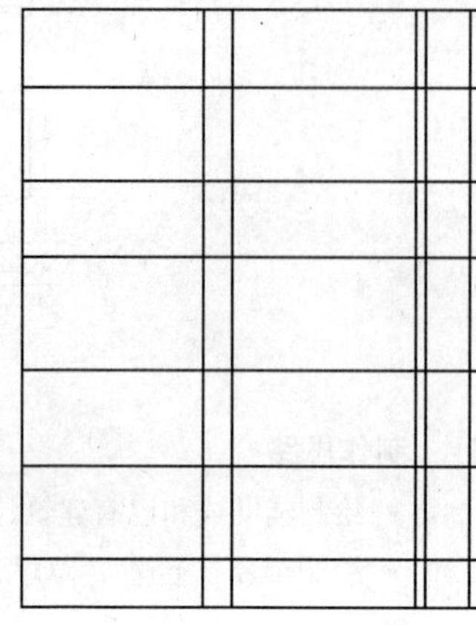

图156-4

04 将“建筑物”层设置为当前层，执行“格式>线宽”命令，设置线宽为0.35mm，勾选 “显示线宽”前的复选框，如图156-5所示。

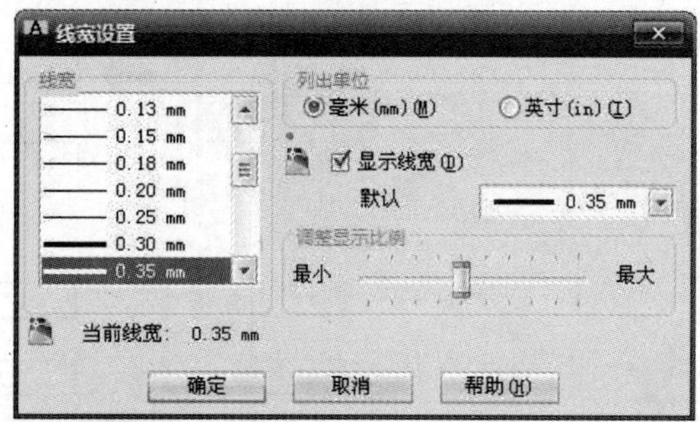

图156-5

05 单击“确定”按钮；执行“绘图>多段线”命令，绘制新建教学楼，如图156-6所示。

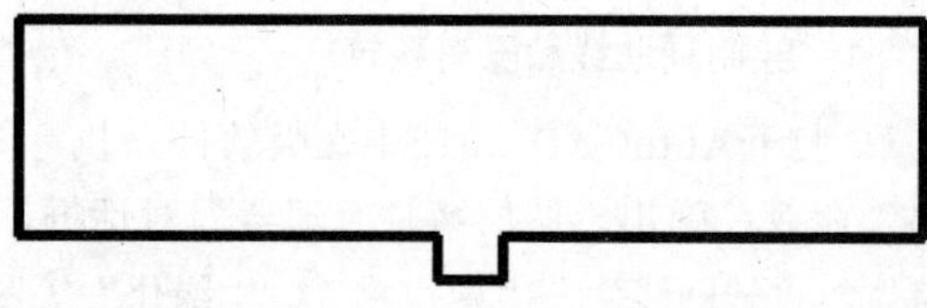

图156-6

06 执行“绘图>矩形”命令，借助辅助直线，绘制出宿舍楼；执行“绘图>矩形”命令，绘制操场，如图156-7所示。

命令行提示如下：

```
命令：_rectang
指定第一个角点或 [倒角(C)/标高(E)/圆角(F)/厚度(T)/宽度(W)]:
指定另一个角点或 [面积(A)/尺寸(D)/旋转(R)]:
```

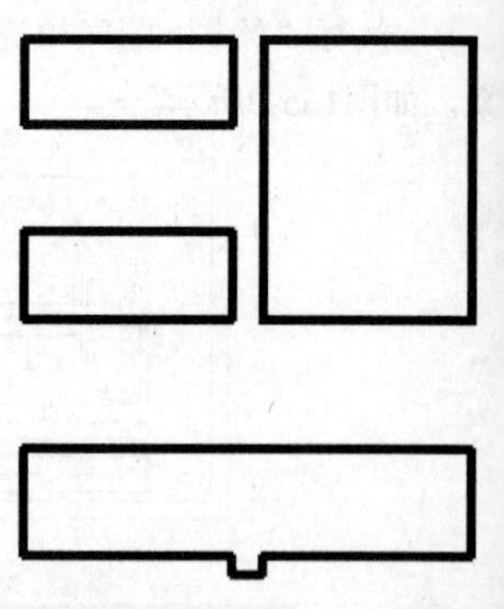

图156-7

07 执行“修改>圆角”命令，对矩形进行圆角处理，如图156-8所示。

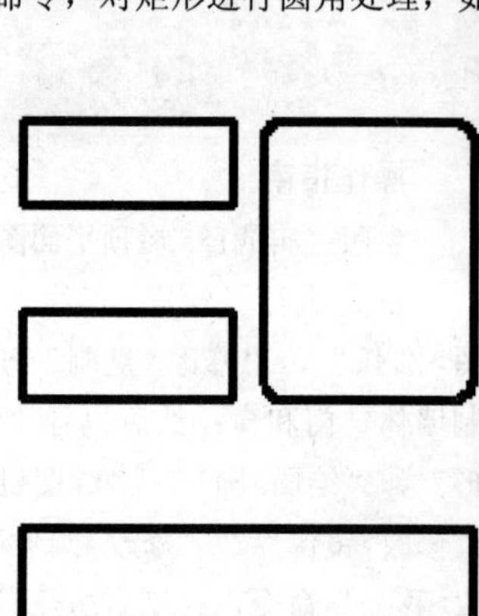

图156-8

2. 绘制道路、台阶、草坪并添加注释

01 将“道路”层设置为当前层，设置线宽为默认线宽，执行“绘图>直线”和“修改>圆角”命令，绘制道路，如图156-9所示。

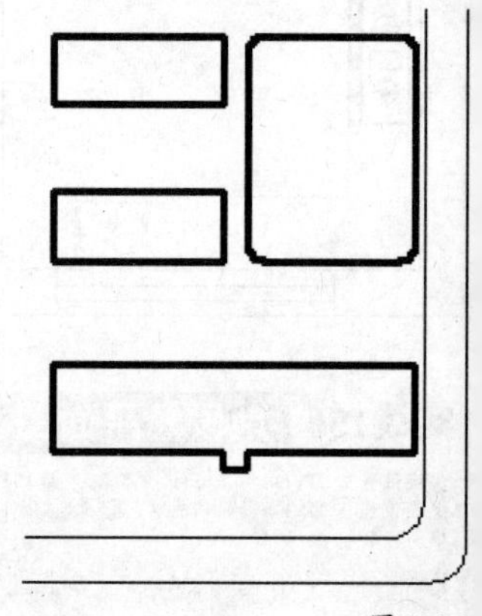

图156-9

02 将虚线加载进来，绘制道路的中心线。

03 将“围墙”层设置为当前层，执行“绘图>直线”命令，在命令行中输入“ARRAYCLASSIC”，绘制建筑物的围墙，如图156-10所示。

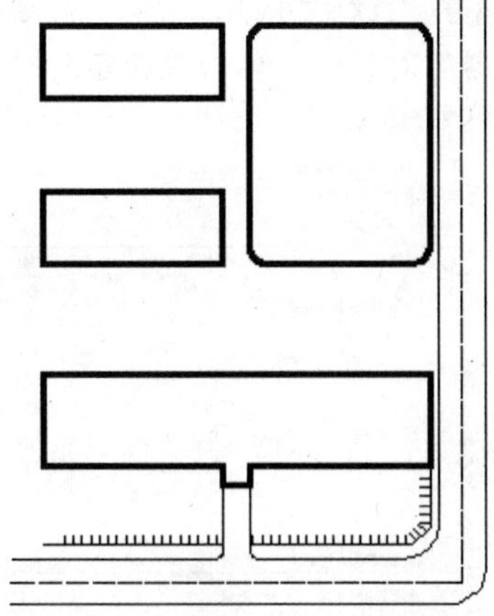
图156-10

04 执行“绘图>多段线”命令，绘制教学楼前的台阶和草坪轮廓；执行“绘图>图案填充”命令，对其进行图案填充，结果如图156-11所示。

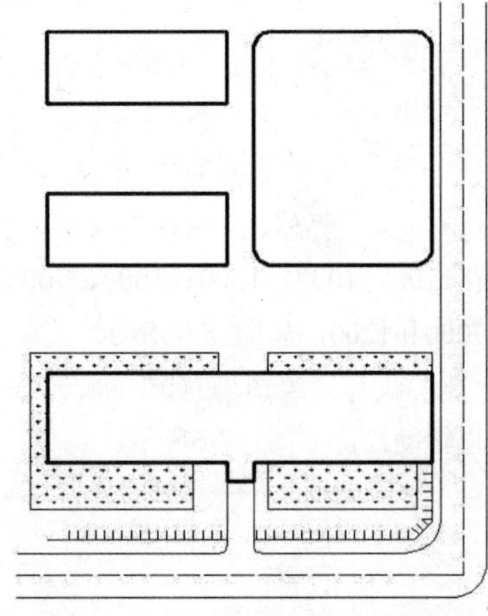
图156-11

05 将“其他”层设置当前层，执行“绘图>多行文字”命令，添加文字注释，如图156-12所示。

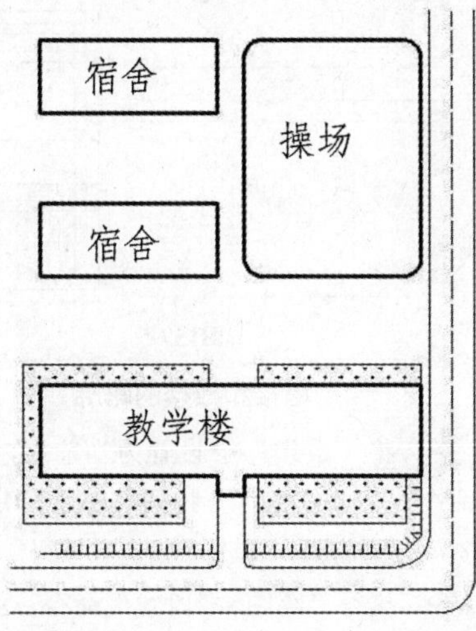

图156-12

练习156

练习位置	DVD>练习文件>第5章>练习156
难易指数	★★☆☆☆
技术掌握	巩固“直线”、“矩形”、“圆角”、“复制”、“标注”、“插入块”、“图案填充”和“多行文字”等命令的使用方法。

操作指南

参照“实战156 地段总平面图”案例进行制作。

首先执行“绘图>矩形”与“修改>复制”命令，绘制已有建筑；接着执行“绘图>直线”与“修改>圆角”命令，绘制道路；然后“格式>插入块”命令，插入植物；最后执行“绘图>图案填充”、“绘图>多行文字”与“标注>线性”命令，编辑图形。练习最终效果如图156-13所示。

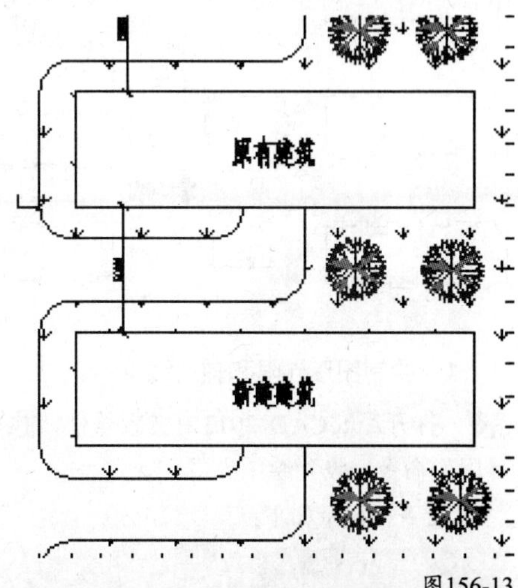

图156-13

实战157 小区平面图1

实战位置	DVD>实战文件>第5章>实战157
视频位置	DVD>多媒体教学>第5章>实战157
难易指数	★★☆☆☆
技术掌握	掌握“多段线”、“直线”、“图形界限”、“偏移”和“复制”等命令。

实战介绍

运用“图形界限”命令，绘制图形尺寸；利用“直线”与“偏移”命令，绘制辅助线； 利用“多段线”命令，绘制板楼和塔楼的轮廓。本例最终效果如图157-1所示。

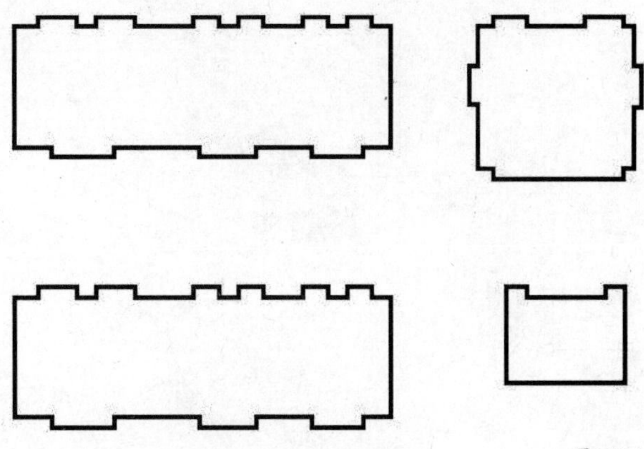
图157-1

制作思路

- 绘制图形界限和辅助线。
- 绘制板楼和塔楼的轮廓，完成小区平面图1的绘制并将其保存。

制作流程

小区平面图1的制作流程如图157-2所示。

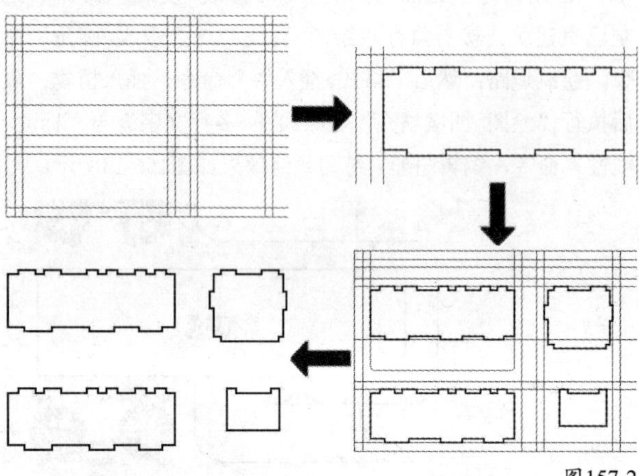

图157-2

1. 绘制图形界限和辅助线

01 打开AutoCAD 2013中文版软件，执行“格式>图形界限”命令，设置绘图界限。

命令行提示如下：

```
命令: '_limits
重新设置模型空间界限:
指定左下角点或 [开(ON)/关(OFF)] <0.0000,0.0000>:
指定右上角点 <420.0000,297.0000>: 42000,29700
命令: <栅格 开>
```

02 单击“栅格显示”按钮，执行“视图>缩放>全部”命令，将绘图区域显示在当前视口中，如图157-3所示。

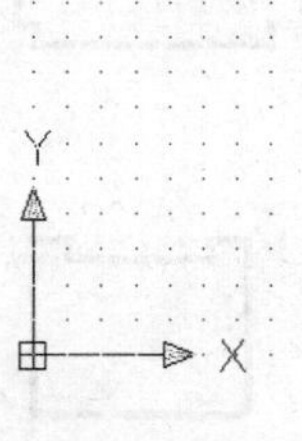

图157-3

03 执行“格式>图层”命令，弹出“图层特性管理器”对话框，单击“新建图层”按钮，新建图层如图157-4所示。

图157-4

04 单击“确定”按钮，将“辅助线”层设置为当前层。

05 执行“绘图>直线”命令，配合“正交”功能，绘制一条水平直线。

命令行提示如下：

```
命令: _line 指定第一点:
指定下一点或 [放弃(U)]: 35000
指定下一点或 [放弃(U)]:
```

06 执行“修改>偏移”命令，将水平直线依次向下偏移1200、1000、1500、1000、7000、4000、1500、1000、7000和1200，如图157-5所示。

07 执行“绘图>直线”和“修改>偏移”命令，绘制垂直辅助线，如图157-6所示。

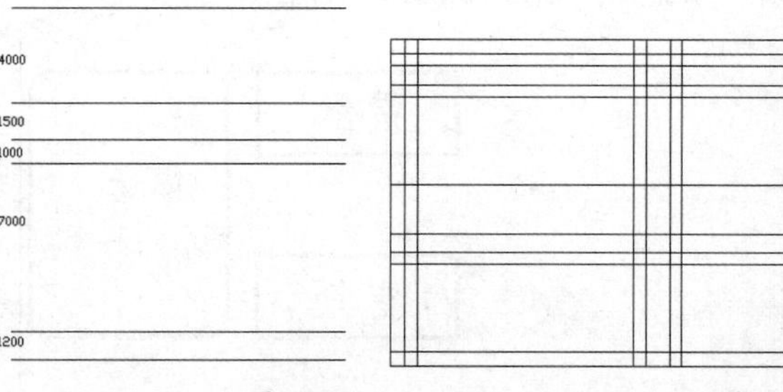

图157-5　图157-6

2. 绘制塔楼和板楼的轮廓

01 将“板楼”层设置为当前层，执行“格式>线宽”命令，在“线宽”下拉列表中选择0.3mm，选择“显示线宽”复选框后，单击“确定”按钮，完成设置。

02 执行“绘图>多段线”命令，绘制如图157-7所示的板楼轮廓。

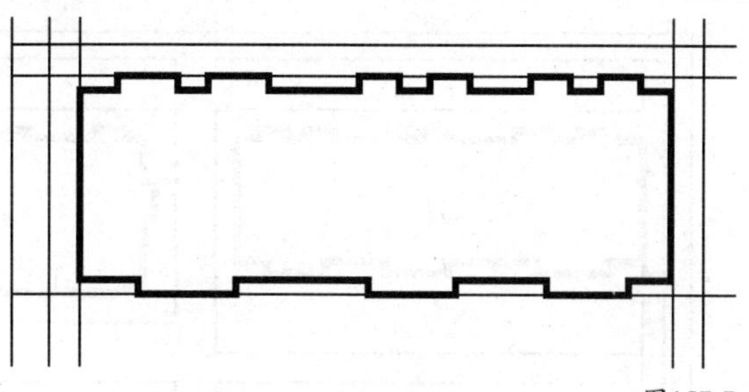

图157-7

03 执行“修改>复制”命令，将板楼轮廓向下复制，如图157-8所示。

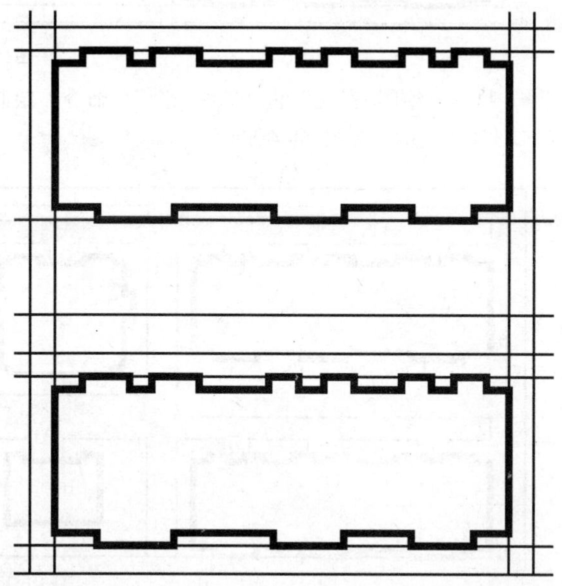

图157-8

04 将“塔楼”层设置为当前层。用同样方法绘制塔楼轮廓，如图157-9所示。

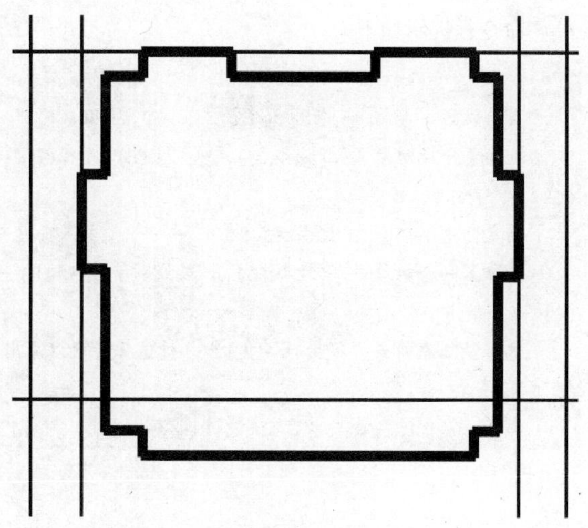

图157-9

05 将“停车场”层设置为当前层，执行“绘图>多段线”命令，绘制停车场的轮廓图，如图157-10所示。

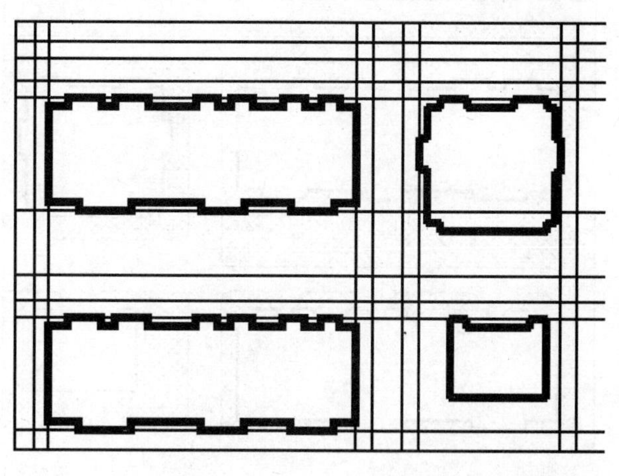

图157-10

练习157

练习位置	DVD>练习文件>第5章>练习157
难易指数	★★☆☆☆
技术掌握	巩固“直线”、“矩形”、“圆角”、“复制”、“修剪”和“多行文字”等命令的使用方法。

操作指南

参照“实战157 小区平面图1”案例进行制作。

首先执行“绘图>矩形”和“修改>复制”命令，绘制拟建建筑和活动区；然后执行“绘图>直线”、“修改>复制”、“修改>圆角”和“修改>修剪”命令，绘制道路；最后执行“绘图>多行文字”和“修改>复制”命令，添加文字。练习效果如图157-11所示。

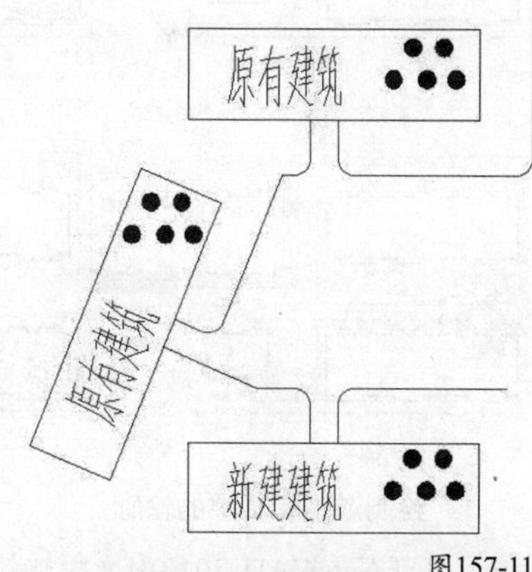

图157-11

实战158 小区平面图2

实战位置	DVD>实战文件>第5章>实战158
视频位置	DVD>多媒体教学>第5章>实战158
难易指数	★★☆☆☆
技术掌握	掌握“直线”、“复制”、“修剪”、“圆角”和“图案填充”等命令。

实战介绍

运用“直线”、“复制”、“修剪”与“圆角”命令，绘制道路和草坪的轮廓，再利用“图案填充”命令，填充绿化部分。本例最终效果如图158-1所示。

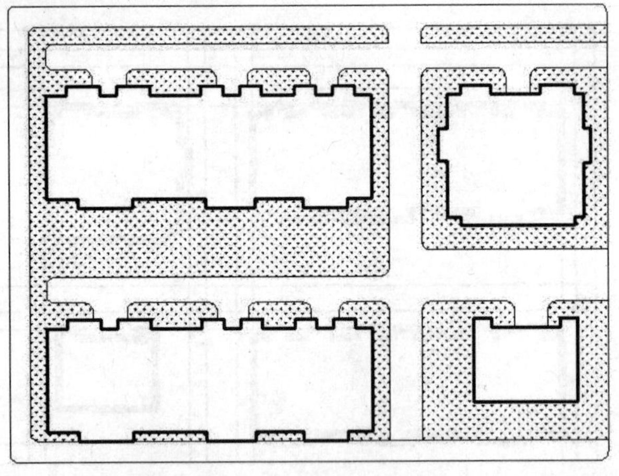

图158-1

制作思路

- 绘制道路和草坪的轮廓。
- 用图案填充绿化部分，完成小区平面图2的绘制并将其保存。

制作流程

小区平面图2的制作流程如图158-2所示。

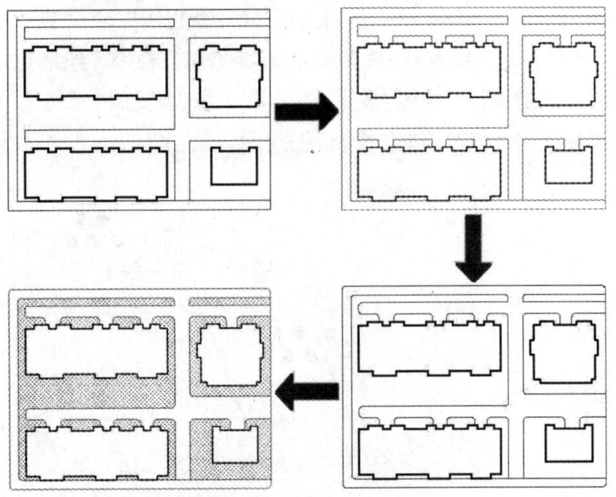

图158-2

1. 绘制道路和草坪的轮廓

01 打开AutoCAD 2013中文版软件，执行“文件>打开”命令，打开实战157中的小区平面图1。

02 将“辅助线”层设置为当前层。

03 执行“修改>修剪”命令，修剪出道路的轮廓，如图158-3所示的图形。

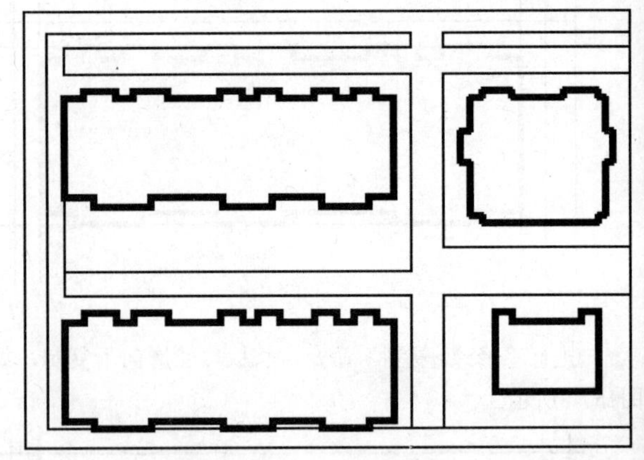

图158-3

04 执行“绘图>直线”和“修改>修剪”命令，绘制出门口的草坪轮廓，如图158-4所示。

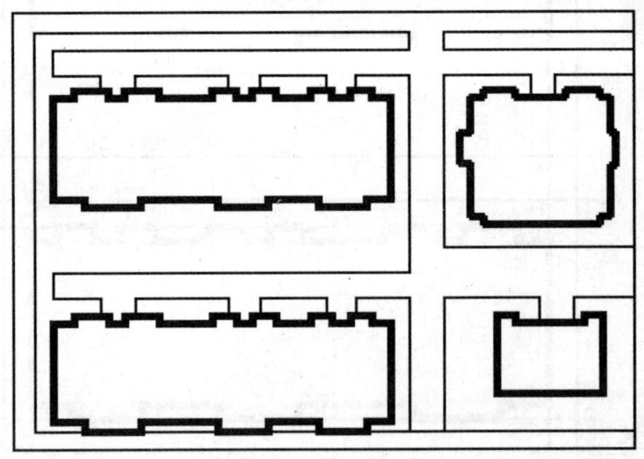

图158-4

05 执行“修改>圆角”命令，对草坪的边界进行圆角操作，如图158-5所示。

命令行提示如下：

```
命令: _fillet
当前设置: 模式 = 修剪, 半径 = 500.0000
选择第一个对象或 [放弃(U)/多段线(P)/半径(R)/修剪(T)/多个(M)]: R
指定圆角半径 <0.0000>: 500
选择第一个对象或 [放弃(U)/多段线(P)/半径(R)/修剪(T)/多个(M)]:
选择第二个对象，或按住 Shift 键选择对象以应用角点或 [半径(R)]:
……
```

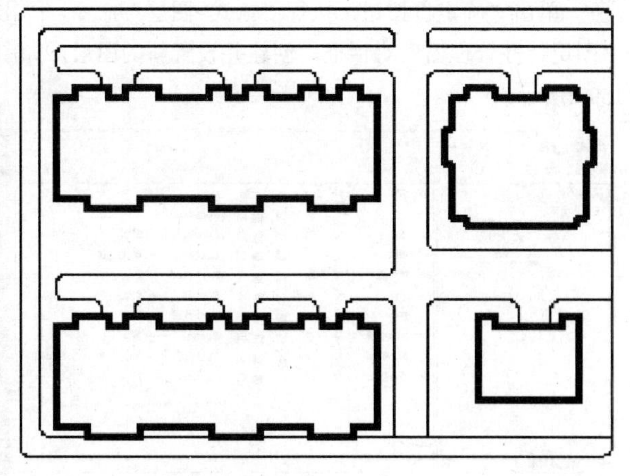

图158-5

2. 用图案填充绿化部分

01 将“绿化”层设置为当前层，再设置颜色为绿色。

02 执行“绘图>图案填充”命令，弹出“图案填充和渐变色”对话框，选择“图案填充”选项卡，将“类型”选为“预定义”。单击“图案”后的按钮，弹出“填充图案选项板”对话框，选择图案“GRASS”。单击按钮，在绘图区拾取内部点，按回车键后，返回“图案填充和渐变色”对话框，设置填充比例为15，再单击“确定”按钮即可，如图158-6所示。

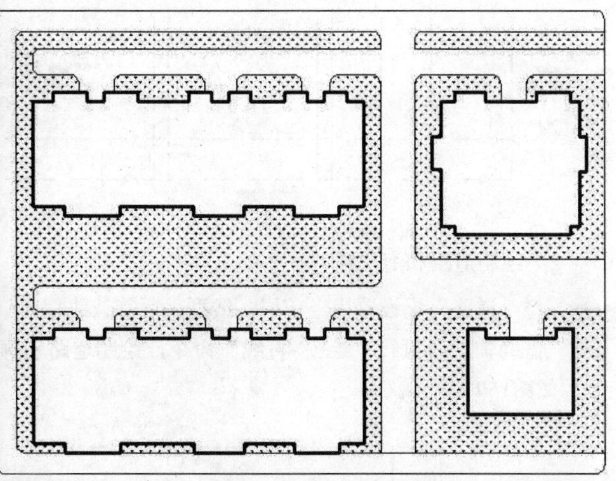

图158-6

练习158

原始文件位置	DVD>原始文件>第5章>练习158原始文件
实例位置	DVD>练习文件>第5章>练习158 小区平面图2.dwg
难易指数	★★☆☆☆
技术掌握	巩固“直线”、“圆角”、“阵列”、“复制”和“插入块”等命令的使用方法。

操作指南

参照“实战158 小区平面图2”案例进行制作。

首先，执行“绘图>直线”与“修改>圆角”命令，在命令行中输入“ARRAYCLASSIC”，绘制草坪轮廓，然后，执行“插入>块”与“修改>复制”命令，插入植物。练习的最终效果如图158-7所示。

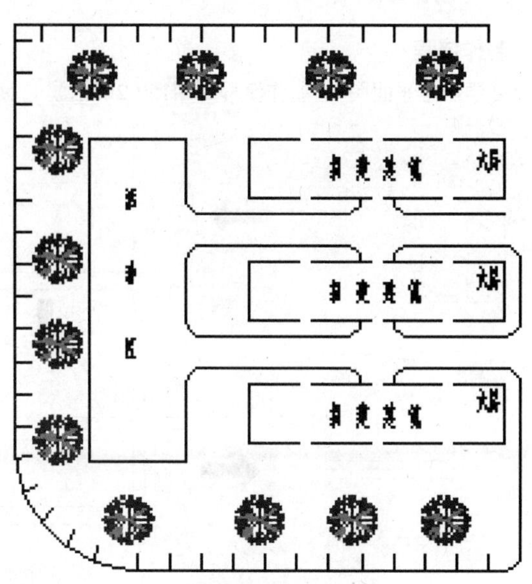

图158-7

实战159 某酒店总平面图1

实战位置	DVD>实战文件>第5章>实战159
视频位置	DVD>多媒体教学>第5章>实战159
难易指数	★★☆☆☆
技术掌握	掌握“直线”、“样条曲线”、“偏移”、“圆角”和“图形界限”等命令。

实战介绍

运用“图形界限”命令，绘制图形尺寸；利用“直线”与“偏移”命令，绘制辅助线；利用“直线”与“圆角”命令，绘制道路轮廓；利用“样条曲线”与“偏移”命令，绘制海岸线。本例最终效果如图159-1所示。

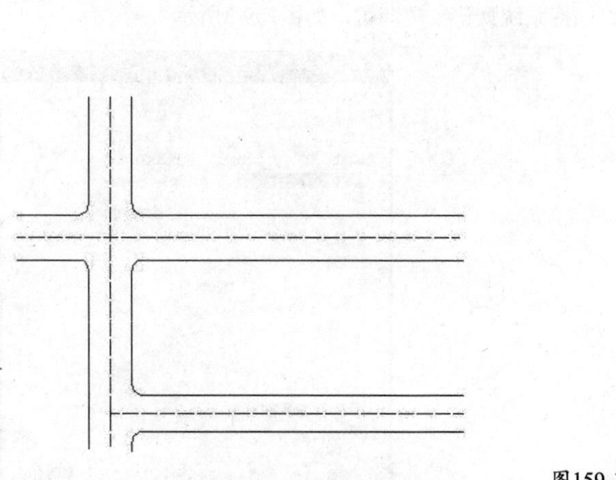

图159-1

制作思路

- 绘制图形界限和辅助线。
- 绘制道路轮廓和海岸线，完成某酒店总平面图1的绘制并将其保存。

制作流程

某酒店总平面图1的制作流程如图159-2所示。

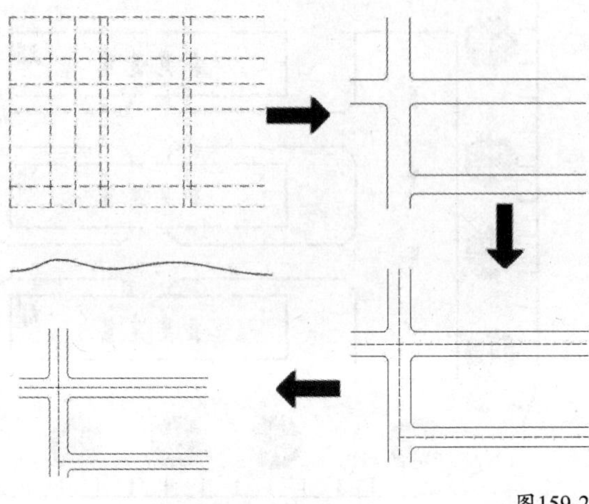

图159-2

1. 绘制图形界限和辅助线

01 打开AutoCAD 2013中文版软件，执行“格式>图形界限”命令，设置绘图界限为841000×59400。

命令行提示如下：

```
命令：'_limits
重新设置模型空间界限：
指定左下角点或 [开(ON)/关(OFF)] <0.0000,0.0000>:
指定右上角点 <42000,29700>: 84100,59400
```

02 执行“视图>缩放>全部”命令，使绘图区域在整个屏幕内显示。

03 执行“格式>单位”命令，弹出“图形单位”对话框，在“长度”项的“精度”下拉列表中选择0，其他设置保持系统默认参数即可，如图159-3所示。

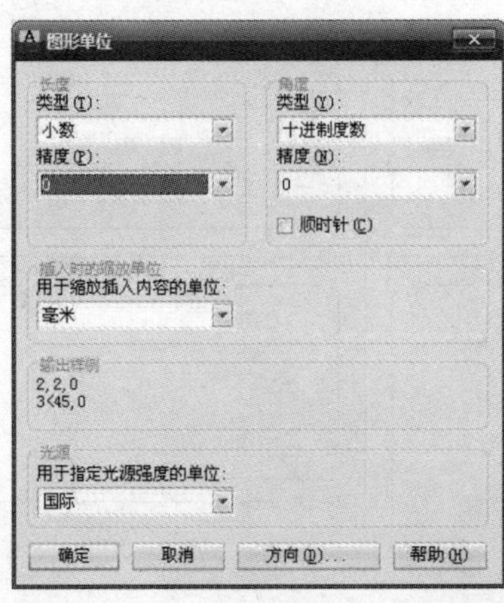

图159-3

04 单击“确定”按钮，执行“格式>图层”命令，弹出“图层特性管理器”对话框，创建并设置新的图层，如图159-4所示。

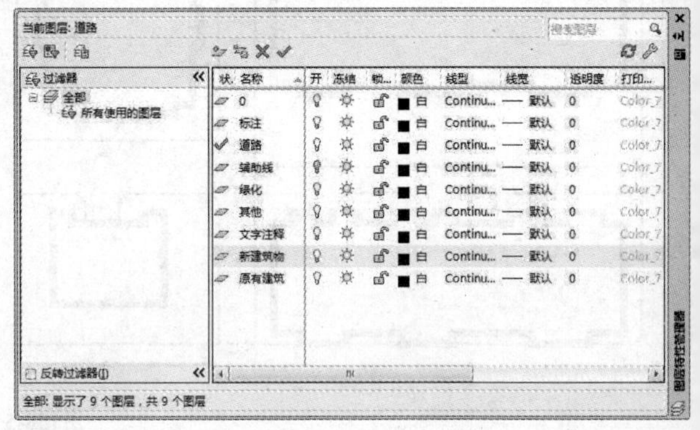

图159-4

05 单击“确定”按钮，将“辅助线”层设置为当前层，加载线型“DASHDOT”，执行“绘图>直线”和“修改>偏移”命令，绘制辅助线，如图159-5所示。

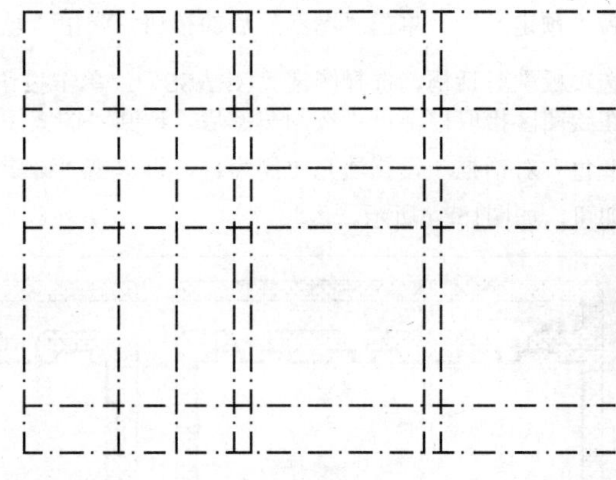

图159-5

2. 绘制道路和海岸线

01 将“道路”层设置为当前层，线型采用默认线型。

02 借助辅助线执行“绘图>直线”命令，绘制道路轮廓线，如图159-6所示。

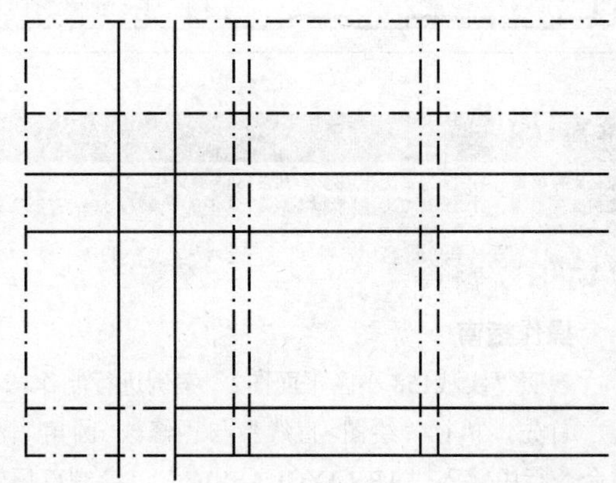

图159-6

03 隐藏“辅助线”层，执行“修改>修剪”命令，修剪出道路口。执行“修改>圆角”命令，对道路拐角处进行圆角处理，如图159-7所示。

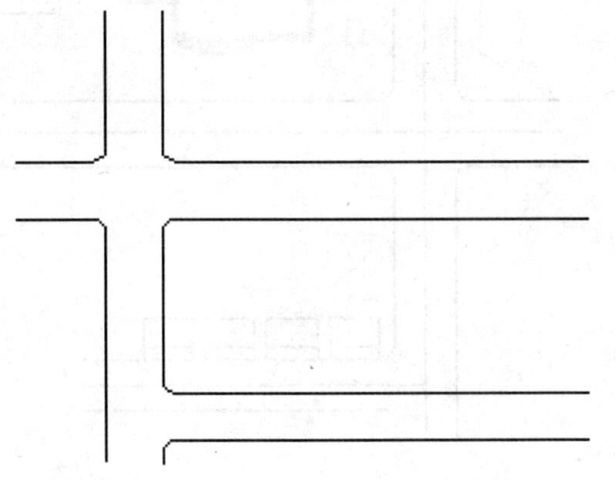

图159-7

04 加载线型“ISO dash”，执行“绘图>直线”命令，绘制道路的中心线，如图159-8所示。

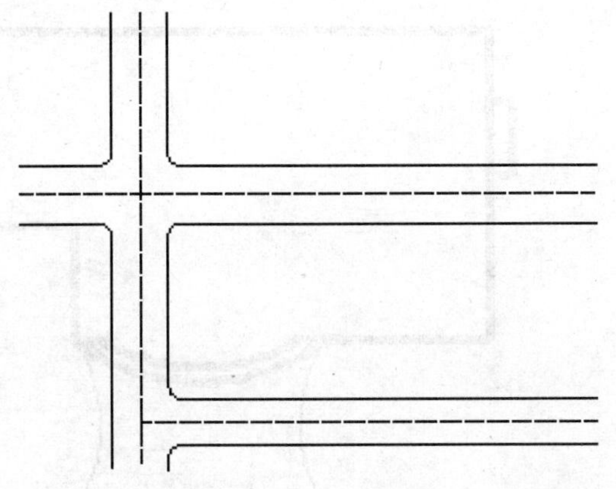

图159-8

05 执行“绘图>样条曲线”命令，绘制海岸线，再执行“修改>偏移”命令，将其向内偏移200，如图159-9所示。

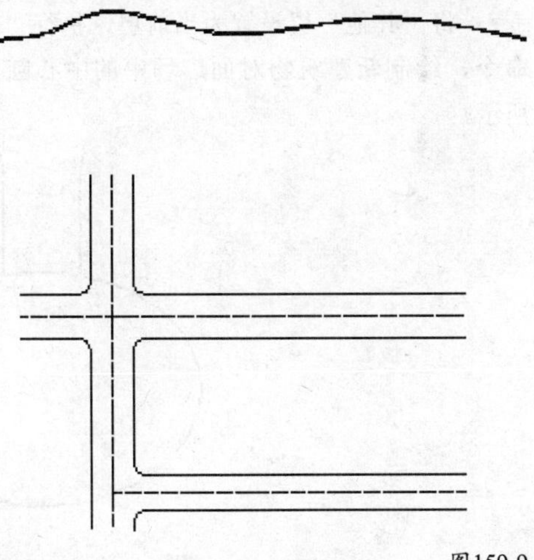

图159-9

练习159

练习位置	DVD>练习文件>第5章>练习159
难易指数	★★☆☆☆
技术掌握	巩固“直线”、“矩形”、“圆角”、“阵列”、“复制”、“偏移”和“插入块”等命令的使用方法。

操作指南

参照“实战159 某酒店总平面图1”案例进行制作。

首先，执行“绘图>直线”与“修改>偏移”命令，绘制辅助线，然后，执行“绘图>矩形”与“修改>复制”命令，绘制已有建筑，最后，执行“绘图>直线”与“修改>圆角”命令，再在命令行中输入“ARRAYCL ASSIC”，绘制道路和草坪轮廓。练习的最终效果如图159-10所示。

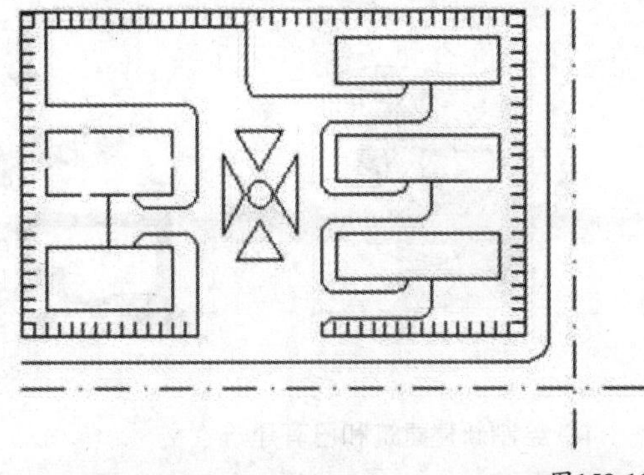

图159-10

实战160 某酒店总平面图2

原始文件位置	DVD>原始文件>第5章>实战160 原始文件-1、实战160 原始文件-2、实战160 原始文件-3、实战160 原始文件-4
实战位置	DVD>实战文件>第5章>实战160
视频位置	DVD>多媒体教学>第5章>实战160
难易指数	★★☆☆☆
技术掌握	掌握“直线”、“矩形”、“多段线”、“圆弧”、“椭圆”、“复制”、“圆角”、“插入块”和“图案填充”等命令。

实战介绍

运用“直线”、“矩形”、“多段线”与“圆弧”命令，绘制已有建筑；利用“椭圆”命令，绘制广场中心圆；利用“插入块”命令，插入植物、桌椅和广场内其他图形；利用“图案填充”命令，填充图形。本例最终效果如图160-1所示。

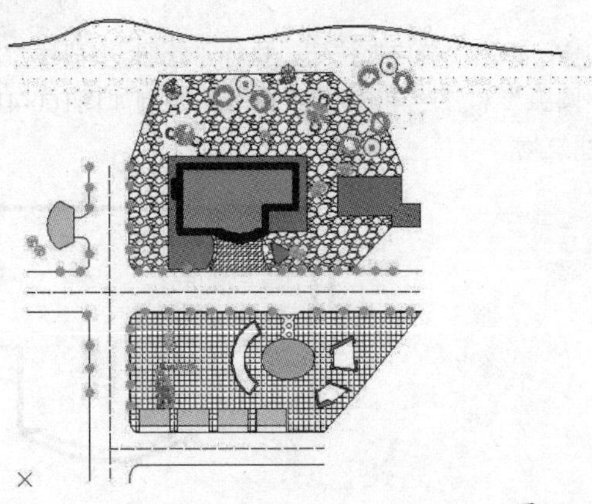

图160-1

制作思路

- 绘制图形界限和辅助线。
- 绘制道路轮廓和海岸线，完成某酒店总平面图2的绘制并将其保存。

制作流程

某酒店总平面图2的制作流程如图160-2所示。

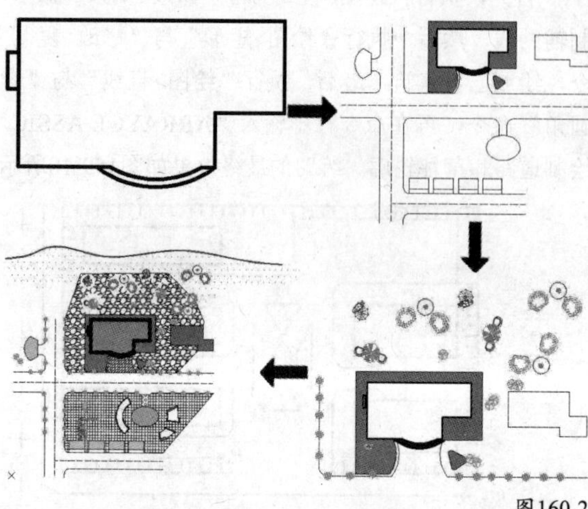

图160-2

1. 绘制新建建筑和已有建筑

01 打开AutoCAD 2013中文版软件，执行“文件>打开”命令，打开原始文件中的“实战160原始文件-1”图形。

02 将“新建筑物”层设置为当前层，执行“格式>线宽”命令，弹出“线宽设置”对话框，具体设置如图160-3所示。

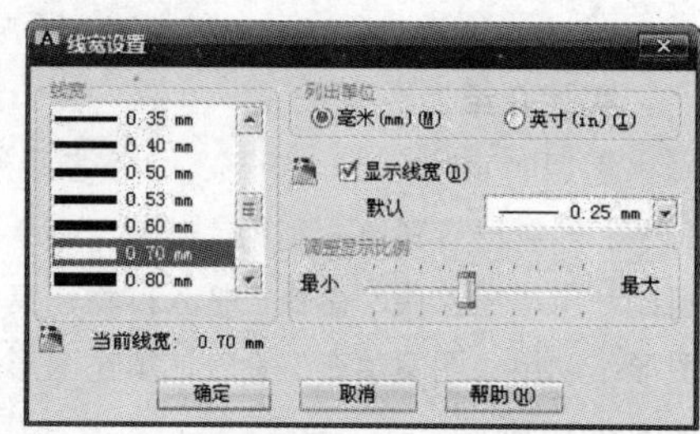

图160-3

03 单击“确定”按钮，执行“绘图>多段线”、“绘图>圆弧”和“绘图>矩形”命令，绘制如图160-4所示的新建筑物。

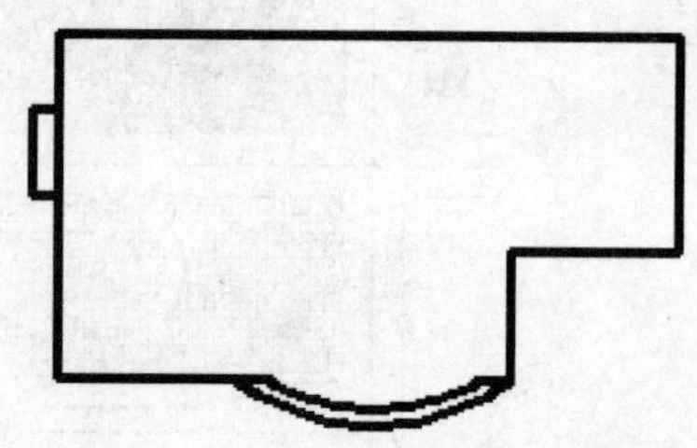

图160-4

04 将“原有建筑”层设置为当前层，执行“绘图>多段线”命令，绘制已有建筑物，如图160-5所示。

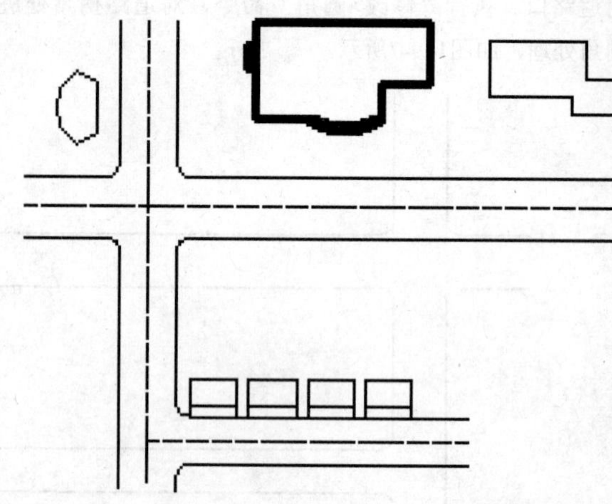

图160-5

05 将“道路”层设置为当前层，执行“绘图>圆弧”命令，绘制圆弧，再执行“修改>修剪”命令，修剪出新建筑物门口道路，如图160-6所示。

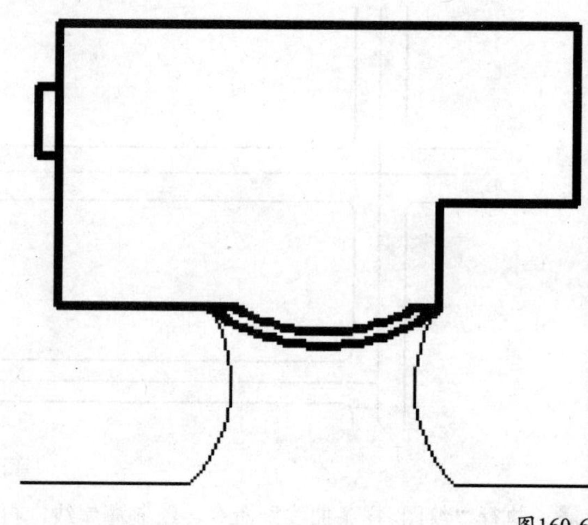

图160-6

06 用同样方法绘制其他路口。

07 将“其他”层设置为当前层，执行“绘图>椭圆”命令，绘制新建筑物对面广场中的中心圆，如图160-7所示。

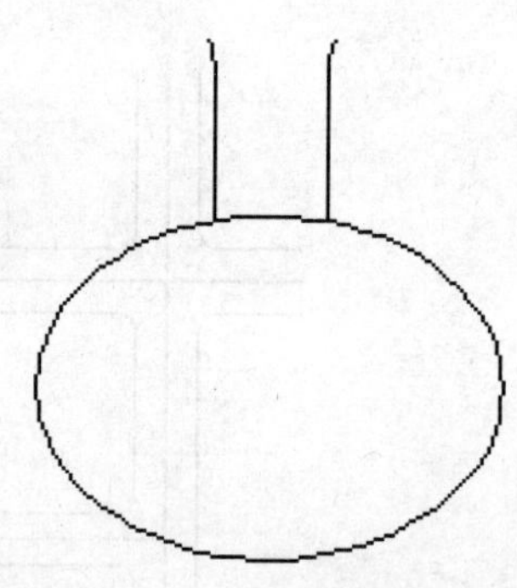

图160-7

2. 插入其他图形、绿化和桌椅并用图案填充图形

01 将“绿化”层设置为当前层，执行“绘图>直线”、“绘图>圆弧”和“修改>圆角”命令，绘制建筑物周围的绿化轮廓，再执行“绘图>图案填充”命令，填充“GRASS”图案，结果如图160-8所示。

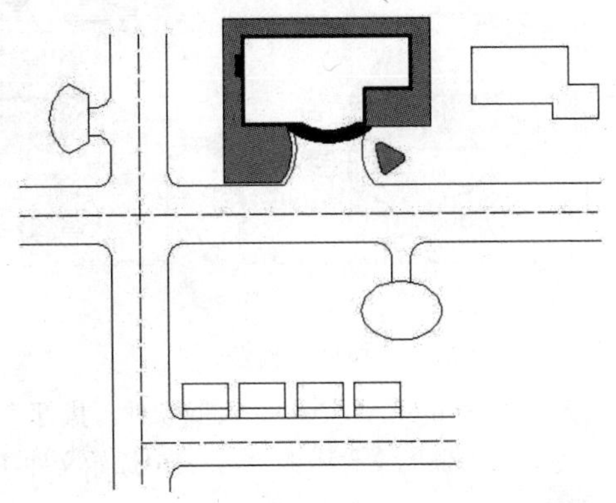

图160-8

02 执行“插入>块”命令，插入原始文件中的“实战160原始文件-2”图形，再将其放到合适的位置，如图160-9所示。

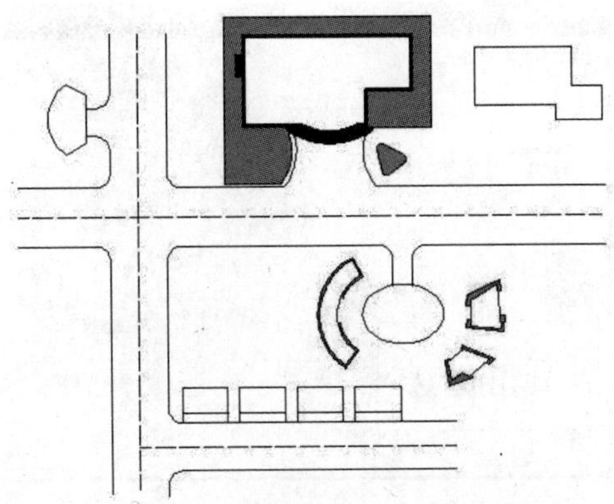

图160-9

03 打开原始文件中的“实战160原始文件-3”图形，将其中的绿化图块调入到本例中，如图160-10所示。

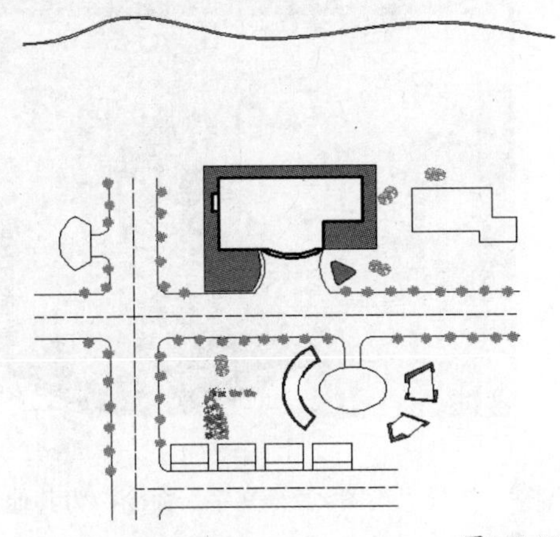

图160-10

04 用同样方法把原始文件中“实战160原始文件-4”中的图形调入进来，如图160-11所示。

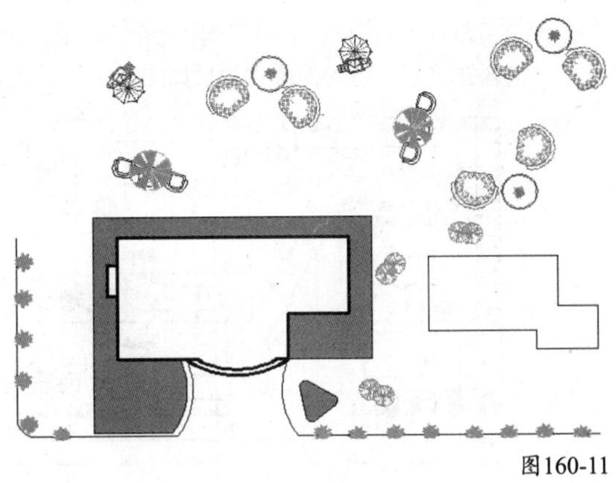

图160-11

05 执行“绘图>图案填充”命令，对建筑物与地面填充图案，效果如图160-12所示。

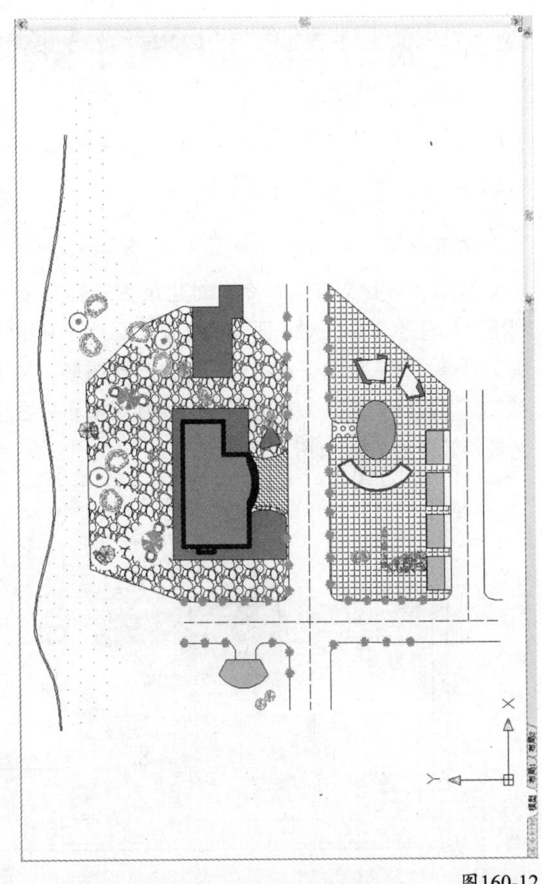

图160-12

练习160

原始文件位置	DVD>原始文件>第5章>练习160原始文件
练习位置	DVD>练习文件>第5章>练习160
难易指数	★★☆☆☆
技术掌握	巩固“图案填充”、“插入块”、“复制”、“标注”和“多行文字”等命令的使用方法。

操作指南

参照“实战160 某酒店总平面图2”案例进行制作。

首先，执行“绘图>图案填充”命令，填充图形，然后，执行“插入>块”与“修改>复制”命令，绘制植物，最后，执行“标注>线性标注”与“绘图>多行文字”命令，标注尺寸并添加文字。练习的最终效果如图160-13所示。

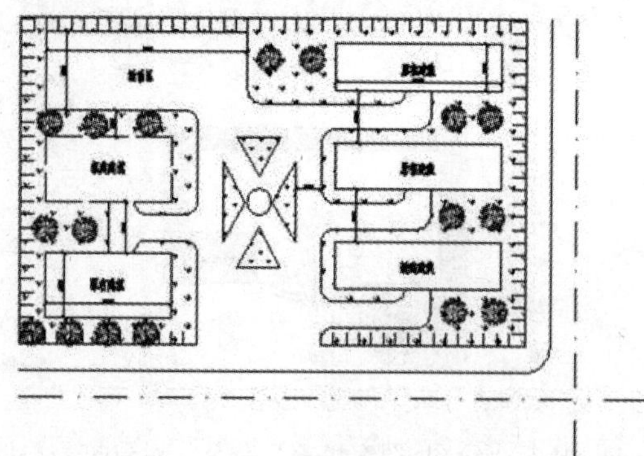

图160-13

实战161 某酒店总平面图3

原始文件位置	DVD>原始文件>第5章>实战161 原始文件-1、实战161 原始文件-2、实战161 原始文件-3
实战位置	DVD>实战文件>第5章>实战161
视频位置	DVD>多媒体教学>第5章>实战161
难易指数	★★☆☆☆
技术掌握	掌握“直线”、“矩形”、“偏移”、“标注”和“多行文字”等命令。

实例介绍

运用“多行文字”命令，对建筑物进行文字注释；利用“标注”命令，对平面图进行尺寸标注；利用“插入块”命令，插入植物、桌椅和广场内其他图形；利用“矩形”、“直线”与“偏移”命令，绘制图框和标题栏。本例最终效果如图161-1所示。

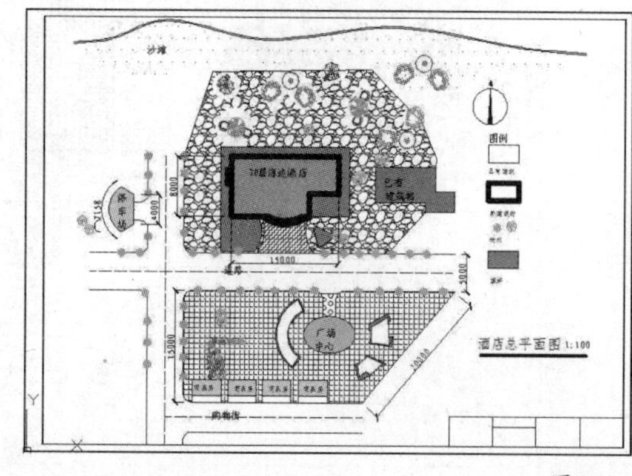

图161-1

制作思路

- 添加文字和尺寸标注。
- 绘制图例、图框和标题栏并添加标题栏，完成某酒店总平面图3的绘制并将其保存。

制作流程

某酒店总平面图3的制作流程如图161-2所示。

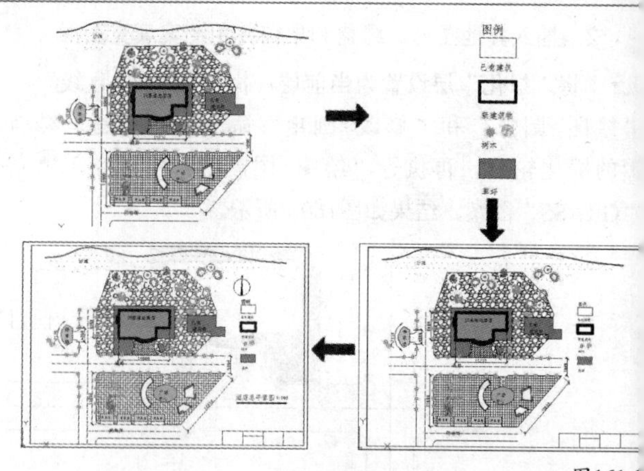

图161-2

1. 添加文字和尺寸标注

01 打开AutoCAD 2013中文版软件，执行“文件>打开”命令，打开原始文件中的“实战161原始文件-1”图形。

02 将“文字注释”层设置为当前层，选择“格式>文字样式”命令，弹出“文字样式”对话框，新建文字样式“文字”，设置字体为“仿宋GB2312”，高度为1000，如图161-3所示。

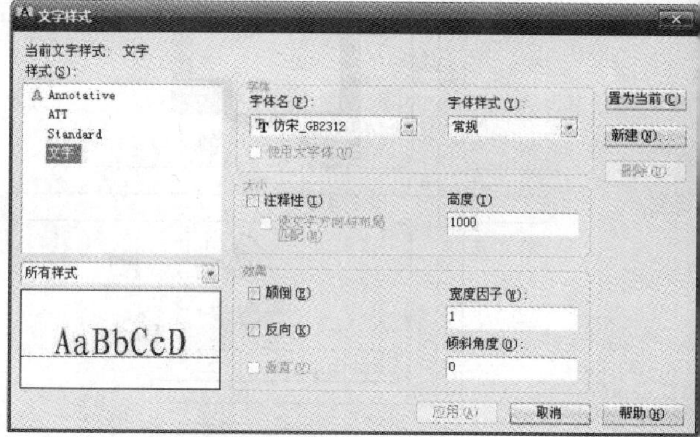

图161-3

03 单击“确定”按钮，执行“绘图>多行文字”命令，为建筑物添加文字注释，如图161-4所示。

图161-4

04 执行“绘图>多行文字”命令，为其他地方添加文字注释。

05 将“标注”层设置为当前层，选择“格式>标注样式”命令，弹出“标注样式管理器”对话框，单击“新建”按钮，新建“标注”样式。在“修改标注样式”对话框中设置起点偏移量为10，在“符号和箭头”选项卡下设置箭头为建筑标记，在“文字”选项卡下设置“文字样式”为“文字”，再在“调整”选项卡中设置全局比例为.00，如图161-5所示。

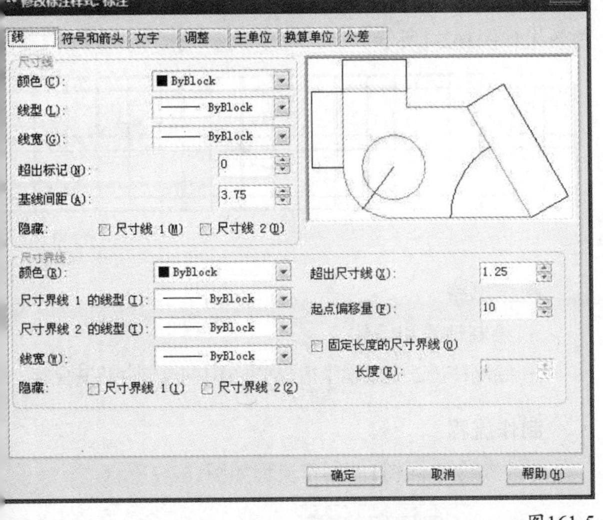

图161-5

06 单击“确定”按钮，执行“标注>线性”命令，对尺寸进行标注，再执行“标注>对齐”和“标注>弧长”命令，对图形进行标注，如图161-6所示。

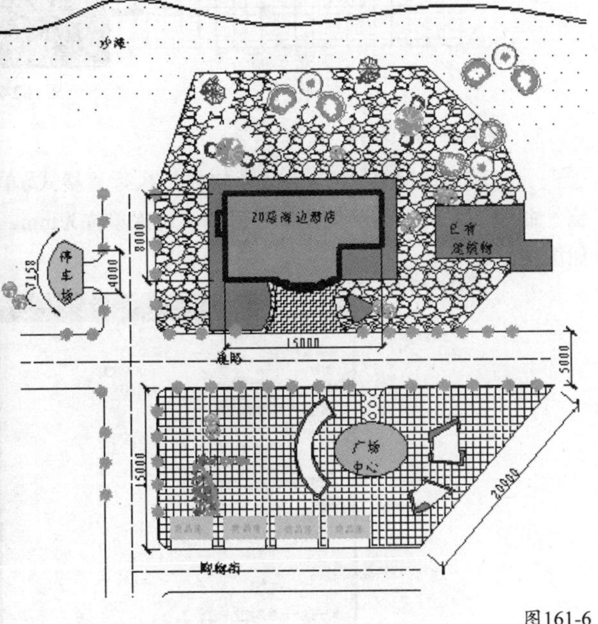

图161-6

2. 绘制图例、图框和标题并添加标题栏

01 打开原始文件中的“实战161原始文件-2”图形，将指北针调入到本实例中来。

02 为了更加准确地标明建筑物，需要在建筑总平面图中对自己定义的图例给予说明，执行“绘图>多行文字”和“绘图>矩形”命令，绘制部分图例并给予说明，如图161-7所示。

图例

已有建筑

新建筑物

树木

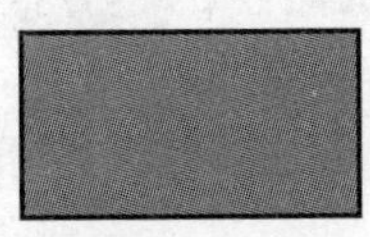

草坪

图161-7

03 执行“文件>新建”命令，新建一个文件。

04 在命令行输入“limits”命令，设置图形界限。

命令行提示如下：

```
命令: '_limits
重新设置模型空间界限:
指定左下角点或 [开(ON)/关(OFF)] <0.0000,0.0000>:
指定右上角点 <420.0000,297.0000>: 84100,59400
```

05 根据实战23~25中图框和标题栏的绘制方法，绘制A1幅面。

06 将此图形保存为“实战161原始文件-3”，然后，打开本例中的总平面图，将“实战161原始文件-3”图形调进来。执行“修改>移动”命令，将其放到合适的位置，如图161-8所示。

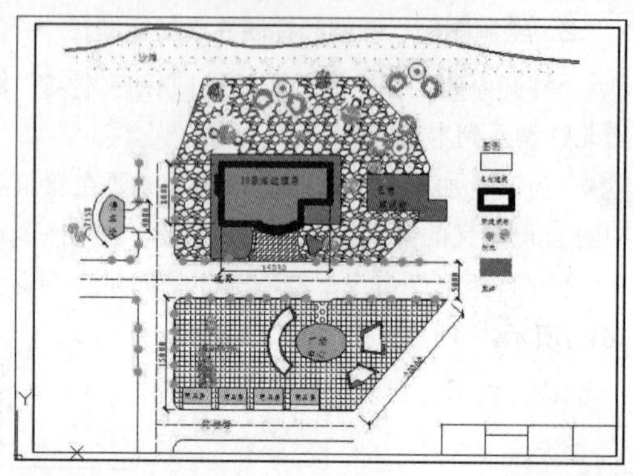

图161-8

07 执行“绘图>多行文字”命令，为总平面图添加比例文字注释，结果如图161-9所示。

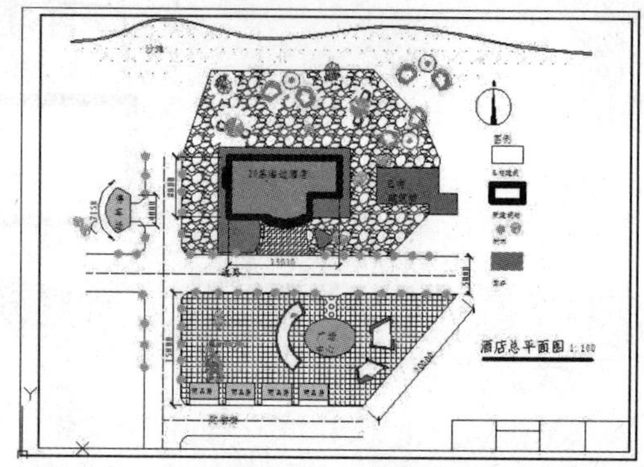

图161-9

练习161

练习位置	DVD>练习文件>第5章>练习161
难易指数	★★☆☆☆
技术掌握	巩固“多行文字”、“矩形”、“直线”和“偏移”等命令的使用方法。

操作指南

参照“实战161 某酒店总平面图3”案例进行制作。

首先，执行“绘图>矩形”、“绘图>直线”与“修改>偏移”命令，绘制图框和标题栏，然后执行“绘图>多行文字”命令，添加文字。练习的最终效果如图161-10所示。

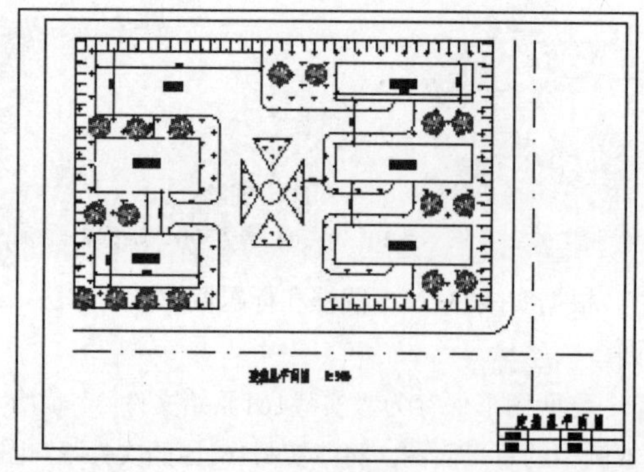

图161-10

实战162 学生宿舍平面图1

实战位置	DVD>实战文件>第5章>实战162
视频位置	DVD>多媒体教学>第5章>实战162
难易指数	★★☆☆☆
技术掌握	掌握“直线”、“多线”、“正多边形”、“偏移”、“图案填充”、“创建块”和“插入块”等命令。

实战介绍

运用“直线”与“偏移”命令，绘制轴线；利用“多线”命令，绘制墙体；利用“正多边形”、“图案填充”、“创建块”与“插入块”命令，绘制柱子。本例最终效果如图162-1所示。

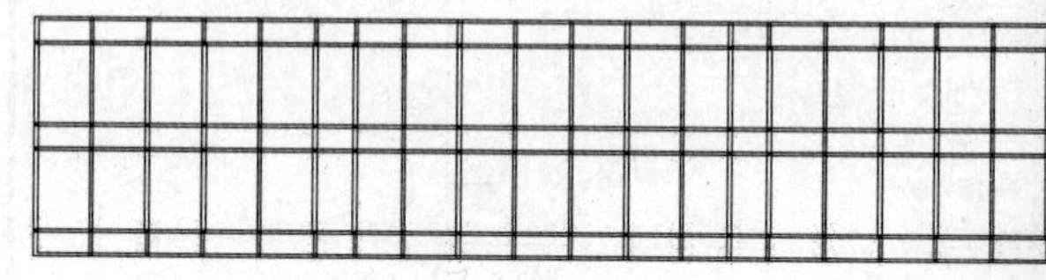

图162-1

制作思路

- 绘制轴线和墙体。
- 绘制柱子，完成学生宿舍平面图1的绘制并将其保存。

制作流程

学生宿舍平面图1的制作流程如图162-2所示。

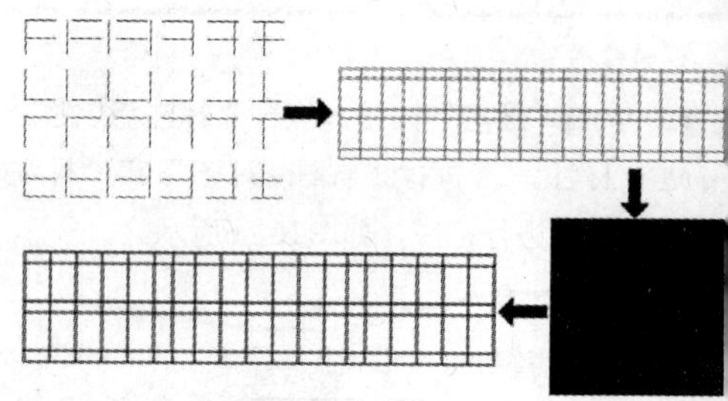

图162-2

1. 绘制轴线和墙体

01 打开AutoCAD 2013中文版软件，执行“格式>单位”命令，弹出“图形单位”对话框，设置单位为mm，如图162-3所示。

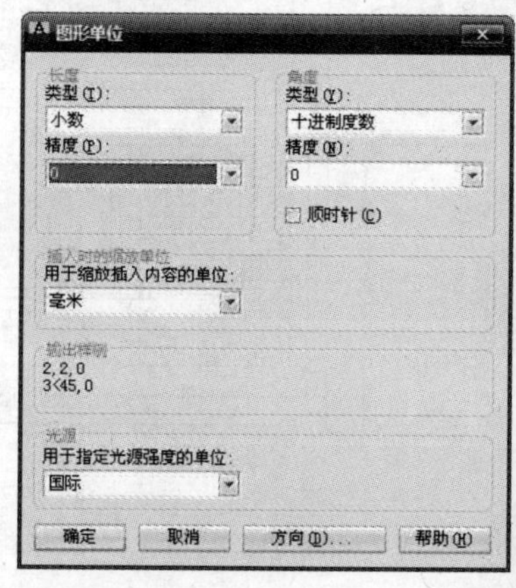

图162-3

02 单击“确定”按钮，在命令行输入“Limits”命令，设置图形界限。

命令行提示如下：

```
命令：'_limits
重新设置模型空间界限：
指定左下角点或 [开(ON)/关(OFF)] <0,0>:
指定右上角点 <420,297>: 84100,59400
```

03 执行“视图>缩放>全部”菜单命令。

04 执行“格式>文字样式”命令，弹出“文字样式”对话框，新建并设置“文字”样式，如图162-4所示。

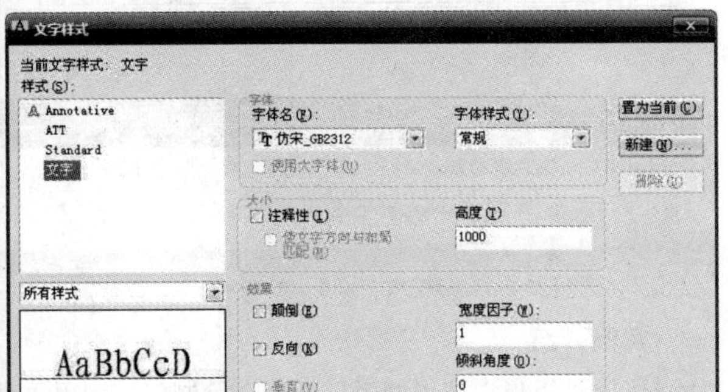

图162-4

05 单击“应用”按钮，再关闭该对话框。

06 执行“格式>标注样式”命令，新建“标注”样式，具体设置同实战161。

07 执行“格式>图层”命令，弹出“图层特性管理器”对话框，创建并设置新的图层，如图162-5所示。

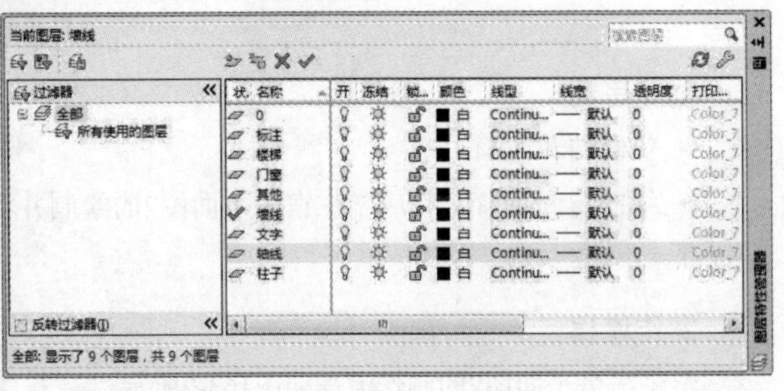

图162-5

08 单击“确定”按钮，将“辅助线”层设置为当前层，加载线型“DASHED”并将其设置为当前线型。

09 执行“绘图>直线”命令及“修改>偏移”命令，绘制轴线，如图162-6所示。

图162-6

10 将“墙线”层设置为当前层，执行“格式>多线样式”命令，弹出“多线样式”对话框，单击“新建”按钮，新建宽度为240与200的两种多线样式，图162-7所示为这两种样式出现在“样式”列表框中。

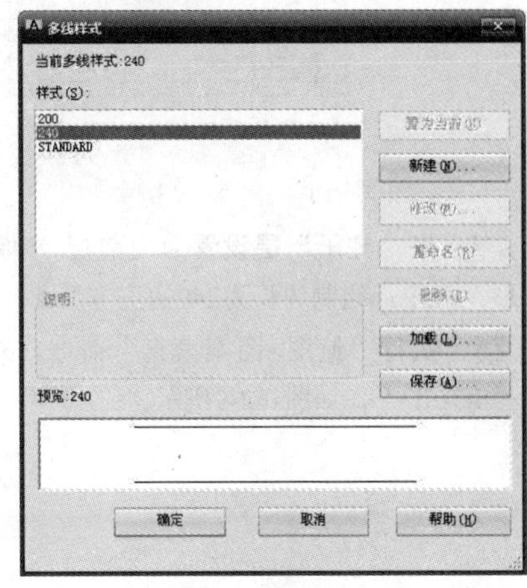

图162-7

11 单击“确定”按钮，执行“绘图>多线”命令，绘制墙线，墙线分两种，一种是墙体的墙线，另一种是阳台墙线，如图162-8所示。

命令行提示如下：

```
命令：_mline
当前设置：对正 = 上，比例 = 20.00，样式 = STANDARD
指定起点或 [对正(J)/比例(S)/样式(ST)]:  j
输入对正类型 [上(T)/无(Z)/下(B)] <上>:  z
当前设置：对正 = 无，比例 = 20.00，样式 = STANDARD
指定起点或 [对正(J)/比例(S)/样式(ST)]:  s
输入多线比例 <20.00>:  1
当前设置：对正 = 无，比例 = 1.00，样式 = STANDARD
指定起点或 [对正(J)/比例(S)/样式(ST)]:  st
输入多线样式名或 [?]:  240
当前设置：对正 = 无，比例 = 1.00，样式 = 240
指定起点或 [对正(J)/比例(S)/样式(ST)]:
指定下一点：
指定下一点或 [放弃(U)]:
指定下一点或 [闭合(C)/放弃(U)]:
指定下一点或 [闭合(C)/放弃(U)]:  c
……
命令：_mline
当前设置：对正 = 无，比例 = 1.00，样式 = 240
指定起点或 [对正(J)/比例(S)/样式(ST)]:  st
输入多线样式名或 [?]:  200
当前设置：对正 = 无，比例 = 1.00，样式 = 200
指定起点或 [对正(J)/比例(S)/样式(ST)]:
```

```
指定下一点：
指定下一点或 [放弃(U)]：
指定下一点或 [闭合(C)/放弃(U)]：
指定下一点或 [闭合(C)/放弃(U)]：
```

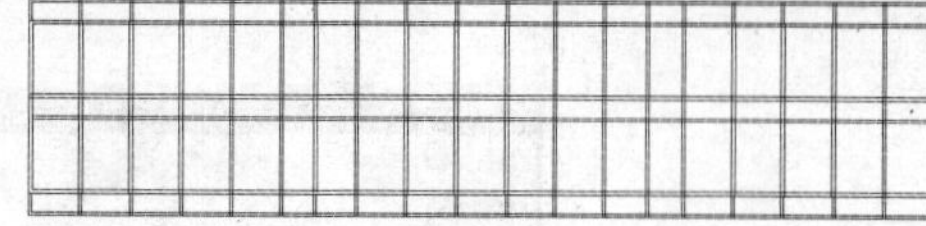

图162-8

2. 绘制柱子

01 将“柱子”层设置为当前层，执行“绘图>正多边形”命令，绘制边长为240的正方形。

02 执行“绘图>图案填充”命令，对正方形填充图案“SOLID”，如图162-9所示。

图162-9

03 执行“绘图>创建块”命令，以其左上角点为基点，将其存储为块，如图162-10所示。

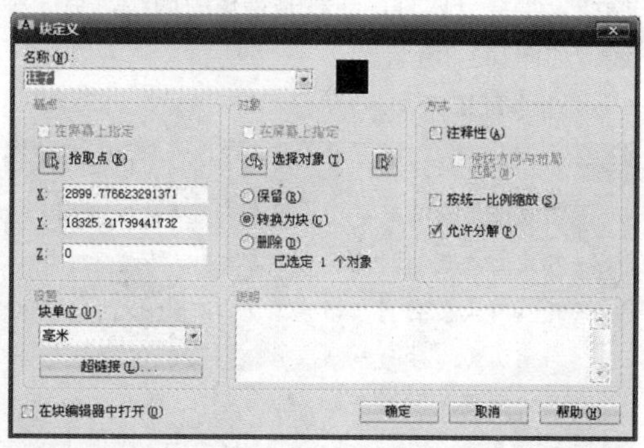

图162-10

04 执行“插入>块”命令，将其插入到合适的位置，结果如图162-11所示。

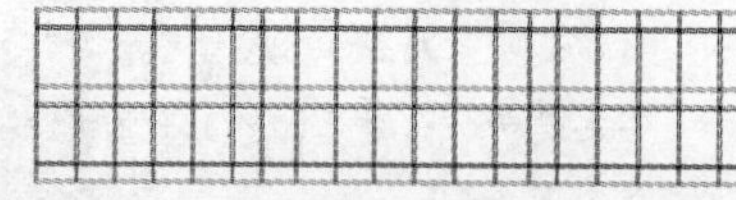

图162-11

练习162

练习位置	DVD>练习文件>第5章>练习162
难易指数	★★☆☆☆
技术掌握	巩固“直线”、“多线”、“偏移”、“分解”和“修剪”等命令的使用方法。

操作指南

参照“实战162 学生宿舍平面图1”案例进行制作。

首先，执行“绘图>直线”与“修改>偏移”命令，绘制轴线，然后，执行“绘图>多线”、“修改>分解”与“修改>修剪”命令，绘制墙体。练习的最终效果如图162-12所示。

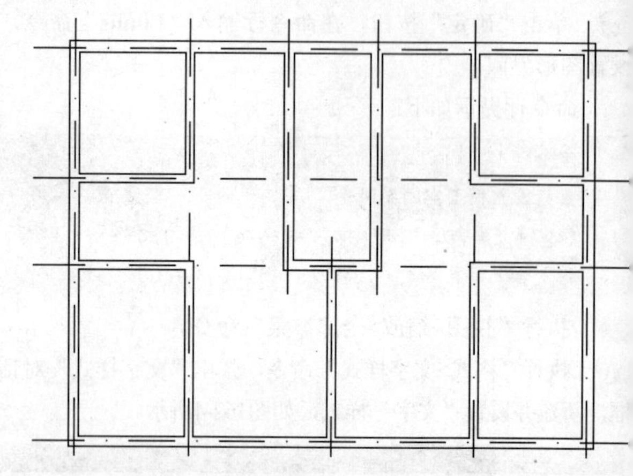

图162-12

实战163 学生宿舍平面图2

原始文件位置	DVD>原始文件>第5章>实战163原始文件
实战位置	DVD>实例文件>第5章>实战163
视频位置	DVD>多媒体教学>第5章>实战163
难易指数	★★☆☆☆
技术掌握	掌握“直线”、“矩形”、“圆弧”、“多段线”、“偏移”、“修剪”、“创建块”和“插入块”等命令。

实例介绍

运用“矩形”与“圆弧”命令，绘制门；利用“直线”和“修剪”命令，绘制门洞；利用“矩形”和“直线”命令，绘制窗户；利用“多段线”与“偏移”命令，绘制台阶。本例最终效果如图163-1所示。

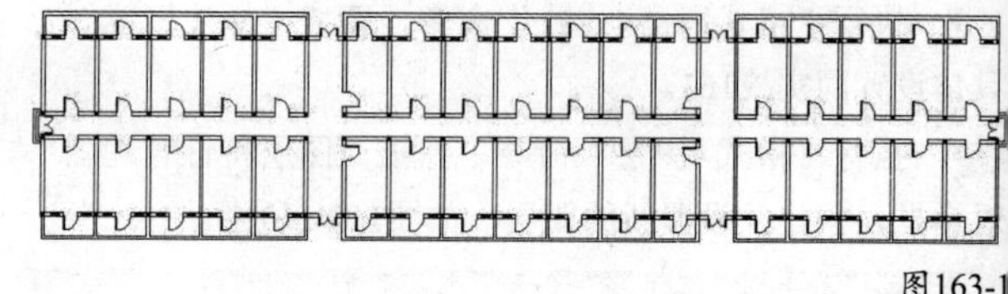

图163-1

制作思路

• 绘制门和门洞。

• 绘制窗和台阶，完成学生宿舍平面图2的绘制并将其保存。

制作流程

学生宿舍平面图2的制作流程如图163-2所示。

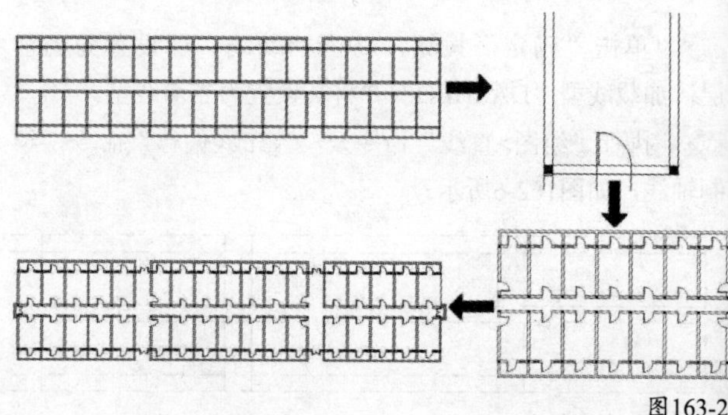

图163-2

1. 绘制门和门洞

01 打开AutoCAD 2013中文版软件，执行“文件>打开”命令，打开原始文件中的“实战162原始文件”图形。

02 将“墙线”层设置为当前层，执行“修改>对象>多线”命令，弹出“多线编辑工具”对话框，用“T形打开”工具对多线进行编辑。

03 执行“修改>修剪”命令，修剪掉多余的多线，结果如图163-3所示。

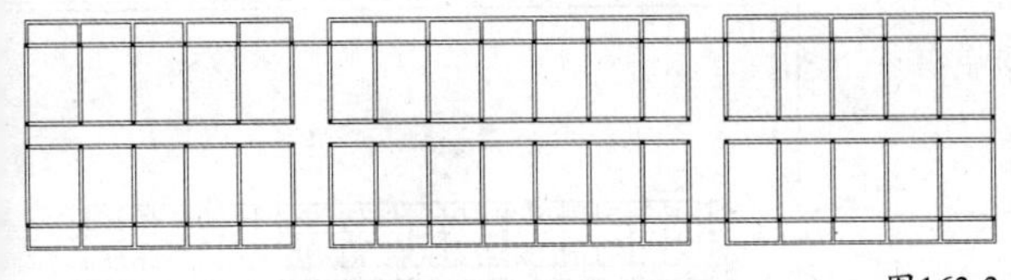

图163-3

04 将“门窗”层设置为当前层。

05 本例中会用到两种门，一种为宿舍内的门，另一种为宿舍楼出口处的门，具体绘制方法可参照实战119（平面），其尺寸和形状如图163-4所示。

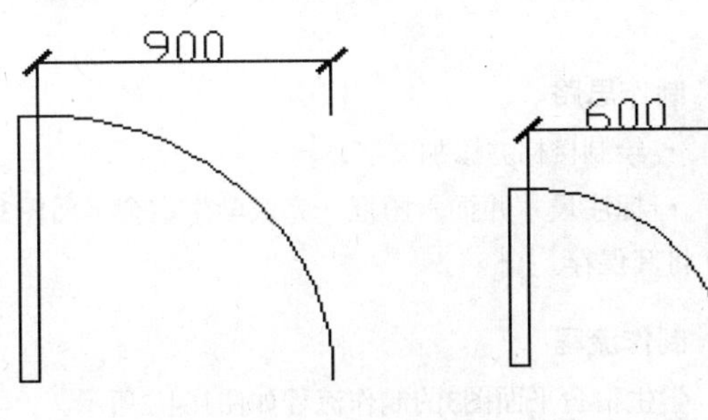

宿舍门　　楼道门

图163-4

06 执行“绘图>创建块”命令，将两种门存储为块，再执行“绘图>插入块”命令，将门插入到合适的位置，如图163-5所示。

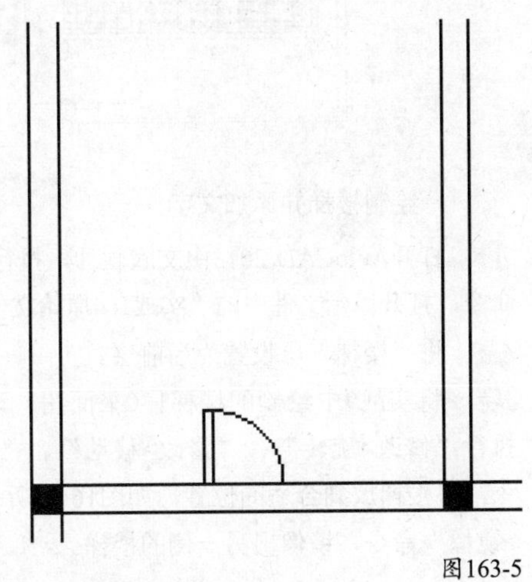

图163-5

07 用同样方法插入宿舍楼的门，执行“修改>复制”和“修改>镜像”命令，将其他门都插入进来，结果如图163-6所示。

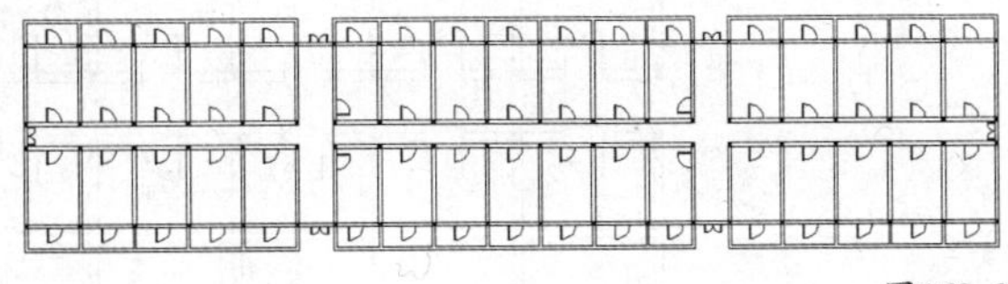

图163-6

08 执行“绘图>直线”命令，绘制如图163-7所示的辅助直线。

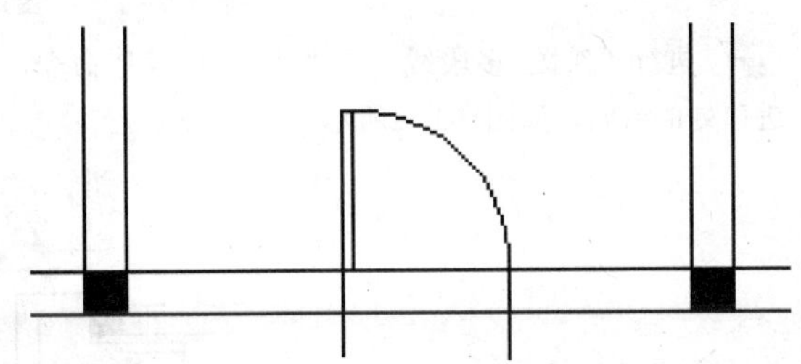

图163-7

09 执行“修改>修剪”命令，修剪出门洞，如图163-8所示。

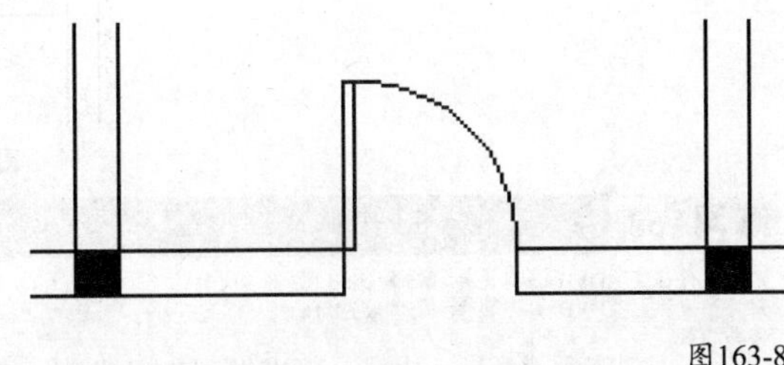

图163-8

10 用同样方法修剪出其他门洞，如图163-9所示。

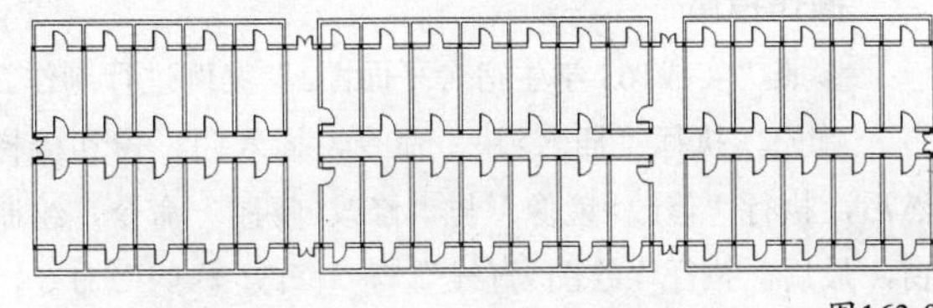

图163-9

2. 绘制窗户和台阶

01 用实战141中绘制窗户的方法来绘制本例中的窗户，尺寸为600×240，如图163-10所示。

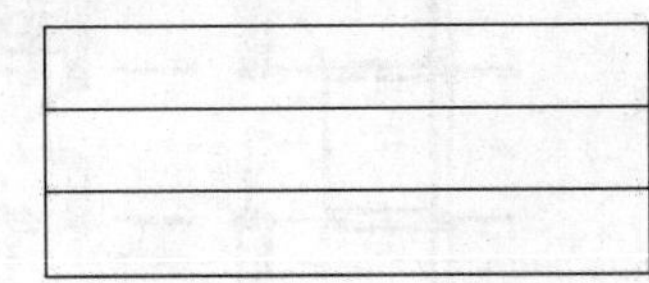

图163-10

02 执行“绘图>创建块”命令，将窗户存储为块，然后，利用绘制门洞的方法修剪出窗洞，再执行“插入>块”命令，将窗户插到平面图中，如图163-11所示。

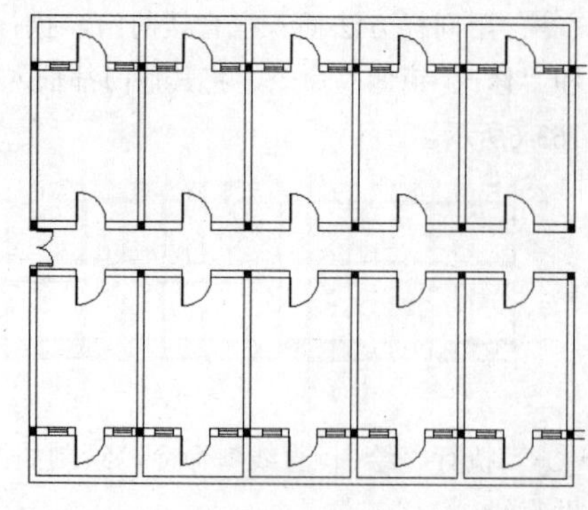

图163-11

03 执行"绘图>多段线"和"修改>偏移"命令，绘制进口处的台阶，如图163-12所示。

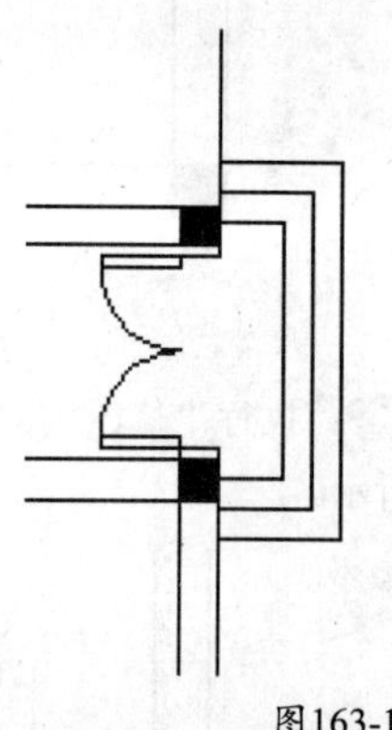

图163-12

练习163

原始文件位置	DVD>原始文件>第5章>练习163 原始文件
练习位置	DVD>练习文件>第5章>练习163
难易指数	★★☆☆☆
技术掌握	巩固"直线"、"修剪"、"镜像"、"复制"和"插入块"等命令的使用方法。

操作指南

参照"实战163 学生宿舍平面图2"案例进行制作。

首先，执行"插入>块"命令，插入门、窗和楼梯，然后，执行"修改>镜像"与"修改>复制"命令，绘制门窗，最后，执行"绘图>直线"与"修改>修剪"命令，修剪门洞。练习的最终效果如图163-13所示。

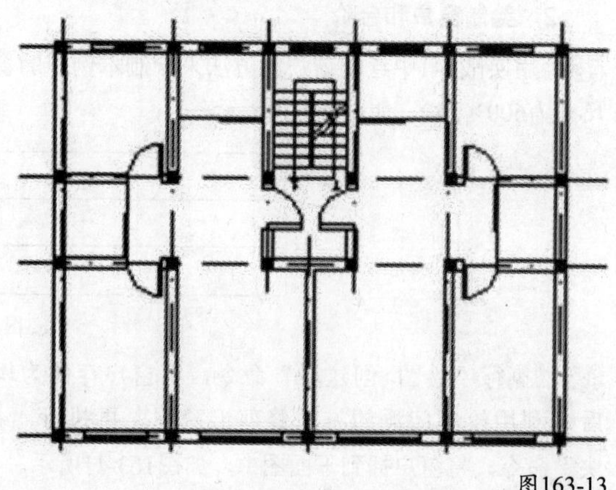

图163-13

实战164 学生宿舍平面图3

原始文件位置	DVD>原始文件>第5章>实战164原始文件-1、实战164原始文件-2
实战位置	DVD>实战文件>第5章>实战164
视频位置	DVD>多媒体教学>第5章>实战164
难易指数	★★☆☆☆
技术掌握	掌握"镜像"、"旋转"、"缩放"、"移动"、"多行文字"和"标注"等命令。

实例介绍

运用"镜像"、"旋转"、"缩放"与"移动"命令，绘制楼梯；利用"多行文字"命令，添加文字；利用"标注"命令，进行尺寸标注。本例最终效果如图164-1所示。

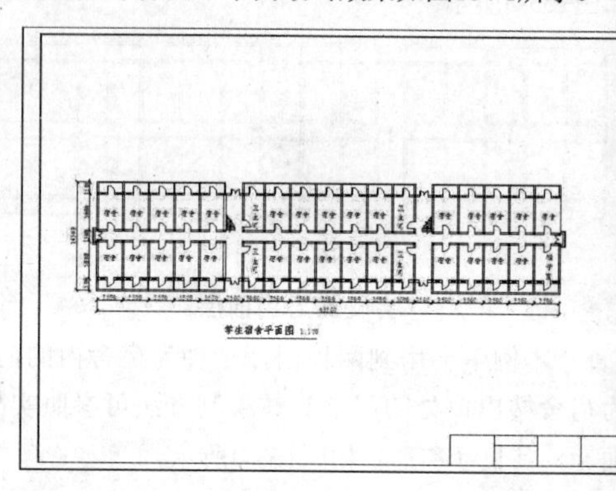

图164-1

制作思路

• 绘制楼梯并添加文字。

• 标注尺寸并插入图框，完成学生宿舍平面图3的绘制并将其保存。

制作流程

学生宿舍平面图3的制作流程如图164-2所示。

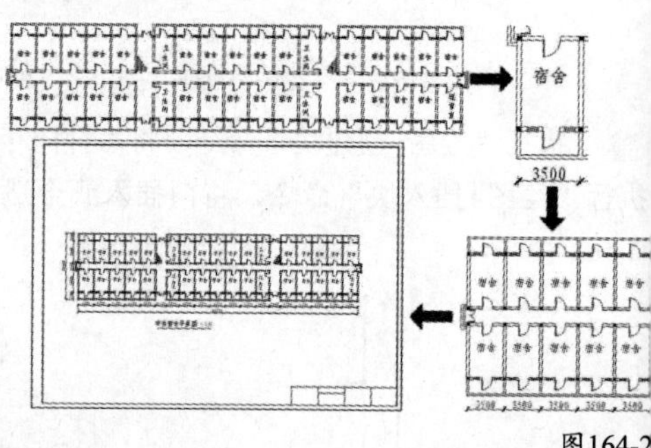

图164-2

1. 绘制楼梯并添加文字

01 打开AutoCAD 2013中文版软件，执行"文件>打开"命令，打开原始文件中的"实战164原始文件-1"图形。

02 将"楼梯"层设置为当前层。

03 将实战9中绘制的楼梯1（平面图）调入本实战中，执行"修改>旋转"、"修改>移动"、"修改>缩放"命令，将楼梯放到合适的位置，如图164-3所示。执行"修改>镜像"命令，镜像出另一侧的楼梯。

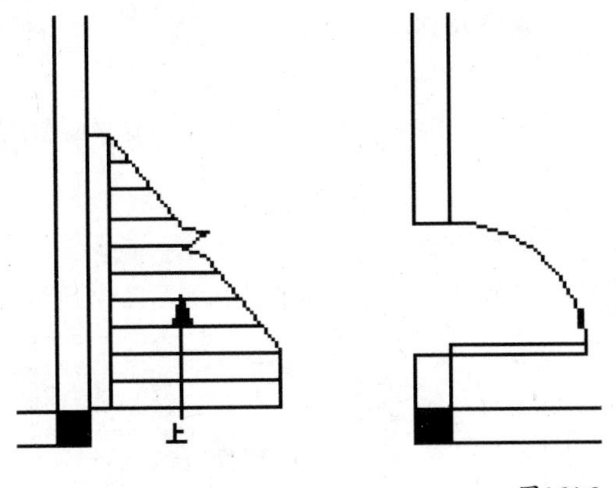

图164-3

01 将“文字”层设置为当前层，执行“绘图>多行文字”命令，为平面图添加文字注释，如图164-4所示。

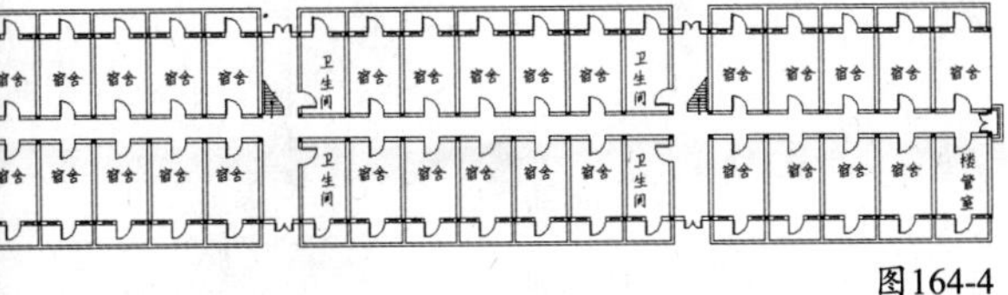

图164-4

2. 标注尺寸并插入图框

01 将“标注”层设置为当前层，执行“标注>线性”命令，指定标注的尺寸界限，对宿舍宽度进行标注，如图164-5所示。

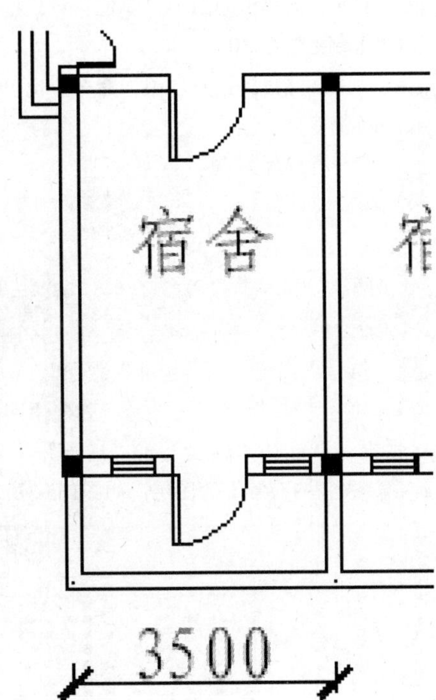

图164-5

02 执行“标注>连续”命令，对一排宿舍进行连续标注，如图164-6所示。

命令行提示如下：

```
命令: _dimcontinue
选择连续标注:
指定第二条尺寸界线原点或 [放弃(U)/选择(S)] <选择>:
标注文字 = 3500
指定第二条尺寸界线原点或 [放弃(U)/选择(S)] <选择>:
标注文字 = 3500
……
```

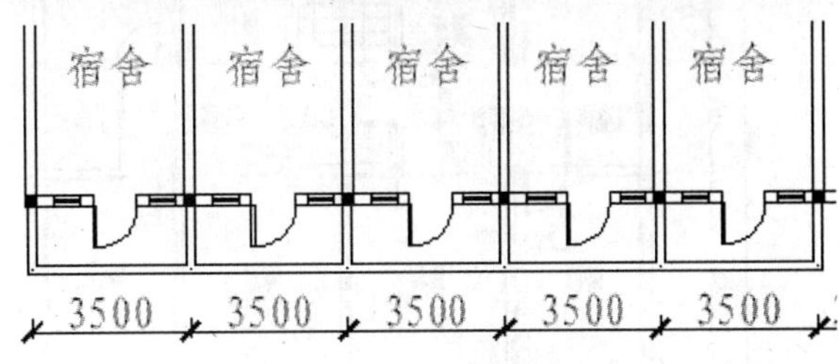

图164-6

03 执行“标注>线性”命令，对总体长度进行标注，再完成纵向的标注，结果如图164-7所示。

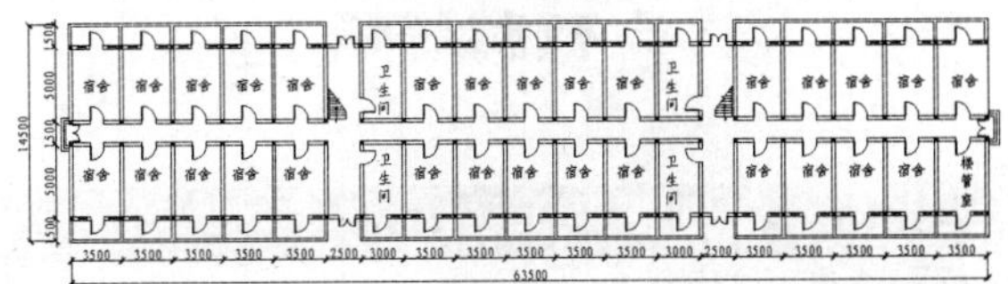

图164-7

04 将“其他”层设置为当前层，因为此图形尺寸为A1图幅。执行“插入>块”命令，将原始文件中的“实战164原始文件-2”插进来，如图164-8所示。

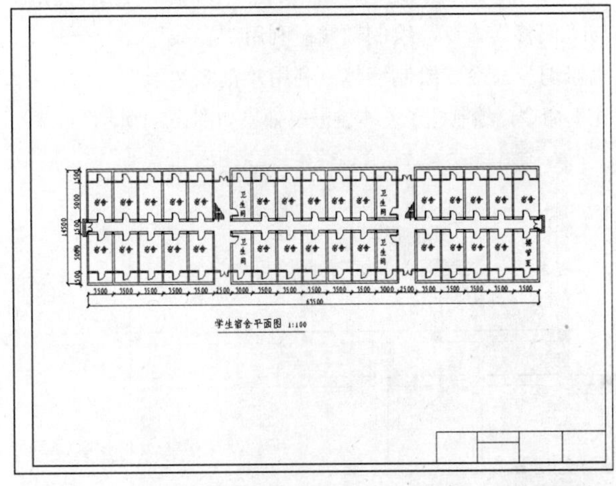

图164-8

练习164

原始文件位置	DVD>原始文件>第5章>实战164原始文件
练习位置	DVD>练习文件>第5章>练习164
难易指数	★★☆☆☆
技术掌握	巩固“多行文字”和“标注”等命令的使用方法。

操作指南

参照“实战164 学生宿舍平面图3”案例进行制作。

首先，执行“绘图>多行文字”命令，添加文字，然后，执行“标注>线性”与“标注>连续”命令，标注图形。练习的最终效果如图164-9所示。

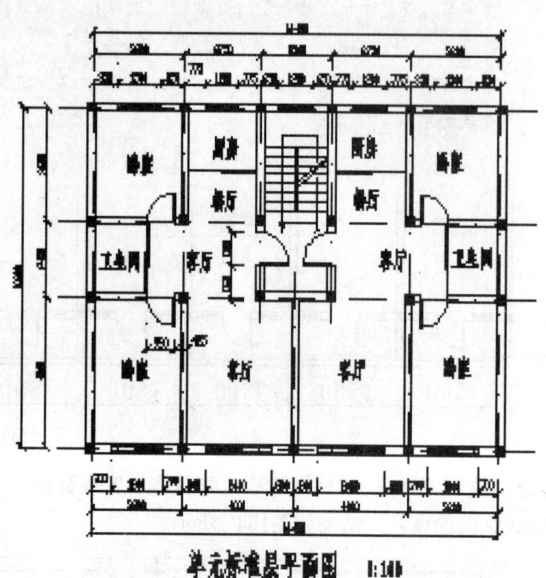

图164-9

实战165 某别墅平面图1

实战位置	DVD>实战文件>第5章>实战165
视频位置	DVD>多媒体教学>第5章>实战165
难易指数	★★☆☆☆
技术掌握	掌握“直线”、“正多边形”、“多线”、“偏移”、“分解”、“修剪”、“图形界限”、“图案填充”、“创建块”和“插入块”等命令。

实战介绍

运用“图形界限”命令，设置图形界限；利用“直线”与“偏移”命令，绘制轴线；利用“多线”、“分解”与“修剪”命令，绘制墙体；利用“正多边形”与“图案填充”命令，绘制柱子。本例最终效果如图165-1所示。

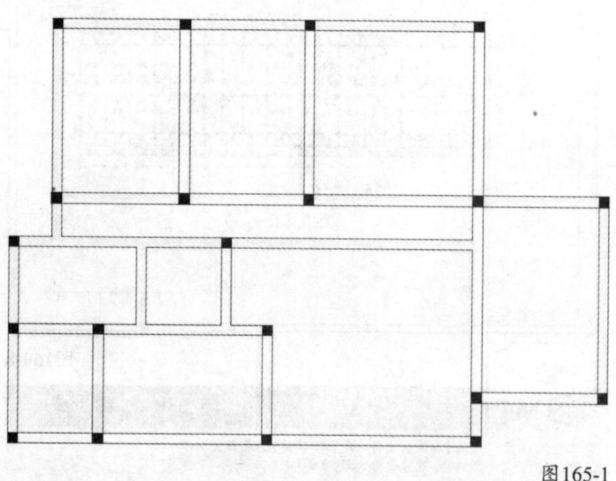

图165-1

制作思路

• 设置图形界限并绘制轴线。

• 绘制墙体和柱子，完成某别墅平面图1的绘制并将其保存。

制作流程

某别墅平面图1的制作流程如图165-2所示。

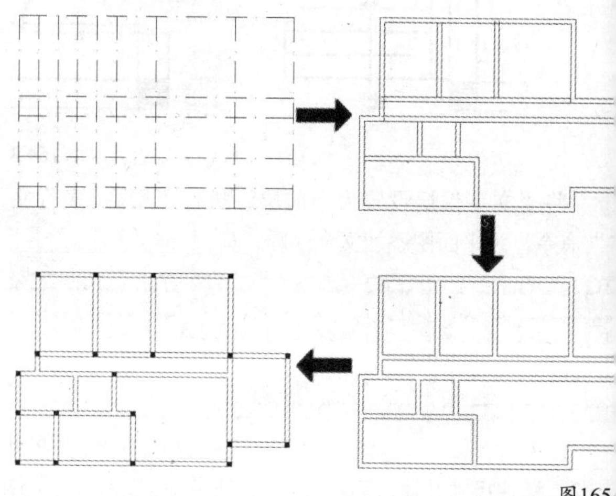

图165-2

1. 设置图形界限并绘制轴线

01 打开AutoCAD 2013中文版软件，执行“格式>单位”命令，在弹出的图形“单位”对话框中选择“长度”项的“精度”为“0”。

02 执行“格式>图形界限”命令，也可以在命令行中输入limits命令。

命令行提示如下：

```
命令：'_limits
重新设置模型空间界限：
指定左下角点或 [开(ON)/关(OFF)] <0,0>:
指定右上角点 <420,297>: 29700,21000
```

03 执行“视图>缩放>全部”命令。

04 执行“格式>图层”命令，弹出“图层特性管理器”对话框，新建如“轴线”、“柱子”、“门窗”、“墙体”、“室内布置”等图层，如图165-3所示。

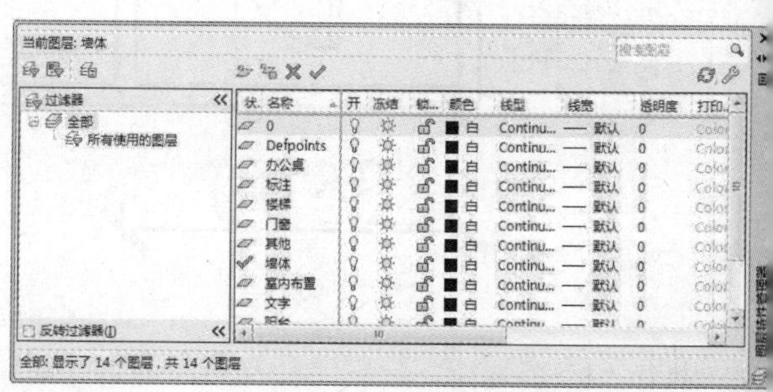

图165-3

05 单击状态栏中的“正交模式”按钮，打开“正交”功能，将“轴线”层设置为当前层。

06 执行“格式>线型”命令，弹出“线型管理器”对话框，单击“加载”按钮，加载点划线线型“Dashdot”。

07 执行“绘图>直线”命令，绘制基准水平轴线，再执行“修改>偏移”命令，将水平轴线按固定的距离偏移，从下到上依次偏移1000、1500、2000、1000、4000，如图165-4所示。

图165-4

命令行提示如下：

```
命令：_line 指定第一点：
指定下一点或 [放弃(U)]：14000
指定下一点或 [放弃(U)]：
命令：_offset
当前设置：删除源=否  图层=源  OFFSETGAPTYPE=0
指定偏移距离或 [通过(T)/删除(E)/图层(L)] <通过>：
1000
选择要偏移的对象，或 [退出(E)/放弃(U)] <退出>：
指定要偏移的那一侧上的点，或 [退出(E)/多个(M)/放弃
(U)] <退出>：
命令：_offset
当前设置：删除源=否  图层=源  OFFSETGAPTYPE=0
指定偏移距离或 [通过(T)/删除(E)/图层(L)]
<1000>：1500
选择要偏移的对象，或 [退出(E)/放弃(U)] <退出>：
指定要偏移的那一侧上的点，或 [退出(E)/多个(M)/放弃
(U)] <退出>：
选择要偏移的对象，或 [退出(E)/放弃(U)] <退出>：
命令：_offset
当前设置：删除源=否  图层=源  OFFSETGAPTYPE=0
指定偏移距离或 [通过(T)/删除(E)/图层(L)]
<1500>：2000
选择要偏移的对象，或 [退出(E)/放弃(U)] <退出>：
指定要偏移的那一侧上的点，或 [退出(E)/多个(M)/放弃
(U)] <退出>：
命令：_offset
当前设置：删除源=否  图层=源  OFFSETGAPTYPE=0
指定偏移距离或 [通过(T)/删除(E)/图层(L)]
<2000>：1000
选择要偏移的对象，或 [退出(E)/放弃(U)] <退出>：
选择要偏移的对象，或 [退出(E)/放弃(U)] <退出>：
指定要偏移的那一侧上的点，或 [退出(E)/多个(M)/放弃
(U)] <退出>：
命令：_offset
当前设置：删除源=否  图层=源  OFFSETGAPTYPE=0
指定偏移距离或 [通过(T)/删除(E)/图层(L)]
<1000>：4000
选择要偏移的对象，或 [退出(E)/放弃(U)] <退出>：
指定要偏移的那一侧上的点，或 [退出(E)/多个(M)/放弃
(U)] <退出>：
选择要偏移的对象，或 [退出(E)/放弃(U)] <退出>：
```

08 用相同方法绘制垂直方向轴线，如图165-5所示。

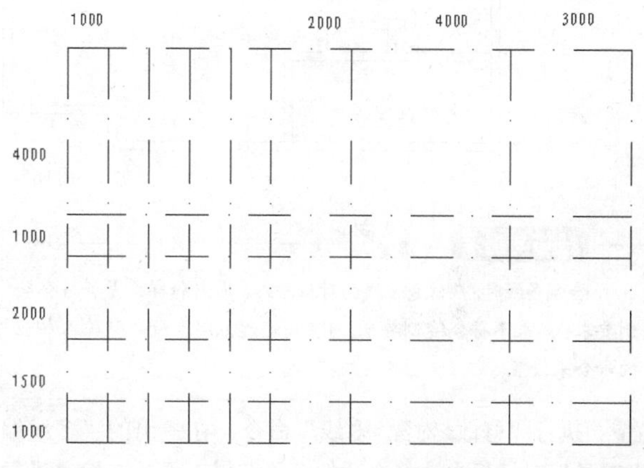

图165-5

2. 绘制墙体和柱子

01 将“墙体”层设置为当前层。

02 单击状态栏中的“对象捕捉”按钮，打开“对象捕捉”功能。

03 执行“格式>多线样式”命令，弹出“多线样式”对话框，单击“新建”按钮，在“新样式名”文本框中输入240，单击“继续”按钮，在弹出的“新建多线样式”对话框中设置图元上、下偏移量分别为120，如图165-6所示。

图165-6

04 单击“确定”按钮，返回“多线样式”对话框，单击“确定”按钮。

05 执行“绘图>多线”命令，绘制墙线，绘制的效果如图165-7所示。

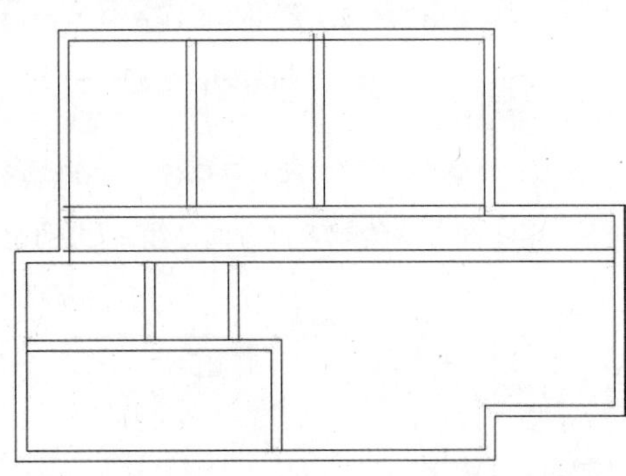

图165-7

技巧与提示

绘制多线时，应注意多线的对正方式、比例和样式是否符合绘制要求，如果不符合绘制要求，可在指定起点时在命令行输入相应的命令来设置。

06 执行“修改>对象>多线”命令，在弹出的“多线编辑工具”对话框中选择合适的多线编辑工具，对墙线进行编辑。

07 执行“修改>分解”命令，将不能进行编辑的多段线分解，再执行“修改>修剪”命令，对其进行修剪，最后，得到如图165-8所示的墙体。

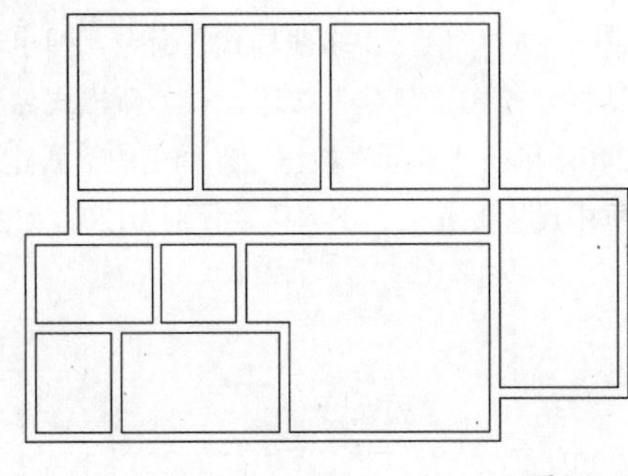

图165-8

08 将“柱子”层设置为当前层。

09 执行“绘图>正多边形”命令，在一个轴线交点的位置绘制一个240×240的柱子，再执行“绘图>图案填充”命令，对其进行填充。

10 执行“绘图>创建块”命令，弹出“块定义”对话框，拾取柱子中心点为基点，单击“选择对象”按钮，选择柱子。

11 执行“绘图>插入块”命令，弹出“插入”对话框，如图165-9所示。

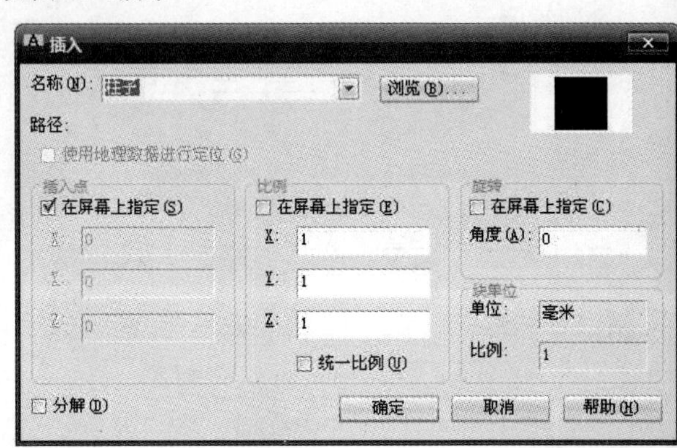

图165-9

12 单击“确定”按钮，捕捉轴线的交点，插入柱子，结果如图165-10所示。

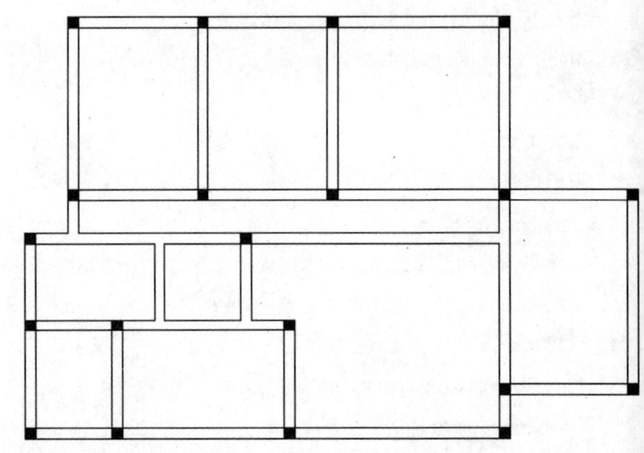

图165-10

13 执行“修改>特性”命令，弹出“特性”对话框，设置墙体颜色为蓝色。

练习165

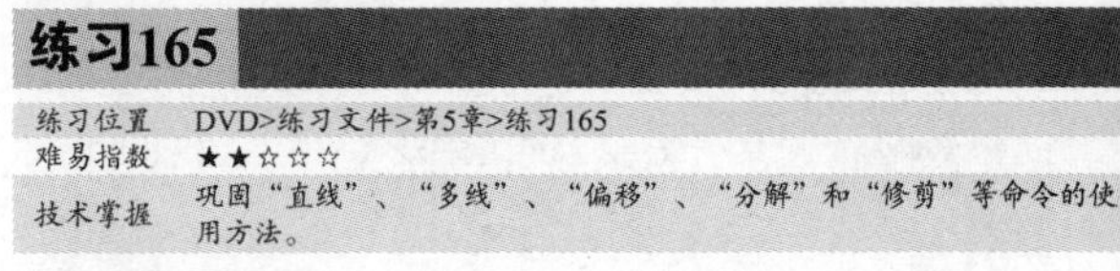

练习位置	DVD>练习文件>第5章>练习165
难易指数	★★☆☆☆
技术掌握	巩固“直线”、“多线”、“偏移”、“分解”和“修剪”等命令的使用方法。

操作指南

参照“实战165 某别墅平面图1”案例进行制作。

首先，执行“绘图>直线”与“修改>偏移”命令，绘制轴线，然后，执行“绘图>多线”、“修改>分解”

与“修改>修剪”命令，绘制墙体。练习的最终效果如图165-11所示。

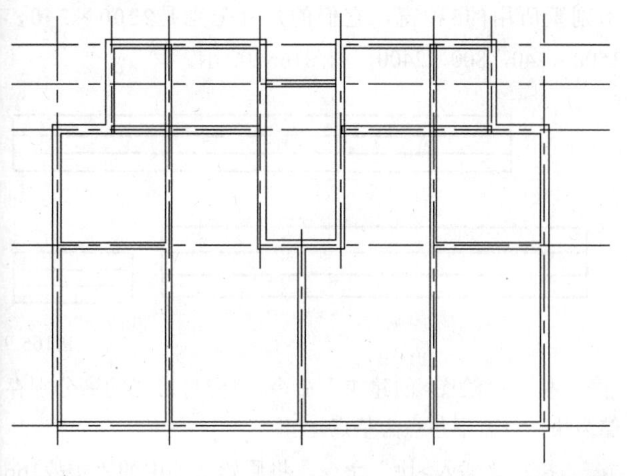

图165-11

实战166　某别墅平面图2

原始文件位置	DVD>原始文件>第5章>实战166原始文件-1、实战166原始文件-2
实战位置	DVD>实战文件>第5章>实战166
视频位置	DVD>多媒体教学>第5章>实战166
难易指数	★★☆☆☆
技术掌握	掌握“直线”、“矩形”、“圆弧”、“修剪”、“创建块”和“插入块”等命令。

实战介绍

运用“矩形”与“圆弧”命令，绘制门；利用“直线”与“修剪”命令，修剪出门洞；利用“矩形”与“直线”命令，绘制窗户；利用“创建块”与“插入块”命令，将门窗存储为块后插入即可。本例最终效果如图166-1所示。

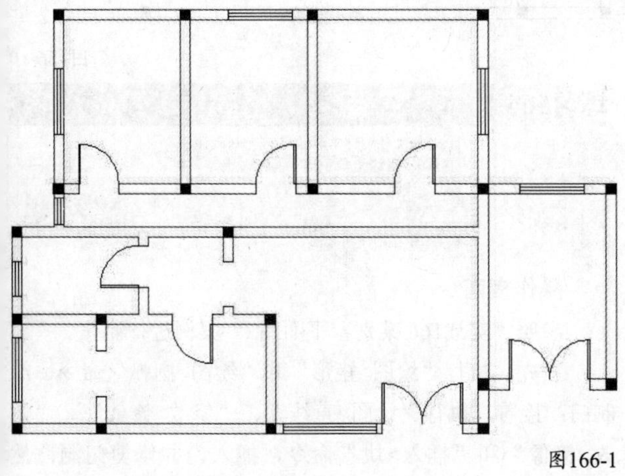

图166-1

制作思路

- 绘制门并修剪门洞。
- 绘制窗，完成某别墅平面图2的绘制并将其保存。

制作流程

某别墅平面图2的制作流程如图166-2所示。

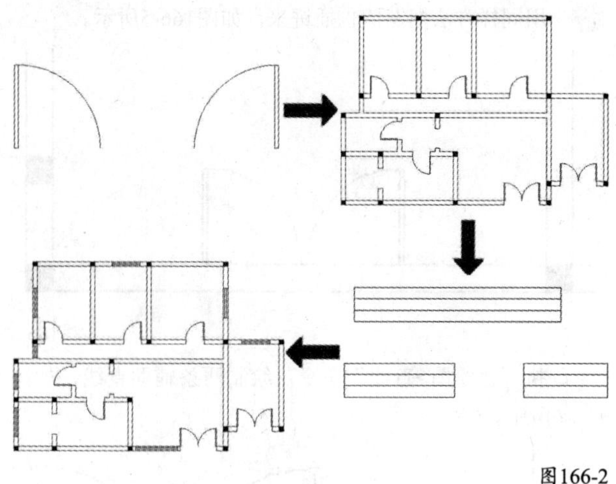

图166-2

1. 绘制门并修剪门洞

01 打开AutoCAD 2013中文版软件，执行“文件>打开”命令，打开原始文件中的“实战166原始文件-1”图形。

02 将“门窗”层设置为当前层。

03 参照实战119中门（平面）的绘制方法，绘制出宽为900，厚为45的门，如图166-3所示，分别为左门与右门。

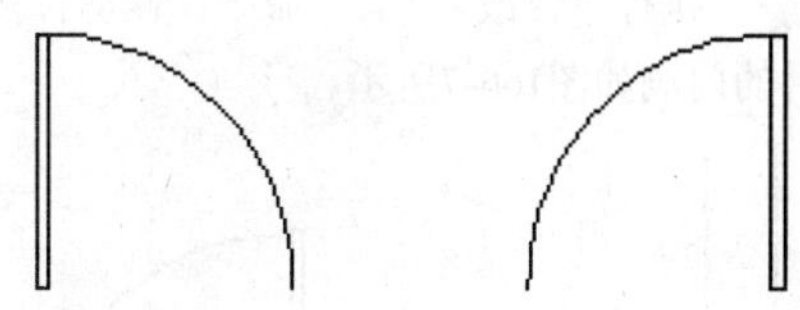

图166-3

04 执行“绘图>创建块”命令，将两种基本的门分别存储为块，再执行“插入>块”命令，弹出“插入”对话框，在“名称”下拉列表中选择“右门”选项，如图166-4所示，单击“确定”按钮，将其插入合适的位置。

命令行提示如下：

```
命令: _insert
指定块的插入点:
指定旋转角度 <0>:
```

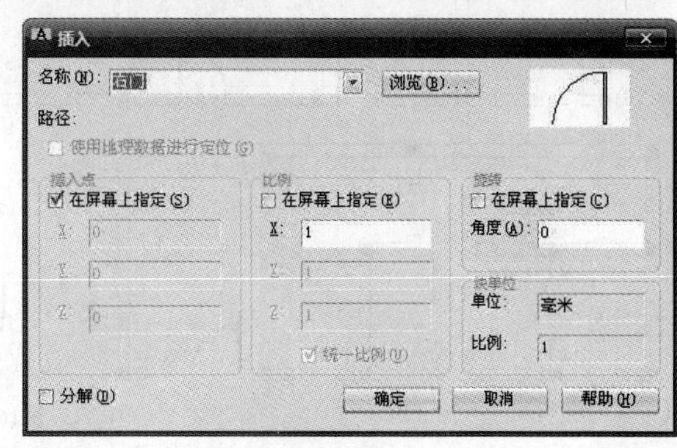

图166-4

05 用同样方法把左门也插进来，如图166-5所示。

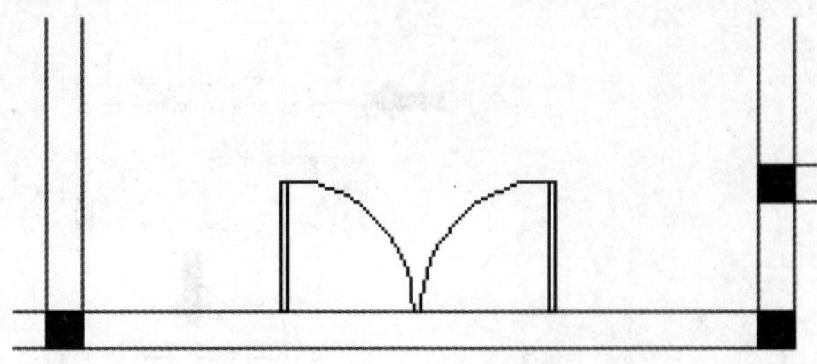

图166-5

06 执行“绘图>直线”命令，绘制两条辅助直线，如图166-6所示。

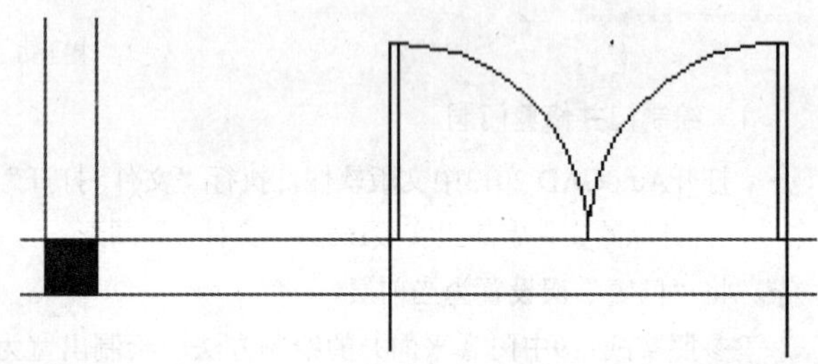

图166-6

07 执行“修改>修剪”命令，修剪掉多余的直线，修剪后的门洞如图166-7所示。

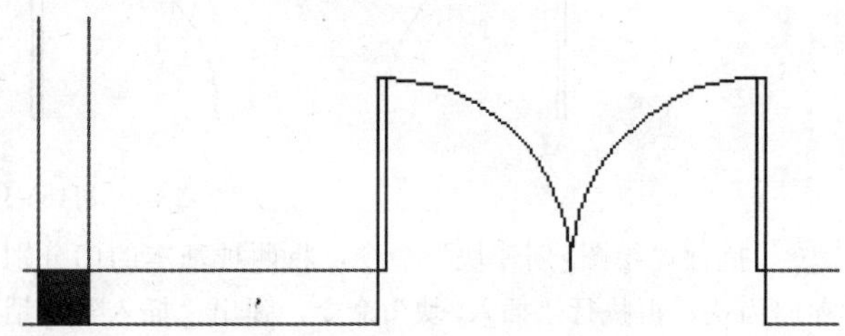

图166-7

08 用同样方法绘制其他各处的门和门洞，如图166-8所示。

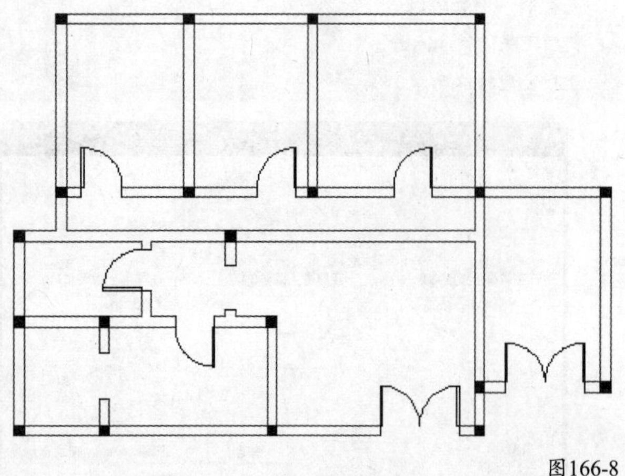

图166-8

2. 绘制窗

01 采用实战141中平面图中的窗的绘制方法，绘制本别墅所用的3种窗，它们的尺寸分别是2200×240，1500×240，800×2400，如图166-9所示。

图166-9

02 执行“绘图>创建块”命令，将3种形式的窗分别存储为块，以右下角点为基点。

03 执行“插入>块”命令，将原始文件中的“实战166原始文件-2”图形插入到合适的位置，如图166-10所示。

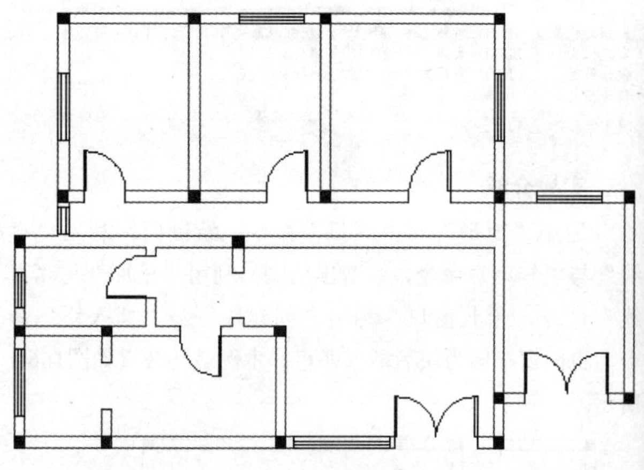

图166-10

练习166

原始文件位置	DVD>原始文件>第5章>练习166 原始文件
练习位置	DVD>练习文件>第5章>练习166
难易指数	★★☆☆☆
技术掌握	巩固“直线”、“矩形”、“圆弧”、“正多边形”、“修剪”、“镜像”、“复制”、“图案填充”、“创建块”和“插入块”等命令的使用方法。

操作指南

参照“实战166 某别墅平面图2”案例进行制作。

首先，执行“绘图>矩形”和“绘图>圆弧”命令，绘制门；接着，执行“绘图>直线”、“修改>修剪”、“修改>镜像”和“插入>块”命令，插入门并修剪门洞；然后，执行“绘图>正多边形”和“绘图>图案填充”命令，绘制柱子；最后，执行“绘图>创建块”命令，将柱子存储为块。练习的最终效果如图166-11所示。

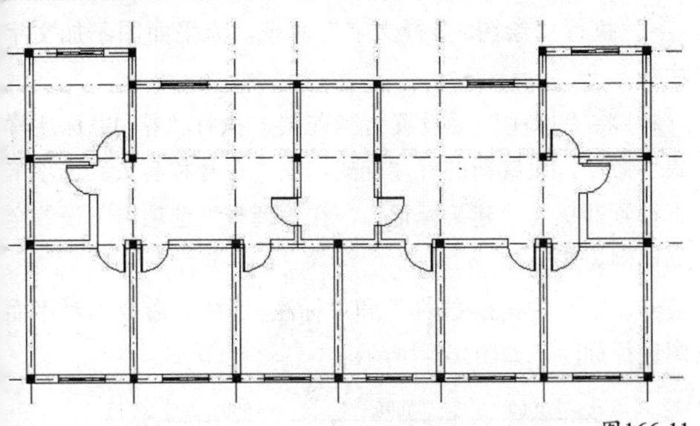

图166-11

实战167 某别墅平面图3

原始文件位置	DVD>原始文件>第5章>实战167原始文件-1、实战167原始文件-2、实战167原始文件-3
实战位置	DVD>实战文件>第5章>实战167
视频位置	DVD>多媒体教学>第5章>实战167
难易指数	★★☆☆☆
技术掌握	掌握“复制”、“旋转”、“移动”、“多行文字”、“标注”和“图案填充”等命令。

实战介绍

运用“复制”、“旋转”与“移动”命令，调入室内家具；利用“多行文字”命令，添加注释；利用“线性”与“连续”标注命令，对图形进行尺寸标注。本例最终效果如图167-1所示。

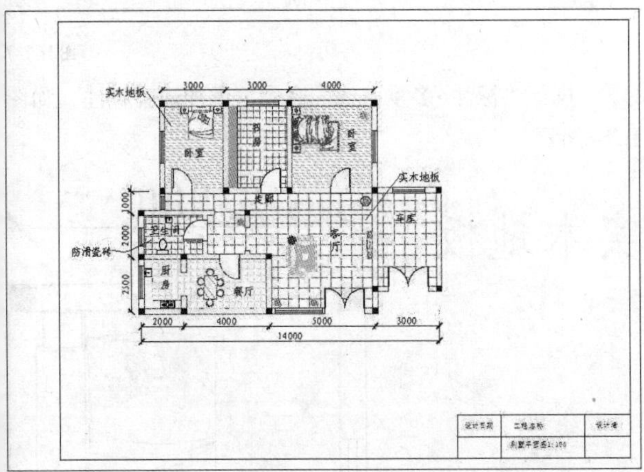

图167-1

制作思路

• 调入室内家具并用图案填充图形。

• 添加注释并进行尺寸标注，完成某别墅平面图3的绘制并将其保存。

制作流程

某别墅平面图3的制作流程如图167-2所示。

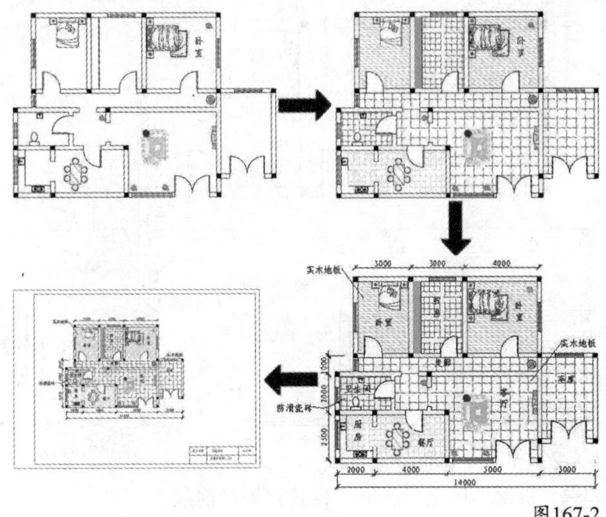

图167-2

1. 调入家具并用图案填充图形

01 打开AutoCAD 2013中文版软件，执行“文件>打开”命令，打开原始文件中的“实战167原始文件-1”图形。

02 将“室内设施”层设置为当前层。

03 打开“原始文件”中的“实战167原始文件-2”图形，选中客厅沙发图形，单击鼠标右键并选择“复制”选项，再回到本实例中，单击鼠标右键并选择“粘贴”选项，执行“修改>缩放”、“修改>移动”与“修改>旋转”命令，将其放到合适的位置，如图167-3所示。

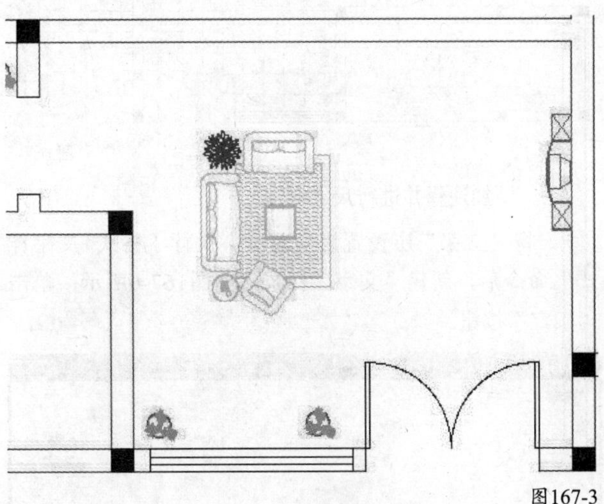

图167-3

04 用同样方法将其他室内设施调入，如图167-4所示。

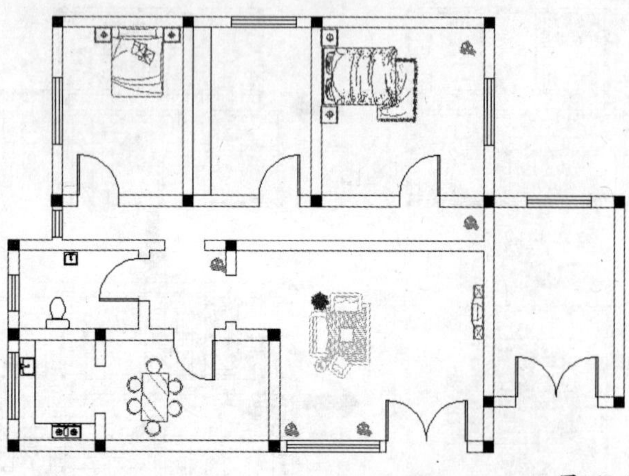

图167-4

05 新建“填充”图层，将其置为当前层。

06 执行“绘图>图案填充”命令，对地面和实物进行填充，如图167-5所示。

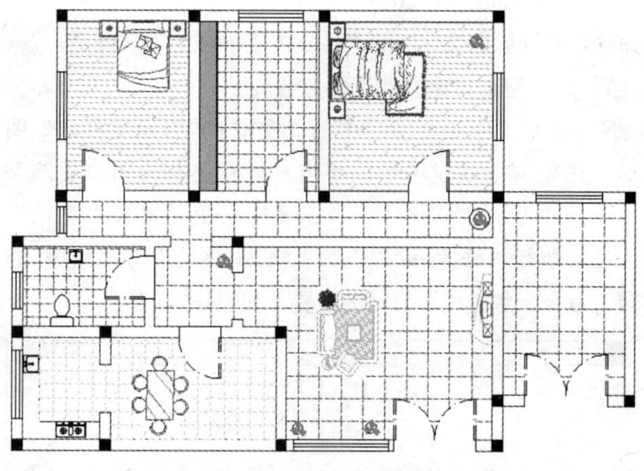

图167-5

2. 添加注释并进行尺寸标注

01 将“文字”层设置为当前层，执行“格式>文字样式”命令后，新建“文字”样式，如图167-6所示，单击“确定”按钮。

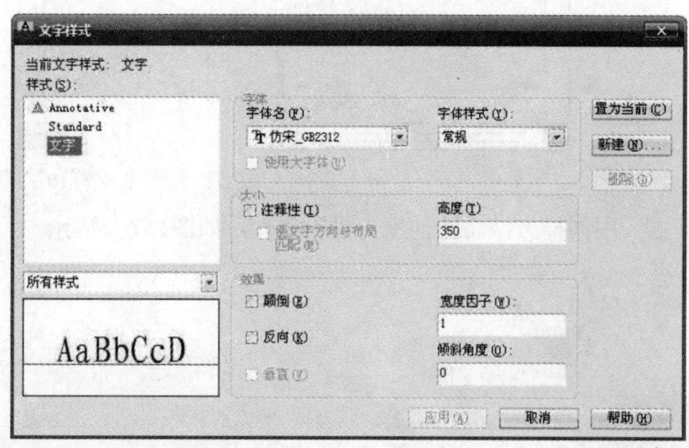

图167-6

02 执行“绘图>多行文字”命令，为平面图添加文字注释。

03 将“标注”层设置为当前层，执行“格式>标注样式”命令，设置新的标注样式，在“符号和箭头”选项卡下设置箭头为“建筑标记”，在“调整”选项卡下设置全局比例为100。

04 执行“标注>线性”和“标注>连续”命令，对平面图进行标注，如图167-7所示。

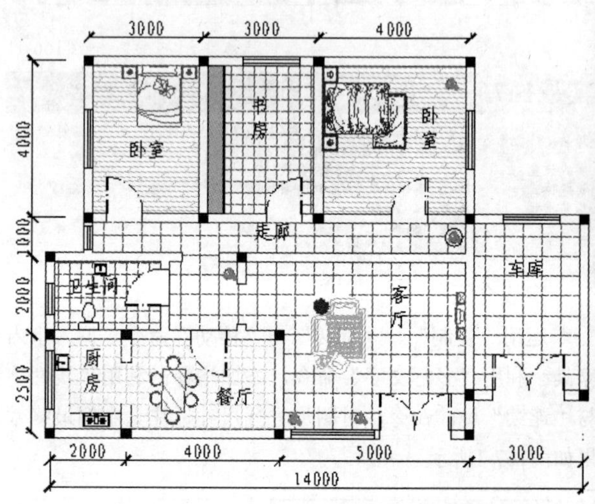

图167-7

05 执行“标注>多重引线”命令，添加注释标注，如图167-8所示。

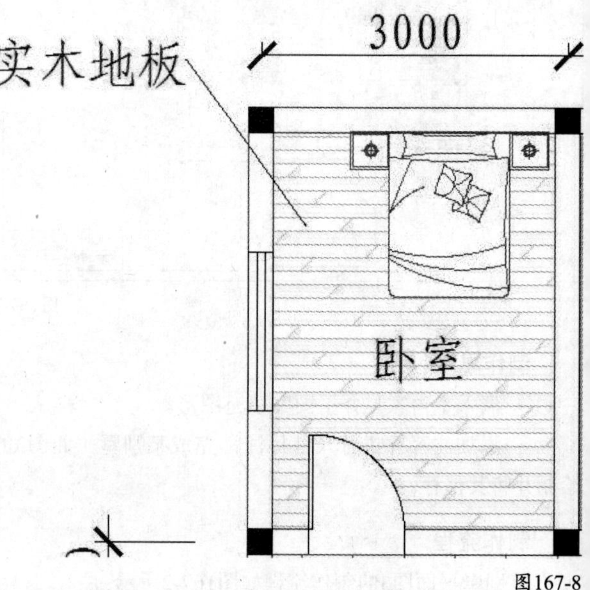

图167-8

06 执行“标注>线性”、“标注>连续”和“标注>多重引线”命令，为其他处添加注释，如图167-9所示。

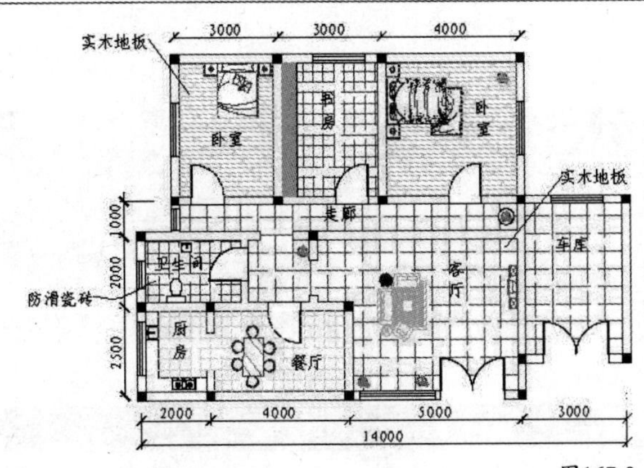

图167-9

07 执行“插入>块”命令，将原始文件中的“实战167原始文件-3”图形插入进来，如图167-10所示。

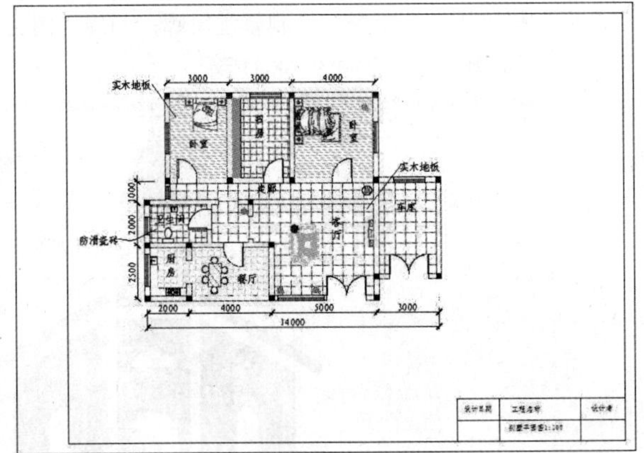

图167-10

练习167

原始文件位置	DVD>原始文件>第5章>练习167 原始文件
练习位置	DVD>练习文件>第5章>练习167
难易指数	★★☆☆☆
技术掌握	巩固“直线”、“圆”、“复制”、“多行文字”和“标注”等命令的使用方法。

操作指南

参照“实战167 某别墅平面图3”案例进行制作。

首先，执行“绘图>多行文字”命令，添加文字；然后，执行“标注>线性”和“标注>连续”命令，对图形进行标注；最后，执行“绘图>直线”、“绘图>圆”、“绘图>多行文字”和“修改>复制”命令，绘制轴号。练习的最终效果如图167-11所示。

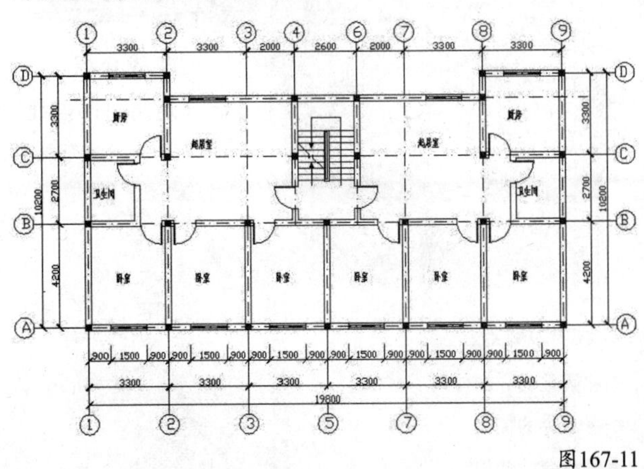

图167-11

第6章 绘制立面图和剖面图

本章学习要点：

圆和圆弧命令的使用

矩形命令的使用

直线命令的使用

多段线命令的使用

样条曲线命令的使用

偏移命令的使用

分解命令的使用

复制命令的使用

阵列命令的使用

修剪命令的使用

图案填充命令的使用

极轴追踪命令的使用

实战168 教堂立面图

实战位置 DVD>实战文件>第6章>实战168

视频位置 DVD>多媒体教学>第6章>实战168

难易指数 ★★☆☆☆

技术掌握 掌握“多段线”、“矩形”、“镜像”和“图案填充”等命令。

实战介绍

运用“多段线”、“矩形”与“镜像”命令，绘制教堂轮廓；利用“图案填充”命令，填充教堂的墙体部分。本例最终效果如图168-1所示。

图168-1

制作思路

- 绘制教堂轮廓。
- 填充教堂的墙体部分，完成教堂立面图的绘制并将其保存。

制作流程

教堂立面图的制作流程如图168-2所示。

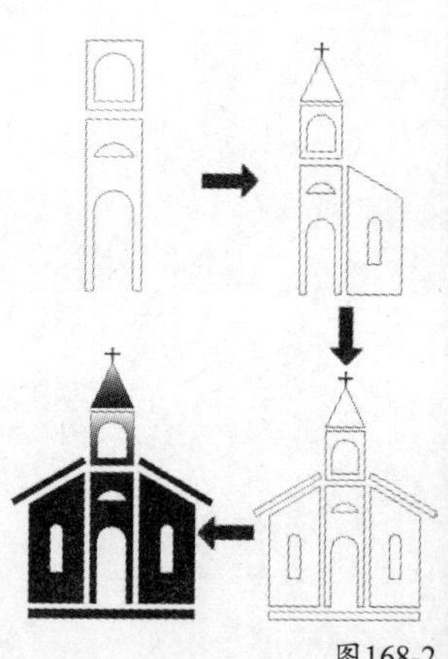

图168-2

1. 绘制教堂轮廓

01 打开AutoCAD 2013中文版软件，执行“绘图>多段线”命令，绘制教堂门的轮廓，如图168-3所示。

命令行提示如下：

```
命令: _pline
指定起点:
当前线宽为 0.0000
指定下一个点或 [圆弧(A)/半宽(H)/长度(L)/放弃(U)/宽度(W)]: <正交 开> 600
指定下一点或 [圆弧(A)/闭合(C)/半宽(H)/长度(L)/放弃(U)/宽度(W)]: 200
指定下一点或 [圆弧(A)/闭合(C)/半宽(H)/长度(L)/放弃(U)/宽度(W)]: 600
指定下一点或 [圆弧(A)/闭合(C)/半宽(H)/长度(L)/放弃(U)/宽度(W)]: 30
指定下一点或 [圆弧(A)/闭合(C)/半宽(H)/长度(L)/放弃(U)/宽度(W)]: 280
指定下一点或 [圆弧(A)/闭合(C)/半宽(H)/长度(L)/放弃(U)/宽度(W)]: a
指定圆弧的端点或
[角度(A)/圆心(CE)/闭合(CL)/方向(D)/半宽(H)/直线(L)/半径(R)/第二个点(S)/放弃(U)/宽度(W)]: 140
指定圆弧的端点或
[角度(A)/圆心(CE)/闭合(CL)/方向(D)/半宽(H)/直线(L)/半径(R)/第二个点(S)/放弃(U)/宽度(W)]: l
指定下一点或 [圆弧(A)/闭合(C)/半宽(H)/长度(L)/放弃(U)/宽度(W)]: 280
指定下一点或 [圆弧(A)/闭合(C)/半宽(H)/长度(L)/放弃(U)/宽度(W)]: c
```

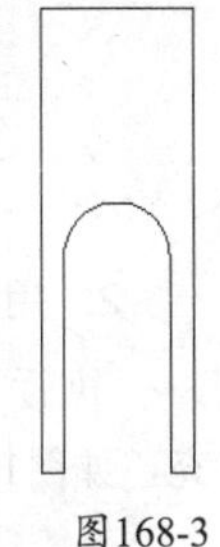

图168-3

02 再次执行“绘图>多段线”命令，绘制教堂的弧形窗。

命令行提示如下：

```
命令: _pline
指定起点:
当前线宽为 0.0000
指定下一个点或 [圆弧(A)/半宽(H)/长度(L)/放弃(U)/宽度(W)]: 140
指定下一点或 [圆弧(A)/闭合(C)/半宽(H)/长度(L)/放弃(U)/宽度(W)]: a
指定圆弧的端点或
[角度(A)/圆心(CE)/闭合(CL)/方向(D)/半宽(H)/直线(L)/半径(R)/第二个点(S)/放弃(U)/宽度(W)]: <正交 关> s
指定圆弧上的第二个点:
指定圆弧的端点:
指定圆弧的端点或
[角度(A)/圆心(CE)/闭合(CL)/方向(D)/半宽(H)/直线(L)/半径(R)/第二个点(S)/放弃(U)/宽度(W)]:
```

03 执行“绘图>矩形”命令，绘制矩形塔，如图168-4所示。

图168-4　　图168-5

04 执行“绘图>多段线”命令，绘制塔窗，如图168-5所示。

05 执行“绘图>多段线”命令，绘制如图168-6所示的塔顶。

命令行提示如下：

```
命令：_pline
指定起点：from
基点：<偏移>：@0,20
当前线宽为 0.0000
指定下一个点或 [圆弧(A)/半宽(H)/长度(L)/放弃(U)/宽度(W)]：200
指定下一点或 [圆弧(A)/闭合(C)/半宽(H)/长度(L)/放弃(U)/宽度(W)]： <正交 关>
指定下一点或 [圆弧(A)/闭合(C)/半宽(H)/长度(L)/放弃(U)/宽度(W)]：
指定下一点或 [圆弧(A)/闭合(C)/半宽(H)/长度(L)/放弃(U)/宽度(W)]：
命令：_pline
指定起点：
当前线宽为 0.0000
指定下一个点或 [圆弧(A)/半宽(H)/长度(L)/放弃(U)/宽度(W)]：w
指定起点宽度 <0.0000>：5
指定端点宽度 <5.0000>：
指定下一个点或 [圆弧(A)/半宽(H)/长度(L)/放弃(U)/宽度(W)]： <正交 开> 70
指定下一点或 [圆弧(A)/闭合(C)/半宽(H)/长度(L)/放弃(U)/宽度(W)]：
命令：_pline
指定起点：from
基点：<偏移>：@-35,40
当前线宽为 5.0000
指定下一个点或 [圆弧(A)/半宽(H)/长度(L)/放弃(U)/宽度(W)]：70
指定下一点或 [圆弧(A)/闭合(C)/半宽(H)/长度(L)/放弃(U)/宽度(W)]：
```

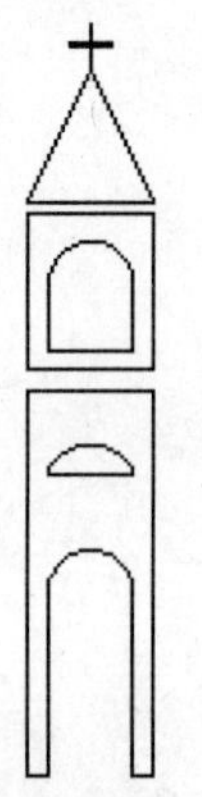

图168-6

06 执行“绘图>多段线”命令，绘制教堂的侧屋，如图168-7所示。

技巧与提示

在绘制教堂侧屋的斜线时，应利用“极轴”命令使其与水平成30° 角。

07 用“绘图>多段线”命令配合“极轴追踪”功能，绘制侧屋顶上的矩形，绘制时，先绘制与水平成0° 角的斜线，然后，右键单击“极轴追踪”按钮，再在快捷菜单中单击“设置”命令，弹出“草图设置”对话框，将增量角设置为90，单击“相对上一段”按钮，得到如图168-8所示的矩形。

图168-7　　图168-8

08 执行“修改>镜像”命令，镜像复制出另一侧侧屋，然后，执行“绘图>矩形”命令，绘制教堂的底部，如图168-9所示。

图168-9

2. 用图案填充教堂墙体

执行“绘图>图案填充”命令，对教堂进行图案填充，如图168-10所示。

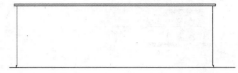

图168-10

练习168

练习位置	DVD>练习文件>第6章>练习168
难易指数	★☆☆☆☆
技术掌握	巩固“直线”、“矩形”、“圆弧”、“多段线”、“偏移”、“复制”、“镜像”和“修剪”等命令的使用方法。

操作指南

参照“实战168 教堂立面图”案例进行制作。

首先，执行“绘图>直线”、“绘图>多段线”、“修改>偏移”与“修改>修剪”命令，绘制地平线和台阶，然后，执行“绘图>矩形”、“绘图>直线”、“绘图>圆弧”、“修改>复制”与“修改>偏移”命令，绘制地毯，最后，执行“绘图>矩形”、“修改>偏移”、“修改>镜像”与“修改>修剪”命令，绘制教堂轮廓。练习的最终效果如图168-11所示。

图168-11

实战169 教学楼立面图1

实战位置	DVD>实战文件>第6章>实战169
视频位置	DVD>多媒体教学>第6章>实战169
难易指数	★★☆☆☆
技术掌握	掌握“图形界限”、“多线”、“直线”和“偏移”等命令。

实战介绍

运用“图形界限”命令，设置绘图环境；利用“直线”与“偏移”命令，绘制辅助轴线；利用“多段线”命令，绘制地平线和墙体轮廓。本例最终效果如图169-1所示。

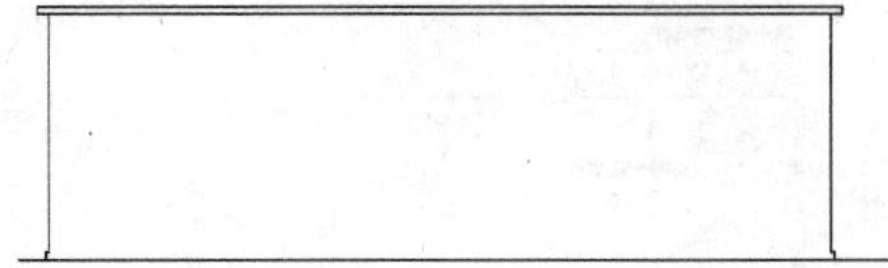

图169-1

制作思路

• 绘制辅助线。

• 绘制地平线和墙体轮廓，完成教学楼立面图1的绘制并将其保存。

制作流程

教学楼立面图1的制作流程如图169-2所示。

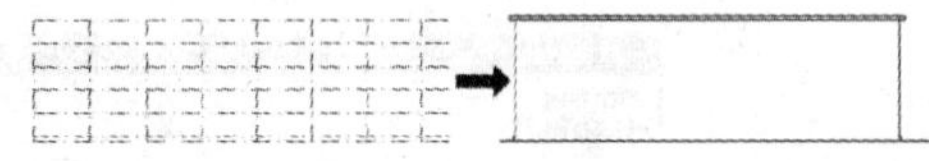

图169-2

1. 绘制辅助线

01 打开AutoCAD 2013中文版软件，执行“格式>单位”命令，在弹出的“图形单位”对话框中选择长度项的精度为0，其他设置保持系统默认参数即可，如图169-3所示。

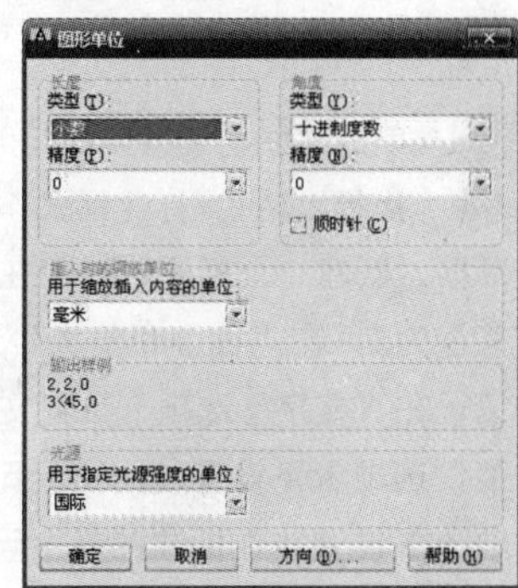

图169-3

02 执行“格式>图形界限”命令或在命令行中输入limits命令。

命令行提示如下：

```
命令: '_limits
重新设置模型空间界限:
指定左下角点或 [开(ON)/关(OFF)] <0.0000,0.0000>:
指定右上角点 <420.0000,297.0000>: 59400,84100
```

03 执行“视图>缩放>全部”命令。

04 执行“格式>图层”命令，弹出“图层特性管理器”对话框，单击“新建”按钮，为轴线创建一个图层，然后，设置图层名称为“标注”，完成“标注”图层的设置。用同样方法依次创建“辅助线”、“轮廓线”、“窗户”、“雨蓬”、“其他”及“文字”等图层，如图169-4所示。

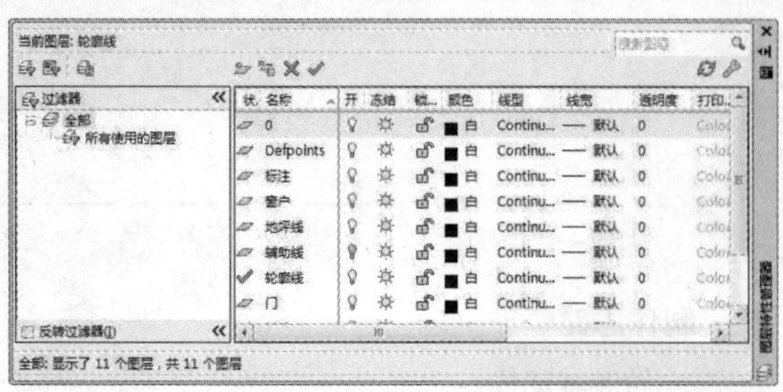

图169-4

05 单击“确定”按钮，执行“格式>文字样式”命令，弹出“文字样式”对话框，新建“文字”文字样式，设置字体为仿宋-GB2312，高度为1000，其他均采用默认值，如图169-5所示。

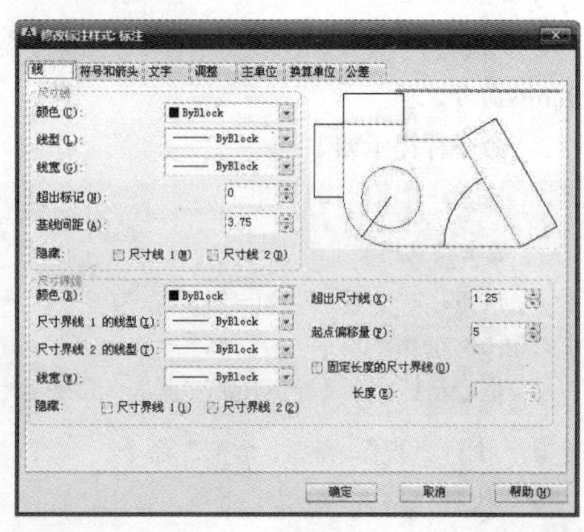

图169-5

06 单击“应用”按钮后，关闭该对话框。

07 执行“格式>标注样式”命令，弹出“标注样式”对话框，新建一个标注样式，在“线”选项卡下设置起点偏移量为5，在“符号和箭头”选项卡下设置箭头为建筑标记，在“文字”选项卡下将文字样式设置为文字，在“调整”选项卡下设置使用全局比例为100，在“主单位”选项卡下设置线性标注的精度设为0，其他设置保持系统默认参数即可，如图169-6所示。

图169-6

08 单击“确定”按钮，返回“标注样式管理器”对话框，关闭该对话框。

09 单击状态栏的“正交模式”按钮，开启“正交”功能，将“辅助线”层设置为当前层。

10 执行“格式>线型”命令，单击“加载”按钮，加载线型“Dash dot”。

11 执行“绘图>直线”和“修改>偏移”命令，绘制如图169-7所示的辅助线。

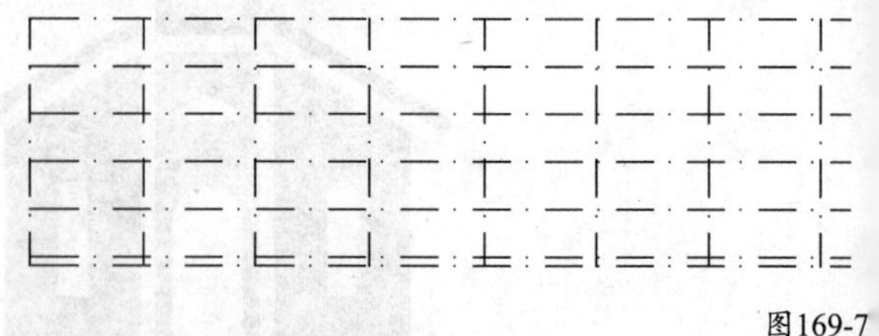

图169-7

2. 绘制地平线和墙体轮廓

01 将“地平线”层设置为当前层，执行“绘图>多段线”命令，绘制地平线。

命令行提示如下：

```
命令：_pline
指定起点：
当前线宽为 0
指定下一个点或 [圆弧(A)/半宽(H)/长度(L)/放弃(U)/宽度(W)]：w
指定起点宽度 <0>：80
指定端点宽度 <80>：
指定下一个点或 [圆弧(A)/半宽(H)/长度(L)/放弃(U)/宽度(W)]：
指定下一点或 [圆弧(A)/闭合(C)/半宽(H)/长度(L)/放弃(U)/宽度(W)]：
```

02 将“轮廓线”层设置为当前层，执行“绘图>多段线”命令，绘制如图169-8所示的轮廓线。

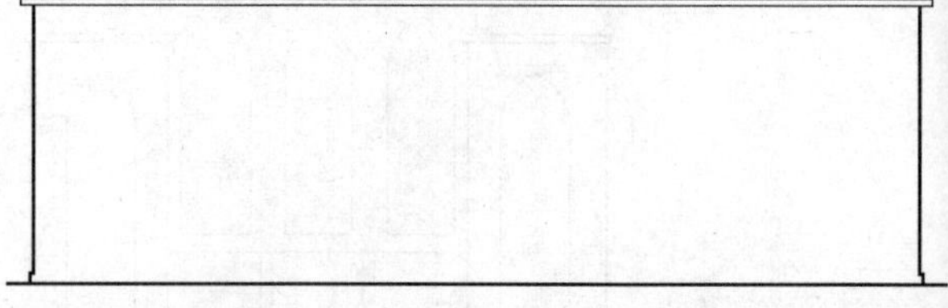

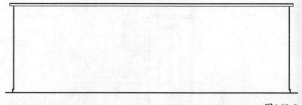

图169-8

练习169

练习位置	DVD>练习文件>第6章>练习169
难易指数	★☆☆☆☆
技术掌握	巩固“直线”、“矩形”、“多段线”、“偏移”和“复制”等命令的使用方法。

操作指南

参照“实战169 教学楼立面图1”案例进行制作。

首先，执行“绘图>直线”与“修改>偏移”命令，绘制辅助线，然后，执行“绘图>直线”、“绘图>矩形”、“绘图>多段线”与“修改>复制”命令，绘制地平线和墙体轮廓。练习的最终效果如图169-9所示。

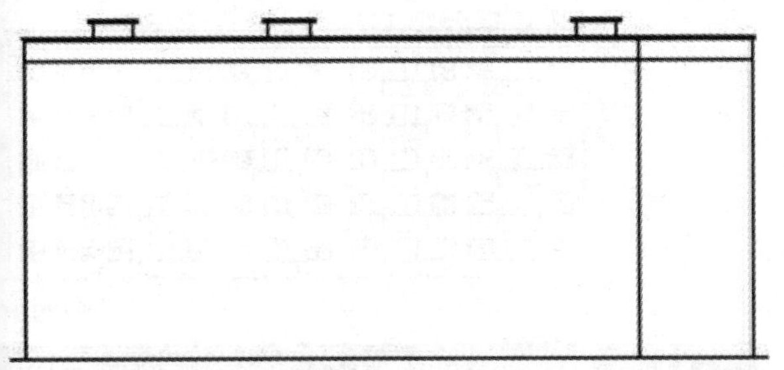

图169-9

实战170　教学楼立面图2

原始文件位置	DVD>原始文件>第6章>实战170 原始文件-1、实战170 原始文件-2
实战位置	DVD>实战文件>第6章>实战170
视频位置	DVD>多媒体教学>第6章>实战170
难易指数	★★☆☆☆
技术掌握	掌握"直线"、"矩形"、"多线"、"复制"、"移动""分解"、"偏移"和"延伸"等命令。

实战介绍

运用"多线"命令，绘制内轮廓线；利用"复制"与"移动"命令，绘制窗户；利用"直线"与"矩形"命令，绘制门；利用"分解"、"偏移"与"延伸"命令，绘制雨篷和台阶。本例最终效果如图170-1所示。

图170-1

制作思路

- 绘制内轮廓线和窗户。
- 绘制门、雨篷和台阶，完成教学楼立面图2的绘制并将其保存。

制作流程

教学楼立面图2的制作流程如图170-2所示。

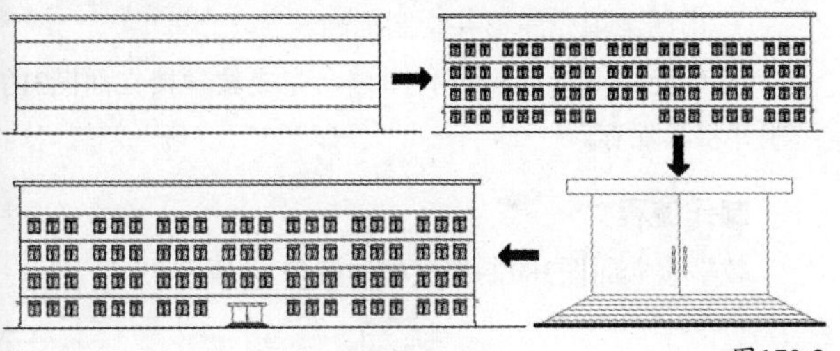

图170-2

1．绘制内轮廓线和窗户

01 打开AutoCAD 2013中文版软件，执行"文件>打开"命令，打开原始文件中的"实战170 原始文件-1"图形。

02 新建"内轮廓线"层并将该层设置为当前层。

03 打开"辅助线"层，执行"绘图>多线"命令，绘制内轮廓线，如图170-3所示。

命令行提示如下：

```
命令：_mline
当前设置：对正 = 上，比例 = 20.00，样式 = STANDARD
指定起点或 [对正(J)/比例(S)/样式(ST)]:  s
输入多线比例 <20.00>:  150
当前设置：对正 = 上，比例 = 150.00，样式 = STANDARD
指定起点或 [对正(J)/比例(S)/样式(ST)]:
指定下一点：
指定下一点或 [放弃(U)]:
命令：
MLINE
当前设置： 对正 = 上，比例 = 150.00，样式 = STANDARD
指定起点或 [对正(J)/比例(S)/样式(ST)]:
指定下一点：
指定下一点或 [放弃(U)]:
……
```

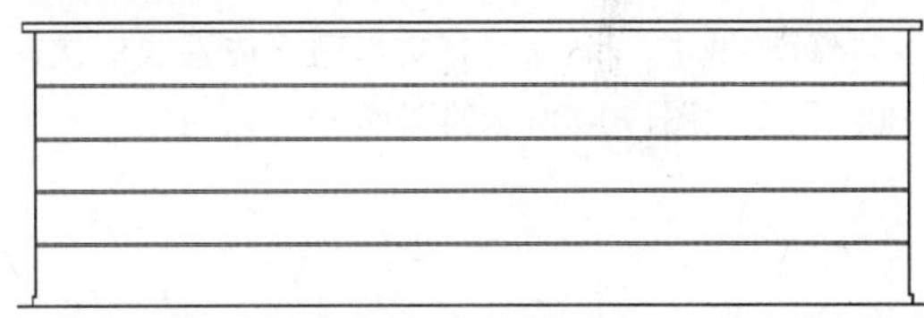

图170-3

04 将"门窗"层设置为当前层，打开原始文件中的"实战170 原始文件-2"图形执行"修改>复制"和"修改>移动"命令，将其放入本例立面图中合适的位置，如图170-4所示。

图170-4

05 执行"修改>复制"命令，将窗户复制到合适的位置，结果如图170-5所示。

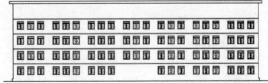

图170-5

2．绘制门、雨篷和台阶

01 将"门"层设置为当前层，执行"绘图>矩形"和"绘图>直线"命令，绘制入口的门。

02 将“雨蓬”层设置为当前层，执行“绘图>直线”命令，绘制门上的雨蓬，结果170-6所示。

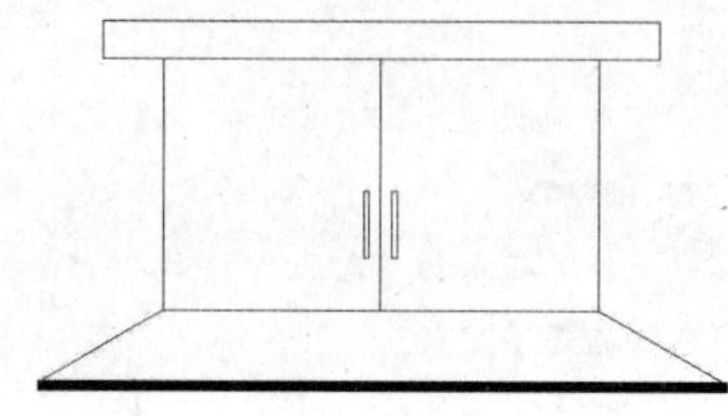

图170-6

03 将“台阶”层设置为当前层，执行“绘图>直线”命令，绘制如图170-7所示的直线。

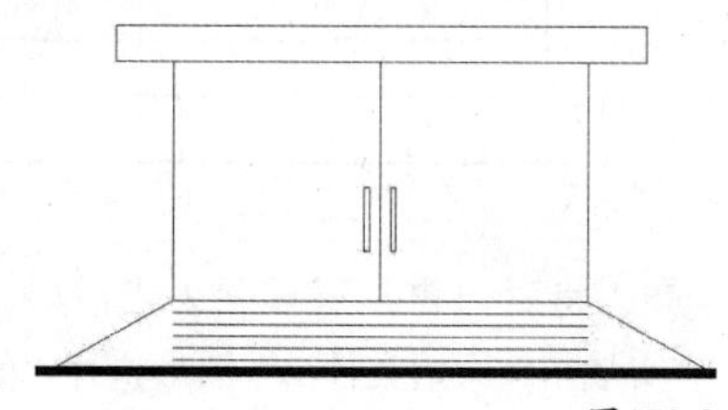

图170-7

04 执行“修改>分解”命令，将门的矩形分解，再执行“修改>偏移”命令，将矩形的下边直线依次向下偏移100，得到如图170-8所示的图形。

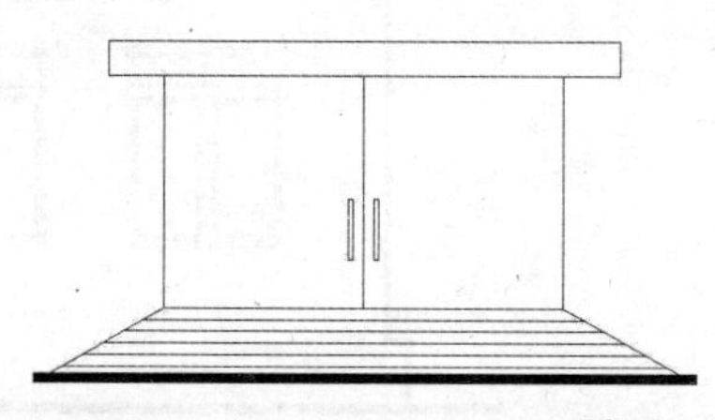

图170-8

05 利用“修改”工具栏中的“延伸”命令，使直线与斜线相交，如图109-7所示。

图170-9

练习170

原始文件位置	DVD>原始文件>第6章>练习170原始文件
练习位置	DVD>练习文件>第6章>练习170
难易指数	★☆☆☆☆
技术掌握	巩固“直线”、“矩形”、“复制”、“修剪”和“镜像”等命令的使用方法。

操作指南

参照“实战170 教学楼立面图2”案例进行制作。

首先，执行“修改>复制”、“修改>镜像”与“修改>移动”命令，绘制窗户，然后，执行“绘图>直线”、“绘图>矩形”、“修改>修剪”与“修改>复制”命令，绘制阳台和阳台门。练习的最终效果如图170-10所示。

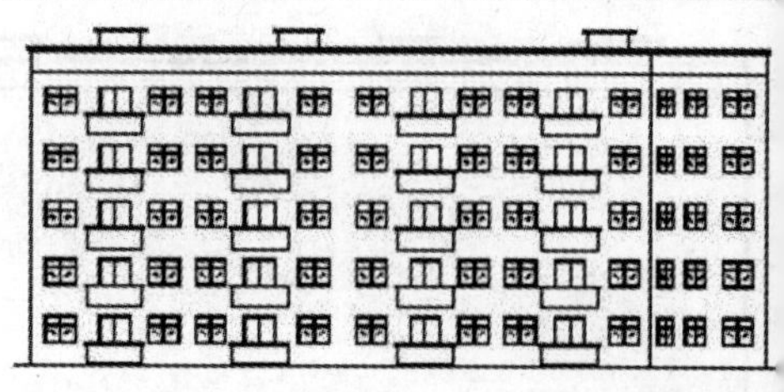

图170-10

实战171 教学楼立面图3

原始文件位置	DVD>原始文件>第6章>实战171原始文件-1、实战171原始文件-2
实战位置	DVD>实战文件>第6章>实战171
视频位置	DVD>多媒体教学>第6章>实战171
难易指数	★★☆☆☆
技术掌握	掌握“直线”、“标注”、“多行文字”、“图案填充”、“创建块”和“插入块”等命令。

实战介绍

运用“图案填充”命令，填充墙体；利用“直线”命令与“极轴追踪”功能，绘制标高；利用“多行文字”与“标注”命令，添加文字注释并标注尺寸；利用“创建块”与“延伸”命令，添加标高和图幅。本例最终效果如图171-1所示。

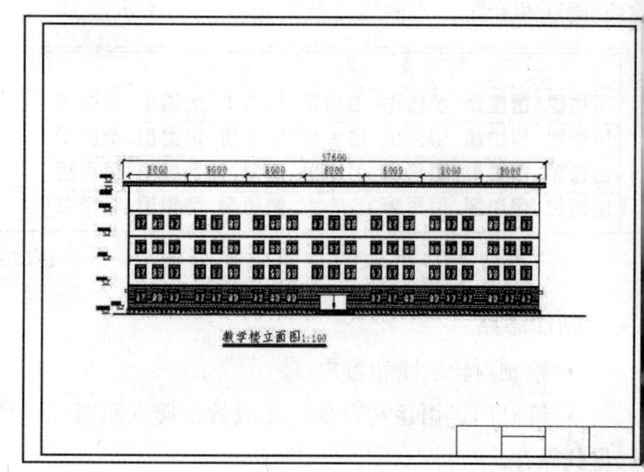

图171-1

制作思路

- 用图案填充图形并绘制标高。
- 创建块并插入标高和图幅，完成教学楼立面图3的绘制并将其保存。

制作流程

教学楼立面图3的制作流程如图171-2所示。

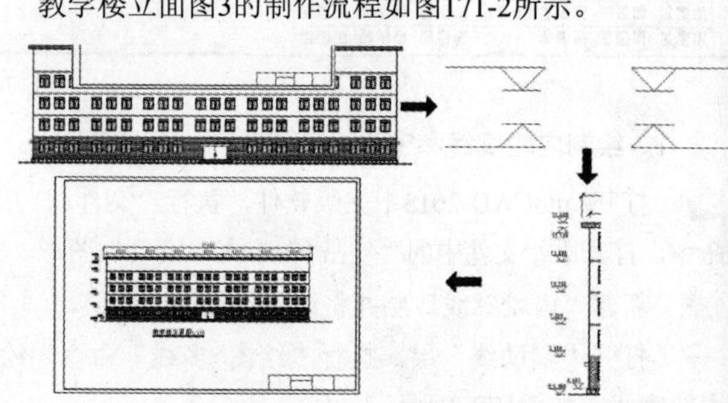

图171-2

1. 用图案填充图形并绘制标高

01 打开AutoCAD 2013中文版软件，打开原始文件中的“实战171 原始文件-1”图形。

02 将“图案填充”层设置为当前层，线型为ontinuous，线宽为默认即可。

03 执行“绘图>图案填充”命令，弹出“图案填充和渐变色”对话框，如图171-3所示。

04 单击“图案”下拉列表后的按钮...，弹出“填充图案选项板”对话框，在对话框的“其他预定义”选项卡下选择图案AR-B816C。单击“确定”按钮后，返回“边界图案填充”对话框。单击“确定”按钮，为立面图填充图案。填充效果如图171-4所示。

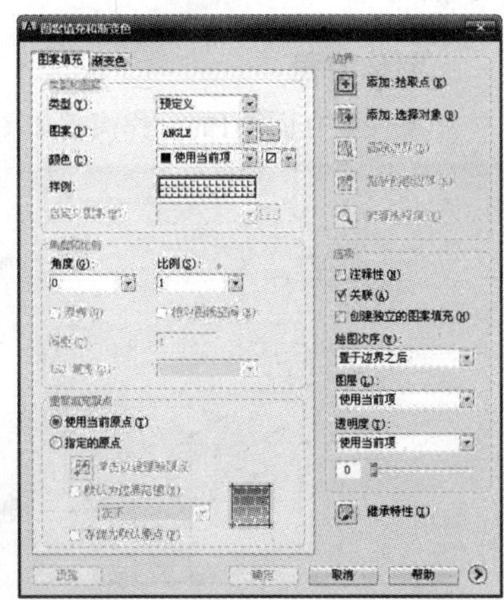

图171-3

图171-4

05 将“标注”层设置为当前层。执行“标注>线性”和“标注>连续”命令，对立面图进行尺寸标注。

06 右键单击“极轴追踪”按钮，弹出“草图设置”对话框，参数设置如图171-5所示。

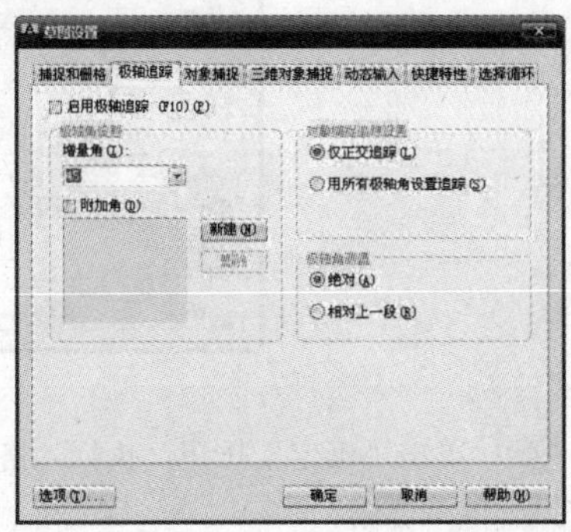

图171-5

07 单击“确定”按钮，执行“绘图>直线”命令，绘制如图171-6所示的图形。

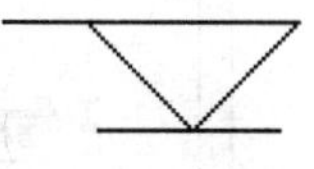

图171-6

08 执行“绘图>多行文字”命令，对标高添加文字注释。

技巧与提示

在“图层”下拉列表中选择“标注”图层为当前层，我国的建筑对标高有一定的图例和标准，如图171-7所示。

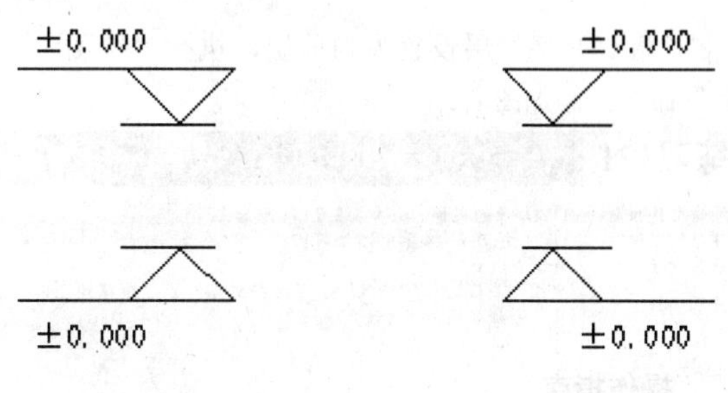

图171-7

2. 创建块并插入标高和图幅

01 执行“绘图>创建块”命令，将标高存储为块，再执行“插入>块”命令，将标高插入到立面图的合适的位置，结果如图171-8所示。

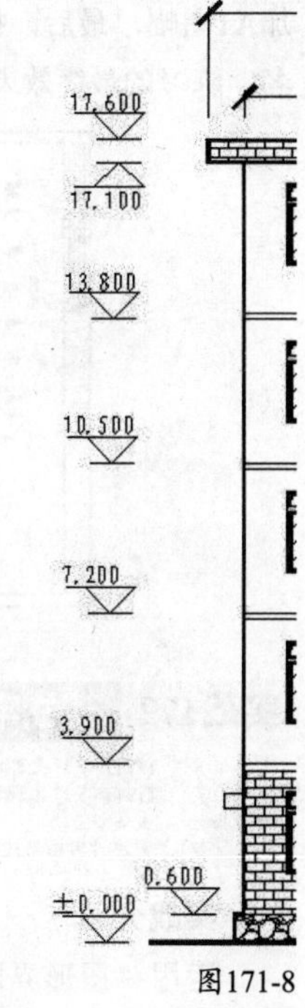

图171-8

02 打开原始文件中的“实战171 原始文件-2”图形，为该立面图添加A1图幅，结果如图171-9所示。

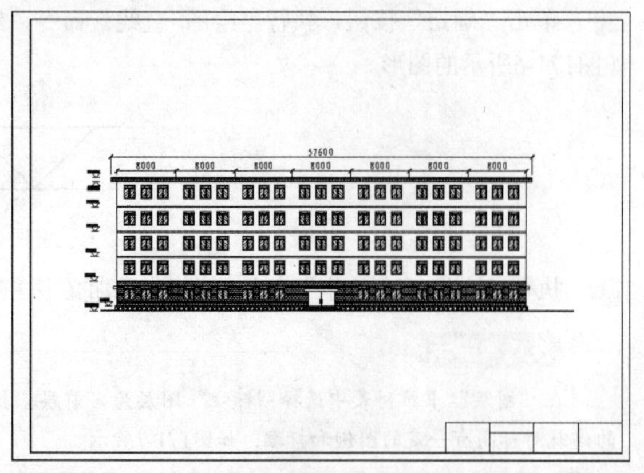

图171-9

03 将“文字”层设置为当前层，执行“绘图>多行文字”命令，添加图名。

练习171

原始文件位置	DVD>原始文件>第6章>练习171 原始文件
练习位置	DVD>练习文件>第6章>练习171
难易指数	★☆☆☆☆
技术掌握	巩固“直线”、“标注”、“多行文字”、“创建块”和“插入块”等命令的使用方法。

操作指南

参照“实战171 教学楼立面图3”案例进行制作。

首先，执行“绘图>直线”命令，绘制标高，接着，执行“绘图>多行文字”、“标注>线性”与“标注>连续”命令，添加文字并对尺寸进行标注，然后，执行“绘图>创建块”与“插入>块”命令，将标高创建成块并添加A1图幅，最后，执行“绘图>多行文字”命令，添加图名。练习的最终效果如图171-10所示。

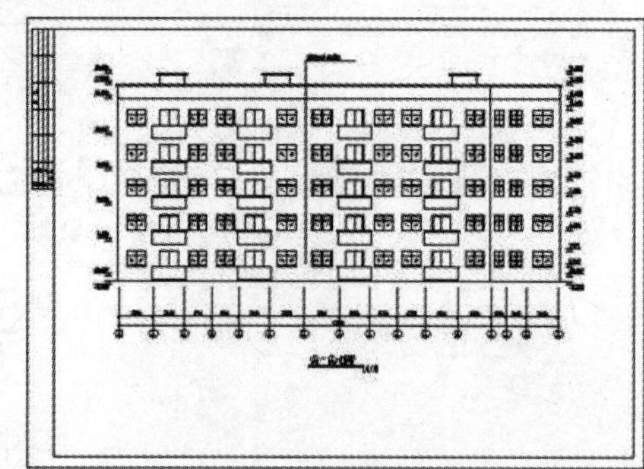

图171-10

实战172 某住宅立面图1

实战位置	DVD>实战文件>第6章>实战172
视频位置	DVD>多媒体教学>第6章>实战172
难易指数	★★☆☆☆
技术掌握	掌握“图形界限”、“直线”、“多线”和“偏移”等命令。

实战介绍

运用“图形界限”命令，设置绘图环境；利用“直线”、“多线”与“偏移”命令，绘制立面图轮廓。本例最终效果如图172-1所示。

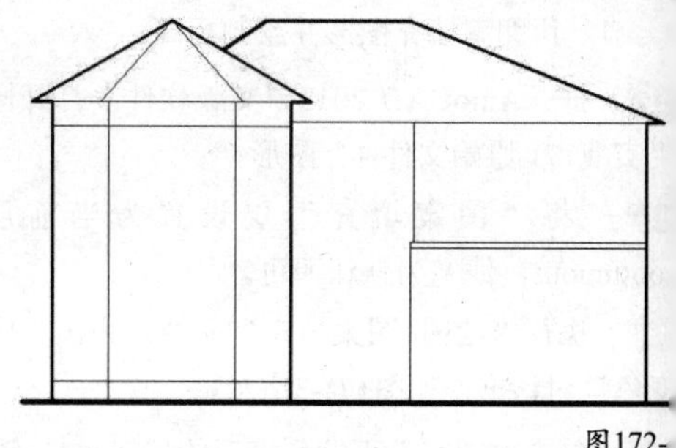

图172-1

制作思路

- 绘制辅助线。
- 绘制立面图轮廓，完成某住宅立面图1的绘制并将其保存。

制作流程

某住宅立面图1的制作流程如图172-2所示。

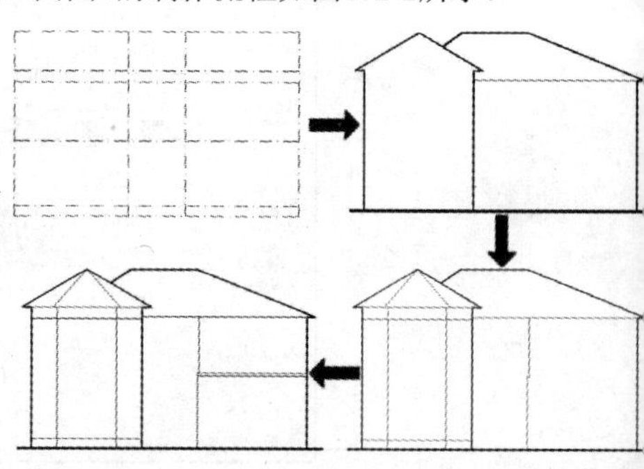

图172-2

1. 绘制辅助线

01 打开AutoCAD 2013中文版软件，执行“格式>单位”命令，弹出“图形单位”对话框，参数设置如图172-3所示。

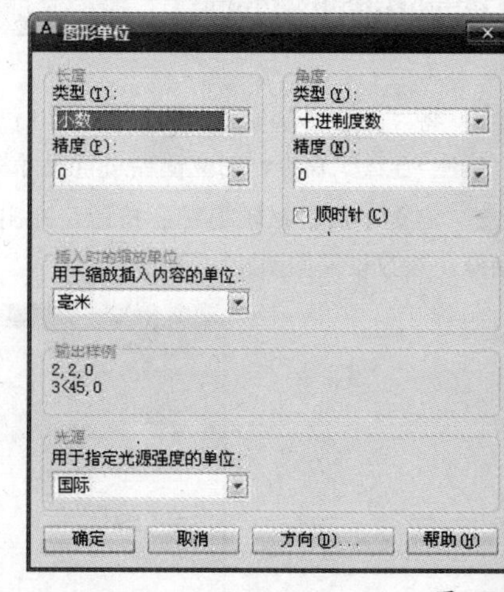

图172-3

02 单击“确定”按钮，执行“格式>图形界限”命令，设置图形界限。

命令行提示如下：

```
命令: '_limits
重新设置模型空间界限:
指定左下角点或 [开(ON)/关(OFF)] <0,0>:
指定右上角点 <420,297>: 29700,21000
```

03 执行“视图>缩放>全部”命令。

04 执行“格式>图层”命令，弹出“图层特性管理器”对话框，新建图层如图172-4所示。

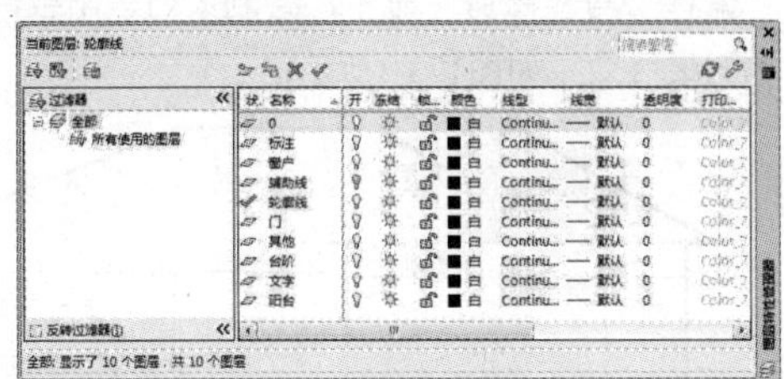

图172-4

05 关闭“图层特性管理器”对话框。

06 执行“格式>文字样式”命令，新建“文字”样式。

07 执行“格式>标注样式”命令，新建“标注”样式。

08 将“辅助线”层设置为当前层，加载线型“Dash dot”，再执行“绘图>直线”和“修改>偏移”命令，绘制辅助线，如图172-5所示。

图172-5

2. 绘制立面图轮廓

01 将“轮廓线”层设置为当前层，设置线型为“Continuous”。

02 执行“格式>线宽”命令，设置线宽为0.5mm，执行“绘图>直线”命令，绘制地平线。

03 再次执行“格式>线宽”命令，设置线宽为0.3mm，执行“绘图>直线”命令，绘制如图172-6所示的图形。

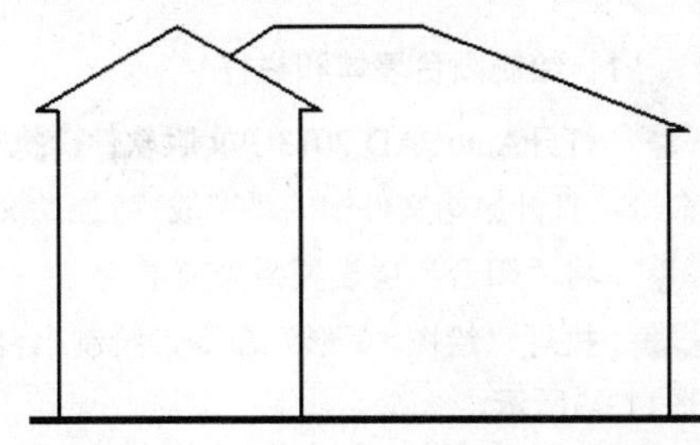

图172-6

04 执行“格式>线宽”命令，设置线宽为默认线宽，绘制如图172-7所示的图形。

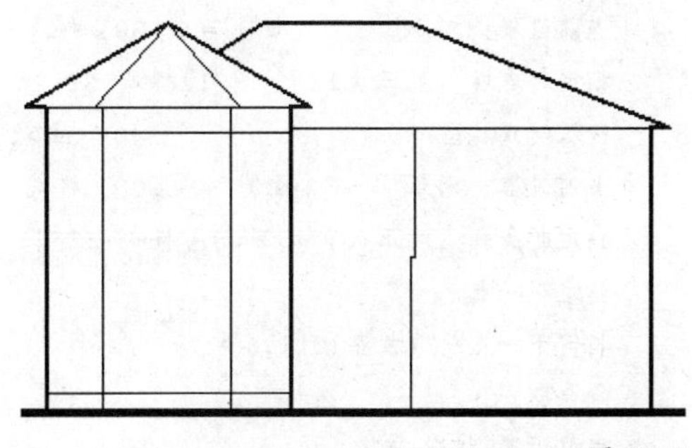

图172-7

05 执行“格式>线宽”命令，新建多线样式“多线”，如图172-8所示。

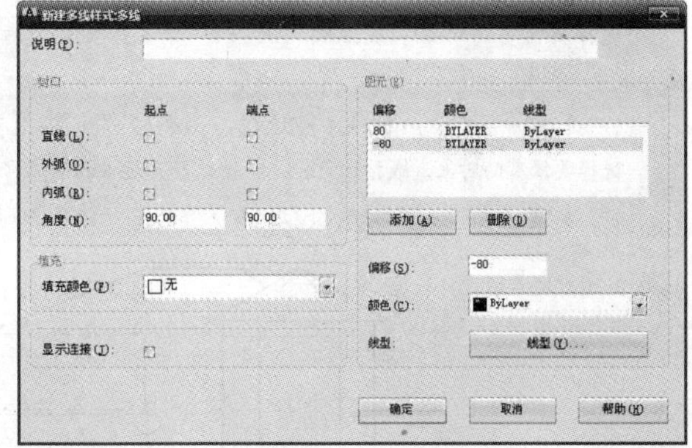

图172-8

06 单击“确定”按钮，返回“多线样式”对话框，“预览”框中将显示出设置的多线样式，如图172-9所示。

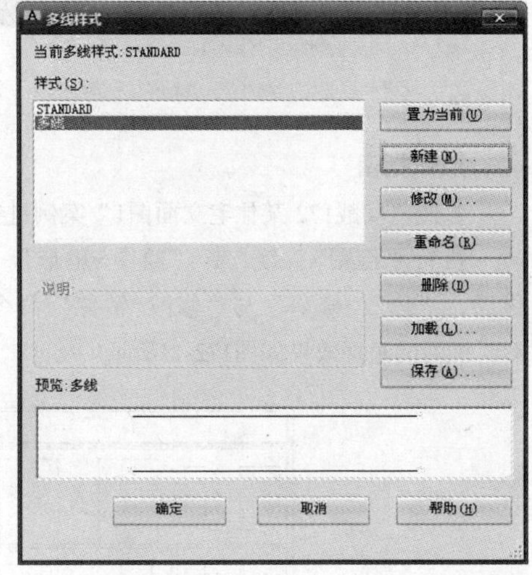

图172-9

07 单击“确定”按钮，执行“绘图>多线”命令，绘制凸出的墙，再执行“修改>修剪”命令，修剪掉多余的直线，如图172-10所示。

命令行提示如下：

```
命令：_mline
当前设置：对正 = 上，比例 = 1.00，样式 = 多线
指定起点或 [对正(J)/比例(S)/样式(ST)]： j
输入对正类型 [上(T)/无(Z)/下(B)] <上>： b
当前设置：对正 = 下，比例 = 1.00，样式 = 多线
指定起点或 [对正(J)/比例(S)/样式(ST)]：
指定下一点：
指定下一点或 [放弃(U)]：
命令：_trim
当前设置:投影=UCS，边=无
选择剪切边...
选择对象或 <全部选择>： 指定对角点：找到 4 个
选择对象：
选择要修剪的对象，或按住 Shift 键选择要延伸的对象，或
[栏选(F)/窗交(C)/投影(P)/边(E)/删除(R)/放弃(U)]：
选择要修剪的对象，或按住 Shift 键选择要延伸的对象，或
[栏选(F)/窗交(C)/投影(P)/边(E)/删除(R)/放弃(U)]：
```

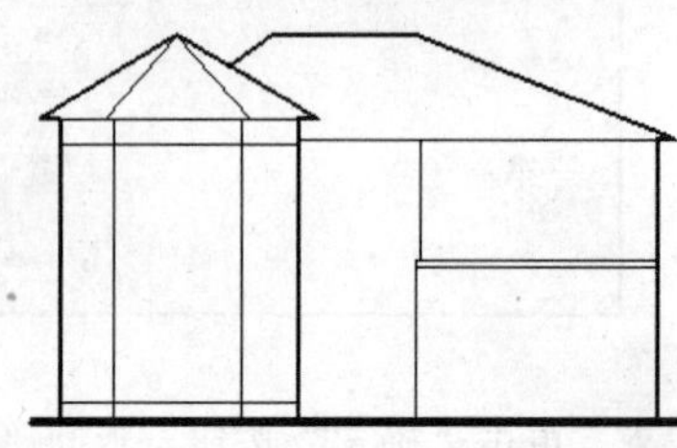

图172-10

练习172

练习位置	DVD>练习文件>第6章>练习172
难易指数	★☆☆☆☆
技术掌握	巩固"直线"、"矩形"、"偏移"、"修剪"和"镜像"等命令的使用方法。

操作指南

参照"实战172 某住宅立面图1"案例进行制作。

执行"绘图>直线"、"绘图>矩形"、"修改>偏移"、"修改>修剪"与"修改>镜像"命令，绘制标图形。练习的最终效果如图172-11所示。

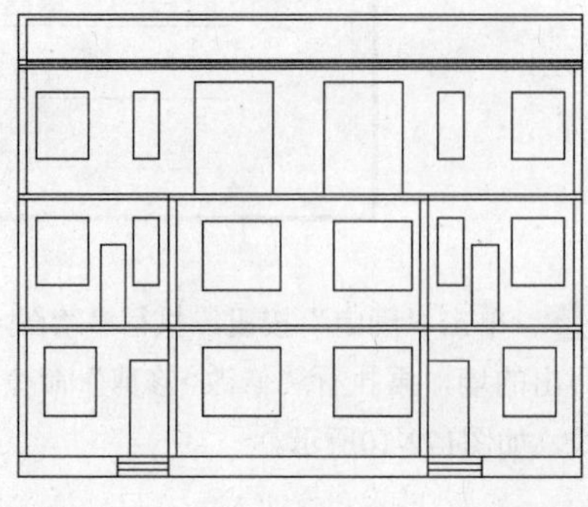

图172-11

实战173 某住宅立面图2

原始文件位置	DVD>原始文件>第6章>实战173 原始文件-1、实战173 原始文件-2
实战位置	DVD>实战文件>第6章>实战173
视频位置	DVD>多媒体教学>第6章>实战173
难易指数	★★☆☆☆
技术掌握	掌握"直线"、"矩形"、"样条曲线"、"偏移"、"镜像"、"阵列"和"修剪"等命令。

实战介绍

运用"矩形"、"样条曲线"、"镜像"与"阵列"命令，设置阳台墙体和栏杆；利用"直线"、"矩形"、"偏移"与"修剪"命令，绘制大门、阳台门和卷帘门。本例最终效果如图173-1所示。

图173-

制作思路

- 绘制阳台墙体和栏杆。
- 绘制大门、阳台门和卷帘门，完成某住宅立面图2的绘制并将其保存。

制作流程

某住宅立面图2的制作流程如图173-2所示。

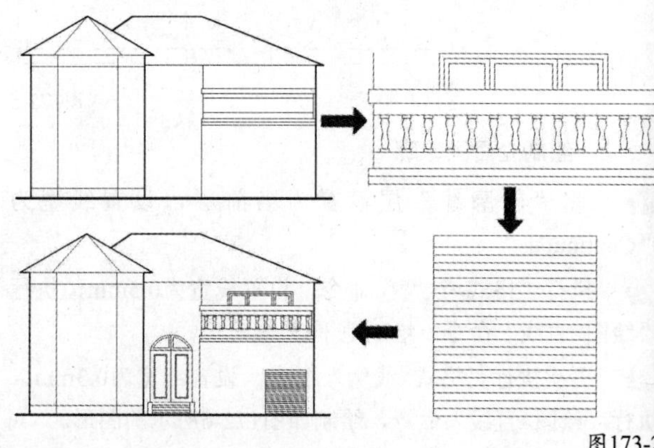

图173-2

1．绘制阳台墙体和栏杆

01 打开AutoCAD 2013中文版软件，执行"文件>打开"命令，打开原始文件中的"实战173 原始文件-1"图形。

02 将"阳台"层设置为当前层。

03 执行"绘图>矩形"命令，绘制阳台的墙体部分，如图173-3所示。

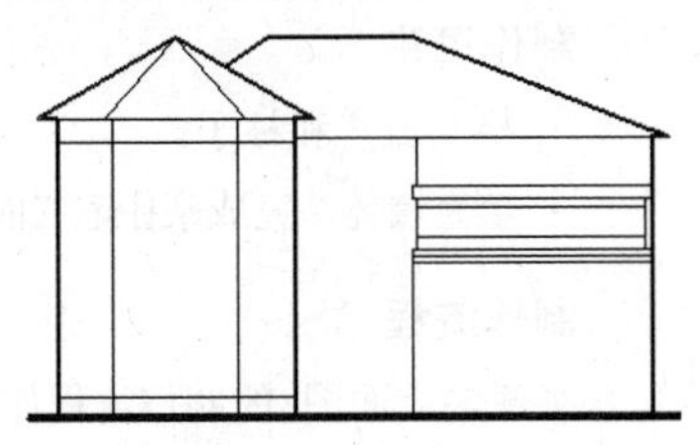

图173-3

04 执行“绘图>矩形”和“绘图>样条曲线”命令，绘制阳台栏杆，如图173-4所示。

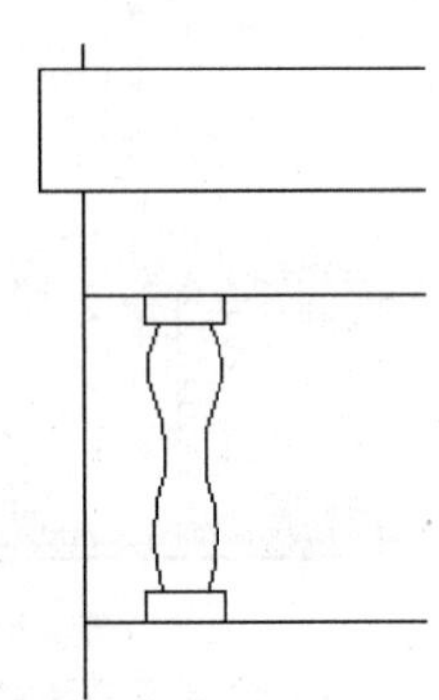

图173-4

05 在命令行中输入“ARRAYCLASSI C”，弹出“阵列”对话框，单击“选择对象”按钮，选择绘制的栏杆，按回车键后，返回“阵列”对话框，其他设置如图173-5所示。

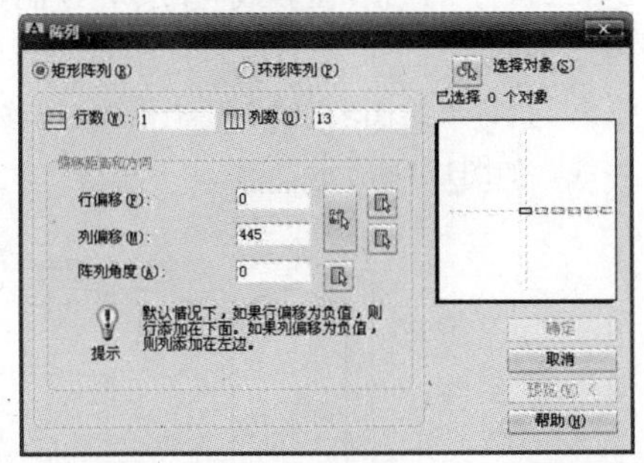

图173-5

06 单击“确定”按钮，可得到阵列效果，如图173-6所示。

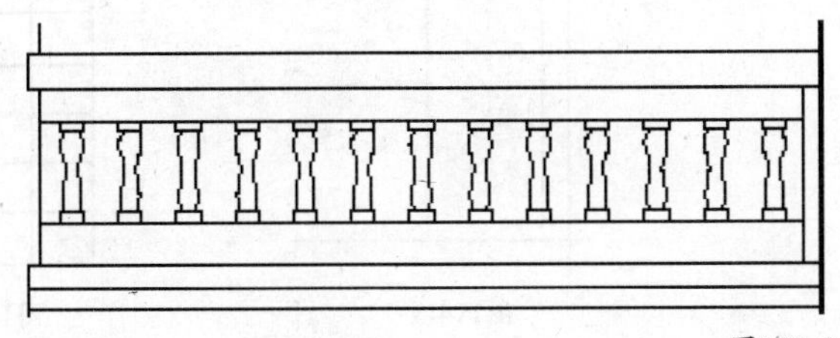

图173-6

2. 绘制大门、阳台门和卷帘门

01 将“门”层设置为当前层。

02 打开原始文件中的“实战173 原始文件-2”图形，执行“修改>复制”、“修改>缩放”和“修改>移动”命令，将门放到合适的位置。

03 关闭“阳台”层，执行“绘图>矩形”和“修改>偏移”命令，绘制如图173-7所示的门。

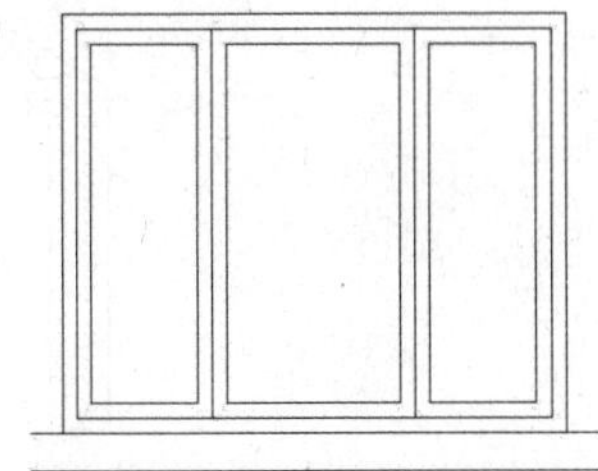

图173-7

04 打开“阳台”层，执行“修改>修剪”命令，修剪阳台与门重合的部分，如图173-8所示。

图173-8

05 执行“绘图>矩形”、“ 绘图>直线”命令，在命令行中输入“ARRAYCLASSIC”，绘制卷帘门，如图173-9所示。

图173-9

06 将“台阶”层设置为当前层，执行“绘图>矩形”命令，绘制台阶两侧的石基。

命令行提示如下：

```
命令: _rectang
指定第一个角点或 [倒角(C)/标高(E)/圆角(F)/厚度(T)/宽度(W)]: from
基点: <偏移>: @-120,0
指定另一个角点或 [面积(A)/尺寸(D)/旋转(R)]: @240,-653
命令:
命令:
命令: _mirror
选择对象: 找到 1 个
选择对象:
指定镜像线的第一点: 指定镜像线的第二点:
要删除源对象吗? [是(Y)/否(N)] <N>:
```

07 执行“绘图>直线”和“修改>偏移”命令，绘制台阶，结果如图173-10所示。

图173-10

练习173

原始文件位置	DVD>实战文件>第6章>练习173 原始文件
练习位置	DVD>练习文件>第6章>练习173
难易指数	★☆☆☆☆
技术掌握	巩固“直线”、“矩形”、“偏移”、“修剪”、“删除”和“镜像”等命令的使用方法。

操作指南

参照“实战173 某住宅立面图2”案例进行制作。

执行“绘图>直线”、“绘图>矩形”、“修改>偏移”、“修改>修剪”、“修改>删除”与“修改>镜像”命令，绘制图形。练习的最终效果如图173-11所示。

图173-11

实战174 某住宅立面图3

原始文件位置	DVD>原始文件>第6章>实战174原始文件-1、实战174原始文件-2
实战位置	DVD>实战文件>第6章>实战174
视频位置	DVD>多媒体教学>第6章>实战174
难易指数	★★☆☆☆
技术掌握	掌握“直线”、“矩形”、“圆弧”、“多段线”、“偏移”、“镜像”、“修剪”和“图案填充”等命令。

实战介绍

运用“直线”、“矩形”、“圆弧”、“多段线”、“偏移”、“镜像”与“修剪”命令，绘制窗户和柱子；利用“图案填充”命令，填充墙体。本例最终效果如图174-1所示。

图174-1

制作思路

- 绘制窗户和柱子。
- 填充墙体，完成某住宅立面图3的绘制并将其保存。

制作流程

某住宅立面图3的制作流程如图174-2所示。

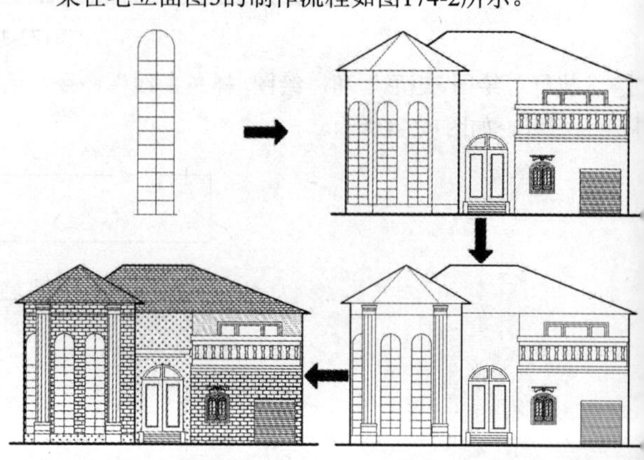

图174-2

1. 绘制窗户和柱子

01 打开AutoCAD 2013中文版软件，执行“文件>打开”命令，打开原始文件中的“实战174 原始文件-1”图形。

02 将“窗户”层设置为当前层。

03 执行“绘图>多段线”命令，绘制如图174-3所示的窗户轮廓。

04 执行“绘图>直线”和“修改>偏移”命令，绘制窗格线，如图174-4所示。

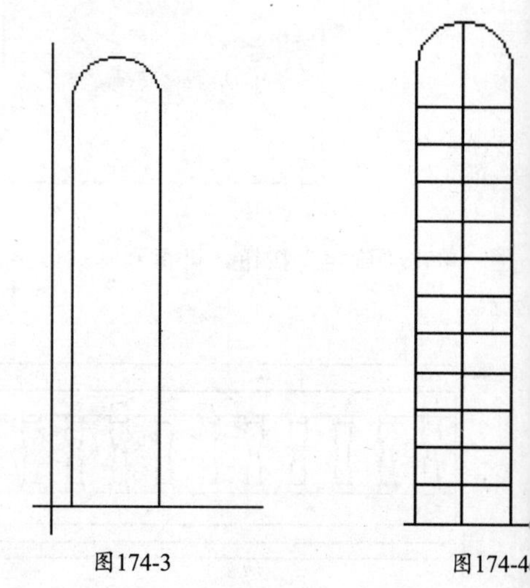

图174-3　图174-4

05 执行“修改>复制”或“修改>镜像”命令，绘制其他窗户。

06 将原始文件中的“实战174 原始文件-2”图形调入后，执行“修改>复制”和“修改>缩放”等命令，将其放到本例合适的位置，如图174-5所示。

图174-5

07 新建“柱子”层并将其设置为当前层。

08 执行“绘图>矩形”和“绘图>圆弧”命令，绘制柱子的台基，如图174-6所示。

09 执行“绘图>直线”和“修改>偏移”命令，绘制柱子部分。

10 执行“绘图>直线”和“绘图>矩形”命令，绘制柱子的顶部，执行“修改>修剪”命令，修剪掉多余的直线，结果如图174-7所示。

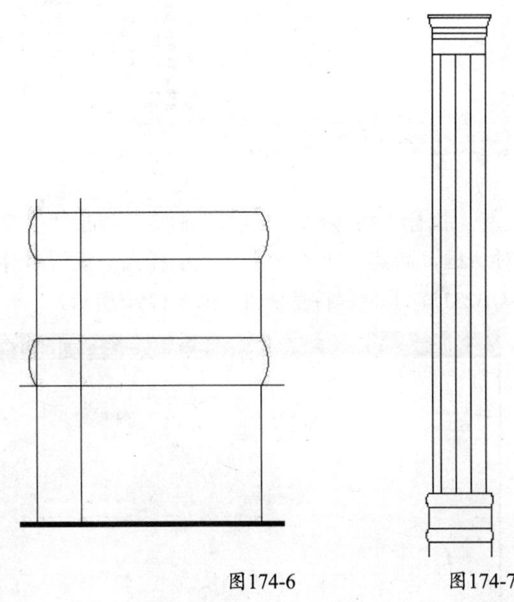
图174-6 图174-7

11 执行“修改>复制”命令，将柱子复制到另一侧，再执行“修改>修剪”命令，修剪掉多余的线段，如图174-8所示。

图174-8

2. 填充墙体

01 将“其他”层设置为当前层。

02 执行“绘图>直线”和“绘图>矩形”命令，绘制门前的雨篷。

03 执行“绘图>图案填充”命令，对墙面进行填充，结果如图174-9所示。

图174-9

练习174

原始文件位置	DVD>原始文件>第6章>练习174 原始文件
练习位置	DVD>练习文件>第6章>练习174
难易指数	★☆☆☆☆
技术掌握	巩固“直线”、“矩形”、“偏移”、“修剪”、“删除”、“镜像”和“图案填充”等命令的使用方法。

操作指南

参照“实战174 某住宅立面图3”案例进行制作。

执行“绘图>直线”、“绘图>矩形”、“修改>偏移”、“修改>修剪”、“修改>删除”、“修改>镜像”与“绘图>图案填充”命令，绘制阳台栏杆和围墙。练习的最终效果如图174-10所示。

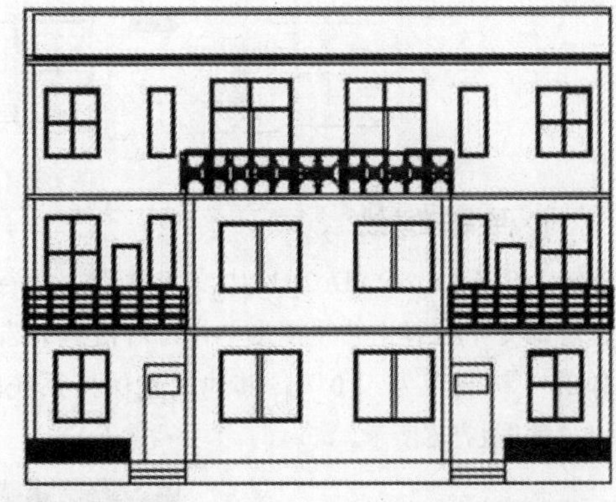
图174-10

实战175 小区楼房剖面图1

实战位置	DVD>实战文件>第6章>实战175
视频位置	DVD>多媒体教学>第6章>实战175
难易指数	★★☆☆☆
技术掌握	掌握“图形界限”、“直线”、“多线”、“偏移”、“分解”和“修剪”等命令。

实战介绍

运用“图形界限”命令，设置绘图环境；利用“直线”与“偏移”命令，绘制辅助线；利用“直线”与“修剪”命令，绘制地平线和台阶；利用“多线”、“分解”与“修剪”命令，绘制墙体和楼板体。本例最终效果如图175-1所示。

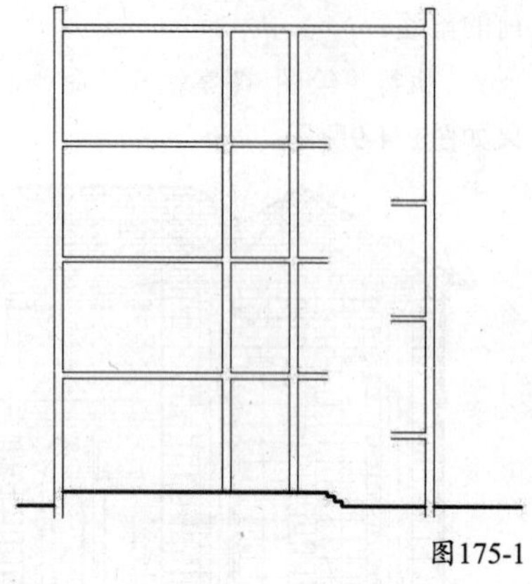

图175-1

制作思路

• 绘制辅助线。

• 绘制地平线、台阶、墙体和楼板体，完成小区楼房剖面图1的绘制并将其保存。

制作流程

小区楼房剖面图1的制作流程如图175-2所示。

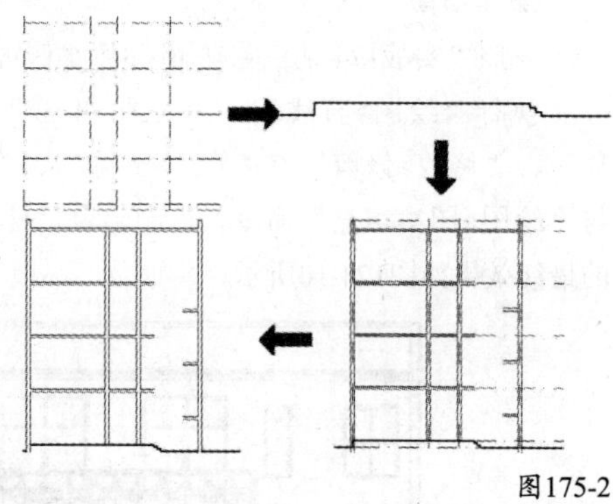

图175-2

1. 绘制辅助线

01 打开AutoCAD 2013中文版软件，执行“格式>单位”命令，在弹出的“图形单位”对话框中选择“长度”项的“精度”为“0”，其他设置保持系统默认参数即可，如图175-3所示。

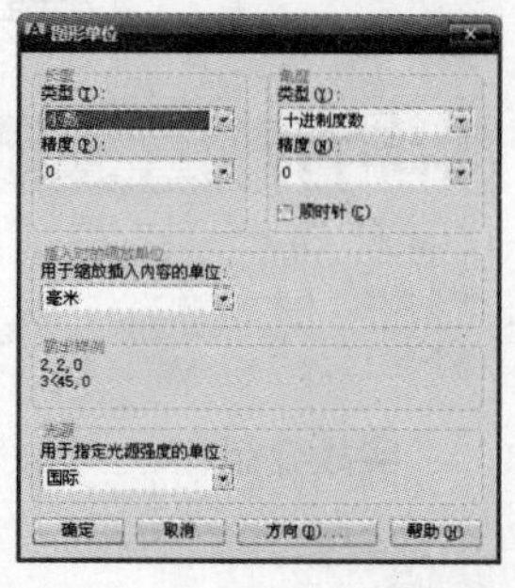

图175-3

02 执行“格式>图形界限”命令或在命令行中输入“Limits”命令。

命令行提示如下：

```
命令：'_limits
重新设置模型空间界限：
指定左下角点或 [开(ON)/关(OFF)] <0,0>:
指定右上角点<420.0000,2114.0000>: 21000,29700
```

03 执行“格式>图层”命令，弹出“图层特性管理器”对话框，单击“新建”按钮，为轴线创建一个图层，设置图层名称为“辅助线”，完成“辅助线”图层的设置。用同样方法依次创建“标注”、“地坪线”、“轮廓线”、“窗户”、“阳台”、“其他”及“文字”等图层，如图175-4所示。

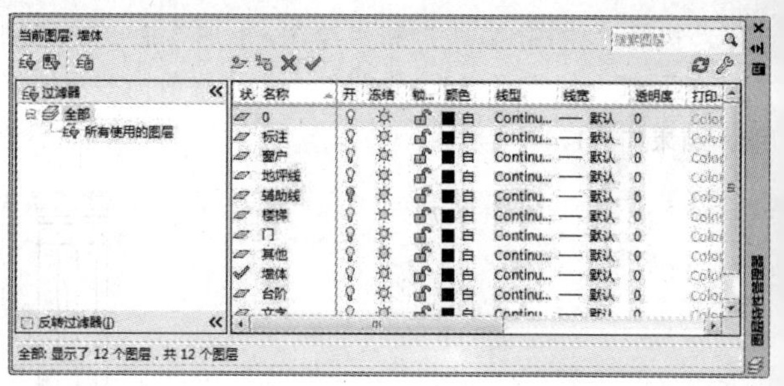

图175-4

04 执行“格式>文字样式”命令，弹出“文字样式”对话框，新建一个“文字”文字样式，设置字体为仿宋-GB2312，其他保持默认值，如图175-5所示。

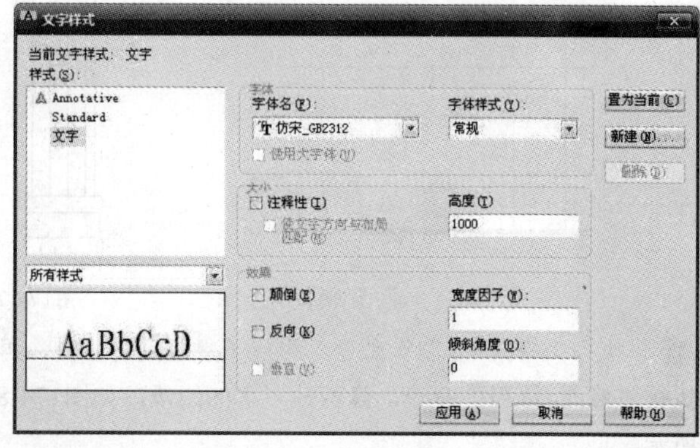

图175-5

05 本例采用的绘图比例为1:100。执行“格式>标注样式”命令，弹出“标注样式”对话框，新建一个“标注”文字样式，在“线”选项卡下设置起点偏移量为5，在“符号和箭头”选项卡下设置箭头为建筑标记，在“文字”选项卡下设置文字样式为文字，在“调整”选项卡下的使用全局比例数值框中输入100，其他设置保持默认即可，如图175-6所示。

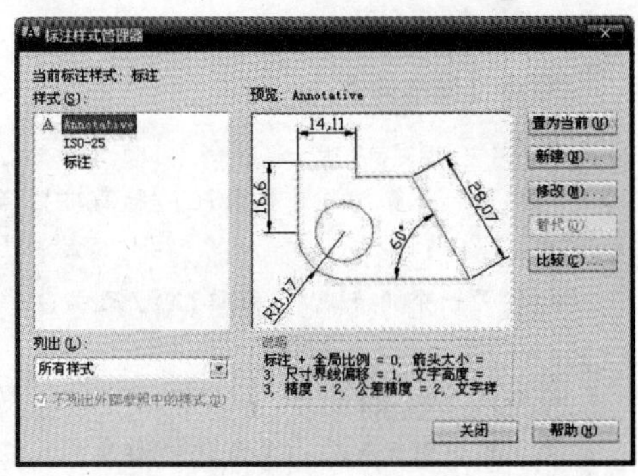

图175-6

06 将“辅助线”层设置为当前层。

07 执行“视图>缩放>全部”命令，使图形显示在绘图区。

08 加载线型“Dash dot”，执行“绘图>直线”命令，绘制水平辅助线，再执行“修改>偏移”命令，将其向上偏移420、3300、3300、3300、3300、600。

09 用相同的方法绘制垂直方向的辅助线，间距从左向右依次为5000、2000、4000，如图175-7所示。

图175-7

2. 绘制地平线、台阶、墙体和楼板体

01 将“地平线”层设置为当前层。

02 执行“格式>线宽”命令，设置线宽为0.3mm。执行“绘图>直线”命令，绘制地平线，如图175-8所示。

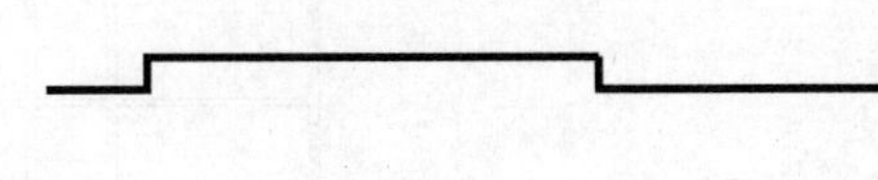

图175-8

03 将“台阶”层设置当前层，执行“绘图>直线”命令，绘制台阶线，再执行“修改>修剪”命令，将其修剪即可，效果如图175-9所示。

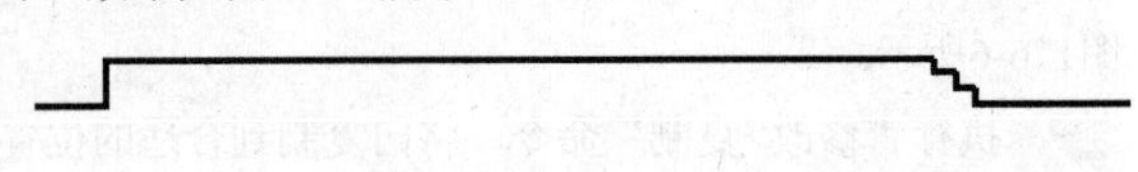

图175-9

04 将“墙体”层设置为当前层。

05 执行“绘图>多线”命令，绘制墙体轮廓线。重复执行“多线”命令，绘制其他轮廓线，如图175-10所示。

06 再次执行“绘图>多线”命令，绘制楼板，然后，运用“多线编辑工具”对话框中的工具对多线进行编辑。执行“绘图>直线”命令，用直线连接多线的端口，再执行“修改>分解”和“修改>修剪”命令，修剪掉多余的直线，如图175-11所示。

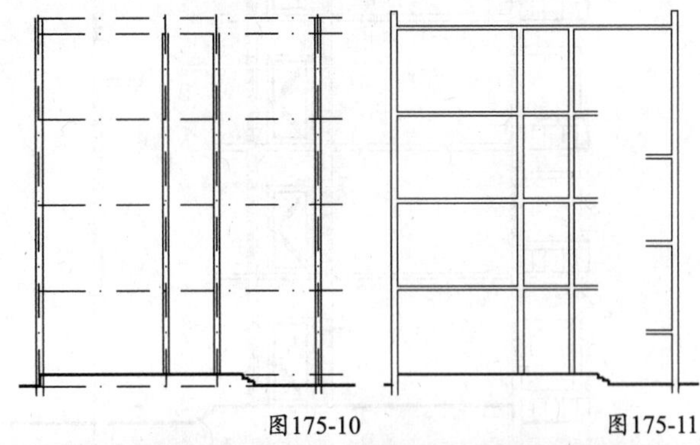

图175-10　　图175-11

练习175

练习位置	DVD>练习文件>第6章>练习175
难易指数	★★★☆☆
技术掌握	巩固“直线”、“矩形”、“偏移”、“修剪”、“删除”、“复制”、“镜像”和“图案填充”等命令的使用方法。

操作指南

参照“实战175 小区楼房剖面图1”案例进行制作。

首先，执行“绘图>直线”、“绘图>矩形”、“修改>偏移”、“修改>修剪”、“修改>删除”、“修改>镜像”和“修改>复制”命令，绘制轮廓；然后，执行“绘图>直线”、“修改>镜像”、“修改>复制”和“绘图>图案填充”命令，绘制楼梯。练习效果如图175-12所示。

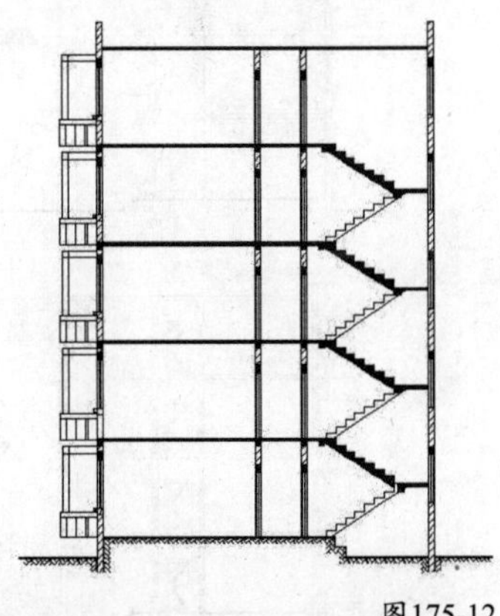

图175-12

实战176　小区楼房剖面图2

原始文件位置	DVD>原始文件>第6章>实战176 原始文件-1、实战176 原始文件-2
实战位置	DVD>实战文件>第6章>实战176
视频位置	DVD>多媒体教学>第6章>实战176
难易指数	★★☆☆☆
技术掌握	掌握“矩形”、“修剪”、“复制”、“分解”、“偏移”、“创建块”和“插入块”等命令。

实战介绍

运用“矩形”、“修剪”、“复制”、“创建块”与“插入块”命令，绘制门窗；利用“矩形”、“分解”、

“偏移”、“创建块”与“插入块”命令，插入门并绘制阳台。本例最终效果如图176-1所示。

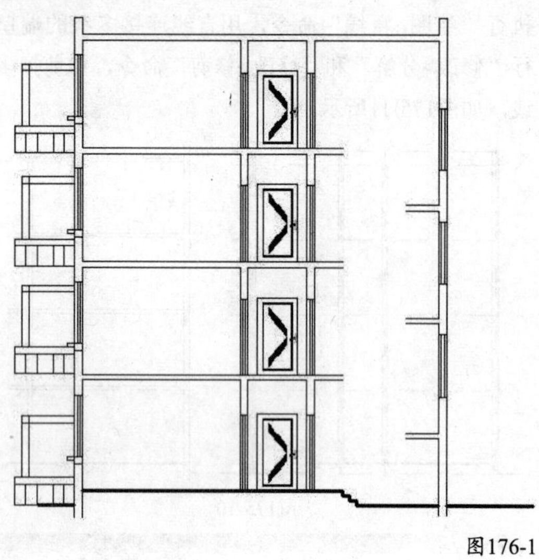

图176-1

制作思路

• 绘制门窗。

• 插入门并绘制阳台，完成小区楼房剖面图2的绘制并将其保存。

制作流程

小区楼房剖面图2的制作流程如图176-2所示。

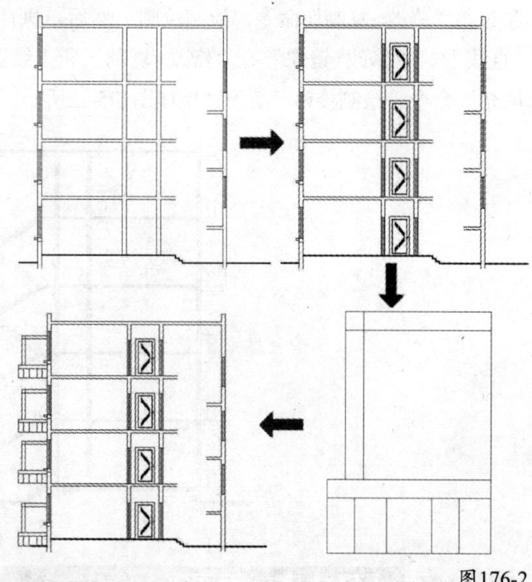

图176-2

1. 绘制门窗

01 打开AutoCAD 2013中文版软件，执行“文件>打开”命令，打开原始文件中的“实战176 原始文件-1”图形。

02 将“窗户”层设置为当前层。

03 根据实战142中的方法，绘制剖面图中的窗户，尺寸为240×1800，如图176-3所示。

04 执行“绘图>矩形”和“修改>修剪”命令，绘制窗台。命令行提示如下：

```
命令: _rectang
指定第一个角点或 [倒角(C)/标高(E)/圆角(F)/厚度(T)/宽度(W)]:
指定另一个角点或 [面积(A)/尺寸(D)/旋转(R)]: @-450,-200
命令: _rectang
指定第一个角点或 [倒角(C)/标高(E)/圆角(F)/厚度(T)/宽度(W)]:
指定另一个角点或 [面积(A)/尺寸(D)/旋转(R)]
```

05 执行“修改>修剪”命令，修剪多余线段，如图176-4所示。

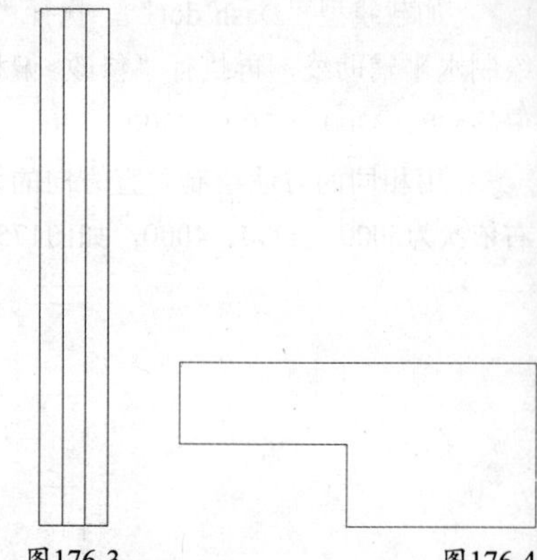

图176-3　　图176-4

06 执行“绘图>创建块”命令，分别将窗与窗台存储为块，再执行“插入>块”命令，将它们插入到合适的位置即可，如图176-5所示。

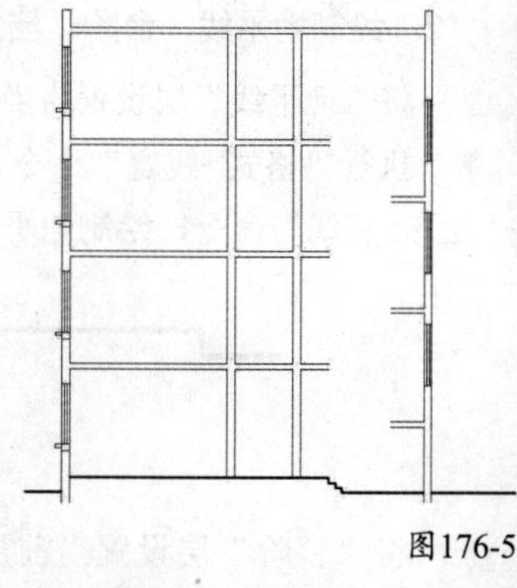

图176-5

07 将“门”层设置为当前层。

08 执行“绘图>矩形”命令，绘制240×2200的门，如图176-6所示。

09 执行“修改>复制”命令，将门复制到合适的位置。

2. 插入门并绘制阳台

01 将原始文件中的“实战176 原始文件-2”图形调入本图形中，再执行“修改>复制”命令，绘制出其他的门，如图176-7所示。

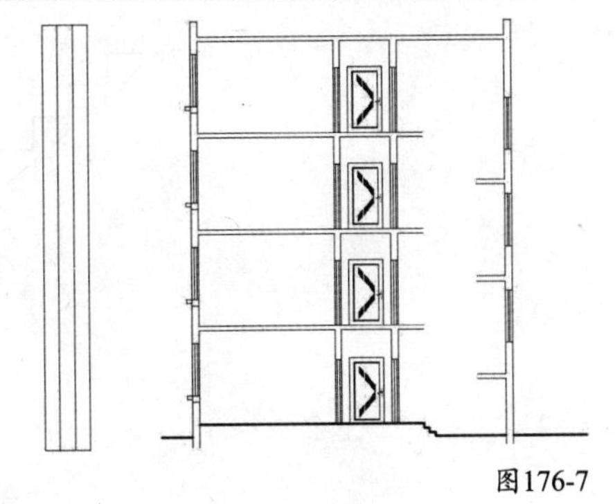

图176-6　　图176-7

02 将“阳台”层设置为当前层。

03 执行“绘图>矩形”、“修改>分解”与“修改>偏移”命令，绘制阳台下方护栏，如图176-8所示。

04 执行“绘图>矩形”、“修改>分解”与“修改>偏移”命令，绘制阳台上的窗户，绘制后的效果如图176-9所示。

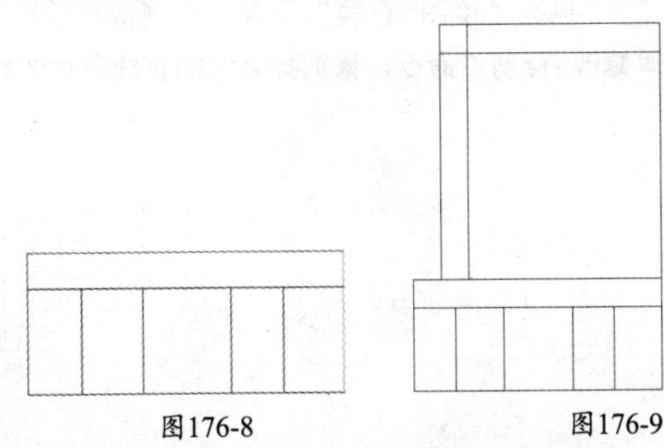

图176-8　　图176-9

05 执行“绘图>创建块”命令， 将阳台存储为块，再执行“插入>块”与“修改>复制”命令，将阳台插到合适的位置，插入阳台后的剖面图如图176-10所示。

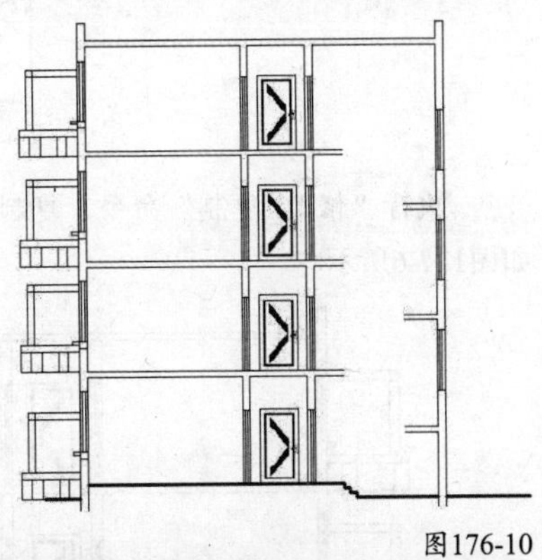

图176-10

练习176

原始文件位置	DVD>原始文件>第6章>练习176 原始文件
练习位置	DVD>练习文件>第6章>练习176
难易指数	★☆☆☆☆
技术掌握	巩固“直线”、“矩形”、“镜像”、“复制”和“多行文字”等命令的使用方法

操作指南

参照“实战176 小区楼房剖面图2”案例进行制作。

首先，执行“绘图>直线”与“修改>复制”命令；绘制楼梯栏杆；然后，执行“绘图>矩形”、“修改>镜像”与“修改>复制”命令，绘制门；最后，执行“绘图>多行文字”命令，添加文字。练习的最终效果如图176-11所示。

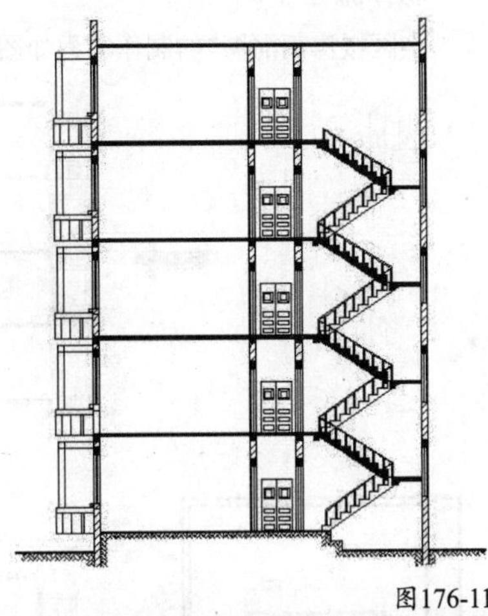

图176-11

实战177 小区楼房剖面图3

原始文件位置	DVD>原始文件>第6章>实战177 原始文件
实战位置	DVD>实战文件>第6章>实战177
视频位置	DVD>多媒体教学>第6章>实战177
难易指数	★★☆☆☆
技术掌握	掌握“直线”、“圆”、“修剪”、“复制”、“偏移”、“图案填充”、“多行文字”、“标注”和“插入块”等命令。

实例介绍

运用“直线”、“偏移”、“修剪”与“复制”命令，绘制楼梯；利用“图案填充”命令，填充图形；利用“直线”、“圆”、“多行文字”、“标注”与“插入块”命令，绘制轴号、标注图形并插入图幅。本例最终效果如图177-1所示。

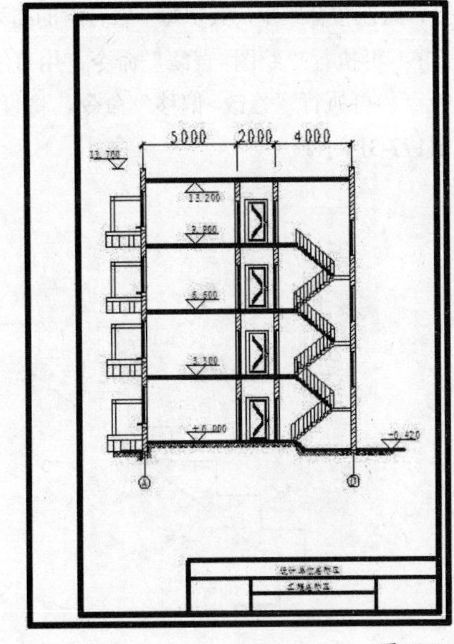

图177-1

制作思路

- 绘制楼梯并用图案填充图形。
- 绘制轴线标号、标注图形并插入图幅，完成小区楼房剖面图3的绘制并将其保存。

制作流程

小区楼房剖面图3的制作流程如图177-2所示。

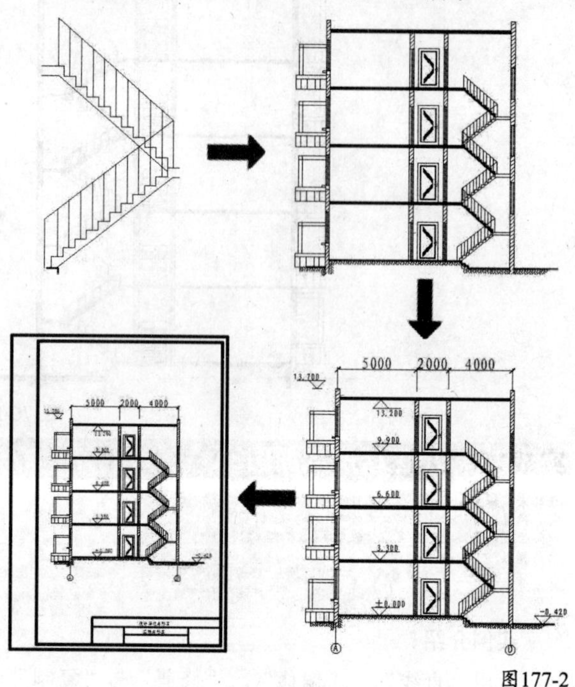

图177-2

1. 绘制楼梯并用图案填充图形

01 打开AutoCAD 2013中文版软件，执行“文件>打开”命令，打开原始文件中的“实战177 原始文件”图形。

02 将“楼梯”层设置为当前层，执行“绘图>直线”命令，绘制楼梯踏步，其中每一级台阶的高为200，宽为150。

03 再执行“绘图>直线”命令，用直线连接台阶下面的断点，再执行“修改>偏移”命令，将直线向下偏移5，如图177-3所示。

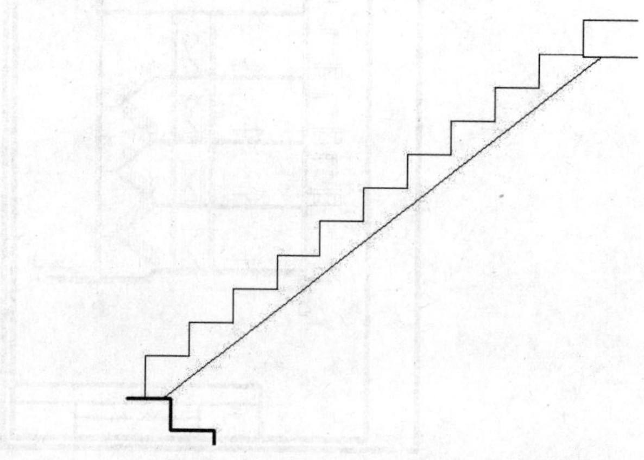

图177-3

04 执行“修改>修剪”命令，修剪掉多余的直线。

05 用同样方法绘制另一侧的台阶，如图177-4所示。

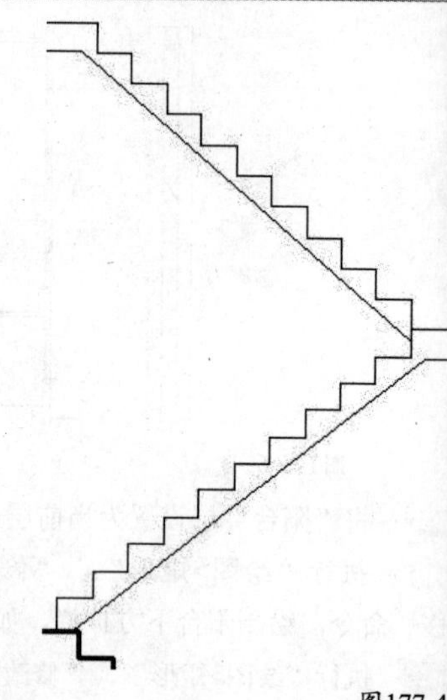

图177-4

06 执行“绘图>直线”命令，绘制楼梯的扶手，再执行“修改>修剪”命令，修剪掉多余的直线，如图177-5所示。

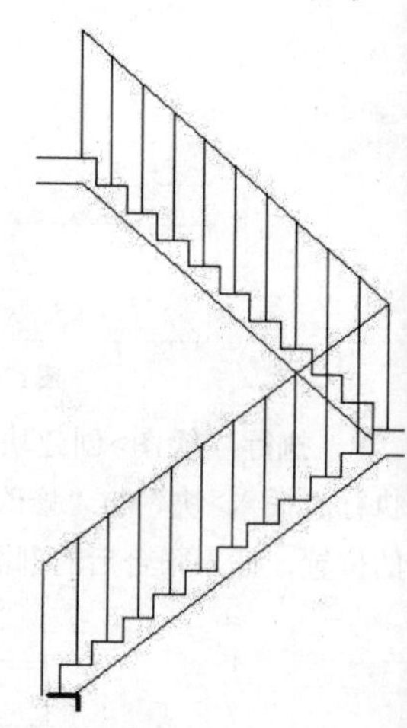

图177-5

07 执行“修改>复制”命令，复制出其他的楼梯，结果如图177-6所示。

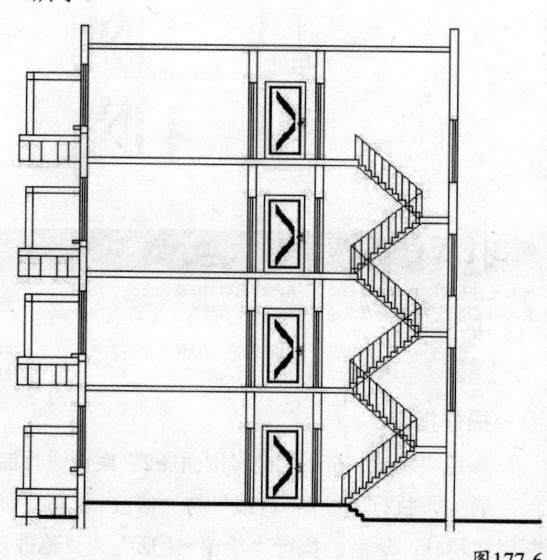

图177-6

08 将“其他”层设置为当前层，执行“绘图>图案填充”命令，为楼梯剖切到的部分与楼板填充，填充图案“SOLID”，为墙体填充图案“ANSI31”，为地面填充图案“AR-HBONE”，如图177-7所示。

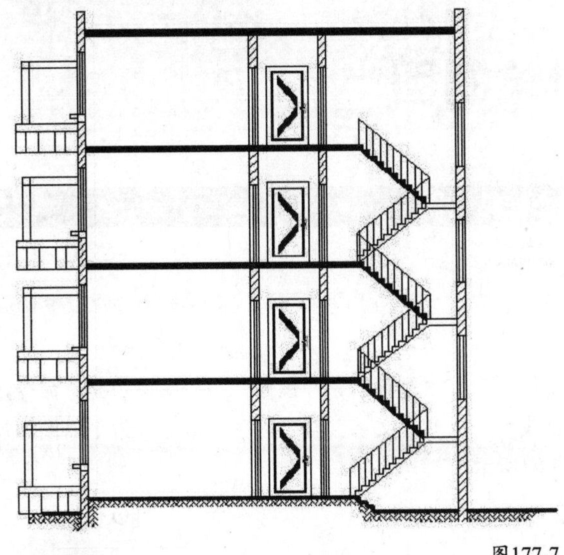

图177-7

2. 绘制轴线标号、标注图形并插入图幅

01 还需要在剖面图中标注出轴线符号，以表明立面图所在的范围。轴线符号由引出直线与圆组成，用字母或数字来表示圆内轴线的编号。执行“绘图>直线”、“绘图>圆”与“绘图>多行文字”命令，绘制好的图如图177-8所示。

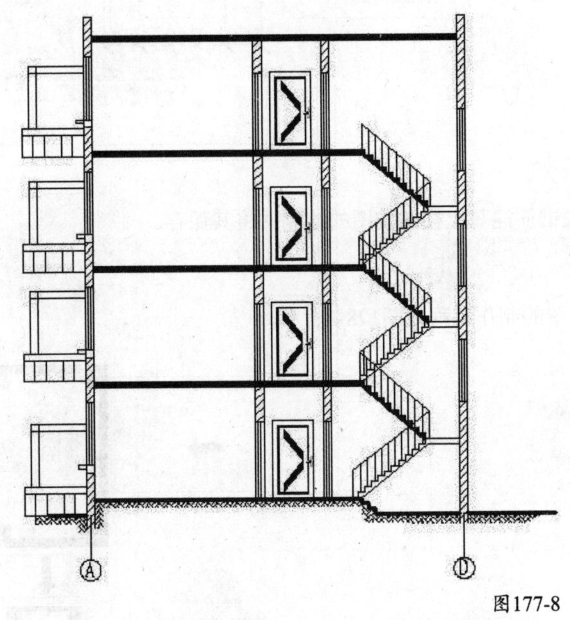

图177-8

02 将“标注”层设置为当前层，执行“绘图>直线”、“绘图>多行文字”、“修改>复制”和“修改>镜像”命令，绘制标高并添加标注，执行“标注>线性”命令，为剖面图添加尺寸标注，如图177-9所示。

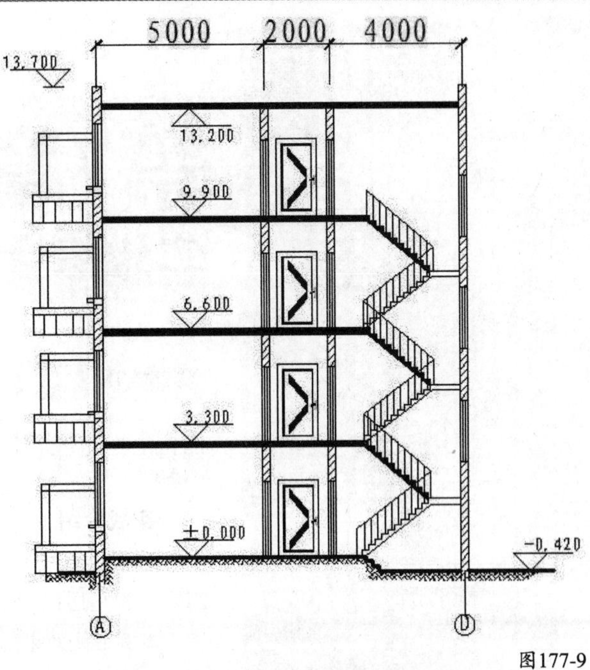

图177-9

03 执行“插入>块”命令，为剖面图添加A4图幅。

练习177

原始文件位置	DVD>原始文件>第6章>练习177 原始文件
练习位置	DVD>练习文件>第6章>练习177
难易指数	★☆☆☆☆
技术掌握	巩固“直线”、“圆”、“多行文字”、“复制”、“镜像”和“标注”等命令的使用方法

操作指南

参照“实战177 小区楼房剖面图3”案例进行制作。

首先，执行“绘图>直线”、“绘图>多行文字”、“修改>复制”与“修改>镜像”命令，绘制标高并添加标注；然后，执行“绘图>直线”、“绘图>圆”、“绘图>多行文字”与“修改>复制”命令，绘制轴线标号；最后，执行“绘图>圆”、“绘图>多行文字”、“标注>线性”与“标注>多重引线”命令，为剖面图添加尺寸标注。练习的最终效果如图177-10所示。

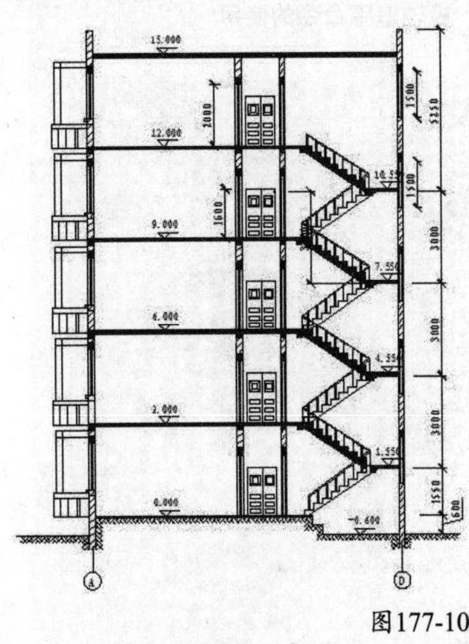

图177-10

第7章
二维综合建筑制图

本章学习要点：

圆和圆弧命令的使用

矩形命令的使用

直线命令的使用

多段线命令的使用

样条曲线命令的使用

偏移命令的使用

分解命令的使用

复制命令的使用

阵列命令的使用

修剪命令的使用

图案填充命令的使用

极轴追踪命令的使用

实战178 钢筋混凝土柱结构图

实战位置 DVD>实战文件>第7章>实战178
视频位置 DVD>多媒体教学>第7章>实战178
难易指数 ★★☆☆☆
技术掌握 掌握“直线”、“多段线”、“圆环”、“镜像”、“图案填充”、“多行文字”和“标注”等命令。

实战介绍

运用“直线”、“多段线”、“圆环”、“镜像”与“图案填充”命令，绘制钢筋和垫层；利用“直线”、“多行文字”与“标注”命令，为平面图添加标注。本例最终效果如图178-1所示。

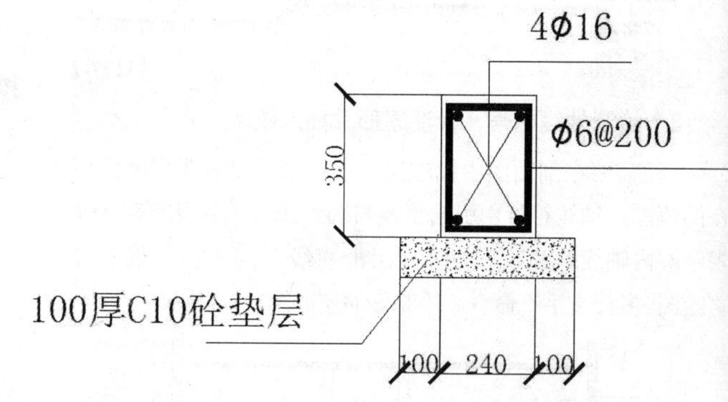

图178-1

制作思路

- 绘制钢筋和垫层。
- 添加标注，完成钢筋混凝土柱结构图的绘制并将其保存。

制作流程

钢筋混凝土柱结构图的制作流程如图178-2所示。

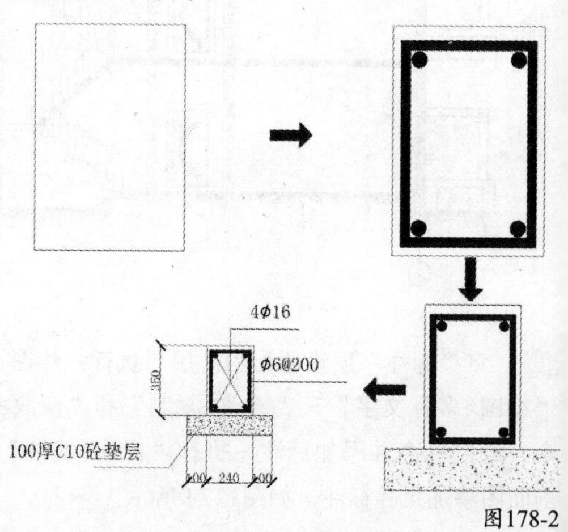

图178-2

1. 绘制钢筋和垫层

01 执行“格式>图层”命令，弹出“图层特性管理器”对话框，在此对话框中新建图层，如图178-3所示。

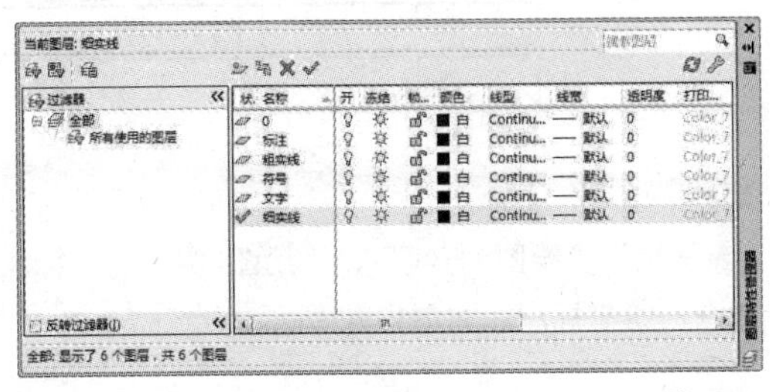

图178-3

02 关闭“图层特性管理器”对话框，执行“绘图>直线”命令，绘制柱轮廓，如图178-4所示。

03 执行“绘图>多段线”、“绘图>圆环”与“修改>镜像”命令，绘制钢筋，如图178-5所示。

图178-4

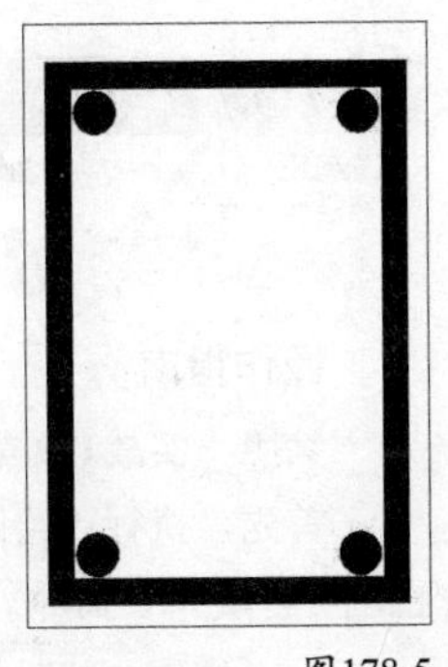

图178-5

04 执行“绘图>直线”和“绘图>图案填充”命令，绘制垫层，如图178-6所示。

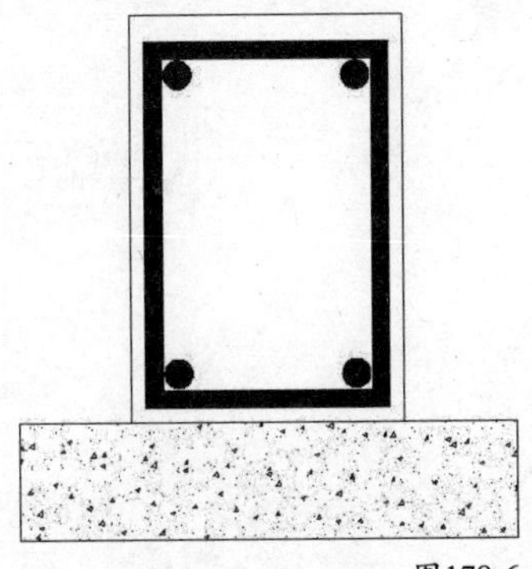

图178-6

2. 添加标注

执行“绘图>直线”、“绘图>多行文字”与“标注>线性”命令，如图178-7所示。

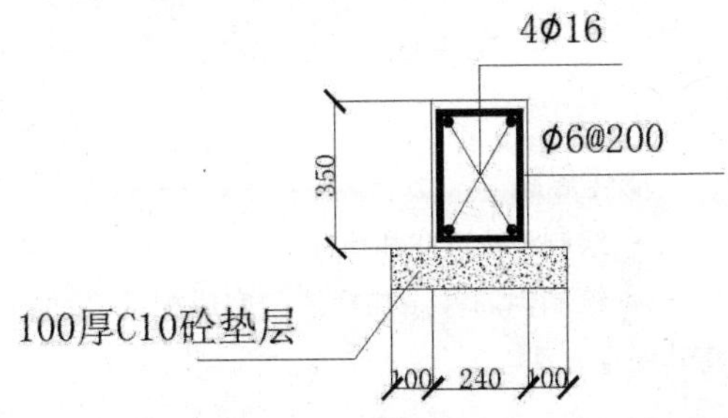

图178-7

练习178

练习位置	DVD>练习文件>第7章>练习178
难易指数	★☆☆☆☆
技术掌握	巩固“直线”、“多边形”、“圆环”、“镜像”和“标注”等命令的使用方法

操作指南

参照“实战178 钢筋混凝土柱结构图”案例进行制作。

首先，执行“绘图>直线”、“绘图>多段线”、“绘图>圆环”与“修改>镜像”命令，绘制钢筋，然后，执行“绘图>直线”、“绘图>圆”、“绘图>多行文字”与“标注>线性”命令，添加标注。练习的最终效果如图178-8所示。

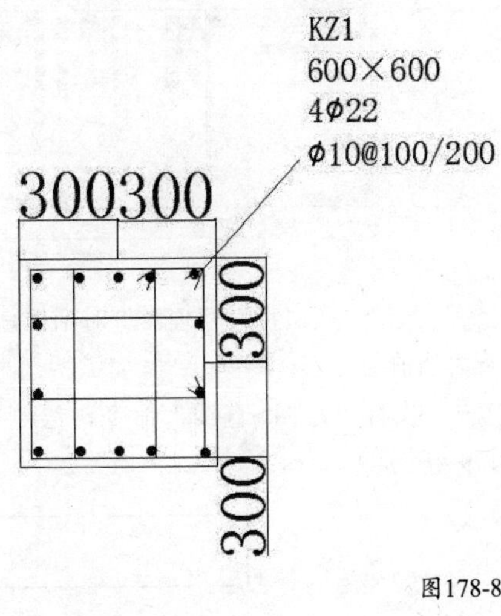

图178-8

实战179 配筋立面图

实战位置	DVD>实战文件>第7章>实战179
视频位置	DVD>多媒体教学>第7章>实战179
难易指数	★★☆☆☆
技术掌握	掌握“直线”、“多段线”、“圆”、“图案填充”、“多行文字”、“镜像”和“标注”等命令。

实战介绍

运用“直线”、“图案填充”与“镜像”命令，绘制梁轮廓线和墙体；利用“多段线”命令，绘制钢筋；利用“直线”、“圆”与“多行文字”命令，添加标注。本例最终效果如图179-1所示。

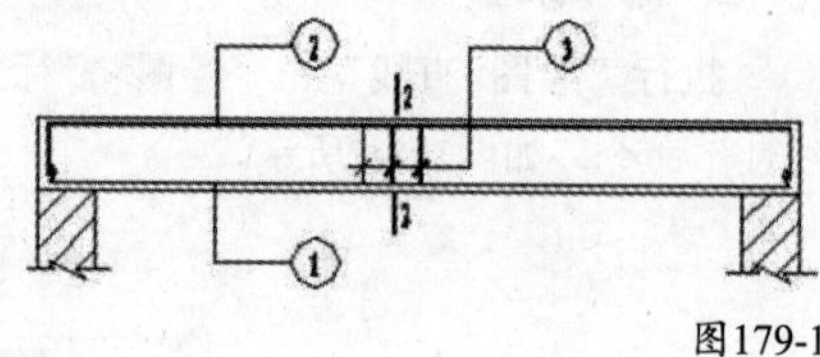

图179-1

制作思路

• 绘制梁轮廓线和墙体。

• 绘制钢筋并添加标注，完成配筋立面图的绘制并将其保存。

制作流程

配筋立面图的制作流程如图179-2所示。

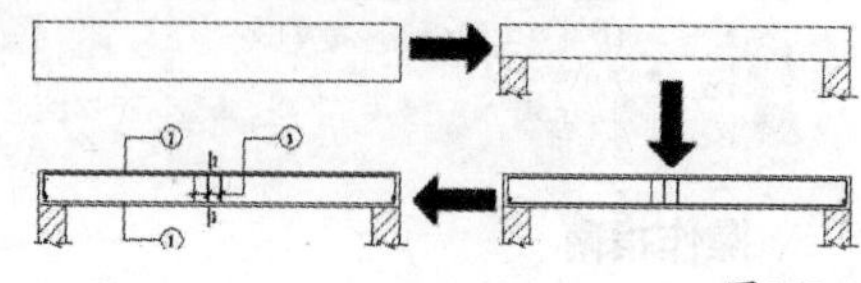

图179-2

1. 绘制梁轮廓线和墙体

01 打开AutoCAD 2013中文版软件，执行“格式>图层”命令，弹出“图层特性管理器”对话框，新建图层如图179-3所示。

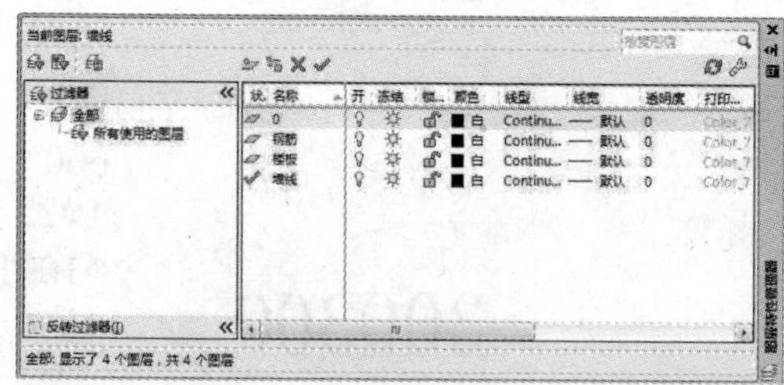

图179-3

02 关闭“图层特性管理器”对话框，将“墙线”层设置为当前层。

03 执行“绘图>直线”命令，绘制梁的轮廓，如图179-4所示。

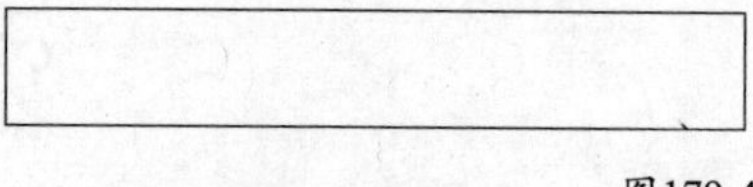

图179-4

04 执行“绘图>直线”、“绘图>图案填充”和“修改>镜像”命令，绘制墙体，如图179-5所示。

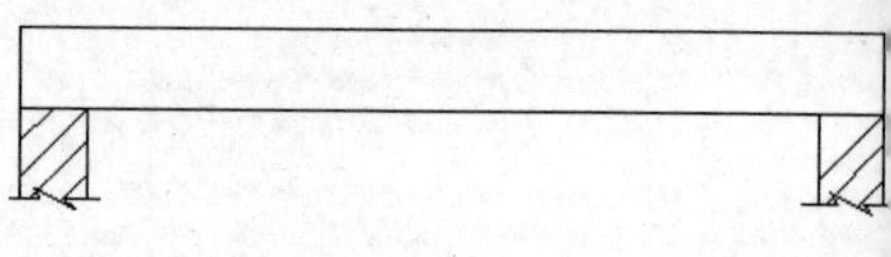

图179-5

2. 绘制钢筋并添加标注

01 执行“绘图>多段线”命令，绘制钢筋，如图179-6所示。

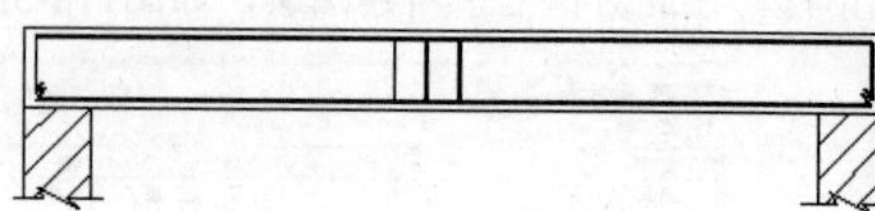

图179-6

02 执行“绘图>直线”、“绘图>圆”与“标注>线性”命令，绘制标注，如图179-7所示。

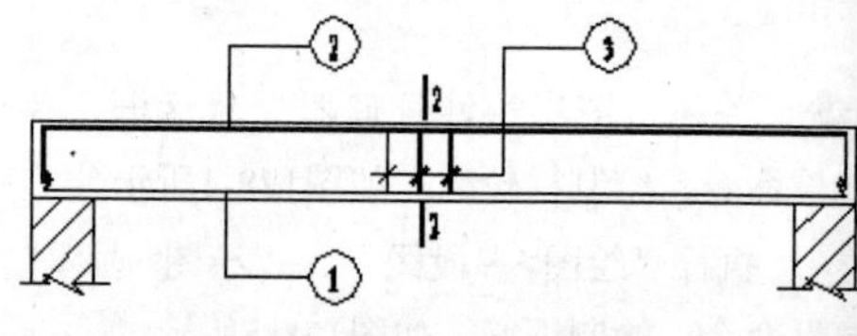

图179-7

练习179

练习位置	DVD>练习文件>第7章>练习179
难易指数	★☆☆☆☆
技术掌握	巩固“直线”、“多边形”、“圆”、“圆弧”、“图案填充”、“多行文字”、“复制”和“标注”等命令的使用方法

操作指南

参照“实战179 配筋立面图”案例进行制作。

首先，执行“绘图>直线”、“绘图>多段线”与“绘图>图案填充”命令，绘制钢筋；然后，执行“绘图>直线”、“绘图>圆”、“绘图>多行文字”、“修改>复制”与“标注>线性”命令，添加标注。练习的最终效果如图179-8所示。

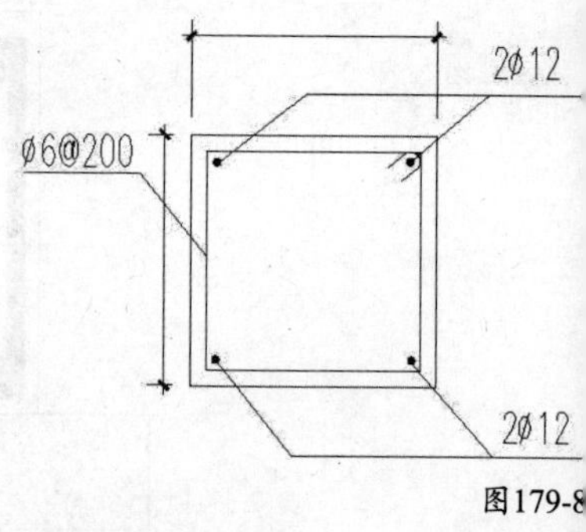

图179-8

实战180 道路交通组织图

实战位置	DVD>实战文件>第7章>实战180
视频位置	DVD>多媒体教学>第7章>实战180
难易指数	★★☆☆☆
技术掌握	掌握“直线”、“多段线”、“圆角”、“偏移”、“打断于点”、“分解”、“图案填充”和“镜像”等命令。

实战介绍

运用“直线”、“多段线”、“圆角”、“偏移”与“打断于点”命令，绘制下车道和匝道；利用“多段线”、“分解”、“圆角”、“图案填充”与“镜像”命令，绘制花坛和箭头。本例最终效果如图180-1所示。

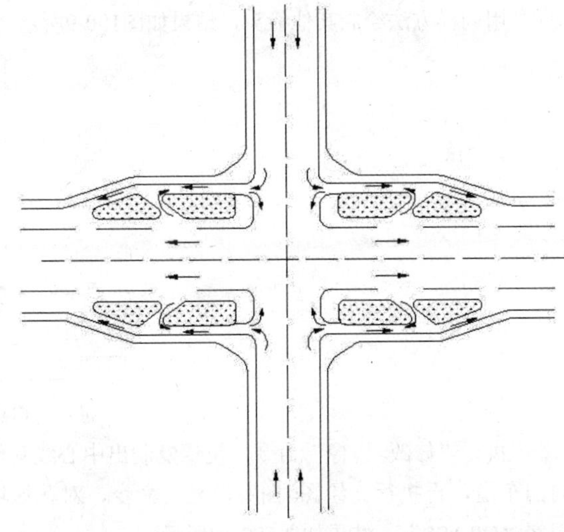

图180-1

制作思路

• 绘制下车道和匝道。

• 绘制花坛和箭头，完成道路交通组织图的绘制并将其保存。

制作流程

悬臂梁结构图的制作流程如图180-2所示。

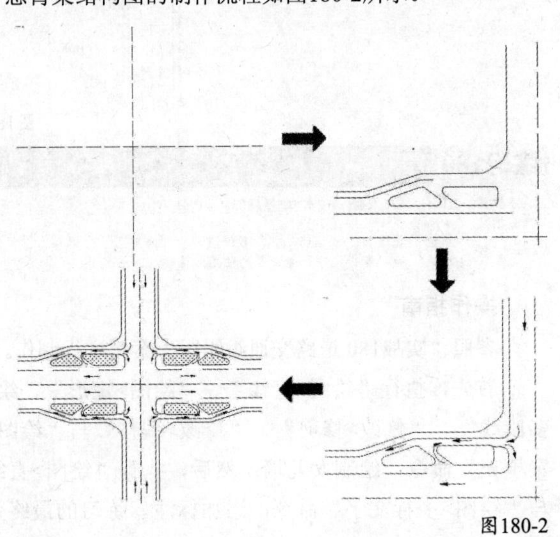

图180-2

1. 绘制下车道和匝道

01 打开AutoCAD 2013中文版软件，执行“合适>图层”命令，弹出“图层特性管理器”对话框，新建图层如图180-3所示。

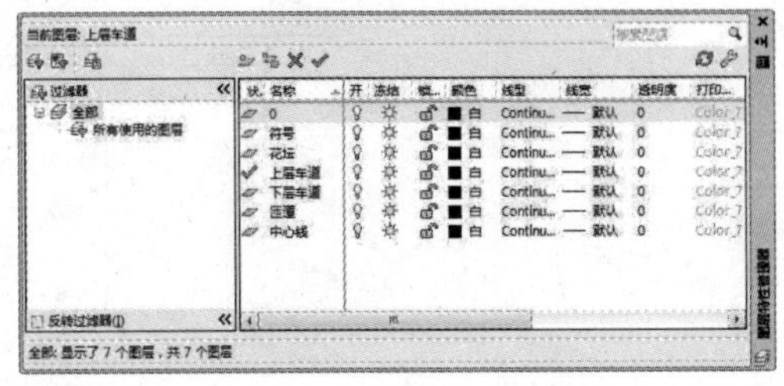

图180-3

02 关闭“图层特性管理器”对话框，将“中心线”层设置为当前层。

03 执行“格式>线型”命令，在“线型管理器”对话框中单击“加载”按钮，加载线型“ISO dash”，再执行“绘图>直线”命令，绘制如图180-4所示的道路中心线。

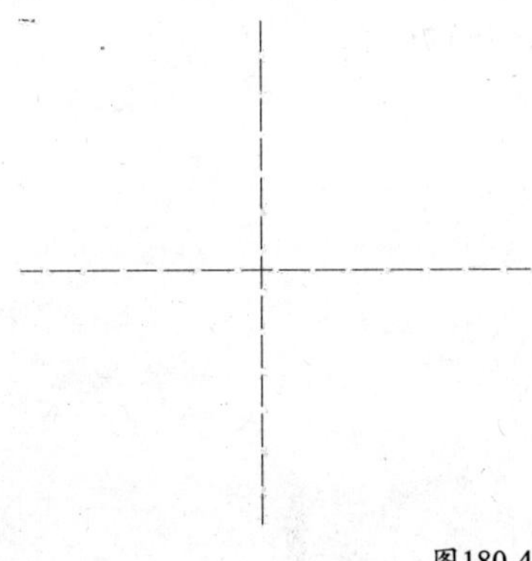

图180-4

04 将“下层车道”层设置为当前层，线型为默认值，执行“绘图>多段线”命令，绘制下层车道轮廓，如图180-5所示。

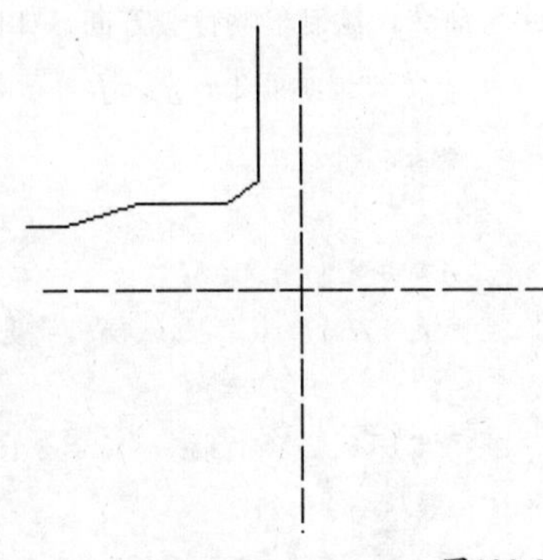

图180-5

05 执行“修改>圆角”命令，对车道左下方拐角处进行圆角处理。

06 执行“修改>偏移”命令，将多段线向下偏移30，然后，执行“修改>打断于点”命令，再将其打断，再执行“修改>删除”命令，删除多余部分。

07 执行“绘图>直线”命令，绘制匝道，如图180-6所示。

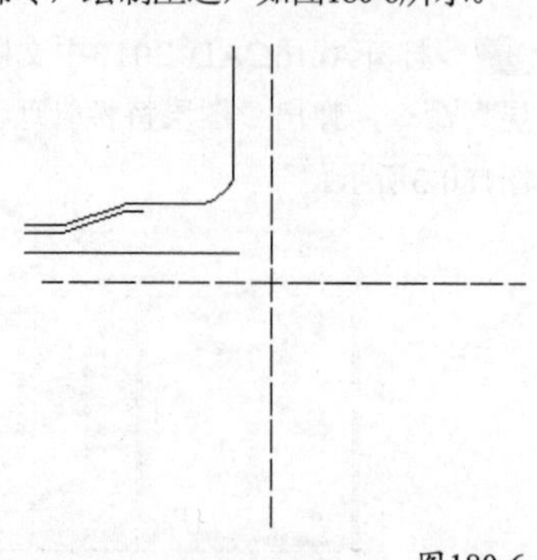

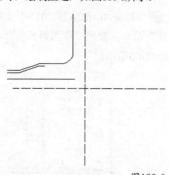

图180-6

2. 绘制花坛和箭头

01 将“花坛”层设置为当前层，执行“绘图>多段线”命令，绘制花坛轮廓。

02 执行“修改>分解”命令，分解多段线，然后，执行“修改>圆角”命令，对其各个角进行圆角处理，再执行“绘图>图案填充”命令，对其填充图案“GRASS”，如图180-7所示。

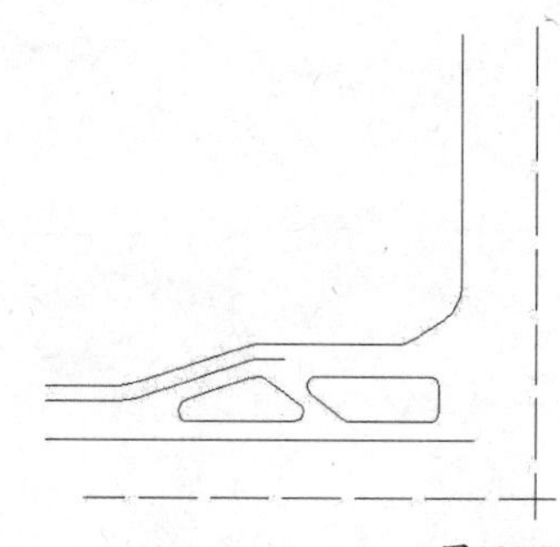

图180-7

03 将“上层车道”层设置为当前层，执行“绘图>直线”和“修改>圆角”命令，绘制上层车道线。

04 将“符号”层设置为当前层后，执行“绘图>多段线”命令，绘制车辆行驶方向，如图180-8所示。

命令行提示如下：

```
命令：_pline
指定起点：
当前线宽为 0.0000
指定下一个点或 [圆弧(A)/半宽(H)/长度(L)/放弃(U)/宽度(W)]： <正交 开>
指定下一点或 [圆弧(A)/闭合(C)/半宽(H)/长度(L)/放弃(U)/宽度(W)]：W
指定起点宽度 <0.0000>：5
指定端点宽度 <5.0000>：0
指定下一点或 [圆弧(A)/闭合(C)/半宽(H)/长度(L)/放弃(U)/宽度(W)]：15
指定下一点或 [圆弧(A)/闭合(C)/半宽(H)/长度(L)/放弃(U)/宽度(W)]：
```

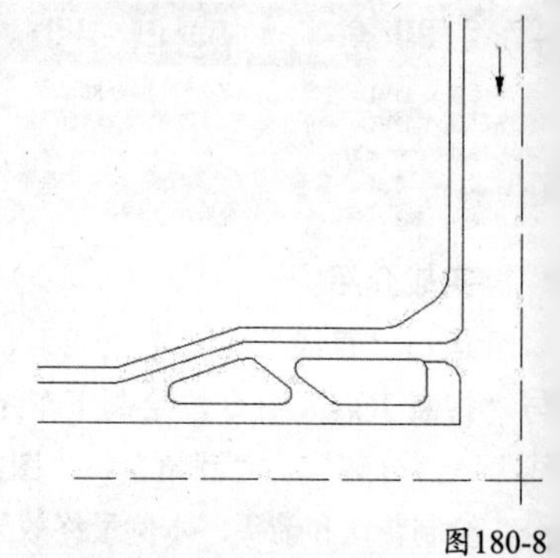

图180-8

05 用同样方法绘制其他箭头，结果如图180-9所示。

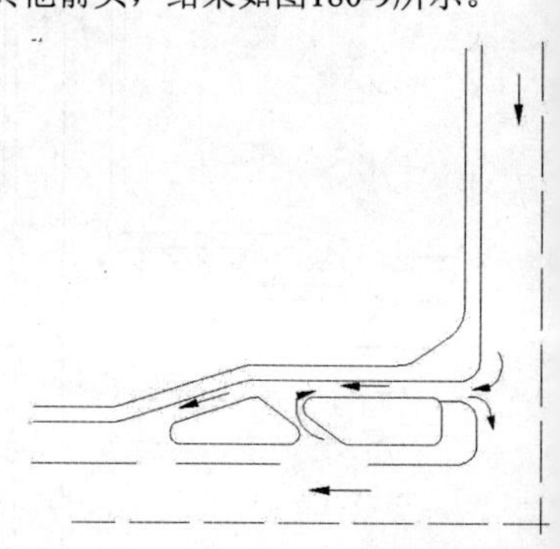

图180-9

06 执行“修改>镜像”命令，镜像复制出中心线其他方向的车道，再执行“绘图>图案填充”命令，对花坛填充图案“GRASS”，结果如图180-10所示。

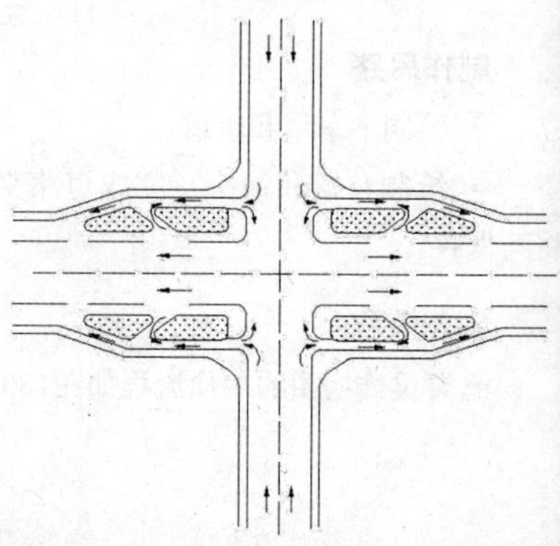

图180-10

练习180

练习位置	DVD>练习文件>第7章>练习180
难易指数	★☆☆☆☆
技术掌握	巩固“直线”、“矩形”、“多段线”、“修剪”、“偏移”、“图案填充”和“多行文字”等命令的使用方法。

操作指南

参照“实战180 道路交通组织图”案例进行制作。

首先，执行“绘图>直线”、“绘图>矩形”、绘图>多段线”、“修改>修剪”、“修改>偏移”与“绘图>图案填充”命令，绘制女儿墙；然后，执行“绘图>直线”与“绘图>多行文字”命令，添加标注。练习的最终效果如图180-11所示。

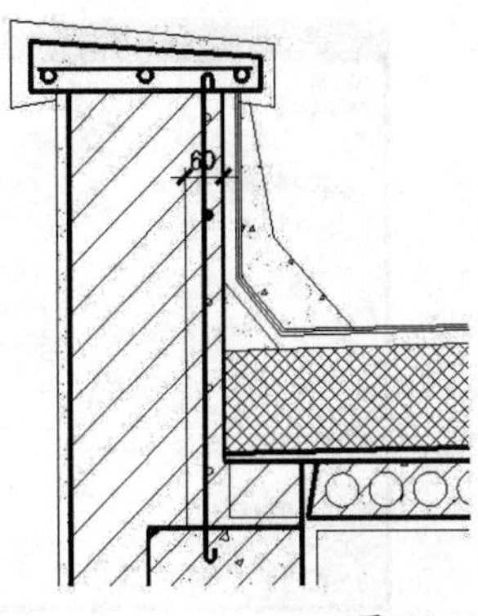

图180-11

实战181 砖围墙

实战位置	DVD>实战文件>第7章>实战181
视频位置	DVD>多媒体教学>第7章>实战181
难易指数	★★☆☆☆
技术掌握	掌握“直线”、“正多边形”、“偏移”、“修剪”、“删除”、“复制”、“镜像”、“图案填充”、“创建块”和“插入块”等命令。

实战介绍

运用“直线”与“偏移”命令，绘制墙线；利用“正多边形”、“偏移”、“修剪”与“删除”命令，绘制混凝土花饰；利用“复制”、“创建块”与“插入块”命令，将混凝土花饰创建为块并将其插进来；利用“图案填充”命令，填充图形。本例最终效果如图181-1所示。

图181-1

制作思路

- 绘制墙线和混凝土花饰。
- 复制混凝土花饰并用图案填充图形，完成砖围墙的绘制并将其保存。

制作流程

砖围墙的制作流程如图181-2所示。

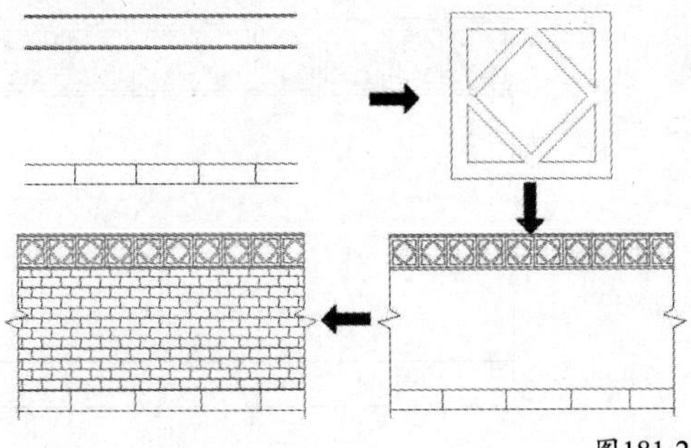

图181-2

1. 绘制墙线和混凝土花饰

01 打开AutoCAD 2013中文版软件，执行“绘图>直线”命令，绘制一条水平直线。

02 执行“修改>偏移”命令，将直线偏移。

命令行提示如下：

```
命令: _offset
当前设置: 删除源=否  图层=源  OFFSETGAPTYPE=0
指定偏移距离或 [通过(T)/删除(E)/图层(L)] <通过>: 10
选择要偏移的对象，或 [退出(E)/放弃(U)] <退出>:
指定要偏移的那一侧上的点，或 [退出(E)/多个(M)/放弃(U)] <退出>:
命令: _offset
当前设置: 删除源=否  图层=源  OFFSETGAPTYPE=0
指定偏移距离或 [通过(T)/删除(E)/图层(L)] <10.0000>: 150
选择要偏移的对象，或 [退出(E)/放弃(U)] <退出>:
指定要偏移的那一侧上的点，或 [退出(E)/多个(M)/放弃(U)] <退出>:
选择要偏移的对象，或 [退出(E)/放弃(U)] <退出>:
命令:
命令: _offset
当前设置: 删除源=否  图层=源  OFFSETGAPTYPE=0
指定偏移距离或 [通过(T)/删除(E)/图层(L)] <150.0000>: 10
选择要偏移的对象，或 [退出(E)/放弃(U)] <退出>:
指定要偏移的那一侧上的点，或 [退出(E)/多个(M)/放弃(U)] <退出>:
命令: _offset
当前设置: 删除源=否  图层=源  OFFSETGAPTYPE=0
指定偏移距离或 [通过(T)/删除(E)/图层(L)] <1000.0000>: 600
选择要偏移的对象，或 [退出(E)/放弃(U)] <退出>:
指定要偏移的那一侧上的点，或 [退出(E)/多个(M)/放弃(U)] <退出>:
选择要偏移的对象，或 [退出(E)/放弃(U)] <退出>:
命令: _offset
当前设置: 删除源=否  图层=源  OFFSETGAPTYPE=0
指定偏移距离或 [通过(T)/删除(E)/图层(L)] <600.0000>: 100
选择要偏移的对象，或 [退出(E)/放弃(U)] <退出>:
指定要偏移的那一侧上的点，或 [退出(E)/多个(M)/放弃(U)] <退出>:
选择要偏移的对象，或 [退出(E)/放弃(U)] <退出>:
```

03 执行“绘图>直线”命令，绘制墙的底端，如图181-3所示。

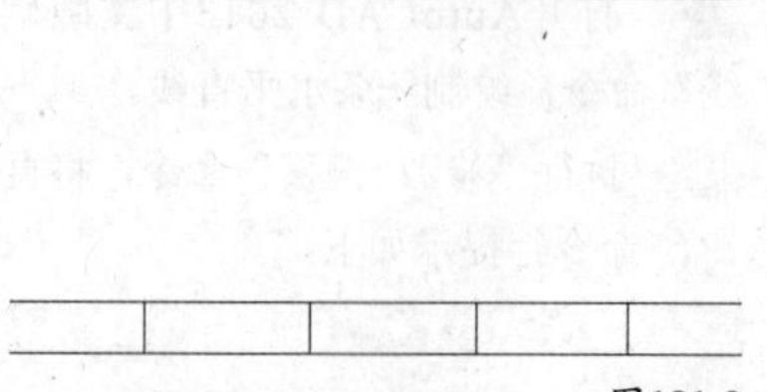

图181-3

04 执行“绘图>正多边形”命令，绘制如图181-4所示的正多边形。

命令行提示如下：

```
命令：_polygon 输入边的数目 <4>:
指定正多边形的中心点或 [边(E)]:
输入选项 [内接于圆(I)/外切于圆(C)] <I>: c
指定圆的半径：75
```

05 执行“修改>偏移”命令，使正方形向内偏移15，再执行“绘图>直线”命令，连接内侧正方形中点。

06 执行“修改>偏移”命令，将中线向内、外各偏移5，再执行“修改>删除”命令，删除中间的中线，如图181-5所示。

图181-4

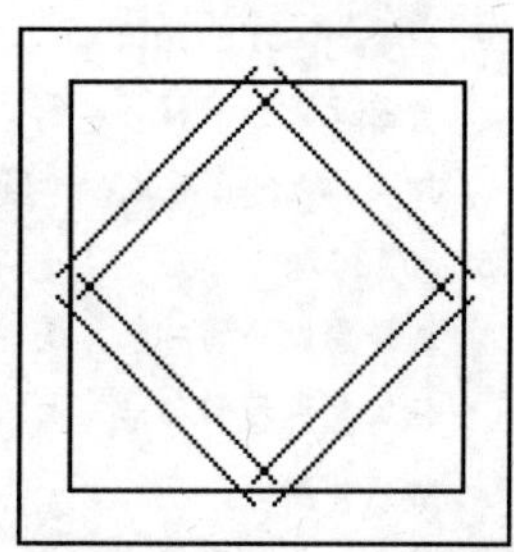

图181-5

07 执行“修改>修剪”命令，修剪掉多余的直线，如图181-6所示。

图181-6

2. 复制混凝土花饰并用图案填充图形

01 执行“绘图>创建块”命令，弹出“块定义”对话框，设置参数如图181-7所示。

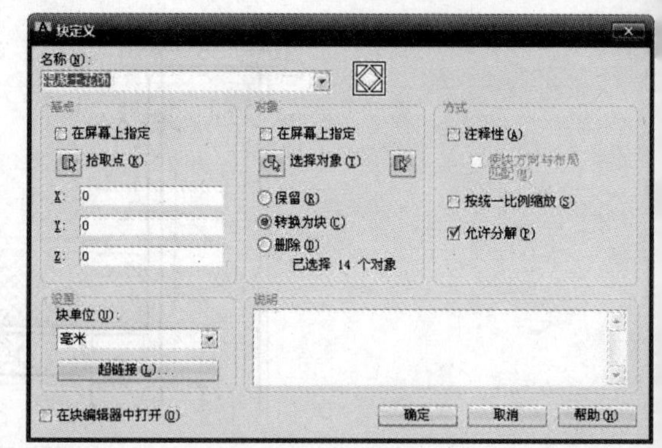

图181-7

02 单击“确定”按钮，执行“绘图>插入块”命令，将混凝土花饰图块插进来，如图181-8所示。

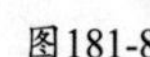

图181-8

03 执行“修改>复制”命令，水平复制出其他混凝土花饰，再执行“绘图>直线”和“修改>镜像”命令，绘制出墙两侧的折断线，如图181-9所示。

命令行提示如下：

```
命令：_copy
选择对象：找到 1 个
选择对象：
当前设置：  复制模式 = 多个
指定基点或 [位移(D)/模式(O)] <位移>：指定第二个点或 <使用第一个点作为位移>:
指定第二个点或 [退出(E)/放弃(U)] <退出>:
指定第二个点或 [退出(E)/放弃(U)] <退出>:
......
```

图181-9

04 执行“修改>修剪”命令，修剪掉与折断线相交的花饰，如图181-10所示。

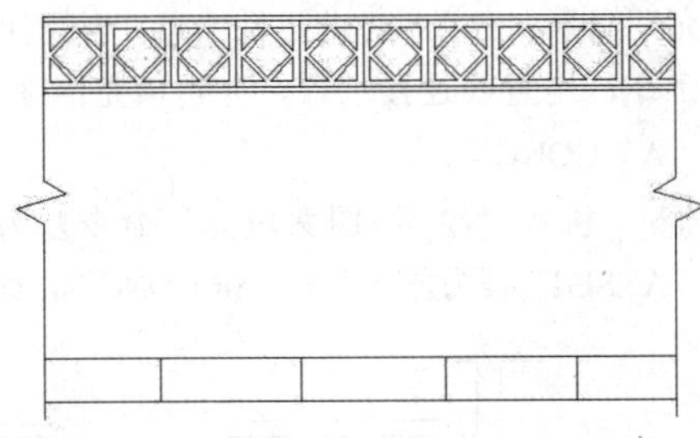

图181-10

在对混凝土进行修剪操作之前，应先将其分解，否则，无法进行正常的操作。

05 执行“绘图>图案填充”命令，弹出“图安填充和渐变色”对话框，具体设置如图181-11所示。

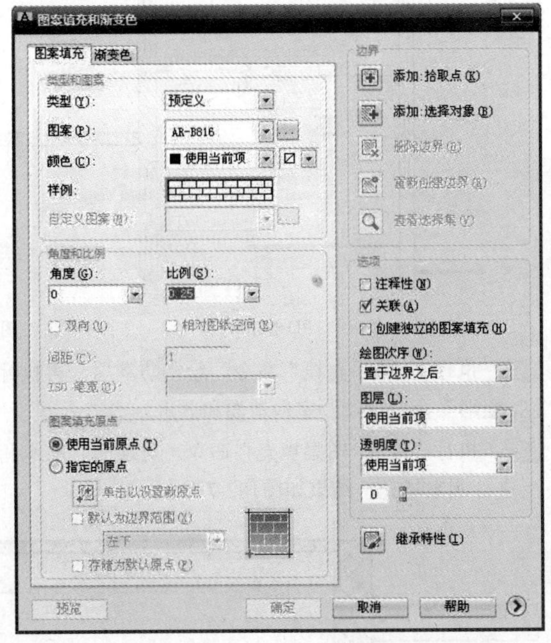

图181-11

06 单击“添加：拾取点（K）”按钮，在如图181-12所示的屏幕区域单击，然后，按回车键。

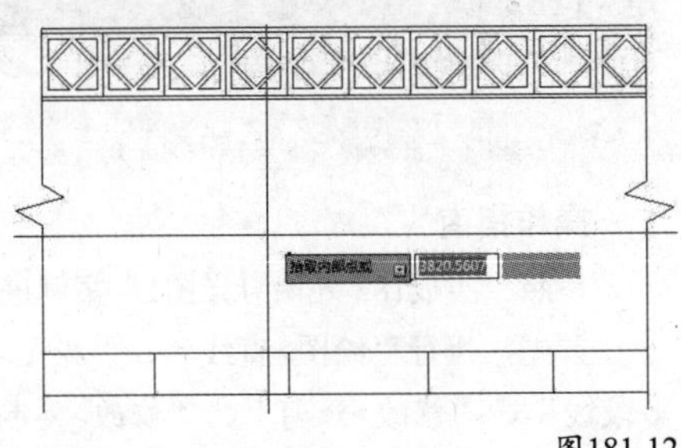

图181-12

07 单击“确定”按钮，即可看到填充效果。

练习181

练习位置	DVD>练习文件>第7章>练习181
难易指数	★☆☆☆☆
技术掌握	巩固“直线”、“矩形”、“圆”、“多段线”、“复制”、“镜像”、“修剪”、“图案填充”和“标注”等命令的使用方法。

操作指南

参照“实战181 砖围墙”案例进行制作。

首先，执行“绘图>直线”、“绘图>圆弧”、绘图>圆环”、“修改>修剪”、“修改>复制”、“修改>镜像”与“绘图>图案填充”命令，绘制砖石基础，然后，执行“绘图>直线”、“绘图>多行文字”与“标注>线性”命令，添加标注。练习的最终效果如图181-13所示。

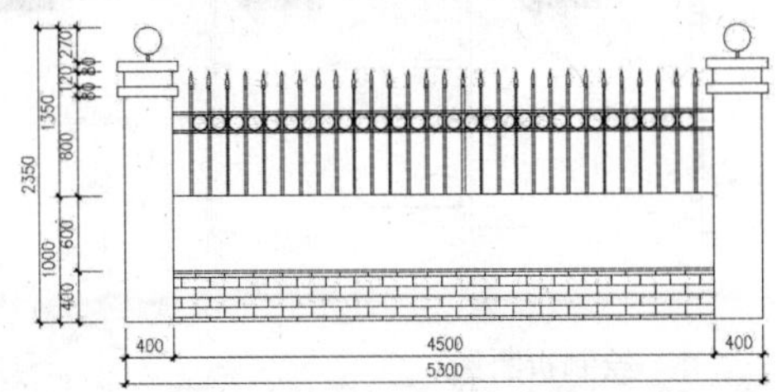

图181-13

实战182 外墙身详图1

原始文件位置	DVD>原始文件>第7章>实战182 原始文件
实战位置	DVD>实战文件>第7章>实战182
视频位置	DVD>多媒体教学>第7章>实战182
难易指数	★★☆☆☆
技术掌握	掌握“直线”、“修剪”、“复制”和“图案填充”等命令。

实战介绍

运用“直线”、“修剪”与“复制”命令，绘制折断线；利用“图案填充”命令，填充图形。本例最终效果如图182-1所示。

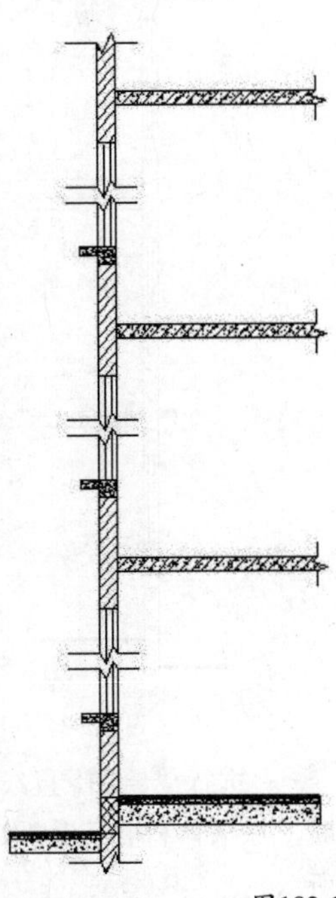

图182-1

制作思路

• 绘制折断线。

• 用图案填充图形，完成外墙身详图1的绘制并将其保存。

制作流程

外墙身详图1的制作流程如图182-2所示。

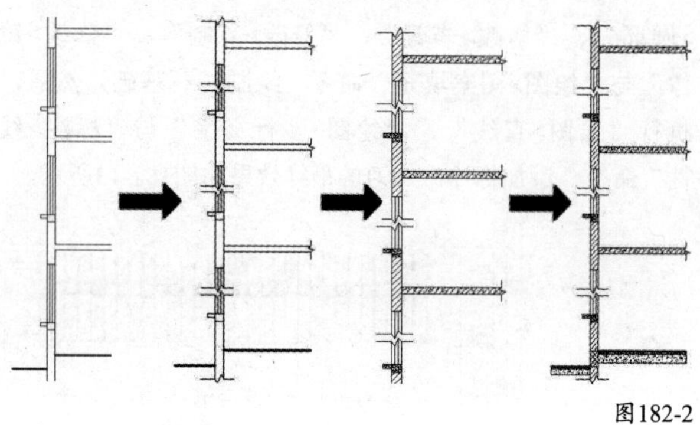

图182-2

1. 绘制折断线

01 打开AutoCAD 2013中文版软件，执行“文件>打开”命令，打开原始文件中的“实战182 原始文件”图形。

02 执行“修改>删除”命令，删除不需要的部分，剩下的部分如图182-3所示。

03 新建图层“折断线”和“填充”。

04 将“折断线”层设置为当前层，执行“绘图>直线”命令，绘制折断线，其中的折断线有两种，一种为两边折断，一种为一边折断，如图182-4所示。

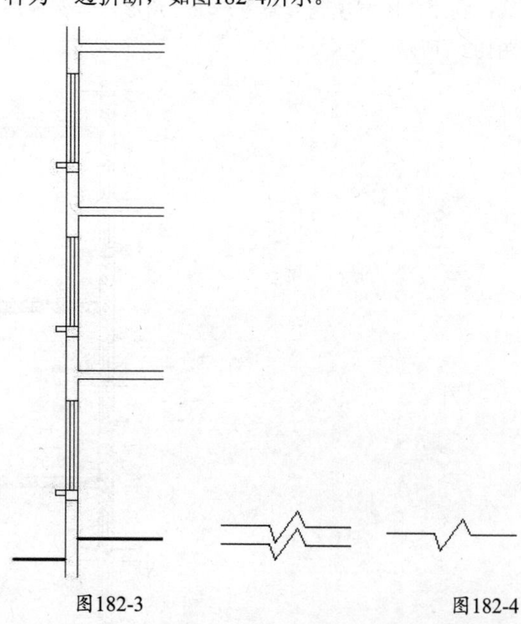

图182-3　图182-4

05 执行“绘图>直线”命令，在窗户处进行两边折断，在墙体和楼板折断处绘制一边折断，结果如图182-5所示。

2. 用图案填充图形

01 将“填充”层设置为当前层，执行“绘图>图案填充”命令，对楼板部分进行填充，再执行“绘图>直线”命令，用直线连接端口，分别填充图案“ANSI31”与“AR-CONC”。

02 执行“绘图>图案填充”命令，为墙身填充图案“ANSI31”，为窗台填充“AR-CONC”，如图182-6所示。

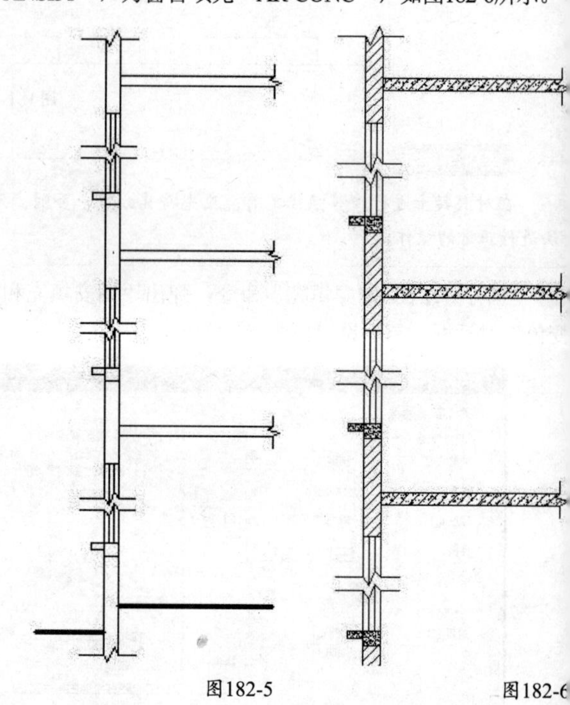

图182-5　图182-6

03 执行“绘图>直线”命令，绘制防潮层，再执行“绘图>矩形”命令，绘制室内地面和散水。

04 执行“绘图>图案填充”命令，对地面、散水和防潮层进行图案填充，结果如图182-7所示。

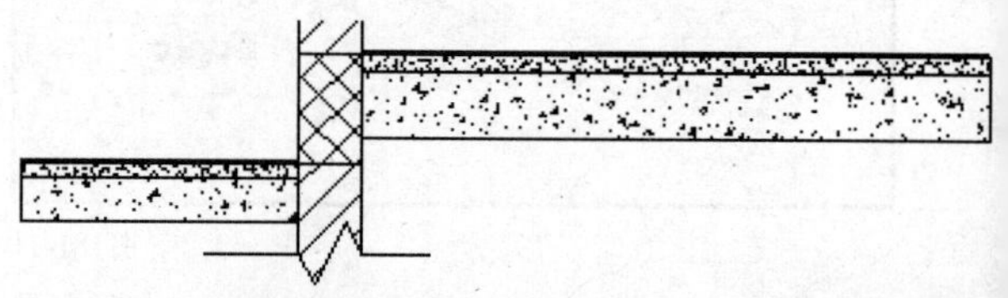

图182-7

练习182

练习位置	DVD>练习文件>第7章>练习182
难易指数	★☆☆☆☆
技术掌握	巩固“直线”、“矩形”、“多段线”、“修剪”、“复制”、“旋转”和“图案填充”等命令的使用方法。

操作指南

参照“实战182 外墙身详图1”案例进行制作。

首先，执行“绘图>直线”、“绘图>矩形”、绘图>多段线”、“修改>修剪”、“修改>复制”与“修改>旋转”命令，绘制图形，然后，执行“绘图>图案填充”命令，填充图形。练习的最终效果如图182-8所示。

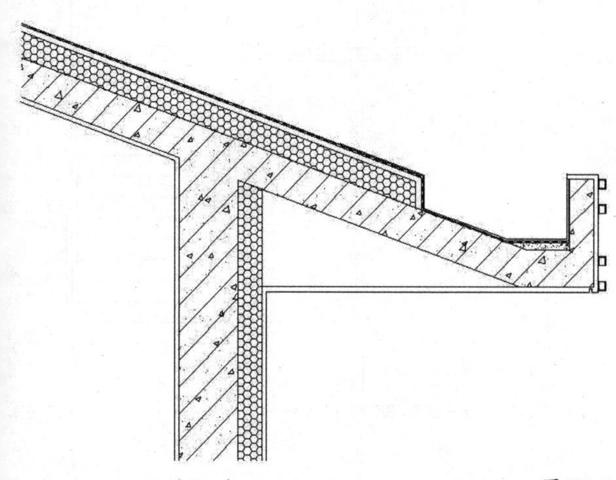

图182-8

实战183 外墙身详图2

原始文件位置	DVD>原始文件>第7章>实战183 原始文件
实战位置	DVD>实战文件>第7章>实战183
视频位置	DVD>多媒体教学>第7章>实战183
难易指数	★★☆☆☆
技术掌握	掌握"直线"、"圆"、"单行文字"、"多行文字"、"标注"、"创建块"和"插入块"等命令。

实战介绍

运用"标注"命令，对墙身进行尺寸标注；利用"直线"、"圆"与"单行文字"命令，进行轴线标注；利用"多行文字"命令，对墙身构造进行说明。本例最终效果如图183-1所示。

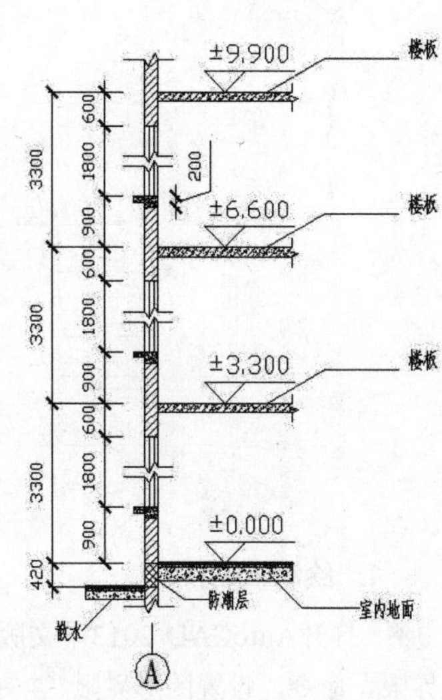

图183-1

制作思路

• 对图形进行尺寸标注和轴号标注。

• 对墙身进行构造说明，完成外墙身详图2的绘制并将其保存。

制作流程

外墙身详图2的制作流程如图183-2所示。

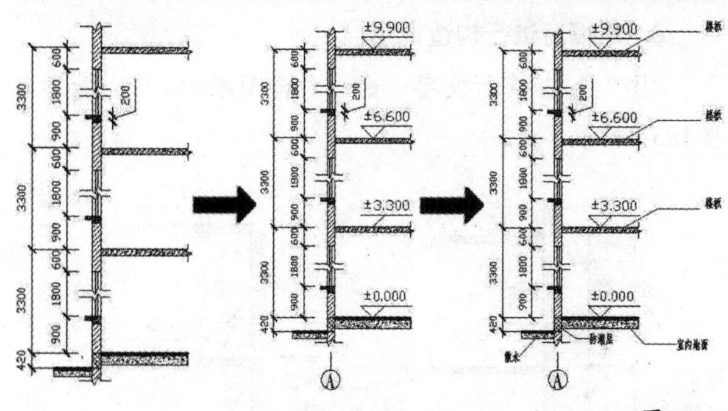

图183-2

1. 对图形进行尺寸标注和轴号标注

01 打开AutoCAD 2013中文版软件，执行"文件>打开"命令，打开原始文件中的"实战183 原始文件"图形。

02 将"标注"层设置为当前层。

03 执行"标注>线性"和"标注>连续"命令，对墙身楼层间的高度进行标注。

04 执行"标注>线性"和"标注>连续"命令，继续对墙身中各部分的高度进行标注。

05 执行"标注>多重引线"命令，如图183-3所示。

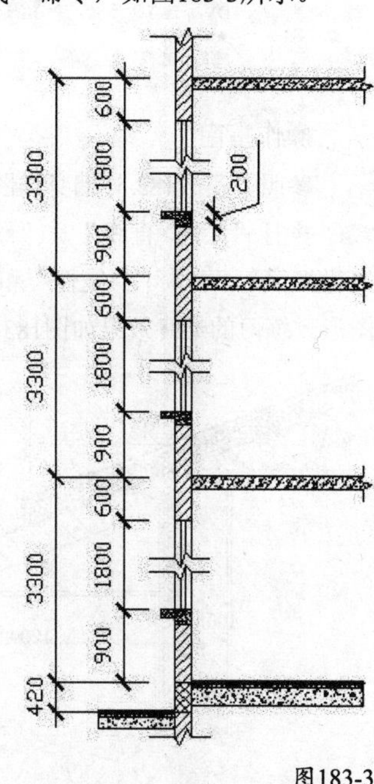

图183-3

技巧与提示

标注后标出的尺寸窗户是剖切后的尺寸，应将其分解后，再对其进行修改，标出窗户的实际尺寸。

06 执行"绘图>直线"命令，绘制标高，然后，执行"绘图>创建块"命令，将其存储为块，再执行"插入>块"命令，将标高图块插进来。

07 执行"绘图>直线"、"绘图>圆"与"绘图>单行文字"命令，绘制轴线标号，如图183-4所示。

2. 对墙身进行构造说明

用“绘图>多行文字”命令对详图添加文字注释，如图183-5所示。

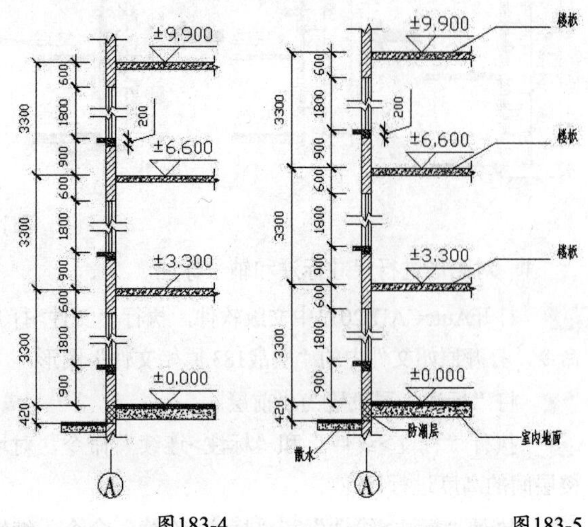

图183-4　　图183-5

练习183

原始文件位置	DVD>原始文件>第7章>练习183 原始文件
练习位置	DVD>练习文件>第7章>练习183
难易指数	★☆☆☆☆
技术掌握	巩固“直线”、“单行文字”、“多行文字”和“标注”等命令的使用方法。

操作指南

参照“实战183 外墙身详图2”案例进行制作。

执行“绘图>直线”、“绘图>单行文字”、“绘图>多行文字”、“标注>线性”和“标注>连续”命令，绘制图形。练习的最终效果如图183-6所示。

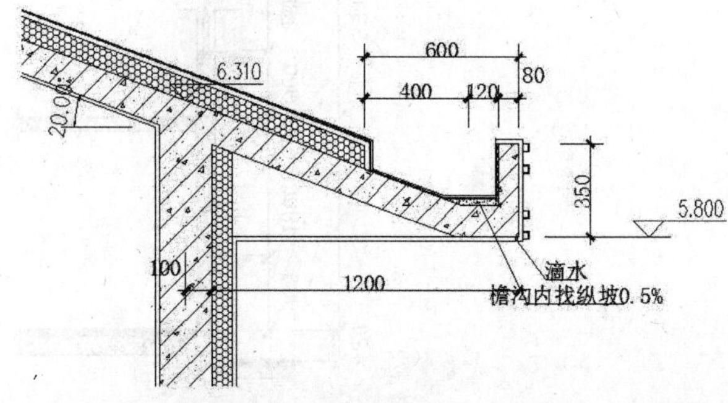

图183-6

实战184 楼梯详图1

实战位置	DVD>实战文件>第7章>实战184
视频位置	DVD>多媒体教学>第7章>实战184
难易指数	★★☆☆☆
技术掌握	掌握“图形界限”、“直线”、“矩形”、“多线”、“偏移”和“修剪”等命令。

实战介绍

运用“图形界限”命令，设置绘图环境；利用“直线”与“偏移”命令，绘制轴线；利用“多线”命令，绘制墙线；利用“直线”、“矩形”与“偏移”命令，绘制楼梯平面。本例最终效果如图184-1所示。

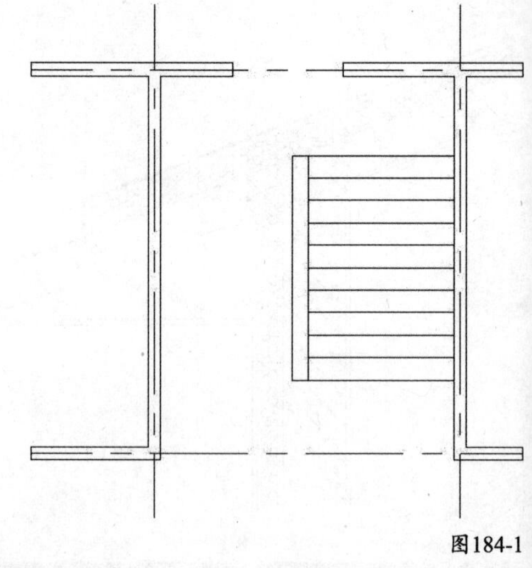

图184-1

制作思路

- 绘制轴线和墙线。
- 绘制楼梯平面，完成楼梯详图1的绘制并将其保存。

制作流程

楼梯详图1的制作流程如图184-2所示。

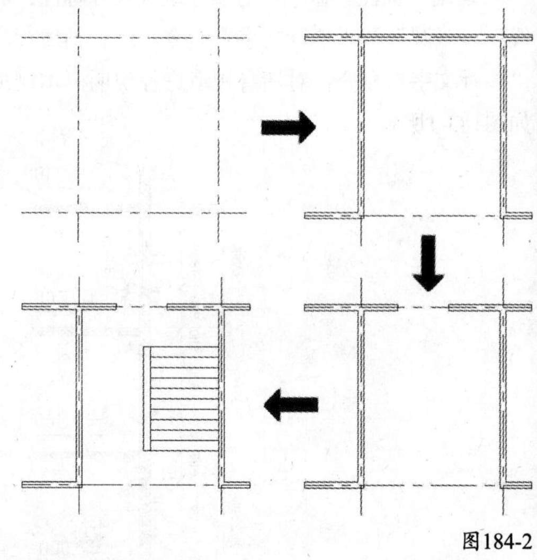

图184-2

1. 绘制轴线和墙线

01 打开AutoCAD 2013中文版软件，执行“格式>图形界限”命令，设置图形界限。

命令行提示如下：

```
命令: '_limits
重新设置模型空间界限:
指定左下角点或 [开(ON)/关(OFF)] <0.0000,0.0000>:
指定右上角点 <420.0000,297.0000>: 59400,42000
```

02 执行“格式>单位”命令，在弹出的“图形单位”对话框中选择“长度”项的精度为 0.00，其他设置保持系统默认参数即可，如图184-3所示。

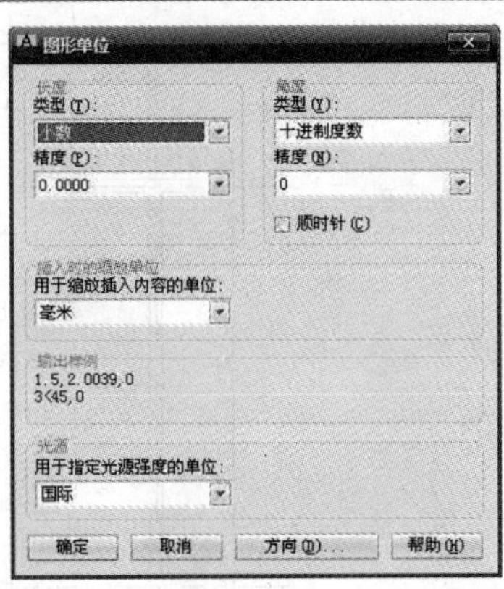
图184-3

03 执行“视图>缩放>全部”命令。

04 加载线型“CENTER”。

05 执行“格式>图层”命令，弹出“图层特性管理器”对话框，新建如图184-4所示的绘图图层并设置各个图层的属性。

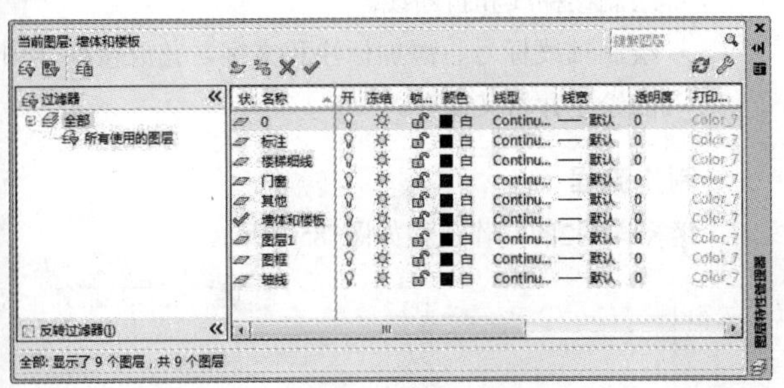
图184-4

06 选择“格式>文字样式”命令，新建一个“数字”文字样式，设置字体为txt.shx，设置大字体为gbcbig.shx，设置宽度因子为0.7，再新建一个“文字”文字样式，设置字体为仿宋-GB2312， 设置宽度因子为0.7，如图184-5所示。

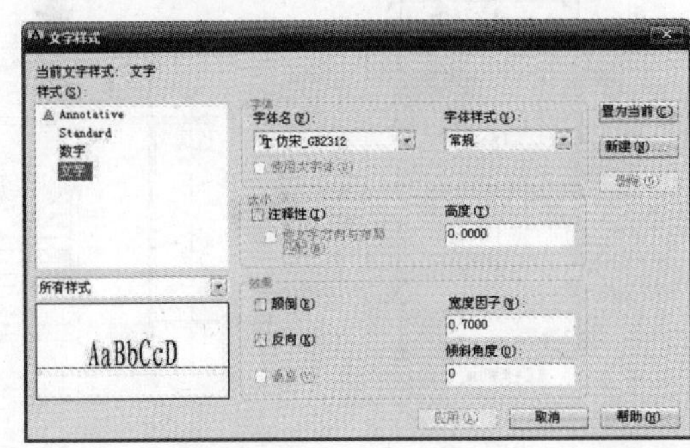
图184-5

07 本例采用的绘图比例为1:50。执行“格式>标注样式”命令，弹出“标注样式”对话框，新建一个“标注”样式。

08 设置线型为“CENTER”，将“轴线”层设置为当前层。执行“绘图>直线”和“修改>偏移”命令，绘制轴线。结果如图184-6所示。

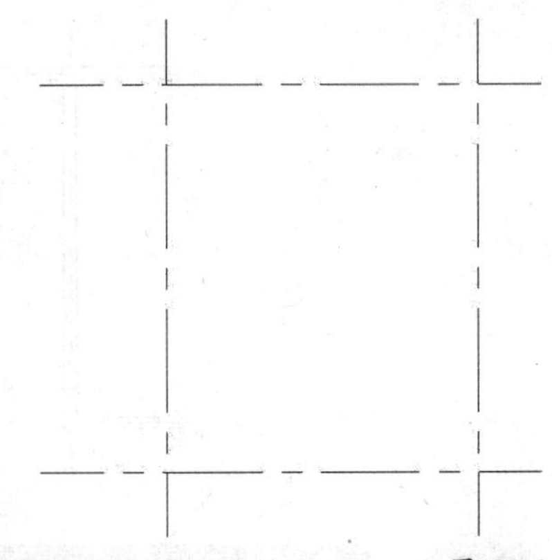
图184-6

09 将“墙体和楼板”层设置为当前层，执行“绘图>多线样式”命令，新建一个200的多线样式，具体设置如图184-7所示。

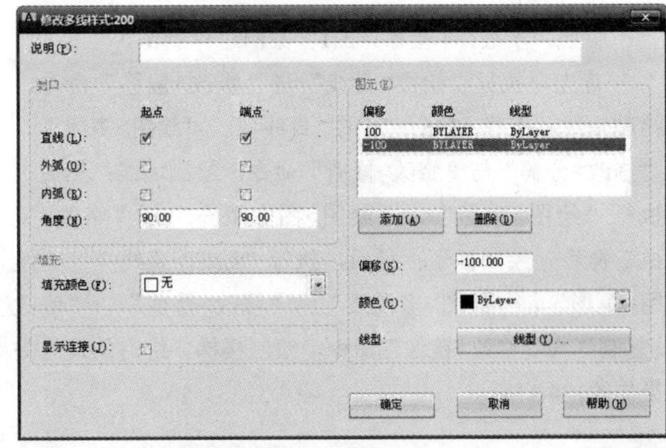
图184-7

10 执行“绘图>多线”命令，绘制墙线。

11 执行“修改>对象>多线”命令，在弹出的“多线编辑工具”对话框中，分别选择“角点结合”和“T行合并”，进行多线的编辑，修改结果如图184-8所示。

12 执行“绘图>直线”和“修改>修剪”命令，绘制窗洞，如图184-9所示。

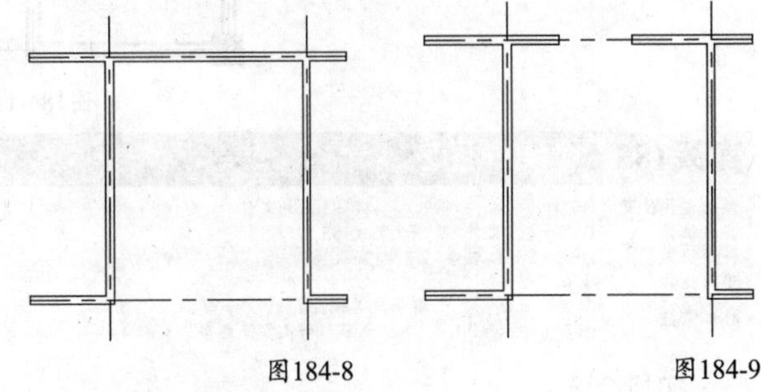
图184-8　　图184-9

2. 绘制楼梯平面

将“楼梯细线”层设置为当前层。执行“绘图>直线”、“绘图>矩形”与“修改>偏移”命令，绘制楼梯平面图，如图184-10所示。

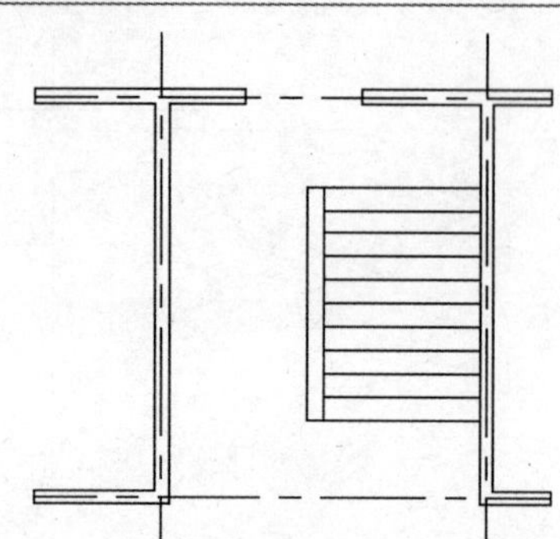

图184-10

练习184

练习位置	DVD>练习文件>第7章>练习184
难易指数	★☆☆☆☆
技术掌握	巩固"直线"、"矩形"、"多段线"、"多线"、"分解"、"偏移"、"镜像"、"修剪"和"图案填充"等命令的使用方法。

操作指南

参照"实战184 楼梯详图1"案例进行制作。

首先，执行"绘图>直线"与"修改>偏移"命令，绘制轴线，接着，执行"绘图>直线"、"绘图>多线"、"修改>分解"与"修改>修剪"命令，绘制墙线；然后，执行"绘图>矩形"、"绘图>图案填充"与"修改>镜像"命令，绘制柱子；最后，执行"绘图>直线"、"绘图>矩形"、"绘图>多段线"、"修改>修剪"、"修改>复制"与"修改>镜像"命令，绘制楼梯。练习的最终效果如图184-11所示。

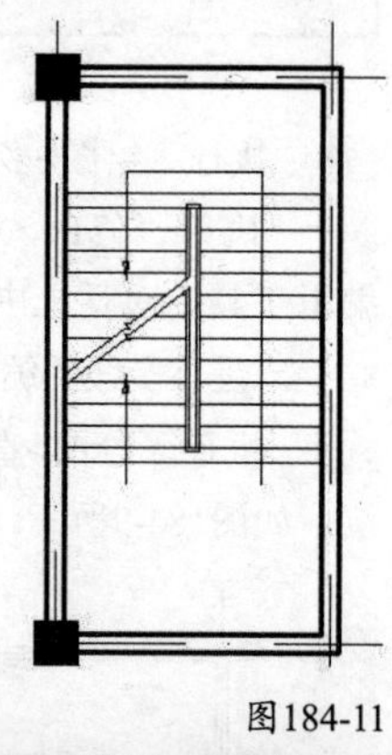

图184-11

实战185 楼梯详图2

原始文件位置	DVD>原始文件>第7章>实战185 原始文件
实战位置	DVD>实战文件>第7章>实战185
视频位置	DVD>多媒体教学>第7章>实战185
难易指数	★★☆☆☆
技术掌握	掌握"直线"、"圆"、"删除"、"修剪"、"镜像"、"复制"、"标注"、"单行文字"和"多行文字"等命令。

实战介绍

运用"直线"、"修剪"、"删除"与"镜像"命令，绘制楼梯线和折断线；利用"直线"、"圆"、"复制"、"标注"、"单行文字"与"多行文字"命令，绘制轴线标号、添加标注和文字。本例最终效果如图185-1所示。

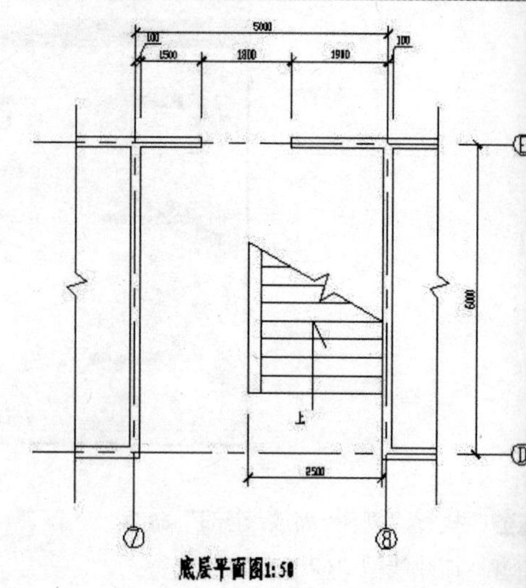

图185-1

制作思路

- 绘制楼梯线和折断线。
- 绘制轴线标号、添加标注和文字，完成楼梯详图2的绘制并将其保存。

制作流程

楼梯详图2的制作流程如图185-2所示。

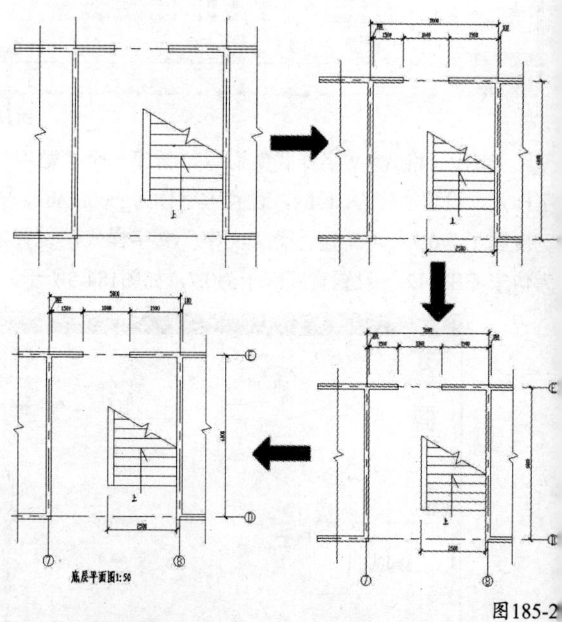

图185-2

1．绘制楼梯线和折断线

01 打开AutoCAD 2013中文版软件，执行"文件>打开"命令，打开原始文件中的"实战185 原始文件"图形。

02 执行"绘图>直线"命令，绘制楼梯处的剖切符号，如图185-3所示。

03 用"修改>删除"和"修改>修剪"命令完善楼梯线，如图185-4所示。

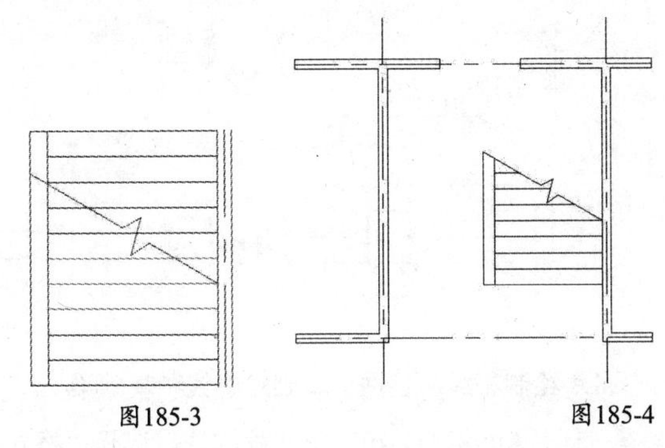

图185-3　　　　图185-4

04 执行“绘图>直线”命令，绘制起跑线，再执行“绘图>单行文字”命令，添加文字。

05 将“其他”层设置为当前层。在折断处执行“绘图>直线”、“修改>镜像”命令，绘制折断线，再执行“修改>修剪”命令，修剪多余的直线，如图185-5所示。

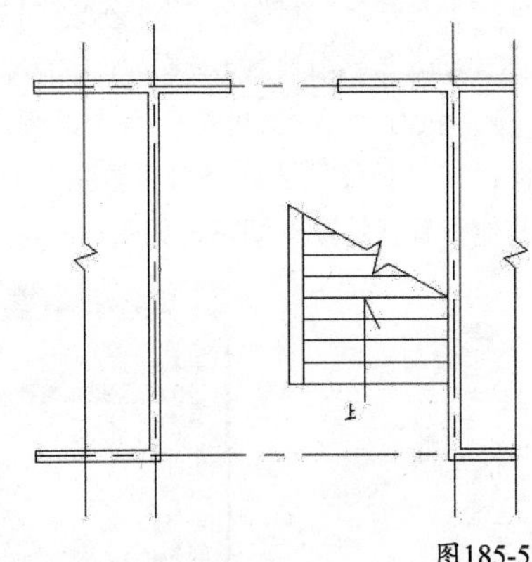

图185-5

2. 绘制轴线标号，添加标注和文字

01 将“标注”层设置为当前层，执行“标注>线性”和“标注>连续”命令，对楼梯的细部进行标注，如图185-6所示。

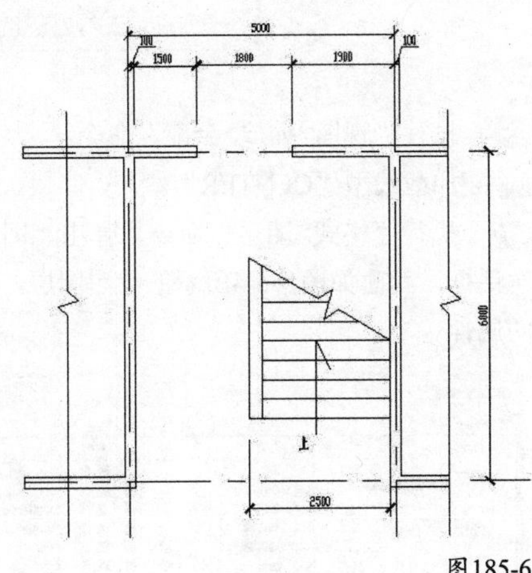

图185-6

02 执行“绘图>直线”、“绘图>圆”和“修改>复制”命令，绘制轴线，再执行“绘图>单行文字”命令，绘制轴线标号，如图185-7所示。

命令行提示如下：

```
命令: _dtext
当前文字样式: "数字" 文字高度: 2.5000 注释性: 否
指定文字的起点或 [对正(J)/样式(S)]: j
输入选项
[对齐(A)/调整(F)/中心(C)/中间(M)/右(R)/左上(TL)/中上(TC)/右上(TR)/左中(ML)/正中(MC)/右中(MR)/左下(BL)/中下(BC)/右下(BR)]: mc
指定文字的中间点:
指定高度 <2.5000>: 300
指定文字的旋转角度 <0>:
```

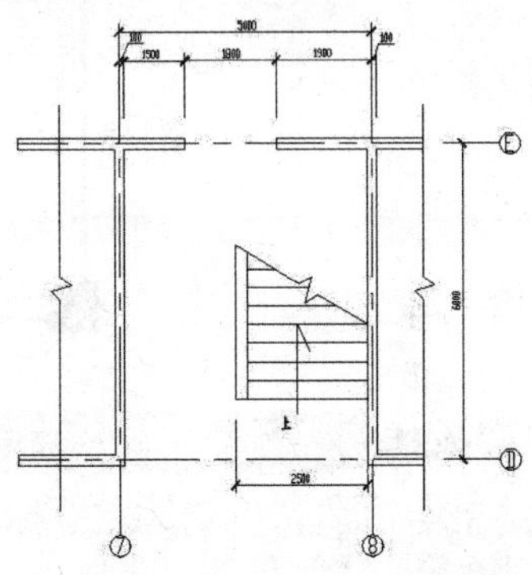

图185-7

03 执行“绘图>多行文字”命令，添加图名，再将“文字”文字样式置为当前文字样式。设置图名的文字高度为350，比例的文字高度为250，如图185-8所示。

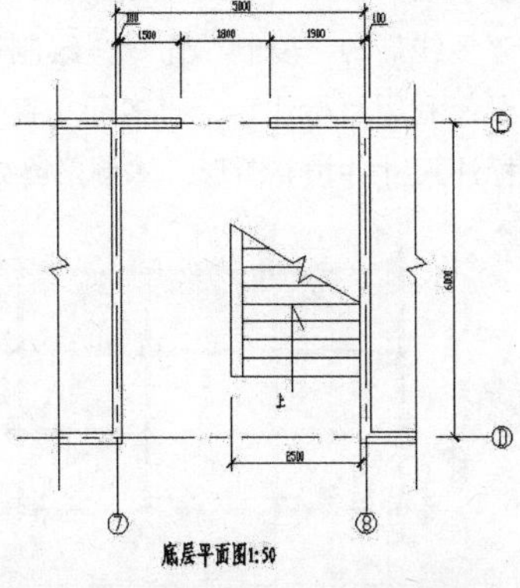

图185-8

练习185

原始文件位置	DVD>原始文件>第7章>练习185 原始文件
练习位置	DVD>练习文件>第7章>练习185
难易指数	★☆☆☆☆
技术掌握	巩固“直线”、“圆”、“复制”、“标注”和“单行文字”等命令的使用方法。

操作指南

参照“实战185 楼梯详图2”案例进行制作。

首先，执行“标注>线性”与“标注>连续”命令，标注尺寸；然后，执行“绘图>直线”、“绘图>圆”、“绘图>单行文字”和“修改>复制”命令，绘制轴线标号；最后，执行“绘图>直线”、“绘图>单行文字”和“修改>复制”命令，绘制标高。练习的最终效果如图185-9所示。

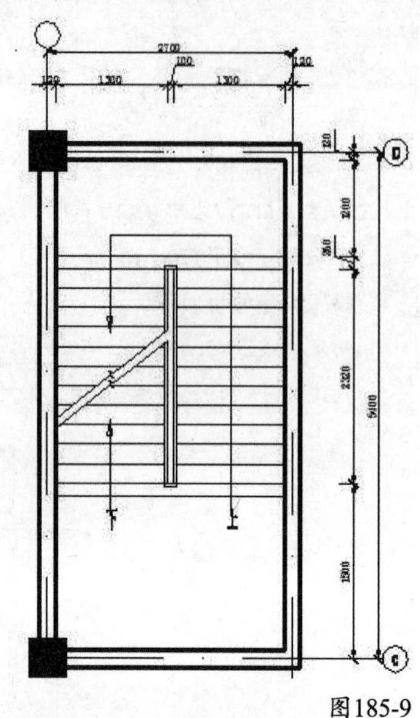

图185-9

实战186 基础平面图

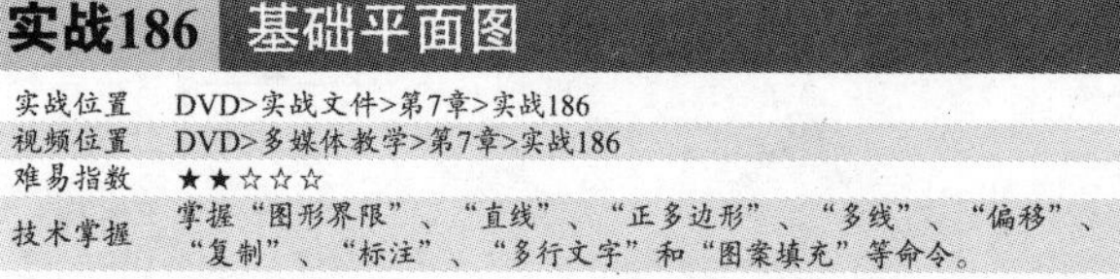

实战位置	DVD>实战文件>第7章>实战186
视频位置	DVD>多媒体教学>第7章>实战186
难易指数	★★☆☆☆
技术掌握	掌握“图形界限”、“直线”、“正多边形”、“多线”、“偏移”、“复制”、“标注”、“多行文字”和“图案填充”等命令。

实战介绍

运用“图形界限”命令，设置绘图环境；利用“直线”与“偏移”命令，绘制轴线；利用“正多边形”、“多线”与“复制”命令，绘制柱网、基础轮廓线和基础梁；利用“标注”、“多行文字”与“图案填充”命令，标注尺寸并填充图形。本例最终效果如图186-1所示。

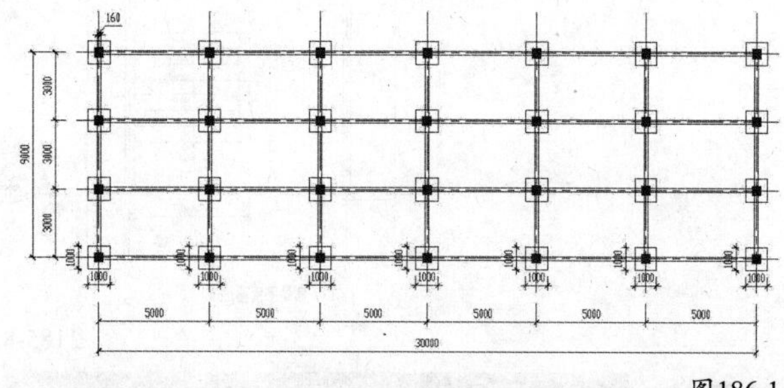

图186-1

制作思路

• 绘制轴线、柱网、基础轮廓线和基础梁。

• 标注尺寸并用图案填充图形，完成基础平面图的绘制并将其保存。

制作流程

基础平面图的制作流程如图186-2所示。

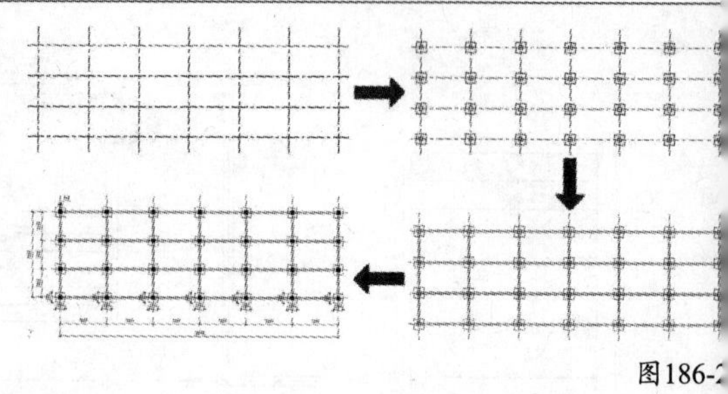

图186-2

1．绘制轴线、柱网、基础轮廓线和基础梁

01 打开AutoCAD 2013中文版软件，选择“格式>图形界限”命令，设置绘图区域。

命令行提示如下：

```
命令: '_limits
重新设置模型空间界限:
指定左下角点或 [开(ON)/关(OFF)] <0.0000,0.0000>:
指定右上角点 <420.0000,297.0000>: 59400,42000
```

02 执行“格式>单位”命令，弹出“图形单位”对话框，在“长度”选项组的“精度”下拉列表中选择0.00，其他设置保持默认即可，如图186-3所示。

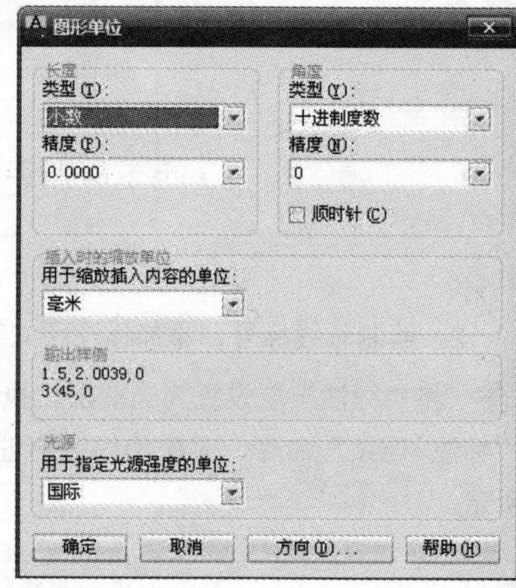

图186-3

03 执行“视图>缩放>全部”命令。

04 加载线型“CENTER”。

05 执行“格式>图层”命令，弹出“图层特性管理器”对话框，新建如图186-4所示的绘图图层，再设置各个图层的属性。

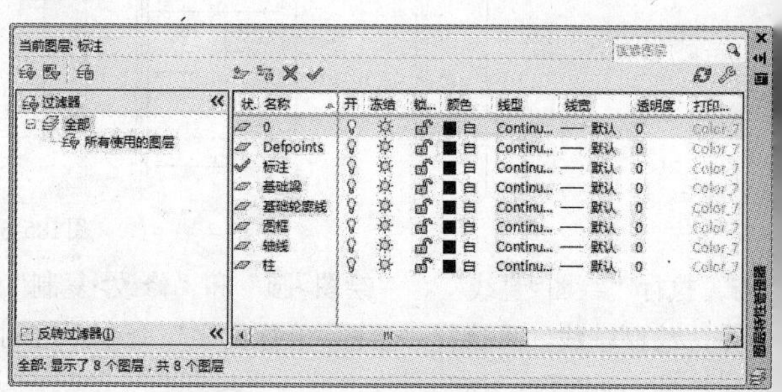

图186-4

06 执行“格式>文字样式”命令，新建一个“数字”文字样式，将字体设置为txt.shx，字体样式设置为gbcbig.shx，宽度因子设置为0.7，再新建一个“文字”文字样式，将字体设置为仿宋-GB2312，宽度因子设置为0.7，如图186-5所示。

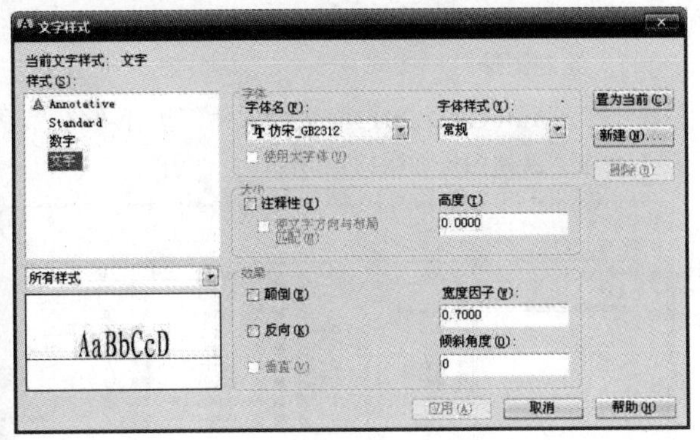

图186-5

07 本例采用的绘图比例为1:50。执行“格式>标注样式”命令，弹出“标注样式”对话框，新建一个“标注”样式。

08 将“轴线”层设置为当前层，设置线型为“CENTER”，执行“绘图>直线”和“修改>偏移”命令，绘制轴线，如图186-6所示。

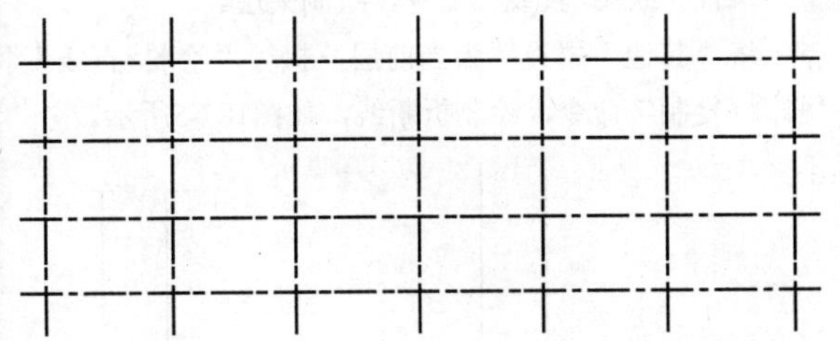
图186-6

09 将“柱”层设置为当前层，执行“绘图>正多边形”命令，在轴线的交点处绘制大小为400×400的矩形柱，执行“修改>复制”命令，将柱子复制到其他轴线交线处，如图186-7所示。

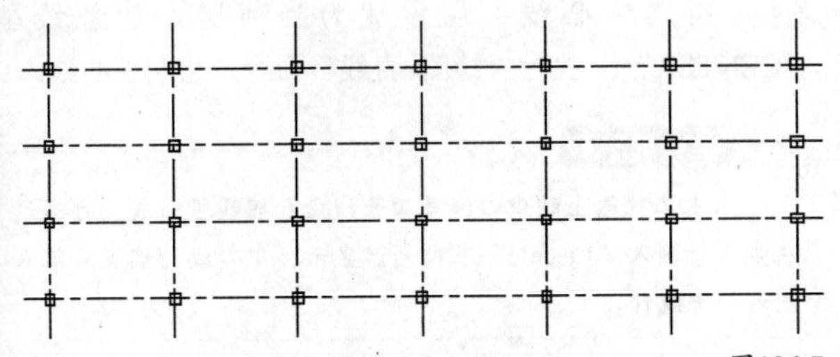
图186-7

10 将“基础轮廓线”层设置为当前层，执行“绘图>正多边形”命令，在轴线的交点处绘制大小为1170×1170的基础轮廓线，如图186-8所示。

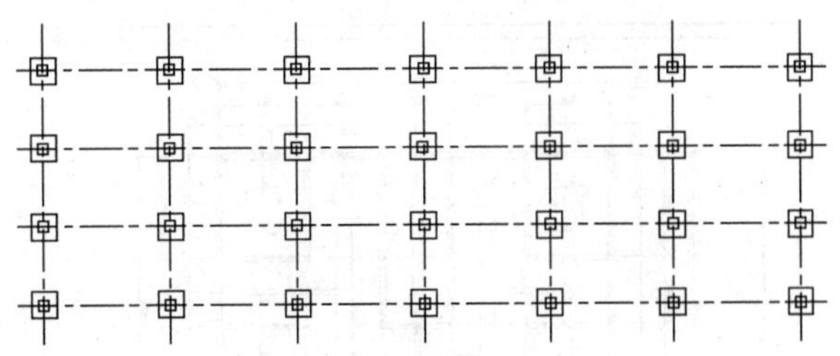
图186-8

11 将“基础梁”层设置为当前层，执行“绘图>多线”命令，绘制基础梁，如图186-9所示。

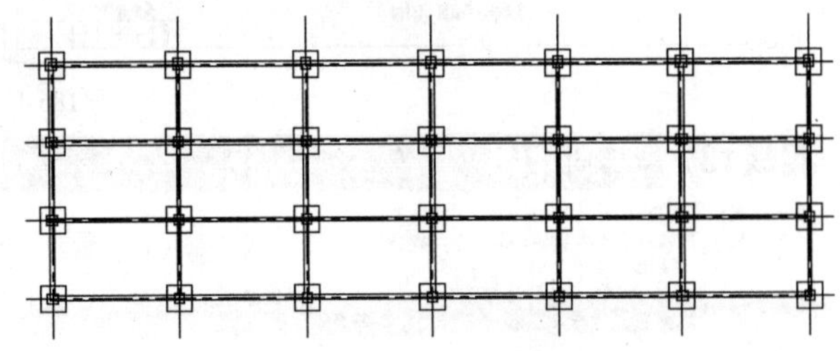
图186-9

2. 标注尺寸并用图案填充图形

将“标注”层设置为当前层，设置“标注”标注样式置为当前标注样式。执行“标注>线性”和“标注>连续”命令，对图形进行尺寸标注，然后，执行“绘图>多行文字”命令，标注文字，再执行“绘图>图案填充”命令，为柱填充“SOLID”图案，如图186-10所示。

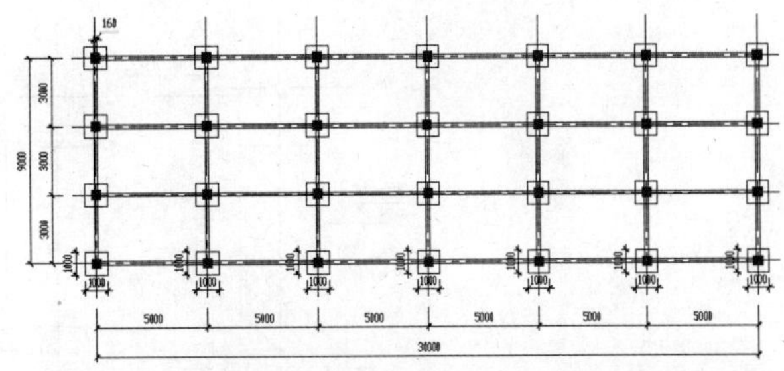
图186-10

练习186

练习位置	DVD>练习文件>第7章>练习186
难易指数	★☆☆☆☆
技术掌握	巩固“直线”、“矩形”、“圆”、“偏移”、“复制”、“镜像”、“修剪”、“标注”、“多行文字”和“插入块”等命令的使用方法。

操作指南

参照“实战186 基础平面图”案例进行制作。

首先，执行“绘图>直线”、“绘图>矩形”、“修改>偏移”、“修改>复制”、“修改>镜像”和“修改>修剪”命令，绘制图形；接着，执行“标注>线性”和“标注>连续”命令，标注尺寸；最后，执行“绘图>多行文字”和“插入>块”命令，添加文字并插入图框。练习效果如图186-11所示。

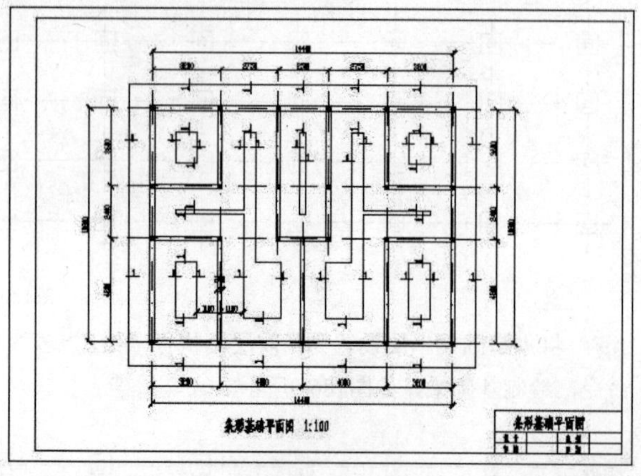

图186-11

实战187 基础详图

实战位置	DVD>实战文件>第7章>实战187
视频位置	DVD>多媒体教学>第7章>实战187
难易指数	★★☆☆☆
技术掌握	掌握"直线"、"矩形"、"多段线"、"镜像"、"移动"、"图案填充"、"标注"和"多行文字"等命令。

实战介绍

运用"矩形"、"多段线"与"镜像"命令，绘制外轮廓线；利用"直线"与"复制"命令，绘制折断线和中心线；利用"图案填充"命令，填充图形；利用"直线"、"镜像"与"移动"命令，绘制标高；利用"标注"与"多行文字"命令，对图形进行标高和尺寸标注。本例最终效果如图187-1所示。

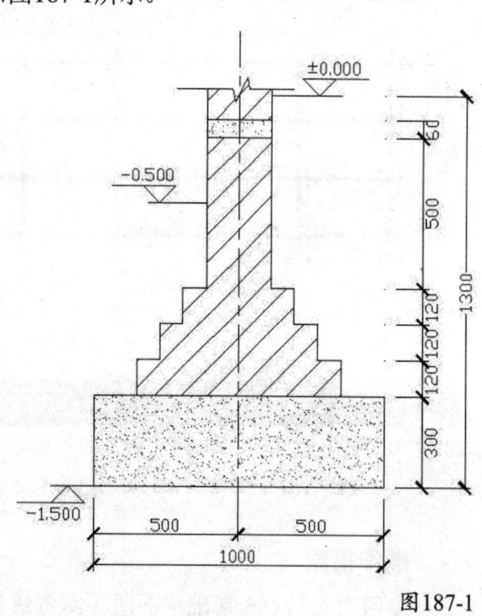

图187-1

制作思路

- 绘制图形。
- 用图案填充图形并标注尺寸，完成基础详图的绘制并将其保存。

制作流程

基础详图的制作流程如图187-2所示。

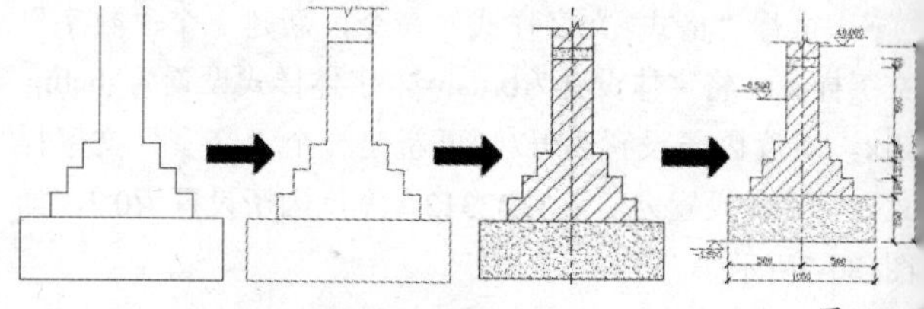

图187-2

1. 绘制图形

01 打开AutoCAD 2013中文版软件，执行"格式>图层"命令，新建图层如图187-3所示。

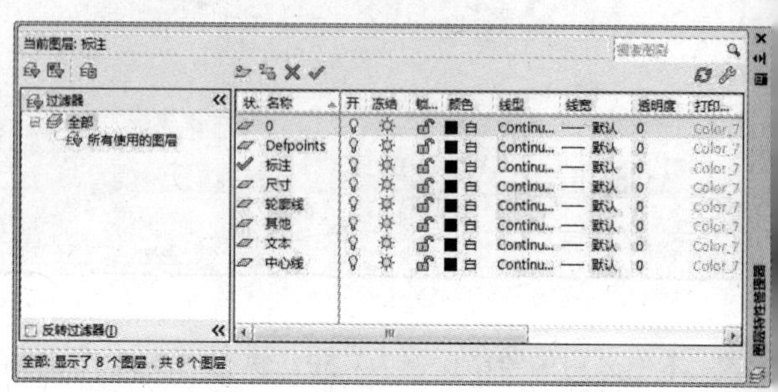

图187-3

02 关闭"图层特性管理器"对话框，将"轮廓线"层设置为当前层。

03 执行"绘图>矩形"、"绘图>多段线"与"修改>镜像"命令，绘制基础轮廓线，如图187-4所示。

04 执行"绘图>直线"命令，绘制夹层。

05 将"其他"层设置为当前层，执行"绘图>直线"和"修改>复制"命令，绘制折断线，如图187-5所示。

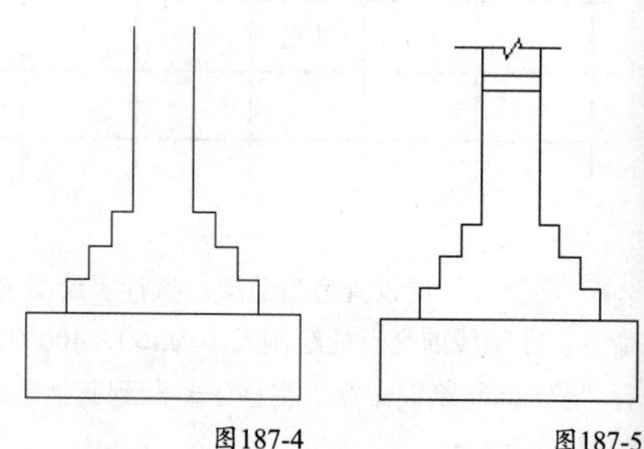

图187-4　　图187-5

06 将"中心线"层设置为当前层，加载线型"CENTER"，执行"绘图>直线"命令，绘制中心线。

土木工程图上的中心线是由长线段和短线段组成，可通过在命令行输入"Ltscale"来控制器显示，中心线的端点应落在图形轮廓线外。

2. 用图案填充图形并标注尺寸

01 将"其他"层设置为当前层，执行"绘图>图案填充"命令，对夹层和矩形处填充图案"AR-SAND"，对其他处填充"ANSI31"，如图187-6所示。

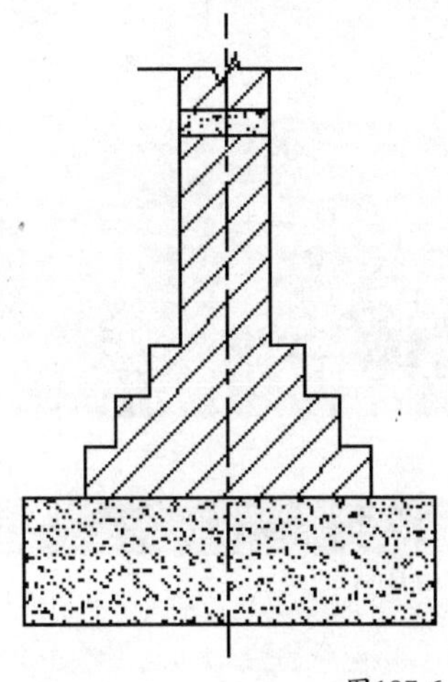

图187-6

02 将“尺寸”层设置为当前层，执行“绘图>直线”、“修改>镜像”和“修改>移动”命令，绘制标高线。

03 将“标注”层设置为当前层，执行“标注>线性”、“标注>连续”和“绘图>多行文字”命令，为基础详图进行标高和尺寸标注，如图187-7所示。

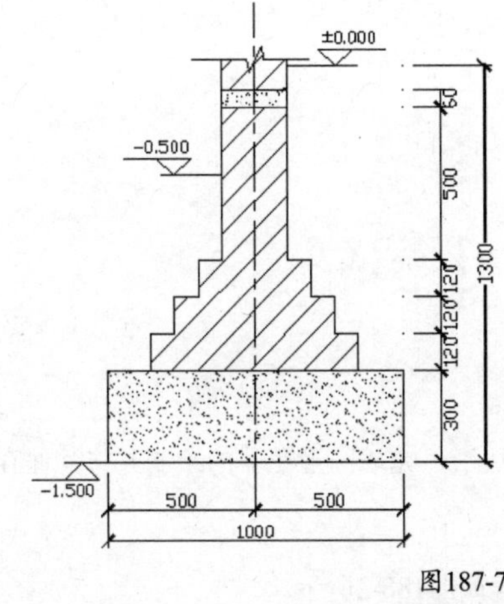

图187-7

练习187

练习位置	DVD>练习文件>第7章>练习187
难易指数	★☆☆☆☆
技术掌握	巩固“直线”、“矩形”、“多段线”、“复制”、“镜像”、“标注”和“多行文字”等命令的使用方法。

操作指南

参照“实战187 基础详图”案例进行制作。

首先，执行“绘图>直线”、“绘图>矩形”、“绘图>多段线”与“修改>镜像”命令，绘制图形，然后，执行“绘图>直线”与“修改>复制”命令，绘制标高线，最后，执行“标注>线性”、“标注>连续”与“绘图>多行文字”命令，对图形进行标高和尺寸标注。练习的最终效果如图187-8所示。

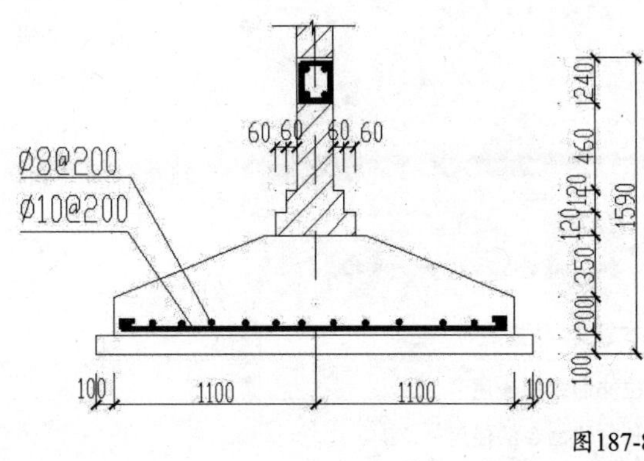

图187-8

第8章
室内三维实体

本章学习要点：
拉伸命令的使用
长方体命令的使用
圆柱体命令的使用
圆锥体命令的使用
球体命令的使用
三维旋转命令的使用
三维阵列命令的使用
三维镜像的使用
差集命令的使用
并集命令的使用
渲染命令的使用

实战188 圆形花盆

实战位置	DVD>实战文件>第8章>实战188
视频位置	DVD>多媒体教学>第8章>实战188
难易指数	★★☆☆☆
技术掌握	掌握“圆”、“偏移”、“拉伸”和“差集”等命令。

实战介绍

运用“圆”与“偏移”命令，绘制花盆底部轮廓；利用“拉伸”与“差集”命令，拉伸出花盆的面；运用“圆”、“偏移”、“拉伸”与“差集”命令，绘制花盆的上侧边沿。本例最终效果如图188-1所示。

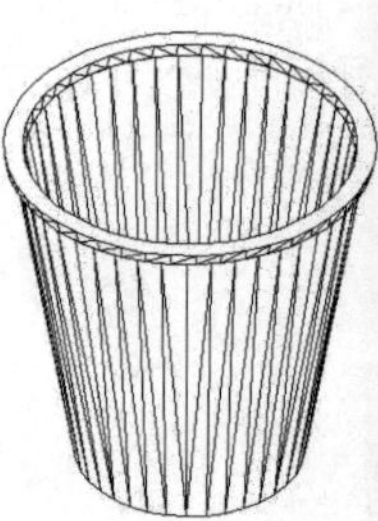

图188-1

制作思路

- 绘制花盆底部和面。
- 绘制花盆的上侧边沿，完成圆形花盆的绘制并将其保存。

制作流程

圆形花盆的制作流程如图188-2所示。

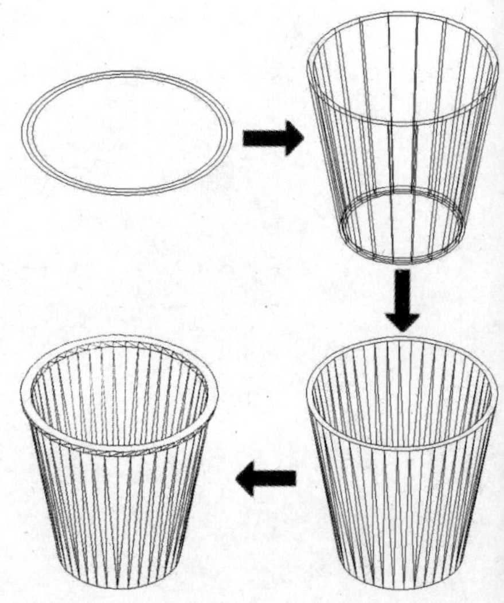

图188-2

1. 绘制花盆底部和面

01 打开AutoCAD 2013中文版软件，执行“视图>三维视图>西南等轴测”命令。

02 执行“绘图>圆”命令，绘制一个半径为100的圆，然后，执行“修改>偏移”命令，依次向内偏移5，如图188-3所示。

命令行提示如下：

```
命令: _circle 指定圆的圆心或 [三点(3P)/两点(2P)/相切、相切、半径(T)]:
指定圆的半径或 [直径(D)]: 100
命令: _offset
当前设置: 删除源=否  图层=源  OFFSETGAPTYPE=0
指定偏移距离或 [通过(T)/删除(E)/图层(L)] <通过>: 10
选择要偏移的对象, 或 [退出(E)/放弃(U)] <退出>:
指定要偏移的那一侧上的点, 或 [退出(E)/多个(M)/放弃(U)] <退出>:
选择要偏移的对象, 或 [退出(E)/放弃(U)] <退出>:
命令: _offset
当前设置: 删除源=否  图层=源  OFFSETGAPTYPE=0
指定偏移距离或 [通过(T)/删除(E)/图层(L)] <10.0000>: 5
选择要偏移的对象, 或 [退出(E)/放弃(U)] <退出>:
指定要偏移的那一侧上的点, 或 [退出(E)/多个(M)/放弃(U)] <退出>:
选择要偏移的对象, 或 [退出(E)/放弃(U)] <退出>:
```

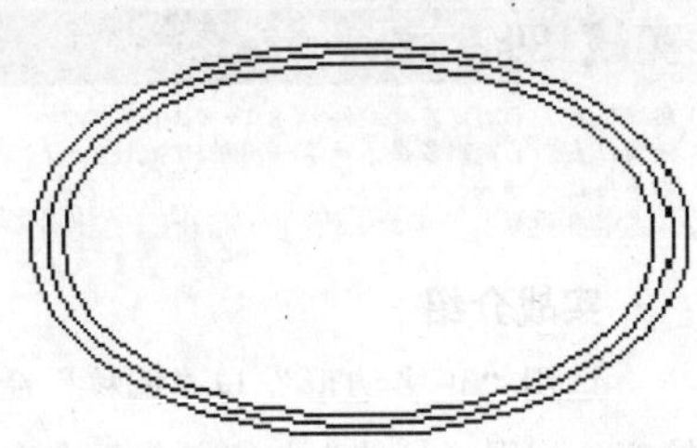

图188-3

03 在命令栏中输入“ISOLINES”后，输入新值，执行“绘图>建模>拉伸”命令，将外面的三个圆分别拉伸300、10、300，如图188-4所示。

图188-4

命令行提示如下：

```
命令: ISOLINES
输入 ISOLINES 的新值 <4>: 20
命令: _extrude
当前线框密度:ISOLINES=20, 闭合轮廓创建模式 = 实体
选择要拉伸的对象或 [模式(MO)]: _MO 闭合轮廓创建模式 [实体(SO)/曲面(SU)] <实体>: _SO
选择要拉伸的对象或 [模式(MO)]: 找到 1 个
选择要拉伸的对象或 [模式(MO)]:
指定拉伸的高度或 [方向(D)/路径(P)/倾斜角(T)/表达式(E)]: T
指定拉伸的倾斜角度或 [表达式(E)] <0>: -10
指定拉伸的高度或 [方向(D)/路径(P)/倾斜角(T)/表达式(E)]: 300
命令: _extrude
当前线框密度:ISOLINES=20, 闭合轮廓创建模式 = 实体
选择要拉伸的对象或 [模式(MO)]: _MO 闭合轮廓创建模式 [实体(SO)/曲面(SU)] <实体>: _SO
选择要拉伸的对象或 [模式(MO)]: 找到 1 个
选择要拉伸的对象或 [模式(MO)]:
指定拉伸的高度或 [方向(D)/路径(P)/倾斜角(T)/表达式(E)] <300.0000>: T
指定拉伸的倾斜角度或 [表达式(E)] <350>: -10
指定拉伸的高度或 [方向(D)/路径(P)/倾斜角(T)/表达式(E)] <300.0000>: 10
```

```
命令: _extrude
当前线框密度:ISOLINES=20，闭合轮廓创建模式 = 实体
选择要拉伸的对象或 [模式(MO)]: _MO 闭合轮廓创建模式 [实体(SO)/曲面(SU)] <实体>: _SO
选择要拉伸的对象或 [模式(MO)]: 找到 1 个
选择要拉伸的对象或 [模式(MO)]:
指定拉伸的高度或 [方向(D)/路径(P)/倾斜角(T)/表达式(E)] <10.0000>: T
指定拉伸的倾斜角度或 [表达式(E)] <350>: -10
指定拉伸的高度或 [方向(D)/路径(P)/倾斜角(T)/表达式(E)] <10.0000>: 300
```

技巧与提示

若打开AutoCAD软件后，工具栏区没有“建模”工具栏，可右键单击其他工具栏中任一命令按钮，再在快捷菜单中选择“建模”命令即可使其显示出来。

04 执行“修改>实体编辑>差集”命令，对内外两个拉伸实体进行布尔运算，减去中间部分，得到花盆中间空出部分，执行“视图>消隐”命令，结果如图188-5所示。

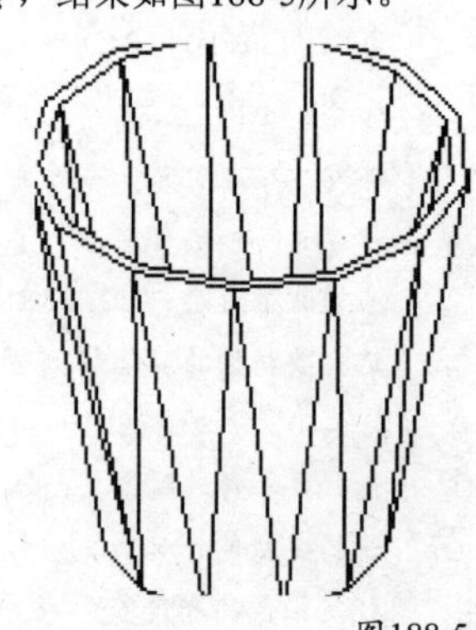

图188-5

2. 绘制花盆上侧边沿

01 再次执行“绘图>圆”和“绘图>建模>拉伸”命令，绘制出花盆的圆形外沿，如图188-6所示。

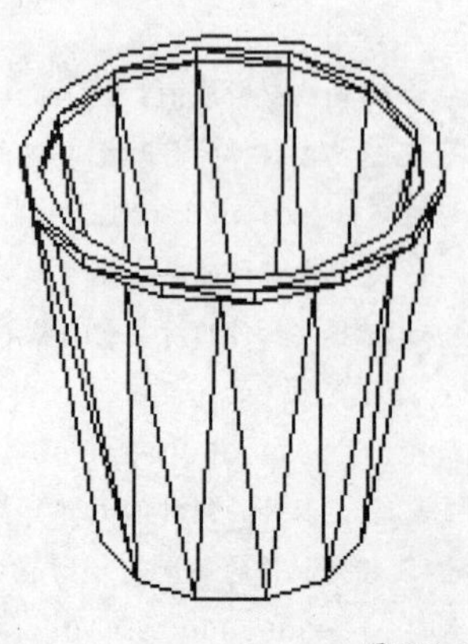

图188-6

02 在命令行输入“FACETRES”，改变花盆的圆弧度，再执行“视图>消隐”命令，结果如图188-7所示。

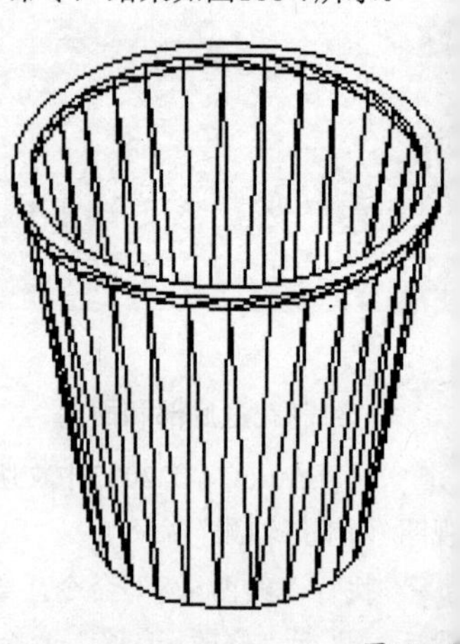

图188-7

练习188

练习位置	DVD>练习文件>第8章>练习188
难易指数	★☆☆☆☆
技术掌握	巩固“球体”、“立方体”和“复制”等命令的使用方法。

操作指南

参照“实战188 装饰物”案例进行制作。

执行“建模>球体”、“建模>长方体”与“修改>复制”命令，绘制装饰物。练习的最终效果如图188-8所示。

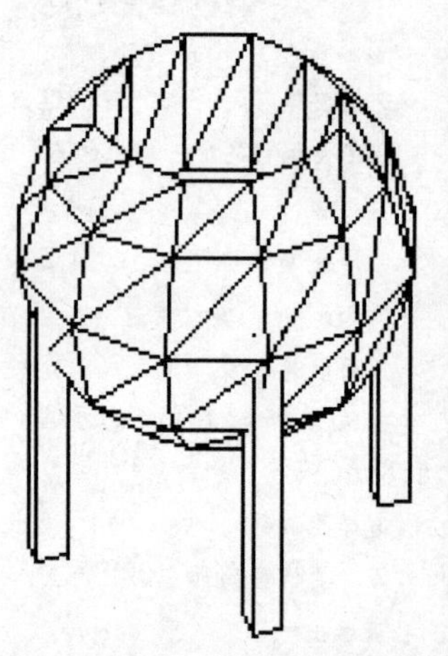

图188-8

实战189 方形花盆

实战位置	DVD>实战文件>第8章>实战189
视频位置	DVD>多媒体教学>第8章>实战189
难易指数	★★☆☆☆
技术掌握	掌握“正多边形”、“偏移”、“拉伸”和“差集”等命令。

实战介绍

运用“正多边形”与“偏移”命令，绘制花盆的底部轮廓；利用“拉伸”与“差集”命令，拉伸出花盆的面；利用“正多边形”、“偏移”、“拉伸”与“差集”命令，绘制花盆的上侧边沿。本例最终效果如图189-1所示。

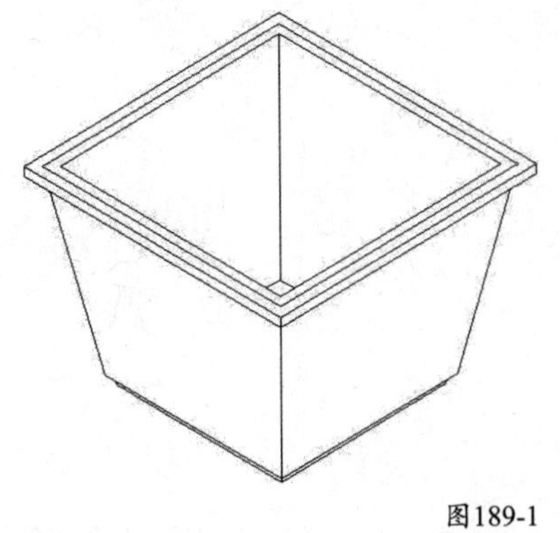

图189-1

制作思路

• 绘制花盆底部和面。

• 绘制花盆的上侧边沿，完成方形花盆的绘制并将其保存。

制作流程

方形花盆的制作流程如图189-2所示。

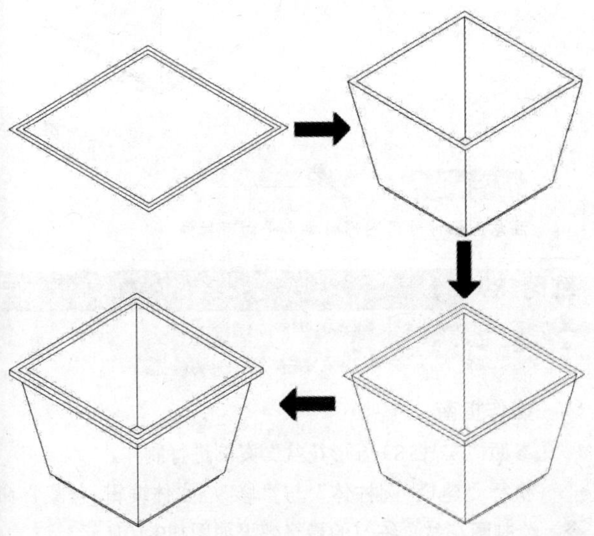

图189-2

1. 绘制花盆底部和面

01 打开AutoCAD 2013中文版软件，执行“视图>三维视图>西南等轴测”命令。

02 执行“绘图>正多边形”命令，绘制如图189-3所示的正多边形。

命令行提示如下：

```
命令：_polygon 输入边的数目 <4>:
指定正多边形的中心点或 [边(E)]:
输入选项 [内接于圆(I)/外切于圆(C)] <C>: C
指定圆的半径：100
```

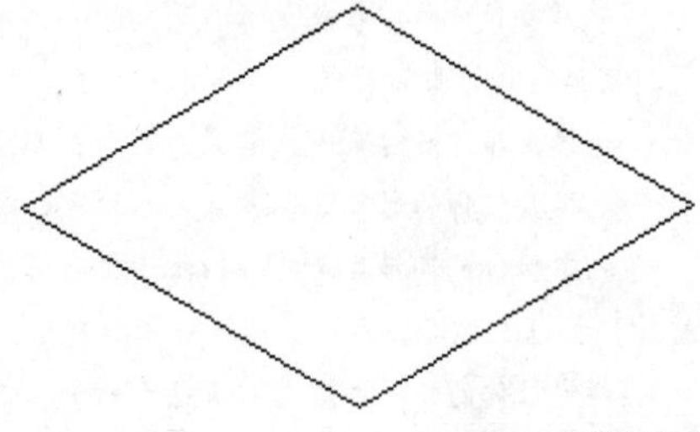

图189-3

03 执行“修改>偏移”命令，将正方形依次向内偏移5，如图189-4所示。

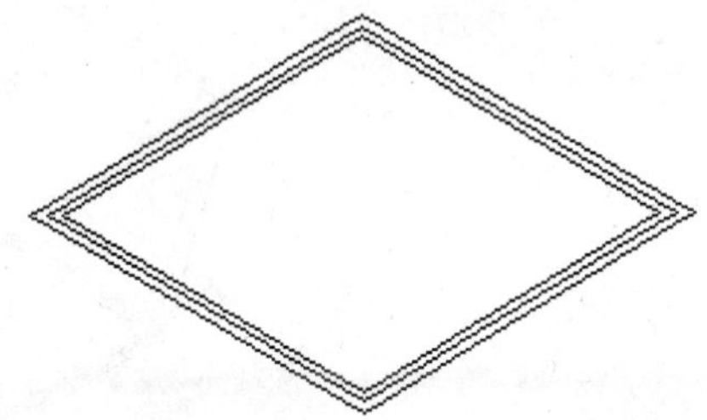

图189-4

04 执行“建模>拉伸”命令，将三个正方形从里到外依次拉伸200、10、200，如图189-5所示。

命令行提示如下：

```
命令：_extrude
当前线框密度： ISOLINES=4，闭合轮廓创建模式 = 实体
选择要拉伸的对象或 [模式(MO)]：_MO 闭合轮廓创建模式 [实体(SO)/曲面(SU)] <实体>：_SO
选择要拉伸的对象或 [模式(MO)]：找到 1 个
选择要拉伸的对象或 [模式(MO)]：
指定拉伸的高度或 [方向(D)/路径(P)/倾斜角(T)/表达式(E)]：T
指定拉伸的倾斜角度或 [表达式(E)] <0>：-10
指定拉伸的高度或 [方向(D)/路径(P)/倾斜角(T)/表达式(E)] <200.0000>：200
命令：_extrude
当前线框密度： ISOLINES=4，闭合轮廓创建模式 = 实体
选择要拉伸的对象或 [模式(MO)]：_MO 闭合轮廓创建模式 [实体(SO)/曲面(SU)] <实体>：_SO
选择要拉伸的对象或 [模式(MO)]：找到 1 个
选择要拉伸的对象或 [模式(MO)]：
指定拉伸的高度或 [方向(D)/路径(P)/倾斜角(T)/表达式(E)] <200.0000>：T
指定拉伸的倾斜角度或 [表达式(E)] <350>：-10
指定拉伸的高度或 [方向(D)/路径(P)/倾斜角(T)/表达式(E)] <200.0000>：10
命令：_extrude
当前线框密度： ISOLINES=4，闭合轮廓创建模式 = 实体
```

选择要拉伸的对象或 [模式(MO)]: _MO 闭合轮廓创建模式 [实体(SO)/曲面(SU)] <实体>: _SO

选择要拉伸的对象或 [模式(MO)]: 找到 1 个

选择要拉伸的对象或 [模式(MO)]:

指定拉伸的高度或 [方向(D)/路径(P)/倾斜角(T)/表达式(E)] <10.0000>: T

指定拉伸的倾斜角度或 [表达式(E)] <350>: -10

指定拉伸的高度或 [方向(D)/路径(P)/倾斜角(T)/表达式(E)] <10.0000>: 200

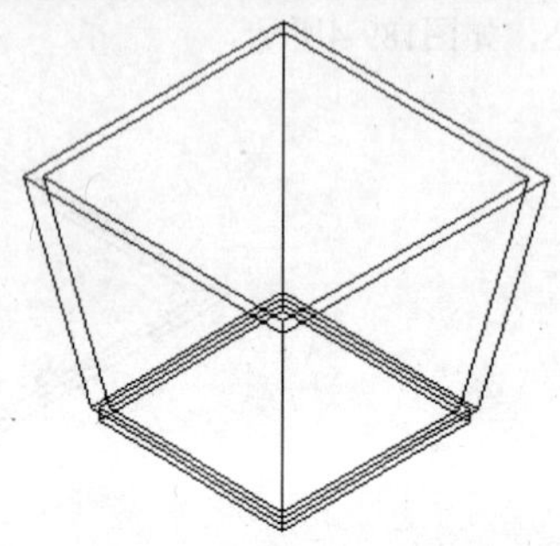

图189-5

05 执行"修改>实体编辑>差集"命令，对图形进行布尔运算，再执行"视图>消隐"命令，结果如图189-6所示。

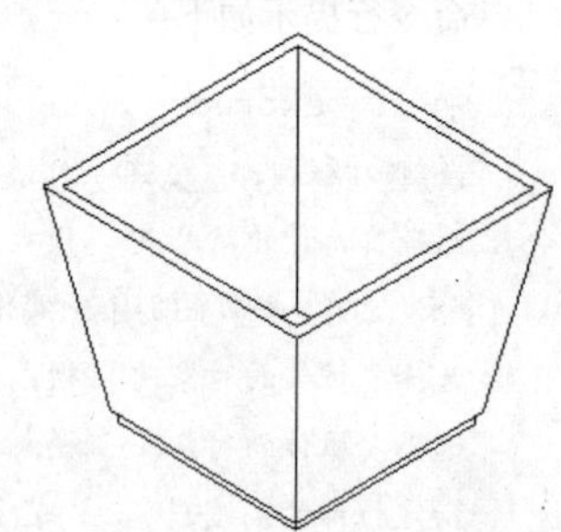

图189-6

2. 绘制花盆的上侧边沿

01 执行"绘图>正多边形"命令，如图189-7所示。

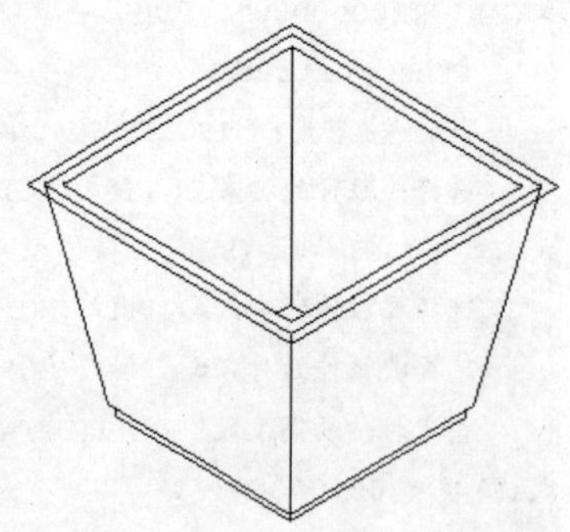

图189-7

技巧与提示 

绘制图189-7所示的正方形时，可先绘制一条辅助直线，将正多边形的中点选择为直线中点即可，如图189-8所示。

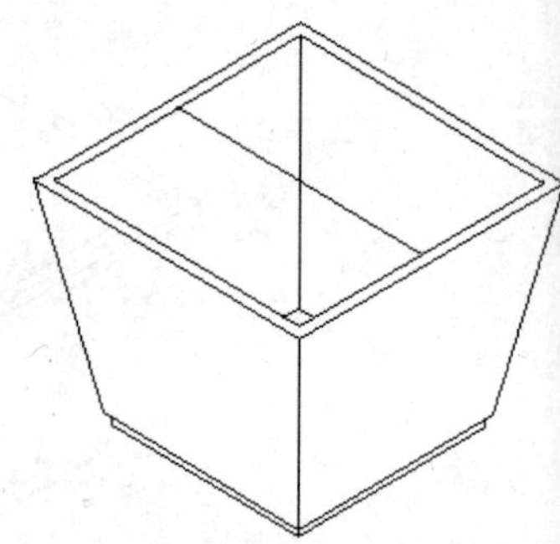

图189-8

02 再次执行"建模>拉伸"和"修改>实体编辑>差集"命令，绘制出外沿图形。结果如图189-9所示。

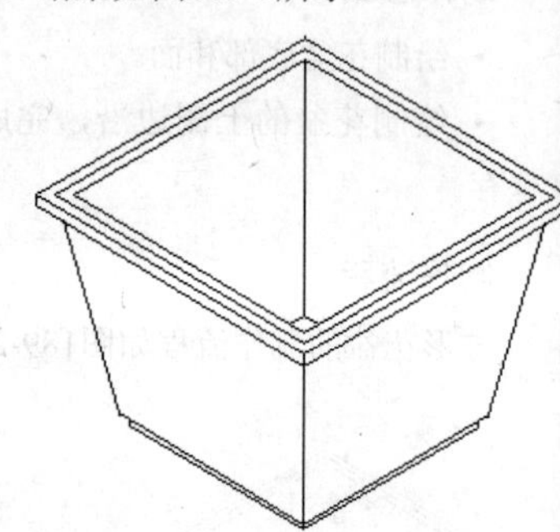

图189-9

技巧与提示

注意，拉伸外沿图形时要水平向下拉伸。

练习189

练习位置	DVD>练习文件>第8章>练习189
难易指数	★☆☆☆☆
技术掌握	巩固"圆柱体"和"差集"等命令的使用方法。

操作指南

参照"实战189 方形花盆"案例进行制作。

执行"建模>圆柱体"与"修改>实体编辑>差集"命令，绘制圆花盆。练习的最终效果如图189-10所示。

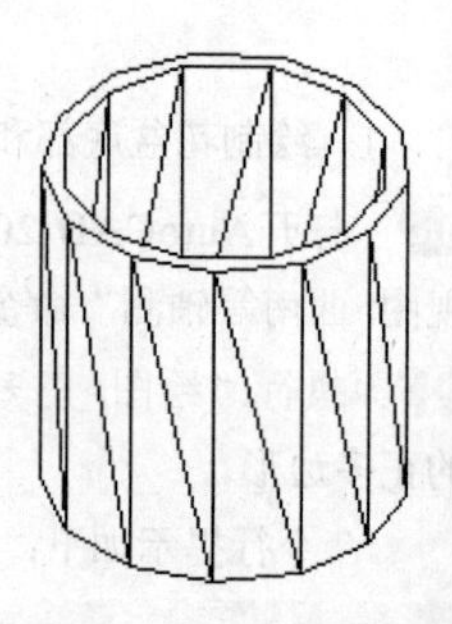

图189-10

实战190 盆景

原始文件位置	DVD>原始文件>第8章>实战190 原始文件
实战位置	DVD>实战文件>第8章>实战190
视频位置	DVD>多媒体教学>第8章>实战190
难易指数	★★☆☆☆
技术掌握	掌握"圆"、"拉伸"、"差集"和"插入块"等命令。

实战介绍

运用“圆”、“拉伸”与“差集”命令，绘制花盆；利用“插入块”命令，插入植物。本例最终效果如图190-1所示。

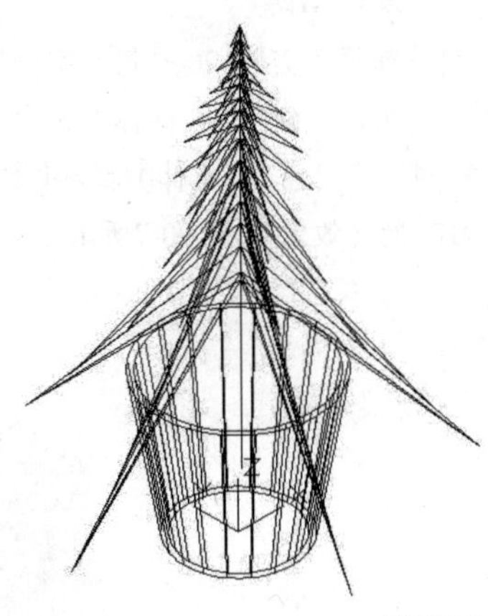

图190-1

制作思路

- 绘制花盆。
- 插入植物，完成盆景的绘制并将其保存。

制作流程

盆景的制作流程如图190-2所示。

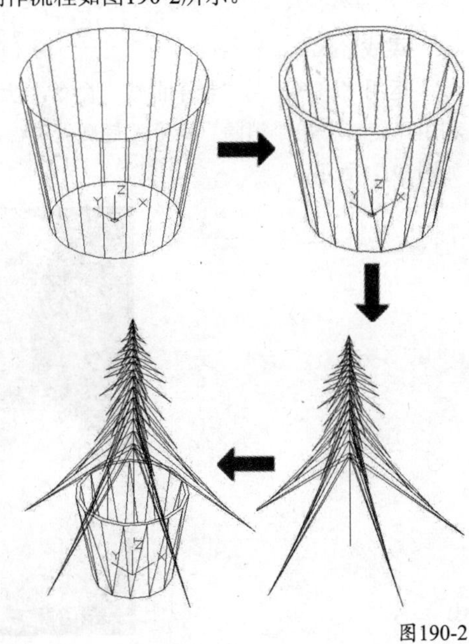

图190-2

1. 绘制花盆

01 打开AutoCAD 2013中文版软件，执行“视图>三维视图>西南等轴测”命令。

02 执行“绘图>圆”命令，绘制一个半径为100的圆，再执行“绘图>建模>拉伸”命令，将其拉伸，如图190-3所示。

命令行提示如下：

```
命令：_circle
指定圆的圆心或 [三点(3P)/两点(2P)/相切、相切、半径(T)]：0,0,0
指定圆的半径或 [直径(D)]：100
命令：ISOLINES
输入 ISOLINES 的新值 <4>：20
命令：_extrude
当前线框密度： ISOLINES=20，闭合轮廓创建模式 = 实体
选择要拉伸的对象或 [模式(MO)]：_MO 闭合轮廓创建模式 [实体(SO)/曲面(SU)] <实体>：_SO
选择要拉伸的对象或 [模式(MO)]：找到 1 个
选择要拉伸的对象或 [模式(MO)]：
指定拉伸的高度或 [方向(D)/路径(P)/倾斜角(T)/表达式(E)]：T
指定拉伸的倾斜角度或 [表达式(E)] <0>：-10
指定拉伸的高度或 [方向(D)/路径(P)/倾斜角(T)/表达式(E)]：250
```

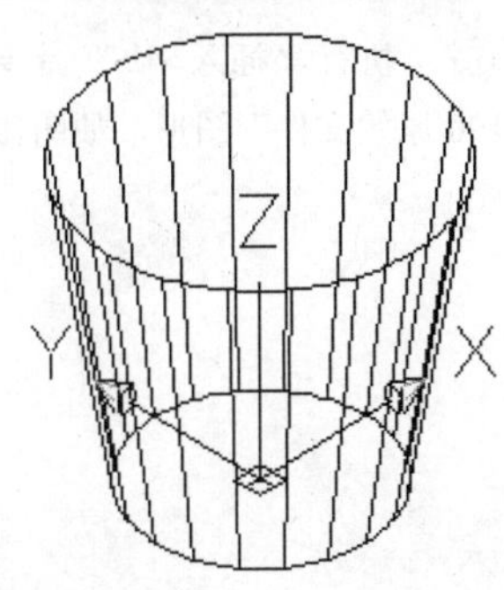

图190-3

03 执行“绘图>圆”命令，再绘制一个圆，其圆心坐标为（0,0,10）。

命令行提示如下：

```
命令：_circle
指定圆的圆心或 [三点(3P)/两点(2P)/相切、相切、半径(T)]：0,0,10
指定圆的半径或 [直径(D)] <100.0000>：100
```

04 执行“建模>拉伸”命令，将其拉伸240。

命令行提示如下：

```
命令：_extrude
当前线框密度： ISOLINES=20，闭合轮廓创建模式 = 实体
选择要拉伸的对象或 [模式(MO)]：_MO 闭合轮廓创建模式 [实体(SO)/曲面(SU)] <实体>：_SO
选择要拉伸的对象或 [模式(MO)]：找到 1 个
选择要拉伸的对象或 [模式(MO)]：
指定拉伸的高度或 [方向(D)/路径(P)/倾斜角(T)/表达
```

```
式(E)] <240.0000>: T
    指定拉伸的倾斜角度或 [表达式(E)] <350>: -6
    指定拉伸的高度或 [方向(D)/路径(P)/倾斜角(T)/表达式(E)] <240.0000>: 240
```

05 执行“修改>实体编辑>差集”命令，对两个拉伸实体进行布尔运算，再执行“视图>消隐”命令，如图190-4所示。

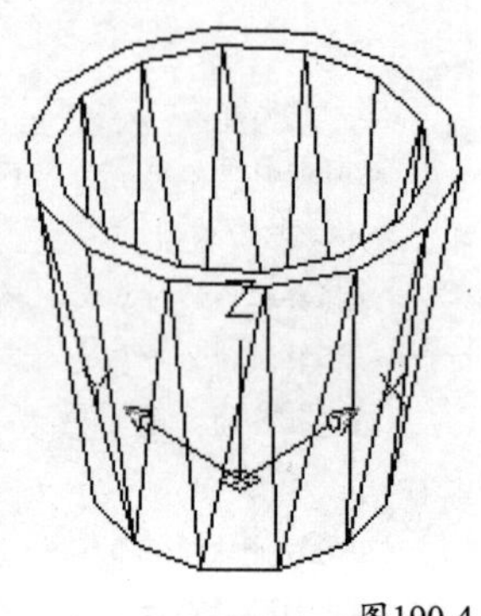

图190-4

2. 插入植物

01 执行“插入>块”命令，插入原始文件中的“实战190 原始文件”图形，如图190-5所示。

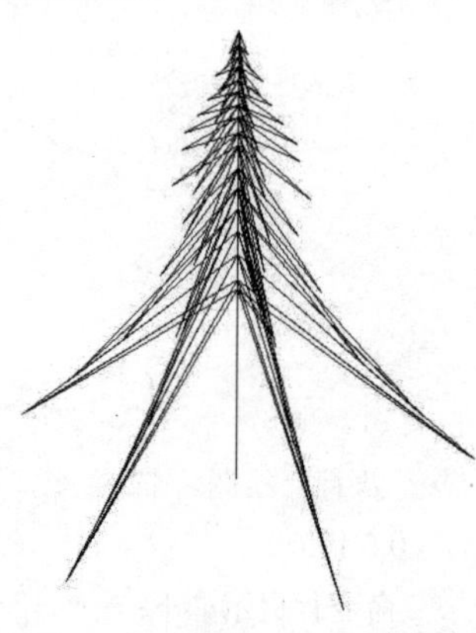

图190-5

02 执行“修改>移动”命令，将植物移动到合适的位置，如图190-6所示。

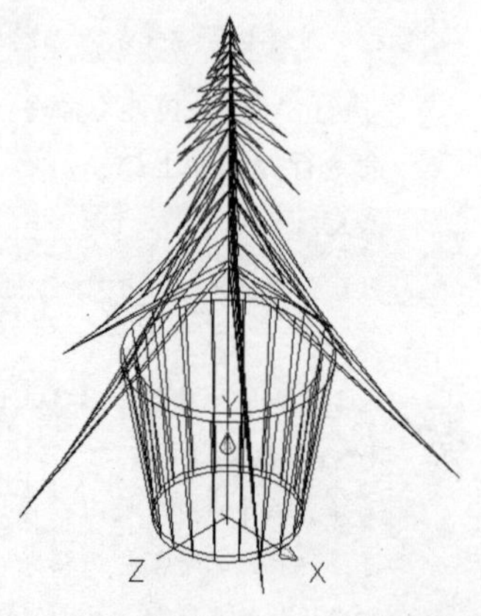

图190-6

练习190

练习位置	DVD>练习文件>第8章>练习190
难易指数	★☆☆☆☆
技术掌握	巩固“圆柱体”、“立方体”、“复制”和“并集”等命令的使用方法。

操作指南

参照“实战190 盆景”案例进行制作。

执行“建模>圆柱体”、“建模>长方体”、“修改>复制”与“修改>实体编辑>并集”命令，绘制微波炉。练习的最终效果如图190-7所示。

图190-7

实战191 花瓶

实战位置	DVD>实战文件>第8章>实战191
视频位置	DVD>多媒体教学>第8章>实战191
难易指数	★★☆☆☆
技术掌握	掌握“直线”、“样条曲线”、“旋转”和“消隐”等命令。

实战介绍

运用“直线”与“样条曲线”命令，绘制花瓶轮廓；利用“旋转”与“消隐”命令，旋转轮廓。本例最终效果如图191-1所示。

图191-1

制作思路

- 绘制花瓶轮廓。
- 旋转轮廓，完成花瓶的绘制并将其保存。

制作流程

花瓶的制作流程如图191-2所示。

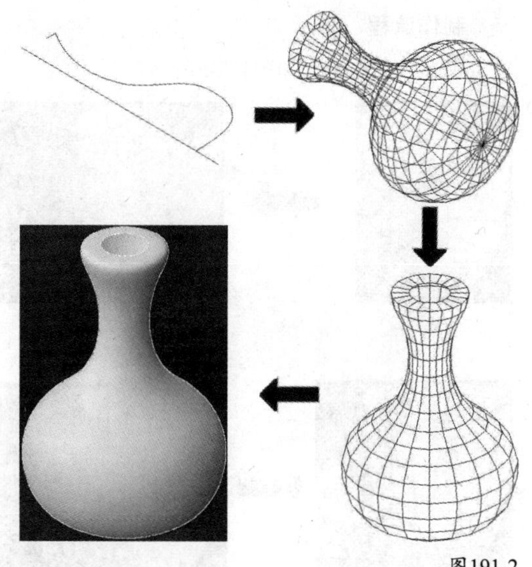

图191-2

01 打开AutoCAD 2013中文版软件，执行“绘图>直线”命令，绘制一个轴线。

02 执行“绘图>样条曲线”命令，绘制如图191-3所示的图形。

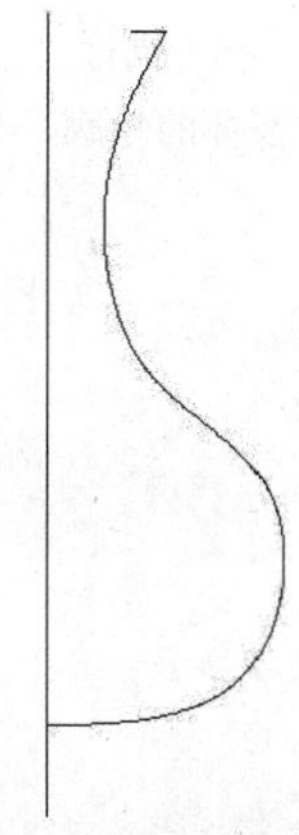

图191-3

03 执行“视图>三维视图>西南等轴测”命令，将视图转化为三维视图，如图191-4所示。

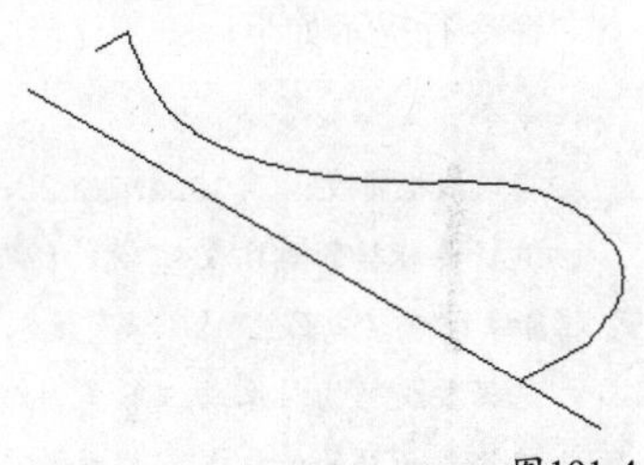

图191-4

04 在命令行分别输入“SURFTAB1”和“SURFTAB2”，改变其值为20。

命令行提示如下：

```
命令: SURFTAB1
输入 SURFTAB1 的新值 <6>: 20
命令: SURFTAB2
输入 SURFTAB2 的新值 <6>: 20
```

05 执行“绘图>建模>网格>旋转网格”命令，旋转花瓶轮廓，如图191-5所示。

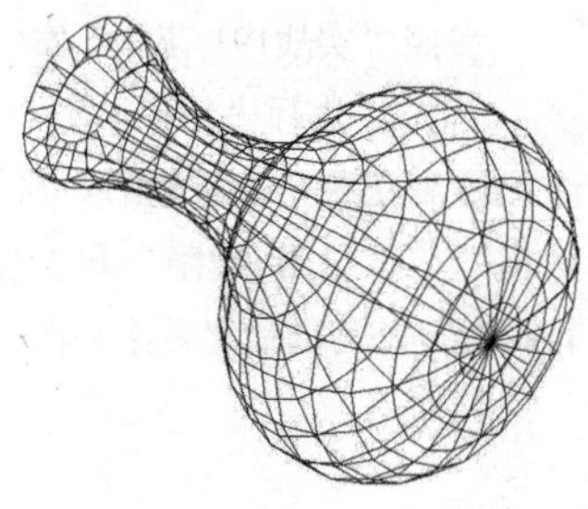

图191-5

命令行提示如下：

```
命令: _revsurf
当前线框密度: SURFTAB1=20  SURFTAB2=20
选择要旋转的对象:
选择定义旋转轴的对象:
指定起点角度 <0>:  指定第二点:
指定包含角 (+=逆时针, -=顺时针) <360>:
```

06 执行“视图>动态观察”命令，改变观察角度，然后，执行“视图>消隐”命令，如图191-6所示。

图191-6

07 执行“视图>视觉样式>概念”命令，效果如图191-7所示。

图191-7

练习191

练习位置 DVD>练习文件>第8章>练习191
难易指数 ★☆☆☆☆
技术掌握 巩固"圆柱体"、"立方体"、"复制"和"并集"等命令的使用方法

操作指南

参照"实战191 花瓶"案例进行制作。

首先，执行"绘图>直线"和"绘图>样条曲线"命令，绘制花瓶轮廓；然后，执行"绘图>建模>网格>旋转网格"、"视图>消隐"和"视图>渲染>渲染"命令，旋转花瓶。练习的最终效果如图191-8所示。

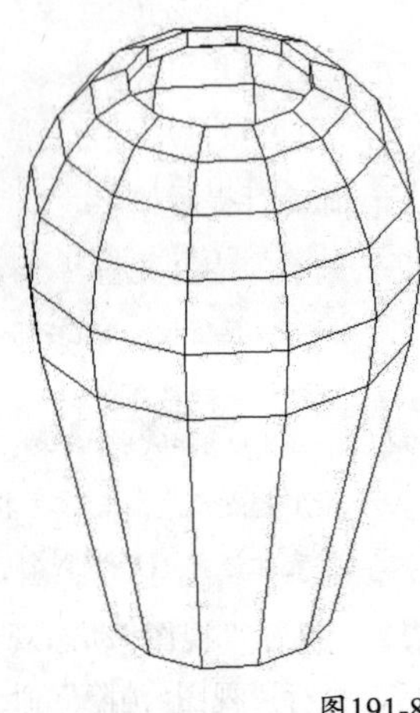

图191-8

实战192 茶杯

实战位置 DVD>实战文件>第8章>实战192
视频位置 DVD>多媒体教学>第8章>实战192
难易指数 ★★☆☆☆
技术掌握 掌握"圆"、"样条曲线"、"直线"、"旋转"和"拉伸"等命令。

实战介绍

运用"直线"与"圆弧"命令，绘制茶杯轮廓；利用"旋转"命令，旋转出茶杯的三维轮廓；利用"圆"、"样条曲线"与"拉伸"命令，绘制把手。本例最终效果如图192-1所示。

图192-1

制作思路

- 绘制茶杯。
- 绘制把手，完成茶杯的绘制并将其保存。

制作流程

茶杯的制作流程如图192-2所示。

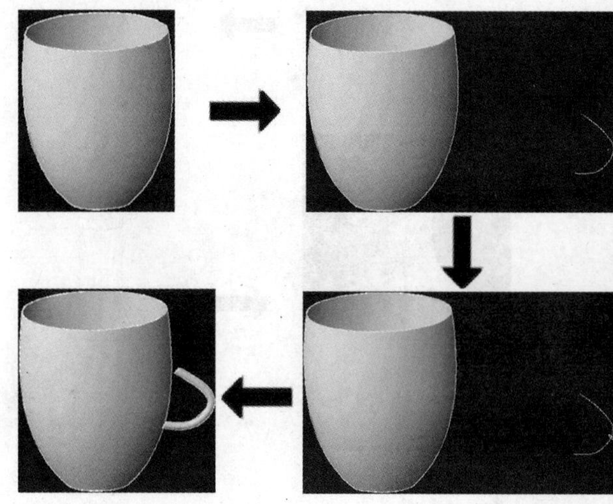

图192-2

1. 绘制茶杯

01 打开AutoCAD 2013中文版软件，执行"视图>三维视图>西南等轴测"命令。

02 执行"绘图>圆弧"和"绘图>直线"命令，绘制出茶杯的轮廓，如图192-3所示。

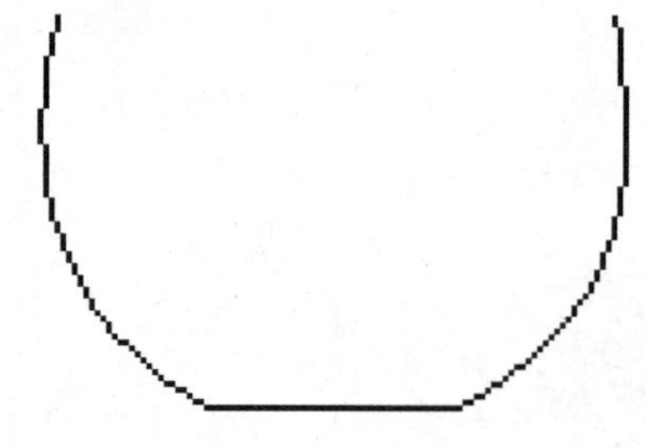

图192-3

03 执行"建模>旋转"命令，对轮廓进行旋转，如图192-4所示。

命令行提示如下：

```
命令: _revolve
当前线框密度: ISOLINES=20，闭合轮廓创建模式 = 实体
选择要旋转的对象或 [模式(MO)]: _MO 闭合轮廓创建模式 [实体(SO)/曲面(SU)] <实体>: _SO
选择要旋转的对象或 [模式(MO)]: 找到 3 个
选择要旋转的对象或 [模式(MO)]:
指定轴起点或根据以下选项之一定义轴 [对象(O)/X/Y/Z] <对象>:
指定轴端点:
指定旋转角度或 [起点角度(ST)/反转(R)/表达式(EX)] <360>:
```

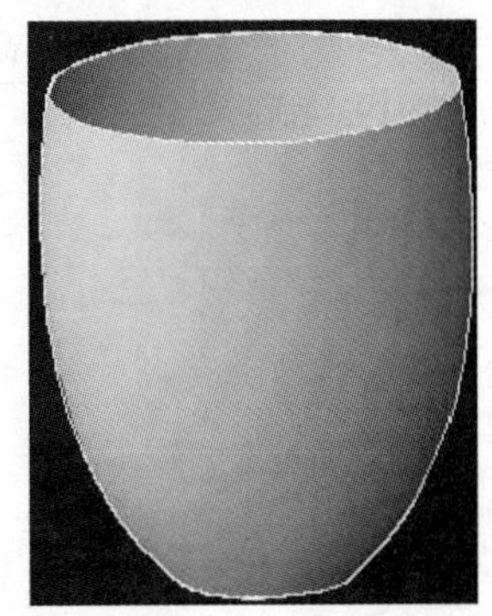

图192-4

04 执行“视图>动态观察”命令，对旋转后的图形进行不同角度的观察。

技巧与提示

“动态观察”工具栏中有3个按钮，读者可动手实践一下各个按钮的效果。

2. 绘制把手

01 执行“绘图>样条曲线”命令，绘制茶杯的把柄，如图192-5所示。

图192-5

02 执行“绘图>圆”命令，绘制一半径为2的圆，如图192-6所示。

图192-6

03 执行“建模>拉伸”命令，将圆沿样条曲线拉伸，然后，将其移动到合适的位置，执行“视图>视觉样式>概念”命令，效果如图192-7所示。

命令行提示如下：

```
命令: _extrude
当前线框密度: ISOLINES=20，闭合轮廓创建模式 = 实体
选择要拉伸的对象或 [模式(MO)]: _MO 闭合轮廓创建模式 [实体(SO)/曲面(SU)] <实体>: _SO
选择要拉伸的对象或 [模式(MO)]: 指定对角点: 找到 1 个
选择要拉伸的对象或 [模式(MO)]:
指定拉伸的高度或 [方向(D)/路径(P)/倾斜角(T)/表达式(E)] <-19.4304>: p
选择拉伸路径或 [倾斜角(T)]:
```

图192-7

练习192

练习位置	DVD>练习文件>第8章>练习192
难易指数	★☆☆☆☆
技术掌握	巩固“多段线”、“旋转”和“渲染”等命令的使用方法

操作指南

参照“实战192 茶杯”案例进行制作。

首先，执行“绘图>多段线”命令，绘制花瓶轮廓；然后，执行“建模>旋转”和“视图>渲染>渲染”命令，旋转花瓶。练习的最终效果如图192-8所示。

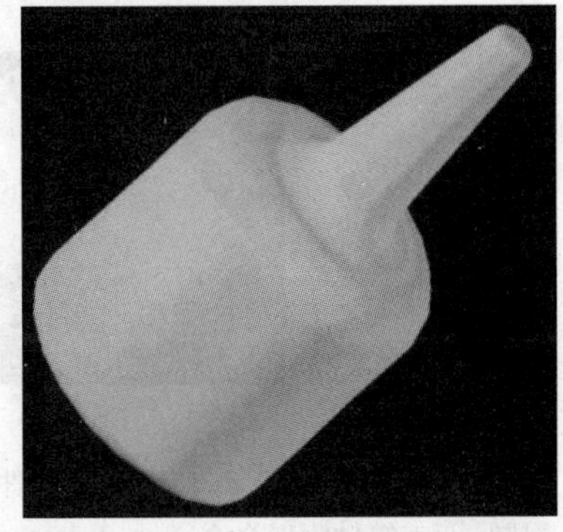

图192-8

实战193 杯子

实战位置	DVD>实战文件>第8章>实战193
视频位置	DVD>多媒体教学>第8章>实战193
难易指数	★★☆☆☆
技术掌握	掌握“圆”、“偏移”、“拉伸”、“差集”和“消隐”等命令。

实战介绍

运用“圆弧”与“偏移”命令，绘制杯子底部轮廓；利用“拉伸”命令，绘制杯子表面；利用“差集”与“消隐”命令，绘制杯子内部空心部分。本例最终效果如图193-1所示。

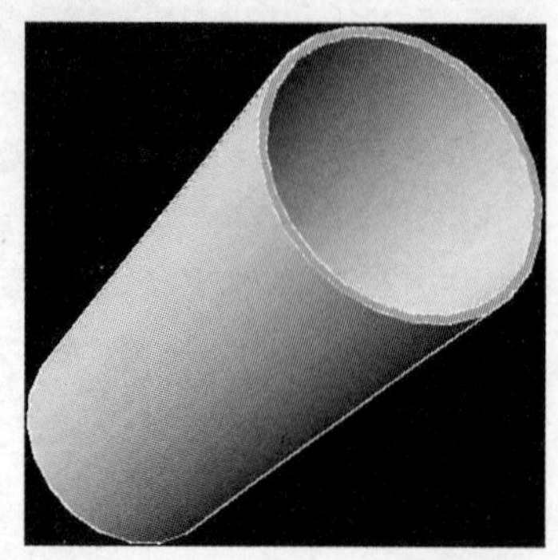

图193-1

制作思路

- 绘制杯子底部和表面。
- 绘制杯子内部空心部分，完成杯子的绘制并将其保存。

制作流程

杯子的制作流程如图193-2所示。

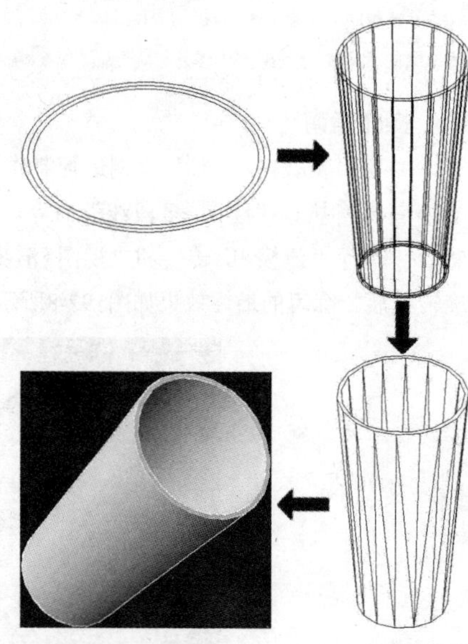

图193-2

01 打开AutoCAD 2013中文版软件，执行“视图>三维视图>西南等轴测”命令。

02 执行“绘图>圆”和“修改>偏移”命令，分别绘制出半径为100、105、110的同心圆，如图193-3所示。

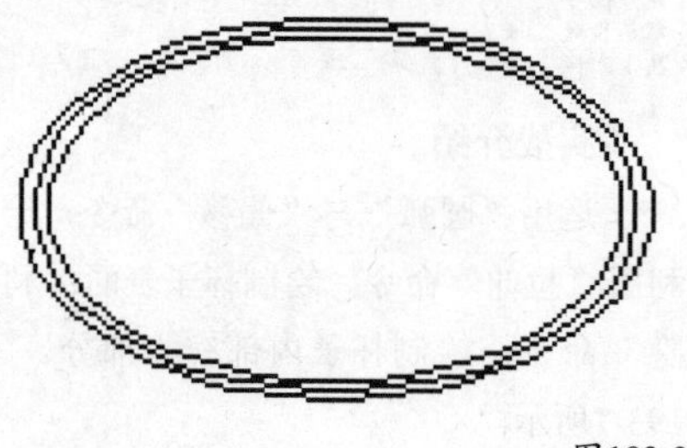

图193-3

03 执行“建模>拉伸”命令，将圆拉伸出一定的高度，如图193-4所示。

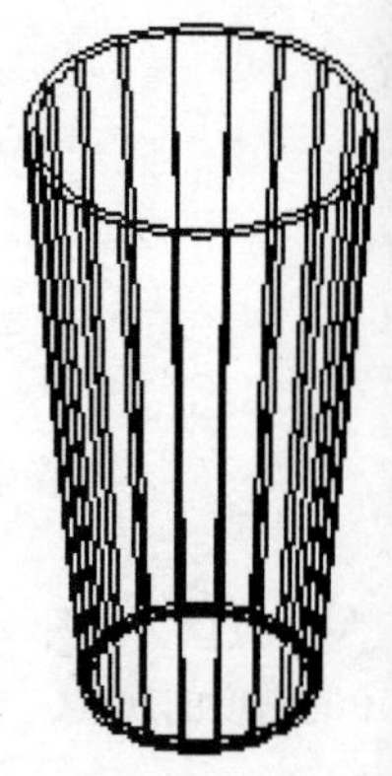

图193-4

命令行提示如下：

```
命令: ISOLINES
输入 ISOLINES 的新值 <4>: 20
命令: _extrude
当前线框密度:  ISOLINES=20，闭合轮廓创建模式 = 实体
选择要拉伸的对象或 [模式(MO)]: _MO 闭合轮廓创建模式 [实体(SO)/曲面(SU)] <实体>: _SO
选择要拉伸的对象或 [模式(MO)]: 找到 1 个
选择要拉伸的对象或 [模式(MO)]:
指定拉伸的高度或 [方向(D)/路径(P)/倾斜角(T)/表达式(E)]: T
指定拉伸的倾斜角度或 [表达式(E)] <0>: -5
指定拉伸的高度或 [方向(D)/路径(P)/倾斜角(T)/表达式(E)]: 600
命令: _extrude
当前线框密度:  ISOLINES=20，闭合轮廓创建模式 = 实体
选择要拉伸的对象或 [模式(MO)]: _MO 闭合轮廓创建模式 [实体(SO)/曲面(SU)] <实体>: _SO
选择要拉伸的对象或 [模式(MO)]: 找到 1 个
选择要拉伸的对象或 [模式(MO)]:
指定拉伸的高度或 [方向(D)/路径(P)/倾斜角(T)/表达式(E)] <600.0000>: T
指定拉伸的倾斜角度或 [表达式(E)] <355>: -5
指定拉伸的高度或 [方向(D)/路径(P)/倾斜角(T)/表达式(E)] <600.0000>: 10
命令: _extrude
当前线框密度:  ISOLINES=20，闭合轮廓创建模式 = 实体
选择要拉伸的对象或 [模式(MO)]: _MO 闭合轮廓创建模式 [实体(SO)/曲面(SU)] <实体>: _SO
选择要拉伸的对象或 [模式(MO)]: 找到 1 个
选择要拉伸的对象或 [模式(MO)]:
```

指定拉伸的高度或 [方向(D)/路径(P)/倾斜角(T)/表达式(E)] <10.0000>: T

指定拉伸的倾斜角度或 [表达式(E)] <355>: -5

指定拉伸的高度或 [方向(D)/路径(P)/倾斜角(T)/表达式(E)] <10.0000>: 600

04 执行"修改>实体编辑>差集"命令，减去杯子中间部分，然后，执行"视图>消隐"命令，效果如图193-5所示。

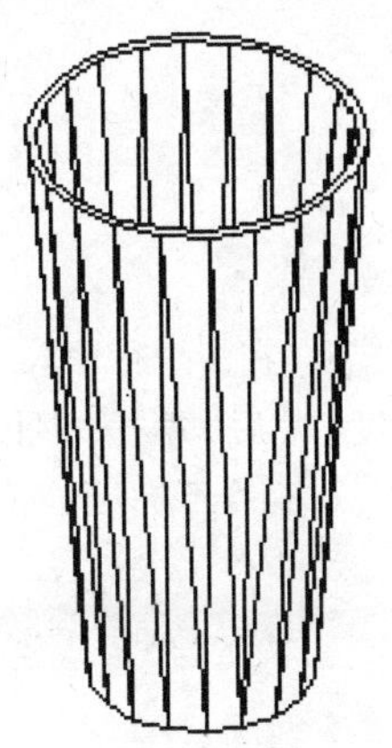

图193-5

05 执行"视图>视觉样式>概念"命令，效果如图193-6所示。

图193-6

练习193

练习位置	DVD>练习文件>第8章>练习193
难易指数	★★☆☆☆
技术掌握	巩固"直线"、"多段线"和"旋转"等命令的使用方法

操作指南

参照"实战193 花瓶"案例进行制作。

执行"绘图>直线"、"绘图>多段线"和"建模>旋转"命令，绘制盘子。练习的最终效果如图193-7所示。

图193-7

实战194 酒杯

实战位置	DVD>实战文件>第8章>实战194
视频位置	DVD>多媒体教学>第8章>实战194
难易指数	★☆☆☆☆
技术掌握	掌握"直线"、"多段线"、"旋转"和"渲染"等命令。

实战介绍

运用"直线"与"多段线"命令，绘制酒杯轮廓；利用"旋转"与"旋转"命令，旋转酒杯并对其进行渲染。本例最终效果如图194-1所示。

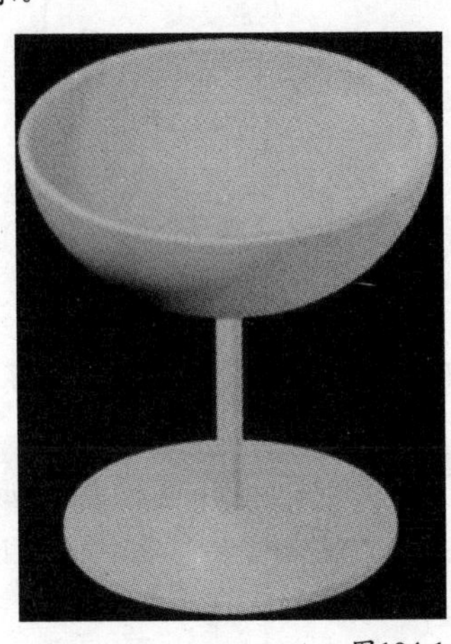

图194-1

制作思路

- 绘制酒杯轮廓。
- 旋转酒杯，完成酒杯的绘制并将其保存。

制作流程

酒杯的制作流程如图194-2所示。

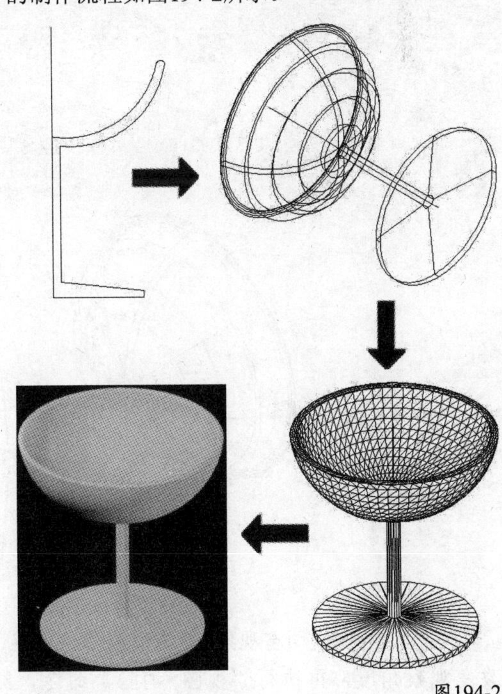

图194-2

01 打开AutoCAD 2013中文版软件，执行“绘图>直线”命令，绘制一条中心线，如图194-3所示。

02 执行“绘图>多段线”命令，绘制酒杯的轮廓，如图194-4所示。

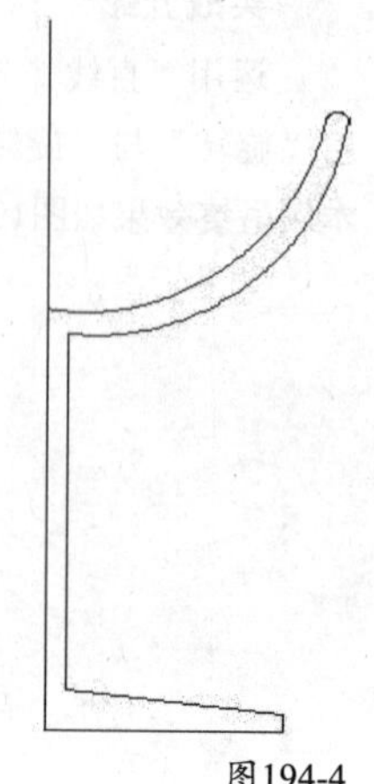

图194-3 图194-4

03 执行“视图>三维视图>西南等轴测”命令，然后，执行“建模>旋转”命令，并且，以中心线为旋转轴，结果如图194-4所示。

命令行提示如下：

```
命令: _revolve
当前线框密度:  ISOLINES=4，闭合轮廓创建模式 = 实体
选择要旋转的对象或 [模式(MO)]: _MO 闭合轮廓创建模式 [实体(SO)/曲面(SU)] <实体>: _SO
选择要旋转的对象或 [模式(MO)]: 找到 1 个
选择要旋转的对象或 [模式(MO)]:
指定轴起点或根据以下选项之一定义轴 [对象(O)/X/Y/Z] <对象>:
指定轴端点:
指定旋转角度或 [起点角度(ST)/反转(R)/表达式(EX)] <360>:
```

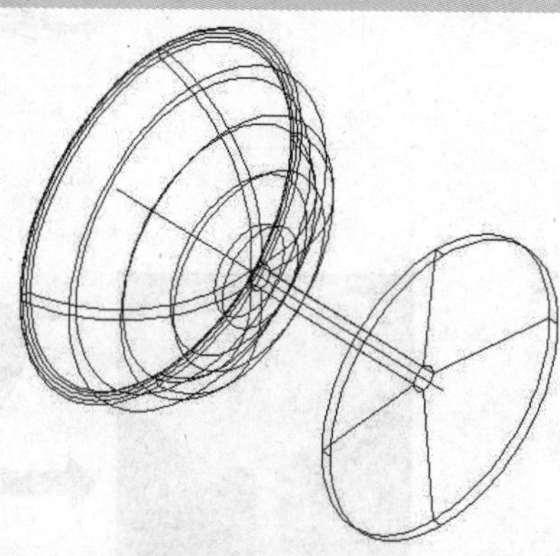

图194-5

04 执行“视图>动态观察>受约束的动态观察”命令，改变观察角度，再执行“视图>消隐”命令，结果如图194-6所示。

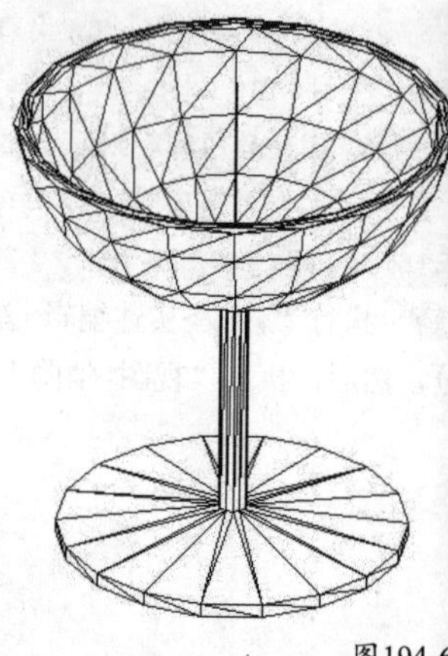

图194-6

05 在命令行输入“FACETRES”命令，改变酒杯平滑度，然后，执行“视图>消隐”命令，效果如图194-7所示。

命令行提示如下：

```
命令: facetres
输入 FACETRES 的新值 <0.5000>: 5
```

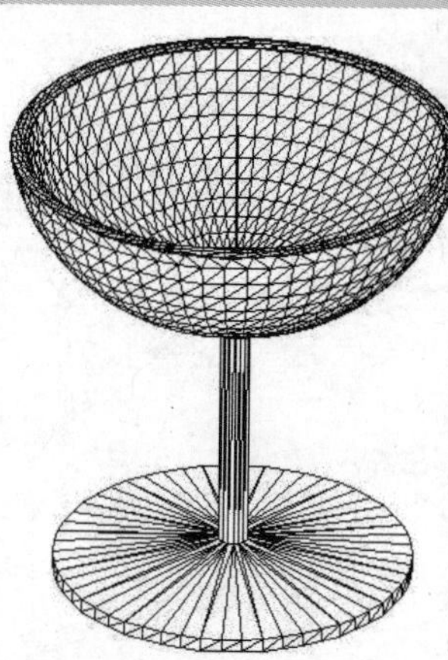

图194-7

06 执行“视图>渲染>渲染”命令，结果如图194-8所示。

图194-8

练习194

练习位置 DVD>练习文件>第8章>练习194
难易指数 ★★☆☆☆
技术掌握 巩固"多段线"、"圆柱体"、"圆角"和"旋转"等命令的使用方法

操作指南

参照"实战194 酒杯"案例进行制作。

首先，执行"绘图>多段线"命令，绘制花瓶轮廓；然后，执行"建模>旋转"和"视图>渲染>渲染"命令，旋转花瓶。练习的最终效果如图194-9所示。

图194-9

实战195 方形茶几

实战位置 DVD>实战文件>第8章>实战195
视频位置 DVD>多媒体教学>第8章>实战195
难易指数 ★☆☆☆☆
技术掌握 掌握"长方体"、"三维镜像"、"复制"、"并集"和"消隐"等命令。

实战介绍

运用"长方体"与"复制"命令，绘制茶几的表面、挡板和茶几腿；利用"并集"与"消隐"命令，合成长方体，生成茶几。本例最终效果如图195-1所示。

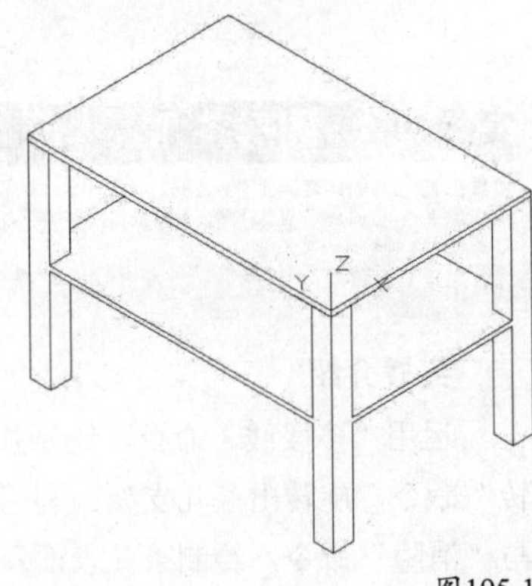

图195-1

制作思路

- 绘制表面、挡板和茶几腿。
- 合成长方体，生成茶几，完成方形茶几的绘制并将其保存。

制作流程

方形茶几的制作流程如图195-2所示。

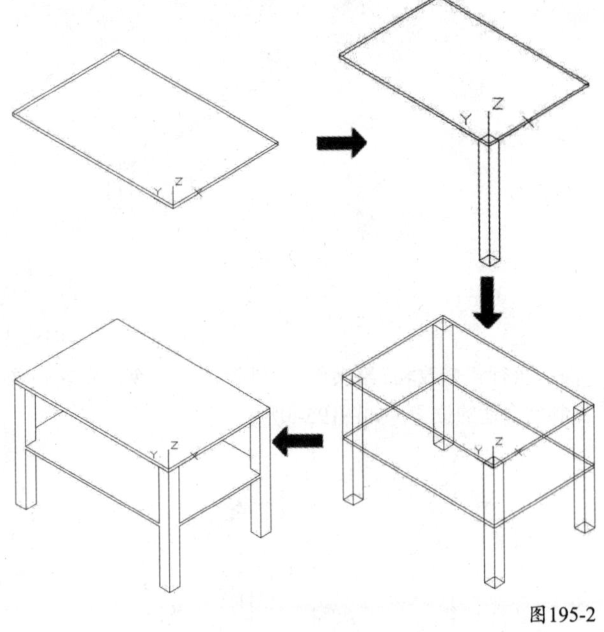

图195-2

1. 绘制表面、挡板和茶几腿

01 打开AutoCAD 2013中文版软件，执行"视图>三维视图>西南等轴侧"命令。

02 执行"建模>长方体"命令，绘制如图195-3所示的图形。

命令行提示如下：

```
命令: _box
指定第一个角点或 [中心(C)]: 0,0,0
指定其他角点或 [立方体(C)/长度(L)]: @200,300
指定高度或 [两点(2P)] <5.0000>: 5
```

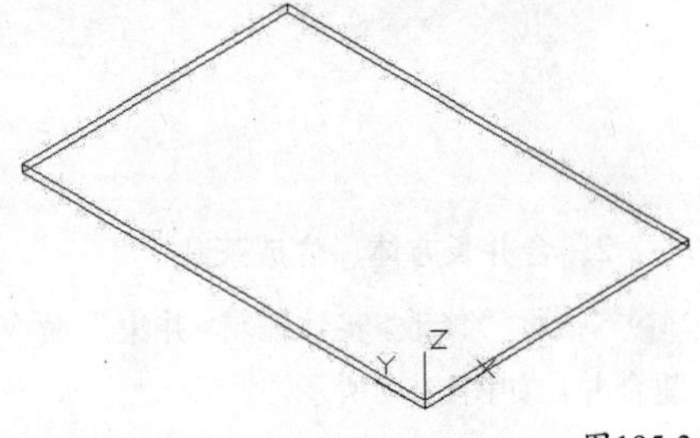

图195-3

03 继续执行"建模>长方体"命令，绘制一个尺寸为20×20×200的长方体，作为茶几腿，如图195-4所示。

命令行提示如下：

```
命令: _box
指定第一个角点或 [中心(C)]: 0,0,0
指定其他角点或 [立方体(C)/长度(L)]: @20,20
指定高度或 [两点(2P)] <5.0000>: 200
```

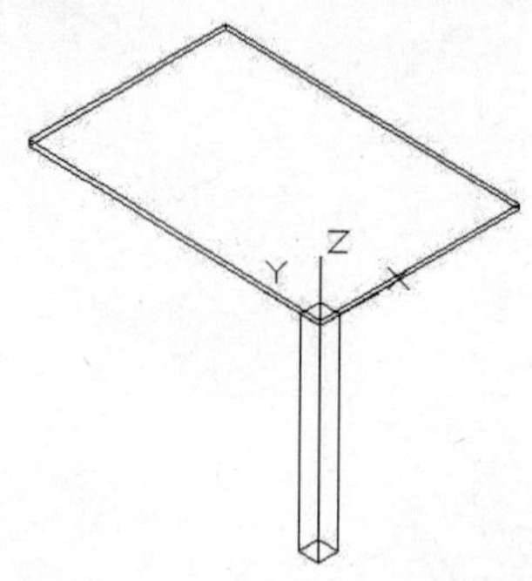

图195-4

04 执行“修改>三维操作>三维镜像”命令，将其镜像复制到合适的位置，如图195-5所示。

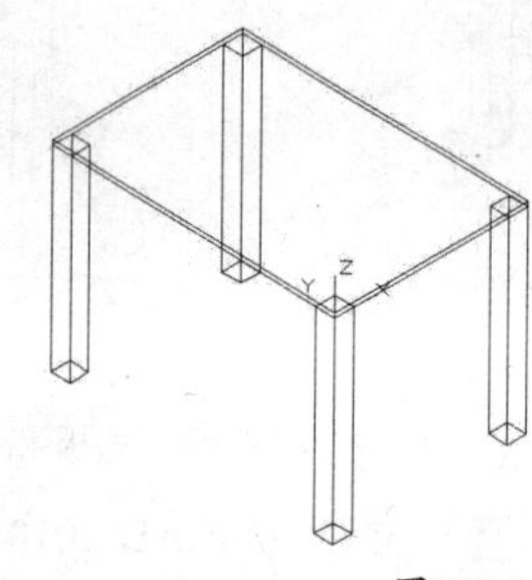

图195-5

05 执行“修改>复制”命令，绘制茶几挡板，如图195-6所示。

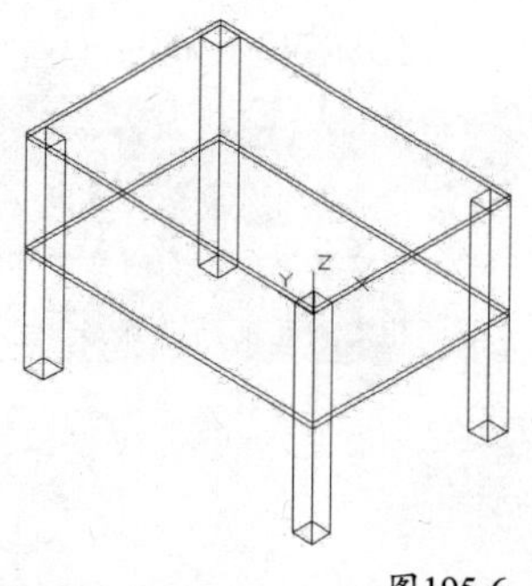

图195-6

2. 合并长方体、生成茶几

01 执行“修改>实体编辑>并集”命令，将挡板与茶几腿合并，如图195-7所示。

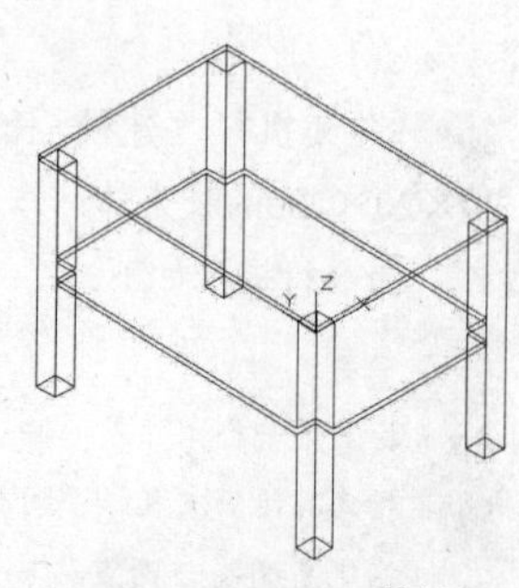

图195-7

02 执行“视图>消隐”命令，效果如图195-8所示。

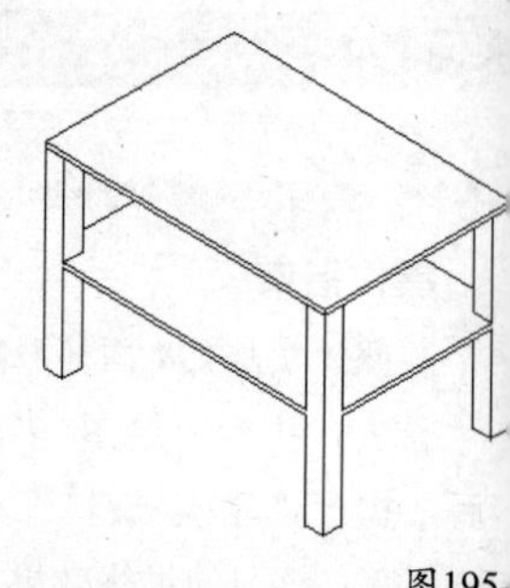

图195-

练习195

练习位置	DVD>练习文件>第8章>练习195
难易指数	★★☆☆☆
技术掌握	巩固“长方体”、“多段线”、“圆柱体”、“旋转”、“复制”、“并集”和“渲染”等命令的使用方法。

操作指南

参照“实战195 方形茶几”案例进行制作。

首先，执行“建模>长方体”、“建模>圆柱体”、“绘图>多段线”、“建模>旋转”、“修改>复制”命令，绘制表面、挡板和茶几腿，然后，执行“修改>实体编辑>并集”与“视图>渲染>渲染”命令，合成茶几。练习的最终效果如图195-9所示。

图195-

实战196 圆形茶几

实战位置	DVD>实战文件>第8章>实战196
视频位置	DVD>多媒体教学>第8章>实战196
难易指数	★☆☆☆☆
技术掌握	掌握“多段线”、“旋转”、“圆柱体”、“并集”和“消隐”等命令。

实战介绍

运用“多段线”命令，绘制茶几剖面轮廓；利用“旋转”命令，旋转出茶几支架；利用“圆柱体”、“并集”与“消隐”命令，绘制茶几表面及托盘。本例最终效果如图196-1所示。

图196-1

制作思路

• 绘制茶几支架。

• 绘制茶几表面及托盘，完成圆形茶几的绘制并将其保存。

制作流程

圆形茶几的制作流程如图196-2所示。

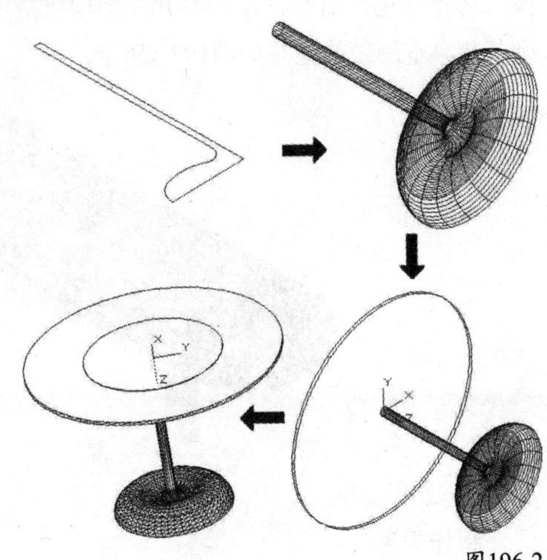

图196-2

1. 绘制茶几支架

01 打开AutoCAD 2013中文版软件，执行“绘图>多段线”命令，效果如图196-3所示。

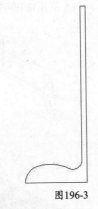

图196-3

02 执行“视图>三维视图>西南等轴测”命令，将视图改为三维视图，如图196-4所示。

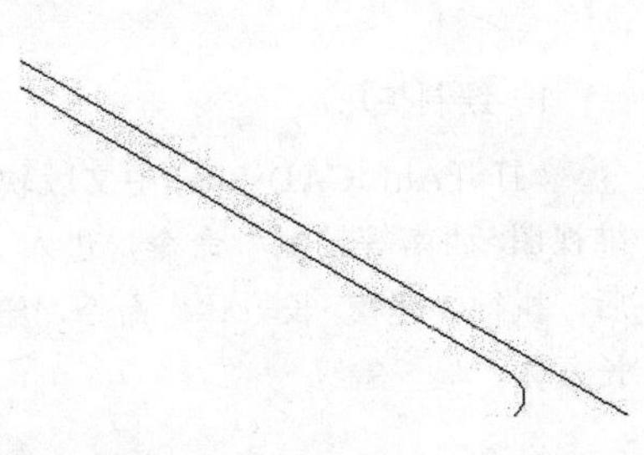

图196-4

03 执行“建模>旋转”命令，旋转轮廓线，效果如图196-5所示。

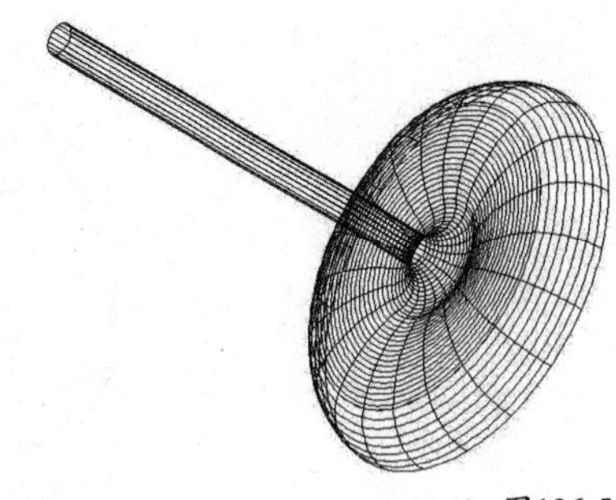

图196-5

04 执行“工具>新建UCS>原点”命令，新建坐标原点为旋转后的上轴圆心，如图196-6所示。

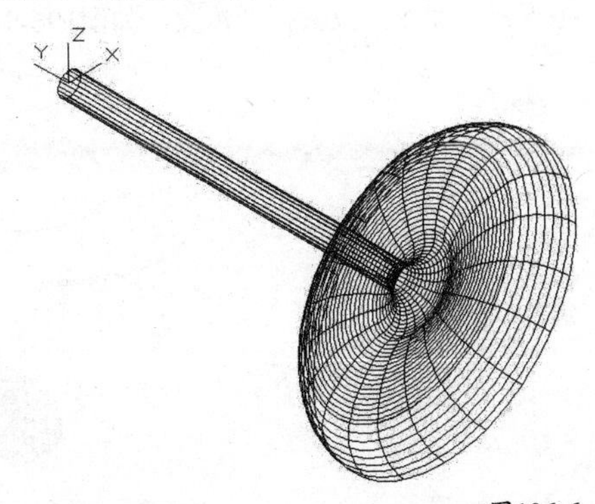

图196-6

2. 绘制茶几表面及托盘

01 执行“工具>新建UCS>X”命令，将其绕x轴旋转90°。

02 执行“建模>圆柱体”命令，绘制一半径为1300，高为35的圆柱体，如图196-7所示。

命令行提示如下：

```
命令: _cylinder
指定底面的中心点或 [三点(3P)/两点(2P)/切点、切点、半径(T)/椭圆(E)]: 0,0,0
指定底面半径或 [直径(D)] <1300.0000>: 1300
指定高度或 [两点(2P)/轴端点(A)] <-10.0000>: 35
```

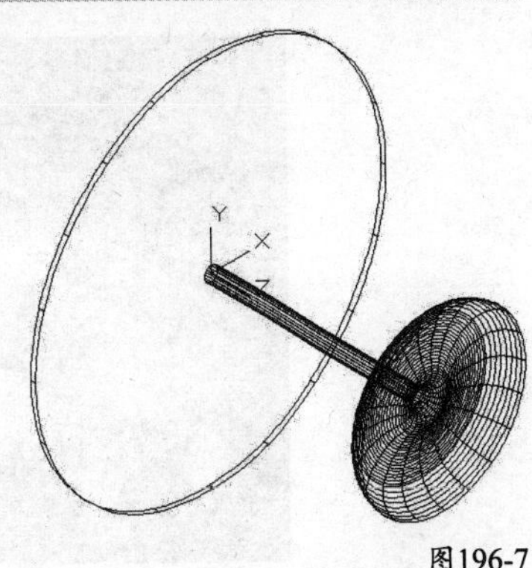

图196-7

03 再次执行“建模>圆柱体”命令，绘制茶几的玻璃托盘，如图196-8所示。

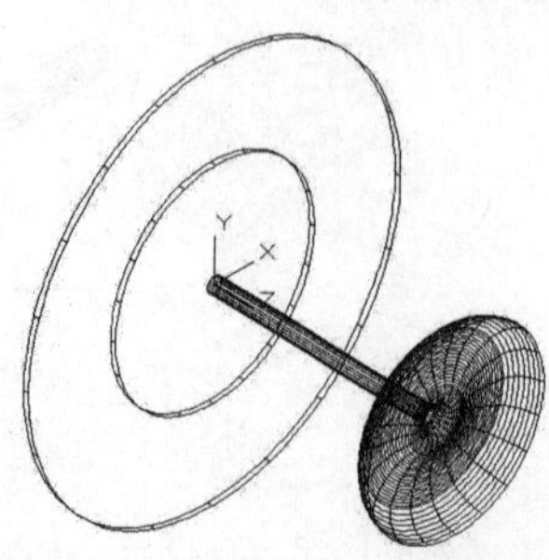

图196-8

04 执行“修改>实体编辑>并集”命令，将桌面与托盘合并，再执行“视图>消隐”和“视图>动态观察>自由动态观察”命令，改变视图角度，如图196-9所示。

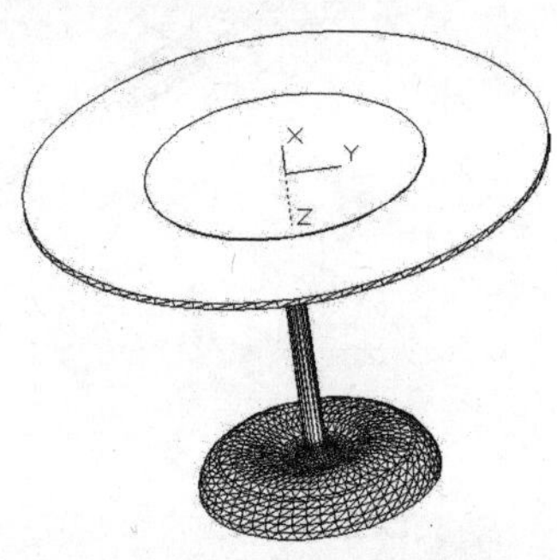

图196-9

练习196

练习位置	DVD>练习文件>第8章>练习196
难易指数	★★☆☆☆
技术掌握	巩固“多段线”、“拉伸”、“长方体”、“复制”、“并集”和“渲染”等命令的使用方法。

操作指南

参照“实战196 圆形茶几”案例进行制作。

首先，执行“建模>长方体”、“绘图>多段线”、“建模>拉伸”与“修改>复制”命令，绘制表面、挡板和茶几腿，然后，执行“修改>实体编辑>并集”与“视图>渲染>渲染”命令，合成茶几。练习的最终效果如图196-10所示。

图196-10

实战197 茶几1

实战位置	DVD>实战文件>第8章>实战197
视频位置	DVD>多媒体教学>第8章>实战197
难易指数	★☆☆☆☆
技术掌握	掌握“多段线”、“长方体”、“拉伸”、“三维镜像”、“并集”和“消隐”等命令。

实战介绍

运用“多段线”、“长方体”、“拉伸”、“三维镜像”与“并集”命令，绘制茶几；利用“渲染”命令，渲染茶几。本例最终效果如图197-1所示。

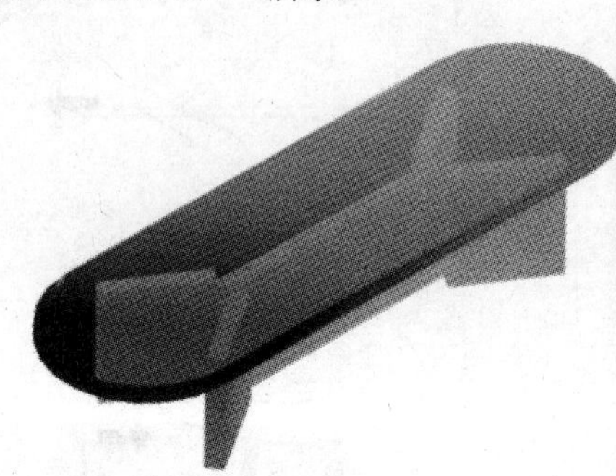

图197-1

制作思路

• 绘制茶几。

• 渲染茶几，完成茶几1的绘制并将其保存。

制作流程

茶几1的制作流程如图197-2所示。

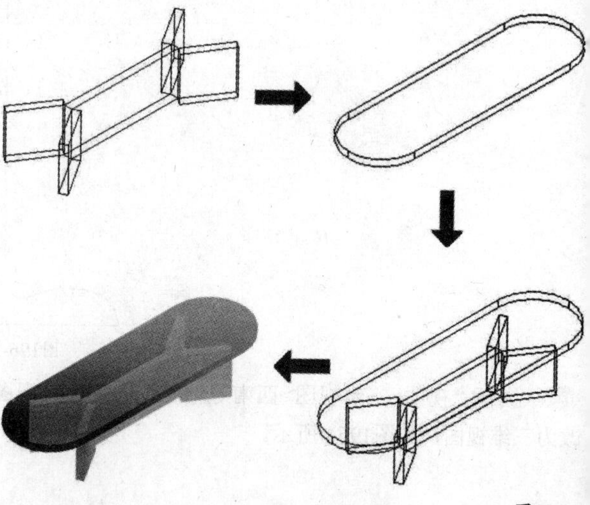

图197-2

1. 绘制茶几

01 打开AutoCAD 2013中文版软件，执行“视图>三维视图>西南等轴测”命令，进入“西南等轴测”视图后，执行“建模>长方体”命令，绘制如图197-3所示的长方体。

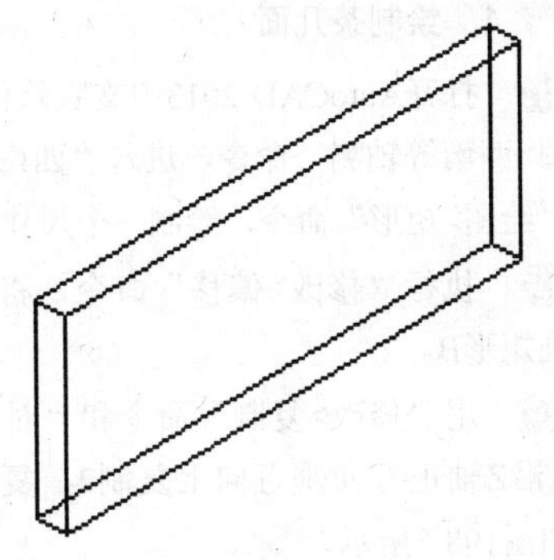

图197-3

02 执行“建模>长方体”和“修改>三维操作>三维镜像”命令，绘制如图197-4所示的长方体。

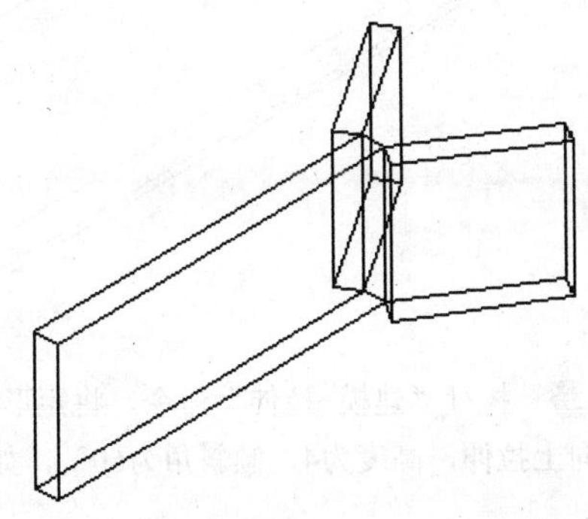

图197-4

03 执行“修改>三维操作>三维镜像”命令，绘制如图197-5所示的图形。

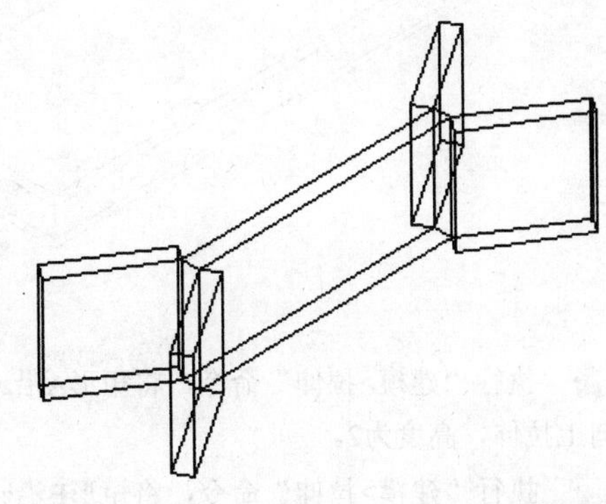

图197-5

04 执行“绘图>多段线”命令，绘制如图197-6所示的图形。

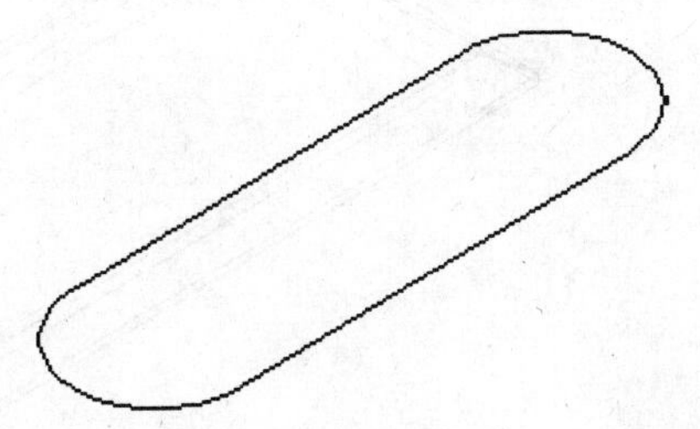

图197-6

05 执行“建模>拉伸”命令，效果如图197-7所示。

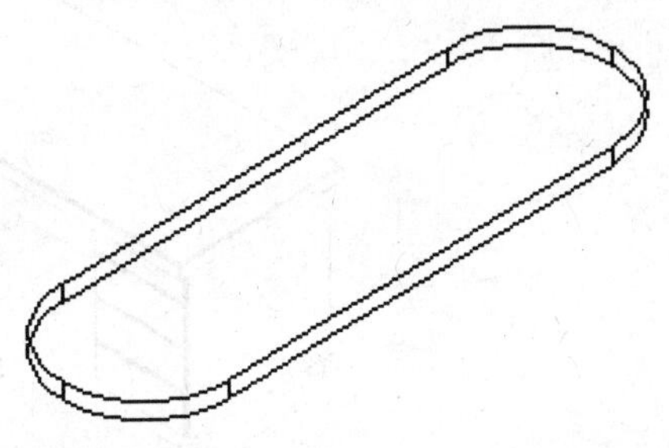

图197-7

06 执行“修改>移动”和“修改>实体编辑>并集”命令，将拉伸后的图形移动到合适的位置，再并集所有图形，如图197-8所示。

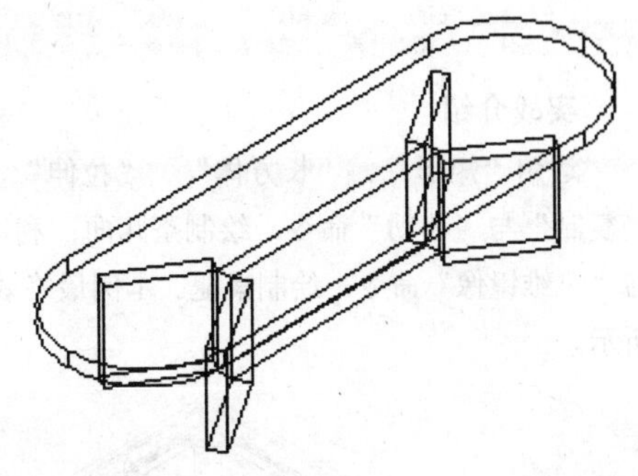

图197-8

2. 渲染茶几

执行“视图>渲染>渲染”命令，效果如图197-9所示。

图197-9

练习197

练习位置	DVD>练习文件>第8章>练习197
难易指数	★★☆☆☆
技术掌握	巩固“长方体”、“复制”、“圆角”、“插入块”和“渲染”等命令的使用方法

操作指南

参照“实战197 茶几1”案例进行制作。

首先，执行“建模>长方体”、“修改>复制”与“修改>圆角”命令，绘制办公桌；然后，执行“插入>块”命令，插入椅子；最后，执行“视图>渲染>渲染”命令，渲染茶几。练习的最终效果如图197-10所示。

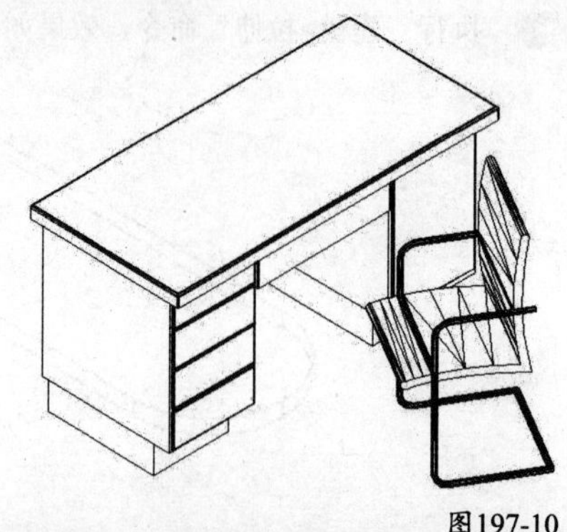

图197-10

实战198 茶几2

实战位置	DVD>实战文件>第8章>实战198
视频位置	DVD>多媒体教学>第8章>实战198 i
难易指数	★☆☆☆☆
技术掌握	掌握“矩形”、“长方体”、“圆柱体”、“偏移”、“复制”、“拉伸”、“移动”和“三维镜像”等命令。

实战介绍

运用“矩形”、“长方体”、“拉伸”、“偏移”、“复制”与“移动”命令，绘制茶几面；利用“圆柱体”与“三维镜像”命令，绘制桌腿。本例最终效果如图198-1所示。

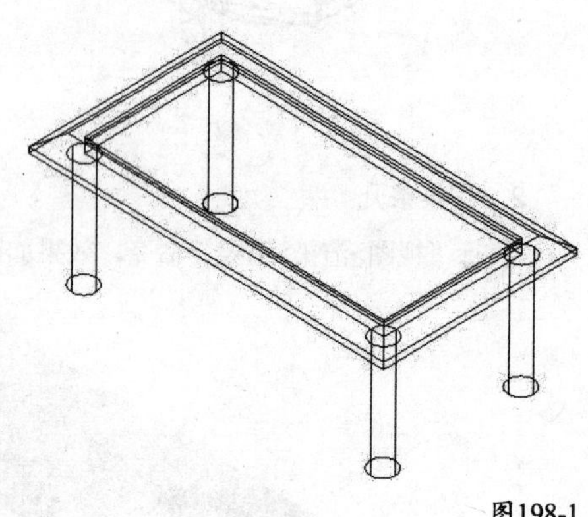

图198-1

制作思路

- 绘制茶几面。
- 绘制桌腿，完成茶几2的绘制并将其保存。

制作流程

茶几2的制作流程如图198-2所示。

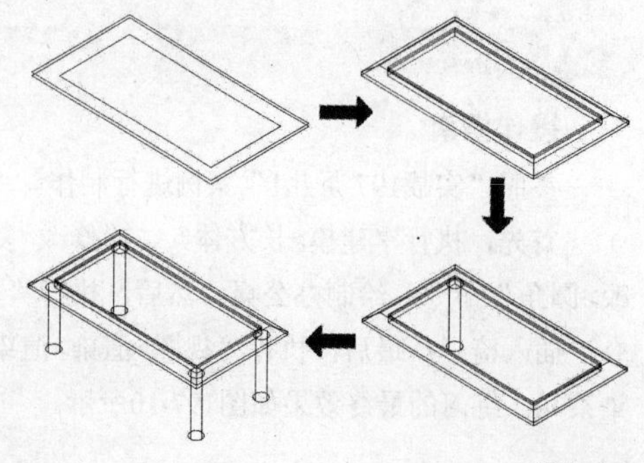

图198-2

1. 绘制茶几面

01 打开AutoCAD 2013中文版软件，执行“视图>三维视图>西南等轴测”命令，进入“西南等轴测”视图后，执行“绘图>矩形”命令，绘制一个尺寸为130×70的矩形A。

02 执行“修改>偏移”命令，将矩形A向内偏移10，得到矩形B。

03 用“修改>复制”命令和“对象追踪”功能，将矩形A沿Z轴正方向垂直向上复制2，复制后的矩形即矩形C，如图198-3所示。

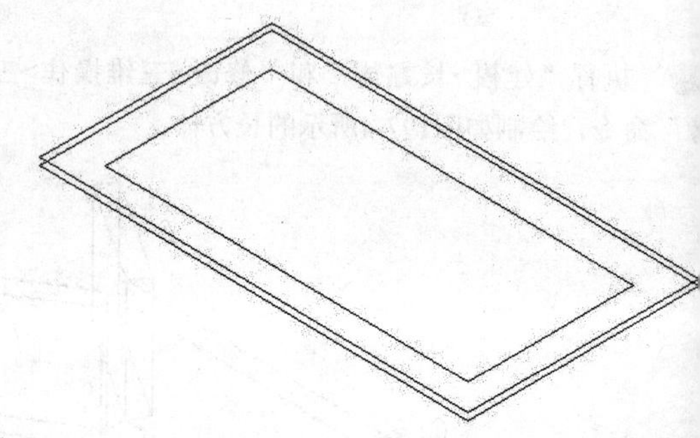

图198-3

04 执行“建模>拉伸”命令，将矩形C沿Z轴正方向垂直向上拉伸，高度为4，倾斜角为60°，如图198-4所示。

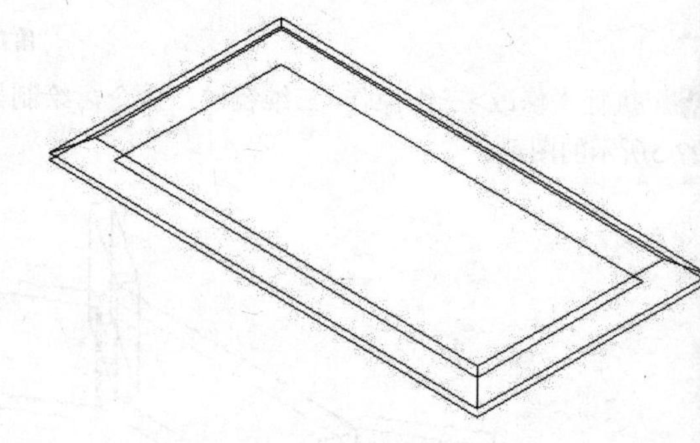

图198-4

05 执行“建模>拉伸”命令，将矩形A沿z轴正方向垂直向上拉伸，高度为2。

06 执行“建模>拉伸”命令，将矩形B沿z轴正方向垂直向上拉伸，高度为5，如图198-5所示。

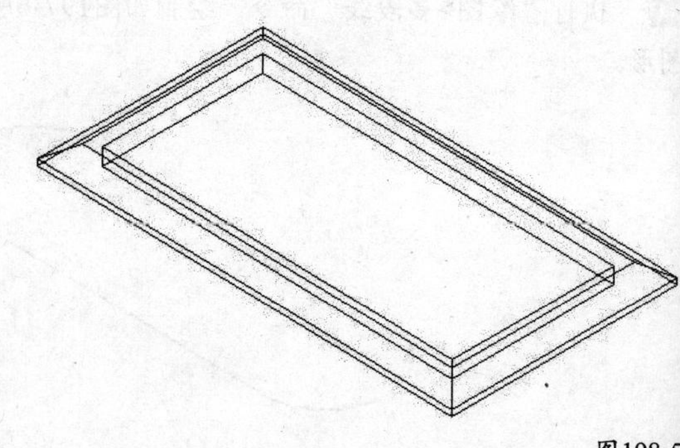

图198-5

07 执行“建模>长方体”命令，在绘图区的空白处绘制一个尺寸为110×50×1的长方体，将其作为茶几的玻璃面板。

08 执行“修改>移动”命令，以玻璃面板下表面的左上角点为基点，将其移动到矩形B的上表面的左上角点，完成茶几桌面的绘制，如图198-6所示。

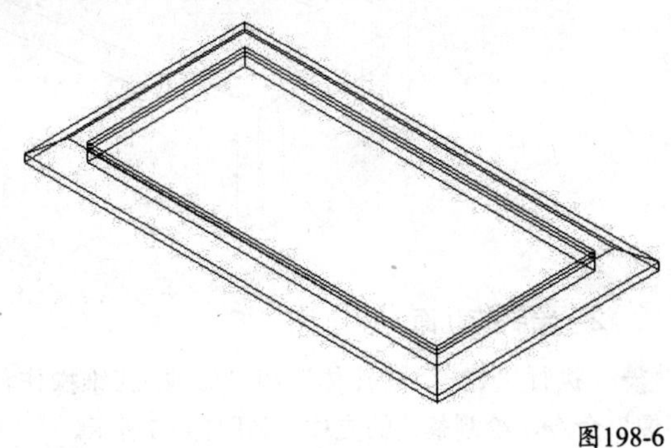

图198-6

2. 绘制桌腿

01 执行“建模>圆柱体”命令，以矩形B的下表面的左上角点为圆心，绘制一个半径为4.5，高度为40的圆柱体，将其作为茶几的一个桌腿，如图198-7所示。

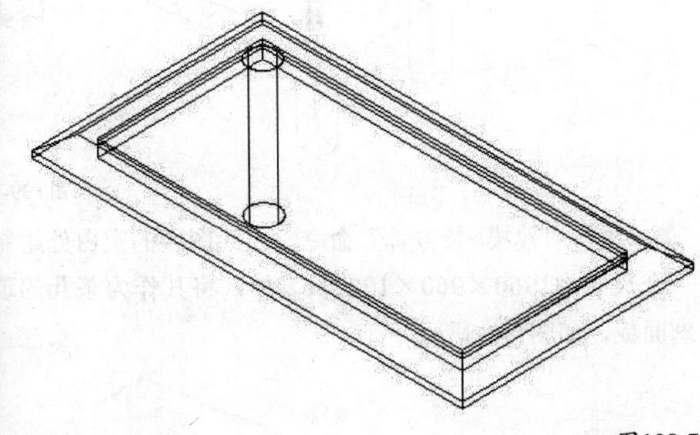

图198-7

02 执行“修改>三维操作>三维镜像”命令，完成桌腿的绘制，如图198-8所示。

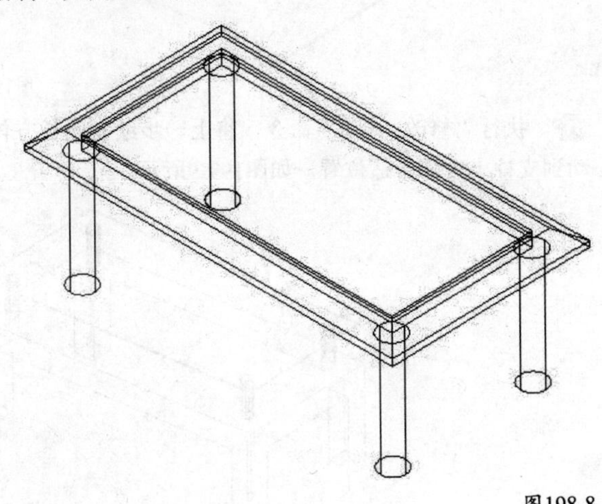

图198-8

练习198

练习位置	DVD>练习文件>第8章>练习198
难易指数	★★☆☆☆
技术掌握	巩固“多段线”、“椭圆”、“长方体”、“拉伸”、“三维镜像”和“圆角”等命令的使用方法。

操作指南

参照“实战198 茶几2”案例进行制作。

执行“绘图>多段线”、“绘图>椭圆”、“建模>长方体”、“建模>拉伸”、“修改>三维操作>三维镜像”与“修改>圆角”命令，绘制茶几。练习的最终效果如图198-9所示。

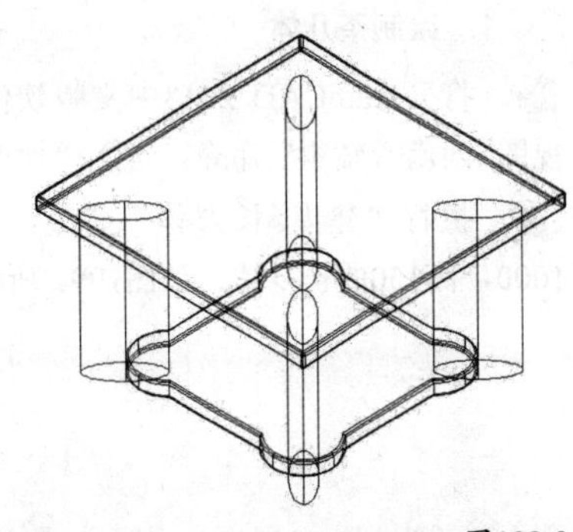

图198-9

实战199 茶几3

实战位置	DVD>实战文件>第8章>实战199
视频位置	DVD>多媒体教学>第8章>实战199
难易指数	★☆☆☆☆
技术掌握	掌握“矩形”、“长方体”、“圆柱体”、“偏移”、“复制”、“拉伸”、“移动”和“三维镜像”等命令。

实战介绍

运用“矩形”、“长方体”、“拉伸”、“偏移”、“复制”与“移动”命令，绘制茶几面；利用“圆柱体”与“三维镜像”命令，绘制桌腿。本例最终效果如图199-1所示。

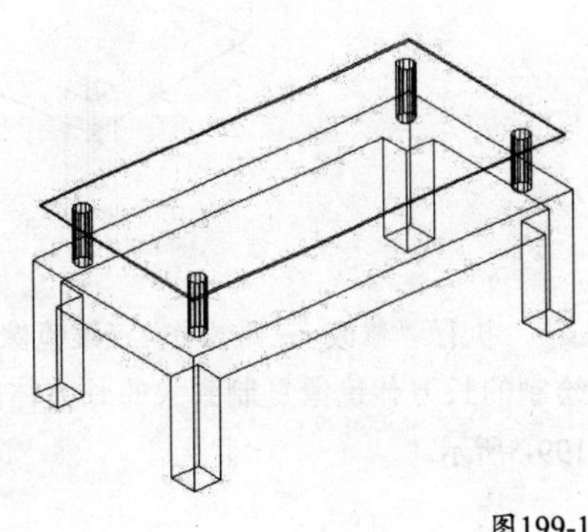

图199-1

制作思路

- 绘制茶几体。
- 绘制茶几面，完成茶几3的绘制并将其保存。

制作流程

茶几3的制作流程如图199-2所示。

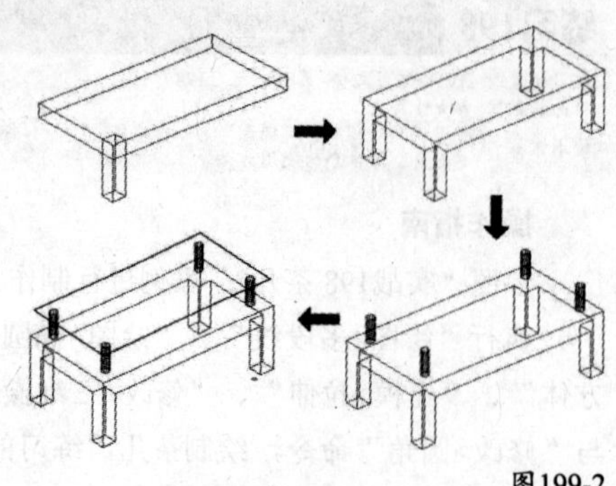

图199-2

1. 绘制茶几体

01 打开AutoCAD 2013中文版软件，执行“视图>三维视图>西南等轴测”命令，进入“西南等轴测”视图。

02 执行“建模>长方体”命令，绘制一个长2000，宽1000，高150的长方体，如图199-3所示。

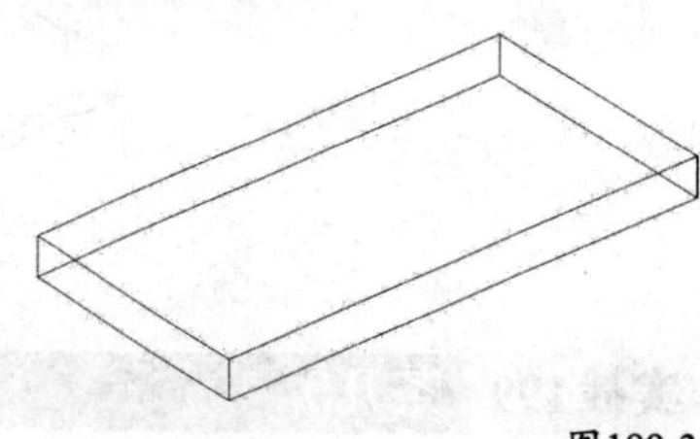

图199-3

03 执行“建模>长方体”命令，绘制一个长144，宽144，高600的长方体，再执行“修改>移动”命令，将刚绘制的长方体移动到合适的位置，使刚绘制的长方体的左下角点与上一步绘制的长方体的左下角点重合，如图199-4所示。

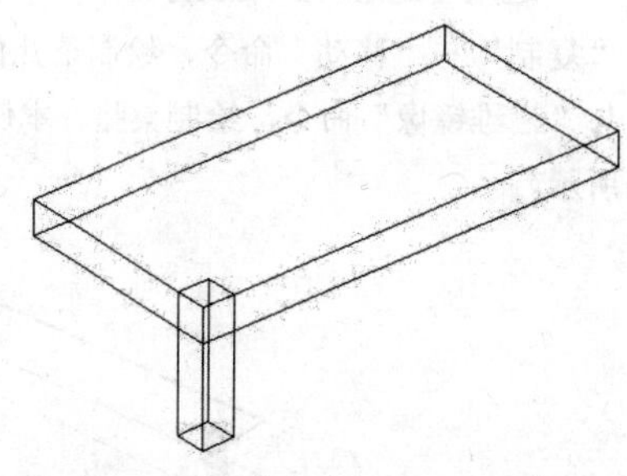

图199-4

04 执行“修改>三维操作>三维镜像”命令，将上一步绘制的长方体镜像复制到大的长方体的四个角上，如图199-5所示。

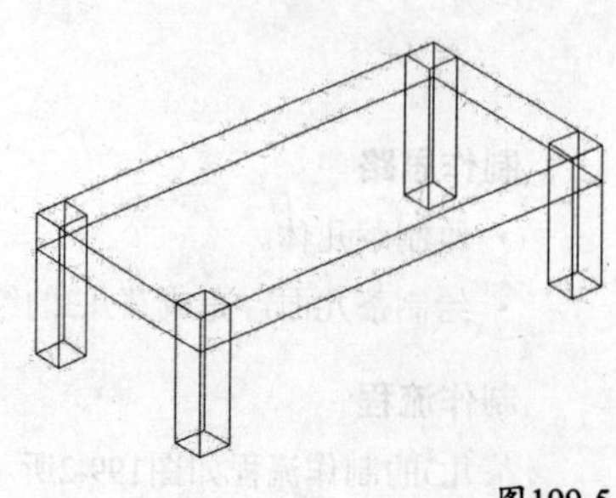

图199-5

05 执行“修改>实体编辑>并集”命令，对所有图形进行并集布尔运算，效果如图199-6所示。

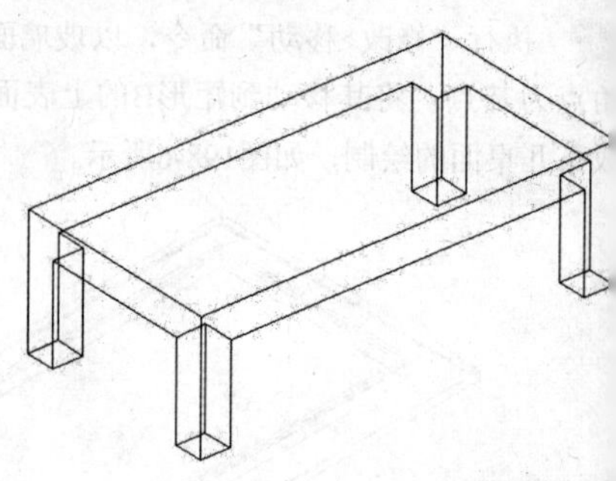

图199-6

2. 绘制茶几面

01 执行“建模>圆柱体”和“修改>三维操作>三维镜像”命令，绘制茶几的支柱，如图199-7所示。

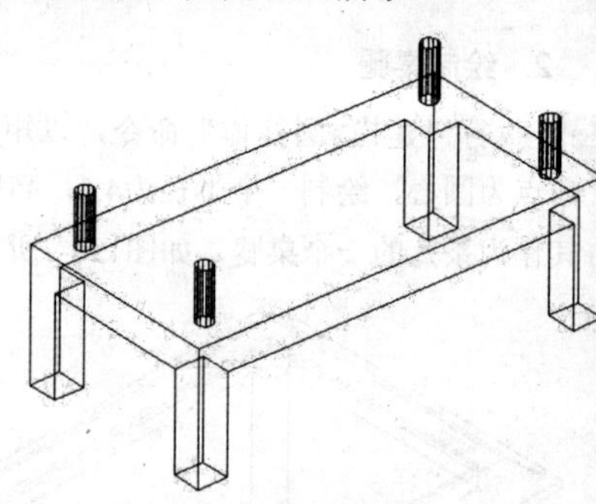

图199-7

02 执行“建模>长方体”命令，在绘图区的空白处绘制一个尺寸为1960×960×10的长方体，将其作为茶几的玻璃面板，如图199-8所示。

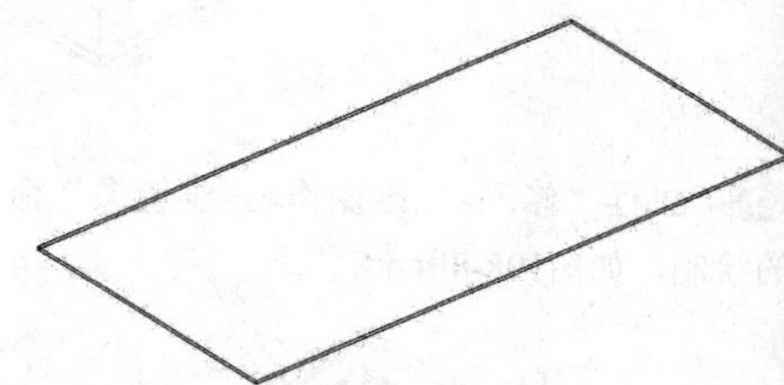

图199-8

03 执行“修改>移动”命令，将上一步绘制的长方体移动到支柱上方的合适位置，如图199-9所示。

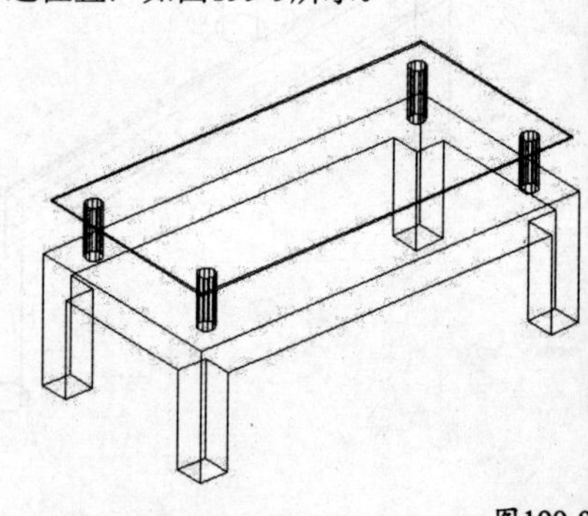

图199-9

练习199

练习位置	DVD>练习文件>第8章>练习199
难易指数	★★☆☆☆
技术掌握	巩固"圆柱体"、"长方体"、"三维镜像"和"圆角"等命令的使用方法。

操作指南

参照"实战199 茶几3"案例进行制作。

执行"建模>圆柱体"、"建模>长方体"、"修改>三维操作>三维镜像"与"修改>圆角"命令，绘制茶几2。练习的最终效果如图199-10所示。

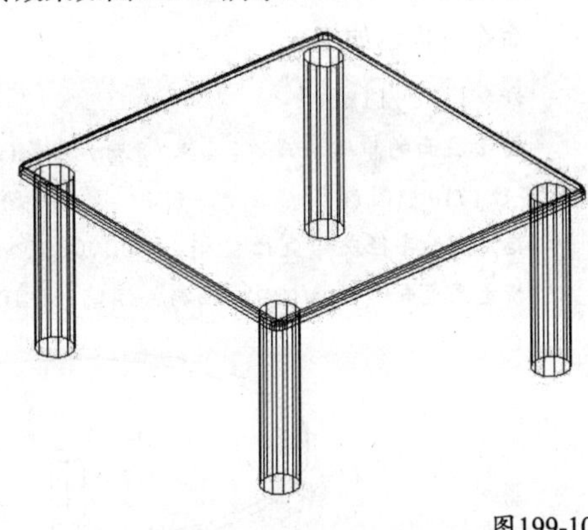

图199-10

实战200　餐桌1

实战位置	DVD>实战文件>第8章>实战200
视频位置	DVD>多媒体教学>第8章>实战200
难易指数	★☆☆☆☆
技术掌握	掌握"圆"、"样条曲线"、"圆柱体"、"拉伸"、"三维阵列"和"消隐"等命令。

实战介绍

运用"圆"、"样条曲线"、"圆柱体"、"拉伸"与"三维阵列"命令，绘制桌腿；利用"圆柱体"与"拉伸"命令，绘制餐桌支架和桌面。本例最终效果如图200-1所示。

图200-1

制作思路

- 绘制桌腿。
- 绘制餐桌支架和桌面，完成餐桌的绘制并将其保存。

制作流程

餐桌1的制作流程如图200-2所示。

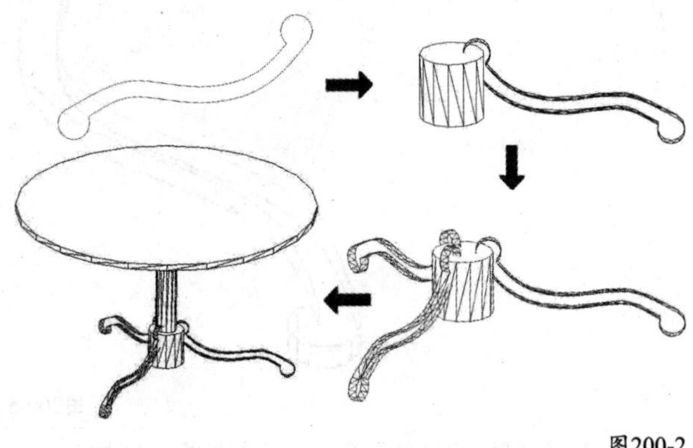

图200-2

1. 绘制桌腿

01 打开AutoCAD 2013中文版软件，执行"绘图>样条曲线"和"绘图>圆"命令，绘制出如图200-3所示的图形。

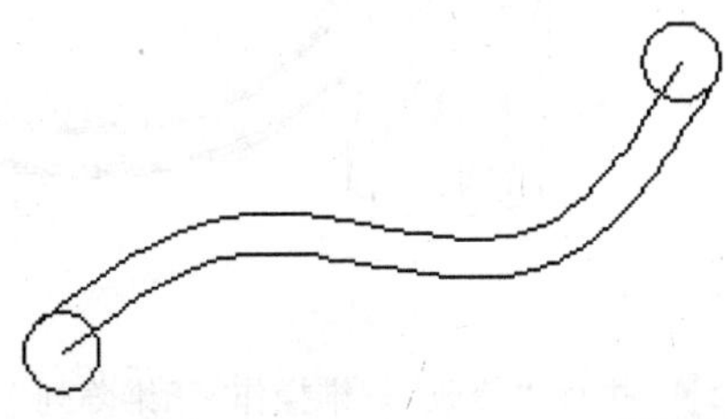

图200-3

02 执行"修改>修剪"命令，修剪掉多余的弧段，如图200-4所示。

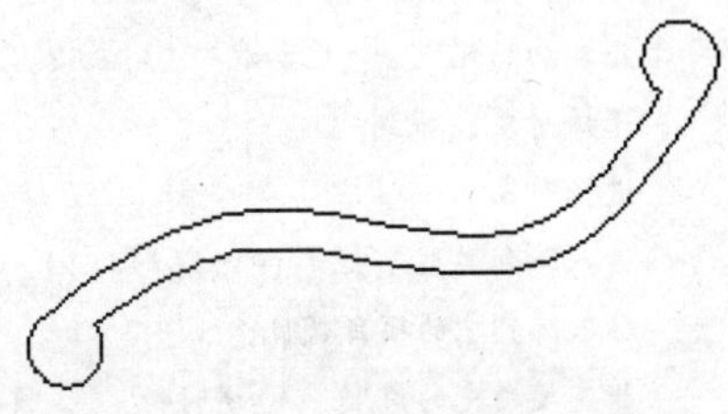

图200-4

03 执行"绘图>面域"命令，使该图形生成面域。

命令行提示如下：

```
命令: _region
选择对象: 指定对角点: 找到 4 个
选择对象:
已提取 1 个环。
已创建 1 个面域。
```

04 执行"视图>三维视图>西南等轴测"命令。

05 执行"建模>拉伸"命令，将图形拉伸20，如图200-5所示。

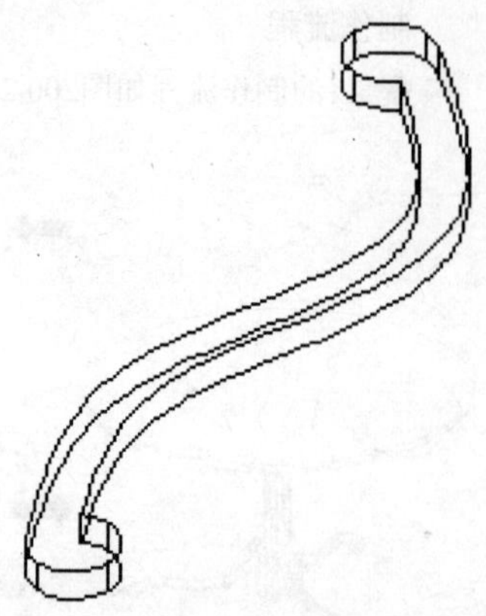

图200-5

06 执行“建模>圆柱体”命令，绘制餐桌的圆柱轴，然后，执行“修改>移动”命令，将其移动到合适的位置，再执行“视图>消隐”命令，效果如图200-6所示。

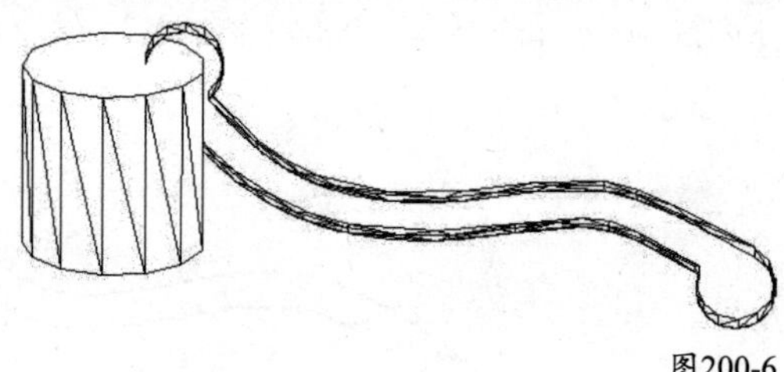

图200-6

07 执行“修改>三维操作>三维阵列”命令，对桌腿环形进行阵列，效果如图200-7所示。

命令行提示如下：

```
命令：_3darray
正在初始化...  已加载 3DARRAY。
选择对象：找到 1 个
选择对象：
输入阵列类型 [矩形(R)/环形(P)] <矩形>:P
输入阵列中的项目数目：3
指定要填充的角度 (+=逆时针，-=顺时针) <360>:
旋转阵列对象？ [是(Y)/否(N)] <Y>: Y
指定阵列的中心点：
指定旋转轴上的第二点：
```

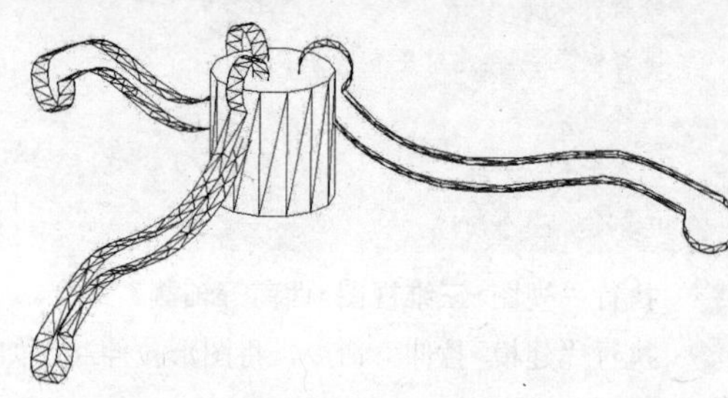

图200-7

2. 绘制餐桌支架和桌面

01 执行“建模>圆柱体”命令，绘制桌子支架。

命令行提示如下：

```
命令：_cylinder
指定底面的中心点或 [三点(3P)/两点(2P)/相切、相切、半径(T)/椭圆(E)]:
指定底面半径或 [直径(D)] <88.0287>: 30
指定高度或 [两点(2P)/轴端点(A)] <144.9570>: <正交 开> 600
```

02 执行“建模>圆柱体”命令，绘制桌面，如图200-8所示。

命令行提示如下：

```
命令：_cylinder
指定底面的中心点或 [三点(3P)/两点(2P)/相切、相切、半径(T)/椭圆(E)]: 0,0,-600
指定底面半径或 [直径(D)] <600.0000>: 580
指定高度或 [两点(2P)/轴端点(A)] <-40.0000>: 30
```

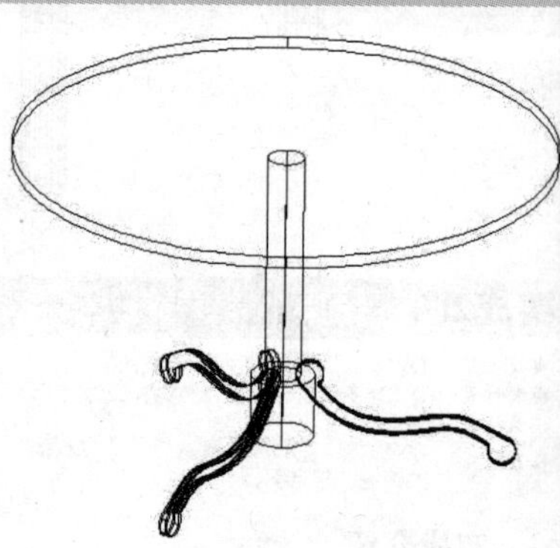

图200-8

03 执行“视图>消隐”命令，效果如图200-9所示。

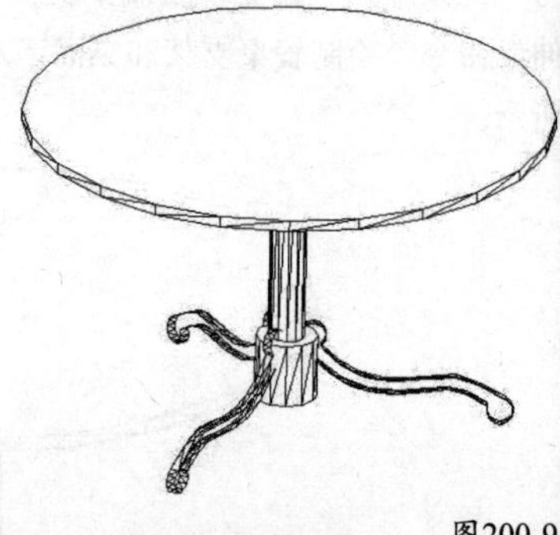

图200-9

练习200

练习位置	DVD>练习文件>第8章>练习200
难易指数	★★☆☆☆
技术掌握	巩固“圆”、“长方体”和“拉伸”等命令的使用方法。

操作指南

参照“实战200 餐桌”案例进行制作。

执行“建模>长方体”、“绘图>圆”与“建模>拉伸”命令，绘制圆桌。练习的最终效果如图200-10所示。

图200-10

实战201 餐桌2

实战位置	DVD>实战文件>第8章>实战201
视频位置	DVD>多媒体教学>第8章>实战201
难易指数	★☆☆☆☆
技术掌握	掌握“直线”、“圆弧”、“圆”、“矩形”、“正多边形”、“镜像”、“移动”和“圆角”等命令。

实战介绍

运用“直线”、“圆弧”、“圆”、“矩形”、“正多边形”、“镜像”、“移动”与“圆角”等命令，绘制餐桌2。本例最终效果如图201-1所示。

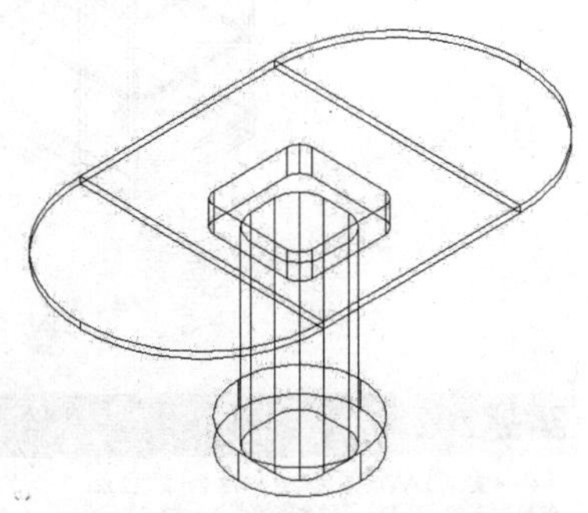

图201-1

制作思路

- 绘制支架。
- 绘制桌面，完成餐桌2的绘制并将其保存。

制作流程

餐桌2的制作流程如图201-2所示。

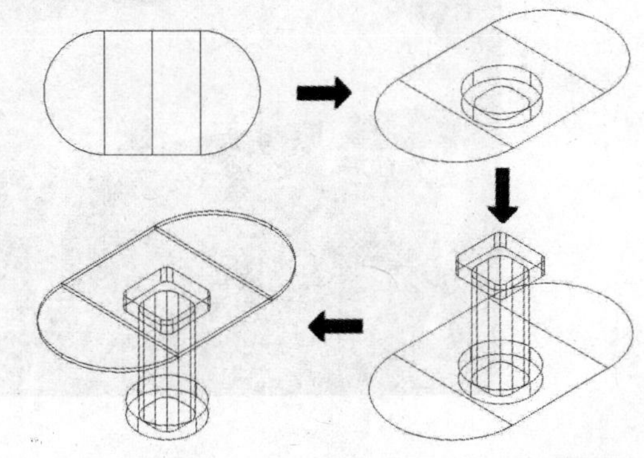

图201-2

01 打开AutoCAD 2013中文版软件，执行“绘图>矩形”命令，绘制一个尺寸为800×1000的矩形。

02 执行“绘图>直线”命令，连接矩形上、下两边的中点并将其作为辅助线。

03 执行“绘图>圆弧>起点”、“绘图>圆弧>圆心”、“绘图>圆弧>端点”命令，以矩形左侧上、下边角点为圆弧的起点和端点，以矩形左边边框的中点为圆心，绘制一个半径为500的圆弧。

04 执行“修改>镜像”命令，以辅助线为镜像轴，将上一步所绘制的圆弧镜像到矩形的右边，如图201-3所示。

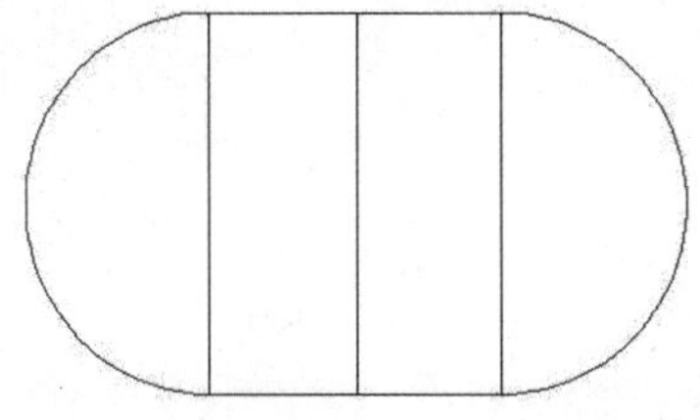

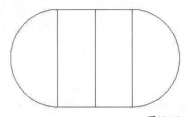

图201-3

05 执行“绘图>正多边形”命令，绘制一个边长为300的正方形。

06 执行“修改>圆角”命令，设置圆角半径为100，对上一步所绘制的正方形四角进行圆角编辑。

07 执行“绘图>圆”命令，以辅助直线的中点为圆心，绘制一个半径为250的圆，执行“修改>删除”命令，删除辅助线，如图201-4所示。

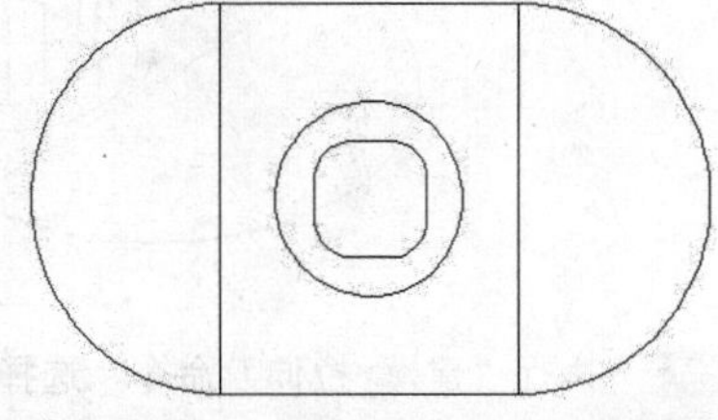

图201-4

08 执行“绘图>面域”命令，分别选中左、右边圆弧的连个面，创建两个面域。

09 执行“视图>三维视图>西南等轴测”命令，将视图改变为三维视图。

10 执行“建模>拉伸”命令，选择圆，设置拉伸高度为100，将其作为餐桌的底座，如图201-5所示。

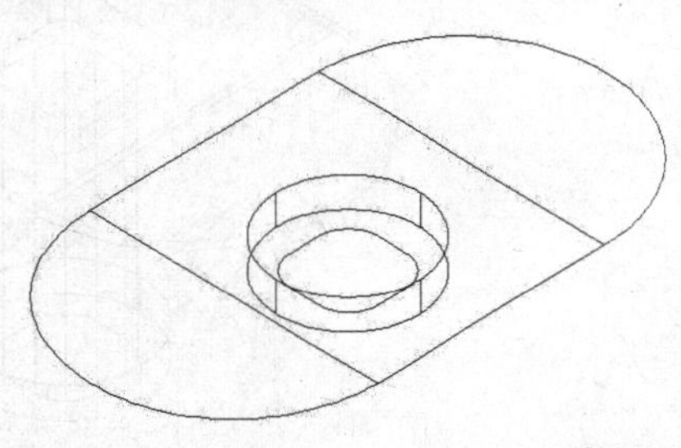

图201-5

11 执行“建模>拉伸”命令，选择圆角后的正方形，设置拉伸高度为750，将其作为餐桌的纵向支撑。

12 用“建模>长方体”命令，以及“捕捉自”和“对象追踪”功能，绘制一个尺寸为450×450×100的长方体，以距底座的圆心垂直向上650的点作为长方体的中心点，将绘制好的长方体作为餐桌的支架，如图201-6所示。

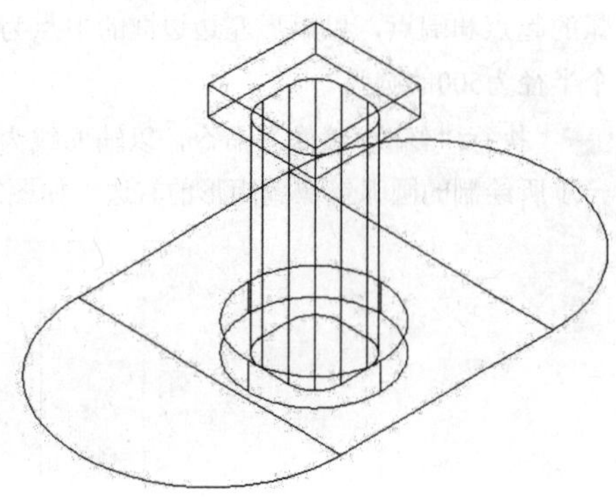

图201-6

13 执行“修改>圆角”命令，设置圆角半径为50，对上一步所绘制的长方体四角进行圆角编辑，如图201-7所示。

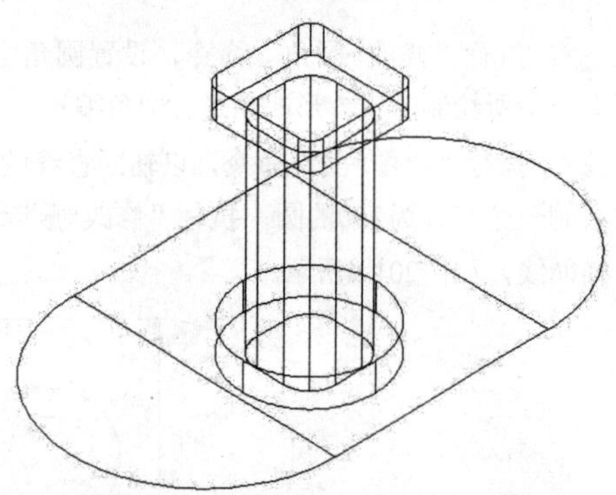

图201-7

14 执行“建模>拉伸”命令，选择下部两个圆弧和矩形面域，设置拉伸高度为25，将其作为餐桌的面板。

15 执行“修改>移动”命令，以底座下表面的圆心为起点，第二点的相对坐标为“0，0，850”，将餐桌的面板垂直向上移动，完成餐桌的绘制，如图201-8所示。

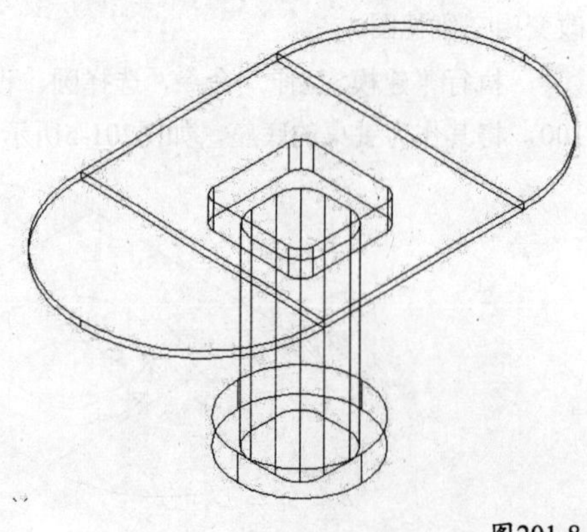

图201-8

练习201

练习位置	DVD>练习文件>第8章>练习201
难易指数	★★☆☆☆
技术掌握	巩固“多段线”、“长方体”、“圆环体”、“并集”和“圆角”等命令的使用方法。

操作指南

参照“实战201 餐桌2”案例进行制作。

首先，执行“绘图>多段线”、“建模>长方体”、“修改>圆角”与“修改>实体编辑>并集”命令，绘制桌子，然后，执行“建模>圆环体”命令，绘制镜子。练习的最终效果如图201-9所示。

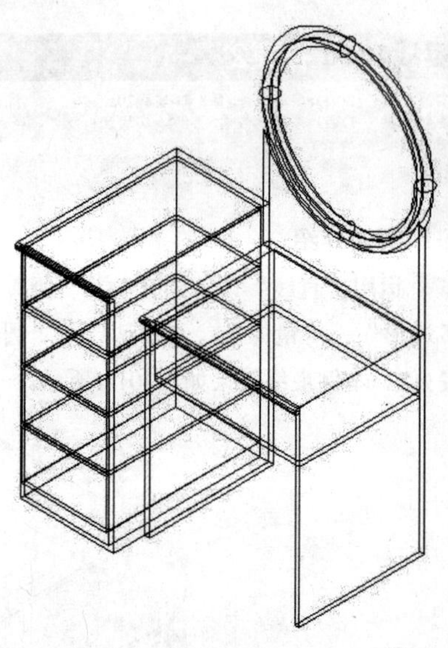

图201-9

实战202 小餐桌

实战位置	DVD>实战文件>第8章>实战202
视频位置	DVD>多媒体教学>第8章>实战202
难易指数	★☆☆☆☆
技术掌握	掌握“样条曲线”、“长方体”、“旋转”、“三维镜像”和“渲染”等命令。

实战介绍

运用“样条曲线”与“旋转”命令，绘制桌腿；利用“长方体”命令，绘制桌面；利用“三维镜像”命令，镜像出其他桌腿。本例最终效果如图202-1所示。

图202-1

制作思路

• 绘制桌腿。

• 绘制桌面并镜像出其他桌腿，完成小餐桌的绘制并将其保存。

制作流程

小餐桌的制作流程如图202-2所示。

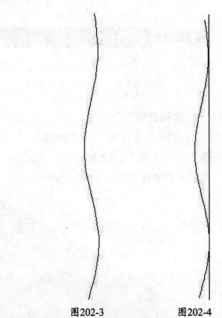

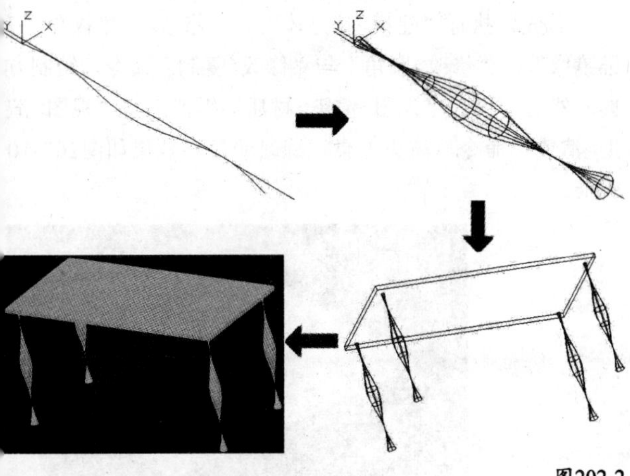

图202-2

1. 绘制桌腿

01 打开AutoCAD 2013中文版软件，执行“绘图>样条曲线”命令，绘制如图202-3所示的样条曲线。

02 执行“绘图>直线”命令，绘制一条辅助直线，如图202-4所示。

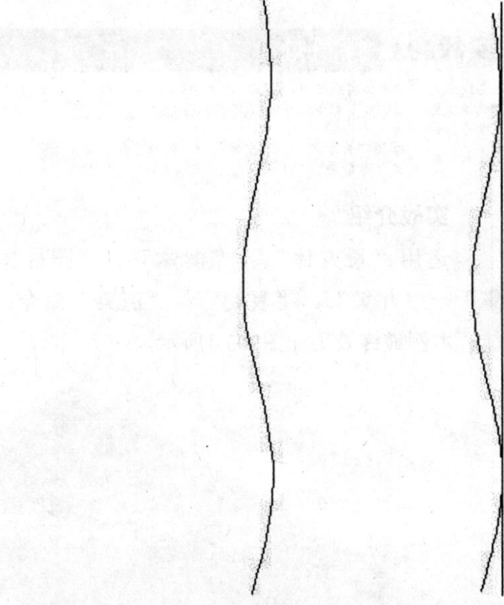

图202-3　　图202-4

03 执行“视图>三维视图>西南等轴测”命令，将视图改变为三维视图。

04 执行“工具>新建UCS>原点”命令，新建的原点如图202-5所示。

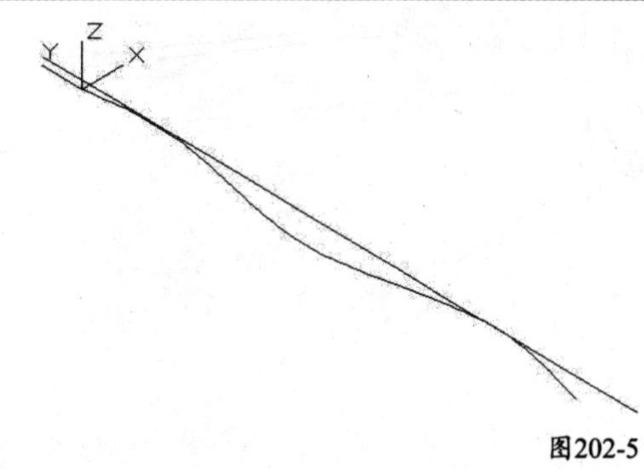

图202-5

05 执行“建模>旋转”命令，将样条曲线沿辅助线进行旋转，如图202-6所示。

命令行提示如下：

```
命令: _revolve
当前线框密度: ISOLINES=20，闭合轮廓创建模式 = 实体
选择要旋转的对象或 [模式(MO)]: _MO 闭合轮廓创建模式 [实体(SO)/曲面(SU)] <实体>: _SO
选择要旋转的对象或 [模式(MO)]: 找到 1 个
选择要旋转的对象或 [模式(MO)]:
指定轴起点或根据以下选项之一定义轴 [对象(O)/X/Y/Z] <对象>:
指定轴端点:
指定旋转角度或 [起点角度(ST)/反转(R)/表达式(EX)] <360>:
```

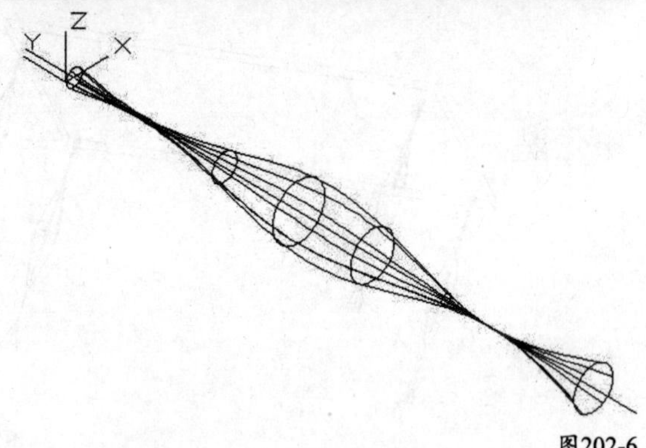

图202-6

2. 绘制桌面并镜像出其他桌腿

01 执行“建模>长方体”和“视图>动态观察>自由动态观察”命令，绘制如图202-7所示的长方体。

命令行提示如下：

```
命令: _box
指定第一个角点或 [中心(C)]:
指定其他角点或 [立方体(C)/长度(L)]: L
指定长度 <3200.0000>: <正交 开> 3200
指定宽度 <1600.0000>: 1600
指定高度或 [两点(2P)] <-20.0000>: 60
```

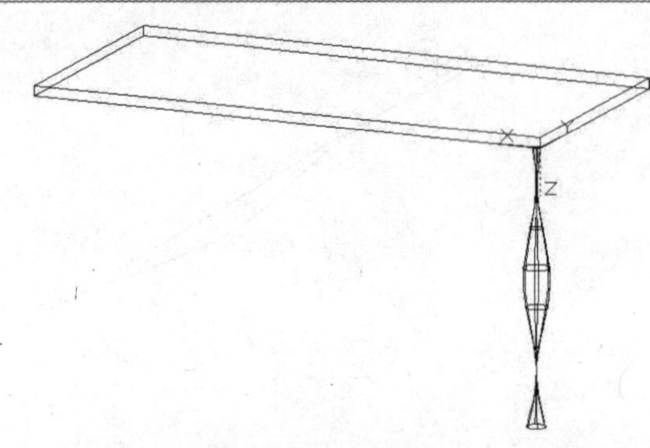

图202-7

02 执行“修改>移动”命令，向内移动桌腿，执行“修改>三维操作>三维镜像”命令，镜像出其他3个桌腿，如图202-8所示。

命令行提示如下：

```
命令: _mirror3d
选择对象: 指定对角点: 找到 2 个
选择对象: 指定对角点: 找到 2 个 (2 个重复), 总计 2 个
选择对象:
指定镜像平面 (三点) 的第一个点或
[对象(O)/最近的(L)/Z 轴(Z)/视图(V)/XY 平面(XY)/YZ 平面(YZ)/ZX 平面(ZX)/三点(3)] <三点>: 在镜像平面上指定第二点: 在镜像平面上指定第三点:
是否删除源对象? [是(Y)/否(N)] <否>:
```

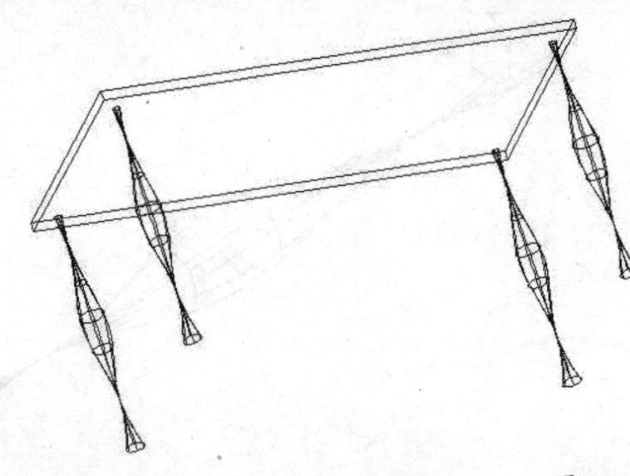

图202-8

03 执行“视图>渲染>渲染”命令，效果如图202-9所示。

图202-9

练习202

练习位置	DVD>练习文件>第8章>练习202
难易指数	★★☆☆☆
技术掌握	巩固“长方体”、“三维镜像”、“圆角”、“复制”和“渲染”等命令的使用方法。

操作指南

参照“实战202 小餐桌”案例进行制作。

首先，执行“建模>长方体”、“修改>三维操作>三维镜像”、“修改>圆角”与“修改>复制”命令，绘制方桌，然后，执行“视图>渲染>材质编辑器”与“视图>渲染>渲染”命令，渲染方桌。练习的最终效果如图202-10所示。

图202-10

实战203 煤气灶

实战位置	DVD>实战文件>第8章>实战203
视频位置	DVD>多媒体教学>第8章>实战203
难易指数	★☆☆☆☆
技术掌握	掌握“长方体”、“楔体”、“圆柱体”、“差集”、“并集”和“渲染”等命令。

实战介绍

运用“长方体”、“楔体”、“圆柱体”、“差集”、“并集”、“复制”与“渲染”命令，绘制煤气灶。本例最终效果如图203-1所示。

图203-1

制作思路

- 绘制灶体。
- 绘制开关和灶盘，完成煤气灶的绘制并将其保存。

制作流程

煤气灶的制作流程如图203-2所示。

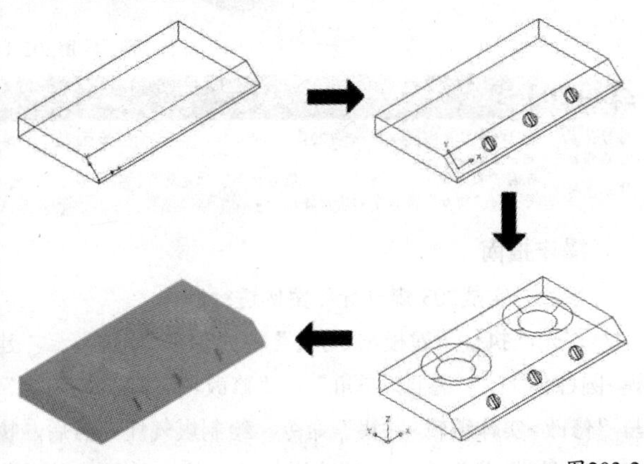

图203-2

01 打开AutoCAD 2013中文版软件，执行“视图>三维视图>西南等轴测”命令，将视图改变为三维视图，再执行“建模>长方体”命令，绘制一个长为1000，宽为500，高为100的长方体，如图203-3所示。

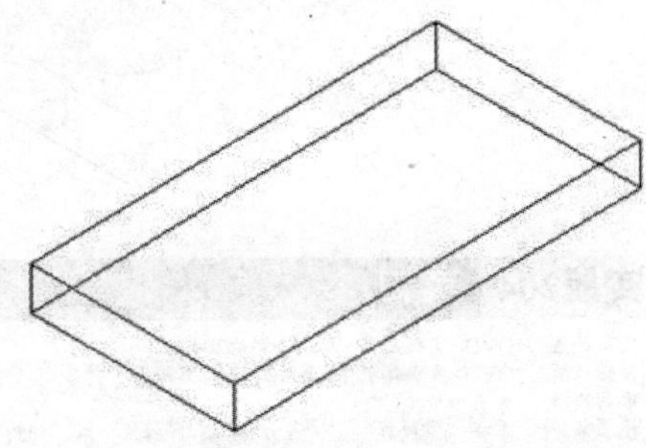

图203-3

02 执行“建模>楔体”命令，以长方体上表面的左下角点为第一角点，绘制一个长为80，宽为1000、高为-80的楔体，如图203-4所示。

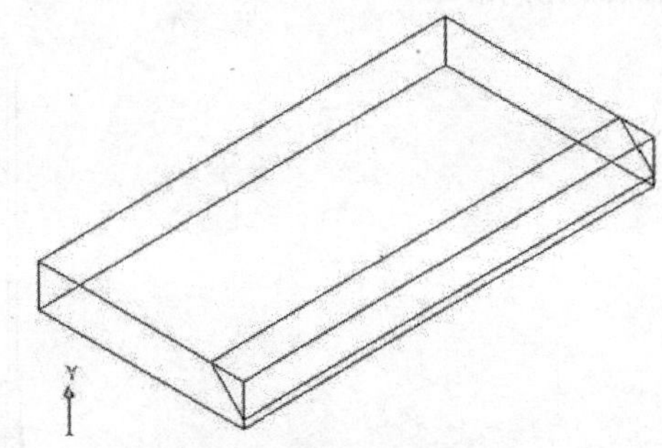

图203-4

03 执行“修改>实体编辑>差集”命令，对两个实体进行差集运算，效果如图203-5所示。

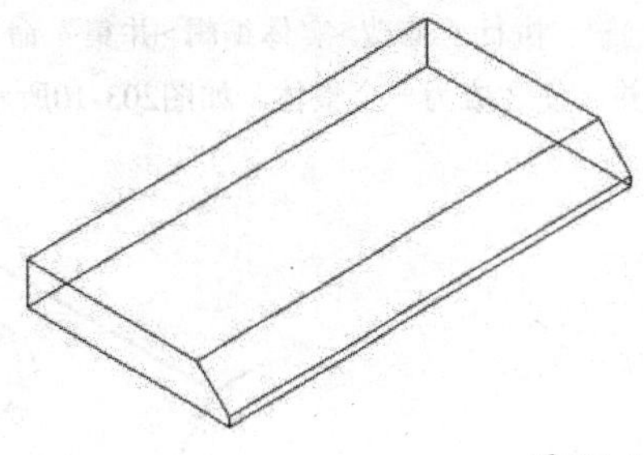

图203-5

04 执行“工具>新建UCS>原点”命令，新建如图203-6所示的原点。

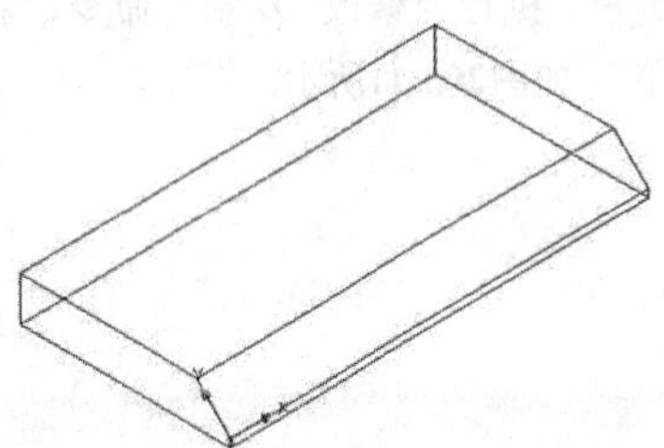

图203-6

05 执行“建模>圆柱体”命令，在煤气灶灶身的斜面上绘制一个半径为30，高度为15的圆柱体，如图203-7所示。

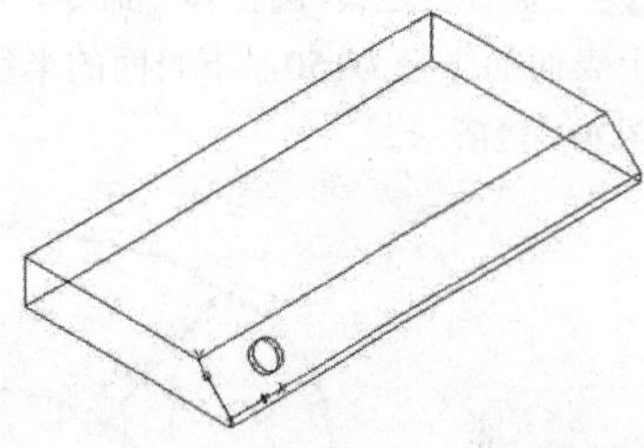

图203-7

06 执行“建模>长方体”命令，绘制一个长为60，宽为10，高为15的长方体，如图203-8所示。

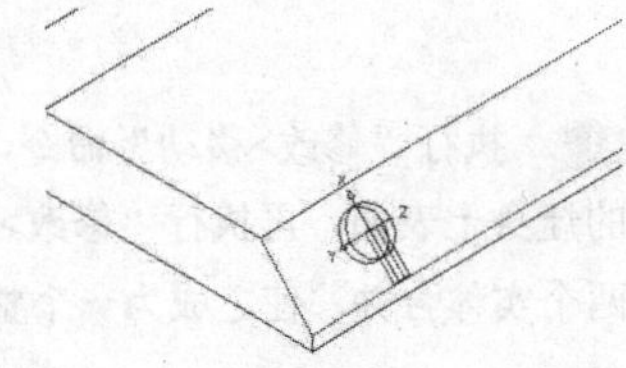

图203-8

07 执行“修改>移动”命令，将圆柱体和长方体叠合到一起，使圆柱体的下表面的圆心和长方体的下表面的几何中心重合，如图203-9所示。

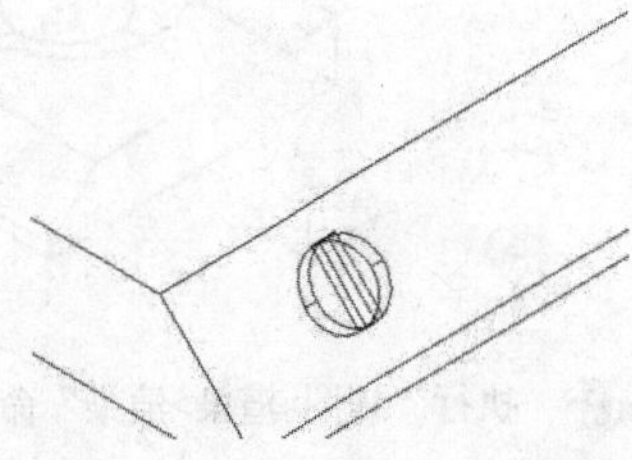

图203-9

08 执行“修改>实体编辑>并集”命令，将两个实体合并，使之成为一个整体，如图203-10所示。

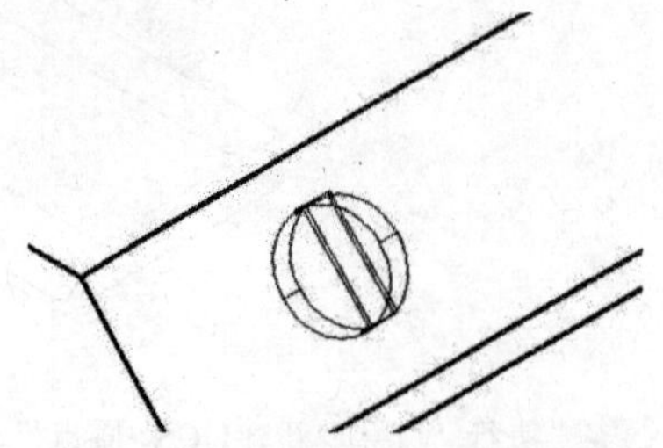

图203-10

09 执行“修改>复制”命令，将开关复制到合适的位置，如图203-11所示。

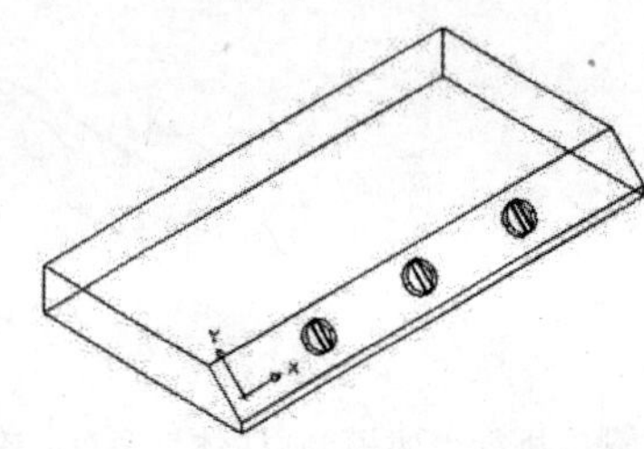

图203-11

10 执行“建模>圆柱体”命令，绘制一个圆锥体，设置上表面的半径为150，下表面的半径为80，高度为30，如图203-12所示。

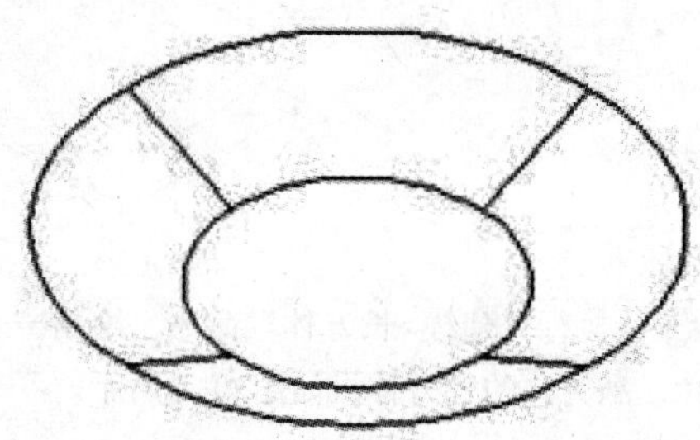

图203-12

11 执行“修改>移动”命令，将灶盘放置于对应于按钮的灶身上表面，再执行“修改>实体编辑>差集”命令，将两个实体合并，使之成为一个整体，如图203-13所示。

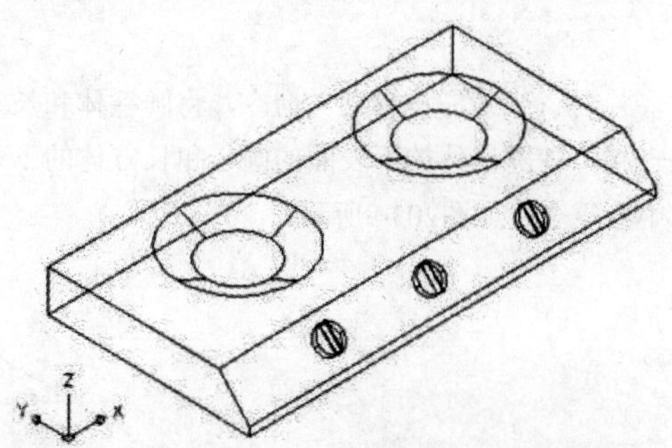

图203-13

12 执行“视图>渲染>渲染”命令，效果如图203-14所示。

图203-14

练习203

练习位置	DVD>练习文件>第8章>练习203
难易指数	★★☆☆☆
技术掌握	巩固“长方体”、“楔体”、“圆柱体”、“差集”、“并集”、“圆角”和“消隐”等命令的使用方法。

操作指南

参照“实战203 煤气灶”案例进行制作。

首先，执行“建模>长方体”、“建模>楔体”、“建模>圆柱体”、“修改>圆角”、“修改>实体编辑>差集”与“修改>实体编辑>并集”命令，绘制煤气灶，然后，执行“视图>消隐”命令，消隐煤气灶。练习的最终效果如图203-15所示。

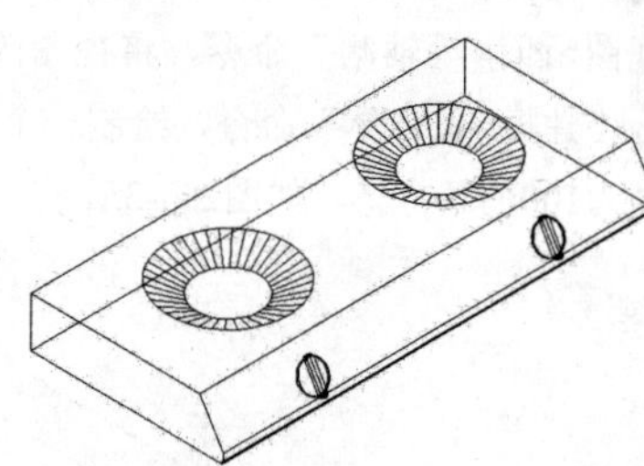

图203-15

实战204 菜刀

实战位置	DVD>实战文件>第8章>实战204
视频位置	DVD>多媒体教学>第8章>实战204
难易指数	★☆☆☆☆
技术掌握	掌握“多段线”、“长方体”、“拉伸”和“圆角”等命令。

实战介绍

运用“多段线”与“拉伸”命令，绘制刀面，再利用“长方体”与“圆角”命令，绘制刀把。本例最终效果如图204-1所示。

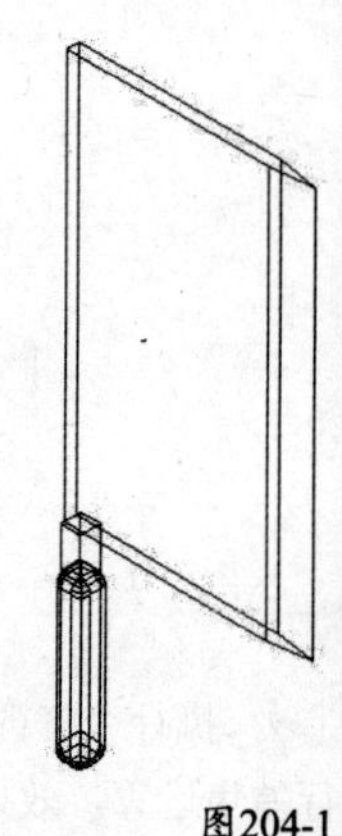

图204-1

制作思路

- 绘制刀面。
- 绘制刀把，完成菜刀的绘制并将其保存。

制作流程

菜刀的制作流程如图204-2所示。

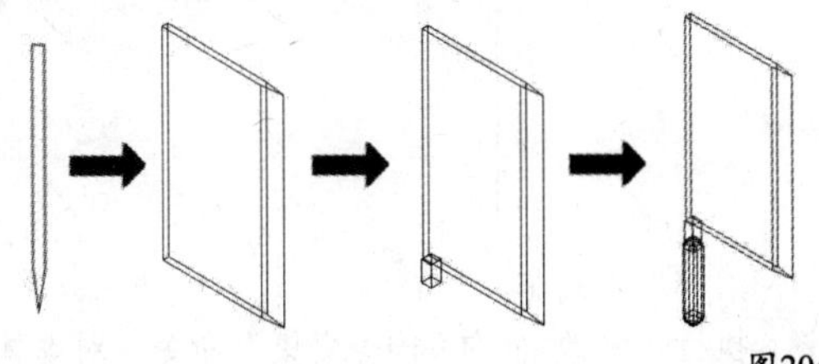

图204-2

01 执行“绘图>多段线”命令，绘制如图204-3所示的一条闭合的多段线。

02 执行“视图>三维视图>西南等轴测”命令，将视图改变为三维视图，再执行“建模>拉伸”命令，将多段线拉伸一定的高度，如图204-4所示。

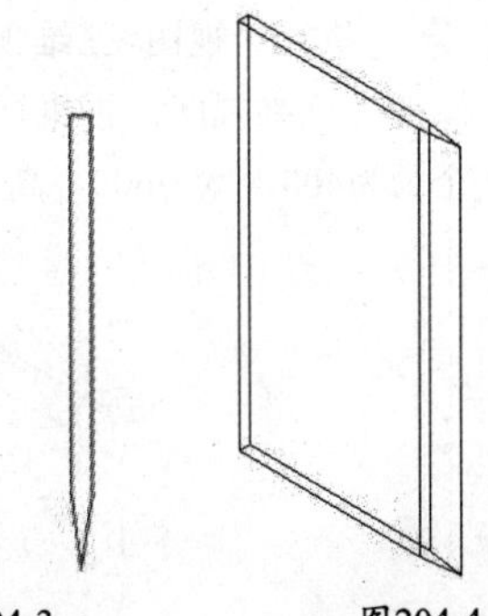

图204-3　图204-4

03 执行“建模>长方体”命令，绘制一个长方体，再执行“修改>移动”命令，将长方体移动到合适的位置，如图204-5所示。

04 执行“建模>长方体”命令，绘制一个长方体，然后，执行“修改>移动”命令，将长方体移动到合适的位置，再执行“修改>圆角”命令，对长方体进行圆角操作，将其作为菜刀的把手，如图204-6所示。

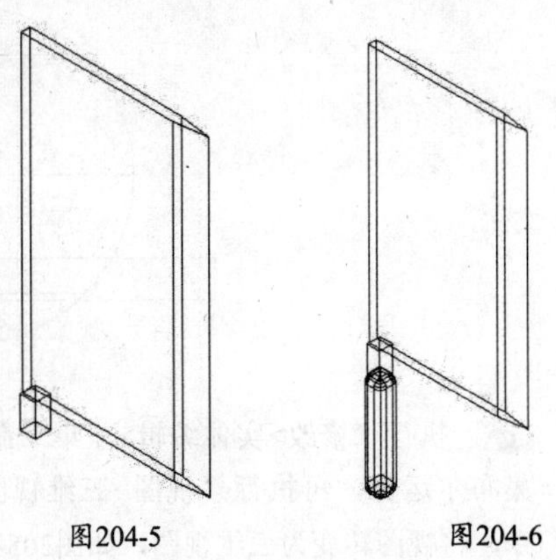

图204-5　图204-6

练习204

练习位置	DVD>练习文件>第8章>练习204
难易指数	★★☆☆☆
技术掌握	巩固“多段线”、“长方体”、“旋转”、“拉伸”、“阵列”和“消隐”等命令的使用方法。

操作指南

参照“实战204 菜刀”案例进行制作。

首先，执行“绘图>多段线”、“建模>长方体”、“建模>旋转”与“建模>拉伸”命令，在命令行中输入“ARRAYCLASSIC”，绘制表，然后，执行“视图>消隐”命令，消隐表。练习的最终效果如图204-7所示。

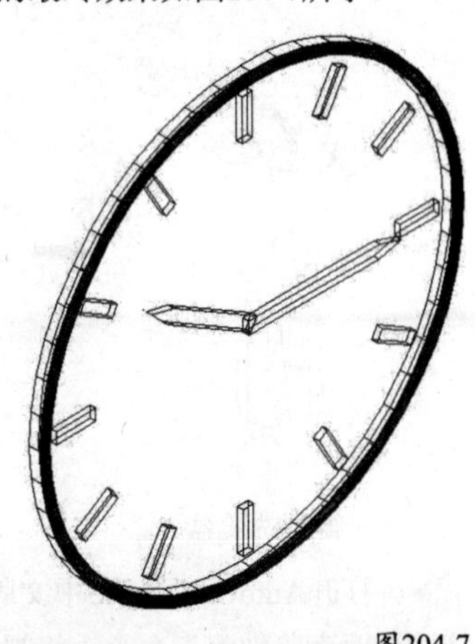

图204-7

实战205 洗脸盆

原始文件位置	DVD>原始文件>第8章>实战205 原始文件
实战位置	DVD>实战文件>第8章>实战205
视频位置	DVD>多媒体教学>第8章>实战205
难易指数	★★☆☆☆
技术掌握	掌握“长方体”、“圆柱体”、“球体”、“圆锥体”、“差集”、“交集”、“移动”、“插入块”和“消隐”等命令。

实例介绍

运用“长方体”、“圆柱体”、“球体”、“圆锥体”、“差集”、“交集”、“移动”与“插入块”命令，绘制洗脸盆；利用“消隐”命令，消隐洗脸盆。本例最终效果如图205-1所示。

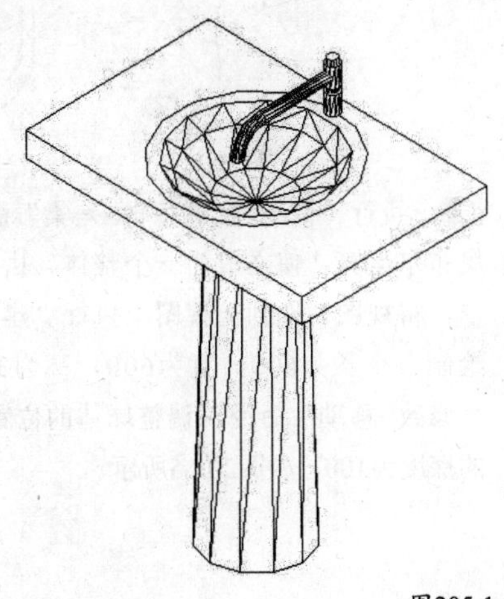

图205-1

制作思路

- 绘制洗脸盆。
- 绘制支柱，完成洗脸盆的绘制并将其保存。

制作流程

洗脸盆的制作流程如图205-2所示。

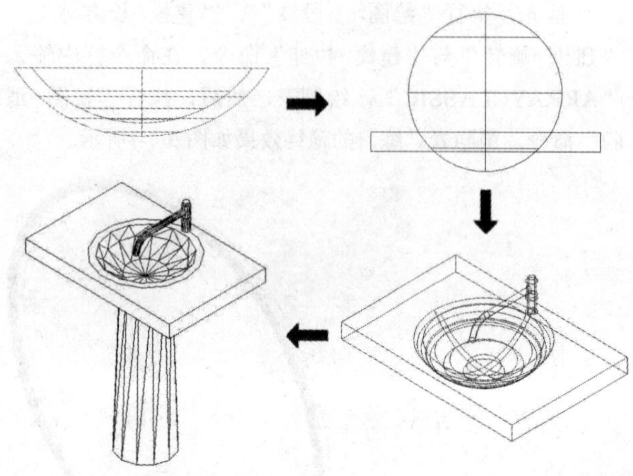

图205-2

1. 绘制洗脸盆

01 打开AutoCAD 2013中文版软件，执行“视图>三维视图>西南等轴测”命令，将视图改变为三维视图，再执行“建模>球体”命令，绘制一个半径为200的球体，如图205-3所示。

02 执行“建模>球体”命令，以图205-3中绘制的球体的圆心为新球体的圆心，绘制一个半径为180的球体，如图205-4所示。

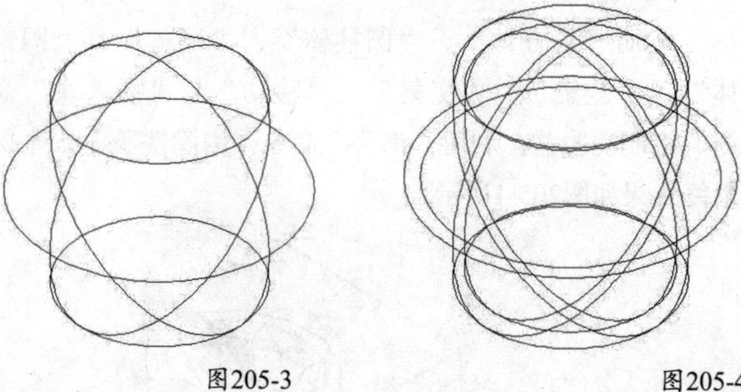

图205-3　　图205-4

03 执行“修改>实体编辑>差集”命令，对球体进行差集布尔运算，使之成为一个整体。执行“视图>俯视”命令，将视图切换到俯视图。执行“建模>长方体”命令，绘制一个长为600，宽为600，高为300的长方体。执行“修改>移动”命令，调整球体的位置，球体嵌入长方体的深度为100，如图205-5所示。

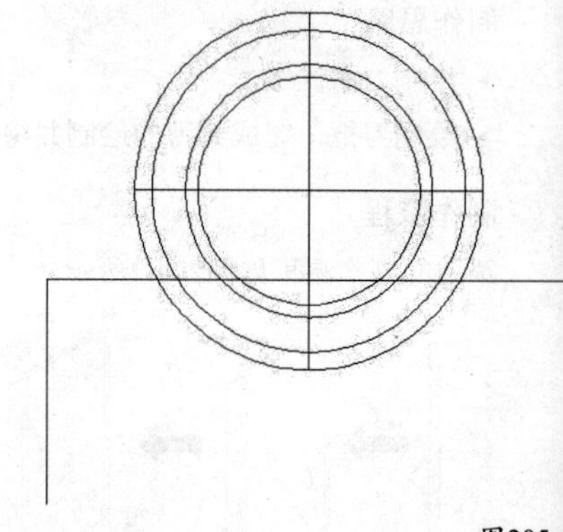

图205-5

04 执行“修改>实体编辑>交集”命令，对球体和长方体进行交集布尔运算，如图205-6所示。

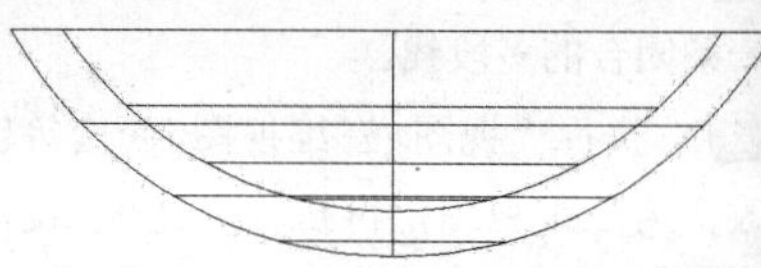

图205-6

05 执行“视图>三维视图>西南等轴测”命令，将视图改变为三维视图，再执行“建模>长方体”命令，绘制一个长为400，宽为600，高为50的长方体，如图205-7所示。

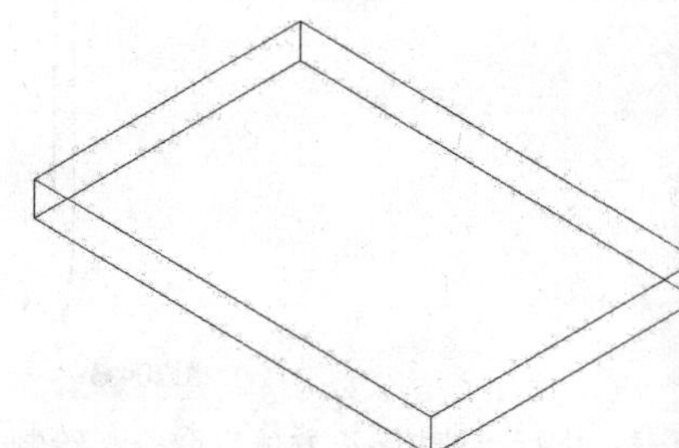

图205-7

06 执行“建模>球体”命令，绘制一个半径为200的球体，然后，执行“视图>三维视图>俯视”命令，转换到俯视图，再执行“修改>移动”命令，将上一步绘制的长方体放置到如图205-8所示的位置，两个方向均对应于矩形的中点。

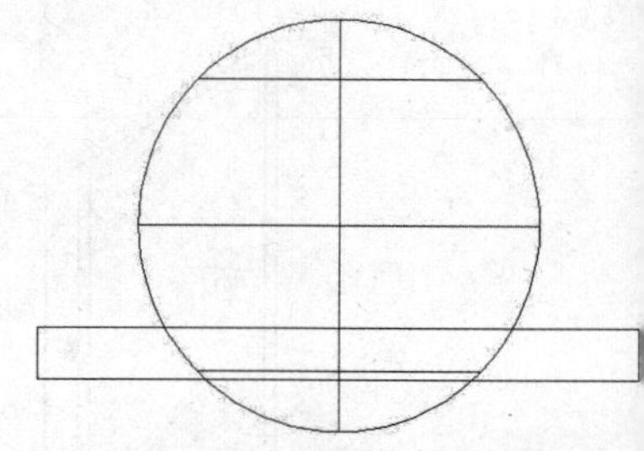

图205-8

07 执行“修改>实体编辑>差集”命令，对图形进行差集布尔运算，再执行“视图>三维视图>西南等轴测”命令，将视图转变为三维视图，如图205-9所示。

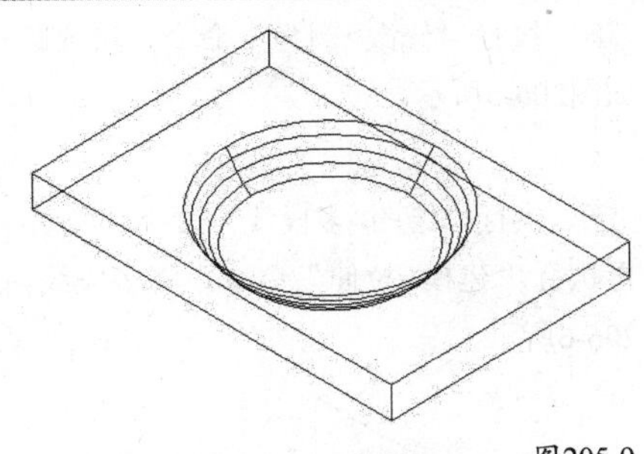
图205-9

08 执行"视图>消隐"命令，效果如图205-10所示。

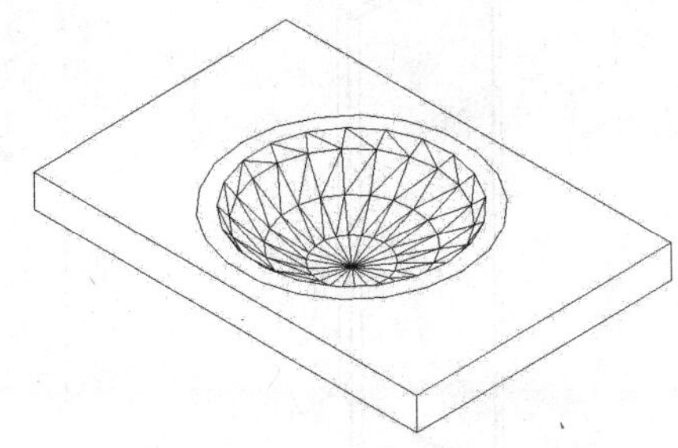
图205-10

09 执行"插入>块"命令，插入原始文件中的"实战205 原始文件"图形，再执行"修改>移动"命令，将插入的图形移动到合适的位置，如图205-11所示。

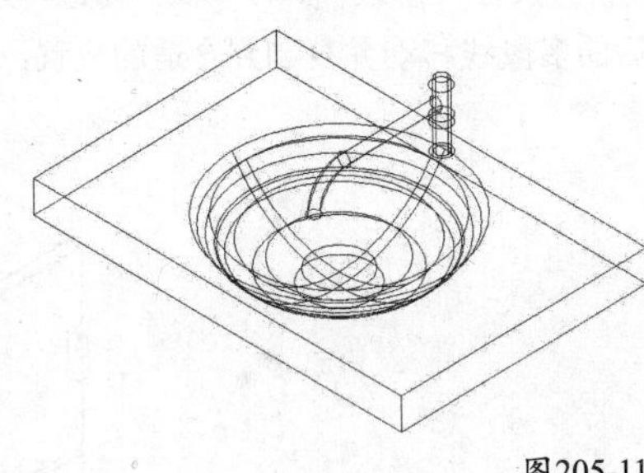
图205-11

2. 绘制支柱

01 执行"建模>圆锥体"命令，绘制一个上表面的半径为100，下表面的半径为80，高度为600的圆锥体，如图205-12所示。

02 执行"修改>移动"和"视图>消隐"命令，将圆锥体移动到合适的位置并消隐图形，如图205-13所示。

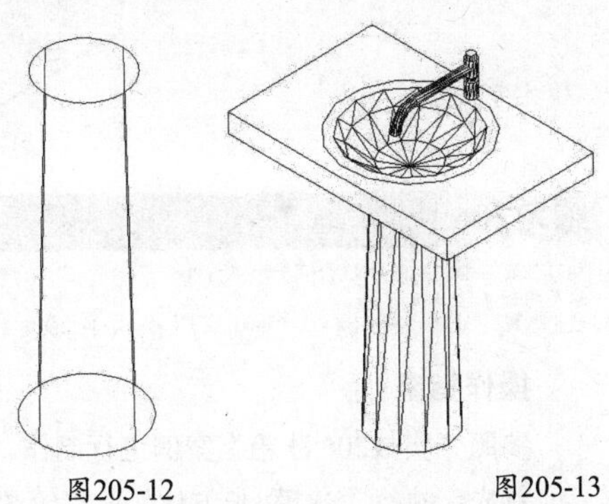
图205-12　　图205-13

练习205

练习位置	DVD>练习文件>第8章>练习205
难易指数	★★★☆☆
技术掌握	巩固"长方体"、"多段线"、"拉伸"、"差集"和"消隐"等命令的使用方法。

操作指南

参照"实战205 洗脸盆"案例进行制作。

首先，执行"建模>长方体"、"绘图>多段线"、"建模>拉伸"与"修改>实体编辑>差集"命令，绘制洗涤槽，然后，执行"视图>消隐"命令，消隐洗涤槽。练习的最终效果如图205-14所示。

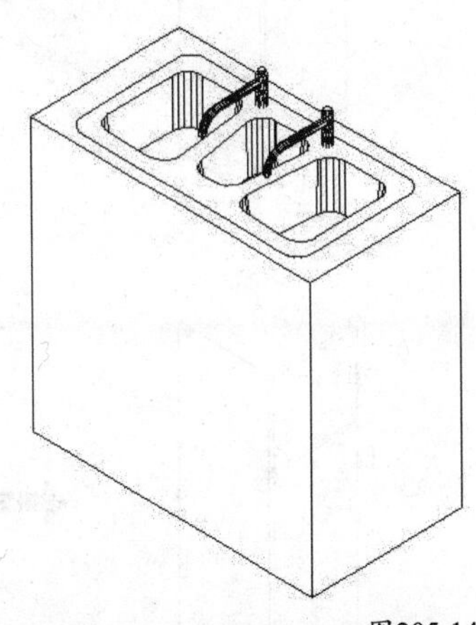
图205-14

实战206 冰箱

实战位置	DVD>实战文件>第8章>实战206
视频位置	DVD>多媒体教学>实战206
难易指数	★★☆☆☆
技术掌握	掌握"多段线"、"长方体"、"拉伸"、"圆角"、"复制"和"消隐"等命令。

实战介绍

运用"多段线"、"长方体"、"拉伸"、"圆角"与"复制"命令，绘制冰箱；利用"消隐"命令，消隐冰箱。本例最终效果如图206-1所示。

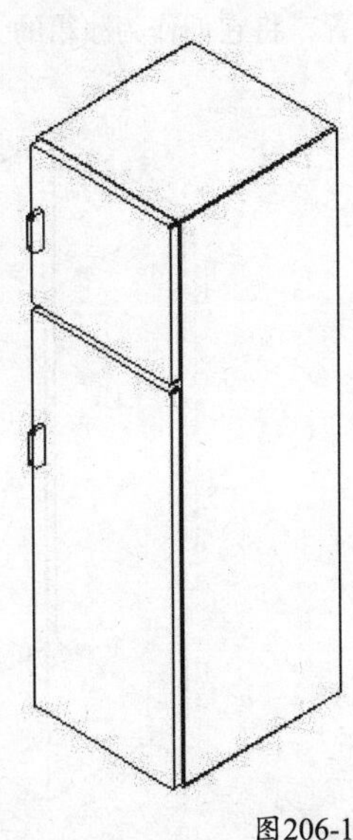
图206-1

制作思路

- 绘制冰箱。
- 消隐冰箱，完成冰箱的绘制并将其保存。

制作流程

冰箱的制作流程如图206-2所示。

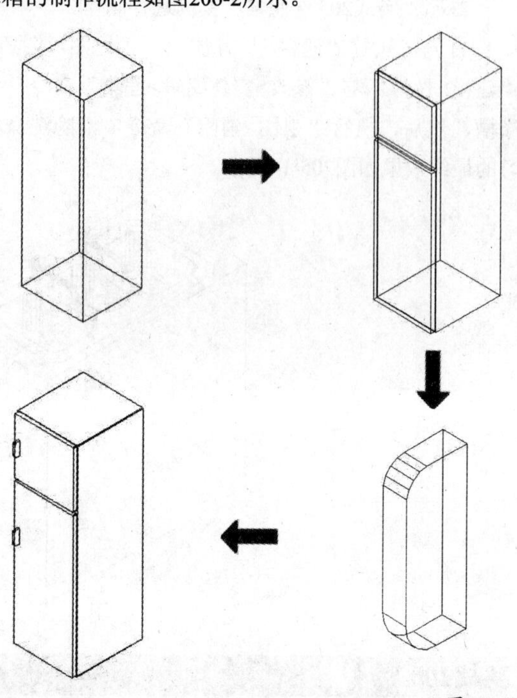

图206-2

01 打开AutoCAD 2013中文版软件，执行“视图>三维视图>西南等轴测”命令，将视图转变为三维视图，再执行“建模>长方体”命令，绘制一个长为495，宽为463，高为1500的长方体，如图206-3所示。

02 执行“建模>长方体”命令，绘制两个长方体，再执行“修改>移动”命令，将两个长方体移动到合适的位置，将它们作为冰箱的上、下两个门，如图206-4所示。

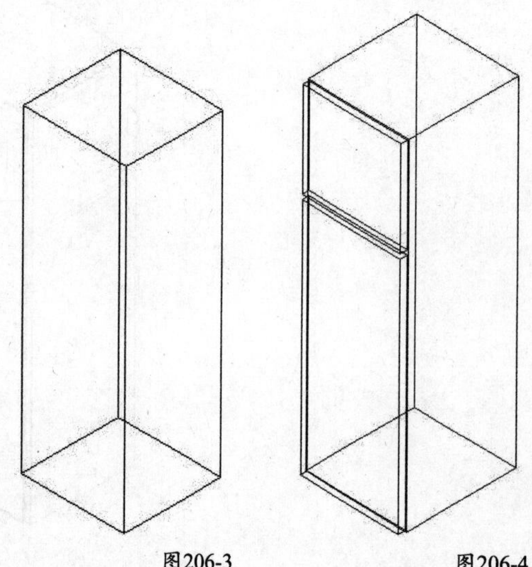

图206-3　　图206-4

03 执行“修改>圆角”命令，设置圆角半径为5，效果如图206-5所示。

04 执行“绘图>多段线”命令，绘制一条闭合多段线，再执行“建模>拉伸”命令，将多段线向外拉伸15，如图206-6所示。

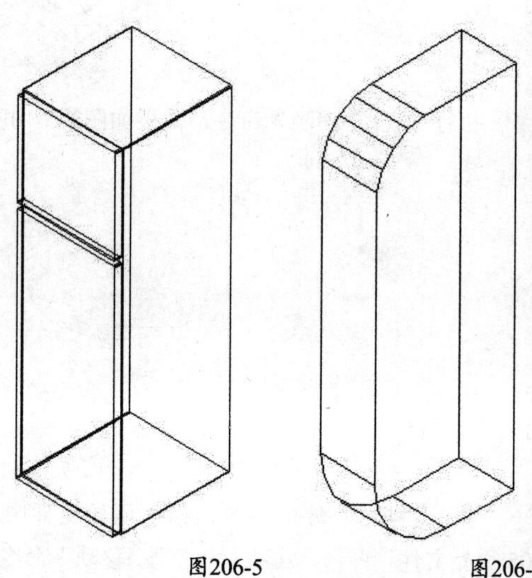

图206-5　　图206-6

05 执行“修改>移动”和“修改>复制”命令，将拉伸后的多段线移动并复制到合适的位置，如图206-7所示。

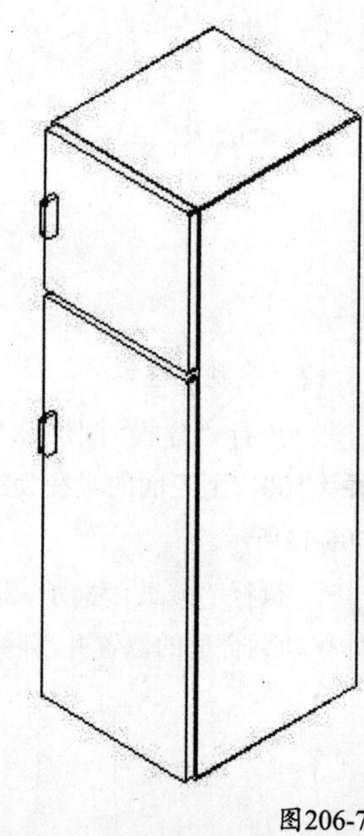

图206-7

练习206

练习位置　DVD>练习文件>第8章>练习206
难易指数　★★★☆☆
技术掌握　巩固“长方体”、“矩形”、“移动”和“消隐”等命令的使用方法。

操作指南

参照“实战206 冰箱”案例进行制作。

首先，执行“建模>长方体”、“绘图>矩形”与“修

（>移动”命令，绘制冰箱，然后，执行“视图>消隐”命令，消隐冰箱。练习的最终效果如图206-8所示。

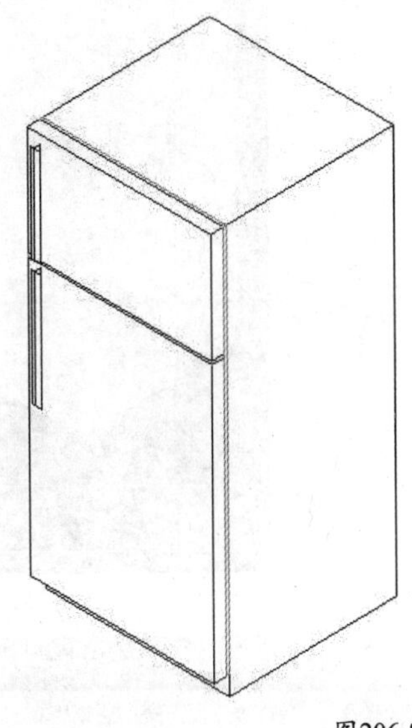

图206-8

实战207 办公桌1

实战位置	DVD>实战文件>第8章>实战207
视频位置	DVD>多媒体教学>第8章>实战207
难易指数	★☆☆☆☆
技术掌握	掌握“长方体”、“差集”、“并集”和“渲染”等命令。

实战介绍

运用“长方体”、“差集”、“并集”与“渲染”命令，绘制办公桌1。本例最终效果如图207-1所示。

图207-1

制作思路

- 绘制办公桌。
- 渲染办公桌，完成办公桌1的绘制并将其保存。

制作流程

办公桌1的制作流程如图207-2所示。

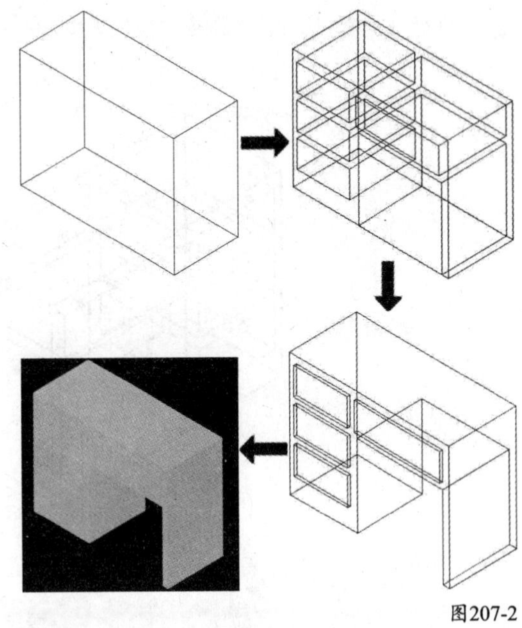

图207-2

1. 绘制办公桌

01 打开AutoCAD 2013中文版软件，执行“视图>三维视图>西南等轴测”命令，将视图转变为三维视图，再执行“建模>长方体”命令，绘制如图207-3所示的长方体。

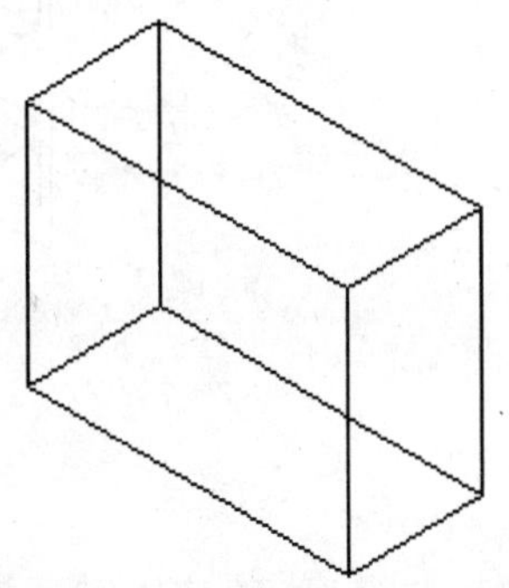

图207-3

02 执行“建模>长方体”命令，绘制如图207-4所示的长方体。

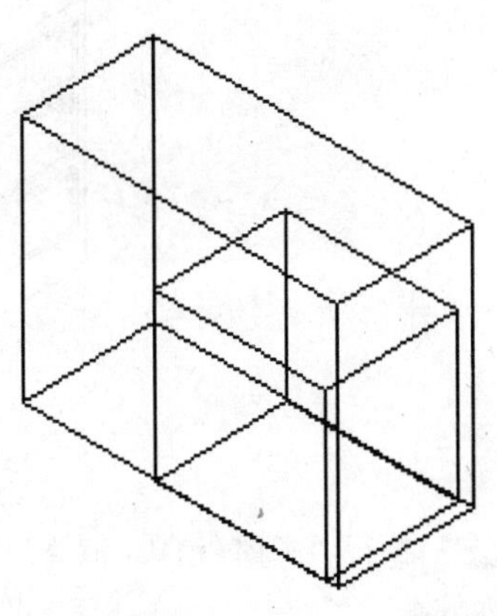

图207-4

03 执行“建模>长方体”命令，绘制如图207-5所示的图形。

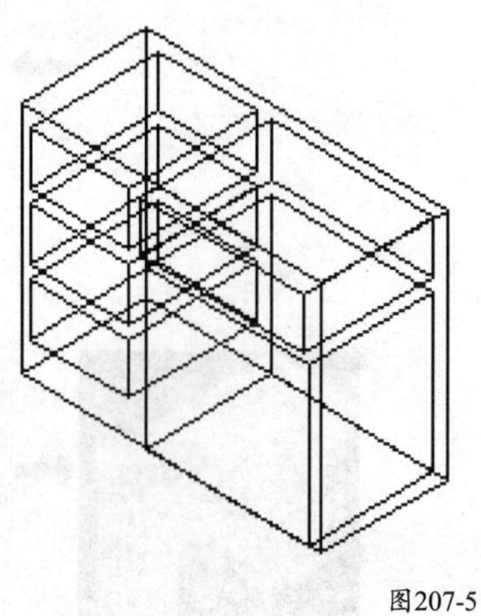

图207-5

2. 渲染办公桌

01 执行“修改>实体编辑>差集”命令，效果如图207-6所示。

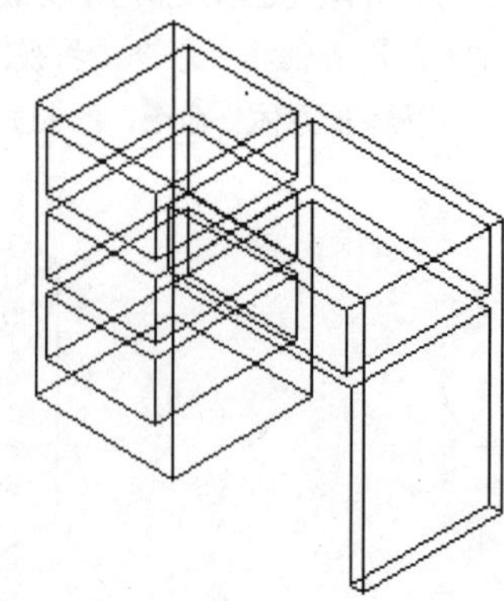

图207-6

02 执行“修改>实体编辑>并集”命令，效果如图207-7所示。

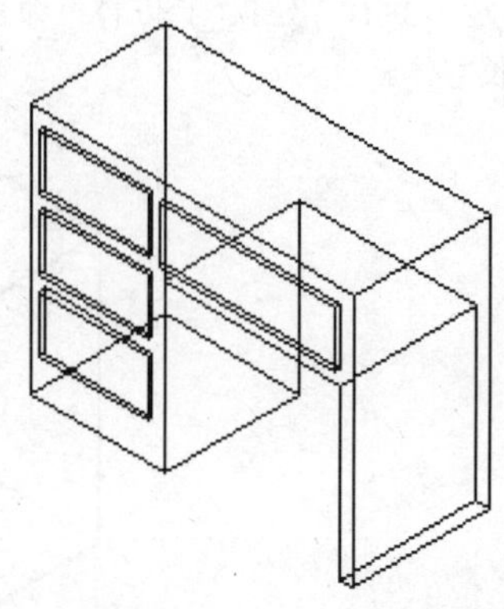

图207-7

03 执行“视图>渲染>渲染”命令，效果如图207-8所示。

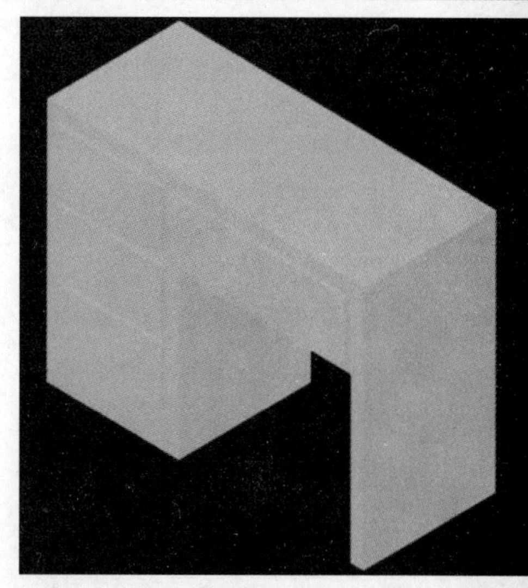

图207-8

练习207

练习位置	DVD>练习文件>第8章>练习207
难易指数	★★☆☆☆
技术掌握	巩固“长方体”、“圆角”、“差集”、“并集”和“渲染”等命令的使用方法。

操作指南

参照“实战207 办公桌1”案例进行制作。

首先，执行“建模>长方体”、“修改>圆角”、“修改>实体编辑>差集”与“修改>实体编辑>并集”命令，绘制办公桌，然后，执行“视图>渲染>材质编辑器”与“视图>渲染>渲染”命令，渲染办公桌。练习的最终效果如图207-9所示。

图207-9

实战208 办公桌2

实战位置	DVD>实战文件>第8章>实战208
视频位置	DVD>多媒体教学>第8章>实战208
难易指数	★☆☆☆☆
技术掌握	掌握“长方体”、“倾斜面”、“着色面”、“复制”和“渲染”等命令。

实战介绍

运用“长方体”、“倾斜面”、“复制”、“着色面”与“渲染”命令，绘制办公桌2。本例最终效果如图208-1所示。

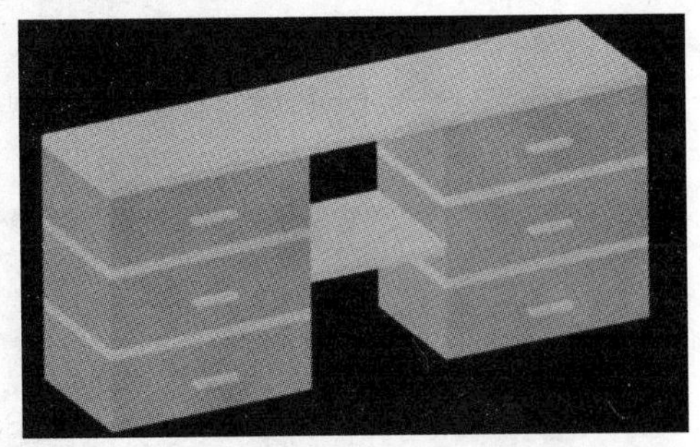

图208-1

制作思路

- 绘制办公桌。
- 渲染办公桌，完成办公桌2的绘制并将其保存。

制作流程

办公桌2的制作流程如图208-2所示。

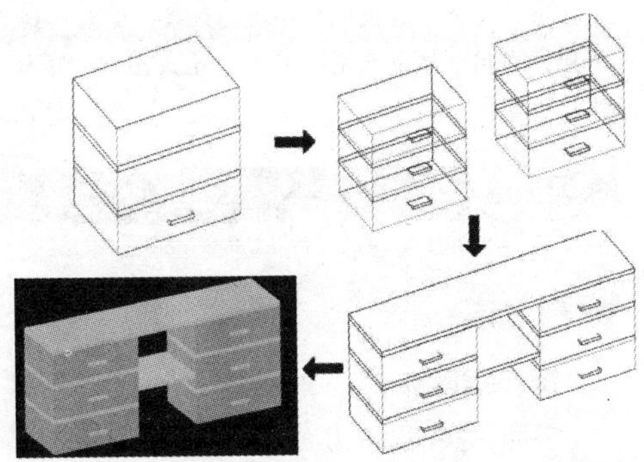

图208-2

1. 绘制办公桌

01 打开AutoCAD 2013中文版软件，执行“视图>三维视图>西南等轴测”命令。

02 执行“建模>拉伸”命令，绘制办公桌的第一个长方体桌柜，尺寸为200×300×100，然后，在该长方体上方再绘制一高为15的长方体，如图208-3所示。

命令行提示如下：

```
命令： _box
指定第一个角点或 [中心(C)]:
指定其他角点或 [立方体(C)/长度(L)]: l
指定长度: 300
指定宽度: 200
指定高度或 [两点(2P)]: 100
命令: _box
指定第一个角点或 [中心(C)]:
指定其他角点或 [立方体(C)/长度(L)]: L
指定长度 <300.0000>: 300
指定宽度 <200.0000>: 200
指定高度或 [两点(2P)] <100.0000>: 15
```

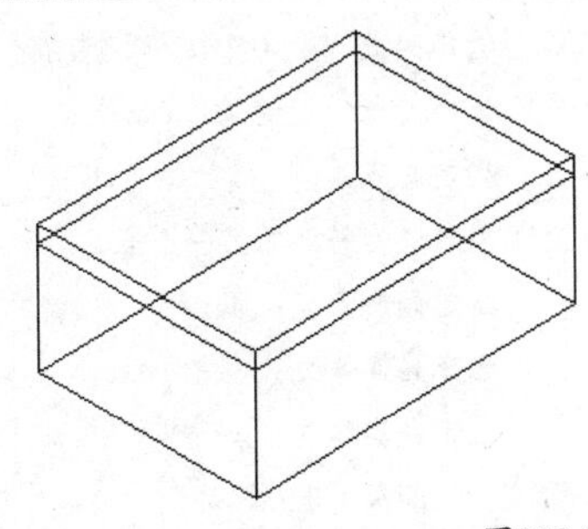

图208-3

03 用相同方法在图208-3上方继续画出两个抽屉，然后，执行“建模>拉伸”命令，绘制拉手，把手中心位于最上方长方体前表面的中心，执行“修改>实体编辑>倾斜面”命令，使之倾斜15°，再执行“视图>消隐”命令，效果如图208-4所示。

命令行提示如下：

```
命令: _box
指定第一个角点或 [中心(C)]:
指定其他角点或 [立方体(C)/长度(L)]: l
指定长度: 300
指定宽度: 200
指定高度或 [两点(2P)]: 100
命令: _box
指定第一个角点或 [中心(C)]:
指定其他角点或 [立方体(C)/长度(L)]: L
指定长度 <300.0000>: 300
指定宽度 <200.0000>: 200
指定高度或 [两点(2P)] <100.0000>: 15
命令: _box
指定第一个角点或 [中心(C)]:
指定其他角点或 [立方体(C)/长度(L)]: l
指定长度: 300
指定宽度: 200
指定高度或 [两点(2P)]: 100
命令: _box
指定第一个角点或 [中心(C)]: _from 基点: <偏移>: @120,0
指定其他角点或 [立方体(C)/长度(L)]: L
指定长度 <300.0000>: 60
指定宽度 <200.0000>: 40
指定高度或 [两点(2P)] <15.0000>: 10
命令: _solidedit
实体编辑自动检查: SOLIDCHECK=1
输入实体编辑选项 [面(F)/边(E)/体(B)/放弃(U)/退出(X)] <退出>: _face
输入面编辑选项
[拉伸(E)/移动(M)/旋转(R)/偏移(O)/倾斜(T)/删除(D)/复制(C)/颜色(L)/材质(A)/放弃(U)/退出(X)] <退出>: _taper
```

```
选择面或 [放弃(U)/删除(R)]: 找到一个面。
选择面或 [放弃(U)/删除(R)/全部(ALL)]:
指定基点:
指定沿倾斜轴的另一个点:
指定倾斜角度: 15
已开始实体校验。
已完成实体校验。
输入面编辑选项
[拉伸(E)/移动(M)/旋转(R)/偏移(O)/倾斜(T)/删除(D)/复制(C)/颜色(L)/材质(A)/放弃(U)/退出(X)] <退出>: X
实体编辑自动检查: SOLIDCHECK=1
输入实体编辑选项 [面(F)/边(E)/体(B)/放弃(U)/退出(X)] <退出>: X
```

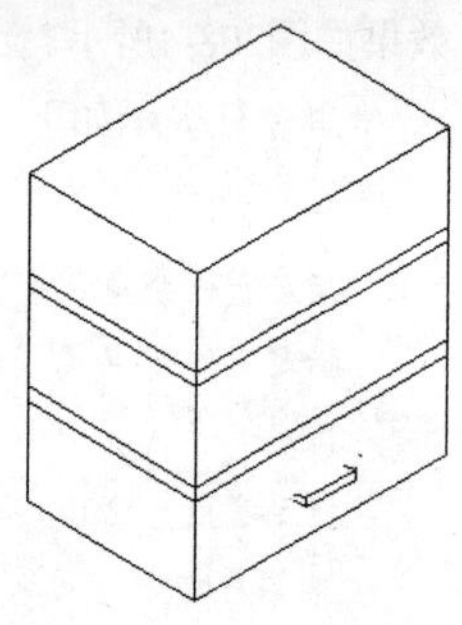

图208-4

04 执行“修改>复制”命令，复制拉手到其他两个抽屉外表面上，再执行“修改>复制”命令，复制出对称的桌子抽屉轮廓，如图208-5所示。

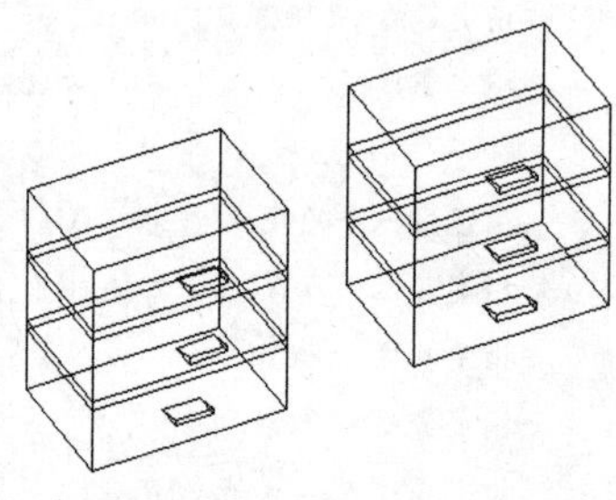

图208-5

05 执行“建模>拉伸”命令，绘制桌板和隔板，完成办公桌的绘制，最后，执行“视图>消隐”命令，效果如图208-6所示。

图208-6

2. 渲染办公桌

执行“修改>实体编辑>倾斜面”和“视图>渲染>渲染”命令，渲染办公桌，如图208-7所示。

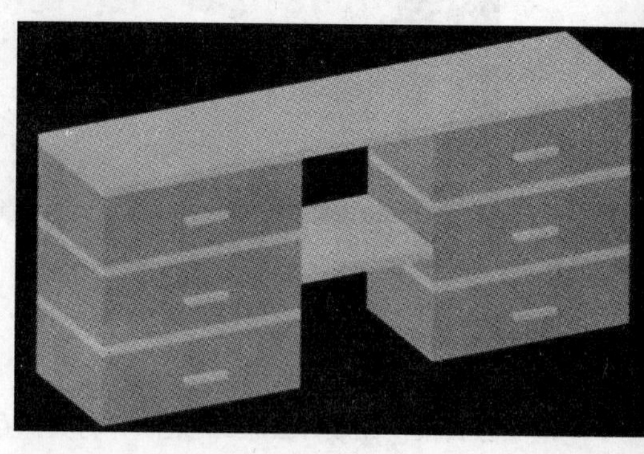

图208-7

技巧与提示

有时，为了放大或缩小视图效果，需要用到“实时缩放”工具，在用该工具之前，应先重生成图形，选择“视图>重生成”即可。

练习208

练习位置	DVD>练习文件>第8章>练习208
难易指数	★★☆☆☆
技术掌握	巩固“长方体”、“圆角”、“差集”、“并集”和“渲染”等命令的使用方法。

操作指南

参照“实战208 办公桌2”案例进行制作。

首先，执行“建模>长方体”、“修改>圆角”、“修改>实体编辑>差集”与“修改>实体编辑>并集”命令，绘制办公桌，然后，执行“视图>渲染>材质编辑器”与“视图>渲染>渲染”命令，渲染办公桌。练习的最终效果如图208-8所示。

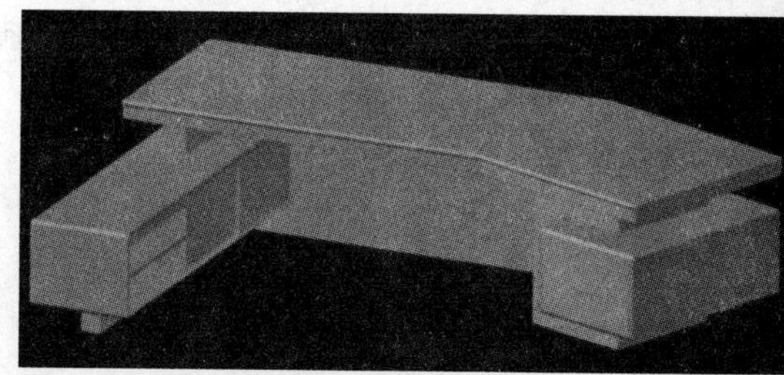

图208-8

实战209 会议桌

实战位置	DVD>实战文件>第8章>实战209
视频位置	DVD>多媒体教学>第8章>实战209
难易指数	★☆☆☆☆
技术掌握	掌握“多段线”、“圆柱体”、“阵列”、“复制”、“拉伸”和“消隐”等命令。

实战介绍

运用“多段线”、“圆柱体”、“阵列”、“复制”与“拉伸”命令，绘制会议桌；利用“消隐”命令，消隐会议桌。本例最终效果如图209-1所示。

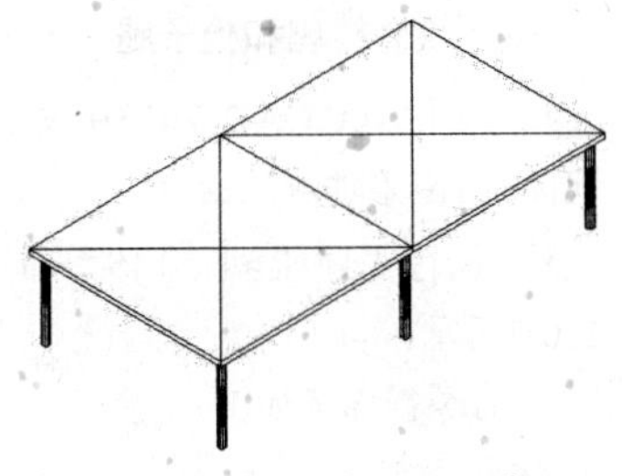
图209-1

制作思路

- 绘制会议桌。
- 消隐会议桌，完成会议桌的绘制并将其保存。

制作流程

会议桌的制作流程如图209-2所示。

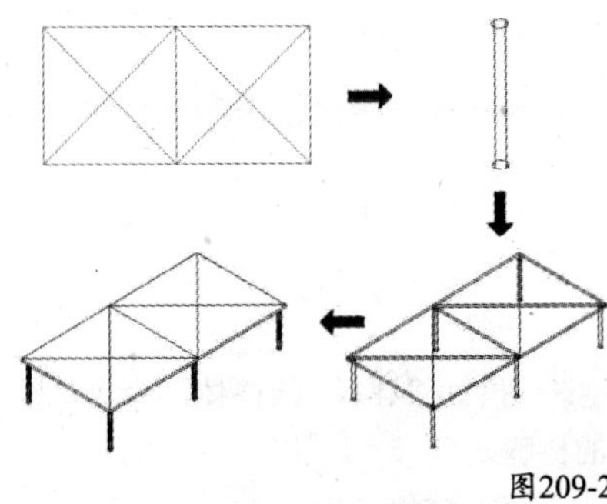
图209-2

1. 绘制会议桌

01 打开AutoCAD 2013中文版软件，执行“绘图>多段线”命令，绘制一个闭合多段线，如图209-3所示。

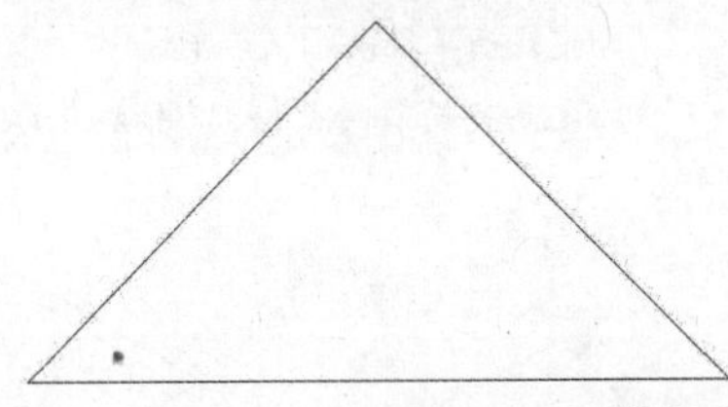
图209-3

02 在命令行中输入“ARRAYCLASSIC”后，执行“修改>复制”命令，阵列并复制多段线，如图209-4所示。

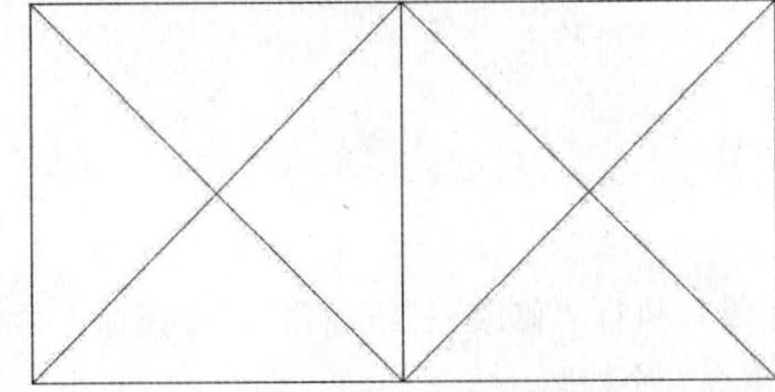
图209-4

03 执行“视图>三维视图>西南等轴测”命令，将视图转换为三维视图，再执行“建模>拉伸”命令，将上一步绘制的图形拉伸一定的高度，如图209-5所示。

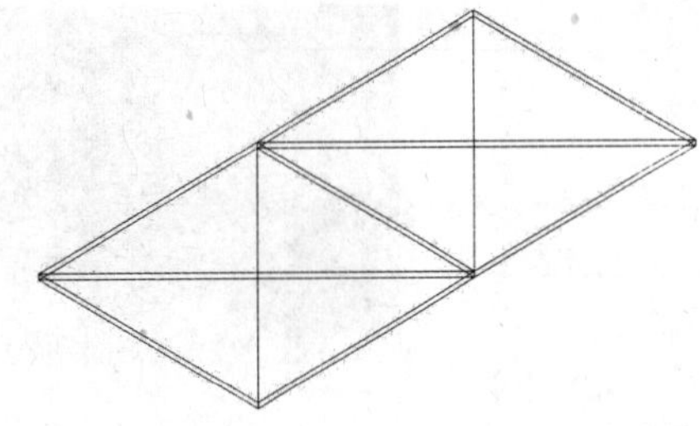
图209-5

04 执行“建模>圆柱体”命令，绘制一个圆柱体，如图209-6所示。

05 在命令行中输入“ARRAYCLASSIC”后，执行“修改>复制”命令，阵列并复制圆柱体，如图209-7所示。

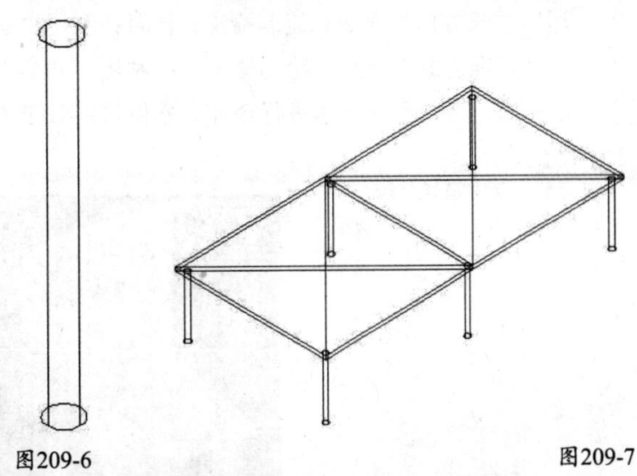
图209-6 图209-7

2. 消隐会议桌

执行“视图>消隐”命令，消隐会议桌，效果如图209-8所示。

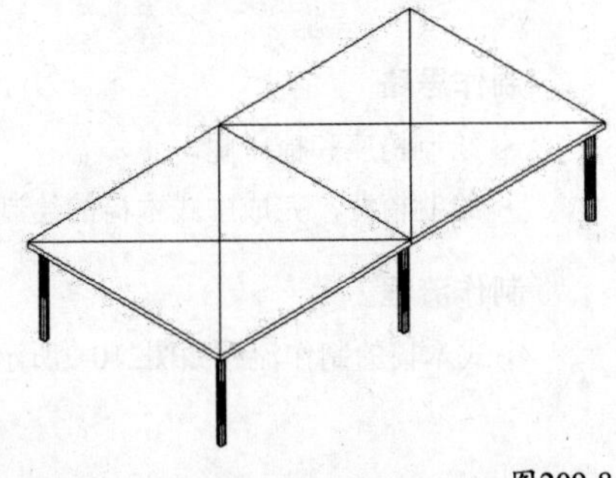
图209-8

练习209

实例位置	DVD>练习文件>第8章>练习209
难易指数	★★☆☆☆
技术掌握	巩固“多段线”、“长方体”、“拉伸”、“复制”和“消隐”等命令的使用方法。

操作指南

参照“实战209 课桌”案例进行制作。

首先，执行“绘图>多段线”、“建模>长方体”、“建模>拉伸”与“修改>复制”命令，绘制课桌，然后，执行“视图>消隐”命令，消隐课桌。练习的最终效果如图209-9所示。

图209-9

实战210 中式木椅

实战位置	DVD>实战文件>第8章>实战210
视频位置	DVD>多媒体教学>第8章>实战210
难易指数	★☆☆☆☆
技术掌握	掌握“长方体”、“圆柱体”、“三维镜像”和“并集”等命令。

实战介绍

运用“长方体”命令，绘制椅座和椅背；利用“圆柱体”与“三维镜像”命令，绘制椅子腿；利用“并集”命令，将椅座、椅背和椅子腿进行合并。本例最终效果如图210-1所示。

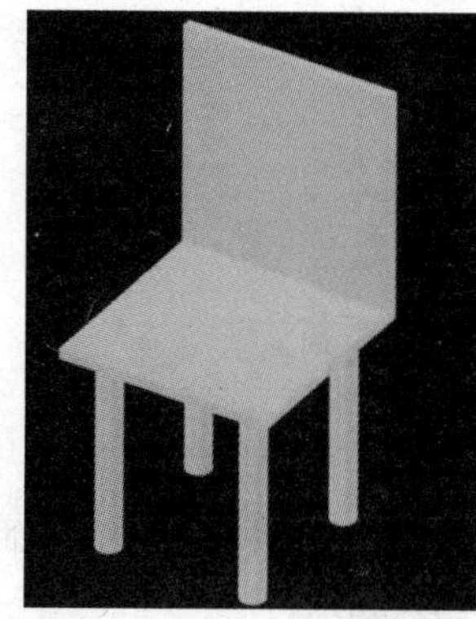

图210-1

制作思路

- 绘制椅座和椅子腿。
- 绘制椅背，完成中式木椅的绘制并将其保存。

制作流程

中式木椅的制作流程如图210-2所示。

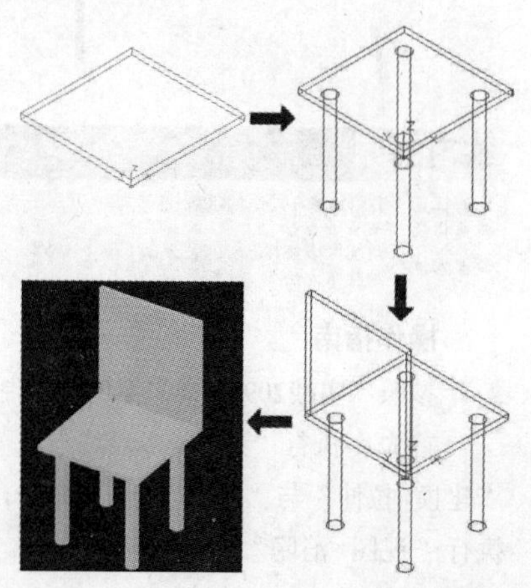

图210-2

1. 绘制椅座和椅子腿

01 打开AutoCAD 2013中文版软件，执行“视图>三维视图>西南等轴测”命令。

02 执行“建模>长方体”命令，绘制椅座，效果如图210-3所示。

命令行提示如下：

```
命令：_box
指定第一个角点或 [中心(C)]: 0,0,0
指定其他角点或 [立方体(C)/长度(L)]: L
指定长度 <200.0000>:  <正交 开> 200
指定宽度 <200.0000>: 200
指定高度或 [两点(2P)] <15.0000>: 10
```

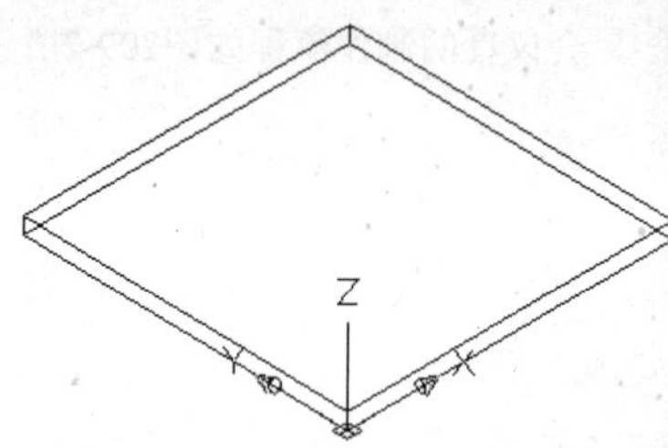

图210-3

03 执行“建模>圆柱体”命令，绘制出如图210-4所示的椅腿。

命令行提示如下：

```
命令：_cylinder
指定底面的中心点或 [三点(3P)/两点(2P)/切点、切点、半径(T)/椭圆(E)]: 30,30,0
指定底面半径或 [直径(D)]: 12
指定高度或 [两点(2P)/轴端点(A)] <10.0000>: 180
```

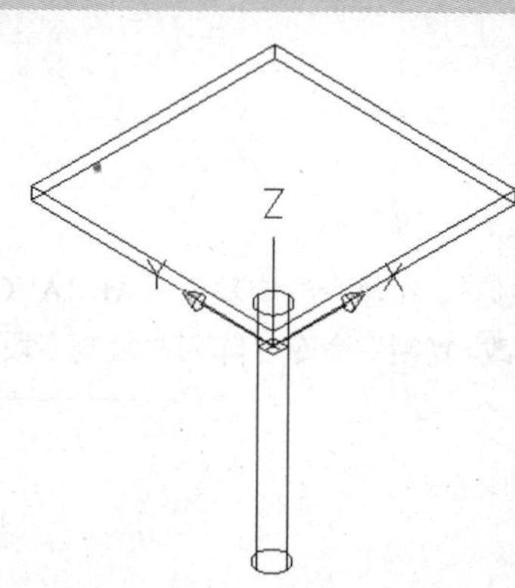

图210-4

04 执行“修改>三维操作>三维镜像”命令，镜像复制出令一个椅腿。

命令行提示如下：

```
命令：_mirror3d
选择对象：找到 1 个
选择对象：
```

```
指定镜像平面 (三点) 的第一个点或
[对象(O)/最近的(L)/Z 轴(Z)/视图(V)/XY 平面(XY)/YZ 平面(YZ)/ZX 平面(ZX)/三点(3)] <三点>: 在镜像平面上指定第二点: <正交 开> 在镜像平面上指定第三点:
```

是否删除源对象？[是(Y)/否(N)] <否>:

05 再次执行“修改>三维操作>三维镜像”命令，镜像复制出其他两个椅腿，如图210-5所示。

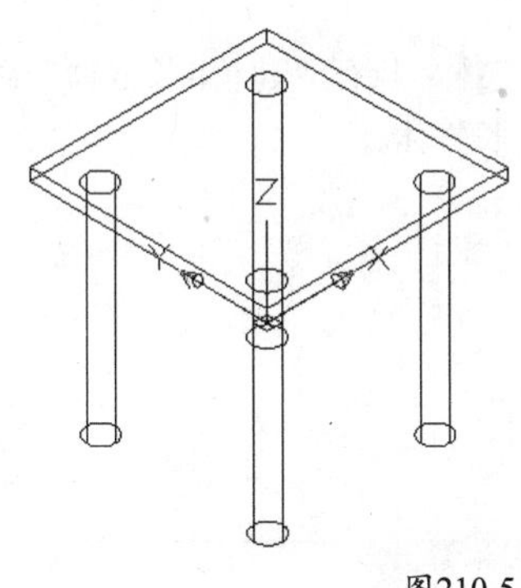

图210-5

2. 绘制椅背

01 执行“建模>长方体”命令，绘制出椅子的靠背，如图210-6所示。

```
命令: _box
指定第一个角点或 [中心(C)]: 0,0,0
指定其他角点或 [立方体(C)/长度(L)]: L
指定长度 <200.0000>: 200
指定宽度 <200.0000>: 10
指定高度或 [两点(2P)] <-180.0000>: 210
```

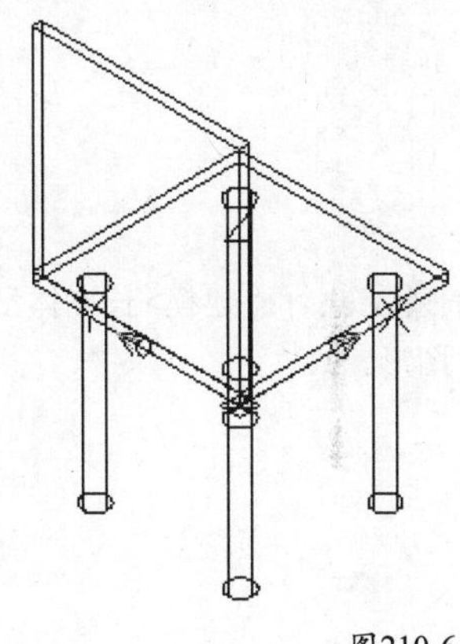

图210-6

02 执行“视图>动态观察>自由动态观察”命令，改变观察角度。

03 执行“建模>并集”命令，将椅背与椅座合并。

命令行提示如下：

```
命令: _union
选择对象: 找到 1 个
选择对象: 找到 1 个, 总计 2 个
```

04 执行“视图>消隐”菜单命令，观察椅子的轮廓，如图210-7所示。

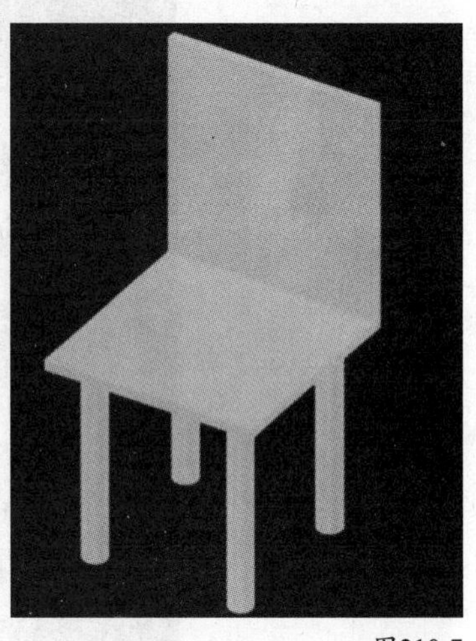

图210-7

练习210

练习位置	DVD>练习文件>第8章>练习210
难易指数	★★☆☆☆
技术掌握	巩固“长方体”、“多段线”、“复制”、“圆角”、“拉伸”和“渲染”等命令的使用方法。

操作指南

参照“实战210 木椅”案例进行制作。

首先，执行“建模>长方体”和“修改>圆角”命令，绘制椅座；然后，执行“绘图>多段线”、“修改>复制”和“建模>拉伸”命令，绘制椅子腿和椅背；最后，执行“视图>渲染>渲染”命令，渲染木椅。练习的最终效果如图210-8所示。

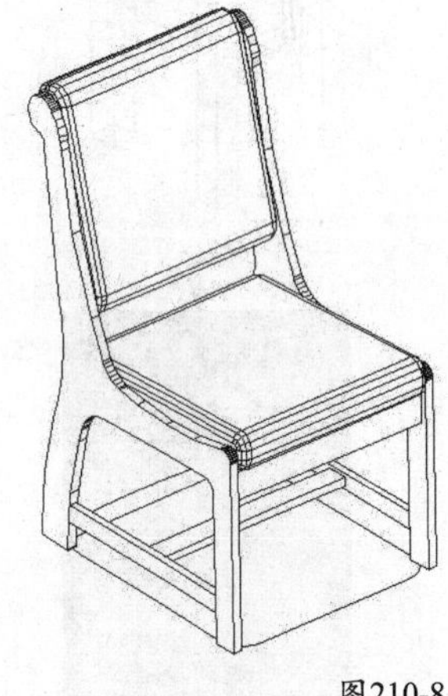

图210-8

实战211 椅子

实战位置	DVD>实战文件>第8章>实战211
视频位置	DVD>多媒体教学>第8章>实战211
难易指数	★☆☆☆☆
技术掌握	掌握“长方体”、“并集”和“渲染”等命令。

实战介绍

运用“长方体”与“并集”命令，绘制椅子；利用“渲染”命令，渲染椅子。本例最终效果如图211-1所示。

图211-1

制作思路

- 绘制椅子。
- 渲染椅子，完成椅子的绘制并将其保存。

制作流程

椅子的制作流程如图211-2所示。

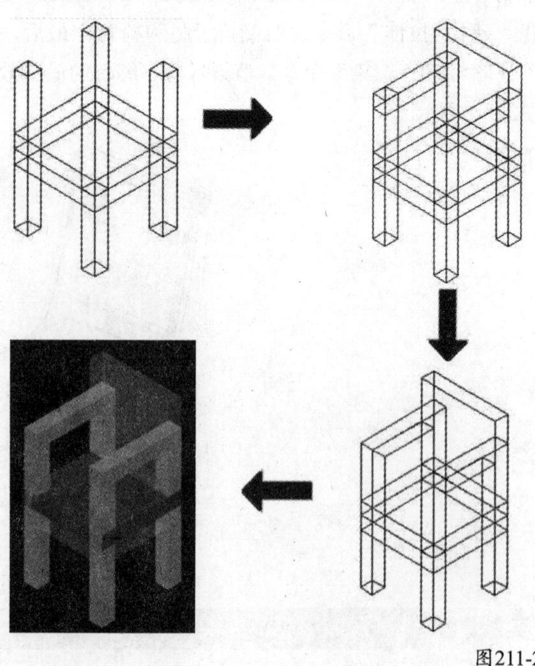

图211-2

1. 绘制椅身

01 打开AutoCAD 2013中文版软件，执行“视图>三维视图>西南等轴测”命令，进入“西南等轴测”视图，执行“建模>长方体”命令，绘制如图211-3所示的长方体。

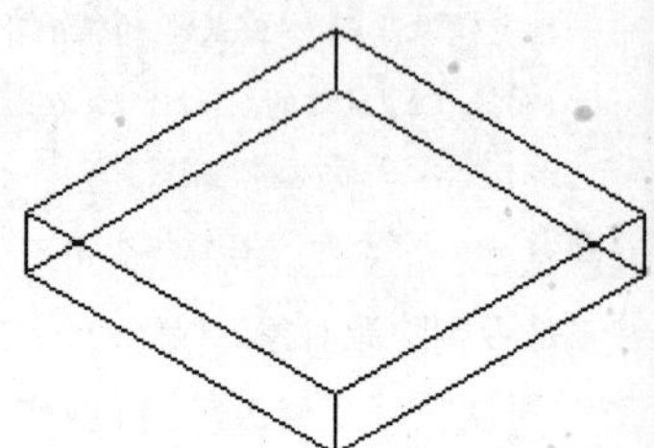

图211-3

02 执行“建模>长方体”命令，绘制如图211-4所示的长方体。

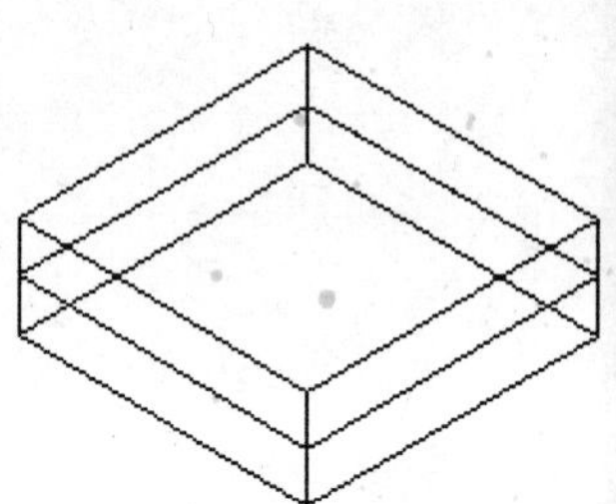

图211-4

03 执行“建模>长方体”命令，绘制如图202-5所示的图形。

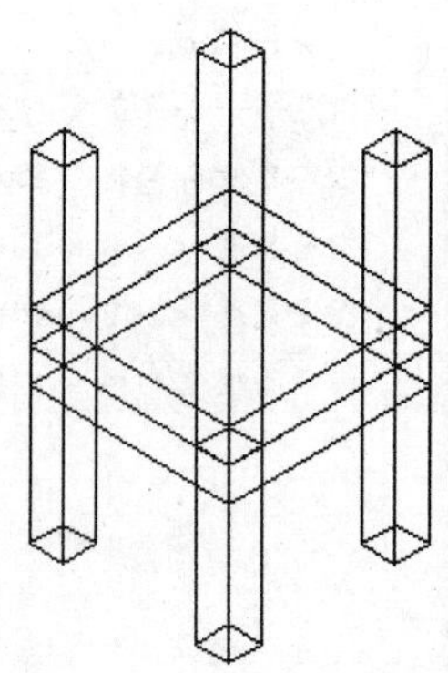

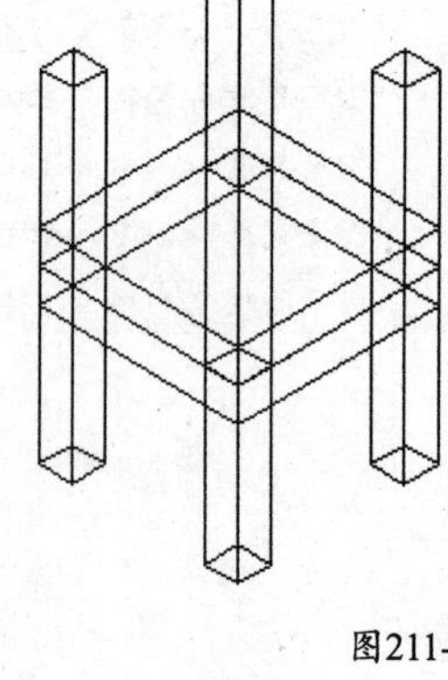

图211-5

04 执行“建模>长方体”命令，绘制如图202-6所示的图形。

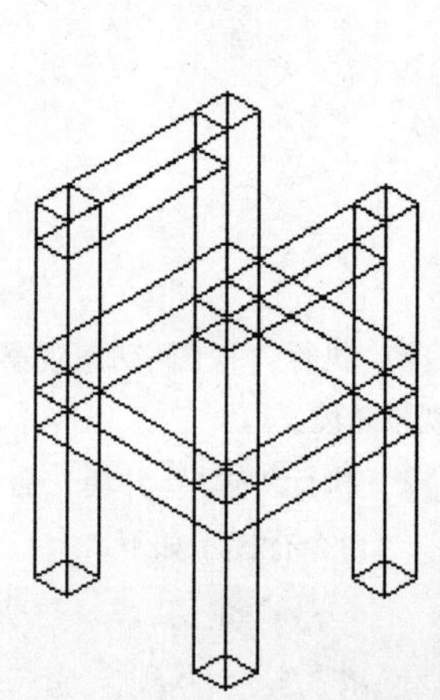

图211-6

05 执行“建模>长方体”命令，绘制如图211-7所示的图形。

06 执行“修改>实体编辑>并集”命令，效果如图211-8所示。

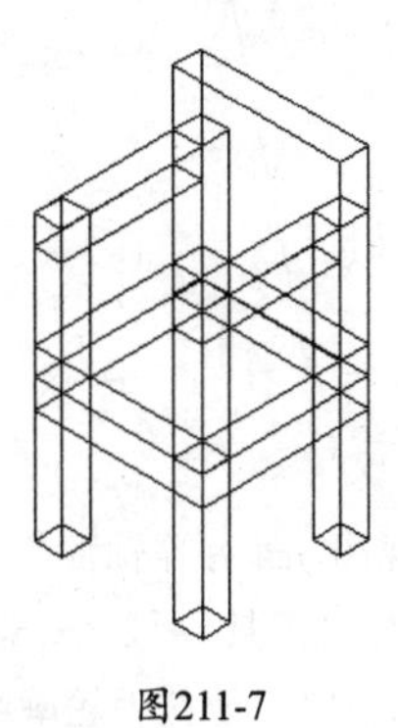
图211-7

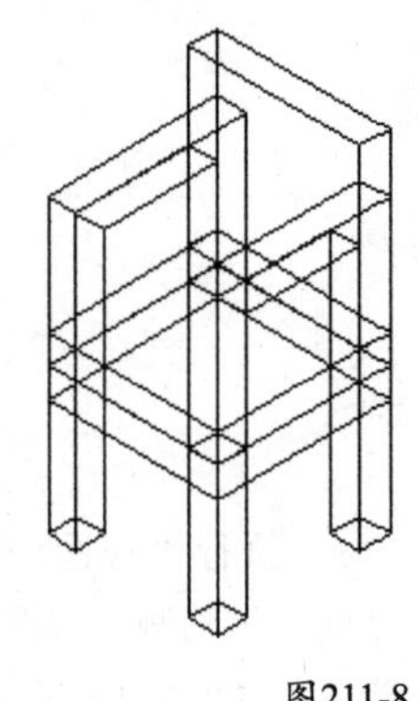
图211-8

2. 渲染椅子

执行“视图>渲染>渲染”命令，效果如图211-9所示。

图211-9

练习211

练习位置	DVD>练习文件>第8章>练习211
难易指数	★★☆☆☆
技术掌握	巩固“长方体”、“并集”和“渲染”等命令的使用方法。

操作指南

参照“实战211 椅子”案例进行制作。

首先，执行“建模>长方体”与“修改>实体编辑>并集”命令，绘制椅子，然后，执行“视图>渲染>渲染”命令，渲染椅子。练习的最终效果如图211-10所示。

图211-10

实战212 休息椅

实战位置	DVD>实战文件>第8章>实战212
视频位置	DVD>多媒体教学>第8章>实战212
难易指数	★☆☆☆☆
技术掌握	掌握“直线”、“样条曲线”、“多段线”、“偏移”、“拉伸”和“三维镜像”等命令。

实战介绍

运用“直线”、“样条曲线”、“偏移”与“拉伸”命令，绘制椅身；利用“多段线”、“拉伸”与“三维镜像”命令，绘制椅子扶手。本例最终效果如图212-1所示。

图212-1

制作思路

- 绘制椅身。
- 绘制椅子扶手，完成休息椅的绘制并将其保存。

制作流程

休息椅的制作流程如图212-2所示。

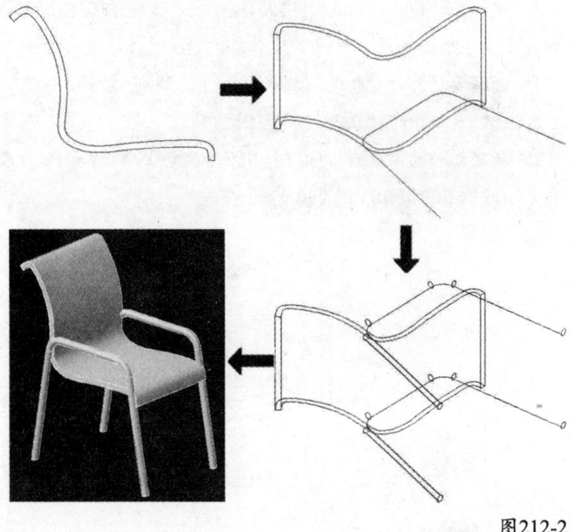
图212-2

1. 绘制椅身

01 打开AutoCAD 2013中文版软件，执行“绘图>样条曲线”命令，绘制如图212-3所示的图形。

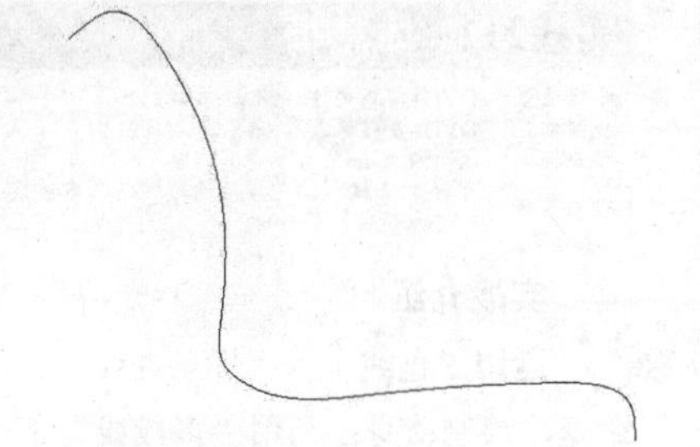

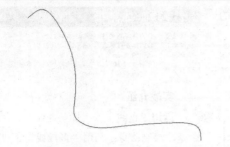

图212-3

02 执行“修改>偏移”命令，将样条曲线偏移一定距离，再执行“绘图>直线”命令，连接样条曲线，使之闭合，如图212-4所示。

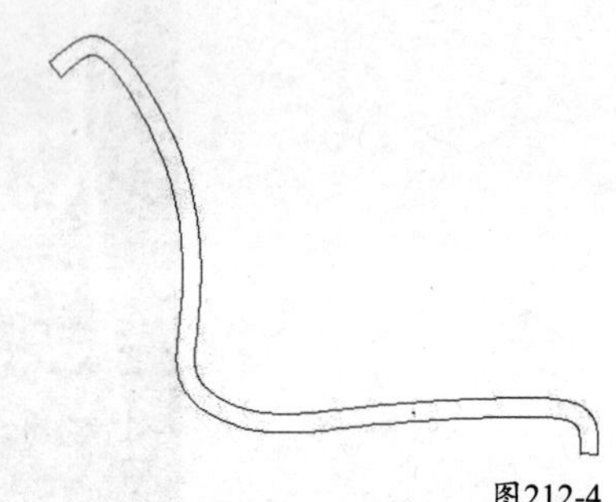

图212-4

03 执行“视图>三维视图>西南等轴测”命令，切换到三维视图，使闭合曲线生成面域。

04 执行“建模>拉伸”命令，将椅身轮廓拉伸一定宽度，如图212-5所示。

命令行提示如下：

```
命令: _extrude
当前线框密度:  ISOLINES=4，闭合轮廓创建模式 = 实体
选择要拉伸的对象或 [模式(MO)]: _MO 闭合轮廓创建模式 [实体(SO)/曲面(SU)] <实体>: _SO
选择要拉伸的对象或 [模式(MO)]: 找到 1 个
选择要拉伸的对象或 [模式(MO)]:
指定拉伸的高度或 [方向(D)/路径(P)/倾斜角(T)/表达式(E)] <250.0000>: 150
```

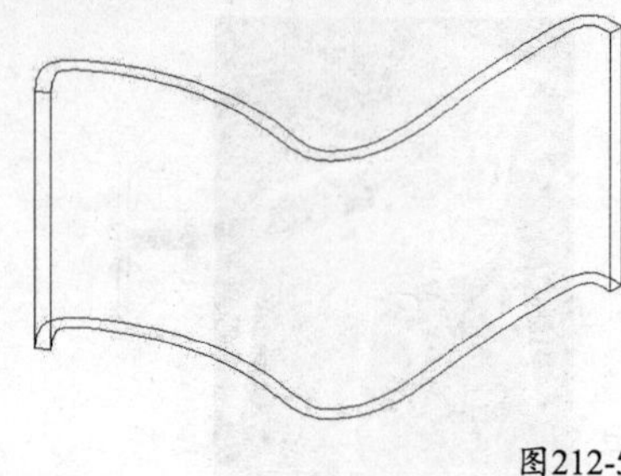

图212-5

2. 绘制椅子扶手

01 执行“视图>三维视图>俯视”命令，转换到俯视视图，再执行“绘图>多段线”命令，绘制出如图212-6所示的图形。

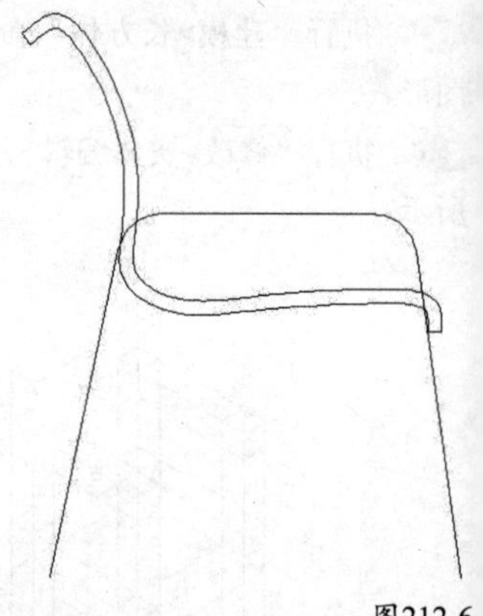

图212-6

02 执行“视图>三维视图>西南等轴测”命令，返回“西南等轴测”视图。执行“工具>新建UCS>X”命令，新建如图212-7所示的坐标方向，使扶手轮廓线与XY平面垂直。

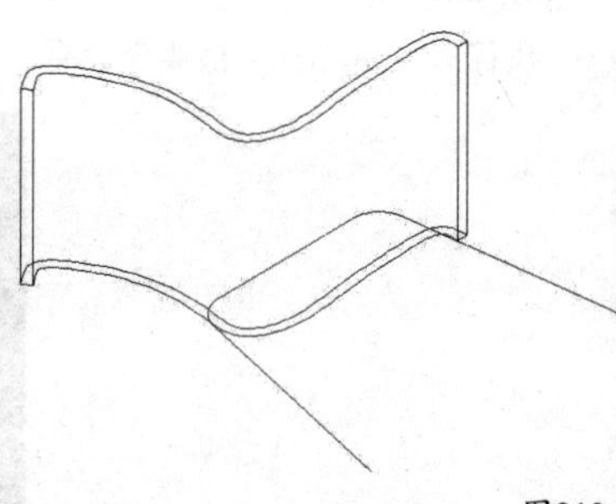

图212-7

03 执行“绘图>圆”命令，绘制出如图212-8所示的圆。

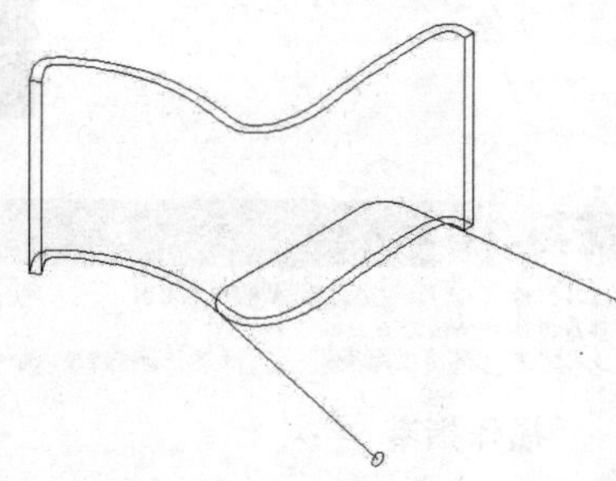

图212-8

04 执行“建模>拉伸”命令，将圆形沿多段线拉伸，如图212-9所示。

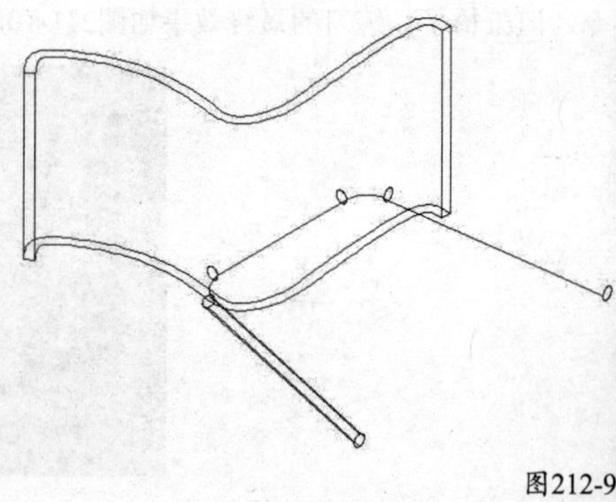

图212-9

05 执行“修改>三维操作>三维镜像”命令，镜像复制出另一侧的椅子扶手，如图212-10所示。

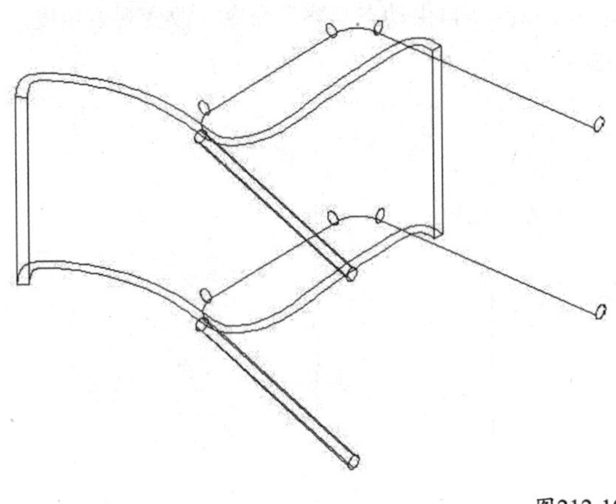
图212-10

06 执行“视图>视觉样式>概念”命令，转换到概念视图，再执行“视图>动态观察>自由动态观察”命令，改变观察角度，如图212-11所示。

图212-11

练习212

练习位置	DVD>练习文件>第8章>练习212
难易指数	★★★☆☆
技术掌握	巩固“样条曲线”、“多段线”、“拉伸”、“三维镜像”、“并集”和“渲染”等命令的使用方法。

操作指南

参照“实战212 休息椅”案例进行制作。

首先，执行“绘图>样条曲线”、“绘图>多段线”、“建模>拉伸”、“修改>三维操作>三维镜像”与“修改>三维操作>并集”命令，绘制木椅；然后，执行“视图>渲染>渲染”命令，渲染木椅。练习的最终效果如图212-12所示。

图212-12

实战213 圆凳

实战位置	DVD>实战文件>第8章>实战213
视频位置	DVD>多媒体教学>第8章>实战213
难易指数	★☆☆☆☆
技术掌握	掌握“多段线”、“圆”、“拉伸”、“三维旋转”和“消隐”等命令的使用方法。

实战介绍

运用“多段线”、“拉伸”与“三维旋转”命令，绘制椅子腿；利用“圆”与“拉伸”命令，绘制椅座；利用“消隐”命令，消隐图形。本例最终效果如图213-1所示。

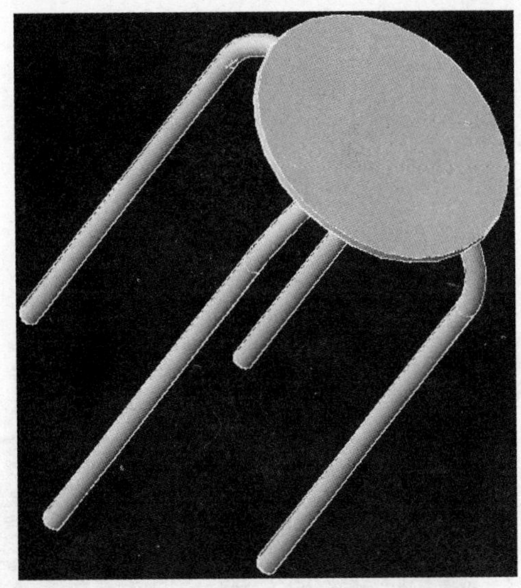
图213-1

制作思路

- 绘制椅子腿。
- 绘制椅座，完成圆凳的绘制并将其保存。

制作流程

圆凳的制作流程如图213-2所示。

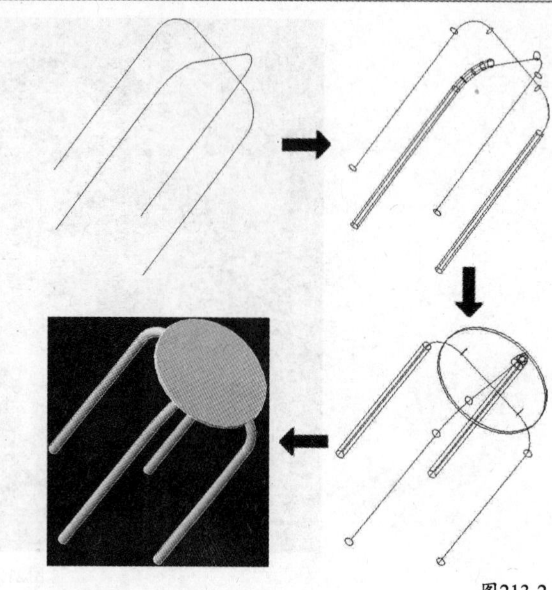

图213-2

1. 绘制椅子腿

01 打开AutoCAD 2013中文版软件，执行“绘图>多段线”命令，绘制如图213-3所示的图形。

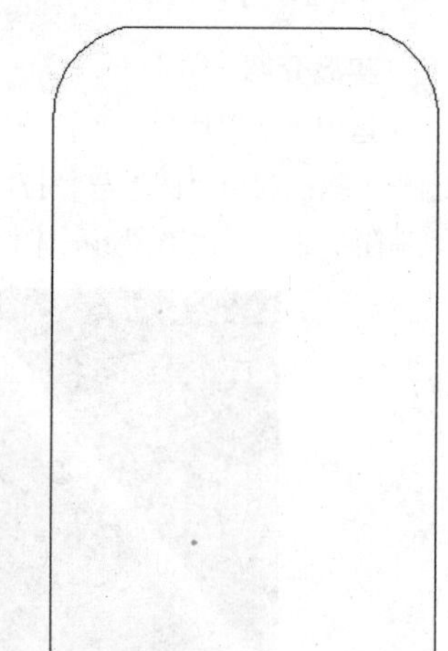

图213-3

02 执行“修改>三维操作>三维旋转”命令，将图形旋转90°，如图213-4所示，旋转结果如图213-5所示。

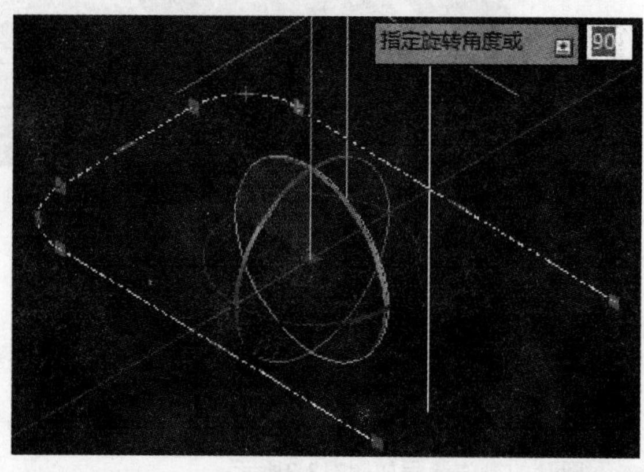

图213-4

03 执行“修改>旋转”命令，选择之前绘制的边框，以上边框中点为基点，将图形逆时针旋转90°，再执行“视图>动态观察>自由动态观察”命令，改变观察角度，如图213-6所示。

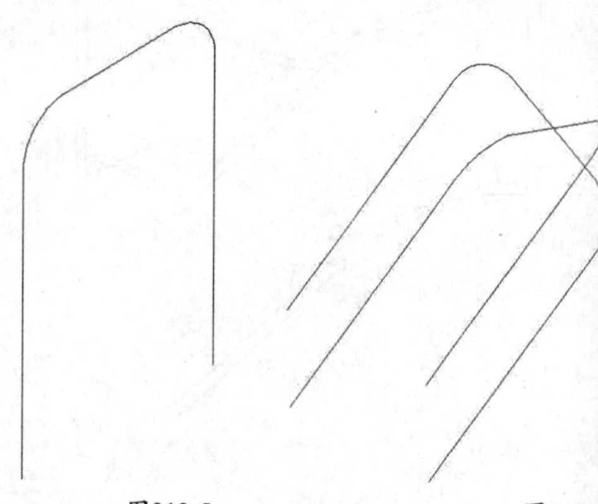

图213-5 图213-6

04 执行“绘图>圆”命令，分别以上一步调整角度后的图形的右下角点第一、第二个端点为中心点，绘制两个半径为“1.3”的圆，如图213-7所示。

05 执行“建模>拉伸”命令，将圆沿多段线进行拉伸，如图213-8所示。

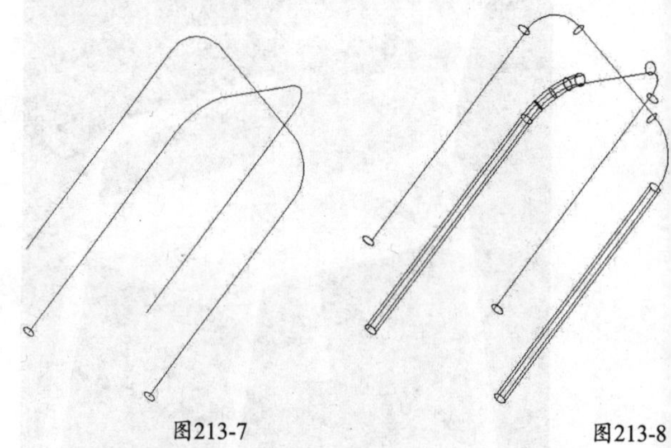

图213-7 图213-8

2. 绘制椅座

01 执行“绘图>圆”命令，以两个椅子腿的交点为圆心，绘制圆，如图213-9所示。

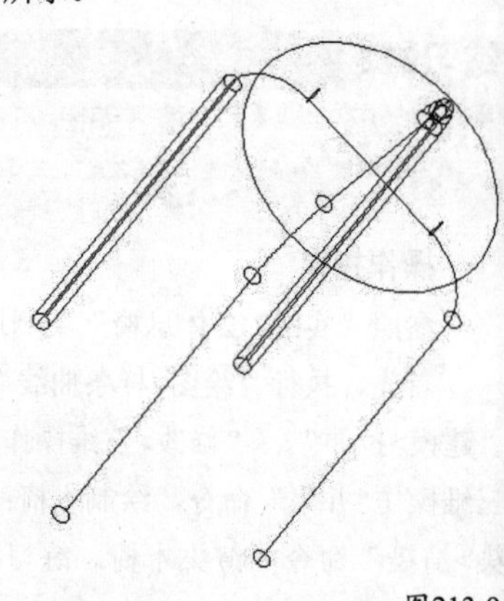

图213-9

2 执行“建模>拉伸”命令，将圆向上拉伸，如图213-10所示。

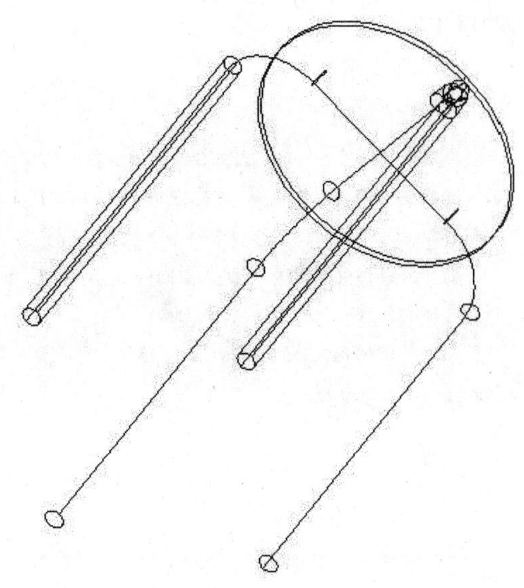

图213-10

3 执行“视图>视觉样式>概念”命令，效果如图213-11所示。

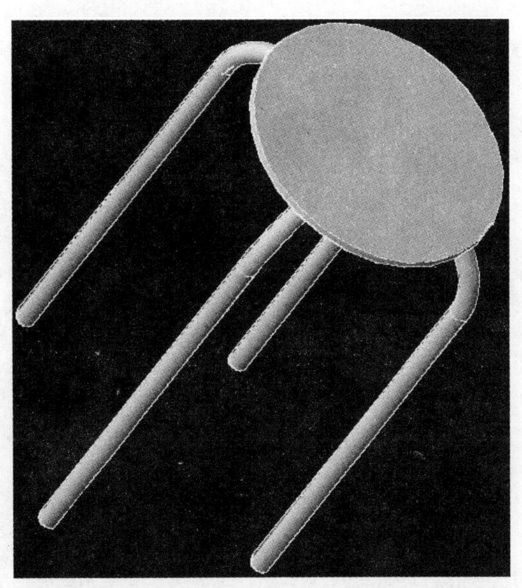

图213-11

练习213

练习位置	DVD>练习文件>第8章>练习213
难易指数	★★★☆☆
技术掌握	巩固“长方体”、“复制”、“三维镜像”和“并集”等命令的使用方法。

操作指南

参照“实战213 方凳”案例进行制作。

执行“建模>长方体”、“修改>复制”、“修改>三维操作>三维镜像”与“修改>视图操作>并集”命令，绘制方凳。练习的最终效果如图213-12所示。

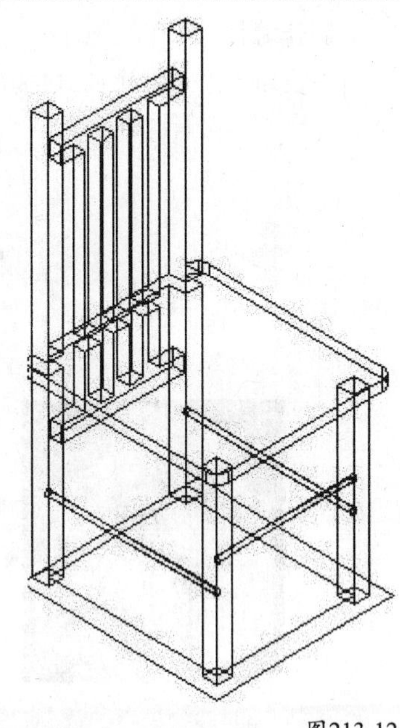

图213-12

实战214 沙发1

实战位置	DVD>实战文件>第8章>实战214
视频位置	DVD>多媒体教学>第8章>实战214
难易指数	★★☆☆☆
技术掌握	掌握“多段线”、“长方体”、“拉伸”、“三维镜像”、“三维旋转”、“复制”、“旋转”、“移动”和“消隐”等命令。

实战介绍

运用“多段线”、“长方体”与“拉伸”命令，绘制椅座；利用“多段线”、“拉伸”与“三维镜像”命令，绘制扶手；利用“复制”、“旋转”、“移动”命令，绘制椅背；利用“消隐”命令，消隐沙发。本例最终效果如图214-1所示。

图214-1

制作思路

- 绘制椅座和扶手。
- 绘制椅背，完成沙发1的绘制并将其保存。

制作流程

沙发1的制作流程如图214-2所示。

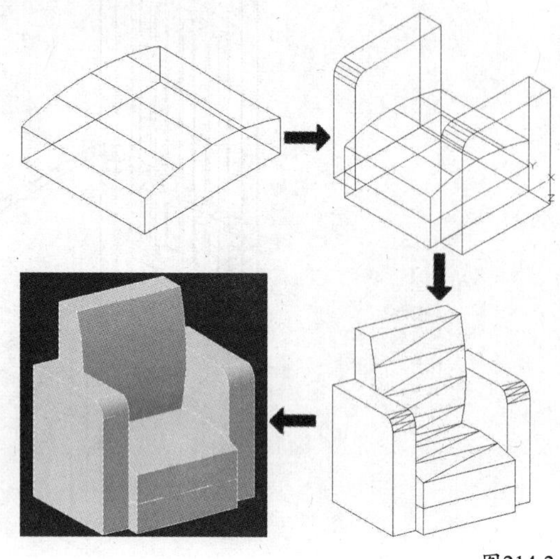

图214-2

1. 绘制椅座和扶手

01 打开AutoCAD 2013中文版软件，执行“绘图>多段线”命令，绘制如图214-3所示的沙发座垫轮廓。

命令行提示如下：

```
命令: _pline
指定起点:
当前线宽为 0.0000
指定下一个点或 [圆弧(A)/半宽(H)/长度(L)/放弃(U)/宽度(W)]: <正交 开> 200
指定下一点或 [圆弧(A)/闭合(C)/半宽(H)/长度(L)/放弃(U)/宽度(W)]: 900
指定下一点或 [圆弧(A)/闭合(C)/半宽(H)/长度(L)/放弃(U)/宽度(W)]: 200
指定下一点或 [圆弧(A)/闭合(C)/半宽(H)/长度(L)/放弃(U)/宽度(W)]: a
指定圆弧的端点或
[角度(A)/圆心(CE)/闭合(CL)/方向(D)/半宽(H)/直线(L)/半径(R)/第二个点(S)/放弃(U)/宽度(W)]: <正交 关> s
指定圆弧上的第二个点:
指定圆弧的端点:
指定圆弧的端点或
[角度(A)/圆心(CE)/闭合(CL)/方向(D)/半宽(H)/直线(L)/半径(R)/第二个点(S)/放弃(U)/宽度(W)]:
```

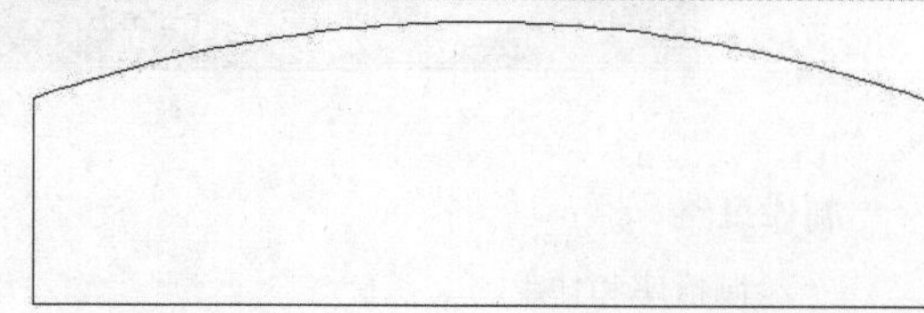

图214-3

02 执行“视图>三维视图>西南等轴测”命令。

03 执行“建模>拉伸”命令，将座垫轮廓拉伸，结果如图214-4所示。

命令行提示如下：

```
命令: _extrude
当前线框密度: ISOLINES=4，闭合轮廓创建模式 = 实体
选择要拉伸的对象或 [模式(MO)]: _MO 闭合轮廓创建模式 [实体(SO)/曲面(SU)] <实体>: _SO
选择要拉伸的对象或 [模式(MO)]: 找到 1 个
选择要拉伸的对象或 [模式(MO)]:
指定拉伸的高度或 [方向(D)/路径(P)/倾斜角(T)/表达式(E)] <1.0000>: 800
```

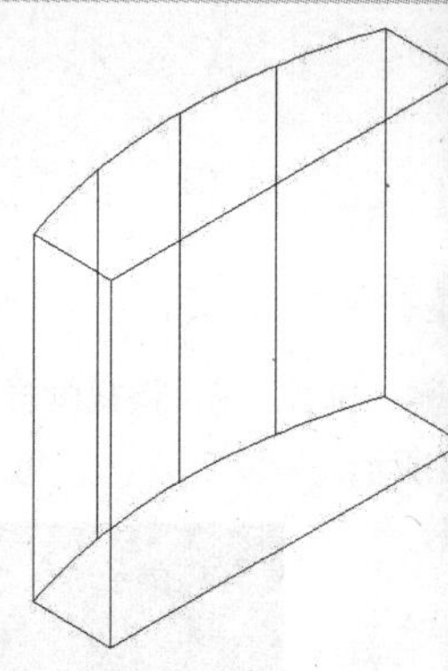

图214-4

04 执行“修改>三维擦操作>三维旋转”命令，将沙发座垫旋转90°，如图214-5所示。

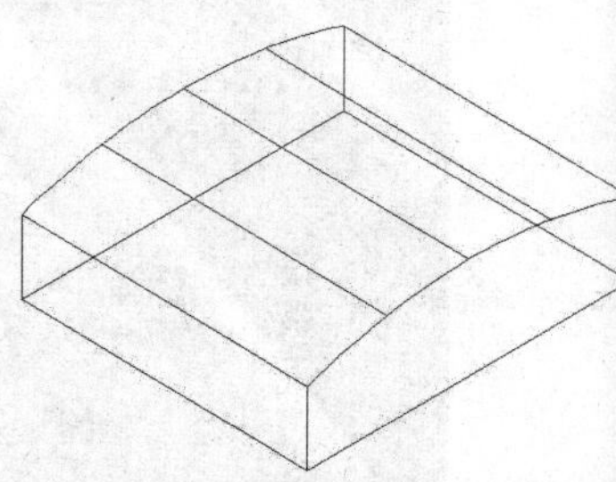

图214-5

05 执行“建模>长方体”命令，绘制沙发底座，如图214-6所示。

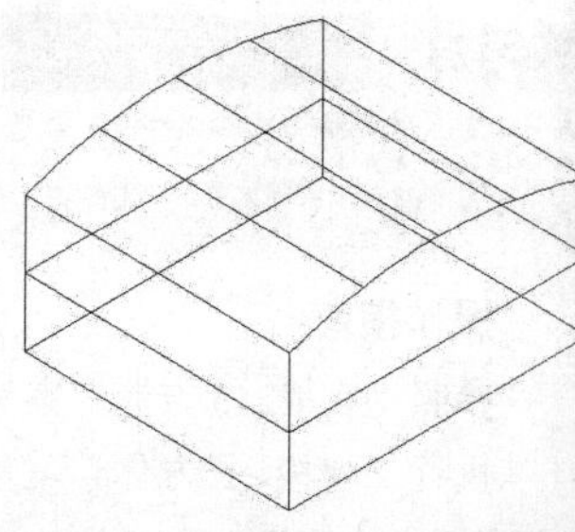

图214-6

06 执行“工具>新建UCS>原点”命令，新建如图214-7所示的坐标。

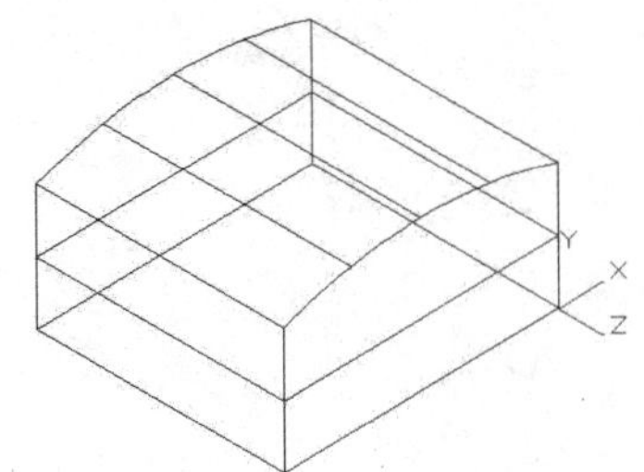

图214-7

07 执行“绘图>多段线”命令，绘制沙发扶手轮廓，如图214-8所示。

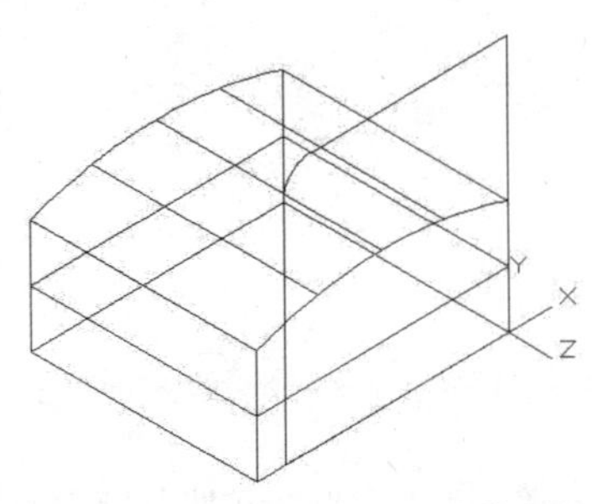

图214-8

08 执行“建模>拉伸”命令，将扶手拉伸200，然后，执行“修改>三维操作>三维镜像”命令，镜像复制另一侧的沙发扶手，如图214-9所示。

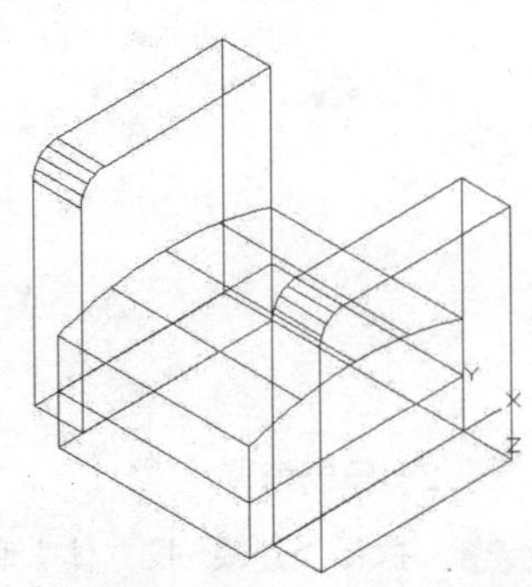

图214-9

2. 绘制椅背

01 执行“建模>拉伸”命令，将扶手拉伸200，再执行“修改>三维操作>三维镜像”命令，如图214-10所示。

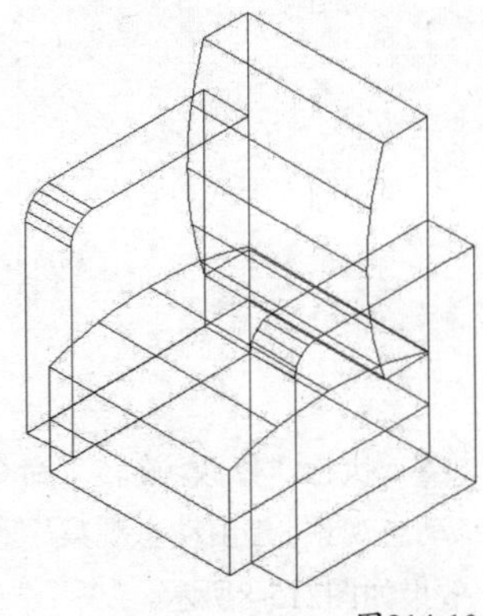
图214-10

02 执行“视图>动态观察”命令，改变观察角度，再执行“视图>消隐”命令，如图214-11所示。

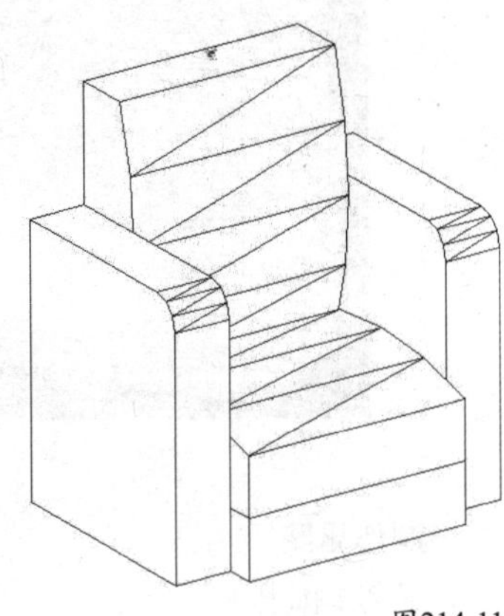
图214-11

03 执行“视图>视觉样式>概念”命令。

练习214

练习位置	DVD>练习文件>第8章>练习214
难易指数	★★★☆☆
技术掌握	巩固“长方体”、“多段线”、“拉伸”、“圆角”、“三维镜像”和“渲染”等命令的使用方法。

操作指南

参照“实战214 沙发1”案例进行制作。

执行“建模>长方体”、“绘图>多段线”、“建模>拉伸”、“修改>圆角”、“修改>三维操作>三维镜像”与“视图>渲染>渲染”命令，绘制沙发。练习的最终效果如图214-12所示。

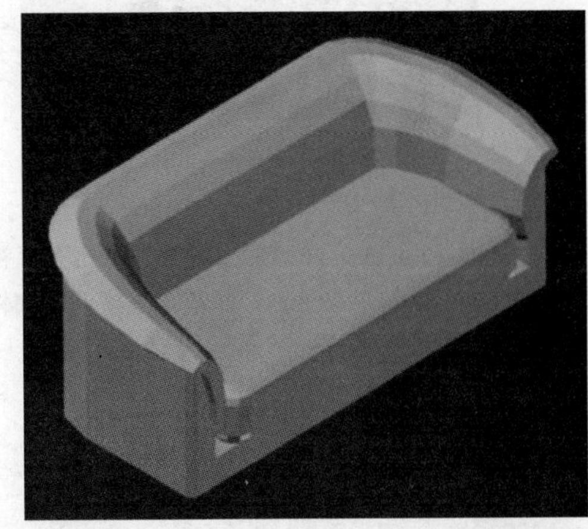
图214-12

实战215 沙发2

实战位置	DVD>实战文件>第8章>实战215
视频位置	DVD>多媒体教学>第8章>实战215
难易指数	★★☆☆☆
技术掌握	掌握“多段线”、“长方体”、“拉伸”、“旋转”和“渲染”等命令的使用方法。

实战介绍

运用“多段线”、“长方体”、“拉伸”、“旋转”与“渲染”命令，绘制沙发。本例最终效果如图215-1所示。

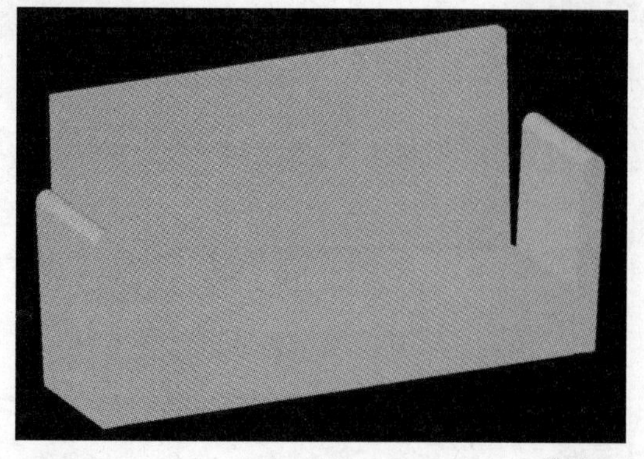

图215-1

制作思路

- 绘制椅座和扶手。
- 绘制椅背，完成沙发2的绘制并将其保存。

制作流程

沙发2的制作流程如图215-2所示。

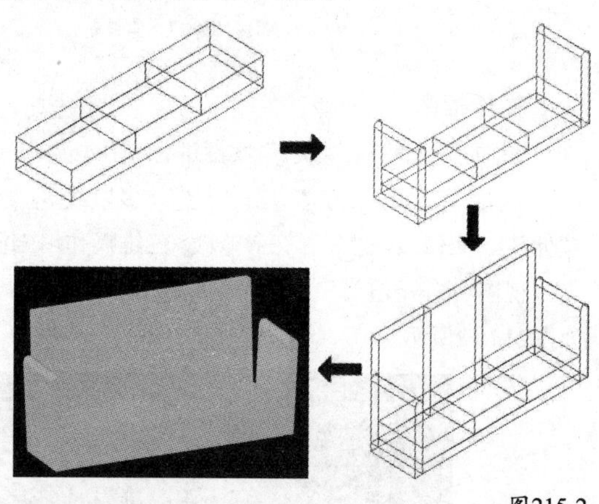

图215-2

1. 绘制椅座和扶手

01 打开AutoCAD 2013中文版软件，执行“视图>三维视图>西南等轴测”命令后，执行“建模>长方体”命令，如图215-3所示。

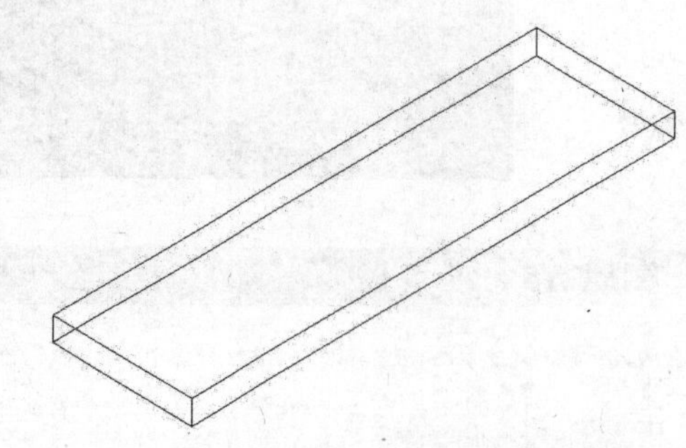

图215-3

02 执行“建模>长方体”命令，绘制如图215-4所示的长方体。

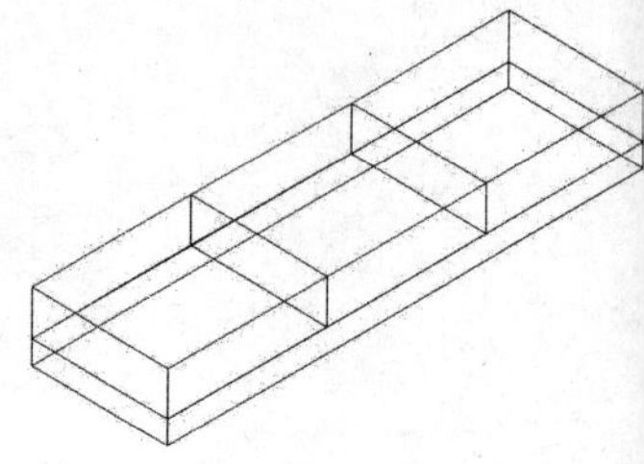

图215-4

03 执行“绘图>多段线”命令，绘制如图215-5所示的多段线。

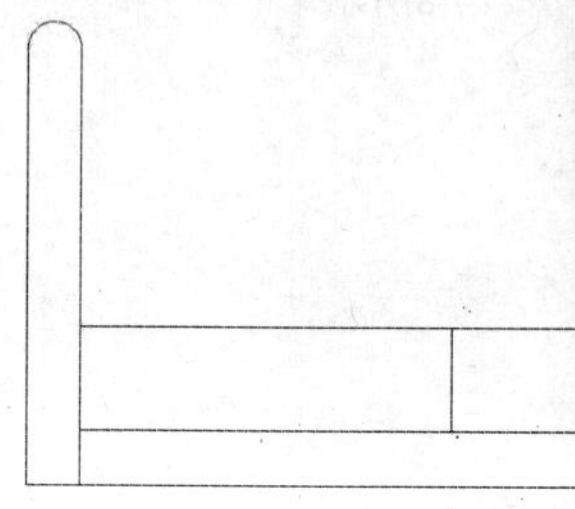

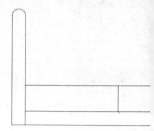

图215-5

04 执行“建模>拉伸”和“修改>三维操作>三维镜像”命令，绘制如图215-6所示的图形。

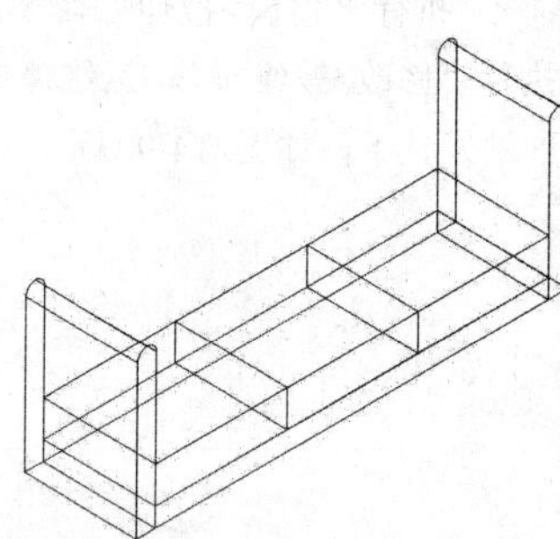

图215-6

2. 绘制椅背

01 执行“建模>长方体”和“修改>复制”命令，效果如图215-7所示。

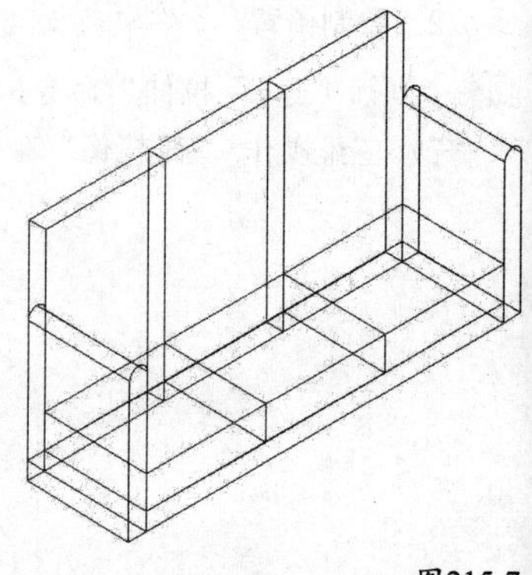

图215-7

02 执行“修改>旋转”命令，旋转椅背，再执行“视图>动态观察>自由动态观察”和“视图>渲染>渲染”命令，效果如图215-8所示。

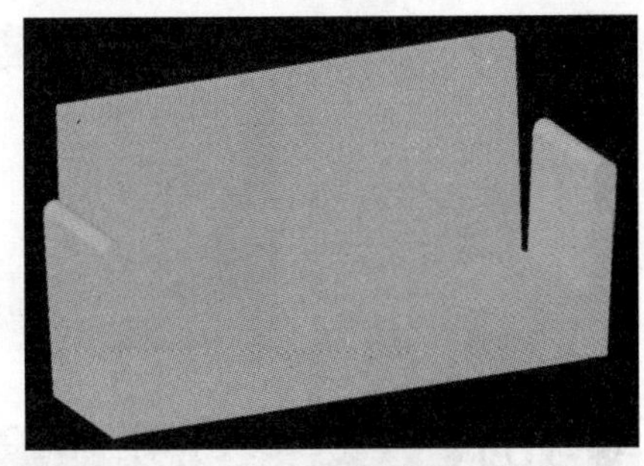

图215-8

练习215

实例位置 DVD>练习文件>第8章>练习215
难易指数 ★★★☆☆
技术掌握 巩固“长方体”、“多段线”、“拉伸”、“圆角”、“三维镜像”和“渲染”等命令的使用方法。

操作指南

参照“实战215 沙发2”案例进行制作。

执行“建模>长方体”、“绘图>多段线”、“建模>拉伸”、“修改>圆角”、“修改>三维操作>三维镜像”与“视图>渲染>渲染”命令，绘制沙发。练习的最终效果如图215-9所示。

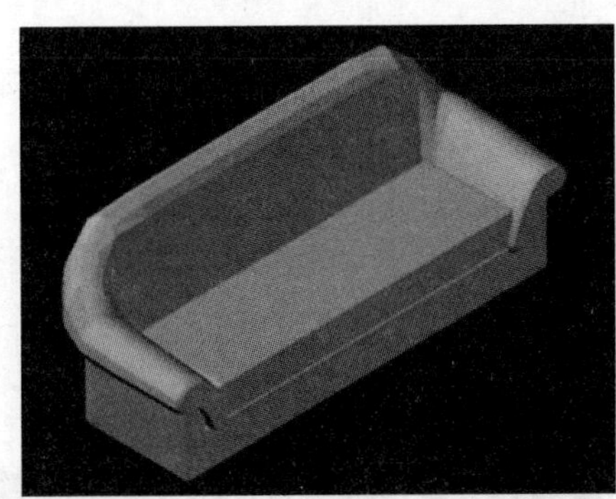

图215-9

实战216 吸顶灯

实战位置 DVD>实战文件>第8章>实战216
视频位置 DVD>多媒体教学>第8章>实战216
难易指数 ★★☆☆☆
技术掌握 掌握“圆环体”、“直线”、“圆”、“偏移”、“修剪”、“旋转”、“移动”和“消隐”等命令。

实战介绍

运用“圆环体”与“移动”命令，绘制灯座；利用“圆”、“直线”、“偏移”、“修剪”、“旋转”与“移动”命令，绘制灯罩。本例最终效果如图216-1所示。

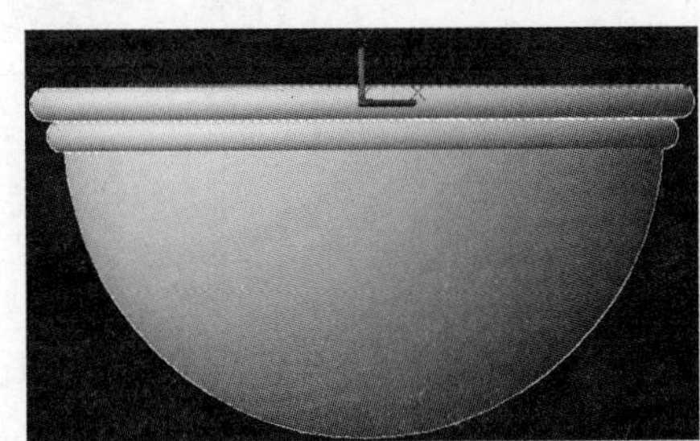

图216-1

制作思路

- 绘制灯座。
- 绘制灯罩，完成吸顶灯的绘制并将其保存。

制作流程

吸顶灯的制作流程如图216-2所示。

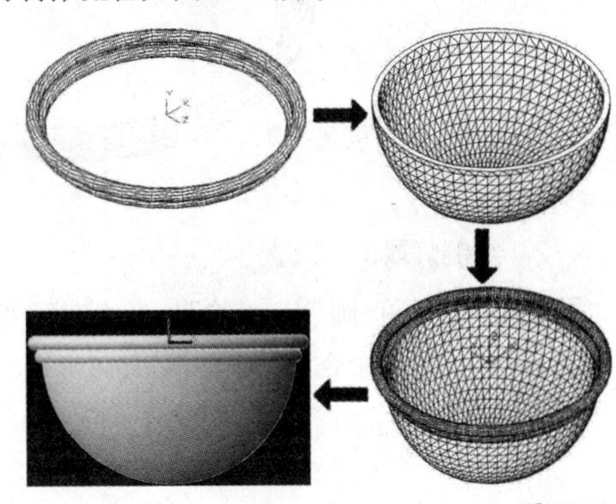

图216-2

1. 绘制灯座

01 打开AutoCAD 2013中文版软件，执行“视图>三维视图>西南等轴测”命令，将视图转化为三维视图。

02 执行“建模>圆环体”命令，分别绘制两个圆环体，如图216-3所示。

命令行提示如下：

```
命令: _torus
指定中心点或 [三点(3P)/两点(2P)/切点、切点、半径(T)]:
指定半径或 [直径(D)] <190.0000>: 200
指定圆管半径或 [两点(2P)/直径(D)] <9.5000>: 10
命令: 指定对角点或 [栏选(F)/圈围(WP)/圈交(CP)]:
命令: _torus
指定中心点或 [三点(3P)/两点(2P)/切点、切点、半径(T)]:
指定半径或 [直径(D)] <200.0000>: 190
指定圆管半径或 [两点(2P)/直径(D)] <10.0000>: 9.5
```

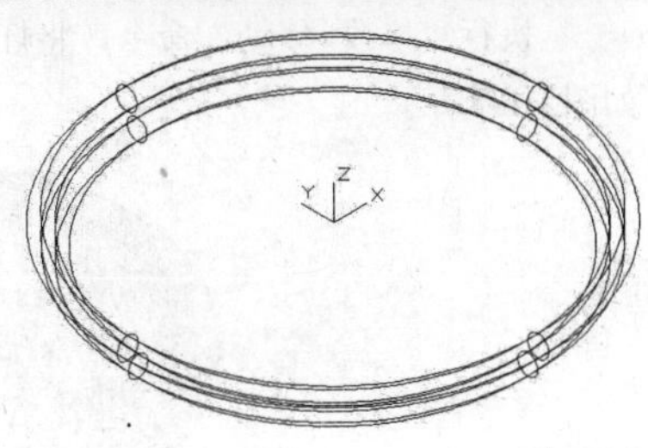

图216-3

03 执行“视图>三维视图>前视”命令后，执行“修改>移动”命令，将小圆移动到大圆下面，如图216-4所示。

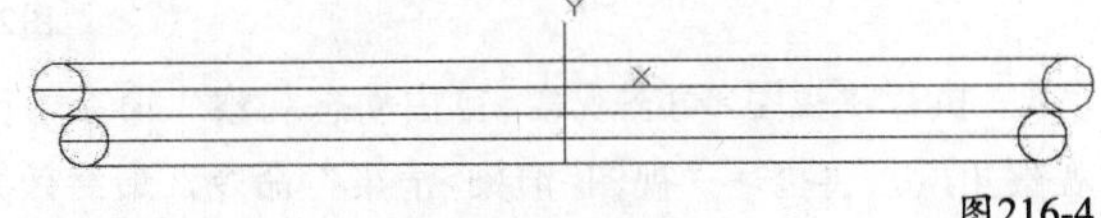

图216-4

04 执行“视图>三维视图>西南等轴测”和“视图>消隐”命令，效果如图216-5所示。

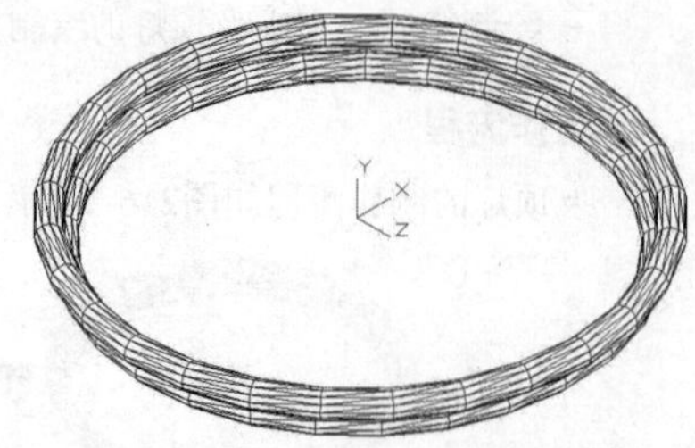

图216-5

2. 绘制灯罩

01 执行“绘图>圆”、“绘图>直线”、“修改>偏移”和“修改>修剪”命令，效果如图216-6所示。

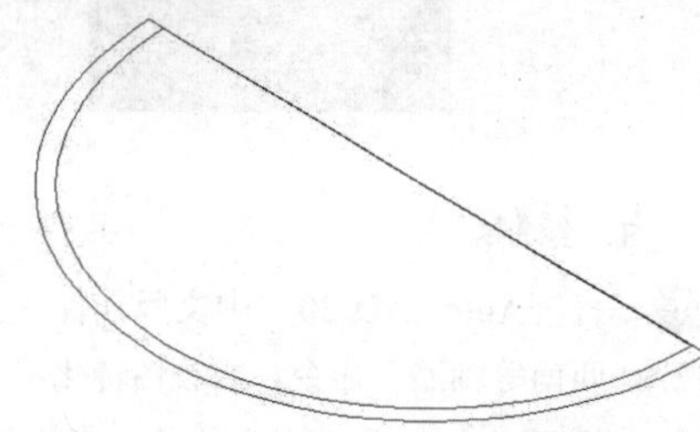

图216-6

02 执行“建模>旋转”和“视图>消隐”命令，效果如图216-7所示。

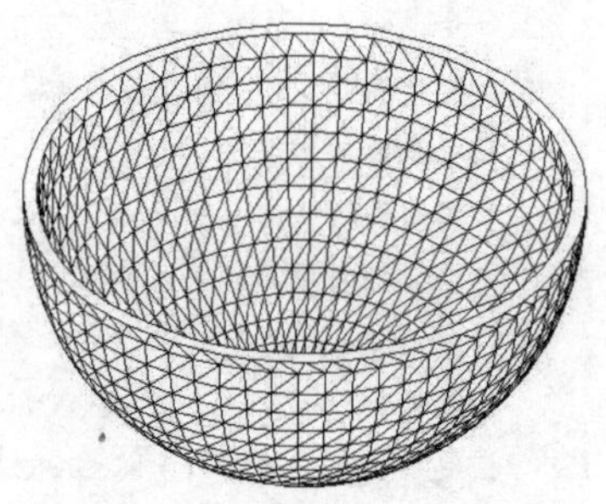

图216-7

03 执行“修改>移动”命令，将灯罩移动到灯座下面，如图216-8所示。

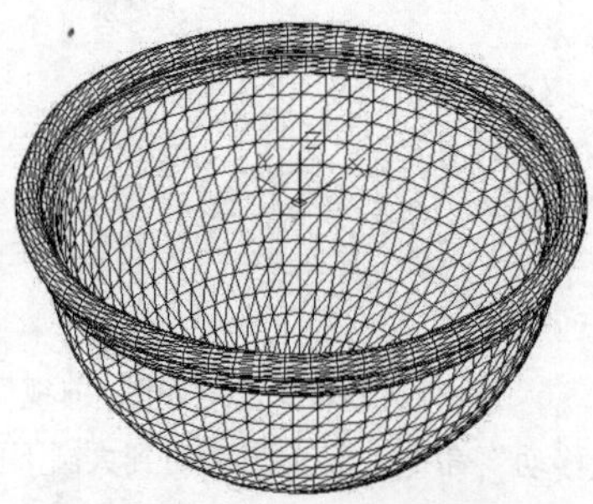

图216-8

04 执行“视图>动态观察>自由动态观察”命令，改变观察角度，再执行“视图>渲染>渲染”命令，最终效果如图216-9所示。

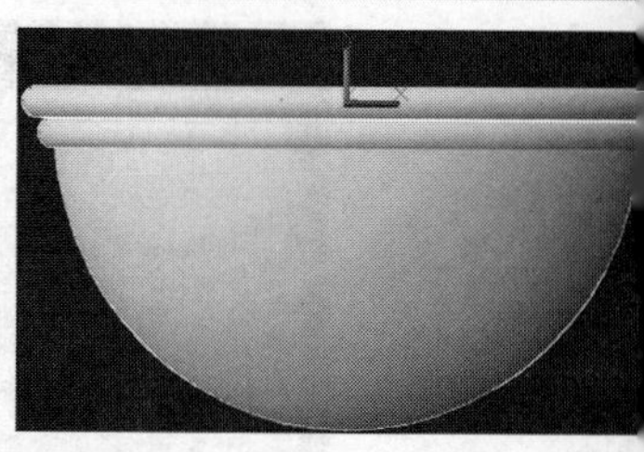

图216

练习216

练习位置	DVD>练习文件>第8章>练习216
难易指数	★★★☆☆
技术掌握	巩固“长方体”、“圆柱体”、“圆”、“直线”、“多段线”、“修剪”、“旋转”和“渲染”等命令的使用方法。

操作指南

参照“实战216 吸顶灯”案例进行制作。

执行“建模>圆柱体”、“建模>长方体”、“绘图>圆”、“绘图>直线”、“绘图>多段线”、“修改>修剪”与“建模>旋转”命令，绘制洗脸盆。练习的最终效果如图216-10所示。

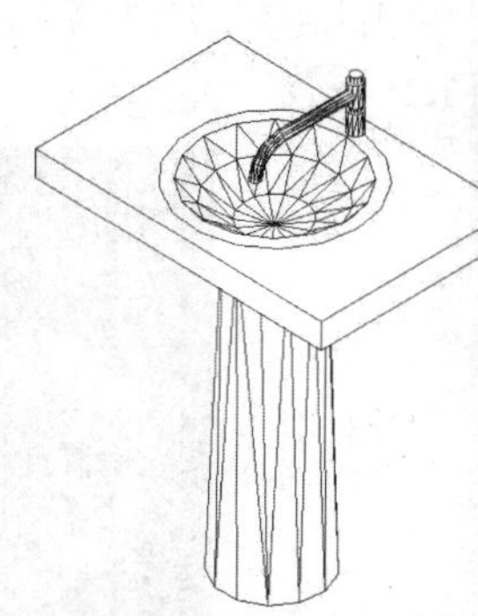

图216-1

实战217 台灯1

实战位置	DVD>实战文件>第8章>实战217
视频位置	DVD>多媒体教学>第8章>实战217
难易指数	★★☆☆☆
技术掌握	掌握“圆”、“多段线”、“直线网格”和“拉伸”等命令。

实战介绍

运用“圆”与“直线网格”命令，绘制灯罩；利用“圆”、“多段线”与“拉伸”命令，绘制支架。本例的最终效果如图217-1所示。

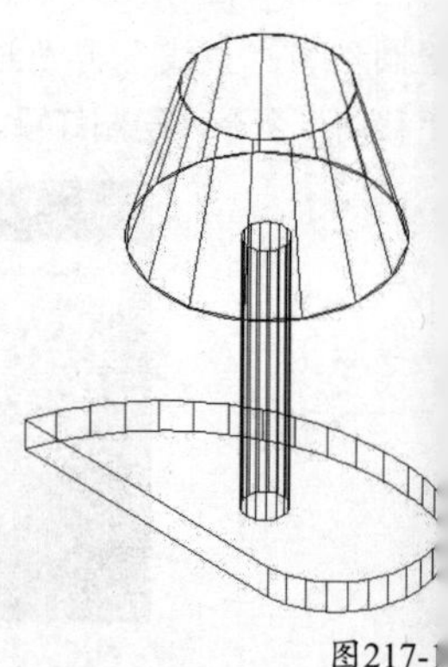

图217-1

制作思路

- 绘制灯罩。
- 绘制支架，完成台灯1的绘制并将其保存。

制作流程

台灯1的制作流程如图217-2所示。

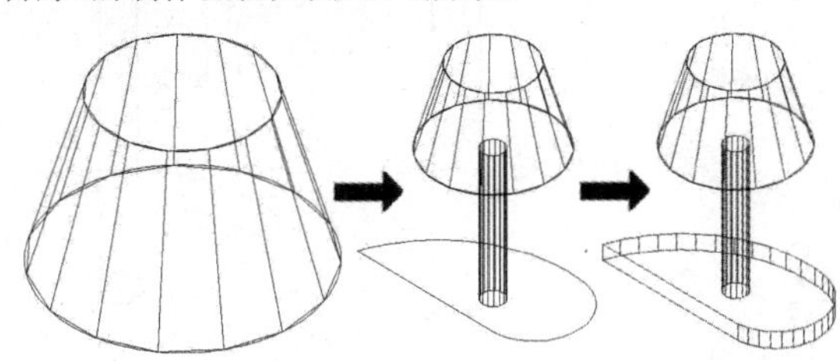

图217-2

01 打开AutoCAD 2013中文版软件，执行“视图>三维视图>西南等轴测”命令，将视图转换为西南等轴测。

02 执行“绘图>圆”命令，绘制两个圆。执行“绘图>建模>网格>直纹网格”命令，绘制灯罩，如图217-3所示。

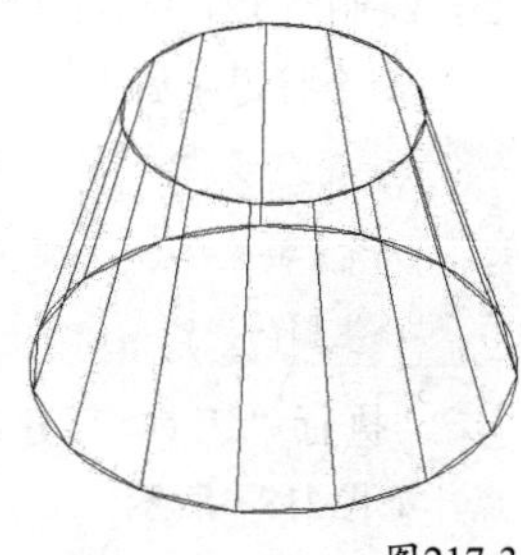

图217-3

命令行提示如下：

```
命令：SURFTAB1
输入 SURFTAB1 的新值 <6>: 15
命令：_rulesurf
当前线框密度：SURFTAB1=15
选择第一条定义曲线：
选择第二条定义曲线：
```

03 捕捉底圆的圆心，执行“绘图>圆”命令，绘制一同心小圆，再执行“建模>拉伸”命令，绘制台灯支架。

命令行提示如下：

```
命令：ISOLINES
输入ISOLINES 的新值 <4>: 10
命令：_extrude
当前线框密度： ISOLINES=15，闭合轮廓创建模式 = 实体
选择要拉伸的对象或 [模式(MO)]: _MO 闭合轮廓创建模式 [实体(SO)/曲面(SU)] <实体>: _SO
选择要拉伸的对象或 [模式(MO)]: 找到 1 个
选择要拉伸的对象或 [模式(MO)]:
指定拉伸的高度或 [方向(D)/路径(P)/倾斜角(T)/表达式(E)]: 9
```

04 执行“绘图>多段线”命令，绘制一多段线，如图217-4所示。

05 执行“建模>拉伸”命令，将多段线拉伸，如图217-5所示。

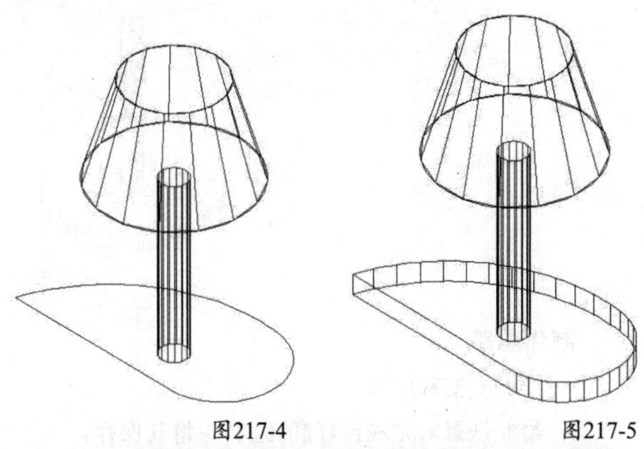

图217-4　　图217-5

练习217

练习位置	DVD>练习文件>第8章>练习217
难易指数	★★★☆☆
技术掌握	巩固“圆”、“多段线”、“三维阵列”、“旋转”、“直线网格”、“拉伸”和“渲染”等命令的使用方法。

操作指南

参照“实战217 台灯1”案例进行制作。

首先，执行“绘图>圆”与“绘图>建模>网格>直纹网格”命令，绘制灯罩，然后，执行“绘图>圆”、“绘图>多段线”、“修改>三维操作>三维阵列”、“建模>旋转”、“建模>拉伸”与“视图>渲染>渲染”命令，绘制支架。练习的最终效果如图217-6所示。

图217-6

实战218 台灯2

实战位置	DVD>实战文件>第8章>实战218
视频位置	DVD>多媒体教学>第8章>实战218
难易指数	★★☆☆☆
技术掌握	掌握“圆”、“圆柱体”、“直线网格”、“消隐”和“渲染”等命令的使用方法。

实战介绍

运用“圆柱体”命令，绘制支架和底座；利用“圆”与“直线网格”命令，绘制灯罩；利用“消隐”与“渲染”命令，渲染台灯。本例最终效果如图218-1所示。

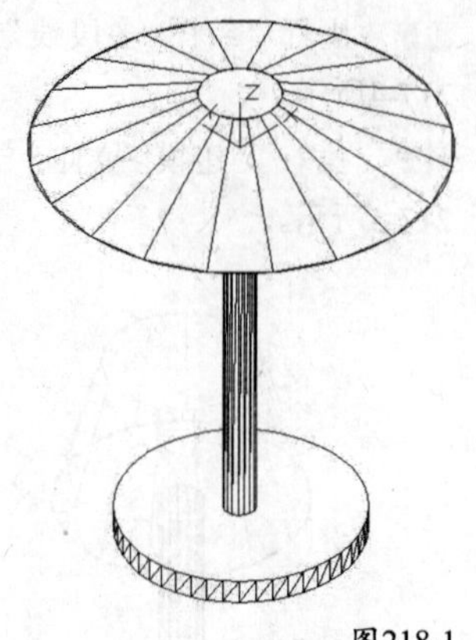

图218-1

制作思路

- 绘制支架和底座。
- 绘制灯罩，完成台灯2的绘制并将其保存。

制作流程

台灯2的制作流程如图218-2所示。

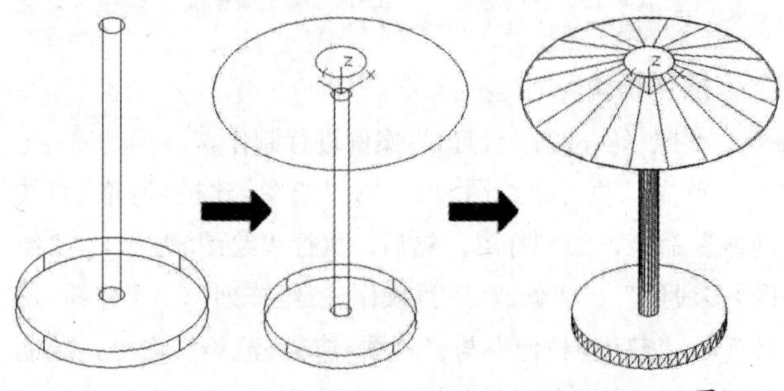

图218-2

1. 绘制支架和底座

01 打开AutoCAD 2013中文版软件，执行“视图>三维视图>西南等轴测”命令，将视图切换到三维视图。

02 执行“建模>圆柱体”命令，绘制如图218-3所示的图形。

命令行提示如下：

```
命令: _cylinder
指定底面的中心点或 [三点(3P)/两点(2P)/切点、切点、半径(T)/椭圆(E)]:
指定底面半径或 [直径(D)] <190.0000>: 8
指定高度或 [两点(2P)/轴端点(A)] <-1.0000>: 200
```

03 用“建模>圆柱体”命令和“对象捕捉”功能，以支架底部中心为圆心，绘制台灯底座，如图218-4所示。

命令行提示如下：

```
命令: _cylinder
指定底面的中心点或 [三点(3P)/两点(2P)/切点、切点、半径(T)/椭圆(E)]:
指定底面半径或 [直径(D)] <8.0000>: 60
指定高度或 [两点(2P)/轴端点(A)] <200.0000>: 12
```

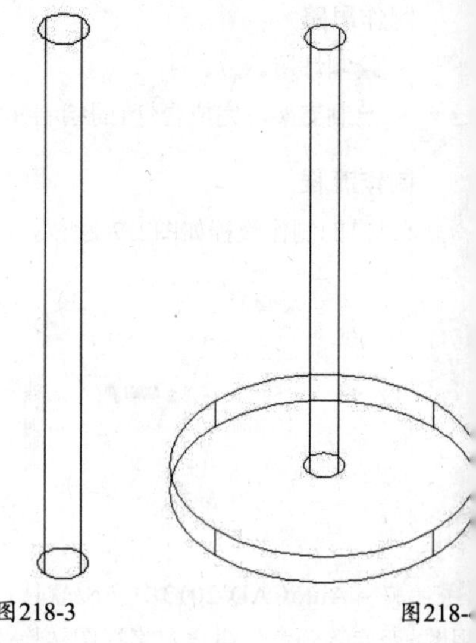

图218-3　　图218-4

2. 绘制灯罩

01 执行“绘图>圆”命令，捕捉支架的上方中心为圆心，绘制一个半径为100的圆。

命令行提示如下：

```
命令: _circle
指定圆的圆心或 [三点(3P)/两点(2P)/切点、切点、半径(T)]:
指定圆的半径或 [直径(D)]: 100
```

02 执行“工具>新建UCS>原点”命令，新建坐标原点，如图218-5所示。

03 执行“绘图>圆”命令，绘制灯罩的上轮廓，如图218-6所示。

命令行提示如下：

```
命令: _circle
指定圆的圆心或 [三点(3P)/两点(2P)/切点、切点、半径(T)]: 0,0,30
指定圆的半径或 [直径(D)] <100.0000>: 20
```

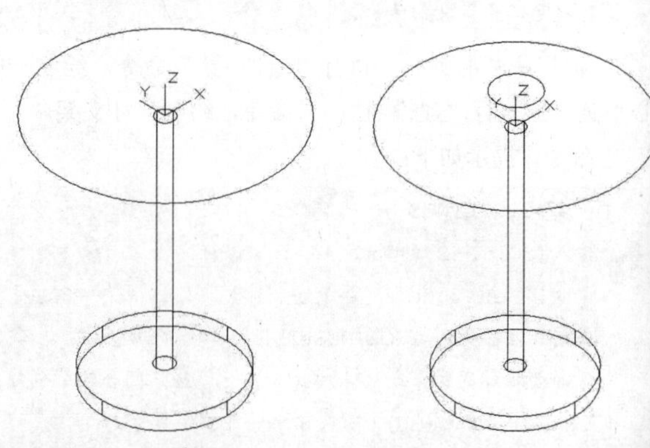

图218-5　　图218-6

04 在命令行中输入“SURFTAB1”，改变网格密度。执行“绘图>建模>网格>直纹网格”命令，得到如图218-7所示的图形。

命令行提示如下：

```
命令：SURFTAB1
输入 SURFTAB1 的新值 <6>：20
命令：
命令：
命令：_rulesurf
当前线框密度：SURFTAB1=20
选择第一条定义曲线：
选择第二条定义曲线：
```

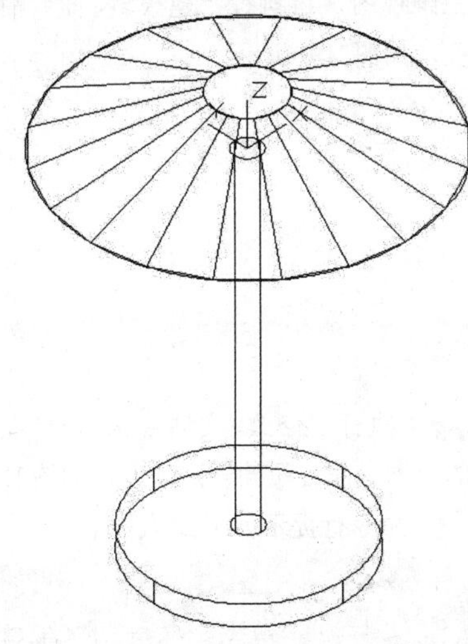

图218-7

技巧与提示

在应用直纹网格命令前，最好先设置一下网格密度，系统默认为6。如果本例没有设置网格密度，那么，执行“直纹网格”命令后的效果将如图218-8所示。

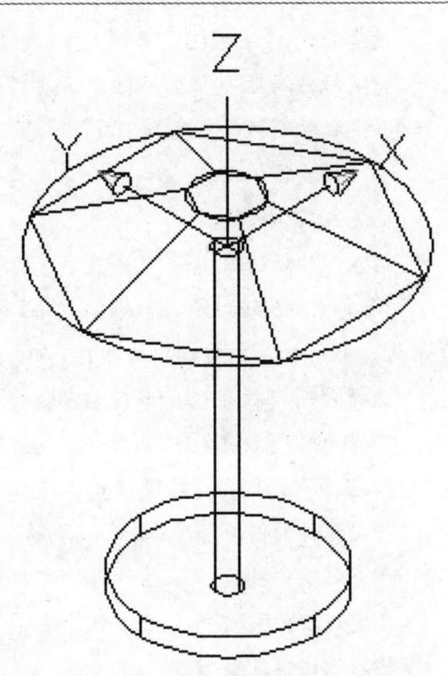

图218-8

05 执行“视图>消隐”命令，效果如图218-9所示。

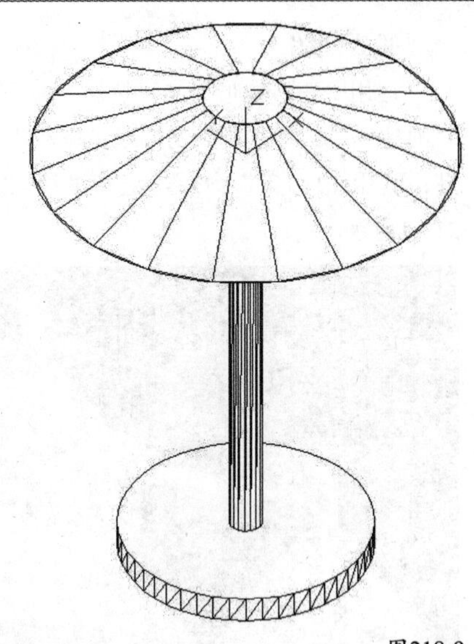

图218-9

练习218

实例位置	DVD>练习文件>第8章>练习218
难易指数	★★★☆☆
技术掌握	巩固“圆”、“多段线”、“长方体”、“旋转”、“直线网格”、“圆角”、“拉伸”和“渲染”等命令的使用方法。

操作指南

参照“实战218 台灯2”案例进行制作。

首先，执行“绘图>圆”与“绘图>建模>网格>直纹网格”命令，绘制灯罩；然后，执行“绘图>圆”、“绘图>多段线”、“建模>长方体”、“建模>旋转”、“建模>拉伸”、“修改>圆角”与“视图>渲染>渲染”命令，绘制支架和底座。练习的最终效果如图218-10所示。

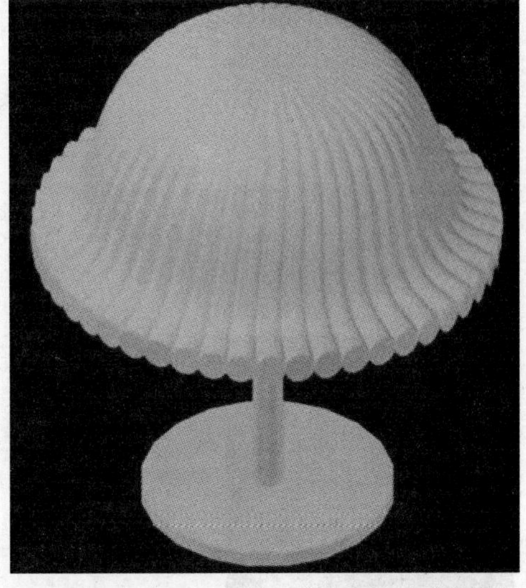

图208-10

实战219 吊灯

实战位置	DVD>实战文件>第8章>实战219
视频位置	DVD>多媒体教学>第8章>实战219
难易指数	★★☆☆☆
技术掌握	掌握“正多边形”、“圆柱体”、“复制”、“三维阵列”和“渲染”等命令的使用方法。

实战介绍

运用“正多边形”与“拉伸”命令，绘制灯体；利用“圆柱体”、“复制”与“三维阵列”命令，绘制其他吊灯；利用 “渲染”命令，渲染吊灯。本例最终效果如图219-1所示。

图219-1

制作思路

- 绘制灯体。
- 绘制其他吊灯，完成吊灯的绘制并将其保存。

制作流程

吊灯的制作流程如图219-2所示。

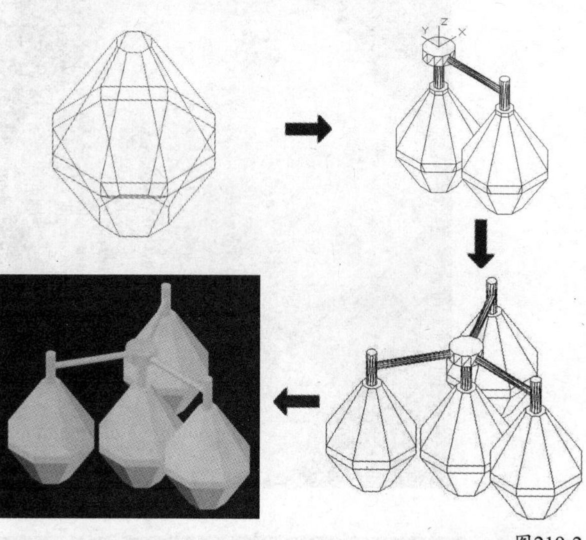

图219-2

1. 绘制灯体

01 打开AutoCAD 2013中文版软件，执行“绘图>正多边形”命令，绘制出如图219-3所示的正多边形。

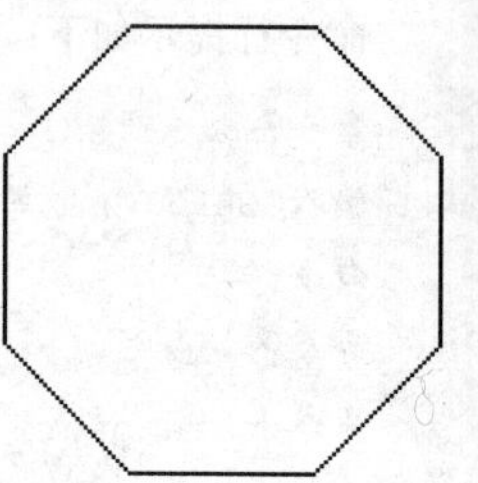

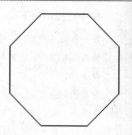

图219-3

02 执行“视图>三维视图>西南等轴测”命令，转换到三维视图，再执行“建模>拉伸”命令，将其拉伸一定高度，如图219-4所示。

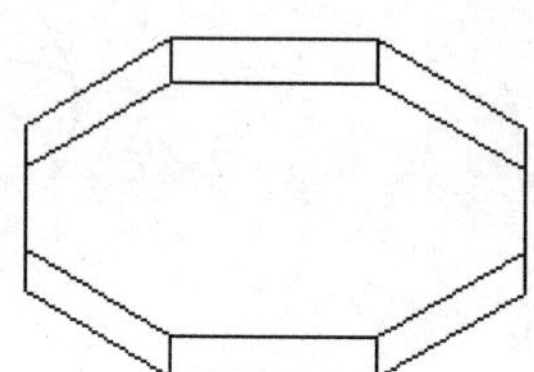

图219-4

03 执行“修改>实体编辑>拉伸面”命令，将正八面体的上下、面各拉伸一定高度，如图219-5所示。

命令行提示如下：

```
命令: _solidedit
实体编辑自动检查:  SOLIDCHECK=1
输入实体编辑选项 [面(F)/边(E)/体(B)/放弃(U)/退出(X)] <退出>: _face
输入面编辑选项
[拉伸(E)/移动(M)/旋转(R)/偏移(O)/倾斜(T)/删除(D)/复制(C)/颜色(L)/材质(A)/放弃(U)/退出(X)] <退出>: _extrude
选择面或 [放弃(U)/删除(R)]: 找到一个面。
选择面或 [放弃(U)/删除(R)/全部(ALL)]:
指定拉伸高度或 [路径(P)]: 137
指定拉伸的倾斜角度 <30>:
已开始实体校验。
已完成实体校验。
输入面编辑选项
[拉伸(E)/移动(M)/旋转(R)/偏移(O)/倾斜(T)/删除(D)/复制(C)/颜色(L)/材质(A)/放弃(U)/退出(X)] <退出>: e
选择面或 [放弃(U)/删除(R)]: 找到 2 个面。
选择面或 [放弃(U)/删除(R)/全部(ALL)]:
指定拉伸高度或 [路径(P)]: 100
指定拉伸的倾斜角度 <30>:
已开始实体校验。
已完成实体校验。
输入面编辑选项
[拉伸(E)/移动(M)/旋转(R)/偏移(O)/倾斜(T)/删除(D)/复制(C)/颜色(L)/材质(A)/放弃(U)/退出(X)] <退出>: X
```

```
实体编辑自动检查：  SOLIDCHECK=1
输入实体编辑选项 [面(F)/边(E)/体(B)/放弃(U)/退出
X)] <退出>: X
```

04 执行“修改>实体编辑>拉伸面”命令，选择灯罩最上面，将其垂直向上拉伸10。

05 执行“建模>圆柱体”命令，绘制出灯的支架与基座，如图219-6所示。

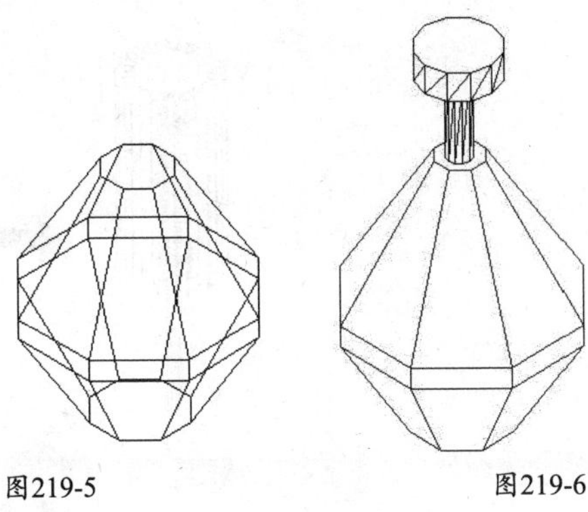

图219-5　　图219-6

2. 绘制其他吊灯

01 执行“修改>复制”命令，将灯罩与支架复制一份，距离为沿X轴方向250，再执行“修改>移动”命令，将其向上移动50，如图219-7所示。

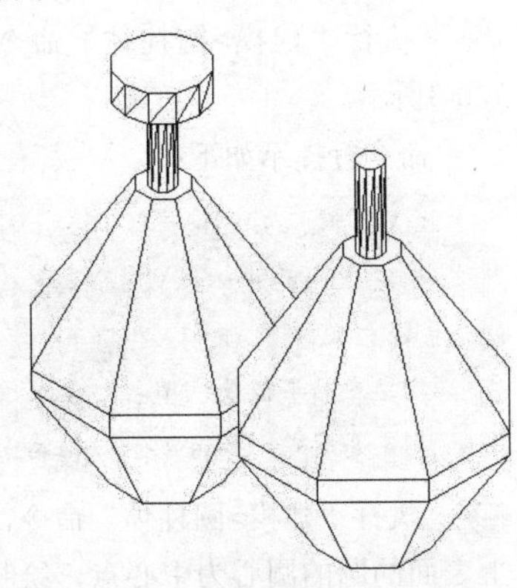

图219-7

02 改变坐标轴方向，沿*x*轴旋转90°，再执行“建模>圆柱体”命令，绘制连接各个吊灯的支架，如图219-8所示。

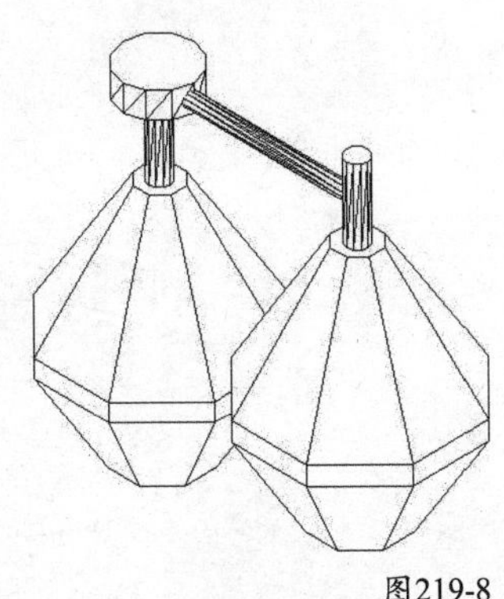

图219-8

03 执行“修改>三维操作>三维阵列”命令，将中心的灯的中线作为旋转轴，如图219-9所示。

命令行提示如下：

```
令: _3darray
选择对象: 指定对角点: 找到 3 个
选择对象:
输入阵列类型 [矩形(R)/环形(P)] <矩形>:P
输入阵列中的项目数目: 3
指定要填充的角度 (+=逆时针, -=顺时针) <360>:
旋转阵列对象? [是(Y)/否(N)] <Y>:
指定阵列的中心点:
指定旋转轴上的第二点:
```

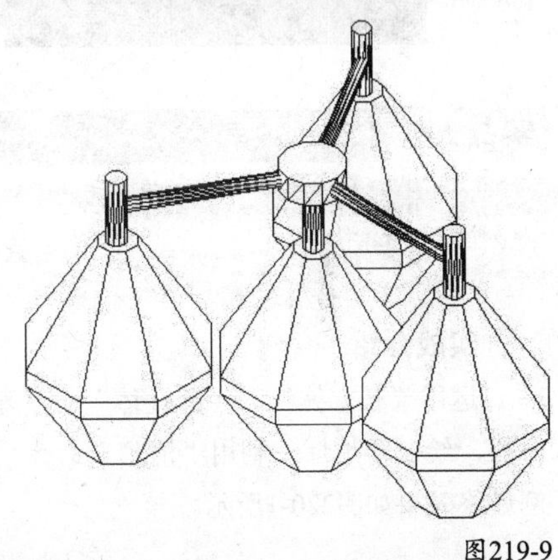

图219-9

04 执行“视图>渲染>渲染”命令，如图219-10所示。

图219-10

练习219

练习位置	DVD>练习文件>第8章>练习219
难易指数	★★★☆☆
技术掌握	巩固“多段线”、“长方体”、“拉伸”、“圆角”和“渲染”等命令的使用方法。

操作指南

参照“实战219 吊灯”案例进行制作。

执行“绘图>多段线”、“建模>长方体”、“建模>拉伸”、“修改>圆角”与“视图>渲染>渲染”命令，绘制床。练习的最终效果如图219-11所示。

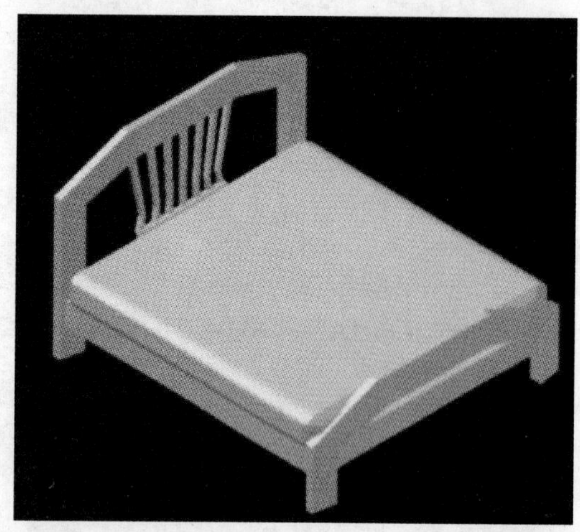

图219-11

实战220 落地灯

实战位置	DVD>实战文件>第8章>实战220
视频位置	DVD>多媒体教学>第8章>实战220
难易指数	★★☆☆☆
技术掌握	掌握“长方体”、“圆柱体”、“阵列”、“并集”和“消隐”等命令。

实战介绍

运用“长方体”、“圆柱体”、“阵列”与“并集”命令，绘制落地灯；利用“消隐”命令，消隐落地灯。本例最终效果如图220-1所示。

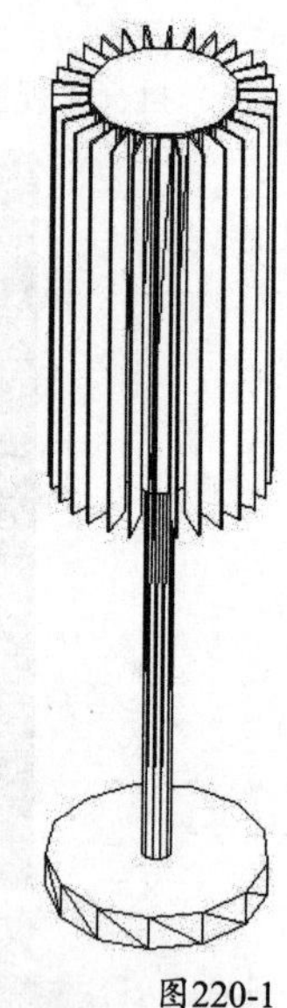

图220-1

制作思路

- 绘制底座和支架。
- 绘制灯罩，完成落地灯的绘制并将其保存。

制作流程

落地灯的制作流程如图220-2所示。

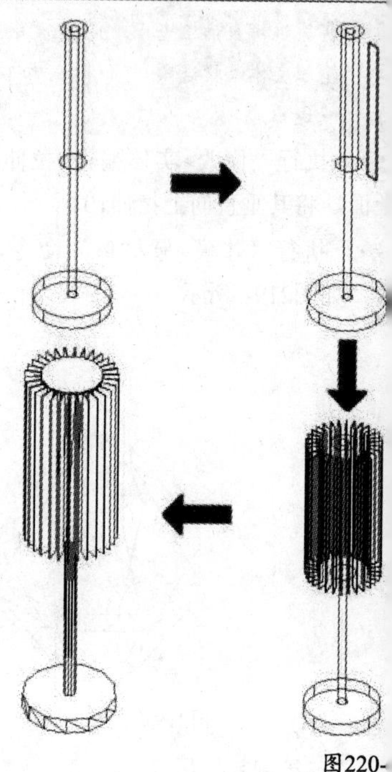

图220-

1. 绘制底座和支架

01 打开AutoCAD 2013中文版软件，执行“视图>三维视图>西南等轴测”命令，将视图切换到三维视图。

02 执行“建模>圆柱体”命令，绘制台灯底座，如图220-3所示。

命令行提示如下：

```
命令: _cylinder
指定底面的中心点或 [三点(3P)/两点(2P)/相切、相切、半径(T)/椭圆(E)]:
指定底面半径或 [直径(D)] <0.0000>: 150
指定高度或 [两点(2P)/轴端点(A)] <0.0000>: 50
```

03 执行“建模>圆柱体”命令，以上一步绘制的圆柱体上表面的圆的圆心为中心点，绘制一个半径为20，高度为1200的圆柱体，如图220-4所示。

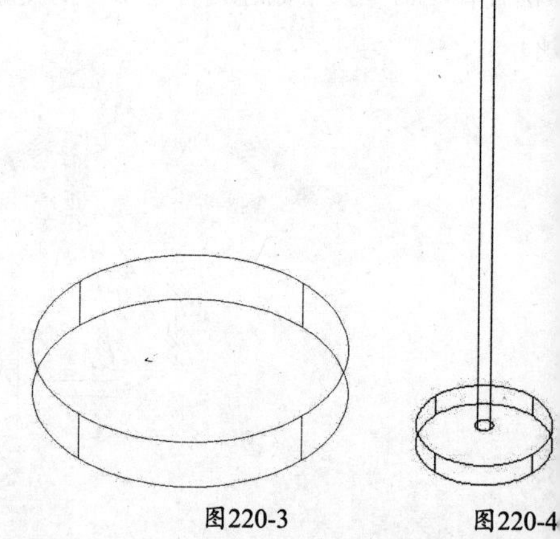

图220-3　图220-4

04 执行“建模>圆柱体”命令，以上一步绘制的圆柱体上表面的圆的圆心为中心点，绘制一个半径为50，高度为600的圆柱体，如图220-5所示。

2. 绘制灯罩

01 执行“建模>长方体”命令，绘制一个长为3，宽为50，高为600的长方体，再执行“修改>移动”命令，将长方体移动到合适的位置，如图220-6所示。

命令行提示如下：

```
命令：_box
指定第一个角点或 [中心(C)]:
指定其他角点或 [立方体(C)/长度(L)]: @3,50
指定高度或 [两点(2P)] <0.0000>: 600
```

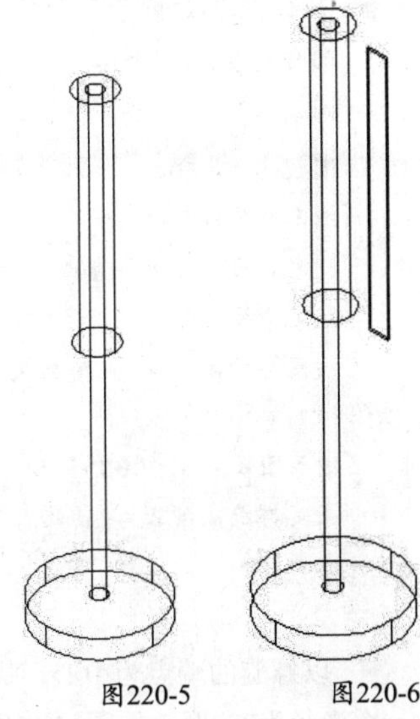

图220-5　　图220-6

02 在命令行中输入“ARRAYCLASSIC”，阵列长方体，弹出“阵列”对话框，参数设置如图220-7所示，阵列结果如图220-8所示。

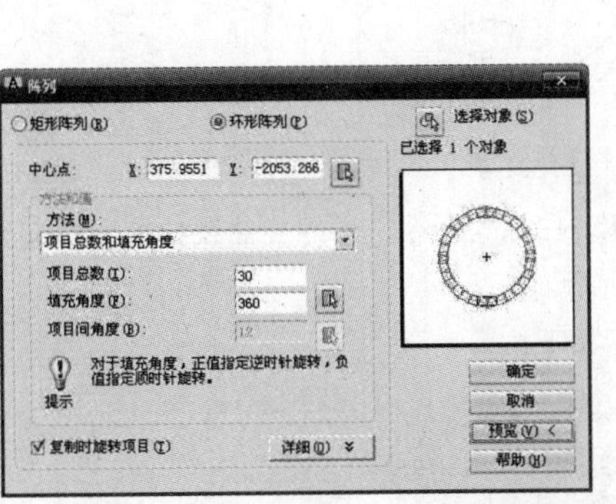

图220-7　　图220-8

03 执行“建模>圆柱体”命令，绘制一个半径为100，高为5的圆柱体，如图220-9所示。

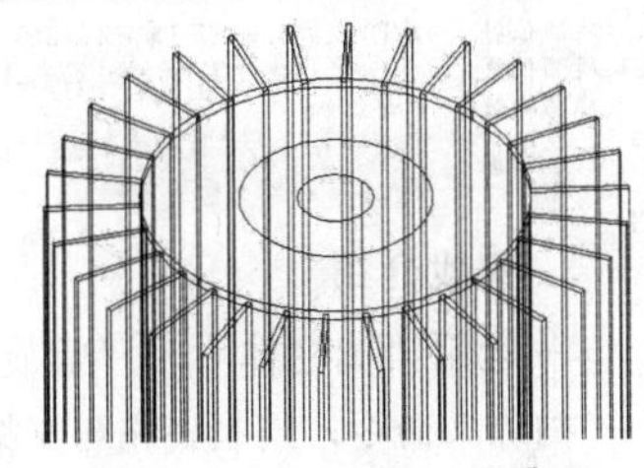

图220-9

04 执行“视图>消隐”命令，效果如图220-10所示。

图220-10

练习220

练习位置	DVD>练习文件>第8章>练习220
难易指数	★★★☆☆
技术掌握	巩固“圆”、“多段线”、“三维阵列”、“旋转”、“直线网格”、“拉伸”和“渲染”等命令的使用方法。

操作指南

参照“实战220 台灯”案例进行制作。

首先，执行“绘图>圆”与“绘图>建模>网格>直纹网格”命令，绘制灯罩；然后，执行“绘图>圆”、“绘图>多段线”、“修改>三维操作>三维阵列”、“建模>旋转”、“建模>拉伸”与“视图>渲染>渲染”命令，绘制支架。练习的最终效果如图220-11所示。

图220-11

实战221 床头灯1

实战位置	DVD>实战文件>第8章>实战210
视频位置	DVD>多媒体教学>第8章>实战210
难易指数	★★☆☆☆
技术掌握	掌握“圆”、“圆柱体”、“螺旋”、“扫琼”、“圆锥体”、“并集”和“渲染”等命令。

实战介绍

运用“圆柱体”、“螺旋”、“圆”、“并集”与“扫琼”命令，绘制底座和支架；利用“圆锥体”命令，绘制灯罩。本例最终效果如图221-1所示。

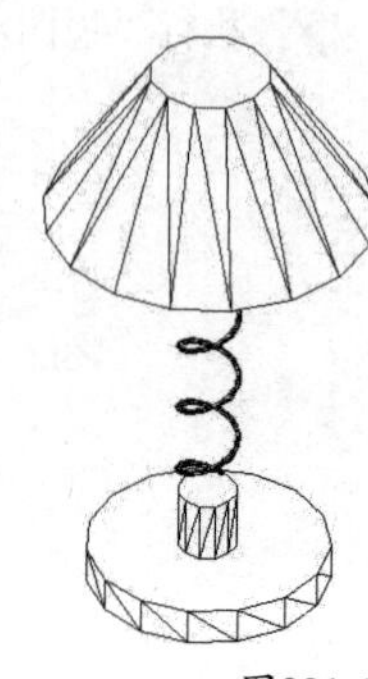

图221-1

制作思路

- 绘制底座和支架。
- 绘制灯罩，完成床头灯的绘制并将其保存。

制作流程

床头灯1的制作流程如图221-2所示。

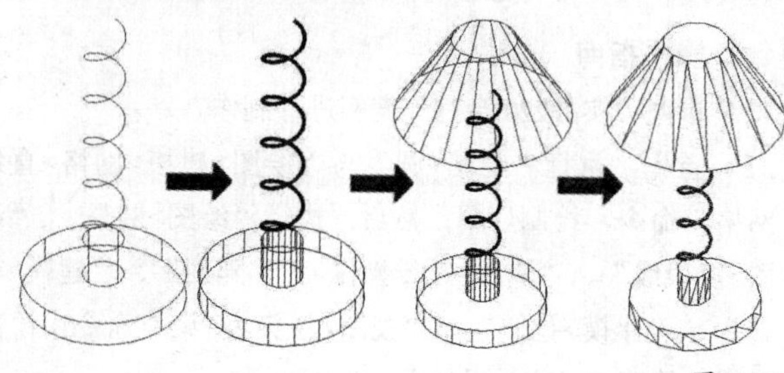

图221-2

1. 绘制灯座和支架

01 打开AutoCAD 2013中文版软件，执行“视图>三维视图>西南等轴测”命令，将视图切换到三维视图。

02 执行“建模>圆柱体”命令，绘制台灯底座，如图221-3所示。

命令行提示如下：

```
命令: _cylinder
指定底面的中心点或 [三点(3P)/两点(2P)/相切、相切、半径(T)/椭圆(E)]:
指定底面半径或 [直径(D)] <250.0000>: 100
指定高度或 [两点(2P)/轴端点(A)] <400.0000>: 30
命令:
命令: _cylinder
指定底面的中心点或 [三点(3P)/两点(2P)/相切、相切、半径(T)/椭圆(E)]:
指定底面半径或 [直径(D)] <100.0000>: 25
指定高度或 [两点(2P)/轴端点(A)] <30.0000>: 50
```

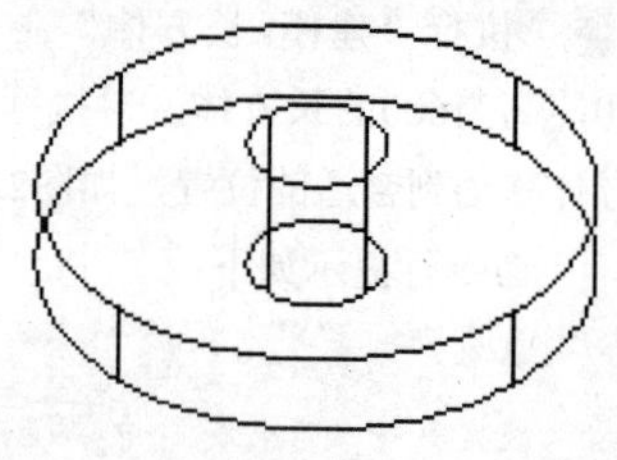

图221-3

03 执行“修改>实体编辑>并集”命令，合并两个圆柱体。

04 执行“建模>螺旋”命令，绘制如图221-4所示的螺旋。命令行提示如下：

```
命令: _Helix
圈数 = 3.0000      扭曲=CCW
指定底面的中心点:
指定底面半径或 [直径(D)] <1.0000>: 25
指定顶面半径或 [直径(D)] <25.0000>:
指定螺旋高度或 [轴端点(A)/圈数(T)/圈高(H)/扭曲(W)] <1.0000>: t
输入圈数 <3.0000>: 5
指定螺旋高度或 [轴端点(A)/圈数(T)/圈高(H)/扭曲(W)] <1.0000>: 300
```

05 以螺旋的端点为中心，执行“绘图>圆”命令，绘制一个半径为2的圆，如图221-5所示。

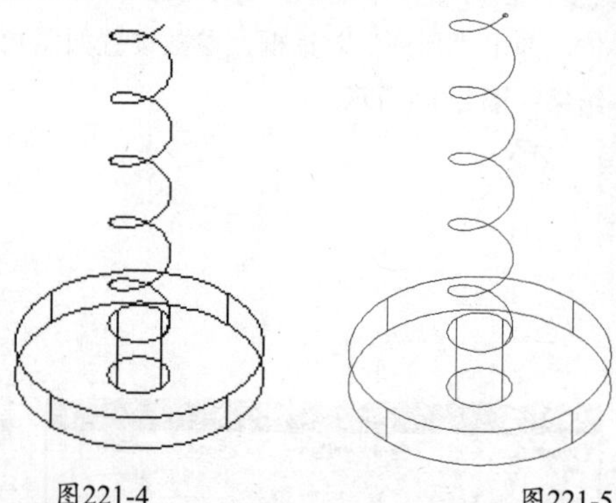

图221-4　　图221-5

06 执行“建模>扫琼”命令，沿螺旋曲线扫掠出螺旋支架，如图221-6所示。

命令行提示如下：

```
命令: _sweep
当前线框密度: ISOLINES=4
选择要扫琼的对象: 找到 1 个
选择要扫琼的对象:              //选择圆
```

```
选择扫掠路径或 [对齐(A)/基点(B)/比例(S)/扭曲(T)]:          //选择螺旋曲线
命令: _sweep
当前线框密度: ISOLINES=4，闭合轮廓创建模式 = 实体
选择要扫掠的对象或 [模式(MO)]: _MO 闭合轮廓创建模式 [实体(SO)/曲面(SU)] <实体>: _SO
选择要扫掠的对象或 [模式(MO)]: 找到 1 个
选择要扫掠的对象或 [模式(MO)]:          //选择圆
选择扫掠路径或 [对齐(A)/基点(B)/比例(S)/扭曲(T)] :          //选择螺旋曲线
命令: ISOLINES
输入 ISOLINES 的新值 <4>:20
```

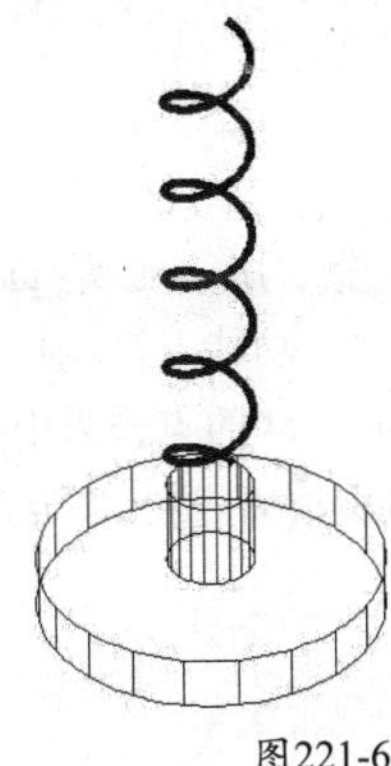

图221-6

2. 绘制灯罩

01 执行“建模>圆锥体”命令，绘制灯罩，如图221-7所示。

命令行提示如下：

```
命令: _cone
指定底面的中心点或 [三点(3P)/两点(2P)/切点、切点、半径(T)/椭圆(E)]:
指定底面半径或 [直径(D)] <25.0000>: 137
指定高度或 [两点(2P)/轴端点(A)/顶面半径(T)] <50.0000>: T
指定顶面半径 <0.0000>: 50
指定高度或 [两点(2P)/轴端点(A)] <50.0000>: 137
```

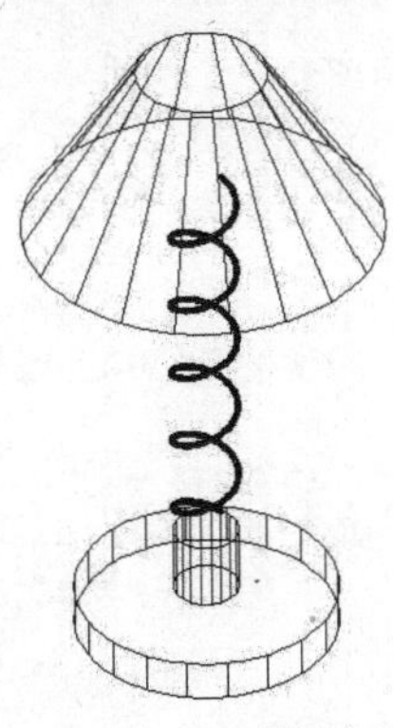

图221-7

02 执行“视图>消隐”命令，效果如图221-8所示。

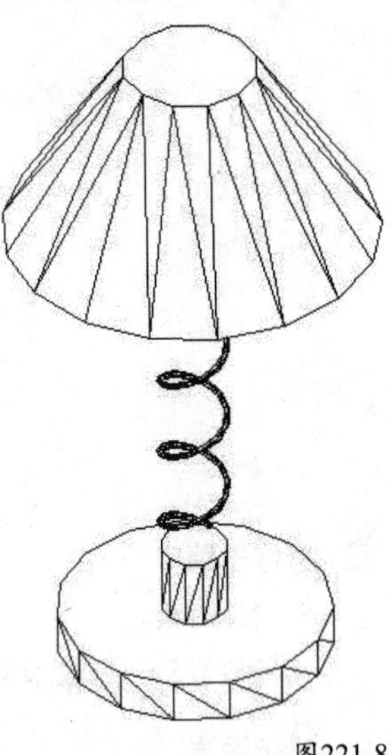

图221-8

练习221

练习位置	DVD>练习文件>第8章>练习221
难易指数	★★★☆☆
技术掌握	巩固“多段线”、“长方体”、“拉伸”、“圆角”和“渲染”等命令的使用方法。

操作指南

参照“实战221 床头灯”案例进行制作。

执行“绘图>多段线”、“建模>长方体”、“建模>拉伸”、“修改>圆角”与“视图>渲染>渲染”命令，绘制床。练习的最终效果如图221-9所示。

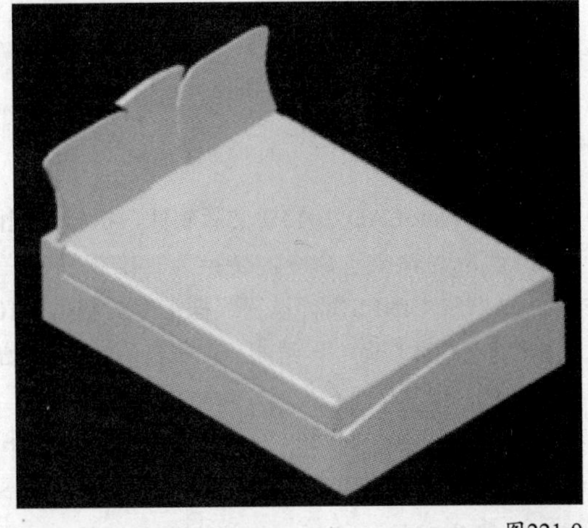

图221-9

实战222　床头灯2

实战位置	DVD>实战文件>第8章>实战222
视频位置	DVD>多媒体教学>第8章>实战222
难易指数	★★☆☆☆
技术掌握	掌握“圆”、“圆柱体”、“球体”、“圆角”和“拉伸”等命令。

实战介绍

运用“圆柱体”、“球体”与“圆角”命令，绘制灯架；利用“圆”与“圆角”命令，绘制灯罩。本例最终效果如图222-1所示。

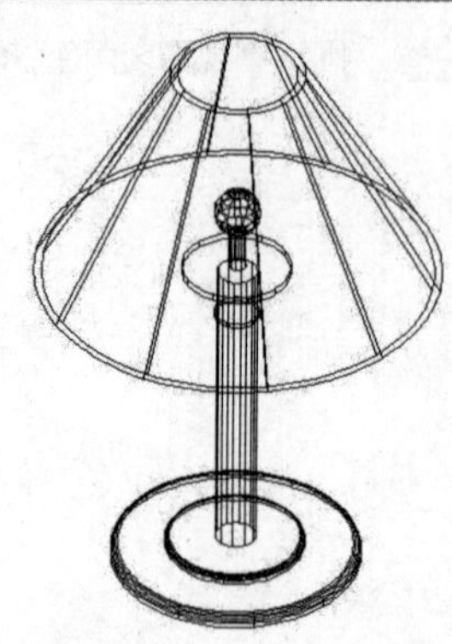

图222-1

制作思路

- 绘制灯架。
- 绘制灯罩，完成床头灯2的绘制并将其保存。

制作流程

床头灯2的制作流程如图222-2所示。

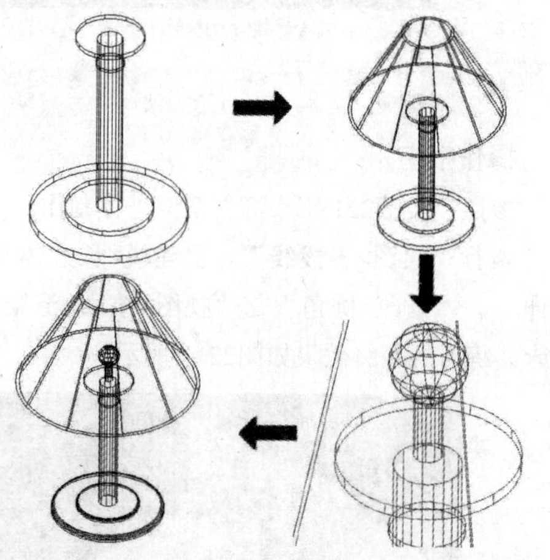

图222-2

01 打开AutoCAD 2013中文版软件，执行“视图>三维视图>西南等轴测”命令，转换为三维视图。在命令行中输入“ISOLINES”，设置线框密度的新值为10。执行“建模>圆柱体”命令，绘制一个半径为160，宽高度为16的圆柱体，将其作为台灯的底座A。

02 执行“建模>圆柱体”命令，以上一步中所绘制的圆柱体底座上表面的圆心为中心点，绘制一个半径为90，高度为11的圆柱体，将其作为台灯的底座B，如图222-3所示。

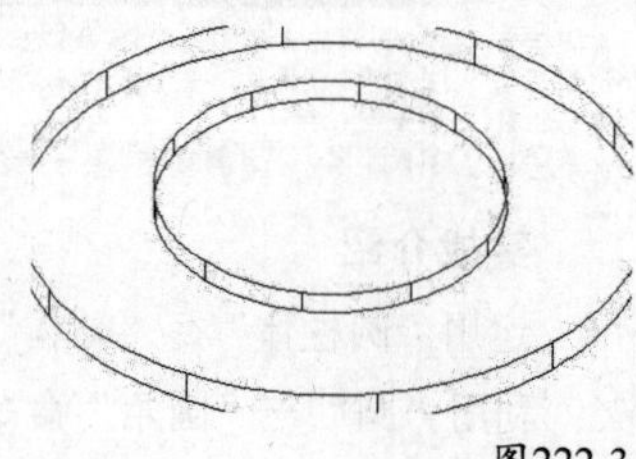

图222-3

03 执行“建模>圆柱体”命令，以上一步所绘制的圆柱体底座B上表面的圆心为中心点，绘制一个半径为26，高度为400的圆柱体，将其作为台灯的支架，如图222-4所示。

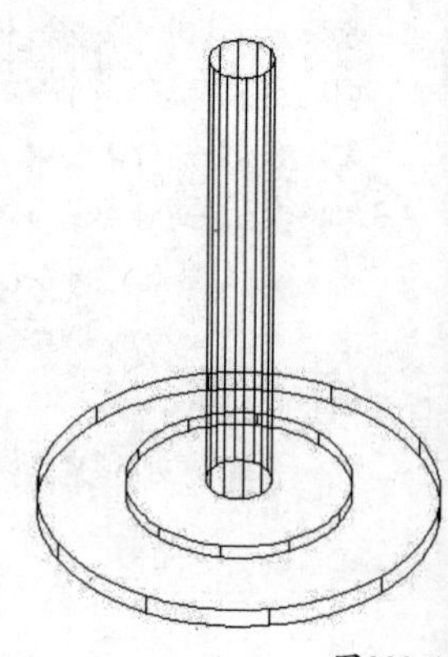

图222-4

04 用“建模>圆柱体”命令和“捕捉自”和“对象追踪”功能，沿*z*轴负方向，以距台灯支架上表面圆心垂直向下60的点作为中心点，绘制一个半径为29，高度为6的圆柱体，将其作为台灯的装饰圆环，如图222-5所示。

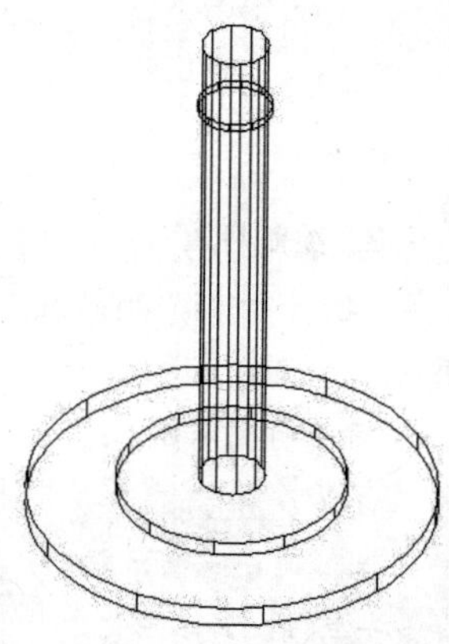

图222-5

05 执行“建模>圆柱体”命令，以圆柱体支架上表面的圆心为中心点，绘制一个半径为70，高度为9的圆柱体，将其作为台灯灯泡的底座，如图222-6所示。

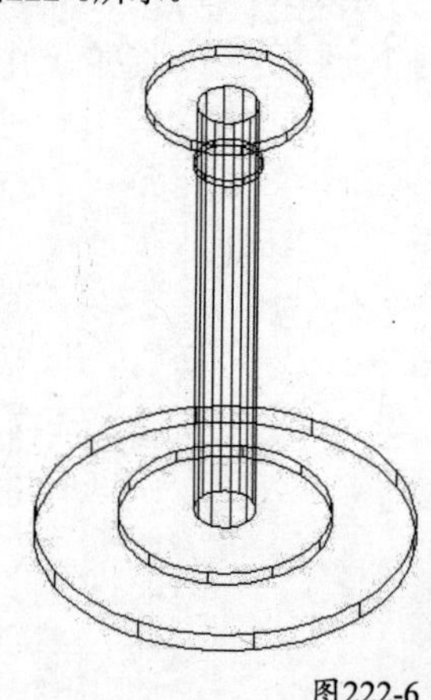

图222-6

06 执行“绘图>圆”命令，以台灯支架的上表面作为圆心，绘制一个半径为260的圆，再执行“修改>偏移”命令，将所绘制的圆向内偏移10，如图222-7所示。

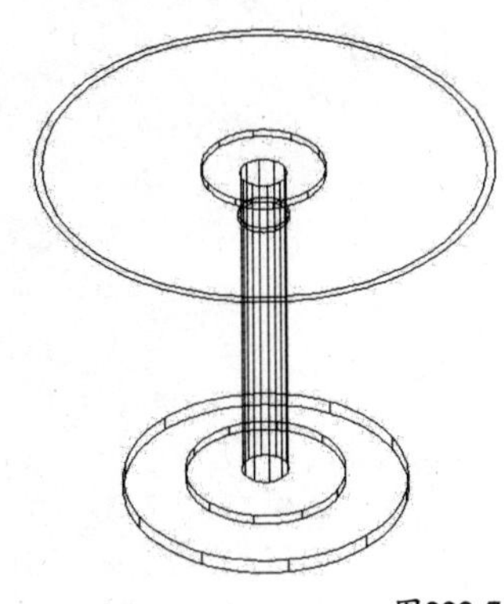

图222-7

07 执行“建模>拉伸”命令，选择上一步绘制的两个圆，设置拉伸高度为300，角度为30°，绘制台灯灯罩，如图222-8所示。

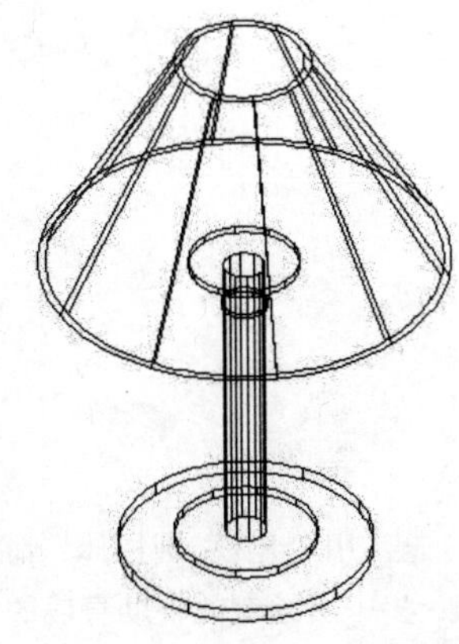

图222-8

08 执行“建模>圆柱体”命令，以台灯灯泡底座上表面的圆心为中心点，绘制一个半径为11，高度为50的圆柱体，将其作为灯泡的支架，如图222-9所示。

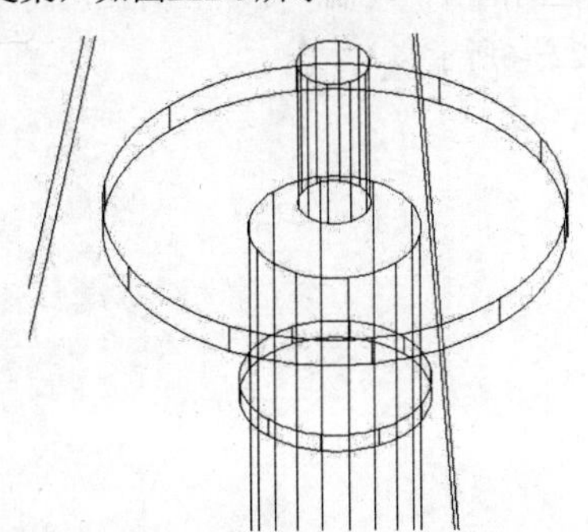

图222-9

09 用“建模>球体”命令和“对象捕捉”功能，沿z轴正方向，以距灯泡支架上表面圆心垂直向上30的点为中心点，绘制一个半径为30的球体，将其作为灯泡，如图222-10所示。

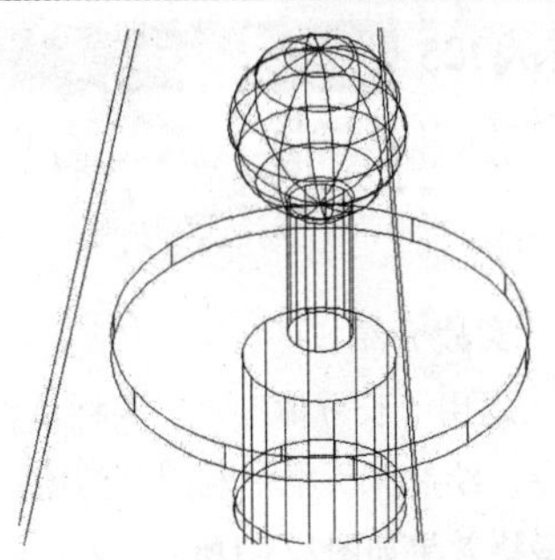

图222-10

10 执行“修改>圆角”命令，设置圆角半径为10，对台灯底座A的上表面边进行编辑，再次执行“修改>圆角”命令，设置圆角半径为6，对台灯底座B的上表面边进行编辑，如图222-11所示。

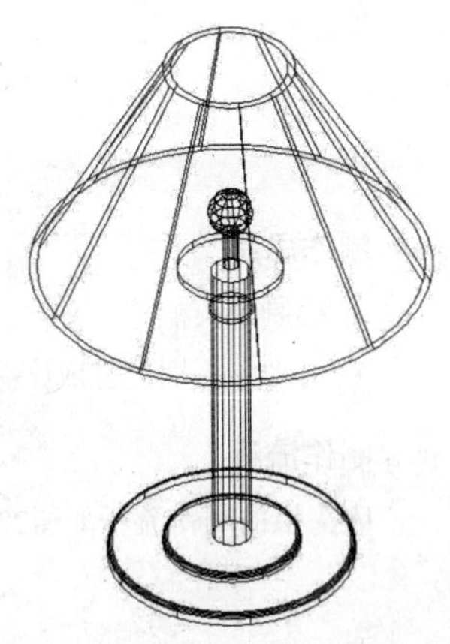

图222-11

练习222

练习位置	DVD>练习文件>第8章>练习222
难易指数	★★★☆☆
技术掌握	巩固“多段线”、“拉伸”和“球体”等命令的使用方法。

操作指南

参照“实战222 床头灯2”案例进行制作。

执行“绘图>多段线”、“建模>拉伸”与“建模>球体”命令，绘制灯。练习的最终效果如图222-12所示。

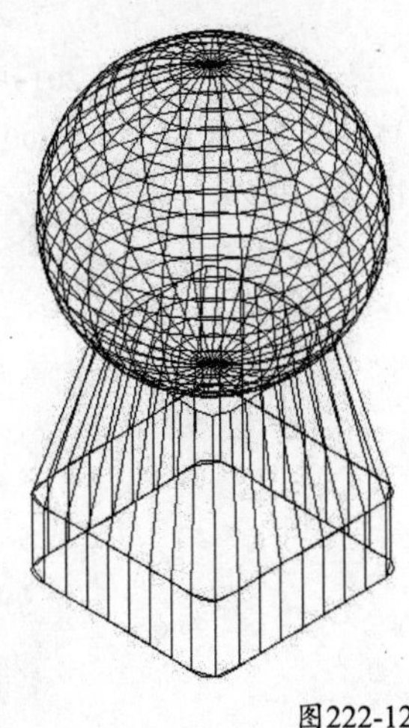

图222-12

实战223 床头柜

实战位置	DVD>实战文件>第8章>实战223
视频位置	DVD>多媒体教学>第8章>实战223
难易指数	★★☆☆☆
技术掌握	掌握“长方体”、“圆柱体”、“差集”、“复制”和“消隐”等命令。

实战介绍

运用“长方体”、“圆柱体”、“差集”与“复制”命令，绘制床头柜；利用“消隐”命令，消隐床头柜。本例最终效果如图223-1所示。

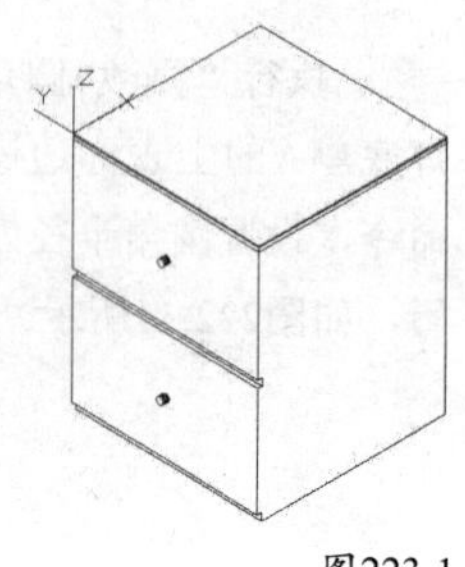

图223-1

制作思路

- 绘制床头柜。
- 消隐床头柜，完成床头柜的绘制并将其保存。

制作流程

床头柜的制作流程如图223-2所示。

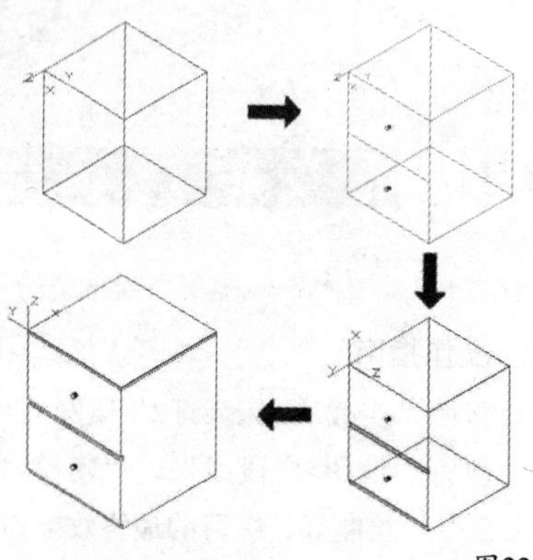

图223-2

01 打开AutoCAD 2013中文版软件，执行“建模>长方体”命令，绘制一个长800，宽800，高1000的长方体，如图223-3所示。

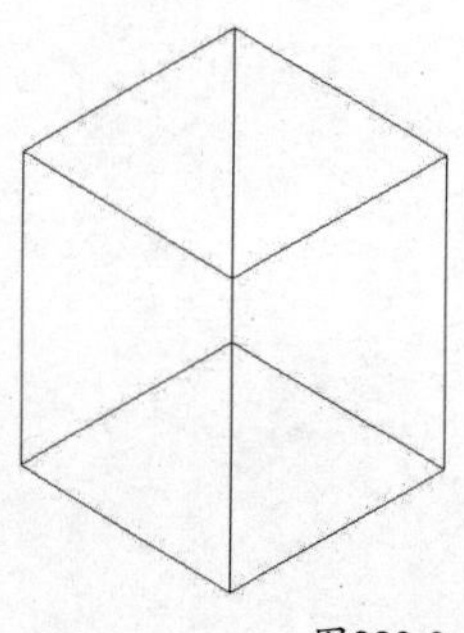

图223-3

02 执行“工具>新建UCS>原点”命令，改变坐标原点然后，将长方体的正面设置为XY平面，如图223-4所示。

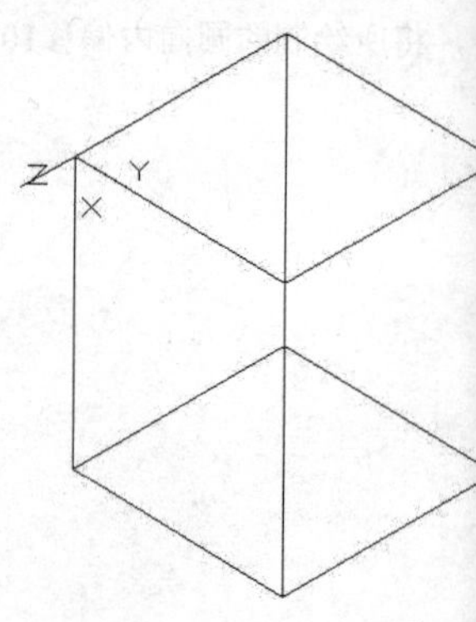

图223

03 执行“绘图>直线”命令，连接长方体前面左、右边的中点，绘制一条辅助线，如图223-5所示。

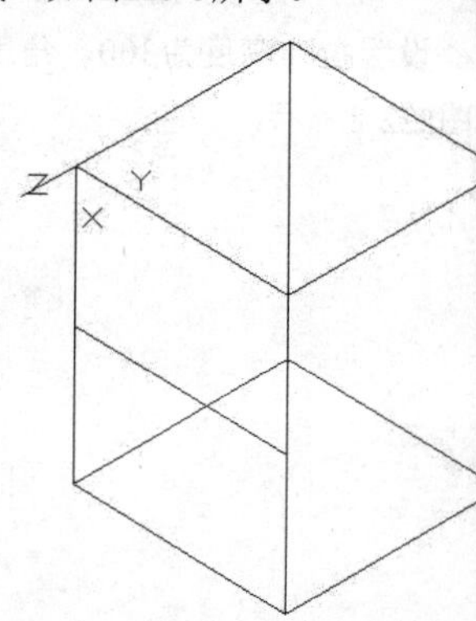

图223-

04 用“建模>圆柱体”命令和“对象捕捉”功能，沿一步中所绘制的辅助直线的中点垂直向上追踪虚线引导标。在命令行中输入250，确定第一个圆柱体的中点，制一个半径为10，高度为10的圆柱体。执行“建模>圆体”命令，以刚绘制的圆柱体外面沿z轴方向的圆心为柱的圆心，绘制一个半径为15，高度为25的圆柱体，如图223-6所示。

图223-

05 执行“修改>复制”命令，以一个圆柱体内面的圆心为基点，将之前绘制的两个圆柱体复制到下部抽屉的中心位置，图形如图223-7所示。

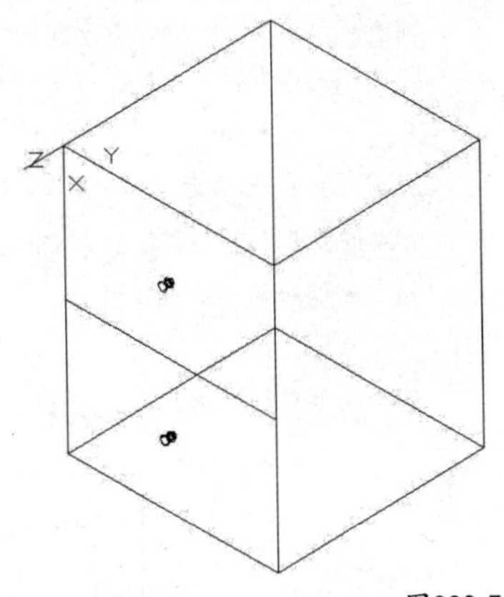

图223-7

06 改变坐标轴方向，执行“建模>长方体”命令，绘制一个长15，宽30，高800的长方体，再执行“修改>移动”和“修改>复制”命令，将其移动复制到合适的位置，如图223-8所示。

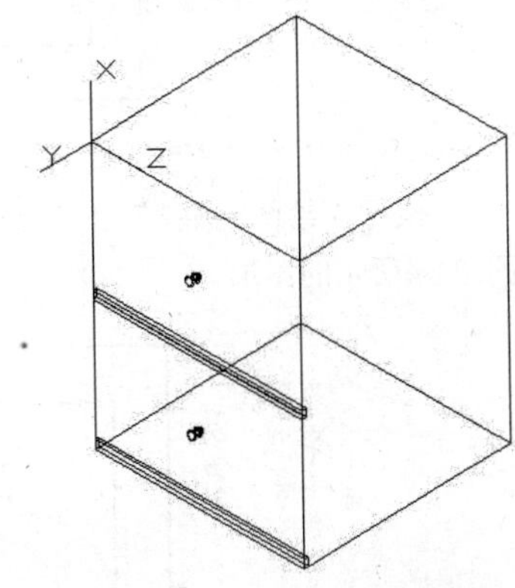

图223-8

07 执行“修改>实体编辑>差集”命令，镜像差集布尔运算，如图223-9所示。

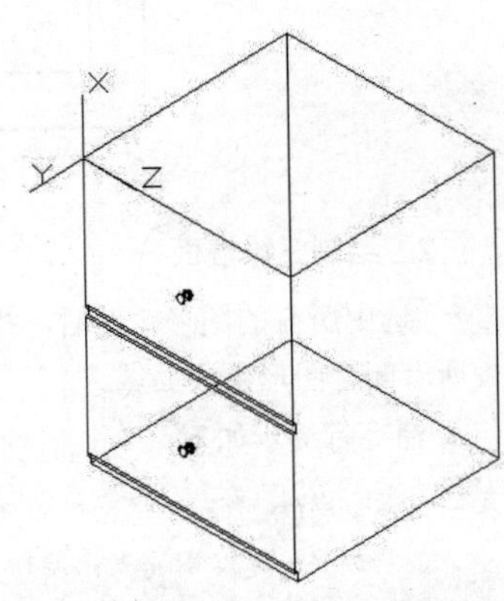

图223-9

08 改变坐标轴方向后，执行“建模>长方体”命令，设置第一个点坐标为（0，0，-20），设置另一个点坐标为（800，-800，15），如图223-10所示。

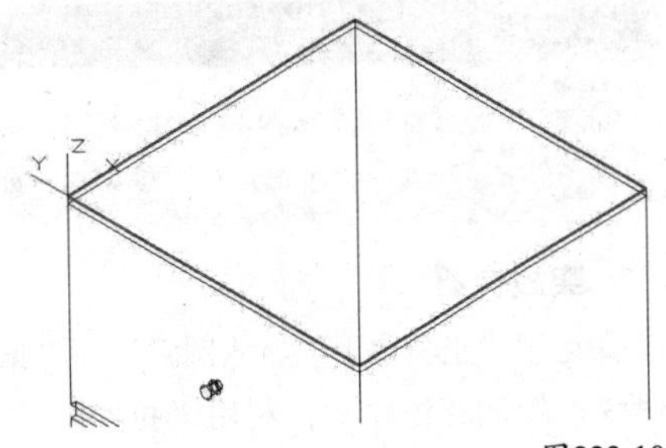

图223-10

09 执行“视图>消隐”命令，效果如图223-11所示。

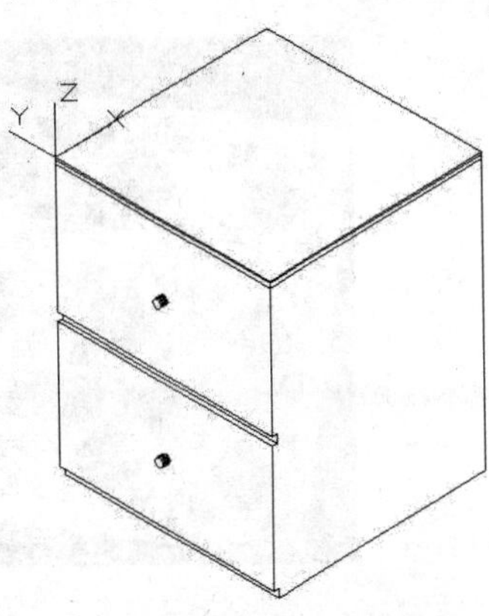

图223-11

练习223

练习位置	DVD>练习文件>第8章>练习223
难易指数	★★★☆☆
技术掌握	巩固“多段线”、“长方体”、“复制”、“拉伸”、“圆角”、和“消隐”等命令的使用方法。

操作指南

参照“实战223 床头柜”案例进行制作。

执行“绘图>多段线”、“建模>长方体”、“建模>拉伸”、“修改>复制”与“修改>圆角”命令，绘制床头柜；执行“视图>消隐”命令，消隐书柜。练习的最终效果如图223-12所示。

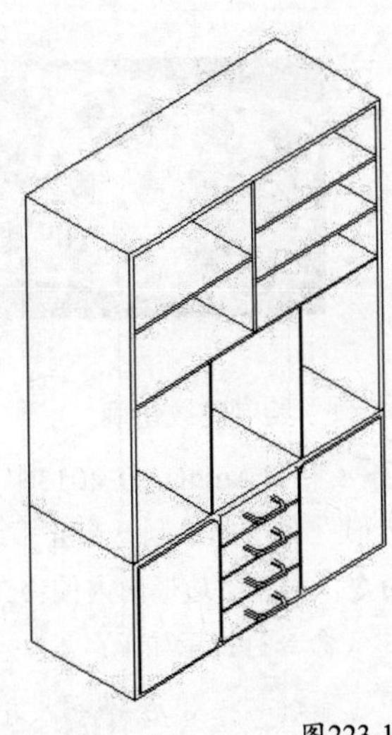
图223-12

实战224 镂空花墙

实战位置	DVD>实战文件>第8章>实战224
视频位置	DVD>多媒体教学>第8章>实战224
难易指数	★★☆☆☆
技术掌握	掌握“正多边形”、“圆弧”、“偏移”、“删除”、“拉伸”、“复制”、“差集”和“并集”等命令。

实战介绍

运用“正多边形”、“圆弧”、“偏移”与“删除”命令，绘制花纹轮廓；利用“拉伸”、“复制”、“差集”与“并集”命令，绘制三维墙面。本例最终效果如图224-1所示。

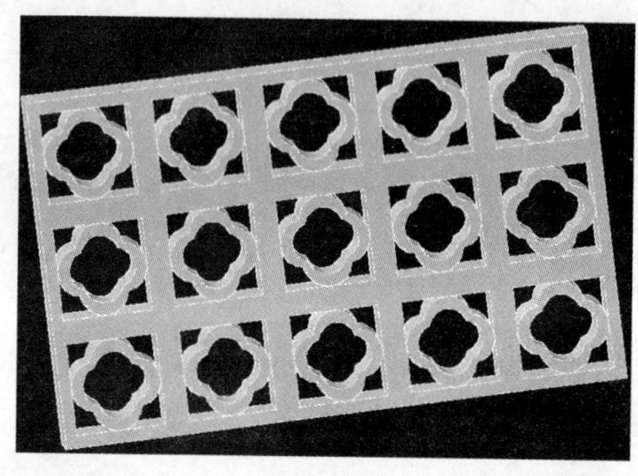

图224-1

制作思路

- 绘制花纹轮廓。
- 绘制三维墙面，完成镂空花墙的绘制并将其保存。

制作流程

镂空花墙的制作流程如图224-2所示。

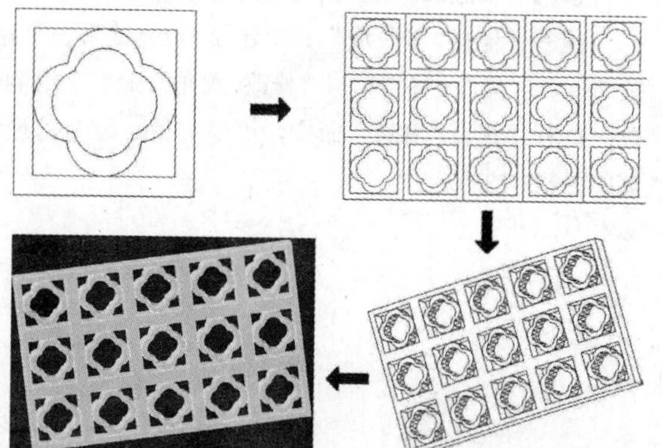

图224-2

1. 绘制花纹轮廓

01 打开AutoCAD 2013中文版软件，执行“绘图>正多边形”命令，绘制一个正多边形，再执行“修改>偏移”命令，将正多边形向内偏移50，如图224-3所示。

命令行提示如下：

```
命令: _polygon 输入侧面数 <4>:
指定正多边形的中心点或 [边(E)]:
输入选项 [内接于圆(I)/外切于圆(C)] <I>: C
指定圆的半径: <正交 开> 240
命令: _offset
当前设置: 删除源=否 图层=源 OFFSETGAPTYPE=0
指定偏移距离或 [通过(T)/删除(E)/图层(L)] <通过>: 50
指定要偏移的那一侧上的点，或 [退出(E)/多个(M)/放弃(U)] <退出>:
选择要偏移的对象，或 [退出(E)/放弃(U)] <退出>:
```

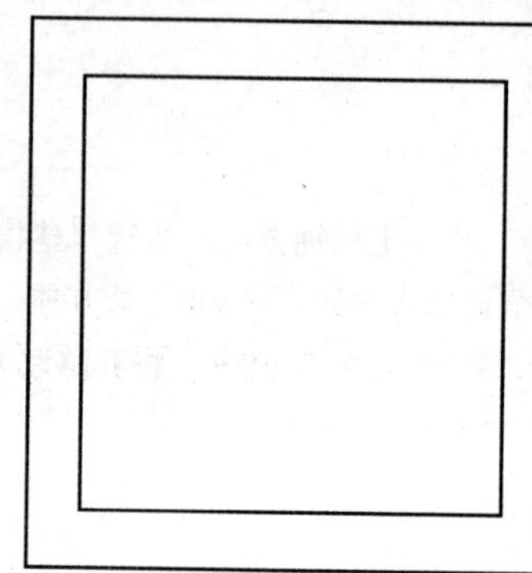

图224-3

02 执行“绘图>圆弧”和“修改>删除”命令，绘制如图224-4所示的图形。

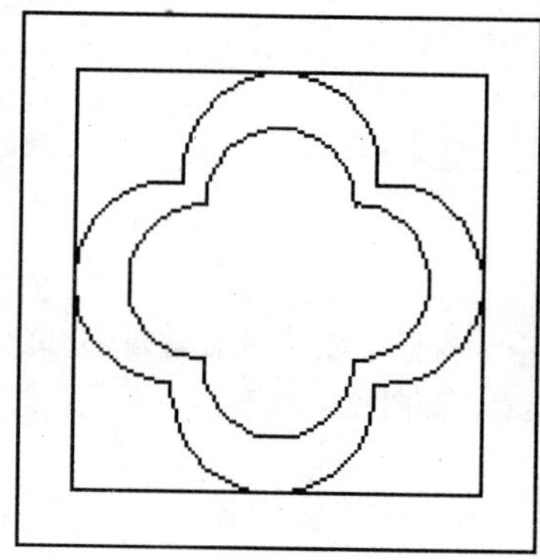

图224-4

2. 绘制三维墙面

01 选中所有的图形，然后，执行“绘图>面域”命令，使所有闭合图形生成面域。

命令行提示如下：

```
命令: _region
选择对象: 指定对角点: 找到 10 个
选择对象:
已提取 4 个环。
已创建 4 个面域。
```

02 执行“修改>实体编辑>差集”命令，用外面的矩形减去内部的矩形，将两者合成为一体。

命令行提示如下：

```
命令：_subtract 选择要从中减去的实体、曲面和面域...
选择对象：找到 1 个      //选择外面的矩形
选择对象：               //单击右键
选择要减去的实体、曲面和面域...
选择对象：找到 1 个      //选择里面的矩形
选择对象：               //单击右键
```

03 用同样的方法对两个圆弧花形进行差集操作，再执行“修改>复制”命令，复制出如图224-5所示的图形。

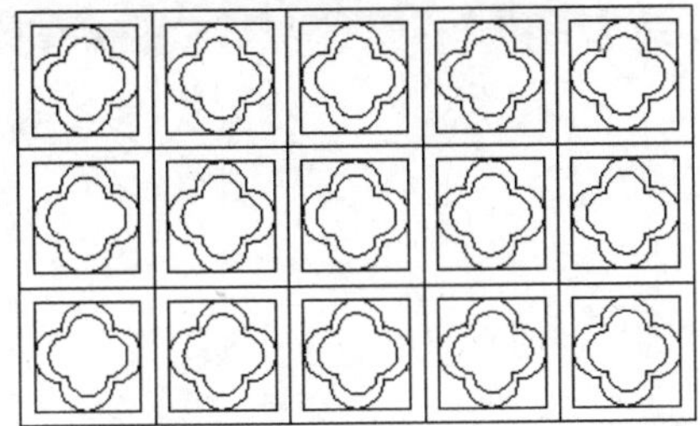

图224-5

04 执行“视图>三维视图>西南等轴测”命令，转换为三维视图，如图224-6所示。

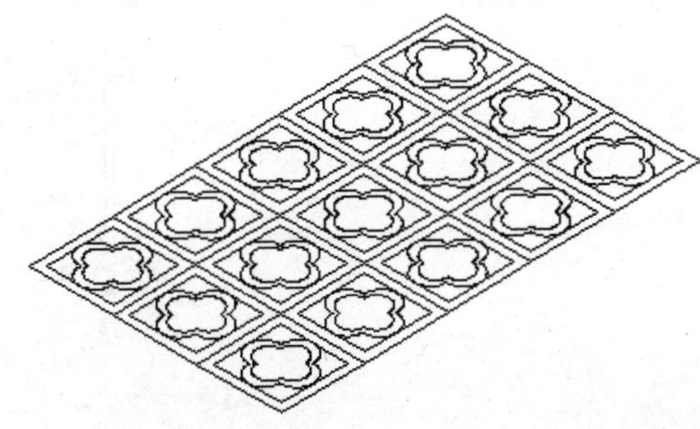

图224-6

05 执行“建模>拉伸”命令，将所有图形拉伸300。执行“视图>动态观察>自由动态观察”命令，改变观察方向，再执行“视图>消隐”命令，效果如图224-7所示。

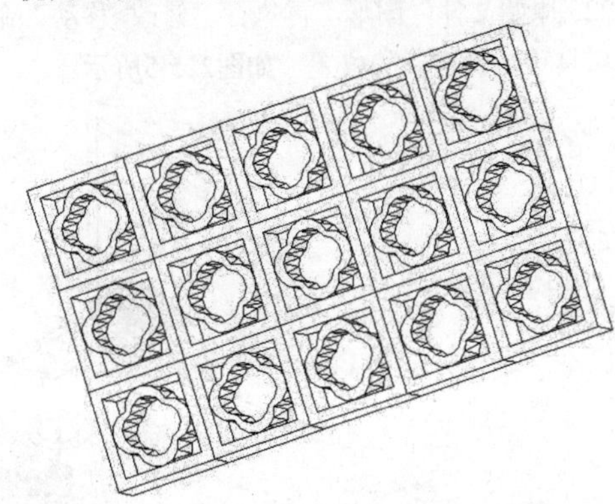

图224-7

06 选中所有的矩形框，执行“修改>实体编辑>并集”命令，将其合并，再执行“视图>消隐”命令，效果如图224-8所示。

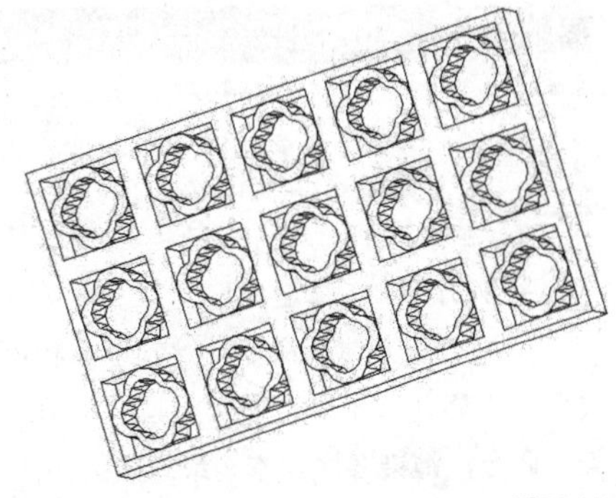

图224-8

07 执行“视图>视觉样式>概念”命令，效果如图224-9所示。

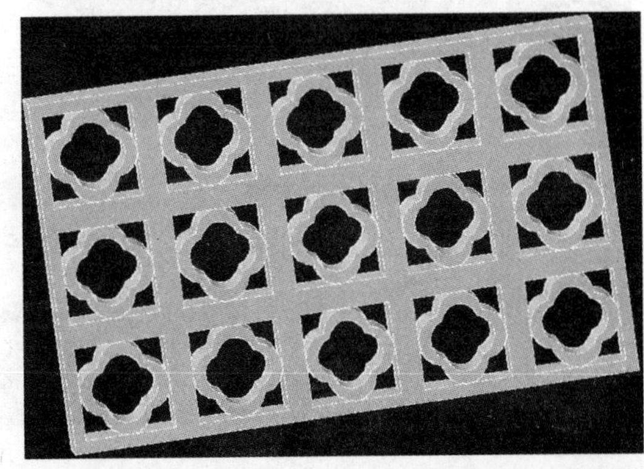

图224-9

练习224　饰物

练习位置	DVD>练习文件>第8章>练习224
难易指数	★★★☆☆
技术掌握	巩固“圆”、“直线”、“修剪”、“多段线”、“旋转”、“三维阵列”、“长方体”、“拉伸”、“圆角”和“渲染”等命令的使用方法。

操作指南

参照“实战224 镂空花墙”案例进行制作。

执行“绘图>圆”、“绘图>直线”、“绘图>多段线”、“修改>修剪”、“建模>长方体”、“建模>拉伸”、“建模>旋转”、“修改>三维操作>三维阵列”、“修改>圆角”与“视图>渲染>渲染”命令，绘制饰物。练习的最终效果如图224-10所示。

图224-10

实战225 客厅

原始文件位置	DVD>原始文件>第8章>实战225 原始文件
实例位置	DVD>实例文件>第8章>实战225
视频位置	DVD>多媒体教学>第8章>实战225
难易指数	★★☆☆☆
技术掌握	掌握“长方体”、“插入块”、“移动”、“点光源”和“渲染”等命令。

实例介绍

运用“长方体”命令，绘制地面和墙面；利用“插入块”与“移动”命令，插入家具；利用“点光源”与“渲染”命令，渲染客厅。本例最终效果如图225-1所示。

图225-1

制作思路

- 绘制地面、墙面并插入家具。
- 渲染客厅，完成客厅的绘制并将其保存。

制作流程

客厅的制作流程如图225-2所示。

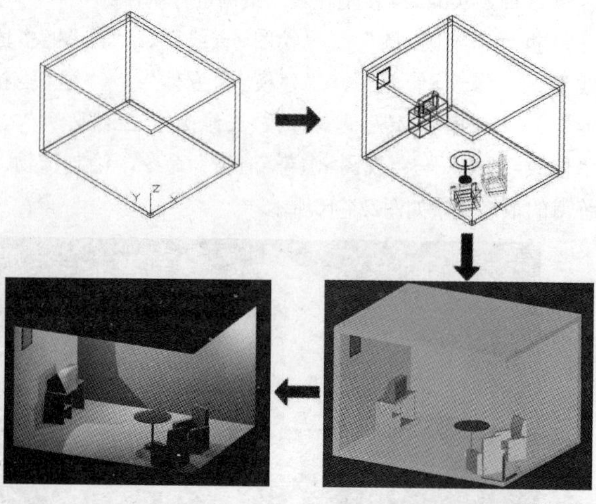

图225-2

1. 绘制地面、墙面并插入家具

01 打开AutoCAD 2013中文版软件，执行“视图>三维视图>西南等轴测”命令，转换为三维视图。

02 执行“建模>长方体”命令，绘制如图225-3所示的长方体，将其作为客厅的地面。

命令行提示如下：

```
命令：_box
指定第一个角点或 [中心(C)]: 0,0,0
指定其他角点或 [立方体(C)/长度(L)]: l
指定长度 <4000.0000>:  <正交 开> 4000
指定宽度 <5000.0000>: 5000
指定高度或 [两点(2P)] <-100.0000>: 150
```

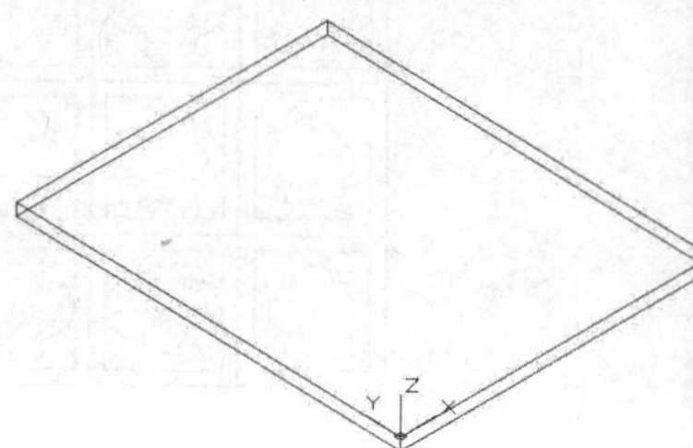

图225-3

03 再次执行“建模>长方体”命令，绘制出两侧的墙体与屋顶，如图225-4所示。

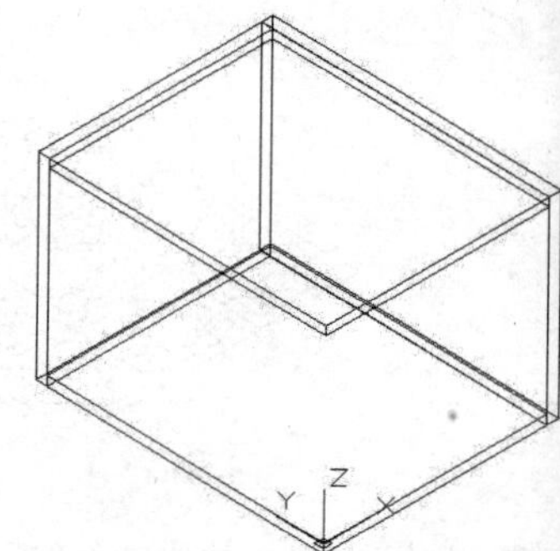

图225-4

04 执行“插入>块”命令，插入原始文件中的“实战225 原始文件”图形，再执行“修改>移动”命令，将室内家具移动到合适的位置，如图225-5所示。

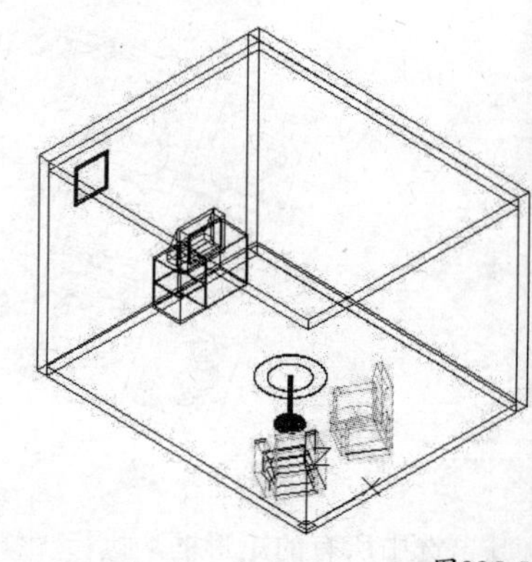

图225-5

05 执行“视图>视觉样式>真实”命令，效果如图225-6所示。

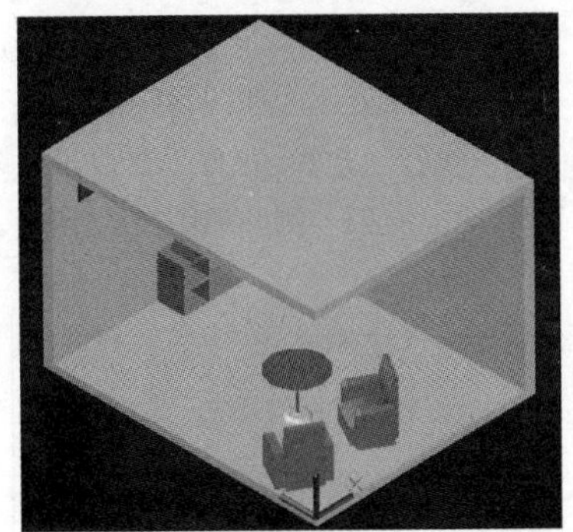

图225-6

06 执行“视图>动态观察>自由动态观察”命令，效果如图225-7所示。

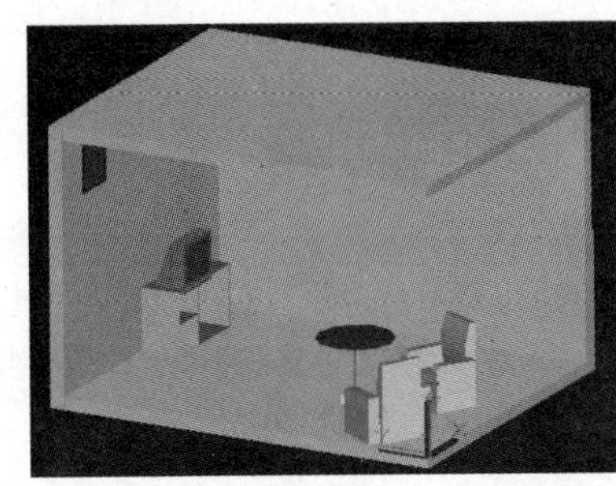

图225-7

2. 渲染客厅

执行“视图>渲染>光源>新建点光源”命令，在客厅中合适的位置新建光源，再执行“视图>渲染>渲染”命令，渲染客厅，如图225-8所示。

图225-8

练习225

练习位置	DVD>练习文件>第8章>练习225
难易指数	★★★☆☆
技术掌握	巩固“长方体”、“插入块”、“移动”、“点光源”和“渲染”等命令的使用方法。

操作指南

参照“实战225 客厅”案例进行制作。

首先，执行“建模>长方体”命令，绘制地面和墙面；然后，执行“插入>块”与“修改>移动”命令，插入家具；最后，执行“视图>渲染>光源>新建点光源”与“视图>渲染>渲染”命令，渲染客厅。练习的最终效果如图225-9所示。

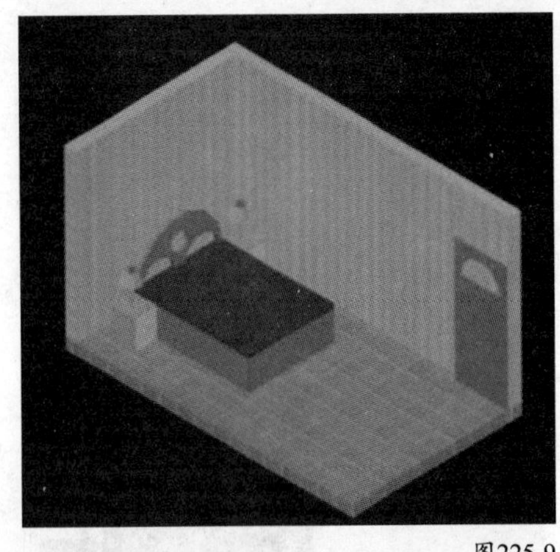

图225-9

实战226 鞋架

实战位置	DVD>实战文件>第8章>实战226
视频位置	DVD>多媒体教学>第8章>实战226
难易指数	★★☆☆☆
技术掌握	掌握“多段线”、“正多边形”、“拉伸”、“圆柱体”、“复制”、“三维阵列”、“消隐”、“并集”和“渲染”等命令。

实战介绍

运用“多段线”、“正多边形”、“拉伸”与“复制”命令，绘制周围支架；利用“圆柱体”、“复制”、“三维阵列”、“消隐”与“并集”命令，绘制鞋架部分；利用“渲染”命令，渲染鞋架。本例最终效果如图226-1所示。

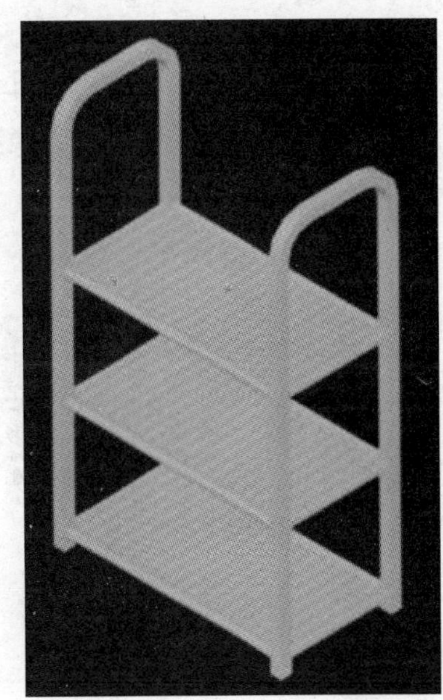

图226-1

制作思路

- 绘制周围支架。
- 绘制鞋架部分，完成鞋架的绘制并将其保存。

制作流程

鞋架的制作流程如图226-2所示。

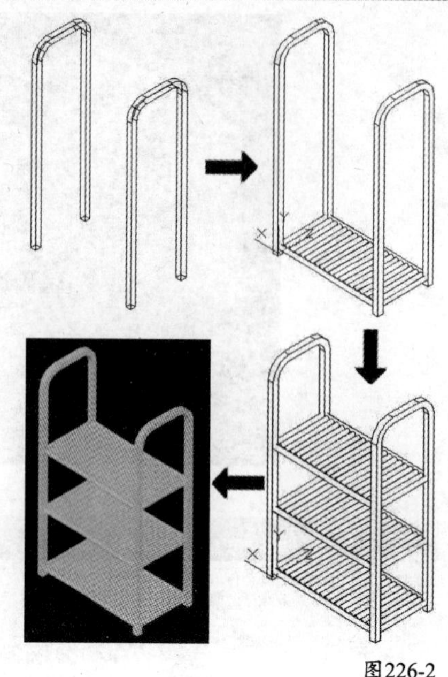

图226-2

1. 绘制周围支架

01 打开AutoCAD 2013中文版软件，执行“绘图>多段线”命令，绘制一条多段线。

命令行提示如下：

```
命令: _pline
指定起点:
当前线宽为 0.0000
指定下一个点或 [圆弧(A)/半宽(H)/长度(L)/放弃(U)/宽度(W)]: <正交 开> 137
指定下一点或 [圆弧(A)/闭合(C)/半宽(H)/长度(L)/放弃(U)/宽度(W)]: 40
指定下一点或 [圆弧(A)/闭合(C)/半宽(H)/长度(L)/放弃(U)/宽度(W)]: 137
指定下一点或 [圆弧(A)/闭合(C)/半宽(H)/长度(L)/放弃(U)/宽度(W)]:
```

02 执行“修改>圆角”命令，对多段线进行圆角操作，再执行“视图>三维视图>西南等轴测”命令，转换为三维视图，如图226-3所示。

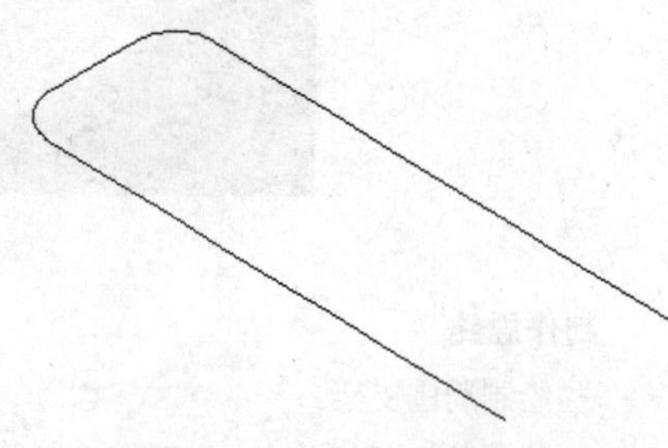

图226-3

03 执行“修改>三维擦操作>三维旋转”命令，将图226-3中的图形以x轴为旋转轴旋转90°。

04 执行“绘图>正多边形”命令，以多段线顶点为圆心绘制一个正方形，如图226-4所示。

05 执行“建模>拉伸”命令，以多段线为拉伸路径拉伸出鞋架的支架一侧，如图226-5所示。

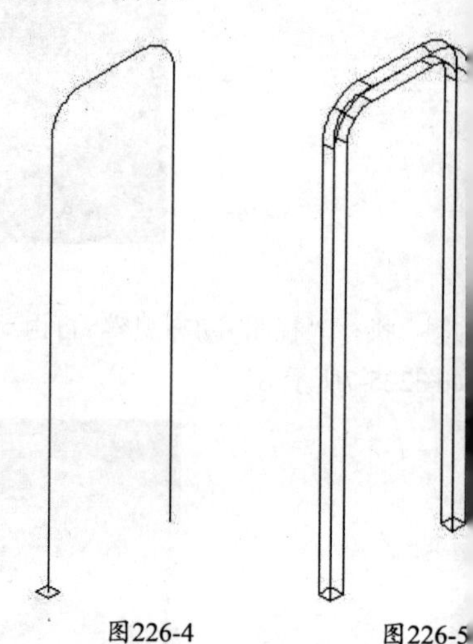

图226-4 图226-5

06 执行“修改>复制”命令，复制出另一侧的支架，复制距离为80，如图226-6所示。

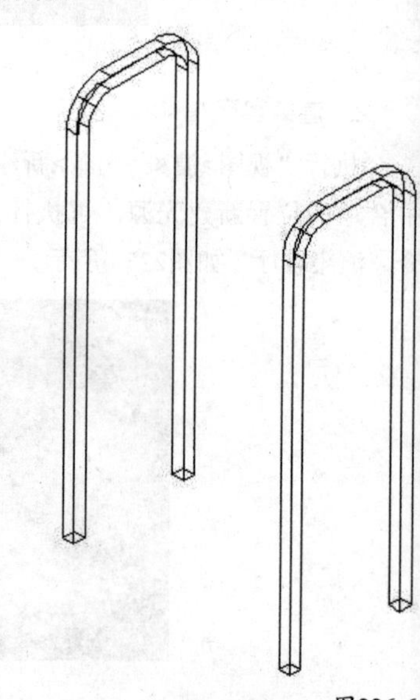

图226-6

2. 绘制鞋架部分

01 执行“工具>新建UCS>原点”命令，指定新建正多边形的中心点为原点，再执行“建模>圆柱体”命令，绘制出如图226-7所示的图形。

命令行提示如下：

```
命令: _cylinder
指定底面的中心点或 [三点(3P)/两点(2P)/切点、切点、半径(T)/椭圆(E)]: 0,5,0
指定底面半径或 [直径(D)]: 1.5
指定高度或 [两点(2P)/轴端点(A)] <-21.1415>: 80
```

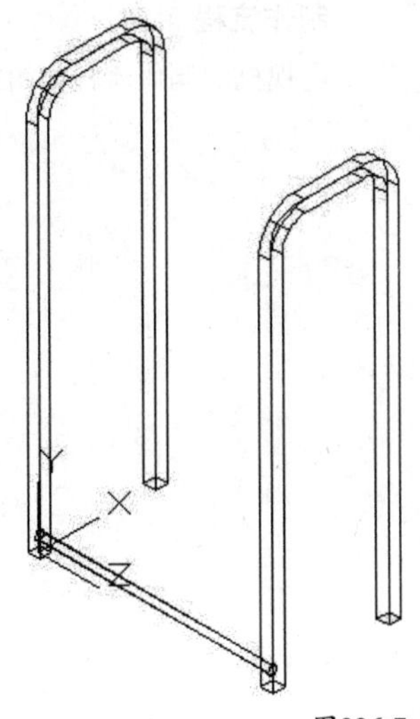

图226-7

02 执行“修改>复制”命令，复制出另一侧的圆柱体，再执行“建模>圆柱体”命令，绘制出z 轴方向上的圆柱体，如图226-8所示。

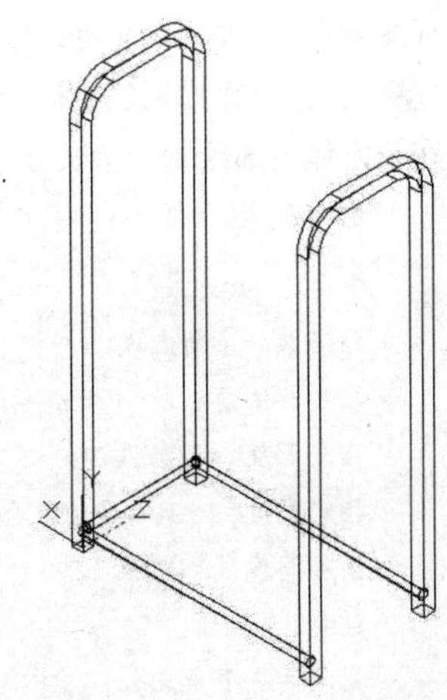

图226-8

03 在命令行中输入“ARRAYCLASSIC”，弹出“阵列”对话框，参数设置如图226-9所示。

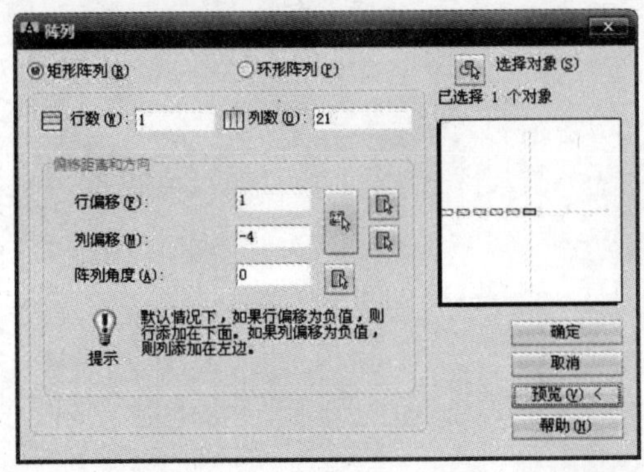

图226-9

04 单击“确定”按钮，执行“视图>消隐”命令，效果如图226-10所示。

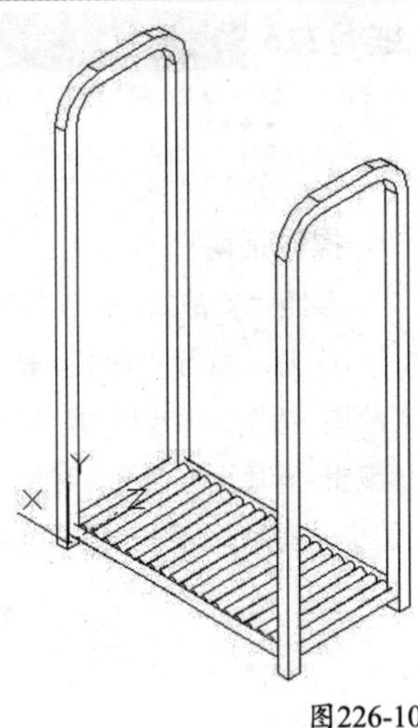

图226-10

05 执行“修改>实体编辑>并集”命令，将第一层鞋架合并为一个整体，再执行“修改>复制”命令，复制出其他的鞋架，如图226-11所示

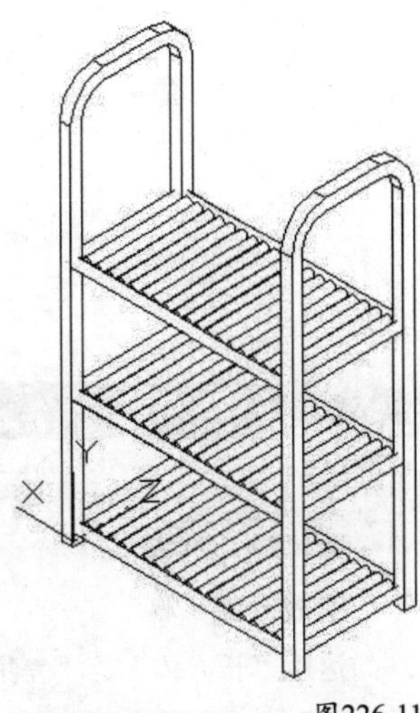

图226-11

06 执行“视图>渲染>渲染”命令，效果如图226-12所示。

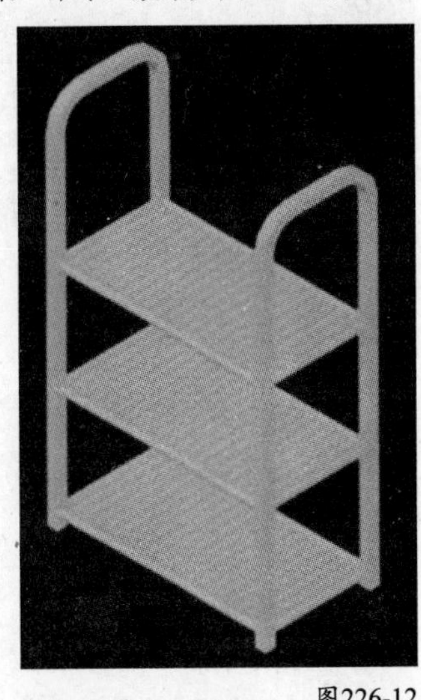

图226-12

练习226

练习位置	DVD>练习文件>第8章>练习226
难易指数	★★★☆☆
技术掌握	巩固“长方体”、“多段线”、“圆”、“拉伸”、“复制”、“着色面”和“渲染”等命令的使用方法。

操作指南

参照“实战226 鞋架”案例进行制作。

首先，执行“建模>长方体”、“绘图>多段线”、“绘图>圆”、“建模>拉伸”、“修改>复制”、“修改>实体编辑>着色面”命令，绘制书柜，然后，执行“视图>渲染>渲染”命令，渲染书柜。练习的最终效果如图226-13所示。

图226-13

实战227 电视机

实战位置	DVD>实战文件>第8章>实战227
视频位置	DVD>多媒体教学>第8章>实战227
难易指数	★★☆☆☆
技术掌握	掌握“长方体”、“差集”、“圆角”、“楔体”和“消隐”等命令。

实战介绍

运用“长方体”、“差集”、“圆角”、“楔体”与“消隐”命令，绘制电视机。本例的最终效果如图227-1所示。

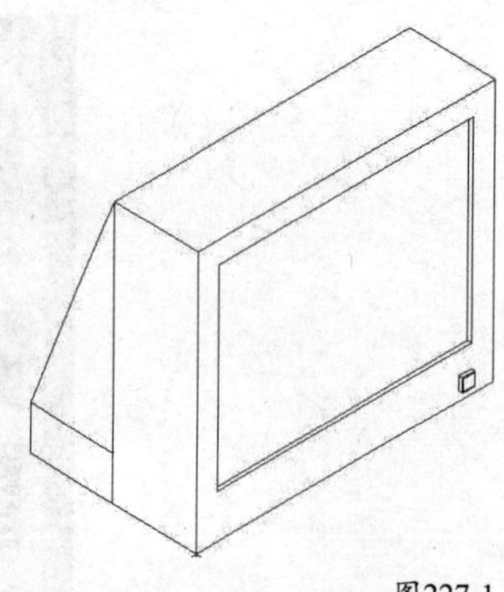

图227-1

制作思路

- 绘制轮廓。
- 绘制大部分零件，完成电视机的绘制并将其保存。

制作流程

电视机的制作流程如图227-2所示。

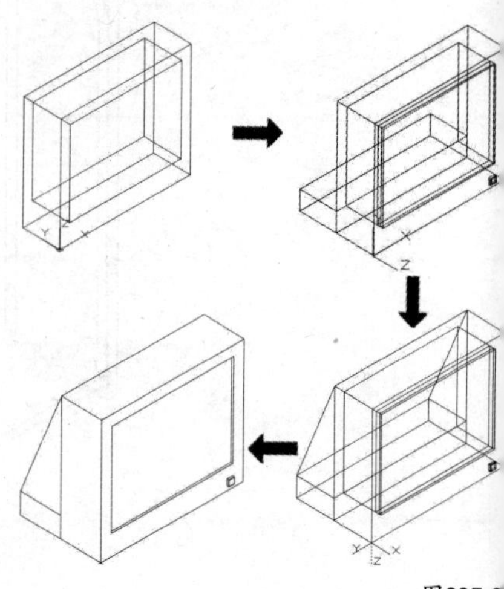

图227-2

1. 绘制轮廓

01 打开AutoCAD 2013中文版软件，执行“视图>三维视图>西南等轴测”命令，转化为三维视图。

02 执行“建模>长方体”命令，绘制出一个长方体，再在长方体内部绘制一个长方体，如图227-3所示。

命令行提示如下：

```
命令: _box
指定第一个角点或 [中心(C)]: 0,0,0
指定其他角点或 [立方体(C)/长度(L)]: l
指定长度 <200.0000>:  <正交 开> 700
指定宽度 <5200.0000>: 200
指定高度或 [两点(2P)] <40.0000>: 600
命令: _box
指定第一个角点或 [中心(C)]: 50,0,100
指定其他角点或 [立方体(C)/长度(L)]: l
指定长度 <600.0000>:  <正交 开> 600
指定宽度 <200.0000>: 200
指定高度或 [两点(2P)] <600.0000>: 450
```

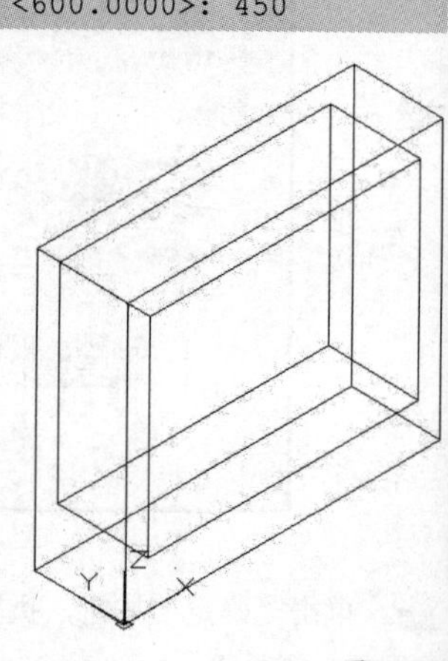

图227-3

03 执行“修改>实体编辑>差集”命令，将内部的长方体从外部减去。

2. 绘制大部分零件

01 执行“建模>长方体”命令，绘制出电视机的屏幕。

命令行提示如下：

```
命令：_box
指定第一个角点或 [中心(C)]: 50,10,100
指定其他角点或 [立方体(C)/长度(L)]: l
指定长度 <600.0000>:  <正交 开> 600
指定宽度 <200.0000>: 20
指定高度或 [两点(2P)] <450.0000>: 450
```

02 执行“工具>新建UCS>X”命令，将其沿x轴旋转90°，再执行“建模>长方体”命令，绘制出如图227-4所示的图形。

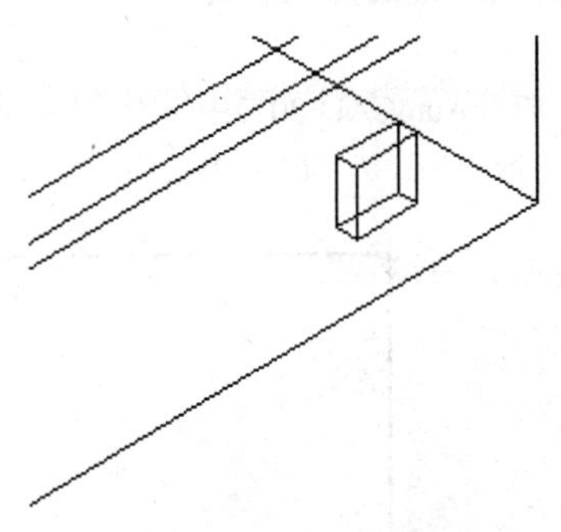

图227-4

技巧与提示

在绘制三维图形时，用到的命令会比较多，可以把常用的工具栏调出来，如“UCS”、“建模”等工具栏。

03 执行“修改>圆角”命令，对按钮进行圆角操作，设置圆角半径为2。

04 执行“建模>长方体”命令，绘制如图227-5所示的长方体。

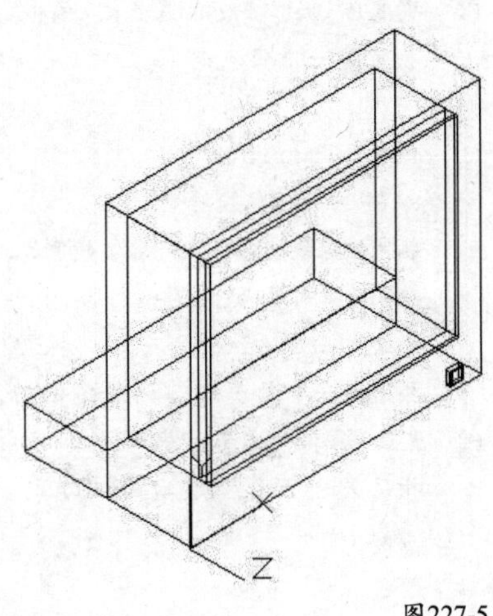

图227-5

05 改变坐标轴方向，如图227-6所示。执行“建模>楔体”命令，绘制如图227-6所示的图形。

命令行提示如下：

```
命令：_wedge
指定第一个角点或 [中心(C)]:
指定其他角点或 [立方体(C)/长度(L)]: @-200,-700
指定高度或 [两点(2P)] <-200.0121>: 500
```

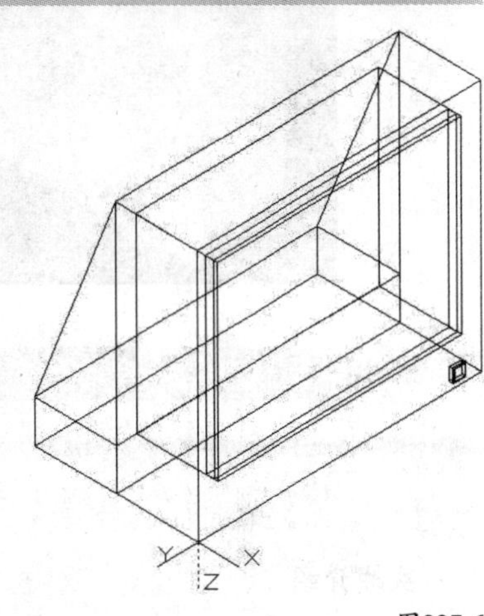

图227-6

06 执行“视图>消隐”命令，效果如图227-7所示。

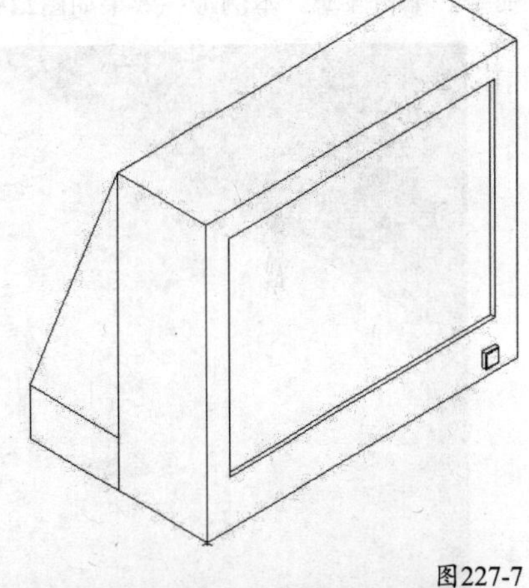

图227-7

练习227

练习位置	DVD>练习文件>第8章>练习227
难易指数	★★★☆☆
技术掌握	巩固“长方体”、“多段线”、“圆”、“拉伸”、“复制”、“着色面”和“渲染”等命令的使用方法。

操作指南

参照“实战227 电视机”案例进行制作。

首先，执行“建模>长方体”、“绘图>多段线”、“绘图>圆”、“建模>拉伸”、“修改>复制”、“修改>实体编辑>着色面”命令，绘制组合柜，然后，执行“视图>渲染>渲染”命令，渲染组合柜。练习的最终效果如图227-8所示。

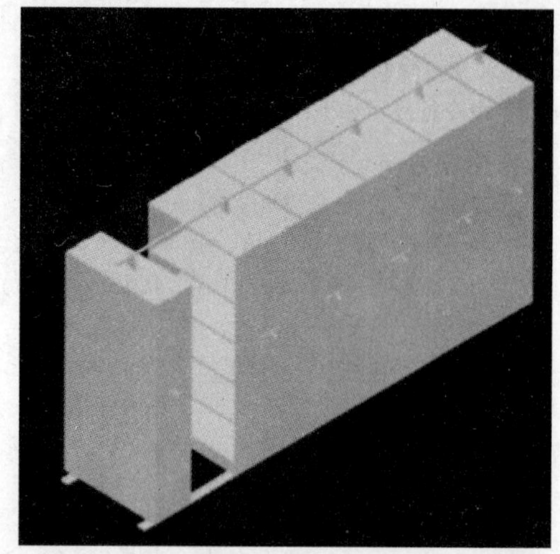

图227-8

实战228 电视柜

实战位置	DVD>实战文件>第8章>实战228
视频位置	DVD>多媒体教学>第8章>实战228
难易指数	★★☆☆☆
技术掌握	掌握“矩形”、“长方体”、“拉伸”、“差集”、“并集”、“三维旋转”和“消隐”等命令。

实战介绍

运用“矩形”、“长方体”与“拉伸”命令，绘制轮廓；利用“差集”、“并集”、“三维旋转”与“消隐”命令，编辑轮廓。本例最终效果如图228-1所示。

图228-1

制作思路

- 绘制轮廓。
- 编辑轮廓，完成电视柜的绘制并将其保存。

制作流程

电视柜的制作流程如图228-2所示。

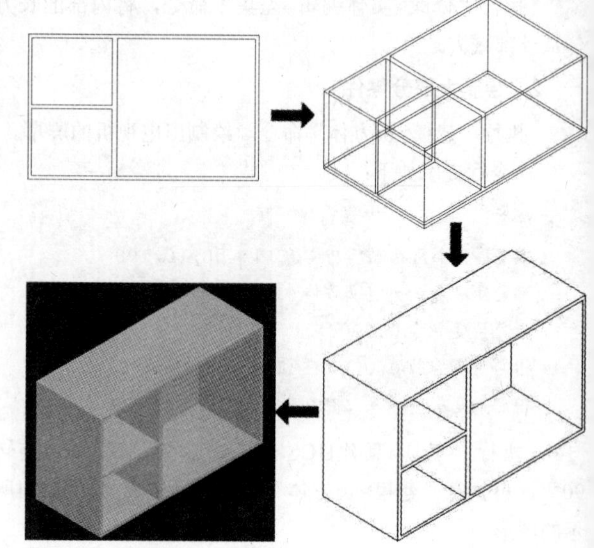

图228-2

01 打开AutoCAD 2013中文版软件，执行“绘图>矩形”命令，绘制尺寸为1300×800的矩形，如图228-3所示。

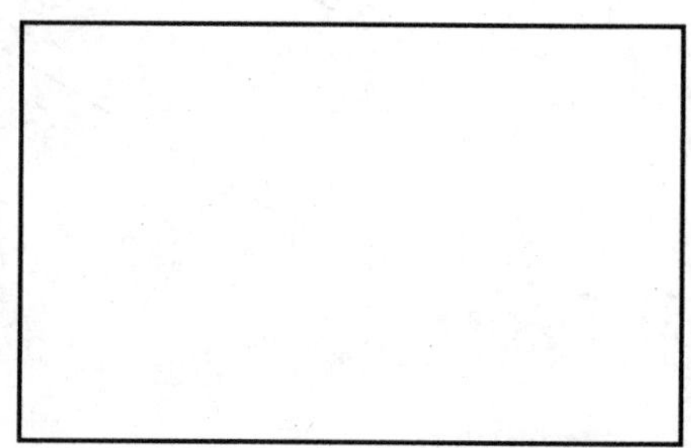

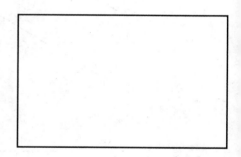

图228-3

02 再次执行“绘图>矩形”命令，绘制电视机轮廓，如图228-4所示。

命令行提示如下：

```
命令: _rectang
指定第一个角点或 [倒角(C)/标高(E)/圆角(F)/厚度(T)/宽度(W)]: _from 基点: <偏移>: @20,20
指定另一个角点或 [面积(A)/尺寸(D)/旋转(R)]: @450,370
命令: _mirror
MIRROR 找到 1 个
指定镜像线的第一点: 指定镜像线的第二点:
要删除源对象吗? [是(Y)/否(N)] <N>:
命令: _rectang
指定第一个角点或 [倒角(C)/标高(E)/圆角(F)/厚度(T)/宽度(W)]: _from 基点: <偏移>: @-20,20
指定另一个角点或 [面积(A)/尺寸(D)/旋转(R)]: @-780,760
```

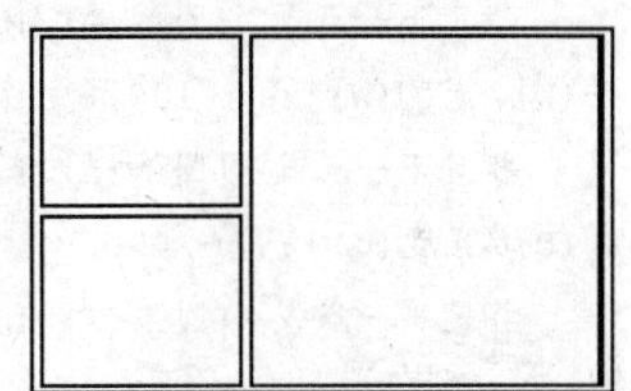

图228-4

03 执行“绘图>面域”命令，使上面绘制的图形生成面域。

04 执行“视图>三维视图>西南等轴测”命令，转化为西南等轴测视图。

05 执行“建模>拉伸”命令，将所有图形拉伸500，如图228-5所示。

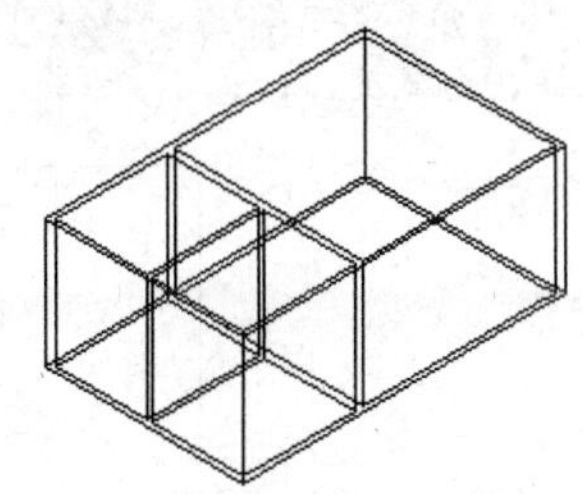

图228-5

06 执行“修改>实体编辑>差集”命令，用拉伸后的外面的长方体减去内部的长方体。

07 执行“建模>长方体”命令，绘制电视柜的背面，如图228-6所示。

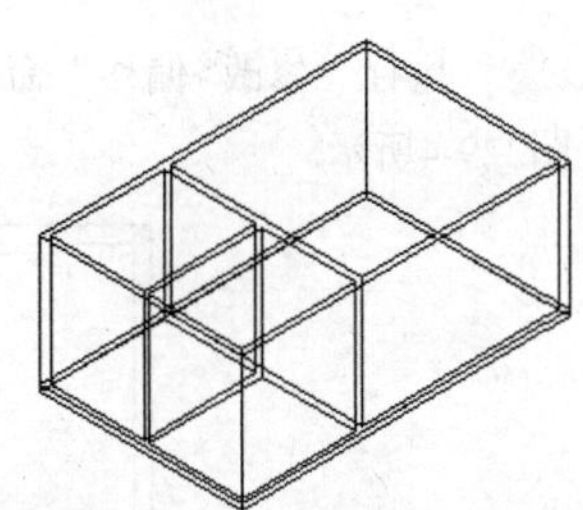

图228-6

08 执行“修改>实体编辑>并集”命令，将电视柜背面与外框合并，然后，执行“修改>三维操作>三维旋转”命令，将其旋转90°，再执行“视图>消隐”命令，效果如图228-7所示。

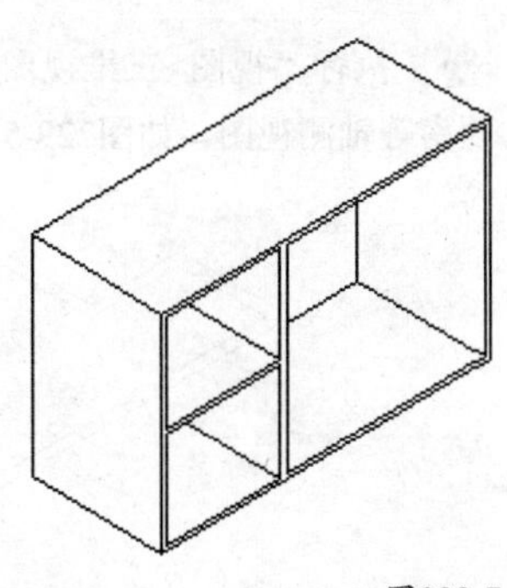

图228-7

09 执行“视图>视觉样式>真实”命令，效果如图228-8所示。

图228-8

练习228

练习位置	DVD>练习文件>第8章>练习228
难易指数	★★★☆☆
技术掌握	巩固“长方体”、“多段线”、“拉伸”、“复制”、“着色面”和“渲染”等命令的使用方法。

操作指南

参照“实战228 电视柜”案例进行制作。

首先，执行“建模>长方体”、“绘图>多段线”、“建模>拉伸”、“修改>复制”、“修改>实体编辑>着色面”命令，绘制组合柜，然后，执行“视图>渲染>渲染”命令，渲染组合柜。练习的最终效果如图228-9所示。

图228-9

实战229 书柜

实战位置	DVD>实战文件>第8章>实战229
视频位置	DVD>多媒体教学>第8章>实战229
难易指数	★★☆☆☆
技术掌握	掌握“多段线”、“矩形”、“圆”、“偏移”、“拉伸”、“修剪”、“面域”、“差集”、“着色面”和“消隐”等命令。

实战介绍

运用“多段线”、“矩形”、“圆”、“偏移”、“拉伸”、“修剪”、“面域”、“差集”与“着色面”命令，绘制书柜；利用“消隐”命令，消隐书柜。本例最终效果如图229-1所示。

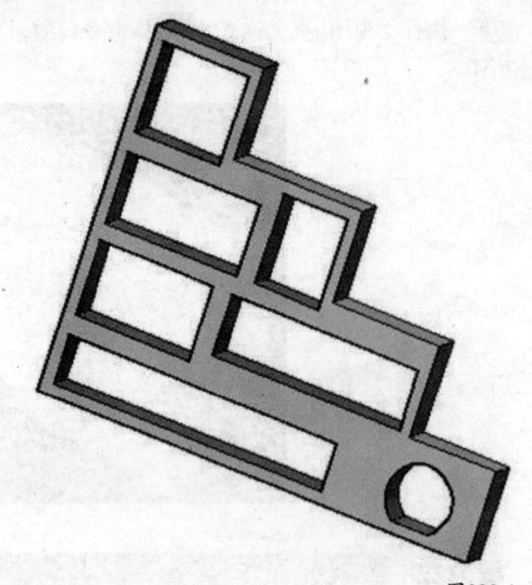

图229-1

制作思路

- 绘制书柜。
- 消隐书柜，完成书柜的绘制并将其保存。

制作流程

书柜的制作流程如图229-2所示。

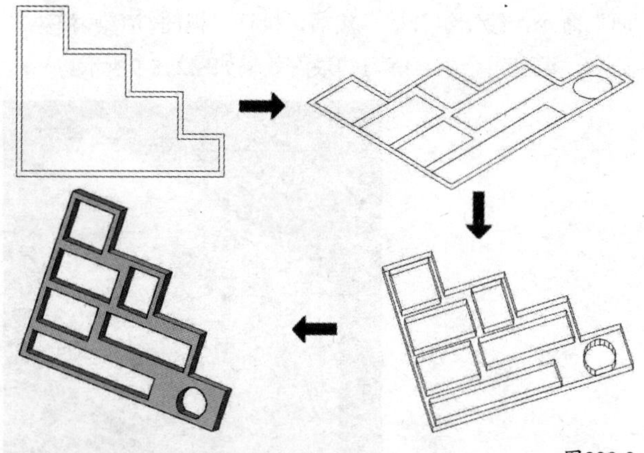

图229-2

01 打开AutoCAD 2013中文版软件，执行“绘图>多段线”命令，绘制一条闭合多段线，如图229-3所示。

命令行提示如下：

```
命令：_pline            //调用“多线”命令
指定起点：               //在屏幕上任意指定一点
当前线宽为 0.0000
指定下一个点或 [圆弧(A)/半宽(H)/长度(L)/放弃(U)/宽度(W)]：@0,-1600
指定下一点或 [圆弧(A)/闭合(C)/半宽(H)/长度(L)/放弃(U)/宽度(W)]：@2000,0
指定下一点或 [圆弧(A)/闭合(C)/半宽(H)/长度(L)/放弃(U)/宽度(W)]：@0,400
指定下一点或 [圆弧(A)/闭合(C)/半宽(H)/长度(L)/放弃(U)/宽度(W)]：@-400,0
指定下一点或 [圆弧(A)/闭合(C)/半宽(H)/长度(L)/放弃(U)/宽度(W)]：@0,400
指定下一点或 [圆弧(A)/闭合(C)/半宽(H)/长度(L)/放弃(U)/宽度(W)]：@-500,0
指定下一点或 [圆弧(A)/闭合(C)/半宽(H)/长度(L)/放弃(U)/宽度(W)]：@0,400
指定下一点或 [圆弧(A)/闭合(C)/半宽(H)/长度(L)/放弃(U)/宽度(W)]：@-600,0
指定下一点或 [圆弧(A)/闭合(C)/半宽(H)/长度(L)/放弃(U)/宽度(W)]：@0,400
指定下一点或 [圆弧(A)/闭合(C)/半宽(H)/长度(L)/放弃(U)/宽度(W)]：c
```

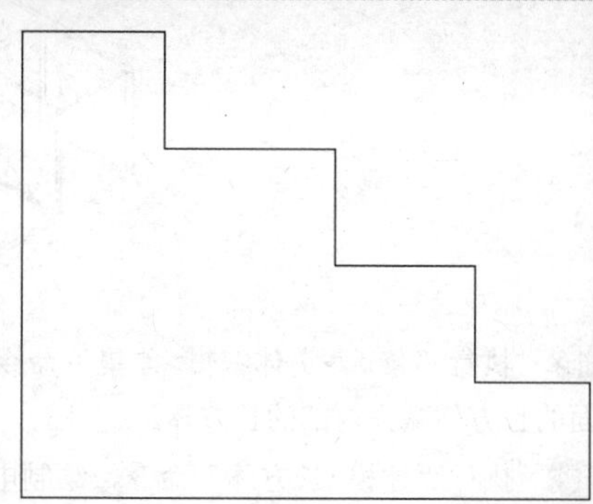

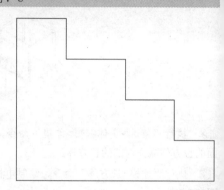

图229-3

02 执行“修改>偏移”命令，将多段线向内偏移50，如图229-4所示。

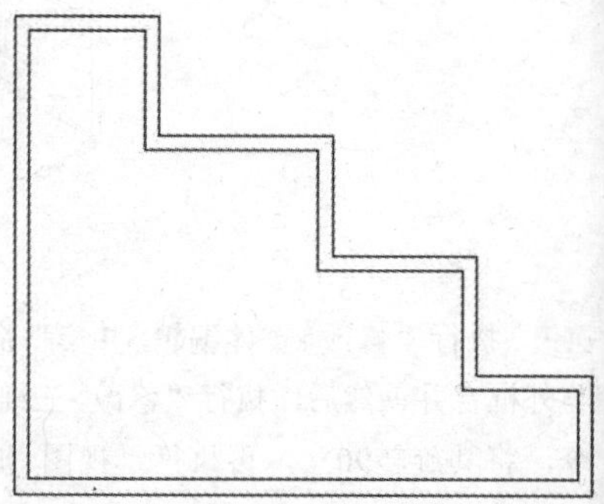

图229-4

03 执行“视图>三维视图>西南等轴测”命令，转化为西南等轴测视图，如图229-5所示。

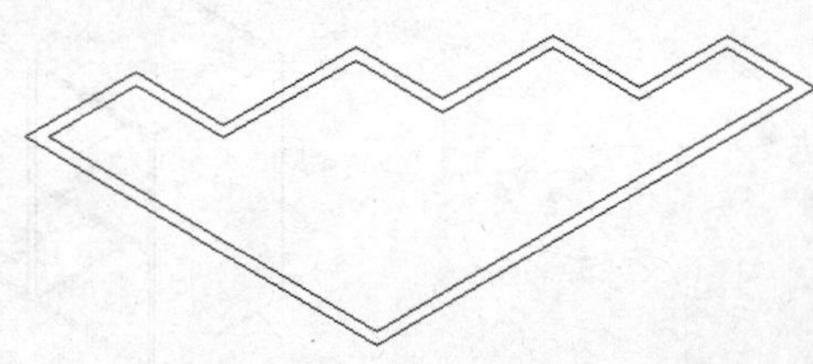

图229-5

04 执行“工具>新建UCS>原点”命令，改变坐标原点，如图229-6所示。

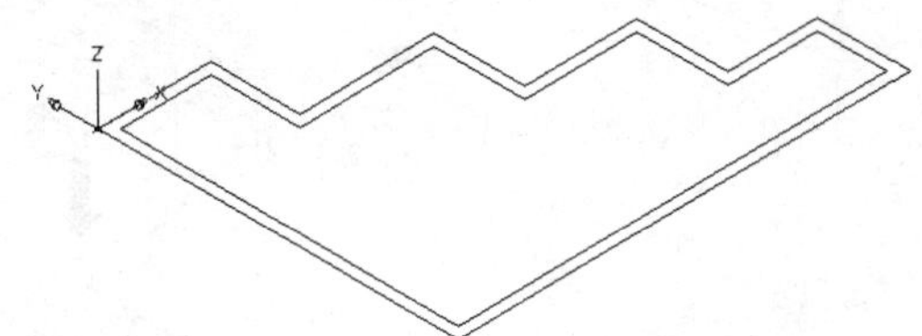

图229-6

05 执行“绘图>矩形”命令，绘制书架内部的第一个矩形，如图229-7所示。

命令行提示如下：

```
命令: _rectang            //调用“矩形”命令
指定第一个角点或 [倒角(C)/标高(E)/圆角(F)/厚度(T)/宽度(W)]:        //捕捉内侧轮廓左顶点
指定另一个角点或 [面积(A)/尺寸(D)/旋转(R)]:
```

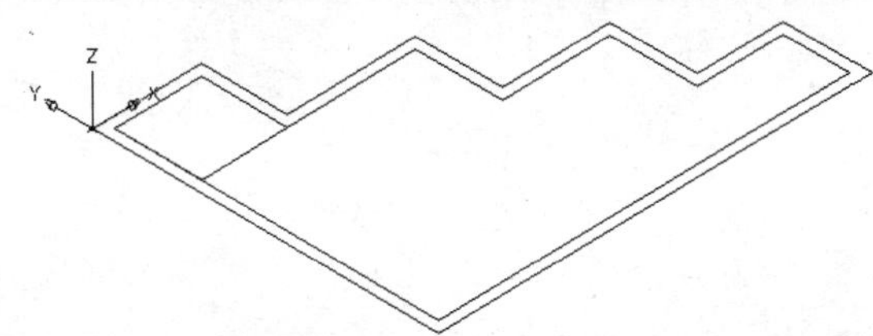

图229-7

06 执行“绘图>矩形”、“绘图>圆”和“修改>修剪”命令，绘制其他书洞，如图229-8所示。

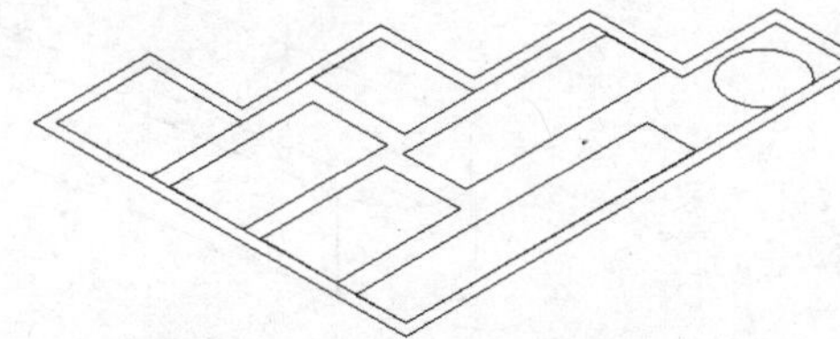

图229-8

07 执行“绘图>面域”命令，将所有图形创建成一个面域，再执行“建模>拉伸”命令，将图形拉伸一定的高度，如图229-9所示。

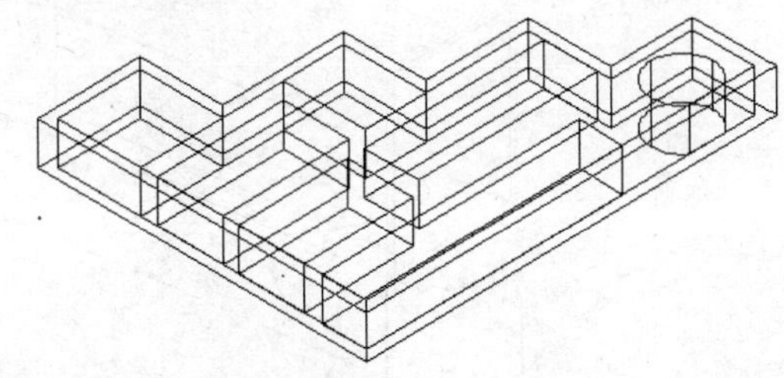

图229-9

08 执行“修改>实体编辑>差集”命令，减去中间的书洞，再执行“视图>消隐”命令，效果如图229-10所示。

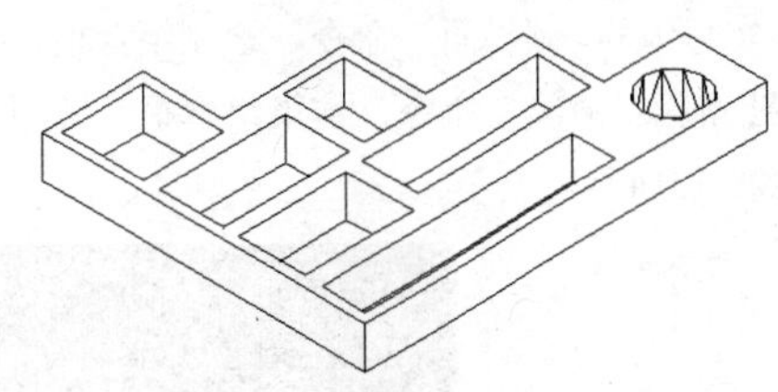

图229-10

09 执行“视图>动态观察>自由动态观察”命令，调整视图。

10 在命令行中输入“FACETRES”，改变图形的平滑度。

命令行提示如下：

```
命令: FACETRES
输入 FACETRES 的新值 <0.5000>: 5
```

11 执行“视图>消隐”命令后，即可看到平滑后的效果，如图229-11所示。

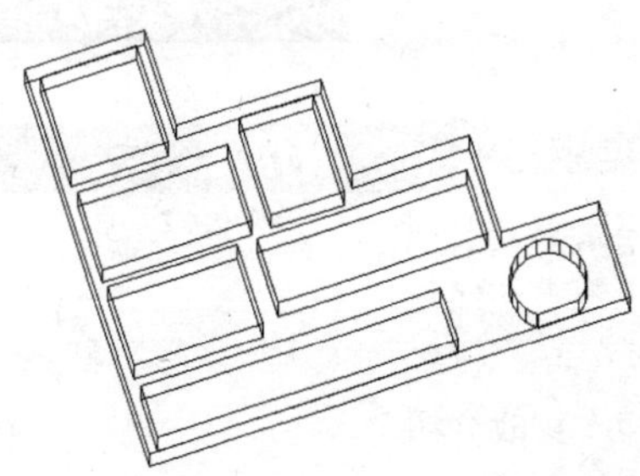

图229-11

12 执行“修改>实体编辑>着色面”命令，对图形进行着色，再执行“视图>动态观察>自由动态观察”和“视图>消隐”命令，改变视图，如图229-12所示。

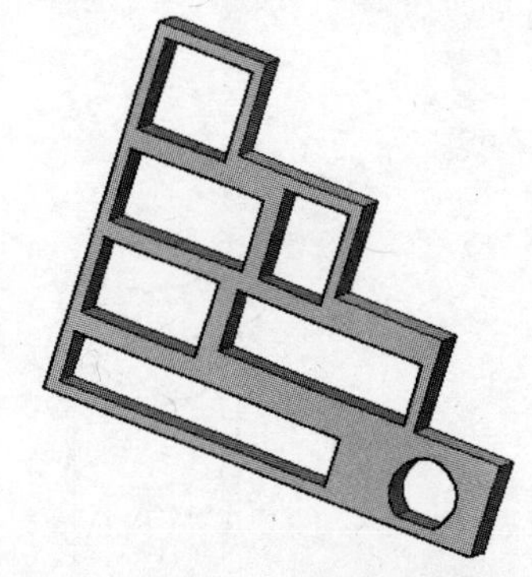

图229-12

练习229

练习位置	DVD>练习文件>第8章>练习229
难易指数	★★★☆☆
技术掌握	巩固“长方体”、“复制”、“差集”、“并集”、“倾斜面”和“渲染”等命令的使用方法。

操作指南

参照“实战229 书柜”案例进行制作。

首先，执行“建模>长方体”、“修改>复制”、“修改>实体编辑>差集”、“修改>实体编辑>并集”、“修改

>实体编辑>倾斜面”命令，绘制组合柜，然后，执行“视图>渲染>渲染”命令，渲染组合柜。练习的最终效果如图229-13所示。

图229-13

实战230 商场展示柜

实战位置	DVD>实战文件>第8章>实战230
视频位置	DVD>多媒体教学>第8章>实战230
难易指数	★★☆☆☆
技术掌握	掌握“多段线”、“长方体”、“拉伸”、“复制”、“并集”、和“消隐”等命令。

实战介绍

运用“多段线”、“长方体”、“拉伸”、“复制”与“并集”命令，绘制展示柜；利用“消隐”命令，消隐展示柜。本例最终效果如图230-1所示。

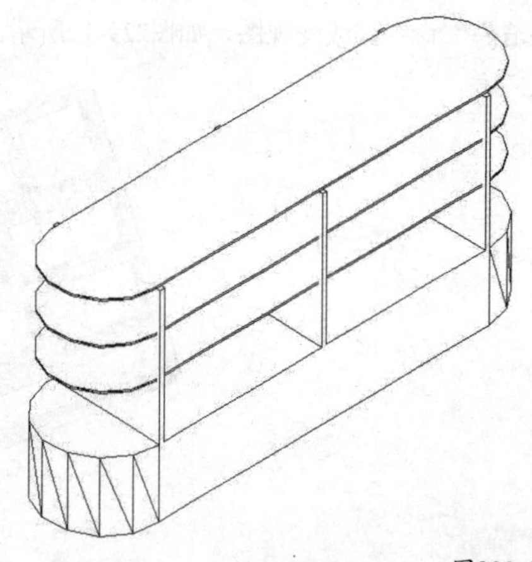

图230-1

制作思路

- 绘制展示柜。
- 消隐展示柜，完成商场展示柜的绘制并将其保存。

制作流程

商场展示柜的制作流程如图230-2所示。

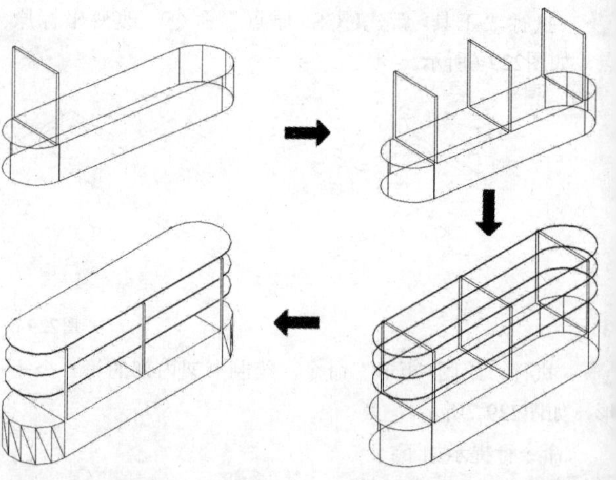

图230-2

01 打开AutoCAD 2013中文版软件，执行“绘图>多段线”命令，绘制一条闭合多段线，如图230-3所示。

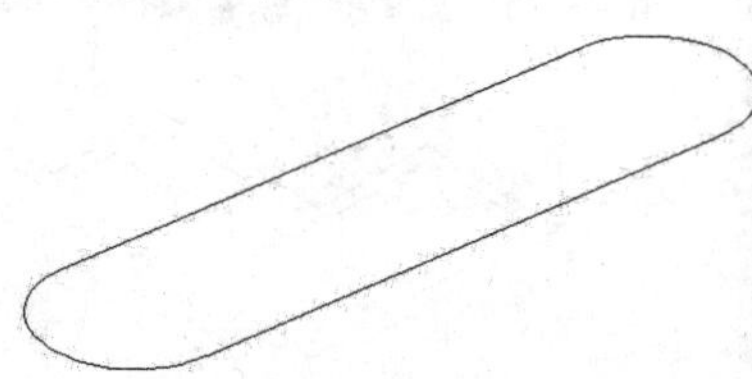

图230-3

02 执行“建模>拉伸”命令，将多段线向上拉伸550，如图230-4所示。

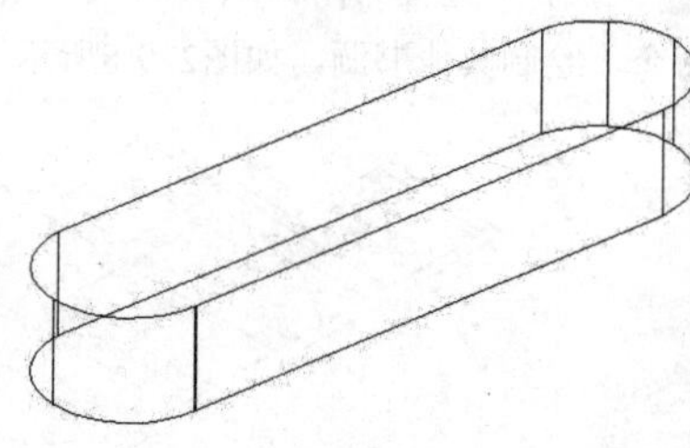

图230-4

03 执行“建模>长方体”命令，绘制一个长方体，再执行“修改>移动”命令，将长方体移动到合适的位置，如图230-5所示。

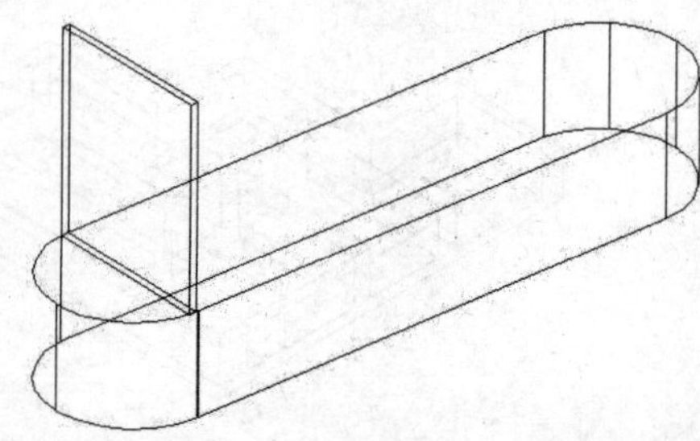

图230-5

04 执行“修改>复制”命令，将长方体复制两个，如图230-6所示。

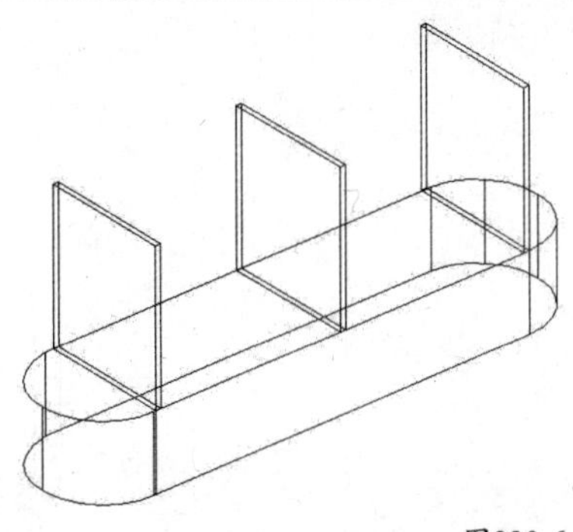

图230-6

05 执行“修改>实体编辑>并集”命令，对所有图形进行并集布尔运算，如图230-7所示。

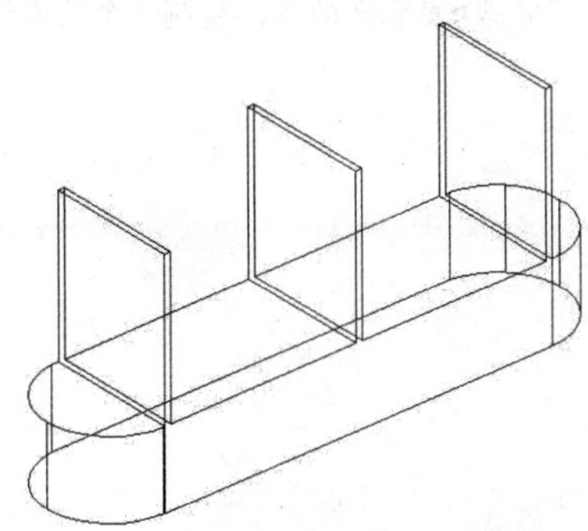

图230-7

06 执行“绘图>多段线”和“建模>拉伸”命令，绘制搁板，如图230-8所示。

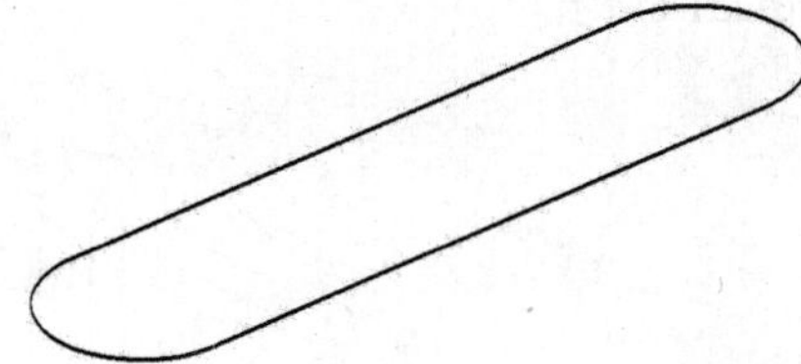

图230-8

07 执行“修改>移动”命令，将上一步所绘制的图形移动到合适的位置，如图230-9所示。

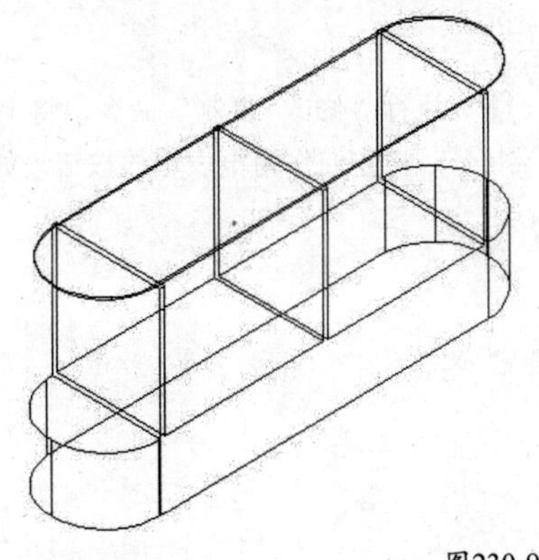

图230-9

08 执行“修改>复制”命令，将上一步移动的图形再复制两个，如图230-10所示。

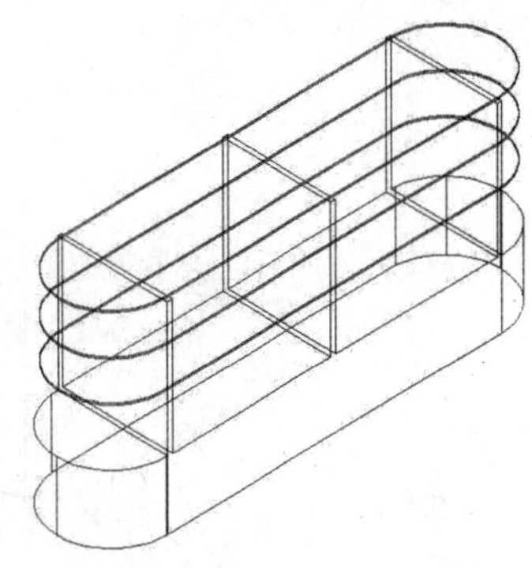

230-10

09 执行“视图>消隐”命令，消隐图形，如图230-11所示。

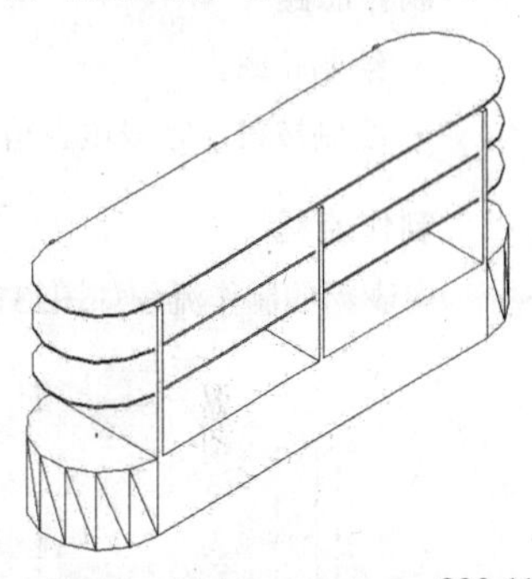

230-11

练习230

练习位置	DVD>练习文件>第8章>练习230
难易指数	★★★☆☆
技术掌握	巩固“多段线”、“拉伸”、“复制”和“渲染”等命令的使用方法。

操作指南

参照“实战230 商场展示柜”案例进行制作。

首先，执行“绘图>多段线”、“修改>复制”与“建模>拉伸”命令，绘制展示柜，然后，执行“视图>消隐”命令，消隐展示柜。练习的最终效果如图230-11所示。

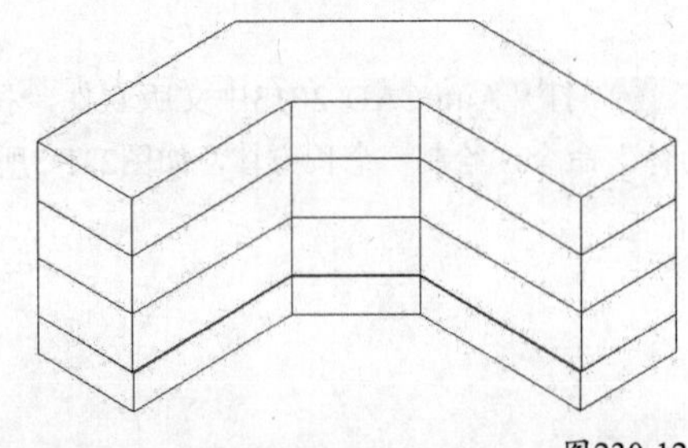

图230-12

实战231 电表箱

实战位置	DVD>实战文件>第8章>实战231
视频位置	DVD>多媒体教学>第8章>实战231
难易指数	★★☆☆☆
技术掌握	掌握“长方体”和“复制”等命令。

实战介绍

运用“长方体”与“复制”命令，绘制电表箱。本例最终效果如图231-1所示。

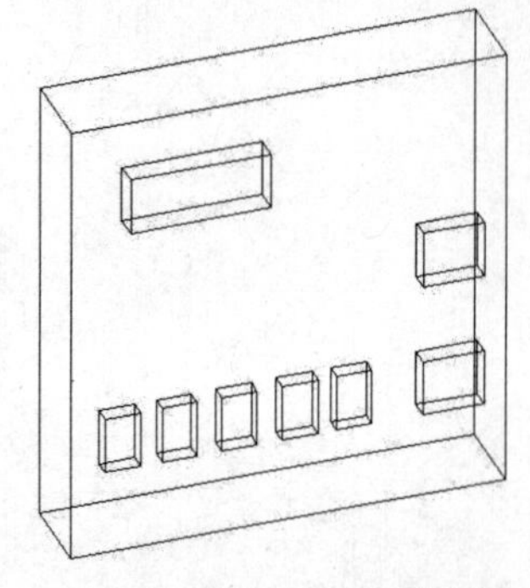
图231-1

制作思路

- 绘制轮廓。
- 绘制按钮，完成电表箱的绘制并将其保存。

制作流程

电表箱的制作流程如图231-2所示。

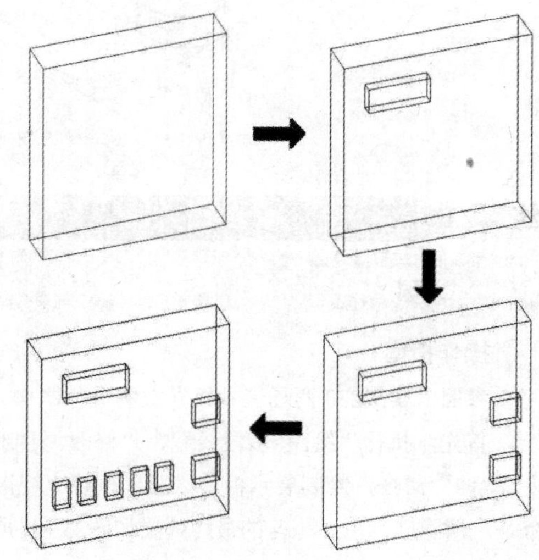
图231-2

01 打开AutoCAD 2013中文版软件，执行“建模>长方体”命令，绘制一个长方体，如图231-3所示。

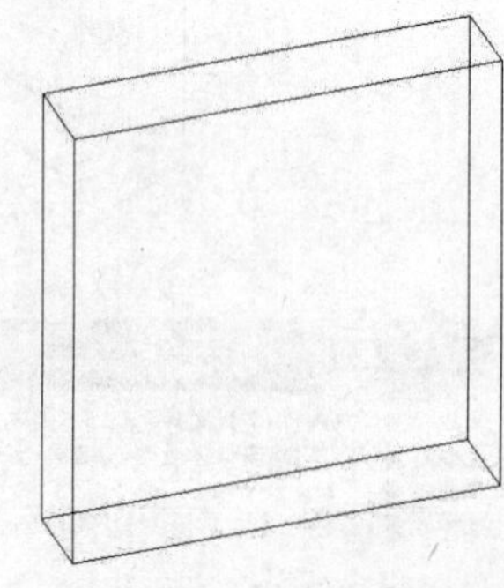
图231-3

02 执行“建模>长方体”命令，绘制一个长方体，再执行“修改>移动”命令，将长方体移动到合适的位置，如图231-4所示。

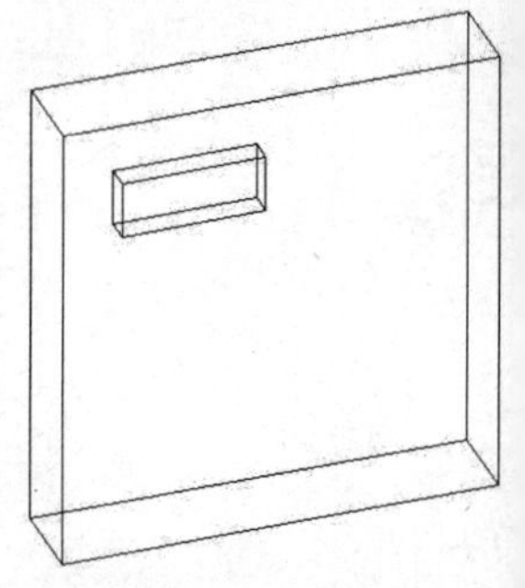
图231-4

03 执行“建模>长方体”命令，绘制一个长方体，再执行“修改>移动”命令，将长方体移动到合适的位置。执行“修改>复制”命令，复制一个长方体，如图231-5所示。

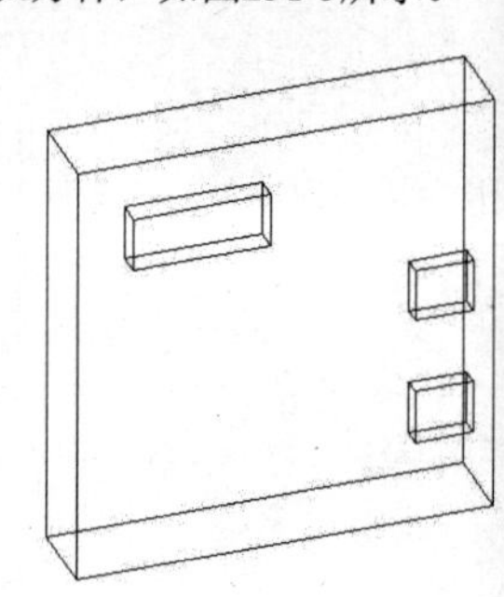
图231-5

04 执行“建模>长方体”命令，绘制一个长方体，再执行“修改>移动”命令，将长方体移动到合适的位置，如图231-6所示。

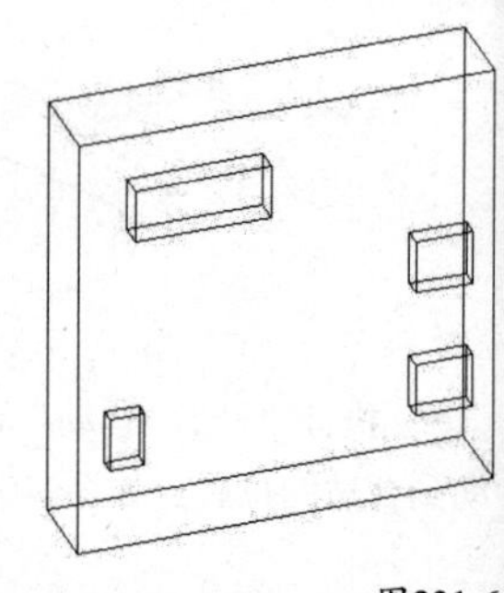
图231-6

05 执行“修改>复制”命令，将上一步绘制的长方体复制4个，将它们作为电表箱的按钮，如图231-7所示。

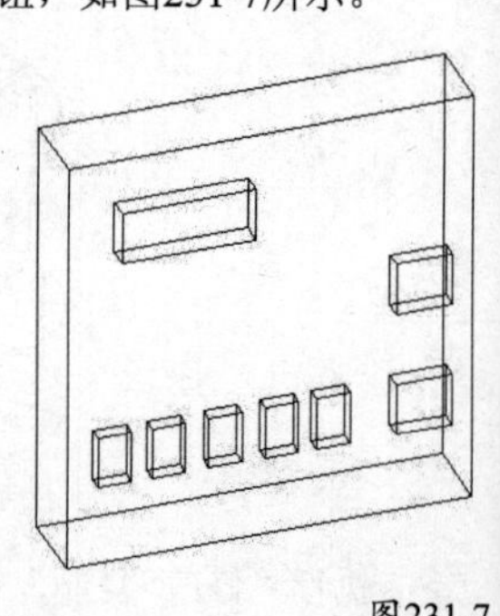
图231-7

练习231

练习位置	DVD>练习文件>第8章>练习231
难易指数	★★★☆☆
技术掌握	巩固“长方体”和“复制”等命令的使用方法。

操作指南

参照“实战231 电表箱”案例进行制作。

执行“建模>长方体”与“修改>复制”命令，绘制排风孔。练习的最终效果如图231-8所示。

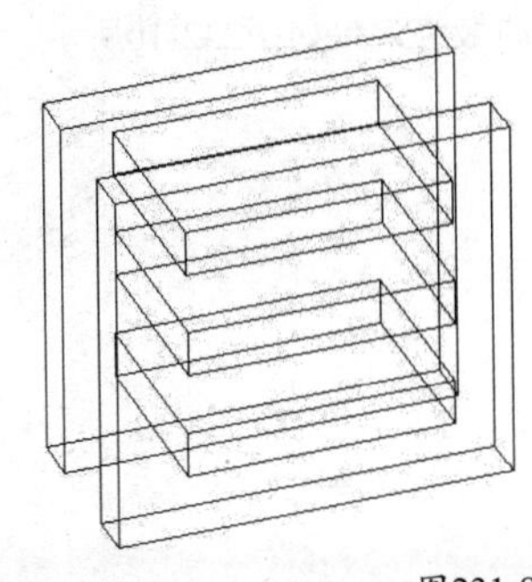

图231-8

实战232 装饰墙

实战位置	DVD>实战文件>第8章>实战232
视频位置	DVD>多媒体教学>第8章>实战232
难易指数	★★☆☆☆
技术掌握	掌握“矩形”、“长方体”、“拉伸”、“移动”、“差集”和“消隐”等命令。

实战介绍

运用“矩形”、“长方体”、“拉伸”、“移动”与“差集”命令，绘制装饰墙；利用“消隐”命令，消隐图形。本例最终效果如图232-1所示。

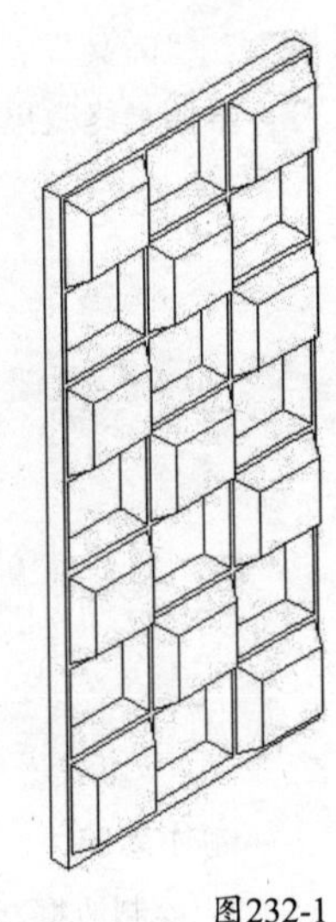

图232-1

制作思路

- 绘制装饰墙。
- 消隐装饰墙，完成装饰墙的绘制并将其保存。

制作流程

装饰墙的制作流程如图232-2所示。

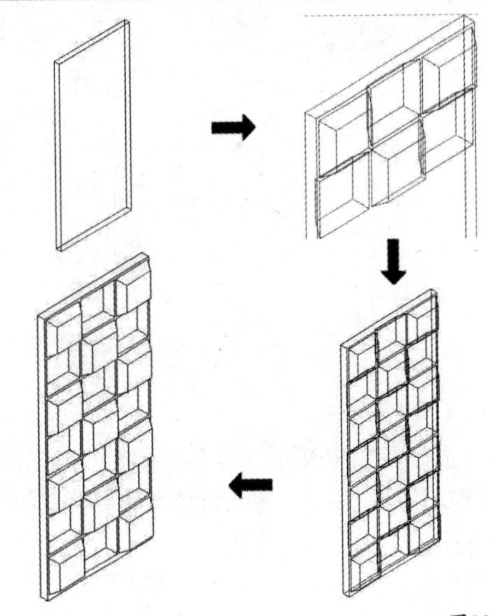

图232-2

01 打开AutoCAD 2013中文版软件，执行“建模>长方体”命令，绘制一个长1500，宽100，高3387的长方体，如图232-3所示。

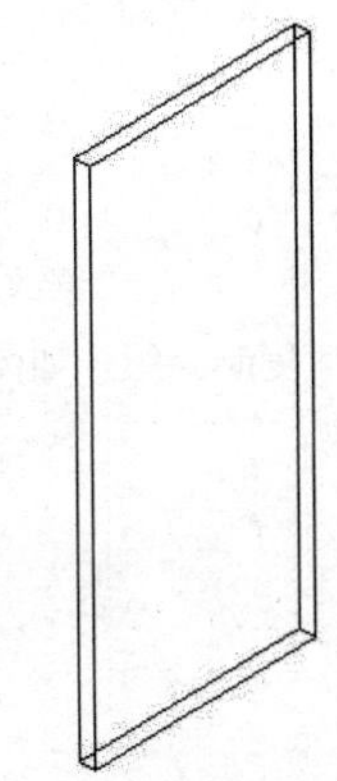

图232-3

02 执行“绘图>矩形”命令，绘制一个长465，宽445的矩形，再执行“建模>拉伸”命令，将矩形向外拉伸，设置拉伸角度为30，拉伸高度为100，如图232-4所示。

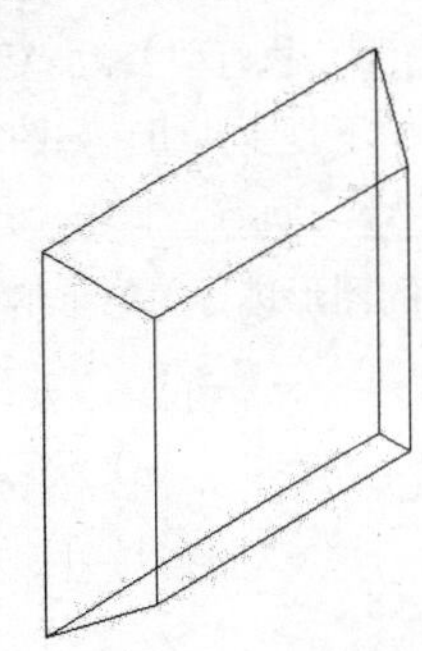

图232-4

03 执行“绘图>矩形”命令，绘制一个长465，宽445的矩形，再执行“建模>拉伸”命令，将矩形向内拉伸，设置拉伸角度为30，拉伸高度为100，如图232-5所示。

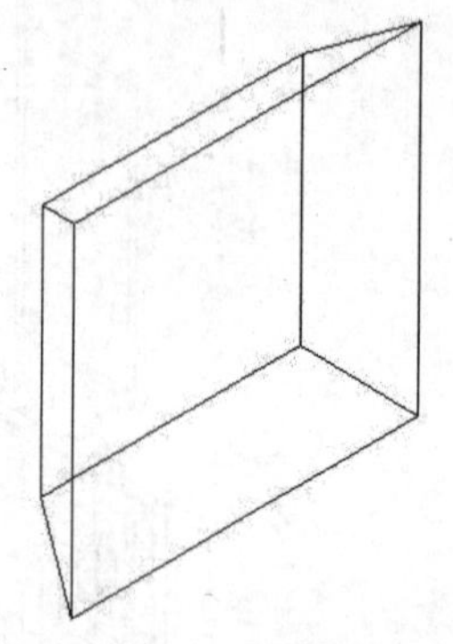

图232-5

04 执行“绘图>矩形”命令，绘制一个长方体，再执行“修改>移动”命令，将长方体移动到合适的位置，如图232-6所示。

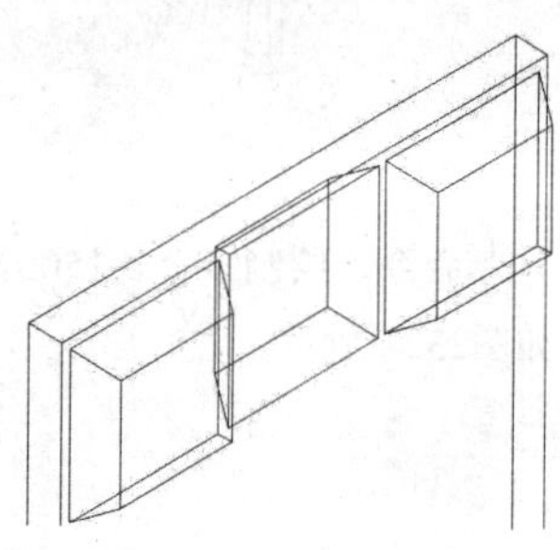

图232-6

05 执行“修改>复制”命令，将上一步移动的长方体向下复制一组，如图232-7所示。

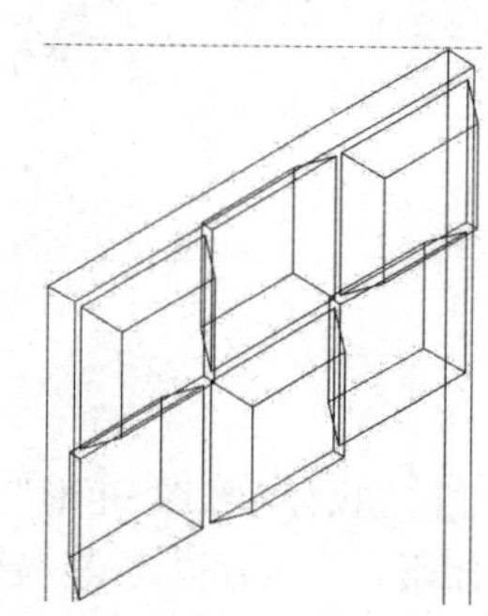

图232-7

06 执行“修改>复制”命令，将上一步复制的长方体再向下复制几组，如图232-8所示。

07 执行“修改>实体编辑>差集”命令，对上一步绘制的图形进行差集布尔运算，效果如图232-9所示。

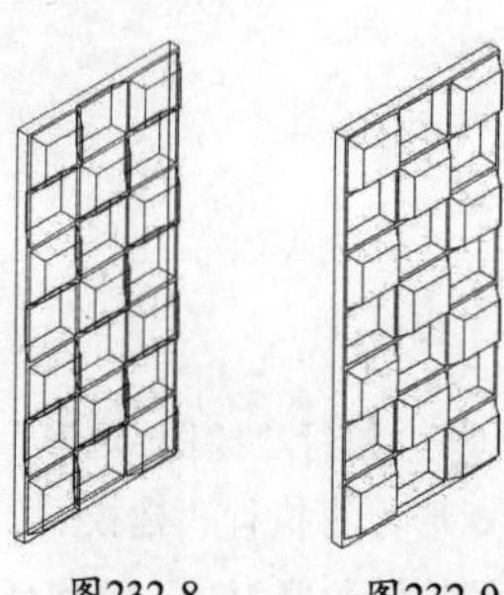

图232-8　图232-9

练习232

练习位置	DVD>练习文件>第8章>练习232
难易指数	★★★☆☆
技术掌握	巩固“长方体”、“复制”、“差集”和“消隐”等命令的使用方法。

操作指南

参照“实战232 装饰墙”案例进行制作。

执行“建模>长方体”、“修改>复制”、“修改>实体编辑>差集”与“视图>消隐”命令，绘制装饰墙。练习的最终效果如图232-10所示。

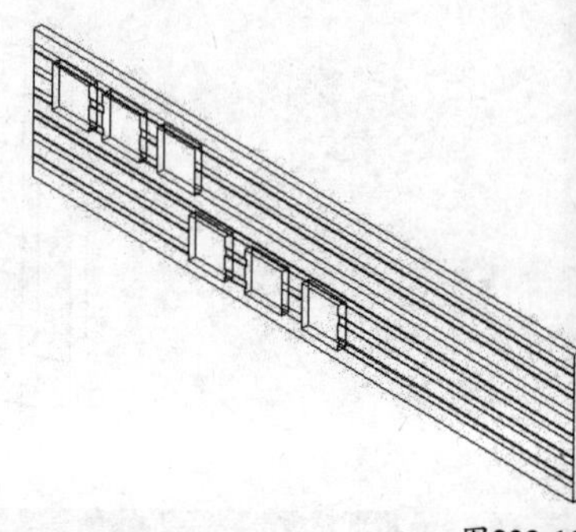

图232-10

实战233 烟灰缸

实战位置	DVD>实战文件>第8章>实战233
视频位置	DVD>多媒体教学>第8章>实战233
难易指数	★★☆☆☆
技术掌握	掌握“矩形”、“直线”、“偏移”、“长方体”、“拉伸”、“差集”、“并集”、“三维阵列”和“消隐”等命令。

实战介绍

运用“矩形”、“偏移”、“拉伸”与“差集”命令，绘制边框；利用“长方体”、“直线”、“三维阵列”、“差集”、“并集”与“消隐”命令，绘制空缺部分。本例最终效果如图233-1所示。

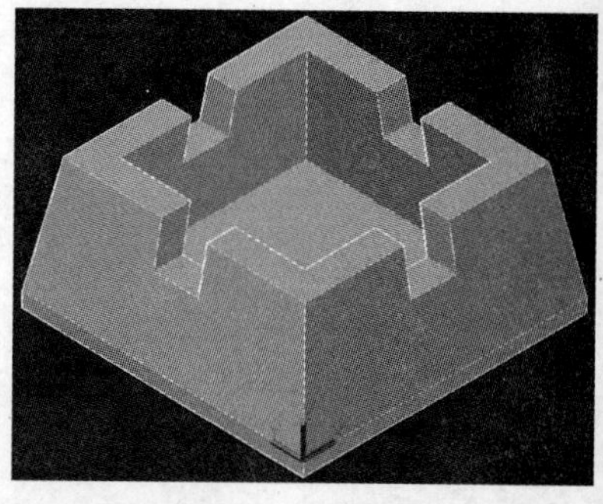

图233-1

制作思路

- 绘制边框。
- 绘制空缺部分，完成烟灰缸的绘制并将其保存。

制作流程

烟灰缸的制作流程如图233-2所示。

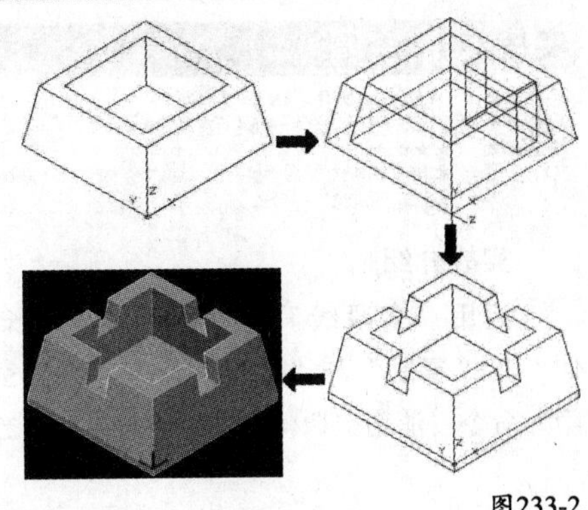

图233-2

1. 绘制边框

01 打开AutoCAD 2013中文版软件，执行“视图>三维视图>西南等轴测”命令，将视图转换为西南等轴测视图。

02 执行“绘图>矩形”命令，绘制一个边长为100的正方形。

03 执行“修改>偏移”命令，将矩形向内偏移20，如图233-3所示。

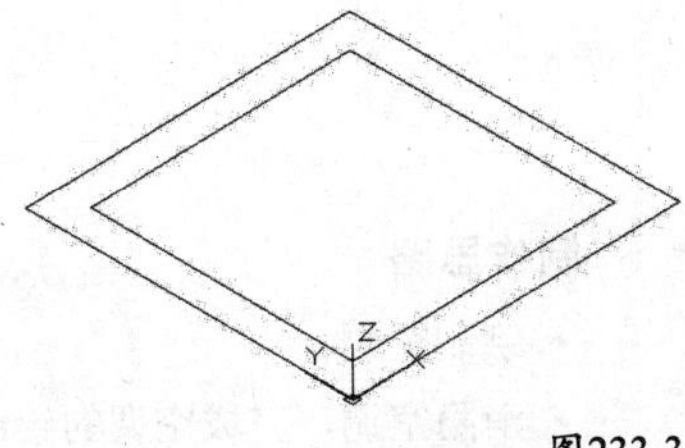

图233-3

04 执行“建模>拉伸”命令，将上图中的矩形向上拉伸40，倾斜角度为10，如图233-4所示。

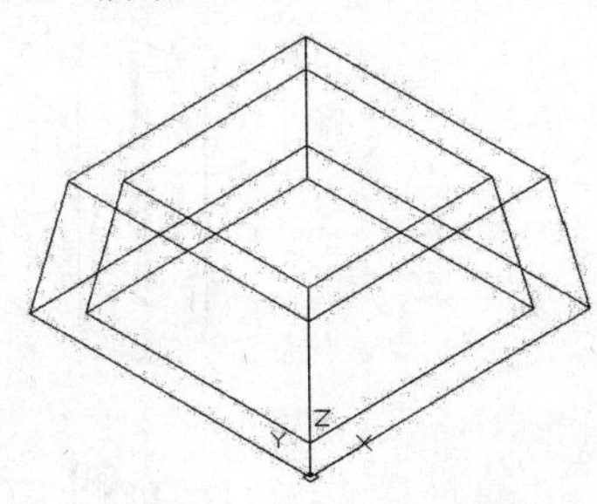

图233-4

05 执行“修改>实体编辑>差集”命令，将小拉伸体从大拉伸体中减去。执行“视图>消隐”命令，效果如图233-5所示。

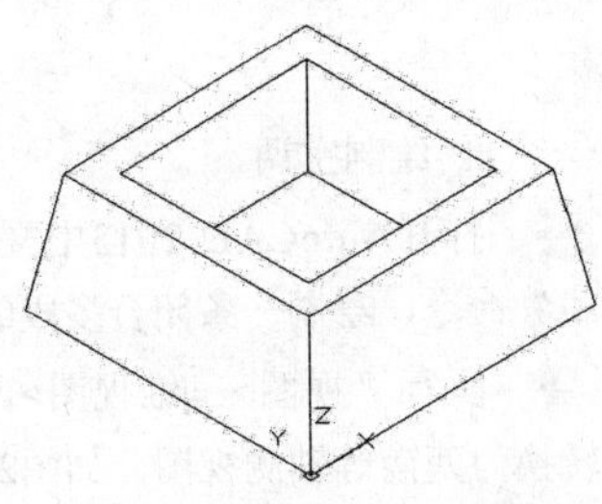

图233-5

2. 绘制空缺部分

01 执行“工具>新建UCS>X”命令，将x轴旋转90°。执行“建模>长方体”命令，以点（42，25，-15）为第一角点，绘制一个长16，宽40，高40的长方体，如图233-6所示。

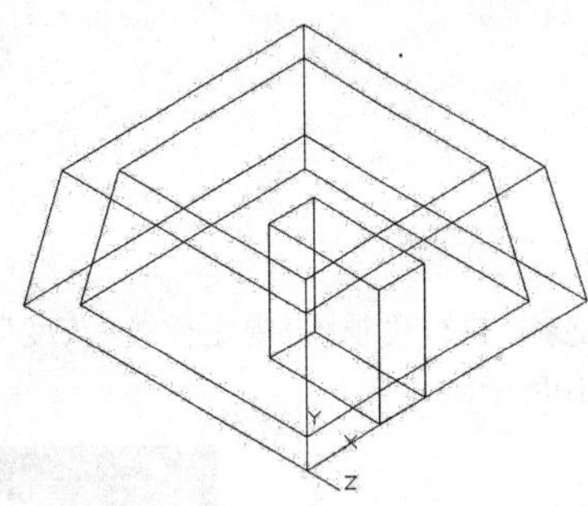

图233-6

02 执行“修改>移动”命令，移动长方体，再执行“绘图>直线”命令，将拉伸实体的几何中心轴线作为辅助线，如图233-7所示。

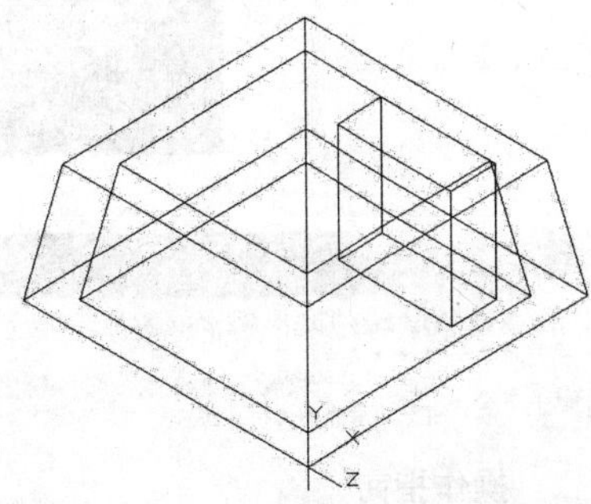

图233-7

03 执行“修改>三维操作>三维阵列”命令，对长方体进行环形阵列，阵列数目为4，阵列中心点为辅助轴线一端点。

04 执行“修改>实体操作>差集”命令，对所有图形进行差集运算。

05 执行“视图>消隐”命令，效果如图233-8所示。

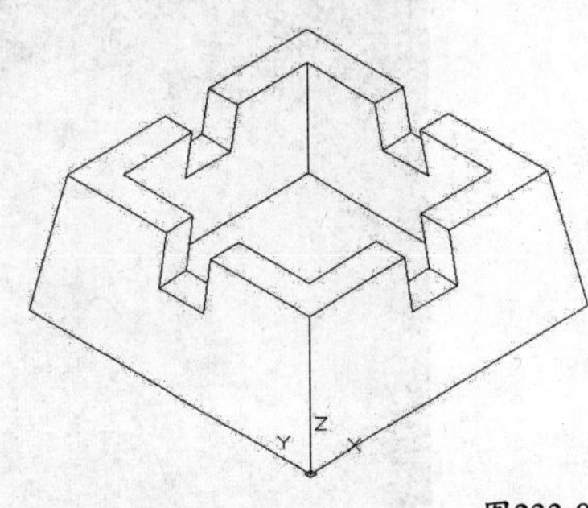

图233-8

06 执行“绘图>矩形”和“建模>拉伸”命令，绘制烟灰缸的底，底高为5。执行“修改>实体操作>并集”命令，对缸底与缸体进行并集运算，再执行“视图>消隐”命令，效果如图233-9所示。

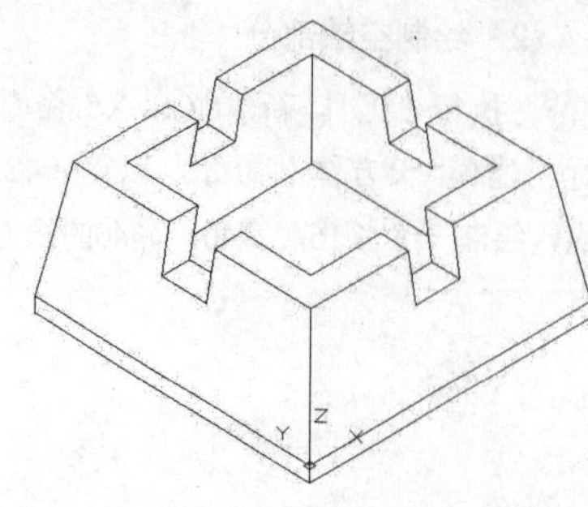

图233-9

07 执行“视图>视觉样式>灰度”命令，效果如图233-10所示。

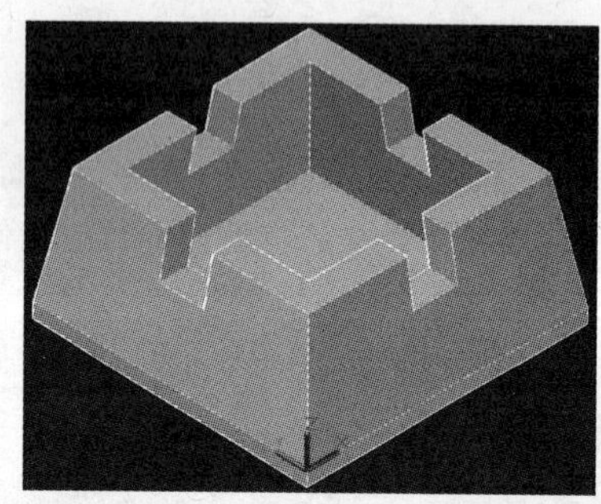

图233-10

练习233

练习位置	DVD>练习文件>第8章>练习233
难易指数	★★★☆☆
技术掌握	巩固“长方体”、“复制”、“差集”、“并集”、“倾斜面”和“渲染”等命令的使用方法。

操作指南

参照“实战233 烟灰缸”案例进行制作。

首先，执行“建模>长方体”、“修改>复制”、“修改>实体编辑>差集”、“修改>实体编辑>并集”与“修改>实体编辑>倾斜面”命令，绘制组合柜；然后，执行“视图>渲染>渲染”命令，渲染组合柜。练习的最终效果如图233-11所示。

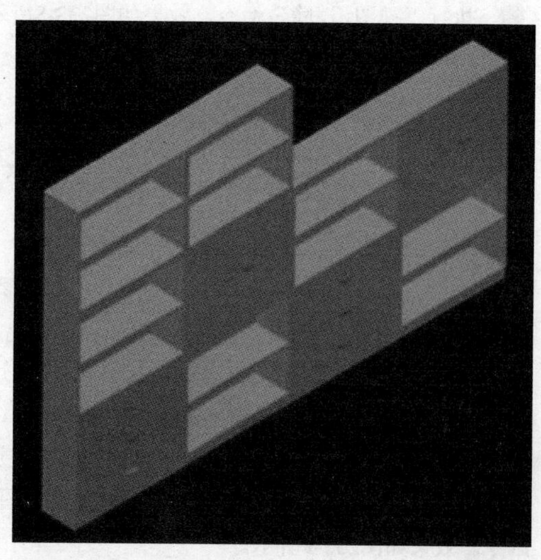

图233-11

实战234 空调

实战位置	DVD>实战文件>第8章>实战234
视频位置	DVD>多媒体教学>第8章>实战234
难易指数	★★☆☆☆
技术掌握	掌握“多段线”、“矩形”、“长方体”、“拉伸”、“复制”、“差集”和“消隐”等命令。

实战介绍

运用“多段线”、“矩形”、“长方体”、“拉伸”、“复制”与“差集”命令，绘制空调；利用“消隐”命令，消隐空调。本例最终效果如图234-1所示。

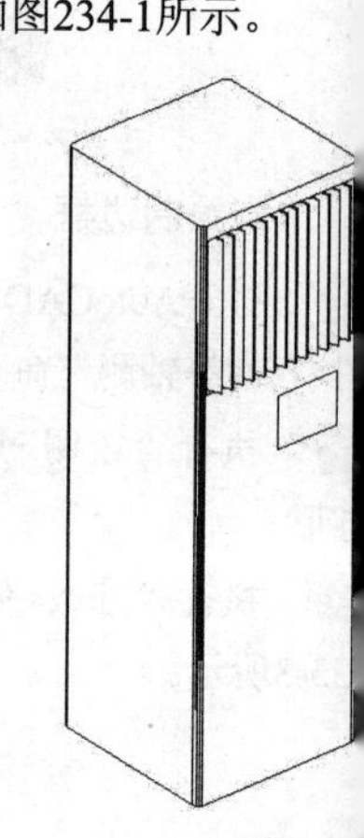

图234-1

制作思路

- 绘制空调。
- 消隐空调，完成空调的绘制并将其保存。

制作流程

空调的制作流程如图234-2所示。

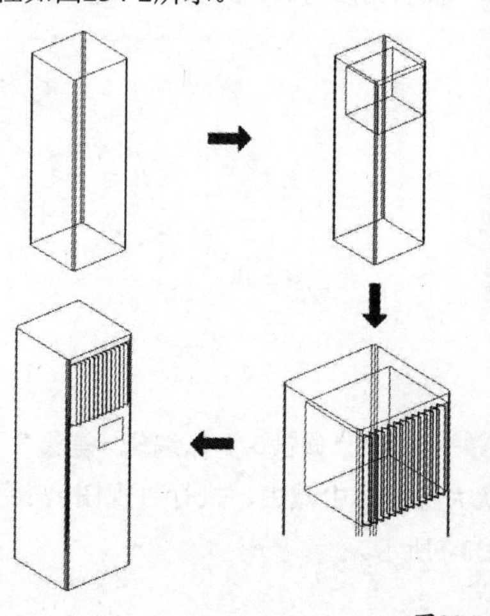

图234-2

1．绘制空调

01 打开AutoCAD 2013中文版软件，执行“绘图>多段线”命令，绘制一条闭合多段线。

02 执行“视图>三维视图>西南等轴测”命令，将视图转换为西南等轴测视图，如图234-3所示。

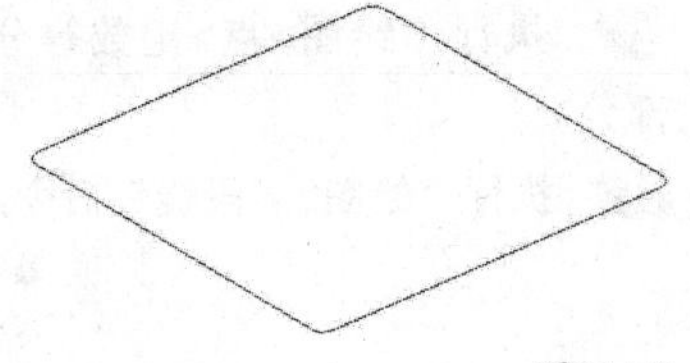

图234-3

03 执行“建模>拉伸”命令，将多段线向上拉伸1885，如图234-4所示。

04 执行“建模>长方体”命令，绘制一个长为550，宽为354，高为500的长方体，再执行“修改>移动”命令，将刚绘制的长方体移动到合适的位置。执行“修改>实体编辑>差集”命令，对图形进行差集布尔运算，如图234-5所示。

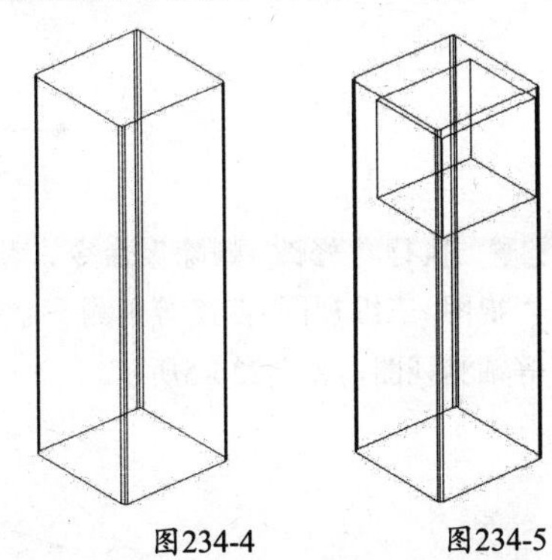

图234-4 图234-5

05 执行“建模>长方体”命令，绘制一个长为6，宽为50，高为500的长方体，如图234-6所示。

06 执行“修改>移动”命令，将刚绘制的长方体移动到合适的位置，再执行“修改>复制”命令，将刚移动的长方体沿X轴负方向复制若干，如图234-7所示。

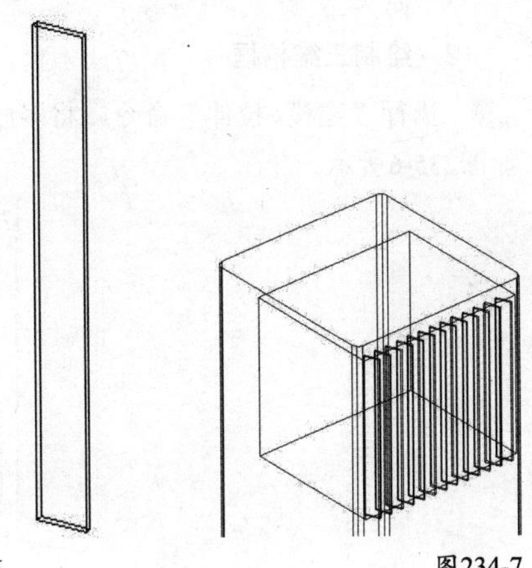

图234-6 图234-7

07 执行“工具>新建UCS>X”命令，将坐标系沿*x*轴旋转90°。执行“绘图>矩形”命令，绘制一个长222，宽176的矩形，再执行“修改>移动”命令，将刚绘制的矩形移动到合适的位置，如图234-8所示。

2. 消隐空调

执行“视图>消隐”命令，效果如图234-9所示。

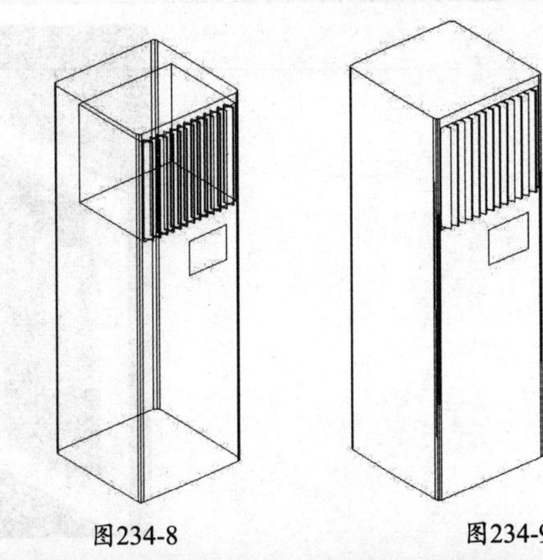

图234-8 图234-9

练习234

练习位置	DVD>练习文件>第8章>练习234
难易指数	★★★☆☆
技术掌握	巩固“矩形”、“长方体”、“圆角”、“差集”、“复制”和“消隐”等命令的使用方法。

操作指南

参照“实战234 空调”案例进行制作。

首先，执行“绘图>矩形”、“建模>长方体”、“修改>复制”、“修改>实体编辑>差集”与“修改>圆角”命令，绘制空调，然后，执行“视图>消隐”命令，消隐空调。练习的最终效果如图234-10所示。

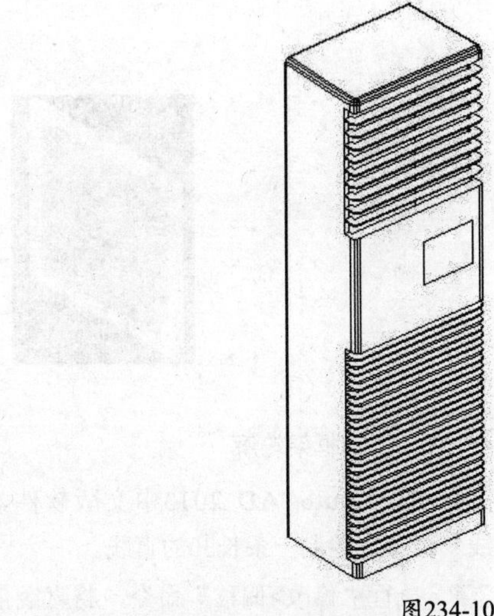

图234-10

实战235 相框

实战位置	DVD>实战文件>第8章>实战235
视频位置	DVD>多媒体教学>第8章>实战235
难易指数	★★☆☆☆
技术掌握	掌握“直线”、“多段线“、“定数等分”、“拉伸”、“三维旋转”、“复制”和“移动”等命令。

实战介绍

运用“直线”、“定数等分”与“多段线”命令，绘制框架的轮廓；利用“拉伸”、“三维旋转”、“复制”与“移动”命令，绘制三维相框。本例最终效果如图235-1所示。

图235-1

制作思路

- 绘制框架轮廓。
- 绘制三维相框，完成相框的绘制并将其保存。

制作流程

相框的制作流程如图235-2所示。

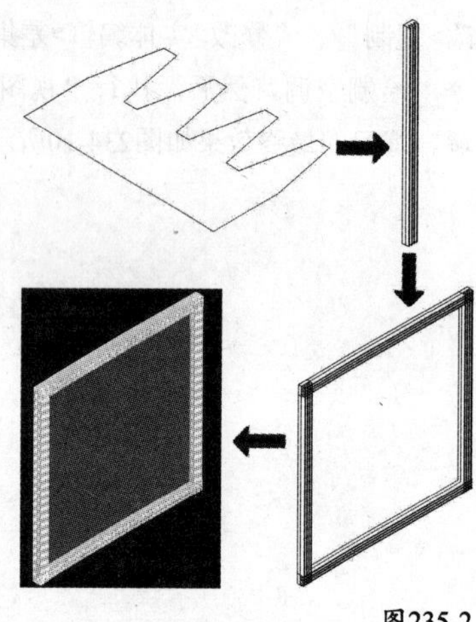

图235-2

1. 绘制框架轮廓

01 打开AutoCAD 2013中文版软件，执行“绘图>直线”命令，绘制一条长30的直线。

02 执行“修改>偏移”命令，将直线依次偏移10，如图235-3所示。

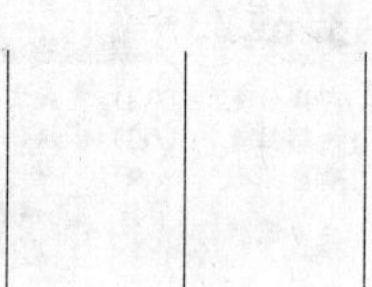

图235-3

03 执行“绘图>点>定数等分”命令，等分直线为1部分。

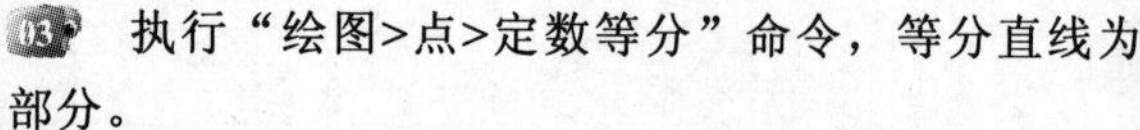

04 执行“绘图>多段线”命令，效果如图235-4所示。

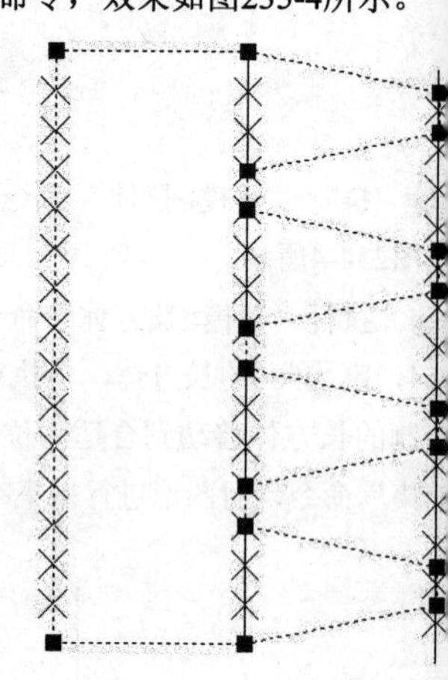

图235-

05 执行“修改>删除”命令，删除多余直线，再执行“视图>三维视图>西南等轴测”命令，将视图转换为西南等轴测视图，如图235-5所示。

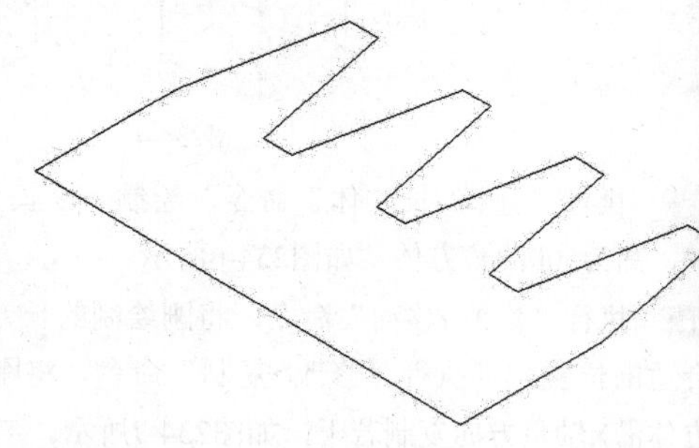

图235-5

2. 绘制三维相框

01 执行“建模>拉伸”命令，将多段线轮廓拉伸600，如图235-6所示。

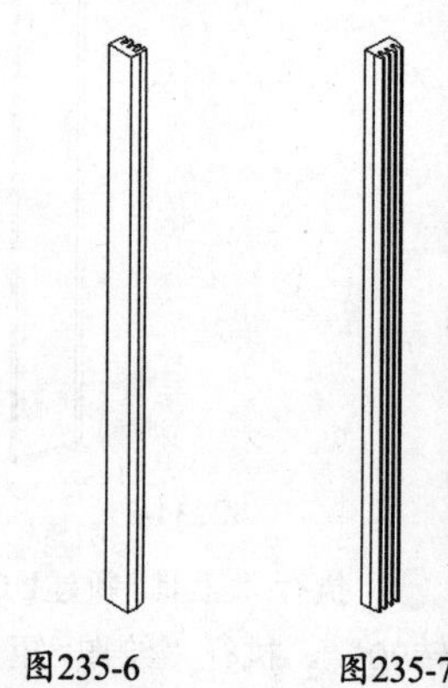

图235-6　图235-7

02 执行“修改>三维操作>三维旋转”命令，将拉伸后的实体沿z轴旋转-90°，如图235-7所示。

03 执行“修改>复制”命令，复制出一个拉伸后的实体，指定复制距离为570，如图235-8所示。

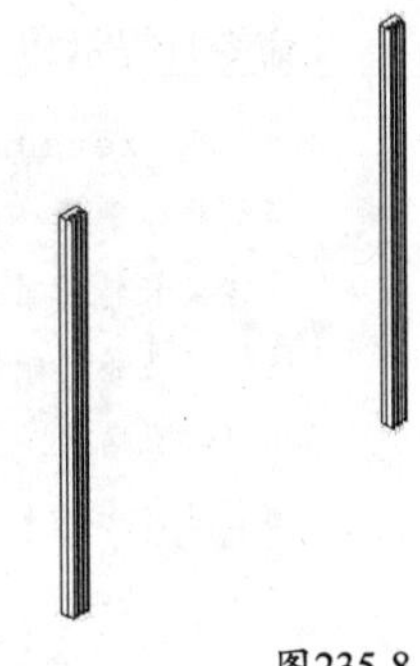

图235-8

04 再次执行“修改>复制”命令，在同一位置复制上图中的实体。执行“修改>三维擦操作>三维旋转”命令，将它们各旋转90°，再执行“修改>移动”命令，将其移动到合适的位置，如图235-9所示。

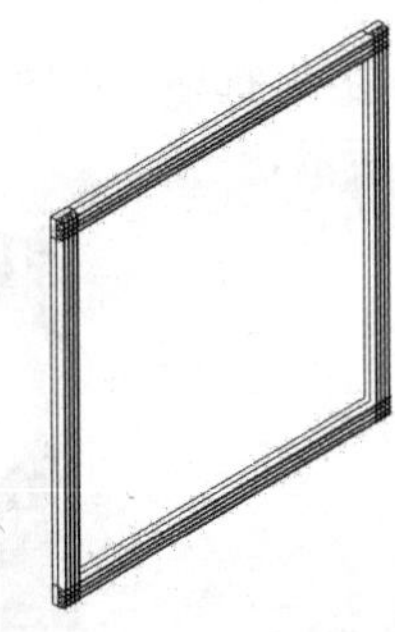

图235-9

05 执行“视图>视觉样式>概念”命令，效果如图235-10所示。

图235-10

练习235

练习位置	DVD>练习文件>第8章>练习235
难易指数	★★★☆☆
技术掌握	巩固“长方体”、“多段线”、“拉伸”、“圆角”和“渲染”等命令的使用方法。

操作指南

参照“实战235 相框”案例进行制作。

首先，执行“建模>长方体”、“绘图>多段线”、“建模>拉伸”与“修改>圆角”命令，绘制床，然后，执行“视图>渲染>渲染”命令，渲染床。练习的最终效果如图235-11所示。

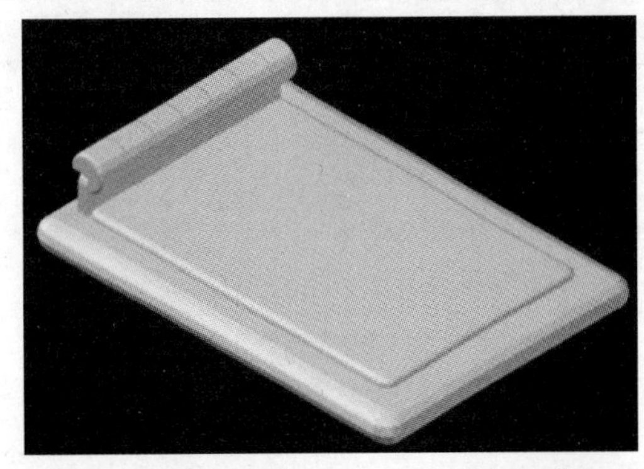

图235-11

实战236 托盘

实战位置	DVD>实战文件>第8章>实战236
视频位置	DVD>多媒体教学>第8章>实战236
难易指数	★★☆☆☆
技术掌握	掌握“直线”、“多段线“、“旋转网格”和“渲染”等命令。

实战介绍

运用“直线”命令，绘制中心线；利用“多段线”命令，绘制轮廓；利用“旋转网格”与“渲染”命令，旋转出盘子的三维模型。本例最终效果如图236-1所示。

图236-1

制作思路

- 绘制轮廓。
- 旋转三维模型，完成托盘的绘制并保存。

制作流程

托盘的制作流程如图236-2所示。

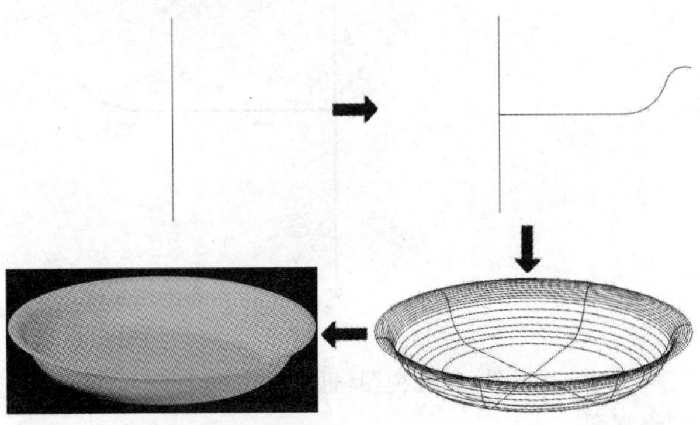

图236-2

01 打开AutoCAD 2013中文版软件，执行“绘图>直线”命令，绘制如图236-3所示的直线。

图236-3

02 执行“绘图>多段线”命令，绘制如图236-4所示的托盘轮廓。

命令行提示如下：

```
命令：_pline
指定起点：
当前线宽为 0.0000
指定下一个点或 [圆弧(A)/半宽(H)/长度(L)/放弃(U)/宽度(W)]:
指定下一点或 [圆弧(A)/闭合(C)/半宽(H)/长度(L)/放弃(U)/宽度(W)]: a
指定圆弧的端点或
[角度(A)/圆心(CE)/闭合(CL)/方向(D)/半宽(H)/直线(L)/半径(R)/第二个点(S)/放弃(U)/宽度(W)]: <正交 关>
指定圆弧的端点或
[角度(A)/圆心(CE)/闭合(CL)/方向(D)/半宽(H)/直线(L)/半径(R)/第二个点(S)/放弃(U)/宽度(W)]:
指定圆弧的端点或
[角度(A)/圆心(CE)/闭合(CL)/方向(D)/半宽(H)/直线(L)/半径(R)/第二个点(S)/放弃(U)/宽度(W)]:
```

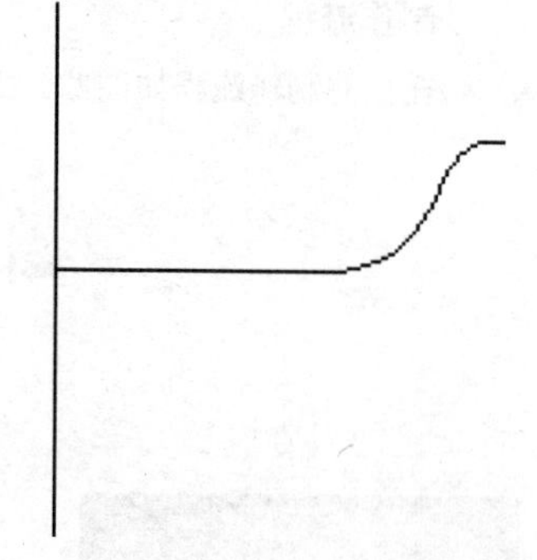

图236-4

03 执行“视图>三维视图>西南等轴测”命令，转换到三维视图。

04 执行“绘图>建模>网格>旋转网格”命令，以托盘轮廓为旋转对象，以中心线为旋转轴，旋转三维模型如图236-4所示。

命令行提示如下：

```
命令：_revsurf
当前线框密度：SURFTAB1=25   SURFTAB2=25
选择要旋转的对象：
选择定义旋转轴的对象：
指定起点角度 <0>:
指定包含角 (+=逆时针，-=顺时针) <360>:
```

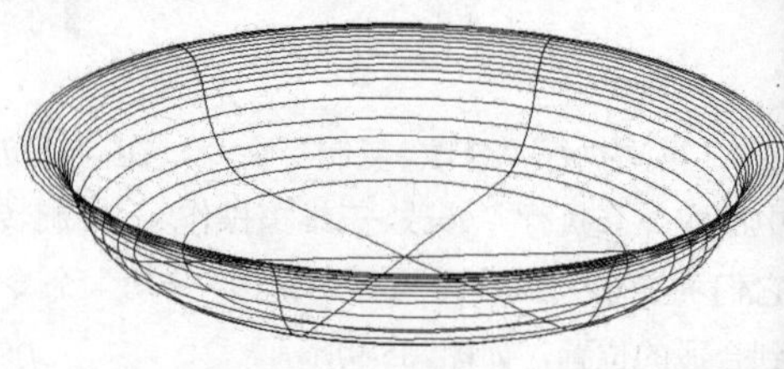

图236-5

05 执行“视图>渲染>渲染”命令，效果如图236-6所示。

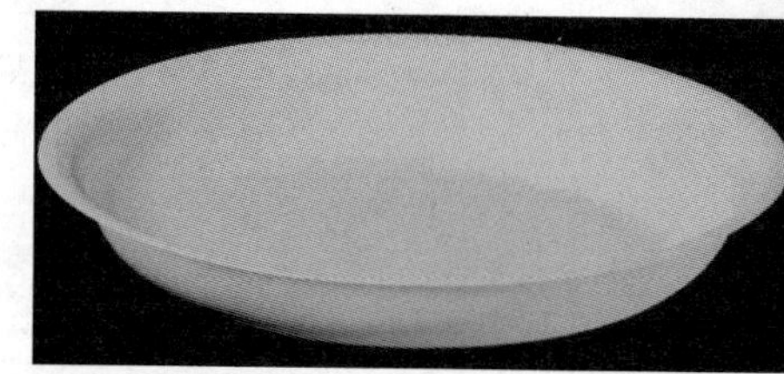

图236-6

练习236

练习位置	DVD>练习文件>第8章>练习236
难易指数	★★★☆☆
技术掌握	巩固“长方体”、“多段线”、“拉伸”、“圆角”、“三维镜像”和“渲染”等命令的使用方法。

操作指南

参照“实战236 托盘”案例进行制作。

首先，执行“建模>长方体”、“绘图>多段线”、“建模>拉伸”、“修改>圆角”与“修改>三维操作>三维镜像”命令，绘制床和床头柜，然后，执行“视图>渲染>渲染”命令，渲染床。练习的最终效果如图236-7所示。

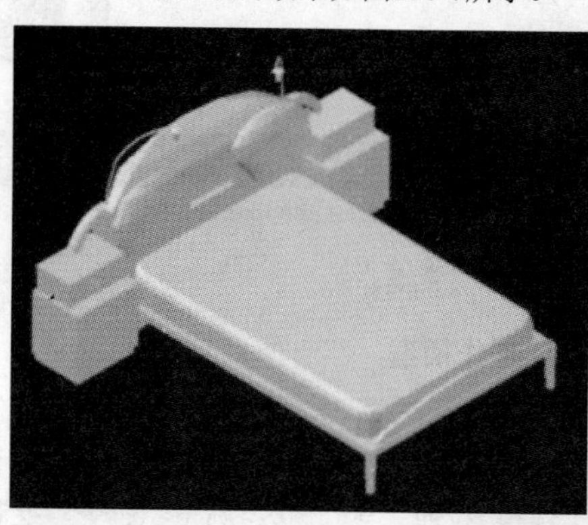

图236-7

实战237 书房

原始文件位置	DVD>原始文件>第8章>实战237 原始文件
实战位置	DVD>实战文件>第8章>实战237
视频位置	DVD>多媒体教学>第8章>实战237
难易指数	★★☆☆☆
技术掌握	掌握“矩形”、“多段线“、“长方体”、“拉伸”、“差集”、“插入块”和“渲染”等命令。

实战介绍

运用“矩形”、“多段线”、“长方体”与“拉伸”命令，绘制墙体；利用“插入块”命令，插入家具；利用“渲染”命令，渲染书房。本例最终效果如图237-1所示。

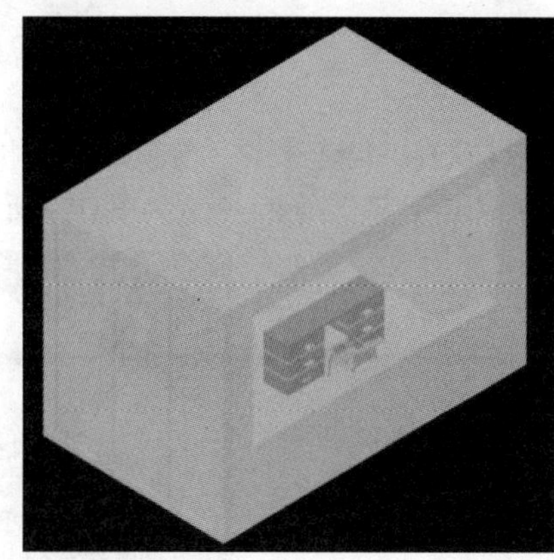

图237-1

制作思路

- 绘制墙体。
- 插入家具，完成书房的绘制并将其保存。

制作流程

书房的制作流程如图237-2所示。

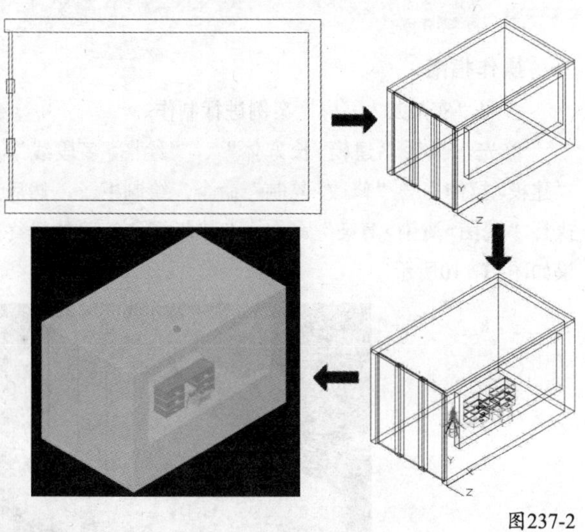

图237-2

1．绘制墙体

01 打开AutoCAD 2013中文版软件，执行“绘图>矩形”和“绘图>多段线”命令，绘制出墙体轮廓和隔断，如图237-3所示。

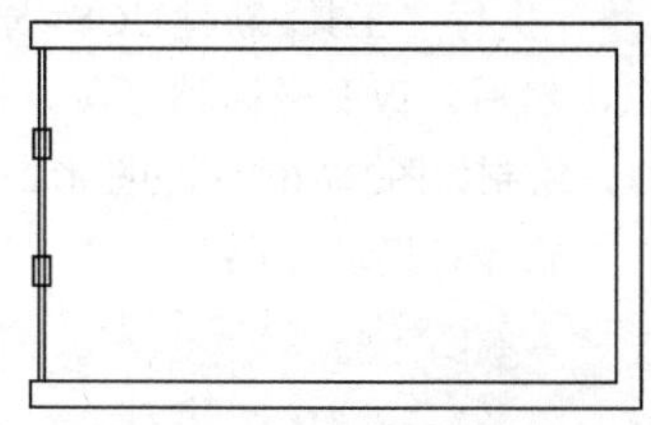

图237-3

02 执行“绘图>面域”命令，使墙体与玻璃隔断生成面域。

03 执行“视图>三维视图>西南等轴测”命令，转到三维视图。

04 执行“建模>拉伸”命令，将墙体与玻璃隔断拉伸一定高度，如图237-4所示。

命令行提示如下：

```
命令：_extrude
当前线框密度： ISOLINES=4，闭合轮廓创建模式 = 实体
选择要拉伸的对象或 [模式(MO)]：_MO 闭合轮廓创建模式 [实体(SO)/曲面(SU)] <实体>：_SO
选择要拉伸的对象或 [模式(MO)]：指定对角点：找到 4 个
选择要拉伸的对象或 [模式(MO)]：
指定拉伸的高度或 [方向(D)/路径(P)/倾斜角(T)/表达式(E)] <-9.0000>：300
```

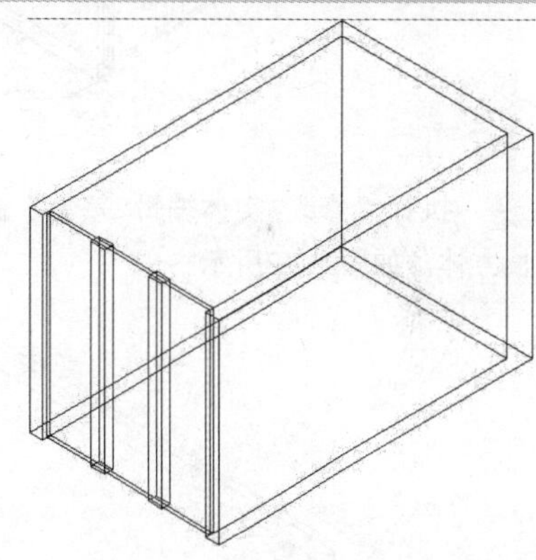

图237-4

05 执行“建模>长方体”命令，绘制书房屋顶，如图237-5所示。

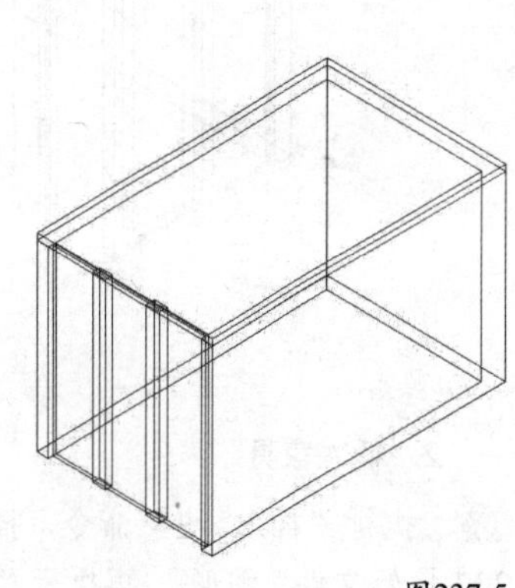

图237-5

06 执行“工具>新建UCS>原点”命令，新建坐标原点，然后，改变坐标轴方向。执行“建模>长方体”命令，绘制如图237-6所示的图形。

命令行提示如下：

```
命令：_box
指定第一个角点或 [中心(C)]: 50,100
指定其他角点或 [立方体(C)/长度(L)]: L
指定长度 <600.0000>: 400
指定宽度 <600.0000>: 180
指定高度或 [两点(2P)] <10.0000>: 50
```

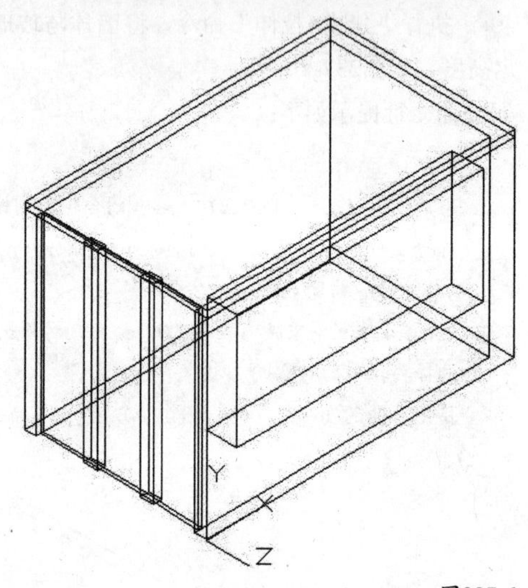

图237-6

07 执行“修改>实体编辑>差集”命令，从墙体中减去长方体，如图237-7所示。

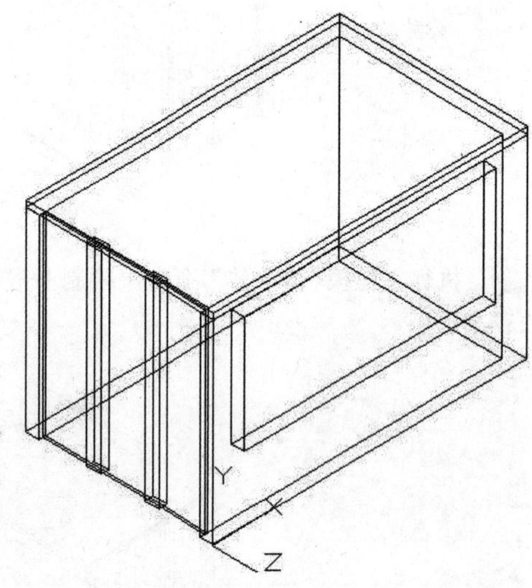

图237-7

2. 插入家具

01 执行“插入>块”命令，插入原始文件中的“实战237 原始文件”图形， 再执行“修改>移动”命令，将其放置到合适的位置，如图237-8所示。

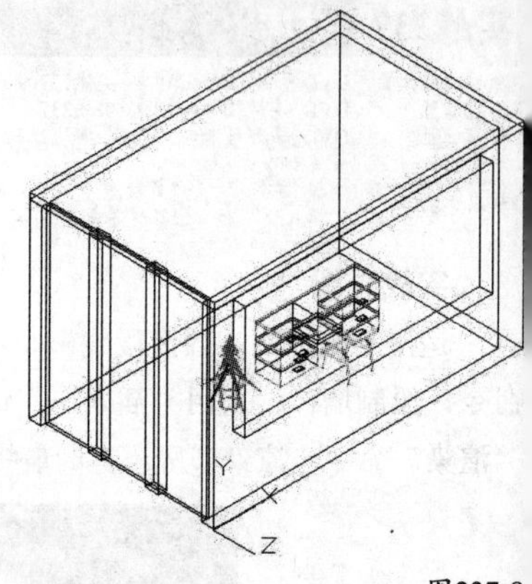

图237-8

02 执行“建模>长方体”命令，绘制底面，再执行“视图>渲染>渲染”命令，效果如图237-9所示。

图237-9

练习237

练习位置	DVD>练习文件>第8章>练习237
难易指数	★★★☆☆
技术掌握	巩固“长方体”、“多段线”、“拉伸”、“复制”和“渲染”等命令的使用方法。

操作指南

参照“实战237 书房”案例进行制作。

首先，执行“建模>长方体”、“绘图>多段线”、“建模>拉伸”与“修改>复制”命令，绘制柜子，然后，执行“视图>渲染>渲染”命令，渲染柜子。练习的最终效果如图237-10所示。

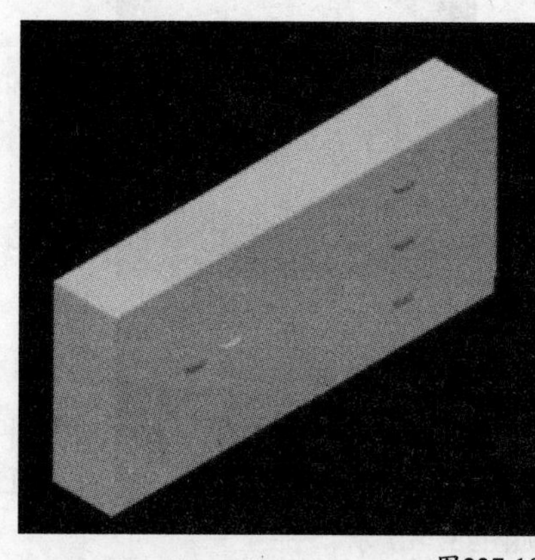

图237-10

实战238 床

实战位置	DVD>实战文件>第8章>实战238
视频位置	DVD>多媒体教学>第8章>实战238
难易指数	★★☆☆☆
技术掌握	掌握“矩形”、“直线”、“长方体”、“拉伸”、“圆角”、“三维镜像”和“渲染”等命令。

实战介绍

运用“矩形”与“拉伸”命令，绘制床面；利用“长方体”与“三维镜像”命令，绘制床腿；利用“矩形”、“直线”与“拉伸”命令，绘制床的靠背；利用“矩形”、“圆角”与“三维镜像”命令，绘制枕头；利用“圆角”与“渲染”命令，渲染床。本例最终效果如图238-1所示。

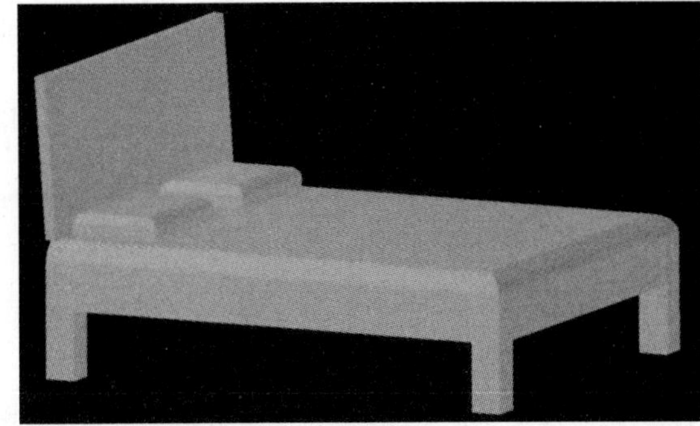

图238-1

制作思路

- 绘制床面、床腿和靠背。
- 绘制枕头并渲染床，完成床的绘制并将其保存。

制作流程

床的制作流程如图238-2所示。

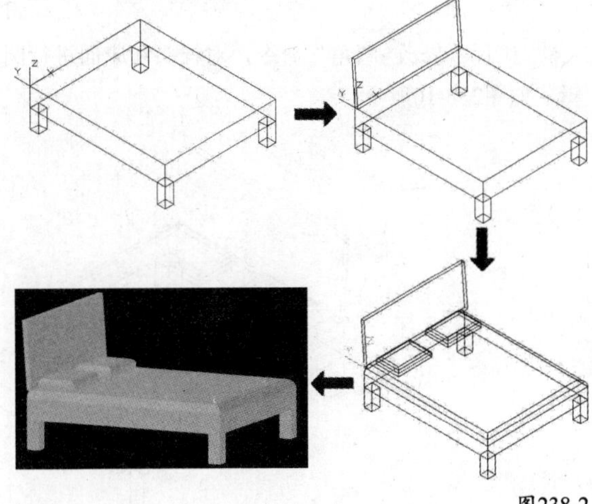

图238-2

1. 绘制床面、床腿和靠背

01 打开AutoCAD 2013中文版软件，执行“绘图>矩形”命令，绘制一个尺寸为1800×2200的矩形，如图238-3所示。

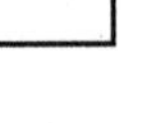

图238-3

02 执行“视图>三维视图>西南等轴测”命令，将视图转为三维视图。

03 执行“建模>拉伸”命令，将矩形拉伸，如图238-4所示。命令行提示如下：

```
命令: _extrude
当前线框密度:  ISOLINES=4，闭合轮廓创建模式 = 实体
选择要拉伸的对象或 [模式(MO)]: _MO 闭合轮廓创建模式 [实体(SO)/曲面(SU)] <实体>: _SO
选择要拉伸的对象或 [模式(MO)]: 找到 1 个
选择要拉伸的对象或 [模式(MO)]:
指定拉伸的高度或 [方向(D)/路径(P)/倾斜角(T)/表达式(E)] <-300.0000>: 300
```

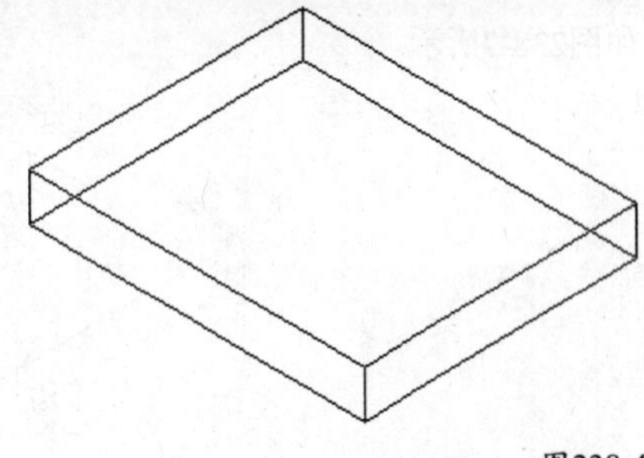

图238-4

04 执行“建模>长方体”命令，绘制床腿。命令行提示如下：

```
命令: _box
指定第一个角点或 [中心(C)]:
指定其他角点或 [立方体(C)/长度(L)]: L
指定长度 <500.0000>:  <正交 开> 137
指定宽度 <10.0000>: 137
指定高度或 [两点(2P)] <300.0000>: 300
```

05 执行“修改>三维操作>三维镜像”命令，绘制出其他三个床腿，如图238-5所示。

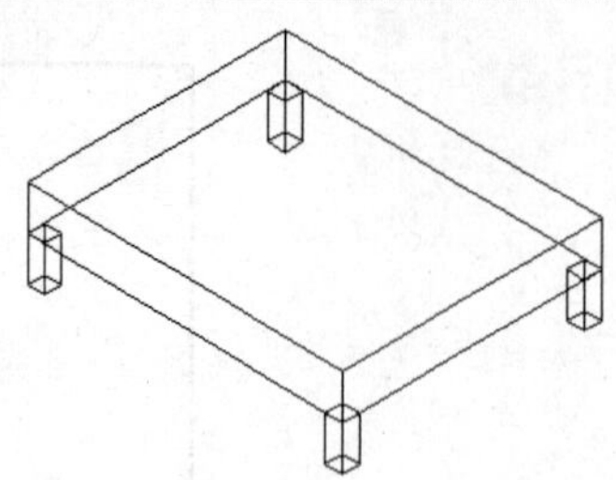

图238-5

06 执行“工具>新建UCS>原点”命令，新建坐标原点，如图238-6所示。

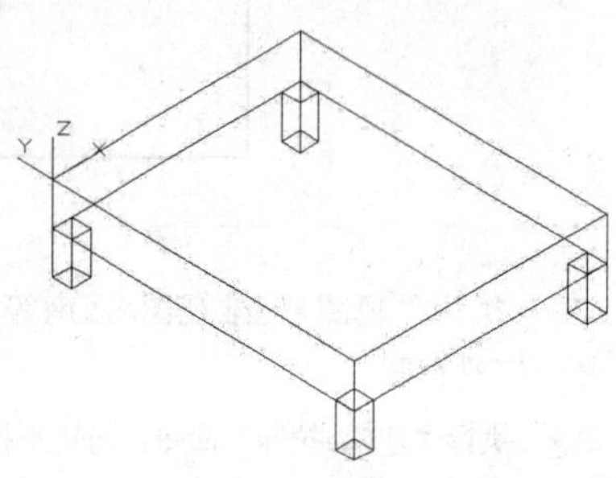

图238-6

07 执行“绘图>直线”命令，绘制一条与床面相交的斜线。

命令行提示如下：

```
命令: _line
指定第一个点:
指定下一点或 [放弃(U)]:  <正交 关> 0,50,700
指定下一点或 [放弃(U)]:
```

08 执行“绘图>矩形”命令，绘制床体靠背的轮廓线，如图238-7所示。

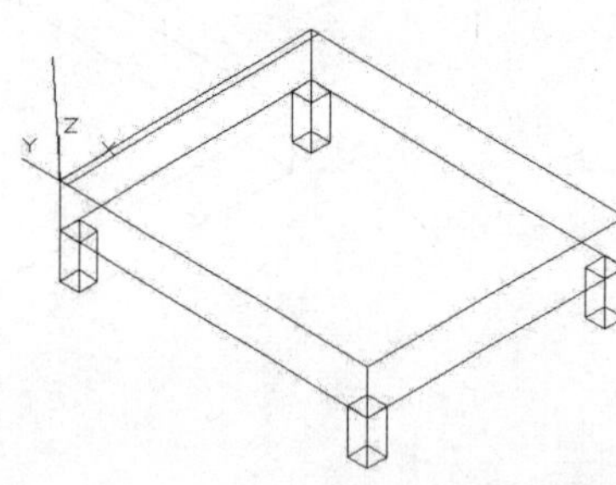

图238-7

09 执行“建模>拉伸”命令，利用“方向”拉伸命令，沿斜线拉伸靠背轮廓，如图238-8所示。

命令行提示如下：

```
命令: _extrude
当前线框密度:  ISOLINES=4，闭合轮廓创建模式 = 实体
选择要拉伸的对象或 [模式(MO)]: _MO 闭合轮廓创建模式 [实体(SO)/曲面(SU)] <实体>: _SO
选择要拉伸的对象或 [模式(MO)]: 找到 1 个
选择要拉伸的对象或 [模式(MO)]:
指定拉伸的高度或 [方向(D)/路径(P)/倾斜角(T)/表达式(E)] <-300.0000>: D
指定方向的起点:
指定方向的端点:
```

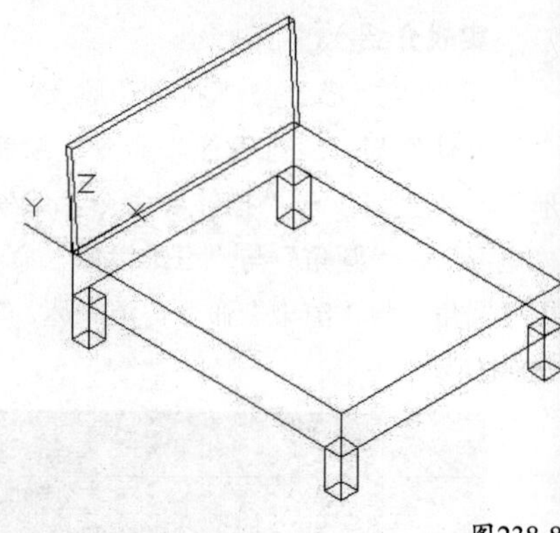

图238-8

2. 绘制枕头并渲染床

09 执行“建模>长方体”和“修改>三维操作>三维镜像”命令，绘制枕头，如图238-9所示。

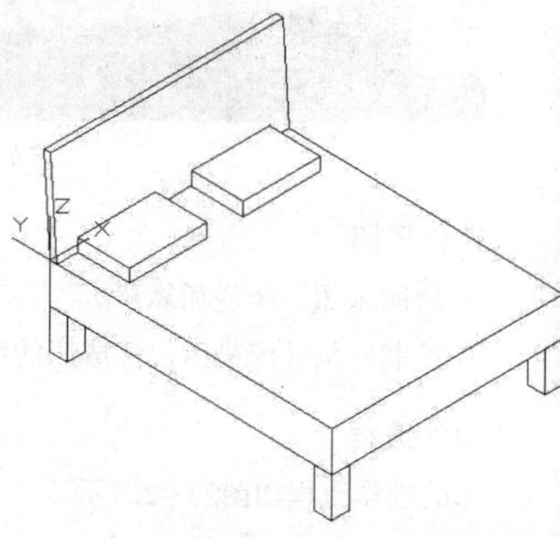

图238-9

02 执行“修改>圆角”命令，对枕头和床面进行圆角编辑，如图238-10所示。

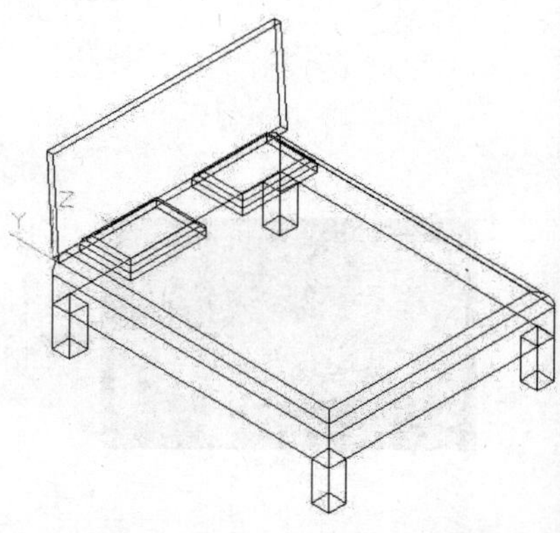

图238-10

03 执行“视图>动态观察>自由动态观察”命令，改变观察角度，再执行“视图>渲染>渲染”命令，对床体进行渲染，效果如图238-11所示。

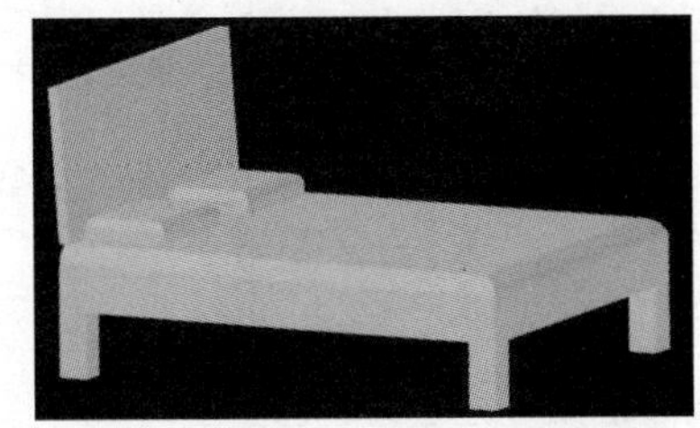

图238-11

练习238

练习位置 DVD>练习文件>第8章>练习238
难易指数 ★☆☆☆☆
技术掌握 巩固“长方体”、“多段线”、“拉伸”、“圆角”、“着色面”和“渲染”等命令的使用方法。

操作指南

参照“实战238 床”案例进行制作。

首先，执行“建模>长方体”、“绘图>多段线”、“建模>拉伸”、“修改>圆角”与“修改>实体编辑>着色面”命令，绘制床，然后，执行“视图>渲染>渲染”命令，渲染床。练习的最终效果如图238-12所示。

图238-12

实战239 双人床

实战位置 DVD>实战文件>第8章>实战239
视频位置 DVD>多媒体教学>第8章>实战239
难易指数 ★★☆☆☆
技术掌握 掌握“多段线”、“直线”、“长方体”、“定数等分”、“偏移”、“复制”、“拉伸”和“圆角”等命令。

实战介绍

运用“多段线”、“直线”、“定数等分”、“偏移”与“拉伸”命令，绘制床头；利用“长方体”、“复制”与“圆角”命令，绘制床身。本例最终效果如图239-1所示。

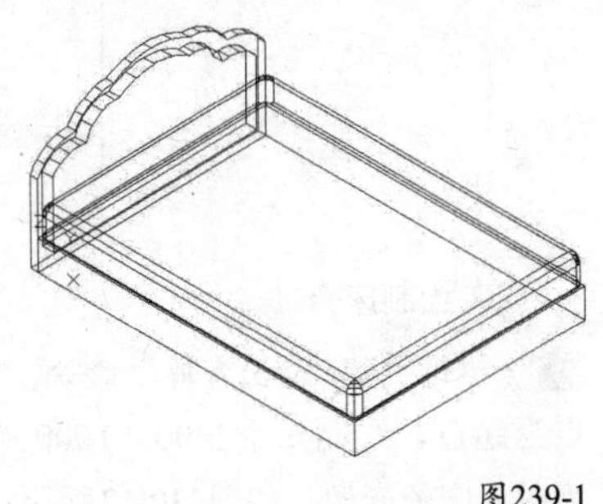

图239-1

制作思路

- 绘制床头。
- 绘制床身，完成双人床的绘制并将其保存。

制作流程

双人床的制作流程如图239-2所示。

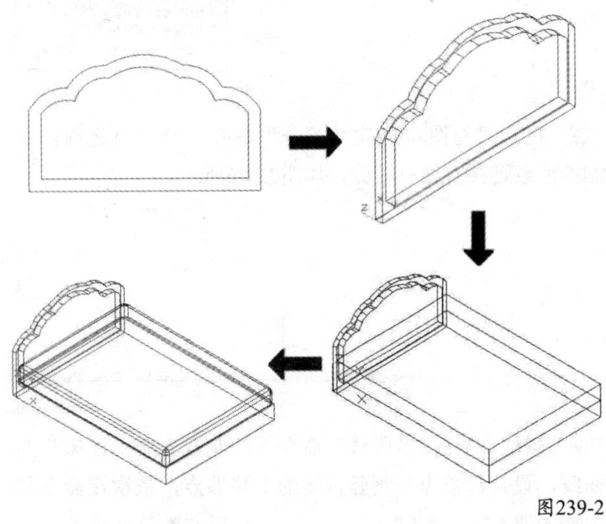

图239-2

1. 绘制床头

01 打开AutoCAD 2013中文版软件，执行“绘图>多段线”和“绘图>直线”命令，绘制一个“山”字形的图形，设置长度为1600，两边高度为550，中间高度为1000，如图239-3所示。

图239-3

02 执行“绘图>直线”命令，分别连接中间竖直线和两侧竖直线的上部端点，如图239-4所示。

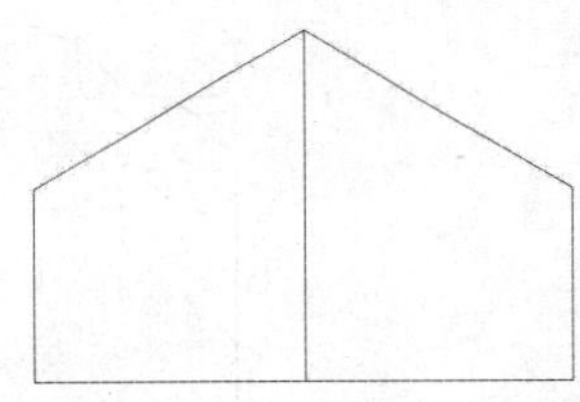

图239-4

03 执行“格式>点样式”命令，弹出“点样式”对话框，参数设置如图239-5所示。

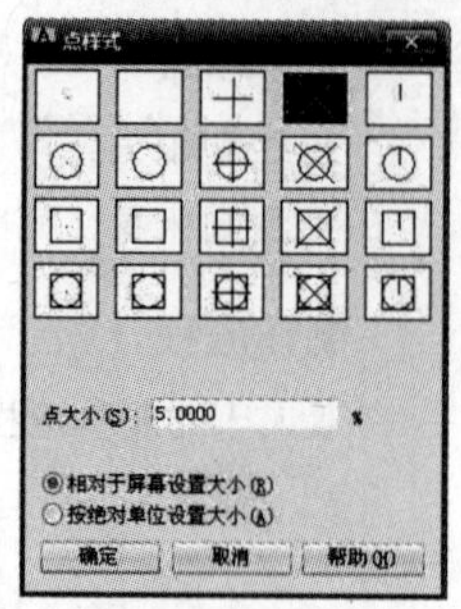

图239-5

04 执行“绘图>点>定数等分”命令，分别将之前所绘制的两条连接直线三等分，如图239-6所示。

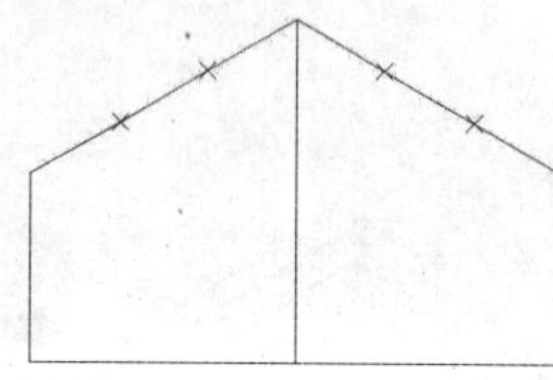

图239-6

05 执行“绘图>多段线”命令，绘制双人床上部床头的曲线，设置起点为左侧竖直线的上端端点，依次在命令行中输入“A”、“A”、“-60”，选择左数第一个节点；依次在命令行中输入“A”、“-60”，选择左数第二个节点；依次在命令行中输入“A”、“-60”，选择左数第三个节点；依次在命令行中输入“A”、“-60”，选择左数第四个节点；依次在命令行中输入“A”、“-60”，按Enter键，如图239-7所示。

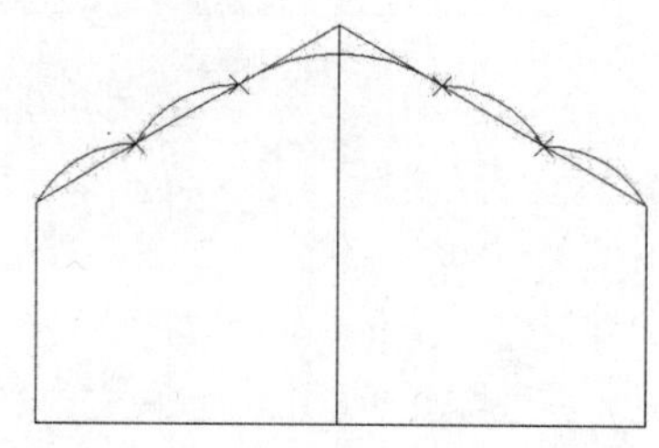

图239-7

06 执行“修改>删除”命令，删除多余图形，如图239-8所示。

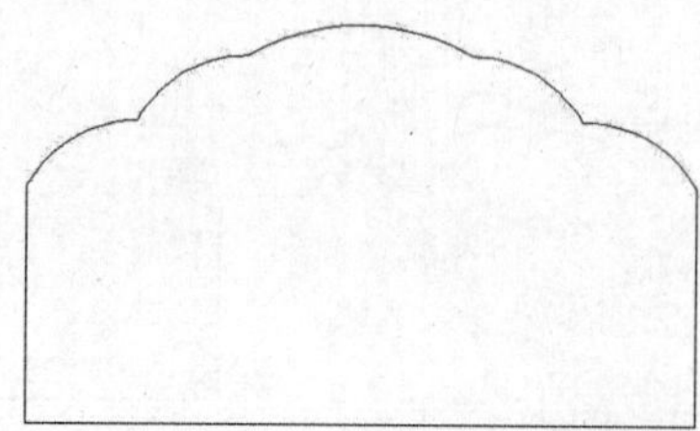

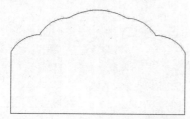

图239-8

07 执行“修改>偏移”命令，将删除后的图形向内偏移85，再执行“修改>修剪”命令，修剪偏移后的图形，如图239-9所示。

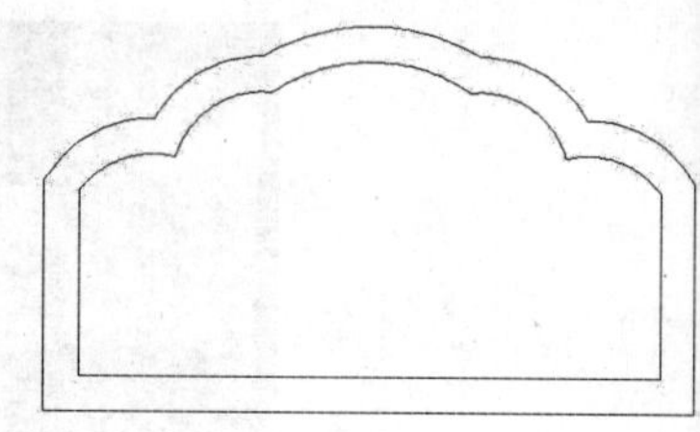

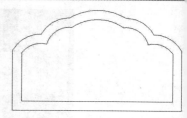

图239-9

08 执行“视图>三维视图>西南等轴测”命令，将视图转为三维视图。

09 执行“绘图>面域”命令，分别选中图形中所围合的两个面，创建两个面域。

10 执行“修改>三维操作>三维旋转”命令，将图形沿z轴旋转90°。

11 执行“工具>新建UCS>原点”命令，将图形左下角点作为坐标系的新原点。执行“工具>新建UCS>Z”命令，将坐标系沿z轴旋转90°，再执行“工具>新建UCS>Y”命令，将坐标系沿y轴旋转90°，如图239-10所示。

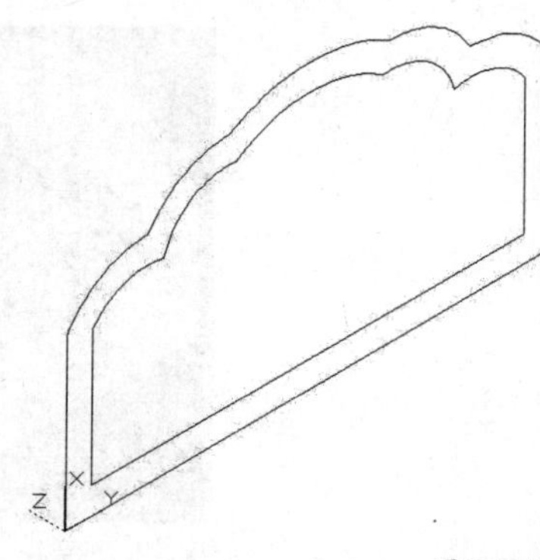

图239-10

12 执行“建模>拉伸”命令，选择外侧的面域，设置拉伸高度为55，将其作为双人床的靠背A。

13 执行“建模>拉伸”命令，选择内侧的面域，设置拉伸高度为75，将其作为双人床的靠背B，如图239-11所示。

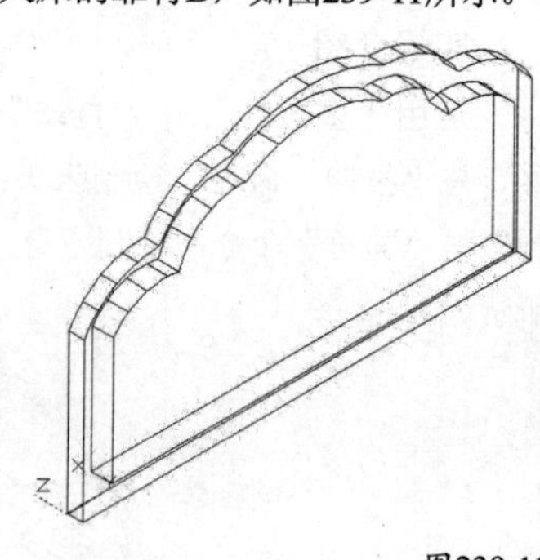

图239-11

2. 绘制床身

01 执行“建模>长方体”命令，以刚才绘制图形的最下点为起点，绘制一个2200×1600×200的长方体，将其作为双人床的床架，如图239-12所示。

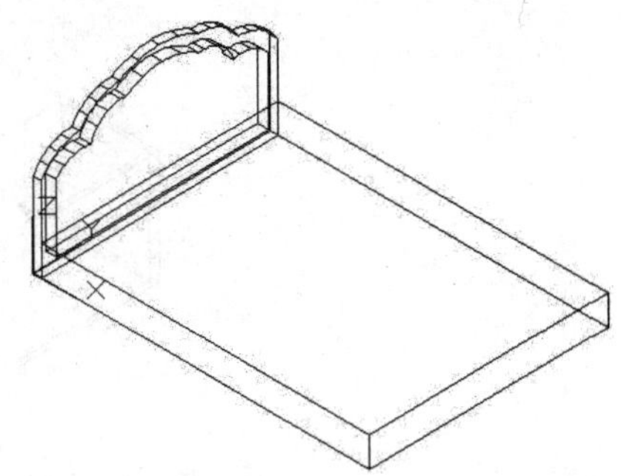

图239-12

02 执行"修改>复制"命令，以上一步所绘制的床架的最下点为起点，设置偏移距离为"0，0，200"，将床架沿z轴正方向垂直向上复制一个，将其作为双人床的床垫，如图239-13所示。

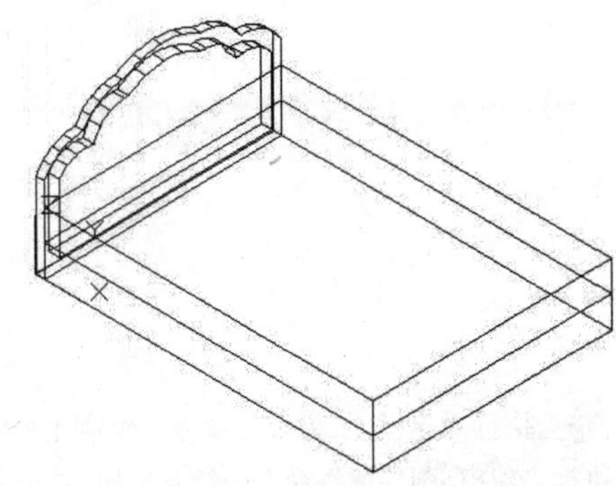

图239-13

03 执行"修改>圆角"命令，设置圆角半径为55，对床垫的上表面水平边进行圆角编辑；执行"修改>圆角"命令，设置圆角半径为20，对床垫的下表面水平边进行圆角编辑，如图239-14所示。

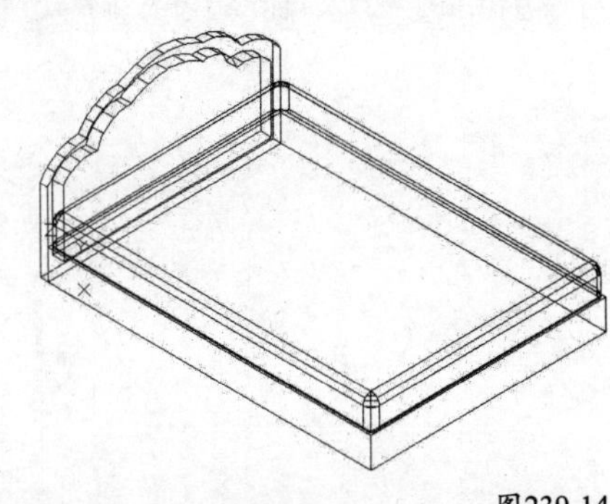

图239-14

练习239

练习位置	DVD>练习文件>第8章>练习239
难易指数	★★☆☆☆
技术掌握	巩固"多段线"、"长方体"、"圆柱体"、"拉伸"、"三维镜像"和"圆角"等命令的使用方法。

操作指南

参照"实战239 双人床"案例进行制作。

首先，执行"绘图>多段线"与"建模>拉伸"命令，绘制床头，然后，执行"建模>长方体"、"建模>圆柱体"、"修改>三维操作>三维镜像"与"修改>圆角"命令，绘制床身。练习的最终效果如图239-15所示。

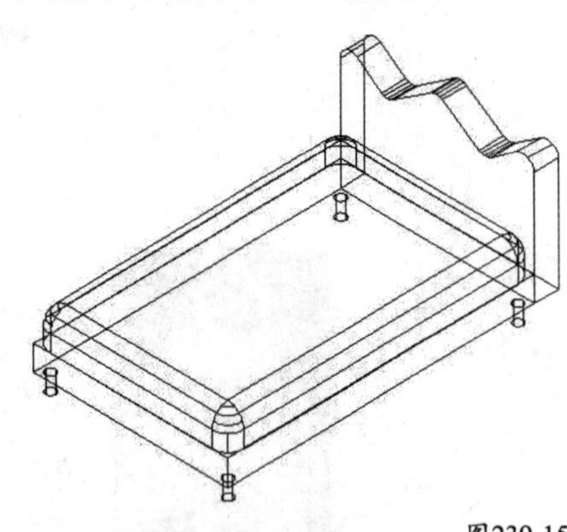

图239-15

实战240 梳妆台

实战位置	DVD>实战文件>第8章>实战240
视频位置	DVD>多媒体教学>第8章>实战240
难易指数	★★☆☆☆
技术掌握	掌握"多段线"、"圆环体"、"长方体"、"拉伸"、"并集"、"分解"、"删除"和"消隐"等命令。

实战介绍

运用"多段线"与"拉伸"命令，绘制梳妆台桌子的外框；利用"长方体"、"圆环体"、"并集"、"分解"、"删除"与"消隐"命令，绘制抽屉和镜子。本例最终效果如图240-1所示。

图240-1

制作思路

- 绘制桌子外框。
- 绘制抽屉和镜子，完成梳妆台的绘制并将其保存。

制作流程

梳妆台的制作流程如图240-2所示。

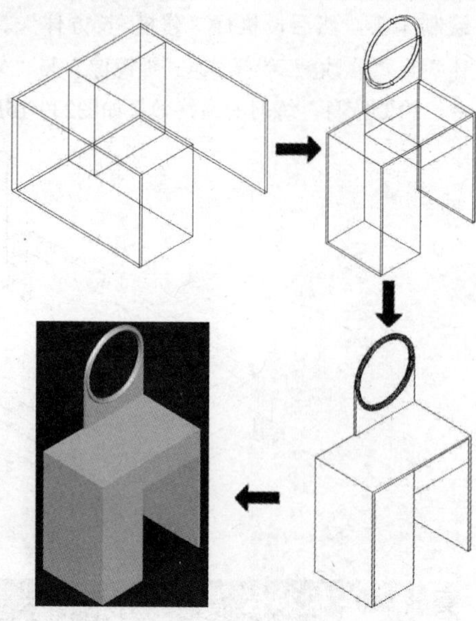

图240-2

1. 绘制桌子外框

01 打开AutoCAD 2013中文版软件，执行“绘图>多段线”命令，绘制如图240-3所示的多段线。

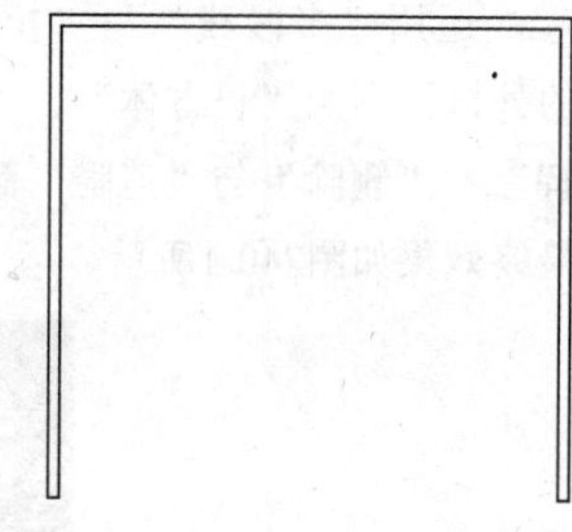

图240-3

02 执行“视图>三维视图>西南等轴测”命令，将视图转到三维视图。

03 执行“建模>拉伸”命令，将图240-3中所示的图形拉伸一定高度，如图240-4所示。

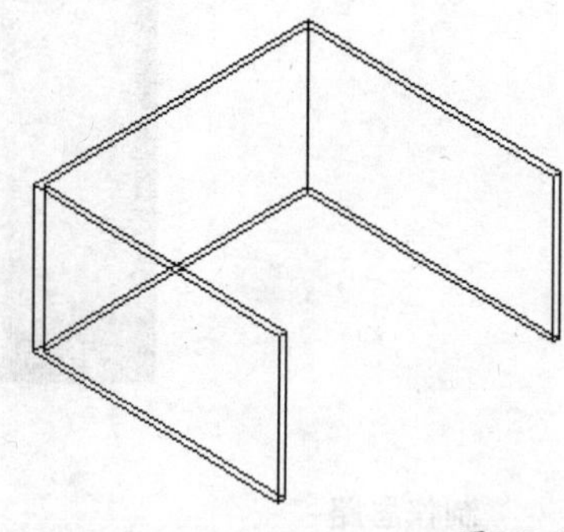

图240-4

2. 绘制抽屉和镜子

01 执行“建模>长方体”命令，绘制出梳妆台桌子的抽屉，如图240-5所示。

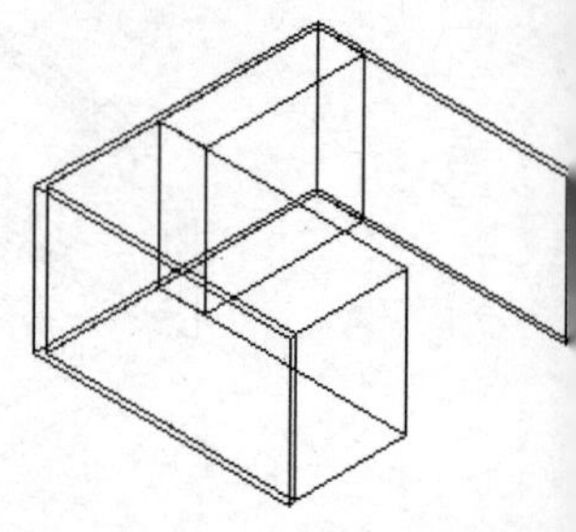

图240-5

02 执行“修改>三维操作>三维旋转”命令，旋转梳妆台的方向，如图240-6所示。

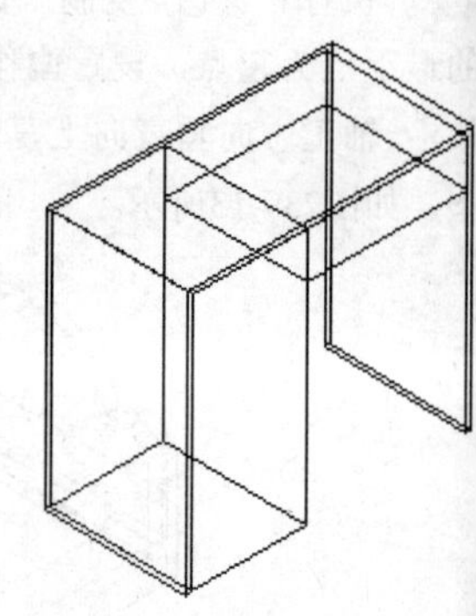

图240-6

03 执行“建模>长方体”命令，绘制出梳妆台的镜框，再执行“建模>圆柱体”命令，绘制出如图240-7所示的镜子。

命令行提示如下：

```
命令: _torus
指定中心点或 [三点(3P)/两点(2P)/相切、相切、半径(T)]:
指定半径或 [直径(D)]: 280
指定圆管半径或 [两点(2P)/直径(D)]: 20
```

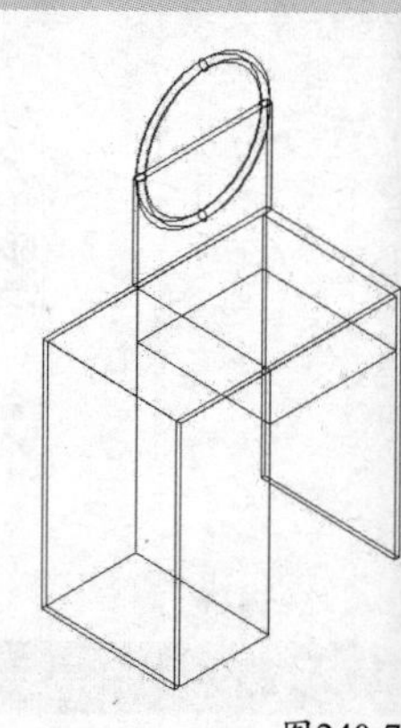

图240-7

04 执行“修改>实体编辑>并集”命令，将镜子与镜框长方体合并为一体。

05 执行“修改>分解”命令，将合并后的实体炸开，再执行“修改>删除”命令，删除多余的部分。

06 执行“视图>消隐”命令，效果如图240-8所示。

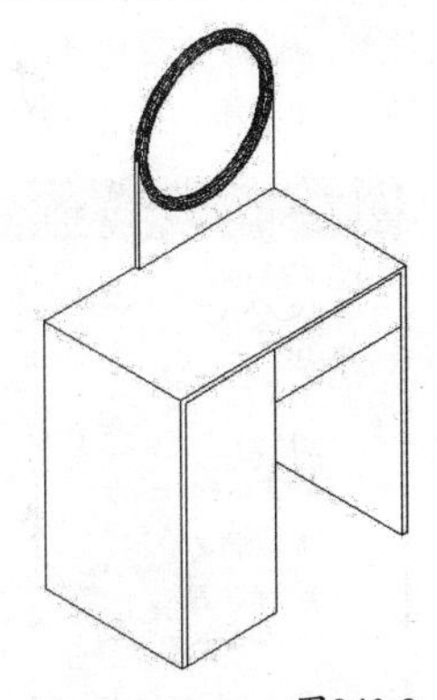

图240-8

07 执行“视图>视觉样式>真实”命令，效果如图240-9所示。

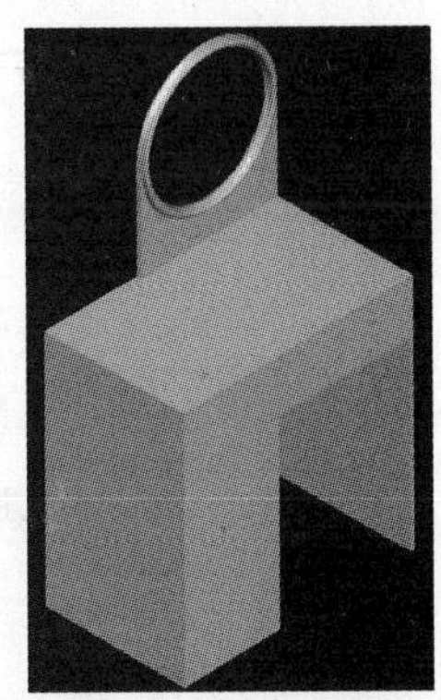

图240-9

练习240

练习位置	DVD>练习文件>第8章>练习240
难易指数	★★☆☆☆
技术掌握	巩固“长方体”、“圆弧”、“拉伸”、“差集”、“并集”和“渲染”等命令的使用方法。

操作指南

参照“实战240 梳妆台”案例进行制作。

首先，执行“建模>长方体”、“绘图>圆弧”、“建模>拉伸”、“修改>实体编辑>差集”与“修改>实体编辑>并集”命令，绘制梳妆台，然后，执行“视图>渲染>渲染”命令，渲染梳妆台。练习的最终效果如图240-10所示。

图240-10

实战241 彩链

实战位置	DVD>实战文件>第8章>实战241
视频位置	DVD>多媒体教学>第8章>实战241
难易指数	★★☆☆☆
技术掌握	掌握“直线”、“圆环体”、“球体”、“阵列”、“着色面”和“渲染”等命令。

实战介绍

运用“圆环体”命令，绘制珠子的连接部分；利用“直线”、“球体”与“阵列”命令，绘制圆珠。本例最终效果如图241-1所示。

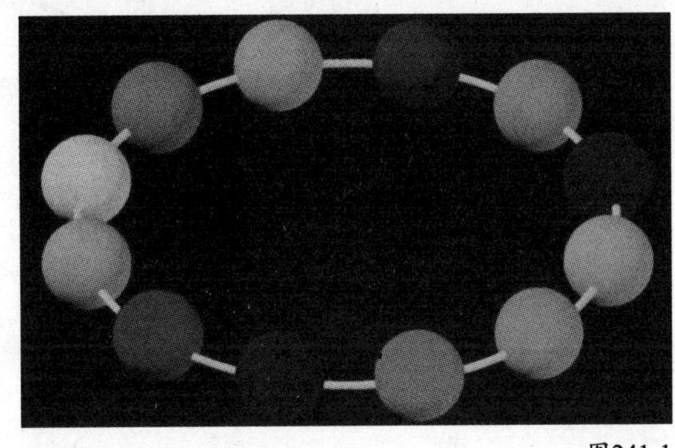

图241-1

制作思路

- 绘制珠子的连接部分。
- 绘制珠子，完成彩链的绘制并将其保存。

制作流程

彩链的制作流程如图241-2所示。

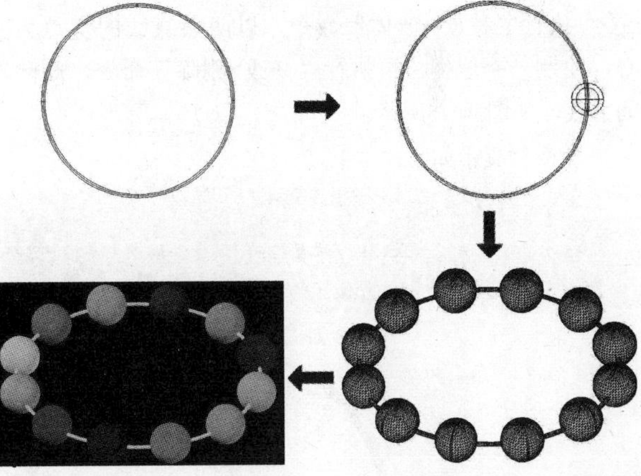

图241-2

1. 绘制珠子的连接部分

打开AutoCAD 2013中文版软件，执行“建模>圆柱体”命令，绘制一个圆环，如图241-3所示。

命令行提示如下：

```
命令: _torus
指定中心点或 [三点(3P)/两点(2P)/切点、切点、半径(T)]:
指定半径或 [直径(D)] <280.0000>: 300
指定圆管半径或 [两点(2P)/直径(D)] <20.0000>: 5
```

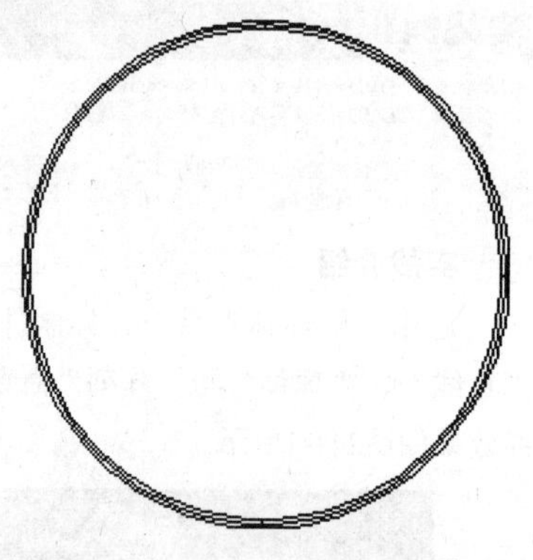

图241-3

2. 绘制珠子

01 执行“绘图>直线”命令，绘制两条辅助直线，如图241-4所示。

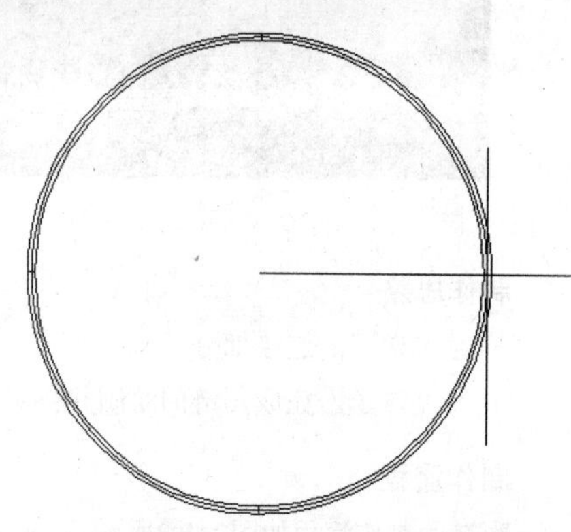

图241-4

02 执行“建模>球体”命令，以两条直线的交点为圆心，绘制一个球体，再执行“修改>删除”命令，删除辅助直线，如图241-5所示。

命令行提示如下：

```
命令: _sphere
指定中心点或 [三点(3P)/两点(2P)/切点、切点、半径(T)]:
指定半径或 [直径(D)] <300.0000>: 50
```

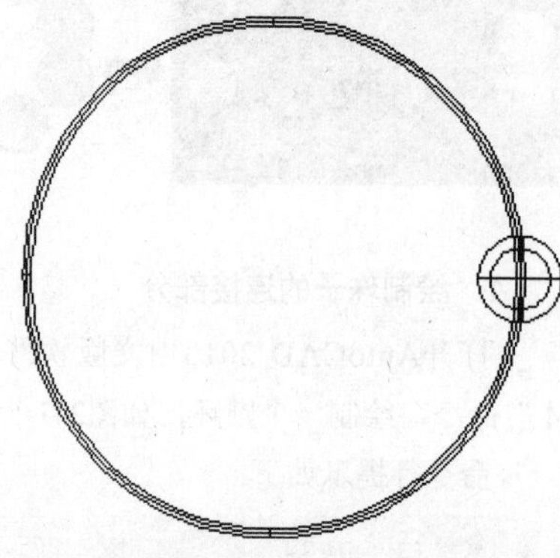

图241-5

03 执行“视图>三维视图>西南等轴测”命令，将视图转换为三维视图。

04 在命令行中输入“ARRAYCLASSIC”，弹出“阵列”对话框，参数设置如图241-6所示。

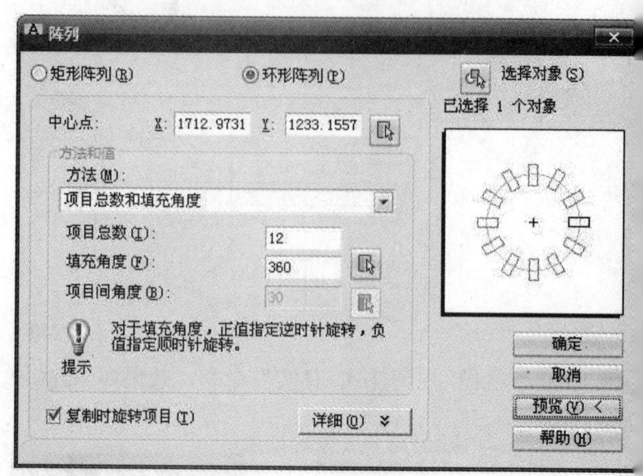

图241-6

05 单击“确定”按钮，效果如图241-7所示。

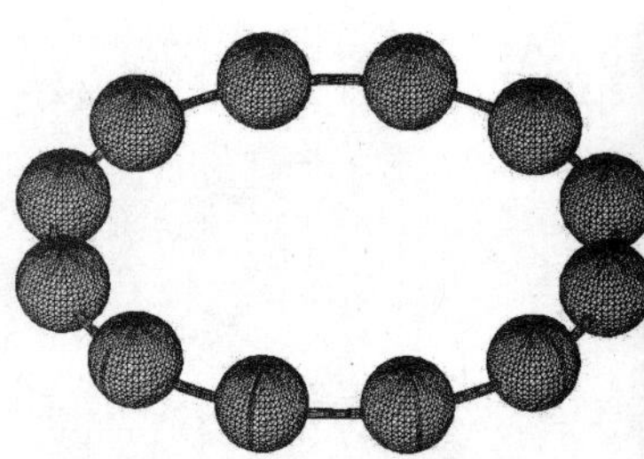

图241-7

06 执行“修改>实体编辑>着色面”命令，选择要着色的面，右键单击“确定”按钮后，弹出“选择颜色”对话框，如图241-8所示。

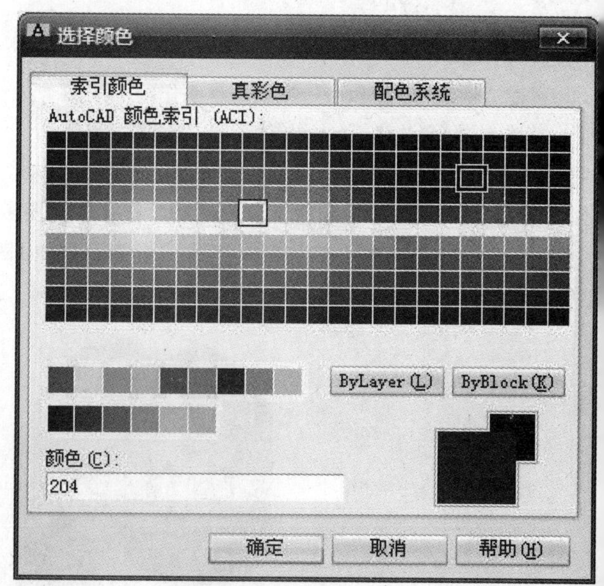

图241-8

07 对各个球体和圆环进行着色后，执行“视图>消隐”命令，效果如图241-9所示。

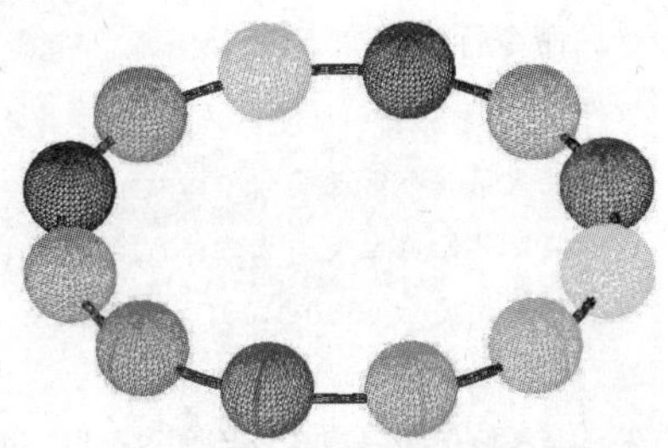

图241-9

08 执行“视图>渲染>渲染”命令，效果如图241-10所示。

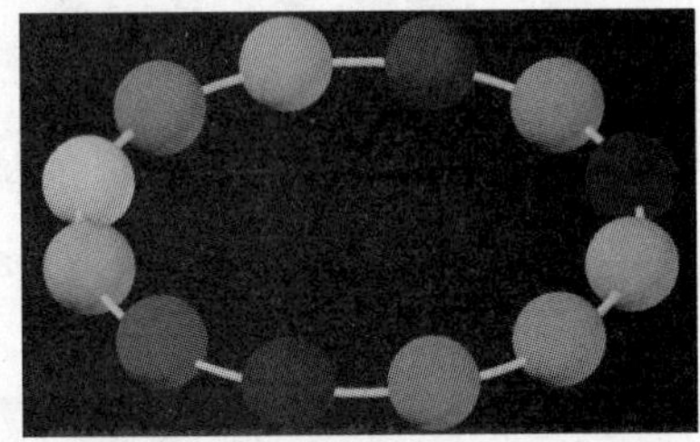

图241-10

练习241

练习位置	DVD>练习文件>第8章>练习241
难易指数	★☆☆☆☆
技术掌握	巩固“长方体”、“圆柱体”、“三维镜像”和“渲染”等命令的使用方法。

操作指南

参照“实战241 彩链”案例进行制作。

首先，执行“建模>长方体”、“建模>圆柱体”与“修改>三维操作>三维镜像”命令，绘制镜子，然后，执行“视图>渲染>渲染”命令，渲染镜子。练习的最终效果如图241-11所示。

图241-11

实战242 卧室1

实战位置	DVD>实战文件>第8章>实战242
视频位置	DVD>多媒体教学>第8章>实战242
难易指数	★★☆☆☆
技术掌握	掌握“长方体”和“差集”等命令。

实战介绍

运用“长方体”命令，绘制地面和墙体；利用“长方体”与“差集”命令，绘制窗户和玻璃。本例最终效果如图242-1所示。

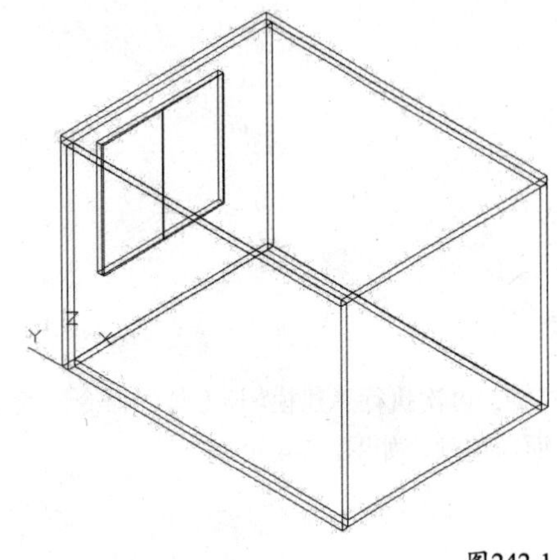

图242-1

制作思路

- 绘制地面和墙体。
- 绘制窗户和玻璃，完成卧室1的绘制并将其保存。

制作流程

卧室1的制作流程如图242-2所示。

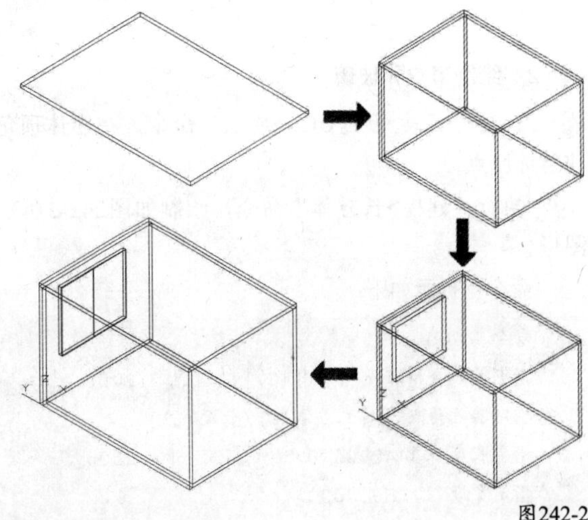

图242-2

1. 绘制地面和墙体

01 打开AutoCAD 2013中文版软件，执行“视图>三维视图>西南等轴测”命令，切换到三维视图。

02 执行“建模>长方体”命令，绘制如图242-3所示的图形。

命令行提示如下：

```
命令: _box
指定第一个角点或 [中心(C)]:
指定其他角点或 [立方体(C)/长度(L)]: l
指定长度 <4500.0000>: <正交 开> 4500
指定宽度 <3200.0000>: 3200
指定高度或 [两点(2P)] <3300.0000>: 100
```

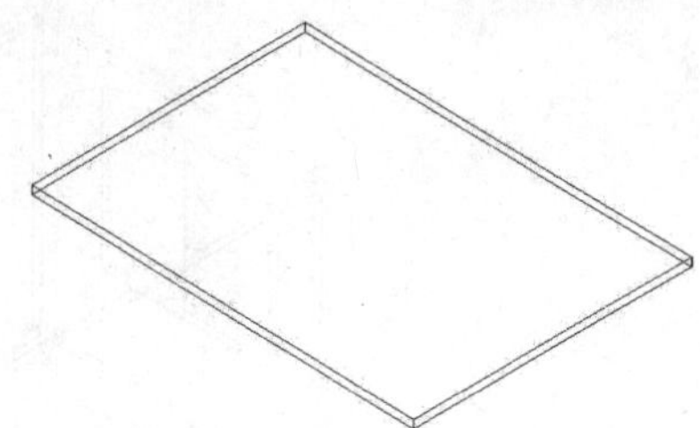
图242-3

03 再次执行“建模>长方体”命令，绘制墙体的三个侧面与屋顶，如图242-4所示。

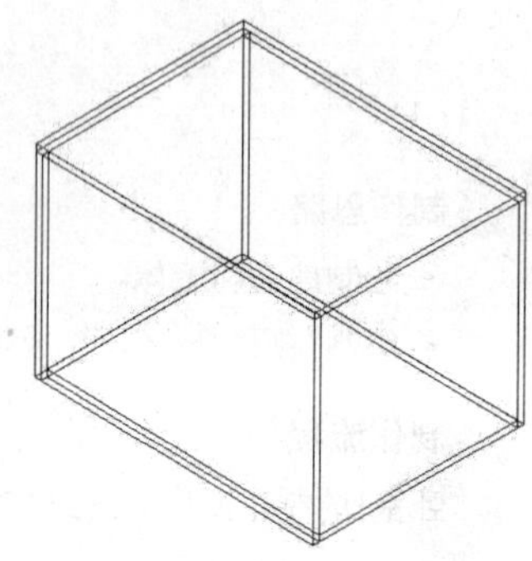
图242-4

2. 绘制窗户和玻璃

01 执行“工具>新建UCS>原点”命令，在墙体顶角新建坐标原点。

02 执行“建模>长方体”命令，绘制如图242-5所示的图形。

命令行提示如下：

```
命令: _box
指定第一个角点或 [中心(C)]: 600,0,1000
指定其他角点或 [立方体(C)/长度(L)]: l
指定长度 <3440.0000>:  <正交 开> 2000
指定宽度 <2250.0000>: 137
指定高度或 [两点(2P)] <3100.0000>: 1800
```

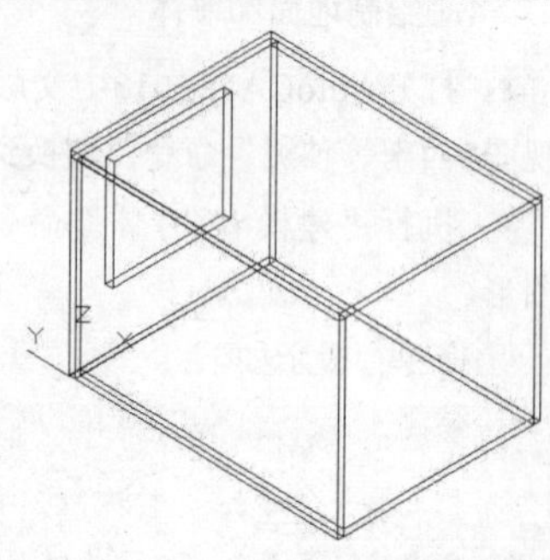

图242-5

03 执行“修改>实体编辑>差集”命令，将绘制的长方体从墙体中减去。

04 再次执行“建模>长方体”命令，绘制两扇玻璃，如图242-6所示。

命令行提示如下：

```
令: _box
指定第一个角点或 [中心(C)]:
指定其他角点或 [立方体(C)/长度(L)]: L
指定长度 <2000.0000>:  <正交 开> 1000
指定宽度 <137.0000>: 20
指定高度或 [两点(2P)] <1800.0000>: 1800
命令: _box
指定第一个角点或 [中心(C)]:
指定其他角点或 [立方体(C)/长度(L)]: l
指定长度 <1000.0000>:  <正交 开> 1000
指定宽度 <20.0000>:
指定高度或 [两点(2P)] <1800.0000>: 1800
```

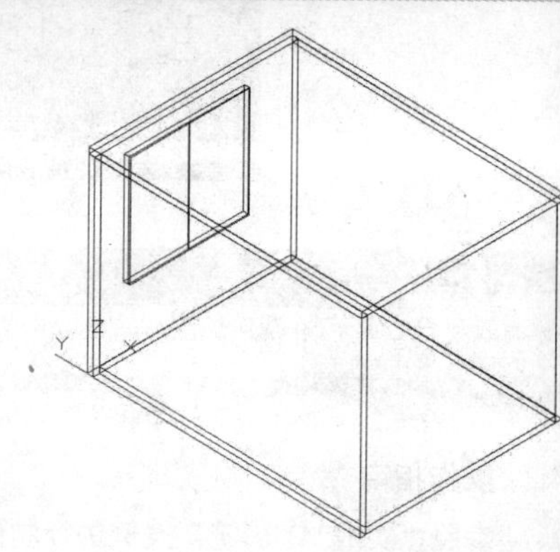

图242-6

练习242

实例位置	DVD>练习文件>第8章>练习242
难易指数	★★☆☆☆
技术掌握	巩固“长方体”、“插入块”、“材质”和“渲染”等命令的使用方法。

操作指南

参照“实战242 卧室1”案例进行制作。

首先，执行“建模>长方体”、“插入>块”与“视图>渲染>材质”命令，绘制卧室；然后，执行“视图>渲染>渲染”命令，渲染卧室。练习的最终效果如图242-7所示。

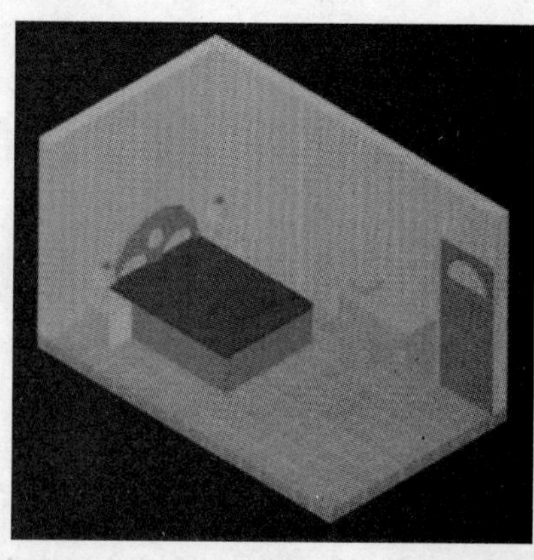
图242-7

实战243　卧室2

原始文件位置	DVD>原始文件>第8章>实战243 原始文件-1、实战243 原始文件-2
实战位置	DVD>实战文件>第8章>实战243
视频位置	DVD>多媒体教学>第8章>实战243
难易指数	★★☆☆☆
技术掌握	掌握“直线”、“修订云线”、“平移网格”、“三维镜像”和“插入块”等命令。

实战介绍

运用“直线”、“修订云线”、“平移网格”与“三维镜像”命令，绘制窗帘；利用“插入块”命令，插入家具。本例最终效果如图243-1所示。

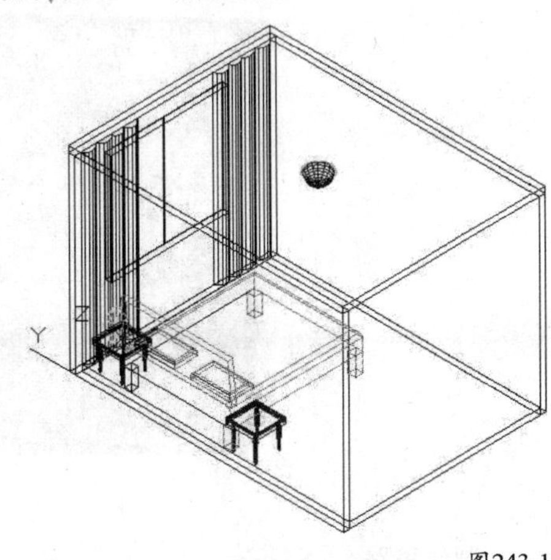

图243-1

制作思路

- 绘制窗帘。
- 插入家具，完成卧室2的绘制并将其保存。

制作流程

卧室2的制作流程如图243-2所示。

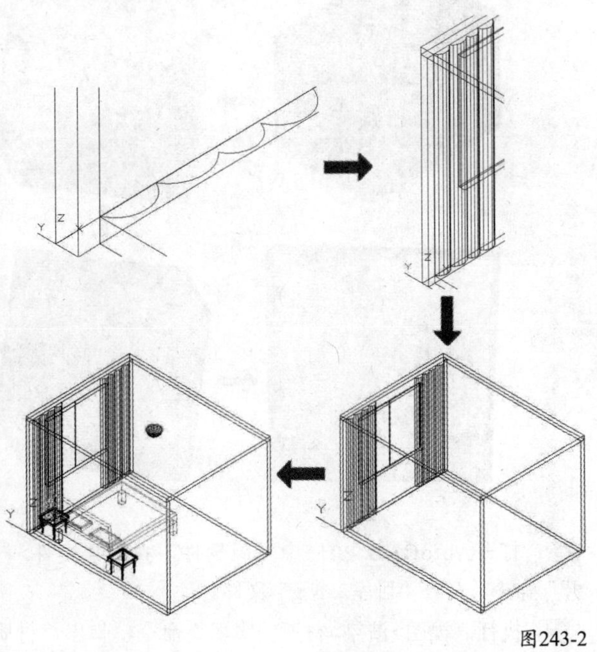

图243-2

1．绘制窗帘

01 打开AutoCAD 2013中文版软件，执行“文件>打开”命令，打开原始文件中的“实战243 原始文件-1”文件。

02 执行“绘图>直线”命令，绘制出一条z轴方向的直线。命令行提示如下：

```
命令：_line
指定第一个点：100,-100,0
指定下一点或 [放弃(U)]：3200
指定下一点或 [放弃(U)]：
```

03 执行“绘图>修订云线”命令，绘制出如图243-3所示的云线。

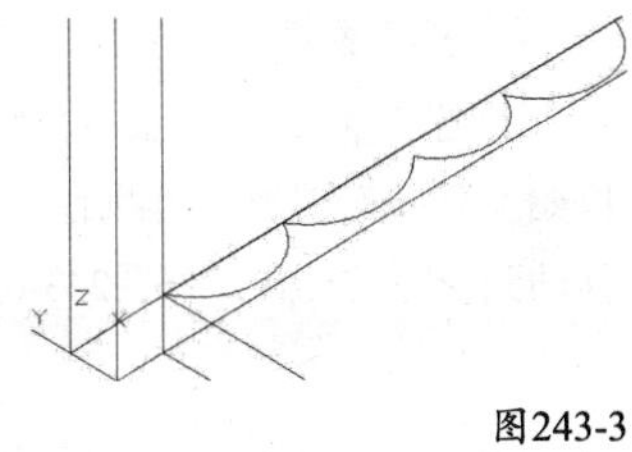

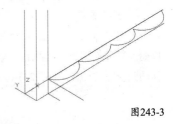

图243-3

命令行提示如下：

```
命令：_revcloud
最小弧长：250    最大弧长：250    样式：普通
指定起点或 [弧长(A)/对象(O)/样式(S)] <对象>：a
指定最小弧长 <15>：250
指定最大弧长 <250>：
指定起点或 [弧长(A)/对象(O)/样式(S)] <对象>：
沿云线路径引导十字光标...
反转方向 [是(Y)/否(N)] <否>：N
修订云线完成。
```

04 执行“绘图>建模>网格>平移网格”命令，以垂直直线为平移方向，如图243-4所示。

命令行提示如下：

```
命令：_tabsurf
当前线框密度：SURFTAB1=6
选择用作轮廓曲线的对象：
选择用作方向矢量的对象：
```

图243-4

05 执行“修改>三维操作>三维镜像”命令，镜像复制出另一侧的窗帘，如图243-5所示。

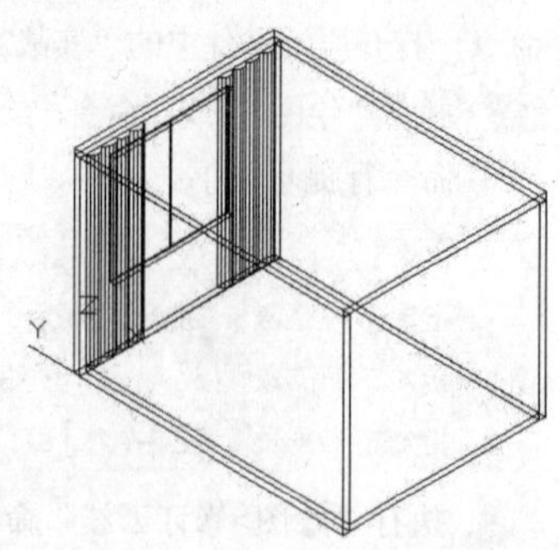

图243-5

2. 插入家具

执行“插入>块”命令，插入原始文件中的“实战243原始文件-2”图形，再执行“修改>移动”命令，将家具移动到合适的位置，如图243-6所示。

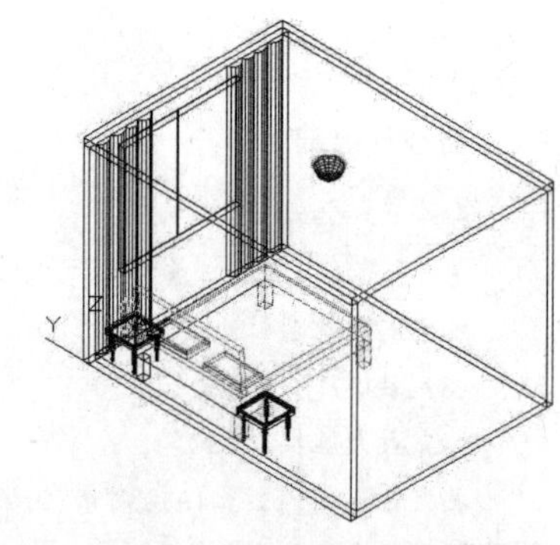

图243-6

练习243

练习位置	DVD>练习文件>第8章>练习243
难易指数	★★☆☆☆
技术掌握	巩固“长方体”、“差集”、“插入块”、“材质”和“渲染”等命令的使用方法。

操作指南

参照“实战243 卧室2”案例进行制作。

首先，执行“建模>长方体”、“插入>块”与“视图>渲染>材质”命令，绘制卧室；然后，执行“视图>渲染>渲染”命令，渲染卧室。练习的最终效果如图243-7所示。

图243-7

实战244 卧室3

原始文件位置	DVD>原始文件>第8章>实战244 原始文件
实战位置	DVD>实战文件>第8章>实战244
视频位置	DVD>多媒体教学>第8章>实战244
难易指数	★★☆☆☆
技术掌握	掌握“材质”、“新建点光源”和“渲染”等命令。

实战介绍

运用“材质”命令，给卧室赋予材质；利用“新建点光源”命令，设置灯光效果；利用“渲染”命令，渲染卧室。本例最终效果如图244-1所示。

图244-1

制作思路

- 赋予材质并新建点光源。
- 渲染卧室，完成卧室3的绘制并将其保存。

制作流程

卧室3的制作流程如图244-2所示。

图244-2

01 打开AutoCAD 2013中文版软件，执行“文件>打开”命令，打开“卧室2.dwg”文件。

02 执行“视图>渲染>材质编辑器”命令，弹出“材质编辑器”对话框，给地面赋予材质，效果如图244-3所示。

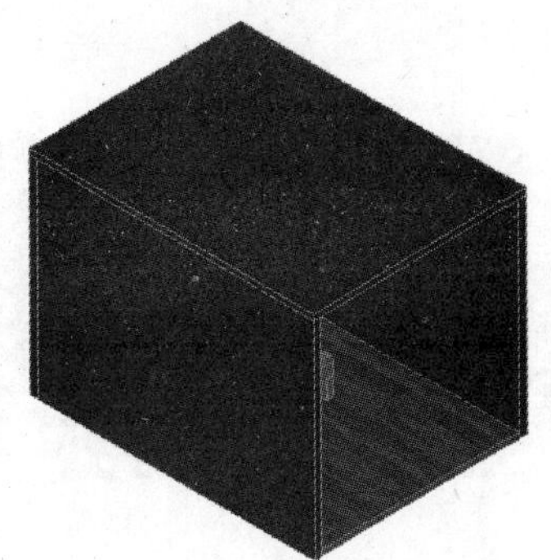

图244-3

03 用同样的方法给室内窗户、窗帘等赋予材质，再执行“视图>动态观察>自由动态观察”命令，改变观察角度，如图244-4所示。

图244-4

04 执行“视图>渲染>光源>新建点光源”命令，为卧室新建一个点光源，光源位置为吸顶灯处，如图244-5所示。

图244-5

05 设置好后，在命令行输入“DVIEW”，设置图形透视效果，如图244-6所示。

命令行提示如下：

```
命令: DVIEW
选择对象或 <使用 DVIEWBLOCK>:
*** 切换到 WCS ***
输入选项
[相机(CA)/目标(TA)/距离(D)/点(PO)/平移(PA)/缩放(Z)/扭曲(TW)/剪裁(CL)/隐藏(H)/关(O)/放弃(U)]: D
指定新的相机目标距离 <42527.2216>:
输入选项
[相机(CA)/目标(TA)/距离(D)/点(PO)/平移(PA)/缩放(Z)/扭曲(TW)/剪裁(CL)/隐藏(H)/关(O)/放弃(U)]:
```

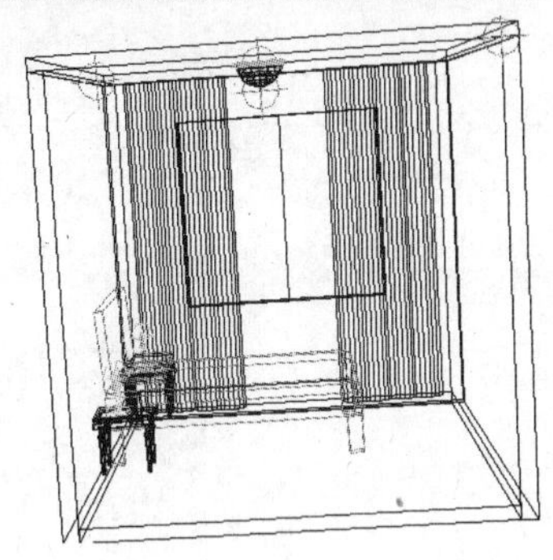

图244-6

06 设置好后，执行“视图>渲染>渲染”命令，效果如图244-7所示。

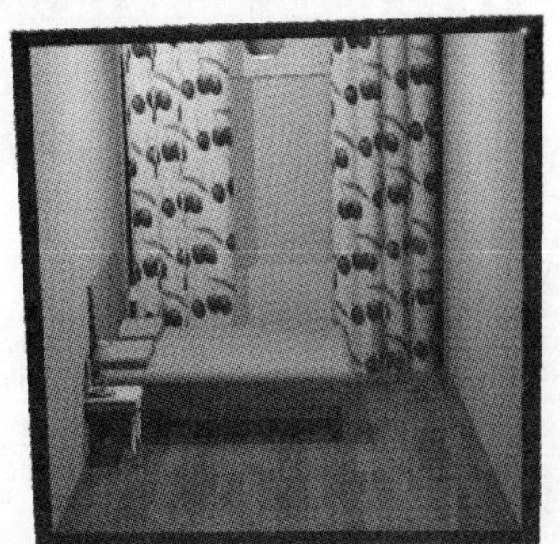

图244-7

练习244

练习位置	DVD>练习文件>第8章>练习244
难易指数	★★☆☆☆
技术掌握	巩固“长方体”、“差集”、“插入块”、“材质”和“渲染”等命令的使用方法。

操作指南

参照“实战244 卧室3”案例进行制作。

首先，执行“建模>长方体”、“修改>实体编辑>差集”、“插入>块”和“视图>渲染>材质”命令，绘制书房；然后，执行“视图>渲染>渲染”命令，渲染书房。练习的最终效果如图244-8所示。

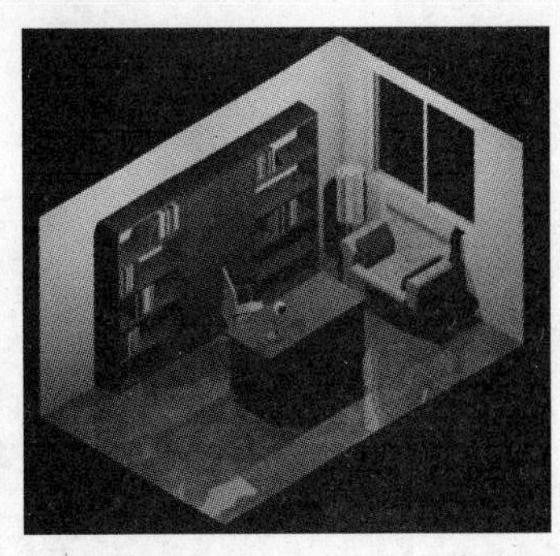

图244-8

第9章 室外三维实体

本章学习要点：

拉伸命令的使用
长方体命令的使用
圆柱体命令的使用
棱锥体命令的使用
球体命令的使用
三维旋转命令的使用
三维阵列命令的使用
三维镜像的使用
差集命令的使用
并集命令的使用
渲染命令的使用
拱桥的绘制
走廊的绘制
台阶的绘制

实战245 花台

实战位置	DVD>实战文件>第9章>实战246
视频位置	DVD>多媒体教学>第9章>实战246
难易指数	★★☆☆☆
技术掌握	掌握“多段线”、“偏移”、“拉伸”、“差集”及“渲染”等命令。

实战介绍

运用“多段线”与“偏移”命令，绘制花台轮廓；利用“拉伸”、“差集”与“渲染”命令，绘制花台的高度并渲染花台。本例最终效果如图245-1所示。

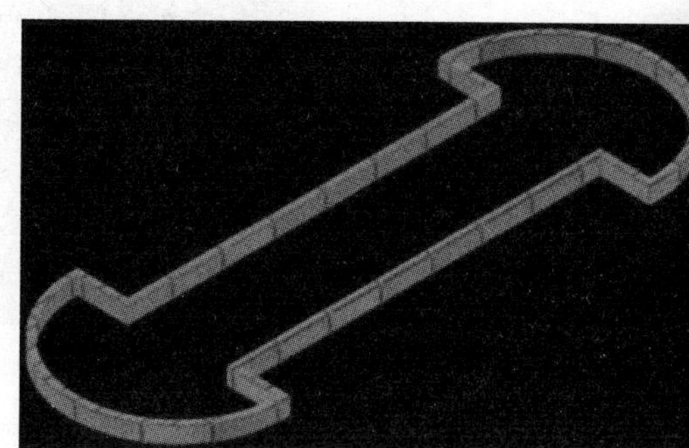

图245-1

制作思路

- 绘制花台轮廓。
- 绘制花台的高度并渲染花台，完成花台的绘制并将其保存。

制作流程

花台的制作流程如图245-2所示。

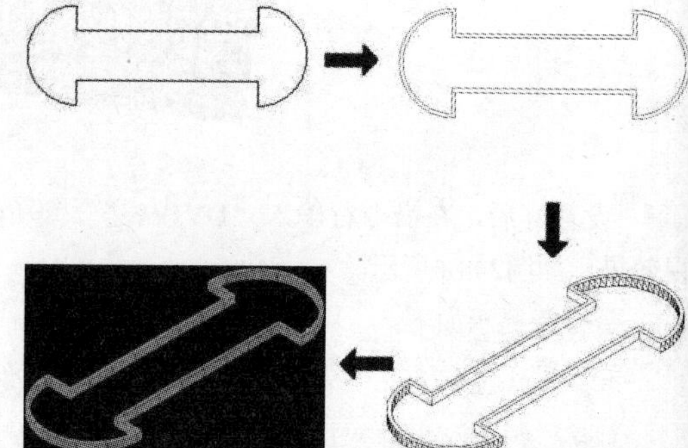

图245-2

1. 绘制花台轮廓

01 打开AutoCAD 2013中文版软件，执行“绘图>多段线”命令，绘制如图245-3所示的图形。

命令行提示如下：

```
命令: _pline
指定起点:
当前线宽为 0.0000
指定下一个点或 [圆弧(A)/半宽(H)/长度(L)/放弃(U)/宽度(W)]: <正交 开> 200
指定下一点或 [圆弧(A)/闭合(C)/半宽(H)/长度(L)/放弃(U)/宽度(W)]: a
指定圆弧的端点或
[角度(A)/圆心(CE)/闭合(CL)/方向(D)/半宽(H)/直线(L)/半径(R)/第二个点(S)/放弃(U)/宽度(W)]:<正交 关> ce
指定圆弧的圆心: from
基点: <偏移>: @0,-200
指定圆弧的端点或 [角度(A)/长度(L)]: a
指定包含角: 180
指定圆弧的端点或
[角度(A)/圆心(CE)/闭合(CL)/方向(D)/半宽(H)/直线(L)/半径(R)/第二个点(S)/放弃(U)/宽度(W)]: l
指定下一点或 [圆弧(A)/闭合(C)/半宽(H)/长度(L)/放弃(U)/宽度(W)]: <正交 开> 200
指定下一点或 [圆弧(A)/闭合(C)/半宽(H)/长度(L)/放弃(U)/宽度(W)]: 1660
指定下一点或 [圆弧(A)/闭合(C)/半宽(H)/长度(L)/放弃(U)/宽度(W)]: 200
指定下一点或 [圆弧(A)/闭合(C)/半宽(H)/长度(L)/放弃(U)/宽度(W)]: a
指定圆弧的端点或
[角度(A)/圆心(CE)/闭合(CL)/方向(D)/半宽(H)/直线(L)/半径(R)/第二个点(S)/放弃(U)/宽度(W)]: <正交 关> ce
指定圆弧的圆心: from
基点: <偏移>: @0,200
指定圆弧的端点或 [角度(A)/长度(L)]: a
指定包含角: 180
指定圆弧的端点或
[角度(A)/圆心(CE)/闭合(CL)/方向(D)/半宽(H)/直线(L)/半径(R)/第二个点(S)/放弃(U)/宽度(W)]: l
指定下一点或 [圆弧(A)/闭合(C)/半宽(H)/长度(L)/放弃(U)/宽度(W)]: <正交 开> 200
指定下一点或 [圆弧(A)/闭合(C)/半宽(H)/长度(L)/放弃(U)/宽度(W)]: c
```

图245-3

02 执行“修改>偏移”命令，将花台向外偏移30，如图245-4所示。

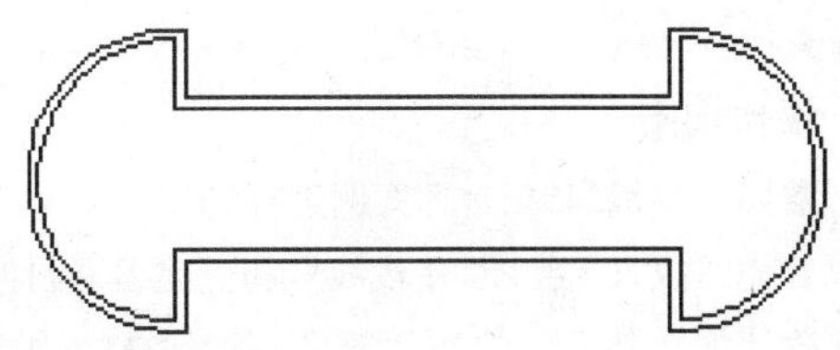

图245-4

2. 绘制花台的高度并渲染花台

01 执行“视图>三维视图>西南等轴测”命令，转换到三维视图。

02 执行“建模>拉伸”命令，将花台轮廓拉伸70。

命令行提示如下：

```
命令: _extrude
当前线框密度: ISOLINES=4，闭合轮廓创建模式 = 实体
选择要拉伸的对象或 [模式(MO)]: _MO 闭合轮廓创建模式 [实体(SO)/曲面(SU)] <实体>: _SO
选择要拉伸的对象或[模式(MO)]:指定对角点: 找到2个
选择要拉伸的对象或 [模式(MO)]:
指定拉伸的高度或 [方向(D)/路径(P)/倾斜角(T)/表达式(E)]: 70
```

03 执行“修改>实体编辑>差集”命令，将内侧的实体从外侧实体中减去，然后，执行“视图>消隐”命令，效果如图245-5所示。

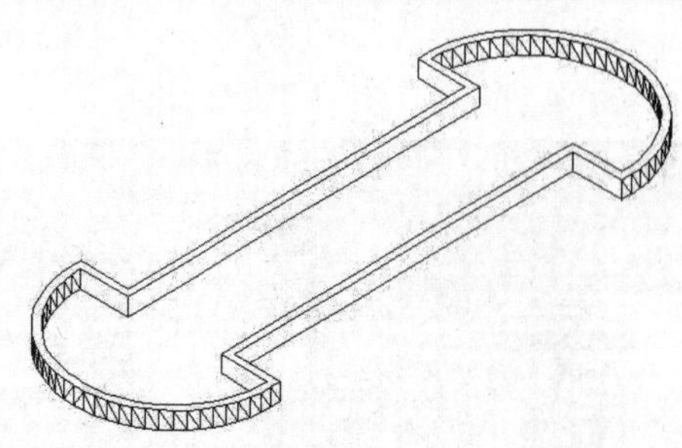

图245-5

04 执行“视图>渲染>材质编辑器”命令，为花台赋予砖石材质，再执行“视图>渲染>渲染”命令，渲染花台，如图245-6所示。

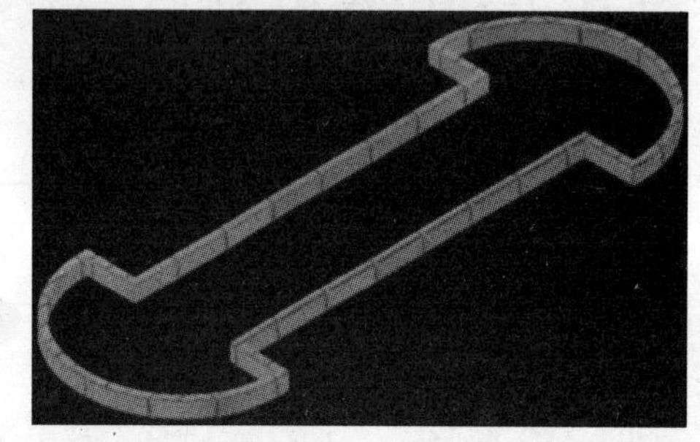

图245-6

练习245

实战位置	DVD>练习文件>第9章>练习245
难易指数	★☆☆☆☆
技术掌握	巩固“多段线”、“拉伸”、“材质”和“渲染”等命令的使用方法。

操作指南

参照“实战245花台”案例进行制作。

首先，执行“绘图>多段线”和“建模>拉伸”命令，绘制游泳池；然后，执行“视图>渲染>材质编辑器”命令，将游泳池赋予材质；最后，执行“视图>渲染>渲染”命令，渲染游泳池。练习效果如图245-7所示。

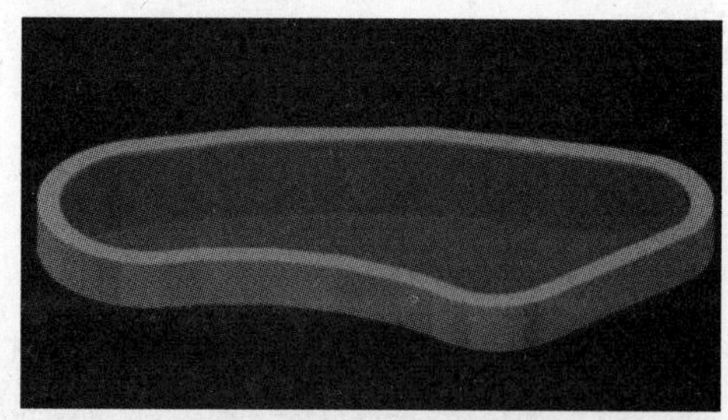

图245-7

实战246 旋转楼梯1

实战位置	DVD>实战文件>第9章>实战246
视频位置	DVD>多媒体教学>第9章>实战246
难易指数	★★☆☆☆
技术掌握	掌握“矩形”、“圆”、“拉伸”、“圆柱体”、“复制”、“移动”、“三维旋转”和“消隐”等命令。

实战介绍

运用“矩形”、“圆”与“拉伸”命令，绘制楼梯板的三维模型；利用“圆柱体”、“复制”、“移动”、“三维旋转”与“消隐”命令，复制楼梯板。本例最终效果如图246-1所示。

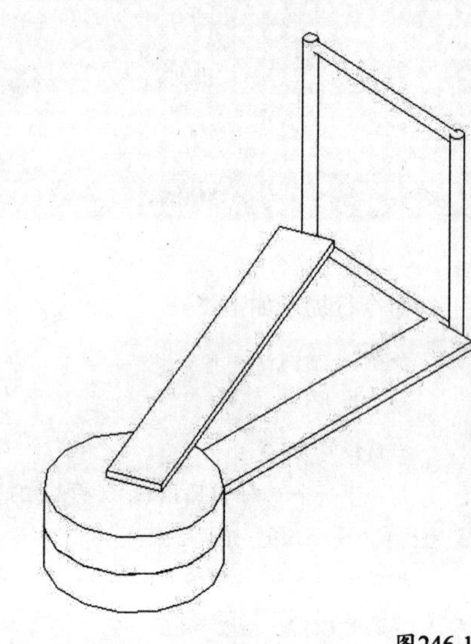

图246-1

制作思路

- 绘制楼梯板。
- 复制楼梯版，完成旋转楼梯1的绘制并将其保存。

制作流程

旋转楼梯1的制作流程如图246-2所示。

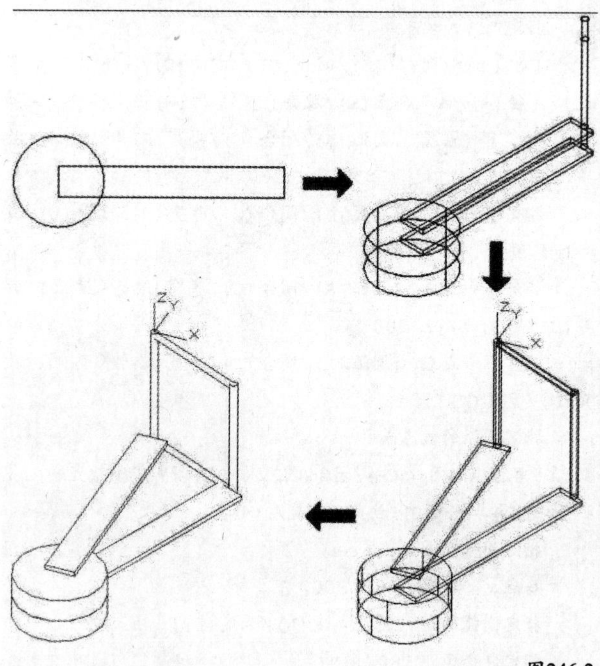

图246-2

1. 绘制楼梯板

01 打开AutoCAD 2013中文版软件，执行“绘图>圆”命令，绘制一半径为300的圆。

02 执行“绘图>矩形”命令，绘制一个矩形，如图246-3所示。

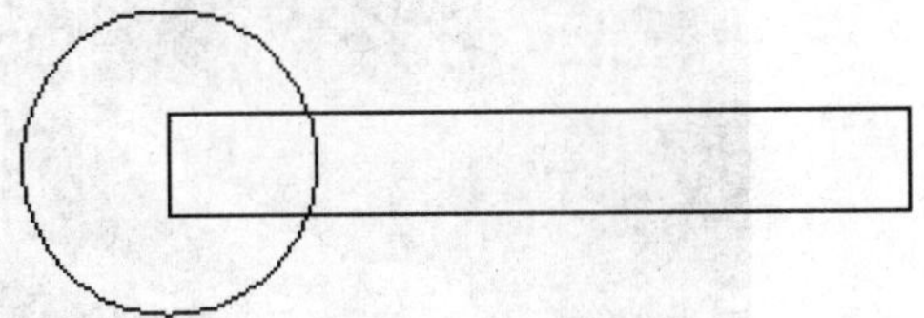

图246-3

03 执行“绘图>圆”命令，绘制一个小圆。执行“视图>三维视图>西南等轴测”命令，切换到三维视图。

04 执行“建模>拉伸”命令，将大圆拉伸180，矩形拉伸30，小圆拉伸800，如图246-4所示。

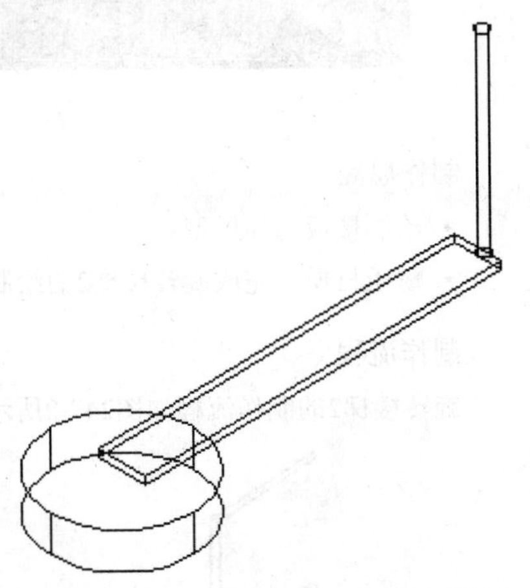

图246-4

2. 复制楼梯板

01 执行“修改>复制”命令，将上图中的图形向上平移复制166，如图246-5所示。

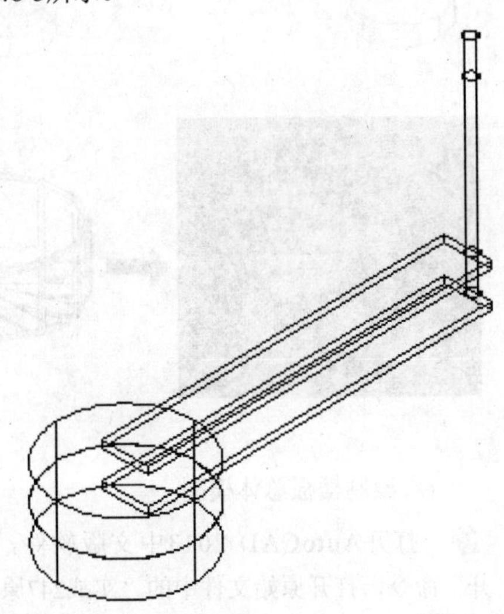

图246-5

02 执行“修改>三维操作>三维旋转”命令，将复制的一部分沿Z轴旋转90°，如图246-6所示。

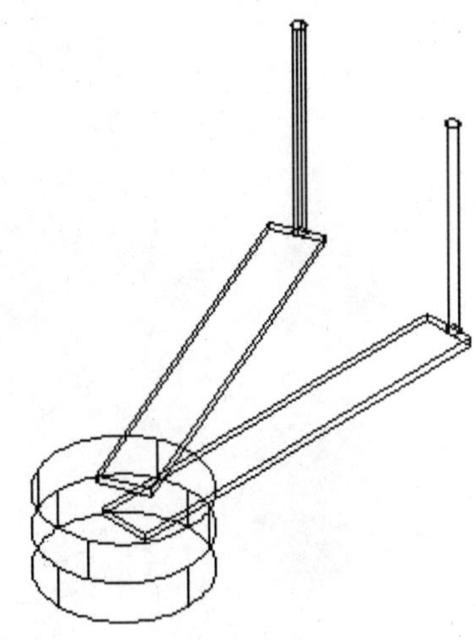

图246-6

03 执行“工具>新建UCS>Z”命令，确定Z轴矢量方向为两个小圆柱体上侧中心点的连线方向。

命令行提示如下：

```
命令: _ucs
当前 UCS 名称: *没有名称*
指定 UCS 的原点或 [面(F)/命名(NA)/对象(OB)/上一个(P)/视图(V)/世界(W)/X/Y/Z/Z 轴(ZA)]<世界>: _zaxis
指定新原点或 [对象(O)] <0,0,0>:
在正Z轴范围上指定点<6699.8222,-83.3435,951.0000>:
```

04 执行“建模>圆柱体”命令，绘制如图246-7所示的圆柱体。

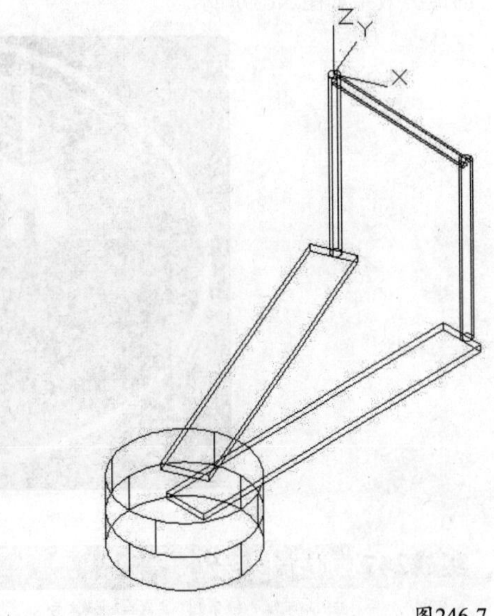

图246-7

05 执行“修改>复制”和“修改>移动”命令，复制出下侧的支柱并调整好圆柱体的位置，然后，执行“视图>消隐”命令，效果如图246-8所示。

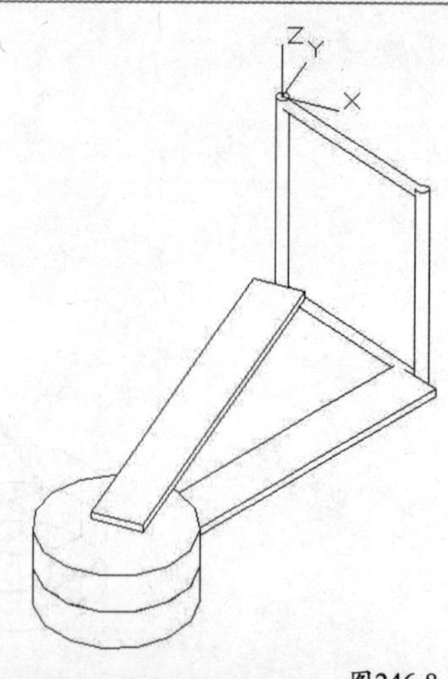

图246-8

练习246

练习位置	DVD>实战文件>第9章>实战246
难易指数	★★★☆☆
技术掌握	巩固“多段线”、“圆柱体”、“拉伸”、“旋转”、“复制”、“移动”、“三维旋转”和“渲染”等命令的使用方法。

操作指南

参照“实战246 旋转楼梯1”案例进行制作。

首先，执行“绘图>多段线”、“建模>圆柱体”、“建模>拉伸”和“建模>旋转”命令，绘制楼梯板和栏杆；然后，执行“修改>复制”、“修改>移动”和“修改>三维操作>三维旋转”命令，复制楼梯板和栏杆；最后，执行“视图>渲染>渲染”命令，渲染旋转楼梯。练习的最终效果如图246-9所示。

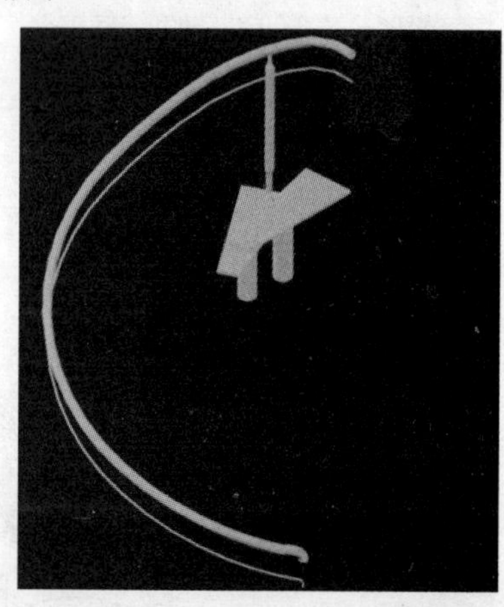
图246-9

实战247 旋转楼梯2

原始文件位置	DVD>原始文件>第9章>实战247原始文件
实战位置	DVD>实战文件>第9章>实战247
视频位置	DVD>多媒体教学>第9章>实战247
难易指数	★★☆☆☆
技术掌握	掌握“复制”、“三维旋转”和“材质”等命令。

实战介绍

运用“复制”与“三维旋转”命令，旋转出楼板总体模型，再利用“材质”命令，得到最终图形。本例最终效果如图247-1所示。

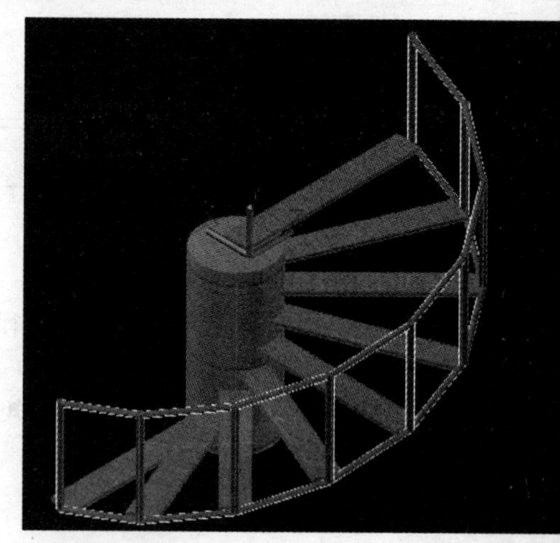
图247-1

制作思路

- 绘制楼板总体模型。
- 赋予材质，完成旋转楼梯2的绘制并将其保存。

制作流程

旋转楼梯2的制作流程如图247-2所示。

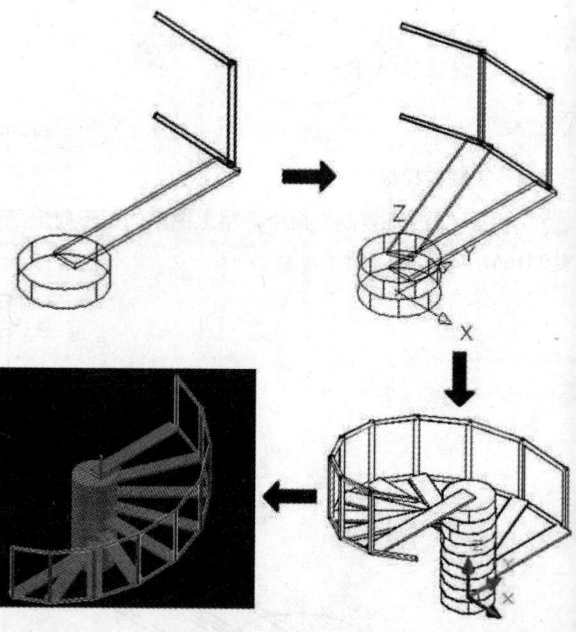

图247-2

1. 绘制楼板总体模型

01 打开AutoCAD 2013中文版软件，执行“文件>打开”命令，打开原始文件中的“实战247原始文件”图形。

02 执行“修改>删除”命令，删除第二个楼板，结果如图247-3所示。

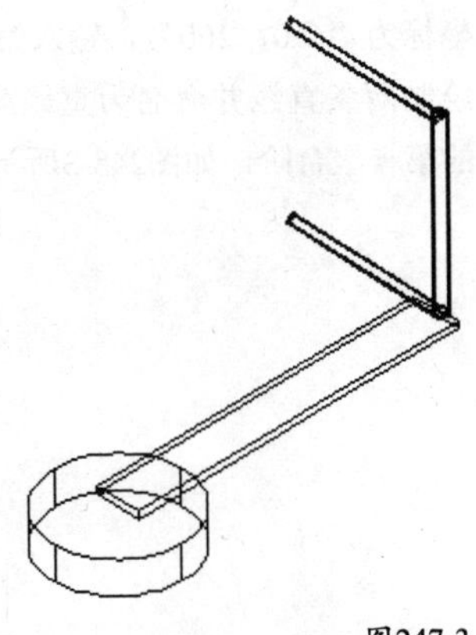
图247-3

03 执行"工具>新建UCS>三点"命令，确定新的坐标轴方向。

04 执行"修改>实体编辑>并集"命令，将上图中的图形合并为一体。

05 执行"修改>复制"命令，将图形向上平移166，复制出楼梯板，如图247-4所示。

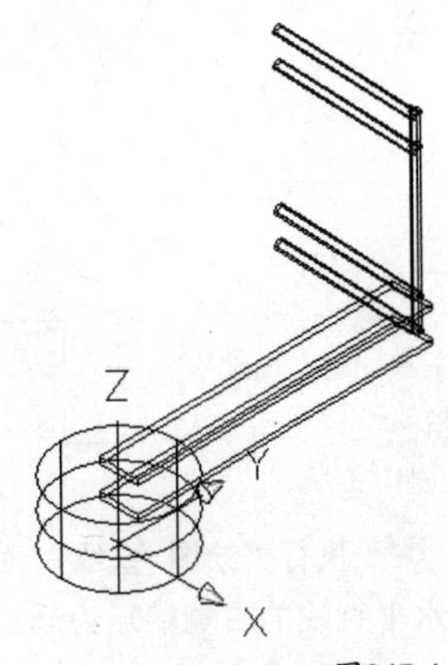

图247-4

06 执行"修改>三维操作>三维旋转"命令，将第二个楼梯板沿z轴旋转22.5°，如图247-5所示。

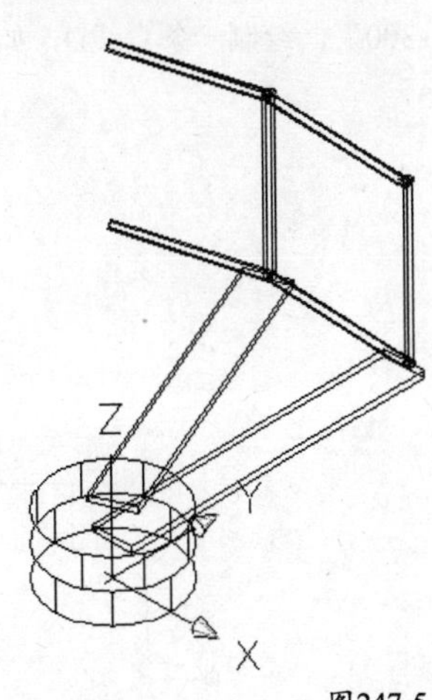

图247-5

07 用同样的方法旋转出9个楼梯板，如图247-6所示。

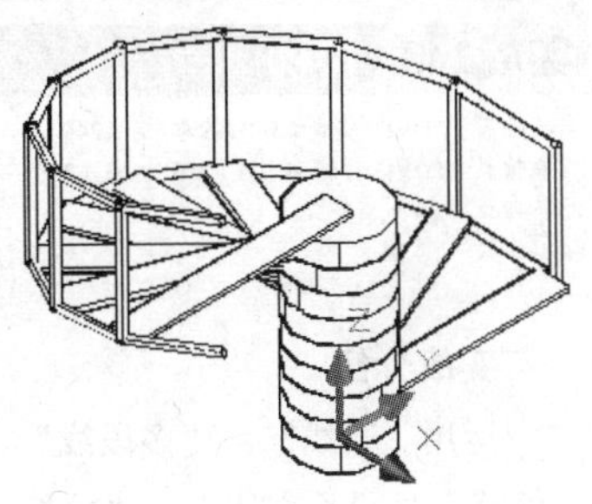

图247-6

2. 赋予材质

执行"修改>分解"命令，将最后一个楼梯板分解，然后，执行"修改>删除"命令，删除多余的图形，再执行"视图>渲染>材质编辑器"命令，为楼梯赋予材质，如图247-7所示。

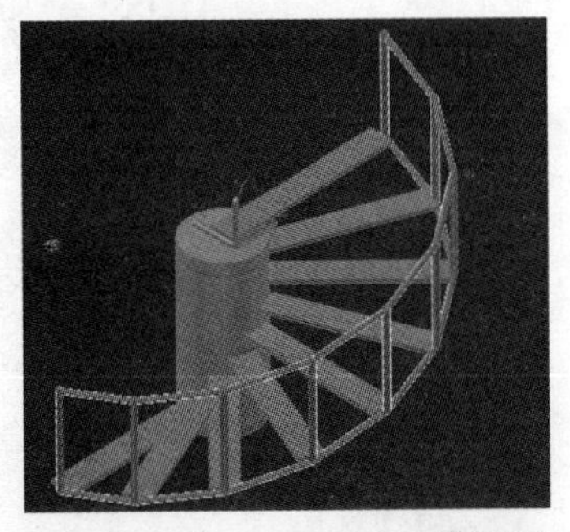
图247-7

练习247

原始文件位置	DVD>原始文件>第9章>练习247 原始文件
实战位置	DVD>练习文件>第9章>练习247
难易指数	★★★☆☆
技术掌握	巩固"矩形"、"多段线"、"圆柱体"、"拉伸"、"旋转"、"复制"、"移动"、"三维旋转"和"渲染"等命令的使用方法

操作指南

参照"实战247 旋转楼梯2"案例进行制作。

首先，执行"绘图>多段线"、"修改>复制"和"建模>旋转"命令，绘制楼梯板和栏杆；然后，执行"视图>渲染>渲染"命令，渲染旋转楼梯。练习的最终效果如图247-8所示。

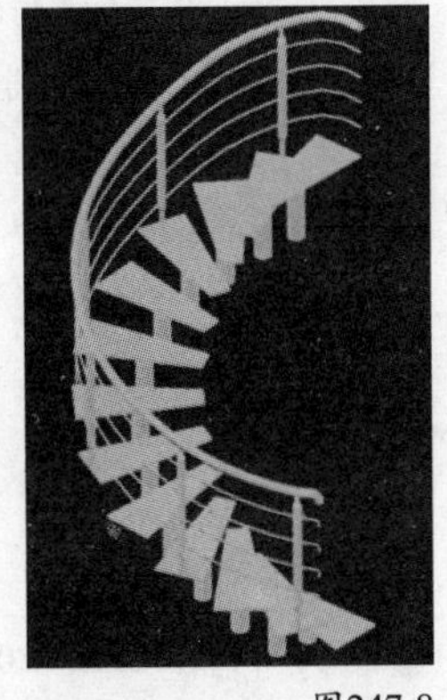
图247-8

实战248 楼梯

实战位置	DVD>实战文件>第9章>实战248
视频位置	DVD>多媒体教学>第9章>实战248
难易指数	★★☆☆☆
技术掌握	掌握“直线”、“多段线”、“复制”、“镜像”、“偏移”、“长方体”、“拉伸”、“UCS”和“消隐”等命令。

实战介绍

运用“直线”、“多段线”、“复制”、“镜像”、“偏移”、“长方体”、“拉伸”与“UCS”命令，绘制楼梯；利用“消隐”命令，消隐楼梯。本例最终效果如图248-1所示。

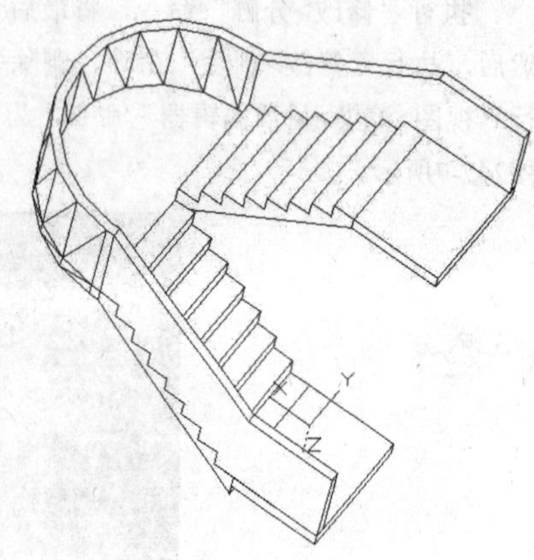

图248-1

制作思路

• 绘制楼梯。
• 消隐楼梯，完成楼梯的绘制并将其保存。

制作流程

楼梯的制作流程如图248-2所示。

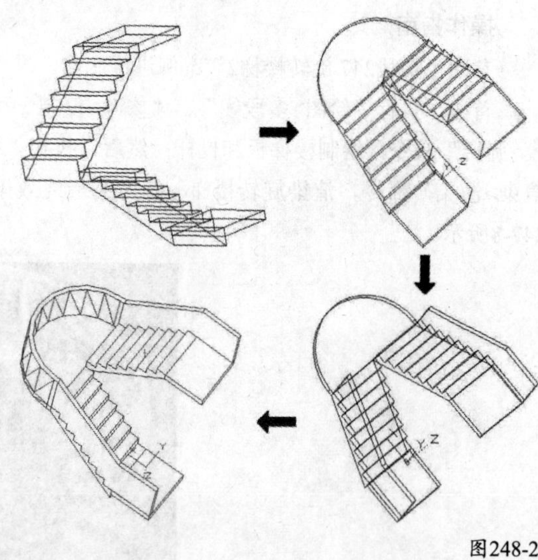

图248-2

1. 绘制楼梯

01 打开AutoCAD 2013中文版软件，执行“绘图>直线”命令，设置直线的起点为“200，200”，输入第二点坐标为“@0，200”，输入第三点坐标为“@230，0”。绘制两条直线并命名为直线A和直线B，将它们作为楼梯的第一级台阶，如图248-3所示。

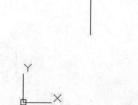

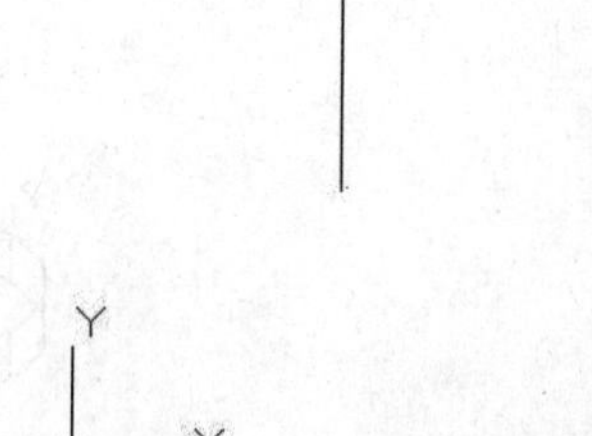

图248-3

02 执行“修改>复制”命令，以直线A的下端端点为起点，将上一步所绘制的两条直线复制到直线B的右端端点，再用同样的方法复制7次，如图248-4所示。

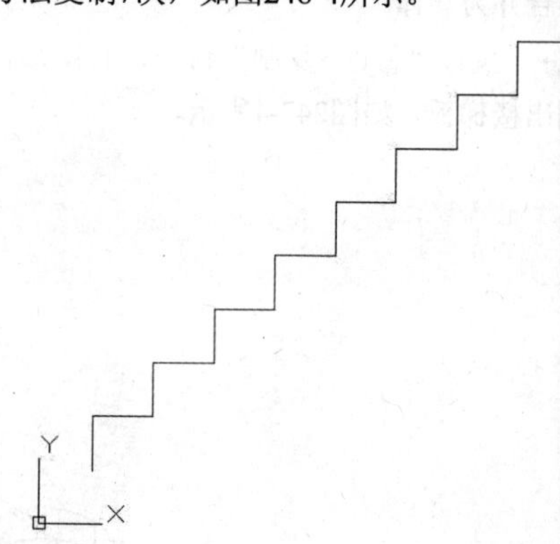

图248-4

03 执行“绘图>直线”命令，以上一步所复制的最右侧水平直线的右端端点为起点，输入第二点坐标为“@0，-150”，绘制一条直线C。

04 执行“绘图>直线”命令，以上一步所复制的最左侧水平直线的左端端点为起点，输入第二点坐标为“@0，-300”，绘制一条直线D，如图248-5所示。

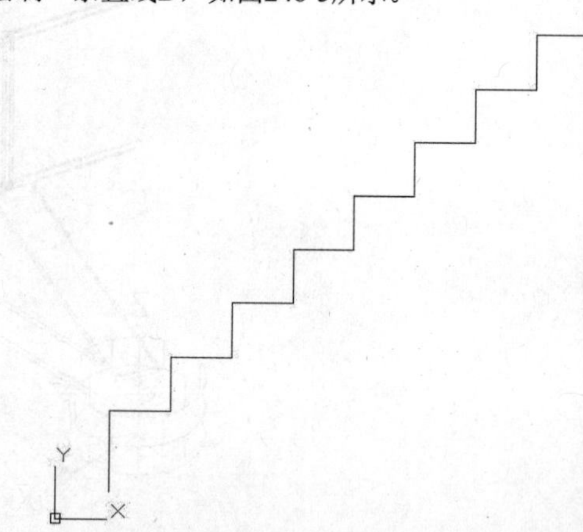

图248-5

05 执行“修改>镜像”命令，选中需要镜像的直线，如

图248-6所示，以之前所绘制的楼梯最上方的水平直线为镜像轴，对楼梯进行镜像，如图248-7所示。

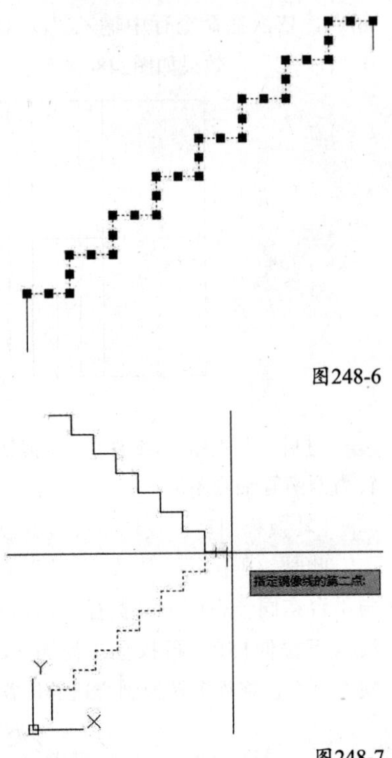

图248-6

图248-7

06 执行“修改>移动”命令，将上一步镜像后的对象沿Y轴垂直向上移动200。

07 执行“绘图>直线”命令，起点为移动后的楼梯最右侧水平直线的右端端点，终点为镜像前的楼梯最右侧水平直线的右端端点，将其命名为“直线E”。

08 执行“绘图>直线”命令，起点为移动后的楼梯最左侧水平直线的左端端点，输入第二点坐标为“@0，-150”，将其命名为“直线F”。

09 执行“绘图>直线”命令，连接之前所绘制的连接直线的右上端端点和直线F的下端端点，如图248-8所示。

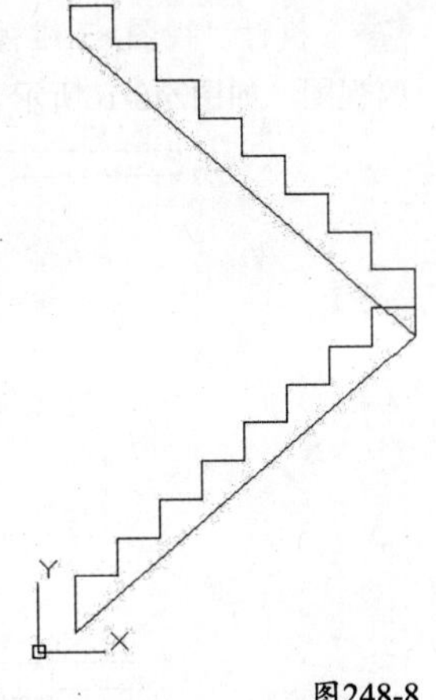

图248-8

10 在工具栏空白处单击鼠标右键，弹出快捷菜单，单击“修改Ⅱ”命令后，显示“修改Ⅱ”工具栏。

11 执行“修改Ⅱ>编辑多段线”命令，将下半部分楼梯编辑成多段线。调用“编辑多段线”命令后，在命令行中输入“M”，按Enter键，再选择如图248-9所示的对象，按Enter键，依次在命令行中输入“Y”、“J”后，按Enter键，效果如图248-10所示。

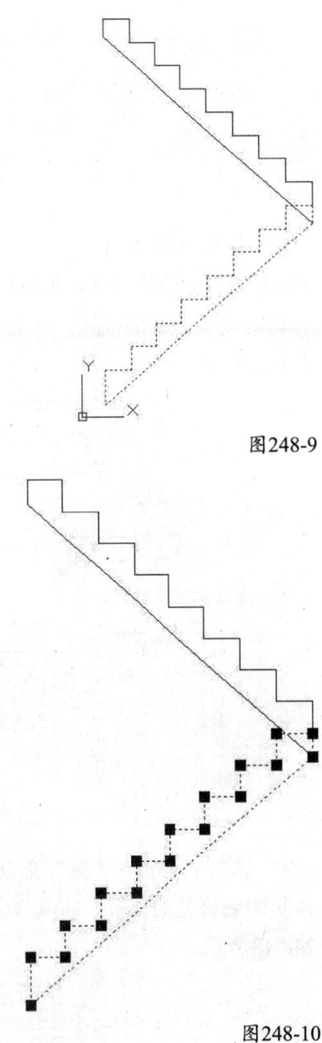

图248-9

图248-10

12 用同样的方法对上半部分楼梯进行合并。

技巧与提示

合并多段线线段时，如果直线、圆弧或另一条多段线的端点相互连接或接近，则可以将它们合并到打开的多段线；如果端点不重合，而是相距一段可以设定的距离（成为模糊距离），则可以通过修剪、延伸或将端点用新的线段连接的方式来合并端点。

13 执行“建模>拉伸”命令，将上、下两部分楼梯分别拉伸1300，再执行“视图>动态观察>自由动态观察”命令，如图248-11所示。

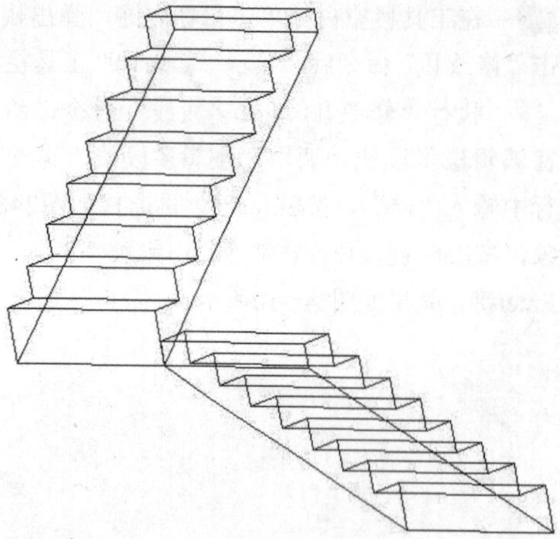

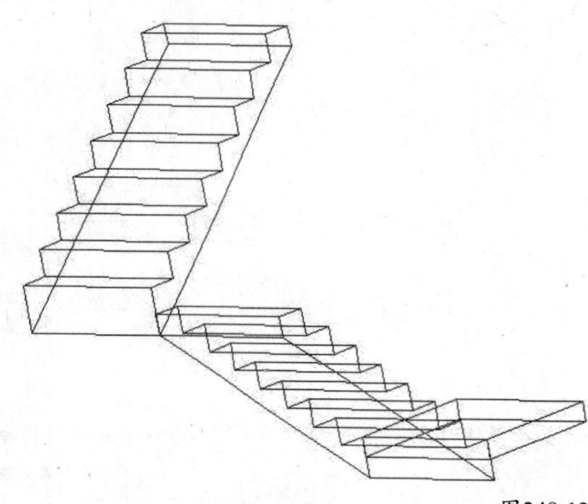

图248-11

14 执行“建模>长方体”命令，绘制一个长1300，宽1000，高150的长方体，再执行“修改>移动”命令，将长方体移动到合适的位置，将其作为楼梯的一个平台，如图248-12所示。

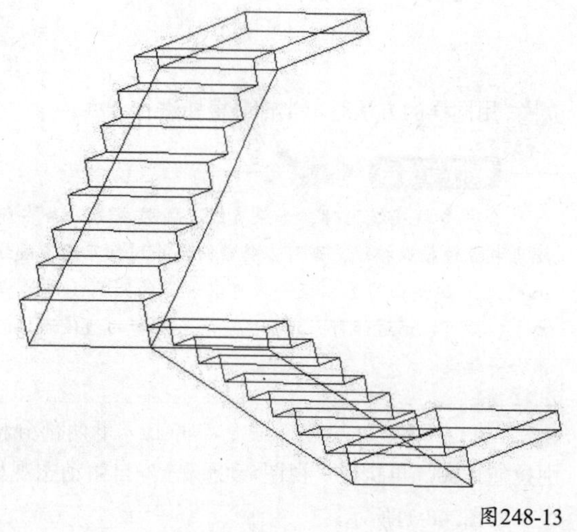

图248-12

15 执行“修改>复制”命令，将上一步所绘制的长方体复制到合适的位置，将其作为楼梯的另一个平台，如图248-13所示。

图248-13

16 执行“视图>三维视图>前视”命令，将视图转为前视图。执行“绘图>多段线”命令，以图形右上角点为起点，依次在命令行中输入“@100，0”、“@-100，0”、“C”，效果如图248-14所示。

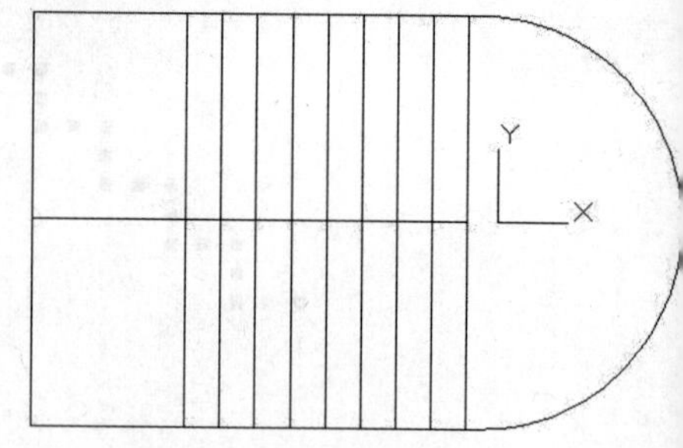

图248-14

17 执行“视图>三维视图>西南等轴测”命令，将视图转为西南等轴测图。

18 转换视图后，发现多段线并没有与平台在同一平面上，此时，再执行“修改>移动”命令，将多段线移动到与平台在同一平面上。执行“建模>拉伸”命令，将多段线向下拉伸150，再执行“视图>动态观察>自由动态观察”命令，将视图转换到合适的位置，如图248-15所示。

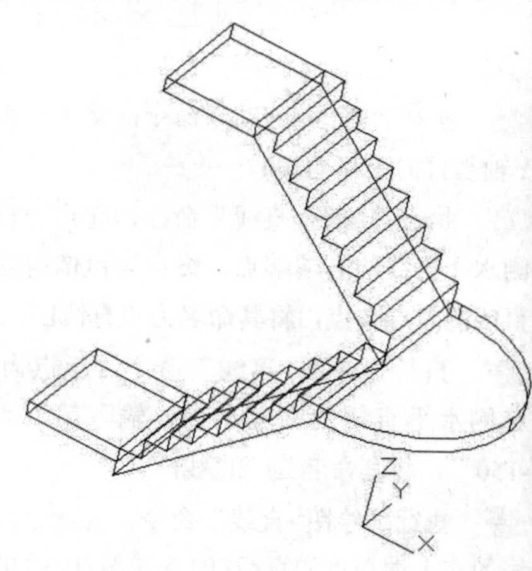

图248-15

19 执行“视图>三维视图>俯视”命令，将视图调整为俯视图，如图248-16所示。

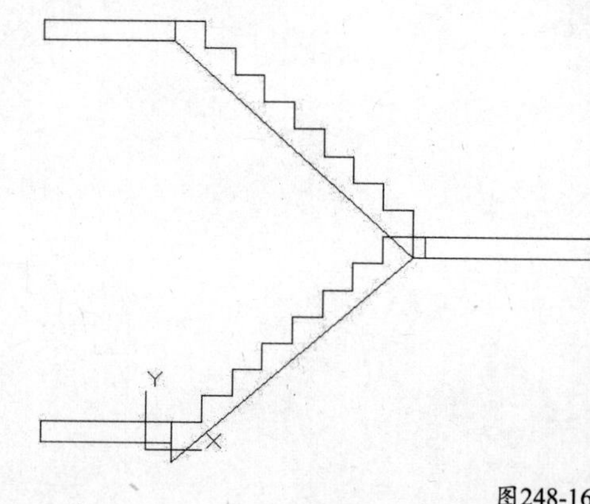

图248-16

20 执行“绘图>多段线”命令，绘制一条闭合多段线并将其作为下半部分楼梯的扶手，如图248-17所示。

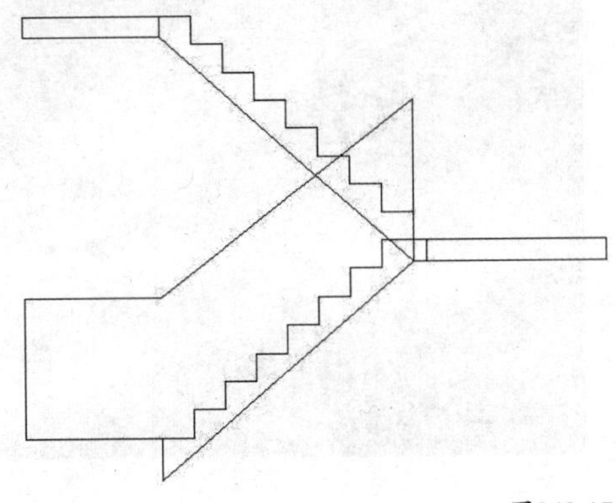

图248-17

21 执行“绘图>多段线”命令，绘制另一条闭合多段线，将其作为上半部分楼梯的扶手，如图248-18所示。

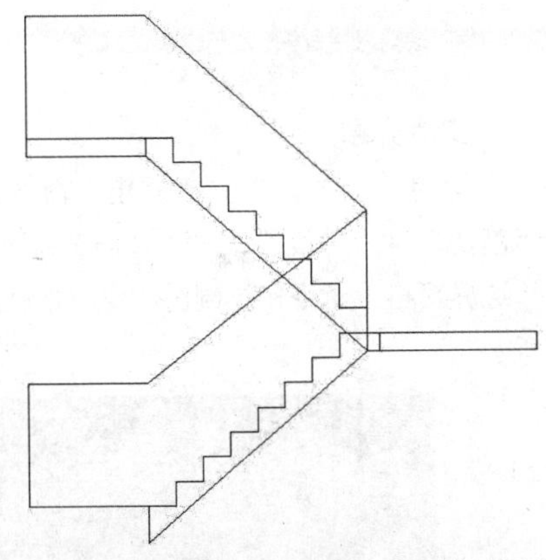

图248-18

22 执行“视图>动态观察>连续动态观察”命令，按住鼠标左键并在绘图区拖曳鼠标指针，将图形调整为如图248-19所示的角度。

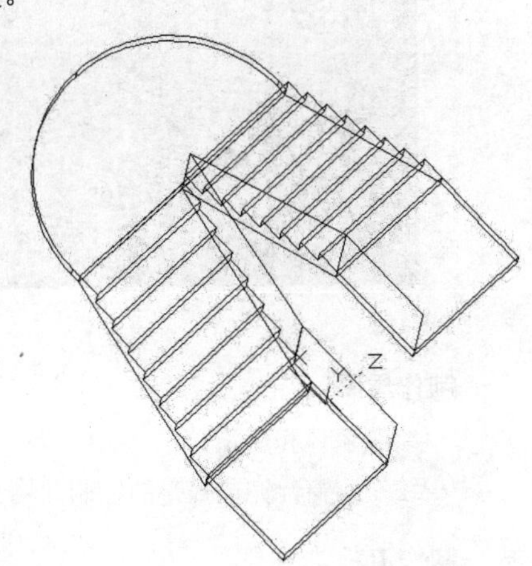

图248-19

23 调整角度后，可以看到扶手在楼梯的内侧，执行“修改>移动”命令，将楼梯上、下部的扶手移动到两侧，如图248-20所示。

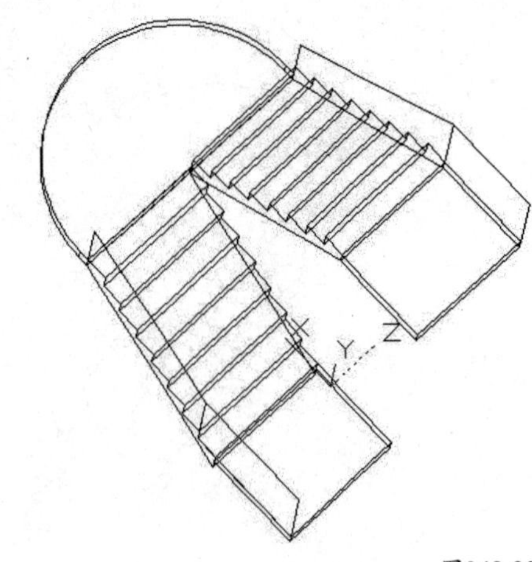

图248-20

24 执行“建模>拉伸”命令，将楼梯上、下部的扶手分别向内拉伸100，如图248-21所示。

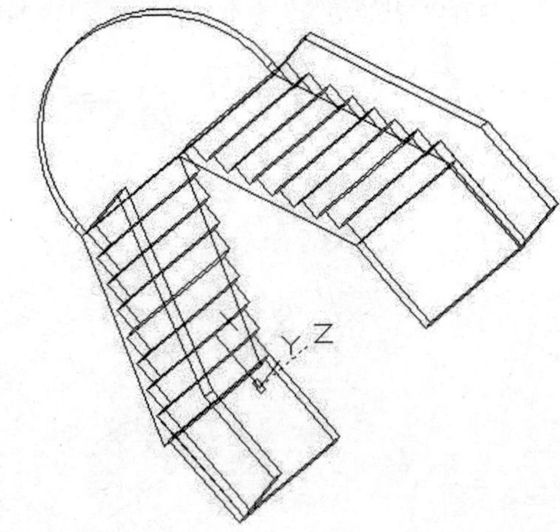

图248-21

25 执行“视图>三维视图>前视”命令，将试图调整为前视图，如图248-22所示。

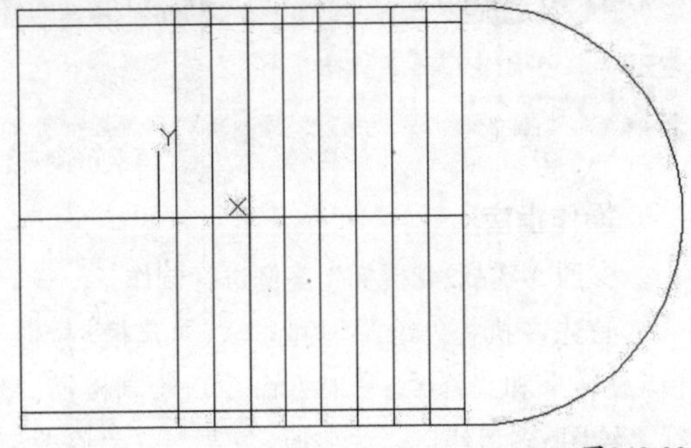

图248-22

26 执行“绘图>多段线”命令，绘制一条多段线，再执行“建模>拉伸”命令，将多段线向上拉伸到与楼梯扶手平齐。执行“视图>动态观察>连续动态观察”命令，按住鼠标左键并在绘图区拖曳鼠标指针，将图形调整为如图

248-23所示的角度。

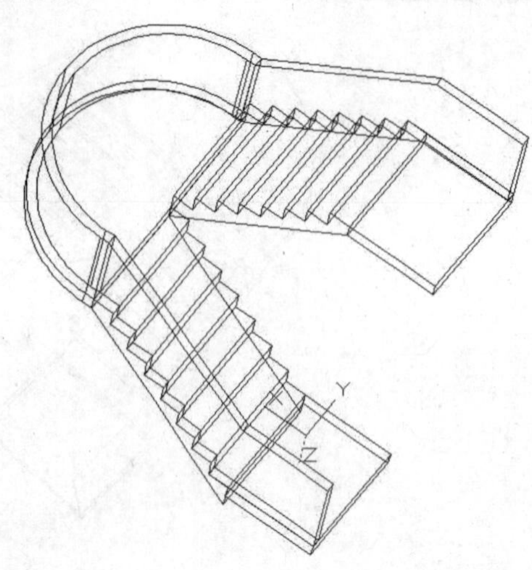

图248-23

2. 消隐楼梯

执行“视图>消隐”命令，效果如图248-24所示。

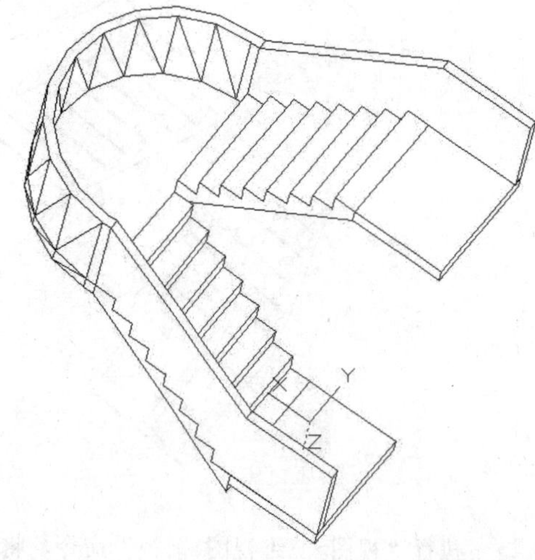

图248-24

练习248

练习位置	DVD>练习文件>第9章>练习248
难易指数	★★★☆☆
技术掌握	巩固“矩形”、“多段线”、“圆柱体”、“拉伸”、“旋转”、“复制”、“移动”、“三维旋转”和“渲染”等命令的使用方法

操作指南

参照“实战248楼梯”案例进行制作。

首先，执行“绘图>矩形”、“建模>拉伸”、“建模>旋转”和“修改>复制”命令，绘制楼梯；然后，执行“绘图>多段线”、“修改>复制”、“修改>移动”、“修改>三维操作>三维旋转”和“建模>圆柱体”命令，绘制栏杆；最后，执行“视图>渲染>渲染”命令，渲染楼梯。练习的最终效果如图248-25所示。

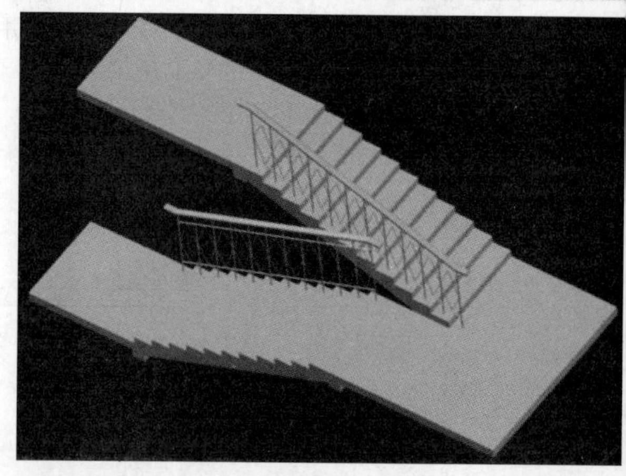

图248-25

实战249 报亭

实战位置	DVD>实战文件>第9章>实战249
视频位置	DVD>多媒体教学>第9章>实战249
难易指数	★★☆☆☆
技术掌握	掌握“长方体”、“差集”、“剖切”、“多段线”、“拉伸”和“边界网格”等命令。

实战介绍

运用“长方体”与“差集”命令，绘制墙体；利用“剖切”、“多段线”与“拉伸”命令，绘制屋顶；利用“边界网格”命令，绘制门和窗。本例最终效果如图249-1所示。

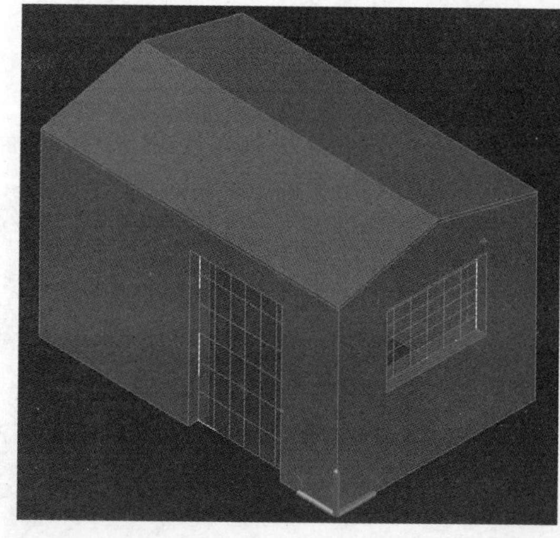

图249-1

制作思路

- 绘制墙体和屋顶。
- 绘制门窗，完成报亭的绘制并将其保存。

制作流程

报亭的制作流程如图249-2所示。

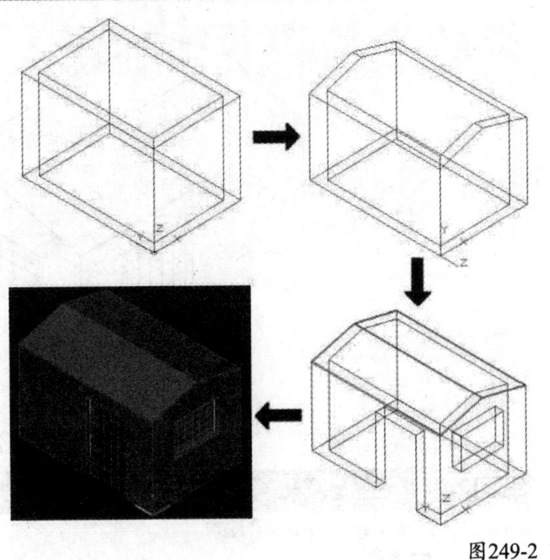

图249-2

1．绘制墙体和屋顶

01 打开AutoCAD 2013中文版软件，执行“视图>三维视图>西南等轴测”命令，转换到三维视图。

02 执行“建模>长方体”命令，分别绘制出两个长方体，如图249-3所示。

命令行提示如下：

```
命令：_box
指定第一个角点或 [中心(C)]: 0,0,0
指定其他角点或 [立方体(C)/长度(L)]: L
指定长度: <正交 开> 200
指定宽度: 300
指定高度或 [两点(2P)]: 200
命令：_box
指定第一个角点或 [中心(C)]: 20,20,0
指定其他角点或 [立方体(C)/长度(L)]: L
指定长度 <200.0000>:  <正交 开> 160
指定宽度 <300.0000>: 260
指定高度或 [两点(2P)] <200.0000>: 200
```

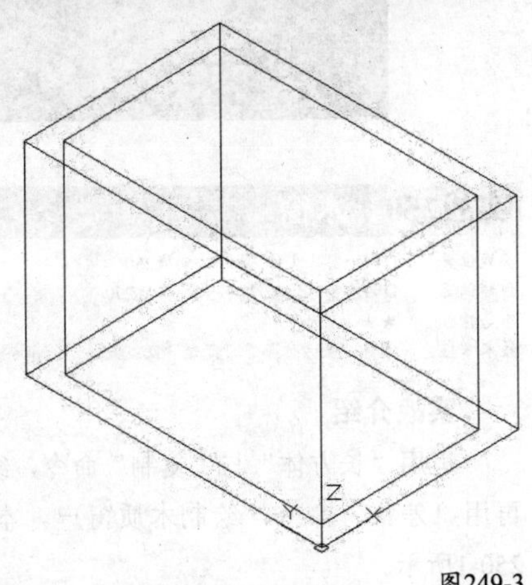

图249-3

03 执行“修改>实体编辑>差集”命令，将内侧的长方体从外侧的长方体中减去。

04 执行“绘图>直线”命令，绘制如图249-4所示的剖切线。

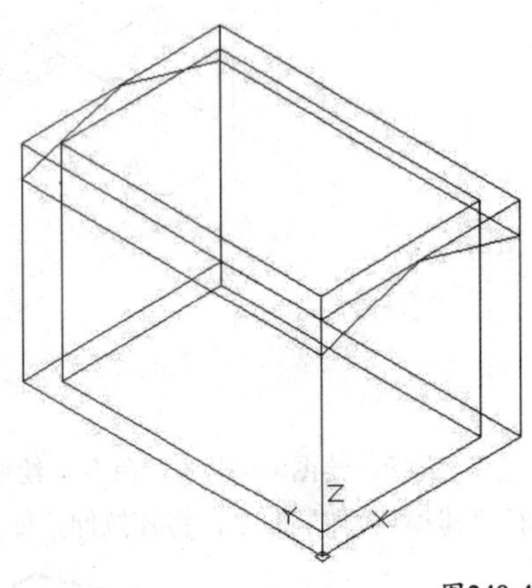

图249-4

05 执行“修改>三维操作>剖切”命令，剖切墙体，如图249-5所示。

命令行提示如下：

```
命令：_slice
选择要剖切的对象：找到 1 个
选择要剖切的对象：
指定 切面 的起点或 [平面对象(O)/曲面(S)/Z 轴(Z)/视图(V)/XY(XY)/YZ(YZ)/ZX(ZX)/三点(3)] <三点>:
指定平面上的第二个点：300
第一点和第二点必须具有不同的 X,Y 坐标。*无效*
指定平面上的第二个点：
在所需的侧面上指定点或 [保留两个侧面(B)] <保留两个侧面>: b
```

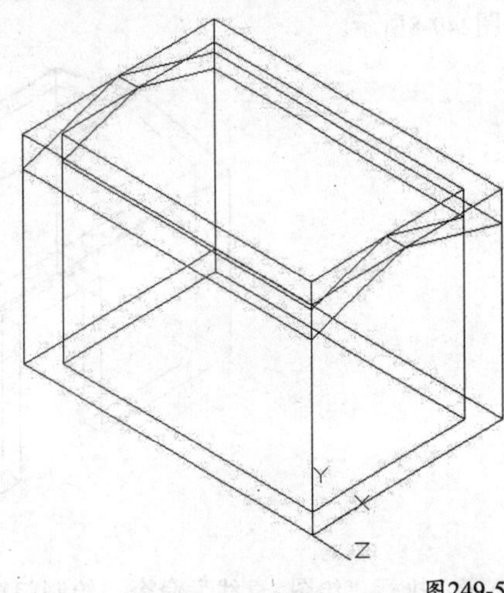

图249-5

06 执行“修改>删除”命令，删除多余的面，如图249-6所示。

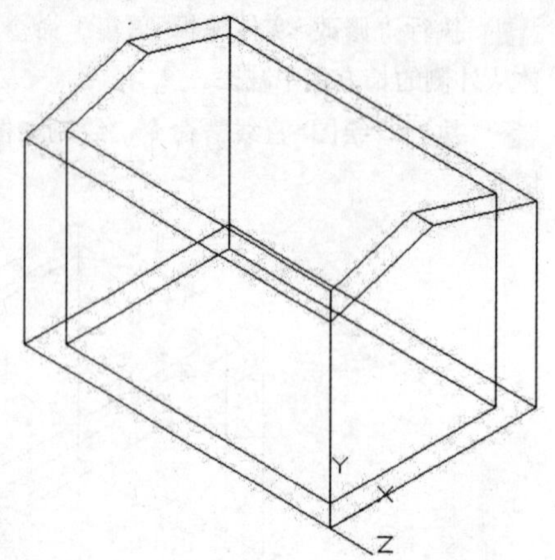

图249-6

07 执行“绘图>多段线”命令，绘制出屋顶的轮廓，执行“建模>拉伸”命令，将其拉伸，如图249-7所示。

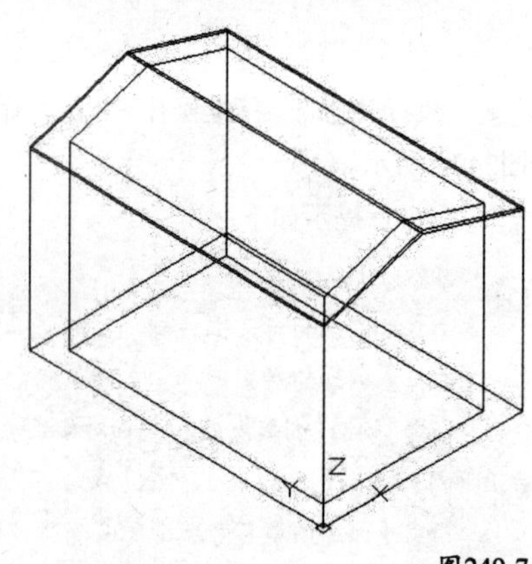

图249-7

2. 绘制门和窗

01 执行“建模>长方体”命令，绘制出门与窗户框，再执行“修改>实体编辑>差集”命令，得到门洞与窗洞，如图249-8所示。

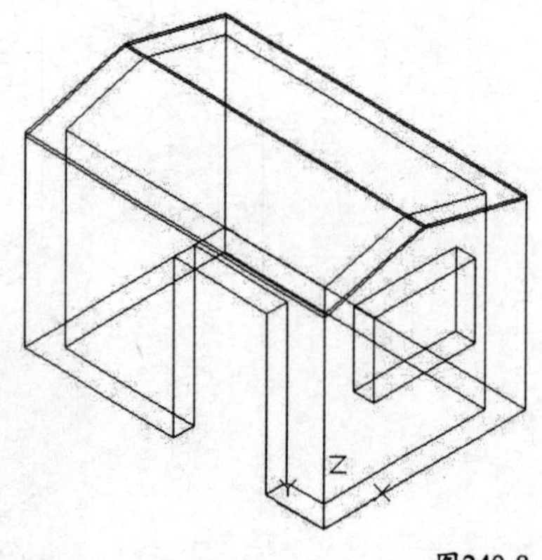

图249-8

02 执行“绘图>直线”命令，绘制门窗洞的4条中线，再执行“绘图>建模>网格>边界网格”命令，生成门窗，如图249-9所示。

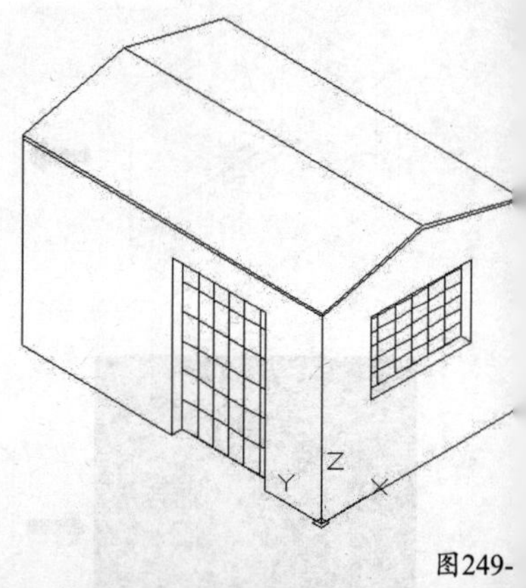

图249-

练习249

练习位置	DVD>练习文件>第9章>练习249
难易指数	★★★☆☆
技术掌握	巩固“长方体”、“圆锥体”、“圆柱体”、“直线”、“圆”、“修剪”、“差集”、“旋转”和“三维镜像”等命令的使用方法

操作指南

参照“实战249 报亭”案例进行制作。

执行“绘图>直线”、“绘图>多段线”、“建模>拉伸”、“建模>长方体”、“建模>圆柱体”、“建模>圆锥体”、“修改>修剪”、“修改>实体操作>差集”、“建模>旋转”和“修改>三维操作>三维镜像”命令，绘制古亭，然后执行“视图>渲染>渲染”命令，渲染古亭。练习的最终效果如图249-10所示。

图249-10

实战250 木窗

实战位置	DVD>实战文件>第9章>实战250
视频位置	DVD>多媒体教学>第9章>实战250
难易指数	★★☆☆☆
技术掌握	掌握“长方体”、“复制”及“差集”等命令。

实战介绍

运用“长方体”与“复制”命令，绘制窗框和窗洞；再用“差集”命令，绘制木质窗户。本例最终效果如图250-1所示。

图250-1

制作思路

- 绘制窗框和窗洞。
- 绘制木质窗户，完成木窗的绘制并将其保存。

制作流程

木窗的制作流程如图250-2所示。

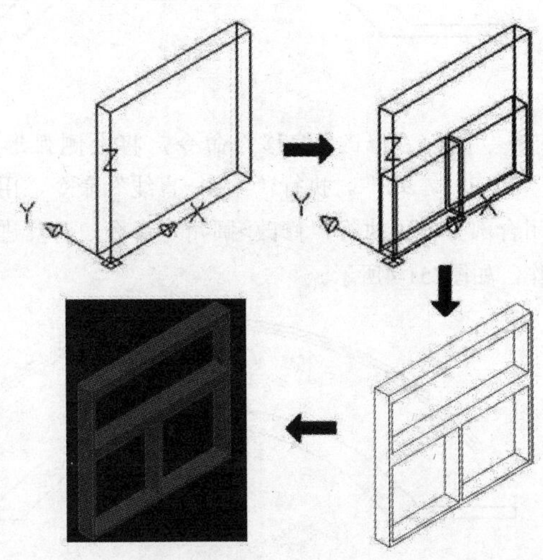

图250-2

01 打开AutoCAD 2013中文版软件，执行“视图>三维视图>西南等轴测”命令，转换到三维视图。

02 执行“建模>长方体”命令，绘制如图250-3所示的长方体。

命令行提示如下：

```
命令: _box
指定第一个角点或 [中心(C)]: 0,0,0
指定其他角点或 [立方体(C)/长度(L)]: <正交 开> l
指定长度 <200.0000>: <正交 开> 200
指定宽度 <20.0000>: 20
指定高度或 [两点(2P)] <1800.0000>: 180
```

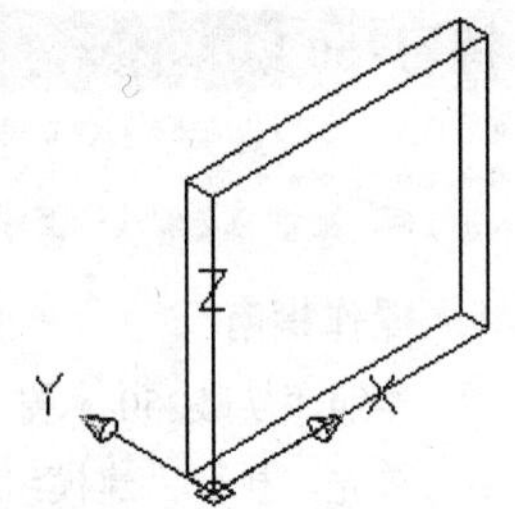

图250-3

03 **执行“建模>长方体”和“修改>复制”命令，绘制窗洞，如图250-4所示。**

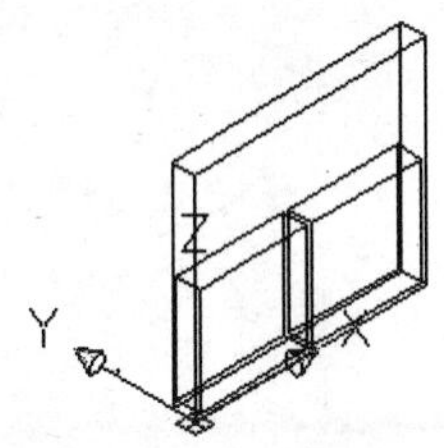

图250-4

04 **执行“修改>实体编辑>差集”命令，将两个小长方体从大长方体中减去。**

05 **用同样的方法绘制出上侧的窗洞，如图250-5所示。**

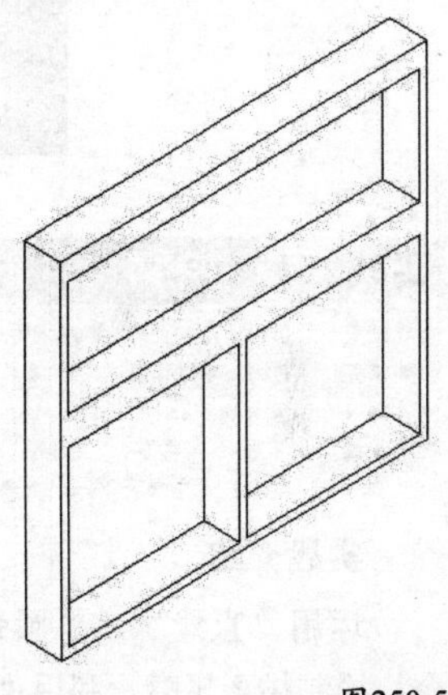

图250-5

06 **执行“视图>视觉样式>真实”命令，效果如图250-6所示。**

图250-6

练习250

练习位置	DVD>练习文件>第9章>练习250
难易指数	★★★☆☆
技术掌握	巩固"长方体"、"复制"、"差集"和"渲染"等命令的使用方法

操作指南

参照"实战250 木窗"案例进行制作。

首先，执行"建模>长方体"和"修改>复制"命令，绘制窗框和窗洞；然后，执行"修改>实体编辑>差集"命令，绘制木质窗户；最后，执行"视图>渲染>渲染"命令，渲染木窗。练习的最终效果如图250-7所示。

图250-7

实战251 拱桥1

实战位置	DVD>实战文件>第9章>实战251
视频位置	DVD>多媒体教学>第9章>实战251
难易指数	★★☆☆☆
技术掌握	掌握"直线"、"圆弧"、"圆角"、"偏移"、"面域"、"拉伸"、"定数等分"及"圆柱体"等命令。

实战介绍

运用"直线"、"圆弧"、"偏移"与"圆角"命令，绘制拱形轮廓；利用"面域"与"拉伸"命令，绘制桥身和扶手横栏；利用"定数等分"与"圆柱体"命令，绘制桥的栏杆。本例最终效果如图251-1所示。

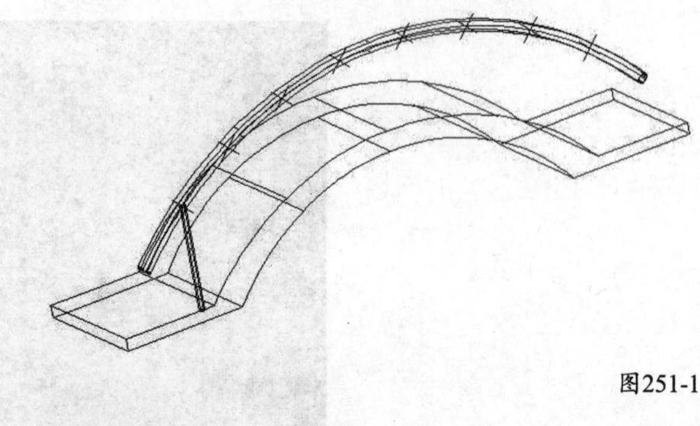

图251-1

制作思路

• 绘制桥身和扶手横栏。

• 绘制栏杆，完成拱桥1的绘制并将其保存。

制作流程

拱桥1的制作流程如图251-2所示。

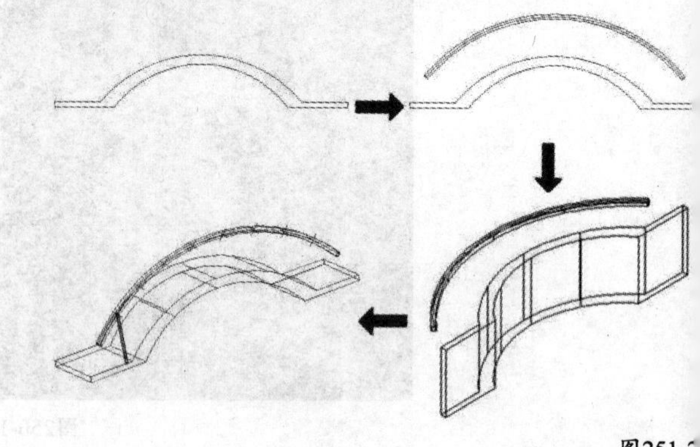

图251-2

1. 绘制桥身和扶手横栏

01 打开AutoCAD 2013中文版软件，执行"绘图>直线"和"绘图>圆弧"命令，绘制如图251-3所示的图形。

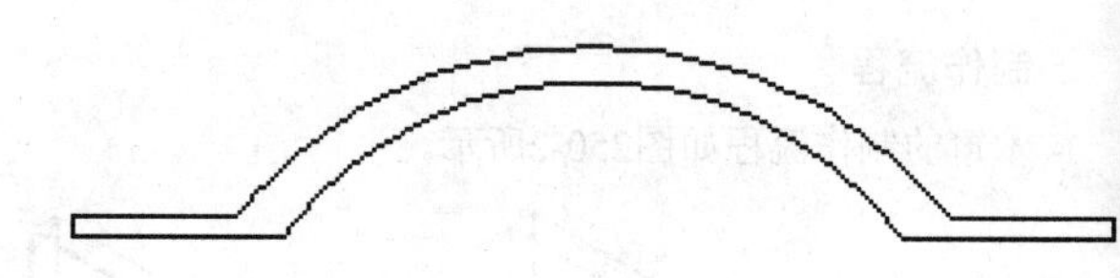

图251-3

02 执行"修改>偏移"命令，将上侧弧形向上偏移"80，85，90"。执行"绘图>直线"命令，用直线连接闭合部分，再执行"修改>圆角"命令，对其进行圆角操作，如图251-4所示。

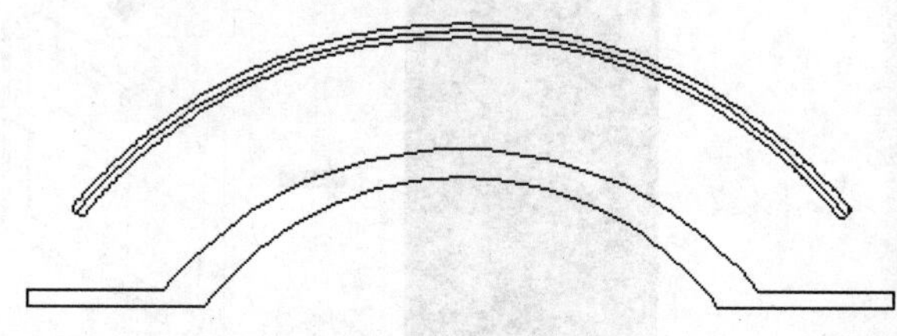

图251-4

03 执行"视图>三维视图>西南等轴测"命令，转换到三维视图。

04 执行"绘图>面域"命令，使桥身闭合图形生成面域。命令行提示如下：

```
命令: _region
选择对象: 指定对角点: 找到 5 个
选择对象: 找到 1 个，总计 6 个
选择对象: 找到 1 个，总计 7 个
选择对象: 找到 1 个，总计 8 个
选择对象:
已提取 1 个环。
已创建 1 个面域。
```

05 执行“建模>拉伸”命令，将桥身拉伸166，如图251-5所示。

命令行提示如下：

```
命令：_extrude
当前线框密度：ISOLINES=4，闭合轮廓创建模式=实体
选择要拉伸的对象或 [模式(MO)]：_MO 闭合轮廓创建模式 [实体(SO)/曲面(SU)] <实体>：_SO
选择要拉伸的对象或 [模式(MO)]：指定对角点：找到2个
选择要拉伸的对象或 [模式(MO)]：
指定拉伸的高度或 [方向(D)/路径(P)/倾斜角(T)/表达式(E)]：166
```

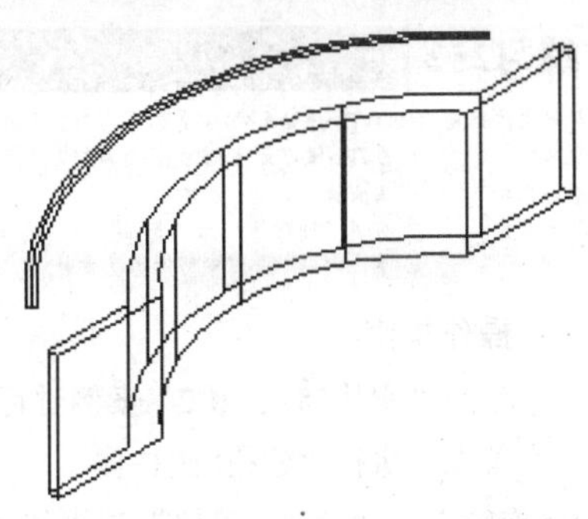

图251-5

06 用同样的方法拉伸出桥的扶手横栏，如图251-6所示。

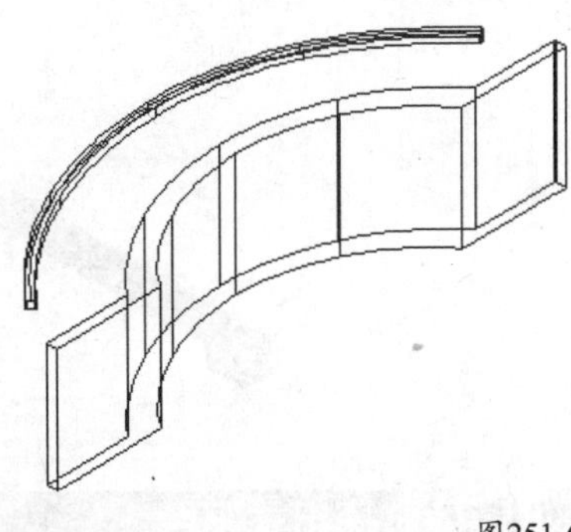

图251-6

2. 绘制栏杆

01 执行“绘图>点>定数等分”命令，等分弧线为9等分，再执行“修改>三维操作>三维旋转”命令，将图形绕X轴旋转90°，如图251-7所示。

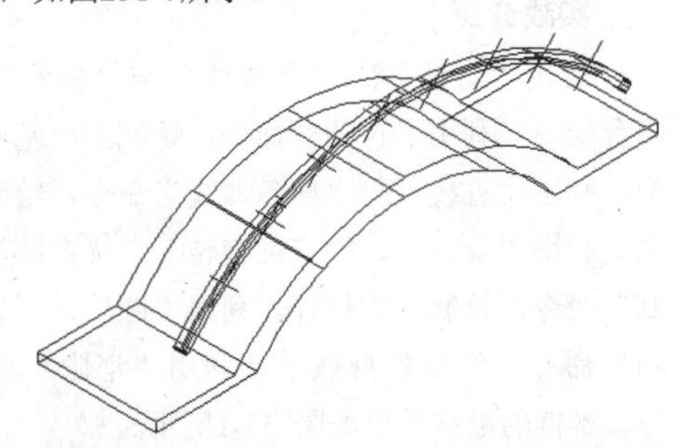

图251-7

02 执行“视图>动态观察>自由动态观察”命令，改变观察角度，再执行“建模>圆柱体”命令，绘制如图251-8所示的栏杆。

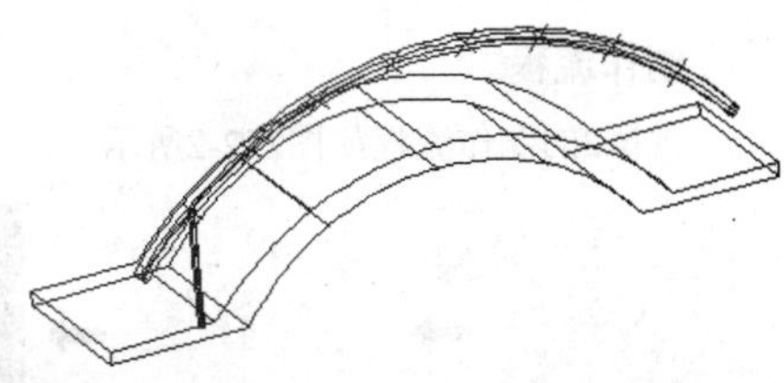

图251-8

练习251

练习位置	DVD>练习文件>第9章>练习251
难易指数	★★★☆☆
技术掌握	巩固“长方体”、“复制”和“三维镜像”等命令的使用方法。

操作指南

参照“实战251 拱桥1”案例进行制作。

执行“建模>长方体”、“修改>复制”与“修改>三维操作>三维镜像”命令，绘制悬索桥。练习的最终效果如图251-9所示。

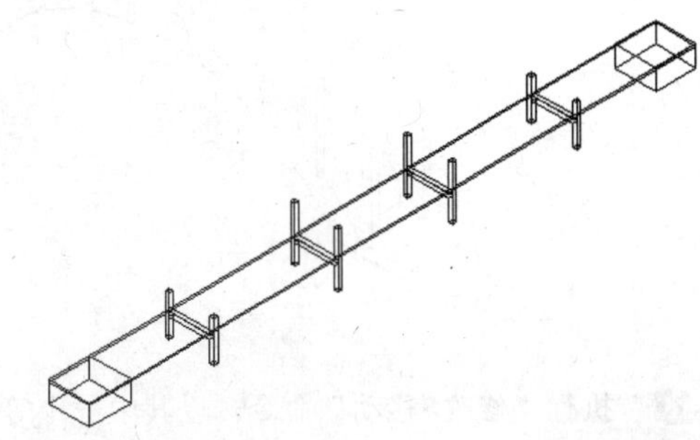

图251-9

实战252 拱桥2

原始文件位置	DVD>原始文件>第9章>实战252 原始文件
实战位置	DVD>实战文件>第9章>实战252
视频位置	DVD>多媒体教学>第9章>实战252
难易指数	★☆☆☆☆
技术掌握	掌握“复制”、“移动”和“三维镜像”等命令。

实战介绍

运用“复制”、“移动”与“三维镜像”命令，绘制拱桥2。本例的最终效果如图252-1所示。

图252-1

制作思路

- 绘制一侧栏杆。
- 绘制另一侧栏杆，完成拱桥2的绘制并将其保存。

制作流程

拱桥2的制作流程如图252-2所示。

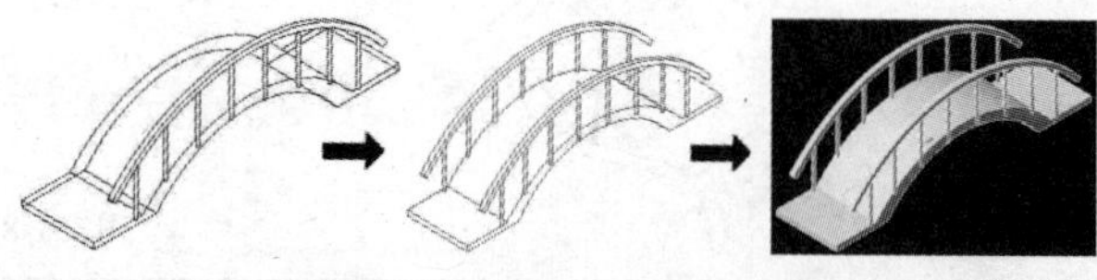

图252-2

01 打开AutoCAD 2013中文版软件，执行"文件>打开"命令，打开原始文件中的"实战252 原始文件"图形。

02 执行"修改>复制"命令，复制出其他的栏杆，然后，执行"修改>删除"命令，删除等分点，再执行"视图>消隐"命令，效果如图252-3所示。

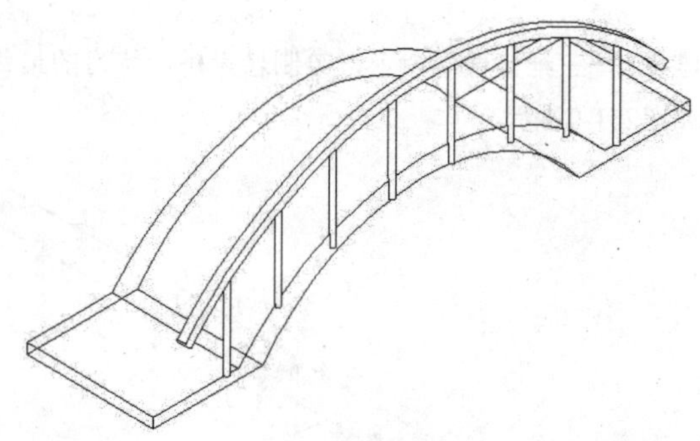

图252-3

03 执行"修改>移动"命令，以其中一个等分点为基点，将栏杆向内平移5。

04 执行"修改>复制"命令，复制出其他的栏杆，如图252-4所示。

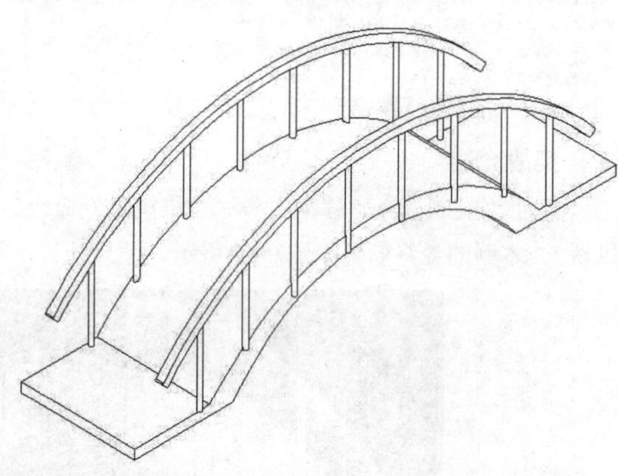

图252-4

05 执行"修改>实体编辑>并集"命令，将所有图形合并，再执行"视图>视觉样式>概念"命令，效果如图252-5所示。

图252-5

练习252

原始文件位置	DVD>原始文件>第9章>练习252 原始文件
练习位置	DVD>练习文件>第9章>练习252
难易指数	★★★☆☆
技术掌握	巩固"圆柱体"、"复制"、"旋转"、"镜像"、"三维镜像"及"渲染"等命令的使用方法。

操作指南

参照"实战252 拱桥2"案例进行制作。

首先，执行"建模>圆柱体"、"修改>复制"、"修改>旋转"、"修改>镜像"与"修改>三维操作>三维镜像"命令，绘制悬索桥拉杆，然后，执行"视图>渲染>渲染"命令，渲染悬索桥。练习的最终效果如图252-6所示。

图252-6

实战253 探出式阳台

实战位置	DVD>实战文件>第9章>实战253
视频位置	DVD>多媒体教学>第9章>实战253
难易指数	★★★☆☆
技术掌握	掌握"直线"、"多段线"、"圆"、"偏移"、"样条曲线"、"拉伸"、"旋转"、"三维旋转"、"定数等分"、"复制"、"移动"和"消隐"等命令。

实战介绍

运用"直线"、"多段线"与"偏移"命令，绘制阳台轮廓。利用"拉伸"命令，绘制阳台基座三维实体造型。利用"直线"与"样条曲线"命令，绘制阳台栏杆轮廓。利用"旋转"、"三维旋转"、"定数等分"与"复制"命令，绘制三维栏杆。利用"圆"、"拉伸"与"移动"命令，绘制栏杆扶手。利用"消隐"命令，消隐图形。本例的最终效果如图253-1所示。

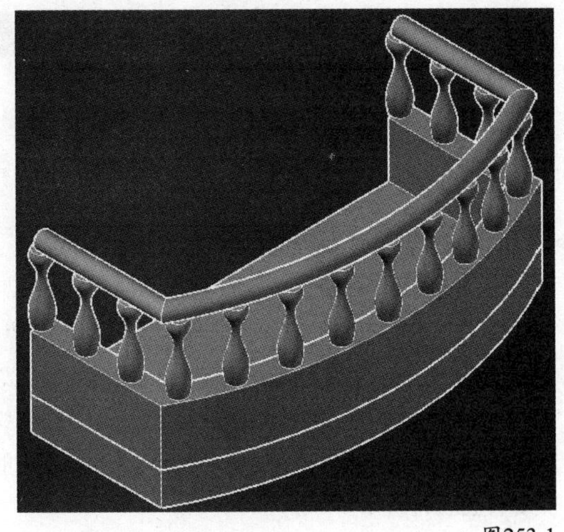

图253-1

制作思路

• 绘制阳台基座。

• 绘制阳台栏杆和扶手，完成探出式阳台的绘制并将其保存。

制作流程

探出式阳台的制作流程如图253-2所示。

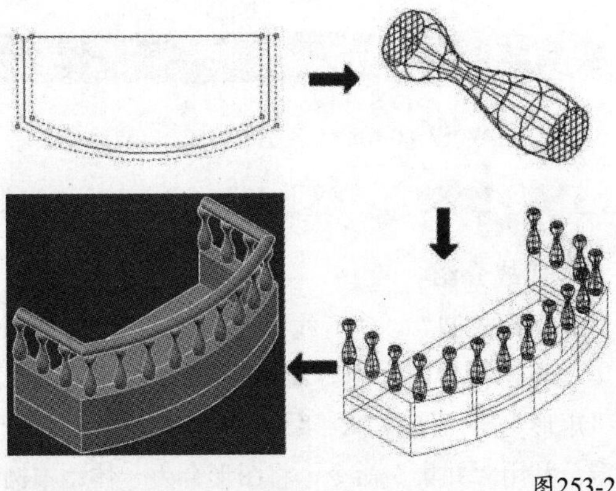

图253-2

1. 绘制阳台基座

01 打开AutoCAD 2013中文版软件，执行“绘图>多段线”、“绘图>直线”和“修改>偏移”命令，绘制如图253-3所示的图形。

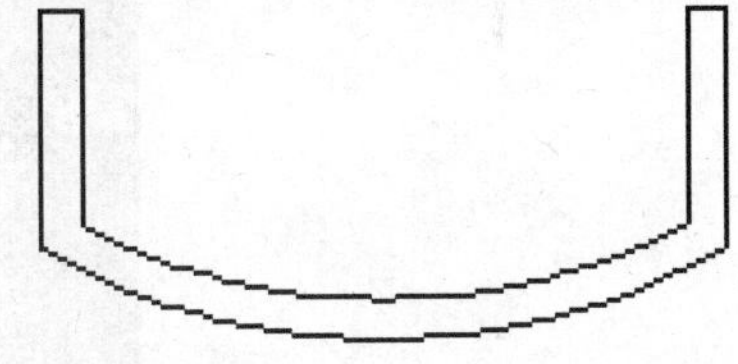

图253-3

02 执行“修改>偏移”命令，将外侧多段线向内偏移10，再执行“绘图>多段线”命令，绘制阳台的底面轮廓，如图253-4所示。

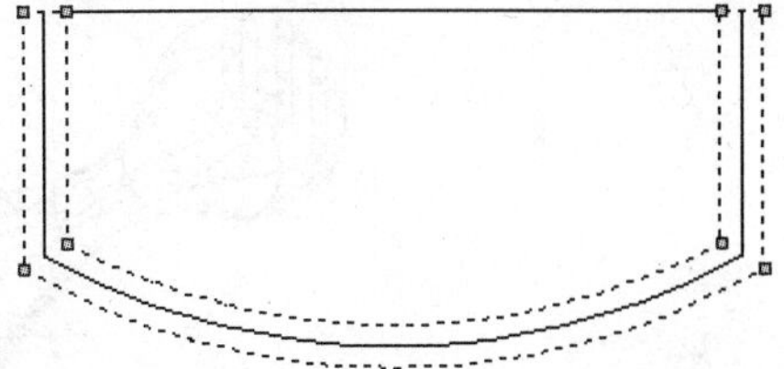

图253-4

03 执行“绘图>直线”和“绘图>样条曲线”命令，绘制阳台栏杆的轮廓，如图253-5所示。

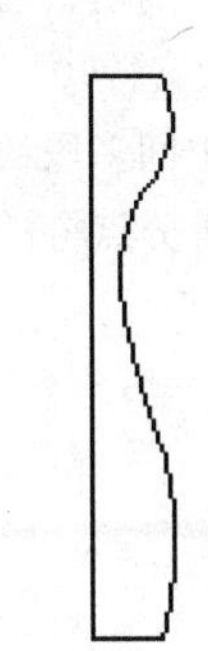

图253-5

04 执行“视图>三维视图>西南等轴测”命令，转换到三维视图。

05 执行“建模>拉伸”命令，拉伸阳台的底面与周围边框，如图253-6所示。

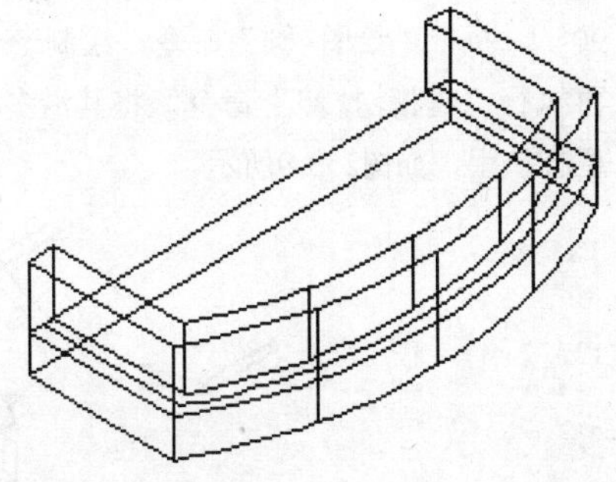

图253-6

2. 绘制阳台栏杆和扶手

01 执行“建模>旋转”命令，旋转出栏杆，如图253-7所示。

命令行提示如下：

```
命令: _revolve
当前线框密度:  ISOLINES=4
选择要旋转的对象: 指定对角点: 找到 4 个
选择要旋转的对象:
指定轴起点或根据以下选项之一定义轴 [对象(O)/X/Y/Z] <对象>:
指定轴端点:
指定旋转角度或 [起点角度(ST)] <360>:
```

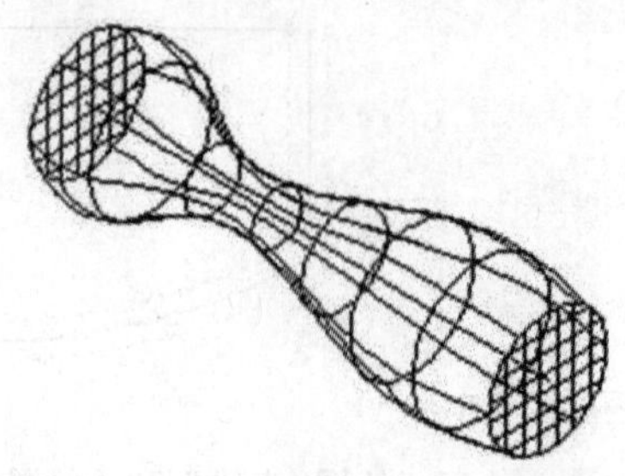

图253-7

02 执行“修改>三维操作>三维旋转”命令，将栏杆绕Y轴旋转90°，然后，执行“绘图>点>定数等分”命令，将中间多段线等分为24份，再执行“修改>复制”命令，按等分点将栏杆复制到合适的位置，如图253-8所示。

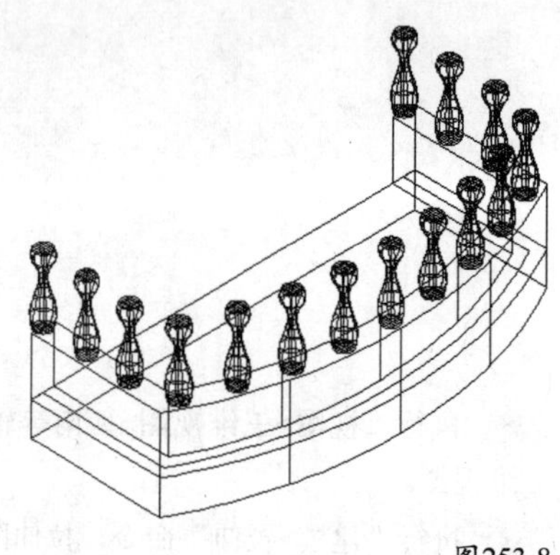

图253-8

03 执行“工具>新建UCS>X”命令，将图形沿*x*轴旋转90°。执行“绘图>圆”命令，绘制一个半径为7.5的圆，再执行“建模>拉伸”命令，将其沿多段线拉伸，拉伸出栏杆扶手，如图253-9所示。

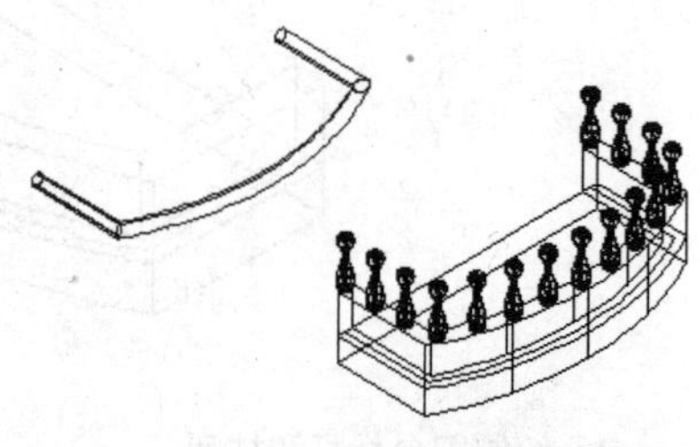

图253-9

04 执行“修改>移动”命令，将扶手移动到栏杆上，再执行“视图>消隐”命令，效果如图253-10所示。

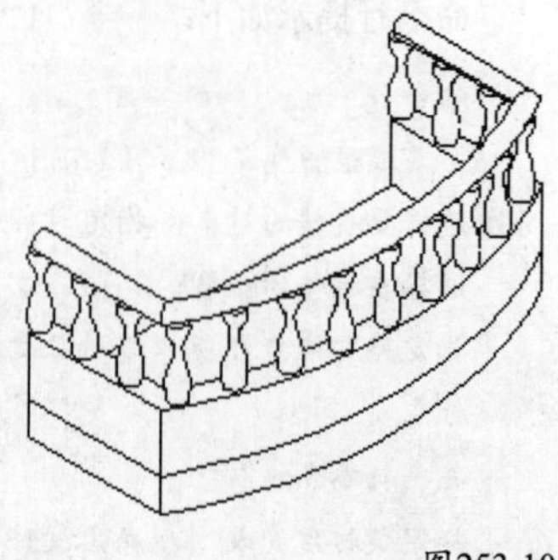

图253-10

练习253

练习位置	DVD>练习文件>第9章>练习253
难易指数	★★★☆☆
技术掌握	巩固“直线”、“拉伸”、“圆柱体”、“三维旋转”、“定数等分”、“复制”、“移动”和“消隐”等命令的使用方法

操作指南

参照“实战253 探出式阳台”案例进行制作。

首先，执行“绘图>直线”和“建模>拉伸”命令，绘制阳台基座；然后，执行“建模>圆柱体”、“修改>三维操作>三维旋转”、“绘图>点>定数等分”、“修改>复制”和“修改>移动”命令，绘制阳台栏杆和扶手；最后，执行“视图>消隐”命令，消隐阳台。练习的最终效果如图253-11所示。

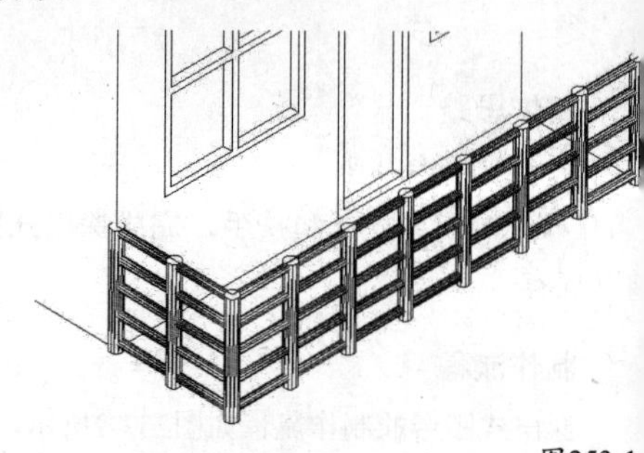

图253-11

实战254 橱窗

实战位置	DVD>实战文件>第9章>实战254
视频位置	DVD>多媒体教学>第9章>实战254
难易指数	★★☆☆☆
技术掌握	掌握“圆”、“直线”、“多段线”、“矩形”、“修剪”、“偏移”、“面域”、“拉伸”、“差集”、“并集”和“消隐”等命令。

实战介绍

运用“圆”、“直线”、“偏移”、“修剪”、“差集”与“拉伸”命令，绘制橱窗顶；利用“多段线”、“矩形”、“偏移”、“差集”与“拉伸”命令，绘制橱窗；利用“并集”命令，将图形合为一体。本例最终效果如图254-1所示。

图254-1

制作思路

- 绘制橱窗顶。
- 绘制橱窗，完成橱窗的绘制并将其保存。

制作流程

橱窗的制作流程如图254-2所示。

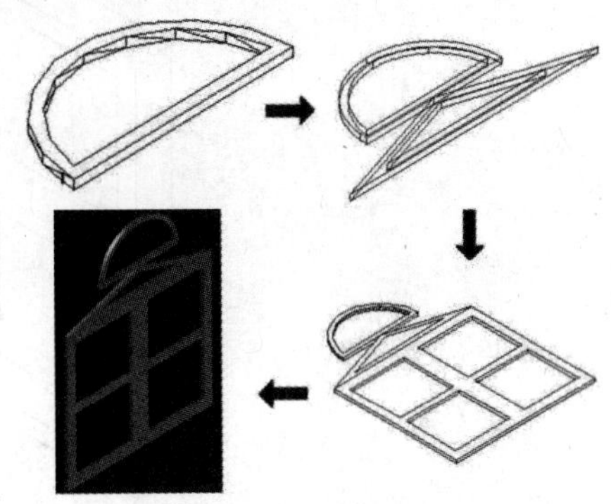

图254-2

1. 绘制橱窗顶

01 打开AutoCAD 2013中文版软件，执行“绘图>圆”和“绘图>直线”命令，绘制如图254-3所示的图形。

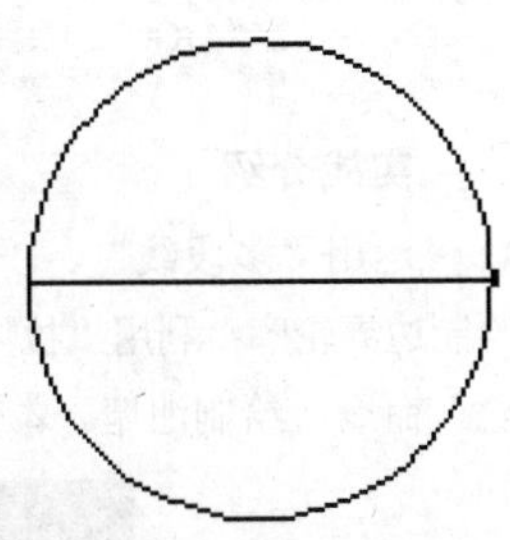

图254-3

02 执行“修改>偏移”命令，将圆和直线向内偏移，再执行“修改>修剪”命令，修建掉多余的直线，如图254-4所示。

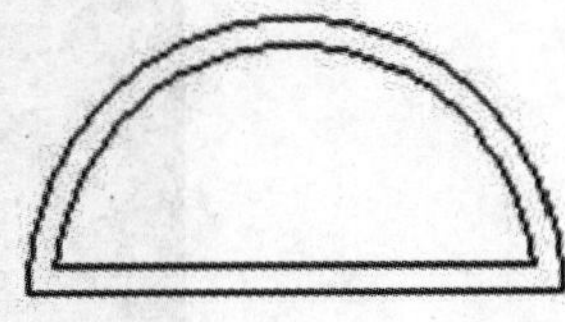

图254-4

03 执行“绘图>面域”命令，使上图中的闭合图形生成面域。执行“视图>三维视图>西南等轴测”命令，转换到三维视图，如图254-5所示。

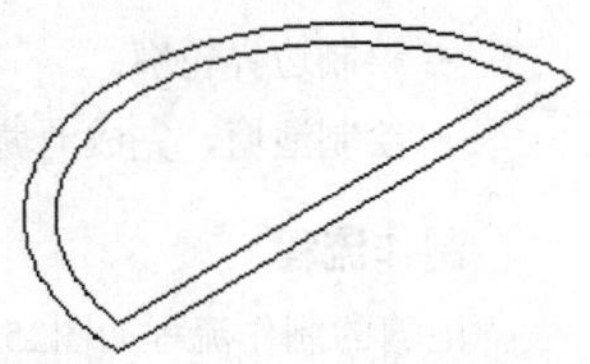

图254-5

04 执行“建模>拉伸”命令，将两个图形拉伸20，然后，执行“修改>实体编辑>差集”命令，将里面的图形从外面的图形中减去，再执行“视图>消隐”命令，效果如图254-6所示。

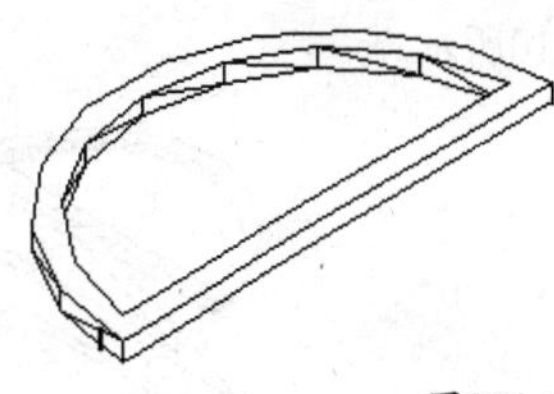

图254-6

05 执行“视图>三维视图>俯视”命令，转换到俯视视图，在该视图下执行“绘图>多段线”和“修改>偏移”命令，绘制出如图254-7所示的图形。

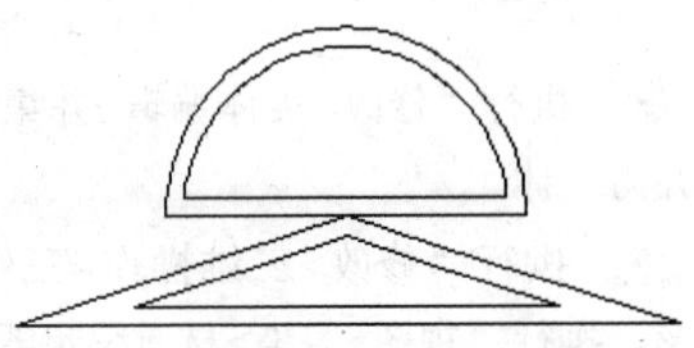

图254-7

06 执行“视图>三维视图>西南等轴测”命令，返回西南等轴测视图，再执行“建模>拉伸”命令，将绘制的三角形边框拉伸20，如图254-8所示。

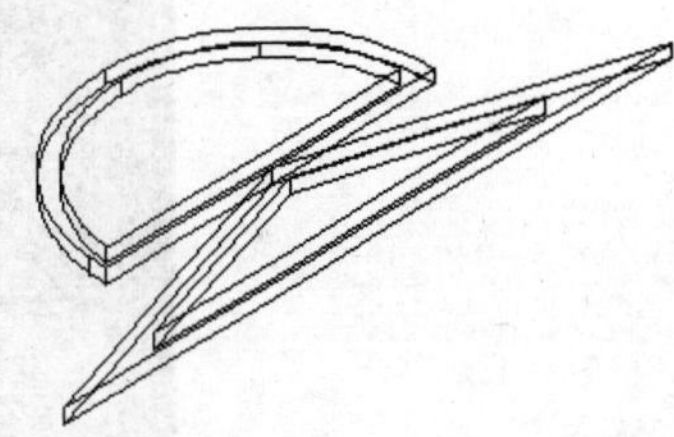

图254-8

07 执行“修改>实体编辑>差集”命令，将内侧的三角框从外侧中减去。

2. 绘制橱窗

01 用同样的方法在俯视图中绘制出如图254-9所示的图形。

图254-9

02 执行“视图>三维视图>西南等轴测”命令，返回西南等轴测视图。执行“建模>拉伸”命令，将窗格拉伸，然后，执行“修改>实体编辑>差集”命令，将内侧的矩形框从外侧中减去，再执行“视图>消隐”命令，如图254-10所示。

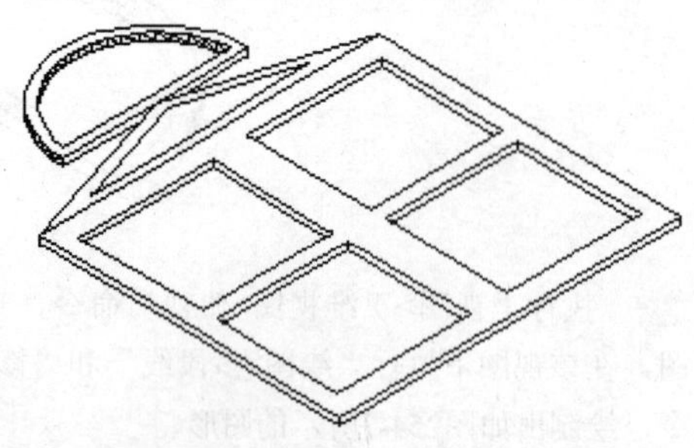

图254-10

03 执行“修改>实体编辑>并集”命令，将所有图形合并为一体。

04 执行“修改>三维操作>三维旋转”命令，旋转图形。执行“视图>渲染>材质编辑器”命令，为橱窗赋予材质，再执行“视图>视觉样式>着色”命令，效果如图254-11所示。

图254-11

练习254

练习位置	DVD>练习文件>第9章>练习254
难易指数	★★★☆☆
技术掌握	巩固“长方体”、“复制”、“差集”和“渲染”等命令的使用方法

操作指南

参照“实战254 木窗”案例进行制作。

首先，执行“建模>长方体”和“修改>复制”命令；绘制窗框和窗洞；然后，执行“修改>实体编辑>差集”命令，绘制木质窗户，最后，执行“视图>渲染>渲染”命令，渲染木窗。练习的最终效果如图254-12所示。

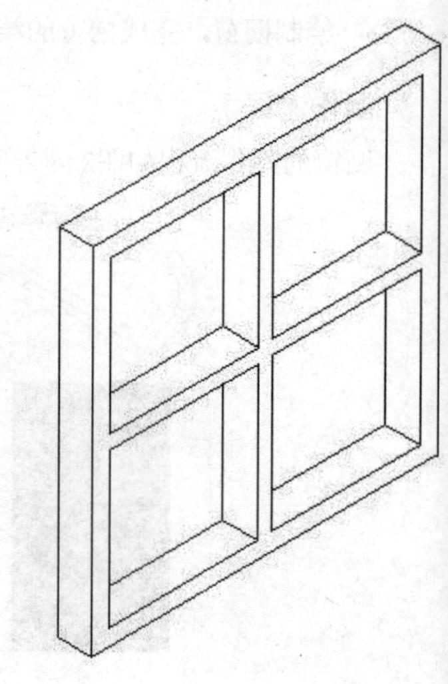

图254-12

实战255 池塘

实战位置	DVD>实战文件>第9章>实战255
视频位置	DVD>多媒体教学>第9章>实战255
难易指数	★☆☆☆☆
技术掌握	掌握“多段线”、“编辑多段线”、“偏移”、“拉伸”、“差集”、“材质”和“消隐”等命令。

实战介绍

运用“多段线”、“编辑多段线”与“偏移”命令，绘制边界轮廓；利用“拉伸”、“差集”、“材质”与“消隐”命令，绘制池塘。本例的最终效果如图255-1所示。

图255-1

制作思路

- 绘制边界轮廓。
- 绘制池塘，完成池塘的绘制并将其保存。

制作流程

池塘的制作流程如图255-2所示。

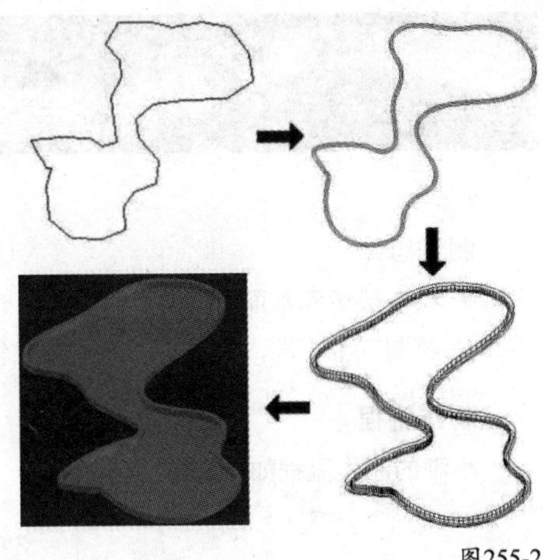
图255-2

1. 绘制边界轮廓

01 打开AutoCAD 2013中文版软件，执行“绘图>多段线”命令，绘制池塘的大概轮廓，如图255-3所示。

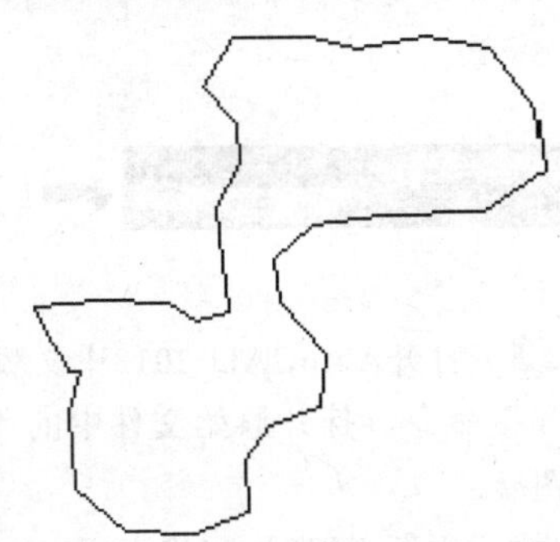
图255-3

02 执行“修改>对象>多段线”命令，将多段线转化为样条曲线，如图255-4所示。

命令行提示如下：

```
命令： _pedit 选择多段线或 [多条(M)]:
输入选项[闭合(C)/合并(J)/宽度(W)/编辑顶点(E)/拟合(F)/样条曲线(S)/非曲线化(D)/线型生成(L)/放弃(U)]: S
输入选项 [闭合(C)/合并(J)/宽度(W)/编辑顶点(E)/拟合(F)/样条曲线(S)/非曲线化(D)/线型生成(L)/放弃(U)]:
```

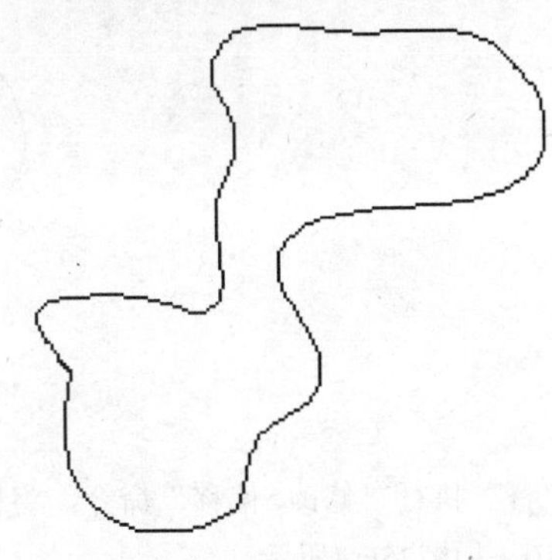
图255-4

03 执行“修改>偏移”命令，将多段线依次向内偏移10，如图255-5所示。

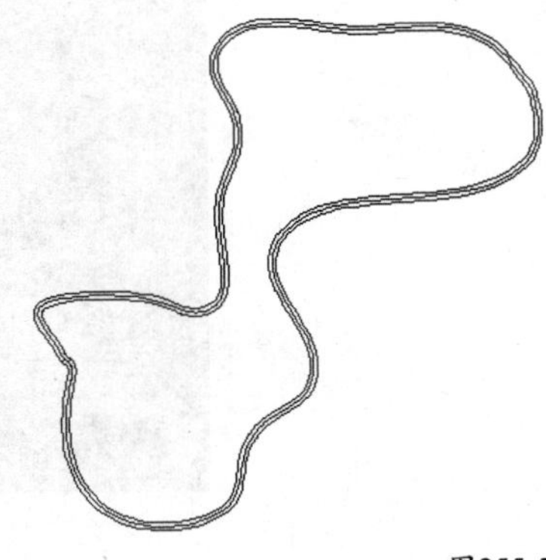
图255-5

2. 绘制池塘

01 执行“视图>三维视图>西南等轴测”命令，转换到三维视图。执行“建模>拉伸”命令，将外侧的样条曲线拉伸30，中间的样条曲线拉伸2，如图255-6所示。

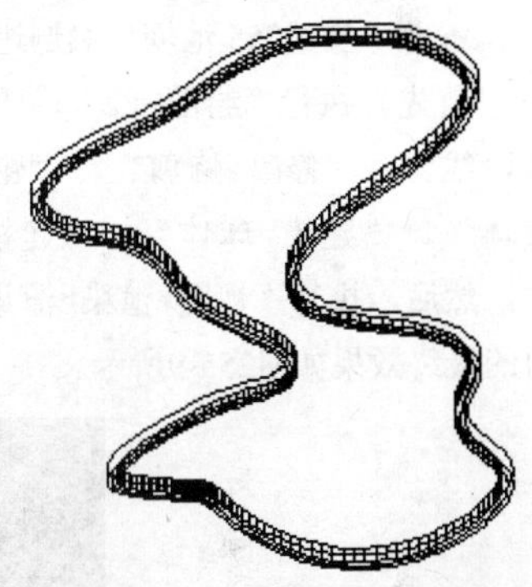
图255-6

02 执行“修改>实体编辑>差集”命令，将内侧的拉伸实体从拉伸后的外侧实体中减去，执行“视图>消隐”命令，效果如图255-7所示。

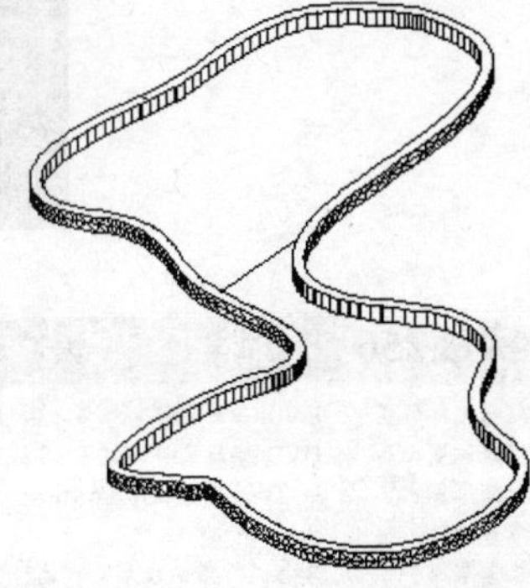
图255-7

03 执行“视图>渲染>材质编辑器”命令，为池塘边缘赋予混凝土材质，再执行“视图>视觉样式>着色”命令，效果如图255-8所示。

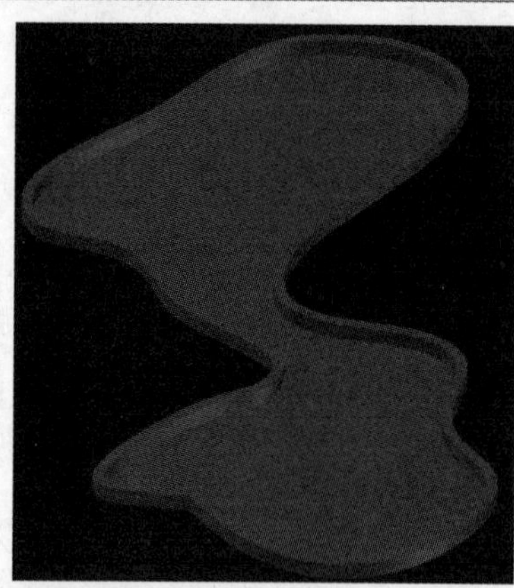

图255-8

练习255

练习位置	DVD>练习文件>第9章>练习255
难易指数	★★★☆☆
技术掌握	巩固"圆"、"直线"、"多段线"、"修剪"、"旋转"、"圆锥体"、"球体"、"拉伸"和"渲染"等命令的使用方法。

操作指南

参照"实战255 池塘"案例进行制作。

首先，执行"绘图>圆"、"绘图>直线"、"绘图>多段线"、"修改>修剪"、"建模>旋转"、"建模>圆锥体"、"建模>球体"与"建模>拉伸"命令，绘制穹顶，然后，执行"视图>渲染>渲染"命令，渲染穹顶。练习的最终效果如图255-9所示。

图255-9

实战256 小湖

原始文件位置	DVD>原始文件>第9章>实战256 原始文件
实战位置	DVD>实战文件>第9章>实战256
视频位置	DVD>多媒体教学>第9章>实战256
难易指数	★☆☆☆☆
技术掌握	掌握"样条曲线"、"偏移"、"拉伸"、"差集"、"材质"和"消隐"等命令。

实战介绍

运用"样条曲线"与"偏移"命令，绘制小湖边缘和水面轮廓；利用"拉伸"、"差集"、"材质"与"消隐"命令，绘制三维小湖。本例最终效果如图256-1所示。

图256-1

制作思路

- 绘制边缘和水面轮廓。
- 绘制三维小湖，完成小湖的绘制并将其保存。

制作流程

小湖的制作流程如图256-2所示。

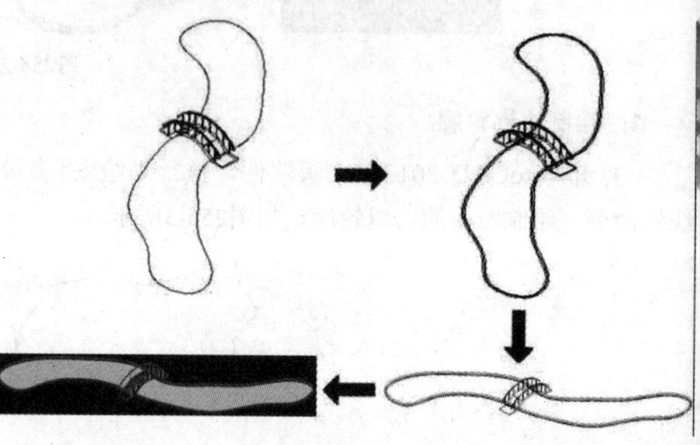

图256-2

01 打开AutoCAD 2013中文版软件，执行"文件>打开"命令，打开原始文件中的"实战256 原始文件"图形。

02 执行"视图>三维视图>西南等轴测"命令，转换到三维视图，将拱桥复制到本实战图形中来，然后，执行"绘图>样条曲线"命令，绘制如图256-3所示的样条曲线。

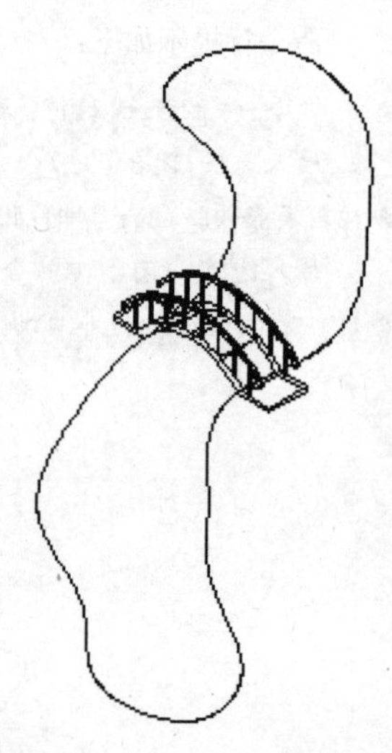

图256-3

03 执行"修改>偏移"命令，将样条曲线依次向内偏移10，如图256-4所示。

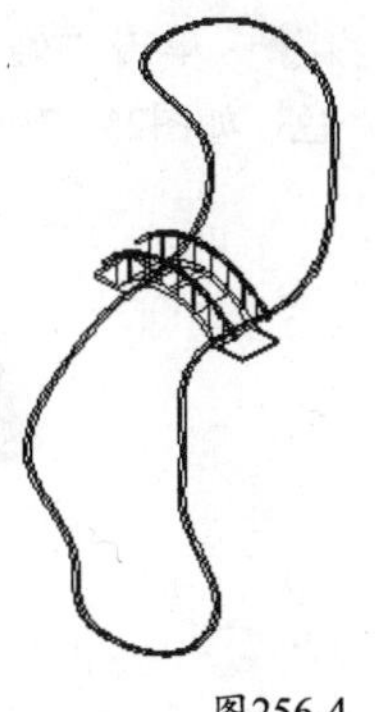

图256-4

04 执行“建模>拉伸”命令，按照前一实战中的步骤拉伸出湖的边缘和轮廓，如图256-5所示。

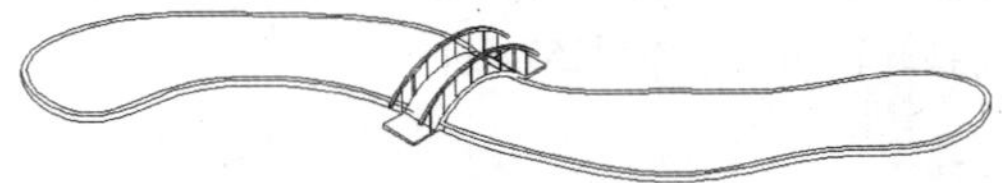

图256-5

05 执行“视图>渲染>材质编辑器”命令，为小湖边缘赋予混凝土材质，再执行“视图>视觉样式>真实”命令，效果如图256-6所示。

图256-6

练习256

原始文件位置	DVD>原始文件>第9章>练习256 原始文件
实战位置	DVD>练习文件>第9章>练习256 教堂.dwg
难易指数	★★☆☆☆
技术掌握	巩固“多段线”、“拉伸”、“三维阵列”、“长方体”、“差集”、“插入块”和“渲染”等命令的使用方法。

操作指南

参照“实战256 小湖”案例进行制作。

首先，执行“绘图>多段线”、“建模>拉伸”、“建模>长方体”、“修改>三维操作>三维阵列”与“修改>实体编辑>差集”命令，绘制教堂主体建筑，然后，执行“插入>块”命令，将上一练习中绘制的“穹顶”插入进来，最后，执行“视图>渲染>渲染”命令，渲染教堂。练习的最终效果如图256-7所示。

图256-7

实战257 牌匾

实战位置	DVD>实战文件>第9章>实战257
视频位置	DVD>多媒体教学>第9章>实战257
难易指数	★☆☆☆☆
技术掌握	掌握“矩形”、“偏移”、“拉伸”、“着色面”、“三维旋转”和“多行文字”等命令。

实战介绍

运用“矩形”、“偏移”与“拉伸”命令，绘制牌匾的边框；利用“着色面”命令，对牌匾进行着色；利用“多行文字”命令，为牌匾添加文字。本例最终效果如图257-1所示。

图257-1

制作思路

- 绘制牌匾。
- 添加文字，完成牌匾的绘制并将其保存。

制作流程

牌匾的制作流程如图257-2所示。

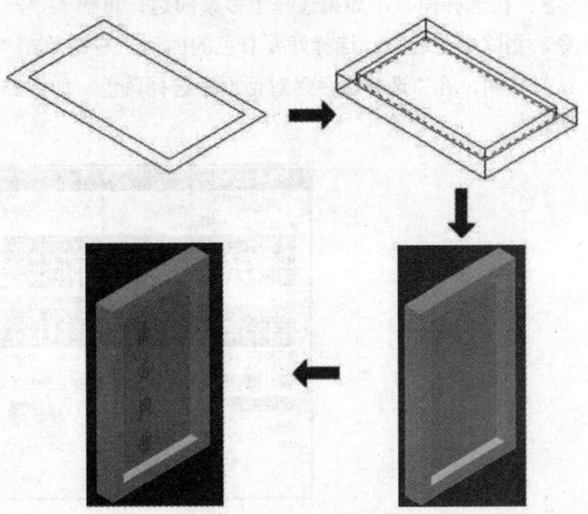

图257-2

1. 绘制牌匾

01 打开AutoCAD 2013中文版软件，执行“视图>三维视图>西南等轴测”命令，切换到西南等轴测视图。

02 执行“绘图>矩形”命令，绘制一尺寸为180×300的矩形，执行“修改>偏移”命令，向内偏移20，如图257-3所示。

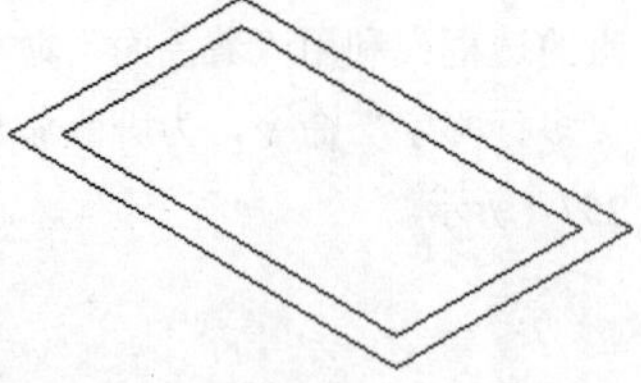

图257-3

03 执行“建模>拉伸”命令，将外侧的矩形拉伸30，内侧拉伸15，如图257-4所示。

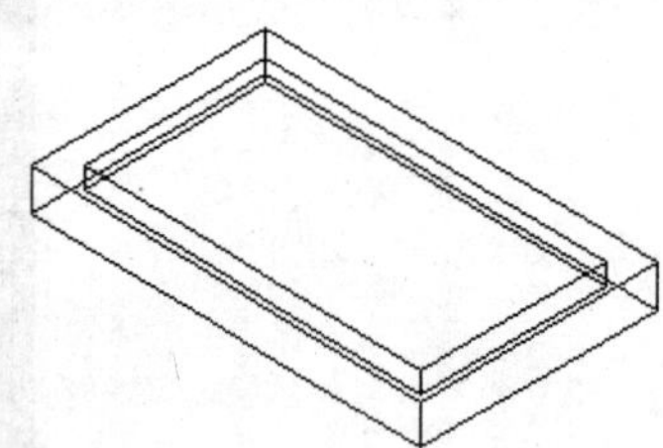

图257-4

04 执行“修改>实体编辑>着色面”命令，效果如图257-5所选的面着色。

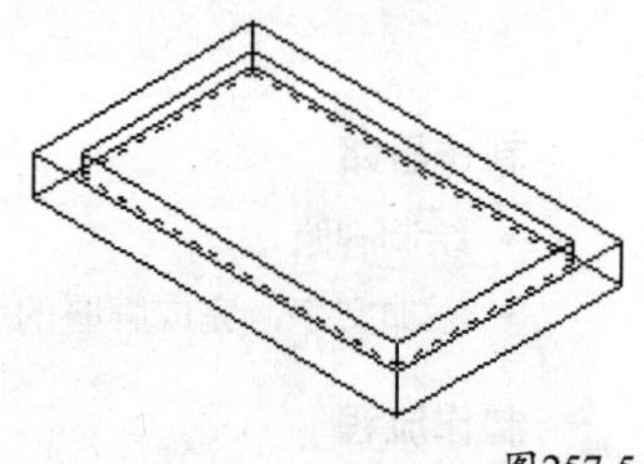

图257-5

05 在选择面时，如果选择了多余的边，可输入“r”命令，删除多余的边。选择好要着色的面后，右键单击“确认”按钮，在“选择颜色”对话框中选择蓝色，如图257-6所示。

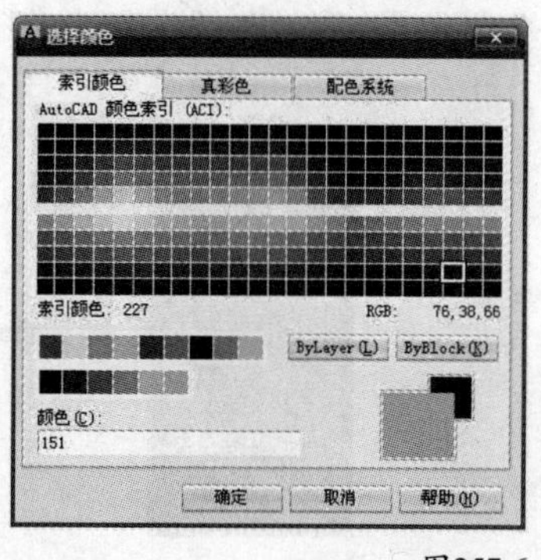

图257-6

06 单击“确定”按钮，用同样的方法为边框添加
色，如图257-7所示。

图257

07 执行“修改>三维操作>三维旋转”命令，将图形
*x*轴旋转90°，如图257-8所示。

图257-

2. 添加文字

01 执行“工具>新建UCS>X”命令，沿*x*轴将坐标轴旋转90°。执行“绘图>多行文字”命令，参数设置，如图257-9所示。

图257-

02 执行“修改>移动”命令，移动文字到合适的位置，如图257-10所示。

图257-10

练习257

练习位置	DVD>练习文件>第9章>练习257
难易指数	★★☆☆☆
技术掌握	巩固“多段线”、“长方体”、“棱锥体”、“旋转”、“差集”、和“材质”等命令的使用方法。

操作指南

参照“实战257 牌匾”案例进行制作。

首先，执行“建模>棱椎体”、“建模>长方体”与“修改>实体编辑>差集”命令，绘制古路灯灯塔，然后，执行“绘图>多段线”与“建模>旋转”命令，绘制古路灯，最后，执行“视图>渲染>材质编辑器”命令，添加材质。练习的最终效果如图257-11所示。

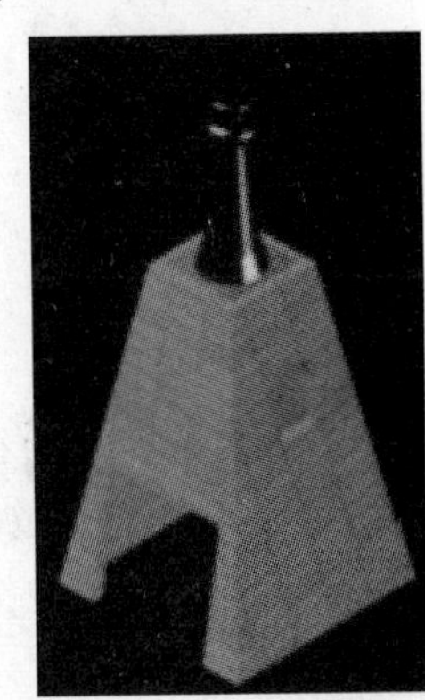
图257-11

实战258　长椅

实战位置	DVD>实战文件>第9章>实战258
视频位置	DVD>多媒体教学>第9章>实战258
难易指数	★★☆☆☆
技术掌握	掌握“长方体”、“复制”、“镜像”、“移动”和“消隐”等命令。

实战介绍

运用“长方体”命令，绘制长椅的横条；利用“复制”与“镜像”命令，复制出其他的横条；利用“移动”命令，将横条移动到合适的位置。本例的最终效果如图258-1所示。

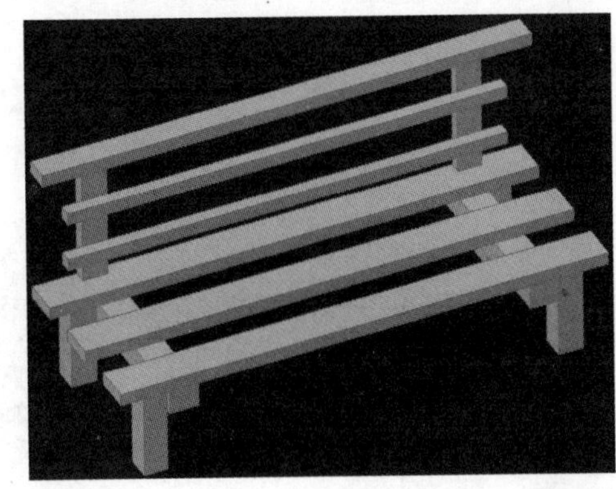
图258-1

制作思路

- 绘制横条。
- 绘制其他横条，完成长椅的绘制并将其保存。

制作流程

长椅的制作流程如图258-2所示。

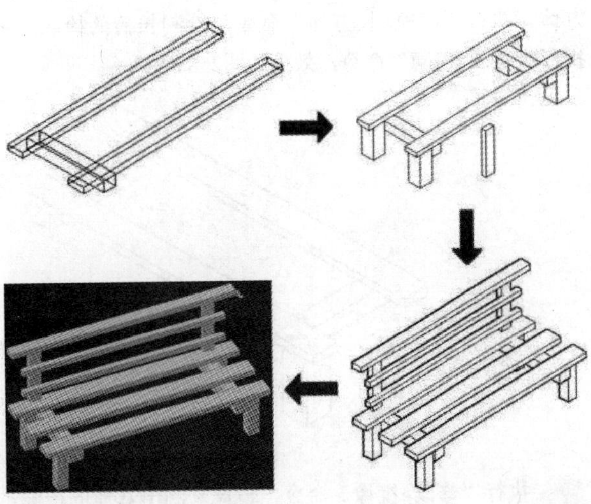
图258-2

01 打开AutoCAD 2013中文版软件，执行“视图>三维视图>西南等轴测”命令，转换到三维视图。

02 执行“修改>实体编辑>差集”命令，绘制出如图258-3所示的长方体。

命令行提示如下：

```
命令: _box
指定第一个角点或 [中心(C)]: 0,0,0
指定其他角点或 [立方体(C)/长度(L)]: l
指定长度: <正交 开> 200
指定宽度: 15
指定高度或 [两点(2P)] <-15.0000>: 5
```

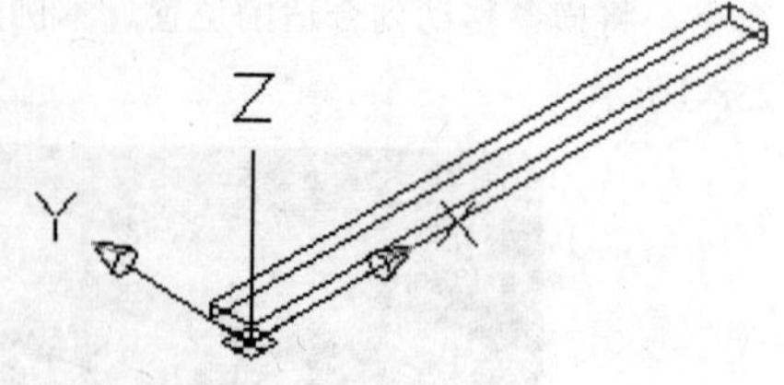

图258-3

03 执行“修改>复制”命令，沿y轴复制出另外一个长方体，距离为60，再执行“建模>长方体”命令，绘制出如图258-4所示的长方体。

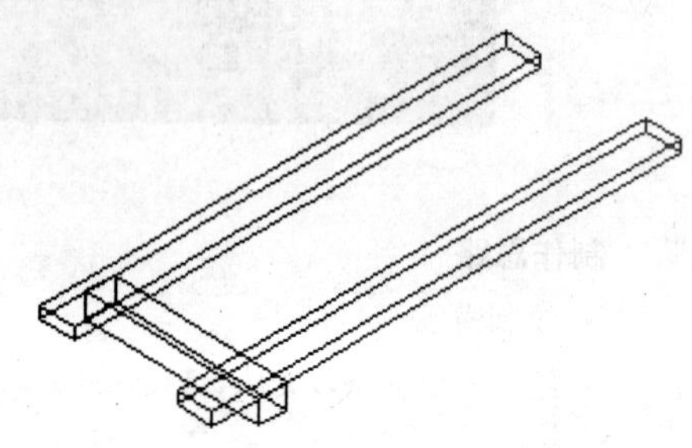

图258-4

04 执行“修改>复制”命令，复制出另外一个对称的长方体。执行“建模>长方体”命令，绘制长椅的椅腿，再执行“视图>消隐”命令，效果如图258-5所示。

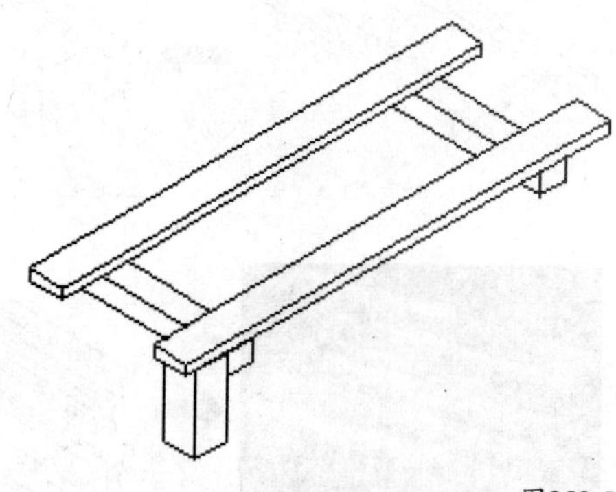

图258-5

05 执行“修改>镜像”命令，镜像复制出其他的椅腿，再执行“视图>消隐”命令，效果如图258-6所示。

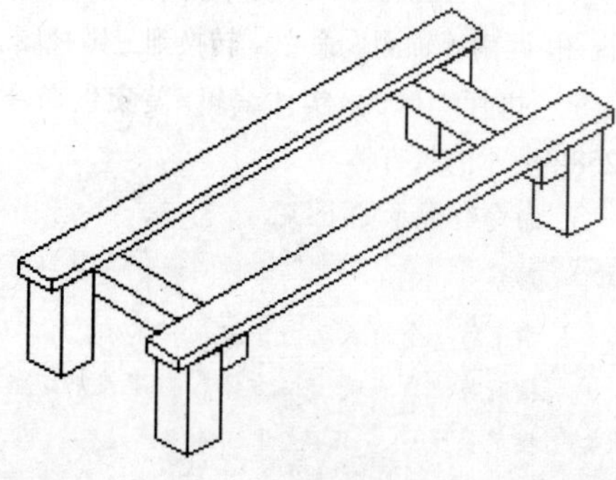

图258-6

06 执行“建模>长方体”命令，绘制椅背上的竖条，再执行“视图>消隐”命令，效果如图258-7所示。

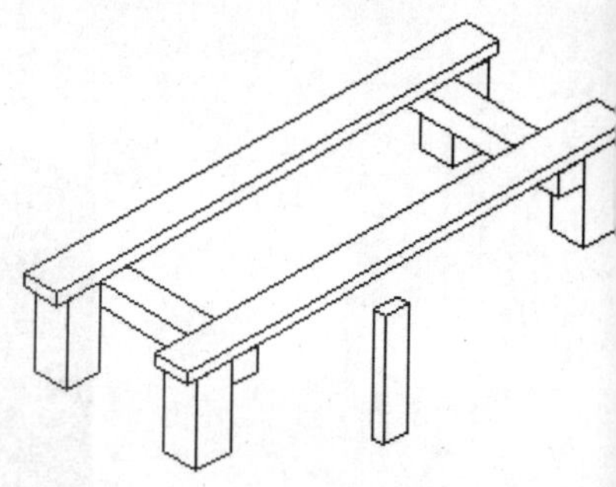

图258-

07 执行“修改>移动”命令，以竖条的左下方角点为基点，以图258-8中所示的端点为端点，移动竖条。

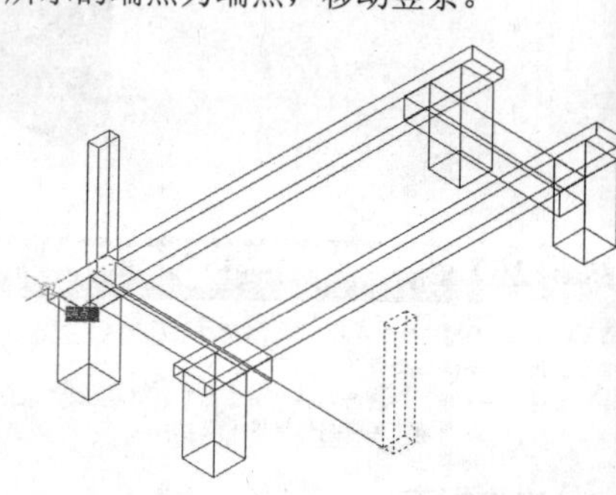

图258-8

08 将竖条移动到端点位置后，再次执行“修改>移动”命令，将其沿x轴正方向移动20，再执行“视图>消隐”命令，效果如图258-9所示。

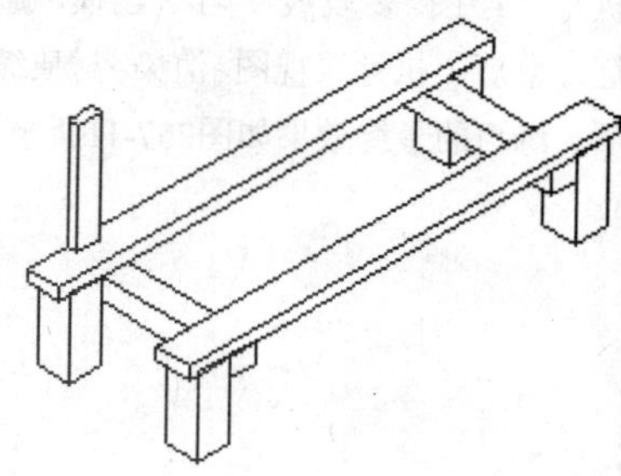

图258-9

09 用同样的方法绘制出长椅的其他横条后，执行“视图>消隐”命令，效果如图258-10所示。

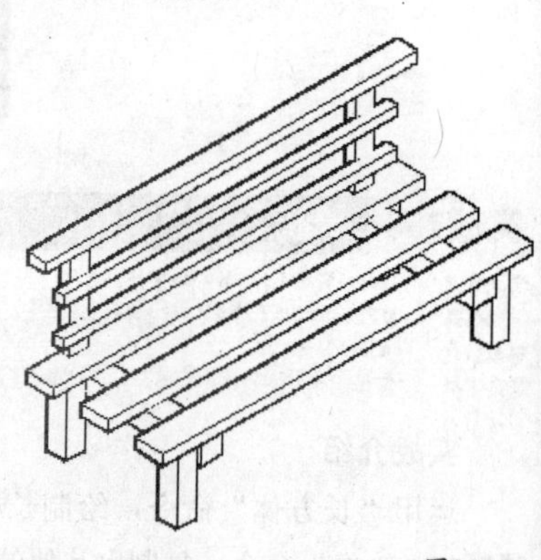

图258-10

练习258

练习位置	DVD>练习文件>第9章>练习258
难易指数	★★☆☆☆
技术掌握	巩固“长方体”、“复制”、“移动”、“旋转”和“材质”等命令的使用方法

操作指南

参照“实战258 长椅”案例进行制作。

首先，执行“建模>长方体”、“修改>复制”、“修改>旋转”和“修改>移动”命令，绘制石椅，然后，执行“视图>消隐”命令，消隐长椅。练习的最终效果如图258-11所示。

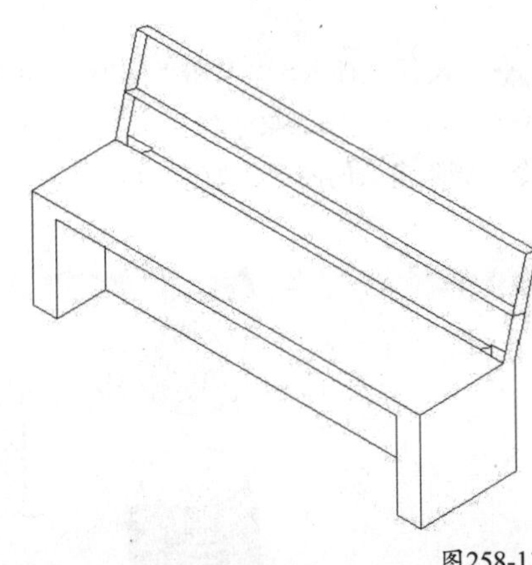

图258-11

实战259 石桌凳

实战位置	DVD>实战文件>第9章>实战259
视频位置	DVD>多媒体教学>第9章>实战259
难易指数	★☆☆☆☆
技术掌握	掌握“多段线”、“旋转”、“圆柱体”、“旋转”、“创建块”、“插入块”和“三维镜像”等命令。

实战介绍

运用“多段线”与“旋转”命令，绘制石凳；利用“圆柱体”命令，绘制石桌；利用“旋转”、“创建块”、“插入块”与“三维镜像”命令，插入石凳。本例最终效果如图259-1所示。

图259-1

制作思路

- 绘制石凳。
- 绘制石桌，完成石桌凳的绘制并将其保存。

制作流程

石桌凳的制作流程如图259-2所示。

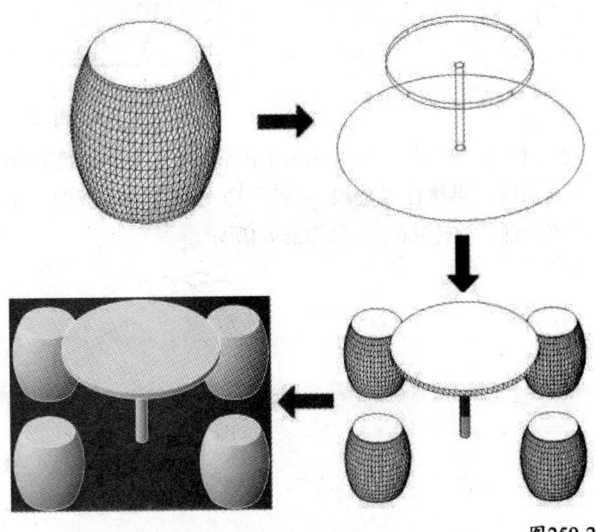

图259-2

01 打开AutoCAD 2013中文版软件，执行“绘图>多段线”命令，绘制出如图259-3所示的图形。

命令行提示如下：

```
命令: _pline
指定起点:
当前线宽为 0.0000
指定下一个点或 [圆弧(A)/半宽(H)/长度(L)/放弃(U)/宽度(W)]: <正交 开> 20
指定下一点或 [圆弧(A)/闭合(C)/半宽(H)/长度(L)/放弃(U)/宽度(W)]: a
指定圆弧的端点或
[角度(A)/圆心(CE)/闭合(CL)/方向(D)/半宽(H)/直线(L)/半径(R)/第二个点(S)/放弃(U)/宽度(W)]:<正交关> s
指定圆弧上的第二个点:
指定圆弧的端点:
指定圆弧的端点或
[角度(A)/圆心(CE)/闭合(CL)/方向(D)/半宽(H)/直线(L)/半径(R)/第二个点(S)/放弃(U)/宽度(W)]: l
指定下一点或 [圆弧(A)/闭合(C)/半宽(H)/长度(L)/放弃(U)/宽度(W)]: <对象捕捉追踪 开> <正交 开>
指定下一点或 [圆弧(A)/闭合(C)/半宽(H)/长度(L)/放弃(U)/宽度(W)]:
```

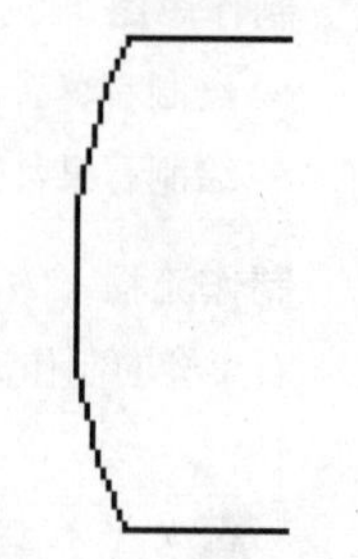

图259-3

02 执行“视图>三维视图>西南等轴测”命令，转换到三维视图，再执行“建模>旋转”命令，以多段线的两个端点为轴，旋转360°，如图259-4所示。

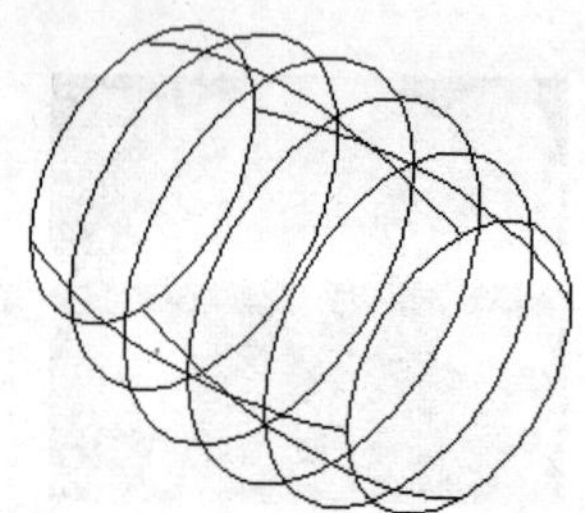

图259-4

03 执行“修改>三维操作>三维旋转”命令，将石凳沿x轴旋转90°，再执行“视图>消隐”命令，效果如图259-5所示。

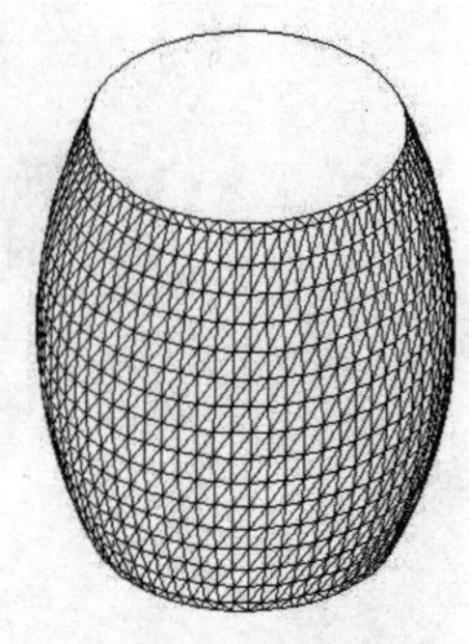

图259-5

04 执行“绘图>创建块”命令，将石凳存储为块。

05 执行“建模>圆柱体”命令，绘制出如图259-6所示的两个圆柱体并将其作为石桌。

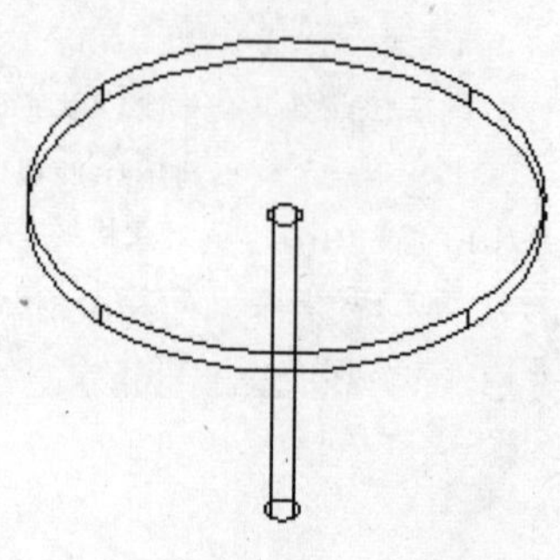

图259-6

06 执行“绘图>圆”命令，以桌子底部圆心为中心绘制一圆，如图259-7所示。

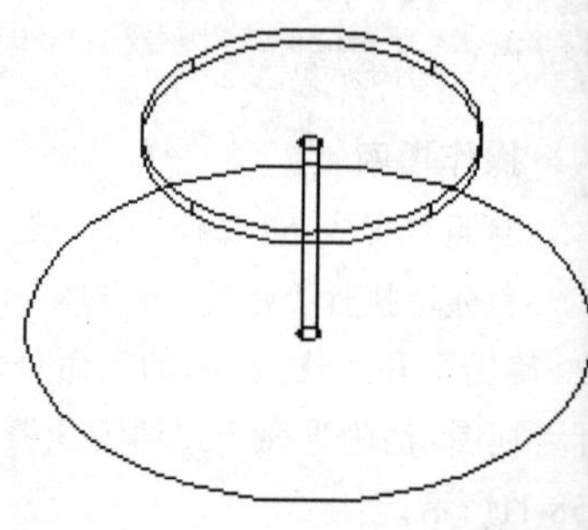

图259-7

07 执行“插入>块”和“修改>三维操作>三维镜像”命令，将石凳插入桌子的四周，再执行“修改>删除”命令，删除多余的图形，如图259-8所示。

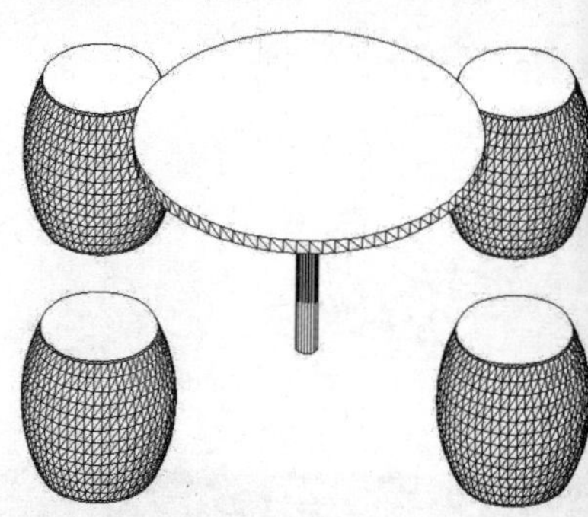

图259-8

练习259

练习位置	DVD>练习文件>第9章>练习259
难易指数	★★☆☆☆
技术掌握	巩固“圆柱体”、“圆锥体”、“复制”、“移动”、“旋转”和“材质”等命令的使用方法。

操作指南

参照“实战259 石桌凳”案例进行制作。

首先，执行“建模>圆柱体”、“修改>复制”、“修改>旋转”与“修改>移动”命令，绘制石椅，然后，执行“建模>圆柱体”与“建模>圆锥体”命令，绘制石桌，最后，执行“视图>渲染>材质编辑器”命令，添加材质。练习的最终效果如图259-9所示。

图259-9

实战260 雨中亭

原始文件位置	DVD>原始文件>第9章>实战260 原始文件
实战位置	DVD>实战文件>第9章>实战260
视频位置	DVD>多媒体教学>第9章>实战260
难易指数	★☆☆☆☆
技术掌握	掌握“长方体”、“圆柱体”、“圆锥体”、“球体”、“复制”、“三维镜像”、“消隐”和“插入块”等命令。

实战介绍

运用“长方体”与“复制”命令，绘制亭子的底部和顶部；利用“圆柱体”与“三维镜像”命令，绘制柱子；利用“圆锥体”与“球体”命令，绘制亭顶。本例最终效果如图260-1所示。

图260-1

制作思路

- 绘制亭子和柱子。
- 绘制亭顶，完成雨中亭的绘制并将其保存。

制作流程

雨中亭的制作流程如图260-2所示。

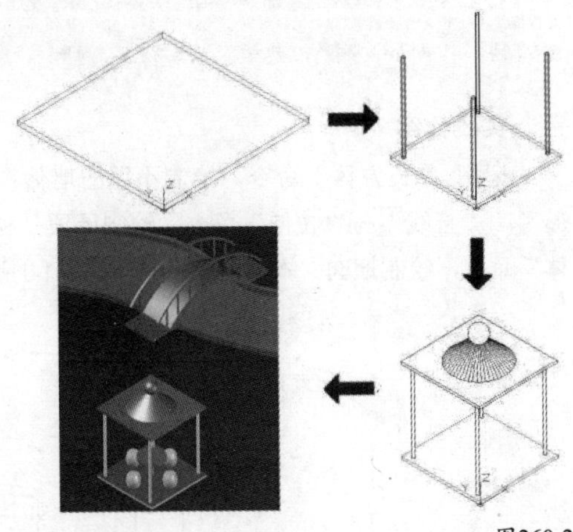

图260-2

1．绘制亭子和柱子

01 打开AutoCAD 2013中文版软件，执行“视图>三维视图>西南等轴测”命令，切换到三维视图。

02 执行“建模>长方体”命令，绘制出如图260-3所示的图形。

命令行提示如下：

```
命令: _box
指定第一个角点或 [中心(C)]: 0,0,0
指定其他角点或 [立方体(C)/长度(L)]: l
指定长度: <正交 开> 300
指定宽度: 300
指定高度或 [两点(2P)] <-80.0000>: 10
```

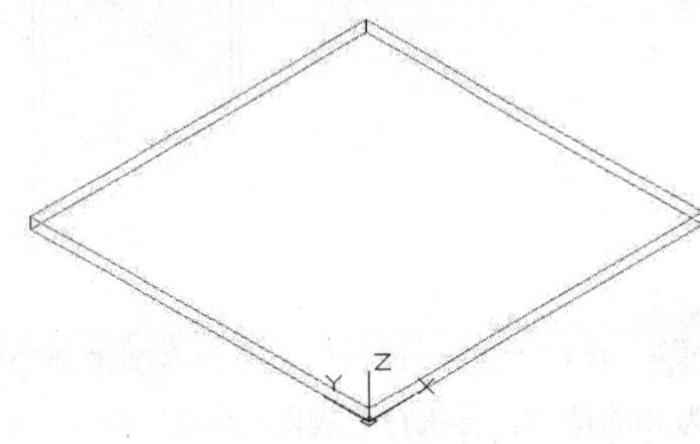

图260-3

03 执行“建模>圆柱体”命令，绘制出如图260-4所示的柱子。

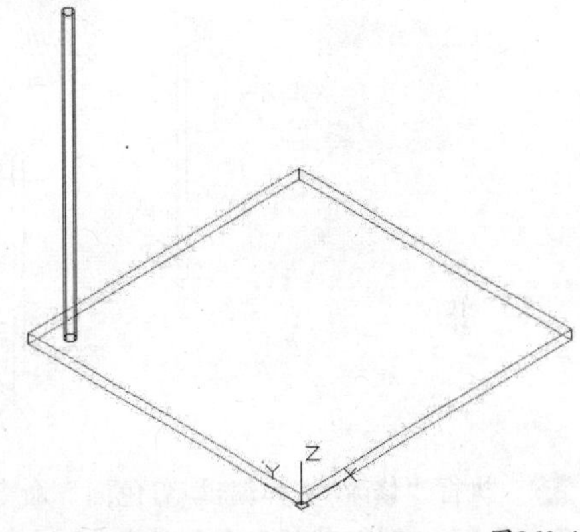

图260-4

04 执行“修改>三维操作>三维镜像”命令，镜像复制出其他三个柱子，如图260-5所示。

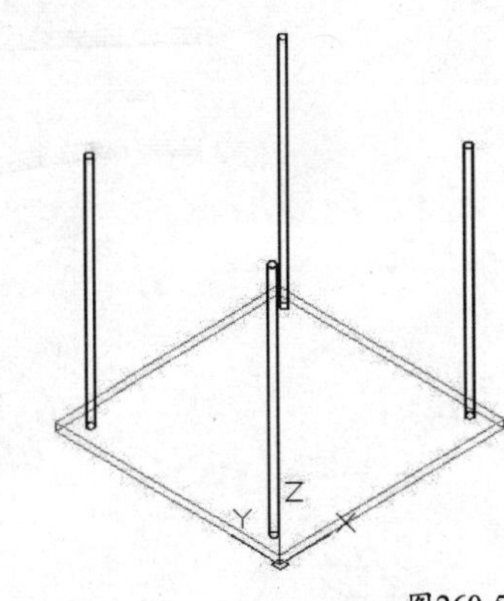

图260-5

2. 绘制亭顶

01 执行“修改>复制”命令，将底部的长方体复制到柱子上方，再执行“建模>圆锥体”命令，绘制出如图260-6所示的圆锥体。

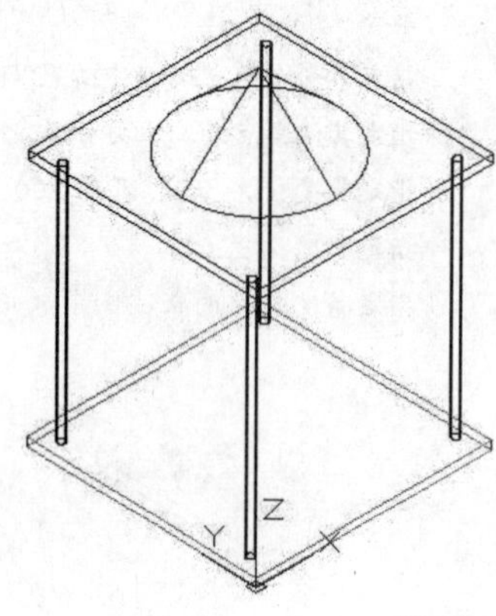

图260-6

02 执行“建模>球体”命令，在圆锥顶绘制出一个半径为30的球体，再执行“视图>消隐”命令，效果如图260-7所示。

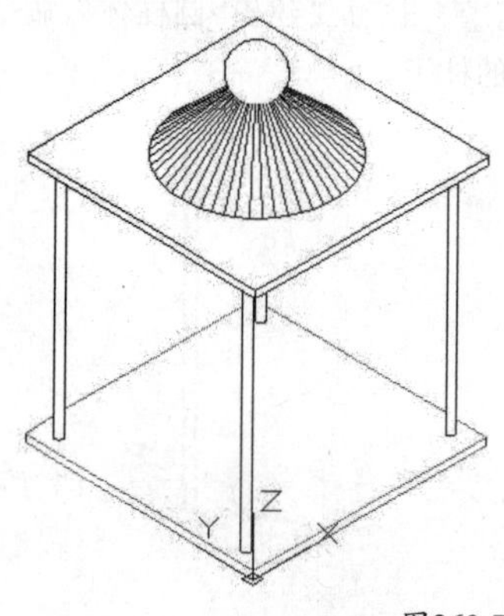

图260-7

03 执行“修改>实体编辑>着色面”命令，为雨中亭着色。执行“建模>球体”命令，将上一实战中绘制的石桌凳复制到本例中来，再把原始文件中的“实战260 原始文件”图形放置到合适的位置，如图260-8所示。

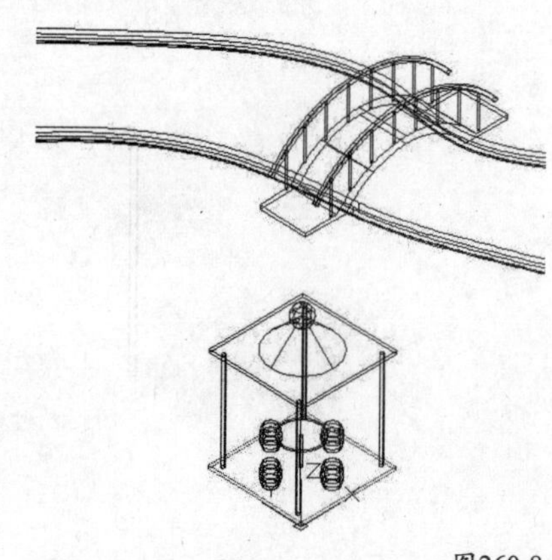

图260-8

练习260

练习位置	DVD>练习文件>第9章>练习260
难易指数	★★☆☆☆
技术掌握	巩固“多段线”、“长方体”、“圆柱体”、“球体”、“拉伸”、“旋转”、“三维阵列”、“三维镜像”和“材质”等命令的使用方法。

操作指南

参照“实战260 雨中亭”案例进行制作。

首先，执行“绘图>多段线”、“建模>圆柱体”、“建模>拉伸”、“修改>三维操作>三维阵列”与“修改>三维操作>三维镜像”命令，绘制底座，接着，执行“建模>长方体”、“建模>圆柱体”、“修改>三维操作>三维阵列”与“修改>三维操作>三维镜像”命令，绘制石桌凳和柱子，然后，执行“绘图>多段线”、“修改>旋转”、“修改>三维操作>三维阵列”与“建模>球体”命令，绘制亭顶，最后，执行“视图>渲染>材质编辑器”命令，添加材质。练习的最终效果如图260-9所示。

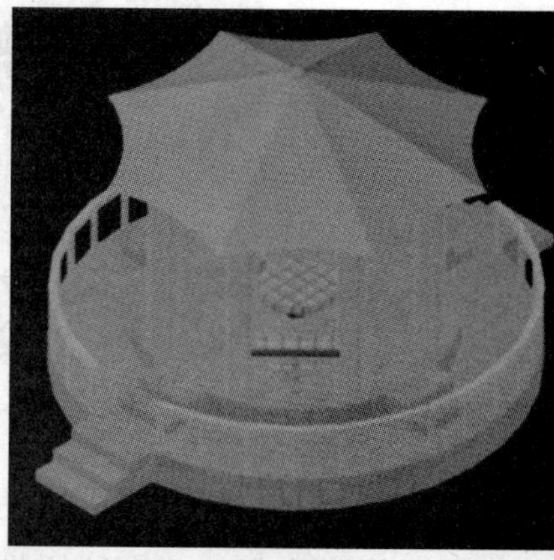

图260-9

实战261 立体房屋

实战位置	DVD>实战文件>第9章>实战261
视频位置	DVD>多媒体教学>第9章>实战261
难易指数	★★☆☆☆
技术掌握	掌握“长方体”、“矩形”、“直线”、“面域”、“拉伸”和“消隐”等命令。

实战介绍

运用“长方体”命令，绘制小屋的墙体；利用“矩形”、“直线”与“拉伸”命令，绘制屋顶；利用“长方体”命令，绘制烟囱。本例最终效果如图261-1所示。

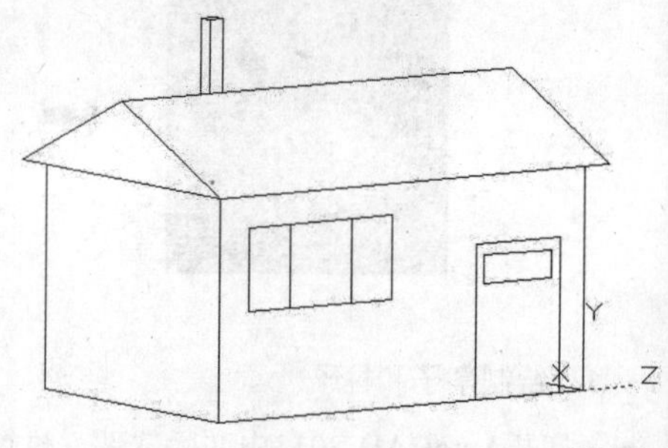

图261-1

制作思路

- 绘制墙体。
- 绘制房屋和烟囱，完成立体房屋的绘制并将其保存。

制作流程

立体房屋的制作流程如图261-2所示。

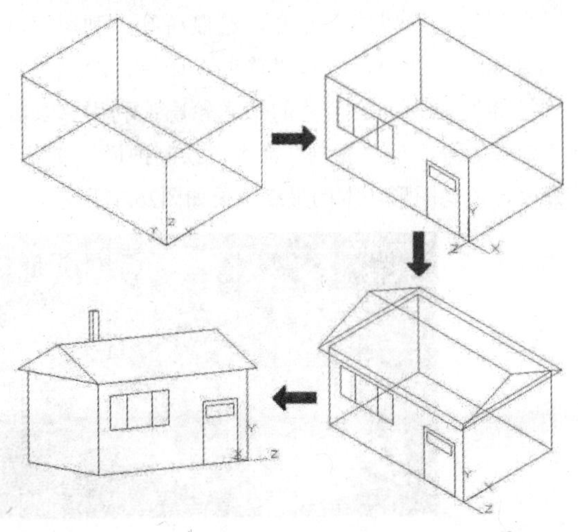

图261-2

01 打开AutoCAD 2013中文版软件，执行“视图>三维视图>西南等轴测”命令。

02 执行“建模>长方体”命令，绘制如图261-3所示的图形。

命令行提示如下：

```
命令: _box
指定第一个角点或 [中心(C)]: 0,0
指定其他角点或 [立方体(C)/长度(L)]: l
指定长度: 200
指定宽度: 300
指定高度或 [两点(2P)] <121.83175>: 166
```

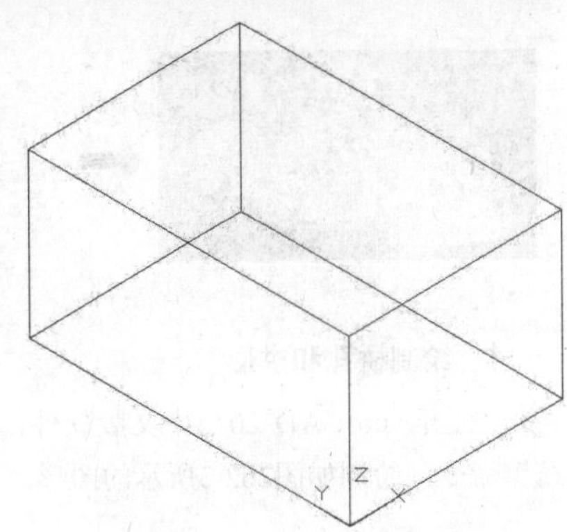

图261-3

03 执行“视图>三维视图>左视”命令，将视图转换为左视图，如图261-4所示。

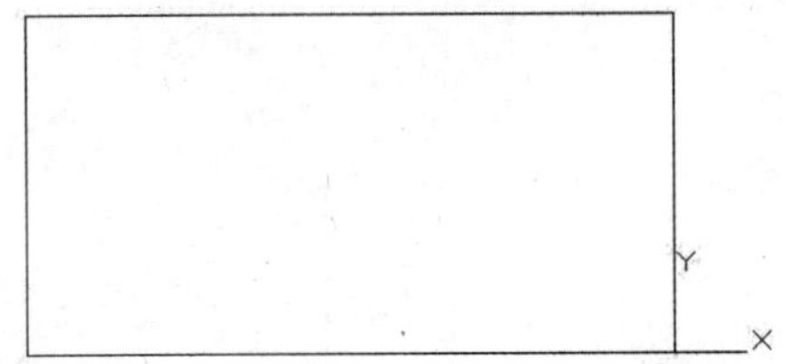

图261-4

04 执行“绘图>矩形”和“绘图>直线”命令，在左视图中绘制出如图261-5所示的门和窗。

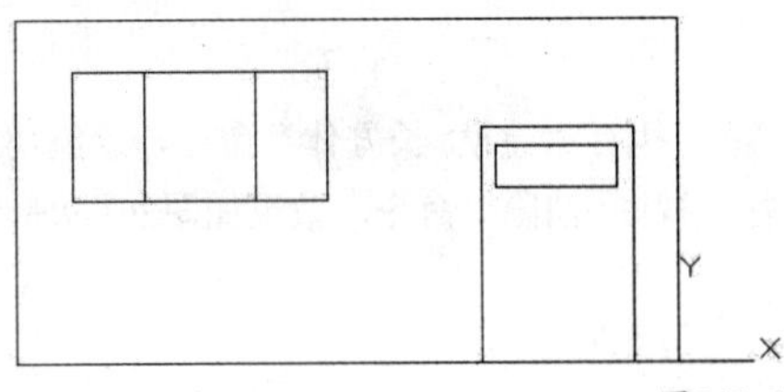

图261-5

05 执行“视图>三维视图>西南等轴测”命令，返回西南等轴测视图，如图261-6所示。

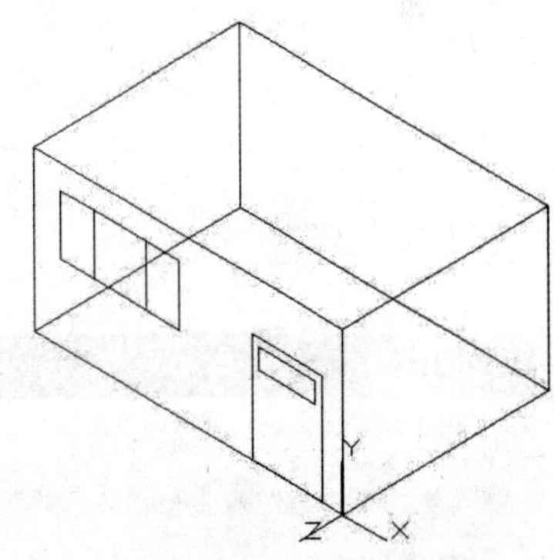

图261-6

06 执行“视图>三维视图>前视”命令，返回到主视图，再执行“绘图>直线”命令，绘制如图261-7所示的三角图形。

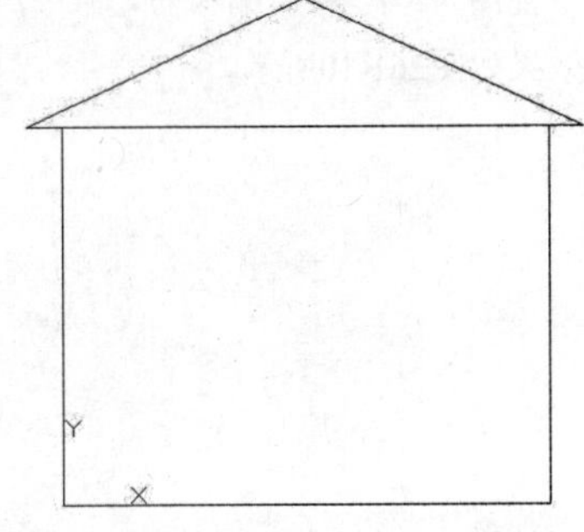

图261-7

07 执行“绘图>面域”命令，使三角形围成的图形生成面域。执行“视图>三维视图>西南等轴测”命令，返回西南等轴测视图。

08 执行“建模>拉伸”命令，将三角形面域拉伸，如图261-8所示。

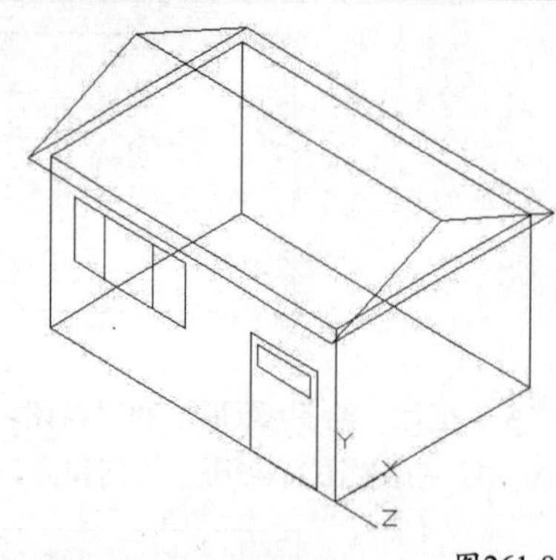

图261-8

09 执行“建模>长方体”命令，绘制房子的烟囱，再执行“视图>消隐”命令，效果如图261-9所示。

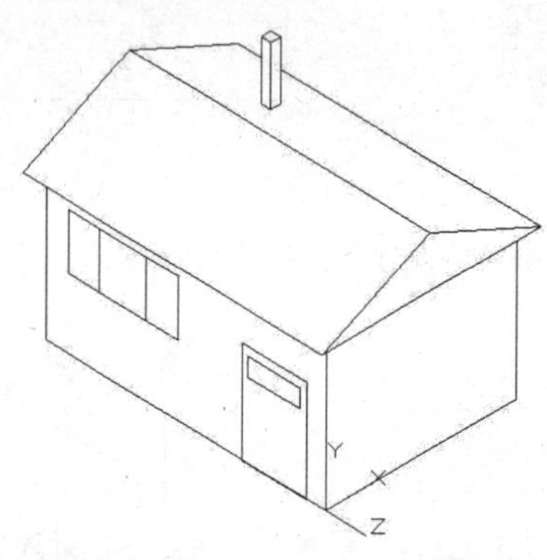

图261-9

练习261

练习位置	DVD>练习文件>第9章>练习261
难易指数	★★☆☆☆
技术掌握	巩固“长方体”、“复制”、“差集”和“材质”等命令的使用方法。

操作指南

参照“实战261 立体房屋”案例进行制作。

首先，执行“建模>长方体”、“修改>复制”与“修改>实体编辑>差集”命令，绘制高层建筑，然后，执行“视图>渲染>材质编辑器”命令，添加材质。练习的最终效果如图261-10所示。

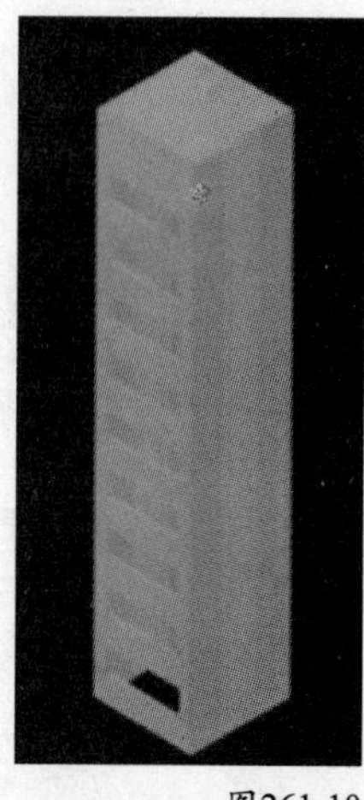

图261-10

实战262 九孔拱桥

实战位置	DVD>实战文件>第9章>实战262
视频位置	DVD>多媒体教学>第9章>实战262
难易指数	★★☆☆☆
技术掌握	掌握“多段线”、“圆弧”、“直线”、“偏移”、“修剪”、“面域”、“拉伸”、“长方体”、“定数等分”、“复制”和“消隐”等命令。

实战介绍

运用“多段线”命令，绘制桥孔；利用“圆弧”、“直线”、“偏移”与“修剪”命令，绘制拱形；利用“拉伸”命令，绘制桥的基本轮廓；利用“长方体”、“定数等分”与“复制”命令，绘制护栏；使用“消隐”命令，消隐图形。本例最终效果如图262-1所示。

图262-1

制作思路

- 绘制桥孔和拱形。
- 绘制护栏，完成九孔拱桥的绘制并将其保存。

制作流程

九孔拱桥的制作流程如图262-2所示。

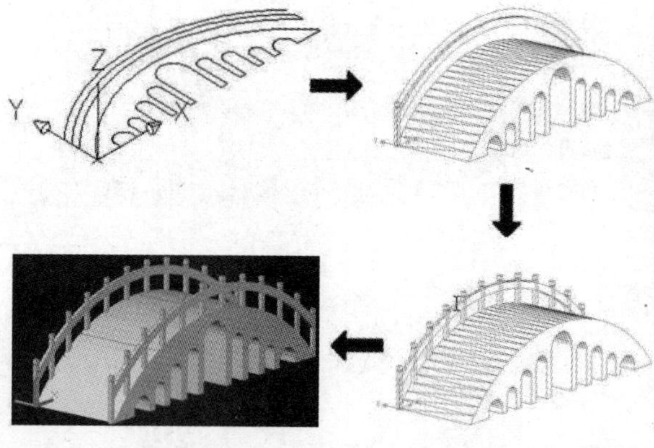

图262-2

1. 绘制桥孔和拱形

01 打开AutoCAD 2013中文版软件，执行“绘图>多段线”命令，绘制如图262-3所示的图形。

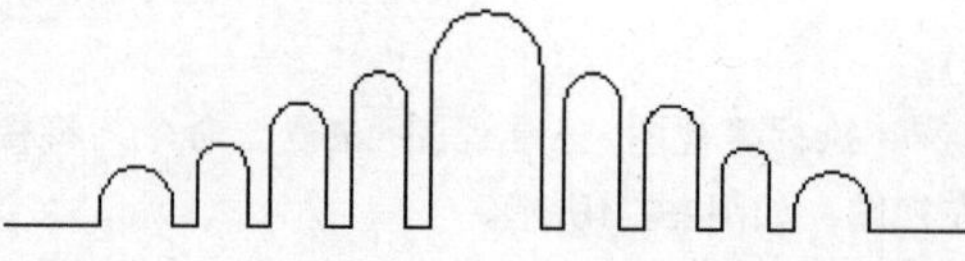

图262-3

02 执行“绘图>圆”命令，绘制圆弧，再执行“修改>偏移”命令，将圆弧依次向上偏移60、40、40，如图262-4所示。

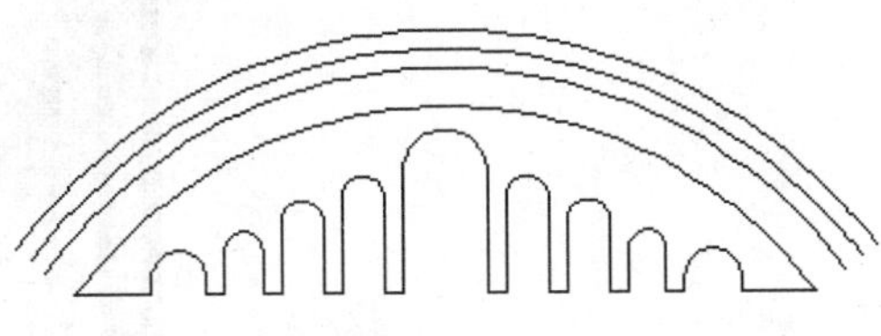

图262-4

03 执行“绘图>直线”命令，绘制两条辅助线，如图262-5所示。

图262-5

04 执行“修改>修剪”命令，修剪掉多余的直线，再执行“绘图>面域”命令，将闭合的图形转为面域，如图262-6所示。

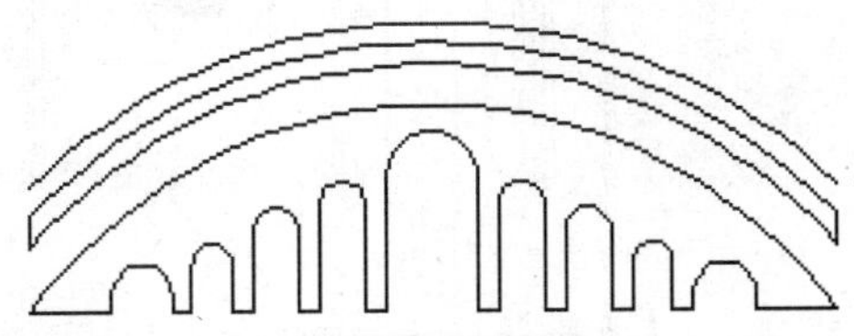

图262-6

05 执行“视图>三维视图>西南等轴测”命令，将视图转换为三维视图，如图262-7所示。

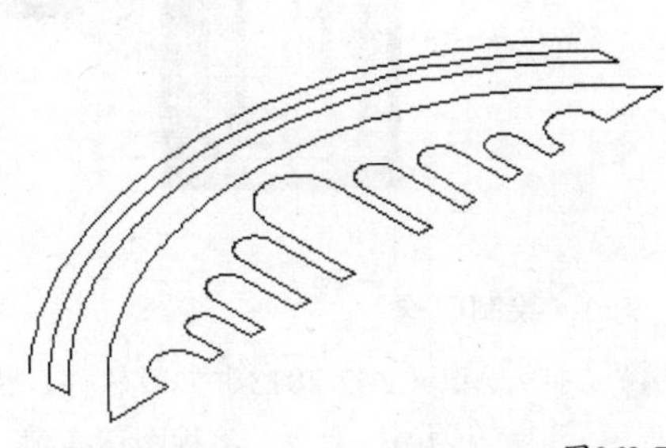

图262-7

06 执行“工具>新建UCS>原点”命令，新建坐标原点，如图262-8所示。

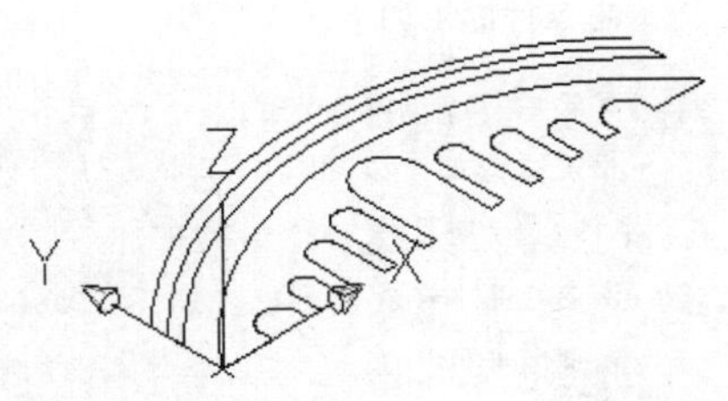

图262-8

07 执行“建模>拉伸”命令，将图262-8中所示的孔和拱形分别拉伸500和20，如图262-9所示。

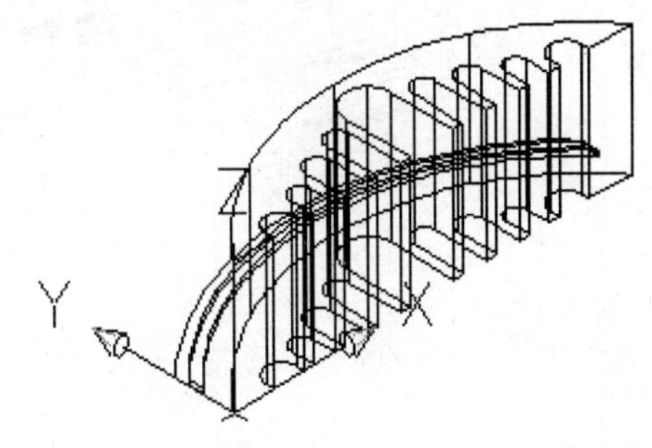

图262-9

08 执行“视图>动态观察>自由动态观察”命令，改变观察角度，再旋转坐标平面，使z轴与桥面垂直，如图262-10所示。

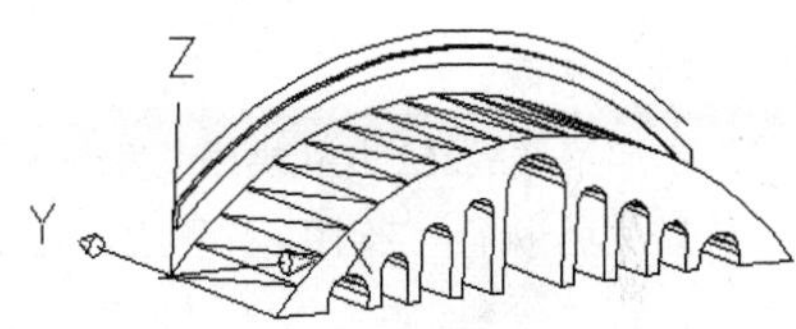

图262-10

2. 绘制护栏

01 执行“建模>长方体”命令，绘制三个长方体，完成护栏的绘制，如图262-11所示。

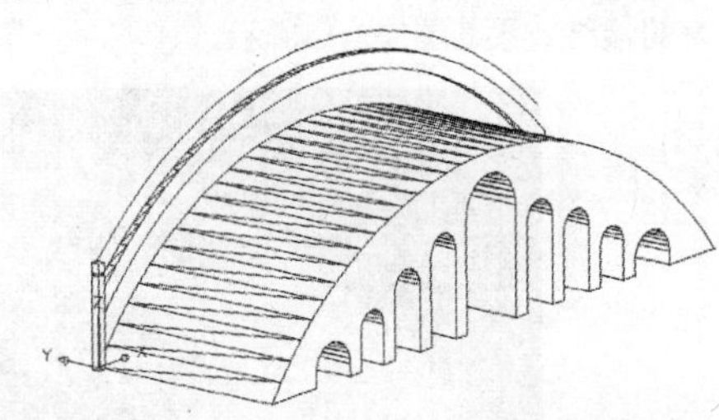

图262-11

02 执行“绘图>点>定数等分”命令，将圆弧等分为11份。再执行“修改>复制”命令，将护栏分别复制，再执行“修改>删除”命令，删除圆弧和等分点，如图262-12所示。

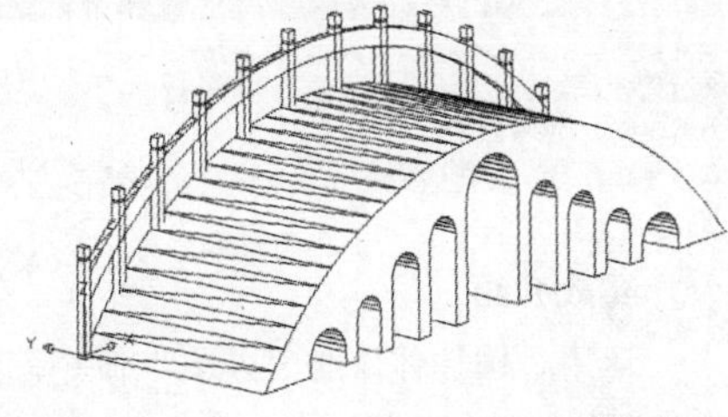

图262-12

03 执行“修改>复制”命令，将一侧的护栏复制到另一侧，再执行“视图>消隐”命令，效果如图262-13所示。

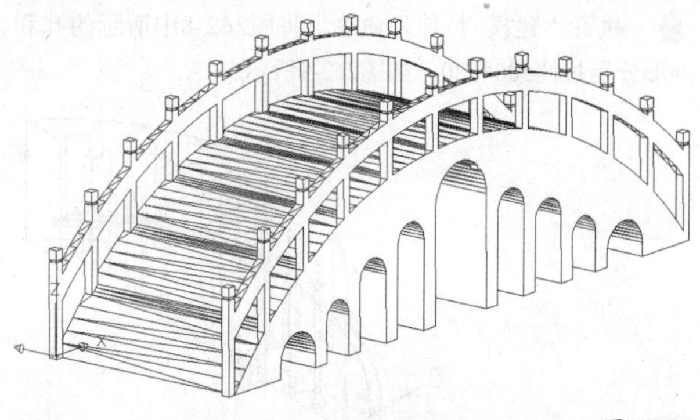

图262-13

练习262

练习位置	DVD>练习文件>第9章>练习262
难易指数	★★☆☆☆
技术掌握	巩固"多段线"、"圆弧"、"直线"、"偏移"、"修剪"、"面域"、"拉伸"、"长方体"、"定数等分"、"复制"和"消隐"等命令的使用方法。

操作指南

参照"实战262 九孔拱桥"案例进行制作。

首先，执行"绘图>多段线"命令，绘制桥孔，接着，执行"绘图>圆弧"、"绘图>直线"、"修改>偏移"与"修改>修剪"命令，绘制拱形，然后，执行"建模>拉伸"命令，绘制桥的基本轮廓，再执行"建模>长方体"、"绘图>点>定数等分"与"修改>复制"命令，绘制护栏，最后，执行"视图>消隐"命令，消隐图形。练习的最终效果如图262-14所示。

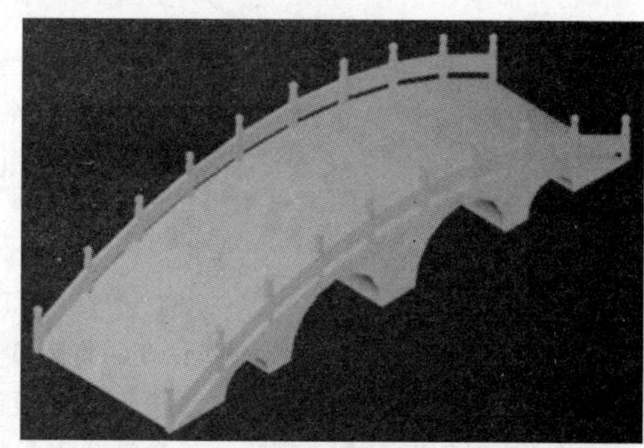

图262-14

实战263 旋转门

实战位置	DVD>实战文件>第9章>实战263
视频位置	DVD>多媒体教学>第9章>实战263
难易指数	★★☆☆☆
技术掌握	掌握"圆柱体"、"长方体"、"差集"、"复制"和"三维旋转"等命令。

实战介绍

运用"圆柱体"与"差集"命令，绘制门框；利用"长方体"与"差集"命令，绘制门。本例的最终效果如图263-1所示。

图263-1

制作思路

- 绘制门框。
- 绘制门，完成旋转门的绘制并将其保存。

制作流程

旋转门的制作流程如图263-2所示。

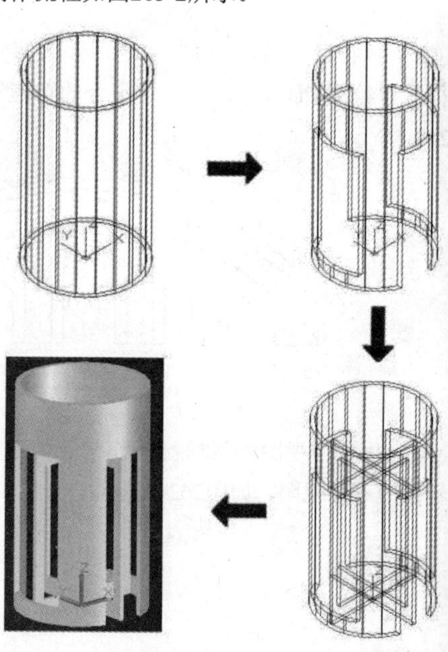

图263-2

1. 绘制门框

01 打开AutoCAD 2013中文版软件，执行"视图>三维视图>西南等轴测"命令，将视图切换到三维视图。

02 执行"建模>圆柱体"命令，绘制如图263-3所示的图形。

命令行提示如下：

```
命令: _cylinder
指定底面的中心点或 [三点(3P)/两点(2P)/切点、切点、半径(T)/椭圆(E)]: 0,0,0
指定底面半径或 [直径(D)] <5.0000>: 120
指定高度或 [两点(2P)/轴端点(A)]<300.0000>: 400
```

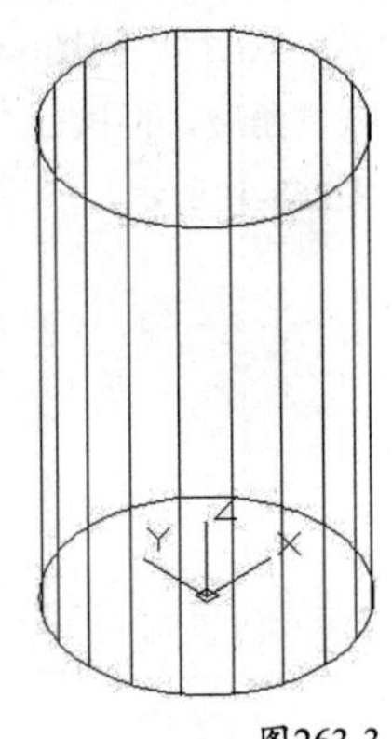

图263-3

03 执行“建模>圆柱体”命令，绘制如图263-4所示的圆柱体。

命令行提示如下：

```
命令: _cylinder
指定底面的中心点或 [三点(3P)/两点(2P)/切点、切点、半径(T)/椭圆(E)]:
指定底面半径或 [直径(D)] <120.0000>: 110
指定高度或[两点(2P)/轴端点(A)] <400.0000>: 400
```

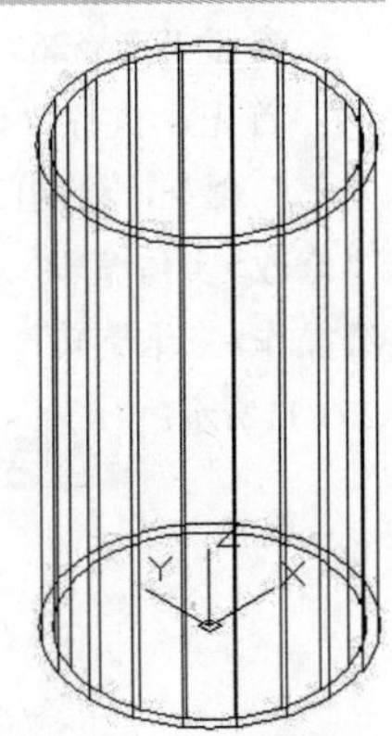

图263-4

04 执行“修改>实体编辑>差集”命令，用外面的圆柱体减去里面的圆柱体。

2. 绘制门

01 执行“建模>长方体”命令，绘制如图263-5所示的长方体。

命令行提示如下：

```
命令: _box
指定第一个角点或 [中心(C)]: 40,-125,0
指定其他角点或 [立方体(C)/长度(L)]: L
指定长度 <40.0000>:  <正交 开> 80
指定宽度 <166.0000>: 250
指定高度或 [两点(2P)] <400.0000>: 300
```

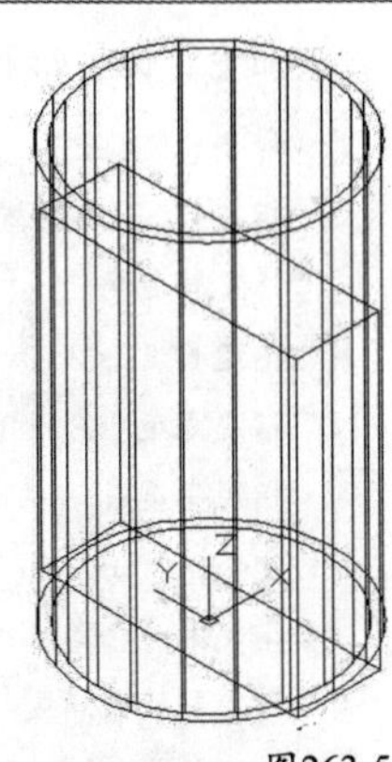

图263-5

02 再次执行“建模>长方体”命令，绘制如图263-6所示的图形。

命令行提示如下：

```
命令: _box
指定第一个角点或 [中心(C)]: -125,-60,30
指定其他角点或 [立方体(C)/长度(L)]: L
指定长度 <80.0000>:  <正交 开> 120
指定宽度 <250.0000>: 250
指定高度或 [两点(2P)] <300.0000>: 270
```

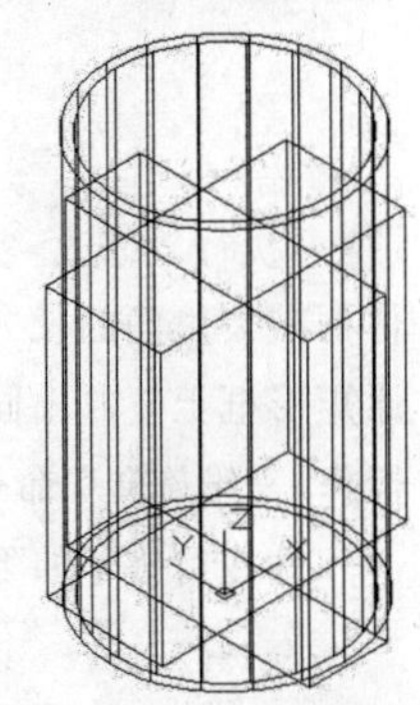

图263-6

03 执行“修改>实体编辑>差集”命令，用圆柱体减去长方体部分，如图263-7所示。

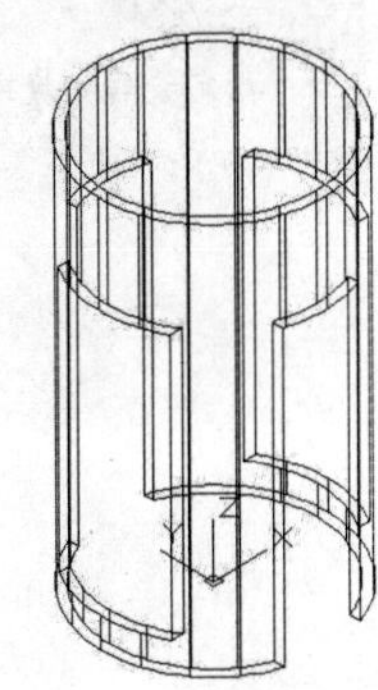

图263-7

04 执行“建模>长方体”命令，绘制如图263-8所示的两个矩形框。

命令行提示如下：

```
命令: _box
指定第一个角点或 [中心(C)]: -4,-110,0
指定其他角点或 [立方体(C)/长度(L)]: l
指定长度 <250.0000>:  <正交 开> 8
指定宽度 <80.0000>: 220
指定高度或 [两点(2P)] <300.0000>: 300
命令: _box
指定第一个角点或 [中心(C)]: -4,-90,30
指定其他角点或 [立方体(C)/长度(L)]: L
指定长度 <8.0000>:  <正交 开> 8
指定宽度 <220.0000>: 180
指定高度或 [两点(2P)] <300.0000>: 240
```

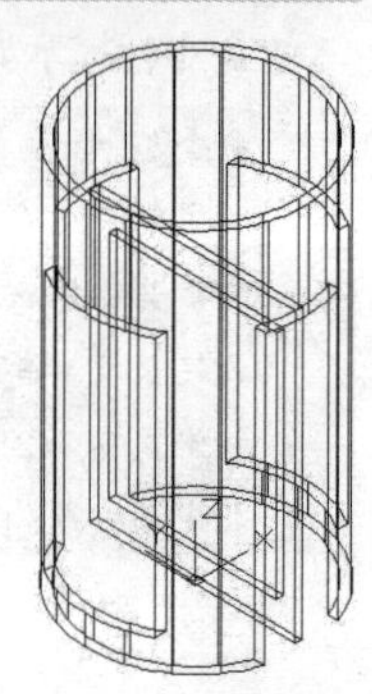

图263-8

05 执行“修改>实体编辑>差集”命令，用外边的长方体框减去里面的长方体框。执行“修改>复制”命令，在原矩形框上复制出同样一个矩形框，再执行“修改>三维操作>三维旋转”命令，将其旋转90°，如图263-9所示。

命令行提示如下：

```
命令: _3drotate
UCS 当前的正角方向:  ANGDIR=逆时针  ANGBASE=0
找到 1 个
指定基点:
** 旋转 **
指定旋转角度或 [基点(B)/复制(C)/放弃(U)/参照(R)/退出(X)]: 90
```

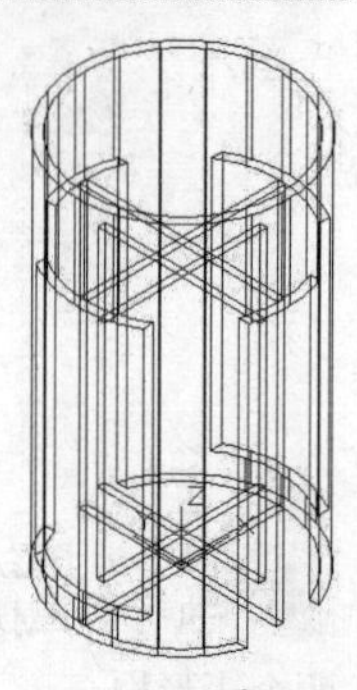

图263-9

06 执行“视图>动态观察>自由动态观察”命令，改变视觉角度，再执行“视图>视觉样式>概念”命令，效果如图263-10所示。

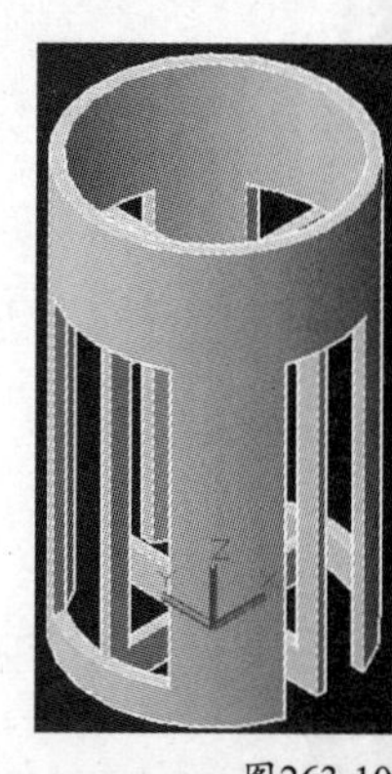

图263-10

练习263

练习位置	DVD>练习文件>第9章>练习263
难易指数	★★☆☆☆
技术掌握	巩固“圆柱体”、“长方体”、“差集”、“复制”和“三维旋转”等命令的使用方法。

操作指南

参照“实战263 旋转门”案例进行制作。

首先，执行“建模>圆柱体”与“修改>实体编辑>差集”命令，绘制门框，然后，执行“建模>长方体”、“修改>实体编辑>差集”、“修改>复制”与“修改>三维操作>三维旋转”命令，绘制门。练习的最终效果如图263-11所示。

图263-11

实战264 阳台

实战位置	DVD>实战文件>第9章>实战264
视频位置	DVD>多媒体教学>第9章>实战264
难易指数	★★☆☆☆
技术掌握	掌握“矩形”、“拉伸”、“长方体”和“阵列”等命令。

实战介绍

运用“矩形”、“拉伸”与“长方体”命令，绘制阳台底面和侧面；利用“矩形”、“拉伸”、“长方体”与“阵列”命令，绘制栏杆。本例最终效果如图264-1所示。

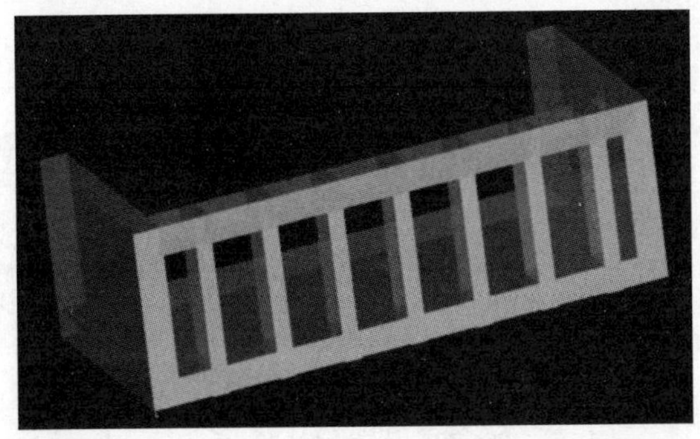

图264-1

制作思路

- 绘制底面和侧面。
- 绘制栏杆，完成阳台的绘制并将其保存。

制作流程

阳台的制作流程如图264-2所示。

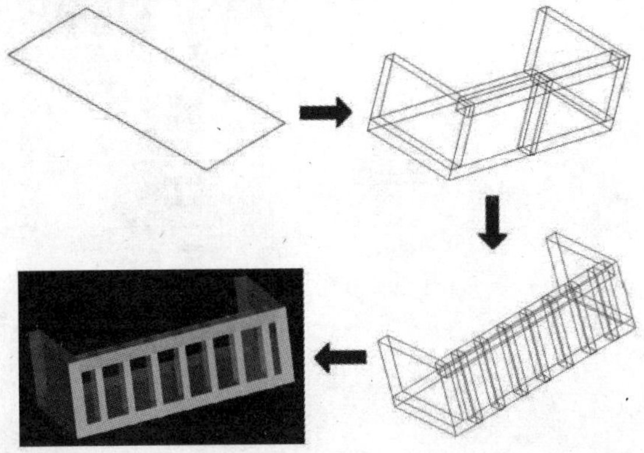

图264-2

1. 绘制底面和侧面

01 打开AutoCAD 2013中文版软件，执行“绘图>矩形”命令，绘制一个长600，宽240的矩形，如图264-3所示。

命令行提示如下：

```
命令：_rectang
指定第一个角点或[倒角(C)/标高(E)/圆角(F)/厚度(T)/宽度(W)]:
指定另一个角点或 [面积(A)/尺寸(D)/旋转(R)]: @800,360
```

图264-3

02 执行“视图>三维视图>东南等轴测”命令，将视图切换到三维视图，如图264-4所示。

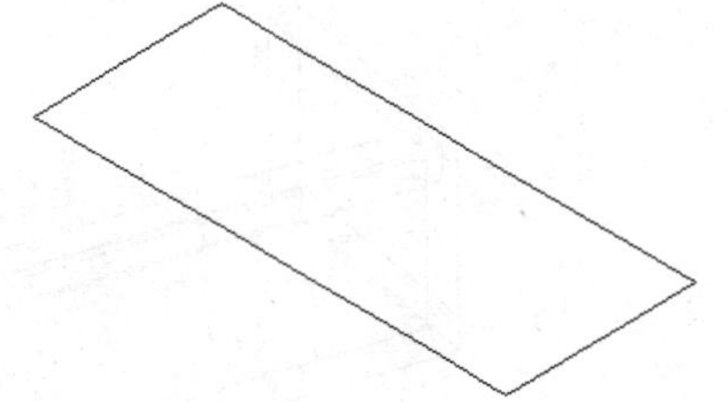

图264-4

03 执行“建模>拉伸”命令，将矩形拉伸一定厚度。

命令行提示如下：

```
命令：_extrude
当前线框密度：ISOLINES=4，闭合轮廓创建模式 = 实体
选择要拉伸的对象或 [模式(MO)]: _MO 闭合轮廓创建模式 [实体(SO)/曲面(SU)] <实体>: _SO
选择要拉伸的对象或 [模式(MO)]: 找到 1 个
选择要拉伸的对象或 [模式(MO)]:
指定拉伸的高度或 [方向(D)/路径(P)/倾斜角(T)/表达式(E)] <168.2396>: 40
```

04 执行“建模>长方体”和“修改>复制”命令，绘制阳台侧面，如图264-5所示。

命令行提示如下：

```
命令：_box
指定第一个角点或 [中心(C)]:
指定其他角点或 [立方体(C)/长度(L)]:
指定高度或 [两点(2P)] <40.0000>:
命令：_copy
选择对象：找到 1 个
选择对象：
当前设置： 复制模式 = 多个
指定基点或 [位移(D)/模式(O)] <位移>: 指定第二个点或 <使用第一个点作为位移>:
指定第二个点或 [退出(E)/放弃(U)] <退出>:
```

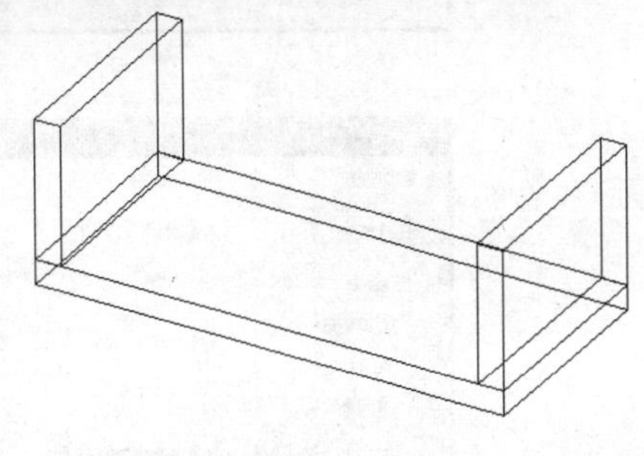

图264-5

2. 绘制栏杆

01 执行“绘图>矩形”命令，绘制一个矩形，再执行“建模>拉伸”命令，将其拉伸一定高度，如图264-6所示。

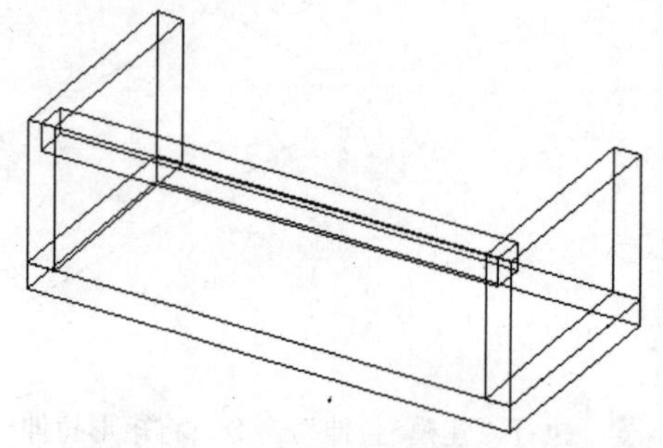

图264-6

02 执行“建模>长方体”命令，绘制栏杆，再执行“视图>动态观察>自由动态观察”命令，调整视图，如图264-7所示。

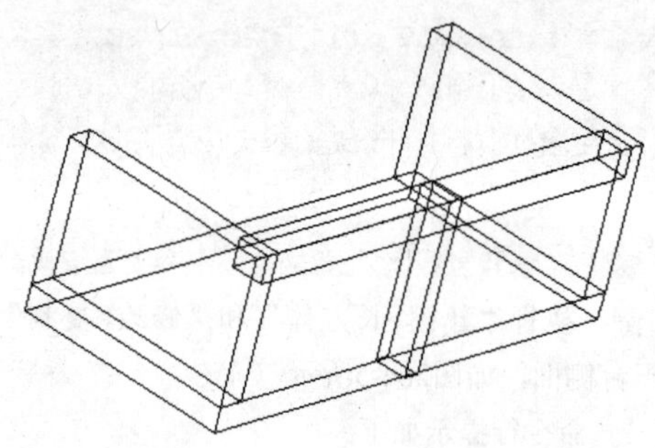

图264-7

03 在命令行中输入“ARRAYCLASSIC”，弹出 “阵列”对话框，参数设置如图264-8和图264-9所示。

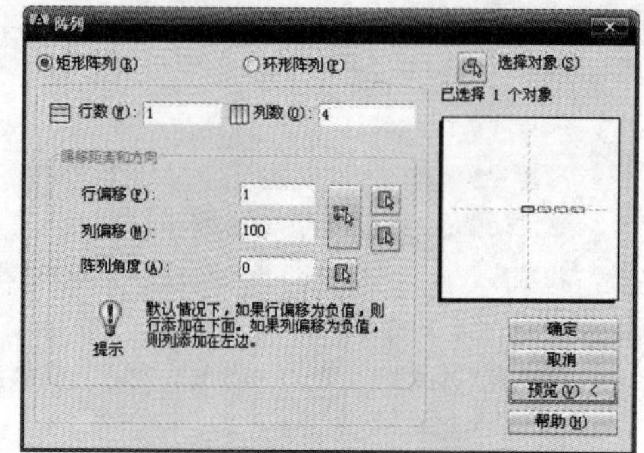

图264-8

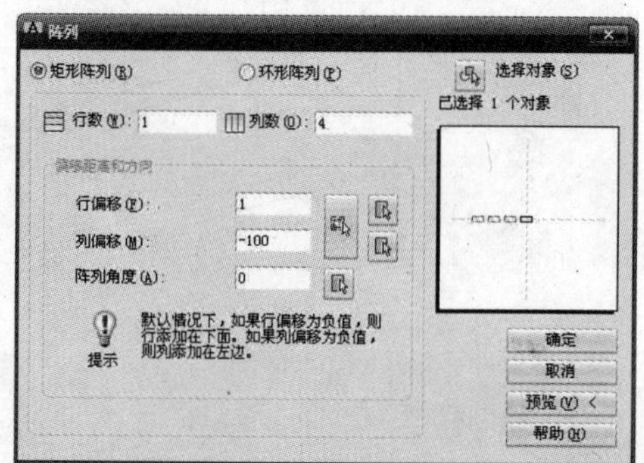

图264-9

阵列后的效果如图264-10所示。

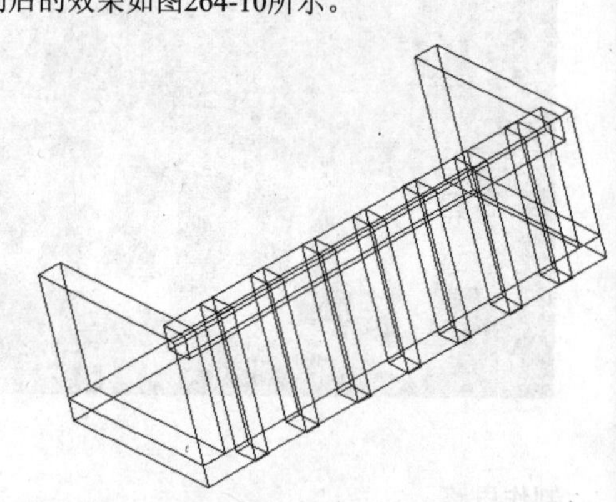

图264-10

04 执行“视图>渲染>材质编辑器”命令，给阳台赋予材质，如图264-11所示。

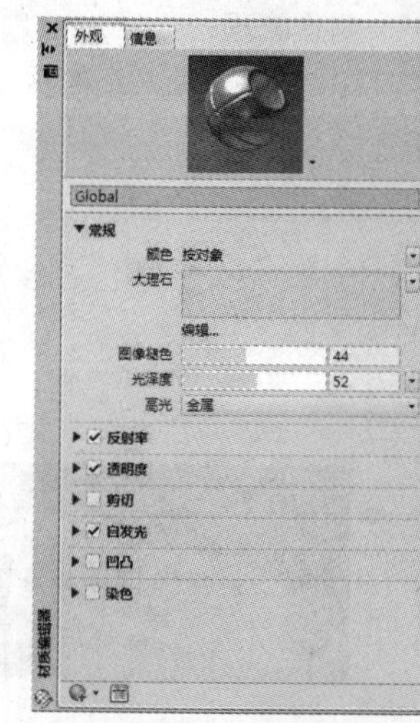

图264-11

05 执行“视图>渲染>渲染”命令，得到如图264-12所示的效果图。

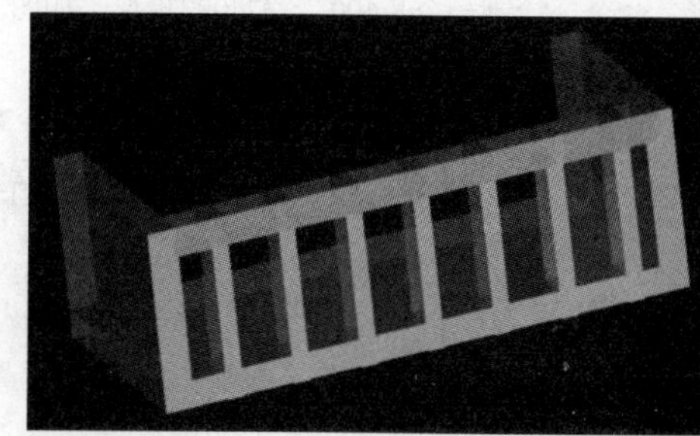

图264-12

练习264

练习位置	DVD>练习文件>第9章>练习264
难易指数	★★☆☆☆
技术掌握	巩固“矩形”、“拉伸”、“圆柱体”、“圆环体”、“复制”和“阵列”等命令的使用方法。

操作指南

参照“实战244 阳台”案例进行制作。

首先，执行“绘图>矩形”与“建模>拉伸”命令，绘制阳台底部，然后，执行“建模>圆柱体”、“建模>圆环体”与“修改>复制”命令，再在命令行中输入“ARRAYCLASSIC”，绘制栏杆。练习的最终效果如图264-13所示。

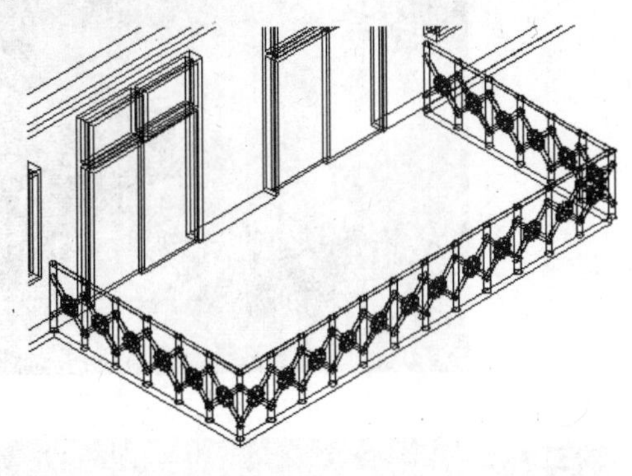

图264-13

实战265 楼梯台阶

实战位置	DVD>实战文件>第9章>实战265
视频位置	DVD>多媒体教学>第9章>实战265
难易指数	★★☆☆☆
技术掌握	掌握“多段线”、“面域”、“拉伸”和“拉伸”等命令。

实战介绍

运用“多段线”与“面域”命令，绘制台阶的轮廓线；利用“拉伸”命令，绘制台阶的三维实体。本例最终效果如图265-1所示。

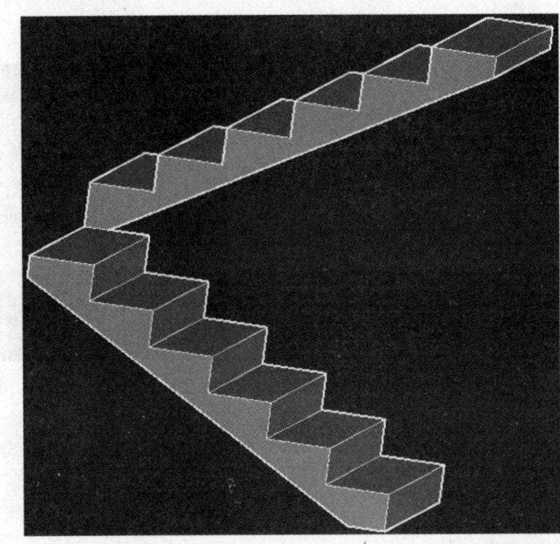

图265-1

制作思路

- 绘制轮廓线。
- 绘制三维实体，完成楼梯台阶的绘制并将其保存。

制作流程

楼梯台阶的制作流程如图265-2所示。

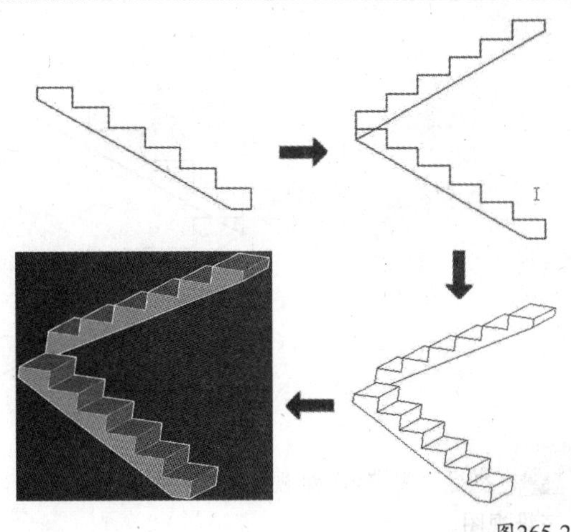

图265-2

01 打开AutoCAD 2013中文版软件，执行“绘图>多段线”命令，绘制如图265-3所示的一层楼梯轮廓。

命令行提示如下：

```
当前线宽为 0.0000
指定下一个点或 [圆弧(A)/半宽(H)/长度(L)/放弃(U)/宽度(W)]: <正交 开> 100
指定下一点或 [圆弧(A)/闭合(C)/半宽(H)/长度(L)/放弃(U)/宽度(W)]: 180
指定下一点或 [圆弧(A)/闭合(C)/半宽(H)/长度(L)/放弃(U)/宽度(W)]: 100
指定下一点或 [圆弧(A)/闭合(C)/半宽(H)/长度(L)/放弃(U)/宽度(W)]: 180
指定下一点或 [圆弧(A)/闭合(C)/半宽(H)/长度(L)/放弃(U)/宽度(W)]: 100
指定下一点或 [圆弧(A)/闭合(C)/半宽(H)/长度(L)/放弃(U)/宽度(W)]: 180
指定下一点或 [圆弧(A)/闭合(C)/半宽(H)/长度(L)/放弃(U)/宽度(W)]: 100
指定下一点或 [圆弧(A)/闭合(C)/半宽(H)/长度(L)/放弃(U)/宽度(W)]: 180
……
```

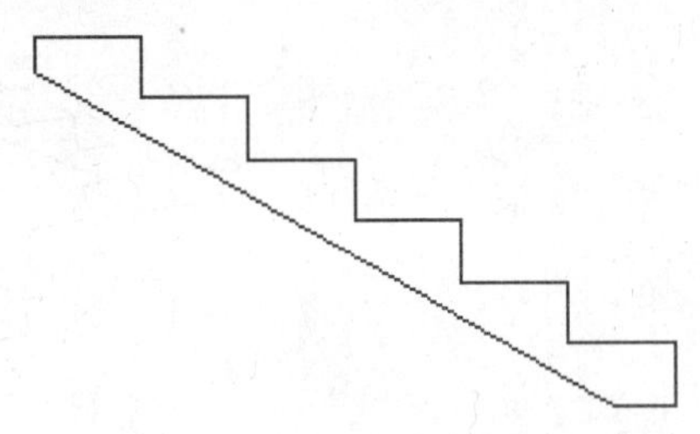

图265-3

02 执行“绘图>多段线”命令，绘制上层楼梯的轮廓线，再执行“绘图>面域”命令，使绘制的多段线生成面域，如图265-4所示。

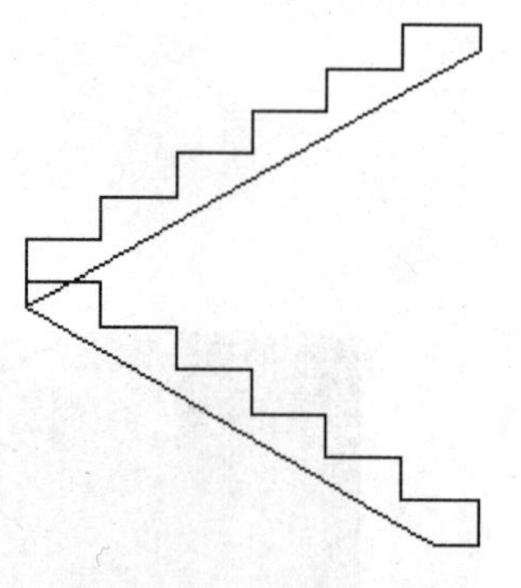

图265-4

03 执行“视图>三维视图>西南等轴测”命令，转换到三维视图。

04 执行“建模>拉伸”命令，将楼梯轮廓线拉伸。

命令行提示如下：

```
命令: _extrude
当前线框密度: ISOLINES=4，闭合轮廓创建模式 = 实体
选择要拉伸的对象或 [模式(MO)]: _MO 闭合轮廓创建模式 [实体(SO)/曲面(SU)] <实体>: _SO
选择要拉伸的对象或 [模式(MO)]: 找到 1 个
选择要拉伸的对象或 [模式(MO)]:
指定拉伸的高度或 [方向(D)/路径(P)/倾斜角(T)/表达式(E)] <-437.7084>: 1200
命令: _extrude
当前线框密度: ISOLINES=4，闭合轮廓创建模式 = 实体
选择要拉伸的对象或 [模式(MO)]: _MO 闭合轮廓创建模式 [实体(SO)/曲面(SU)] <实体>: _SO
选择要拉伸的对象或 [模式(MO)]: 找到 1 个
选择要拉伸的对象或 [模式(MO)]:
指定拉伸的高度或 [方向(D)/路径(P)/倾斜角(T)/表达式(E)] <1200>: 1200
```

05 执行“视图>动态观察>自由动态观察”命令，改变观察角度，再执行“视图>消隐”命令，效果如图265-5所示。

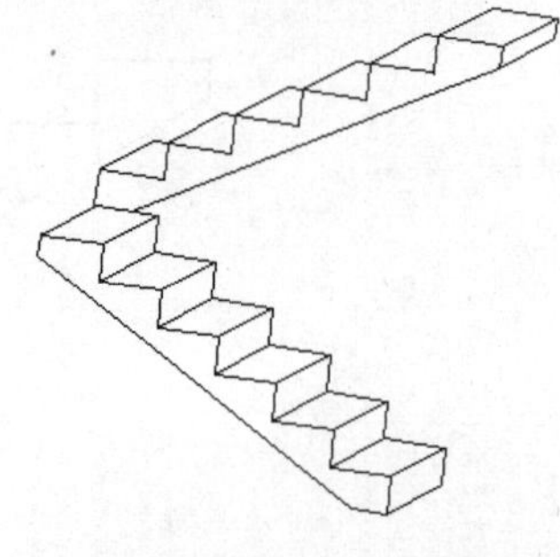

图265-5

06 执行“视图>视觉样式>灰°”命令，效果如图265-6所示。

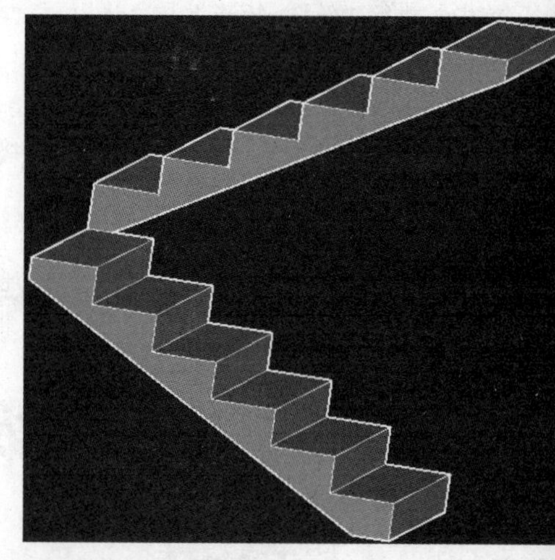

图265-6

练习265

练习位置	DVD>练习文件>第9章>练习265
难易指数	★★★☆☆
技术掌握	巩固“矩形”、“多段线”、“圆柱体”、“拉伸”、“旋转”、“复制”、“移动”、“三维旋转”和“渲染”等命令的使用方法

操作指南

参照“实战265 楼梯台阶”案例进行制作。

首先，执行“绘图>矩形”和“建模>拉伸”命令，绘制楼梯板；然后，执行“绘图>多段线”、“建模>拉伸”、“修改>移动”、“修改>三维操作>三维旋转”、“修改>复制”命令，绘制楼梯；最后，执行“视图>渲染>渲染”命令，渲染楼梯。练习的最终效果如图265-7所示。

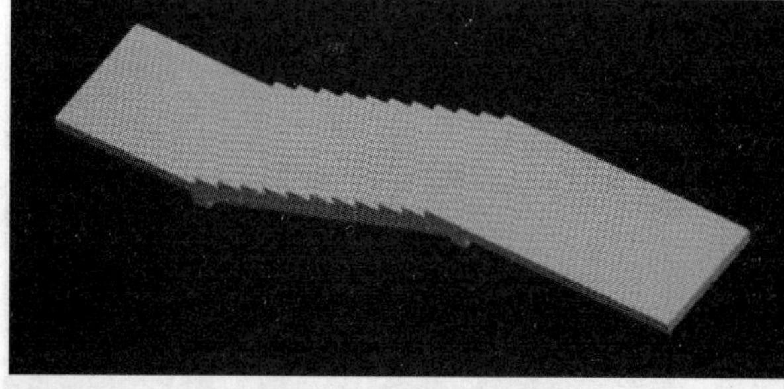

图265-7

实战266 路灯1

实战位置	DVD>实战文件>第9章>实战266
视频位置	DVD>多媒体教学>第9章>实战266
难易指数	★★☆☆☆
技术掌握	掌握“正多边形”、“矩形”、“圆柱体”、“拉伸”、“拉伸面”、“差集”、“偏移”、“着色面”和“消隐”等命令。

实战介绍

运用“正多边形”与“矩形”命令，绘制灯罩底座；利用“拉伸”、“拉伸面”、“差集”与“偏移”命令，将底座平面制作成立体造型；利用“圆柱体”命令，绘制灯杆。本例最终效果如图266-1所示。

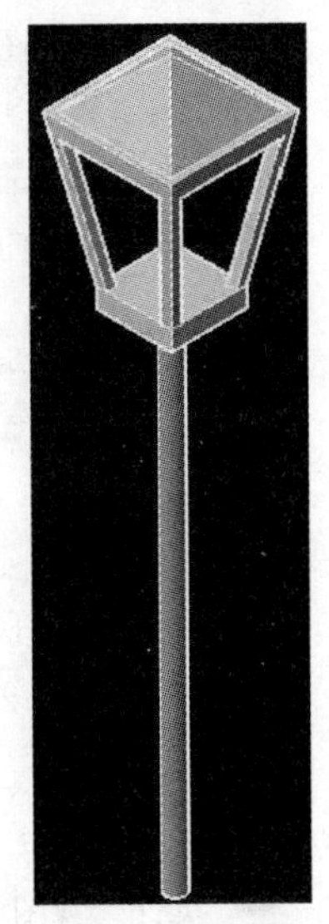

图266-1

制作思路

- 绘制灯罩底座。
- 绘制灯杆，完成路灯1的绘制并将其保存。

制作流程

路灯1的制作流程如图266-2所示。

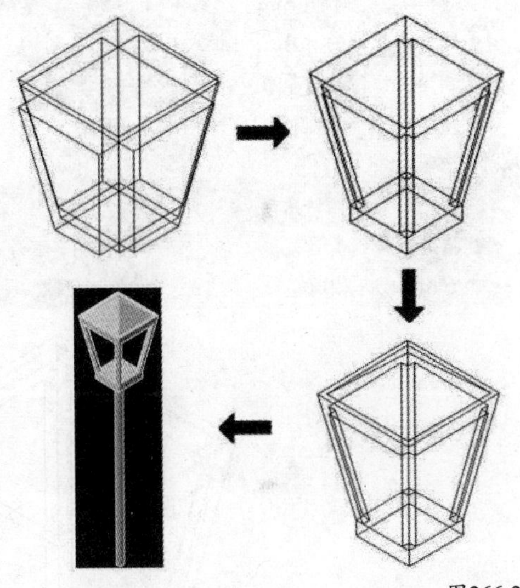

图266-2

1. 绘制灯罩底座

01 打开AutoCAD 2013中文版软件，执行“绘图>正多边形”命令，绘制一个正多边形。

命令行提示如下：

```
命令: _polygon 输入边的数目 <4>:
指定正多边形的中心点或 [边(E)]:
输入选项 [内接于圆(I)/外切于圆(C)] <I>: C
指定圆的半径: <正交 开> 60
```

02 执行“绘图>矩形”命令，绘制两个与正方形相交的矩形，如图266-3所示。

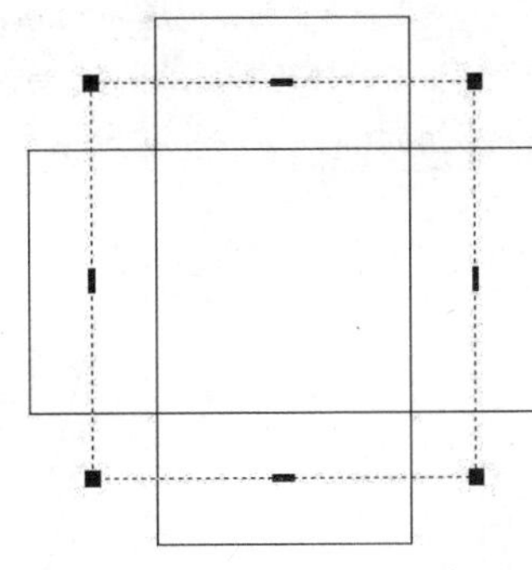

图266-3

03 执行“视图>三维视图>西南等轴测”命令，转换到三维视图。

04 执行“建模>拉伸”命令，将正方形拉伸一定高度，然后，再用相同的方法将两个矩形拉伸一定高度，如图266-4所示。

命令行提示如下：

```
命令: _extrude
当前线框密度: ISOLINES=4，闭合轮廓创建模式 = 实体
选择要拉伸的对象或 [模式(MO)]: _MO 闭合轮廓创建模式 [实体(SO)/曲面(SU)] <实体>: _SO
选择要拉伸的对象或 [模式(MO)]: 找到 1 个
选择要拉伸的对象或 [模式(MO)]:
指定拉伸的高度或 [方向(D)/路径(P)/倾斜角(T)/表达式(E)] <-447.7862>: t
指定拉伸的倾斜角度 <50>: -10
指定拉伸的高度或 [方向(D)/路径(P)/倾斜角(T)] <-447.7862>: 240
命令: _extrude
当前线框密度: ISOLINES=4，闭合轮廓创建模式 = 实体
选择要拉伸的对象或 [模式(MO)]: _MO 闭合轮廓创建模式 [实体(SO)/曲面(SU)] <实体>: _SO
选择要拉伸的对象或 [模式(MO)]: 找到 1 个
选择要拉伸的对象或 [模式(MO)]:
指定拉伸的高度或 [方向(D)/路径(P)/倾斜角(T)] <240.0000>: t
指定拉伸的倾斜角度 <350>: -10
指定拉伸的高度或 [方向(D)/路径(P)/倾斜角(T)] <240.0000>: 210
命令: _extrude
当前线框密度: ISOLINES=4，闭合轮廓创建模式 = 实体
选择要拉伸的对象或 [模式(MO)]: _MO 闭合轮廓创建模式 [实体(SO)/曲面(SU)] <实体>: _SO
选择要拉伸的对象或 [模式(MO)]: 找到 1 个
选择要拉伸的对象或 [模式(MO)]:
```

```
指定拉伸的高度或 [方向(D)/路径(P)/倾斜角(T)]
<210.0000>: t
指定拉伸的倾斜角度 <350>: -10
指定拉伸的高度或 [方向(D)/路径(P)/倾斜角(T)]
<210.0000>:
```

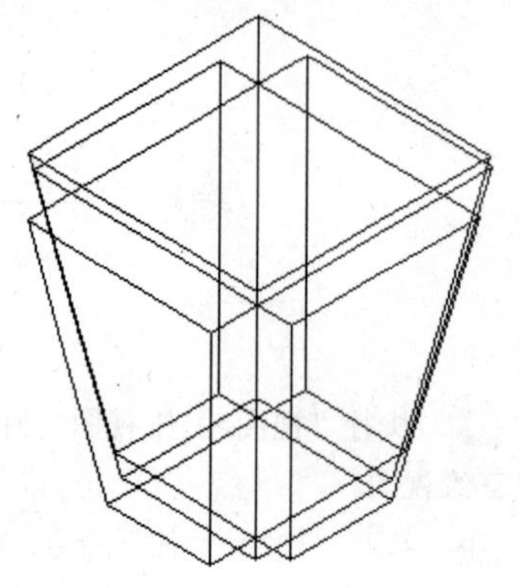

图266-4

05 执行“修改>实体编辑>拉伸面”命令，选中拉伸后的中间正方形图形的底面，将其向下拉伸30，如图266-5所示。

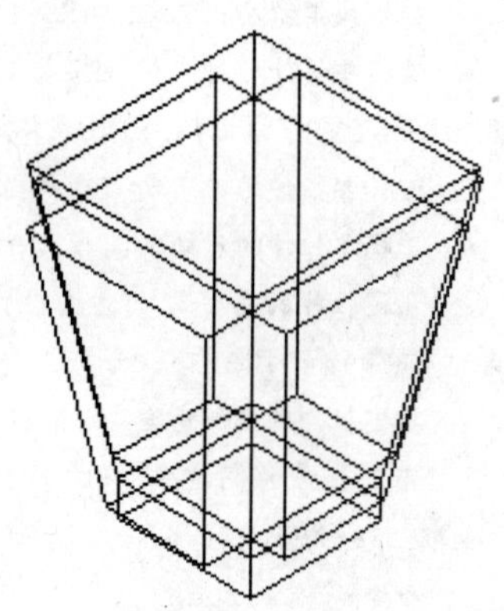

图266-5

06 执行“修改>实体编辑>差集”命令，从中间三维实体中减去拉伸后的两个矩形的三维实体，如图266-6所示。

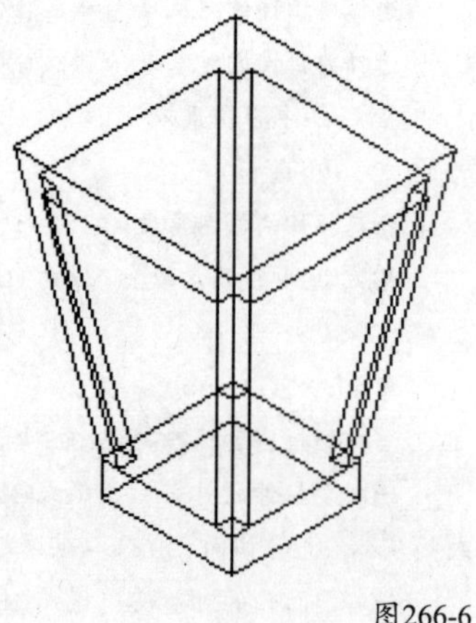

图266-6

07 执行“视图>三维视图>俯视”命令，切换到俯视视图。用“绘图>矩形”命令和“对象捕捉”功能，绘制出与上侧矩形边框重合的矩形轮廓线，再执行“修改>偏移”命令，将其向内偏移10，如图266-7所示。

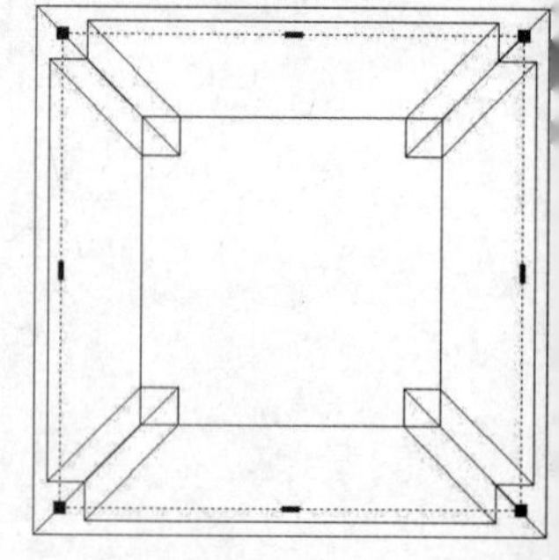

图266-7

08 执行“视图>三维视图>西南等轴测”命令，返回等轴侧视图，再执行“建模>拉伸”命令，拉伸出灯顶，如图266-8所示。

命令行提示如下：

```
命令: _extrude
当前线框密度: ISOLINES=4，闭合轮廓创建模式 = 实体
选择要拉伸的对象或 [模式(MO)]: _MO 闭合轮廓创建模式 [实体(SO)/曲面(SU)] <实体>: _SO
选择要拉伸的对象或 [模式(MO)]: 找到 1 个
选择要拉伸的对象或 [模式(MO)]:
指定拉伸的高度或 [方向(D)/路径(P)/倾斜角(T)]
<210.0000>: t
指定拉伸的倾斜角度 <50>:
指定拉伸的高度或 [方向(D)/路径(P)/倾斜角(T)]
<210.0000>: 200
```

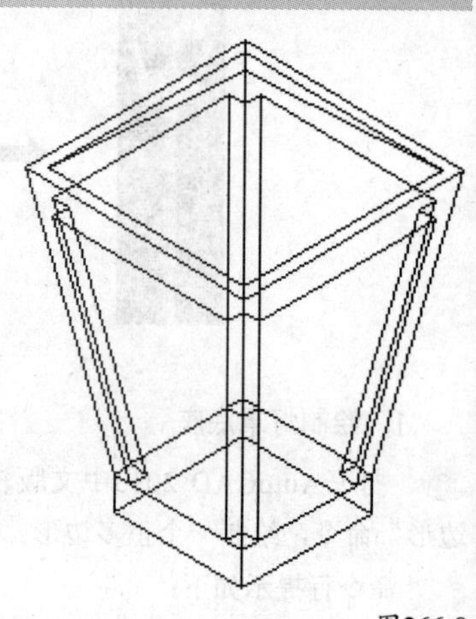

图266-8

2. 绘制灯杆

执行“建模>圆柱体”命令，绘制灯杆，然后，执行“修改>实体编辑>着色面”命令，对图形进行着色，再执行“视图>视觉样式>概念”命令，效果如图266-9所示。

命令行提示如下：

```
命令: _cylinder
指定底面的中心点或 [三点(3P)/两点(2P)/相切、相切、半径(T)/椭圆(E)]:
指定底面半径或 [直径(D)] <20.0000>: 15
指定高度或[两点(2P)/轴端点(A)] <200.0000>: 800
```

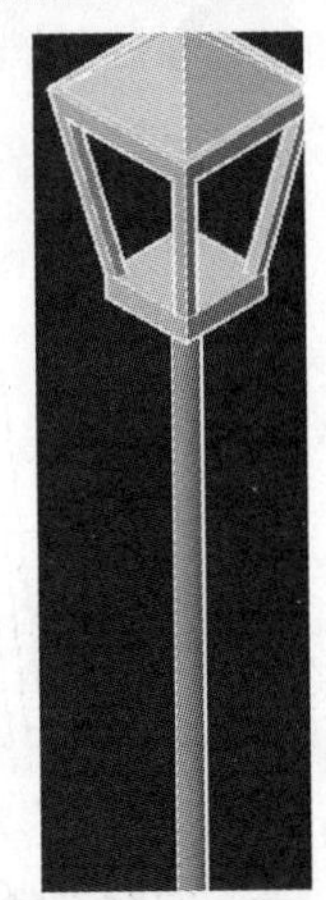

图266-9

练习266

练习位置	DVD>练习文件>第9章>练习266
难易指数	★★★☆☆
技术掌握	巩固"多段线"、"旋转"、"阵列"、"复制"和"渲染"等命令的使用方法

操作指南

参照"实战266 路灯1"案例进行制作。

首先，执行"绘图>多段线"、"建模>旋转"和"建模>圆柱体"命令，绘制路灯1；然后，执行"视图>视觉样式>概念"命令，显示路灯1。练习的最终效果如图266-10所示。

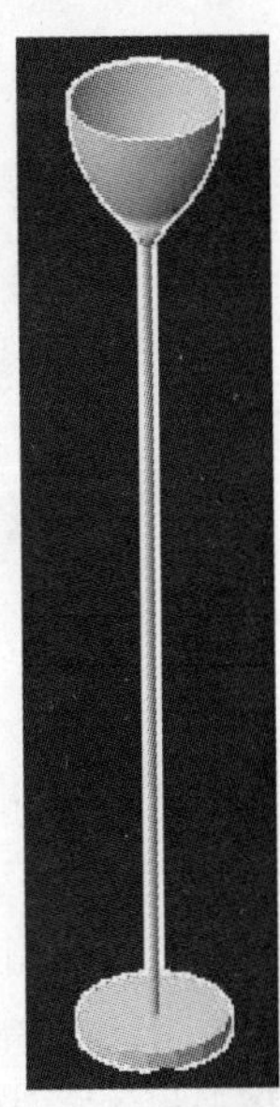

图266-10

实战267 路灯2

实战位置	DVD>实战文件>第9章>实战267
视频位置	DVD>多媒体教学>第9章>实战267
难易指数	★★☆☆☆
技术掌握	掌握"圆"、"多段线"、"球体"、"拉伸"、"着色面"和"三维镜像"等命令。

实战介绍

运用"圆"与"拉伸"命令，绘制灯架；利用"圆"与"拉伸"命令，绘制弯曲部分路灯；利用"球体"命令，绘制灯体。本例最终效果如图267-1所示。

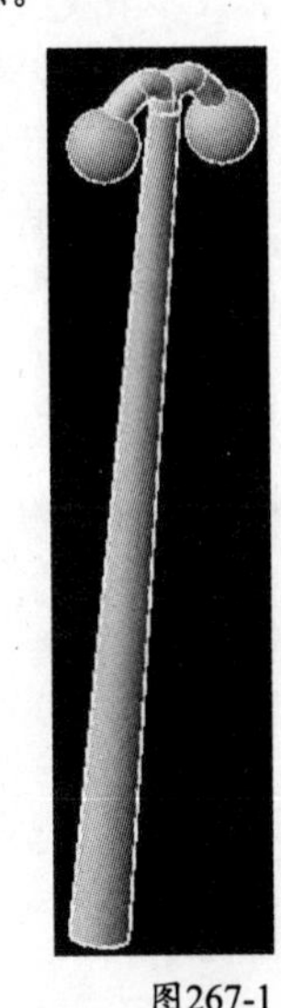

图267-1

制作思路

- 绘制灯架。
- 绘制灯体，完成路灯2的绘制并将其保存。

制作流程

路灯2的制作流程如图267-2所示。

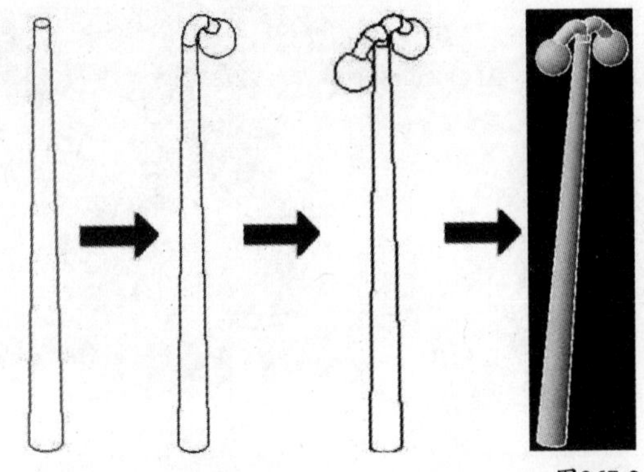

图267-2

1. 绘制灯架

01 打开AutoCAD 2013中文版软件，执行"绘图>圆"命令，绘制一个半径为100的圆。

02 执行"视图>三维视图>西南等轴测"命令，转换到三维视图。

03 执行“建模>拉伸”命令，将圆拉伸一定高度，如图267-3所示。

命令行提示如下：

```
命令: _extrude
命令: _extrude
当前线框密度: ISOLINES=4, 闭合轮廓创建模式 =实体
选择要拉伸的对象或 [模式(MO)]: _MO 闭合轮廓创建模式 [实体(SO)/曲面(SU)] <实体>: _SO
选择要拉伸的对象或 [模式(MO)]: 找到 1 个
选择要拉伸的对象或 [模式(MO)]:
指定拉伸的高度或 [方向(D)/路径(P)/倾斜角(T)] <4000.0000>: t
指定拉伸的倾斜角度 <1>:
指定拉伸的高度或 [方向(D)/路径(P)/倾斜角(T)] <4000.0000>: 3000
```

图267-3

04 在命令行中输入“Dispsilh”命令后，执行“视图>消隐”命令，效果如图267-4所示。

命令行提示如下：

```
命令: Dispsilh
输入 DISPSILH 的新值 <0>: 1
```

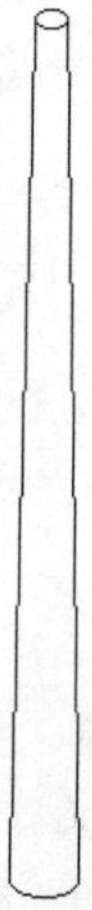

图267-4

05 执行“绘图>圆”命令，以拉伸后的柱体上侧中心为圆心，绘制一个与上侧重合的圆。

06 执行“绘图>多段线”命令，绘制如图267-5所示的多段线。

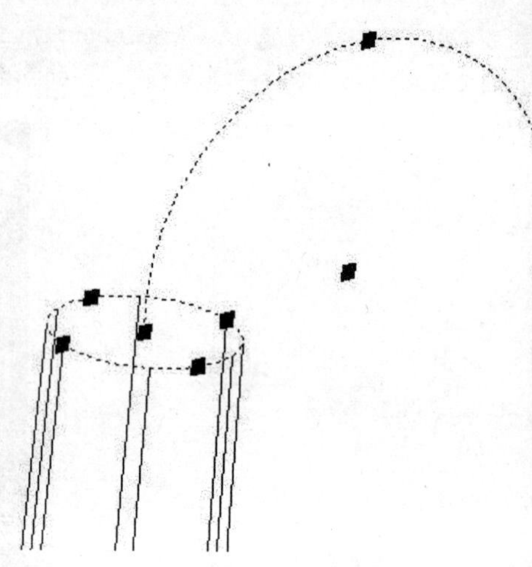

图267-5

07 执行“建模>拉伸”命令，沿多段线曲线拉伸出连接路灯与支架的部分，如图267-6所示。

命令行提示如下：

```
命令: _extrude
当前线框密度: ISOLINES=4, 闭合轮廓创建模式 = 实体
选择要拉伸的对象或 [模式(MO)]: _MO 闭合轮廓创建模式 [实体(SO)/曲面(SU)] <实体>: _SO
选择要拉伸的对象或 [模式(MO)]: 找到 1 个
选择要拉伸的对象或 [模式(MO)]:
指定拉伸的高度或 [方向(D)/路径(P)/倾斜角(T)] <3000.0000>: p
选择拉伸路径或 [倾斜角(T)]:
```

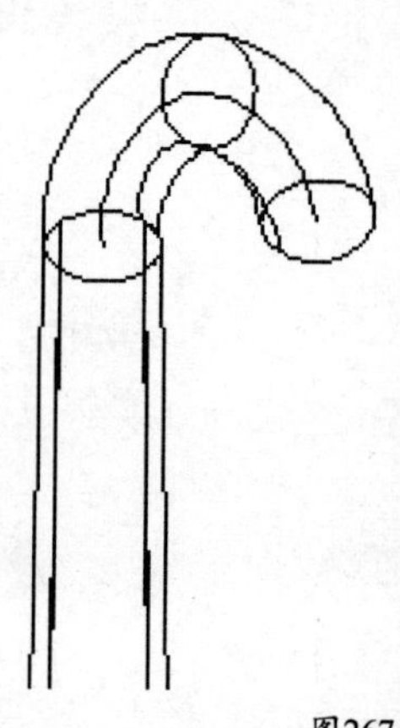

图267-6

2. 绘制灯体

01 执行“建模>球体”命令，绘制与上一步骤中所示的图形相邻接的球体，完成灯体的绘制，再执行“视图>消

隐”命令，效果如图267-7所示。

命令行提示如下：

```
命令：_sphere
指定中心点或 [三点(3P)/两点(2P)/相切、相切、半径(T)]：正在重生成模型。
命令：
指定半径或 [直径(D)] <166.0000>：120
```

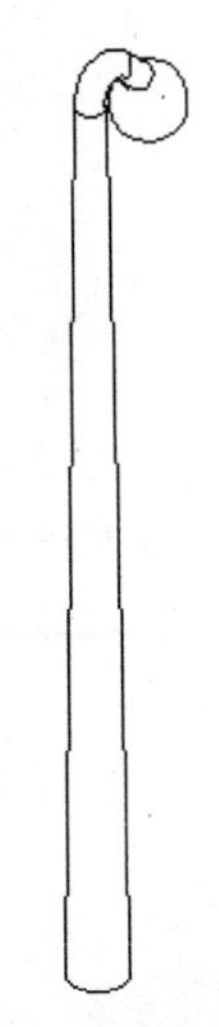

图267-7

02 执行“修改>三维操作>三维镜像”命令，镜像复制出另一侧的路灯灯体部分，如图267-8所示。

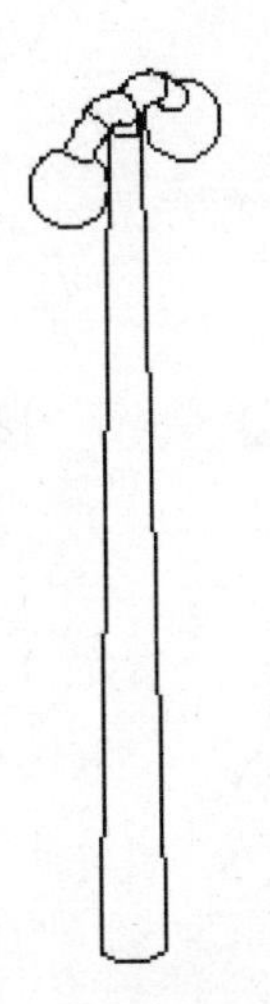

图267-8

练习267

练习位置	DVD>练习文件>第9章>练习267
难易指数	★★★☆☆
技术掌握	巩固“长方体”、“球体”、“三维镜像”和“渲染”等命令的使用方法。

操作指南

参照“实战267 路灯2”案例进行制作。

首先，执行“建模>长方体”和“修改>三维操作>三维镜像”命令，绘制灯架；然后，执行“建模>球体”和“修改>三维操作>三维镜像”命令，绘制灯体；最后，执行“视图>渲染>渲染”命令，渲染路灯2。练习的最终效果如图267-9所示。

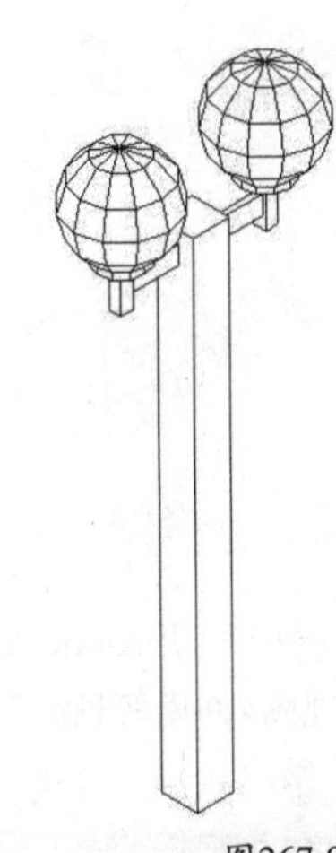

图267-9

实战268 路灯3

实战位置	DVD>实战文件>第9章>实战268
视频位置	DVD>多媒体教学>第9章>实战268
难易指数	★★☆☆☆
技术掌握	掌握“长方体”、“棱锥体”、“圆柱体”、“移动”和“消隐”等命令。

实战介绍

运用“长方体”、“棱锥体”、“圆柱体”与“移动”命令，绘制路灯；利用 “消隐”命令，消隐路灯3。本例最终效果如图268-1所示。

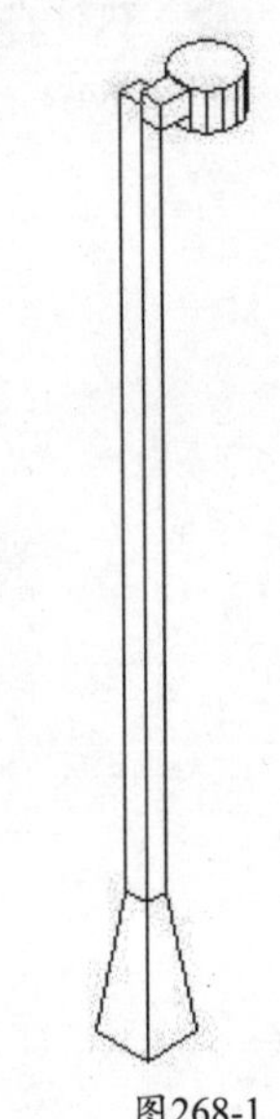

图268-1

制作思路

- 绘制路灯。
- 消隐路灯，完成路灯3的绘制并将其保存。

制作流程

路灯3的制作流程如图268-2所示。

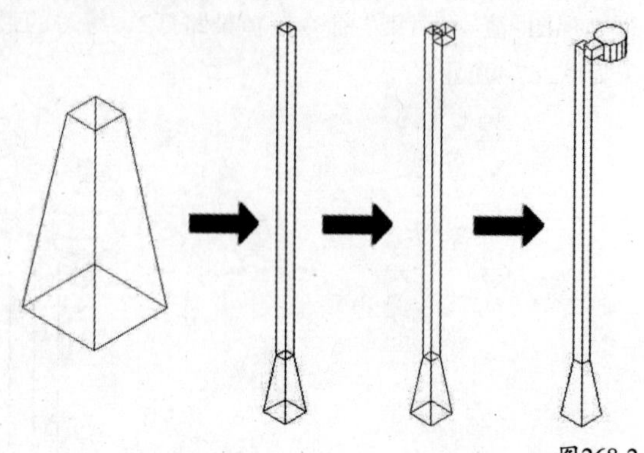

图268-2

01 打开AutoCAD 2013中文版软件，执行“视图>三维视图>西南等轴测”命令，转换到三维视图。

02 执行“建模>棱椎体”命令，绘制一个棱椎体，如图268-3所示。

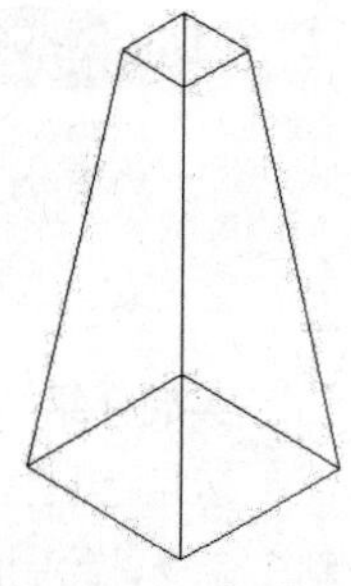

图268-3

03 执行“建模>长方体”命令，绘制一个长方体，如图268-4所示。

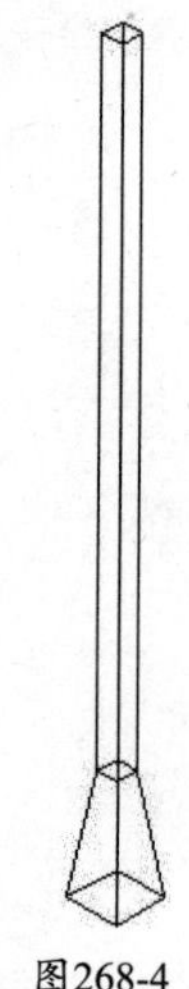

图268-4

04 执行“建模>长方体”命令，绘制一个长200，宽150，高150的长方体，再执行“修改>移动”命令，将长方体移动到合适的位置，如图268-5所示。

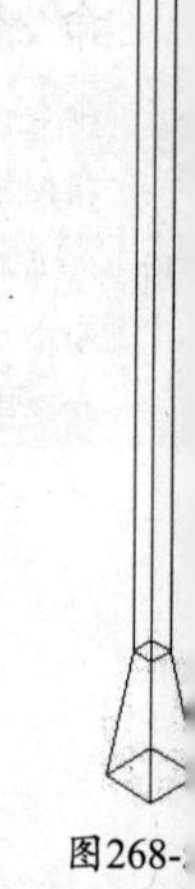

图268-5

05 执行“建模>圆柱体”命令，绘制一个半径为200，高度为250的圆柱体，再执行“修改>移动”命令，将长方体移动到合适的位置，如图268-6所示。

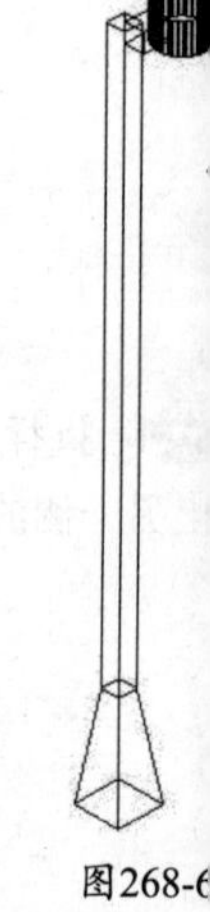

图268-6

06 执行“视图>消隐”命令，效果如图268-7所示。

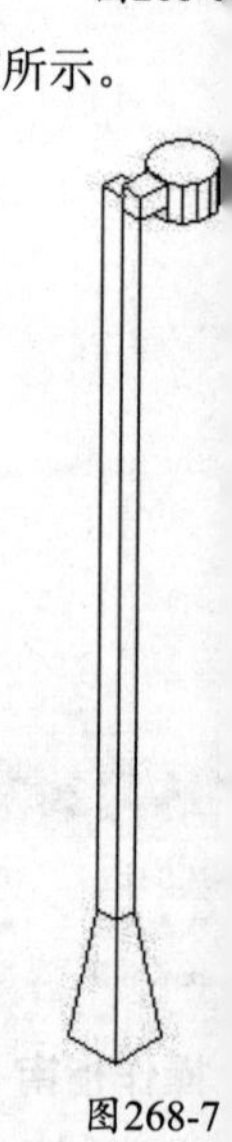

图268-7

练习268

练习位置	DVD>练习文件>第9章>练习268
难易指数	★★★☆☆
技术掌握	巩固“长方体”、“圆柱体”、“移动”、“复制”、“三维镜像”和“消隐”等命令的使用方法。

操作指南

参照“实战268 路灯3”案例进行制作。

首先，执行“建模>长方体”命令，绘制灯架，然后，执行“建模>圆柱体”与“修改>三维操作>三维镜像”命令，绘制灯体，最后，执行“视图>消隐”命令，消隐路灯3。练习的最终效果如图268-9所示。

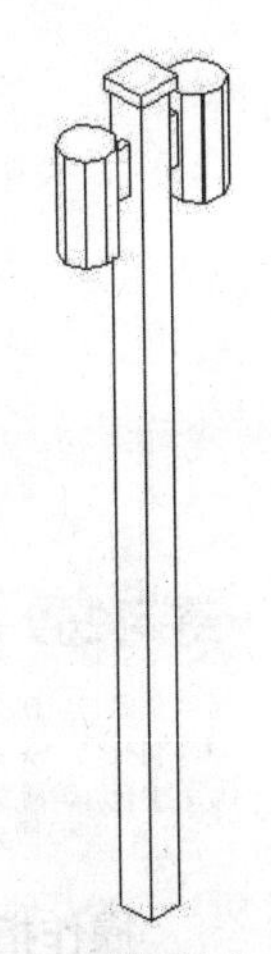

图268-9

实战269 路灯4

实战位置	DVD>实战文件>第9章>实战269
视频位置	DVD>多媒体教学>第9章>实战269
难易指数	★★☆☆☆
技术掌握	掌握“长方体”、“圆柱体”、“球体”、“复制”、“移动”和“阵列”等命令。

实战介绍

运用“长方体”、“圆柱体”、“球体”、“复制”、“移动”与“阵列”命令，绘制路灯4。本例最终效果如图269-1所示。

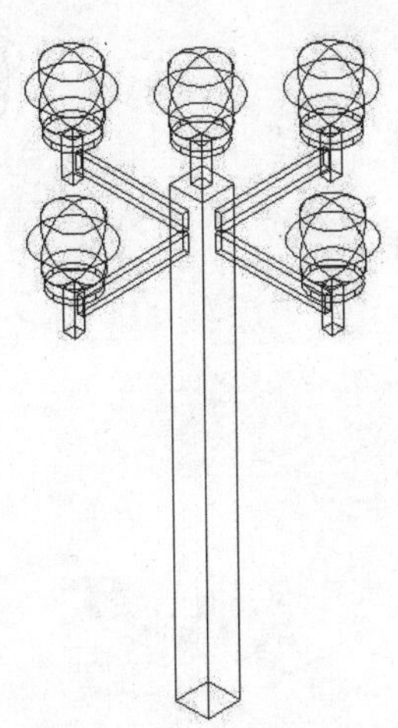

图269-1

制作思路

- 绘制灯杆和支架。
- 绘制灯体，完成路灯4的绘制并将其保存。

制作流程

路灯4的制作流程如图269-2所示。

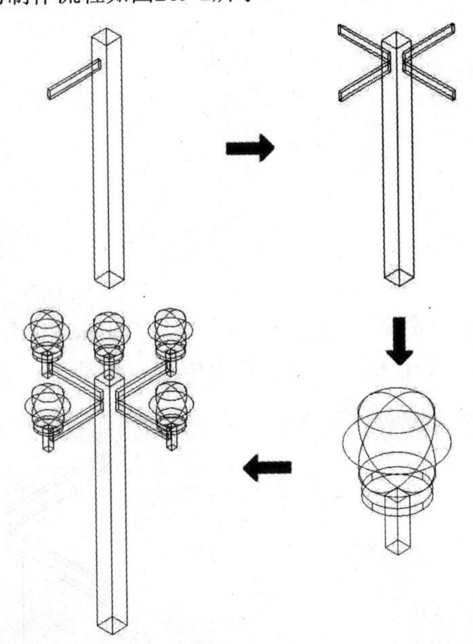

图269-2

01 打开AutoCAD 2013中文版软件，执行“视图>三维视图>西南等轴测”命令，转换到三维视图。

02 执行“建模>长方体”命令，绘制一个长方体，如图269-3所示。

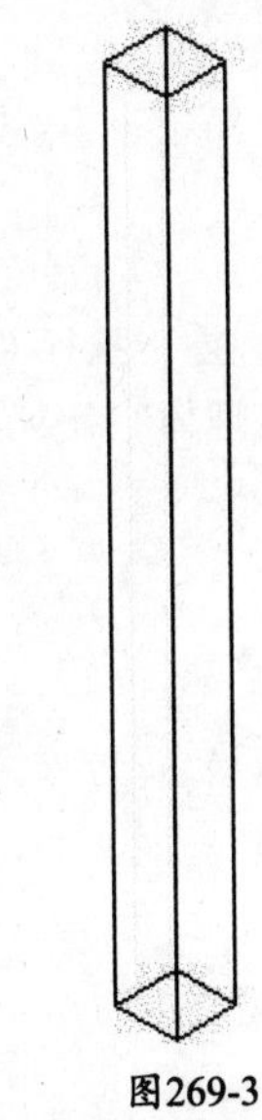

图269-3

03 执行“建模>长方体”命令，绘制一个长方体，再执行“修改>移动”命令，将长方体移动到合适的位置，如图269-4所示。

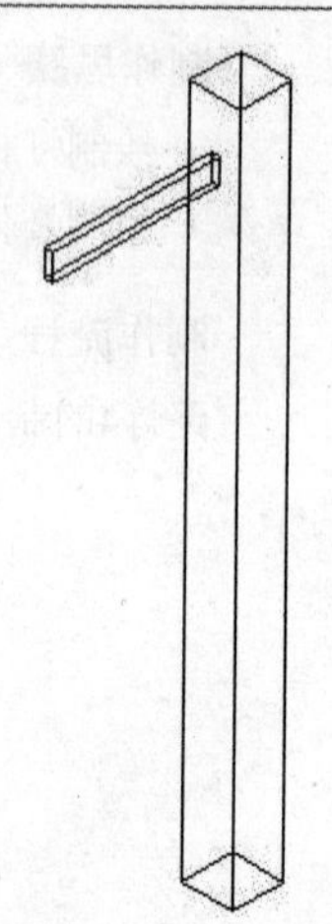

图269-4

04 在命令行中输入“ARRAYCLASSIC”，弹出“阵列”对话框，在其中设置参数，阵列上一步绘制的长方体，如图269-5所示。

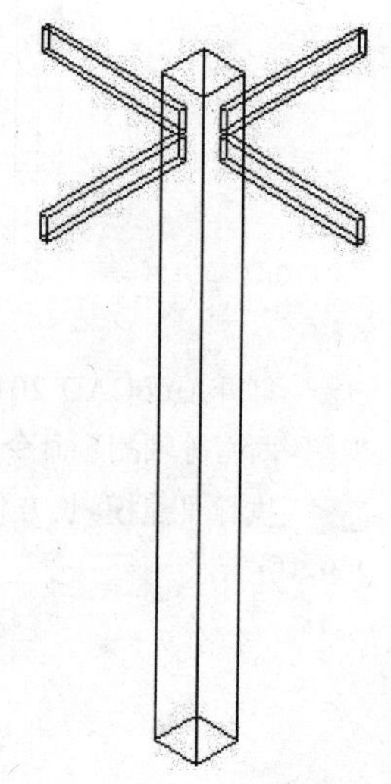

图269-5

05 执行“建模>长方体”、“建模>圆柱体”和“建模>球体”命令，绘制灯体，如图269-6所示。

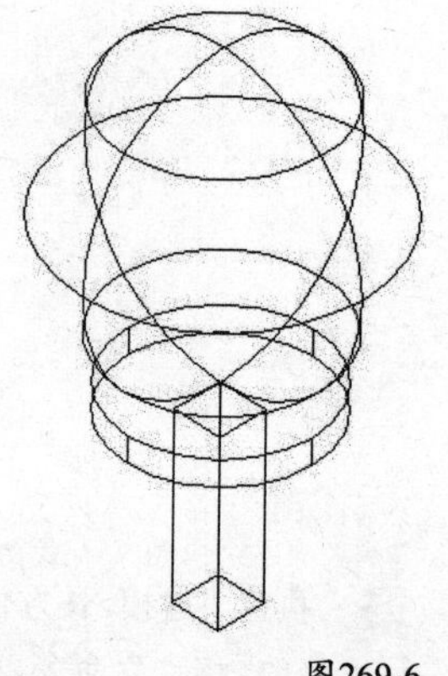

图269-6

06 执行“修改>移动”命令，将灯体移动到合适的位置，在命令行中输入“ARRAYCLASSIC”，阵列灯体，如图269-7所示。

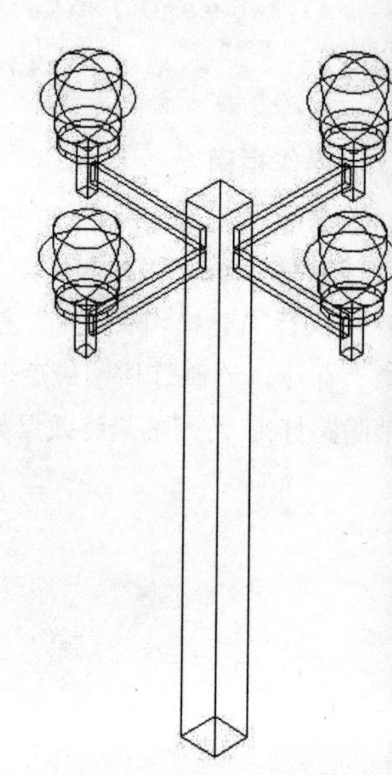

图269-7

练习269

练习位置	DVD>练习文件>第9章>练习269
难易指数	★★★☆☆
技术掌握	巩固“正多边形”、“长方体”、“圆柱体”、“球体”、“拉伸”、“复制”、“移动”和“阵列”等命令的使用方法。

操作指南

参照“实战269 路灯4”案例进行制作。

首先，执行“绘图>正多边形”、“建模>长方体”与“建模>拉伸”命令，在命令行中输入“ARRAYCLASSIC”，绘制灯杆和支架，然后，执行“建模>长方体”、“建模>圆柱体”与“建模>球体”命令，在命令行中输入“ARRAYCL ASSIC”，绘制灯体。练习的最终效果如图269-8所示。

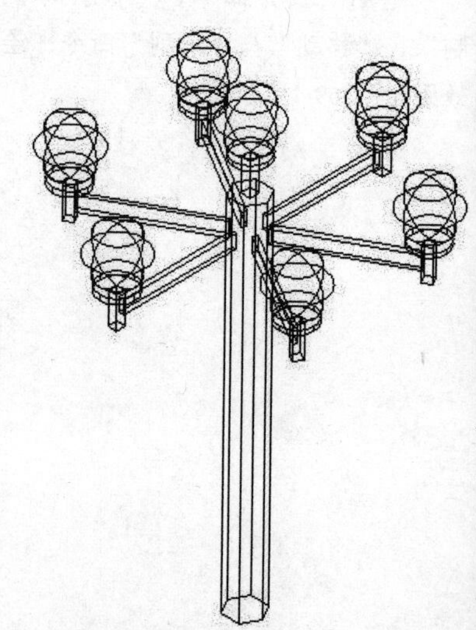

图269-8

实战270 走廊

实战位置	DVD>实战文件>第9章>实战270
视频位置	DVD>多媒体教学>第9章>实战270
难易指数	★★☆☆☆
技术掌握	掌握"多段线"、"长方体"、"圆柱体"、"差集"、"阵列"、"三维镜像"、"拉伸"和"着色面"等命令。

实战介绍

运用"长方体"与"差集"命令，绘制走廊地基；利用"圆锥体"、"阵列"与"三维镜像"命令，绘制走廊支柱；利用"多段线"与"拉伸"命令，绘制走廊顶部。本例最终效果如图270-1所示。

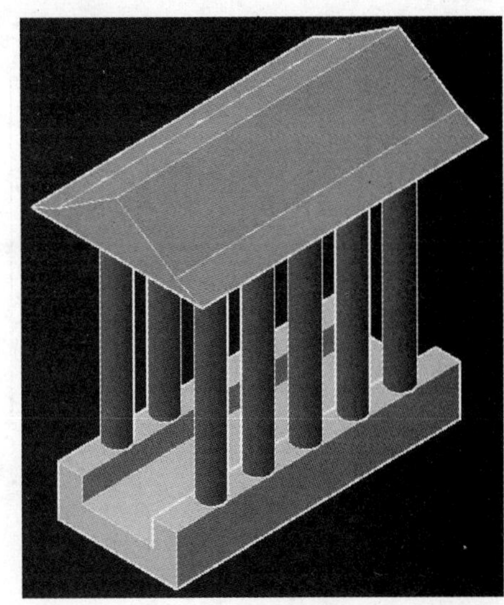

图270-1

制作思路

- 绘制地基和支柱。
- 绘制顶部，完成走廊的绘制并将其保存。

制作流程

走廊的制作流程如图270-2所示。

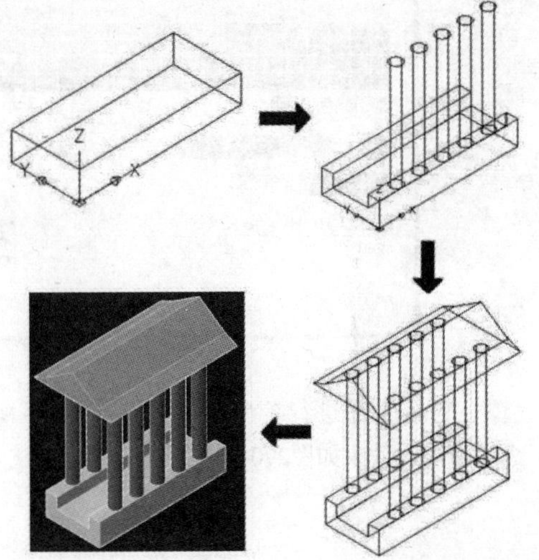

图270-2

1. 绘制地基和支柱

01 打开AutoCAD 2013中文版软件，执行"视图>三维视图>西南等轴测"命令。

02 执行"建模>长方体"命令，绘制长方体，如图270-3所示。

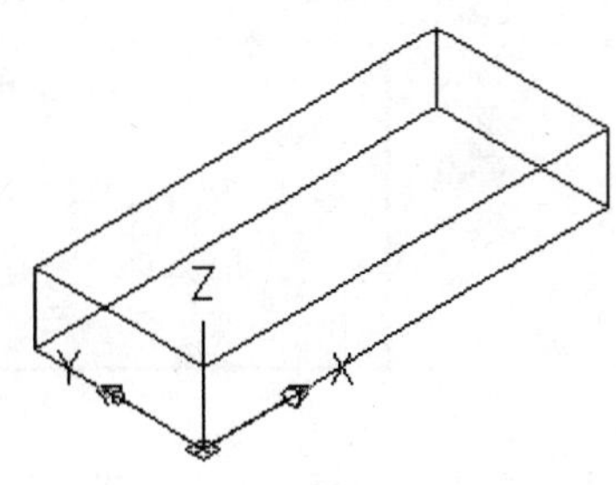

图270-3

03 执行"建模>长方体"命令，以（0，40，40）为起始点，绘制一个480×120×40的长方体。

命令行提示如下：

```
命令: _box
指定第一个角点或 [中心(C)]: 0,40,40
指定其他角点或 [立方体(C)/长度(L)]: l
指定长度 <480.0000>:  <正交 开> 480
指定宽度 <172.5011>: 120
指定高度或 [两点(2P)] <26.7180>:40
```

04 执行"修改>实体编辑>差集"命令，减去第二个长方体，如图270-4所示。

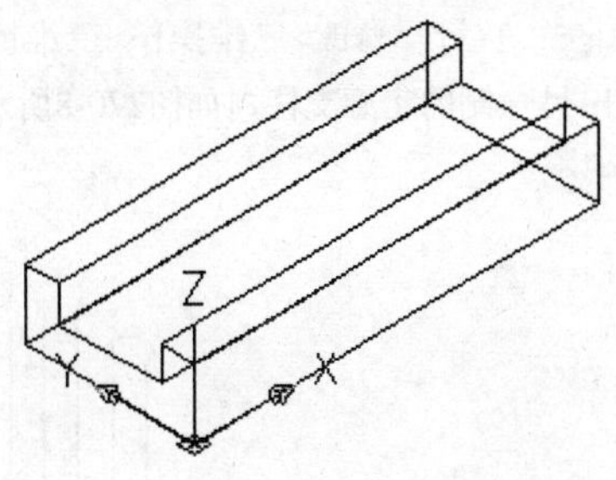

图270-4

05 执行"建模>圆柱体"命令，绘制支柱，如图270-5所示。

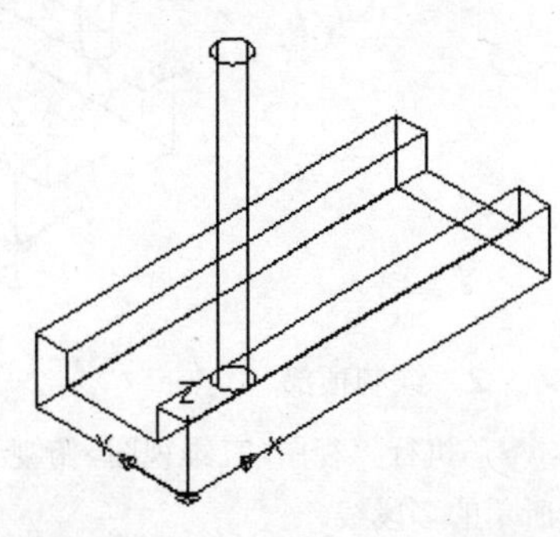

图270-5

06 在命令行中输入“ARRAYCLASSIC”，弹出“阵列”对话框，参数设置如图270-6所示。

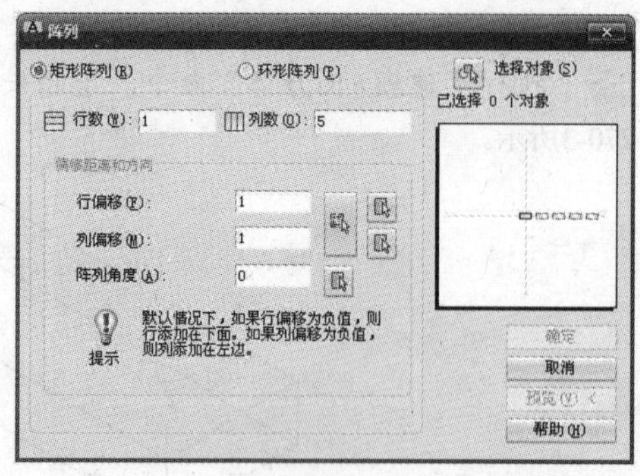

图270-6

07 单击“选择对象”按钮，选择圆柱体，得到如图270-7所示效果。

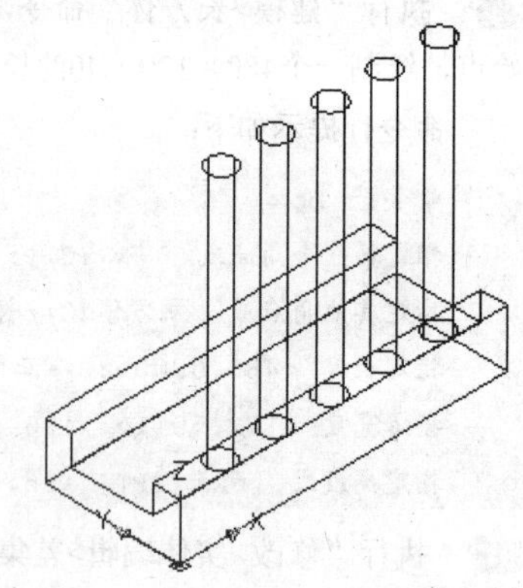

图270-7

08 执行“修改>三维操作>三维镜像”命令，镜像复制出另一侧的走廊支柱，如图270-8所示。

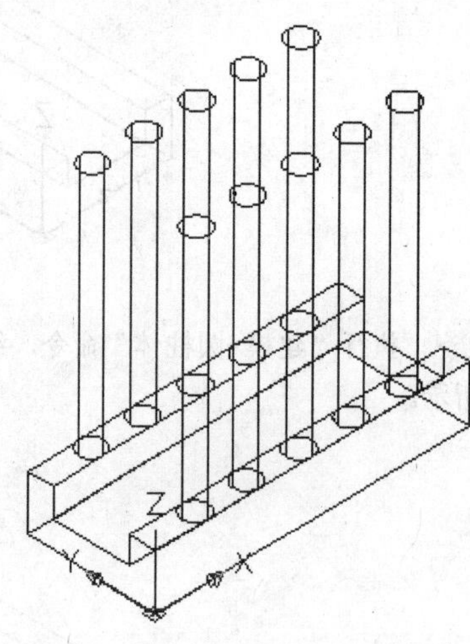

图270-8

2. 绘制顶部

01 执行“视图>三维视图>俯视”命令，绘制如图270-9所示的多段线。

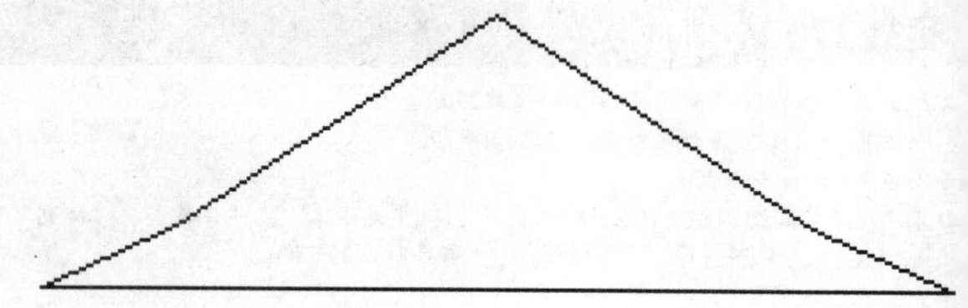

图270-9

02 执行“视图>三维视图>西南等轴测”命令，返回西南等轴测视图。执行“建模>拉伸”命令，将多段线拉伸一定长度，如图270-10所示。

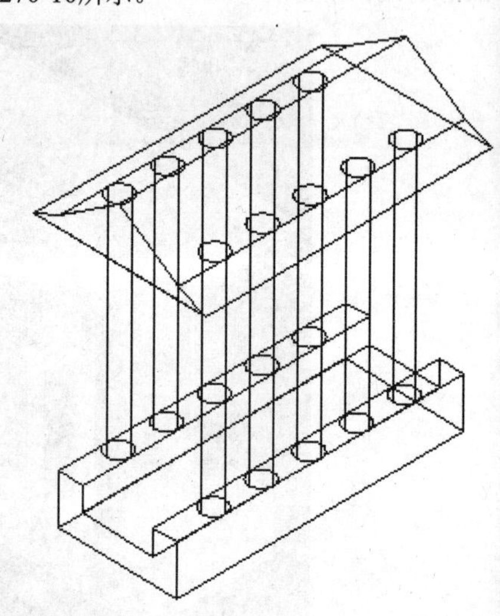

图270-10

03 执行“修改>实体编辑>着色面”命令，对走廊表面进行着色，如图270-11所示。

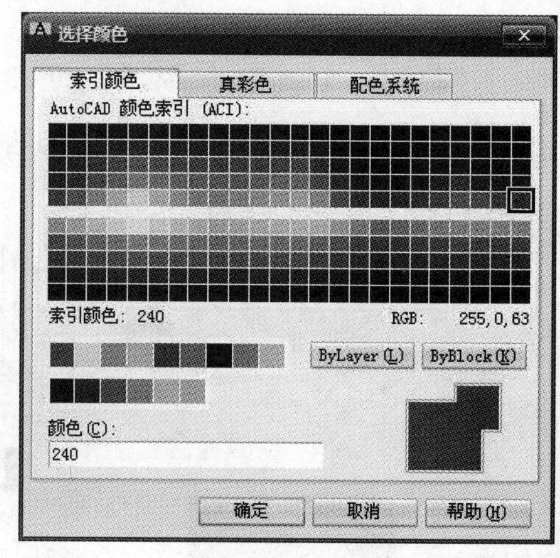

图270-11

04 对各个面进行着色后，执行“视图>视觉样式>概念”命令，效果如图270-12所示。

图270-12

练习270

练习位置	DVD>练习文件>第9章>练习270
难易指数	★★★☆☆
技术掌握	巩固"多段线"、"长方体"、"圆柱体"、"差集"、"复制"、"阵列"、"三维镜像"、"拉伸"、"材质"和"渲染"等命令的使用方法。

操作指南

参照"实战270 走廊"案例进行制作。

首先，执行"建模>长方体"与"修改>实体编辑>差集"命令，绘制地基，接着，执行"建模>长方体"、"建模>圆柱体"、"修改>复制"与"修改>三维操作>三维镜像"命令，在命令行中输入"ARRAYCLAS SIC"，绘制支柱和座椅，然后，执行"绘图>多段线"与"建模>拉伸"命令，绘制顶部，最后，执行"视图>渲染>材质编辑器"与"视图>渲染>渲染"命令，渲染走廊。练习的最终效果如图270-13所示。

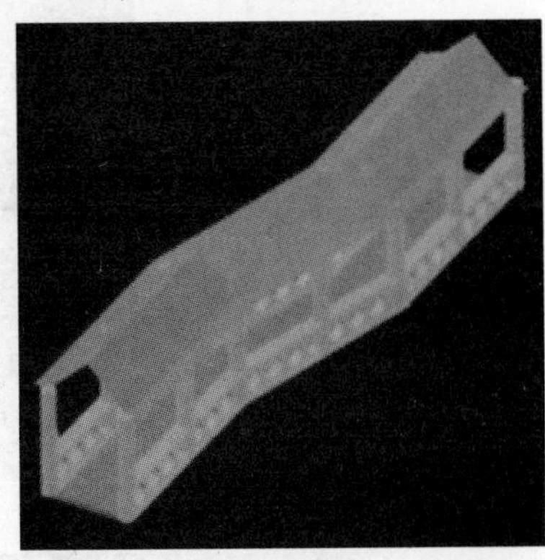

图270-13

实战271 小亭

实战位置	DVD>实战文件>第9章>实战271
视频位置	DVD>多媒体教学>第9章>实战271
难易指数	★★☆☆☆
技术掌握	掌握"圆柱体"、"直线"、"圆弧"、"边界网格"、"三微阵列"和"材质"等命令。

实战介绍

运用"圆柱体"命令，绘制基部和支柱；利用"直线"、"圆弧"与"边界网格"命令，绘制部分亭顶；利用"三维阵列"命令，旋转出亭顶。本例的最终效果如图271-1所示。

图271-1

制作思路

- 绘制基部和支柱。
- 绘制亭顶，完成小亭的绘制并将其保存。

制作流程

小亭的制作流程如图271-2所示。

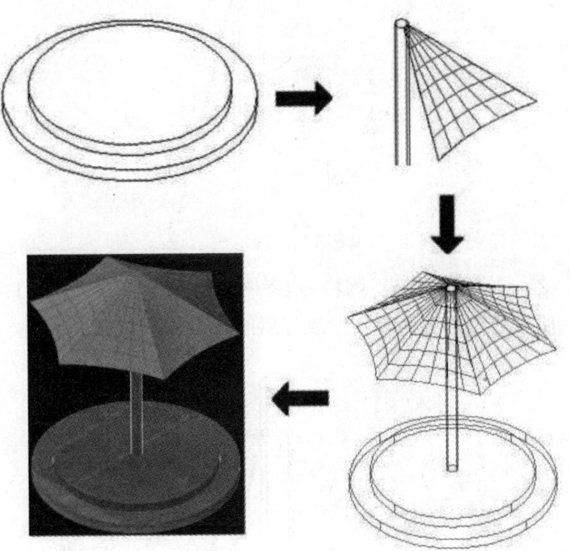

图271-2

01 打开AutoCAD 2013中文版软件，执行"视图>三维视图>西南等轴测"命令，转换到三维视图。

02 执行"建模>圆柱体"命令，绘制出亭子的基部，如图271-3所示。

命令行提示如下：

```
命令：_cylinder
指定底面的中心点或 [三点(3P)/两点(2P)/相切、相切、半径(T)/椭圆(E)]:
指定底面半径或 [直径(D)] <13.2010>:166
指定高度或 [两点(2P)/轴端点(A)] <600.0000>: 15
命令：_cylinder
指定底面的中心点或 [三点(3P)/两点(2P)/相切、相切、半径(T)/椭圆(E)]:
指定底面半径或 [直径(D)] <132.9059>: 120
指定高度或 [两点(2P)/轴端点(A)] <70.0000>: 30
```

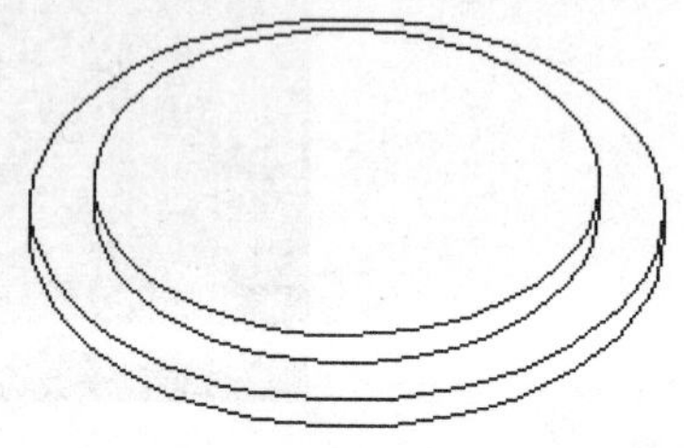
图271-3

03 再次执行"建模>圆柱体"命令，绘制亭子的支柱。执行"绘图>圆弧"和"绘图>直线"命令，效果如图271-4所示。

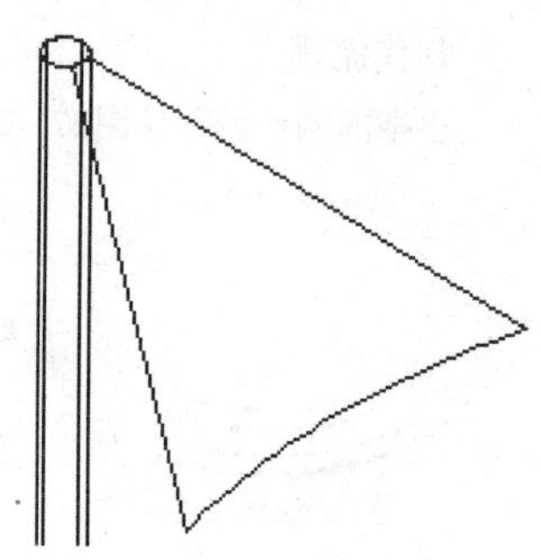
图271-4

04 执行"建模>网格>边界网格"命令，选择图271-4中所示的图形为边界。绘制好后的效果如图271-5所示。

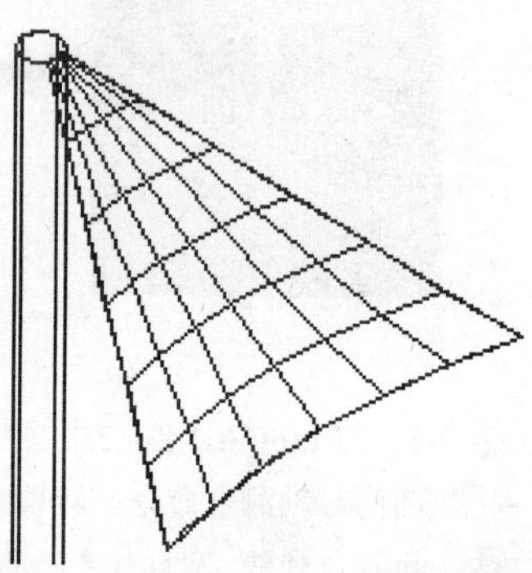
图271-5

05 执行"修改>三维操作>三维阵列"命令，绘制亭顶，如图271-6所示。

命令行提示如下：

```
命令：_3darray
正在初始化...  已加载 3DARRAY。
选择对象：找到 1 个
选择对象：
输入阵列类型 [矩形(R)/环形(P)] <矩形>:P
输入阵列中的项目数目：6
指定要填充的角度 (+=逆时针, -=顺时针) <360>:
旋转阵列对象? [是(Y)/否(N)] <Y>:
指定阵列的中心点：
指定旋转轴上的第二点：
```

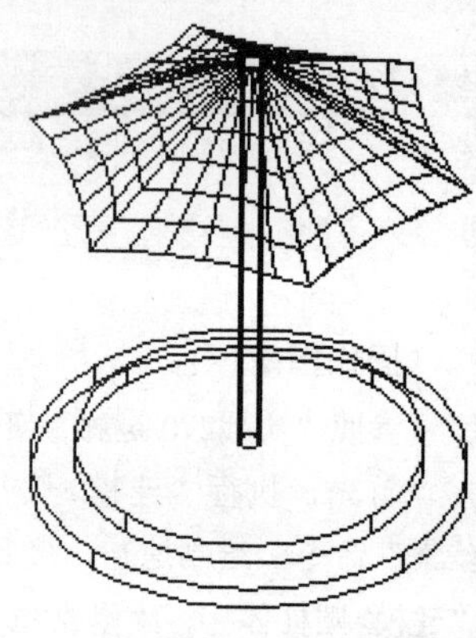
图271-6

06 执行"视图>渲染>材质编辑器"和"视图>视觉样式>真实"命令，效果如图271-7所示。

图271-7

练习271

练习位置	DVD>练习文件>第9章>练习271
难易指数	★★☆☆☆
技术掌握	巩固"多段线"、"长方体"、"圆柱体"、"球体"、"拉伸"、"旋转"、"三维阵列"、"三维镜像"和"材质"等命令的使用方法。

操作指南

参照"实战271 小亭"案例进行制作。

首先，执行"绘图>多段线"、"建模>圆柱体"、"建模>长方体"、"建模>拉伸"、"修改>三维操作>

三维阵列”与“修改>三维操作>三维镜像”命令，绘制底座，接着，执行“建模>长方体”、“建模>圆柱体”、“修改>三维操作>三维阵列”与“修改>三维操作>三维镜像”命令，绘制石桌凳和柱子，然后，执行“绘图>多段线”、“修改>旋转”、“修改>三维操作>三维阵列”与“建模>球体”命令，绘制亭顶，最后，执行“视图>渲染>材质编辑器”命令，添加材质。练习的最终效果如图271-8所示。

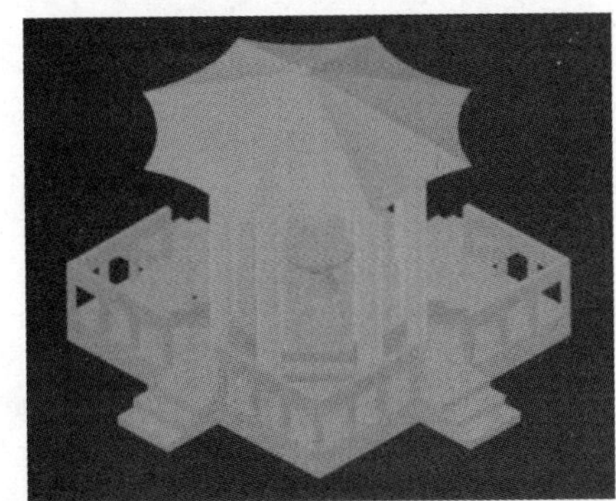

图271-8

实战272 台阶1

实战位置	DVD>实战文件>第9章>实战272
视频位置	DVD>多媒体教学>第9章>实战272
难易指数	★★☆☆☆
技术掌握	掌握“多段线”、“拉伸”、“复制”、“并集”和“消隐”等命令。

实战介绍

运用“多段线”、“拉伸”与“复制”命令，绘制台阶；利用“并集”与“消隐”命令，完成台阶。本例的最终效果如图272-1所示。

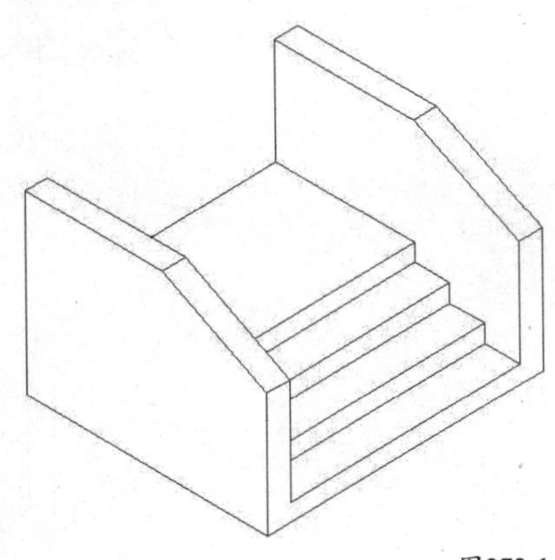

图272-1

制作思路

- 绘制台阶。
- 完成台阶，完成台阶1的绘制并将其保存。

制作流程

台阶1的制作流程如图272-2所示。

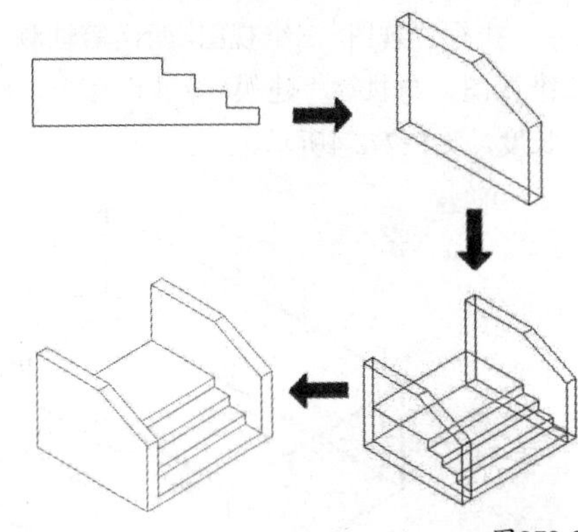

图272-2

01 打开AutoCAD 2013中文版软件，执行“绘图>多段线”命令，绘制如图272-3所示的多段线。

命令行提示如下：

```
命令: _pline
指定起点:
当前线宽为 0.0000
指定下一个点或 [圆弧(A)/半宽(H)/长度(L)/放弃(U)/宽度(W)]: 1200
指定下一点或 [圆弧(A)/闭合(C)/半宽(H)/长度(L)/放弃(U)/宽度(W)]: 166
指定下一点或 [圆弧(A)/闭合(C)/半宽(H)/长度(L)/放弃(U)/宽度(W)]: <正交 开> 300
指定下一点或 [圆弧(A)/闭合(C)/半宽(H)/长度(L)/放弃(U)/宽度(W)]: 166
指定下一点或 [圆弧(A)/闭合(C)/半宽(H)/长度(L)/放弃(U)/宽度(W)]: 300
指定下一点或 [圆弧(A)/闭合(C)/半宽(H)/长度(L)/放弃(U)/宽度(W)]: 166
指定下一点或 [圆弧(A)/闭合(C)/半宽(H)/长度(L)/放弃(U)/宽度(W)]: 300
指定下一点或 [圆弧(A)/闭合(C)/半宽(H)/长度(L)/放弃(U)/宽度(W)]: 166
指定下一点或 [圆弧(A)/闭合(C)/半宽(H)/长度(L)/放弃(U)/宽度(W)]:
指定下一点或 [圆弧(A)/闭合(C)/半宽(H)/长度(L)/放弃(U)/宽度(W)]:
指定下一点或 [圆弧(A)/闭合(C)/半宽(H)/长度(L)/放弃(U)/宽度(W)]:
```

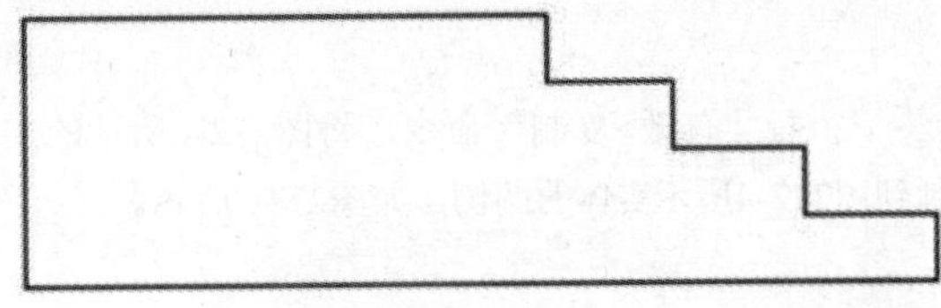

图272-3

02 执行“视图>三维视图>西南等轴测”命令，转换到三维视图，再执行“建模>拉伸”命令，将多段线拉伸一定长度，如图272-4所示。

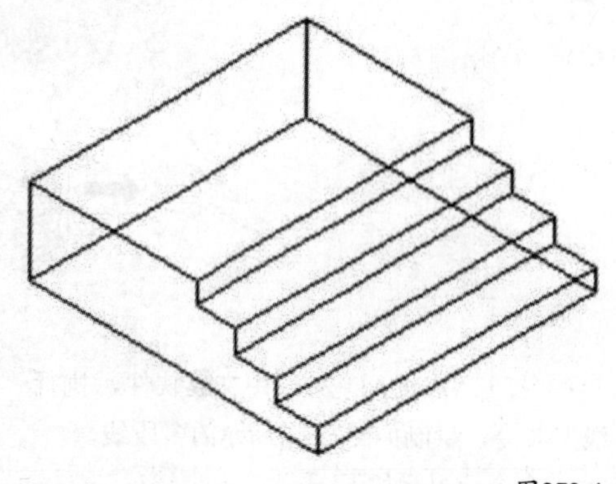
图272-4

03 执行“绘图>多段线”命令，绘制如图272-5所示的多段线。

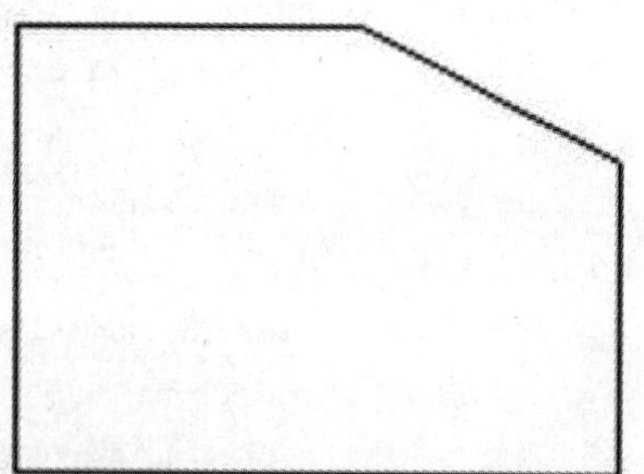
图272-5

04 执行“建模>拉伸”命令，将多段线拉伸一定长度，如图272-6所示。

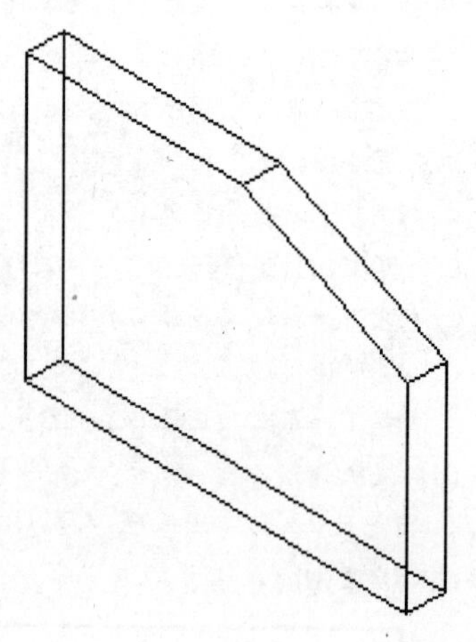
图272-6

05 执行“修改>复制”命令，将图272-6所示的实体复制到图272-4所示实体的两侧，如图272-7所示。

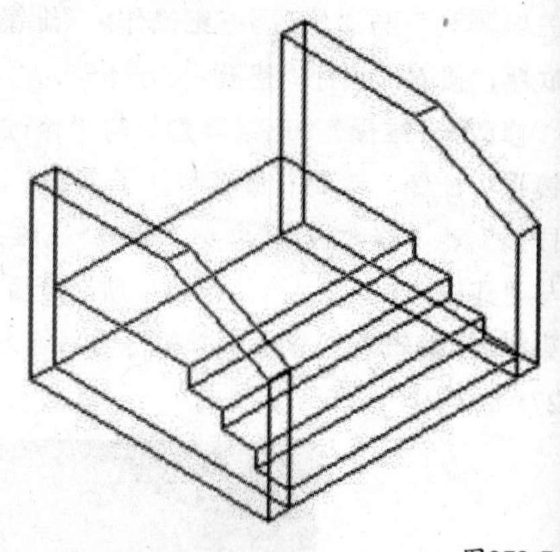
图272-7

06 执行“修改>实体编辑>并集”命令，对实体进行并集运算，如图272-8所示。

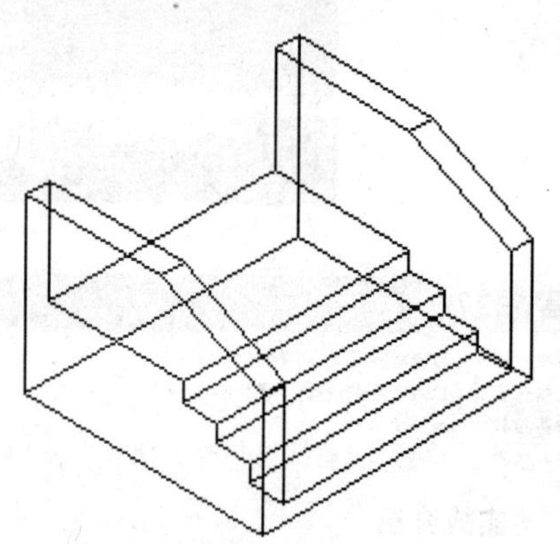
图272-8

07 执行“视图>消隐”命令，效果如图272-9所示。

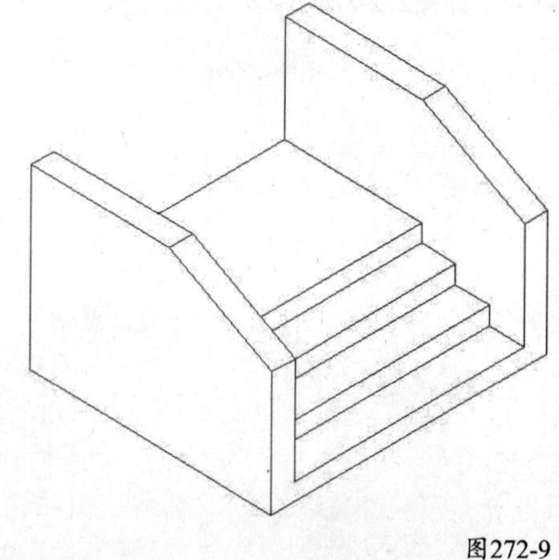
图272-9

练习272

练习位置	DVD>练习文件>第9章>练习272
难易指数	★★☆☆☆
技术掌握	巩固“多段线”、“拉伸”、“复制”、“并集”和“消隐”等命令的使用方法。

操作指南

参照“实战272 台阶1”案例进行制作。

首先，执行“绘图>多段线”、“建模>拉伸”与“修改>复制”命令，绘制台阶，然后，执行“视图>渲染>材质编辑器”与“视图>渲染>渲染”命令，渲染台阶。练习的最终效果如图272-10所示。

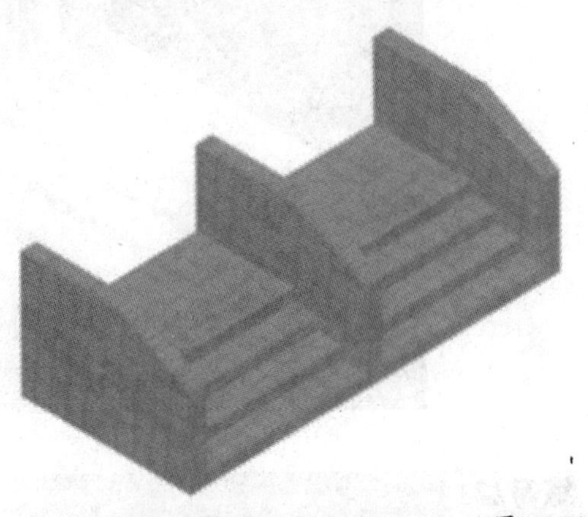

图272-10

实战273 台阶2

实战位置	DVD>实战文件>第9章>实战273
视频位置	DVD>多媒体教学>第9章>实战273
难易指数	★★☆☆☆
技术掌握	掌握“多段线”、“圆柱体”、“拉伸”、“复制”和“三维镜像”等命令。

实战介绍

运用“多段线”与“拉伸”命令，绘制台阶；利用“圆柱体”、“复制”与“三维镜像”命令，绘制栏杆。本例最终效果如图273-1所示。

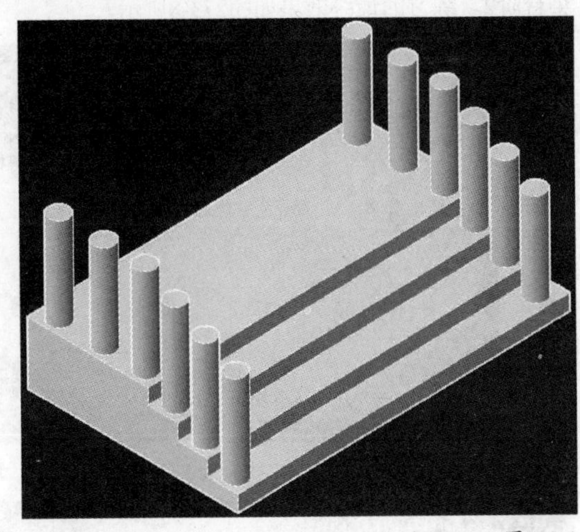

图273-1

制作思路

- 绘制台阶。
- 绘制栏杆，完成台阶2的绘制并将其保存。

制作流程

台阶2的制作流程如图273-2所示。

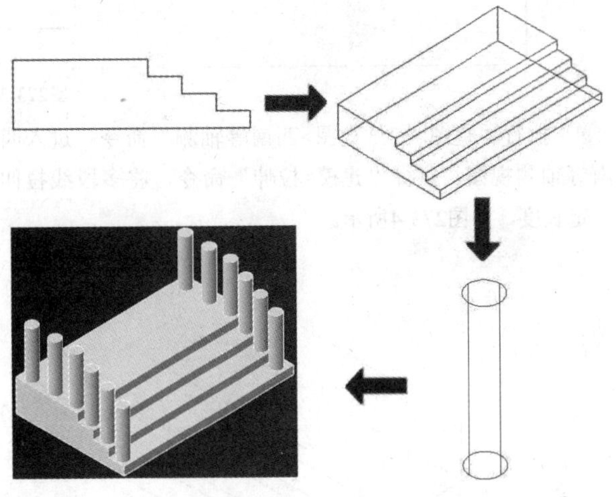

图273-2

01 打开AutoCAD 2013中文版软件，执行“绘图>多段线”命令，绘制如图273-3所示的多段线。

命令行提示如下：

```
命令: _pline
指定起点:
当前线宽为 0.0000
指定下一个点或 [圆弧(A)/半宽(H)/长度(L)/放弃(U)/宽度(W)]: 1200
指定下一点或 [圆弧(A)/闭合(C)/半宽(H)/长度(L)/放弃(U)/宽度(W)]: 166
指定下一点或 [圆弧(A)/闭合(C)/半宽(H)/长度(L)/放弃(U)/宽度(W)]: <正交 开> 300
指定下一点或 [圆弧(A)/闭合(C)/半宽(H)/长度(L)/放弃(U)/宽度(W)]: 166
指定下一点或 [圆弧(A)/闭合(C)/半宽(H)/长度(L)/放弃(U)/宽度(W)]: 300
指定下一点或 [圆弧(A)/闭合(C)/半宽(H)/长度(L)/放弃(U)/宽度(W)]: 166
指定下一点或 [圆弧(A)/闭合(C)/半宽(H)/长度(L)/放弃(U)/宽度(W)]: 300
指定下一点或 [圆弧(A)/闭合(C)/半宽(H)/长度(L)/放弃(U)/宽度(W)]: 166
指定下一点或 [圆弧(A)/闭合(C)/半宽(H)/长度(L)/放弃(U)/宽度(W)]:
指定下一点或 [圆弧(A)/闭合(C)/半宽(H)/长度(L)/放弃(U)/宽度(W)]:
指定下一点或 [圆弧(A)/闭合(C)/半宽(H)/长度(L)/放弃(U)/宽度(W)]:
```

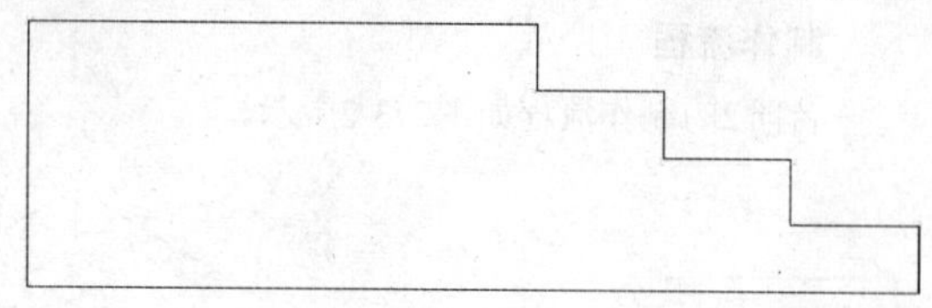

图273-3

02 执行“视图>三维视图>西南等轴测”命令，进入西南等轴测视图，执行“建模>拉伸”命令，将多段线拉伸一定长度，如图273-4所示。

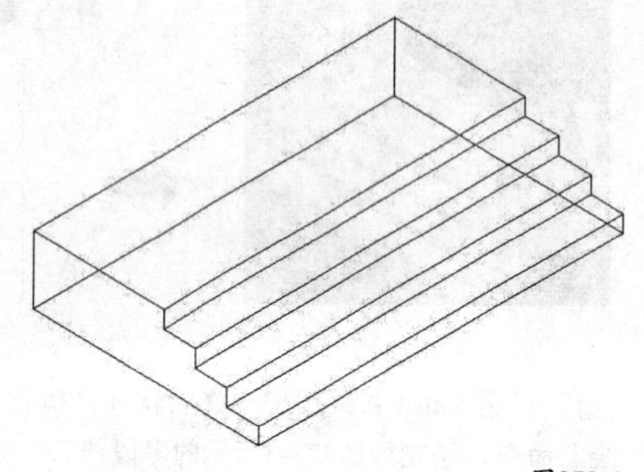

图273-4

03 执行“建模>圆柱体”命令，绘制栏杆，如图273-5所示。

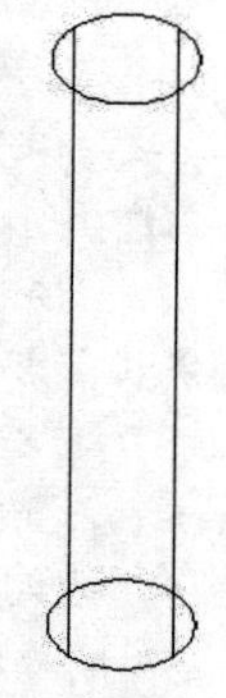

图273-5

04 执行“修改>复制”和“修改>三维操作>三维镜像”命令，将圆柱体复制到台阶处，如图273-6所示。

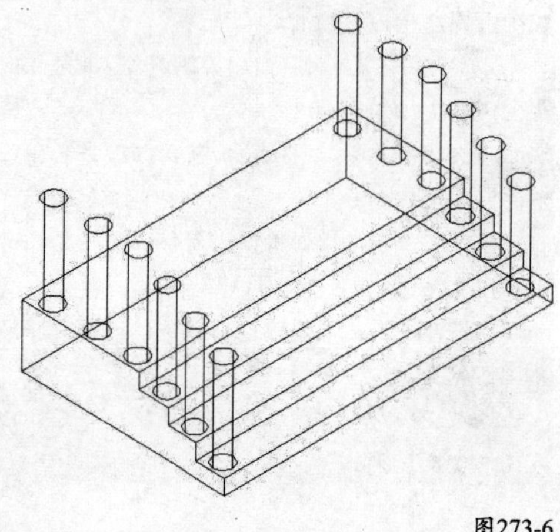

图273-6

05 执行“视图>视觉样式>概念”命令，效果如图273-所示。

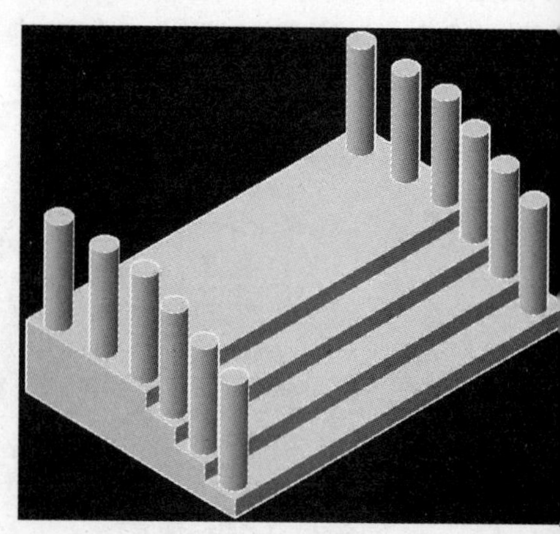

图273-

练习273

练习位置	DVD>练习文件>第9章>练习273
难易指数	★★☆☆☆
技术掌握	巩固“多段线”、“长方体”、“圆柱体”、“拉伸”、“复制”、“三维镜像”和“渲染”等命令的使用方法。

操作指南

参照“实战273 台阶2”案例进行制作。

首先，执行“绘图>多段线”、“建模>长方体”与“建模>拉伸”命令，绘制台阶，然后，执行“建模>圆柱体”、“修改>复制”与“修改>三维操作>三维镜像”命令，绘制栏杆，最后，执行“视图>渲染>渲染”命令，渲染台阶2。练习的最终效果如图273-8所示。

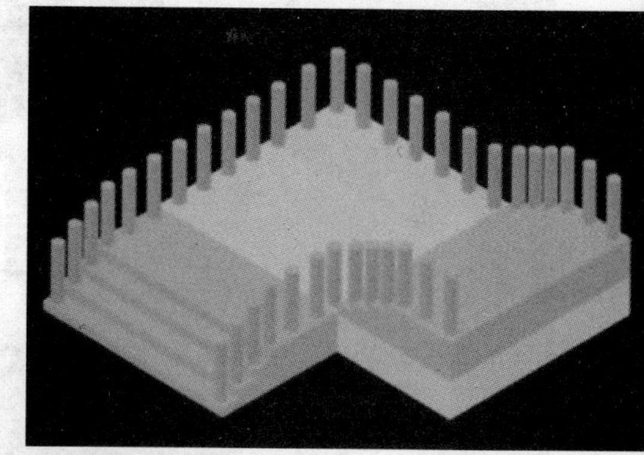

图273-8

实战274 台阶3

实战位置	DVD>实战文件>第9章>实战274
视频位置	DVD>多媒体教学>第9章>实战274
难易指数	★★☆☆☆
技术掌握	掌握“多段线”、“拉伸”、“复制”和“并集”等命令。

实战介绍

运用“多段线”与“拉伸”命令，绘制台阶；利用“多段线”、“拉伸”、“复制”与“并集”命令，绘制台阶侧面。本例的最终效果如图274-1所示。

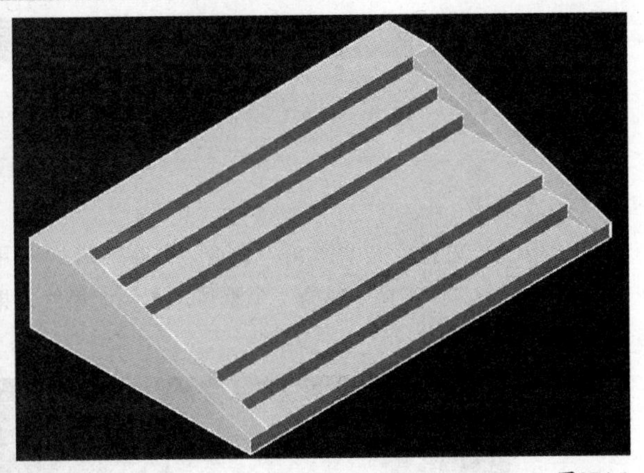

图274-1

制作思路

- 绘制台阶。
- 绘制台阶侧面，完成台阶3的绘制并将其保存。

制作流程

台阶3的制作流程如图274-2所示。

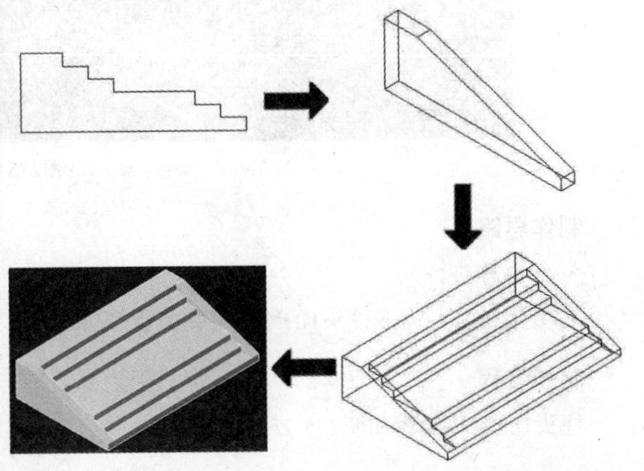

图274-2

01 打开AutoCAD 2013中文版软件，执行“绘图>多段线”命令，绘制如图274-3所示的多段线。

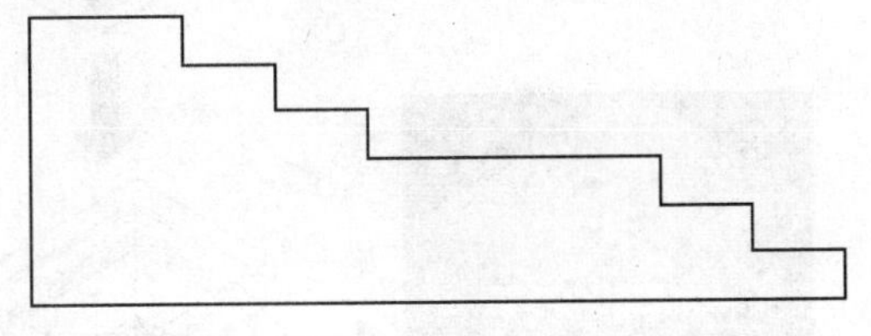

图274-3

02 执行“视图>三维视图>西南等轴测”命令，进入西南等轴测视图，执行“建模>拉伸”命令，将多段线拉伸一定长度，如图274-4所示。

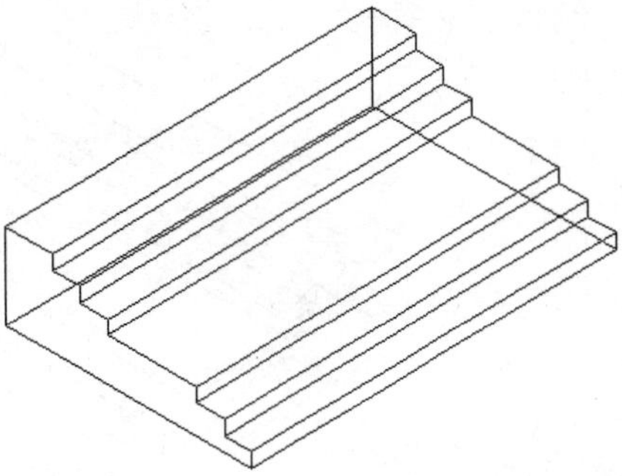

图274-4

03 执行“绘图>多段线”命令，绘制如图274-5所示的多段线。

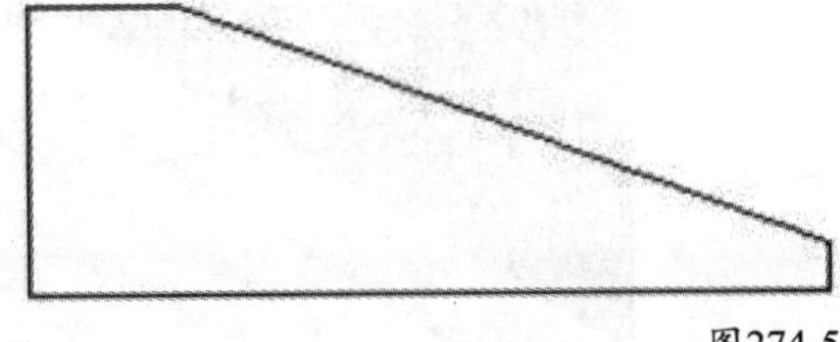

图274-5

04 执行“建模>拉伸”命令，将多段线拉伸一定长度，如图274-6所示。

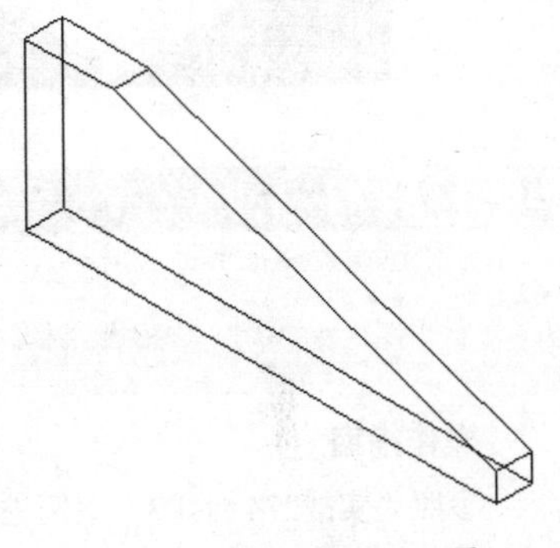

图274-6

05 将图274-6所示的实体复制到图274-4所示的实体的两侧，如图274-7所示。

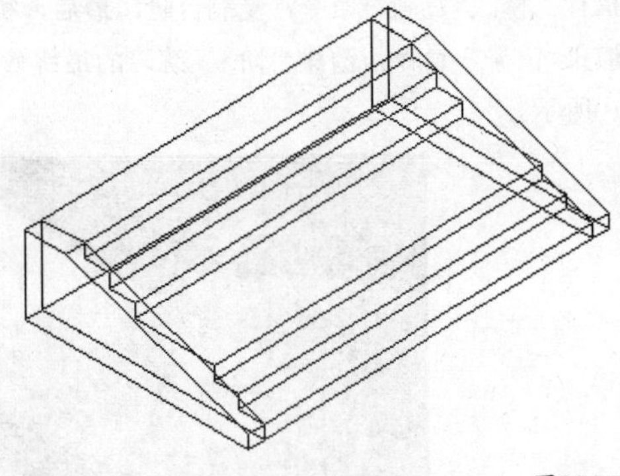

图274-7

06 执行“修改>实体编辑>并集”命令，对实体进行并集运算，如图274-8所示。

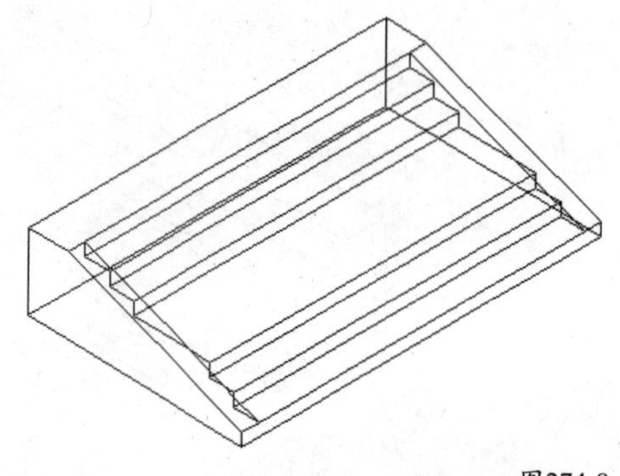

图274-8

07 执行“视图>视觉样式>概念”命令，效果如图274-9所示。

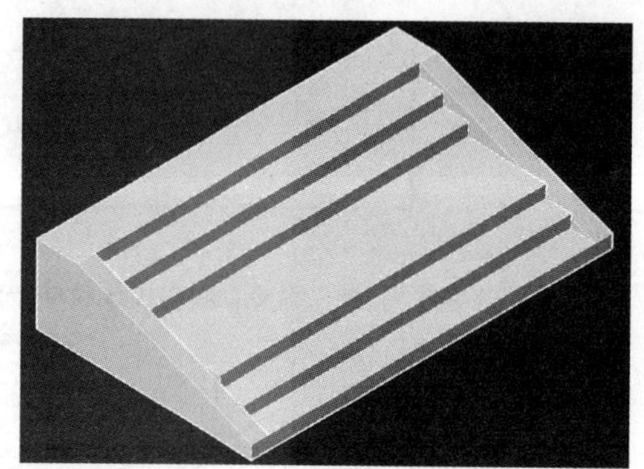

图274-9

练习274

练习位置	DVD>练习文件>第9章>练习274
难易指数	★★☆☆☆
技术掌握	巩固“多段线”、“拉伸”、“复制”、“并集”和“渲染”等命令的使用方法。

操作指南

参照“实战274 台阶3”案例进行制作。

首先，执行“绘图>多段线”与“建模>拉伸”命令，绘制台阶，接着，执行“绘图>多段线”、“修改>复制”与“修改>实体编辑>差集”命令，绘制侧面台阶，然后，执行“修改>复制”命令，复制台阶，最后，执行“视图>渲染>渲染”命令，渲染台阶3。练习的最终效果如图274-10所示。

图274-10

实战275 柱头1

实战位置	DVD>实战文件>第9章>实战275
视频位置	DVD>多媒体教学>第9章>实战275
难易指数	★★☆☆☆
技术掌握	掌握“长方体”、“圆角”和“并集”等命令。

实战介绍

运用“长方体”与“圆角”命令，绘制柱头；利用“并集”命令，使实体合成为一个整体。本例的最终效果如图275-1所示。

图275-1

制作思路

- 绘制柱头。
- 并集柱头，完成柱头1的绘制并将其保存。

制作流程

柱头1的制作流程如图275-2所示。

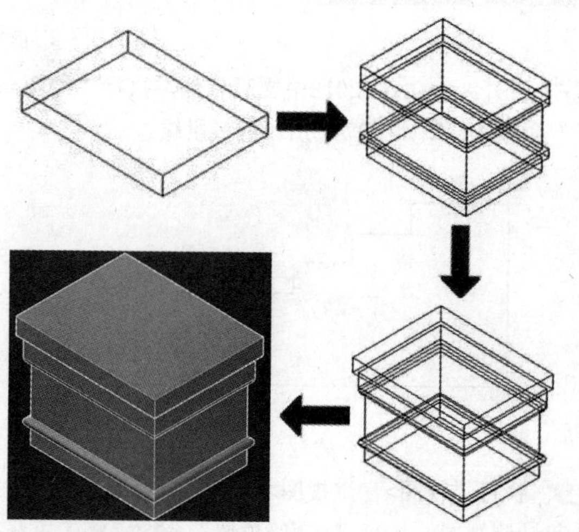

图275-2

01 打开AutoCAD 2013中文版软件，执行“视图>三维视图>西南等轴测”命令，转到西南等轴测视图，执行“建模>长方体”命令，绘制如图275-3所示的长方体。

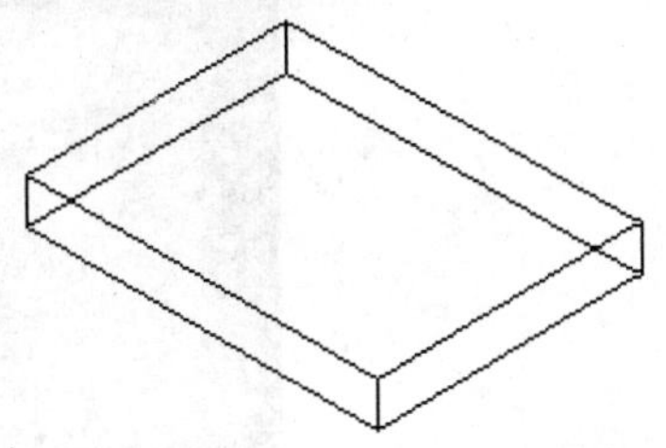

图275-3

2 执行“建模>长方体”命令，继续绘制长方体，如图75-4所示。

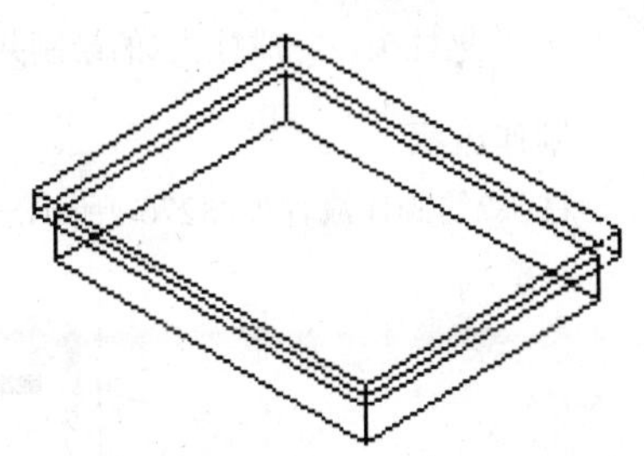

图275-4

3 执行“建模>长方体”命令，继续绘制长方体，如图75-5所示。

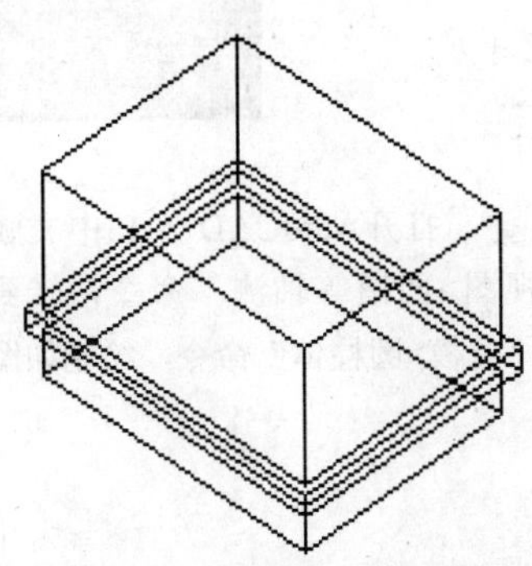

图275-5

04 执行“建模>长方体”命令，继续绘制长方体，如图275-6所示。

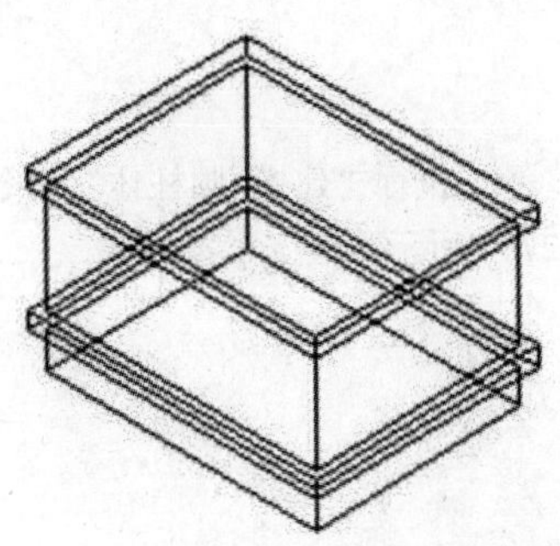

图275-6

05 执行“建模>长方体”命令，继续绘制长方体，如图275-7所示。

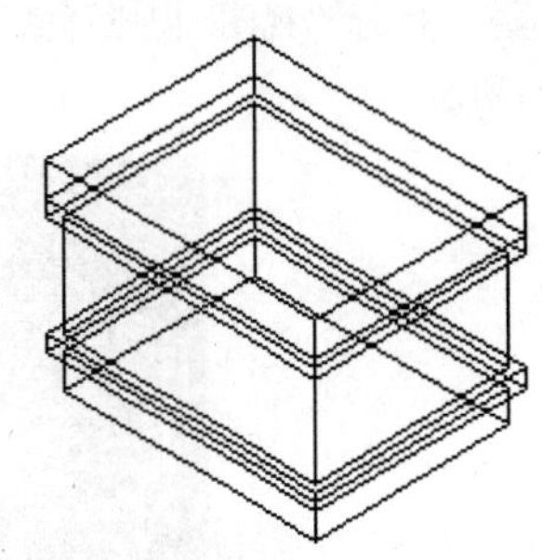

图275-7

06 执行“建模>长方体”命令，继续绘制长方体，如图275-8所示。

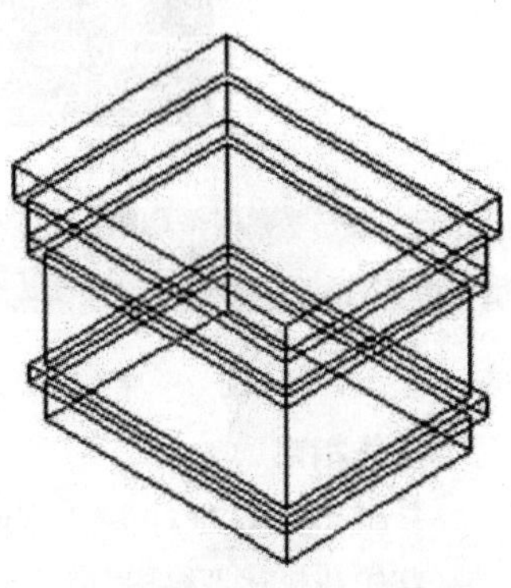

图275-8

07 执行“修改>圆角”命令，对实体进行圆角操作，如图275-9所示。

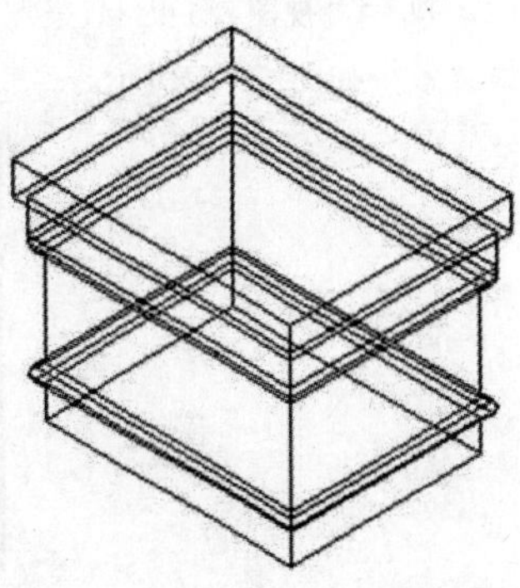

图275-9

08 执行“修改>实体编辑>并集”命令，对实体进行并集运算，如图275-10所示。

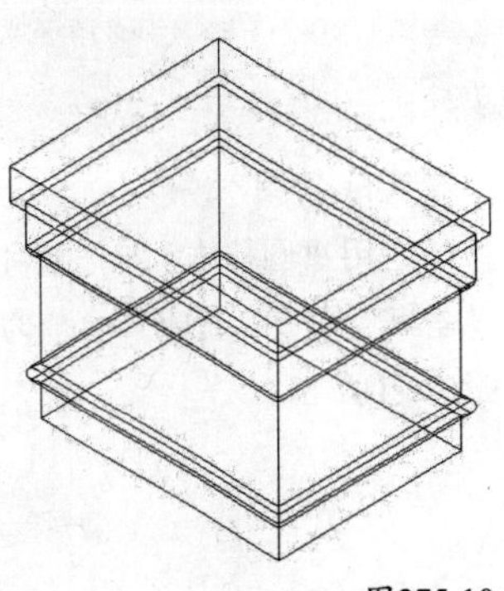

图275-10

09 执行“视图>视觉样式>灰°”命令，效果如图275-11所示。

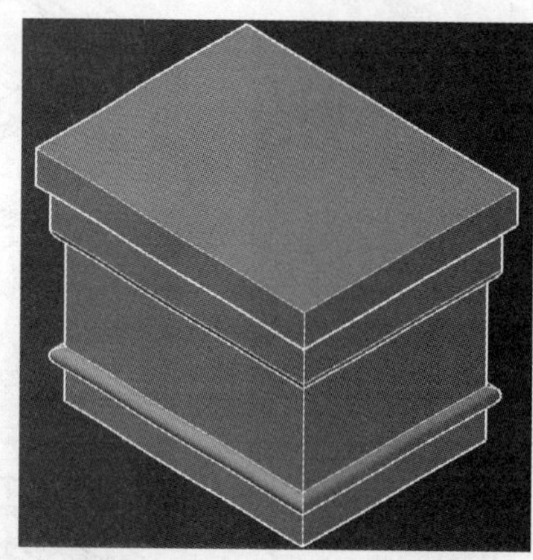

图275-11

练习275

练习位置	DVD>练习文件>第9章>练习275
难易指数	★★☆☆☆
技术掌握	巩固“长方体”、“圆角”、“并集”和“渲染”等命令的使用方法

操作指南

参照“实战275 柱头1”案例进行制作。

首先，执行“绘图>多段线”、“建模>圆柱体”、“建模>圆锥体”和“建模>旋转”命令，绘制柱头1；然后，执行“修改>实体编辑>并集”命令，合并柱头1；最后，执行“视图>渲染>渲染”命令，渲染柱头1。练习的最终效果如图275-12所示。

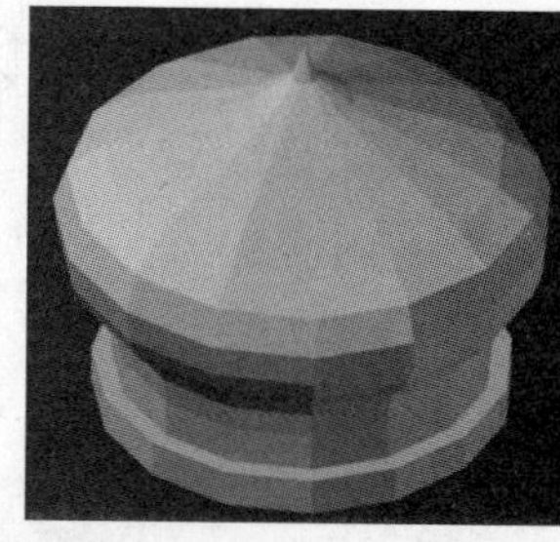

图275-12

实战276 柱头2

实战位置	DVD>实战文件>第9章>实战276
视频位置	DVD>多媒体教学>第9章>实战276
难易指数	★★☆☆☆
技术掌握	掌握“圆柱体”、“圆环体“、“并集”和“渲染”等命令。

实战介绍

运用“圆柱体”与“圆环体”命令，绘制柱头；利用“差集”命令，将实体合成为一个整体。本例最终效果如图276-1所示。

图276-

制作思路

- 绘制柱头。
- 并集柱头，完成柱头2的绘制并将其保存。

制作流程

柱头2的制作流程如图276-2所示。

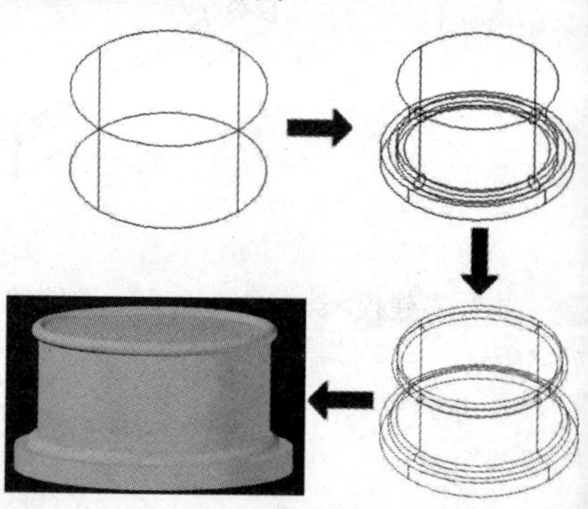

图276-

01 打开AutoCAD 2013中文版软件，执行“视图>三维视图>西南等轴测”命令，转到西南等轴测视图，执行“建模>圆柱体”命令，绘制如图276-3所示的圆柱体。

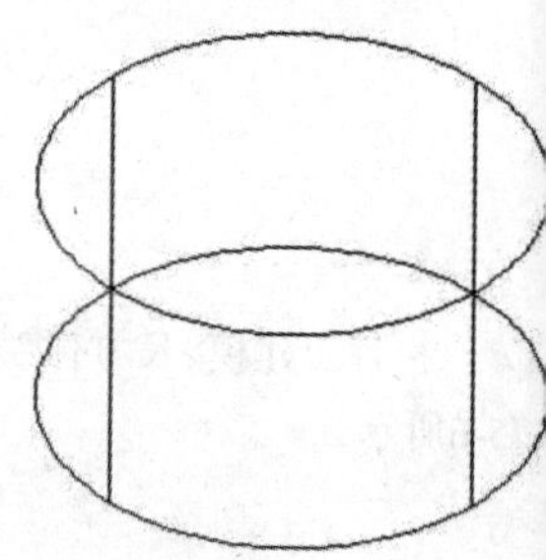

图276-3

02 执行“建模>圆柱体”命令，继续绘制圆柱体，如图276-4所示。

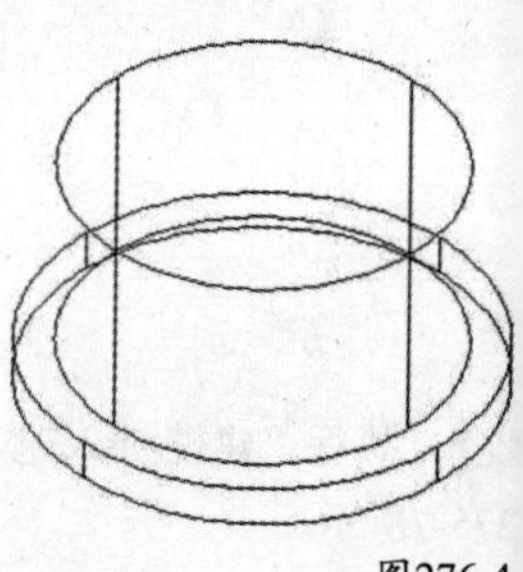

图276-4

03 执行“建模>圆环体”命令，绘制圆环体，如图276-5所示。

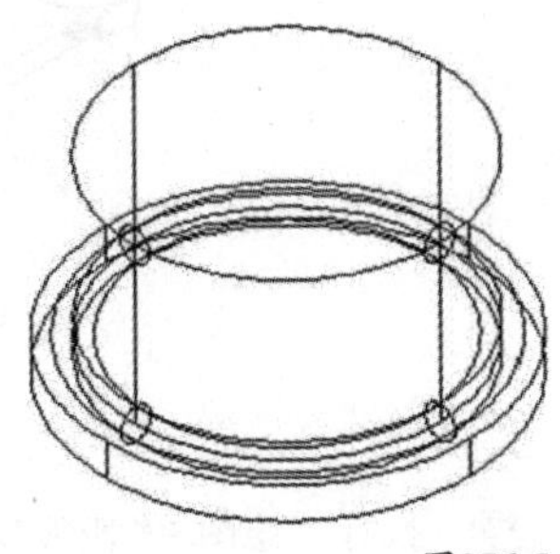

图276-5

04 执行“建模>圆环体”命令，继续绘制圆环体，如图276-6所示。

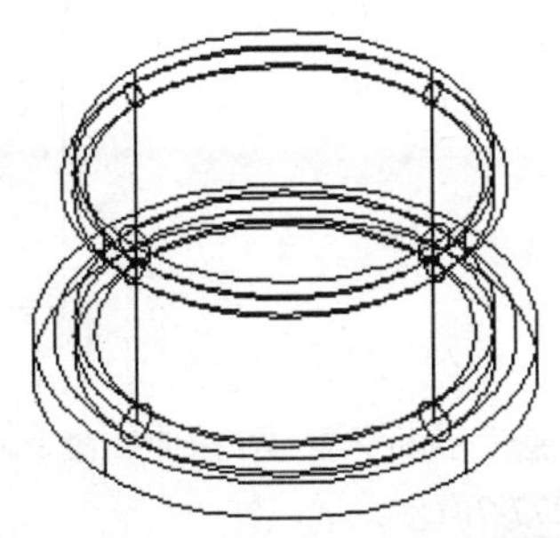

图276-6

05 执行“修改>实体编辑>并集”命令，对实体进行并集运算，如图276-7所示。

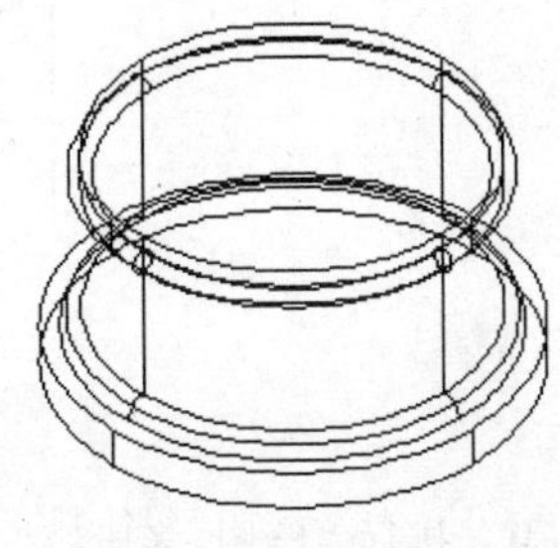

图276-7

06 执行“视图>渲染>渲染”命令，效果如图276-8所示。

图276-8

练习276

练习位置	DVD>练习文件>第9章>练习276
难易指数	★★☆☆☆
技术掌握	巩固“长方体”、“圆角”、“并集”和“渲染”等命令的使用方法

操作指南

参照“实战276 柱头2”案例进行制作。

首先，执行“绘图>多段线”、“建模>圆柱体”、“建模>圆锥体”、“建模>旋转”和“修改>复制”命令，绘制柱头2；然后，执行“修改>实体编辑>并集”命令，合并柱头2；最后，执行“视图>渲染>渲染”命令，渲染柱头2。练习的最终效果如图276-9所示。

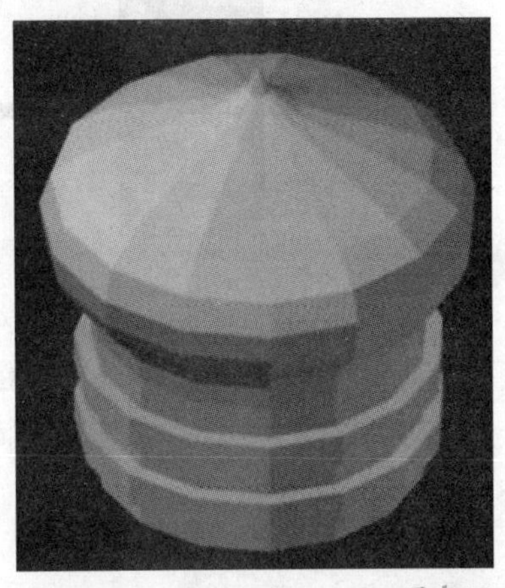

图276-9

实战277 艺术路灯

实战位置	DVD>实战文件>第9章>实战277
视频位置	DVD>多媒体教学>第9章>实战277
难易指数	★★★☆☆
技术掌握	掌握“多段线”、“圆柱体”、“球体”、“拉伸”、“三维阵列”、“差集”、“并集”和“渲染”等命令。

实战介绍

运用“多段线”、“圆柱体”、“球体”与“拉伸”命令，绘制艺术路灯。本例最终效果如图277-1所示。

图277-1

制作思路

- 绘制灯体。
- 绘制基座，完成艺术路灯的绘制并将其保存。

制作流程

艺术路灯的制作流程如图277-2所示。

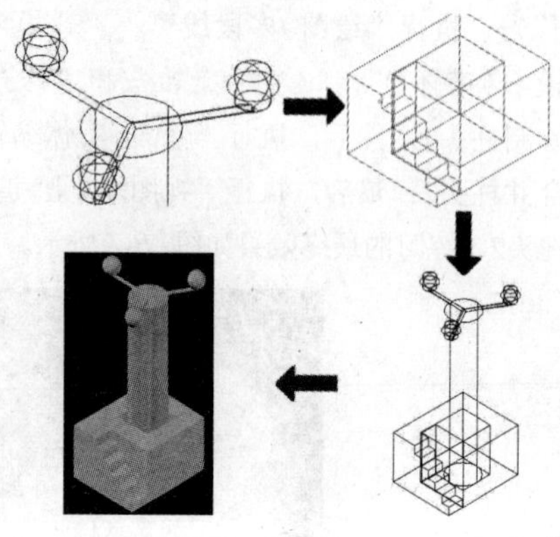

图277-2

01 打开AutoCAD 2013中文版软件，执行“视图>三维视图>西南等轴测”命令，进入西南等轴测视图，再执行“建模>圆柱体”命令，绘制如图277-3所示的圆柱体。

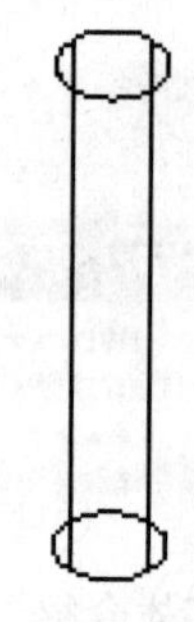

图277-3

02 执行“工具>新建UCS>X”命令，将坐标轴旋转90°，再执行“建模>圆柱体”命令，继续绘制圆柱体，在命令行中输入“ARRAYCLASSIC”，阵列圆柱体，如图277-4所示。

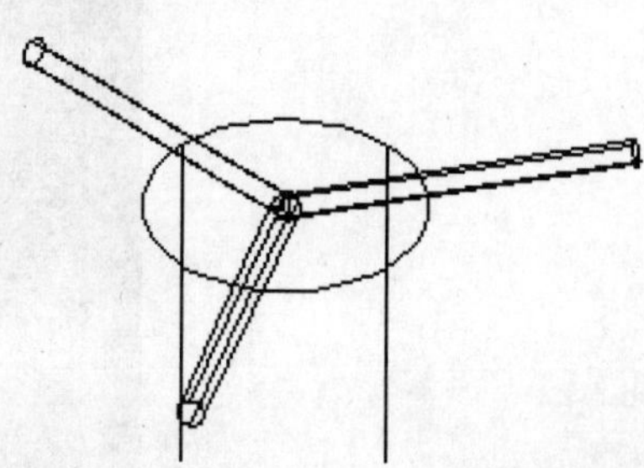

图277-4

03 执行“建模>球体”命令，绘制球体，如图277-5所示。

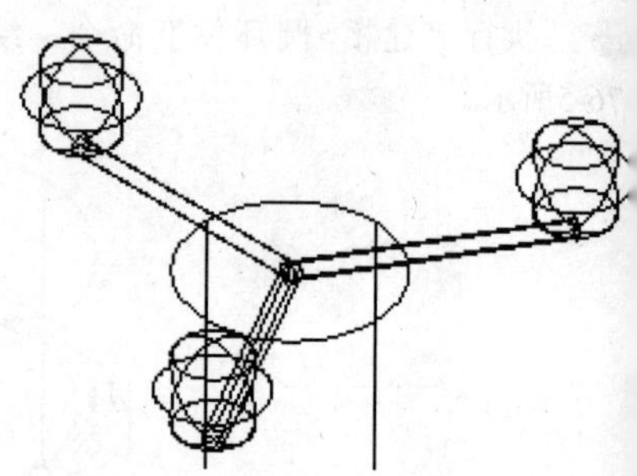

图277-

04 执行“绘图>多段线”命令，绘制如图277-6所示的多段线。

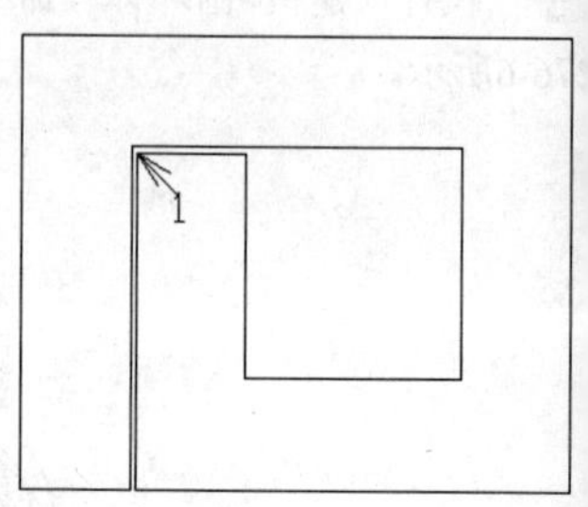

图277-

05 执行“建模>拉伸”命令，对多段线进行拉伸，如图277-7所示。

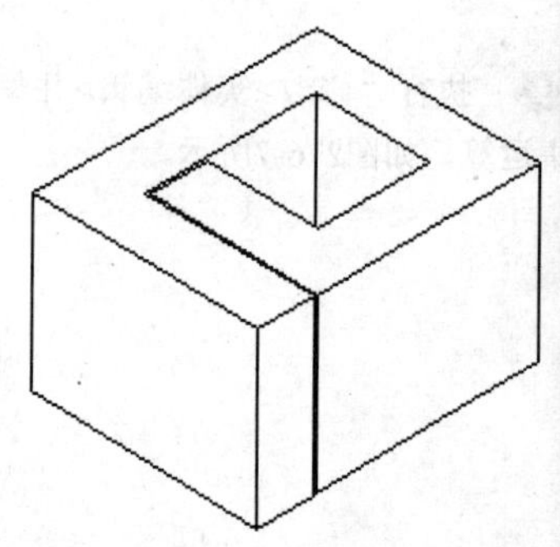

图277-

06 执行“绘图>多段线”命令，绘制如图277-8所示的多段线。

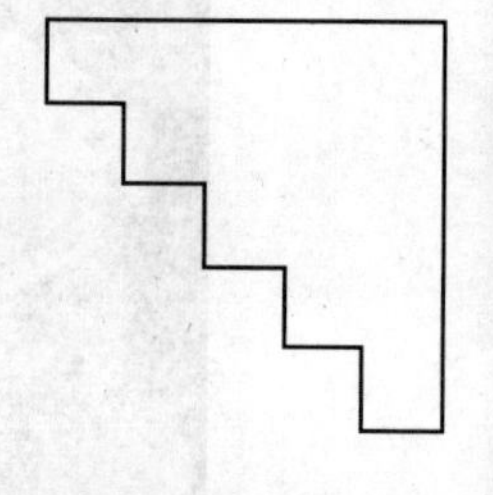

图277-8

07 执行“建模>拉伸”命令，对多段线进行拉伸，如图277-9所示。

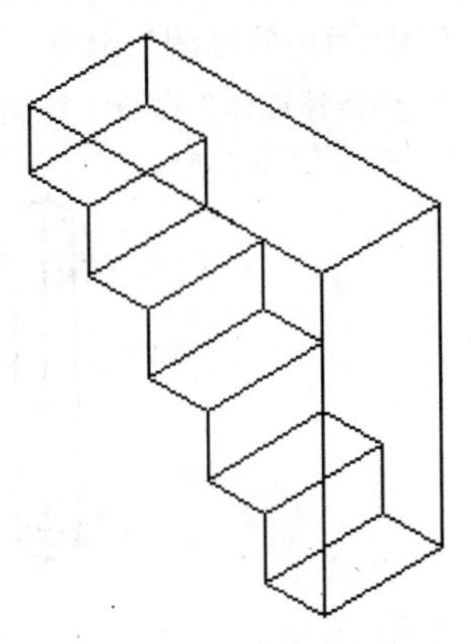

图277-9

08 执行“修改>移动”命令，将绘制的图形移动到图277-7所示的图形中，再执行“修改>实体编辑>差集”命令，进行差集运算，如图277-10所示。

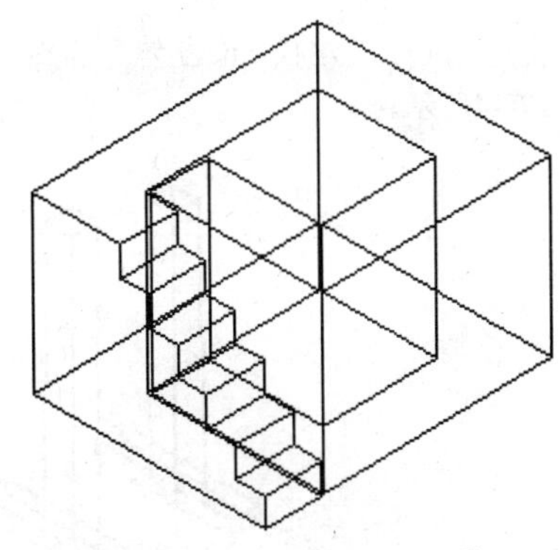

图277-10

09 执行“修改>实体编辑>并集”命令，形成的实体，如图277-11所示。

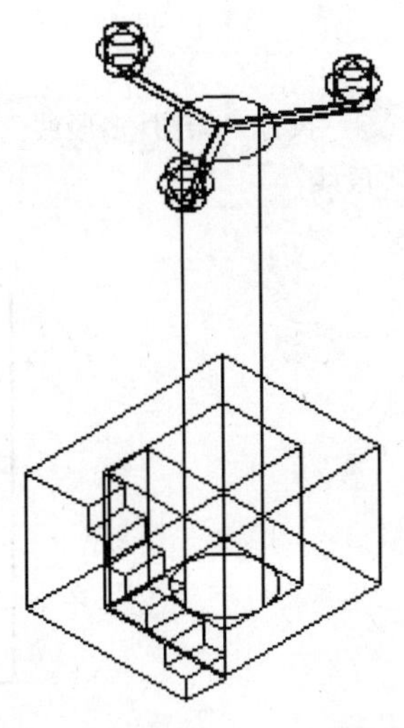

图277-11

10 执行“视图>渲染>渲染”命令，效果如图277-12所示。

图277-12

练习277

练习位置	DVD>练习文件>第9章>练习277
难易指数	★★☆☆☆
技术掌握	巩固“多段线”、“圆柱体”、“球体”、“拉伸”、“三维阵列”、“复制”、“差集”、“并集”和“渲染”等命令的使用方法。

操作指南

参照“实战277 艺术路灯”案例进行制作。

首先，执行“绘图>多段线”、“建模>拉伸”与“修改>实体编辑>差集”命令，绘制基座；然后，执行“建模>圆柱体”、“建模>球体”与“修改>复制”命令，在命令行中输入“ARRAYCLASSIC”，绘制灯体；最后，执行“视图>渲染>渲染”命令，渲染路灯。练习效果如图277-13所示。

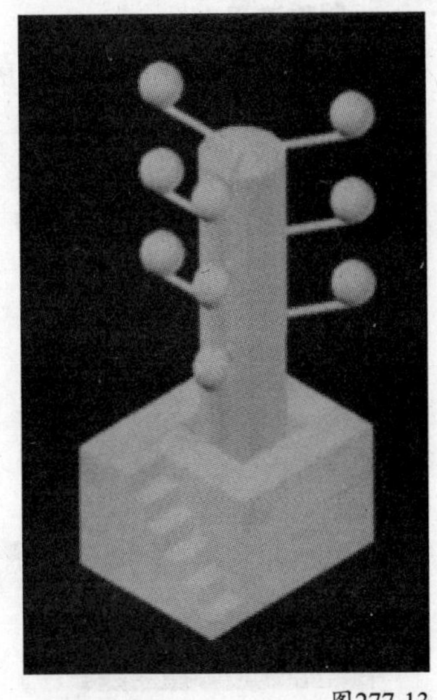

图277-13

实战278 牌坊

实战位置	DVD>实战文件>第9章>实战278
视频位置	DVD>多媒体教学>第9章>实战278
难易指数	★★☆☆☆
技术掌握	掌握"多段线"、"棱椎体"、"长方体"、"圆柱体"、"拉伸"、"缩放"、"旋转"、"移动"、"复制"和"渲染"等命令。

实战介绍

运用"多段线"、"棱椎体"、"长方体"、"圆柱体"、"拉伸"、"缩放"、"旋转"、"移动"、"复制"命令，绘制牌坊；利用"渲染"命令，渲染牌坊。本例最终效果如图278-1所示。

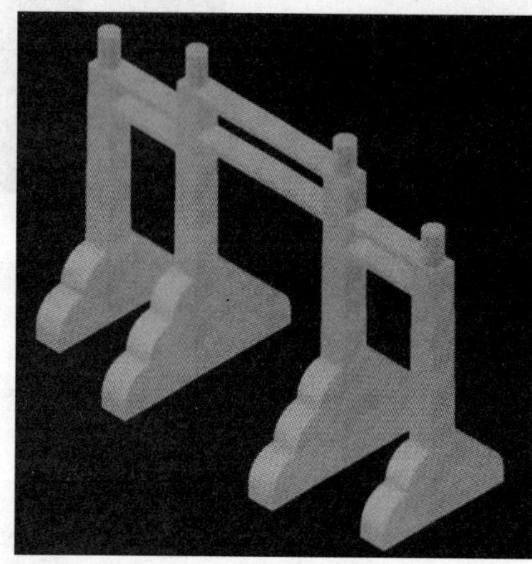

图278-1

制作思路

- 绘制牌坊。
- 渲染牌坊，完成牌坊的绘制并将其保存。

制作流程

牌坊的制作流程如图278-2所示。

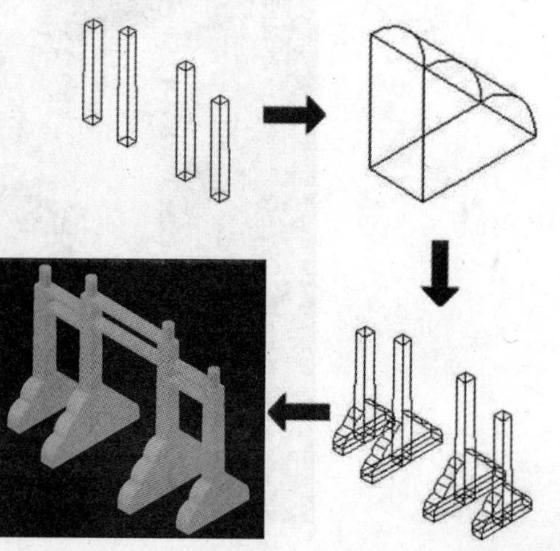

图278-2

01 打开AutoCAD 2013中文版软件，执行"视图>三维视图>西南等轴测"命令，进入西南等轴测视图。执行"建模>棱锥体"命令，绘制如图278-3所示的棱锥体。

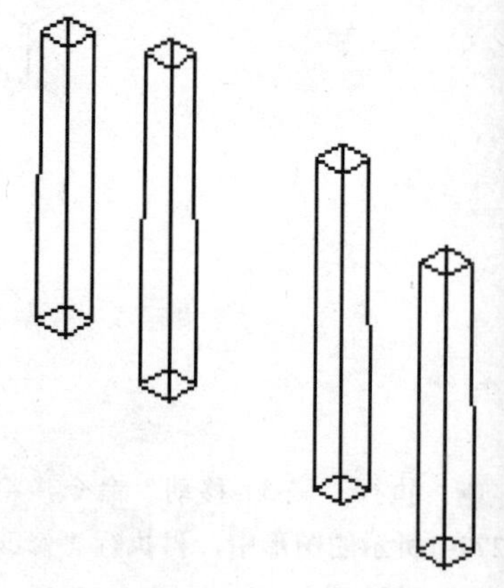

图278-3

02 执行"建模>长方体"命令，绘制长方体，如图278-4所示。

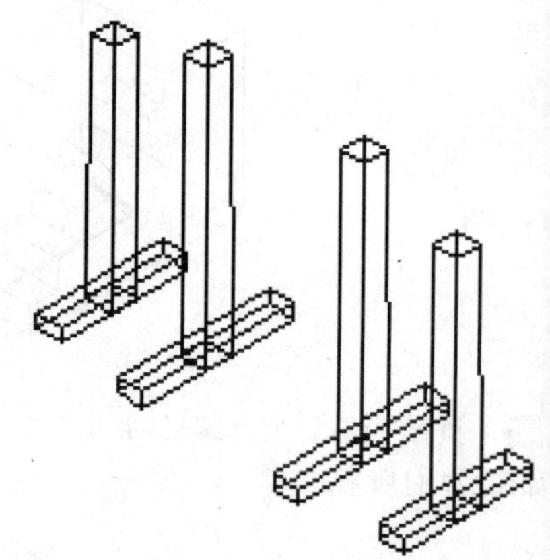

图278-4

03 执行"绘图>多段线"命令，绘制如图278-5所示的多段线。

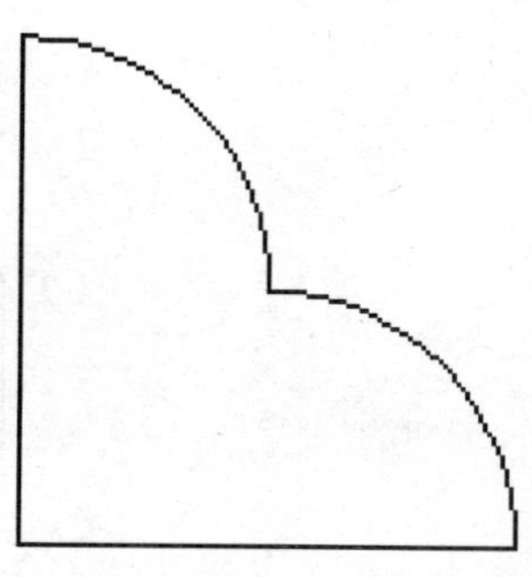

图278-5

04 执行"建模>拉伸"命令，对实体进行拉伸，如图278-6所示。

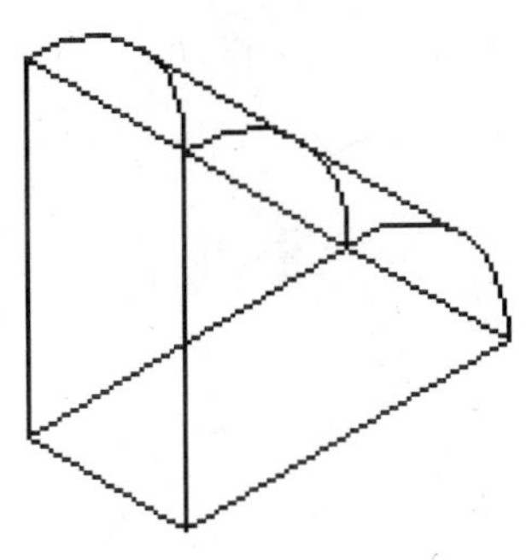

图278-6

05 执行"修改>移动"、"修改>缩放"、"修改>旋转"与"修改>复制"命令，移动实体，布置结果如图278-7所示。

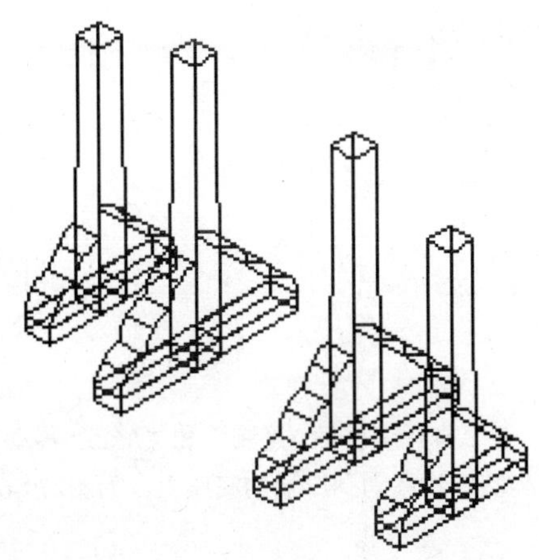

图278-7

06 执行"建模>长方体"、"建模>圆柱体"与"修改>复制"命令，绘制如图278-8所示的图形。

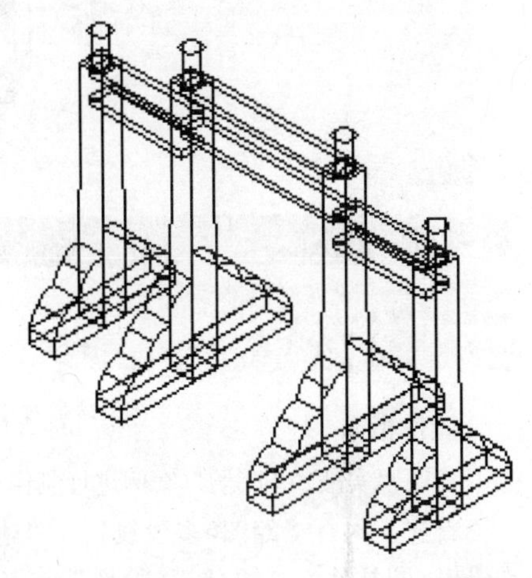

图278-8

07 执行"视图>渲染>渲染"命令，效果如图278-9所示。

图278-9

练习278

练习位置	DVD>练习文件>第9章>练习278
难易指数	★★☆☆☆
技术掌握	巩固"多段线"、"棱椎体"、"长方体"、"圆柱体"、"拉伸"、"缩放"、"旋转"、"移动"、"复制"和"渲染"等命令的使用方法。

操作指南

参照"实战278 牌坊"案例进行制作。

首先，执行"绘图>多段线"、"建模>棱椎体"、"建模>长方体"、"建模>圆柱体"、"建模>拉伸"、"修改>缩放"、"修改>旋转"、"修改>移动"、"修改>复制"命令，绘制牌坊，然后，执行"视图>渲染>渲染"命令，渲染牌坊。练习的最终效果如图278-10所示。

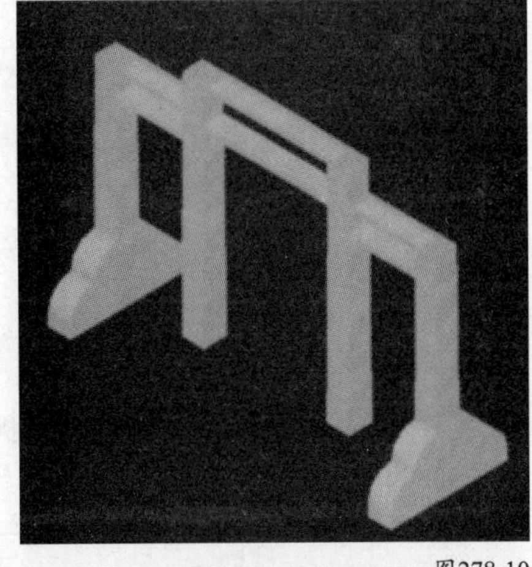

图278-10

实战279 广场

实战位置	DVD>实战文件>第9章>实战279
视频位置	DVD>多媒体教学>第9章>实战279
难易指数	★★☆☆☆
技术掌握	掌握"长方体"、"球体"、"复制"和"移动"等命令。

实战介绍

运用"长方体"与"复制"命令，绘制底座及立柱；利用"球体"与"复制"命令，绘制装饰物。本例最终效果如图279-1所示。

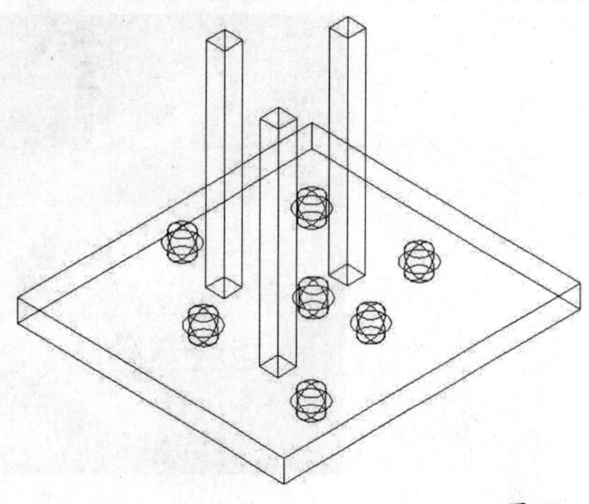

图279-1

制作思路

- 绘制底座及立柱。
- 绘制装饰物，完成广场的绘制并将其保存。

制作流程

广场的制作流程如图279-2所示。

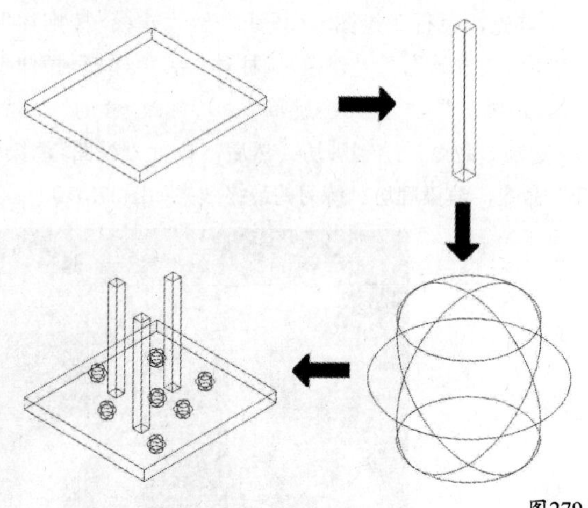

图279-2

1. 绘制底座和立柱

01 打开AutoCAD 2013中文版软件，执行“视图>三维视图>西南等轴测”命令，进入西南等轴测视图，执行“建模>长方体”命令，绘制广场底座，如图279-3所示。

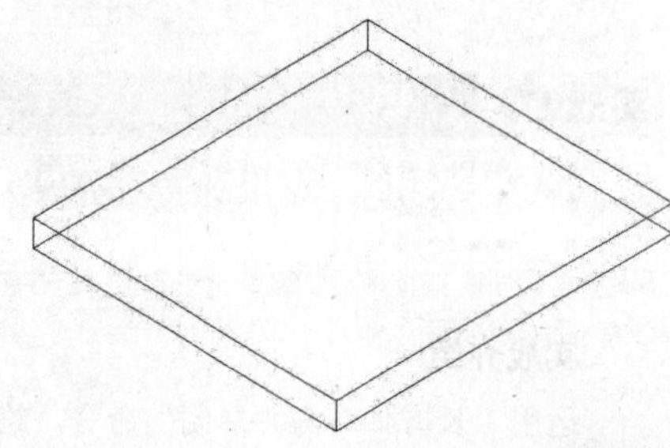

图279-3

02 执行“建模>长方体”命令，绘制立柱，如图279-4所示。

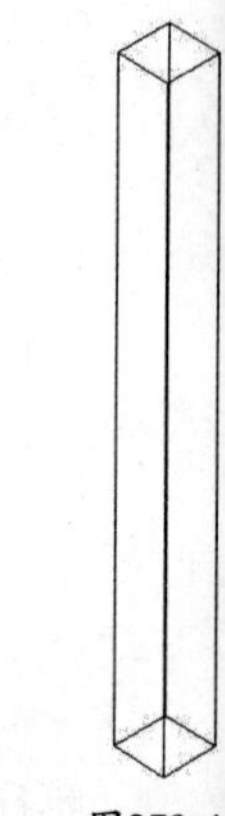

图279-4

2. 绘制装饰物

01 执行“建模>球体”命令，绘制广场的装饰球体，如图279-5所示。

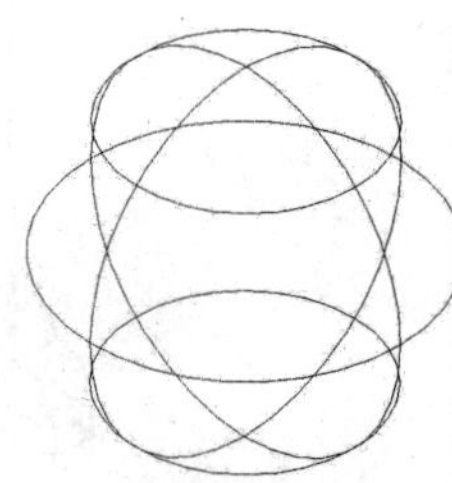

图279-5

02 执行“修改>复制”和“修改>移动”命令，将柱子和装饰物移动到广场的底座上，如图279-6所示。

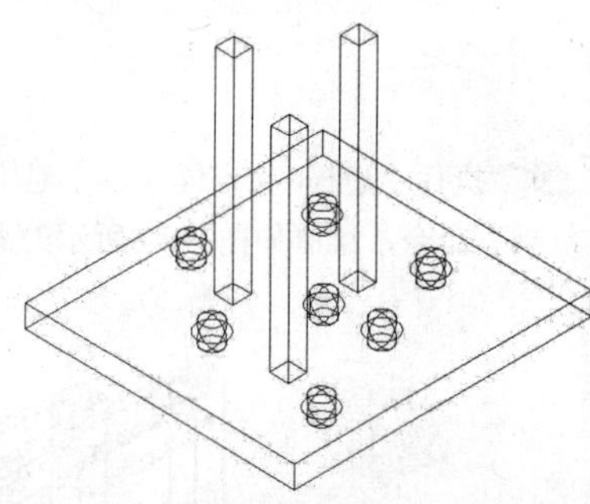

图279-6

练习279

练习位置	DVD>练习文件>第9章>练习279
难易指数	★★★☆☆
技术掌握	巩固“多段线”、“长方体”、“圆柱体”、“拉伸”、“复制”和“渲染”等命令的使用方法。

操作指南

参照“实战279 广场”案例进行制作。

首先，执行“绘图>多段线”、“建模>长方体”、“建模>圆柱体”、“建模>拉伸”与“修改>复制”命令，绘制广场，然后，执行“视图>渲染>渲染”命令，渲染广场。练习的最终效果如图279-7所示。

图279-7

实战280 五环

实战位置	DVD>实战文件>第9章>实战280
视频位置	DVD>多媒体教学>第9章>实战280
难易指数	★★☆☆☆
技术掌握	掌握“圆柱体”、“复制”、“移动”、“差集”、“并集”和“渲染”等命令。

实战介绍

运用“圆柱体”、“复制”、“移动”、“差集”与“并集”命令，绘制五环；利用“渲染”命令，渲染五环。本例最终效果如图280-1所示。

图280-1

制作思路

- 绘制五环。
- 渲染五环，完成五环的绘制并将其保存。

制作流程

五环的制作流程如图280-2所示。

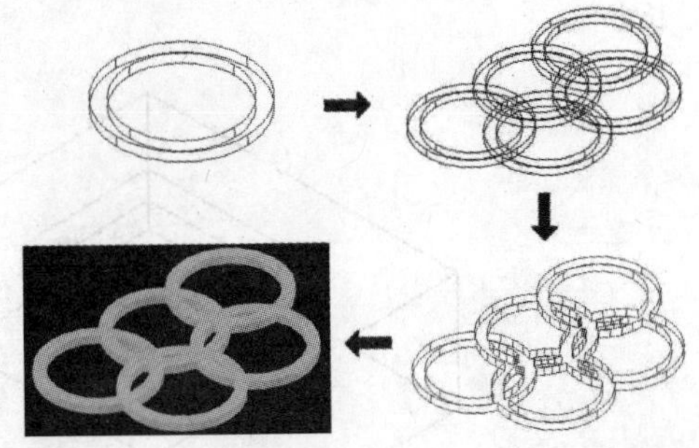
图280-2

01 打开AutoCAD 2013中文版软件，执行“视图>三维视图>西南等轴测”命令，进入西南等轴测视图。执行“建模>圆柱体”命令，绘制如图280-3所示的圆柱体。

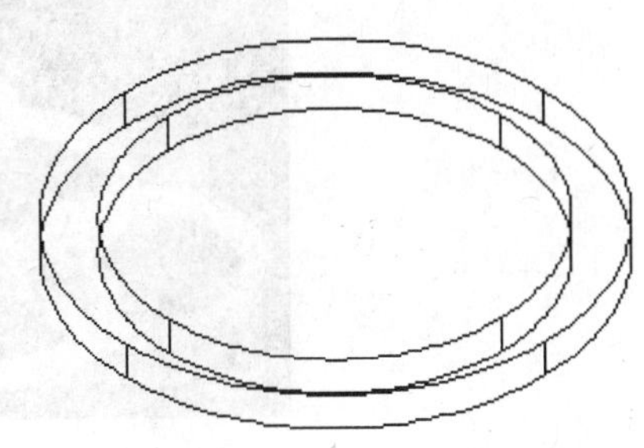
图280-3

02 执行“修改>实体编辑>差集”命令，效果如图280-4所示。

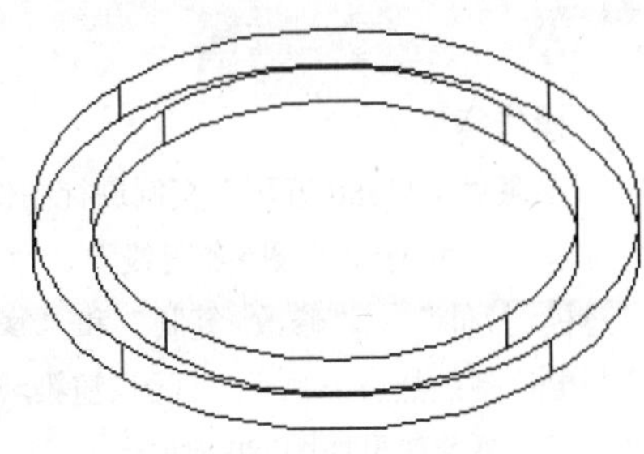
图280-4

03 执行“修改>复制”命令，将差集操作后的圆柱体复制4个，再执行“修改>移动”命令，将复制出的圆柱体移动到合适的位置，如图280-5所示。

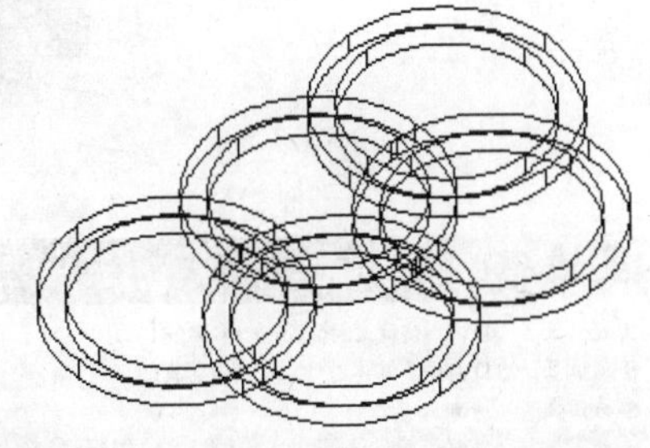
图280-5

04 执行“修改>实体编辑>并集”命令，效果如图280-6所示。

图280-6

05 执行“视图>渲染>渲染”命令，效果如图280-7所示。

图280-7

练习280

实战位置	DVD>练习文件>第9章>练习280
难易指数	★★★☆☆
技术掌握	巩固"多段线"、"长方体"、"拉伸"、"复制"、"镜像"和"渲染"等命令的使用方法。

操作指南

参照"实战280 五环"案例进行制作。

首先，执行"绘图>多段线"、"建模>长方体"、"建模>拉伸"、"修改>复制"和"修改>镜像"命令，绘制电话亭；然后，执行"视图>渲染>渲染"命令，渲染电话亭。练习效果如图280-8所示。

图280-8

实战281 升旗台

实战位置	DVD>实战文件>第9章>实战281
视频位置	DVD>多媒体教学>第9章>实战281
难易指数	★★☆☆☆
技术掌握	掌握"多段线"、"长方体"、"拉伸"和"复制"等命令。

实战介绍

运用"长方体"、"多段线"、"拉伸"与"复制"命令，绘制升旗台。本例最终效果如图281-1所示。

图281-1

制作思路

- 绘制台基。
- 绘制栏杆，完成升旗台的绘制并将其保存。

制作流程

升旗台的制作流程如图281-2所示。

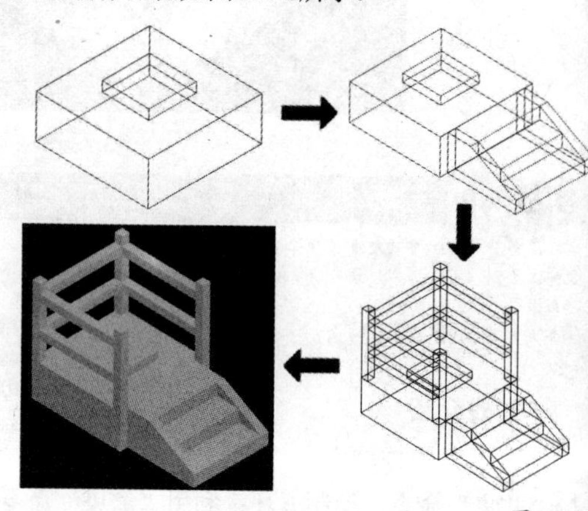

图281-2

1. 绘制台基

01 打开AutoCAD 2013中文版软件，执行"视图>三维视图>西南等轴测"命令，进入西南等轴测视图。执行"建模>长方体"命令，绘制如图281-3所示的长方体。

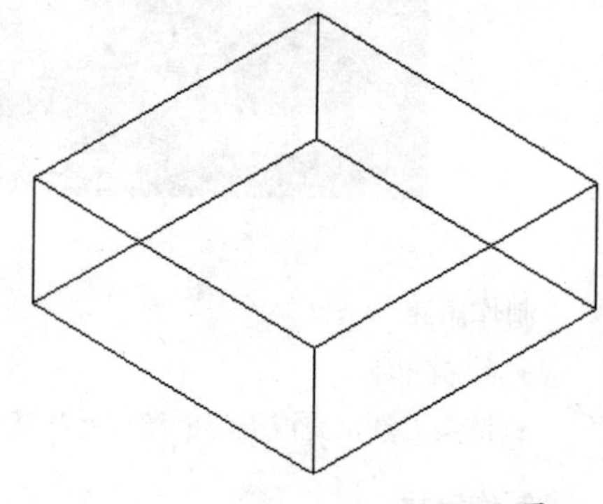

图281-3

02 执行"建模>长方体"命令，绘制如图281-4所示的长方体。

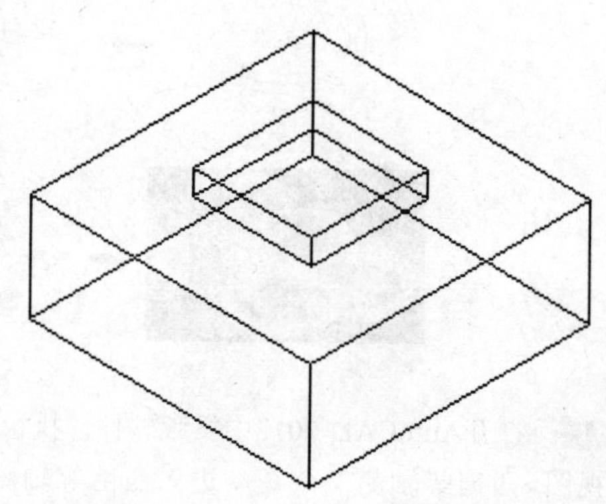

图281-4

03 执行“绘图>多段线”命令，绘制如图280-5所示的图形。

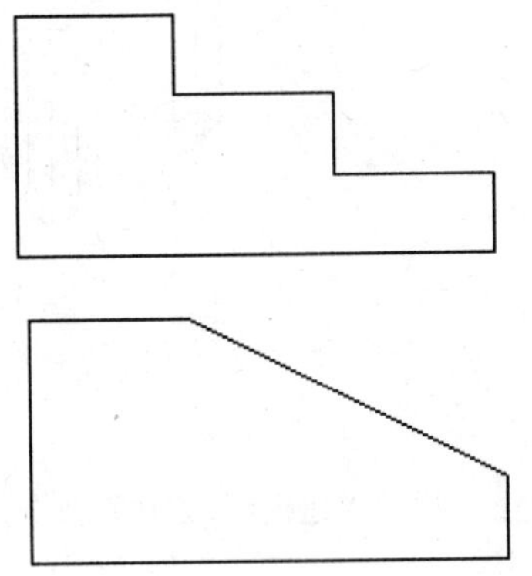

图281-5

04 执行“建模>拉伸”命令，效果如图281-6所示。

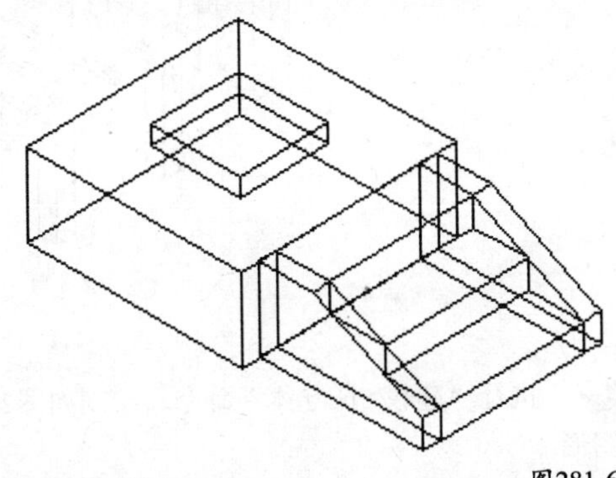

图281-6

2. 绘制栏杆

01 执行“建模>长方体”和“修改>复制”命令，绘制如图281-7所示的长方体。

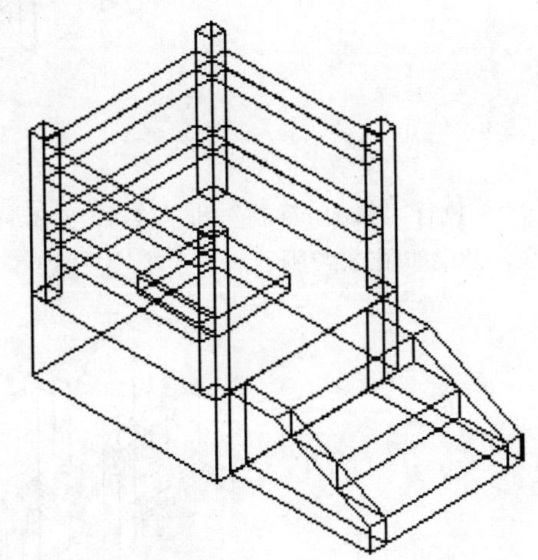

图281-7

02 执行“视图>视觉样式>着色”命令，效果如图281-8所示。

图281-8

练习281

练习位置	DVD>练习文件>第9章>练习281
难易指数	★★★☆☆
技术掌握	巩固“多段线”、“长方体”、“拉伸”、“复制”和“三维阵列”等命令的使用方法。

操作指南

参照“实战281 升旗台”案例进行制作。

首先，执行“绘图>多段线”、“建模>长方体”与“建模>拉伸”命令，在命令行中输入“ARRAYCLASSIC”，绘制台基，然后，执行“建模>拉伸”命令，绘制栏杆。练习的最终效果如图281-9所示。

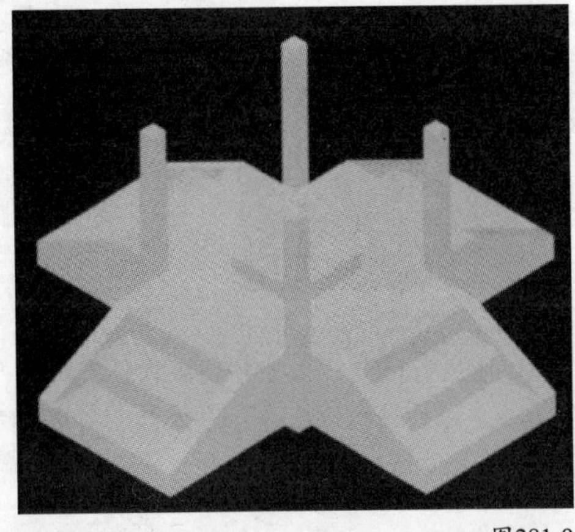

图281-9

实战282 休息亭

实战位置	DVD>实战文件>第9章>实战282
视频位置	DVD>多媒体教学>第9章>实战282
难易指数	★★☆☆☆
技术掌握	掌握“长方体”、“复制”、“并集”和“渲染”等命令。

实战介绍

运用“长方体”、“复制”与“并集”命令，绘制休息亭；利用“材质”与“渲染”命令，渲染休息亭。本例的最终效果如图282-1所示。

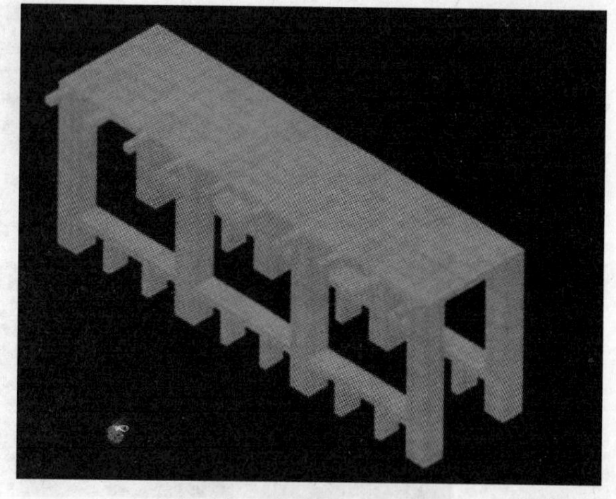

图282-1

制作思路

- 绘制休息亭。
- 渲染休息亭，完成休息亭的绘制并将其保存。

制作流程

休息亭的制作流程如图282-2所示。

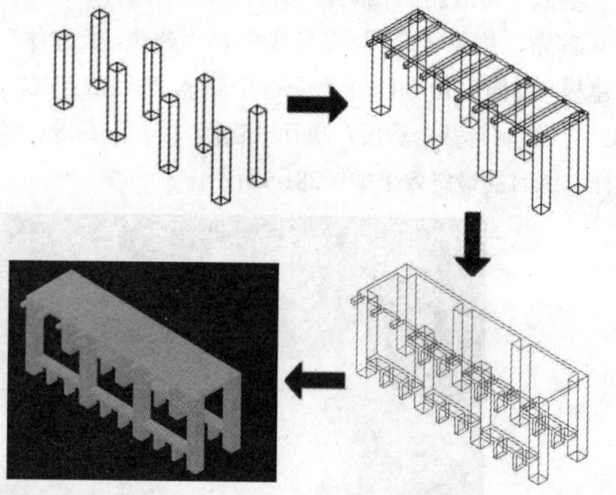

图282-2

01 打开AutoCAD 2013中文版软件，执行“视图>三维视图>西南等轴测”命令，进入西南等轴测视图。执行“建模>长方体”命令，绘制如图282-3所示的长方体。

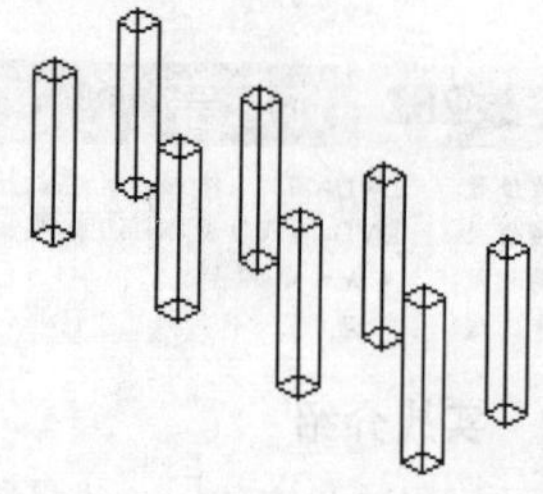

图282-3

02 执行“建模>长方体”命令，绘制如图282-4所示的长方体。

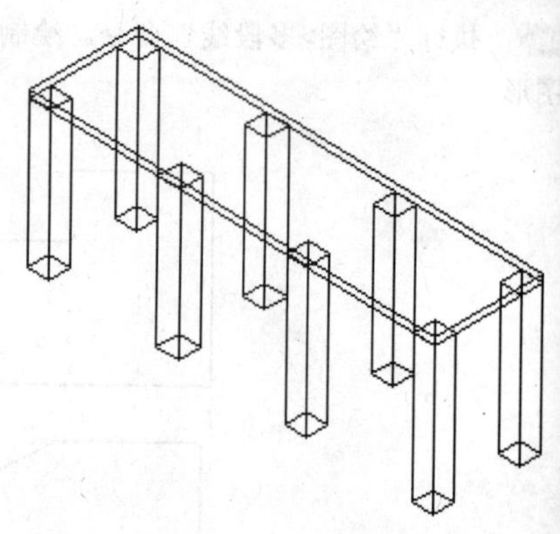

图282-4

03 执行“建模>长方体”命令，绘制如图282-5所示的图形。

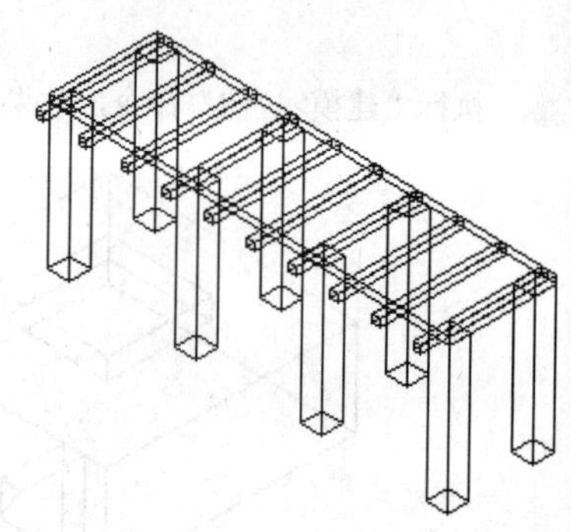

图282-5

04 执行“建模>长方体”命令，绘制如图282-6所示的图形。

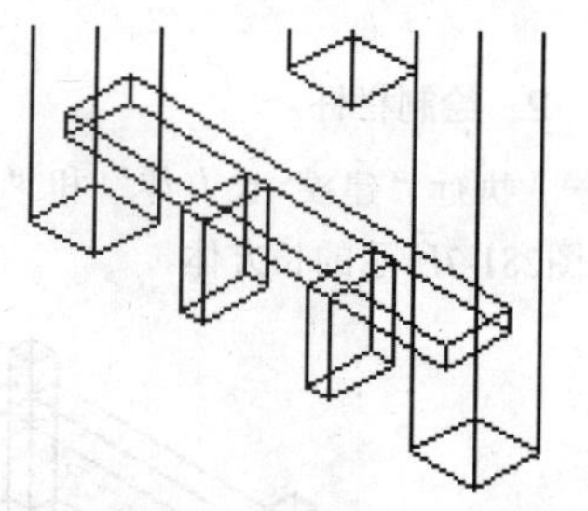

图282-6

05 执行“修改>复制”和“修改>实体编辑>差集”命令，效果如图282-7所示。

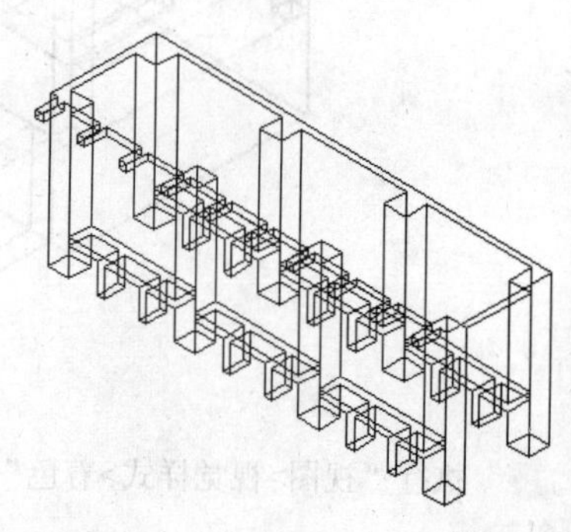

图282-7

06 执行“视图>渲染>渲染”命令，效果如图282-8所示。

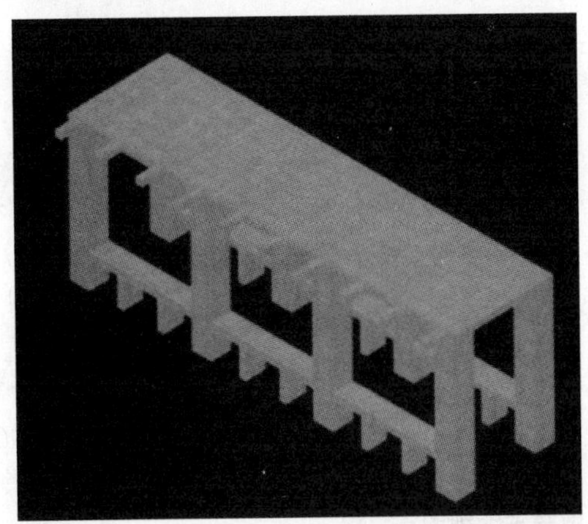

图282-8

练习282

练习位置	DVD>练习文件>第9章>练习282
难易指数	★★★☆☆
技术掌握	巩固“长方体”、“复制”、“并集”、“旋转”和“渲染”等命令的使用方法。

操作指南

参照“实战282 休息亭”案例进行制作。

首先，执行“建模>长方体”、“修改>复制”、“修改>实体编辑>并集”与“修改>旋转”命令，绘制休息亭，然后，执行“视图>渲染>渲染”命令，渲染休息厅。练习的最终效果如图282-9所示。

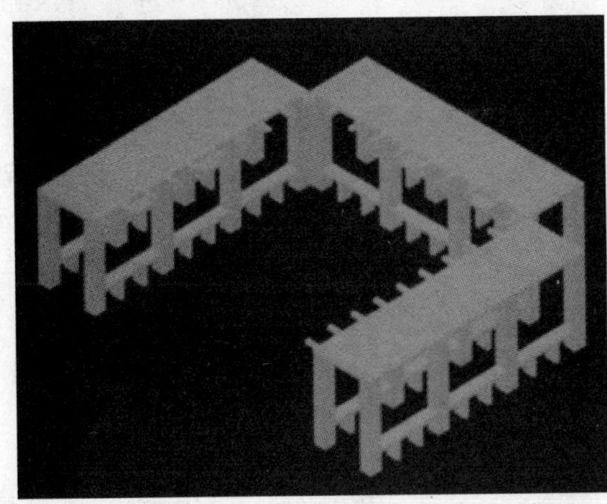

图282-9

实战283 伞状亭

实战位置	DVD>实战文件>第9章>实战283
视频位置	DVD>多媒体教学>第9章>实战283
难易指数	★★☆☆☆
技术掌握	掌握“圆柱体”、“三维多段线”、“阵列”、“旋转曲面”和“消隐”等命令。

实战介绍

运用“圆柱体”、“三维多段线”、“阵列”与“旋转曲面”命令，绘制伞状亭；利用“消隐”命令，消隐伞状亭。本例最终效果如图283-1所示。

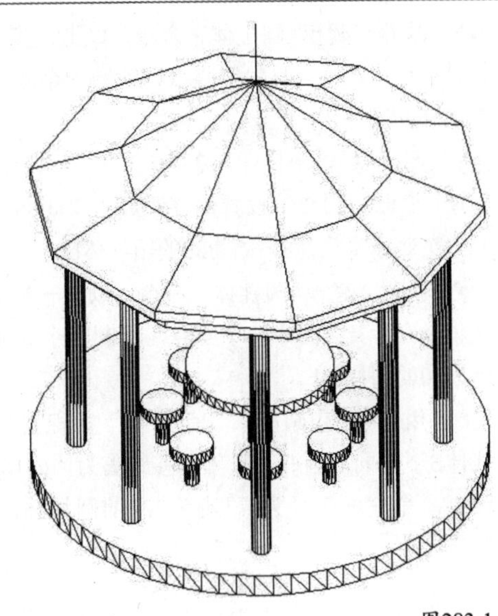

图283-1

制作思路

- 绘制伞状亭。
- 消隐伞状亭，完成伞状亭的绘制并将其保存。

制作流程

伞状亭的制作流程如图283-2所示。

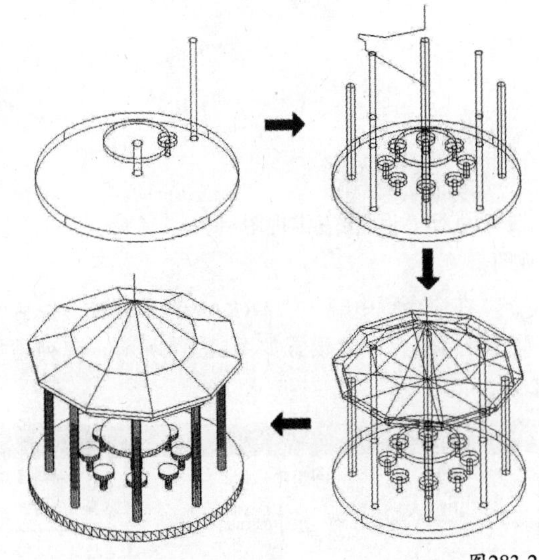

图283-2

1. 绘制伞状亭

01 打开AutoCAD 2013中文版软件，执行“视图>三维视图>西南等轴测”命令，进入西南等轴测视图。执行“建模>圆柱体”命令，绘制一个底面半径为200，高位20的圆柱体A。

02 执行“建模>圆柱体”命令，以上一步中所绘制的圆柱体A的上表面圆心为中心点，绘制一个底面半径为10，高为70的圆柱体B。

03 执行“建模>圆柱体”命令，以上一步中所绘制的圆柱体B的上表面圆心为中心点，绘制一个底面半径为65，高为10的圆柱体C。

04 用“建模>圆柱体”命令和“捕捉自”功能捕捉圆柱体B下表面的圆心，设置偏移距离为“@85，0，0”，绘制一个底面半径为8，高为30的圆柱体D。

05 执行“建模>圆柱体”命令，以上一步中所绘制的圆柱体D的上表面圆心为中心点，绘制一个底面半径为19，高为10的圆柱体E。

06 用“建模>圆柱体”命令和“捕捉自”功能捕捉圆柱体B下表面的圆心，设置偏移距离为“@160，0，0”，绘制一个底面半径为8，高为230的圆柱体F，如图283-3所示。

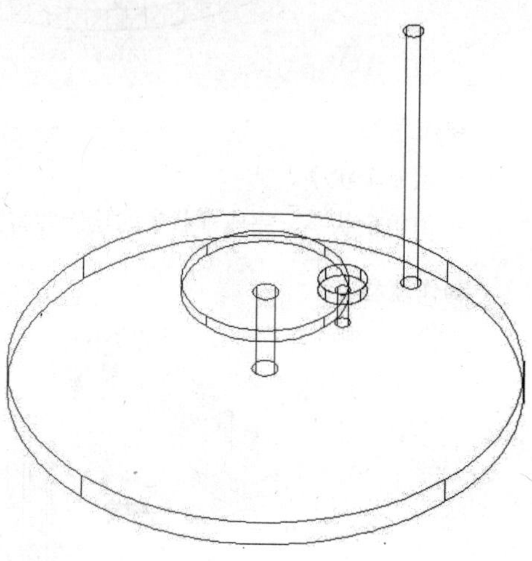

图283-3

07 执行“视图>三维视图>俯视”命令，将视图转为俯视图。

08 在命令行中输入“ARRAYCLASSIC”，弹出“阵列”对话框，参数设置如图283-4所示。阵列结果如图283-5所示。

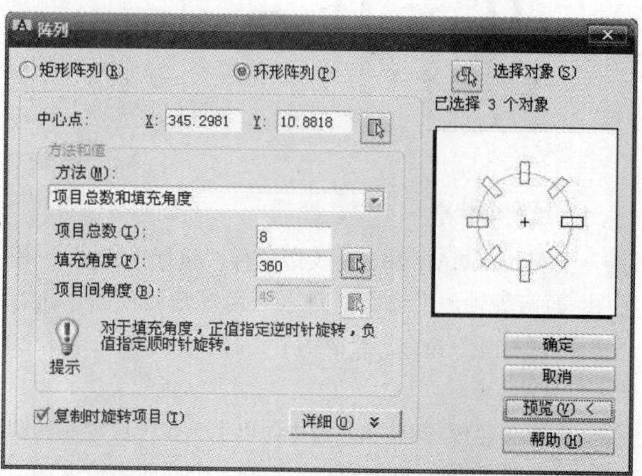

图283-4

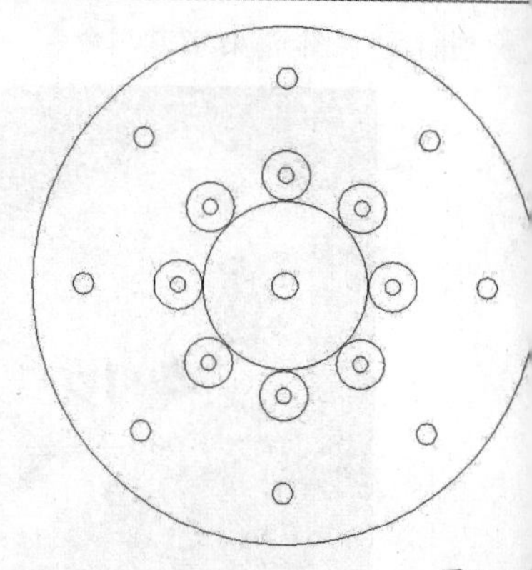

图283-5

09 执行“视图>三维视图>西南等轴测”命令，进入西南等轴测视图。

10 用“绘图>三维多段线”命令和“捕捉自”功能，捕捉圆柱体A的下表面圆心，将其作为基点，设置偏移距离为“@0，0，250”，绘制一条三维多段线A。

命令行提示如下：

```
命令: _3dpoly
指定多段线的起点: from
基点: <偏移>: @0,0,250
指定直线的端点或 [放弃(U)]: @0,180,0
指定直线的端点或 [放弃(U)]: @0,0,20
指定直线的端点或 [闭合(C)/放弃(U)]: @0,20,0
指定直线的端点或 [闭合(C)/放弃(U)]: @0,0,10
指定直线的端点或 [闭合(C)/放弃(U)]: @0,-80,30
指定直线的端点或 [闭合(C)/放弃(U)]: @0,-120,80
指定直线的端点或 [闭合(C)/放弃(U)]:
```

11 执行“绘图>三维多段线”命令，以上一步中所绘制的三维多段线的终点为起点，指定直线的端点为“@0，0，50”，绘制一条三维多段线B，如图283-6所示。

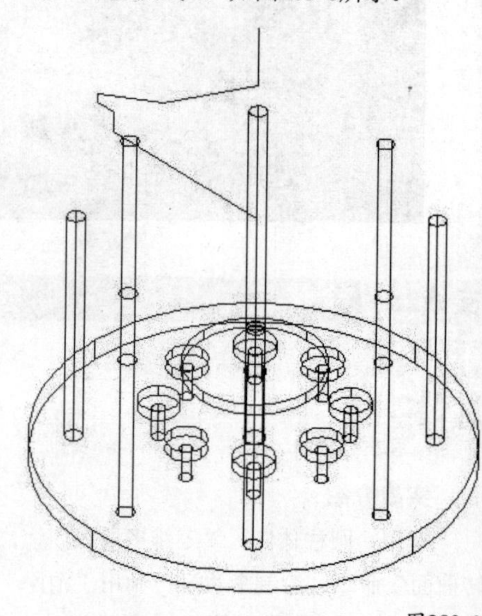

图283-6

2 在命令行中输入“SURFTAB1”，设置网格数的新值为10。

3 执行“绘图>建模>网格>旋转网格”命令，对之前所绘制的多段线A和B进行编辑。选择三维多段线A为要旋转的对象，三维多段线B为定义旋转轴的对象，指定起点角度为0°，包含角为360，如图283-7所示。

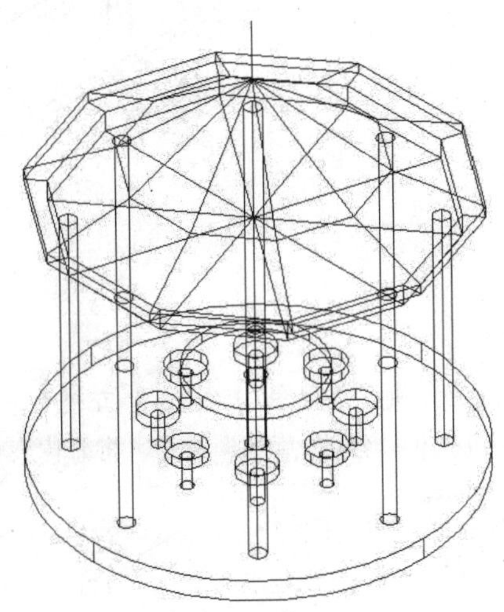

图283-7

2. 消隐伞状亭

执行“视图>消隐”命令，效果如图283-8所示。

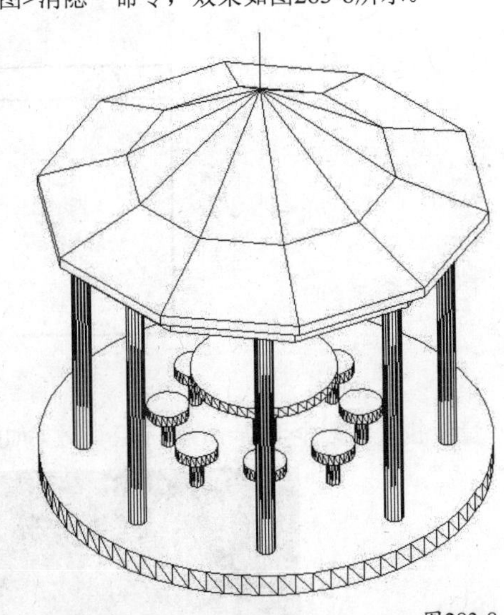

图283-8

练习283

练习位置	DVD>练习文件>第9章>练习283
难易指数	★★★☆☆
技术掌握	巩固“长方体”、“圆锥体”、“圆柱体”、“直线”、“圆”、“修剪”、“复制”、“差集”、“旋转”和“三维镜像”等命令的使用方法

操作指南

参照“实战283 伞状亭”案例进行制作。

执行“绘图>直线”、“绘图>圆”、“建模>长方体”、“建模>圆柱体”、“建模>圆锥体”、“修改>修剪”、“修改>复制”、“修改>实体操作>差集”、“建模>旋转”和“修改>三维操作>三维镜像”命令，绘制古亭，然后执行“视图>渲染>渲染”命令，渲染古亭。练习的最终效果如图283-9所示。

图283-9

实战284 石凳

实战位置	DVD>实战文件>第9章>实战284
视频位置	DVD>多媒体教学>第9章>实战284
难易指数	★★☆☆☆
技术掌握	掌握“长方体”、“复制”、“旋转”和“渲染”等命令。

实战介绍

运用“长方体”、“复制”与“旋转”命令，绘制石凳；利用“渲染”命令，渲染石凳。本例的最终效果如图284-1所示。

图284-1

制作思路

- 绘制石凳。
- 渲染石凳，完成石凳的绘制并将其保存。

制作流程

石凳的制作流程如图284-2所示。

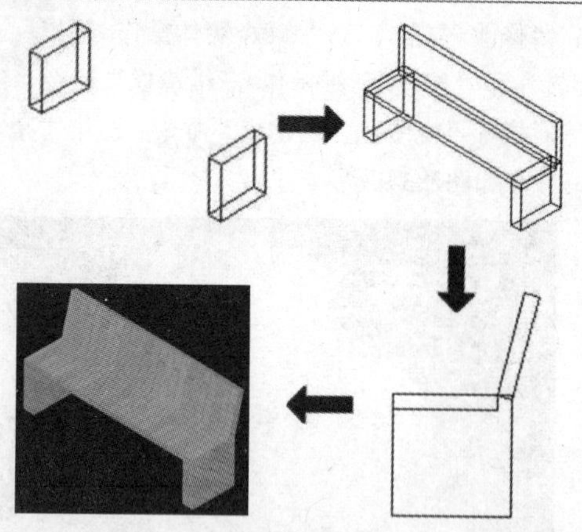

图284-2

01 打开AutoCAD 2013中文版软件，执行“视图>三维视图>西南等轴测”命令，进入西南等轴测视图。执行“建模>长方体”命令，绘制如图284-3所示的长方体。

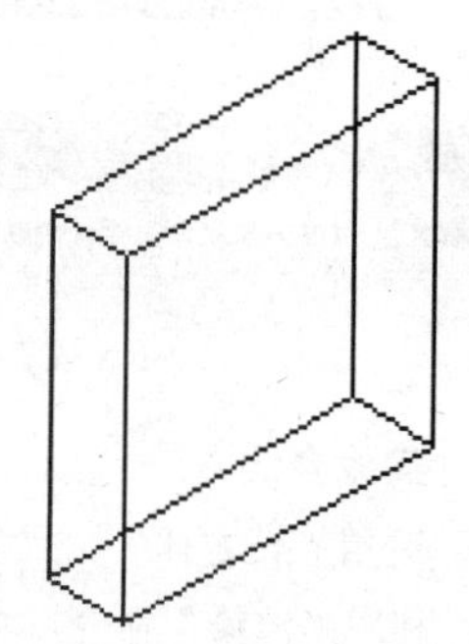

图284-3

02 执行“修改>复制”命令，效果如图284-4所示。

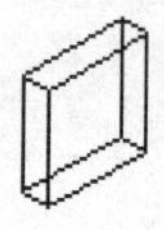

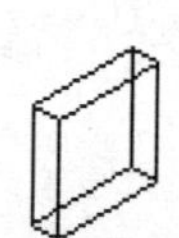

图284-4

03 执行“建模>长方体”命令，绘制如图284-5所示的长方体。

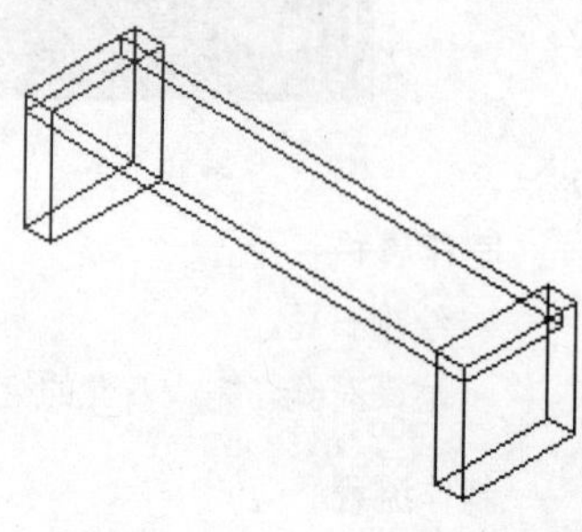

图284-5

04 执行“建模>长方体”命令，绘制如图284-6所示的长方体。

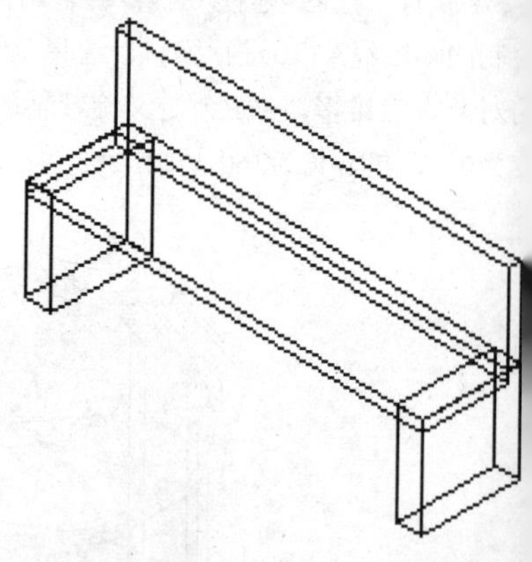

图284-

05 执行“视图>三维视图>左视”命令，进入左视图，再执行“修改>旋转”命令，将靠背旋转15°，如图284-所示。

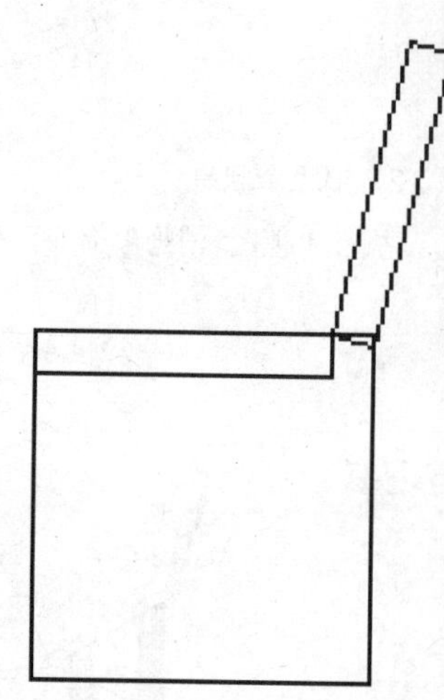

图284-7

06 执行“视图>渲染>渲染”命令，效果如图284-8所示。

图284-8

练习284

练习位置	DVD>练习文件>第9章>练习284
难易指数	★★★☆☆
技术掌握	巩固“长方体”、“复制”、“旋转”和“渲染”等命令的使用方法。

操作指南

参照“实战284 石凳”案例进行制作。

首先，执行“建模>长方体”、“修改>复制”与“修改>旋转”命令，绘制石凳，然后，执行“视图>渲染>渲染”命令，渲染石凳。练习的最终效果如图284-9所示。

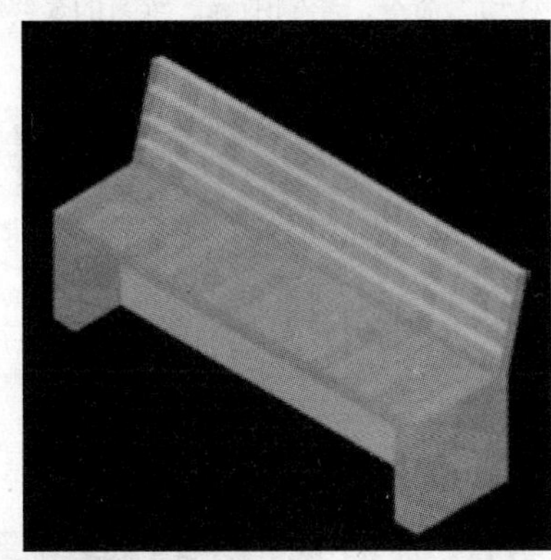

图284-9

实战285 围墙

实战位置	DVD>实战文件>第9章>实战285
视频位置	DVD>多媒体教学>第9章>实战285
难易指数	★★☆☆☆
技术掌握	掌握“长方体”、“圆柱体”、“圆环体”、“复制”和“移动”等命令。

实战介绍

运用“长方体”命令，绘制围墙；利用“圆柱体”、“圆环体”与“复制”命令，绘制圆环形装饰物。本例最终效果如图285-1所示。

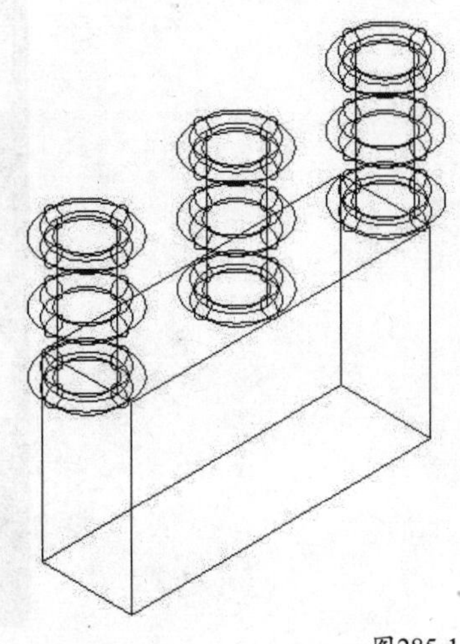

图285-1

制作思路

- 绘制装饰物。
- 绘制围墙，完成围墙的绘制并将其保存。

制作流程

围墙的制作流程如图285-2所示。

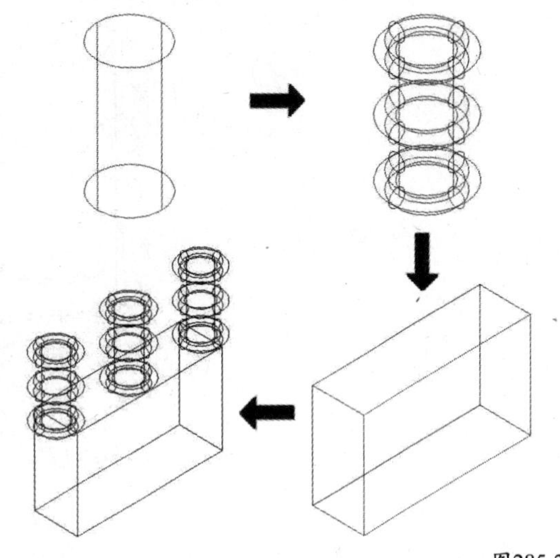

图285-2

1. 绘制装饰物

01 打开AutoCAD 2013中文版软件，执行“视图>三维视图>西南等轴测”命令，切换到三维视图。

02 执行“建模>圆柱体”命令，绘制一个半径为100，高度为400的圆柱体，如图285-3所示。

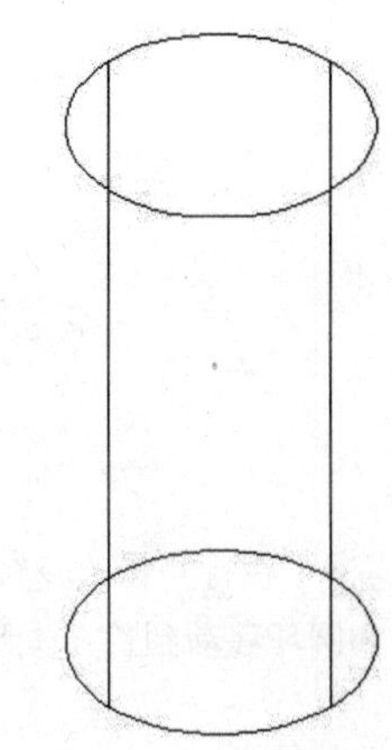

图285-3

03 执行“建模>圆环体”命令，绘制一个半径为110，圆管半径为30的圆环体，如图285-4所示。

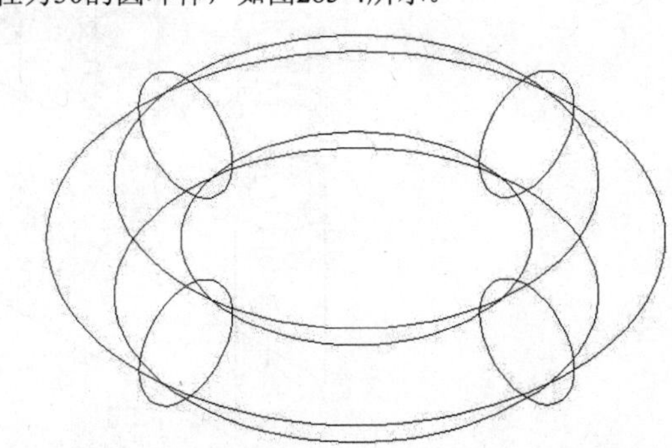

图285-4

04 执行“修改>复制”和“修改>移动”命令，复制圆环体，如图285-5所示。

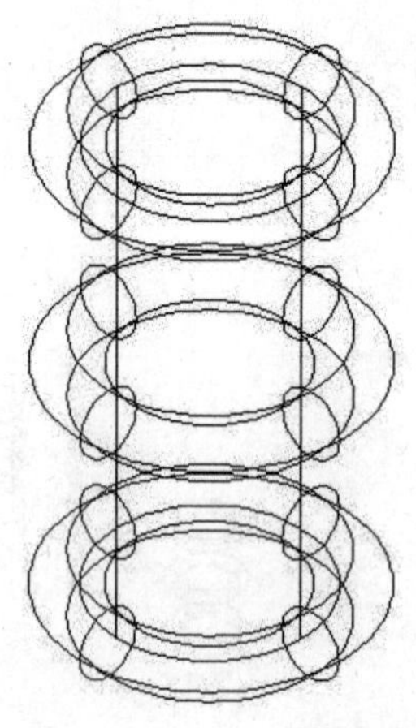

图285-5

2. 绘制围墙

01 执行“建模>长方体”命令，绘制一个长为1000，宽为300，高为600的长方体，如图285-6所示。

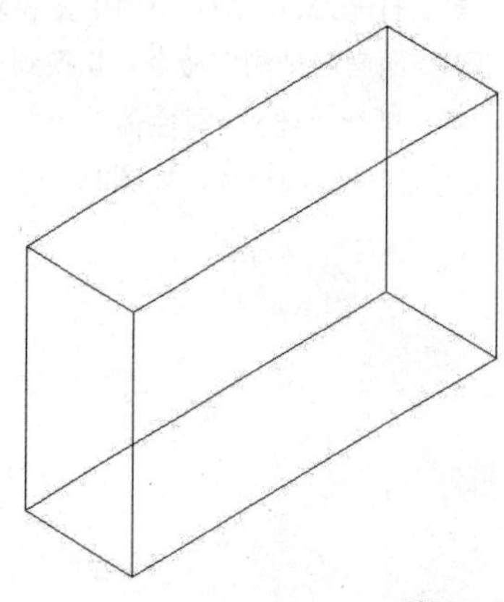

图285-6

02 执行“修改>移动”和“修改>复制”命令，将圆柱和圆环移动到长方体上表面的端部，如图285-7所示。

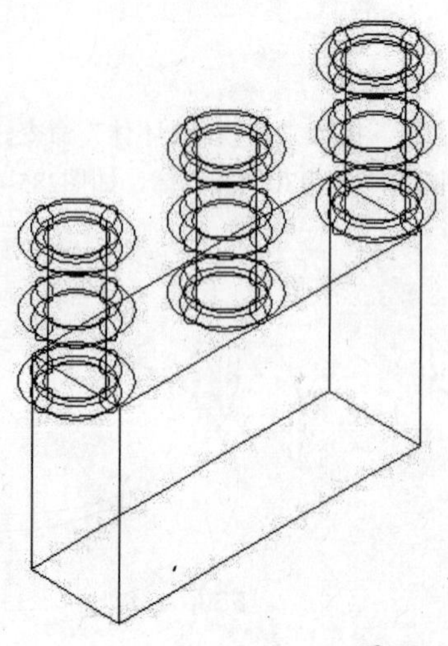

图285-7

练习285

练习位置	DVD>练习文件>第9章>练习285
难易指数	★★☆☆☆
技术掌握	巩固“长方体”、“圆柱体”、“圆环体”、“复制”和“移动”等命令的使用方法。

操作指南

参照“实战285 围墙”案例进行制作。

执行“建模>圆柱体”、“建模>圆环体”、“建模>圆柱体”、“建模>长方体”、“修改>复制”与“修改>移动”命令，绘制围墙。练习的最终效果如图285-8所示。

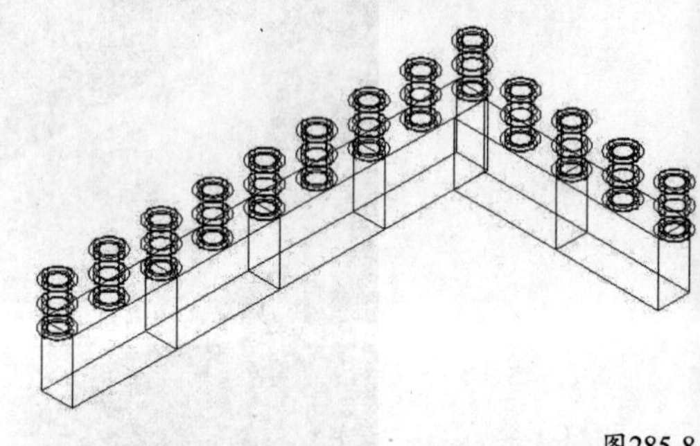

图285-8

实战286 塔

实战位置	DVD>实战文件>第9章>实战286
视频位置	DVD>多媒体教学>第9章>实战286
难易指数	★★☆☆☆
技术掌握	掌握“圆锥体”、“正多边形”、“偏移”、“复制”、“移动”、“拉伸”、“差集”和“并集”等命令。

实战介绍

运用“圆锥体”、“正多边形”、“偏移”、“复制”、“移动”、“拉伸”、“差集”与“并集”命令，绘制塔。本例的最终效果如图286-1所示。

图286-1

制作思路

- 绘制塔身。
- 绘制塔层，完成塔的绘制并将其保存。

制作流程

塔的制作流程如图286-2所示。

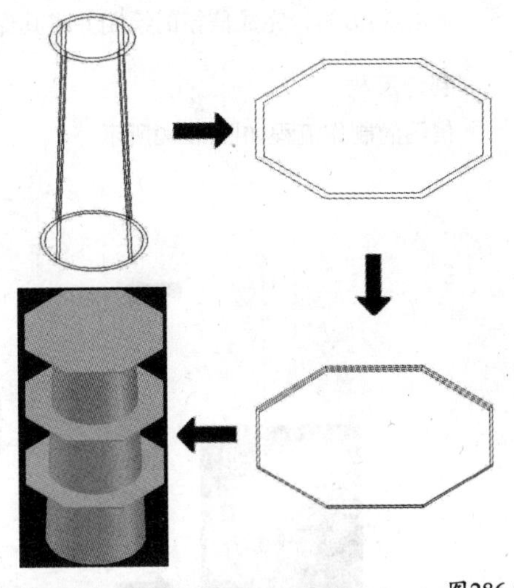

图286-2

01 打开AutoCAD 2013中文版软件，执行“视图>三维视图>西南等轴测”命令，调整视图。

02 执行“建模>圆锥体”命令，绘制一个半径为2500，顶面半径为2000，高度为12000的圆锥体，如图286-3所示。

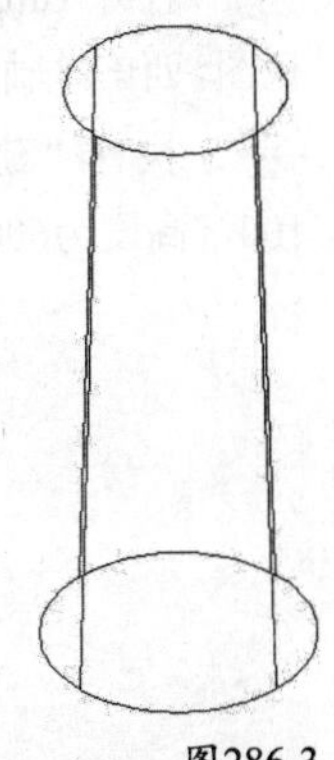

图286-3

03 再次执行“建模>圆锥体”命令，绘制一个半径为2200，顶面半径为1700，高度为12000的圆锥体，如图286-4所示。

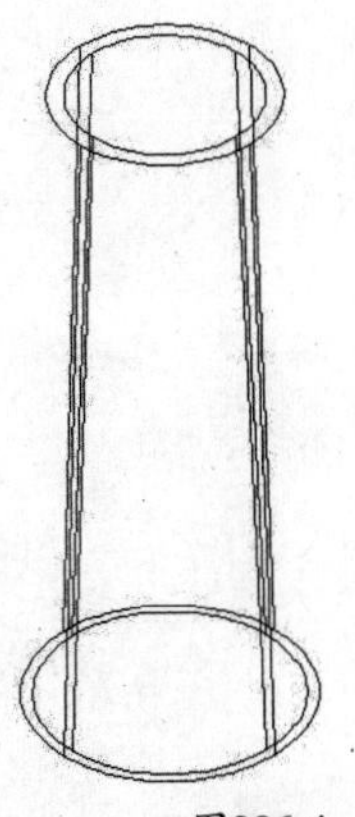

图286-4

04 执行“修改>实体编辑>差集”命令或在命令行中输入“SUBTRACT”，将小圆柱体从大圆柱体中减去，使之成为一个圆环体。

05 执行“绘图>正多边形”命令，绘制一个正八边形，内接半径为3000。执行“修改>偏移”命令，偏移正八边形，偏移距离为200，如图286-5所示。

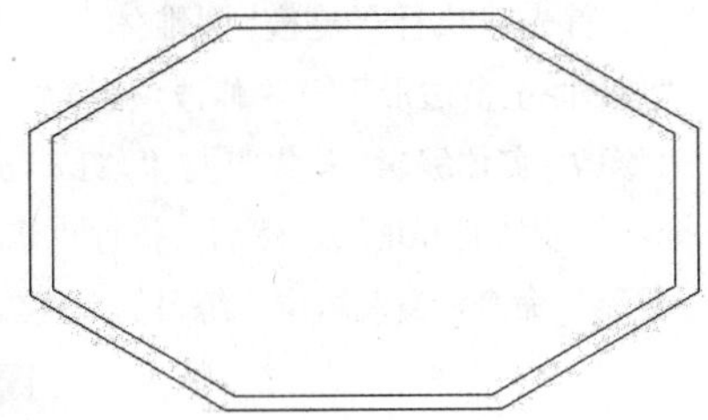

图286-5

06 执行“建模>拉伸”命令，拉伸图形，大正八边形的拉伸长度为100，小正八边形的拉伸长度为200，如图286-6所示。

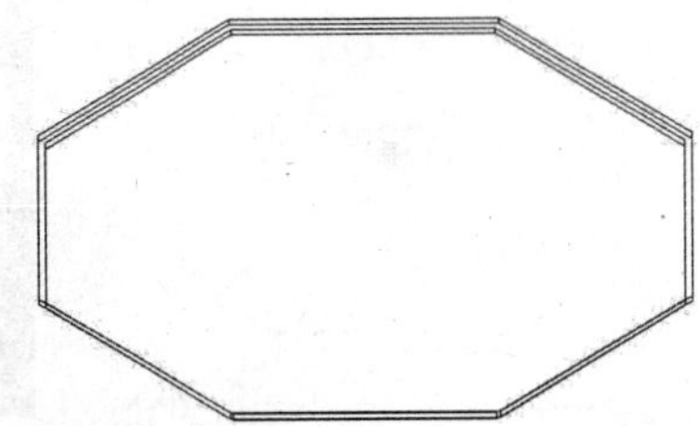

图286-6

07 执行“修改>实体编辑>并集”命令，对两个实体进行并集运算。执行“修改>移动”和“修改>复制”命令，将合并后的实体移动到塔身处，再复制出其他塔身，层高为4000。

08 执行“视图>视觉样式>着色”命令，效果如图286-7所示。

图286-7

练习286

练习位置	DVD>练习文件>第9章>练习286
难易指数	★★☆☆☆
技术掌握	巩固"长方体"、"圆锥体"、"正多边形"、"偏移"、"复制"、"移动"、"拉伸"、"差集"和"并集"等命令的使用方法。

操作指南

参照"实战286 塔"案例进行制作。

首先，执行"建模>圆锥体"、"建模>长方体"、"绘图>正多边形"、"修改>偏移"、"建模>拉伸"、"修改>实体编辑>差集"与"修改>实体编辑>并集"命令，绘制塔身和塔层，然后，执行"修改>移动"与"修改>复制"命令，复制塔层。练习的最终效果如图286-8所示。

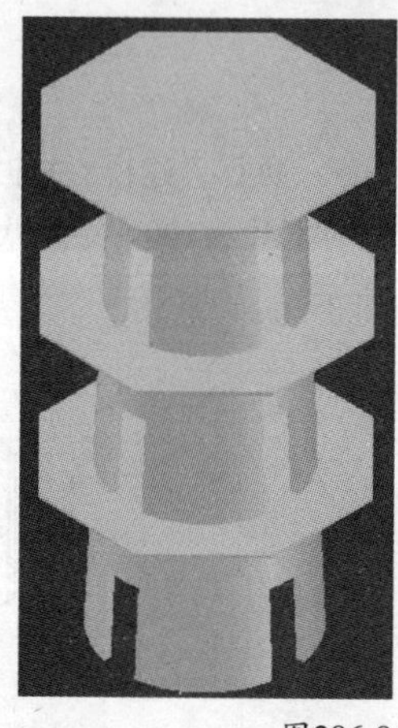

图286-8

实战287 信箱

实战位置	DVD>实战文件>第9章>实战287
视频位置	DVD>多媒体教学>第9章>实战287
难易指数	★★☆☆☆
技术掌握	掌握"圆柱体"、"多段线"、"拉伸"和"移动"等命令。

实战介绍

运用"多段线"命令，绘制信箱支柱；利用"多段线"、"拉伸"与"移动"命令，绘制信箱。本例最终效果如图287-1所示。

图287-1

制作思路

- 绘制支柱。
- 绘制信箱，完成信箱的绘制并将其保存。

制作流程

信箱的制作流程如图287-2所示。

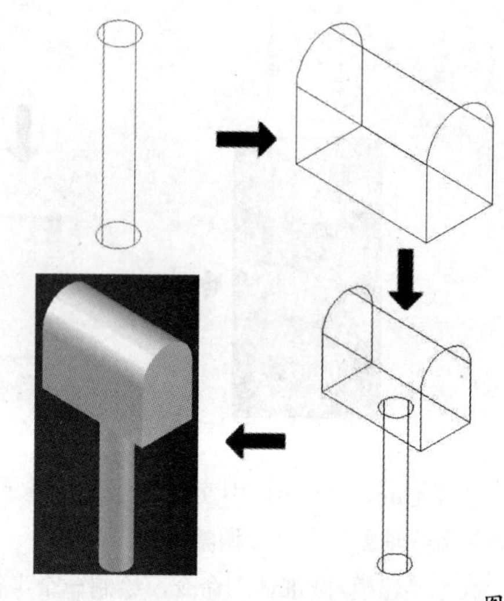

图287-2

01 打开AutoCAD 2013中文版软件，执行"视图>三维视图>西南等轴测"命令，调整视图。

02 执行"建模>圆柱体"命令，绘制一个底面半径为100，高度为600的圆柱体，如图287-3所示。

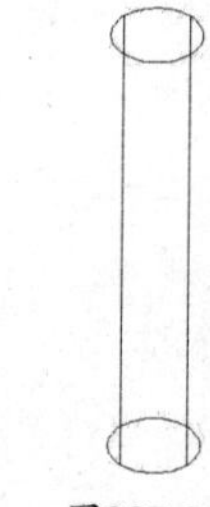

图287-3

03 执行"绘图>多段线"命令，绘制一条直线距离为400，圆弧半径为200的多段线，如图287-4所示。

图287-4

04 执行“建模>拉伸”命令，对多选线进行拉伸，拉伸长度为800，如图287-5所示。

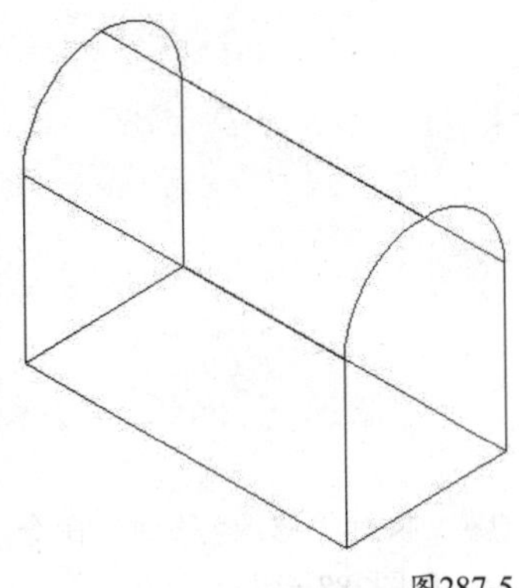

图287-5

05 执行“修改>移动”命令，将拉伸实体移动到圆柱体上，如图287-6所示。

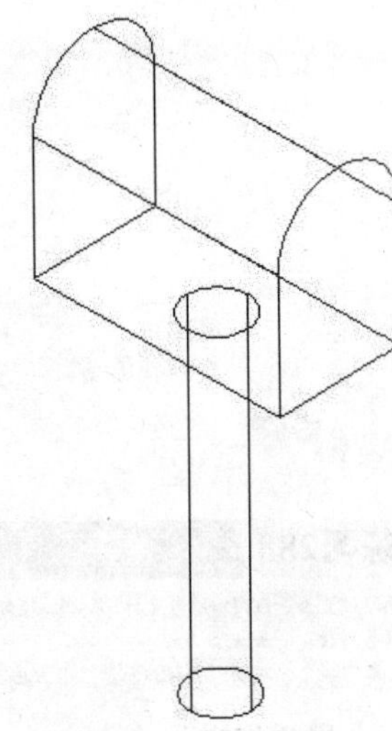

图287-6

06 执行“视图>视觉样式>着色”命令，如图287-7所示。

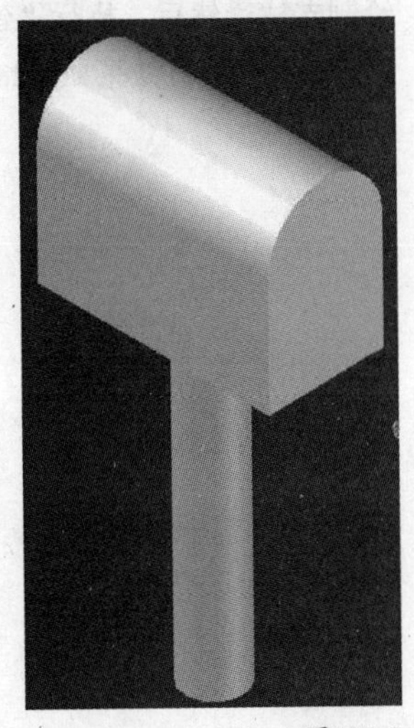

图287-7

练习287

练习位置	DVD>练习文件>第9章>练习287
难易指数	★★☆☆☆
技术掌握	巩固“长方体”、“圆柱体”、“多段线”、“旋转”、“拉伸”和“移动”等命令的使用方法。

操作指南

参照“实战287 信箱”案例进行制作。

首先，执行“建模>圆柱体”命令，绘制支柱，然后，执行“建模>长方体”、“绘图>多段线”、“建模>拉伸”、“修改>旋转”与“修改>移动”命令，绘制信箱。练习的最终效果如图287-8所示。

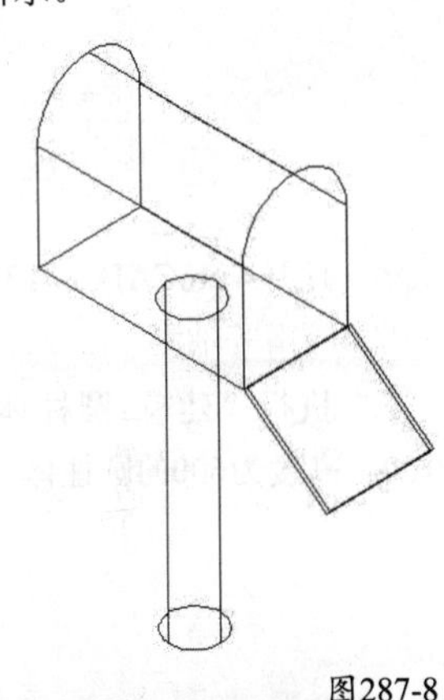

图287-8

实战288 广告栏

实战位置	DVD>实战文件>第9章>实战288
视频位置	DVD>多媒体教学>第9章>实战288
难易指数	★★☆☆☆
技术掌握	掌握“圆柱体”、“长方体”、“复制”和“移动”等命令。

实战介绍

运用“圆柱体”与“复制”命令，绘制支柱；利用“长方体”命令，绘制展板。本例最终效果如图288-1所示。

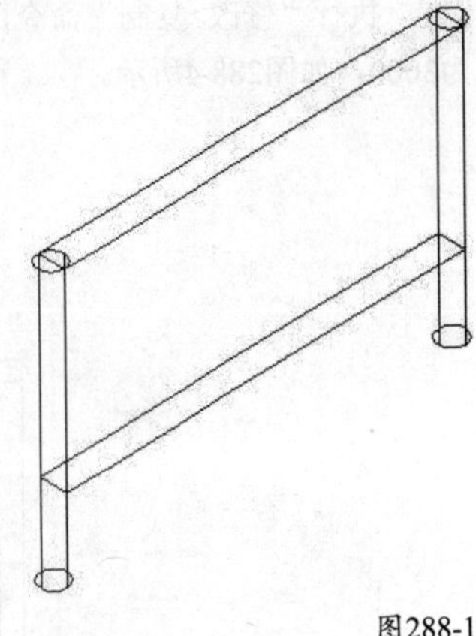

图288-1

制作思路

- 绘制支柱。
- 绘制展板，完成广告栏的绘制并将其保存。

制作流程

广告栏的制作流程如图288-2所示。

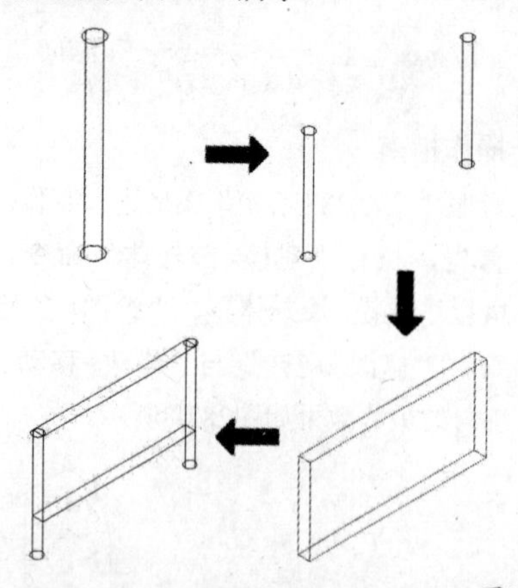

图288-2

01 打开AutoCAD 2013中文版软件，执行“视图>三维视图>西南等轴测”命令，调整视图。

02 执行“建模>圆柱体”命令，绘制一个底面半径为100，高度为600的圆柱体，如图288-3所示。

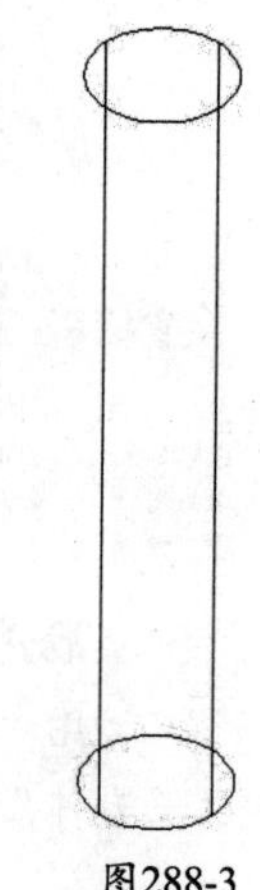

图288-3

03 执行“修改>复制”命令，将圆柱体向一侧复制距离为3000，如图288-4所示。

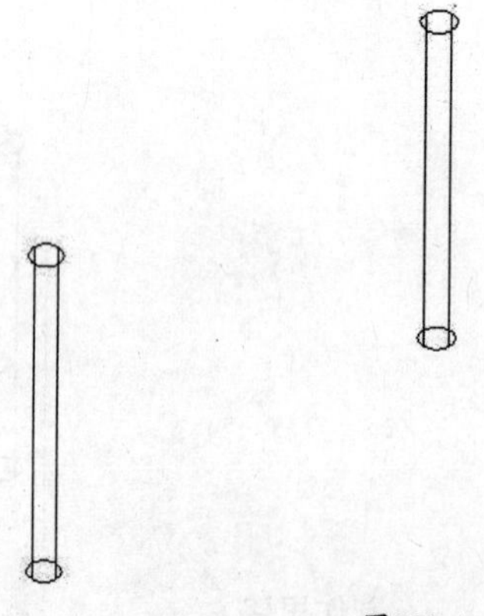

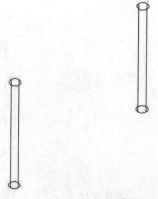

图288-4

04 执行“建模>长方体”命令，绘制一个长为3000，宽为200，高为1400的长方体，如图288-5所示。

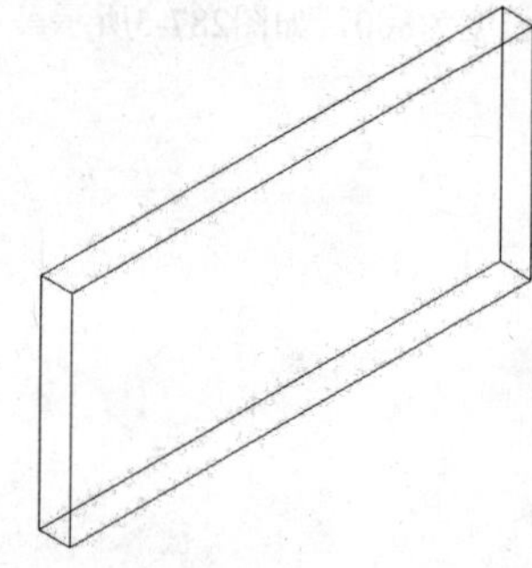

图288-5

05 执行“修改>移动”命令，将长方体移动到圆柱体上，如图288-6所示。

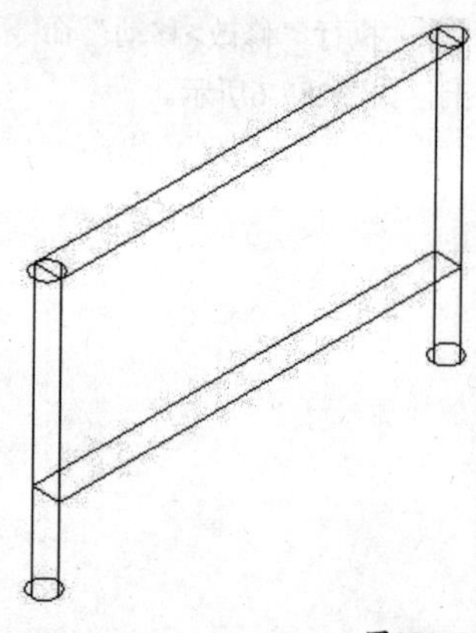

图288-6

练习288

练习位置	DVD>练习文件>第9章>练习288
难易指数	★★☆☆☆
技术掌握	巩固“圆柱体”、“长方体”、“复制”和“移动”等命令的使用方法。

操作指南

参照“实战288 广告栏”案例进行制作。

首先，执行“建模>圆柱体”与“修改>复制”命令，绘制支柱，然后，执行“建模>长方体”命令，绘制广告牌。练习的最终效果如图288-7所示。

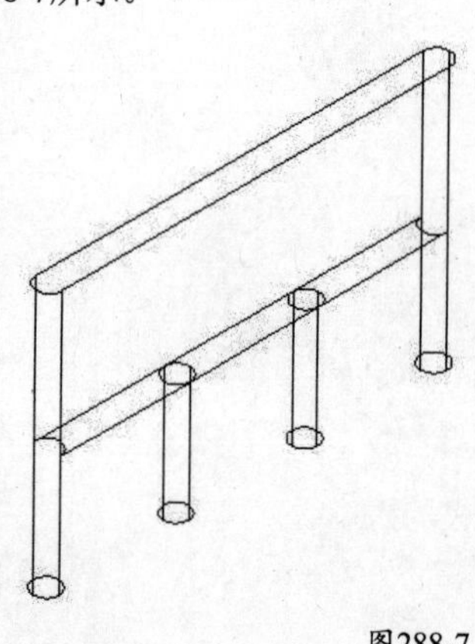

图288-7

实战289　垃圾桶

实战位置	DVD>实战文件>第9章>实战289
视频位置	DVD>多媒体教学>第9章>实战289
难易指数	★★☆☆☆
技术掌握	掌握“圆柱体”、“长方体”、“圆锥体”、“差集”、“复制”、“镜像”、“移动”和“消隐”等命令。

实战介绍

运用“圆柱体”、“长方体”、“圆锥体”、“差集”、“复制”、“镜像”与“移动”命令，绘制垃圾桶；利用“消隐”命令，消隐垃圾桶。本例最终效果如图289-1所示。

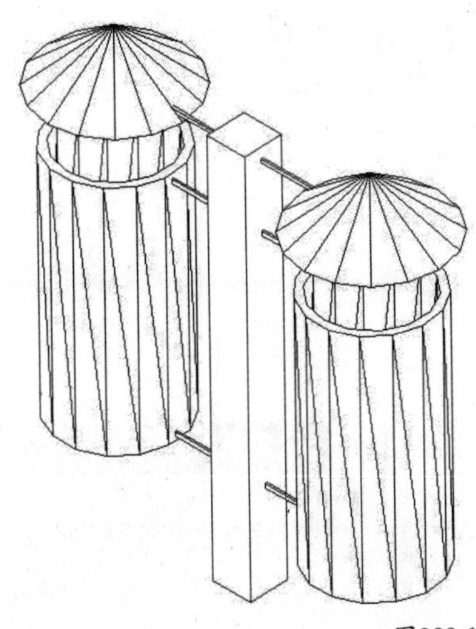

图289-1

制作思路

- 绘制垃圾桶。
- 消隐垃圾桶，完成垃圾桶的绘制并将其保存。

制作流程

垃圾桶的制作流程如图289-2所示。

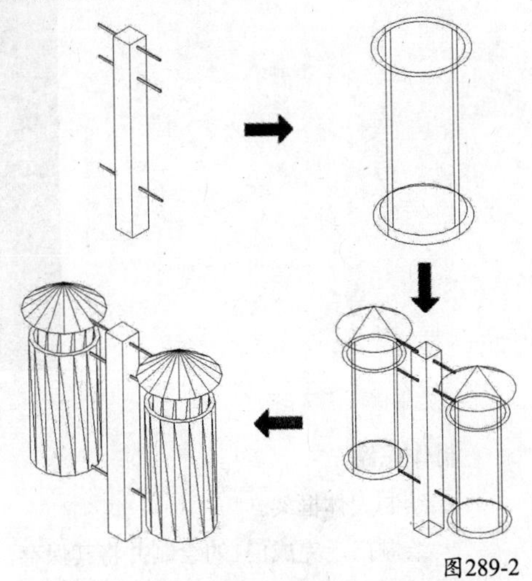

图289-2

01 打开AutoCAD 2013中文版软件，执行“视图>三维视图>西南等轴测”命令，调整视图。执行“建模>长方体”命令，绘制一个长为100，宽为100，高为1000的长方体，如图289-3所示。

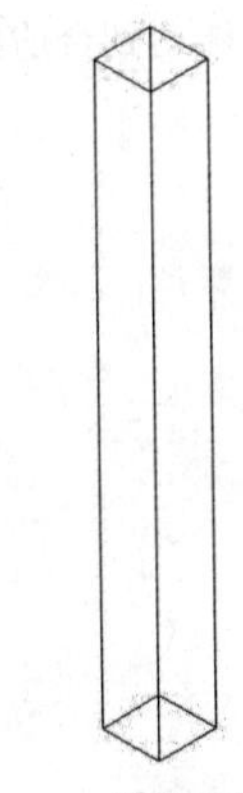

图289-3

02 执行“建模>长方体”命令，绘制一个长为140，宽为2，高为10的长方体，再执行“修改>移动”和“修改>复制”命令，将其移动并复制到长方体上合适的位置，如图289-4所示。

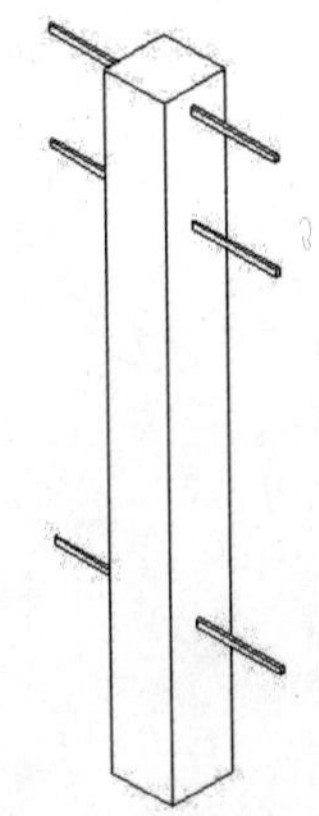

图289-4

03 执行“建模>圆柱体”命令，分别绘制半径为150，高为600和半径为130，高为580的圆柱体，再执行“修改>实体编辑>差集”命令，将小圆柱体从大圆柱体中减去，如图289-5所示。

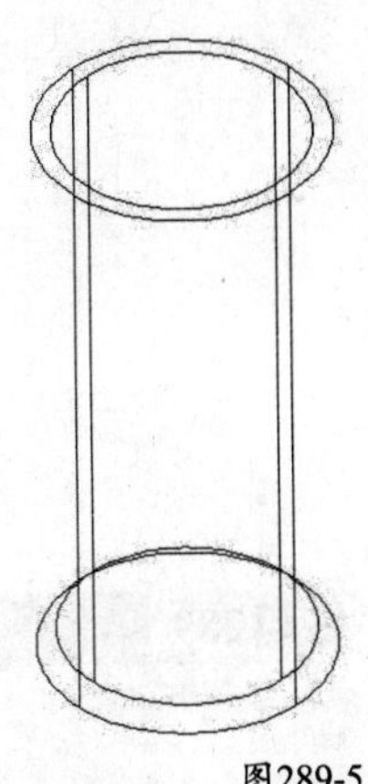

图289-5

04 执行“建模>圆锥体”命令，绘制一个半径为180，高为100的圆椎体，再执行“修改>移动”命令，将圆锥体移动到合适的位置，将其作为桶盖，如图289-6所示。

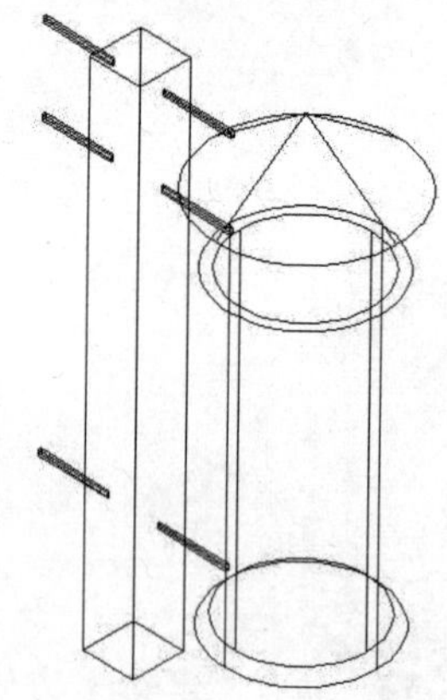

图289-6

05 执行“修改>镜像”命令，将绘制好的垃圾桶和桶盖镜像复制到长方体的另一侧，如图289-7所示。

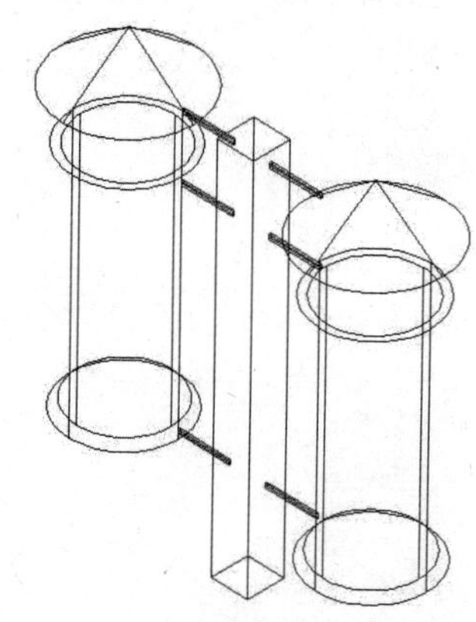

图289-7

06 执行“视图>消隐”命令，效果如图289-8所示。

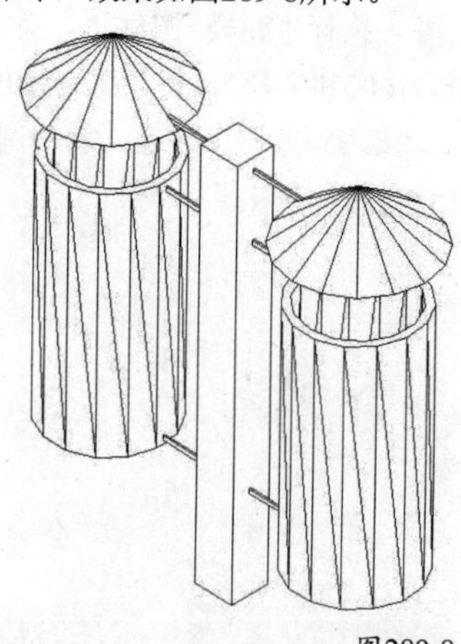

图289-8

练习289

练习位置	DVD>练习文件>第9章>练习289
难易指数	★★☆☆☆
技术掌握	巩固“圆柱体”、“圆锥体”、“差集”和“消隐”等命令的使用方法。

操作指南

参照“实战289 垃圾桶”案例进行制作。

首先，执行“建模>圆柱体”、“建模>圆锥体”与“修改>实体编辑>差集”命令，绘制垃圾桶，然后，执行“视图>消隐”命令，消隐垃圾桶。练习的最终效果如图289-9所示。

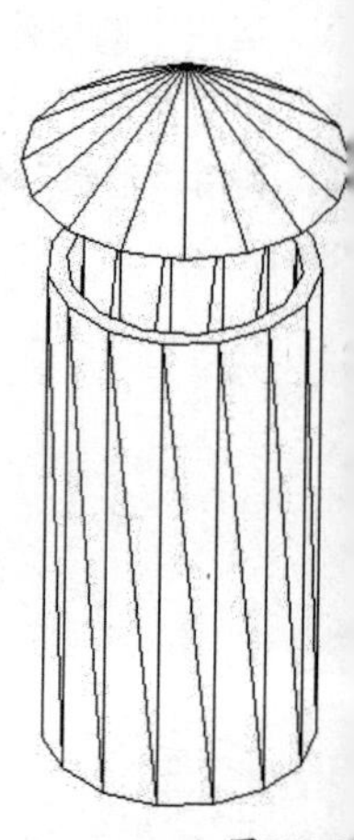

图289-9

实战290 门1

实战位置	DVD>实战文件>第9章>实战290
视频位置	DVD>多媒体教学>第9章>实战290
难易指数	★★☆☆☆
技术掌握	掌握“长方体”、“复制”、“移动”、“差集”和“着色面”等命令。

实战介绍

运用“长方体”、“复制”与“差集”命令，绘制门。本例最终效果如图290-1所示。

图290-1

制作思路

- 绘制大体框架。
- 绘制门，完成门1的绘制并将其保存。

制作流程

门1的制作流程如图290-2所示。

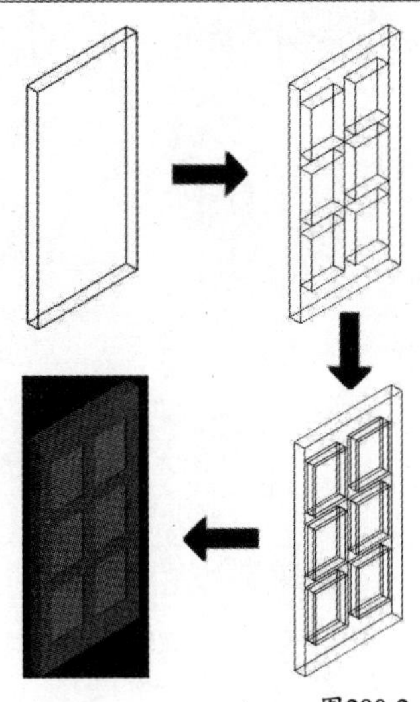

图290-2

01 打开AutoCAD 2013中文版软件，执行“视图>三维视图>西南等轴测”命令，进入西南等轴测视图。执行“建模>长方体”命令，绘制如图290-3所示的长方体。

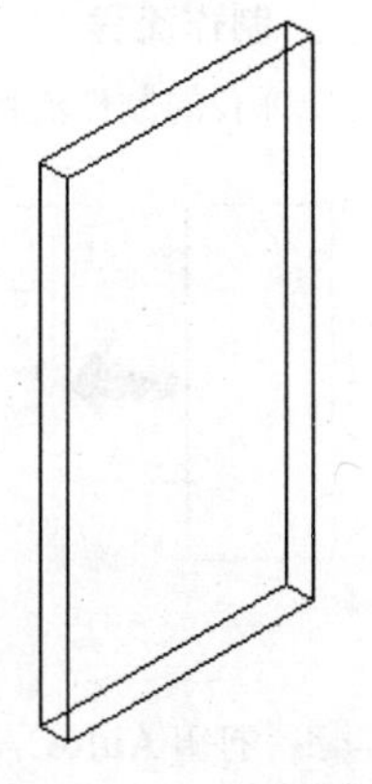

图290-3

02 执行“建模>长方体”和“修改>复制”命令，绘制如图290-4所示的长方体。

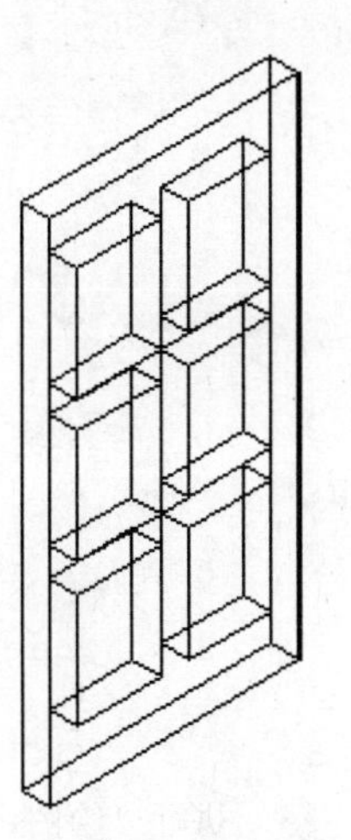

图290-4

03 执行“修改>实体编辑>差集”命令，效果如图290-5所示。

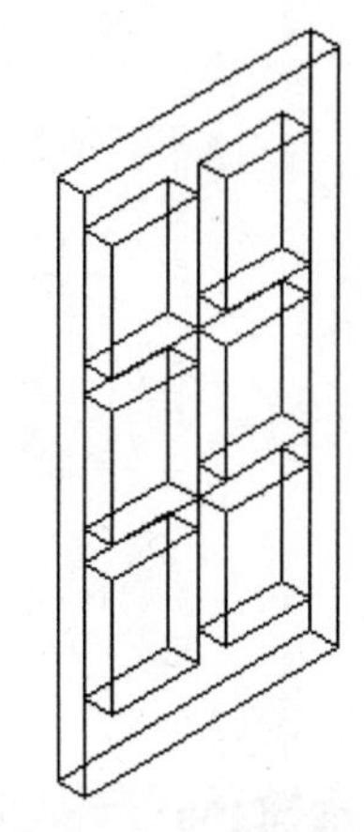

图290-5

04 执行“建模>长方体”命令，绘制如图290-6所示的长方体。

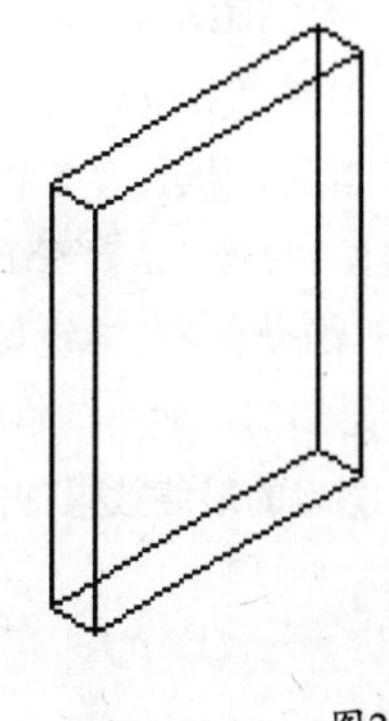

图290-6

05 执行“修改>移动”和“修改>复制”命令，将长方体布置到门实体中，如图290-7所示。

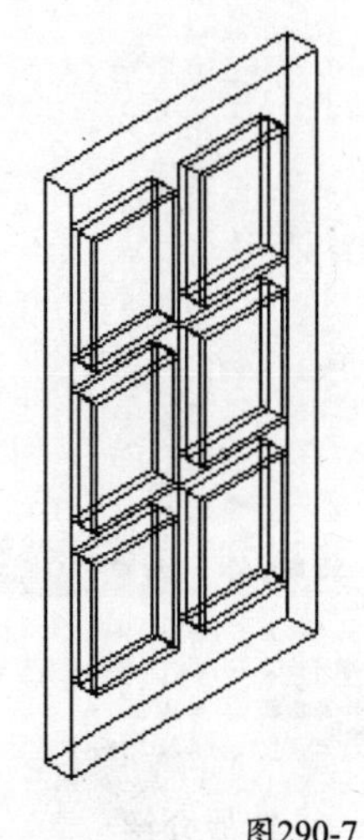

图290-7

06 执行“修改>实体编辑>着色面”和“视图>视觉样式>着色”命令，效果如图290-8所示。

图290-8

练习290

练习位置	DVD>练习文件>第9章>练习290
难易指数	★★☆☆☆
技术掌握	巩固“长方体”、“多段线”、“拉伸”、“复制”、“移动”、“三维镜像”、“差集”和“渲染”等命令的使用方法。

操作指南

参照“实战290 门1”案例进行制作。

首先，执行“建模>长方体”、“绘图>多段线”、“建模>拉伸”、“修改>复制”、“修改>移动”、“修改>三维操作>三维镜像”与“修改>实体编辑>差集”命令，绘制门，然后，执行“视图>渲染>渲染”命令，渲染门。练习的最终效果如图290-9所示。

图290-9

实战291 门2

实战位置	DVD>实战文件>第9章>实战291
视频位置	DVD>多媒体教学>第9章>实战291
难易指数	★★☆☆☆
技术掌握	掌握“矩形”、“多段线”、“拉伸”、“差集”和“着色面”等命令。

实战介绍

运用“矩形”、“多段线”、“拉伸”与“差集”命令，绘制门。本例最终效果如图291-1所示。

图291-1

制作思路

- 绘制大体框架。
- 绘制门，完成门2的绘制并将其保存。

制作流程

门2的制作流程如图291-2所示。

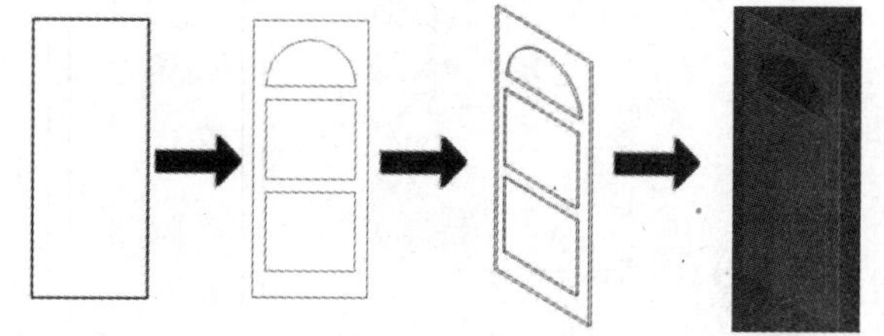

图291-2

01 打开AutoCAD 2013中文版软件，执行“绘图>矩形”命令，绘制如图291-3所示的矩形。

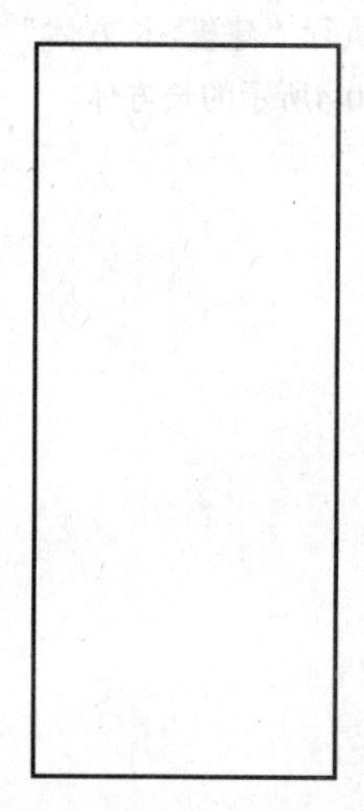

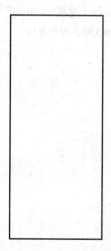

图291-3

02 执行“绘图>多段线”命令，绘制如图291-4所示的多段线。

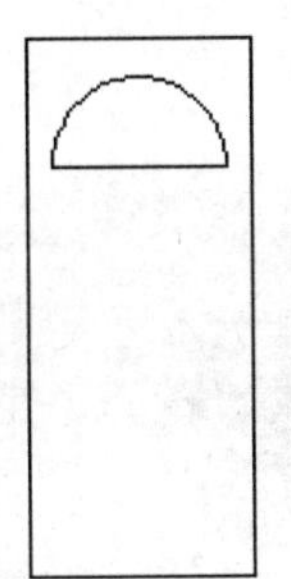

图291-4

03 执行“绘图>矩形”命令，绘制如图291-5所示的矩形。

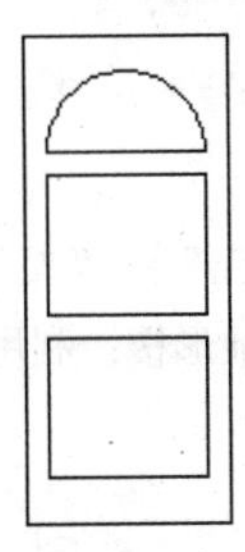

图291-5

04 执行“视图>三维视图>西南等轴测”命令，进入西南等轴测视图，再执行“建模>拉伸”命令，将图形拉伸出一定的厚度，拉伸效果如图291-6所示。

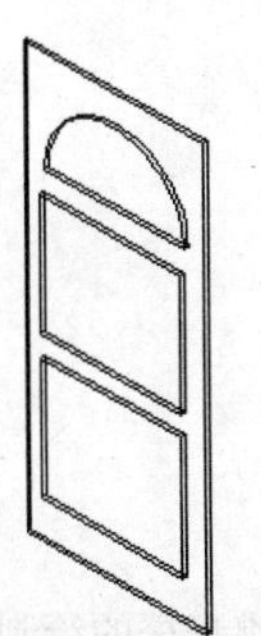

图291-6

05 执行“修改>实体编辑>差集”命令，对图形进行差集运算，如图291-7所示。

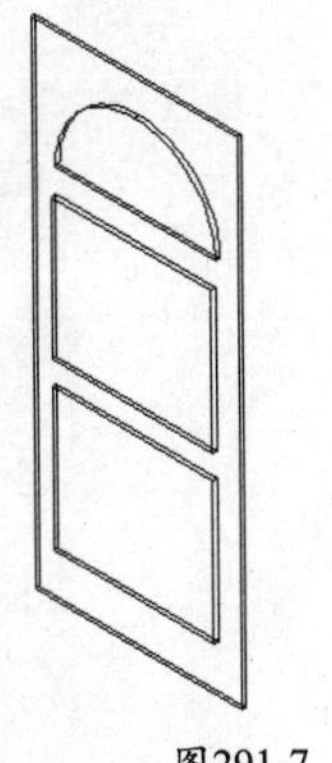

图291-7

06 执行“修改>实体编辑>着色面”和“视图>视觉样式>着色”命令，效果如图291-8所示。

图291-8

练习291

练习位置	DVD>练习文件>第9章>练习291
难易指数	★★☆☆☆
技术掌握	巩固“长方体”、“多段线”、“圆”、“拉伸”、“复制”、“差集”和“渲染”等命令的使用方法。

操作指南

参照“实战291 门2”案例进行制作。

首先，执行“建模>长方体”、“绘图>多段线”、“绘图>圆”、“建模>拉伸”、“修改>复制”与“修改>实体编辑>差集”命令，绘制门，然后，执行“视图>渲染>渲染”命令，渲染门。练习的最终效果如图291-9所示。

图291-9

第10章 绘制单体建筑

本章学习要点：

矩形命令的使用
直线命令的使用
多段线命令的使用
拉伸命令的使用
长方体命令的使用
圆柱体命令的使用
棱锥体命令的使用
球体命令的使用
三维旋转命令的使用
三维阵列命令的使用
差集命令的使用
并集命令的使用
渲染命令的使用

实战292 绘制锥形楼

实战位置	DVD>实战文件>第10章>实战292
视频位置	DVD>多媒体教学>第10章>实战292
难易指数	★★☆☆☆
技术掌握	掌握“长方体”、“抽壳”、“差集”、“复制”、“拉伸面”、“阵列”、“三维旋转”及“消隐”等命令。

实战介绍

运用“长方体”、“抽壳”、“差集”、“复制”、“拉伸面”、“阵列”与“三维旋转”命令，绘制锥形楼；利用“消隐” 命令，消隐锥形楼。本例最终效果如图139-1所示。

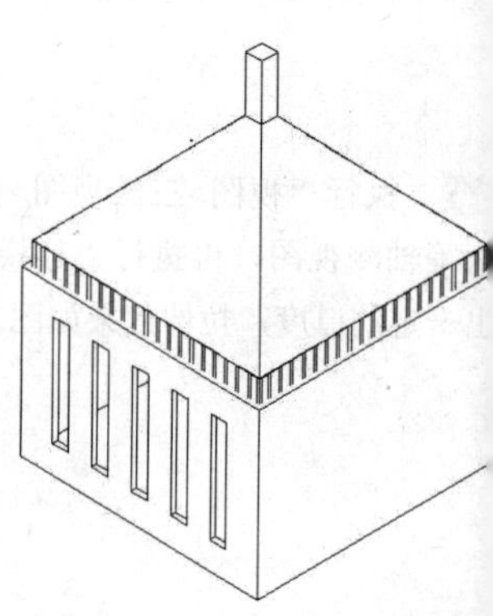
图292-1

制作思路

- 绘制锥形楼。
- 渲染锥形楼，完成锥形楼的绘制并将其保存。

制作流程

锥形楼的制作流程如图292-2所示。

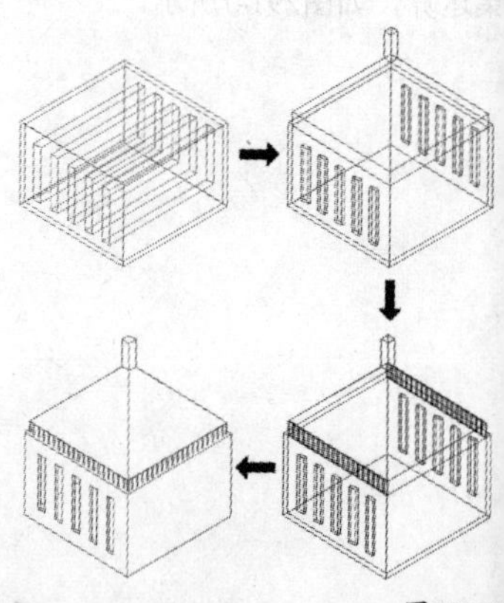
图292-2

1. 绘制锥形楼

01 打开AutoCAD2013中文版软件，执行“视图>三维视图>西南等轴测”命令，进入西南等轴测”视图。执行“建模>长方体”命令，绘制一长900，宽900，高600的长方体，将其作为锥形楼的主体，如图292-3所示。

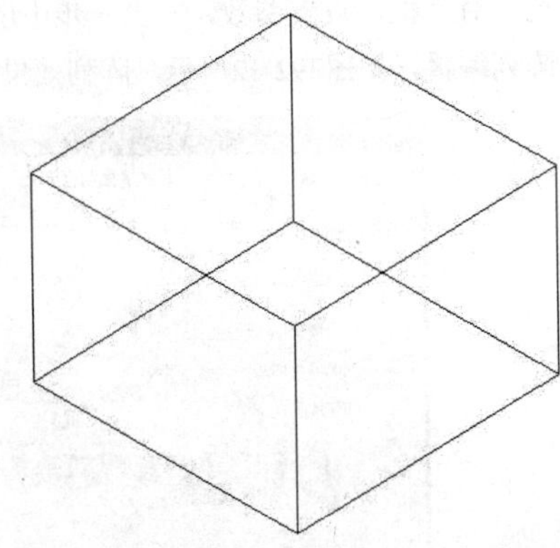

图292-3

02 执行“修改>实体编辑>抽壳”命令，设置抽壳距离为20，对长方体进行抽壳编辑，如图292-4所示。

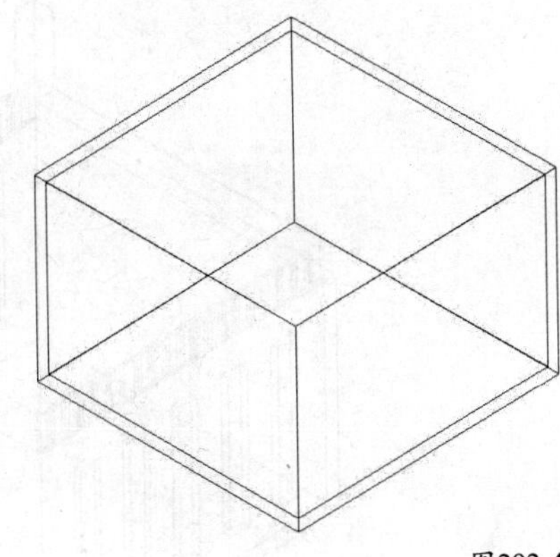

图292-4

03 执行“建模>长方体”命令，绘制一个长900，宽…0，高400的长方体。执行“视图>三维视图>俯视”、“视图>三维视图>左视”和“视图>三维视图>前视”命令，将矩形移动到合适的位置后，再执行“视图>三维视图>西南等轴测”命令，返回到西南等轴测视图，如图292-5所示。

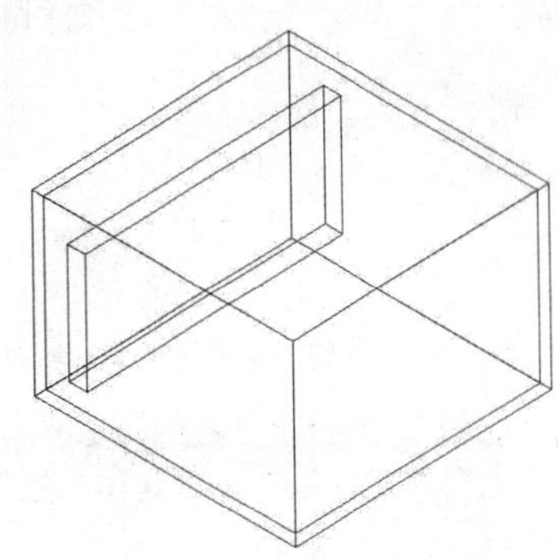

图292-5

04 执行“修改>复制”命令，将上一步绘制的长方体向右下方复制4个，如图292-6所示。

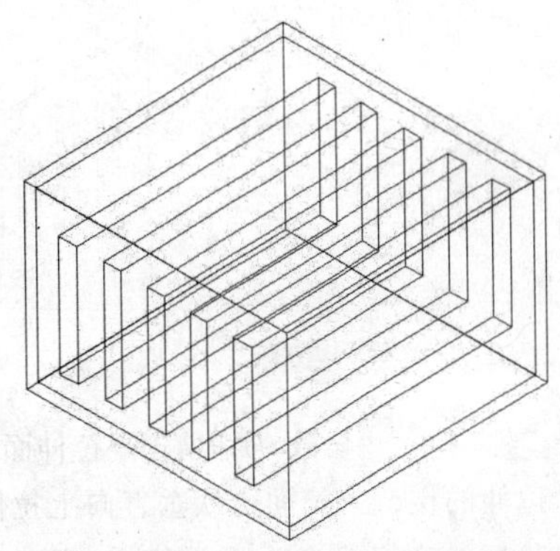

图292-6

05 执行“修改>实体编辑>差集”命令，用锥形楼的主体长方体减去上一步中所绘制的长方体，结果如图292-7所示。

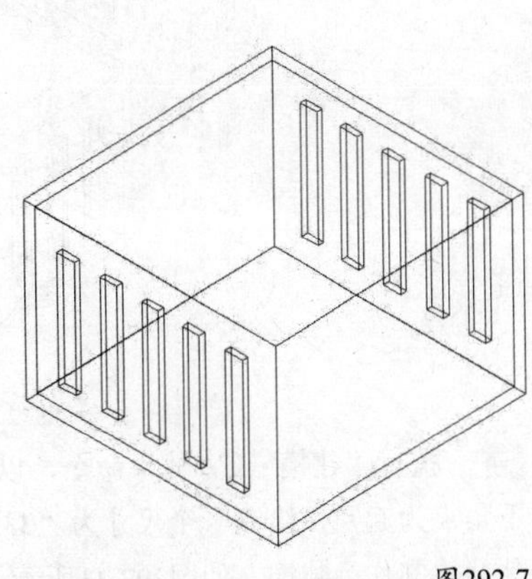

图292-7

06 用“建模>长方体”命令和“捕捉自”功能捕捉锥形楼主体长方体的内边框左下角点，设置偏移距离为“@20，0，-20”，绘制一个尺寸为“860，860，100”的长方体，如图292-8所示。

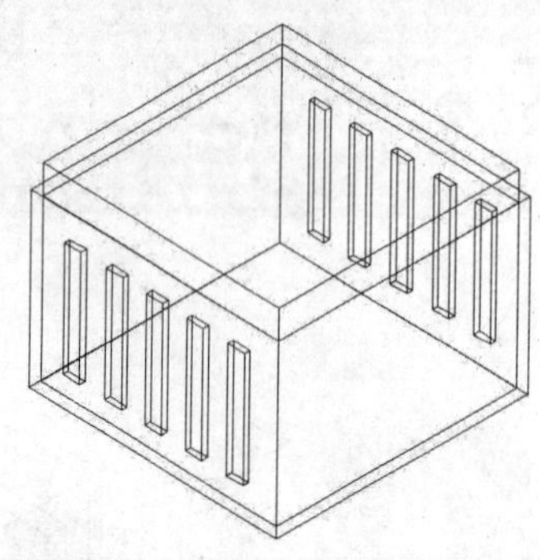

图292-8

07 执行“修改>实体编辑>拉伸面”命令，设置拉伸高度为400，倾斜角度为45°，对上一步中所绘制的长方体的上表面进行拉伸，将其作为锥形楼的楼台，如图292-9所示。

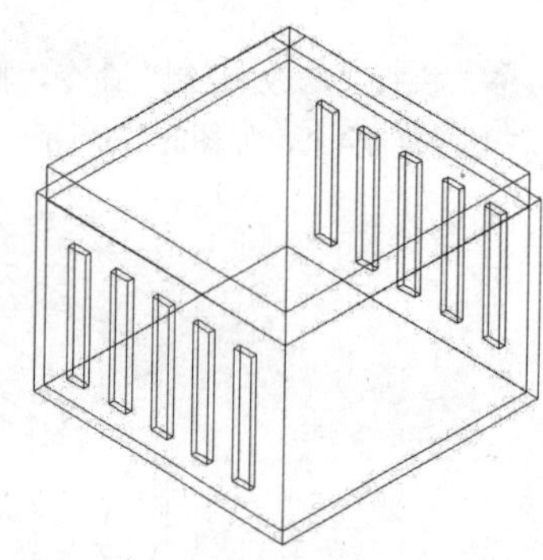

图292-9

08 执行“修改>实体编辑>拉伸面”命令，将上一步所拉伸的楼台上表面再次垂直向上拉伸，设置拉伸高度为200，拉伸角度为0，如图292-10所示。

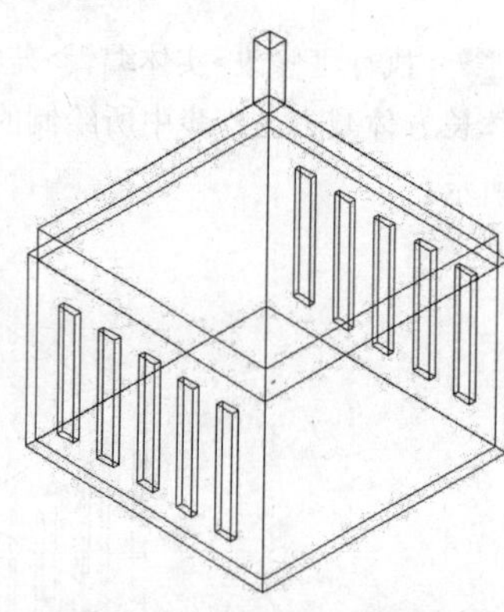

图292-10

09 执行“建模>长方体”命令，以锥形楼楼台下表面左下角点为起点，绘制一个尺寸为“33.5，10，100”的长方体并将其作为装饰，如图292-11所示。

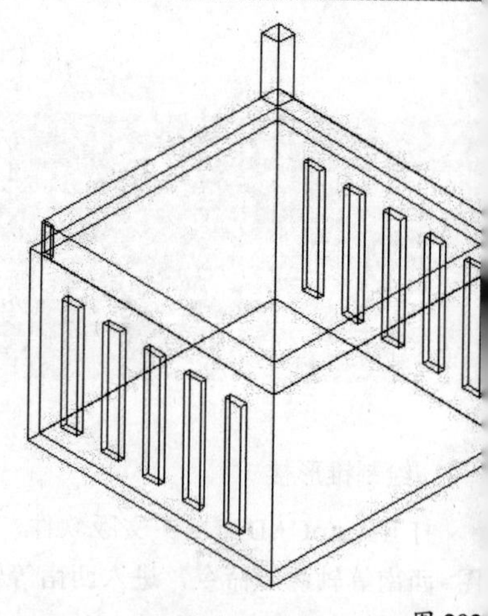

图 292

10 在命令行中输入“ARRAYCLASSIC”，弹出“列”对话框，设置参数，对上一步中所绘制的长方体进阵列编辑，如图292-12所示，阵列效果如图292-13所示。

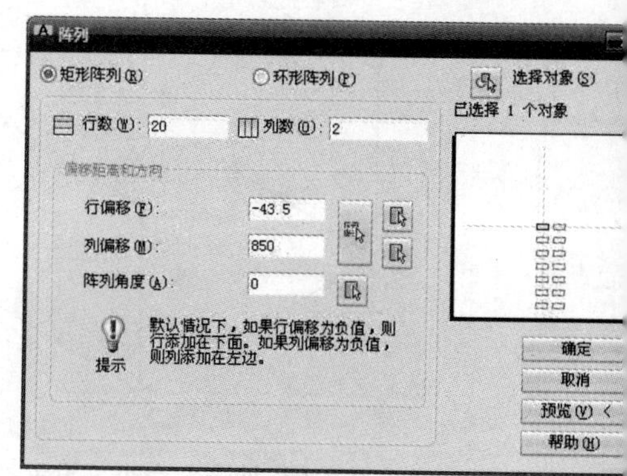

图292-

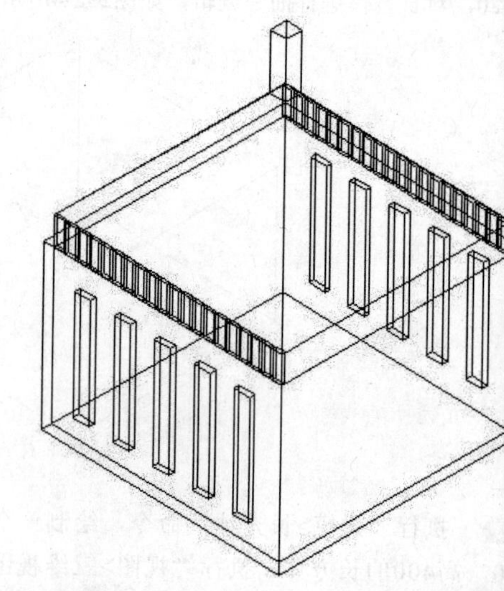

图292-1

11 执行“修改>复制”和“修改>三维操作>三维旋转”命令，复制并旋转上一步所绘制的装饰柱，再执行“修改>移动”命令，将复制旋转后的装饰柱移动到合适的位置，如图292-14所示。

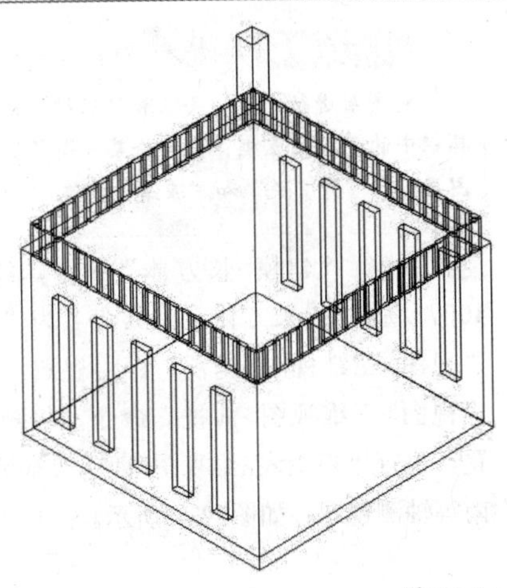

图292-14

2. 渲染锥形楼

01 在命令行中输入"FACETRES"，将渲染的平滑度变量值设置为5。

02 执行"视图>渲染>渲染"命令，效果如图292-15所示。

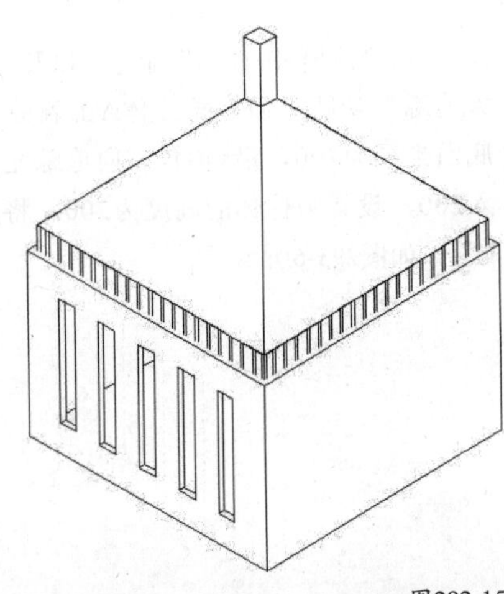

图292-15

练习292

练习位置	DVD>练习文件>第10章>练习292
难易指数	★★★☆☆
技术掌握	巩固"多段线"、"长方体"、"圆柱体"、"差集"、"复制"、"阵列"、"三维镜像"、"拉伸"、"材质"和"渲染"等命令的使用方法

操作指南

参照"实战292 绘制锥形楼"案例进行制作。

首先执行"建模>长方体"和"修改>实体编辑>差集"命令，绘制地基，接着执行"建模>长方体"、"建模>圆柱体"、"修改>复制"和"修改>三维操作>三维镜像"命令，在命令行中输入"ARRAYCLAS SIC"，绘制支柱和座椅，然后执行"绘图>多段线"和"建模>拉伸"命令，绘制顶部，最后执行"视图>渲染>材质编辑器"和"视图>渲染>渲染"命令，渲染走廊。练习效果如图292-16所示。

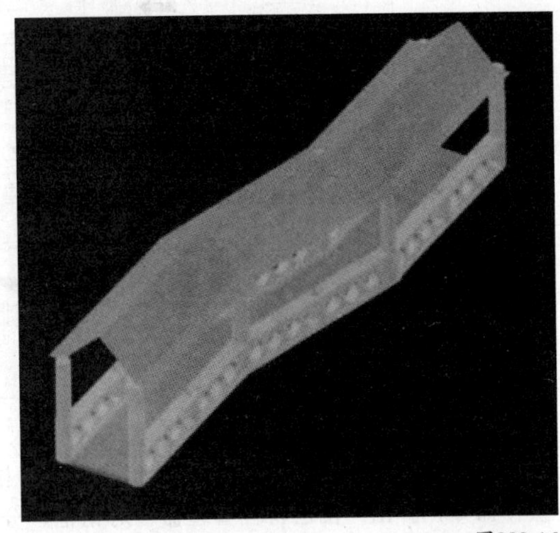

图292-16

实战293 体育场

实战位置	DVD>实战文件>第10章>实战293
视频位置	DVD>多媒体教学>第10章>实战293
难易指数	★★☆☆☆
技术掌握	掌握"圆柱体"、"长方体"、"差集"、"并集"、"阵列"、"三维多段线"、"旋转网格"及"渲染"等命令。

实战介绍

运用"圆柱体"、"长方体"、"差集"、"并集"、"阵列"、"三维多段线"与"旋转网格"命令，绘制体育场；利用"渲染"命令，渲染体育场。本例最终效果如图293-1所示。

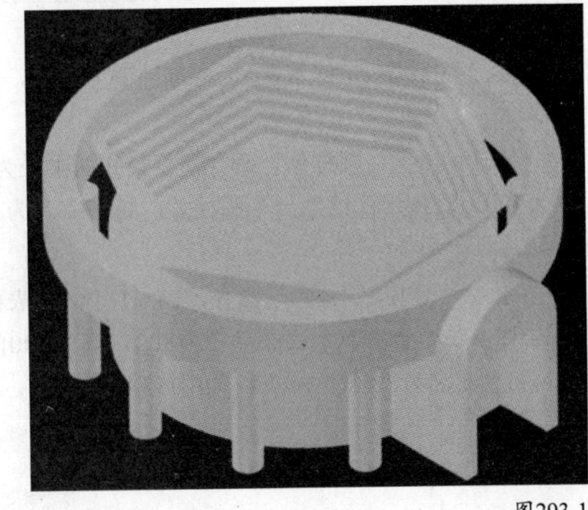

图293-1

制作思路

- 绘制体育场。
- 渲染体育场，完成体育场的绘制并将其保存。

制作流程

体育场的制作流程如图293-2所示。

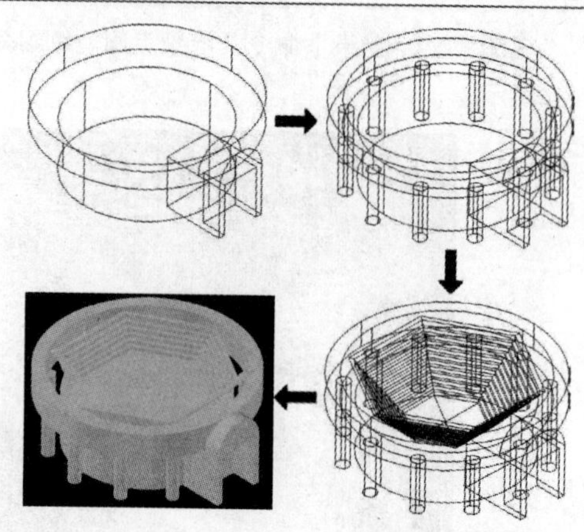

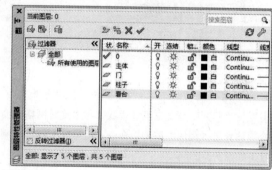

图293-2

1. 绘制体育场

01 打开AutoCAD 2013中文版软件，执行“格式>图层”命令，弹出“图层特性管理器”对话框，分别新建名称为“主体”、“门”、“柱子”和“看台”的4个图层，并且，将“主体”层置为当前层，如图293-3所示。

当前图层: 0

搜索图层

过滤器
全部
所有使用的图层
反转过滤器(I)

状.	名称	开	冻结	锁...	颜色	线型
✓	0				白	Continu...
	主体				白	Continu...
	门				白	Continu...
	柱子				白	Continu...
	看台				白	Continu...

全部: 显示了 5 个图层，共 5 个图层

图层特性管理器

图293-3

02 执行“视图>三维视图>西南等轴测”命令，进入西南等轴测视图。

03 执行“建模>圆柱体”命令，设置底面半径为600，高为400，在图形区绘制一个圆柱体，将其命名为“圆柱体A”。

04 执行“建模>圆柱体”命令，以圆柱体A上表面的圆心为中心点，绘制一个底面半径为800，高为200的圆柱体，将其命名为“圆柱体B”，如图293-4所示。

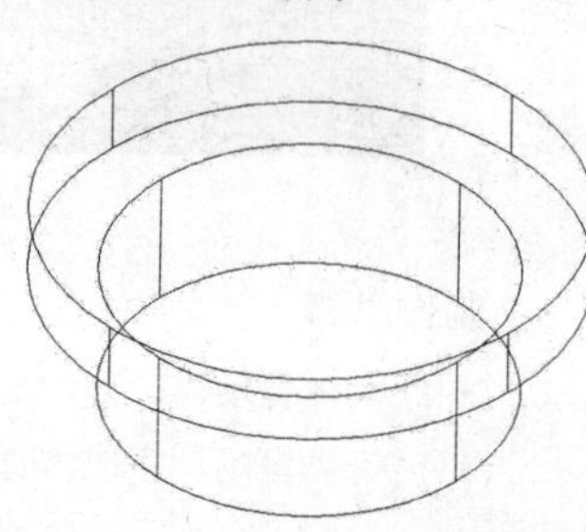

图293-4

05 执行“格式>图层”命令，弹出“图层特性管理器”对话框，将“门”层设置为当前层。

技巧与提示

对图层进行“开／关”和“冻结”操作时，可通过图层工具栏中的下拉列表框，直接将某一图层置为当前层，并且，对图层进行“开／关”和“冻结”操作。

06 执行“建模>长方体”命令，绘制一个长500，宽400，高400的长方体，将其命名为“长方体A”。执行“视图>三维视图>俯视”、“视图>三维视图>左视”和“视图>三维视图>前视”命令，将矩形移动到合适的位置。执行“视图>三维视图>西南等轴测”命令，返回到西南等轴测视图，如图293-5所示。

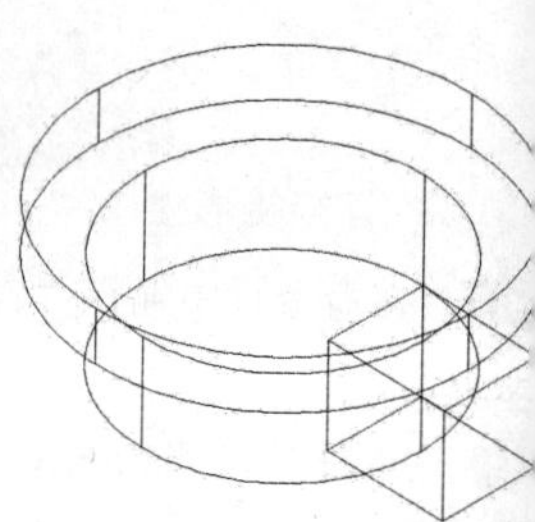

图293-5

07 用“建模>圆柱体”命令，以及“对象捕捉”和“对象追踪”功能，捕捉长方体A上表面右边的中点，设置底面半径为200，沿x轴负方向追踪光标，在命令行中输入200，设置圆柱体的高度为200，将其命名为“圆柱体C”，如图293-6所示。

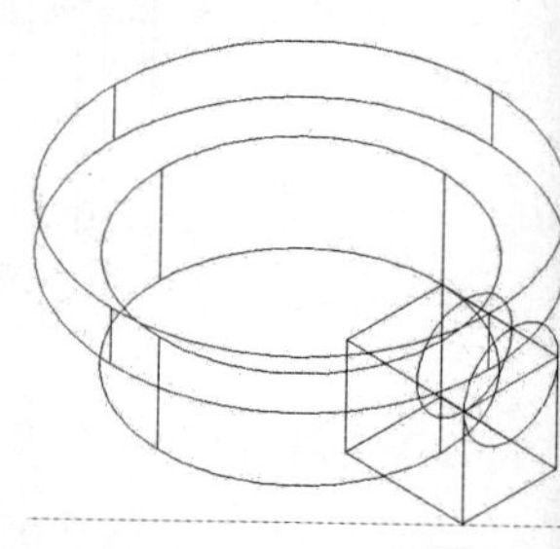

图293-6

08 执行“修改>实体编辑>并集”命令，对长方体A和圆柱体C进行并集编辑。

09 用“建模>长方体”命令和“捕捉自”功能捕捉长方体A右下角点，将其作为起点，设置偏移距离为“0，50，0”，绘制一个长300，宽200，高400的长方体，将其命名为“长方体B”，如图293-7所示。

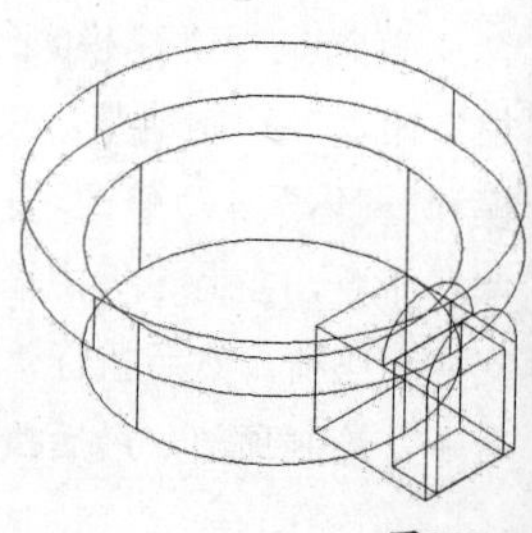

图293-7

10 执行“修改>实体编辑>差集”命令，进行差集布尔运算，从长方体A中减去长方体B，结果如图293-8所示。

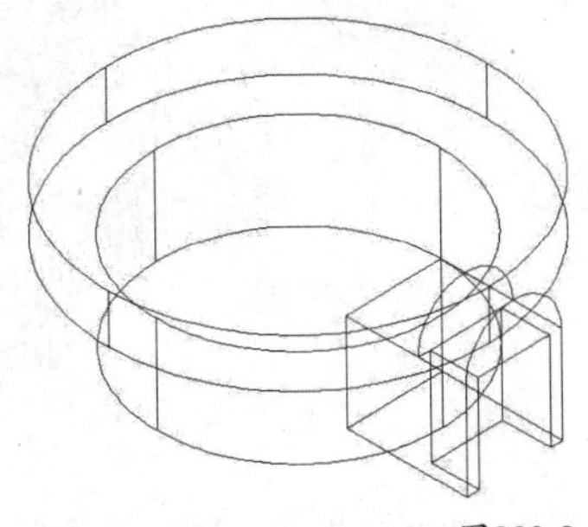

图293-8

11 执行“格式>图层”命令，弹出“图层特性管理器”对话框，将“柱子”层设置为当前层。

12 用“建模>圆柱体”命令和“捕捉自”功能捕捉圆柱体A的下表面圆心，设置偏移距离为“@0，700，0”，绘制一个半径为50，高为400的圆柱体，将其命名为“圆柱体D”，如图293-9所示。

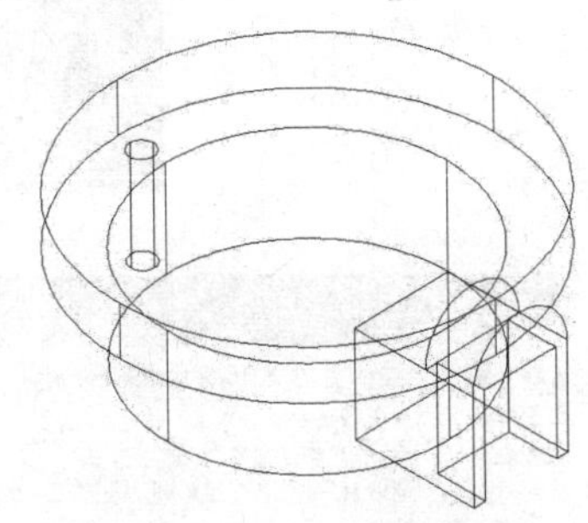

图293-9

13 在命令行中输入“ARRAYCLASSIC”，弹出“阵列”对话框，参数设置如图293-10所示，阵列结果如图293-11所示。

14 用“建模>圆柱体”命令和“捕捉自”功能捕捉圆柱体A的下表面圆心，设置偏移距离为“@0，400，0”，绘制一个半径为700，高为200的圆柱体，将其命名为“圆柱体E”。

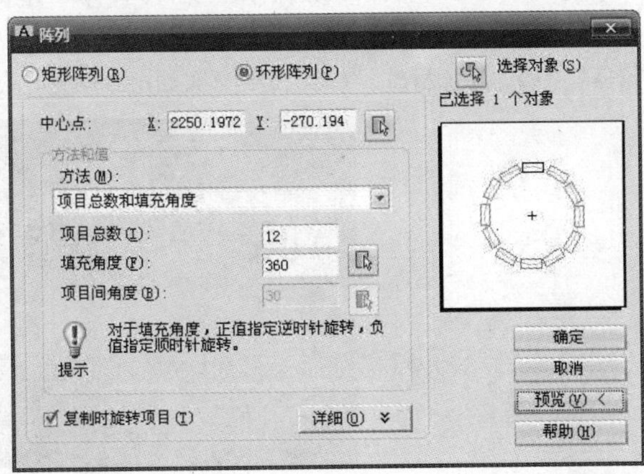

图293-10

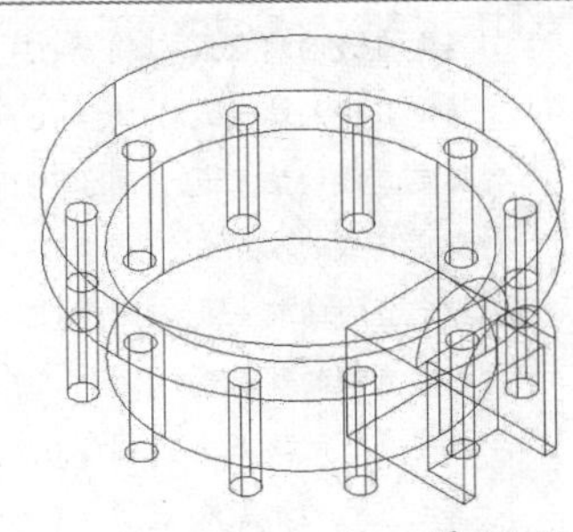

图293-11

15 执行“格式>图层”命令，弹出“图层特性管理器”对话框，将“主体”层设置为当前层。

16 执行“修改>实体编辑>差集”命令，从圆柱体B中减去圆柱体E，结果如图293-12所示。

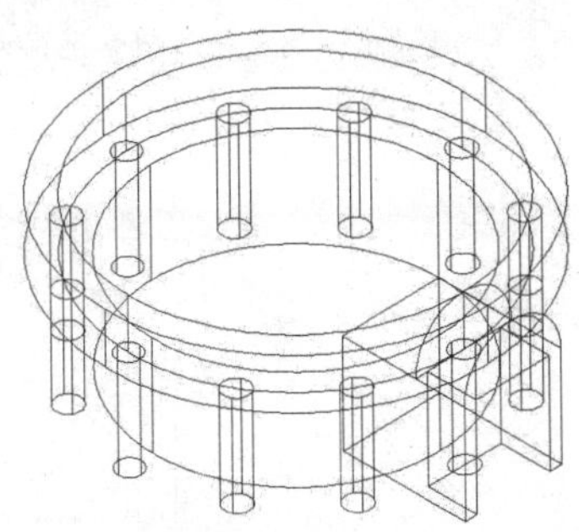

图293-12

17 执行“格式>图层”命令，弹出“图层特性管理器”对话框，将“看台”层设置为当前层。

18 用“绘图>三维多段线”命令和“捕捉自”功能捕捉圆柱体A的下表面的圆心，将其作为基点，设置偏移距离为“@0，0，200”，作为三维多段线的起点，绘制一条三维多段线，如图293-13所示。

命令行提示如下：

```
命令: _3dpoly
指定多段线的起点: from
基点: <偏移>: @0,0,200
指定直线的端点或 [放弃(U)]: @0,0,20
指定直线的端点或 [放弃(U)]: @300,0,0
指定直线的端点或 [闭合(C)/放弃(U)]: @0,0,30
指定直线的端点或 [闭合(C)/放弃(U)]: @30,0,0
指定直线的端点或 [闭合(C)/放弃(U)]: @0,0,30
指定直线的端点或 [闭合(C)/放弃(U)]: @30,0,0
指定直线的端点或 [闭合(C)/放弃(U)]: @0,0,30
指定直线的端点或 [闭合(C)/放弃(U)]: @30,0,0
指定直线的端点或 [闭合(C)/放弃(U)]: @0,0,30
指定直线的端点或 [闭合(C)/放弃(U)]: @30,0,0
指定直线的端点或 [闭合(C)/放弃(U)]: @0,0,30
指定直线的端点或 [闭合(C)/放弃(U)]: @30,0,0
指定直线的端点或 [闭合(C)/放弃(U)]: @0,0,30
```

```
指定直线的端点或 [闭合(C)/放弃(U)]: @30,0,0
指定直线的端点或 [闭合(C)/放弃(U)]: @0,0,30
指定直线的端点或 [闭合(C)/放弃(U)]: @30,0,0
指定直线的端点或 [闭合(C)/放弃(U)]: @0,0,30
指定直线的端点或 [闭合(C)/放弃(U)]: @30,0,0
指定直线的端点或 [闭合(C)/放弃(U)]: @0,0,30
指定直线的端点或 [闭合(C)/放弃(U)]: @30,0,0
指定直线的端点或 [闭合(C)/放弃(U)]: @0,0,30
指定直线的端点或 [闭合(C)/放弃(U)]: @30,0,0
指定直线的端点或 [闭合(C)/放弃(U)]: @0,0,30
指定直线的端点或 [闭合(C)/放弃(U)]: @30,0,0
指定直线的端点或 [闭合(C)/放弃(U)]: @0,0,40
指定直线的端点或 [闭合(C)/放弃(U)]: @40,0,0
指定直线的端点或 [闭合(C)/放弃(U)]:
```

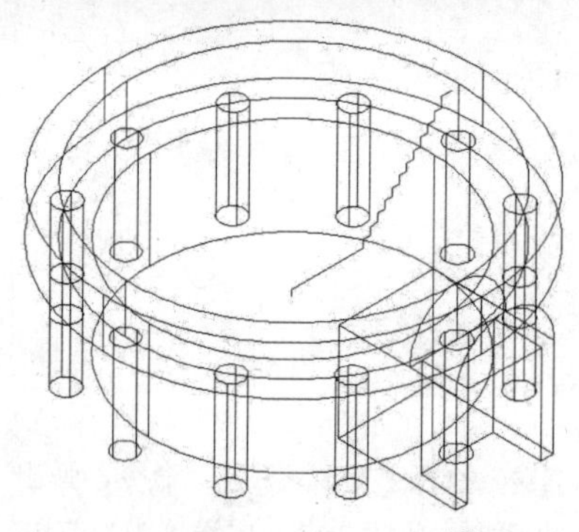
图293-13

19 执行“绘图>直线”命令，连接圆柱体A的上、下表面中心。

20 执行“绘图>建模>网格>旋转网格”命令，将上一步中所绘制的连接直线为定义旋转轴的对象，对三维多段线进行旋转编辑。

21 执行“修改>删除”命令，删除旋转轴，如图293-14所示。

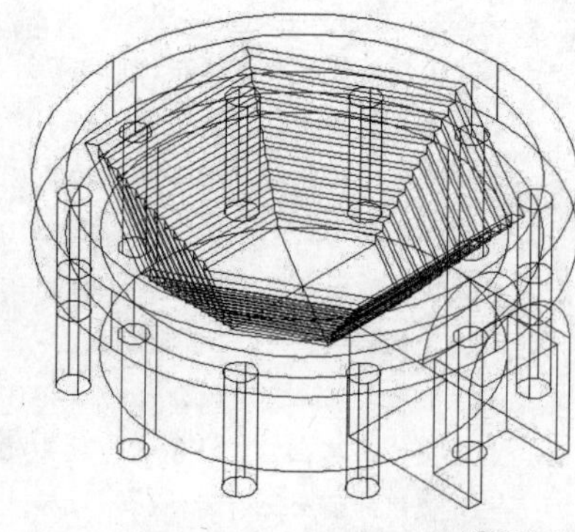
图293-14

2. 渲染体育场

01 执行“视图>消隐”命令，对图形进行消隐编辑，如图293-15所示。

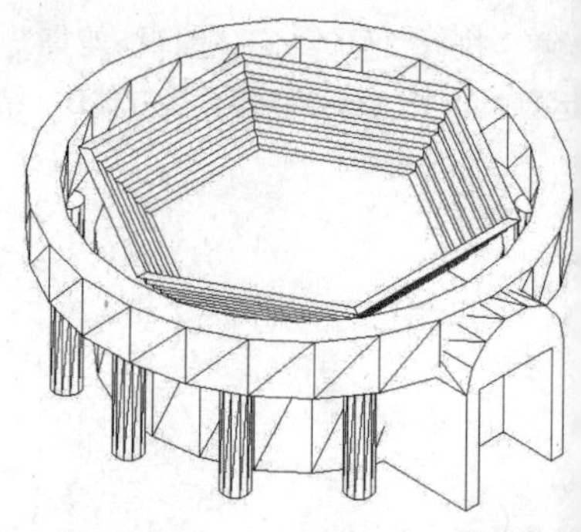
图293-15

02 执行“视图>渲染>渲染”命令，对图形进行渲染，如图293-16所示。

图293-16

练习293

练习位置	DVD>练习文件>第10章>练习293
难易指数	★★☆☆☆
技术掌握	巩固“多段线”、“长方体”、“圆柱体”、“球体”、“拉伸”、“旋转”、“三维阵列”、“三维镜像”和“材质”等命令的使用方法

操作指南

参照“实战293 体育场”案例进行制作。

首先，执行“绘图>多段线”、“建模>圆柱体”、“建模>长方体”、“建模>拉伸”、“修改>三维操作>三维阵列”和“修改>三维操作>三维镜像”命令，绘制底座；接着，执行“建模>圆柱体”和“修改>三维操作>三维阵列”命令，绘制柱子；然后，执行“绘图>多段线”、“修改>旋转”、“修改>三维操作>三维阵列”和“建模>球体”命令，绘制亭顶；最后，执行“视图>渲染>材质编辑器”命令，添加材质。练习的最终效果如图293-17所示。

图293-17

实战294　三维墙体

原始文件位置	DVD>原始文件>第10章>实战294　原始文件
实战位置	DVD>实战文件>第10章>实战294
视频位置	DVD>多媒体教学>第10章>实战294
难易指数	★☆☆☆☆
技术掌握	掌握“矩形”、“多段线”、“长方体”、“拉伸”及“渲染”等命令。

实战介绍

运用“矩形”、“多段线”、“长方体”与“拉伸”命令，绘制三维墙体；利用“渲染”命令，渲染三维墙体。本例最终效果如图294-1所示。

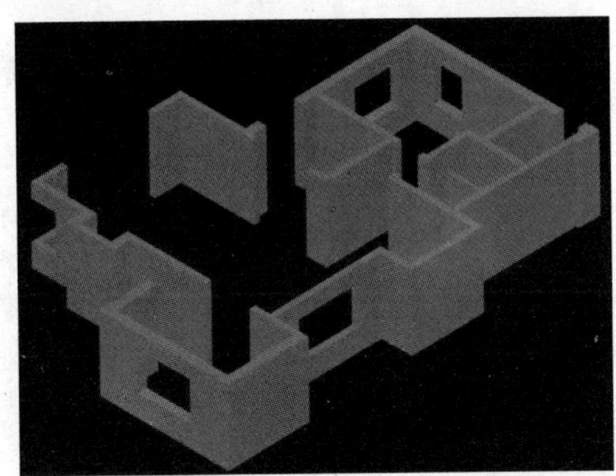

图294-1

制作思路

- 绘制三维墙体。
- 渲染三维墙体，完成三维墙体的绘制并将其保存。

制作流程

三维墙体的制作流程如图294-2所示。

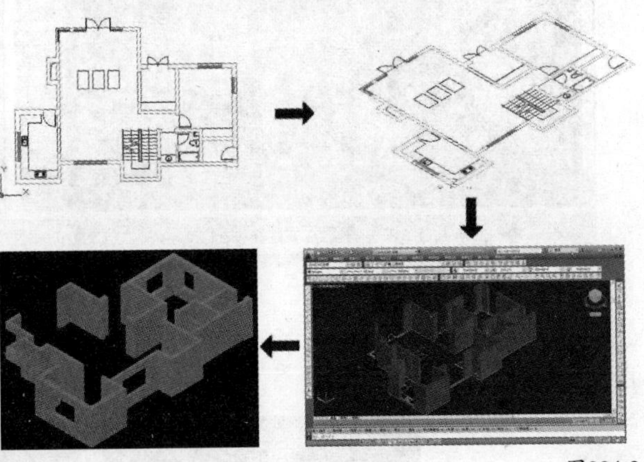

图294-2

01 打开AutoCAD 2013中文版软件，执行“文件>打开”命令，打开原始文件中的“实战294 原始文件”图形。

02 执行“文件>新建”命令，新建一个图形。

03 执行“窗口>垂直平铺”命令，使新建的图形和上一步中所打开的图形同时显示在屏幕上，如图294-3所示。

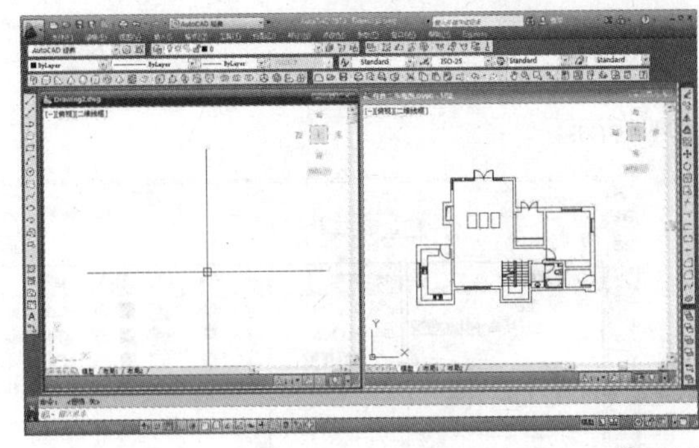

图294-3

04 单击绘图区中的“平面图.dwg”文件，框选所有图元，使其呈虚线显示状态，如图294-4所示。

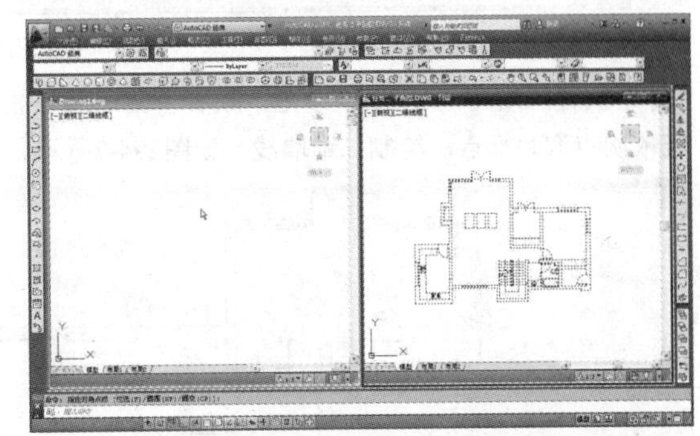

图294-4

05 将上一步所框选的图元复制、粘贴到新的图形文件中，如图294-5所示。

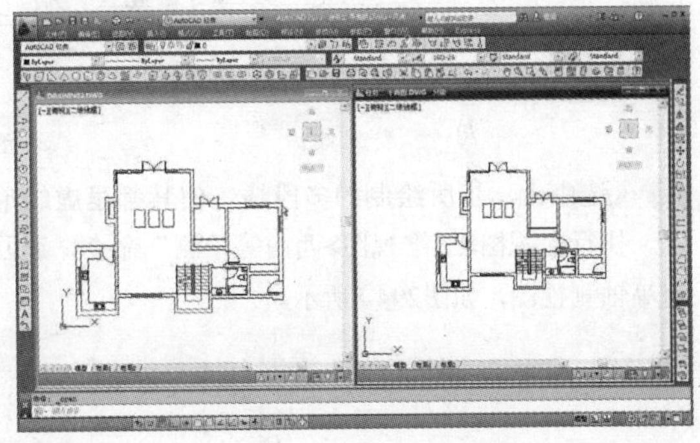

图294-5

06 关闭“平面图.dwg”，将新建的图形最大化显示，同时，修改图形的线形全局线型比例因子为100，将图形保存为“三维墙体.dwg”。

技巧与提示

通过全局修改或单个修改每个对象的线型比例因子，可以以不同的比例使用同一个线型。在默认情况下，全局线型和单个线型的比例均设置为1.0。比例越小，每个绘图单位中生成的重复图案就越多，如设置为0.5时，每一个图形单位在线型定义中显示重复两次的同一图案。不能显示完整线型图案的短线段，将显示为连续线。对于太短，甚至不能显示一个虚线小段的线段，可以使用更小的线型比例。

07 执行“格式>图层”命令，新建一个名称为“三维墙体”，颜色为32的新图层，再将其置为当前图层，如图294-6所示。

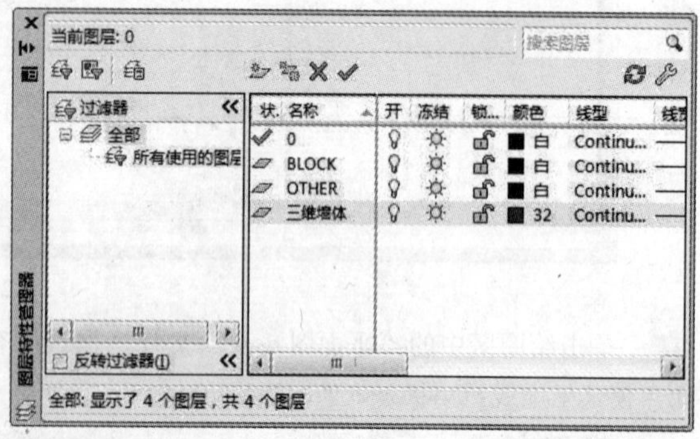

图294-6

08 执行“绘图>多段线”命令，顺着平面图最外侧的墙线依次点取目标点，绘制二维墙线，如图294-7所示。

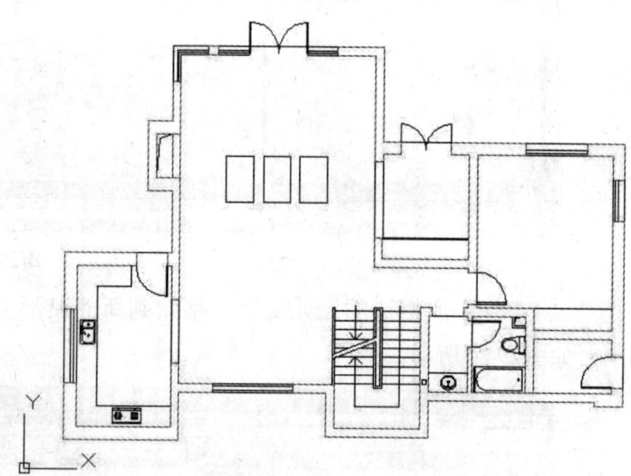

图294-7

09 选中上一步所绘制的多段线，使其都呈虚线形态显示。执行“视图>三维视图>西南等轴测”命令，返回到西南等轴测视图，如图294-8所示。

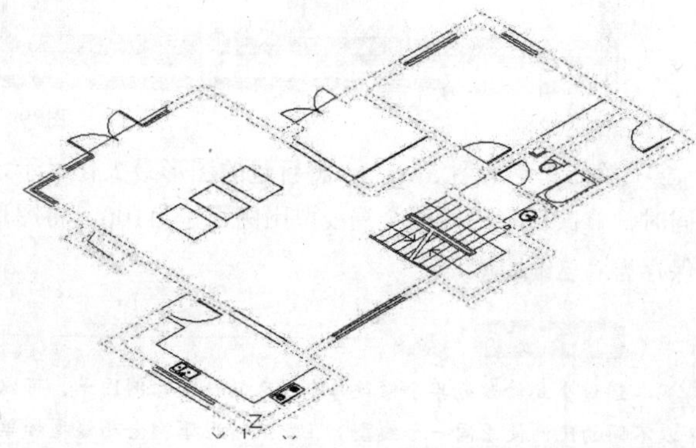

图294-8

10 执行“建模>拉伸”命令，将所有选中的多段线都向上拉伸3000。

11 在命令行中输入“SHADEMODE”，再输入“R”，选择“真实”，效果如图294-9所示。

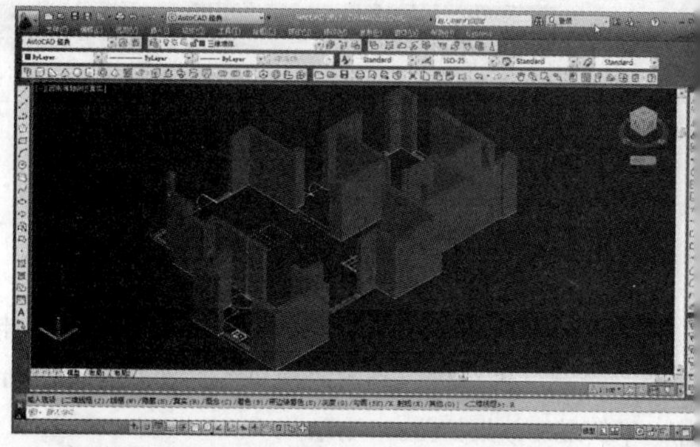

图294-9

12 执行“绘图>矩形”和“绘图>拉伸”命令，绘制窗户下面的墙体，如图294-10所示。

13 执行“绘图>矩形”、“建模>长方体”和“绘图>拉伸”命令，绘制所有包围窗户的墙体，如图294-11所示。

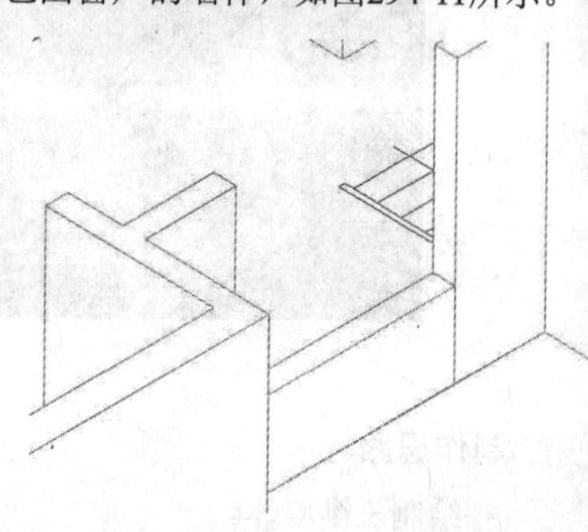

图294-10

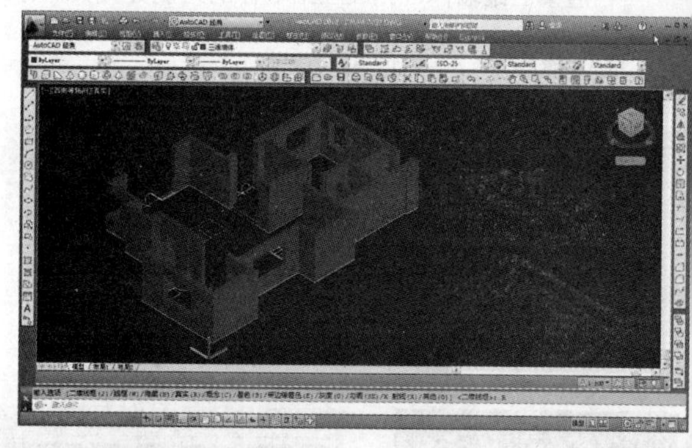

图294-11

14 执行“视图>渲染>渲染”命令，渲染三维墙体，如图294-12所示。

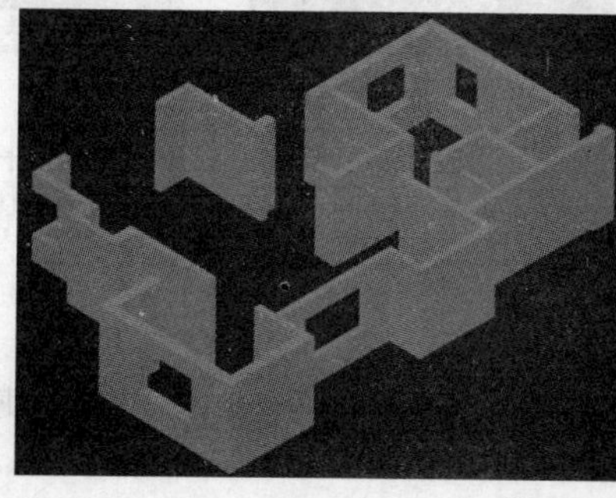

图294-12

练习294

原始文件位置	DVD>原始文件>第10章>练习294 原始文件
实战位置	DVD>练习文件>第10章>练习294
难易指数	★☆☆☆☆
技术掌握	巩固“矩形”、“多段线”、“长方体”及“拉伸”等命令的使用方法。

操作指南

参照“实战294 三维墙体”案例进行制作。

首先，执行“绘图>矩形”、“绘图>多段线”、“建模>长方体”与“建模>拉伸”命令，绘制建筑墙体，然后，执行“视图>视觉样式>概念”命令，显示出建筑墙体。练习的最终效果如图294-13所示。

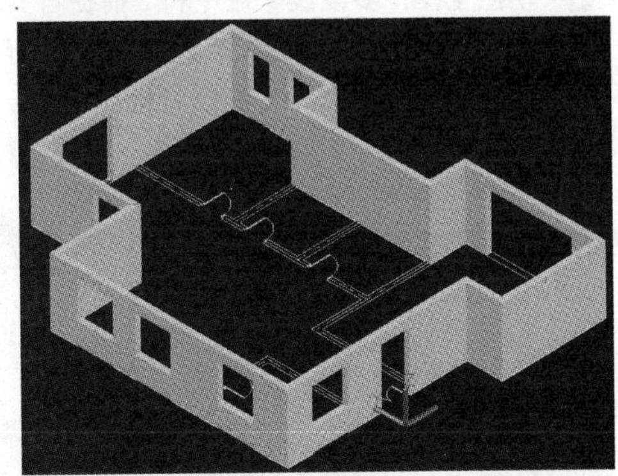

图294-13

实战295 音乐厅

实战位置	DVD>实战文件>第10章>实战295
视频位置	DVD>多媒体教学>第10章>实战295
难易指数	★☆☆☆☆
技术掌握	掌握“多段线”、“长方体”、“圆柱体”、“球体”、“偏移”、“拉伸”、“差集”、“阵列”及“渲染”等命令。

实战介绍

运用“多段线”、“长方体”、“圆柱体”、“球体”、“偏移”、“拉伸”、“差集”与“阵列”命令，绘制音乐厅；利用“渲染”命令，渲染音乐厅。本例最终效果如图295-1所示。

图295-1

制作思路

- 绘制音乐厅。
- 渲染音乐厅，完成音乐厅的绘制并将其保存。

制作流程

音乐厅的制作流程如图295-2所示。

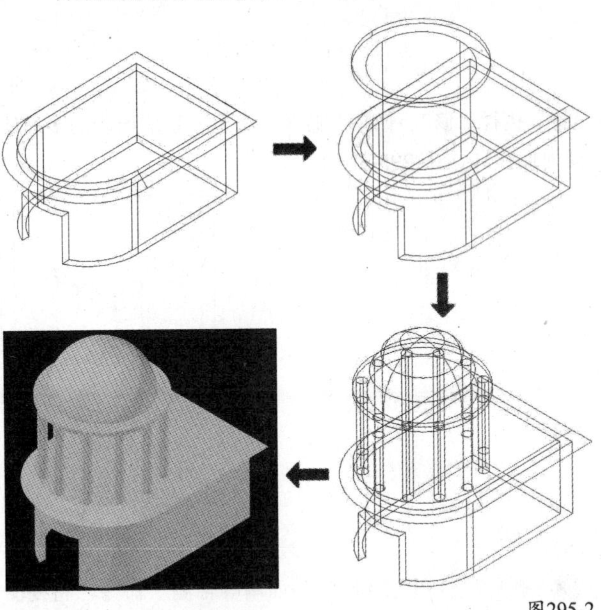

图295-2

1. 绘制音乐厅

01 打开AutoCAD 2013中文版软件，执行“绘图>多段线”命令，绘制一条闭合的多段线，如图295-3所示。

命令行提示如下：

```
命令: _pline
指定起点:
当前线宽为 0.0000
指定下一个点或 [圆弧(A)/半宽(H)/长度(L)/放弃(U)/宽度(W)]: @0,50
指定下一点或 [圆弧(A)/闭合(C)/半宽(H)/长度(L)/放弃(U)/宽度(W)]: @50,0
指定下一点或 [圆弧(A)/闭合(C)/半宽(H)/长度(L)/放弃(U)/宽度(W)]: @0,-50
指定下一点或 [圆弧(A)/闭合(C)/半宽(H)/长度(L)/放弃(U)/宽度(W)]: A
指定圆弧的端点或
[角度(A)/圆心(CE)/闭合(CL)/方向(D)/半宽(H)/直线(L)/半径(R)/第二个点(S)/放弃(U)/宽度(W)]:
指定圆弧的端点或
[角度(A)/圆心(CE)/闭合(CL)/方向(D)/半宽(H)/直线(L)/半径(R)/第二个点(S)/放弃(U)/宽度(W)]:
```

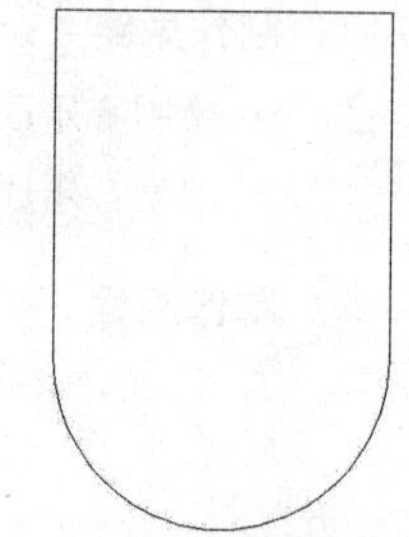

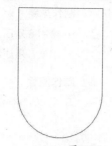

图295-3

02 执行“修改>偏移”命令，将上一步所绘制的多段线向内偏移3，如图295-4所示。

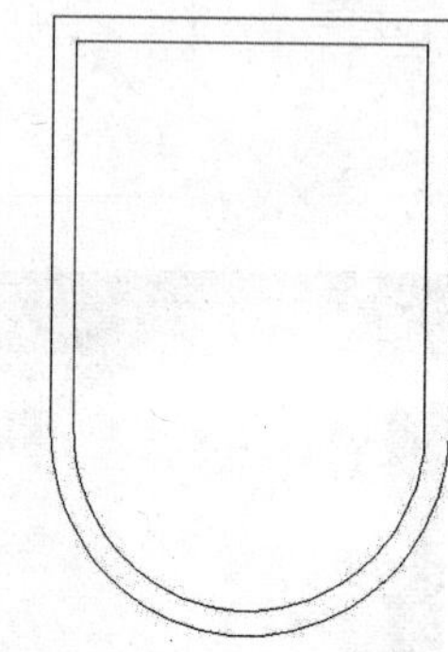

图295-4

03 执行“视图>三维视图>西南等轴测”命令，将视图调整为西南等轴测视图。

04 执行“建模>拉伸”命令，将上一步所绘制的两条多段线沿z轴正方向垂直向上拉伸30。

05 执行“修改>实体编辑>差集”命令，将小实体从大实体中减去，如图295-5所示。

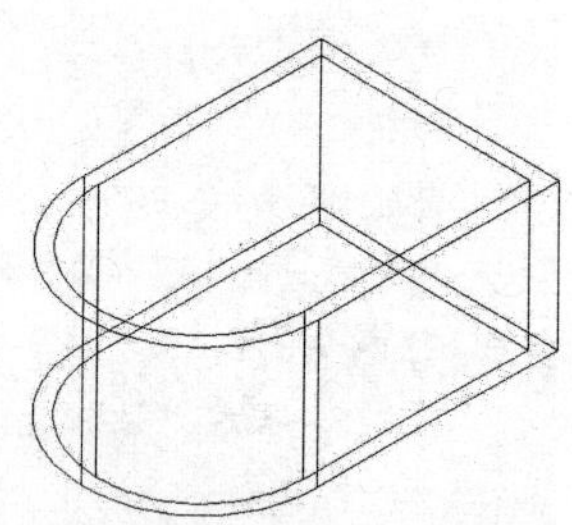

图295-5

06 用“建模>长方体”命令和“捕捉自”功能捕捉实体下表面圆弧的圆心，设置偏移距离为“@-10，-15，0”，尺寸为“@20，-10，20”，如图295-6所示。

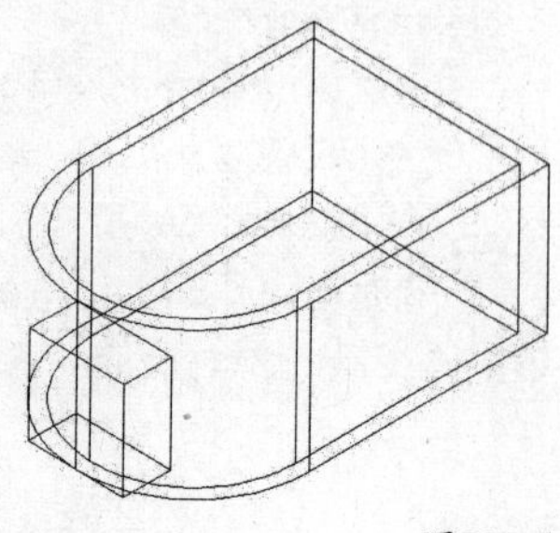

图295-6

07 执行“修改>实体编辑>差集”命令，将长方体从大实体中减去，如图295-7所示。

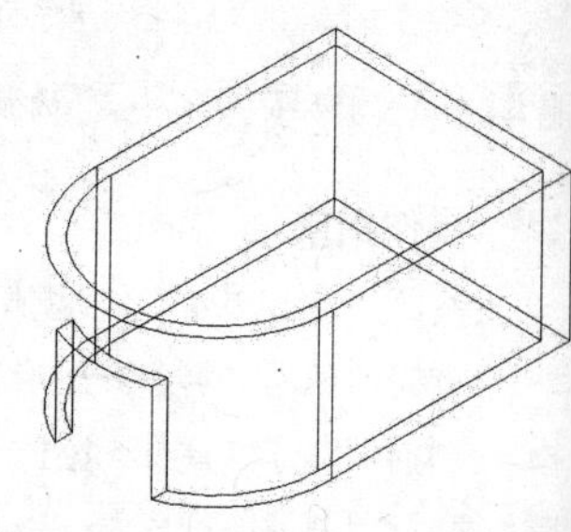

图295-7

08 用“绘图>多段线”命令和“捕捉自”功能，捕捉实体外边框上表面圆弧的圆心，如图295-8所示，设置偏移距离为“@-30，0，0”的点为起点，然后，依次输入“@0，55，0”、“@60，0，0”、“@0，-55，0”和“A”，按Enter键，效果如图295-9所示。

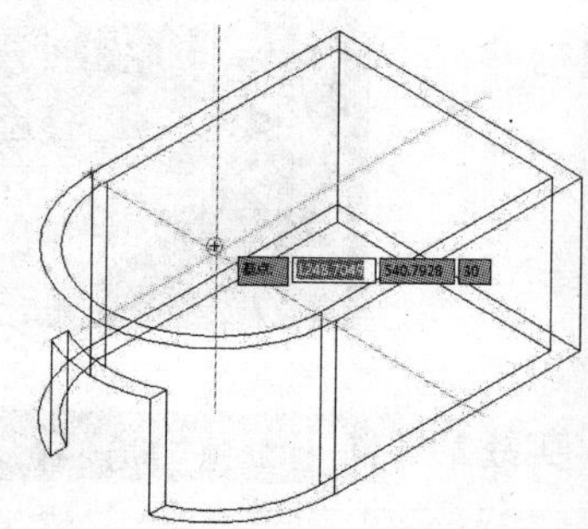

图295-8

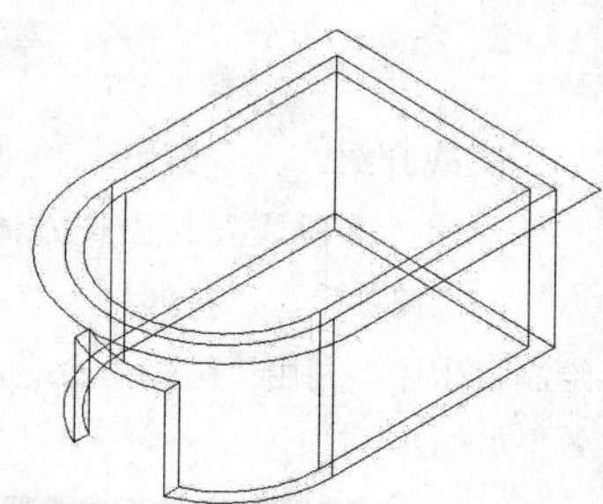

图295-9

09 执行“建模>拉伸”命令，将上一步所绘制的多段线沿z轴正方向垂直向上拉伸5，设置倾斜角度为45°，如图295-10所示。

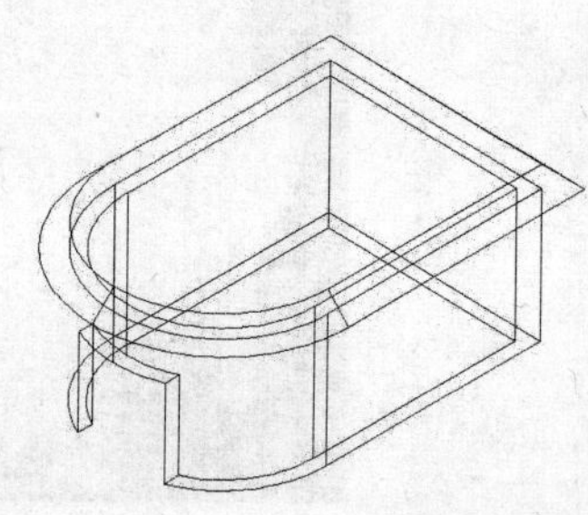

图295-10

10 执行“建模>圆柱体”命令，以上一步所拉伸的多段线框上表面圆弧的圆心为中心点，绘制一个底面半径为20，高度为30的圆柱体，将其命名为“圆柱体A”。

11 执行“建模>圆柱体”命令，以圆柱体A上表面圆心为中心点，绘制一个底面半径为25，高度为2的圆柱体，将其命名为“圆柱体B”，如图295-11所示。

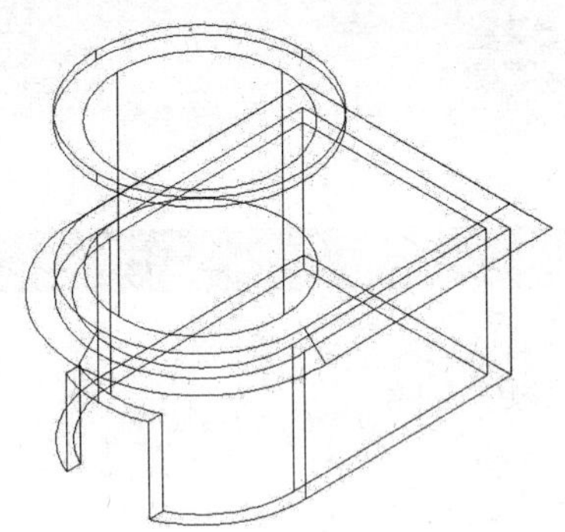

图295-11

12 用“建模>圆柱体”命令和“捕捉自”功能捕捉圆柱体A下表面的圆心，设置偏移距离为“@22.5，0，0”，绘制一个底面半径为2，高度为30的圆柱体，将其命名为“圆柱体C”，如图295-12所示。

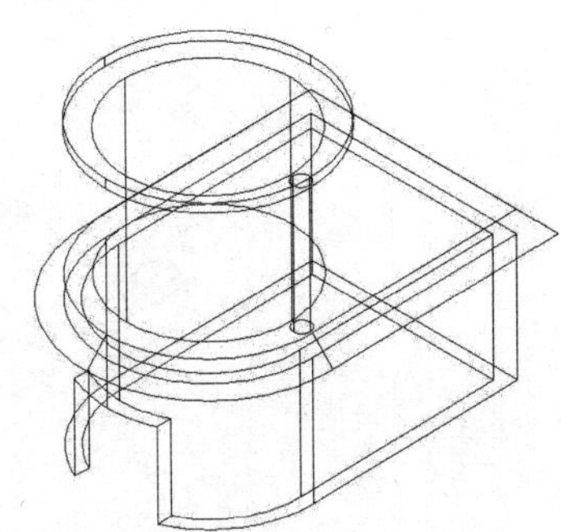

图295-12

13 在命令行中输入“ARRAYCLASSIC”，弹出“阵列”对话框，参数设置如图295-13所示，阵列结果如图295-14所示。

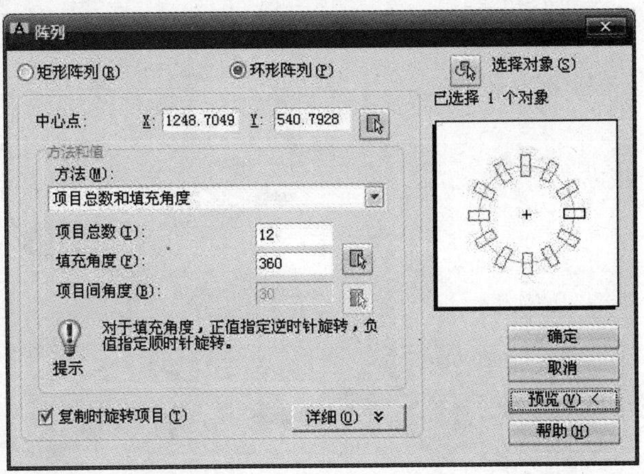

图295-13

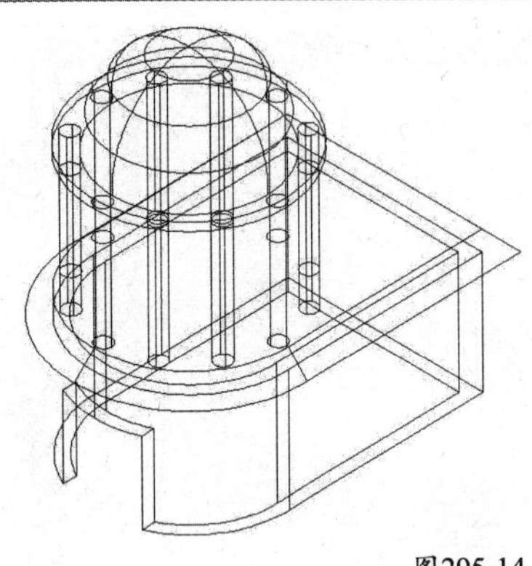

图295-14

2. 渲染音乐厅

执行“视图>渲染>渲染”命令，效果如图295-15所示。

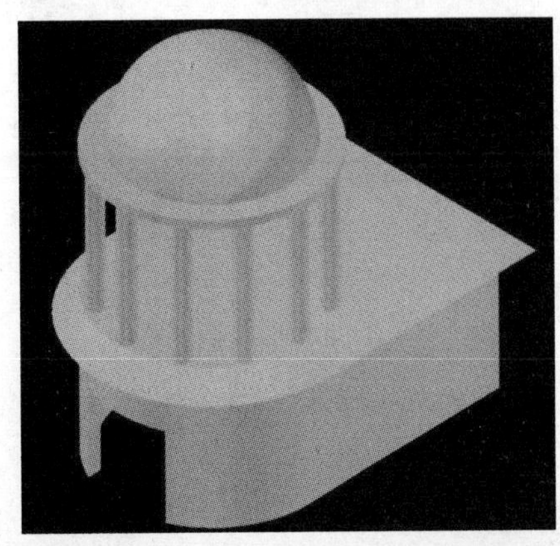

图295-15

练习295

练习位置	DVD>练习文件>第10章>练习295
难易指数	★☆☆☆☆
技术掌握	巩固“直线”、“多段线”、“拉伸”、“旋转”、“阵列”、“差集”、“并集”及“消隐“等命令的使用方法。

操作指南

参照“实战295 音乐厅”案例进行制作。

首先，执行“绘图>直线”、“绘图>多段线”、“建模>拉伸”、“建模>旋转”、“修改>实体编辑>差集”与“修改>实体编辑>并集”命令，在命令行中输入“ARRAYCLASSIC”，绘制三维建筑，然后，执行“视图>消隐”命令，消隐三维建筑。练习的最终效果如图295-16所示。

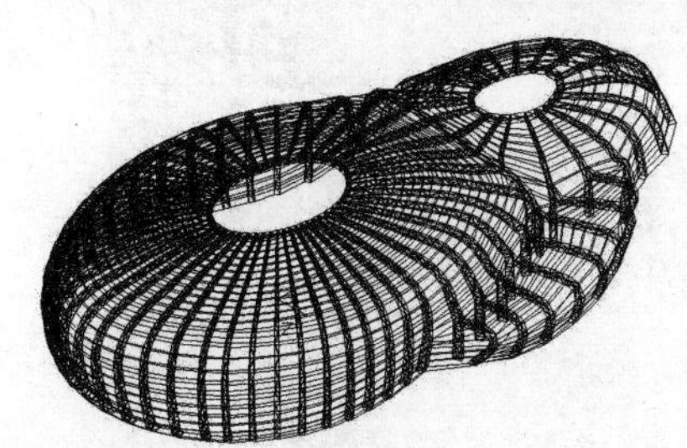

图295-16

第11章
绘制三维亭子

本章学习要点：
多段线命令的使用
拉伸命令的使用
长方体命令的使用
圆柱体命令的使用
棱锥体命令的使用
球体命令的使用
三维旋转命令的使用
三维阵列命令的使用
三维镜像的使用
差集命令的使用
并集命令的使用
渲染命令的使用

实战296 台基和台阶

原始文件位置	DVD>原始文件>第11章>实战296 原始文件
实战位置	DVD>实战文件>第11章>实战296
视频位置	DVD>多媒体教学>第11章>实战296
难易指数	★★☆☆☆
技术掌握	掌握“长方体”、“多段线”、“拉伸”、“移动”、“复制”、“旋转”、“三维镜像”、“插入块”及“消隐”等命令。

实战介绍

运用“长方体”命令，绘制台基；利用“多段线”、“拉伸”、“移动”、“复制”、“旋转”、“三维镜像”与“插入块”命令，绘制台阶。本例最终效果如图296-1所示。

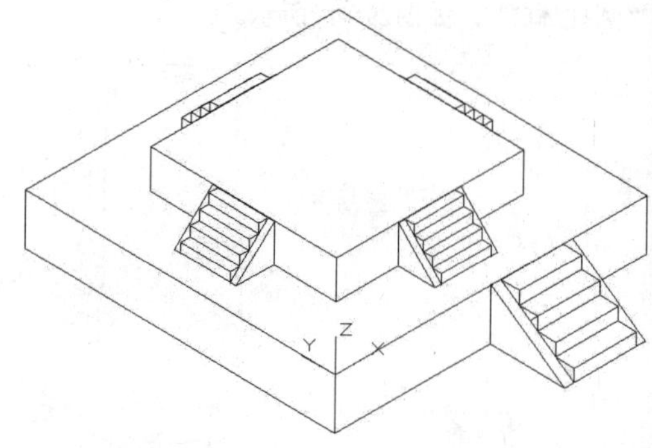

图296-1

制作思路

- 绘制台基。
- 绘制台阶，完成台基和台阶的绘制并将其保存。

制作流程

台基和台阶的制作流程如图296-2所示。

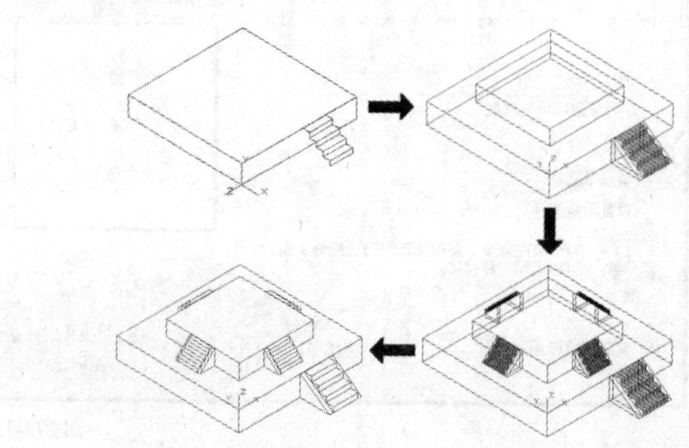

图296-2

01 打开AutoCAD 2013中文版软件，执行“格式>图层”命令，弹出“图层特性管理器”对话框，添加“台基和台阶”、“石栏杆”、“亭顶”、“亭子护栏”、“柱子”等图层，如图296-3所示。

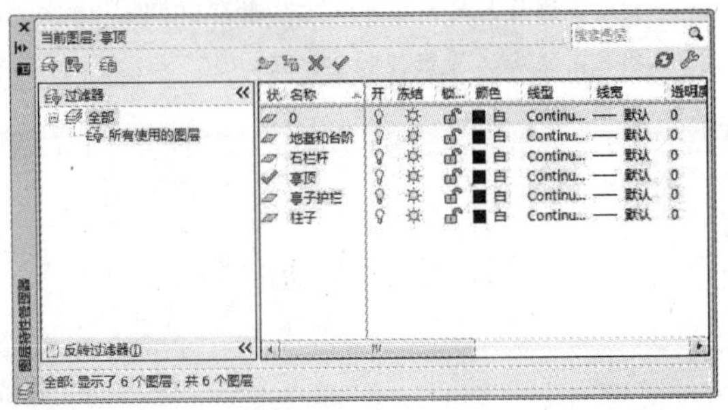

图296-3

02 将“台基和台阶”层设置为当前层。执行视图>三维视图>西南等轴测命令，进入西南等轴测视图。执行“建模>长方体”命令，绘制如图296-4所示的长方体。

命令行提示如下：

```
命令: _box
指定第一个角点或 [中心(C)]: 0,0,0
指定其他角点或 [立方体(C)/长度(L)]: @500,500
指定高度或 [两点(2P)]: 80
```

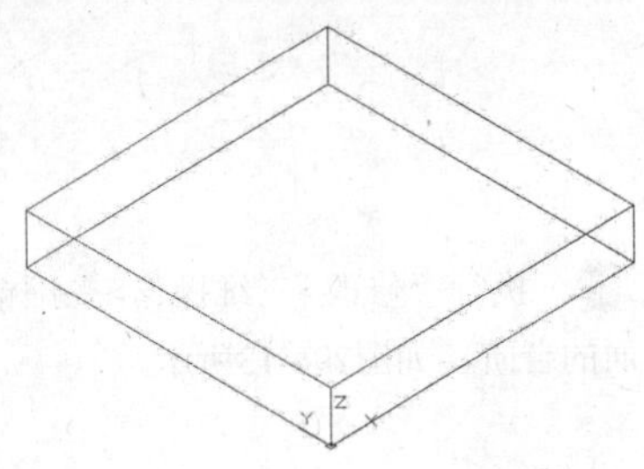

图296-4

03 执行“视图>三维视图>左视”命令，进入左视视图。执行“绘图>多段线”命令，绘制如图296-5所示的图形。

命令行提示如下：

```
命令: _pline
指定起点: -310,80
当前线宽为 0.0000
指定下一个点或 [圆弧(A)/半宽(H)/长度(L)/放弃(U)/宽度(W)]: <正交 开> 30
指定下一点或 [圆弧(A)/闭合(C)/半宽(H)/长度(L)/放弃(U)/宽度(W)]: 20
指定下一点或 [圆弧(A)/闭合(C)/半宽(H)/长度(L)/放弃(U)/宽度(W)]: 30
指定下一点或 [圆弧(A)/闭合(C)/半宽(H)/长度(L)/放弃(U)/宽度(W)]: 20
指定下一点或 [圆弧(A)/闭合(C)/半宽(H)/长度(L)/放弃(U)/宽度(W)]: 30
指定下一点或 [圆弧(A)/闭合(C)/半宽(H)/长度(L)/放弃(U)/宽度(W)]: 20
指定下一点或 [圆弧(A)/闭合(C)/半宽(H)/长度(L)/放弃(U)/宽度(W)]: 30
指定下一点或 [圆弧(A)/闭合(C)/半宽(H)/长度(L)/放弃(U)/宽度(W)]: 20
指定下一点或 [圆弧(A)/闭合(C)/半宽(H)/长度(L)/放弃(U)/宽度(W)]:
```

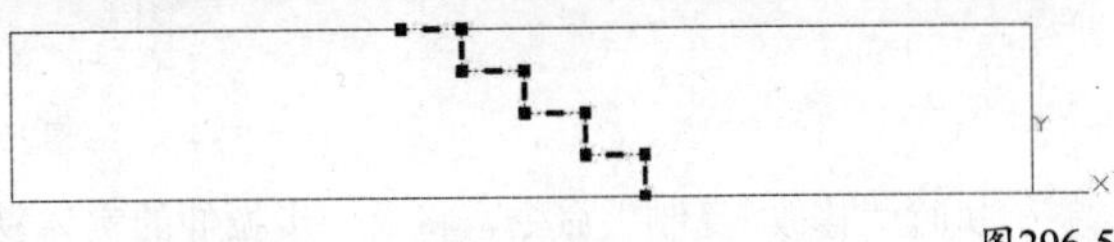

图296-5

04 执行“视图>三维视图>西南等轴测”命令，返回西南等轴测视图，如图296-6所示。

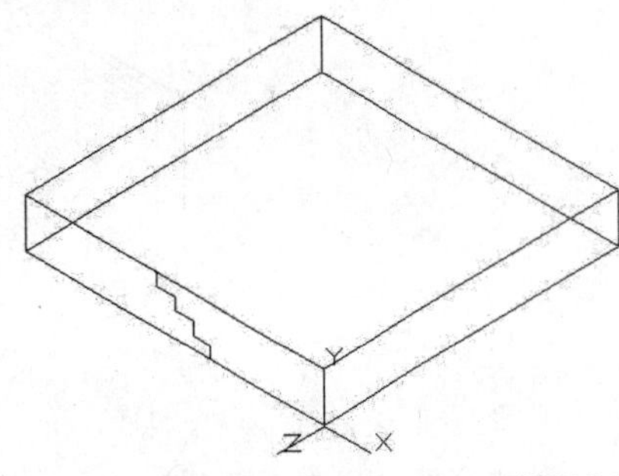

图296-6

05 执行“建模>拉伸”命令，将绘制的多段线拉伸一定的宽度。

命令行提示如下：

```
命令: _extrude
当前线框密度: ISOLINES=4, 闭合轮廓创建模式 = 实体
选择要拉伸的对象或 [模式(MO)]: _MO 闭合轮廓创建模式 [实体(SO)/曲面(SU)] <实体>: _SO
选择要拉伸的对象或[模式(MO)]:指定对角点:找到 1 个
选择要拉伸的对象或 [模式(MO)]:
指定拉伸的高度或[方向(D)/路径(P)/倾斜角(T)/表达式(E)] <80.0000>: 100
```

06 执行“修改>移动”命令，将拉伸后的台阶移动到合适的位置，再执行“修改>删除”命令，删除刚绘制的多段线，如图296-7所示。

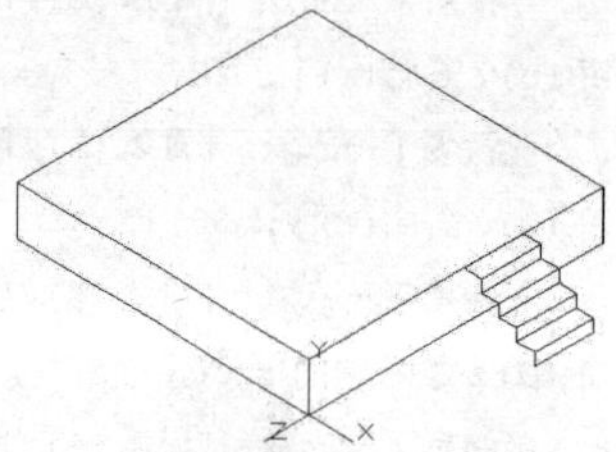

图296-7

07 执行“绘图>多段线”和“建模>拉伸”命令，绘制如图296-8所示的图形。

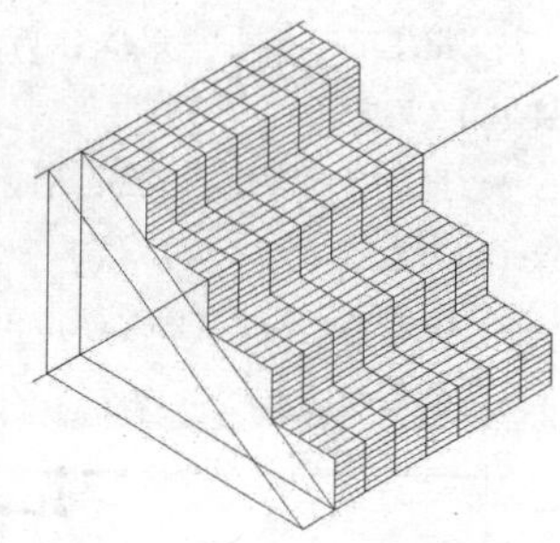

图296-8

08 执行“修改>复制”命令，将上一步拉伸的实体复制到另一侧，如图296-9所示的图形。

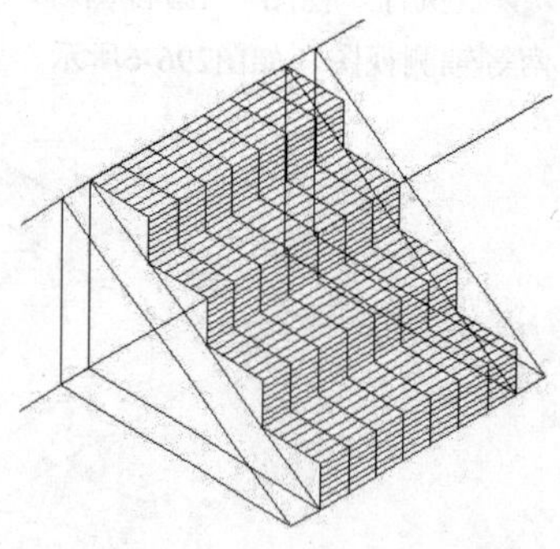

图296-9

09 执行“工具>新建UCS>Z”命令，指定旋转角度为270°。

10 执行“工具>新建UCS>原点”命令，指定新的原点，如图296-10所示。

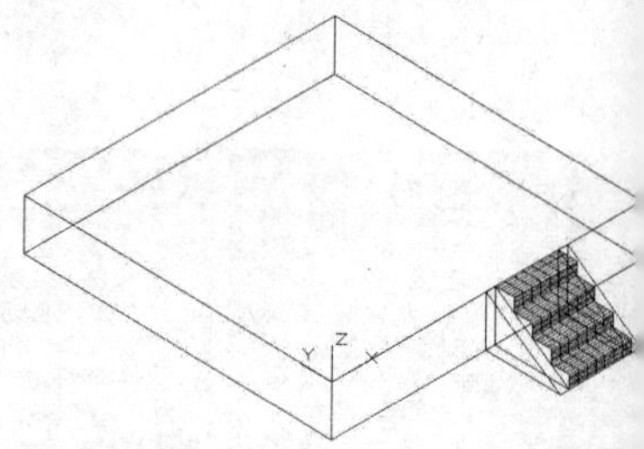

图296-10

11 执行“建模>长方体”命令，绘制长方体，如图296-11所示。

命令行提示如下：

```
命令: _box
指定第一个角点或 [中心(C)]: 100,100,0
指定其他角点或 [立方体(C)/长度(L)]: @300,300
指定高度或 [两点(2P)] <80.0000>: 60
```

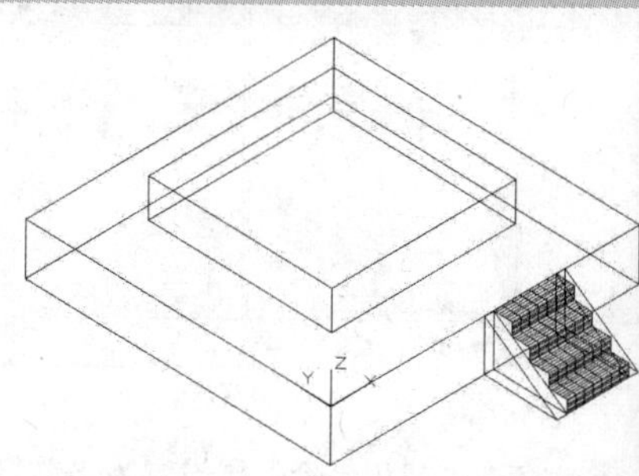

图296-11

12 执行“插入>块”命令，插入原始文件中的“实战296 原始文件”图形，如图296-12所示。

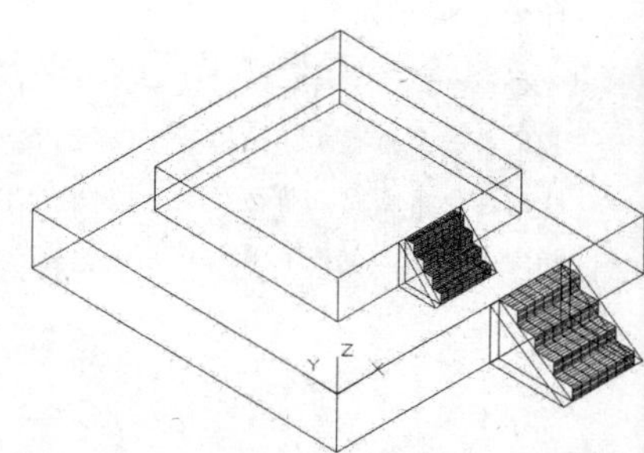

图296-12

13 执行“修改>三维操作>三维镜像”命令，镜像出对面的台阶，如图296-13所示。

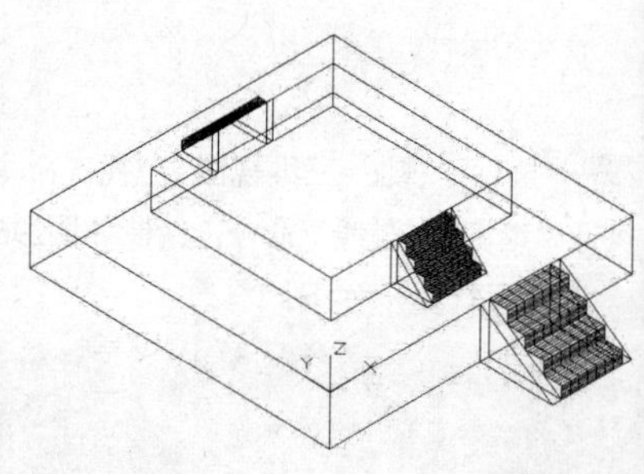

图296-13

14 执行“修改>复制”、“修改>三维操作>三维旋转”、“修改>移动”命令，绘制另外两侧的楼梯，如图296-14所示。

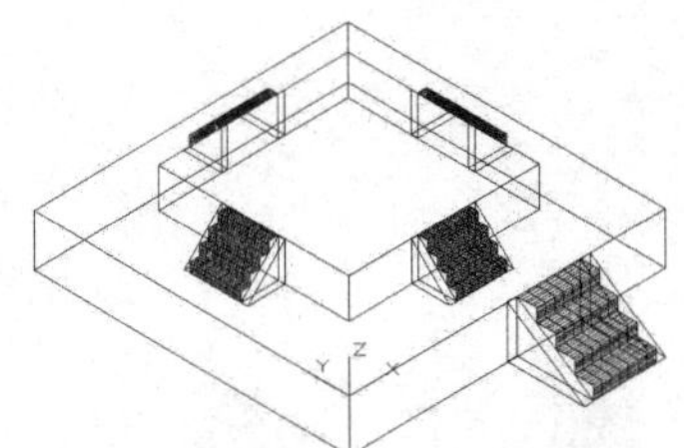

图296-14

15 执行“视图>消隐”命令，效果如图296-15所示。

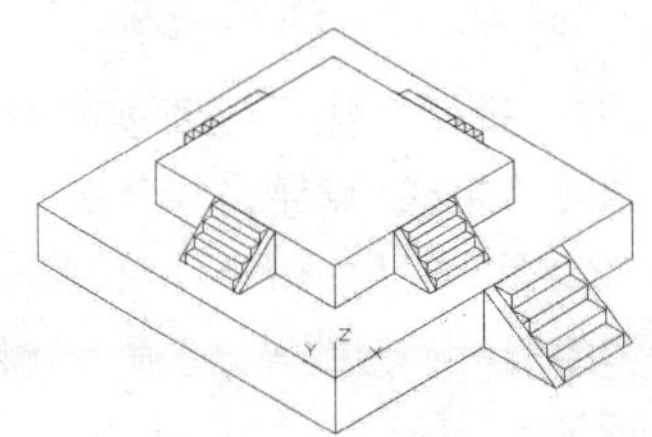

图296-15

练习296

练习位置	DVD>练习文件>第11章>练习296
难易指数	★★☆☆☆
技术掌握	巩固“多段线”、“圆柱体”、“拉伸”、“三维镜像”、“三维旋转”、“复制”、“移动”、“并集”及“消隐”等命令的使用方法。

操作指南

参照“实战296 台基和台阶”案例进行制作。

首先，执行“绘图>多段线”、“建模>圆柱体”、“建模>拉伸”、“修改>三维操作>三维镜像”、“修改>三维操作>三维旋转”、“修改>复制”、“修改>移动”与“修改>实体编辑>并集”命令，绘制台基和台阶，然后，执行“视图>消隐”命令，消隐图形。练习的最终效果如图296-16所示。

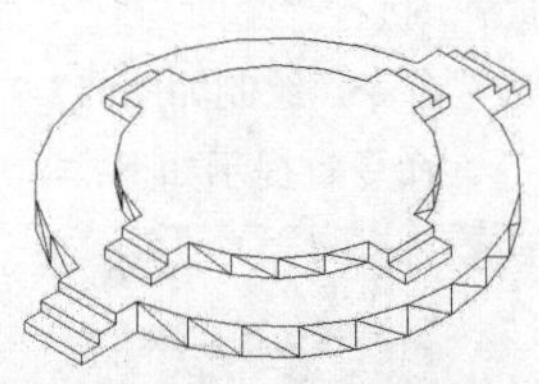

图296-16

实战297 石栏杆

原始文件位置	DVD>原始文件>第11章>实战297 原始文件
实战位置	DVD>实战文件>第11章>实战297
视频位置	DVD>多媒体教学>第11章>实战297
难易指数	★★☆☆☆
技术掌握	掌握“直线”、“圆”、“圆弧”、“正多边形”、“定数等分”、“差集”、“面域”、“长方体”、“拉伸”、“阵列”、“复制”、“三维镜像”、“三维旋转”、“拉伸面”及“消隐”等命令。

实战介绍

运用“直线”、“圆”、“圆弧”、“正多边形”、“定数等分”、“差集”、“面域”、“长方体”、“拉伸”、“阵列”、“复制”、“三维镜像”、“三维旋转”与“拉伸面”命令，绘制石栏杆；利用“消隐”命令，消隐石栏杆。本例最终效果如图297-1所示。

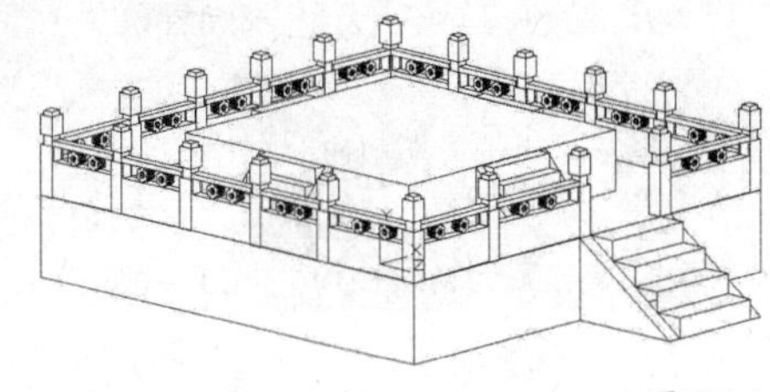

图297-1

制作思路

- 绘制石栏杆。
- 消隐石栏杆；完成石栏杆的绘制并将其保存。

制作流程

石栏杆的制作流程如图297-2所示。

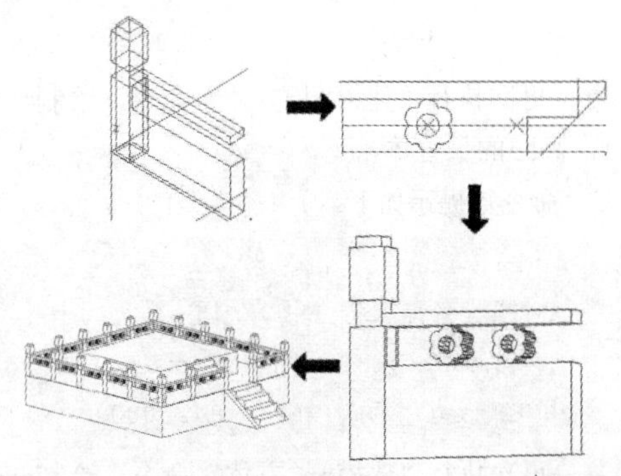

图297-2

01 打开AutoCAD 2013中文版软件，打开原始文件中的“实战297原始文件”图形，执行“格式>图层”命令，弹出“图层特性管理器”对话框，将“石栏杆”层设置为当前层。

02 执行“工具>新建UCS>Z”命令，改变UCS坐标，绕Z轴旋转90°。

03 执行“工具>新建UCS>原点”命令，指定新的坐标原点。

04 执行“建模>长方体”命令，绘制如图297-3所示的长方体。

命令行提示如下：

```
命令: _box
指定第一个角点或 [中心(C)]: 0,0,50
指定其他角点或 [立方体(C)/长度(L)]: @15,15
指定高度或 [两点(2P)] <0.0000>: 50
```

05 再次执行“建模>长方体”命令，再绘制两个长方体，如图297-4所示。

命令行提示如下：

```
命令：_box
指定第一个角点或 [中心(C)]: 0,0,60
指定其他角点或 [立方体(C)/长度(L)]: @15,15
指定高度或 [两点(2P)] <50.0000>: 20
命令：_box
指定第一个角点或 [中心(C)]: 2,2,0
指定其他角点或 [立方体(C)/长度(L)]: @11,11
指定高度或 [两点(2P)] <20.0000>: 84
```

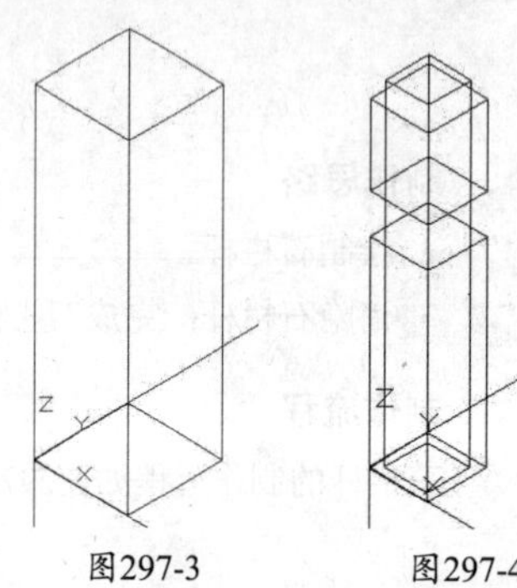

图297-3　　图297-4

06 再次执行“建模>长方体”命令，绘制一个长80，宽11，高55的长方体。

命令行提示如下：

```
命令：_box
指定第一个角点或 [中心(C)]: 13,2,55
指定其他角点或 [立方体(C)/长度(L)]: @80,11
指定高度或 [两点(2P)] <84.0000>: 55
```

07 再次执行“建模>长方体”命令，绘制一个长78，宽11，高15的长方体，将其放置在上一个长方体的内部，如图297-5所示。

命令行提示如下：

```
命令：_box
指定第一个角点或 [中心(C)]: 15,2,50
指定其他角点或 [立方体(C)/长度(L)]: @78,11
指定高度或 [两点(2P)] <84.0000>: 15
```

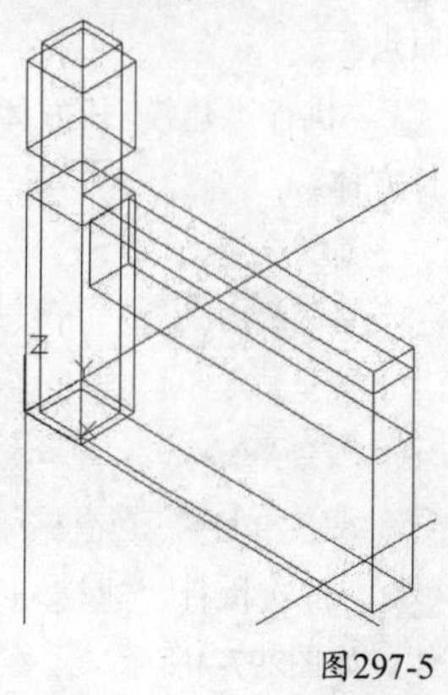

图297-5

08 执行“修改>实体编辑>差集”命令，将内部的长方体减去，如图297-6所示。

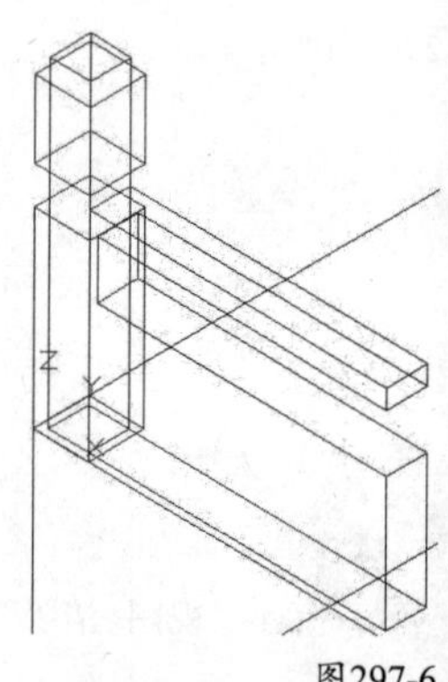

图297-6

09 执行“视图>三维视图>左视”命令，进入左视图。执行“格式>点样式”命令，效果如图297-7所示。执行“绘图>直线”命令，绘制一个长为80的直线，再执行“绘图>点>定数等分”命令，将其分为3等分，如图297-8所示。

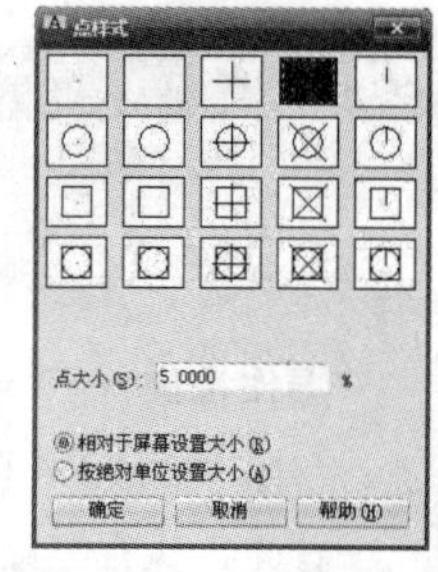

图297-7

图297-8

10 执行“绘图>圆”、“绘图>圆弧”与“绘图>正多边形”命令，绘制如图297-9所示的图案。

命令行提示如下：

```
命令：_circle
指定圆的圆心或 [三点(3P)/两点(2P)/相切、相切、半径(T)]:     // 调用“圆”命令
指定圆的半径或 [直径(D)]:         //绘制一个与上下两侧相切的圆
命令：_circle
指定圆的圆心或 [三点(3P)/两点(2P)/相切、相切、半径(T)]:   //绘制一个小圆
指定圆的半径或 [直径(D)]: 3.3
命令：_polygon 输入边的数目 <4>: 6    //绘制正多边形
指定正多边形的中心点或 [边(E)]:
输入选项 [内接于圆(I)/外切于圆(C)] <I>: C
```

```
指定圆的半径：5
命令：_arc
指定圆弧的起点或 [圆心(C)]：    //指定正多边形一个定点为起点
指定圆弧的第二个点或 [圆心(C)/端点(E)]：  //指定第一个圆的象限点为第二点
指定圆弧的端点：   //指定正多边形的另一个点为第三点
```

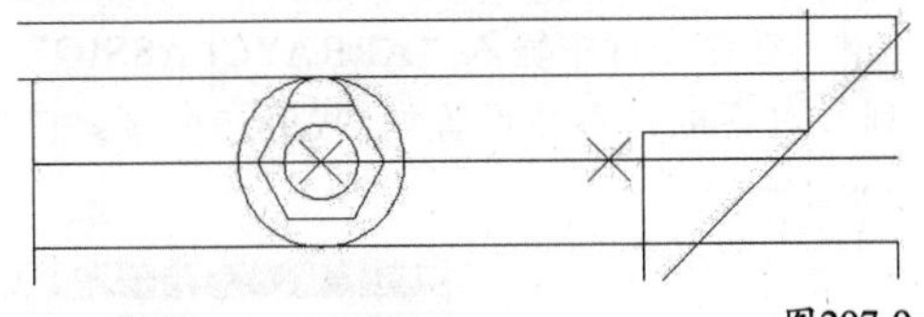

图297-9

11 在命令行中输入"ARRAYCLASSIC"，弹出"阵列"对话框，参数设置如图297-10所示。

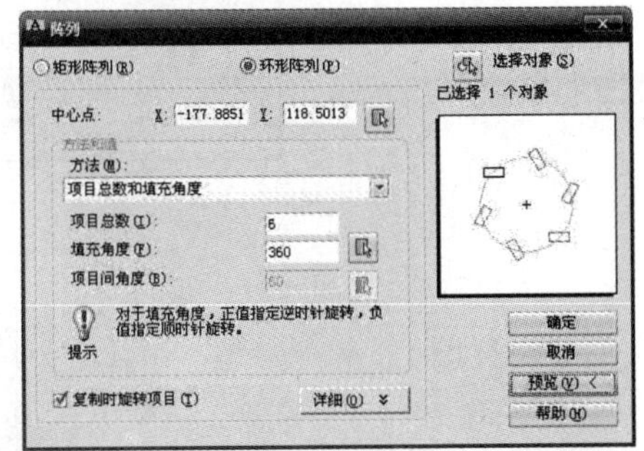

图297-10

12 设置完参数后，单击"确定"按钮，执行"修改>删除"命令，删除大圆与正多边形，如图297-11所示。

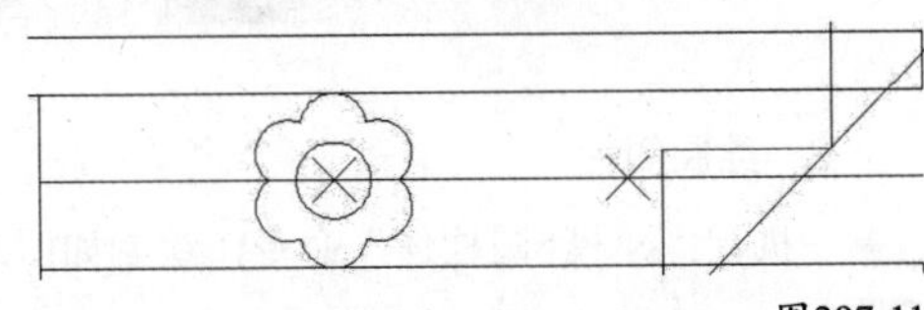

图297-11

13 执行"绘图>面域"命令，使上一步绘制的图形生成面域。

14 执行"修改>复制"命令，将图案复制到另一个等分点上，再执行"修改>删除"命令，删除多余的直线和点。执行"视图>三维视图>西南等轴测"命令，返回西南等轴测视图。

15 执行"建模>拉伸"命令，将图案拉伸一定高度，再执行"修改>实体编辑>差集"命令，将内部的圆柱体减去。

命令行提示如下：

```
命令：_extrude
当前线框密度：ISOLINES=4，闭合轮廓创建模式 = 实体
选择要拉伸的对象或 [模式(MO)]：_MO 闭合轮廓创建模式 [实体(SO)/曲面(SU)] <实体>：_SO
选择要拉伸的对象或[模式(MO)]：指定对角点：找到4 个
选择要拉伸的对象或 [模式(MO)]：
指定拉伸的高度或[方向(D)/路径(P)/倾斜角(T)/表达式(E)] <-15.0000>：11
```

16 执行"视图>动态观察>自由动态观察"命令，改变视图，再执行"视图>消隐"命令，效果如图297-12所示。

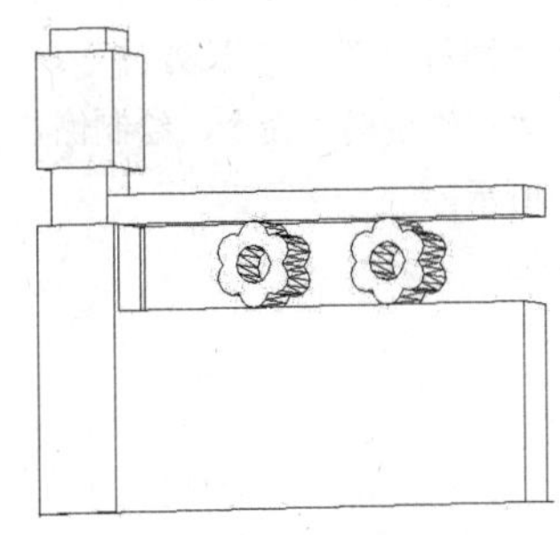

图297-12

17 执行"修改>复制"、"修改>删除"、"修改>三维操作>三维旋转"与"修改>实体编辑>拉伸面"命令，绘制出所有的栏杆。执行"视图>三维视图>西南等轴测"命令，返回西南等轴测视图，再执行"视图>消隐"命令，效果如图297-13所示。

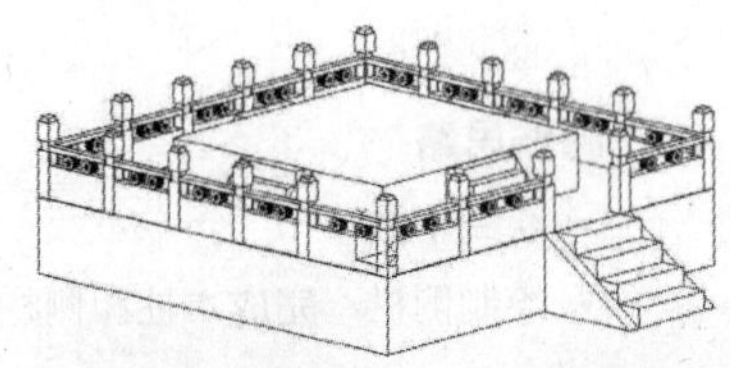

图297-13

练习297

原始文件位置	DVD>原始文件>第11章>练习297 原始文件
练习位置	DVD>练习文件>第11章>练习297
难易指数	★★☆☆☆
技术掌握	巩固"正多边形"、"圆弧"、"圆柱体"、"阵列"、"拉伸"及"消隐"等命令的使用方法。

操作指南

参照"实战297 石栏杆"案例进行制作。

首先，执行"绘图>正多边形"、"绘图>圆弧"、"建模>圆柱体"与"建模>拉伸"命令，在命令行中输入"ARRAYCLASSIC"，绘制栏杆，然后，执行"视图>消隐"命令，消隐图形。练习的最终效果如图297-14所示。

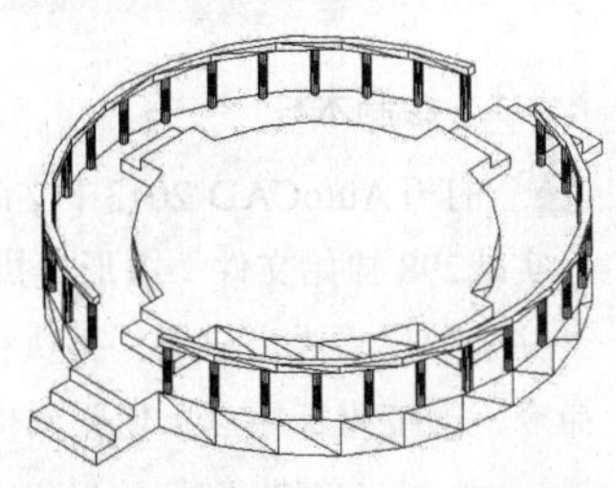

图297-14

实战298 支柱和侧栏

原始文件位置	DVD>原始文件>第11章>实战298 原始文件
实战位置	DVD>实战文件>第11章>实战298
视频位置	DVD>多媒体教学>第11章>实战298
难易指数	★★☆☆☆
技术掌握	掌握“长方体”、“圆柱体”、“复制”、“阵列”、“三维镜像”及“三维旋转”等命令。

实战介绍

运用“圆柱体”与“阵列”命令，绘制木柱；利用“圆柱体”、“长方体”、“复制”、“三维镜像”与“三维旋转”命令，绘制侧栏。本例的最终效果如图298-1所示。

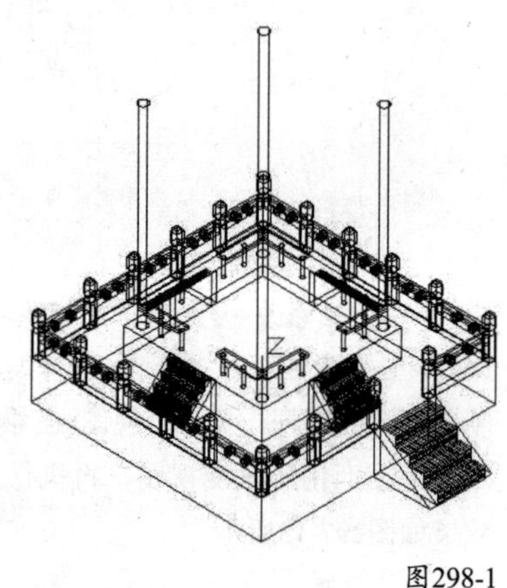

图298-1

制作思路

- 绘制木柱。
- 绘制侧栏，完成木柱和侧栏的绘制并将其保存。

制作流程

木柱和侧栏的制作流程如图298-2所示。

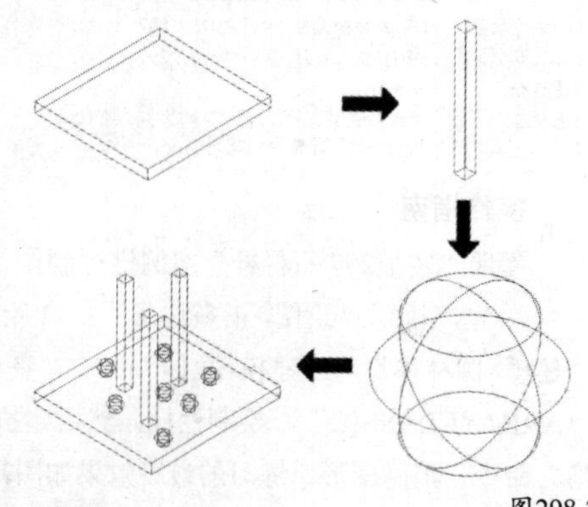

图298-2

1. 绘制木柱

01 打开AutoCAD 2013中文版软件，打开原始文件中的“实战298 原始文件”图形。执行“格式>图层”命令，将“柱子”层设为当前层，再执行“工具>新建UCS>原点”命令，改变坐标原点，使原点位于上侧台基的顶点处。

02 执行“建模>圆柱体”命令，绘制支柱。

命令行提示如下：

```
命令: _cylinder                    //调用“圆柱体”命令
指定底面的中心点或 [三点(3P)/两点(2P)/相切、相切、半径(T)/椭圆(E)]: 20,20,0      //指定圆柱体中心点
指定底面半径或 [直径(D)]: 10  //指定圆柱体半径
指定高度或 [两点(2P)/轴端点(A)] <50.0000>: 400
//指定圆柱体高度
```

03 在命令行中输入“ARRAYCLASSIC”，弹出“阵列”对话框，参数设置如图298-3所示，阵列效果如图298-4所示。

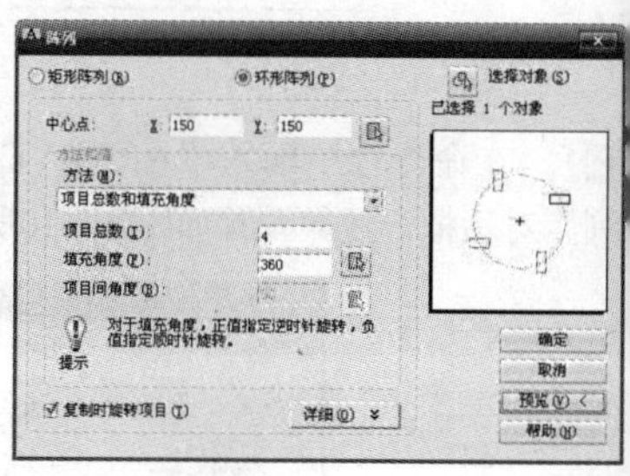

图298-3

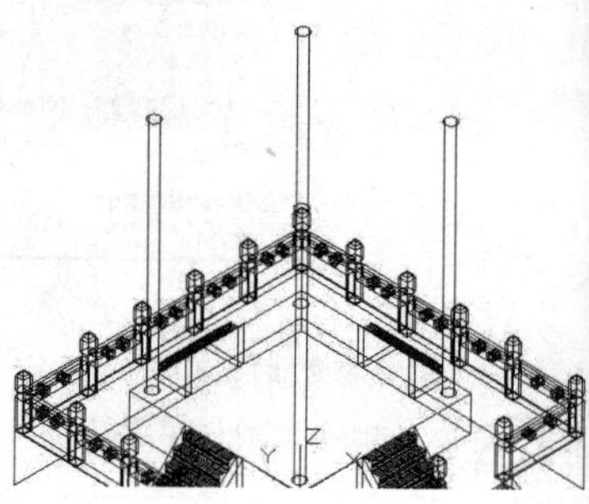

图298-4

2. 绘制侧栏

01 执行“建模>圆柱体”命令，绘制如图298-5所示的圆柱。

命令行提示如下：

```
命令: _cylinder
指定底面的中心点或 [三点(3P)/两点(2P)/相切、相切、半径(T)/椭圆(E)]: 60,20,0
指定底面半径或 [直径(D)]: 4
指定高度或 [两点(2P)/轴端点(A)]: 35
```

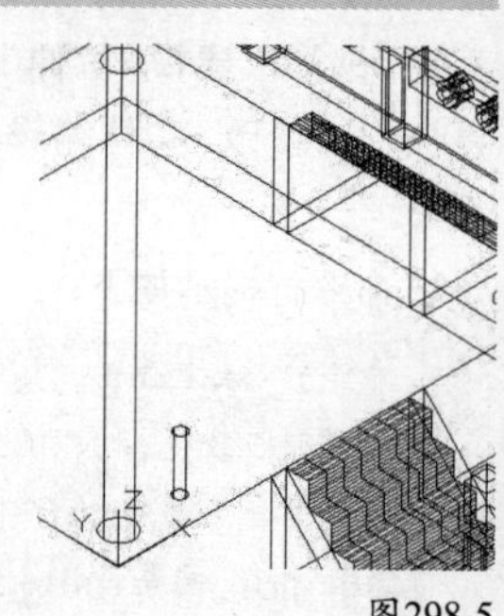

图298-5

02 执行“修改>复制”命令，将圆柱体向右侧复制，距离为45，如图298-6所示。

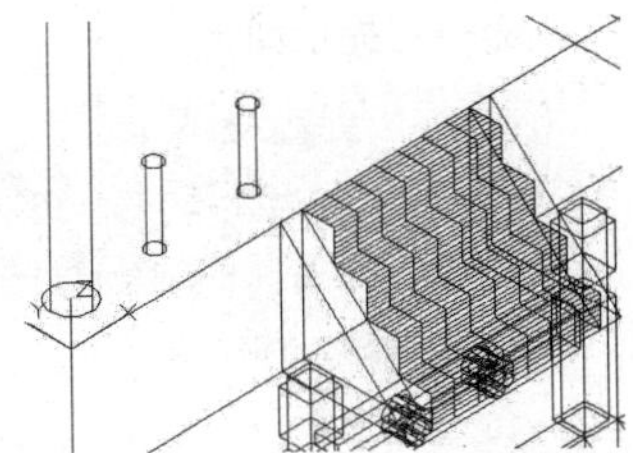

图298-6

03 执行“建模>长方体”命令，绘制如图298-7所示的长方体。

命令行提示如下：

```
命令: _box
指定第一个角点或 [中心(C)]: 20,30,35
指定其他角点或 [立方体(C)/长度(L)]: @90,-20
指定高度或 [两点(2P)] <35.0000>: 4
```

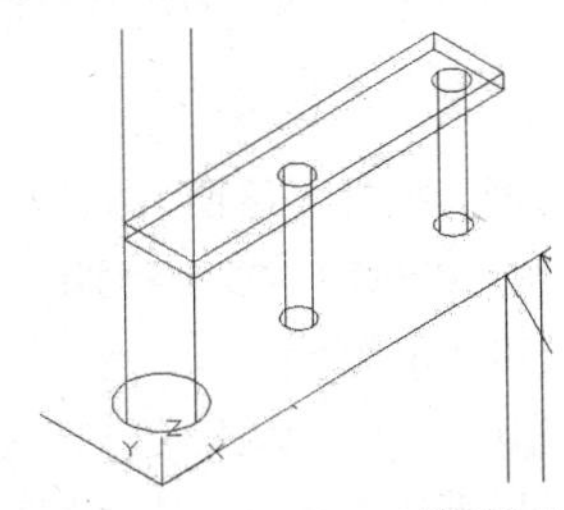

图298-7

04 执行“修改>三维操作>三维镜像”和“修改>三维操作>三维旋转”命令，镜像复制出其他侧栏，如图298-8所示。

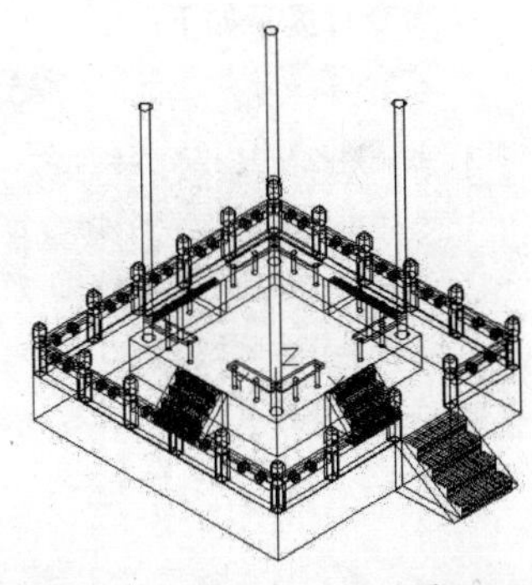

图298-8

练习298

原始文件位置	DVD>原始文件>第11章>练习298 原始文件
练习位置	DVD>练习文件>第11章>练习298
难易指数	★★★☆☆
技术掌握	巩固“多段线”、“长方体”、“圆柱体”、“拉伸”及“阵列”等命令的使用方法。

操作指南

参照“实战298 支柱和侧栏”案例进行制作。

首先，执行“建模>圆柱体”命令，在命令行中输入“ARRAYCLASSIC”，绘制支柱，然后，执行“绘图>多段线”、“建模>长方体”与“建模>拉伸”命令，在命令行中输入“ARRAYCLASSIC”，绘制侧栏。练习的最终效果如图298-9所示。

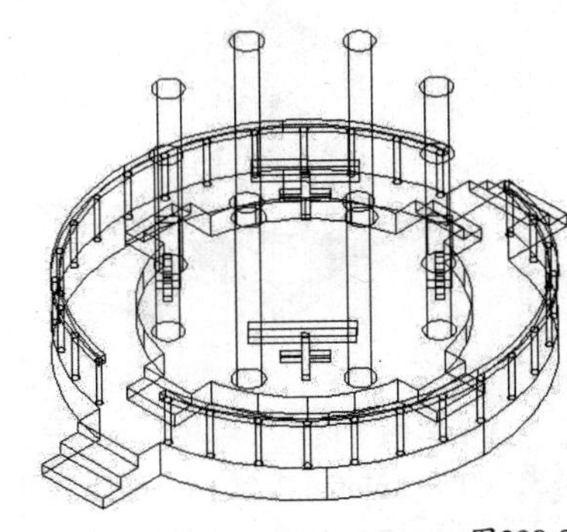

图298-9

实战299 亭顶

原始文件位置	DVD>原始文件>第11章>实战299 原始文件-1实战，299原始文件-2
实战位置	DVD>实战文件>第11章>实战299
视频位置	DVD>多媒体教学>第11章>实战299
难易指数	★★☆☆☆
技术掌握	掌握“直线”、“正多边形”、“圆弧”、“偏移”、“删除”、“分解”、“边界网格”、“长方体”、“插入块”及“阵列”等命令。

实战介绍

运用“直线”、“正多边形”、“圆弧”、“偏移”、“删除”、“分解”、“边界网格”与“长方体”等命令，绘制亭顶；利用“插入块”与“阵列”，绘制挂檐。本例最终效果如图299-1所示。

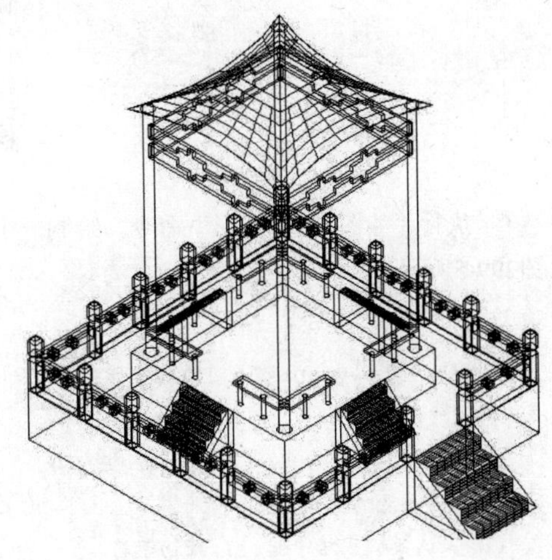

图299-1

制作思路

- 绘制亭顶。
- 绘制挂檐，完成亭顶的绘制并将其保存。

制作流程

亭顶的制作流程如图299-2所示。

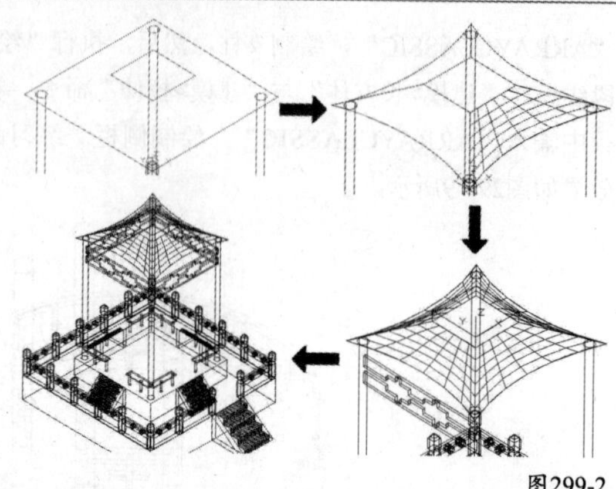

图299-2

1．绘制亭顶

01 打开AutoCAD 2013中文版软件，打开原始文件中的“实战299 原始文件-1”图形，执行“格式>图层”命令，将“亭顶”层设为当前层，再执行“绘图>矩形”命令，绘制一个长为300的正方形，如图299-3所示。

命令行提示如下：

```
命令: _rectang
指定第一个角点或 [倒角(C)/标高(E)/圆角(F)/厚度(T)/宽度(W)]: @0,0,400
指定另一个角点或 [面积(A)/尺寸(D)/旋转(R)]: @300,300
```

02 执行“工具>新建UCS>原点”命令，改变坐标原点，如图299-4所示。

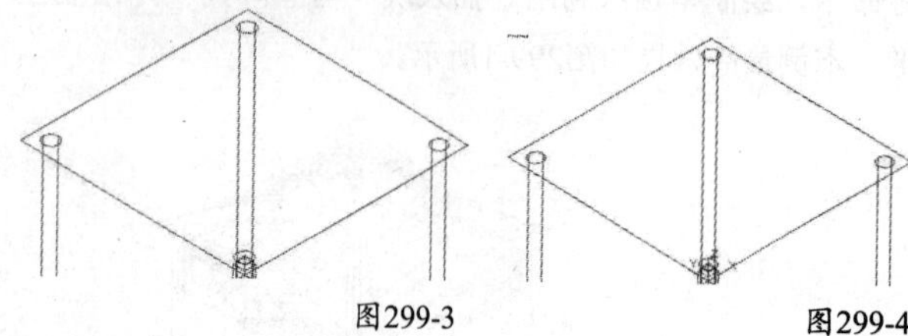

图299-3　　图299-4

03 执行“绘图>正多边形”命令，绘制一个正方体，如图299-5所示。

命令行提示如下：

```
命令: _polygon 输入边的数目 <4>:          //调用“正多边形”命令
指定正多边形的中心点或 [边(E)]: 150,150,40          //指定正多边形的中心
输入选项 [内接于圆(I)/外切于圆(C)] <C>: C
指定圆的半径: 50
```

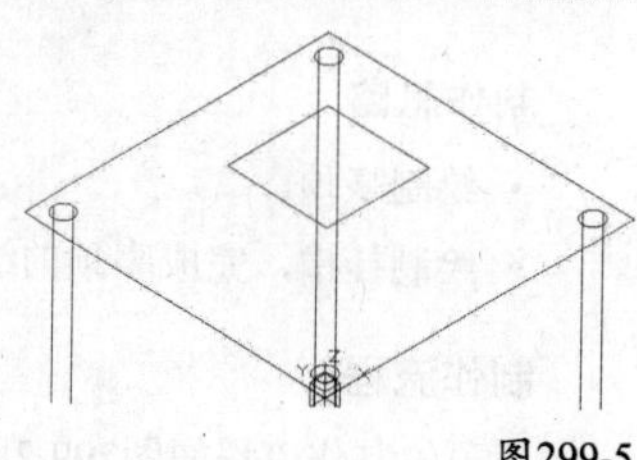

图299-5

04 执行“修改>偏移”命令，将外侧的正方形向内侧偏移30。

命令行提示如下：

```
命令: _offset
当前设置: 删除源=否  图层=源  OFFSETGAPTYPE=0
指定偏移距离或[通过(T)/删除(E)/图层(L)]<通过>: 30
指定要偏移的那一侧上的点, 或 [退出(E)/多个(M)/放弃(U)] <退出>:
选择要偏移的对象, 或 [退出(E)/放弃(U)] <退出>:
```

05 执行“绘图>圆弧>三点”命令，以外面的正方形的顶点为起始点和端点，从内侧正方形边的中点为第二点，结果如图299-6所示。

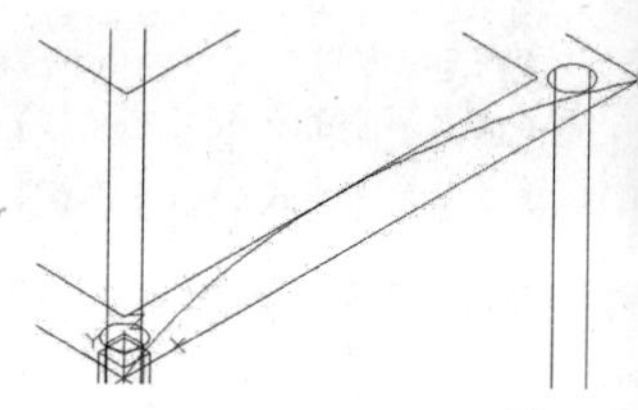

图299-6

06 执行“绘图>圆弧>三点”命令，绘制出其他的圆弧，再执行“修改>删除”命令，删除两个正方形，如图299-7所示。

07 执行“修改>分解”命令，将正方形分解。执行“绘图>直线”命令，连接如图299-7所示的正方形与圆弧的顶点。

08 执行“绘图>建模>网格>边界网格”命令，效果如图299-8所示。

命令行提示如下：

```
命令: _edgesurf
当前线框密度: SURFTAB1=6  SURFTAB2=6
选择用作曲面边界的对象 1:
选择用作曲面边界的对象 2:
选择用作曲面边界的对象 3:
选择用作曲面边界的对象 4:
```

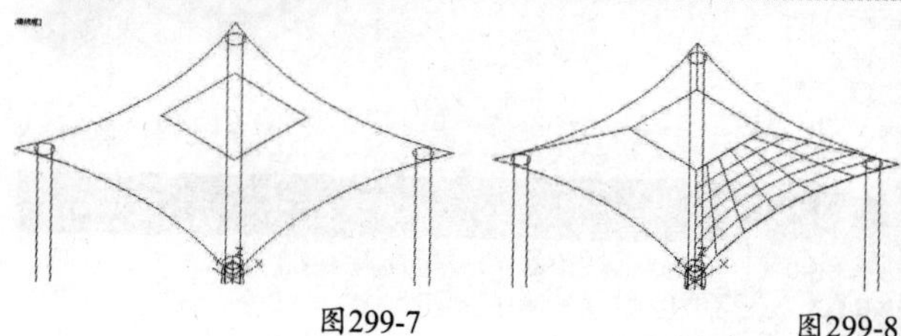

图299-7　　图299-8

09 执行“绘图>建模>网格>边界网格”命令，绘制其他侧面。

2．绘制挂檐

01 执行“插入>块”命令，插入原始文件中的“实战299 原始文件-2”图形，再执行“修改>移动”命令，将其

移动到合适的位置，如图299-9所示。

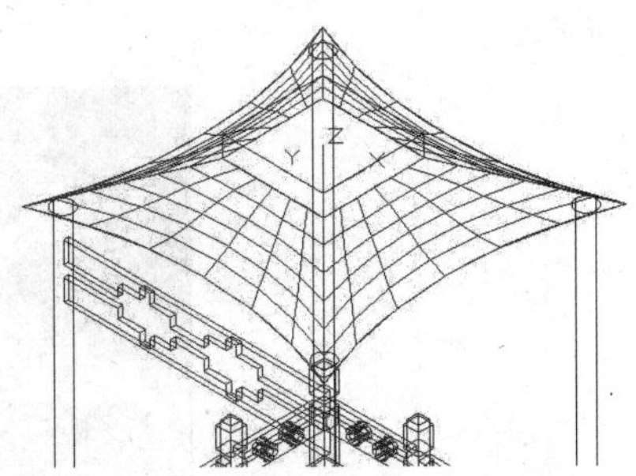

图299-9

02 在命令行中输入“ARRAYCLASSIC”，弹出“阵列”对话框，参数设置如图299-10所示，阵列结果如图299-11所示。

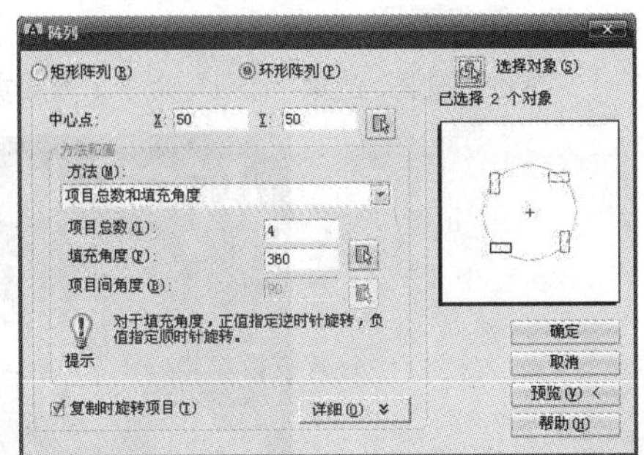

图299-10

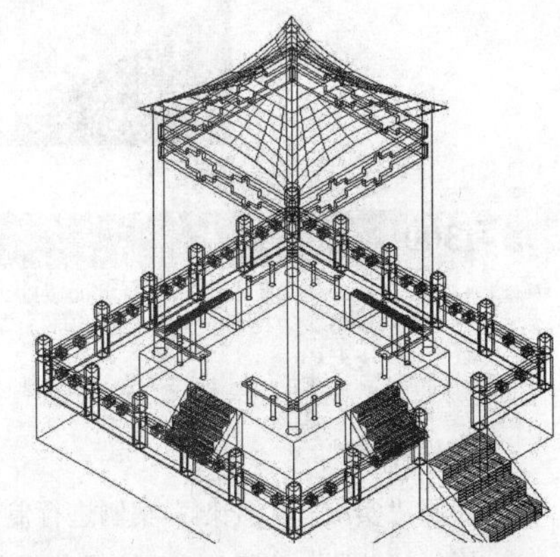

图299-11

练习299

原始文件位置	DVD>原始文件>第11章>练习299 原始文件
练习位置	DVD>练习文件>第11章>练习299
难易指数	★★★☆☆
技术掌握	巩固“正多边形”、“圆弧”、“删除”、“分解”、“边界网格”及“球体”等命令的使用方法。

操作指南

参照“实战299 亭顶”案例进行制作。

执行“绘图>多段线”、“绘图>圆弧”、“修改>删除”、“修改>分解”、“绘图>建模>网格>边界网格”与“建模>球体”命令，绘制亭顶。练习的最终效果如图299-12所示。

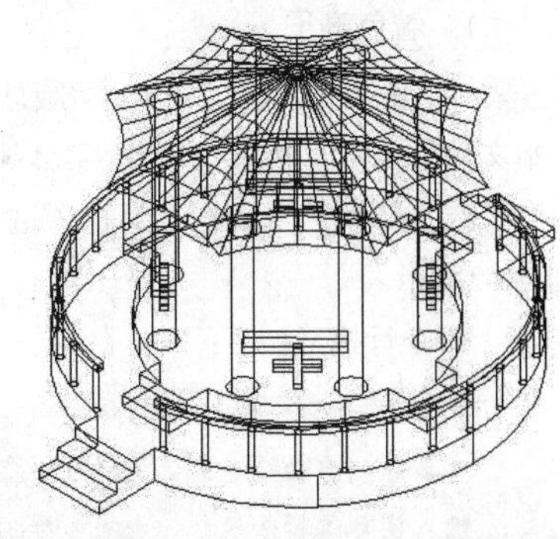

图299-12

实战300 渲染

原始文件位置	DVD>原始文件>第11章>练习300 原始文件
实战位置	DVD>实战文件>第11章>实战300
视频位置	DVD>多媒体教学>第11章>实战300
难易指数	★★☆☆☆
技术掌握	掌握“着色面”及“渲染”等命令。

实战介绍

运用“着色面”命令，对亭子着色；利用“渲染”命令，渲染亭子。本例最终效果如图300-1所示。

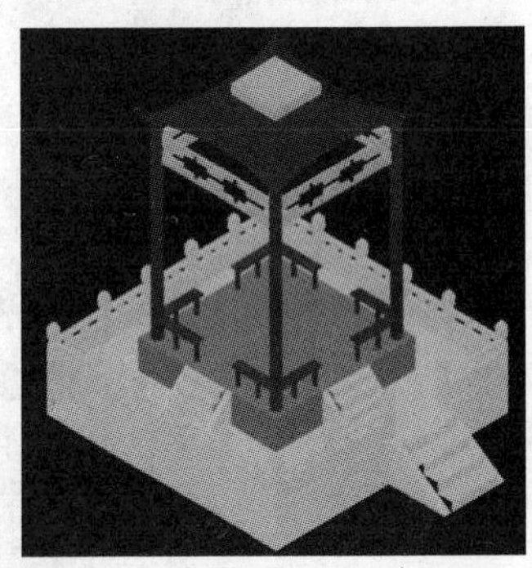

图300-1

制作思路

- 对亭子进行着色。
- 渲染亭子，完成亭子的绘制并将其保存。

制作流程

亭子的制作流程如图300-2所示。

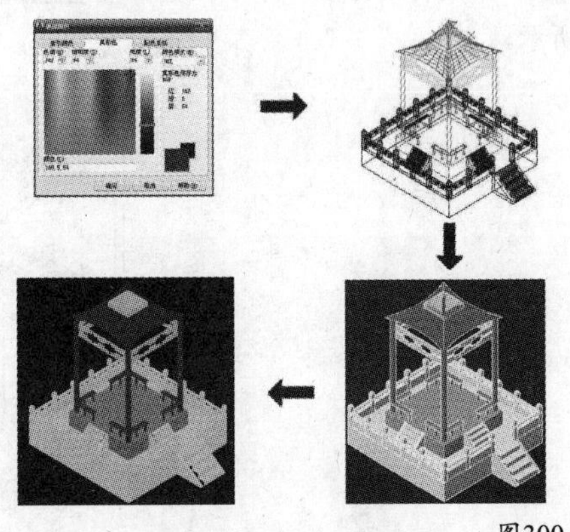

图300-2

1. 着色亭子

01 打开AutoCAD 2013中文版软件，打开“实战300原始文件”图形，执行“修改>实体编辑>着色面”命令，弹出“选择颜色”对话框，对柱子进行着色，颜色设置如图300-3所示。

命令行提示如下：

```
命令: _solidedit
实体编辑自动检查:  SOLIDCHECK=1
输入实体编辑选项 [面(F)/边(E)/体(B)/放弃(U)/退出(X)] <退出>: _face
输入面编辑选项
[拉伸(E)/移动(M)/旋转(R)/偏移(O)/倾斜(T)/删除(D)/复制(C)/颜色(L)/材质(A)/放弃(U)/退出(X)]<退出>: _color
选择面或 [放弃(U)/删除(R)]: 找到一个面。//选择柱子
选择面或 [放弃(U)/删除(R)/全部(ALL)]: //回车，弹出“选择颜色”对话框，设置颜色如图15-45所示
输入面编辑选项
[拉伸(E)/移动(M)/旋转(R)/偏移(O)/倾斜(T)/删除(D)/复制(C)/颜色(L)/材质(A)/放弃(U)/退出(X)]<退出>: X
实体编辑自动检查:  SOLIDCHECK=1
输入实体编辑选项 [面(F)/边(E)/体(B)/放弃(U)/退出(X)] <退出>: X
```

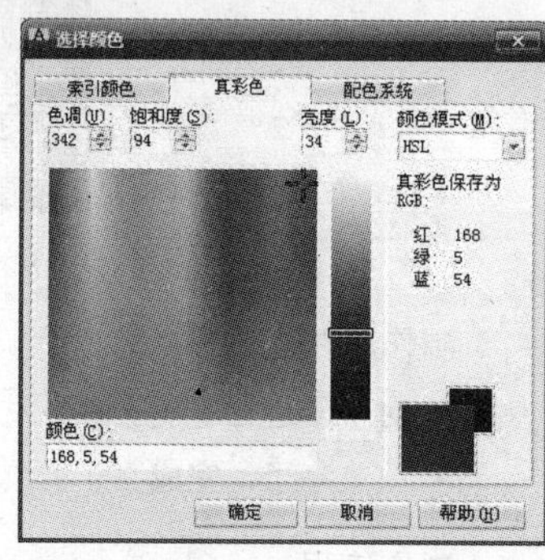

图300-3

02 用同样的方法对亭子其他部位着色，效果如图300-4所示。

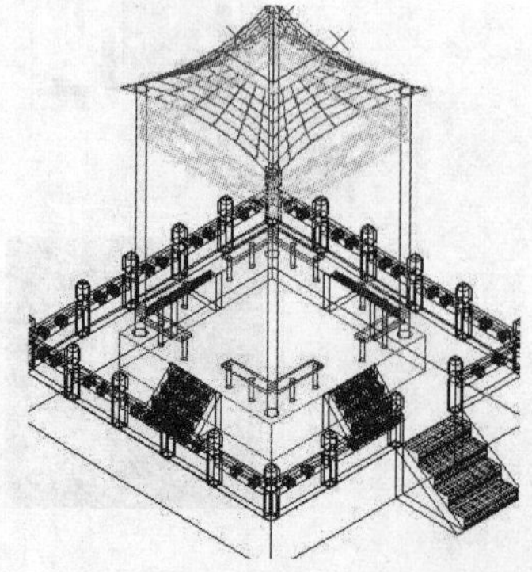

图300-4

03 执行“视图>视觉样式>概念”命令，效果如图300-5所示。

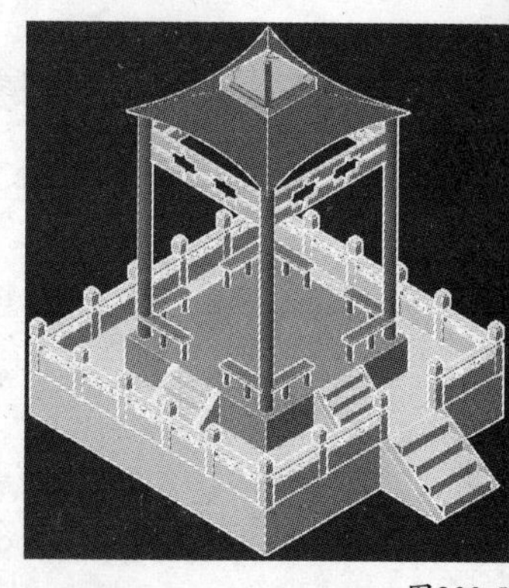

图300-5

2. 渲染亭子

执行“视图>渲染>渲染”命令，效果如图300-6所示。

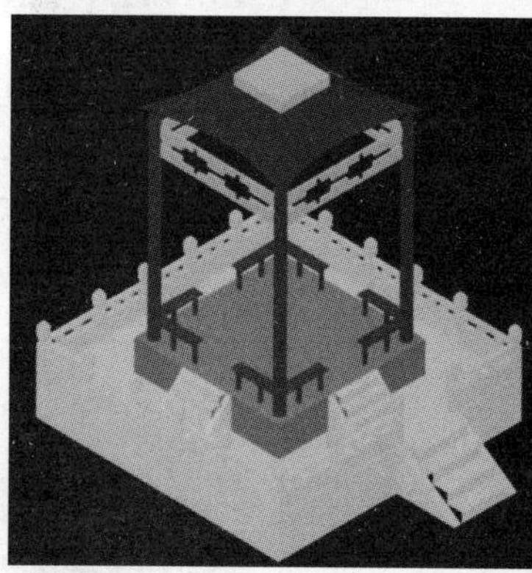

图300-6

练习300

原始文件位置	DVD>练习文件>第11章>练习300 原始文件
实战位置	DVD>练习文件>第11章>练习300
难易指数	★★★☆☆
技术掌握	巩固“材质编辑器”及“渲染”等命令的使用方法。

操作指南

参照“实战300 渲染 ”案例进行制作。

执行“视图>渲染>材质编辑器”与“视图>渲染>渲染”命令，渲染亭子。练习的最终效果如图300-7所示。

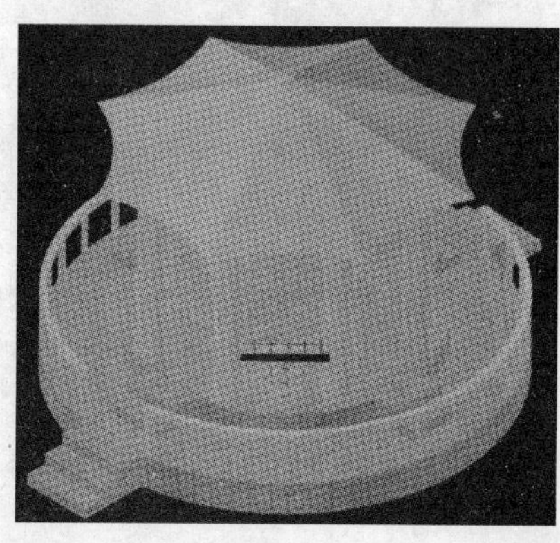

图300-7